AF752653

Gesamtverzeichnis des deutschsprachigen Schrifttums (GV) 1700 – 1910

Bearbeitet unter der Leitung von
Hilmar Schmuck und Willi Gorzny
Bibliographische und redaktionelle Beratung:
Hans Popst und Rainer Schöller

69

Jf - Jok

K · G · Saur München · New York · London · Paris 1982

CIP-Kurztitelaufnahme der Deutschen Bibliothek

Gesamtverzeichnis des deutschsprachigen Schrifttums :
(GV). – München, New York, London, Paris : Saur.
Bd. 1 – 6 bearb. unter d. Leitung von Peter Geils
u. Willi Gorzny.
ISBN 3-598-30000-X

1700 – 1910 / bearb. unter d. Leitung von Hilmar
Schmuck u. Willi Gorzny. Bibliograph. u. red.
Beratung: Hans Popst u. Rainer Schöller

NE: Schmuck, Hilmar [Bearb.]

69. Jf - Jok. - 1982.

© 1982 by K. G. Saur Verlag KG, München
Techn. Realisierung und Druck: Norbert Gärtner, Mainz-Kastel
Binden: Karl Schaumann, Darmstadt
Printed in the Federal Republic of Germany
ISBN 3-598-30000-X (Gesamtwerk)

Ise, Aug., Abriß d. neuesten Geographie aller fünf Welttheile; in katechet. Form. Deutsch u. Französisch. — Abrégé de la Géographie la plus nouvelle des cinq parties du monde; par demandes et par réponses. Zum Gebr. in Schulen, besond. aber f. Erziehungsanstalten u. häusl. Unterricht. 8. (23¾ B.) Königsberg in d. N. 839, Windolff u. Striese.

— gründliche Anleitung zur richtigen Aussprache u. Orthographie des Französischen, nebst einer kurzgefaßten Abhandlung über die französ. Versifikation, begleitet von Bruchstücken aus Delille's Lehrgedicht: La Conversation, und aus dem Epos: Napoléon en Egypte. gr. 8. Berlin 845, Moeser u. Kühn. n. 1/2 ℛ

Ise, Aug., Anleitung u. Materialien z. Uebersetzen a. d. Deutschen ins Franz., mit Beziehung auf „Ise's französ. Grammatik," aber auch zu jed. and. Lehrbuche d. franz. Sprache brauchbar; nebst e. Verzeichn. d. Synonymen. Für Schulen u. d. Privatgebr. gr. 8. (9 B.) Berlin, Amelang.

— Anleit. u. Materialien zum Uebersetzen aus d. Deutschen ins Französ., mit Bezieh. auf Ise's französ. Grammatik, aber auch zu jedem andern Lehrbuche d. französ. Sprache brauchbar; nebst einem Verzeichnisse d. Synonymen. gr. 8. Berl. 829. Amelang. 8 ℊ

Ise, Aug., neueste Italienische Chrestomathie, enthaltend auserles. Stücke aus den vorzügl. Prosaikern u. Dichtern Italiens älterer u. neuerer Zeit. gr. 8. Berlin 839. Hayn. 1 1/6 ℛ

— neues Elementar- u. Vorbereitungsbuch zum Erlernen der französ. Sprache. Zunächst für die untern Schulclassen u. den ersten häusl. Unterricht verfaßt. 8. Berlin 833. Lüderitz, jetzt Schröder. 1/3 ℛ

Ise, (Aug.,) der kleine Franzos; od. Samml. d. zum Sprechen nöthigsten Wörter u. Redensarten. Französ. u. Deutsch. 3e Aufl. 12. Berlin 827, Amelang.

—— der kleine Franzos; od. Samml. d. z. Sprechen nöthigsten Wörter u. Redensarten, nebst leichten Gesprächen f. d. gesellschaftl. Leben. Franz. u. deutsch. Ein Hülfsb. z. Uebung d. Gedächtn. 4., verb. u. verm. Aufl. (7 B.) 830., 5., sorgf. rev. A. (7⅙ B.) breit. 12. Berlin 835, Amelang. à Thlr.

— der kleine Franzos; oder Sammlung der zum Sprechen nöthigsten Wörter u. Redensarten, nebst einigen Gesprächen für das gesellschaftl. Leben. Französ. u. Deutsch. 5e sorgsam revid. Aufl. breit 12. Berlin 835. Amelang. 1/4 ℛ — 6e Aufl. 12. Ebd. 837. 1/4 ℛ — 7e Aufl. 840. 1/4 ℛ

— der kleine Franzos; od. Samml. der zum Sprechen nöthigsten Wörter und Redensarten, nebst leichten Gesprächen für das gesellschaftl. Leben. Französisch u. Deutsch. 8. sorgfältig revid. Aufl. 12. Berlin 844, C. F. Amelang. 1/4 ℛ

— dass. 2. Thl. A. u. d. T.: Erstes Uebungsbuch in der französ. Sprache, enth. leichte Aufgaben zum Uebersetzen aus dem Französ. ins Deutsche u. aus d. Deutschen ins Französ. rc. 16. Berlin 846, Nicolai'sche Buchh. 5/12 ℛ

Ise, Aug., der kleine Franzos oder Sammlung der zum Sprechen nöthigsten Wörter und Redensarten nebst leichten Gesprächen für das gesellschaftl. Leben. Französisch und deutsch. Ein Hilfsbuch für Diejenigen, welche sich der Erlernung der französ. Sprache widmen, und besonders zur Uebung des Gedächtnisses hrsg. 10., revid. Aufl. gr. 16. (IV und 151 S.) Leipzig 851, Amelang's Verlag.

Ise, Aug., der kleine Franzos oder Sammlung der zum Sprechen nöthigsten Wörter und Redensarten nebst leichten Gesprächen für das gesellschaftl. Leben. Französisch und deutsch. Ein Hülfsbuch für diejenigen, welche sich der Erlernung der französ. Sprache widmen, und besonders zur Uebung ihres Gedächtnisses hrsg. 11. Aufl., neu bearb. und verm. von Fréd. Courvoisier. gr. 16. (IV, 176 S.) Leipzig 871, Amelang's Verlag. cart. * 1 —

Ise, Aug., der kleine Franzos oder Sammlung der zum Sprechen nötigsten Wörter u. Redensarten, nebst leichten Gesprächen für das gesellschaftliche Leben. Französisch u. Deutsch. Ein Hülfsbuch zur Erlernung der französischen Sprache u. besonders zur Uebung des Gedächtnisses. 12. Aufl., neu bearb. u. durchweg verm. v. Aug. Albrecht. 12. (VIII, 190 S.) Leipzig 882. Amelang. geb. 1. 20

Ise, Aug., der kleine Franzos od. Sammlung der zum Sprechen nötigsten Wörter u. Redensarten, nebst leichten Gesprächen f. das gesellschaftl. Leben. Französisch u. Deutsch. Ein Hülfsbuch zur Erlerng. der franz. Sprache u. besonders zur Übg. des Gedächtnisses hrsg. 13. Aufl., bearb. v. Aug. Albrecht. 12. (VIII, 190 S.) Leipzig 898. C. F. Amelang. Geb. in Leinw. 1. 20

Ise, Aug., der kleine Franzos od. Sammlung der zum Sprechen nötigsten Wörter u. Redensarten, nebst leichten Gesprächen f. das gesellschaftl. Leben. Französisch u. Deutsch. Ein Hülfsbuch zur Erlerng. der französ. Sprache u. besonders zur Übg. des Gedächtnisses. 14. Aufl., bearb. v. Aug. Albrecht. (VI, 190 S.) kl. 8. Leipzig 909. C. F. Amelang. Geb. in Leinw. 1. 20

Ise, A., Fußreise vom Brocken auf den Vesuv, und Rückkehr in die Heimath. Mit 1 Kupfer. 8. Leipzig, Köhler (in Comm.) 820.

Ise, Aug., der kleine Geograph, oder erster Unterricht in der Erdkunde, nach den neuesten Bestimmungen u. Zeitereignissen. Ein Lehrb. f. Schule u. Haus. kl. 8. Leipz. 843, Franke. 1/3 ℛ

— Hilarion, oder Stunden der Erheiterung. Eine Auswahl launiger u. scherzhafter Gedichte älterer u. neuerer Dichter Deutschlands. Mit 2 Bildern. kl. 8. Berlin 840. Hayn. 1 ℛ

— pract. Hülfsbuch zum Erlernen der französ. u. italienischen Sprache, bestehend in einer Sammlung der beim Sprechen am häufigsten vorkommend. Wörter u. Redensarten, nebst Unterredungen u. Briefen rc.; deutsch, französisch, italienisch. 8. Berlin 843, C. Fr. Amelang. 1 ℛ

— der kleine Italiener, od. Samml. d. zum Sprechen nöthigsten Redensarten, Italienisch u. Deutsch. 12. Berlin 826, Amelang.

— der kleine Italiener; oder Sammlung der zum Sprechen nöthigsten Wörter u. Redensarten, nebst einigen Gesprächen für das gemeine Leben. Italienisch u. Deutsch. Begleitet von den nothwendigsten, die Regeln der Grammatik betreff. Bemerkk. 2e verb. u. verm. Aufl. breit 12. Berlin 835. Amelang. 5/12 ℛ

—— der kleine Italiener, oder Sammlung der zum Sprechen nöthigsten Wörter und Redensarten, nebst einigen Gesprächen für das gemeine Leben. Italienisch und deutsch. Begleitet von den nothwendigsten, die Regeln der Grammatik betreffenden Bemerkungen. 3., verb. und verm. Aufl. gr. 16. (IV und 212 S.) Berlin 848. [Leipzig,] Amelang's Verlag.

Jſe's, Aug., kleiner Italiener oder Sammlung der zum Sprechen nöthigſten Wörter und Redensarten, nebſt einigen Geſprächen für das gemeine Leben. Italieniſch und deutſch begleitet von den nothwendigſten, die Regeln der Grammatik betreffenden Bemerkungen. 4., durchweg verb. und mit vielen Geſprächen ꝛc. verm. Aufl. von Aug. Albrecht. gr. 16. (IV und 195 S.) Leipzig 861, Amelang's Verlag.

— neues italien. Leſebuch. Nebſt erklär. Wörterverzeichniſſe u. e. kurzgefaßt. prakt. Sprachlehre. 8. Berlin 823, Schüppel.

— neueſtes franzöſ. Leſebuch, enthalt. eine Anleitung zur Kenntniß der Natur, nach bewährten franzöſ. Autoren, u. begleitet von Hinweiſungen auf die weſentl. Regeln d. Grammatik. Zum Gebr. f. Elementarſchulen ꝛc. 8. (15 B.) Königsberg 843, Windolff u. Strieſe.

— der deutſche Polyhiſtor, od. Univerſal-Handwörterbuch f. häusl. u. öffentl. Leben, zunächſt auch f. Zeitungsleſer, Geſchäftsleute u. geſell. Unterhaltung. gr. 8. (61½ B.) Berlin 837, Hayn.

— ausführlicher Rathgeber in der franzöſ. Sprache, oder alphabetiſch geordnetes Hilfswörterbuch zur grammat. Rechtſchreibung u. richtigen Ausſprache, ſo wie zum Gebrauch u. zur Stellung der Wörter in ſchwierigen u. zweifelhaften Fällen; nebſt einer Erklärung der nothwendigen franzöſ. Synonymen, nach den von Girard, Roubaud, Beauzée u. Laveaux über dieſelben erſchienenen Werke. gr. 8. Berlin 834 Amelang. 1⅓ [illegible]

— ſ. [illegible] Rumpf, [illegible] Wörterbuch.

— le Secrétaire français, ou l'art de la correspondance française, contenant des modèles de lettres sur toutes sortes de sujets, avec des réponses; suivi de modèles de pétitions, de lettres de change, de billets à ordre, de quittances etc., et précédés d'une instruction sur le cérémonial à observer dans les lettres. 8. Berlin 834. Amelang. 1 [illegible]

— ſ. Segur, Geſchichte Napoleons.

— [illegible] italien. Sprachlehre, od. [illegible] Unterr. in d. [illegible] Sprache, nach d. einfachſten, [illegible] Beiſpiele erläut. Regeln, [illegible] u. italien. [illegible] Zum Schul- u. Privatgebr. gr. 8. (20 B.) Berlin 8[illegible], [illegible]

— [illegible]

— faßl. Unterricht in d. franz. Sprache, [illegible] prakt. Grammatik, nach d. einfachſten Regeln, [illegible] Aufgaben z. Ueberſ. aus d. Deutſchen ins Franz. verſehen, nebſt e. neuen franz. Leſebuche, mit Hinweiſn. auf d. Regeln d. Grammatik. Für d. Schul- u. Privatgebr. gr. 8. (29 B.) Berlin 828, Amelang.

Jſe, Aug., faßl. Unterricht in der franzöſ. Sprache, beſtehend in einer pract. Grammatik, nach d. einfachſten Regeln, u. mit zweckmäß. Aufgaben zum Ueberſetzen aus dem Deutſchen ins Franzöſ. verſehen, nebſt einem franzöſ. Leſebuche, mit Hinweiſung auf die Regeln der Grammatik. 2. verb. u. ſtark verm. Aufl. gr. 8. Berlin 839. Amelang. [illegible]

Jſe, Aug., die Vorkenntniſſe der Aſtronomie, Geographie u. Naturlehre. Ein Lehrbuch zum Gebrauch in Elementarſchulen u. Erziehungsanſtalten, ſowie auch bei häuslichem Unterricht. 8. Berlin 844, Mylius'ſche B. ½ [illegible]

— neueſter Wegweiſer durch Deutſchland, Frankreich, Italien u. d. Schweiz. Ein nützl. u. bequemes Taſchenbuch f. Reiſende jedes Standes. Als Anh. e. Samml. d. auf Reiſen am häufigſten vorkomm. Wörter u. Redensarten in deutſcher, franz. u. italien. Sprache. 8. (37 B.) Berlin 831, Amelang.

Isé, Th., Rückblicke auf die Fortschritte und Leistungen in der Chirurgie, s. Rückblicke.

Ife [illegible]

[illegible]

[illegible]

Iffert, Aug., allgem. Gesangschule. A. Theoret. Tl. hoch 4. (VII, 131 S.) Leipzig 895. Breitkopf & Härtel. 5. —

Iffert, Aug, allgem. Gesangschule Unt. musikal. Mitwirkg. v. Otto Singer. B. Prakt. Tl. Für Alt. Lex.-8. (V, 107 S.) Leipzig 897. Breitkopf & Härtel. 5. —

— dasselbe. Für Bariton. Lex.-8. (V, 97 S.) Ebd. 896. 5. —

— dasselbe. Für Bass. Lex.-8. (97 S.) Ebd. 898. 5. —

— dasselbe. Für Mezzosopran. Lex.-8. (V, 109 S.) Ebd. 895. 5. —

— dasselbe. F. Sopran. Lex.-8. (V, 117 S.) Ebd. 895. 5. —

— dasselbe. Für Tenor. Lex.-8. (107 S.) Ebd. 897. 5. —

Iffert, Aug., allgemeine Gesangschule. A. Theoretischer Teil. 4. Aufl. (XI, 141 S.) hoch 4. Leipzig 903. Breitkopf & Härtel. n. 5. —

Iffland! Besungen von einem Theaterfreund während seines Aufenthalts in Wien. [Wien] 1808. V: *Bleibtreu, Ludwig*. (E. K. Blümml u. Gust. Gugitz. Von Leuten und Zeiten. Wien u. Leipz. S. 283, 427, Nr. 108) (Biblport)

Iffland 1805 in Hamburg. 8. Hamb. Kratzſch. 806.

Iffland, über deſſen Schauſp. d. Gewiſſen, u. d. Vorſtell. desſelben, a. d. Provinzialtheater in Breslau, e. Didaskalie. 8. Breslau, 26. G. Korn. 797.

Iffland, August Wilhelm

— Almanac du théâtre pour l'an 1810. trad. de l'Allemand. Berl. 810. Braunes. 2 [illegible]

Iffland, Aug. Wilh. (Hrsg.), s. Almanach für Theater und Theaterfreunde.

Iffland, Aug. Wilh., († d. 22. Sept. 1814.) Almanach für Theater, 1807. Mit 12 Kpf. 8. Berl. 806. W. Oehmigke. 2 [illegible] 20 [illegible] Velinp. 5 [illegible] N. wohlf. Ausg. Ebd. 807. Sander. 1 [illegible] 20 [illegible] Auf d. J. 1808, mit 12 Kpf. (Berl. 808. Sander). 1 [illegible] 8 [illegible] Beide Jahrgg. auch unt. d. T.: Theorie d. Schauſpielkunſt. 2 Bdchen, (herausg. von C. G. Flittner). Mit 15 Kpf. 12. Ebd. 815. (Sander). 1 [illegible] 16 [illegible] Für 1809 u. 11. 8. Ebd. Rücker. (à 16 [illegible]) 1 [illegible] 8 [illegible] Für 1812, mit 3 Portraits. 16. Berl. 812. (Duncker u. H.) 1 [illegible] 16 [illegible] Hbg. Pr. 1 [illegible]

• Iffland, A. W., Almanach f. Theater. Ir Jahrgang 1807. Mit Kupf. u. Musik. 8. Berl. N. Soc. Buchh.
Bellnp.

Iffland, Aug. Wilh., Almanach f. Theater. 1807. m. K. 8. Berlin, W. Oehmigke.
Bellnp.

• — — dasselbe. IIr Jahrg. 1808. Mit K. u. Musik. 8. Ebend.
Bellnp.

— Almanach f. Theater 1809. m. K. 8. Berlin, Braun.
Bellnp.

— — derselbe französisch, zu gleichem Preise.

— — derselbe 1811. m. K. 8. Berlin, Salfeld.

— — dass. 1812. mit 3 Portraits. 16. Berl. Dunker und H. 812.

— Antwort auf d. Schreiben an ihn, über d. Schauspiel „d. Jude." 8. Berl. 798. Unger. 2 gl

— neue Beyträge f. das deutsche Theater in Originalen in Uebersetzungen. Ir. 8. Berl. Braunes. 813. (Ir enth. 1) die beiden Schwiegersöhne 2) die beiden Grenadiere. 3) die Büste d. Sokrates. 4) der Geburtstag.

— Beyträge f. d. deutsch. Schaubühne, in Uebersetz. u. Ausarbeit. ausländisch. Schauspieldichter. 2 Bde. 8. Berlin, Braun. 807–808. (1r Bd. enth. a) Rückwirkung; b) Nachbarschaft; c) Taufschein; d) d. erwachsenen Tochter. 1 Rthlr. 12 gr. 2r Bd. enth. a) Dühautcours; b) Heinrichs d. 5ten Jugendjahre. 1 Rth r. 8 gr.)

• — — dieselben Ir u. IIr Bd. (Ist jetzt auch Verlag v. Achenwall u. Comp. in Berl.)

— Beyträge f. die deutsche Schaubühne, in Uebersetz. u. Ausarbeitungen ausländ. Schauspieldichter. 3r u. 4r. (IIIr enthält: 1) Frau v. Sevigne. 2) d. Flatterhafte. IVr. 1) der gutherzige Polterer. 2) der Müssiggänger. 3) der Haus-Tyrann.) 8. Berl. Achenwall u. Comp. 809 — 812.

— Blick in d. Schweiz, e. Reisebeschrei[illegible] schen. 12 gl

— die Brautwahl. Lustspiel. Vom Verf. verb. Ausg. Mit 1 Musikbeil. 8. Berlin 825, Flittner.

— die Brautwahl. Lstspl. Vom Verf. verb. Ausg. Mit 1 Musikbeil. 8. Berl. 825. (Sander). 12 gl

— Briefe an seine Schwester Louise u. andere Verwandte, hrsg. v. Ludw. Geiger, s. a. Schriften der Gesellschaft f. Theatergeschichte.

A(ugust) W(ilhelm) Ifflands Briefe an seine Schwester Louise und andere Verwandte 1772–1814. Hrsg. von Ludwig Geiger. *Berlin: Gesellsch. f. Theatergesch. 1904.* (XLVII, 346 S.) 8° [J.]
= Schriften d. Gesellschaft f. Theatergeschichte. Bd 5.

Iffland's, A. W., Briefe meist an seine Schwester, hrsg. v. Ludw. Geiger, s. a. Schriften der Gesellschaft f. Theatergeschichte.

A(ugust) W(ilhelm) Ifflands Briefe meist an seine Schwester nebst andern Aktenstücken u. e. ungedruckten Drama. Mit Anm. hrsg. von Ludwig Geiger. Berlin: Gesellsch. f. Theatergesch. 1905. (XIV, 286 S.) 8° [J.]
= Schriften d. Gesellschaft f. Theatergeschichte. Bd 6.

Briefe von A[ug.] W[ilh.] Iffland und F[riedr.] L[udw.] Schröder an den Schauspieler Werdy. Hrsg. von Otto Devrient. Mit den Bildn. der beiden Meister. Frankfurt a. M.: Rommel 1881. 149 S. 8°
Schröder bringt in seinen Briefen auch interessante, auf das Logenwesen der damaligen Zeit bezügl. Mitteil.

Iffland's Briefwechsel m. Schiller, Goethe, Kleist, Tieck u. anderen Dramatikern. Hrsg. v. Curt Müller, s. a. Universal-Bibliothek.

[August Wilhelm] Iffland: Briefwechsel mit Schiller, Goethe, Kleist, Tieck und anderen Dramatikern. Hrsg. u. mit Anm. u. erl. Text vers. von Curt Müller. Leipzig: Reclam [1910]. 250 S. 8°
(Universal-Bibliothek 5101, 5105)

— il Cacciatori, quadro teatrale, tradotte del tedesco. 8. Triest u. Wien 792. Geistinger. 8 gl

Iffland, A. W., Dienstpflicht, s. Theater-Bibliothek, classische, aller Nationen.

Iffland, A. W., Dienstpflicht, s. Universal-Bibliothek Nr. 1558.

— [illegible] — Dess. Heinrich V. Jugendjahr[illegible]

[illegible]

— [illegible]

— [illegible] Friedrich v. [illegible]

— — das Gewissen. Trauersp. in 5 Aufz. Zum Uebersetzen in das Engl. mit erklär. Noten versehen v. W. Thompson. 12. (8 B.) Leipzig 816, Baumgärtners Buchh.

— [illegible] Goldoni, d. gutherzige Polterer.

[illegible]

Iffland, A. W., die Hagestolzen, s. Theater-Bibliothek, classische. — Universal-Bibliothek.

Iffland, A. W., Herbsttag, s. Theater-Bibliothek, classische.

Iffland, A. W.: Die Jäger, s. Meyer's Volksbücher.

Iffland, A. W., die Jäger, s.: Repertoir d. herzogl. Meiningen'schen Hof-Theaters.

Iffland, A. W., die Jäger, s. Theaterbibliothek, classische. — Universal-Bibliothek.

— über meine theatralische Laufbahn, s. a. Litteraturdenkmale, deutsche, des 18. und 19. Jahrh.

— meine theatralische Laufbahn (ist d. sämmtlichen Werke 1r Bd.) 8. Lpz. Göschen. 798.

— Liebe u. Wille; e. ländl. Gespräch in 1 Akt. 8. Berl. 814. Nicolai. 6 gr

Der Magnetismus. Nachspiel in einem Aufzuge von Aug. Wilh. Iffland. Mannheim: Schwan & Götz 1787. 52 S. 8°

[Dasselbe.] 2. Aufl. Ebendas. 1798. 8°
cf. Goedeke: Grundr. zur Gesch. der deutschen Dichtung. 2. Aufl. 5 (1893) S. 267. Kl. 4031. Frmrisches Schauspiel. °Nachdrucke Leipzig: 1799 8°; Grätz: 1800 8°. Auch in Iffland. Theatralische Werke 11 Bde. Leipzig: Göschen 1828 16° abgedruckt.

— die Marionetten. Lstspl. in 1 A. 8. Berl. 808. (Sander). 8 gr

– Die Mündel, s.a. Meyer's Volkbücher.

— die Mündel; e. Schspl. in 5 Aufz. 8. Augsb. 785. v. Jenisch u. St 8 gr

—— die Müßiggänger, s. Schnabel.

Iffland, Aug. Wilh., s.: National-Litteratur, deutsche.

— der Oheim. Lstspl. in 5 A. 8. Berl. 808. (Sander). 16 gr

—— s. Picard, Duhautcours. — Der Müssiggänger. — Die Nachbarschaft. — Rückwirkung. — Der Taufschein. — Die erwachsenen Töchter.

Iffland, A. W., über dessen Schauspiel, d. Gewissen, u. d. Vorstellung desselben auf d. Provinzialtheater in Breslau, e. Didaskalie. 8. Bresl. 797. W. G. Korn. 6 gr

—— der Spieler, s. Meyer's Volksbücher.

—— der Spieler, s. Theater-Bibliothek, classische. — Universal-Bibliothek.

— Theorie d. Schauspielkunst, s.a. oben Almanach.

Iffland, August Wilhelm.
Theorie der Schauspielkunst . . . Berl. 1815.
H: *Flittner, Chn Gfr.* (BrMm)

— Theorie d. Schauspielkunst. 2 Bdchen. m. K. 12. Berl. N. Soc. Buchh. 815. geh.

— Friedrichs Todtenfeier. Dramat. Nänie. gr. 8. Karlsr. 814. Braun. 3 gr

– Verbrechen aus Ehrfurcht, s. Meyer's Volksbücher.

—— Verbrechen aus Ehrsucht, s. Theater-Bibliothek, classische.

Iffland, Aug. Wlh., dramatische Werke. Mit Kupfern nach Ramberg von Böhm, Bolt u. Jury. 16 Bde. 8. Leipz. 798—802. Göschen. 18 Rthl 4 gr Schrbp. 21 Rthl 16 gr Velinp. 44 Rthl (Enthalten: Iffland's Leben, unter d. Tit.: Meine theatral. Laufbahn. — Achmed u. Zenide. Schspl. 799. 12 gr — Die Advokaten. Schspl. 8. Leipz. 796. Göschen. 16 gr — Albert v. Thurneisen. Trspl. gr. 8. Manh 782. Schwan u. G. 6 gr N. A. 8. Leipz., Göschen. 10 gr — Allzu scharf macht schartig. Schspl. 795. 15 gr — Die Aussteuer. Schspl. 796. 15 gr — Das Bewußtsein. Schspl. 8. Berl. 787. Rottmann. 12 gr N. A. 8. Leipz., Göschen. 12 gr — Dienstpflicht. Schspl. 8. Lpz. 796. Göschen. 15 gr — Der Eichenkranz. Dialog. Frankf. 792. Brönner. 3 gr N. A. 8. Leipz. 800. Göschen. 2 gr — Elise v. Valberg. 792. 15 gr — Erbtheil des Vaters. Schspl. 12 gr — Erinnerung. Schspl. 799. 12 gr — Figaro in Deutschland. Lstspl. in 5 A. 8. Berl. 790. Rottmann. 16 gr N. A. 8. Leipz., Göschen. 16 gr — Frauenstand. Lstspl. 8. Ebd. 792. 16 gr — Der Fremde. Lstspl. 800. 12 gr — Friedrich v. Oesterreich. Schspl., nebst Anhang. 8. Gotha 791. Ettinger. 14 gr N. A. 8. Leipz., Göschen. 12 gr — Die Geflüchteten. Schspl. 4 gr — Das Gewissen. Trspl. 799. 12 gr — Die Hagestolzen. Lustspl. 793. 14 gr — Der Hausfrieden. Lstspl. 799. 14 gr — Der Herbsttag. 16 gr — Die Höhen. Schspl. 15 gr — Die Jäger. Sittengemälde in 5 A. 8. Berl. 785. 8 gr N. A. 8. Leipz., Göschen. 14 gr — Die Kokarden. Trspl. 791. 10 gr — Der Komet. Posse 799. 4 gr — Die Künstler. Schspl. 15 gr — Liebe um Liebe. Schspl. 800. 3 gr — Die Familie Lonau. Lstspl. 16 gr — Luasson, Fürst v. Garisene. Prolog 799. 3 gr — Der Magnetismus. Nachspl. in 1 A. 799. 4 gr — Der Mann von Wort. Schspl. 800. 15 gr — Die Mündel. Schspl. 14 gr — Die Reise nach d. Stadt. Lstspl. 795. 16 gr — Neue versöhnt. Schspl. 8. Berl. 789. (Basel, Rottmann). 12 gr N. A. 8. Leipz., Göschen. 14 gr — Scheinverdienst. Schspl. 8. Ebd. 15 gr — Selbstbeherrschung. Schspl. 800. 14 gr — Leichter Sinn. Lstspl. 799. 10 gr — Der Spieler. Schspl. 799. 14 gr — Vaterfreude. Vorspl. 800. 4 gr — Das Vaterhaus. Schspl. (Fortsetz. d. Jäger). 14 gr — Verbrechen aus Ehrsucht. Familiengemälde. Manh. 787. Schwan u. G. 9 gr N. A. 8. Leipz., Göschen. 12 gr — Die Verbrüderung. Schspl Ebd. 800. 12 gr — Das Vermächtniß. Schspl. 796. 16 gr — Der Veteran. Schspl. 800. 4 gr — Der Vormund. Schspl. 795. 16 gr — Wohin? Schspl. 806. 18 gr — Alte u. neue Zeit. Schspl. 795. 15 gr

— — derselb. 17r Bd., oder neue dramatische Werke 1r Bd. m. 1 K. 8. Berlin, Oehmigke d. jüng. 807. (enth. a) die Hausfreunde; b) d. Oheim; c) d. Marionetten.)
Schreibp.

Iffland, Aug. Wlh., dramat. Werke 17r Bd., oder neue dramat. Werke. 1r Bd., (enth. 1) Die Hausfreunde. 2) Der Oheim. 3) Die Marionetten). Mit 1 Kpf. 8. Berl. 807. (Sander). 1 Rthl 12 gr Schrbp 1 Rthl 20 gr

Iffland's, Aug. Wilh., theatralische Werke, s.a. Volksbibliothek, deutsche.

Iffland, (A. W.,) theatralische Werke. 11 Bde. Auswahl. 16. Leipz. 827, Göschen.

— theatral. Werke. 11 Bde. Auswahl. 16. Leipz. 828. Göschen. 5 Rthl

Iffland's, Aug. Wilh., theatralische Werke in einer Auswahl. 10 Bde. gr. 16. (188 B. u. J's. Portr.) Leipzig 844, Göschensche Vrlgsh.

Bd. 1. Der Jäger. Neue versöhnt.
" 2. Die Reise nach der Stadt. Herbsttag.
" 3. Der Mann von Wort. Dienstpflicht.
" 4. Scheinverdienst. Der Spieler. Der Komet.
" 5. Verbrechen aus Ehrsucht. Leichter Sinn. Die Hagestolzen.
" 6. Die Aussteuer. Das Erbtheil des Vaters.
" 7. Die Höhen. Frauenstand.
" 8. Die Advokaten. Erinnerung. Alb. v. Thurneisen.
" 9. Bewußtseyn. Der Vormund. Vaterfreude.
" 10. Elise v. Valberg. Hausfrieden. Die Mündel. Nachrichten von Ifflands Leben.

Iffland, F. H.: De cirrhosi hepatis. D. Berolini. 1843.

Iffland, Fr. Wlh., Geist od. Buchstabe? Einige Worte zur Beherzigung, hervorgerufen durch die Angriffe auf die Unterzeichner d. Erklärung v. 15. Aug. 1845. 8. Berlin 845, Schröder. n. 1/12 ℔

Iffland, Franc. Henr. (geb. Grüneberg in d. Neum. 24. 8. 1817): De cirrhosi hepatis. Berolini (1843). (28 S.) 8°
Berlin, Med. Diss. v. 21. Aug. 1843

Feier der Schliessung des bisherigen Tempels der Loge Carl zum aufg.·. Licht (Grosse Gallusgasse No 5.) im O.·. Frankfurt am Main am Samstag den 2. März 1872. , Geleitet von dem Br.·. Karl Paul. [Unterz.:] G[eorg] I[ffland]. Als Ms. gedr. im Auftr. der Loge. [Frankfurt a. M. 1872: Werner & Winter.] 31 S. 8°
Festbericht; Vortrag von K. Paul: Rückblick auf die Gesch. der Loge; Festzeichnung von L. Kappus: Mahnung zu treuer Pflichterfüllung.

Iffland, Jo. Friedrich Gotthard (Nassenerfurth / Hess.), De praeceptionibus feodalis disciplinae et Germanici et Lotharingici et Burgundici et Langobardici regnorum et denique Imperii Romani. Disp. jur. Präs. Jo. Georg Estor. Marburg (Müller) 9. V. 1767. 38 S. (6.50) 16805

Iffland, K., Krafterzeugungskosten für ein großes Hüttenwerk. Vortrag. Düsseldorf, 1904. 20 S. [Ec 137

Ifigenia In Tauride. Dramma Per Musica Da Rappresentarsi In Schönbrunn. Festeggiandosi Li Felicissimi Nomi Delle Loro Maestà Imperiale E Reali. L'Anno 1763. A Vienna. V: *Coltelini, Marco.* (BiblPort)

Ifka, Fr., moralische Erzählungen. Ein Christenlehrgeschenk für die Jugend. Mit Titelkpfr. 8. Würzburg 840, Stahel'sche Buchh. 1/4 ℔

Ifka, Fr., Rosen und Dornen. Moralische Erzählungen für christl. Jugend und christl. Volk. 2. verb. Aufl. 8. (168 S. mit 1 Stahlst.) [Regensburg 880.] Straubing, Volks- und Jugendschriften-Verlag. cart.
1. Aufl. erschien 1857 u. d. T.: Moralische Erzählungen. Augsburg, Lampart und Comp.

Ifland, *Julius* [Dr.]: ... Geschichte des Bistums Camin unter Conrad III. 1233—1241. Stettin, Druck v. Herrcke & Lebeling, 1896; 3—24 S. 4.
Stettin, k. Marienstifts-G, OP 1896 (140)

Ifland, Julius: Die Kämpfe Theodosius des Grossen mit den Gothen. Halle a/S. 1878: Karrus. 30 S. 8°
Halle-Wittenberg, Phil. Diss. v. 1. Juli 1878
Geb. Holleben (Kr. Merseburg) 17.4.1852. V.
Ersch. vollst. im Buchhandel u. d. T.: Güldenpenning, A. u. J. Ifland: Der Kaiser Theodosius der Grosse. Halle: Niemeyer 1878. VIII, 240 S.

Ifland, J., der Kaiser Theodosius der Grosse, s. Güldenpenning, A.

Iftner, Paul, aus Erlangen: Ueber einen Fall von excessiver Herzhypertrophie. *Erlangen 1900: F. Junge.* (23 S.) 8°
Erlangen, Med. Diss. v. 17. März 1900

Iga, deutscher Bier-Comment. (28 S.) 8. Leipzig (909). S. Schnurpfeil. — 25

Igaz, E., Mathias Corvinus, König von Ungarn, s. Volks- und Jugend-Bibliothek, österreichische.

Igaz, Ernst. Mathias Corvinus, König von Ungarn. (100) 8. Wien 1879.

IGAZ, Adalbertus: De aetate generis humani illustranda e ss. litteris ss patribus et studiis rerum antiquarum recentioribus. — (1891) 160 S. 4° (Handschr.)
Diss. Wien, Univ.

Igel, Arno, d. Verfahren in Nachlaßsachen nach kgl. sächs. Rechte. Eine Anleitg. zur Behandlg. v. Nachlaßsachen m. Formularen z. prakt. Gebrauch u. unt. Abdruck d. ortsgerichtl. Bestimmgn., verb. m. e. Repertorium d. in Nachlaß- u. Vormundschaftssachen ergang. Annalen-entscheidgn. gr. 8. (106 S.) Pegau 897. H. Günther. n. 1. —

Igel, B., über einige Anwendungen des Principes der Apolarität. Lex.-8. (42 S.) Wien 886, (Tempsky.) *
Aus: Sitzungsberichte der k. Akademie der Wissenschaften, besonders abgedruckt.

Igel, B., über die Discriminante der Jacobi'schen Covariante dreier ternärer quadratischen Formen. Lex.-8. (16 S.) Wien 876, (Gerold's Sohn.) **

-- Nachtrag zur Abhandlung: Über die Diskriminante der Jacobischen Kovariante. S. 75. II. 80 . . . . --.10
Separatabdruck

— ub. einige algebraische Formen, welche in der Theorie der Curven vom Geschlechte p=0 auftreten. Lex.-8. (32 S.) Ebend. 884. n.n. — 50

Igel, B., über die associirten Formen u. deren Anwendung in der Theorie der Gleichungen. gr. 4. (38 S.) Wien 889. Gerold's Sohn. n. 2. —

—— über die Frage, unter welchen Bedingungen eine binare Form m-ter Ordnung Theiler einer binären Form n-ter Ordnung ist. gr. 8. (13 S.) (Ebendas.) 880. **
aus: Sitzungsberichte der k. Akademie der Wissenschaften, besonders abgedruckt.

— über die simultanen Invarianten, aus denen sich die Resultante dreier ternärer quadratischer Formen zusammensetzt. [Aus: „Sitzungsber. d. k. Akad. d. Wiss."] Lex.-8. (22 S.) Ebend. 878. n. — 40

Igel, B., über eine Classe v. Abel'schen Gleichungen. [Aus: „Denkschr. d. k. Akad. d. Wiss."] Imp.-4. (15 S.) Wien 882. Gerold's Sohn in Comm. n. — 80

Igel, B., über die Orthogonalen und einige ihnen verwandte Substitutionen. Imp.-4. (12 S.) Wien 878, (Gerold's Sohn.) **
Aus: Denkschriften der k. Akademie der Wissenschaften, besonders abgedruckt.

—— über ein Princip zur Erzeugung von Covarianten. Imp.-4. (19 S.) (Ebendas.) 883. *
Aus: Denkschriften der k. Akademie der Wissenschaften, besonders abgedruckt.

Igel, Dr. B., Ueb. ein Princip z. Erzeugung von Covarianten. 4 (19 S.) Wien, *Carl Gerold's Sohn. 50 kr.

-- über einige algebraische Reciprocitäts-Sätze. [Aus: „Denkschr. d. k. Akad. d. Wiss.“] Imp.-4. (20 S.) Wien 888. (Tempsky.) n. 1. —

Igel, B., üb. einige elementare unendliche Reihen. [Aus: „Sitzungsber. d. k. Akad. d. Wiss.“] Lex.-8. (16 S.) Wien 876. (Gerold's Sohn.) n.n. — 30

einige Sätze u. Beweise zur Theorie der Resultante. [Aus: „Sitzungsber. d. k. Akad. d. Wiss.“] Lex.-8. (24 S.) Ebend. 877. n. — 40

— über die Singularitäten eines Kegelschnitt-Netzes und Gewebes. Lex.-8. (13 S.) (Ebendas.) 877. **

Vorstehende drei Schriften sind aus: Sitzungsberichte der k. Akademie der Wissenschaften, besonders abgedruckt.

-- zur Theorie der Combinanten u. der Theorie der Jerrard'schen Transformation. [Aus: „Denkschr. d. k. Akad. d. Wiss.“] Imp.-4. (32 S.) Ebd. 887. n. 1. 60

[illegible] B., zur Theorie der Combinanten u. der Theorie [illegible]schen Transformation. [Aus: „Denkschrift der k. [illegible] d. Wissenschaften“.] Imp.-4°. (32 S.) Wien, Gerold's [illegible]

-- zur Theorie der Determinanten. [Aus: „Sitzungsber. d. k. Akad. d. Wiss.“] Lex.-8. (7 S.) Ebend. 880. n. — 20

--- zur Theorie eines simultanen Systems dreier binärer cubischer Formen. Imp.-4. (21 S.) (Ebendas.) 885. *

aus: Denkschriften der k. Akademie der Wissenschaften, besonders abgedruckt.

Igel, E., s.: Zeitfragen, pädagogische.

Igel, Elis. v., blaue Astern. 8. (III, 77 S.) Darmstadt 894. A. Bergsträsser. n. 1. 60

Igel, G., Heimatskunde der Provinz Posen. Schulgeographie. 8. (20 S.) Rogasen 875, Alexander. *

Igel, G., Heimatskunde der Prov. Posen. Schulgeographie. 2., verb. u. m. einer (lith. u. color.) Karte verseh. Aufl. 8. (22 S.) Rogasen 880. Alexander. n. — 30

Igel, G., Heimatskunde der Prov. Posen. Schulgeographie. 3. verb. u. m e. (chromolith.) Karte verseh. Aufl. (24 S.) Rogasen 883. Alexander. n. — 30

Igel, G., Heimatskunde der Provinz Posen. Schulgeographie. 4. verb. Aufl. 8. (24 S. mit 1 Karte.) Rogasen 887, Alexander's Buchh. * — 30

Igel, G., zbiór zadań rachunkowych. Z niemieckiego przełożył i do użytku szkół polskich. Zeszyt 1—6. Gnesen 870. Lange, 8. n. 10⅓ ngr.
1—3. (à 16 S.) à n. 1½ ngr. — 4. 5. (12 u. 19 S.) à n. 1½ ngr. — 6. (32 S.) n. 3 ngr.

Igel, Harry v., Kammergerichtsrefer.: Die Nebentäterschaft. Borna-Leipzig 1910: Noske. IX, 46 S. 8°
Rostock, Jur. Diss. v. 25. März 1910, Ref. Wachenfeld
[Geb. 23. Jan. 80 Altona; Wohnort: Berlin; Staatsangeh.: Preußen; Vorbildung: Klostersch. Roßleben Reife O. 04; Studium: Tübingen 1, München 1, Rostock 1, Berlin 3 S.; Rig. 28. Juli 09.] [U 10. 3846

Igel, Heinr., Referendar u. Sommer-Leutnant. Lose Blätter aus meinem Leben. (199 S.) 8. Berlin (910). Zehlendorf, R. Eckstein Nachf. 2. —

Igel, Johann, Kandidat d. höh. Schulamts, a. Borntosten (Kr. Brilon): Aus d. Zoolog.-Anatom. Institut d. Univ. Münster. Über die Anatomie von Phaseolicama magellanica Rousseau. Naumburg a. S. 1907: Lippert & Co. (42 S.) 8° ¶(Erscheint mit d. zugehör. Taf. in: Zoolog. Jahrbücher, Abt. f. Anatomie.)
Münster, Phil. Fak., Ref. Ballowitz, Diss. v. 30. Nov. 1907
[Geb. 13. März 80 Borntosten; Wohnort: Borntosten; Staatsangeh.: Preußen; Vorbildung: Gymn. Petrinum Brilon Reife O. 03; Studium: Münster 6 S.; Rig. 29. Juli 07.]

Igel, Laz. Elias, מכתבים שונים seu variae interpretationes criticae et grammaticales de Biblia veteris testamenti et de Onkelosi, quibus accedunt alia scripta hebraica et chaldaica. 8. (29 S.) Leopoli 850, (Stengel.)

Igel, Martin, Regierungsbauführer a. D. a. Berlin: Die Lohnverhältnisse bei der Preußischen Staatseisenbahn. Berlin (1905): Gülzow & Kornblum. (87 S.) 8°
Erlangen, Phil. Fak., Ref. v. Eheberg, Diss. v. 8. März 1906
[Geb. 19. Jan. 79 Berlin; Wohnort: Berlin; Staatsangeh.: Preußen; Vorbildung: Friedrichs-Werder-Gymn. Berlin Reife O. 98; Studium: Charlottenburg T.H. 8, Berlin 2 S.; Rig. 1. Nov. 05.]

Igel, Siegfr. [geb. Kurnik in Posen 18. 1. 1870]: Thesen. Berlin (1870). (2 Bl.) 8°
Berlin, Med. Thes. v. 19. Juli 1870

IGEL, W. Sch., Knackmandel (sol), von —. Amsterdam 1894. 8°. 16 S. Lat. Lett. (S. 13—14 fehlt nicht, sondern ist ausgelassen worden.)
Säuische Gedichte, u. a.: Neue erotische Klapphornverse.

Igelsheimer. Edw., s. Gallerie würtemberg. Portraits

Igelstein, Leiser: Aus d. chir. Univ.-Poliklinik zu Königsberg i. P. Über die Pseudofrakturen der Sesambeine des I. Metatarsophalangeal-Gelenkes. Leipzig: Vogel 1908. 23 S. 8° ¶(Aus: Deutsche Zeitschr. f. Chirurgie. Bd 93.)
Königsberg, Med. Diss. v. 13. Febr. 1909, Ref. Lexer
[Geb. 26. Jan. 76 Garsden; Wohnort: Garsden; Staatsangeh.: Rußland; Vorbildung: Wilna Reife O. 02; Studium: Phil. Gießen 1, Med. Königsberg 10 S.; Rig. 6. Febr. 09.] [U 09. 2376

v. Igelström, Graf Gust. Otto Andr., (†...) von d. Einflusse des Studiums d. Naturgeschichte auf Staatskenntniß u. bürgerl. Glückseligkeit. 8. Leipz. 793.

Igen, Rudolf, Kammergerichts-Ref.: Rechtliche Stellung des Finders und dessen Erben in Beziehung auf die Fundsache. *Berlin 1898: G. Pintus.* (51 S.) 8° [Z.]
Erlangen, Jur. Diss. v. 6. Juni 1898

Iger, Art., die Rechtsprechung des Berliner Kaufmannsgerichts. 110 wicht. Entscheidgn. gesammelt u. hrsg. 1. Bd. (Umschlag: Wie urteilt das Kaufmannsgericht?) (XIV, 93 S.) kl. 8. Berlin (906). O. Dreyer. n. 1. 20

Iger, Art., die Rechtsprechung des Berliner Kaufmannsgerichtes. 1907. 150 wicht. Entscheidgn., gesammelt u. hrsg. (IV, IV, 80 S.) kl. 8. Berlin (908). Verlag f. Sprach- u. Handelswissenschaft. 1. —
Aus dem Buchhandel zurückgezogen.

Igereth Elassaph (Rabbi aus Algier), od. Sendschreiben eines afrikanischen Rabbi an seinen Collegen in Europa. Hrsg. mit e. deutschen Vorwort, Nachworte u. noch Etwas von A. *Chorin* (Ober-Rabbi zu Arad). Prag 1826. Gedr. bei M. J. Landau . . . . Auf Kosten des Herausg. 8°. Harsb. *)
4 Bll., V—94 S., nebst 5½ S. Anh. in hebr. Sprache. — Selten!

Igersheimer, J[osef], Dr., I. Assist. d. Univ.-Augenklin. zu Halle: Aus d. Univ.-Augenkliniken zu Heidelberg u. zu Halle. Die ätiologische Bedeutung der Syphilis und Tuberkulose bei Erkrankungen des Auges. Leipzig: W. Engelmann 1910. 153 S. 8° ¶(Aus: v. Graefe's Archiv f. Ophthalmol. Bd 76, H. 2.)
Halle, Med. Hab.-Schr. v. 1910 [U 11. 1928

Igersheimer, Josef, a. Frankfurt a. M.: Ueber den Blutdruck bei Tuberkulösen. Tübingen: F. Pietzcker 1904. (41 S.) 8°
Tübingen, Med. Fak., Ref. v. Krehl, Diss. v. 15. Sept. 1905
[Geb. 3. Sept. 79 Frankfurt a. M.; Wohnort: Frankfurt; Staatsangeh.: Preußen; Vorbildung: Gymn. Frankfurt Reife O. 98; Studium: Heidelberg 4, München 1, Berlin 1, Straßburg 3, Tübingen 2 S.; Coll. 28. Juni 04; Approb. 13. Aug. 04.]

ICF — FGI
v. Communications de la Fédération graphique Internationale. Journal of the International Graphical Federation. Meddelanden från internationella Grafiska Federationen. Mitteilungen der Internationalen Graphischen Föderation

Iggareth Thanchumi etc. vide I. G. Velthuson.

Iggelheim, seine Geschichte und sein Jubelfest. Westheim 1856. V: *Thelemann, Carl Otto.* (ADB 31, 249)

Iggena, Hermann, aus Aurich: **Beiträge** zur Kenntniss der Amalgame der alkalischen Erden, des Zinks und des Cadmiums. *Göttingen 1899: W. F. Kaestner.* (95 S.) 8°
Göttingen, Phil. Diss. v. [13. Nov.] 1899

Iggena, Herm., Beiträge zur Kenntniss der Amalgame der alkalischen Erden, des Zinks u. des Cadmiums. Diss. gr. 8. (93 S. m. 2 Taf.) Göttingen 899. (Vandenhoeck & Ruprecht.) n. 2. 40

[Hebr.] **Iggeret** Ester ... 'im be'ârôt ... mimmenni Šelômo Buber ... *Kraka: J. Fischer 567 l. p. k.* [A. T.:] Agadische Abhandlungen zum Buche Ester nach e. Hs. aus Jemen ... hrsg. u. m. Anm. vers. v. Salomon Buber. *Krakau: J. Fischer 1897.* (XII, 84 S.) 1 Bd 8. (98. 6839)

Iggereth Baale Chajjim s. Tier und Mensch.

Iggeret Teman oder Sendschreiben des Rabbi Moses ben Maimon an die jüdische Gemeinde Jemens. Verfasst in arab. Sprache im J. 1172 und übers. in's Hebräische 1210 von Samuel ibn Tabon. Nach einer Handschrift im Besitze des Pred. Dr. A. Jellinek. Kritisch beleuchtet und mit Anmerkungen nebst Einleitung versehen von Dav. Hollub. gr. 8. (66 S.) Wien 875, [Brüder Winter.] Löwy.
Aus: Haschachar, besonders abgedruckt.

Igl, s.: Gehängten, die.

Igl, humoristische Anthologie Ein stenogr. Lesebuch. 1. und 2. Lfg. 8. (74; 73 autogr. S.) Eichstätt 876,58, Krüll'sche Buchh. à Heft * *M.* 1,50. *

Igl, humoristische Anthologie. Ein stenogr. Lesebuch. 2. Lfg. 8. (73 autogr. S.) Eichstätt 878. Krüll. (ù) n. 1. 60

Igl, Jos., Predigt aus Anlaß der Hinrichtung der beiden Marchner in Amberg. 8. (12 S.) Amberg 873, Habbel. — 20

Igl, Leonh. (Hrsg.), s. Anthologie, Humoristische.

Iglau [Schlagwort]

Iglau, s. Europa. Liebenow.

Iglau, s. Radfahrerkarten; Strassenprofilkarte.

Iglauer, Fritz, aus Nürnberg: **Versuche in der Tropingruppe.** *München 1901: Kastner & Lossen.* (81 S.) 8°
München, Phil. Diss. v. 1901

Igler, C. G., s.a. Verhandlungen u. Arbeiten der ökonom.-patriot. Societät d. Fürstenthümer Schweidnitz u. Jauer.

Igler, C. G., Verhandlungen u. Arbeiten d. ökonomisch-patriot. Societät d. Fürstenthümer Schweidnitz u. Jauer im Jahre 1846. Als eine Fortsetzung d. neuen Annalen, aus den Orig.-Akten hrsg. 8. (8⅝ B. u. 2 Stnt.) Breslau 846, W. G. Korn. *

Iglitsch Jos. P. Allgemeiner arithmetisch-algebraischer Studienschatz. 2 Thle. Wien, Karl Ueberreuter 1852. 8.

Igls, Klimatischer Kurort, bei Innsbruck (Nord-Tirol) ... Von F. Th. Innsbruck [1903]. V: *Thurner, Franz.* (margr)

Igls, klimatischer Kurort, bei Innsbruck (Nord-Tirol). Saison Mai—Oktbr. Von F. Th. Hrsg. vom Verschönerungsverein Igls. (32 S. m. Abbildgn., 4 farb. Taf. u. 2 Karten.) 8. Innsbruck (903). Wagner. n. — 80

Ignacy, S., ćwiczenia duchowne czyli rekollekcie przez xiędza Alojzego Bellecziusza w języku łacińskim ułożone a przez xiędza Ant. Brescianiego w języku włoskim na nowo wydane przerobił do użytku wszystkich zastosował i rozmyślaniami z pisma świętego o tajemnicach żiwota Chrystusa pana pomnożył xiądz *** gr. 18. (XXXVI und 360 S.) Berlin 851, Behr's Buchh. *

Ignatijewitsch, E. J., Croaten, Serben und Magyaren, ihre Verhältnisse zu einander und zu Deutschland. Sendschreiben an Arnold Ruge. Wien, Schmidt u. Leo, 1848. 23 S. 8°.

Ignatijević de Tkalec, s. Tkalec.

Ignatius, P., der bewaffnete Christ im Kampfe gegen die Lockungen der Welt und die Versuchungen seines eigenen Innern. Katholisches Betrachtungs- und Gebetbuch. Aus dem Engl. übersetzt von einem Priester der Diözese St. Gallen. 16. (430 S. mit 3 lithogr. Bildern und eingedr. Holzschn.) Einsideln 870, Gebr. Benziger. 1 —

Ignatius Antiochenus

Ignatius von Antiochien, Briefe, s. Bunsen.

Ignatius, d. heil., Briefe; Fortsetzung. Aus d. Griech. gr. 8. Münster 827. Theyssing. 6 K

Ignatius (v. Antiochien), d. heil., Briefe. Neu übers. u. erklärt v. M. J. Wocher. (Mit Namen- u. Sachregister.) gr. 8. (7½ B.) Tübingen 829, Laupp.

Ignatius von Antiochien, des heil., Briefe und sein Martyrium. Aus dem Urtext übersetzt, mit einer historisch-krit. Einleitung und krit. erklär. Anmerkungen versehen von Jos. Nirschl. gr. 8. (VIII, 225 S.) Passau 870, Bucher'sche Buchh. * 2 40

Ignatius et Polycarpus, Epistolae, s.: Bibliotheca sanctorum patrum series I.

—— epistolae, s. Corpus Ignatianum.

Ignatii epistulae, s.: Patrum apostolicorum opera.

Ignatii, (S.,) Epistolae, ed. J. C. Thilo. 8. Halle 821, Waysenhaus-Buchh.

—— quae feruntur epistolae una cum ejusdem martyrio. Collatis edd. graecis versionibusque syriaca, armeniaca, latinis denuo recens. notasque criticas adjecit Jul. Henr. Petermann. 8maj. (XXVI und 565 S.) Lipsiae 849, Vogel. *

Ignatii Antiocheni et Polycarpi Smyrnaei epistulae et martyria. Ed. et adnotationibus instruxit Adolf. Hilgenfeld. gr. 8. (XXIV, 384 S.) Berlin 902. C. A. Schwetschke & Sohn. n. 12.80

— Gedanken u. Sprüche. Zur Beherzigung an jedem Tage des Jahres. 8. Köln 828. Du Mont-Schauberg. 20 ℊ. Schrbp. 1 ℳ

[F.] Ignatiusbriefe ... Uebs. v. E. Klein, Pfarrer in Lichtenrade Berlin. [No] 1. *Berlin: Buchh. d. Berliner Stadtmiss. (1898).* 8.
— Schatzkammer, Aus der, heiliger Väter. II, 3.

Ignatius, Sanct., quae supersunt, s. Clementis S. Rom.

— sententiae et effata per singulos anni dies distributa denuo edita. 12. Mainz 808. Kupferberg. 20 ℊ. (Müller). Hbg. Pr. 12 ℊ.

—— Sententiae et Effata per singulos anni dies distributa. Ex mandato Jos. Ludov. Colmar, Episc. Mog. edita. Edit. nova. 12maj. (14 B.) Moguntiae 841, Kirchheim, Schott et Thielmann. Thlr.

– Supplementum Corporis Ignatiani a Giulielmo Curetono editi publici juris factum a Georgio Moesinger. Oeniponti 1872.

Ignatius Diaconus

Ignatii (Diaconi) et aliorum tetrasticha iambica, recensita a. Carol. Frider. Mueller, s.: Babrii fabulae Aesopeae.

Ignatii Diaconi tetrasticha iambica 53, versus in Adamum 143, rec. et brevi adnotatione instruxit Carol Frdr. Müller. Praemissa est de Ignatii metrica arte, vita, scriptis disputatio. 4. (32 S.) Kiel 886. (Lipsius & Tischer.) 3. —

Ignatii Diaconi vita Tarasii archiepiscopi Constantinopolitani. Graece primum ed. I. A. Heikel. gr. 4. (V, 46 S.) Helsingforsiae 889. (Berlin, Mayer & Müller.) n. 2.40

Ignatius von Loyola

Ignatius de Loyola, s. Loyola, Ign. de.

Ignatii de Loyola, exercitia spiritualia cum versione literali ex autographo hispanico. Notis illustrata editio in Germania prima juxta edit. Rom. IV. recogn. et auctam recusa. Ratisbonae 855. Manz. 8. (456 S. u. Portr. in Kpfrst.) 1 ℛ. 3 ngr.

Ignatius [v. Loyola, d. hl.]. Geistliche Exercitien, s. Brucker, Jak.

Ignatius von Lovola, Stifters der Gesellschaft Jesu, des heil. Vaters, Geistesübungen. Für alle Christen jeden Standes eingerichtet von e. Priester der genannten Gesellschaft. Neue Ausg. m. e. Anh. v. Mich. Sintzel. gr. 12. (24 B. u. Titkpfr.) Regensburg 842, Manz.

—— u. Luther, s. Flugschriften, kathol., z. Wehr' u. Lehr'.

— Kernsprüche der christlichen Lebensweisheit, vertheilt auf alle Tage des Jahres. Aus d. Latein. Paderborn 853. Schöningh. 16. (2 Bl., 356 S.) n. 10 ngr.

Ignatius v. Loyola, Kernsprüche der christlichen Lebensweisheit vertheilt auf alle Tage des Jahres. Aus dem Latein. von Ludolf Henze. 2. Aufl. 16. (386 S.) Paderborn 860, Schöningh.

Ignatius v. Loyola, d. h. Kernsprüche der christlichen Lebensweisheit, vertheilt auf alle Tage des Jahres. Aus dem Lateinischen von Ludolf Henze. 5. Aufl. 16. (465 S.) Paderborn 888, F. Schöningh. * 1 –

Des h. **Ignatius** v. Loyola Kernsprüche der christlichen Lebensweisheit, verteilt auf alle Tage d. Jahres. Aus d. Lat. von Ludolf Henze. 6. Aufl. Paderborn: F. Schöningh [1905]. (464 S.) 8° [F.]

Ignatii de Loyola, S., meditationum et contemplationum puncta, libri exercitiorum textum diligenter secutus explicavit Franc. de Hummelauer, S. J. 12. (VII, 435 S.) Freiburg i/B. 896. Herder. n. 3. —; geb. in Halbfrz. n. 4.40

IGNATIUS VON LOYOLA. Andächtiger Seufzer zu dem heil. Ignatius. Tyrnau 1768. o. Dr. 2 f. - 120 mm

—— des heil., geistliche Uebungen, s. Schem, F.

— geistl. Uebungen; aus d. Latein. (von J. H. Brockmann). 8. Münster 797.

Ignatius (Loyola), des heil., geistliche Uebungen, nach dem Geiste des P. Jchs. Roothaan. 2 Bde. Mit 2 Stahlst. 8. Regensburg 855, Manz. à Bd. 1 Thlr. 10½ Ngr.
Inhalt:
Bd. 1. Die geistlichen Uebungen des heil. Ignatius nach der span. Urschrift wortgetreu übers. und durch Anmerkungen erläutert von Johs. Roothaan. Aus dem Latein. (XXIV und 553 S.)
" 2. Anleitung zu den geistlichen Uebungen des heil. Ignatius. Aus dem Italien. (616 S.)

Ignatius von Loyola, geistliche Uebungen. Nach der latein. Ausg. des Joh. Roothaan wörtlich ins Deutsche übers. und mit einem Auszuge aus dessen Noten, mit Einleitungen, sowie erklär. Abhandlungen über den Plan des Heiligen hrsg. von Jakob Leitner. 8. (288 S.) Augsburg 870, Kollmann'sche Buchh. [Regensburg, Manz.] 2 25

—— Geistliche Übungen. 16. (XVI, 251 S.) Regensb. 889, Verlags-Anstalt. 1 –

Geistliche Übungen [Exercicios spirituales] des heiligen **Ignatius** v. Loyola. Aus d. span. Originaltext ins Deutsche übers. Mit Anm. u. Erkl. d. R. P. Johann Roothaan. Aus d. Lat. von Rudolf Handmann, S.J. Regensburg: Manz 1904. XL, 302 S. 8°

IGNATIUS A MATRE DEI: Der Sieg über den Todt, welchen Maria die unbefleckte Mutter Gottes durch Jesum ihren Sohn erhalten. In einer Kirchen-Rede ... den 5-ten September 1734 ... vorgestellet. Raab 1734. Streibig. 8 S.

Ignatius, Bischof von Regensburg

Ignatius, die geistlichen Grundlehren. Nebst den Anmuthungen des heil. Franciscus Xaverius. 32. (162 S.) Regensburg 865, Manz.

Ignatius, Bischof von Regensburg, Hirtenbrief, erlassen am Tage seiner feierlichen Consecration den 2. Mai 1858 an alle Gläubigen seines Bisthums. 2. Aufl. gr. 4. (15 S.) Regensburg 858, Manz. *

— Hirtenbrief über die gewaltthätige Wegnahme Roms u. des Erbgutes Petri u. über die Lage des heil. Vaters. 2. Aufl. Regensburg 870. Pustet in Comm. Lex.-8. (16 S.) n. 1 ngr.

—— Litterae pastorales quas die festo consecrationis suae II. Maj. 1858. ad universum dioeceseos clerum dedit. gr. 4. (11 S.) Regensburg 858, Manz. *

Ignatius Sanctus, s. Ignatius Antiochenus

Hirtenbrief. Ignatius, durch Gottes Erbarmung und des apostolischen Stuhles Gnade Bischof zu St. Pölten, entbietet allen Gläubigen dieser Diöcese seinen bischöflichen Gruß und Segen in Christo Jesu. Der Brief beginnt: »Freude und Jubel erfüllt unser Herz« 2c. »St. Pölten am Feste der Verkündigung der seligsten Jungfrau Maria, 25. März 1855.« St. Pölten. Druck von F. Lorenz. (8 S. Fol.)

Hirtenbrief. Ignatius, Dei et Apostolicae Sedis gratia Episcopus Sanhippolytanus, Universo Venerabili Clero saeculari et regulari dioecesis Sanhippolytanae Salutem et benedictionem in Domino! »Non sine magno cordis Nostri gaudio« etc. »Datum ad S. Hippolytum in festo S. Josephi die 19. m. Martii a. Dom. 1855.« Typis Francisci Lorenz ad S. Hippolytum. (6 S. Fol.)

Ignatius [Pseud.], s. Bahrdt, Carl Friedrich

Ignatius, Friedrich

Ignatius, F., De Antiphontis Rhamnusii elocutione. Diss. 1882. 82 S. 8°.
— — Geb. 1882. 188 S.

Ignatius, Frdr., de Antiphontis Rhamnusii elocutione commentatio. gr. 8. (IX, 201 S.) Berlin 882. (Mayer & Müller.) n. 5. —

Ignatius, K. E. F., statistische Mittheilungen, mit Veranlassung der ersten finnischen allgemeinen Ausstellung in Helsingfors 1876. Uebers. von E. Hårdh. gr. 8. (III, 103 S. mit 2 chromolithogr. Karten.) Helsingfors 876. (Leipzig, K. F. Köhler.) *

Ignatius, Wilhelmus: De verborum cum praepositionibus conpositorum apud Cornelium Nepotem, T. Livium, Curtium Rufum, cum dativo structura. Halis-Saxonum (1877): (Trowitzsch in Berlin). 32 S. 8°
Halle-Wittenberg, Phil. Diss. v. 20. Okt. 1877
Geb. Berlin 24. 3. 1854. V.
Ersch. vollst. im Buchhandel Berlin: Haude & Spener 1877. 140 S.

Ignatius, W., de verborum cum praepositionibus compositorum apud Cornelium Nepotem, T. Livium, Curtium Rufum cum dativo structura. gr. 8. (140 S.) Berlin 877, (Haude und Spener'sche Buchh.) *

Ignatowsky, Elisabetha [aus Tomsk, Russland]: Aus der medicinischen Klinik der Universität Zürich. Über Scharlachdiphtherie. Nach Beobachtungen auf der Züricher medicinischen Klinik. Zürich 1903. 34 S. 8°. [4. IX. 03.]
Zürich. Med. Diss. 1903/1904.

Ignatowsky, Elisabetha. Über Scharlachdiphtherie. Nach Beobachtungen auf der Züricher medicinischen Klinik. Diss. Med. Univ. Zürich. *Kopftitel:* Aus der Medicinischen Klinik der Universität Zürich. 34 S. 8. Zürich, Buchdr. des Schweiz. Grütlivereins, 1903.

Ignatowsky, W. v., die Vektoranalysis u. ihre Anwendung in der theoretischen Physik, s.a. Schriften, mathematisch-physikalische. f. Ingenieure u. Studierende.

Die Vektoranalysis und ihre Anwendung in der theoretischen Physik von Dr. W. v. **Ignatowsky**. Mit Textfig. T. 1. 2. Leipzig & Berlin: Teubner 1909–10. 8°
1. Die Vektoranalysis. 1909.
2. Anwendung d. Vektoranalysis in d. theoret. Physik. 1910.
(Mathematisch-physikal. Schriften f. Ingenieure u. Studierende. 6, 1. 2.) [10. 1632

Ignez, s. Ines.

IGNEZ und Leonelli. Eine spanische Geschichte. — Lorenza oder das Unschuldsopfer aus Kindesliebe. — Adelaide u. Adelbert. Ein Feenmährchen. — Franziskus od. die Mitternachtsstunde im Klostergarten. Quedlinburg und Leipzig, Basse, 1816. 8°. (18 Gr.) (5 Mk. 50 Pfg. Edm. Meyer, Berlin, 1908.)

— — Dasselbe. Neue Ausgabe. Ibid. eod. a. 8°.
Anzeige des Verlegers.

Ignjatović, Jak., der Serbe und seine Poesie. Aus dem Serb. gr. 8. (25 S.) Bautzen 866, Schmaler und Pech. *

Ignjatowitsch, Dobroslaw: Die zweite Regierung des Fürsten Michael von Serbien. . . . Leipzig, Druck v. F. A. Brockhaus, 1888; 1 Bl. + 86 S. + 1 Bl. 8°
Leipzig, Phil. Fak., Inaug.-Diss. v. 23. März 1889

Ignis ardens, s.a. Pius X.

Ignis ardens. Pius X. und der päpstliche Hof. Autor. deutsche Ausg. von Maria Textor. Berlin-Leipzig: C. Wigand 1908. (267 S.) 8° [08. 1160

Ignis ex functione in Ecclesia 1. Cor. III. 12—15. Helmstadii 1735. V: *Hardt, Hermann von der* [?]. (BrMm)

Ignoramus, s.a. Ethik, e. neue.

Eine neue Ethik v. **Ignoramus**. *Berlin: R. Mosse 1897.* (22 S.) 1 Bd 8. [98. 1297

Ignoranten, die, s.a. G. Schilling.

Ignoranten, die, ein komisch. Roman v. Verf. des Weibes wie es ist. (v. Gustav Schilling.) 3 Thle. 8. Dresd. Arnold. 810.

Ignoranten, die, v. Gustav Schilling. 3 Thle. 3te verbess. Aufl. Dresd. Arnold. 811.

Ignoranz und Verderben, oder die Folge der Erziehung . . . Nürnb. 1804. V: *Wagner, Joh. Jacob.* (NN) (GGr) »Stuttgart 1804«. V: *Bonafont, Carl Phil.* (Ky) (MGT)

Ignoranz u. Verderben. od. die Folgen der Erziehung, (von K. Ph. Bonafont). 8. Nürnb. 804. Riegel u. W. 1 ℛ 8 g

Ignoti nulla cupido. V: *Izdenczy-Jos. Freih. v.* (Hock: Oesterr. Staatsrath. S. 201.) (biblPort)

Ignotus, s.a. Arbeit u. Natur.

Arbeit und Natur. Betrachtungen z. sozialen Frage von **Ignotus**. Berlin: J. Harrwitz Nachf. 1906. (14 S.) 8° [F.] [06. 1900

Ignotus (Adam Müller-Guttenbrunn), s.: Dame, die, in Weiß.

Ignotus, s.a. Kreuzzeitungs-Politik, die.

[F.] Die Kreuzzeitungs-Politik und die Aera Hammerstein-Stöcker. Regieren und Intriguiren. Adolf Stöcker, der Unvorsichtige. Von **Ignotus** . . . Zwei Artikel aus d. Wochenschrift 'Die Nation'. 4. Aufl. *Berlin: Rosenbaum & Hart 1895.* (1 Bl., 40 S.) 1 Bd 8. [96. 304

Ignotus s.a. **Plan, der neue, f. d. jurist. Studium in Preussen.**

Der neue Plan für das juristische Studium in Preussen und seine Bedeutung für die Zukunft der Universitäten und des Justizwesens von **Ignotus**. *Leipzig: T. Grieben 1902.* (38 S.) 8°

— s.: **Rund um den häuslichen Herd.**

IGNOTUS (ps.). — Sieg des Glücks und der Liebe über die Melancholie, an dem Exempel Carl Longini, Baron de N***. Allen curiösen Lesern aus sichern Nachrichten zur Belustigung vorgestellet von IGNOTVS. Franckfurt und Leipzig (Blochberger in Leipzig) 1748. 8°. Tit. u. 300 S. Zahm.
Wirklicher Druckort im M. M. V. 1747. F 1a. — Fehlt in Weller's Lex. Pseud.

— s.: **Zukunft, die, des Zaren.**

Igor. Ein altrussisches heldengedicht (übers.) von Aug. Boltz. 8. (43 S.) Berlin 854, C. Schultze's Buchdruckerei. *

Igri, dve, za slovensko gledišče. I. Juran in Sofija, ali Turki pri Sisku. II. Stepan Šubic, ali Bela IV. na Horvaškim. gr. 8. (109 S.) Laibach 850, Giontini.

Ihaletus, Sardiniae rex, carmen ineunte sec. VIII compositum primum a Petro Martini Caralibus publicatum repetendum curavit J. F. Neigebaur. 8maj. (15 S.) Vratislaviae 852, Leuckart.

Ihben, *Mins* Friedrich [aus Hamshausen in Oldenb.]: Ein Fall von artificiellem, blindsackförmigem Magenanhang nach Gastro-Enterostomie ... Greifswald, Druck v. C. Sell, 1895; 31 S., 1 Bl. 8.
Greifswald, Med. Fak., Inaug.-Diss. v. 2. März 1895

Ihde, Adolf, Referendar in Lübeck: **Die Haftung des Erwerbers eines Handelsgeschäfts für die Schulden des Veräußerers nach früherem und jetzigem Rechte.** *Rostock 1903: C. Hinstorff.* (155 S.) 8°
Rostock, Jur. Diss. v. [31. März] 1903

Ihde, Rudolf: Amt Schwerin. Geschichte seiner Steuern, Abgaben und Verwaltung bis 1655. (Gekr. Preisschrift.) Schwerin (Meckl.) 1912: Bärensprung. XVI, 292 S., 1 Kt. 8° ¶ (Auch als: Jahrbücher d. Vereins f. mecklenb. Gesch. u. Altertumsk. Jg. 77. Beih.)
Rostock, Phil. Diss. v. 23. Dez. 1910, Ref. Bloch
[Geb. 18. Jan. 86 Plate M.-Sch.; Wohnort: Rostock; Staatsangeh.: Mecklenburg-Schwerin; Vorbildung: Gymn. Schwerin Reife O. 05; Studium: Rostock 8 S.; Rig. 21. Dez. 10.] [U 12. 6696

Ihering, Albrecht von

Jhering, A. v: Amerikanische Bergwerks- und Hüttenmaschinen. Wien 1894

Jhering, A. v: Dampfkessel mit Dubiauscher Rohrpumpe. Berlin 1897

Ihering, Albr. v., die Gasmaschinen. Berechnung, Untersuchg. u. Ausführg. der m. gasförm. u. flüss. Brennstoffen betriebenen Explosions- u. Verbrennungkraftmaschinen. Zugleich 2., völlig umgearb. Aufl. der deutschen Ausg. des Werkes „Die Gasmaschinen v. Gust. Chauveau". gr. 8. (X, 438 S. m. 228 Fig.) Leipzig 901. W. Engelmann. n. 16.—; geb. in Leinw. n. 17.—

Ihering, Albr. v., die Gasmaschinen. Berechnung, Untersuchg. u. Ausführg. der m. gasförm. u. flüss. Brennstoffen betriebenen Explosions- u. Verbrennungskraftmaschinen. I. u. II. Tl. Lex. 8. Leipzig, W. Engelmann. 40.—; geb. in Leinw. 48. —
I. Die Generatoren zur Gaserzeugg. Zugleich 3., völlig umgearb. Aufl. der deutschen Ausg. des Werkes „Die Gasmaschinen" v. Gust. Chauveau. (XII, 416 S. m. 133 Fig.) 907. 16.—; geb. 17. 20
II. Die Verbrennungsmaschinen. Zugleich 3., völlig umgearb. Aufl. der deutschen Ausg. des Werkes „Die Gasmaschinen" v. Gust. Chauveau. (X, 470 S. m. 341 Fig. u. 8 Taf.) 909. 24.—; geb. 25. 80

Ihering, Albr. v., die Gebläse. Bau u. Berechng. der Maschinen zur Bewegg., Verdichtg. u. Verdünng. der Luft. gr. 8. (XI, 708 S. m. 464 Abbildgn. u. 3 Taf.) Berlin 893. J. Springer. Geb. in Leinw. n. 20. —

Ihering, Albr. v., die Gebläse. Bau u. Berechng. der Maschinen zur Bewegg., Verdichtg. u. Verdünng. der Luft. 2., umgearb. u. verm. Aufl. (XII, 752 S. m. 522 Fig. u 11 Taf.) gr. 8. Berlin 903. J. Springer. Geb. in Leinw. n. 20. —

Jhering, Albr. v., Katechismus der mechanischen Technologie, s. Weber's, J. J., illustrirte Katechismen.

Jhering, A. v., Katechismus der mechanischen Technologie. Mit 163 in den Text gedr. Abbildgn. 8. (XII, 252 S.) Leipzig 888. J. J. Weber. geb. n. 4. —

Jhering, A. von: Die Construktionsverhältnisse der Gebläse-Maschinen Rheinland-Westfalens, Ober-Schlesiens und Oesterreich-Ungarns. Wien 1892

— **Leitfaden der mechanischen Technologie,** s. **Weber's illustr. Katechismen. 122. Bd.**

Ihering A v, mechanische Technologie. (Weber's Katechismen 122) Leipzig 1888

Ihering A v, Leitfaden der mechanischen Technologie. 2. Auflage. (290 S) (Webers illustrierte Katechismen 122) Leipzig 1904

— **Maschinenkunde f. Chemiker,** s. **Handbuch der angewandten physikalischen Chemie. III.**

Maschinenkunde für Chemiker. Ein Lehr- u. Handbuch f. Studierende u. Praktiker. Von Albrecht v. **Ihering,** Reg.R. Mit 352 Abb. u. 7 Taf. Leipzig: J. A. Barth 1906. (IX, 396 S.) 4°(8°)
— **Handbuch** d. angewandten physikal. Chemie. Bd 3.

— **Die Mechanik der festen, flüssigen u. gasförmigen Körper,** s. **Aus Natur u. Geisteswelt.**

Die Mechanik der festen, flüssigen und gasförmigen Körper. Von Albrecht v. **Jhering,** Geh. Reg.R. T. 1. Leipzig: Teubner 1910. 8°
(Aus Natur u. Geisteswelt. Bdch. 303.)

Jhering, A. v: Die Verwendung des Acetylens als Betriebsgas. München und Leipzig 1895. 1896

Jhering, A. v: Die Verwendung der Koksofengase zum motorischen Betriebe. Düsseldorf 1899

Jhering, v: Ueber die Verwendung des Spiritus zu motorischem Betriebe. (Berlin 1898)

— **amerikanische Wasserhebemaschinen. gr. 4. (55 S. m. 65 Fig. u. 4 lith. Taf.) Berlin 894. L. Simion.** n. 4. —

— **Die Wasserkraftmaschinen u. die Ausnutzung der Wasserkräfte,** s. **Aus Natur u. Geisteswelt.**

Die Wasserkraftmaschinen und die Ausnutzung der Wasserkräfte. Von Albrecht v. **Jhering**. Mit 73 Fig. Leipzig: B. G. Teubner 1908. (120 S.) 8° [F.]
= Natur, Aus, u. Geisteswelt. Bdch. 228. [08. 16417

Jhering, A. v: Die specifischen Wärmen der Gase und die kalorimotrische Untersuchung der Gasmaschinen. München und Leipzig 1901. Fol.

Jhering, A. v: Die specifischen Wärmen der Verbrennungsprodukte der Gasmaschinen. München und Leipzig 1901. Fol.

Jhering, Geo. Albr. Kurze Uebersicht der sämmtlichen in dem Königreiche Holland bestehenden Abgaben. 8°. Bremen 1808.

— Verhandlungen d. Ostfriesischen Stände, die in d. Fürstenthum Ostfriesland anzulegenden Vereinigungstiefe betreffend. gr. 8. Emden 821.

Ihering, Herm. v., vergleichende **Anatomie** des Nervensystems und Phylogenie der Mollusken. Imp.-4. (X, 290 S. mit 8 Bl. Tafelerklärungen, 8 lithogr. Taf. und 16 in den Text gedr. Holzschn.) Leipzig 876, Engelmann. cart. *

Ihering, Herm. v., vergleichende Anatomie des Nervensystemes u. Phylogenie der Mollusken. Mit 8 (lith.) Taf. u. 16 in den Text gedr. Holzschn. Imp.-4. (X, 290 S. m. 8 Bl. Tafelerklärungen.) Leipzig 877. Engelmann. cart. n. 36. —

Ihering, Herm. v., **Archhelenis** u. Archinotis. Gesammelte Beiträge zur Geschichte der neotrop. Region. (III, 350 S. m. 1 Fig. u. 1 farb. Karte.) gr. 8. Leipzig 907. W. Engelmann. 6. —

— **Befruchtung** und Furchung des thierischen Eies und Zelltheilung, s. a. **Vorträge** für Thierärzte.

Jhering, Herm. v., Befruchtung und Furchung des tierischen Eies und Zellteilung, nach dem gegenwärtigen Standpunkte der Wissenschaft dargestellt. (56 S.) S.-A. Jena 78. Dege & Hänel. (Dürselen, Wiesbaden.) M. 2.

Ihering H. v.: Befruchtung u. Furchung d. thierischen Eies u. Zelltheilung ... Leipz. 1878. 56 S. Fig. P.
(Vorträge f. Thierärzte Ser. 1 H. 4). 327.

Ihering, H. v., üb. die Beziehungen der chilenischen u. südbrasilianischen Süsswasserfauna. [Aus: „Verhandlgn. d. deutschen wissenschaftl. Vereins zu Santiago".] gr. 8. (9 S.) Santiago 891. (Berlin, Friedländer & Sohn.) n. — 50

— die **Gehörwerkzeuge** der Mollusken in ihrer Bedeutung für das natürliche System derselben. gr. 8. (33 S.) Erlangen 876, Besold. *

Ihering H. v.: *Graffilla muricicola*, eine parasitische Rhabdocoele. 1879. [Krabbes Saml.].

— zur Kenntniss der Sacoglossen. [Aus: „Nova Acta d. ksl. Leop.-Carol. deutschen Akad. d. Naturforscher".] gr. 4. (75 S. m. 2 Taf.) Halle a/S. 892. (Leipzig, W. Engelmann.) n. 4. —

von Jhering, Hermann, und Paul **Langhans**: Das südliche Koloniengebiet von Rio Grande do Sul. (Petermanns Geographische Mitteilungen. 1887. Heft 10 u. 11. S. 289—302 u. 328—343.) Gotha 1887. 30 S., 2 Kt. 4°. [M 3238

– [Hrsg.], s. **Mitteilungen** aus dem Göttinger anthropologischen Verein.

— das peripherische **Nervensystem** der Wirbelthiere als Grundlage für die Kenntniss der Regionenbildung der Wirbelsäule. gr. 4. (XIV, 238 S. mit 5 lithogr. und color. Taf. und 36 eingedr. Holzschn.) Leipzig 878, F. C. W. Vogel. *

Ihering, Herm. v., zur **Reform** der Craniometrie. gr. 8. (49 S. mit 1 lithogr. Taf.) Berlin 873, Wiegandt, Hempel und Parey. * 1 50
Aus: Zeitschrift für Ethnologie, besonders abgedruckt.

Jhering, H. v., Rio Grande do Sul, s. a. **Ueber's** Meer.

Ihering, Hermann von: Rio Grande do Sul. — Gera: Weltpost-Verl. 1885. XI, 250 S. mit Bild. und 1 Kt. (Uebers Meer. Taschenbibliothek für dt. Auswanderer Bd 11 und 12.)

Ihering, Herm. v., über die systematische **Stellung** v. Peronia u. die Ordnung der Nephropneusta v. Ih. Zugleich eine Erwiderung an Hrn. C. Semper. gr. 8. (38 S.) Erlangen 877. Besold. n. — 80

— Die **Süsswasser-Bivalven** Japans. (S. 145—166 m. 1 Fig. u. 1 Taf.) Lex. 8. Frankfurt a/M. (Viktoria-Allee 7) 893. Senckenberg. naturforsch. Gesellschaft. nn 3.—; erm. Pr. nn 2. —
Sonderabdruck aus: „Abhandlgn. d. Senckenberg. naturforsch. Gesellsch."

– [Red.], s. **Versammlung**, Die fünfte allgemeine der dt. Gesellschaft für Anthropologie.

— über das Wesen der Prognathie und ihr Verhältniss zur Schädelbasis. gr. 4. (20 S.) Braunschweig 872. (Berlin, Friedlaender und Sohn.) * 1 20

Jhering, Kap. Rud., († d. 17. Mai 1809.) Beantwort. d. Fragen: Ist d. Anlage eines Hafens d. Treckfahrtsgesellschaft zuträglich? Welche Hindernisse liegen diesem Unternehmen im Wege? Und wie können sie gehoben werden? 8. Aurich 800.

Jhering, Marie, Vaterlands-, Kriegs- und Siegesgedichte 1866 und 1870. 2., durch einen Anh. von 1871 verm. Aufl. gr. 16. (V, 107 S.) Leipzig 871, Siegismund und Volkening. * 1 —

Jhering, Rodolpho v., **Landeskunde der Republik Brasilien,** s. a. **Sammlung** Göschen.

Landeskunde der Republik Brasilien. Estados Unidos do Brazil. Von Bel. Rodolpho v. **Jhering**. Mit 12 Abb. u. 1 Karte. Leipzig: G. J. Göschen 1908. (107 S.) 8° [F. u. Ant.]
(Sammlung Göschen. 373.) [08. 10341

Jhering, Rud., Abhandlungen aus dem Römischen Recht. 1. In wie weit muß der, welcher eine Sache zu leisten hat, den mit ihr gemachten Gewinn herausgeben? 2. Die Consolidation der bonae fidei possessio u. der dinglichen Rechte durch die Analogie des Eigenthums. 3. Die Lehre von der hereditas jacens. gr. 8. Leipz. 844, Breitkopf u. Härtel. 1 ₰

Rudolf v. **Jhering.** 1852—1868. Briefe u. Erinnerungen. (Hrsg.: Johannes **Biermann**.) Berlin: H. W. Müller 1907. (106 S.) 8° [F.] [07. 16965

Unsere Aufgabe. Von Rudolf von **Jhering**. (Aus: Jahrbücher für die Dogmatik des heutigen römischen und deutschen Privatrechts. Bd. 1. Jena. 1856.) 8°.

Jhering, Rud. v., gesammelte **Aufsätze** aus den Jahrbüchern für die Dogmatik des heutigen römischen u. deutschen Privatrechts. 1. Bd., enth. die Abhandlungen aus den 4 ersten Bänden der Jahrbücher. gr. 8. (VII, 490 S.) Jena 881. Fischer. n. 10. —

— dasselbe. 2. Bd. enth. die Abhandlungen aus dem 5. bis 15. Bde. der Jahrbücher. gr. 8. (XII, 452 S.) Ebend. 882. n. 9. —

Jhering, Rud. v., gesammelte **Aufsätze** aus den Jahrbüchern für die Dogmatik des heutigen römischen und deutschen Privatrechts. 3. Bd., enthaltend die Abhandlungen aus dem 16. bis 24. Bde. der Jahrbücher. gr. 8. (VI, 464 S.) Jena 886, Fischer. * 10 —
1. und 2. Bd. Ebendas. 1881,82. * ₰ 19.—.

Ihering, Rud., Bedeutung des römischen Rechts für die moderne Welt. gr. 8. (19 S.) Leipzig 865, Breitkopf und Härtel.
Aus: Geist des römischen Rechts, besonders abgedruckt.

Ihering, Rud. v., Beiträge zur Lehre vom Besitz. gr. 8. (196 S.) Jena 868, Dufft. * 4 50
Aus: Jahrbücher für die Dogmatik des heutigen römischen und deutschen Privatrechts, besonders abgedruckt.

Ihering, R. v., der Besitzwille. Zugleich e. Kritik der herrsch. jurist. Methode. gr. 8. (XVI, 540 S.) Jena 889. Fischer. n. 12. —

—— le combat pour le droit. Trad. de l'allemand par Alex. Franç. Meydieu. gr. 8. (XVI, 56 S.) Ebendas. 875. * 1 20

— **Entwicklungsgeschichte des römischen Rechts. Einleitung. — Verfassung des röm. Hauses.** Aus dem Nachlaß hrsg. gr. 8. (VII, 124 S.) Leipzig 894. Duncker & Humblot. — Breitkopf & Härtel. n. 3. —

Ihering, Rudolf. Erwiderung auf das von H[einrich] Dernburg... in dem zwischen den Kantonen Basel-Landschaft und Basel-Stadt obwaltenden Rechtsstreit über die Festungswerke der Stadt Basel abgestattete Rechtsgutachten. 8. Basel 1862.

Jhering, Rud. v. Festgabe zum Doctor-Jubiläum Rud v. Jhering's am 6. Aug. 1892 überreicht v. der Juristenfacultät zu Breslau. gr. 8. Breslau 892. Schletter. n. 4. —
Zur Geschichte der Cognitur v. M. Wlassak. (V, 75 S.) Das Problem der Identität u. der Neuheit v. O. Fischer. (75 S.)

— Festgabe, Rudolf v. Jhering zum 6. Aug. 1892 gewidmet v. der Giessener jurist. Facultät. gr. 8. (IV, 108 u. 72 S.) Leipzig 892. C. L. Hirschfeld. n. 4. 20

— Festgabe der Göttinger Juristenfakultät f. Rudolf v. Jhering zum 50jährigen Doktor-Jubiläum am 6. Aug. 1892. Lex.-8. (V, 210 S.) Leipzig 892. A. Deichert Nachf. n. 4. 50

— Festgabe der Kieler Juristen-Fakultät zu Rudolf v. Jherings 50jährigem Doktor-Jubiläum am 6. Aug. 1892. Abhandlungen v. Max Pappenheim, Thdr. Kipp, Adph. Frantz, Siegm. Schlossmann. gr. 8. (VIII, 257 S.) Kiel 892. Lipsius & Tischer. n. 7. —

— Festgabe, Rudolf v. Jhering zu seinem Doctor-Jubiläum überreicht v. der rechts- u. staatswissenschaftlichen Fakultät zu Strassburg. 8. Strassburg i/E. 892. K. J. Trübner, Verl. n. 3. 50
1. Das Sabinussystem v. Otto Lenel. — 2. Vergeltungsidee u. Zweckgedanke im Strafrecht. Zur Beleuchtg. der „neuen Horizonte" in der Strafrechtswissenschaft v. A. Merkel. (175 S.)

Jhering, Rud. v. Juristische Festgaben f. Rudolf v. Jhering. Zum 50jähr. Doktor-Jubiläum ihres früheren Mitgliedes gewidmet v. der Rostocker Juristenfakultät am 6. Aug. 1892. gr. 8 (IV, 221 S.) Stuttgart 892. F. Enke. n. 7. —

— Festgabe, Hrn. Rud. v. Jhering zum Doktorjubiläum am 6. Aug. 1892 dargebracht v. der Juristenfakultät zu Tübingen. gr. 8. (XI, 186 S.) Tübingen 892. Verlag der Juristenfakultät. Nicht im Handel.
Leibniz als Jurist u. Rechtsphilosoph v. Gust. Hartmann. Einzelpr. n. 2. —. — Die Befreiung durch Census v. Heinr. Degenkolb. — Der Achtsprozeß gegen Friedrich den Großen u. seine Verbündeten 1757 u. 1758 v. Frdr. Thudichum. Einzelpr. n. — 80.

Ihering, Rud., Geist des römischen Rechts auf den verschiedenen Stufen seiner Entwicklung. 1. Thl. und 2. Thl. 1. Abthl. gr. 8. Leipzig, Breitkopf und Härtel. [1. (XII und 336 S.) 852. 1 Thlr. 15 Ngr., 2. 1. Abthl. (VIII und 320 S.) 854. 1 Thlr. 10 Ngr.]

Ihering, Rud., Geist des römischen Rechts auf den verschiedenen Stufen seiner Entwicklung. 2. Thl. 2. Abthl. gr. 8. (XX und S. 321—695.) Leipzig 858, Breitkopf und Härtel.
1. Thl. und 2. Thl. 1. Abthl. Ebendas. 1853 und 1854. 2 Thlr. 25 Ngr.

—— Geist des römischen Rechts auf den verschiedenen Stufen seiner Entwickelung. 3. Thl. 1. Abthl. gr. 8. (X und 342 S.) Leipzig 865, Breitkopf und Härtel.

—— dass. — 2., verb. Aufl. 1. Thl. und 2. Thl. 1. Abthl. gr. 8. Ebendas. 866. [1. Thl. (XIV und 361 S.) 2 Thlr., 2. Thl. 1. Abthl. (VIII und 291 S.) 1 Thlr. 15 Ngr.]

—— Geist des römischen Rechts auf den verschiedenen Stufen seiner Entwicklung. 2. verb. Aufl. 2. Thl. 2. Abthl. und 3. Thl. 1. Abthl. gr. 8. (XXI, S. 293—655; X, 334 S.) Leipzig 869,71, Breitkopf und Härtel. à Abthl. ℳ 6. 12 —

Ihering, Rud., Geist d. römischen Rechts auf den verschiedenen Stufen seiner Entwicklung. 1. Thl. u. 2. Thl. 1. u. 2. Abth. 3. rev. Aufl. gr. 8. (XIV, 361 u. XXXIII, 676 S.) Leipzig 873—75. Breitkopf & Härtel. 25. 50

— dasselbe. 3. Thl. 1. Abth. 3. Aufl. gr. 8. (X, 354 S.) Ebend. 877. 9. —

— Geist des römischen Rechts auf den verschiedenen Stufen seiner Entwicklung. 1. Thl. 4. Aufl. Mit dem Sach- u. Quellenregister zu den bisher erschienenen 4 Bdn. gr. 8. (XIV, 361 u. LXIV S.) Leipzig 878. Breitkopf & Härtel. 10. —

—— Geist des römischen Rechts auf den verschiedenen Stufen seiner Entwicklung. 2. Thl. 2 Abthlgn. 4. revid. Aufl. Leipzig, Breitkopf und Härtel. [1. Abthl. (X, S. 1—308.) 881. *ℳ 7,50.; geb. *ℳ 9.; 2. Abthl. (XXIII, S. 309—674.) 883. *ℳ 9.; geb. *ℳ 10,50.] *ℳ 16,50.; geb. *
1. Thl. und 2. Thl. 1. Abthl. Ebendas. 1877,78. *ℳ 19.; geb. *ℳ 22.

—— Geist des römischen Rechts auf den verschiedenen Stufen seiner Entwickelung. 3. Thl. 1. Abthl. 4. verb. Aufl. gr. 8. (XXVIII, 397 S.) Leipzig 888, Breitkopf und Härtel. * 10 —
geb. * 11 50
1., Thl. und 2. Thl. 1. und 2. Abthl. Ebendas. 1877—83. *ℳ 26.50.; geb. *ℳ 31.—.; 3. Thl. 2. Abthl. noch nicht erschienen.

— **Geist d. römischen Rechts auf den verschiedenen Stufen seiner Entwicklung.** 1. Thl. 5. Aufl. gr. 8. (XII, 361 S.) Leipzig 891. Breitkopf & Härtel. n. 9. —;
geb. in Halbfrz. n.n. 10. 50

— dasselbe. 2. Thl. 1. Abth. 5. Aufl. gr. 8. (X, 308 S.) Ebd. 894. n. 7. 50; geb. n.n. 9. —

— Geist des römischen Rechts auf den verschiedenen Stufen seiner Entwicklung. 2. Thl. 2. Abth. 5. unveränd. Aufl. gr. 8. (XXIII u. S. 309—674.) Leipzig 899. Breitkopf & Härtel. n. 9. —; geb. in Halbfrz. n. 10. 50

— Geist des römischen Rechts auf den verschiedenen Stufen seiner Entwicklung. I. Tl. u. III. Tl. 1. Abtlg. gr. 8. Leipzig, Breitkopf & Härtel. 18.—;
geb. in Halbfrz. n 21. —
I. 6. Aufl. (XVI, 361 S.) 907. 9.—; geb. in Halbfrz. n 10. 50
III. 1. Abtlg. 5. unveränd. Aufl. (XXVIII, 398 S.) 906. 9.—; geb. in Halbfrz. n 10. 50

—— über den Grund des Besitzesschutzes. Eine Revision der Lehre vom Besitz. 2. verb. und verm. Aufl. gr. 8. (IX, 224 S.) Jena 869, Dufft. * 4 50

Ihering, Rud.: De hereditate possidente. Berolini (1842). (IV, 40 S.) 8°
Berlin, Jur. Diss. v. 6. Aug. 1842

— Jahrbücher f. die Dogmatik d. heutigen römischen u. deutschen Privatrechts, s. a. Jahrbücher.

— Jahrbücher f. d. Dogmatik d. heut. röm. u. deutschen Privatrechts. In Verbindung m. Jos. Unger, Otto Gierke, E. Strohal, Otto Fischer hrsg. v. Ferd. Regelsberger u. Vict. Ehrenberg. 35. u. 36. Bd. Neue Folge 23. u. 24. Bd. à 6 Hfte. (à ca. 5 Bog.) gr. 8. Ebd. 895. 96. à Bd. n. 9. —
Fortsetzg. u. d. T.:

— Jahrbücher f. d. Dogmatik d. bürgerl. Rechts. In Verbindg. m. Jos. Unger, Otto Gierke, Emil Strohal, Otto Fischer hrsg. v. Ferd. Regelsberger u. Vict. Ehrenberg. 2. Folge. 1.—3. Bd. 37.—39. Bd. v. „Jherings Jahrbücher f. d. Dogmatik d. heut. röm. u. deutschen Privatrechts". à 6 Hfte. (à ca. 5 Bog.) gr. 8. Ebd. 896—898. à Bd. n. 9. —

— Jahrbücher f. die Dogmatik des bürgerlichen Rechts. In Verbindung m. Jos. Unger, Otto Gierke, Emil Strohal, Otto Fischer hrsg. v. Ferd. Regelsberger u. Vict. Ehrenberg. 2. Folge. 4. u. 5. Bd. 40. u. 41. Bd. v. „Jherings Jahrbücher f. die Dogmatik des heut. röm. u. deutschen Privatrechts". à 6 Hfte. gr. 8. (451 u. 520 S.) Jena 899. 900. G. Fischer. à Bd. n. 9.—

— dasselbe. 2. Folge. 6.—8. Bd. 42.—44. Bd. v. „Jherings Jahrbücher f. die Dogmatik des heut. röm. u. deutschen Privatrechts". à 6 Hfte. gr. 8. (484, 562 u. 479 S.) Ebd. 901. 902. à Bd. n. 10. —

Jhering's Jahrbücher f. die Dogmatik des bürgerlichen Rechts. In Verbindung mit J. Unger, O. Gierke, E. Strohal, O. Fischer hrsg. v. F. Regelsberger u. V. Ehrenberg. 2. Folge. 6. Bd. 42. Bd. v. „Jherings Jahrbüchern". 6 Hfte. gr. 8. Jena, Fischer. 10. —

Jhering's Jahrbücher f. die Dogmatik des bürgerlichen Rechts. Hrsg. v. F. Regelsberger & V. Ehrenberg. 2. Folge. 7. Bd. 43. Bd. v. „Jherings Jahrbücher f. die Dogmatik des heut. röm. u. deutschen Privatrechts". 6 Hfte. gr. 8. (1. Hft. 140 S.) Jena, G. Fischer. 10. —

Iherings Jahrbücher f. die Dogmatik des bürgerlichen Rechts. Hrsg. v. F. Regelsberger u. V. Ehrenberg. 2. Folge. 8. Bd. 44. Bd. v. „Jherings Jahrbüchern". 6 Hfte. gr. 8. Jena, Fischer. 10. —

— Jahrbücher f. die Dogmatik des bürgerlichen Rechts. In Verbindg. m. Jos. Unger, Otto Gierke, Emil Strohal, Otto Fischer hrsg. v. Ferd. Regelsberger u. Vict. Ehrenberg. 2. Folge. 9.—14. Bd. 45.—50. Bd. v. „Jherings Jahrbücher f. die Dogmatik des heut. röm. u. deutschen Privatrechts". à 6 Hefte. (9.—13. Bd.: 500, 480, 472, 472 u. 492 S.) gr. 8. Ebd. 903—906. à Bd. n. 10. —

Jhering's Jahrbücher f. die Dogmatik des bürgerlichen Rechts. Hrsg. v. F. Regelsberger u. V. Ehrenberg. 2. Folge. 11. Bd. 47. Bd. v. „Jherings Jahrbüchern". 6 Hfte. gr. 8. Jena, Fischer. 10. —

Jhering's Jahrbücher f. die Dogmatik des bürgerlichen Rechts. Hrsg. v. F. Regelsberger u. V. Ehrenberg. 2. Folge. 12. Bd. 48. Bd. v. „Jherings Jahrbüchern". 6 Hfte. gr. 8. Jena, Fischer. 10. —

Jhering's Jahrbücher f. die Dogmatik des bürgerlichen Rechts. Hrsg. v. F. Regelsberger u. V. Ehrenberg. 2. Folge. 13. u. 14. Bd. (49. u. 50. Bd. v. „Jherings Jahrbüchern".) je 6 Hfte. gr. 8. Jena, Fischer. je 10. —

— Jahrbücher f. die Dogmatik des bürgerlichen Rechts. In Verbindg. m. Jos. Unger, Otto Gierke, Emil Strohal, Otto Fischer hrsg. v. Ferd. Regelsberger u. Vict. Ehrenberg. 2. Folge. 15.—22. Bd. 51.—58. Bd. v. „Jherings Jahrbücher f. die Dogmatik des heut. röm. u. deutschen Privatrechts". à 6 Hefte. (III, 492; III, 492; III, 514; III, 474; III, 494; III, 473; III, 502 u. III, 492 S.) gr. 8. Jena 907—10. G. Fischer. à Bd. 10. —

Jhering's Jahrbücher f. die Dogmatik des bürgerlichen Rechts. Hrsg. v. F. Regelsberger u. V. Ehrenberg. 2. Folge. 15. Bd. (51. Bd. v. „Jherings Jahrbücher".) 6 Hfte. (III, 492 S.) gr. 8. Jena, Fischer. 10. —

Jhering's Jahrbücher f. die Dogmatik des bürgerlichen Rechts. Hrsg. v. F. Regelsberger u. V. Ehrenberg. 2. Folge. 16. Bd. (52. Bd. v. „Jherings Jahrbücher".) 6 Hfte. (III, 492 S.) gr. 8. Jena, Fischer. 10. —

Jhering's Jahrbücher f. d. Dogmatik d. bürgerl. Rechts. Hrsg. v. F. Regelsberger u. V. Ehrenberg. 2. Folge. 17.—20. Bd. (53.—56. Bd. v. „Jherings Jahrbüchern".) 6 Hefte. (III, 492 S.) gr. 8. Jena, Fischer. 10. —

Jhering's Jahrbücher f. d. Dogmatik d. bürgerl. Rechts. Hrsg. v. F. Regelsberger u. V. Ehrenberg. 2. Folge. 21/22. Bd., je 6 Hefte. Jena, G. Fischer. à 10. —

— dasselbe. Register zum 1. bis 50. Bde., bearb. v. Paul Knoke. (IX, 576 S.) gr. 8. Ebd. 909. 18. —

—— die Jurisprudenz im täglichen Leben. Zum akadem. Gebrauch bearb. und hrsg. gr. 8. (30 S.) Ebendas. 870. * — 50

—— die Jurisprudenz des täglichen Lebens. Eine Sammlung von leichten an Vorfälle des gewöhnl. Lebens anknüpfende Rechtsfragen. Zum akadem. Gebrauch bearb. 2. verm. Aufl. gr. 8. (66 S.) Ebendas. 873. * 1 20

— die Jurisprudenz des täglichen Lebens. Eine Sammlung von leichten, an Vorfälle des gewöhnlichen Lebens anknüpfende Rechtsfragen. Zum akadem. Gebrauch bearb. u. hrsg. 4. Aufl. 12. (III, 83 S.) Jena 880. Fischer. cart. n. 1. 40

—— die Jurisprudenz des täglichen Lebens. Eine Sammlung von leichten, an Vorfälle des gewöhnl. Lebens anknüpf. Rechtsfragen. Zum akadem. Gebrauch bearb. und hrsg. 3. Aufl. (72 S.) 1877. *ℳ 1,20.; 4. Aufl. (III, 83 S.) 1880. cart. *ℳ 1,40. und 5. erheblich verm. Aufl. 12. (IV, 96 S.) Jena 883, Fischer. geb. *

—— die Jurisprudenz des täglichen Lebens. Eine Sammlung an Vorfälle des gewöhnl. Lebens anknüpfender Rechtsfragen. Zum akadem. Gebrauch bearb. und hrsg. 6. Aufl. 8. (IV, 96 S.) Jena 886, Fischer. geb. * 1 60
—— dass. — 7. Aufl. 8. (124 S.) Ebendas. 888. geb. * 2 —

— die Jurisprudenz d. täglichen Lebens. Eine Sammlung an Vorfälle d. gewöhnl. Lebens anknüpf. Rechtsfragen. Zum akadem. Gebrauch bearb. u. hrsg. 7., wesentlich verm. Aufl. 12. (IV, 124 S.) Jena 889. Fischer. geb. n. 2. —

— die Jurisprudenz des täglichen Lebens. Eine Sammlg. an Vorfälle des gewöhnl. Lebens anknüpf. Rechtsfragen. Zum akadem. Gebrauch bearb. u. hrsg. 8. u. 9. Aufl. 12. (IV, 132 S.) Jena 892. 893. G. Fischer. Geb. in Leinw. n. 2. —

Die Jurisprudenz des täglichen Lebens. Eine Sammlung an Vorfälle d. gewöhnl. Lebens anknüpfender Rechtsfragen. Bearb. von Rudolf v. Jhering. 10. Aufl. Jena: G. Fischer 1896. (132 S.) 8° [F.] (97. 14015 6

[F.] Die Jurisprudenz des täglichen Lebens. E. Sammlung an Vorfälle d. gewöhnl. Lebens anknüpfender Rechtsfragen. Von Rudolph v. Jhering. 11. Aufl., verm. u. m. Rücks. a. d. Bürgerl. Gesetzb. bearb. v. Otto Lenel, Prof. in Strassburg. *Jena: G. Fischer 1897.* (3 Bl., 132 S.) 1 Bd 8. (97. 7808 IIc

— R. v., Die Jurisprudenz des täglichen Lebens. Eine Sammlg. an Vorfälle des gewöhnl. Lebens anknüpf Rechtsfragen. 12. Aufl., verm. u. m. Rücksicht auf das bürgerl. Gesetzbuch bearb. v. G. Detmold. (VII, 136 S.) 8. Jena '03, G Fischer. Geb. in Leinw. 2. —

— Die Jurisprudenz des täglichen Lebens. Eine Sammlg. an Vorfälle des gewöhnl. Lebens anknüpf. Rechtsfragen. 13. Aufl., vermehrt u. m. Rücksicht auf das bürgerl. Gesetzbuch bearb. v. G. Detmold. (VII, 134 S.) 8. Ebd. 908. Geb. 2. —

—— der Kampf um's Recht. 1. und 2. Aufl. (100 S.) 1872, und 3. veränd. und verm. Aufl. gr. 8. (122 S.) Wien 873, Manz. * 3 —

Jhering, Rud. v.: Der Kampf um's Recht. 3. Aufl. Wien 1873.

—— dass. — 4. Aufl. [Billige Volksausg.] 8. (VIII, 96 S.) Ebendas. 874. * 1 —

—— der Kampf um's Recht. 5. Aufl. 8. (XII, 95 S.) Wien 877, Manz'sche Hofbuchh. *

—— der Kampf um's Recht. 6. Aufl. 8. (XVI, 95 S.) Wien 880, Manz'sche Hofverlagsh.

Jhering, Dr. Rudolf v., Der Kampf um's Recht. 7. Aufl. 8. (XVIII und 97 S.) Wien, Manz'sche Hof-Verl.- und Univ.-Buchhandlung. 60 kr.

—— dass. — 7. Aufl. 8. (XVIII, 97 S.) Ebendas. 884.

Ihering, Geh. Justizrath, Prof. Rud., der Kampf ums Recht. 8. Auflage. gr. 8°. (XVII, 98 S.) Wien. Manz. fl. —.90.

— dasselbe. 8. Aufl. gr. 8. (XVII, 98 S.) Ebend. 886. n. 1. 50

— der Kampf um's Recht. 9. Aufl. 8. (XVII, 98 S.) Wien 889. Manz. n. 1. 50

— der Kampf um's Recht. 10. Aufl. gr. 8. (XVIII, 98 S.) Wien 891. Manz. n. 1. 50

Jhering, Rudolf von, Der Kampf um's Recht. 11. Auflage. Gr.-8. (XIX, 98 S.) —.90
Wien: Manz 1895.

Ihering, Dr. Rudolf von, Der Kampf um's Recht. 12. Aufl. 8. (XIX, 98 S.) —.90
Wien: Manz 1896.

— der Kampf um's Recht. 13. Aufl. gr. 8. (XIX, 98 S.) Wien 897. .. n. 1. 80

IHERING, Rudolf von
Der Kampf um's Recht. Von Rudolf von Ihering. 14. Auflage. Wien. 1900. Manz. Gr.-8°. XIX, 98 S. K 1.80

— der Kampf ums Recht. 15. Aufl. (XIX, 98 S.) gr. 8. Wien 903. Manz. n. 1. 50

— Der Kampf um's Recht. 17. Aufl. (XIX, 98 S.) 8. Wien 910. Manz. 1. 50

—— der Lucca-Pistoja-Actienstreit. Ein Beitrag zu mehreren Fragen des Obligationenrechts, insbesond. der Theorie des dolus und der Lehre von der Stellvertretung. gr. 8. (120 S.) Darmstadt 867, Zernin. *
Aus: Archiv für praktische Rechtswissenschaft, besonders abgedruckt.

Ihering, R. von. Rechtsgutachten in Sachen des interkantonalen Vorbereitungs-Comités d. Gäubahn gegen d. Gesellschaft d. Schweiz. Centralbahn, betreffend die Vollendung u. den Betrieb der Wasserfallenbahn etc. In-8°. 134 S. Olten, 1878. (Göttingen, Dieterich Sort.) 2 50

v. Ihering, R. Scherz und Ernst in der Jurisprudenz. Leipzig 1884.

Jhering, Rud. v.: Scherz und Ernst in der Jurisprudenz. Eine Weihnachtsgabe für das juristische Publikum. 2. Aufl. Leipzig 1885.

— Scherz u. Ernst in der Jurisprudenz. Eine Weihnachtsgabe f. das jurist. Publikum. 3. Aufl gr. 8. (VII, 383 S.) Leipzig 886. Breitkopf & Härtel. n. 8. —; geb. n. 9. —

—— Scherz u. Ernst in der Jurisprudenz. Eine Weihnachtsgabe f. das jurist. Publikum. 4., m. Zusätzen verseh. Aufl. gr. 8. (VIII, 425 S.) Lpz. 891, Breitkopf u. Härtel. * 3 —; geb. * 3 50
Vgl.: Baron, Jul. Peregrinenrecht u. jus gentium. — Bekker, Emil Imman. Ernst u. Scherz üb. unsere Wissenschaft. — Festgabe. — Kuntze, J. E. Zur Besitzlehre. — Schneider, A. Zur Geschichte d. Sclaverei im alten Rom. — Schultz, Herm. — Strohal, Emil. Die Anfechtung letztwilliger Verfügungen.

— Scherz u. Ernst in der Jurisprudenz. Eine Weihnachtsgabe. 4. Aufl. Leipzig 892.

— Scherz u. Ernst in d. Jurisprudenz. E. Weihnachtsgabe f. d. jurist. Publikum. 7. Aufl. gr. 8. (VIII, 425 S.) Leipzig 898. Breitkopf & Härtel. n. 3. —; geb. n. 3. 60

Scherz und Ernst in der Jurisprudenz. Eine Weihnachtsgabe f. d. jurist. Publikum von Rudolf v. Jhering. 8. Aufl. Leipzig: Breitkopf & Härtel 1900. (VI, 428 S.) 8° [J.] 8

Jhering, R. v., Scherz u. Ernst in der Jurisprudenz. Eine Weihnachtsgabe f. das jurist. Publikum. 9. Aufl. (VIII, 428 S.) 8. Leipzig '04, Breitkopf & Härtel. 3. — ; geb. in Leinw 3. 50.

— Scherz u. Ernst in der Jurisprudenz. Eine Weihnachtsgabe f. das jurist. Publikum. 10. Aufl. (VIII, 428 S.) 8. Leipzig 909. Breitkopf & Härtel. 3.—; geb. n 4. —

— vermischte Schriften juristischen Inhalts. gr. 8. (VII, 415 S.) Leipzig 879. Breitkopf & Härtel. n. 8. 50

Jhering, Rud. v.: Vermischte Schriften juristischen Inhalts. Leipzig 1879.

[Inhalt:]

1. Diss. de hereditate possidente. (1842.)
2. Recension der Schrift von W. Sell über bedingte Traditionen. Zürich 1839. (1847.)
3. Rechtsgutachten. Der Streit zwischen Basel-Land und Basel-Stadt über die Festungswerke der Stadt Basel. (1862.)
4. Festschrift. Das Schuldmoment im röm. Privatrecht. (1867.)
5. Zwei Urtheile mit Entscheidungsgründen. Der Lucca-Pistoja-Actienstreit. E. Beitr. zu mehreren Fragen des Obligationenrechts, insbes. der Theorie des Dolus u. der Lehre von der Stellvertretung. (1847.)
6. Rechtsgutachten in Sachen der Stadt Bern gegen die Schweizerische Centralbahn zu Basel, betr. den Schießplatz Wylerfeld. (1877.)
7. Nachtragliche Bemerkungen zu demselben. (1878.)

—— das Schuldmoment im römischen Privatrecht. Eine Festschrift. Lex.-8. (VIII und 68 S.) Giessen 867, Roth. *

—— Skizze, s. Jonge, M. de.

—— der Streit zwischen Basel-Land und Basel-Stadt über die Festungswerke der Stadt Basel. Ein Rechtsgutachten. Lex.-8. (IV und 52 S.) Leipzig 862, Breitkopf und Härtel.

—— das Trinkgeld. gr. 8. (64 S.) Braunschweig 882, Westermann.

—— das Trinkgeld. 2. und 3. verm. Aufl. 8. (83 S.) Braunschweig 885,89, Westermann. * 1 20

Das Trinkgeld. Von Rudolf v. Jhering. 4. verm. Aufl. (Vorr.: V[iktor] Ehrenberg.) *Braunschweig: G. Westermann 1902 (1903).* (95 S.) 8° [03. 13.40

— das Trinkgeld. 5. verm. Aufl. gr. 8. (93 S.) Braunschweig 902. G. Westermann. n. 1. 20

Uebertragung der Reivindicatio auf Nichteigenthümer (Cession derselben, reiv. utilis, Connossement). Von Rudolf Jhering. (Aus: Jahrbücher für die Dogmatik des heutigen römischen und deutschen Privatrechts. Bd. I. Jena. 1856.) 8°.

— Vorgeschichte der Indoeuropäer. Aus dem Nachlaß hrsg. gr. 8. (XIII, 486 S.) Leipzig 894. Duncker & Humblot. — Breitkopf & Härtel. n. 11. 60

Jhering, Rud., Civilrechtsfälle ohne Entscheidungen. Zu akadem. Zwecken hrsg. 1. Heft enth. 100 Rechtsfälle vom Verf. und 36 vom verstorb. G. F. Puchta. gr. 8. (XIV und 170 S.) Leipzig 847, Breitkopf und Härtel.

—— Civilrechtsfälle ohne Entscheidungen. Zum akadem. Gebrauch bearb. und hrsg. 2. wesentlich veränd. Aufl. gr. 8. (X, 230 S.) Ebendas. 870. * 4 —

Jhering, Rud. v., Civilrechtsfälle ohne Entscheidungen. Zum akadem. Gebrauch bearb. und hrsg. 3. Aufl. gr. 8. (X, 209 S.) Jena 876, [Dufft.] Fischer. *

Jhering, Rud. v., Civilrechtsfälle ohne Entscheidungen. Zum akadem. Gebrauch bearb. und hrsg. 4. Aufl. 8. (X, 203 S.) Jena 880, Fischer. *ℳ 3,20.; geb. *

— Civilrechtsfälle ohne Entscheidungen. Zum akadem. Gebrauch bearbeitet u. hrsg. 4. Aufl. 8. (X, 203 S.) Ebend. 881. n. 3. 20; geb. n. 3. 60

— Civilrechtsfälle ohne Entscheidungen. Zum akadem. Gebrauch bearb. u. hrsg. 5., verm. Aufl. 8. (IX, 269 S.) Ebd. 888. n. 3. 60; geb. n.n. 4. —

Jhering, Rud. v., Civilrechtsfälle ohne Entscheidungen. Zum akadem. Gebrauch bearb. u. hrsg. 6. Aufl. 8. (IX, 275 S.) Jena 892. G. Fischer. n. 3. 50; geb. n.n. 4. —

Civilrechtsfälle ohne Entscheidungen. Zum akad. Gebr. bearb. u. hrsg. von Rudolph v. Jhering. 7. verm. u. verb. Aufl. (Hrsg.: V[iktor] Ehrenberg.) *Jena: G. Fischer 1895.* (IX, 300 S.) 8° [F.]

[F.] Civilrechtsfälle ohne Entscheidungen. Von Rudolf v. Jhering. 8. Aufl. m. Rücks. auf d. Bürgerl. Gesetzb. bearb. v. Ferdinand Regelsberger, Prof. in Göttingen. *Jena: G. Fischer 1897.* (XI, 252 S.) 1 Bd 8. [97. 7997

Civilrechtsfälle ohne Entscheidungen. Von Rudolph v. Jhering. 9. Aufl. mit Rücks. auf d. BGB. bearb. von Ferdinand Regelsberger, Prof. in Göttingen. *Jena: G. Fischer 1901.* (XII, 270 S.) 8° [F.] [01. 116. 11

Civilrechtsfälle ohne Entscheidungen. Von Rudolph v. Jhering. 10. Aufl., mit Rücks. auf d. BGB. unter Mitw. mehrerer Fachgenossen bearb. von Ferdinand Regelsberger, Prof. in Göttingen. *Jena: G. Fischer 1904.* (XII, 285 S.) 8° [F.] [04. 616. 11

— Zivilrechtsfälle ohne Entscheidungen. 11. Aufl., m. Rücksicht auf das bürgerl. Gesetzbuch unter Mitwirkg. mehrerer Fachgenossen bearb. v. Ferd. Regelsberger. (XII, 315 S.) 8. Jena 909. G. Fischer. 4.—; geb. 4. 60

— der Zweck im Recht. 1. Bd. Lex.-8. (XVI, 557 S.) Leipzig 877. Breitkopf & Härtel. n. 12. —

—— der Zweck im Recht. 2 Bde. gr. 8. Leipzig, Breitkopf und Härtel. [1. Bd. 2. umgearb. Aufl. (XXVIII, 570 S.) 884. *ℳ 12.; geb. *ℳ 13,50.; 2. Bd. (XXX, 716 S.) 883. *ℳ 16.; geb. *ℳ 17,50.] *ℳ 28.; geb. *

—— der Zweck im Recht. 2. Bd. 2. umgearb. Aufl. gr. 8. (XXXVI, 723 S.) Leipzig 886, Breitkopf und Härtel. * 16 — geb. * 17 50

1. Bd. Ebendas. 1884. *ℳ 12.—; geb. *ℳ 13.50.

— der Zweck im Recht. 2 Bde. 3. durchgeseh. Aufl. gr. 8. (XXVIII, 570 u. XXXVI, 728 S.) Leipzig 893. 898. Breitkopf & Härtel. n. 18. —; geb. in Halbfrz. n. 21. —

Der Zweck im Recht von Rudolph v. Jhering. 4. Aufl. 1. Ausg. in volkstüml. Gestalt. Bd 1. 2. Leipzig: Breitkopf & Härtel 1904. 2 Bde 8° [F.] [05. 516 B

— der Zweck im Recht. 2 Bde. 4. Aufl. 1. Ausg. in volkstüml. Gestalt. (XX, 445 u. XXVIII, 568 S.) 8. Ebd. 905. à n. 8. —; geb. à n. 8. 50

Ihl, A.

— u. *Pechmann A.*: Beiträge zur Natur des Colophoniums, des Harzöls u. einiger anderer Harze. 10. Karolinenthal R. 84. Progr.

Ihl A.: Einiges zu dem Grundwasser der Stadt Komotau. 15. Komotau 76. Progr.

— Zur Entzuckerung der Melasse. Eine neue quantitative Bestimmung des Zuckergehaltes in Lösungen mittelst der Titriermethode. 6. Pilsen R. 86. Progr.

Georg Kaspar Ihl

Carolinarum in Bohemia thermarum Praerogativae quaedam. ([Altorf] 1719:) Kohl. 20 S. 8°

Altorf, Med. Diss. v. 27. Juni 1719

Ihl, Otto, aus Bad Kissingen: Über einige Wirkungen des Phenylthiobiazolinsulfhydrat. *Erlangen (1898): A. Vollrath.* (41 S.) 8°
Erlangen, Med. Diss. v. 17. Dez. 1897

Ihlau, Franz, aus Magdeburg: Zur Histologie der Darmpolypen. *Würzburg 1897: P. Scheiner.* (37 S.) 8°
Würzburg, Med. Diss. v. 1897

Ihlder, befreit Euch v. der Anlage zur Cholera! Anweisung zur Verhütg. d. Ausbruches der Cholera beim Einzelnen. 8. (7 S.) Leipzig 892. G. Fock. n. — 10

Ihlder, Fritz, Referendar in Bremen: Die Erhöhung des Grundkapitals bei Aktiengesellschaften. Bremen 1905: C. Schünemann. (51 S.) 8°
Rostock, Jur. Fak., Ref. Lehmann, Diss. v. 30. Jan. 1905
[Geb. 1. Sept. 78 Bremerhaven; Wohnort: Bremen; Staatsangeh.: Bremen; Vorbildung: Gymn. Bremerhaven Reife O. 97; Studium: Marburg 8 S.; Rig. 19. Sept. 03.]

Ihlder, Hildrich, aus Bremerhaven: Über Abkömmlinge des Chinolins und Isochinolins. *Marburg 1902: H. Bauer.* (94 S.) 8°
Marburg, Phil. Diss. v. [30. Juni] 1902

Ihle, A., die Verwaiste. Ein Lebensbild aus Norwegen. Autoris. Übersetzg. v. L. Fehr. 8. (173 S.) Braunschweig 890. Grüneberg. n. 2.—; geb. n. 3.—

— Weihnachten in armer Hütte. — Weihnachtsleid u. Weihnachtsfreud, s. Sammlung kleiner Volksschriften.

Ihle, Curt, s. Ihle, Kurt

Ihle, G., das deutsche Mietrecht, s. a. Handbibliothek, juristische.

Ihle. G.: Das deutsche Mietrecht. Mit e. ausführl. Sachreg. 2. Aufl. Leipzig 1910. 8° *[1. Aufl. 1900.]*

Ihle, G., Wirt u. Mieter, s. a. Handbibliothek, Leipziger juristische.

Wirt und Mieter. Eine Darstellung d. Mietsrechtes nach d. Deutschen Bürg. Gesetzbuche. Von G. **Ihle.** *Leipzig: Roßberg & Berger 1900.* (x, 133 S.) 8° [F.]
— Handbibliothek, Leipziger Juristische. Bd 25°. [illegible]

Ihle, Gustav Friedrich (Chemnitz), De cardialgia et argenti nitrici in hoc morbo efficacia. Diss. med. Lpz. (Ernst Stange) 11. III. 1850. 16 S. mit Biogr. (M.: F. A. Gnauck.) (5.50) 16807
Gew.: Albert Wilhelm Schindler, Heinrich Spillner (Leipzig).

Ihle, Hermann: Bestimmung der galvanischen Leitungsfähigkeit und deren Abhängigkeit von der Temperatur für eine Reihe quasiisotroper, metallischer Leiter in Prismenform. Dresden, Druck v. B. G. Teubner, 1896; 36 S. 4.
Dresden-Neustadt, k. G, OP 1896 (547)

Ihle, J. C., Zeichnungskunst, s. J. D. Preißler.

Ihle, J. E. W.: Die Appendicularien der Siboga-Expedition nebst Beiträgen z. Kenntnis d. Anatomie dieser Gruppe. Von –. Leiden: Brill 1908. 123 S. 4°
(Siboga-Expeditie. Monographie. 56 c.)

Ihle, J. E. W., die Thaliaceen (einschliesslich Pyrosomen) der Siboga-Expedition. (Siboga-Expeditie LVI d.) (55 S. m. 6 Fig., 1 Taf. u. 1 Bl. Erklärgn.) 34×27,5 cm. Leiden 910. Buchh. u. Druckerei vorm. E. J. Brill. nn 3.75

Ihle, J. S., Verwaltungs-Handbuch. Eine Sammlung von Erleichterungs-Tabellen, besonders für Verwaltungs- und Administrativbeamte, alle öffentl. Kassen, Rechnungsämter, Kauf- u. Handelsleute, Reisende, Spediteur, Lehrer, Stiftungs- und Almosenpfleger, so wie für jeden Gewerbsmann überhaupt. gr. 8. Augsburg 844, Schmid'sche B. n. 11/12 nß

Ihle, Jul., Ilse-Klänge. Eine Sammlg. klangvoller Lieder, f. vierstimm. Männerchor m. leichtem Tonsatz zusammengestellt. 8. (VIII, 701 S.) Osterwieck 890. Zickfeldt. n. 1.50; geb. n. 2.—

Ihle, Kurt

Ihle, Curt, aus Leipzig: Bestimmung von Formaldehyd und Acetaldehyd mit Dimethylhydroresorcin. *Halle a. S. 1902: O. Thiele.* (40 S.) 8°
Halle, Phil. Diss. v. 1902

Ihle, R., Kochbuch f. Nieren-, Leber- u. Gallensteinleidende. 8. (120 S.) Regensburg 898. München, Aug. Schupp, Verlag n. 2.—

Ihle, Otto, üb. zwei transportable **Beinhalter** u. üb. d. bisherigen Beinhalter. [Aus: „Frauenarzt"] gr. 8. (24 S. m. 16 Holzschn.) Neuwied 896. Leipzig, M. Spohr. — 75

Eine neue Methode der Asepsis, welche im Gegensatz zu d. bisherigen Methoden e. absolute Keimfreiheit bei Operationen verbürgt u. Wasserdampf- sowie Wasser-Sterilisatoren entbehrlich macht. Von Dr. med. Otto **Ihle**. Mit 36 Abb. Stuttgart: Enke 1895. 147 S. 8° [illegible] 11

Ihle, Paul, Biologien heimischer Schmetterlinge, insbesondere v. Schädlingen in Garten, Feld u. Wald, in farbigen Abbildungen nach Naturaufnahmen. Mit Text v. E. Gundermann. Für Schule u. Haus. 2. verm. u. verb. Aufl. der „Grossschmetterlinge Thüringens" v. Ihle. (In 12 Lfgn.) 1. Lfg. (3 farb. Taf. m. je 1 Bl. Text u. je 1 Bl. Vorwort u. Inhalts-Verzeichnis.) 24,5×34,5 cm. Gotha 909. Ihle & Deussing. (Nur direkt.) 3.—

Ihle, Paul, u. Mor. Lange, zwölf Gross-Schmetterlinge Thüringens, deren Eier, Raupen, Puppen, sow. Nahrungspflanzen. Nach d. Natur gemalt u. unt. Mitwirkg. d. entomolog. Vereins zu Gotha hrsg. (In 4 Lfgn.) 1. u. 2. Lfg. qu. gr. 4. (à 3 Farbdr.) Gotha 897. C. Glaeser. à Lfg. n. 5.—

Ihle, Paul, u. Mor Lange, Gross-Schmetterlinge Deutschlands, deren Eier, Raupen, Puppen, sowie Nahrungspflanzen. Nach der Natur gemalt u. unter Mitwirkg. des entomolog. Vereins z. Gotha hrsg. 1.—8. Hft. (Je 3 farb. Taf.) qu. 8. Gotha (896—904). (R. Schmidt.) à n.n. 2.50

IHLE, RUDOLF. Ueber Kresol und Kresotinsäuren. Leipzig, 1876.

— **Samuel Friedrich** (Chemnitz), Legato ususfructus omnium bonorum feudum non contineri. Präs. D. Heinr. Gottfried Bauer. Lpz. (Langenheim) 21. III. 1768. 8 S. (4.50) 16808

Ihlée, Ernst [aus Crefeld]: Beiträge zur Kenntniss der Meconsäure, Comensäure und Pyromeconsäure. Donaueschingen. Druck der Alb. Willibald'schen Hofbuchdruckerei. 1876. 8. 32 S.

Ihlée, J. J., Zemire u. Azor, s.: Breitkopf & Härtel's Textbibliothek.

Ihlee, Jh. Jak., († d. 11. Juli 1827.) Audiatur et altera pars! Zur gerechten Würdigung der von d. Schauspieler Friederich Werdy vertheilten Schmähschrift, betitelt: Unser Abschied ꝛc. gr. 8. Frankf. 817. Sauerländer. 4 gr

Anruf [!] zur Pflichterfüllung vom Br. J[oh.] J[ak.] Ihlée bey Einweyhung des neuen Tempels der ger. und vollk. □ zur Einigkeit im Or. zu Frankfurt am Main den 28ten July 5805. [Frankfurt a. M. 1805]: Brönner. 12 S. 8°
Abgedr. in: Ihlée, J. J.: Sechs Mr-Reden, gehalten in d. □ z. Einigkeit, Frankfurt a. M. 1809 S. 21—30; 1810 S. 21—30.
Kl. 2055.

— die patriot. Familie; e. häusl. Scene aus d. ersten Tagen des Februars 1814. 8. Frankf. 814. Eichenberg. 5 gr

– Dasselbe, s.a. Ihlens, F. J.

— Gedichte. 1r Thl. 8. Frankf. 790. Eichenberg. 16 gr 2r Thl., oder neue Gedichte. 8. Ebd. 791. 18 gr

Maurerische Gesånge får die Logen des eklektischen Bundes zur Einigkeit und Sokrates zur Standhaftigkeit im Or. der freien Stadt Frankfurt. [Gesammelt von Joh. Jak. **Ihlée.**] Frankfurt a/M. 1823: [Sauerländer]. VIII, 135 S. 8°

Kl. 1699, Tt. 2286. Ohne Noten. Viele Lieder sind von G. Friederich u. J. J. Ihlée gedichtet.

— Joseph II. in d. Geisterwelt; e. dramat. Phantasie, mit Gesang. 8. Frankf. 790. Eichenberg. 4 gr.

— Kriegslieder für Josephs Heere. 8. Frankf. 790. Jäger. 3 gr.

. [Lied.] An die gel. besuchenden Br Br vom Br [Joh. Jak.] **Ihlée.** [Frankfurt a. M.] o. J. 1 Bl. 8° [Kopftit.]

Ohne Noten: „Traute Brüder aus der Ferne, . . .“

[Andere Ausg. u. d. Tit.:]

[Lied.] Den geliebten besuchenden Brüdern. [Hamburg] o. J. 1 Bl. 8° [Kopftit.]

Ohne Noten.

[Dasselbe.] o. O. [ca 1860.] 1 Bl. 8° [Kopftit.]

Mit Chor. Ohne Noten.

[Lieder.] Bei der Gedächtnisfeyer der verewigten Brr. Joh. David Gogel, Joh. Heinr. Diest und Abrah. Chiron in der Loge zur Einigkeit in Frankfurt am Mayn am 7. April 1798. Vom Br. [Joh. Jak.] **Ihlée.** [Frankfurt a. M. 1798.] 4 Bl. 8°

Kl. 1409. 2 Lieder ohne Noten.

Ihlee, Jh. Jak., List u. Liebe. Schspl. in 2 A. nach Bouilly, uno Folie. 8. Frankf. 804. Eichenberg. 10 gr.

Sechs Maurer-Reden gehalten in der ger. und vollk. □ zur Einigkeit im Or. Frankfurt a. M. [Von Joh. Jak. **Ihlée.**] Frankfurt a. M.: [Jäger] 1809. 60 S. 8°

[Dasselbe.] Frankfurt a. M.: Jäger 1810. 60 S. 8°

Kl. 1162.

— Palmira, Prinzessin v. Persien. Oper in 2 A. 8. Hamb. 801. Nestler u. M. 6 gr.

Rede bey der Vermåhlungsfeyer des Br. Constantin Fellner mit Anna Christiana Dorothea Zickwolff geb. Andreae gehalten in der Loge zur Einigkeit in Frankfurt am Main vom Br. Redner [d. i. Joh. Jak. **Ihlée**]. [Frankfurt a. M.] 1802: Brônner. 8 S. 4° [Umschlagtit.]

Kl. 1135. Gelegenheitsworte.

Skizze von dem Leben und Character unsers Simon Friedr. Kůstner bey dessen Todesfeyer am 16ten Dez. 5799 den versammelten Brůdern der Loge zur Einigkeit in Frankfurt am Main vorgelesen vom Br. [Joh. Jak.] **Ihlée.** [Frankfurt a. M. 1799]: Brônner. 4 Bl. 8° [Umscnlagtit.]

Kl. 1412. Beigefügt eine Hymne ohne Noten.

— s. a. Tagebuch v. d. Einnahme Frankfurts

Ihlee, J. J. Tagebuch von der Einnahme Frankfurts durch die Neufranken bis zur Wiedereroberung von der kombinirten Armee. Mit 1 Kpf. Frankfurt a. M. 1793. 246 S.

Unsterblichkeit. Ein Fragment, vorgelesen bey der Gedåchtnisfeyer der verewigten Brr. Joh. David Gogel, Joh. Heinr. Diest und Abrah. Chiron, in der Loge zur Einigkeit in Frankfurt am Main am 7ten April 1798 vom Br. [Joh. Jak.] **Ihlée.** [Frankfurt a. M. 1798]: Brônner. 4 Bl. 8° [Umschlagtit.]

Kl. 1410.

Fingerlin, Joh. Phil.: Würdigung des Lebens und Karakters unsers heimgegangenen Br. Joh. Phil. Fingerlin. Von J[oh.] J[ak.] **Ihlée.** [Frankfurt a. M. 1807.] 14 S. 8° [Umschlagtit.]

Kl. 1430.

Ihlefeld, F. H. Luthers Größe. Eine Schulrede. 18 S. . . . . . .
Quedlinburg, Progr. 1826

Ihlefeld, F. H. Ist die Philologie eine Wissenschaft? 24 S. . . . . . .
Quedlinburg, Progr. 1838

Ihlefeld, Frieda, Hauskochbuch. Eine Sammlg. erprobter Kochrezepte f. gute u. zugleich sparsame Küche, m. besond. Berücksicht. der Resteverwertg. (VIII, 296 S.) 8. Schwerin 903. F. Bahn. Geb. n. 3. —

Ihlefeld, Frieda, Hauskochbuch. Eine Sammlg. erprobter Kochrezepte f. gute u. zugleich sparsame Küche, m. besond. Berücksicht. der Resteverwertg. 2. verm. u. verb. Aufl. (VIII, 320 S.) 8. Schwerin 908. F. Bahn.
Geb. in Leinw. 3. 60

Ihlefeldt, Gustavus: De pneumothorace. Halis Saxonum (1864): Orphanotropheum. 32 S. 8°
Halle-Wittenberg. Med. Diss. v. 4. Febr. 1864
Geb. Quedlinburg 1. 3. 1840. V.

Ihlefeld, K., Aneikadu, e. Zweigstation v. Tandschaur,
— Kudelur, e. evangelisch-lutherische Hauptstation auf der Koromandel-Küste in Ostindien,
— Majaweram, e. fruchtbares Saatu. Erntefeld im Kaweri-Delta,
— Poreiar, die 1. Zweigstation von Trankebar,
} s.: Palmzweige v. dem ostindischen Missionsfelde.

Ihlefeld, K., Trankebar, die erste evang.-luth. Missionsstation in Ostindien, s.: Palmzweige v. dem ostind. Missionsfelde. Kl. Ser. 1.

Ihlefeld, O., s.: Evangelienpredigten zum Gebrauch in Lesegottesdiensten.

Ihlefeld, O., Predigt, geh. bei der X. Versammlung der kirchl. Landeskonferenz am 11. Oktbr. 1893 in der St. Georgenkirche zu Parchim. 8. (11 S.) Schwerin 893. F. Bahn. n. — 25

Ihlemann, Carolus: De Rufi Festi Avieni in vertendis Arateis arte et ratione. Gottingae 1909: Dieterich. 93 S. 8°
Göttingen, Phil. Diss. v. 8. Nov. 1909, Ref. Leo, Wendland
[Geb. 3. Mai 84 Northeim; Wohnort: Northeim; Staatsangeh.: Preußen: Vorbildung: Gymn. Andreanum Hildesheim Reife O. 03; Studium: Göttingen 4, Berlin 1, Göttingen 8 S.; Rig. 30. Juli 09.] [U 10. 1424

Ihlenburg, H., Zinsen-Tabelle für alle Länder in einfachster und practischster Form. 100 Mark [resp. Thaler, Gulden, Franc, Lire, Peso, Peseta, Piaster, Milreis, Rubel, Pfund Sterling, Dollar, Drachme etc.] bringen zu den häufigsten Procentsätzen [6—8%] in 1—360 Tagen nachfolgende Zinsen in Pfennigen [resp. in Hundertsteln Mark, Thaler, Gulden etc.] mit unbedingter Genauigkeit der Decimalstellen. (Ster.-Ausg.) Uebersichtlich bearb. Lex.-8. (VI, 8 S.) Leipzig 880, O. Sperling.

Ihlenburg, W., über die geometrischen Eigenschaften der Kreisbogenvierecke, s. Acta, nova, academiae etc. naturae curiosorum. 91.

Ihlenburg, W(ilhelm): Über die geometrischen Eigenschaften der Kreisbogenvierecke. Göttingen 1909: Karras, Halle a. S. 79 S. 4° ¶(Aus: Nova Acta Acad. Caes. Leop. Car. Germ. Nat. Cur. Vol. 91, Nr 1.)
Göttingen, Phil. Diss. v. 21. April 1909, Ref. Klein
[Geb. 18. Juni 81 Oschersleben; Wohnort: Oschersleben; Staatsangeh.: Preußen; Vorbildung: Gymn. Quedlinburg Reife O. 03; Studium: Göttingen 2, Heidelberg 1, Berlin 1, Göttingen 5 S.; Rig. 19. Febr. 09.] [U 09. 1365

Über die geometrischen Eigenschaften der Kreisbogenvierecke. Von W. Ihlenburg. Mit 5 Taf. Halle; W. Engelmann in Leipzig in Komm. 1909. 70 S. 4°
(Nova Acta. Abhandlungen d. Kais. Leop.-Carol. Deutschen Akad. d. Naturforscher. Bd 91, Nr 1.) [09. 8668

Ihlenfeld, Jutta, die Enkelin, s. a. Volks-Bibliothek, christliche.

[A.] Die Enkelin. E. Erzählung v. Jutta Ihlenfeld. *Berlin: Hauptver. f. christl. Erbauungsschriften [1898?].* (2 Bl., 126 S.) 1 Bd 8.
Volks-Bibliothek, Christliche. Bd 58. [98. 4796

Ihlenfeld, Jutta, erobert mir die Welt! Roman aus der Zeit der Christenverfolgg. (287 S.) 8. Leipzig 910. H. G. Wallmann. 3.—; geb. in Leinw. 4.—

Die Geschwister von Hummelpfort. Eine Erzählung aus d. Zeit d. Freiheitskriege von J[utta] Ihlenfeld. Berlin: Hauptverein f. christl. Erbauungsschriften [um 1907]. (344 S.) 8° [F.] [08. 16376

Ihlenfeld, J., Ruth, die Nichte des Apostels Paulus. Eine Geschichte aus der Zeit der Zerstörg. Jerusalems. 8. (V, 329 S.) Berlin (899). Hauptverein f. christl. Erbauungsschriften. Geb. in Leinw. n. 3.—

Ihlenfeld, J., Ruth, die Nichte des Apostels Paulus. Eine Geschichte aus der Zeit der Zerstörg. Jerusalems. 2. Aufl. (V, 329 S.) 8. Berlin (904). Hauptverein f. christl. Erbauungsschriften. Geb. in Leinw. n. 3.—

— Ruth, die Nichte des Apostels Paulus. Eine Geschichte aus der Zeit der Zerstörg. Jerusalems. 3. Aufl. (V, 329 S.) kl. 8. Berlin (910). Hauptverein f. christl. Erbauungsschriften. Geb. in Leinw. 3.—

Der Schwedenleutnant. Eine Gesch. aus d. 30jähr. Kriege. Von J[utta] Ihlenfeld. *Berlin: Hauptver. f. christl. Erbauungsschriften [1901].* (340 S.) 8° [F.] [01. 6[illegible]

Im Torhaus. Ein Familienbild aus d. Volk. Von J[utta] Ihlenfeld. Berlin: Hauptver. f. christl. Erbauungsschriften [1901]. (100 S.) 8° [F.] [[illegible]

Ihlenfeldt, F., s.: Chronik der Stadt Angermünde.

Ihlens, F. J., die patriot. Familie, e. häusl. Scene a. d. ersten Tagen d. Februars 1814. 8. Frankf. Eichenberg. 814.

— Dasselbe, s. a. Ihlee, Johann Jakob

Ihler, Jh. Mt., katech. Glaubens- u. Sittenlehre zum prakt. Volksunterricht. [illegible] Seelsorger u. jene Christen, welche nicht mehr nur Milch, sondern auch festere Speise ertragen können. gr. 8. [illegible] 805. [illegible] 1 ₰ 12 gr.

Ihli L. J., das Kunstgewerbe der Kleidermacher für Herren- und Knaben-Garderobe. (16 S 12 T) in Mappe 4° München 1888

Ihli L. J., das Kunstgewerbe der Kleidermacher für Damen- und Kinder-Garderobe (16 S 10 T) in Mappe 4° München 1889

Ihling, Johann Konrad

— Denkmal u. Opfer den Manen Georgs (Herzogs zu Sachsen-Meiningen); e. eleg. Gedicht in 4 Gesängen. 8. Meining. 803.

Ihling, Jh. Konr., d. Gymnasium Bernhardinums am 12ten Dec. 1821, eine histor. Darstellung, nebst den bei dieser Feier gehaltenen deutschen Reden u. vorgelesenen Gedichten. gr. 8. Meiningen 822. Keyßner. 8 gr.

Ihling, Joh. Conr., Euthymia, od. d. Lebens Freuden. Ein didakt. Gedicht in 5 Ges. 8. (17 B.) Leipzig 829, Barth.

Ihling, J. K., Gedichte. 8. Hildburgsh. Hanisch. 812.

— Gedichte. 8. Hildburgh. 812. (Cr. Fleischer, a. Taubert in Leipz.) 16 gr.

— über Geistererscheinungen. Beitrag zur Erfahrungs-Seelenkunde, nebst e. Beleuchtung d. Schrift: Meiner Gattin wirkl. Erscheinung nach ihrem Tode, von J. K. W(ötzel). 8. Coburg 805. Sinner. 16 gr. Hbg. Pr. 8 gr.

— d. Gesundbrunnen zu Liebenstein, ein Gedicht. 8. Coburg 804. Sinner. 16 gr.

— Glockentöne aus dem Jugendleben. Mit 1 Kpf. 8. Leipz. 821. Magaz. f. Industr. 12 gr.

— , Handwörterbuch, Leipz., d. Handlungs-, Comptoir- u. Waarenkunde.

Ihling, I. C.: Leipziger Handwörterbuch der Handlungs-, Comptoir- u. Waarenkunde, ... s. Hecht, C. L.

— d. Kuhpocken, oder deutl. Belehrung über d. Blatterkrankheit überhaupt u. d. Kuhpocken besonders. In Vorschriften zum Schönschreiben für Schulen. Mit 12 Vorlegeblättern. qu. Fol. Coburg 805. Sinner. 16 gl.

— d. Kunst, d. Geister zu verstehen rc. 8. Hildburgh. 807. (Er. Fleischer, u. Taubert in Leipz.) 16 gl.

Ihling, F. K., die Kunst, Geister zu verstehen. 8. Hildburghausen. 807. Jetzt Franz in Leipzig.

Ihling, Dr. J. C., Eduard Tiefstrunk, od. die Geheimnisse des Lebens. 8. Coburg 806. Sinner. 1 ß

Ihling, J. K.: Über das Turnen und Fechten auf Gymnasien. Meiningen 1829. 11 S.

— s. Universallexikon d. Handlungswissenschaften.

Ihlo, Rich., ein Fall von Cysticercus cellulosae subretinalis. Inaugural-Dissertation. gr. 8. (32 S.) Königsberg 875. (Leipzig, Kessler.) *

Ihloff, A. F. Gustav [Red.], s. Nimm und Lies.

Ihloff, A. F. Gust., im Weinberge des HErrn od. 50 Jahre Evangelisation u. Gemeinschaftspflege in Schleswig-Holstein. (IX, 186 S. m. Abbildgn.) gr. 8. Neumünster 907. Vereinsbuchh. G. Ihloff & Co. Kart. 1.50

Ihlow, Wilhelm [aus Berlin]: Über Morphio-Cocainismus, und hallucinatorische Cocain-Paranoia ... Berlin, Buchdr. v. G. Schade, *1895;* 29 S., 1 Bl. 8.
Berlin, Med. Fak., Inaug.-Diss. v. 26. Juli 1895

Gemälde-Nachlass-Ausstellung Daniel Jhli (*d. i.* Jhly), Genf, † 19. Januar 1910 [vom] 11.—24. April 1910 im Stadt-Casino Basel .... [Mit Porträt.] II+18 S. 8. (Basel, Hermann Krüsi.)
([Inhalt:] Erinnerungen an Daniel Jhly. † 19. Januar 1910. — Press-Stimmen.)

Ihm, Albert, Arzt in Mingolsheim (Baden): Casuistische Zusammenstellung der Fälle von manueller Placentalösung aus der Heidelberger Klinik und Poliklinik speziell unter Berücksichtigung der puerperalen Morbidität. Schwetzingen 1906: R. Küenzlen. (28 S.) 8°
Heidelberg, Med. Fak., Ref. v. Rosthorn, Diss. v. 1906
[Geb. 20. Aug. 77 Schwetzingen; Wohnort: Mingolsheim; Staatsangeh.: Baden; Vorbildung: Gymn. Lörrach Reife Juli 96; Studium: Heidelberg 2, Würzburg 1, Heidelberg 5, Leipzig 1, Heidelberg 4 S.; Coll. 19. Jan. 06; Approb. 8. Aug. 04.]

Ihm, Bernh. A., die bunten Farben in der Buchdruckerei und insbesond. deren Druck auf der Schnellpresse. Ein prakt. Handbuch zur Erlernung und Forthülfe. gr. 8. (74 S. mit 33 Bl. in Farbendr.) Biel 865, Steinheil. 4

Ihm, Bernh. A., die bunten Farben in der Buchdruckerei und insbesondere deren Druck auf der Schnellpresse. Ein Handbuch zur prakt. Erlernung und Forthilfe. 2. durchaus umgearb. Aufl. 8. Wien 874, v. Waldheim.

Ihm, Eduard [aus Schwetzingen]: Beitrag zur manuellen Umwandlung von Gesichtslagen in Hinterhauptslagen ... Berlin, C. Vogts Buchdr., *1895;* 84 S., 2 Bl. 8.
Berlin, Med. Fak., Inaug.-Diss. v. 8. März 1895

Ihm, Georg [Dr.]: Die Konzentrationsidee und ihre Bedeutung für die Ober-Tertia des Gymnasiums. Darmstadt, Druck v. H. Brill (1889); S. 3--18; 4°
Bensheim, grossh. G, P 1889 (593)

Ihm, G., Materialien f. die Ovidlektüre. gr. 8. (XII, 60 S.) Paderborn 890. F. Schöningh. n. 1. —

Ihm, Georgius (Darmstadiensis)
Quaestiones syntacticae de elocutione Tacitea comparato Caesaris Sallusti Vellei usu loquendi.
Gissae: Keller. 1882. 78 S.
Diss. phil. 30.10.1882.

Ihm, Geo., quaestiones syntacticae de elocutione Tacitea comparato Caesaris, Sallusti, Vellei usu loquendi. gr. 8. (77 S.) Giessen 882. (Ricker.) n. 1. 60

Ihm, Georg, Dr.: **Vergilstudien.** 1. Die Götter in der Aeneis. *Gernsheim (1902): L. Keilmann.* (S. 7—11.) 4°
Gernsheim a. Rh., großh. R, P 1902 (720)

Ihm, Georg, Dir. Dr.: **Vergilstudien.** T. 2. *Gernsheim 1903: L. Keilmann.* (9 S.) 4° ¶[Forts. d. P-Beil. 1902.]
Gernsheim a. Rh., großh. R, P 1903 (737)

Ihm, Georg, Dir. Dr.: Vergilstudien T. 3. Gernsheim 1904: L. Keilmann. (8 S.) 4° ¶[Forts. d. P-Beil. 1902. 1903.]
Gernsheim a. Rh., großh. R P 1904 (752)

Ihm, Geo., Rud. Agricola, sein Leben u. seine Schriften, s.: Sammlung der bedeutendsten pädagogischen Schriften aus alter u. neuer Zeit.

Carol. Ihm origo et natura leprae, diss. inaug. Wirceb. 1826. 8.

Ihm, Max, römische Culturbilder, s. a. Kennst du das Land? 13. Bd.

[A.] Römische Culturbilder. Von Max Ihm. *Leipzig: C. G. Naumann 1898.* (1 Bl., 168 S.) 1 Bd 8.
= Kennst du das Land? Bd 13.

Ihm, M., Matres, matronae. S.-A. s. a. 8 S. —.50

Ihm, Max., Palaeographia latina. Exempla codicum latinorum phototypice expressa scholarum maxime in usum. Series I. (18 Taf.) 44,5×36,5 cm. Nebst Text. (16 S.) Lex. 8. Leipzig (909). B. G. Teubner. In Mappe 5. —

Ihm, Max [Dr. phil.]: Prolegomena in novam Pelagonii artis veterinariae editionem ... (Erscheint m. d. Text im Verl. v. Teubner.) Halle a. S., *Druck v. B. G. Teubner in Leipzig,* 1891; 24 S. 8.
Halle, Phil. Fak., Hab.-Schr. v. 24. Okt. 1891

— M., Die Scholien im Codex Mediceus des Vergilius. S.-A. s. a. 15 S. —.60

Ihm, Maximilianus [Posenanus]: Studia Ambrosiana. ... Lipsiae, typ. B. G. Teubneri, 1889; 30 S. + 1 Bl. 8°
Bonn, Phil. Fak., Inaug.-Diss. v. 24. Jan. 1889

Ihm, Max. Studia Ambrosiana. gr. 8. (124 S.) Lpz. 889. Teubner. 2 80
Aus: Jahrbb. f. class. Philol. 17. Suppl.-Bd., besonders abgedruckt.

Ihm, Max, Richard Bentley's Suetonkritik. gr. 8. (19 S.) Berlin 901. (G. Reimer.) n. 1. —
Sonderabdruck aus: „Sitzungsber. d. preuss. Akad. d. Wiss."

Ihm, M., Zu Valerius Maximus u. Jan. Nep. S. A. s. a. 9 S. —.75

Ihm, Osc., über den Begriff der Platonischen δόξα und deren Verhältniss zum Wissen der Ideen. Eine kritisch-philosoph. Untersuchung. gr. 8. (55 S.) Leipzig 877. (Gotha, Conrad.) *

Ihm, O., Ueb. d. Begriff d. platon. δόξα und deren Verhältn. z. Wissen d. Ideen. Diss. 1877. 55 S. 1.50

Ihme, Carl, s. Ihme, Karl

Ihme, F. A., Burg Falckenstein im Wasgau. [Ein Baustein zum Bärenthaler Schulhaus.] gr. 16. (48 S.) Straßburg 874, Schmidt. *

Ihme, F. A., Gutenberg u. die Buchdruckerkunst im Elsaß. gr. 8. (52 S.) Straßburg i/E. 891. F. Bull. n. — 80

- Halleluja. Vierstimmiges Melodienbuch, nebst liturg. Anh. 2., verb. u. verm. Aufl. qu. gr. 4. (294 S.) Bärenthal b/Philippsburg i/E. 888. Selbstverl. Geb. in Leinw. n. 16.—

Ihme, F. A., Halleluja. Vierstimm. Melodienbuch, nebst liturg. Anh. 3., verb. Aufl. qu. Fol. (294 S.) Bärenthal i/Lothr. 892. Selbstverl. Geb. in Leinw. n.n. 12. 50

Ihme, F. A., Halleluja. Vierstimmiges Melodienbuch, nebst liturg. Anh. 5. verb. Aufl. (278 S.) qu. 4. Bärenthal 905. (Straßburg, J. Noiriel.) Geb. in Leinw. n.n. 15.—

Ihme, F. A., das kleine Halleluja. Sammlung ein-, zwei- und dreistimm. Weisen und liturg. Gesänge für Kirche, Schule und Haus. 8. (184 S.) Bärenthal 882. (Straßburg, Bomhoff.) *

— Heil unserm Kaiser! 4 Festgesänge zum Geburtstage Sr. Maj. d. deutschen Kaisers Wilhelm II. 3. Aufl. gr. 8. (7 S.) Strassburg 894. J. H. E. Heitz. n.n. — 10

Ihme, F. A., Hosianna! 17 geistreiche Lieder mit neuen Weisen für Klavier, Orgel, oder gemischten Chor versehen. 8. (VI und 33 S.) Erlangen 866, Deichert.

Ihme, Hans, Bärental in den Nordvogesen. (VIII, 33 S.) gr. 8. Straßburg 910. Buchh. der ev. Gesellschaft. — 75

Ihme, Karl, Turntafeln der Berufsfeuerwehr zu Leipzig, nach d. Natur aufgen. v. A. Krüger, Leipzig, 12 Taf., 8°.

Ihme, Carl, Turntafeln der Berufsfeuerwehr zu Leipzig. Im Auftrage des Commandos hrsg. Nach der Natur aufgenommen von A. Krüger. 6 Lfgn. (12 autogr. Taf.) Fol. Leipzig 886—88, Strauch. à Lfg. * 60 Pf. * 3 60

Ihme, Wilh., römische Geschichte. 3. u. 4. Bd. gr. 8. Leipzig 872. 76. Engelmann. à 4. 50; cplt. 18. 75
3. Die äußere Geschichte bis zum Falle v. Numantia. Mit e. Plane v. Karthago (auf 2 Steintaf.) (VIII, 368 S.)
4. Verfassung u. Volk auf dem Höhepunkt der Republik. Mit e. Register üb. die 4 Bde. (VIII, 835 S.)

[F.] Auf zum heiligen Krieg! Predigt über 1. Tim. 6, 12, geh. am 59. Jahresf. des Christl. Männer- u. Jünglingsver. u. am 2. Jahresfeste d. Jugendver. zu Hannover v. Konv.-Studiendir. Ihmels in Loccum. ... *Hannover: In Komm. b. H. Feesche 1898.* (12 S.) 1 Bl 8. [0. 1665 7

Ihmels, L. H., die Rechtfertigung des Sünders vor Gott, s. Unterscheidungslehren, die, der evangelisch-lutherischen und der römisch-katholischen Kirche.

Die Auferstehung Jesu Christi. Von D. Ludwig Ihmels, Prof. in Leipzig. 1. u. 2. Aufl. Leipzig: A. Deichert 1906. (40 S.) 8° [F.] [06. 7075

Ihmels, Ludw., die Bedeutung des Autoritätsglaubens im Zusammenhang m. der andern Frage erörtert: Welche Bedeutung hat die Autorität f. den Glauben? Vortrag, geh. auf der hannov. Pfingstkonferenz am 28. V. 1902. gr. 8. (44 S.) Leipzig 902. A. Deichert Nachf. n. 1.—

— M. Antonius Corvinus, s.: Uhlhorn.

— Eins ist not. Predigten, geh. in der Universitätskirche zu Leipzig. (VII, 239 S.) gr. 8. Leipzig 906. J. C. Hinrichs' Verl. n. 2. 20; geb. in Leinw. n. 3. 20; m. Goldschn. n. 3. 60

— Eins ist not. Predigten, geh. in der Universitätskirche zu Leipzig. 2. Aufl. (VII, 239 S.) gr. 8. Leipzig 907. J. C. Hinrichs' Verl. 2. 20; geb. in Leinw. 3.20; m. Goldschn. 3. 60

— Zur Erinnerung an D. Gustav Adolf Fricke, s.: Hartung, Br.

Ihmels, Ludwig [aus Bangstede]: Zwei Fälle von Hirngeräuschen. ... Göttingen, Druck d. Dieterichschen Univ.-Buchdr. W. F. Kaestner, 1889: 24 S. 8°
Göttingen, Med. Fak., Inaug.-Diss. v. 13. März 1889

Ihmels, L., zwei Fälle v. Hirngeräuschen. Inaug.-Diss. gr. 8. (24 S.) Göttingen 889. (Vandenhoeck & Ruprecht's Verl.) n. — 80

— Von der Freiheit e. Christenmenschen, s.a. Salz u. Licht. 16.

Von der Freiheit eines Christenmenschen. Vortrag ... von D. Ludwig Ihmels, Prof. Barmen: Wuppertaler Traktat-Gesellsch 1907. 31 S. 8°
(Salz u. Licht. 16.) [07. 16331 5

— Gehe auch Du hin in den Weinberg Gottes! Predigt üb. Matth. 20, 1—16, geh. am 27 I. 1907 in der Universitätskirche zu Leipzig. (11 S.) gr. 8. Dresden 907. C. L. Ungelenk. — 20
Sonderabdruck aus: „Pastoralblätter f. Homiletik, Katechetik u. Seelsorge".

— Gott ist getreu! Predigt üb. 1. Korinther 1, 9, geh. in der Universitätskirche zu Leipzig am 1. I. 1910. (16 S.) 8. Leipzig 910. J. C. Hinrichs' Verlag. — 20

Centralfragen der Dogmatik in der Gegenwart. 6 Vorlesungen von D. Ludwig Ihmels, Prof. Leipzig: Deichert 1911. VI, 188 S. 8° [10. 18179

— Jesus Christus die Wahrheit u. das Leben. 2 Predigten. (40 S.) 8. Ebd. 903. n. — 75

Ihmels, Ludwig, D.: Der Lohngedanke und die Ethik Jesu. Leipzig 1908: Edelmann. 44 S. 4°
Leipzig, Progr. z. Reformationsfeste u. Rektoratswechsel 1908 [U 09. 3103

— s.: Predigten, 5, bei der 61. Hauptversammlung des evangel. Vereins der Gustav Adolf-Stiftung.

Rede am Sarge des Superintendenten Dr. theol. Schaaf zu Potshausen, geh. 1904 von Prof. D. [Ludwig] Ihmels-Leipzig. Aurich: A. H. F. Dunkmann 1904. (13 S.) 8° [F.] [05. 2674 7

Die Selbständigkeit der Dogmatik gegenüber der Religionsphilosophie. Von Lic. Ludwig Ihmels, Prof. Erlangen & Leipzig: A. Deichert Nachf. 1901. (34 S.) 8° [Umschlagt.]
Aus: Festschrift d. Univ. Erlangen z. Feier d. 80. Geburtst. d. Prinzreg. Luitpold von Bayern. [07. 2191 8

Theonomie und Autonomie im Licht der christlichen Ethik. Akad. Antrittsrede ... von Ludwig Ihmels. Leipzig: Deichert 1903. 25 S. 8° A 12 10,631 11

— Theonomie u. Autonomie im Licht der christlichen Ethik. Akademische Antrittsrede, geh. zu Leipzig am 22. XI. 1902. gr. 8. (25 S.) Ebd. 903. n. — 60

— die tägliche Vergebung der Sünden. Vortrag, geh. auf der X. allgemeinen luth. Konferenz zu Lund. gr. 8. (44 S.) Leipzig 901. Dörffling & Franke. n. — 60

— Das Verhältnis der Dogmatik zur Schriftwissenschaft, s.: Studien, theologische.

— die christliche Wahrheitsgewissheit, ihr letzter Grund u. ihre Entstehung. gr. 8. (VI, 344 S.) Ebd. 901. n. 5.60

— Was betrübst du dich, meine Seele, u. bist so unruhig in mir? Predigt, geh. am 18. X. 1908. (16 S.) 8. Leipzig 908. J. C. Hinrichs' Verl. — 20

Wer war Jesus? Was wollte Jesus? Von D. Ludwig Ihmels, Prof. in Leipzig. Leipzig: A. Deichert 1905. (65 S.) 8° [F.] fc5. 5800

— Wer war Jesus? Was wollte Jesus? 4. durchgeseh. Aufl. (66 S.) 8. Leipzig 908. A. Deichert Nachf. —60; kart. —80; auf Velinpap., geb. 1.50

— wie werden wir der christlichen Wahrheit gewiß? Vortrag. 8. (41 S.) Leipzig 900. A. Deichert Nachf. n. — 60

— Wie werden wir der christl. Wahrheit gewiß? Vortrag. 2. durchgeseh. Aufl. (41 S.) 8. Leipzig 910. A. Deichert Nachf. — 60

Die christliche Wahrheitsgewissheit, ihr letzter Grund u. ihre Entstehung. Von Lic. L[udwig] Ihmels, Prof. in Erlangen. Leipzig: A. Deichert 1901. (VI, 344 S.) 8° [01. 6236

Die christliche Wahrheitsgewissheit, ihr letzter Grund u. ihre Entstehung. Von D. L[udwig] Ihmels, Prof. 2. erw. u. veränd. Aufl. Leipzig: A. Deichert Nachf. 1908. (VIII, 403 S.) 8° [08. 8330 4

Ihmels, Ludw., Centralfragen der Dogmatik in der Gegenwart. 6 Vorlesgn. (geh. auf e. v. königl. sächs. Kultusministerium veranstalteten theolog. Kursus zur Weiterbildg. v. Volksschullehrern zu Leipzig.) (VI, 188 S.) gr. 8. Leipzig 911. A. Deichert Nachf. 2.80

Ihmls, das Leben des Menschen im Jenseits. Tragikomischer Roman. 8. (217 S. m. Titelbild.) Jena 899. Berlin, H. Costenoble. n. 2. —

Ihmori, Teizo [aus Japan]: Über das Gewicht & die Ursache der Wasserhaut bei Glas und andern Körpern .... Freiburg i. B., Univ.-Buchdr. v. Chr. Lehmann, 1886; 39 S. u. 1 Taf. 8°.
Freiburg i. B., Phil. Fak., Inaug.-Diss. v. 1886.

Ihmori, Teizo, über das Gewicht und die Ursache der Wasserhaut bei Glas und andern Körpern. Diss. Freiburg i. B. 1886, Fr. Wagnersche Univ.-Buchh. 8°. 39 S. mit einer Taf.

Ihms, Georg, Medizinalprakt. am Krankenh. zu Warmbrunn: Das Verhalten der Blutgefäße bei der Kompression des Gehirns durch komprimierte Luft. (Schreiberhau) 1908: (Kulesiewicz). 15 S. 8°
Greifswald, Med. Diss. v. 8. Sept. 1908, Sauerbruch-Minkowski
[Geb. 14. Nov. 80 Wansen; Wohnort: Warmbrunn; Staatsangeh.: Preußen; Vorbildung: Gymn. Strehlen Reife O. 02; Studium: Breslau 2, Berlin 1, Breslau 4, Greifswald 3 S.; Coll. 17. Juni 07; Approb. 28. Juni 08.] [U 09. 1492

Ihn, J. C.

— s. Auch in Palästen zc.

— u. Fr. Stahmann, Don Ballaistros. — Gustav May. — Die wandernde Jungfrau. — Der Traum. Vier Erzählungen. 8. Berl. 822. Petri. 1 ℔

— d. seltene Freund, eine Monatsschrift. 8. Potsd. 787. 12 gr.

— s. Freundschaft, die, am Hofe.

Ihn, J. C., der Frohntanz. — Der Grosvaterstuhl. — Felix Heimchen. — Die schwarze Wahl. 8. Berl. 821. Petri. 1 ℔ 8 gr.

Ihn, J. C., patriot. Versuch über d. Bildung e. würdigen Offiziers. gr. 8. Leipz. 791. (Wienbrack). 14 gr.

Ihn, J. C., theatral. Versuche. 1r Bd. 8. Stettin 790. (Maurers B. in Berl.) 5 gr.

— theatral. Versuche. 1r Bd. 8. Stett. Maurer. 791.

Ihne, Erdkunde in Sexta. 2. Aufl. gr. 8. (14 S.) Darmstadt 902. A. Bergstraeßer. n. — 40

— Erdkunde in Sexta. 7. Aufl. (17 S.) gr. 8. Darmstadt 910. A. Bergstraeßer. nn — 50

Ihne, Egon

Ihne, E., über Baumtemperatur unter dem Einfluß der Insolation, s. a. Forst- und Jagdzeitung, allgemeine. Supplemente.

IHNE, Egon: Über Baumtemperatur unter dem Einfluss der Isolation. - Frankfurt a. M. 1883. 10 S., 1 Taf. - (Allg. Forst- u. Jagd-Ztg. Suppl. 12, H. 1)

Ihne, E., die norwegischen, schwedischen und finnischen Beobachtungen, s. Hoffmann, H., Resultate der wichtigsten pflanzen-phänologischen Beobachtungen in Europa.

Ihne, E., über Beziehungen zwischen Pflanzenphänologie u. Landwirtschaft, s. a. Arbeiten der deutschen Landwirtsch.-Gesellschaft.

Ueber Beziehungen zwischen Pflanzenphänologie und Landwirtschaft. Von Prof. Dr. (Egon) Ihne-Darmstadt. Berlin: Deutsche Landwirtschafts-Ges. 1906. 35 S. 8°
(Arbeiten d. Deutschen Landwirtschafts-Gesellschaft. H. 161.) [06. 1233

Über Beziehungen zwischen Pflanzenphänologie und Landwirtschaft. Von Prof. Dr. (E[gon]) Ihne-Darmstadt. 2. erw. Aufl. Berlin: Deutsche Landwirtsch.-Gesellsch. 1910. 44 S. 8°
(Arbeiten d. Deutschen Landwirtschafts-Gesellschaft. H. 161.) [11. 1393 II

Ihne, E., d. Frühling d. Jahre 1890 bis 1894 in Mecklenburg-Schwerin. [Aus: „Archiv d. Vereins d. Freunde d. Naturgesch. in Mecklb.“] gr. 8. (10 S. m. 1 farb. Karte.) Güstrow 896. (Opitz & Co.) n. — 50

—— Geschichte der pflanzen-phänologischen Beobachtungen in Europa, s. Beiträge zur Phänologie.

IHNE, Egon: Phänologische Karte des Frühlingseinzuges in Mitteleuropa. - Gotha 1905. 12 S., 1 Kt. - (Petermanns Geogr. Mitt. 1905, H. 5)

— [Hrsg.], s. Mitteilungen, Phänologische.

— Deutscher Obstbau, s.: Arbeiten der deutschen Landwirtschafts-Gesellschaft. (Goethe, Rud.)

Ihne, Egon (Rheinbach)
Studien zur Pflanzengeographie: Geschichte der Einwanderung von Puccinia Malvacearum und Elodea canadensis.
Giessen: W. Keller 1880. 32 S. u. 2 Kt.
Diss. phil. März 1880. vorh. 26. 7.

Ihne, Ernst, die Villa Fürstenberg. Aussen- u. Innen-Ansichten, Einzelheiten u. Grundrisse dieses in der Landgemeinde Grunewald errichteten Herrensitzes sowie seiner Nebengebäude. Fol. 22 Taf. Berlin (899). B. Hessling. In Mappe n. 10. —

— ein Landhaus im Grunewald. Gesammtansichten. Einzelheiten u. Grundrisse e. in der Landgemeinde Grunewald befindl. herrschaftl. Landsitzes. Entworfen u. erbaut v. I. 34 Taf. gr. 4. Ebd. (899). In Mappe n. 15. —

Ihne, F. W., u. Emil Schneider, die Söhne Teuts. Geschichtl. Bilder in 3 Aufzügen m. Vor- u. Nachspiel nebst Anh. (24 S.) gr. 8. Hoboken (N. J., 60 Hudson Street) 907. H. E. Schneider & Co. — 30

Joft Ihne's Arithmetischer Gedächtnisspiegel, worinnen die Rechenkunst in Reg. Coss oder Algebra und ein Appendix von allerhand zu der mathematischen Wissenschaft dienenden Quaestionibus auch sonst im Handel und Wandel nöthigen Sachen. Oldenburg. 8. (6 gr.)
1725

— — Wolfenbüttel, Montag. 8. 1734

Ihne, Just., arithmet. Gedächtnißspiegel. 8. Oldenb. 725.

Zur Ehrenrettung des Kaisers Tiberius (A a for the Emperor Tiberius) von W[ilhelm] Ihne. Aus d. Engl. mit sätzen von Wilhelm Schott. Strassburg: K. J. Trübner 1892. (VII, 200 S.) 8°
Orig. in: Proceedings of the Lit. and Philos. Society of Liverpool. 1856. 1857.

— Die Entwickelung d. römischen Tributcomitien. S.-A. 1872. 26 S.

Ihne, Wilh., Forschungen auf dem Gebiete der römischen Verfassungsgeschichte. gr. 8. (130 S.) Frankfurt a. M. 847, Kessler. n. 2/3 Thlr.

Ihne, Wilhelm. Römische Geschichte. 1. Bd. Von der Gründung Roms bis zum ersten punischen Kriege. 2. Bd. Vom ersten punischen Kriege bis zum Ende des zweiten. 3. Bd. Die äussere Geschichte bis zum Falle von Numantia. Mit 1 Plan von Karthago. 4. Bd. Verfassung und Volk auf dem Höhepunkte der Republik. Mit einem Register über die vier Bände. 5. Bd. Der Verfall der Republik. 6. Bd. Der Kampf um die persönliche Herrschaft. 7. Bd. Die Bürgerkriege bis zum Triumvirat. 8. Bd. Das Triumvirat bis zum Kaiserthum. (Mit einem Register zu Band 5 bis 8.) (8 Bde.) 8. Leipzig 1868—1890.

Ihne, Wilh., Römische Geschichte. In 8 Bdn. gr. 8. Leipzig, Engelmann.
Inhalt:
Bd. 1. Von der Gründung Roms bis zum ersten punischen Kriege. (VIII, 483 S.) 868. *M* 5,25.
„ 2. Vom ersten punischen Kriege bis zum Ende des zweiten. (VI, 406 S.) 870. *M* 4,50.
„ 3. Die äußere Geschichte bis zum Falle von Numantia. Mit einem Plane von Karthago (auf 2 Blat.). (VIII, 368 S.) 872. *M* 4,50.

Ihne, Wilh., römische Geschichte. 4. und 5. Bd. gr. 8. Leipzig, Engelmann. à Bd. *M* 4,50.
Inhalt:
Bd. 4. Verfassung und Volk auf dem Höhepunkt der Republik. Mit einem Register über die 4 Bde. (VIII, 335 S.) 876.
„ 5. Der Verfall der Republik. (IV, 460 S.) 879.
1.—3. Bd. Ebendas. 1868—72. *M* 14,25.

Ihne, Wilh., römische Geschichte. 6. Bd.: Der Kampf um die persönliche Herrschaft. gr. 8. (V, 585 S.) Leipzig 886, Engelmann. 6 —
1.—5. Bd. Ebendas. 1868—79. *M* 23.25.

Ihne, W., römische Geschichte. 7. u. 8. (Schluß-)Bd. gr. 8. Leipzig 890. Engelmann. à 5. — (cplt.: 39. 25)
7. Die Bürgerkriege bis zum Triumvirat. (III, 483 S.)
8. Das Triumvirat bis zum Kaiserthum. (V, 457 S.)

— römische Geschichte. 1. Bd. Von der Gründung Roms bis zum 1. pun. Kriege. 2., umgearb. Aufl. gr. 8. (VI, 541 S.) Leipzig 893. W. Engelmann. n. 5. —; geb. n. 6. 50

Ihne, Wilh., römische Geschichte. 2. Bd. Vom 1. pun. Kriege bis zum Ende des 2. 2., umgearb. Aufl. gr. 8. (V, 448 S.) Leipzig 896. W. Engelmann. n. 4. —; geb. n.n. 5. 50 (1. u. 2.: n. 9. — geb. n.n. 12. —)

Ihne, W., Ueber die Patres Conscripti. S.-A. 1865. 10 S.

Ihne, Gulielmus (geb. am 2 Febr. 1821 in Fürth bei Nürnberg): Quaestiones Terentianae ... Bonnae, litt. C. Georgii 1843. 2 Bl., 42 S. 8. ¶ Teil einer preisgekrönten Arbeit.
Bonn, Phil. Fak., Diss. v. 17 März 1843

Ihnen aufzuwarten; eine . . . Wochenschrift. Frankf. u. Leipz. 1774. H: *Kirchner, Johann Glob.* (Ky) (MGT) (Adel)

IHNEN aufzuwarten. Eine Satyrische und moralische Wochenschrift. (Hrsg. von Joh. Gottlob Kirchner.) 3 Tle. in 1 Bde. Frankfurt und Leipzig 1774. Verlegts Johann George Laitenberger in Merseburg. 8°. 846 S. (50 Mk. C. G. Boerner, Lpz., 1907:)
„Sehr seltene, Goedeke unbekannte satyrisch-moralische Wochenschrift. Die Beiträge scheinen fast durchweg vom Herausgeber, der Candidat des Predigtamts war, selbst herzurühren."

Ihnen aufzuwarten, eine Wochenschrift, (v. Jh. Glo. Kirchner). 3 Thle. 8. Merseb. 774. Weidmann. 1 Thlr 18 gr.

Ihon, Simon (Leipzig), De substitutionibus. Disp. II. Präs. Leopold Hakelman. Lpz. (Lorenz Cober) 20. II. 1617. 12 Bl. (10.—) 16809
Gew.: Christoph Cober v. Khoberspergk, Nicolaus Schwabe.

Ihnken, Betto, Kolumbus, der große Entdecker, s. Jugendbibliothek. deutsche, 76. Bd.

Ihnken, Betto, Kolumbus, der große Entdecker. Ein Lebensbild. Illustriert v. Fel. Schmidt. 12. (III, 188 S.) Leipzig 893 Geibel & Brockhaus. Geb. in Leinw. n. 2. —

— dasselbe, s. Jugendbibliothek, neue.

— durch ferne Meere. Irrfahrten u. Seeabenteuer e. jugendl. Deutschen. Mit 84 Abbildgn. v. Ferd. Lindner. gr. 8. (V, 327 S. m. 1 Farbdr.-Taf.) Leipzig 892. Geibel & Brockhaus. Geb. in Leinw. n. 6. —

— durch ferne Meere. Irrfahrten u. Seeabenteuer e. wackeren Jungen. Mit 4 Farbendr.-Bildern nach Aquarellen u. vielen Textillustr. v. Ferd. Lindner. Neue Rechtschreibg. 2. Aufl. (V, 327 S.) gr. 8. Berlin (905). Neufeld & Henius. Geb. in Leinw. 6. —

— Paul Turner, der Schiffsjunge u. Kapitän. Mit 63 Abbildgn v. Ferd. Lindner. gr. 8. (III, 295 S.) Ebd. 893. Geb. in Leinw. n. 6. —

Ihr Diener des Evangelii, beherzigt es! Für evang. Geistliche von ein. Katholiken. (Hrsg. v. Karl Dielitz.) gr. 8. (1 B.) Berlin 845, Gust. Bethge.

Ihr Kinderlein kommet! 20 Weihnachtslieder m. Bildern, die Weihnachtsgeschichte nach Ev. Lukas u. e. Auswahl Adventsverheißgn. des Alten Testaments. 12. (22 S.) Hamburg 902. Agentur des Rauhen Hauses. n. — 10; bill. Ausg. ohne Umschlag 10 Stück n. — 50

„Ihr Väter, ziehet eure Kinder auf!" Ein Apostelwort an alle christl. Eltern üb. Kinder-Erziehg. Predigt üb. Eph. VI, Vers 4, geh. unter Bezugnahme auf den Dippoldschen Prozeß in der Stadtkirche zu v. e. oberfränk. Geistlichen. (Von Kaler.) (12 S.) gr. 8. Bayreuth (903). C. Giessel. n. — 20

Ihr, Frz., die allgemeine Altersversorgung. Eine Studie. gr. 8. (20 S.) Berlin 887, Walther und Apolant. * — 50

Ihroke, Ernst, Kammergerichts-Ref. zu Berlin: **Ist die Erfüllung Rechtsgeschäft?** Nach gemeinem Recht u. Bürgerl. Gesetzbuch. *Rostock 1903: C. Boldt.* (69 S.) 8°
Rostock, Jur. Diss. v. [10. Febr.] 1904

Ihrem allergnädigsten Landesvater dem Deutschen Kaiser und König von Preussen Wilhelm II. sowie dem ganzen Kais. u. Kgl. Hause stattet hierdurch ihren ehrfurchtsvollen Neujahrswunsch ab die sämmtliche Salzwirker Brüderschaft im Thale zu Halle. Am 1. Jan. 1900.
[Halle 1900]. (2 Bl.) 2°

Ihrem allergnädigsten Landesvater Wilhelm I., Kaiser von Deutschalnd, ... stattet ihren ... Neujahrwunsch ab die sämmtliche Salzwirker-Brüderschaft im Thale zu Halle. Am 1. Jan. 1887. – Halle [1886]: Hendel. 2 Bl. 2°

Ihrem allergnädigsten Landesvater Wilhelm II., Kaiser von Deutschland, ... stattet ... ihren ... Neujahrwunsch ab die sämmtliche Salzwirker-Brüderschaft im Thele zu Halle. Am 1. Jan. 1890. – Halle [1889]: Hendel. 2 Bl. 2°

Ihrem Generalsuperintendenten Jacob Georg Christian Adler . . . bringen die Unterzeichneten an dem Tage seines 50jähr. Amtsjubiläums, d. 15. Jan. 1833, ihre vereinten Glückwünsche dar. — o. O. 1833. 1 Bl. 51 × 71,5 cm

Ihrem Landesvater Friedrich dem Grossen und dem gesamten Königlichen Preussischen Hause stattet durch instehendes ihren allerunterthänigsten Neujahrwunsch ab die sämtliche Salzwirker-Brüderschaft im Thal zu Halle am 1. Januar 1785. Halle 1785. fol.

Ihre, J.: De judiciis Dei. - Rost. 1752.

Ihre, Joh. [Praes.], s. Böckelman, Friedrich: De impunitate vitiorum in re publica.

Ihre, Johann (Präs.), s. Engmarck, Heinrich: Upsalia illustrata ...

— s. a. Ulphilae fragmenta.

Ihre, I., Fragmenta **versionis Ulphilauae. 4. Upsal. (Iunius, Lps.) 765.**

—glossariumSuio-Gothicum, in quo tam hodierno usu frequentata vocabula antiqua proferuntur etc. II T. Fol. Upsal 770. Röse. 12 ₰ 12 ℊ

— s. T. Livii fragmentum.

***ab Ihre,* Jh., Ulphilae scripta versionem Ulphilanam et linguam Moeso-Gothicam illustrantia ab ipso doctissimo auctore emendata, noviss. accessionibus aucta, jam vero ob praestant. ac raritatem collecta, et una cum aliis scriptis similis argumenti ed. c. A. F. Büsching. 4. Berl. 773.**

***Ihre,* Thom., Roma in nuce s. grammat. lat. 8. Kopenh. 774. Rothe Upsal 780. Swederus. 6 ℊ**

„Ihrer Königl. Hoheit, Herrn Xaverii . . . Administratoris der Chur Sachssen, Mandat, wegen Einschränkung des Dorf-Handels und der Handwercker auf dem lande. Ergangen de dato Dressden, den 29. Januarii 1767", Dresden (1767). — Vorh.: Industrie- und Handelskammer Leipzig.

„Ihrer Königl. Majest. in Pohlen etc. als Churfürstens zu Sachsen . . . . Mandat wieder die Banqveroutiers", De Dato Dresden, am 7. Januar anno 1724, Dresden (1724). — Vorh.: Bücherei der Industrie- und Handelskammer Leipzig.

Ihrer, Emma: Die Arbeiterinnen im Klassenkampf. Anfänge d. Arbeiterinnen-Bewegung, ihr Gegensatz zur bürgerl. Frauenbewegung u. ihre nächsten Aufgaben. — Hamburg: Generalkomm. d. Gewerkschaften Deutschlands 1898. 64 S. 8°

— **Die Arbeiterinnen im Klassenkampf. Anfänge der Arbeiterinnenbewegung, ihr Gegensatz zur bürgerlichen Frauenbewegung und ihre nächsten Aufgaben.** (64 S.) Hamburg 1898. C. Legion.

— Vide: Gleichheit (Die).

Ihrer, Emma: Die Organisationen der Arbeiterinnen Deutschlands, ihre Entstehung und Entwickelung. Bearb. u. zsgest. — Berlin: Selbstverl. 1893. 15 S. 8°

Ihrer, Emma, die Organisationen der Arbeiterinnen Deutschlands, ihre Entstehung u. Entwickelung. gr. 8. (15 S.) Berlin 893. (Buchhdlg. d. „Vorwärts".) n. — 10
104*

Ihrig, Eberhard. Eberhard Ihrig's Jugend u Erlebnisse vor fünfzig Jahren. Bakpcza, 1902.

Ihrig, Karl, s. e. Genossenschafts-Kalender, landwirthschaftlicher.

Ihrig, K. Landwirthschaftlicher Genossenschafts-Kalender für den Jahrgang 1892. Darmstadt.

Ihrig, Karl: Was ist zu tun, um den Bestimmungen des Genossenschaftsgesetzes vom 1.Mai 1889 zu genügen? Darmstadt: Ihrig 1899.

Ihrig, Karl, was ist zu thun, um den Bestimmungen des Gesetzes, betr. die Erwerbs- u. Wirthschafts-Genossenschaften, zu genügen? Ein prakt. Wegweiser f. Genossenschafts-Vorstände im Verkehr m. den Registergerichten, m. e. vollständ. Formularien-Sammlg. 7. verm. u. verb. Aufl. gr. 8. (128 S.) Darmstadt 901. (A. Bergsträßer.) n. 1.50

Ihrig, Karl: Was ist zu tun, um den Bestimmungen des Gesetzes, betr. die Erwerbs- und Wirtschaftsgenossenschaften, zu genügen? 9.Aufl. Darmstadt: Verl. des Reichsverbandes der deutschen landw. Genossenschaften 1906. = Deutsche landwirtschaftliche Genossenschaftsbibliothek. Sonderbd.

Ihring, Dietrich Christoph, s. Ihringk, Dietrich Christoph

Ihring, Friedrich Heinrich Wilhelm: „Meine Erfahrungen, oder etwas Ausführliches über die Beschaffenheit, Behandlung, Zweck und Nutzen der Wechsel . . .", Berlin 1799. — Vorh.: Com. Bibl. Hamburg und Büch. der Ind.- u. Handelsk. Leipzig. — 2. verb. Aufl., u. d. T.: „Das Wechselgeschäft", Cüstrin 1801, vorh.: Com. Bibl. Hamburg. — 3. Auflage, Halle 1806, vorh.: Büch. der Ind. u. Handelskammer Leipzig.

—meine Erfahrr., oder etwas Ausführliches über d. Beschaffenheit, Behandlung, Zweck u. Nutzen d. Wechsel ꝛc. 4. Berl. 799. A. u. d. T.: d. Wechselgeschäft, oder etwas Ausführliches über d. Beschaffenheit u. Behandlung d. Wechsel. 2e Ausg. 4. Küstrin 802. (Halle, Schwetschke u. S.) 1 ₰ 12 ℊ

Ihring, Friedr. Heinr. Wilh., deutſches Hand- u. Wörterbuch, als guter Rathgeber am Schreibtiſche, z. Vermeidung d. beim Schreiben u. Sprechen gewöhnl. Fehler geg. d. Dativ u. Accuſativ, od. leicht faßl. Unterr., jed. deutſche Wort recht ſchreiben zu lernen, nebſt d. ſicherſten Regeln, d. Wörter: mir u. mich; dem u. den; ihm, ihn u. ihr; Sie u. Ihnen ꝛc., niemals falſch, ſond. jederzeit richtig zu gebrauchen. Neue, wohlf. eingericht. Ausg. 8. (16½ B. u. Ttlvign.) Berlin 830, Nauck.

— d. prakt. Kaufmann, oder Anweiſ. zur vortheilhaften Führung verſchied. Handlungswiſſenſchaften ꝛc. 4. Halle 798. 2e A. 801. Schwetſchke u. S. 2 Rthlr. 2r Thl., oder Anweiſ. zur doppelten italien. Buchhaltung. 4. Berl. 800. (Reimer). 2 Rthlr. 8 gr.

— kaufmann. Rechenbuch für Lehrer u. Lernende. 4. Berl. 799. (Reimer). 1 Rthlr. 12 gr.

— d. Wechſelgeſchäft oder Etw. ausführl. über Wechſel. 8. Küſtrin, Neumann. 802.

— — daſſelbe. 4. Halle, Hemmerde u. S. 806.

— Zinsrechnungstabelle v. 1—5000 Rthlr. Kapital zu 4—6 pCt. auf alle Tage im Jahre ꝛc. gr. 8. Berl. 801. Pauli. 2 Rthlr. 12 gr. (Rücker daſ.) Hbg. Pr. 1 Rthlr. 6 gr.

Ihring, J., die nervöse Dyspepsie und ihre Folgekrankheiten, s. Sammlung klinischer Vorträge.

Ihring, Johannes (Lich)
Mikroscopisch-Chemische Untersuchung menschlicher Faeces unter verschiedenen pathologischen Verhältnissen.
Giessen: Keller 1852. 43 S. (in Δ mit „Thesen")
Diss. med. 5.1.1853. vorh. 26. 7. 11.Δ.

Ihring, R., der Schuldmoment im römischen Privatrecht. Giessen. *VIII und 68 p.*
Schul-/Univ.-Schrift 1867

Ihring, Sebast. Eberh.: Vorläufige Grundlehren der bürgerl. Privatrechtsgelehrsamkeit der Reichsstände in Teutschland. *Brem.* 731. 8.

Ihringer, Bernhard. Alte Deutsche Fastnachtsspiele. Hrg. von B' I'. [Umschlag illustriert.] 198 S. 8. Stuttgart, Robert Lutz, (1909). [geb. M. 3. —]

— s.a. Frauenbriefe aller Zeiten.

Ihringer, Bernhard. Frauenbriefe aller Zeiten. Hrg. von B' I'. VIII + 413 S. 8. Stuttgart, Carl Krabbe Verlag, (1910). [M. 6. —, geb. 7. —]

— s.: Schelling's Worte.

— Deutſches Schwankbuch. (256 S.) 8. Stuttgart (909). R. Lutz. Kart. 3. —

Ihringk, Dietrich Christoph

— — Opusculum de indole remedii restitutionis, quo privatus ex transactione principis, pace Westphalica confirmata, experitur in privatum, et de foro instituendae actionis ex art. XV. §. 13. tabularum pacis Osnabrugensis. Marburg (Müller) 1748. 118 S. (9.50) 16812

— — (Cassel), Modum computandi fructus in separatione feudi ab allodio. Marburg (Müller) 18. X. 1746. 104 S. (8.—) 16811
Gew.: Heinrich Otto Calckhoff.

Ihringk, Nic. W., Bekehrung Cornelii u. ſ. Hauſes üb. Apoſtelgeſch. X. 8. 8. Caſſel. (Krieger in Marburg.) 744.

— Einzug des Kön. d. Ehr. in Zion, d. Erklär. d. 2n u. 25n Pſ. 8. Caſſel. 740.

Ihringk, Nic. W., Gebet d. Volkes Gottes in Erkl. d. 85. u. 130. Pſ. 8. Caſſel. (Krieger in Marb.) 745. u.tr.lr.

— Glückſeligk. u. große Vorrechte d. Gläubig. des neuen Bundes üb. d. 32. Pſ. u. Jerem. XXXI. 31, 34. 8. Caſſel. 741.

— d. Kampf des Glauben u. d. dazu nöthige Waffenrüſt. üb. Eph. VI. 10-18. u. Gen. XXXIII. 24-30. 8. Caſſ. Cramer. 745.

— Kraft d. göttl. Gnade in d. Bekehr. Sauli z. Apoſtel. Jeſu üb. Apoſtelgeſch. IX. u. XXV. 8. Caſſel. (Krieger in Marb.) 742.

— d. Weg d. Gerecht. entgeg. geſt. d. Wege d. Gottloſ. in Erkl. d. 1. u. 15. Pſ. 8. Marb. (Hermann in Frankf.) 738.

Ihrl, Wolfgang (Grafenwinn): Abhandlung von dem Kirchenzehendrecht überhaupt und von der daraus hergeleiteten Kirchenbaukonkurrenz-Pflicht insbesondere.- Landshut: Thomann 1808. 32 S.
1808 - Kal 1809
Diss. Ingolst.-Landsh.-Mchn.

Ihrlinger, A., Was wir wollen! Ein Wort der Arbeiterpartei an den ungarischen Landtag zur Bekräftigung und Beleuchtung der von den Arbeitervereinen Ungarns an den h. Landtag gerichteten Petitionen. 8°. Pest, Selbstverlag, 1870.

Ihsecke, Otto, appr. Arzt a. Halle a. S.: Über eine ungewöhnliche Form innerer Hernie. Halle a. S. 1904: C. A. Kaemmerer & Co. (18 S.) 8°
Halle, Med. Fak., Ref. v. Bramann, Diss. v. 23. Dez. 1904
[Geb. 25. Jan. 76 Deesdorf, Kr. Oschersleben; Wohnort: Deesdorf; Staatsangeh.: Preußen; Vorbildung: Gymn. Neuhaldensleben Reife O. 99; Studium: Halle 4, Kiel 1, Berlin 1, Halle 4 S.; Coll. 21. Dez. 04; Approb. 24. Febr. 04.]

I hsiên [Schlagwort]

I hsiën, s. Tschili.

Ihſſen, G., über das ſchlechte Auflaufen u. die Auswinterung des Getreides infolge Befalls des Saatgutes durch Fuſarium, ſ.: Jahrbuch, landwirtſchaftliches, f. Bayern 1911 Nr. 1. (Hiltner, L.)

— ſ.: Bericht üb. die Tätigkeit der Futtermittel- u. Samenkontrollabtlgn. der agrikulturbotan. Anſtalt.

Ihssen, Georg, aus Hannover: Beiträge zur Kenntnis isomerer Menthylamine u. Menthole. *Roßwein i. S. 1903: A. Haubold.* (55 S.) 8°
Leipzig, Phil. Diss. v. [10. Aug.] [illegible]

IH-Telegraf. Schnellnachrichtendienst für alle Bezieher des Internationalen Holzmarktes. - Wien. Jg. 1-5, H. 8. 1948-1952.
Forts. s.: Wald- u. Holz-Telegraf

Jian, Alexander von (Pottenschen): Ueber die physiologische Bedeutung der Milz.- München: Hübschmann 1847. 19 S.
30.6.1847 - Urk (Titel: De lienis physiologia.); P 66
Diss.Ingolst.-Landsh.-Mchn.

Annales ([Äthiop.] Tārīk) regum Iyasu I (Ījāsū I, Negūš von Abessinien) et Bakāffā (Negūš von Abessinien) ed. (2: interpret. est) Ignatius Guidi. [1. 2.] Parisiis: C. Poussielgue; Lipsiae: O. Harrassowitz 1905. 2 Bde 8° [Umschlagt.]
[1.] Textus. [2.] Versio.
→ Annales Iohannis I, Iyasu I et Bakaffa ed. I. Guidi. P. 2.
→ Corpus scriptorum christian. oriental. Script. aethiop. Ser. 2. T. 5, P. 2.
[05. 8484

Annales ([Aethiop.] Tarik) regum Iyasu II. (Ijasū II. Neguš von Abessinien) et Iyo'as (Ijō'as Negūš von Abessinien) ed. Ignatius Guidi. [1.] Textus. Parisiis: Poussielgue; Lipsiae: Harrassowitz 1910. 8°
Corpus scriptorum christian. oriental. Script. Aethiop. Ser. 2, T. 6.) [11. 3499]

Jičin. Statistischer Bericht über die wichtigsten demographischen Verhältnisse. Verfasst von F. Presl. Lex.-8. (16 S.) Wien 887, C. Gerold's Sohn. * — 60
Aus: Städtebuch, österreichisches, besonders abgedruckt.

Jičinsky, Carl, s. Jičinsky, Karl

Jičinský, Ferd., das Saftgewinnungsverfahren der Diffusion. Chemisch und technisch bearb. gr. 8. (VIII, 197 S. mit zahlreichen eingedr. Holzschn., Tab. und 1 Atlas von 14 lithogr. Taf. in gr. qu. 4.) Leipzig 874, Baumgärtner's Buchh. *M 12.; geb. **

Jičinský, Ferd., das Saftgewinnungsverfahren der Diffusion. Chemisch u. technisch bearb. Mit zahlreichen (eingedr.) Holzschn., Tab. u. einem Atlas v. 14 (autogr.) Taf. (in Imp.-4.). 2. (Titel-)Aufl. gr. 8. (VIII, 197 S.) Leipzig (1874) 880. Baumgärtner. n. 6. —

Jičinský, Ferd., der Werth der Zuckerrübenanalyse. Nebst Anleitung zu einer rationellen chemisch-techn. Betriebscontrole der Zuckerfabrikation. [Für Chemiker und prakt. Zuckerfabrikanten.] gr. 8. (32 S.) Leipzig 877, Baumgärtner's Buchh. *

Jičínský, Jarosl., Katechismus der Grubenwetterführung m. besond. Berücksicht. der Schlagwettergruben. Für pract. Bergleute zusammengestellt. 3. vollkommen umgearb. Aufl. des „Katechismus der Grubenwetterführg." v. Wilh. Jičínský. gr. 8. (XII, 279 S. m. 188 Abbildgn. u. 3 Lichtdr.-Taf.) Mähr.-Ostrau 901. R. Papauschek. Geb. in Leinw. n. 12. —

Jičínský, Jarosl., Katechismus der Grubenwetterführung m. besond. Berücksicht. der Schlagwettergruben. Für prakt. Bergleute zusammengestellt. 4. vollkommen umgearb. Aufl. des „Katechismus der Grubenwetterführg." v. Wilh. Jičínský. (V, XIII, 286 S. m. 196 Abbildgn. u. 3 Lichtdr.-Taf.) gr. 8. Mähr.-Ostrau 903. R. Papauschek. Geb. in Leinw. n. 6.—

Jičínský, Ladislav, Anleitg. zur ersten Hilfeleistung in Gruben u. Hütten. (VIII, 224 S. m. 67 Abb.) 8. Mähr.-Ostrau 909. R. Papauschek. Kart. 2. 50

Jicinsky, Karl

Jičinsky, Carl (Carlstein/Böhmen), Sätze aus allen Theilen der Rechts- und Staatswissenschaften. Präs. (Fr. Rohliček) 18. V. 1857. 6 Bl. (4.—) 16813

Jičínský, Wilh., Behelfe zur richtigen Beurtheilung der Dampfkessel-Feuerungen u. zur Bestimmung d. Brennwerthes der Steinkohlen u. Braunkohlen. Mit 19 (eingedr.) Abbildgn. gr. 8. (V, 114 S.) Wien 881. Spielhagen & Schurich n. 2. 40

Jičínský, Wilh., Katechismus der Grubenerhaltung f. Grubensteiger u. Grubenaufsichtsorgane. Hrsg. vom berg.- u. hüttenmänn. Verein in Mähr.-Ostrau. gr. 8. (299 S. m. eingedr. Holzschn.) Mähr.-Ostrau 876. Prokisch in Comm. n. 5. —

Jičinsky, W. Katechismus aus der Gruben-Wetterführung für Grubensteiger und Grubenaufsichtsorgane. Mähr.-Ostrau, 1875.
dgl. 2. Auflage. Ebend., 1886.

— **Katechismus der Gruben-Wetterführung f. Grubensteiger u. Grubenaufsichtsorgane.** Hrsg. von berg- u. hüttenmänn. Verein in Mähr.-Ostrau. gr. 8. (144 S. m. eingedr. Holzschn.) Ebend. 875. 1. 50

Jičinský, W., Katechismus der Gruben-Wetterführung für Grubensteiger und Grubenaufsichtsorgane. 2. Aufl. 8. (160 S.) geb. 1 fl.
Mährisch-Ostrau: Herold 1881.

Jičinský, W.: Monographie des Ostrau-Karwiner Steinkohlen-Revieres. Mit Atlas. Teschen 1885. Atl. Fol.

Jicinsky, Wilhelm, Bergmännische Notizen aus dem Ostrau-Karwiner Steinkohlen-Revier, gesammelt vom Jahre 1856—1898. Gr.-8. (251 S.) 3.80, geb. 4.50
Mährisch-Ostrau: Kittl 1898.

Jičinsky, W., Die Schlagwetter nicht zündende Sandpatrone. Mährisch-Ostrau, 1898. 4 S.

Jičinsky, Wilh., das mährisch-schlesische Steinkohlen-Revier bei Mährisch-Ostrau. In bergmänn. Beziehung beschrieben. gr. 8. (VII und 182 S. mit eingedr. Holzschn. und 1 Atlas von 5 Stnt. in Fol.) Wien 865, Gerold's Sohn.

Jickeli, Carl F., Fauna der Land- und Süsswasser-Mollusken Nord-Ost-Afrika's. [Die 1. Abthl. der wissenschaftl. Resultate seiner Reise mit einschliessend.] gr. 4. (352 S. mit 11 lithogr. Taf. Abbild.) Dresden 874. (Jena, F. Frommann.) *
Aus: Nova Acta der kaiserl. Leop.-Carol. Deutschen Akademie der Naturforscher, besonders abgedruckt.

Jickeli, Carl F., die Unvollkommenheit des Stoffwechsels als Grundprinzip f. Werden u. Vergehen im Kampf ums Dasein. Vortrag, geh. in der Festversammlg. des siebenbürg. Vereins f. Naturwissenschaften zu Hermannstadt am 24. VIII. 1902. (44 S. m. 31 Abbildgn.) gr. 8. Berlin 902. (R. Friedländer & Sohn.) n. 1. 20

Die Unvollkommenheit des Stoffwechsels als Veranlassung für Vermehrung, Wachstum, Differenzierung, Rückbildung und Tod der Lebewesen im Kampf ums Dasein. Von Dr. Carl F. Jickeli. Mit 41 Abb. Hrsg. v. Siebenbürg. Ver. f. Naturw. in Hermannstadt z. Feier d. 50-j. Bestandes. Berlin: R. Friedländer & Sohn in Komm. 1902. (XVI, 353 S.) 4°(8°)
— Siebenbürger Verein f. Naturwiss. zu Hermannstadt. Abhandlungen. Bd 1.
[06. 4902 2]

Jigs-med nam-mk'a, Geschichte d. Buddhismus in der Mongolei, s. a. Huth, Geo.

Jigs-med nam-mk a. Geschichte des Buddhismus in der Mongolei. Aus dem Tibetischen herausgegeben, übersetzt und erläutert von Georg Huth. Teil 1. 2. 2 voll. Strassburg 1893. 1896.

Jihann Aadulf un sien Lüd. Jn Geschichde ut de 30jähr. Krieg v. W. H. (IV, 166 S.) 8. Dresden 910. E. Pierson. 2.50; geb. n 3. 50

Jihoslované. Obraz národopisno-literární. [Vyňato ze „Slovníka naučného."] Prag 864. Kober. 8. (XV, 422 S.) n. 1 fl 1 ngr.

Jikeli, Julie, Katharina. Eine Erzählung aus dem siebenbürgisch-sächsischen Bauernleben. Mit Titelbild u. Vignetten v. Hans Bulhardt. gr. 8. (46 S.) Mediasch 894. G. A. Reissenberger. — 80

Jilden, Gerhard [app. Arzt aus Timmel in Ostfriesland]: Ein Fall von Geburtshindernis in Folge übermässiger Ausdehnung der kindlichen Harnblase mit gleichzeitigem Ascites. . . . Würzburg, Anton Boegler'sche Buchdr., 1890; 32 S. 8°
Freiburg i. B., Med. Fak., Inaug.-Diss. v. 1890

Jile romane. Volkslieder der transilvanisch-ungarischen Zigeuner ... Von Hugo von Meltzl. SA. aus den Brassai-Meltzl-schen „Összehasonl. Irodalomtörténelmi Lapok". (Zeitschr. f. vergl. Litt.) Bd. I (1877) und II (1878). Klausenburg 1878.

Jilek, August, Lehrbuch der Oceanographie zum Gebrauche der k. k. Marine-Akademie. Wien 1857.

Jilek, Dr. August, k. k. oberster Marine-Arzt etc. Ueber die Ursachen der Malaria in Pola. 8. Wien 1868.

Jilek, Aug. Ritter v., über das Verhalten d. Malariafiebers in Pola. gr. 8. (87 S. m. 1 lith. Karte.) Wien 881. (Braumüller.) n. 2. —

Jilinsky, P. D. russ. Frau i. Kriege 1877/78. Skizz. der Tätigkeit d. barmh. Schwestern, Feldschererinnen u. d. weibl. Ärzte. (Russ.) Petersburg 1879.

JILKE, TH. Ueber die Zersetzung des Camphers durch schmelzendes Chlorzink. Göttingen, 1867.

Jilke, Th., über die Zersetzung des Kamphers durch schmelzenden Chlorzink. Göttingen. *34 p. Mit 2 Tafeln.*
Schul-/Univ.-Schrift

Jilke, Theodor, aus Frankfurt a. M.: Ueber Ketohalogenverbindungen des Phenols und der Kresole. *Marburg 1903: R. Friedrich.* (55 S.) 8°
Marburg, Phil. Diss. v. [3. Sept.] 1903

Jilke, Walter: Ueber die quantitative Verflüchtigung der Phosphorsäure aus ihren Salzen durch Tetrachlorkohlenstoff. Heidelberg 1909: Rössler & Herbert. 57 S. 8°
Heidelberg, Naturw.-math. Diss. v. 15. März 1909, Ref. Curtius
[Geb. 1. Sept. 83 Frankfurt a. M.; Wohnort: Frankfurt; Staatsangeh.: Preußen; Vorbildung: Lessing-Gymn. Frankfurt Reife O. 03; Studium: Heidelberg 9 S.; Rig. 11. Dez. 08.] [U 09. 2047

Jilly, Gust. Joh., Lehrbuch der allgemeinen Geschichte für Unter-Gymnasien und Realschulen. 1. und 2. Thl. gr. 8. Brünn 862,63, Winiker. à Thl. * 10 Ngr. *
Inhalt:
Thl. 1. Das Altertum. (208 S.)
" 2. Das Mittelalter. (160 S.)

Jimba [Schlagwort]

Jimbá, s. Missionskarten.

Jimbō, Kotora, Beiträge zur Kenntniss der Fauna der Kreideformation v. Hokkaidō, s.: Abhandlungen, paläontologische.

Jiménez, Luis, Correspondencia commercial, s.: Handelskorrespondenzen, nationale. IV.

Jiménez, Luis, u. F. **Booch-Arkossy**, Grammática teórico-práctica de la lengua alemana para uso de los españoles, s.a. Kunst, die, der Polyglottie.

Jimmerthal, Herm., Beschreibung der großen Orgel in der St. Marien-Kirche zu Lübeck, erbaut in den J. 1851—1854 von den Orgelbaumeistern Joh. Friedr. Schulze sen. und Edm. Schulze jun. Nebst einem Anhang, die Dispositionen ꝛc. mehrerer bedeutender Orgelwerke der neuern Zeit enthaltend. gr. 8. (IV und 60 S. mit 1 Holzschnt. in hoch 4. und 1 Stnt. in Fol.) Erfurt 859, Körner's Verlag. *

Jimmerthal, H. Dietrich Buxtehude. (Separat-Abdruck a. d. Lüb. Blättern, Jahrg. 1877.) Lübeck 1877.

Jimmerthal, Herm., vierstimmiges Choralbuch zu dem neuen lübeckischen Gesangbuche. 2., unveränd. Abdr. qu. gr. 4. (VI und 101 S.) Lübeck 859, Aschenfeldt. Thlr. *

Jimmerthal, Herm., evangel. Choralmelodienbuch, enth. die vorzügl. Choräle älterer u. neuerer Zeit in ihren ursprünglichen Tönen u. Rhythmen. gr. 12. (VIII u. 66 S.) Lübeck 819, Boldemann. 1/3 ₰

Jimmerthal, H., Gesanglehre und Liederbuch für Volks- und Bürgerschulen. 4 Hefte. 8. Lübeck 880, Kaibel. [1. Heft. (VI, 60 S.) * 40 Pf.; 2. Heft. (IV, 88 S.) * 50 Pf.; 3. Heft. (II, 54 S.) * 40 Pf.; 4. Heft. (IV, 110 S.) * 60 Pf.] *

—— **Melodienbuch zu dem neuen lübeckischen Gesangbuche.** 8. (X und 84 S.) **Lübeck 859, Aschenfeldt.**

Jimori, Masutaro, prakt. Arzt a. Kanazawa ⟨Japan⟩: Ueber Sublimat-Intoxikation mit besonderer Berücksichtigung der Nieren- und Darmbefunde. München 1906: Kastner & Callwey. (34 S.) 8°
München, Med. Fak., Ref. v. Bollinger, Diss. v. 11. März 1907
[Geb. 19. Aug. 67 Kanazawa; Wohnort: Kanazawa; Staatsangeh.: Japan; Vorbildung: Gymn. Kanazawa Reife Apr. 85; Studium: Med. Akad. Kanazawa 8, München 3 S.; Rig. 11. März 07.]

Jin, Takenosuke: Aus d. chir. Univ.-Klinik zu Königsberg i. P. ⟨Dir. Lexer.⟩ Experimentelle Beiträge zur Lehre der einfachen arthritischen Muskelatrophie. Königsberg i. P. 1910: Kümmel. 42 S. 8°
Königsberg, Med. Diss. v. 16. Dez. 1910, Ref. Payr
[Geb. 1. Dez. 79 Aomori; Wohnort: Königsberg i. P.; Staatsangeh.: Japan; Vorbildung: Gymn. Aomori Reife 97; Studium: Chiba Med. Akad. 8, Königsberg 2 S.; Rig. 10. Dez. 10.] [U 11. 2711

Jiménez, L., Gramática teórico-práctica de la lengua alemana para uso de los españoles, adaptada al método autodidáctico. (Die Kunst der Polyglottie, 93. Teil.) 8°. (VIII, 183 S.)
Wien: Hartleben 1907. geb. K 2.20

Jinabhadra's Jītakalpa, mit Auszügen aus Siddhasena's Cūrṇi. Von Leumann. [SA. aus SBA. 1892. LV.]

JINAPP, Adalbertus: De historia ordinis Templariorum. — (1832) 225 S. 8° (Handschr.)
Diss. Wien, Univ.

Jindřich, E., Ornamental-Zeichnen, s. Hercík, E.

JIRAK, Aloisius: De purgatorio. — (1877) 146 S. 4° (Handschr.) Diss. 349
Diss. Wien, Univ.

Jiránek, Anton ⟨1712–1761⟩. Trio in A dur für 2 Violinen u. Violoncell ⟨B. c.⟩. (Bearb. von Hugo Riemann.) (Pianof., Viol. I., II., Violoncell.) Leipzig: Breitkopf & Härtel [1904]. (16, 4, 4, 4 S.) 4°
— **Collegium** musicum. No 15.
(Breitkopf & Härtel's Kammermusik-Bibliothek. No 1827/28.) [07. 9714

Jiráni, O., Opravosti Hekataiovy Periegese. Pr. 1902. 16 S.

Jirásek, Alois, chodische Freiheitskämpfer, s.a. Romanbibliothek, slavische. III.

Jirásek, A., Chodische Freiheitskämpfer. [Slawische Romanbibliothek. III.] 8°. (XII, 481 S.) K 5.—
Prag: Otto 1904.

Jirásek, Alois, die Laterne. Ein Spiel in 4 Aufzügen. Autoris. Übersetzg. v. Sp. Wukadinović. (126 S.) 8. Prag 906. J. Otto. 1.40

Jirasek, Frz. Ant., Beitrr. zu einer botanischen Nomenclatur von Salzburg, Baiern u. Tyrol. Taschenf. Salzb. 806. Duyle. 8 ½

Jirasek, J. u. **Haenke**, Thadd. Mineralogische und botanische Bemerkungen auf einer Reise nach dem Riesengebirge. Dresden. 1788. 4.

Jiraseck, Johann

s.: Jirasek, Johann

Jirasek, Johann: Die mineralogischen Bemerkungen auf einer Reise nach dem Riesengebirge. 28 S.(S.3 - 30). Dresden: 1791

s.: Beobachtungen auf Reisen nach dem Riesengebirge. Veranstaltet und herausgegeben von der Königl.Böhm.Gesellschaft der Wissenschaften. Erste Abtheilung.

JB 5.625

Jireček, Joseph. Biographisch-literarische Skizze . . . Wien 1889. V: *Helfert, Joseph Alex. Freih. von.* (EB)

Jirecek, Constantin, s. Jireček, Konstantin

Jireček, Hermenegildus, s. Codex juris bohemici.

Jireček, Hermenegild, Codex juris bohemici. 2 tomi. gr. 8. Prag 867, Kober. *

Inhalt:

Tom. I. Aetatem Přemyslidarum continens. (IV und S. 1—264.) * 1 Thlr. 6 Ngr.

» II. Aetatem Přemyslidarum continens. (XII und S. 265—447.) * 28 Ngr.

Jireček, Hermenigildus, Codex juris bohemici. Tomi II. Pars 2 cont.: Jus terrae atque jus curiae regiae saeculi XIV. quam impensis regiae societatis scientiarum Bohemiae edidit H. Jireček. gr. 8. (IV, 416 S.) Prag 870, Tempsky.

—— dass. — Tomi III. Pars 2 et 3. gr. 8. Ebendas. 874. *

Inhalt.

Pars 2. Complectens jus terrae saeculi XVmi [1420—1500]. (IV, 210 S.) * ℳ 4.

» 3. Exhibens Victorini a Všehrd opus Bohemicum „de jure terrae Bohemiae libri IX". (IV, 480 S.) * ℳ 10.

Tom. I. Prag 1867, Kober. * ℳ 6,40. Tom. II, 1 et III, 1 noch nicht erschienen.

Jireček, Hermenegildus, Codex juris bohemici. Tomi V. pars 3: Constitutiones Margraviatus Moraviae anno 1628 reformatae. Lex.-8. (IX und 483 S.) 3.—
Wien: Tempsky 1890.

Jireček, Hermenegildus, Codex juris Bohemici. Tomi II. Pars IV., continens monumenta juris municipalis saeculi XIV mi. Gr.-8. (V, 388 S.) 3.—
Wien: Tempsky 1898.

Jireček, Hermenegild, geographische Dichter-Bilder. Gesammelt und hrsg. 8. (175 S.) Wien 881, Hölzel. *
geb. mit Goldschn. *

Jireček, Hermenegild, über Eigenthumsverletzungen und deren Rechtsfolgen nach dem altböhmischen Rechte. Ein Beitrag zur Geschichte des Rechtes in Oesterreich. gr. 8. (VII und 38 S.) Wien 855, (Gerold's Sohn.) *

Jireček, Hermenegild —. Ueber Eigenthumsverletzungen und deren Rechtsfolgen nach dem altböhmischen Rechte. Ein Beitrag zur Geschichte des Rechtes in Oesterreich. Von — —. Wien. 1855. Druck der Mechitharisten = Buchdruckerei. (VII, 38 S. 8)

[Umschlagt.:] Karten zur Geschichte des heutigen Österreichisch-ungarischen Reichs-Territoriums während d. Ersten christl. Jahrtausends. Entw. u. hrsg. v. Dr. Hermenegild R. v. Jireček ... *Wien: Selbstv. d. Vfs.; In Comm. b. E. Hölzel 1891.* (1 Bl., 6 Kt.) 1 Bd 4. 198. 1335

Jireček, Dr. Herm., Paměti města i kraje Vysokomýtského. Arch 1.—9. (Denkwürdigkeiten der Stadt und des Kreises Hohenmauth. Bogen 1—9.) Kl.-Folio. (S 1—80.)
Wien: Jirecek 1894.

Jireček, Hermenegild. Slovanské pravo v Čechách a na Moravě. Prag 863, 64. Bellmann. gr. 8.

Doba I.: Od prvních zpráv do konce X. století. (VII, 240 S. u. 1 lith. Karte in Fol.) n. 1 Thlr 10 ngr.

Doba II.: Od počátku XI. do konce XIII. století. (VIII, 322 S. u. 1 lith. Karte in qu. Fol.) n. 1 Thlr 20 ngr.

—— das Recht in Böhmen und Mähren. 1. Bd. in 2 Abthlgn. gr. 8. Prag, Bellmann's Verlag. *

Inhalt:

Bd. 1. Abthl. 1. Von den ersten Nachrichten bis zum Schlusse des 10. Jahrh. (IV und 100 S.) 865. * 18 Ngr.

» 1. Abthl. 2. Von den ersten Nachrichten bis zum Schlusse des 12. Jahrh. (VIII und 200 S.) 866. * 1 Thlr. 10 Ngr.

— unser Reich vor 200 Jahren. Eine Studie zum histor. Atlas der österreichisch-ungar. Monarchie. Lex.-8. (IV, 68 S. m. 1 farb. Karte.) Wien 893. (E. Hölzel.) n. 2. 50

Jireček, Dr. Hermenegild R. v., Unser Reich vor zwei Tausend Jahren Eine Studie zum historischen Atlas der österr.-ungar. Monarchie Mit einer Karte. Lex.-8. (67 S.) 1.50
Wien: Hölzel 1893.

Jireček, Dr. Hermenegild, R. v., Unser Reich vor zweitausend Jahren. Eine Studie zum historischen Atlas der österr.-ungar. Monarchie. Mit einer Karte Lex.-8. (67 S.) 1.50
Wien: Hölzel 1896.

Unser Reich zur Zeit der Geburt Christi. Zweite Studie z. Histor. Atlas d. Österr.-ungar. Monarchie. M. 1 Kt. Von Dr. Hermenegild R. v. Jireček. *Wien: Commr. v. E. Hölzel; (Dr. d. Mähr. Act.-Buchdr. in Brünn) 1896.* 26 S., 1 Kt.) 1 Bd 4.(S.) 96. 1931

Jireček, Hermenegild R. v., antiquae Boemiae usque ad exitum saeculi XII. topographia historica. Auxiliante reg. societate scientiarum bohemica ed. H. J. gr. 8. (XXVIII, 195 S.) Wien u. Prag 893. F. Tempsky — Leipzig, G. Freytag. n. 4. —

Jireček, Josef

— Anthologie z literatury české doby střední. Za čítanku pro vyšší gymnasia. Ebend. 858. gr. 8. (XVI, 393 S.) 1 Thlr 6 ngr

— Anthologie z novočeske literatury. Za čítanku pro vyšší gymnasia. Ebend. 861. gr. 8. (XXII, 304 S.) 1 Thlr

Jireček, Jos., Anthologie ze staré literatury české. Za čítanku pro vyšši gymnasia. Prag 860. Tempsky. gr. 8. (XII, 144 S.) 18 ngr

— čítanka pro první třídu nižšího gymnasia. 3. vydání. Ebend. 860. gr. 8. (VIII, 256 S.) n. 15 ngr

— čítanka pro třetí třídu nižšího gymnasia. 2. opravené vydání. Ebend. 862. gr. 8. (VI, 308 S.) n. 12 ngr

Jirečok, Jos. et H., s. Codex juris bohemici.

Jirečok, Jos., Codex juris Bohemici. Tom. IV. pars III.: Monumenta juris municipalis. Sect. II, exhibens Mag. Pauli Christiani a Koldín jus municipale regni Bohemiae una cum compendio ejusdem juris. gr. 8. (IV, 457 S.) Prag 876, (Tempsky.) *

Tom. I. Prag 1867, Kober. *M 6,40. — Tom. II, 2., III, 2. et 3. Prag 1870,74, Tempsky. *M 20. — Tom. II. 1. et III. 1. noch nicht erschienen.

Jirečak, Josef, Codex juris Bohemici. Tom IV. Pars I. sectio I. Jura et constitutiones regni Bohemiae saeculi XVI. 8. (703 S.) geh. 8 fl.
Prag: Tempsky 1882.

Jireček, Jos. und Hermenegild, die Echtheit der Königinhofer Handschrift. Kritisch nachgewiesen. Lex.-8. (VIII und 215 S.) Prag 862, Tempsky.

—— —— Entstehen christlicher Reiche im Gebiete des heutigen österreichischen Kaiserstaates, s. Geschichte, österreichische.

—— und Hermenegild Jireček, Entstehen christlicher Reiche im Gebiete des heutigen österreichischen Kaiserstaates vom J. 500 bis 1000. 2. (Titel-)Ausg. 8. (VI, 278 S.) Wien 870, (Prandel.) *

Jireček, Jos., Handbuch des Unterrichts- und Prüfungswesens in Oesterreich. Mit Beachtung der für weitere Kreise wissenswerthen Momente verfaßt. gr. 8. (VIII, 288 S.) Wien 868, Gorischek's Universitäts-Buchh.

– [Bearb.], s. Kozenn, B.: Zemépisný atlas ....

— obrazy y rakouských zemí, národův a dějin. Čítanka pro čtvrtou třídu nižšího gymnasia. 3. opravené vydání. Ebend. 863. gr. 8. (VI, 244 S.) n. 12 ngr.

– [Hrsg.], s. Slavata, Vilem: Dėje kralovsti uherskeho za panováni Ferdinanda I.

Jireček, Josef Konstantin, s. Jireček, Konstantin

Jirecek, Konstantin

JIREČEK, Constantin
Die Bedeutung von Ragusa in der Handelsgeschichte des Mittelalters. Vortrag gehalten in der feierlichen Sitzung der kaiserlichen Akademie der Wissenschaften am 31. Mai 1899 von Dr. Constantin Jireček. Wien. 1899. In Comm. Gerold's Sohn. 8°. 88 S. fl. —.75

Jireček. Constantin: Beiträge zur antiken Geographie und Epigraphik von Bulgarien und Rumelien. (Monatsberichte der Königl. Akademie der Wissenschaften zu Berlin. 1881. S. 434–469.) Berlin 1881. 36 S. 8°.

Jireček, Constantin. Einige Bemerkungen über die Überreste der Petschenegen und Kumanen sowie über die Völkerschaften der sogenannten Gagauzi und Surguči im heutigen Bulgarien. [SA. aus den Sitzungsberichten der königl. böhm. Gesellschaft der Wissenschaften.] Prag 1889.

Jireček, Jos. Konst., Bibliographie de la littérature bulgare moderne 1806—1870. hoch 4. (48 S.) Bieha 872. (Prag, Tempsky.) *

Jireček, Const., das Fürstenthum Bulgarien. Seine Bodengestaltg., Natur, Bevölkerg., wirthschaftl. Zustände, geist. Cultur, Staatsverfassg., Staatsverwaltg. u. neueste Geschichte. Lex.-8. (XVI, 573 S. m. 42 Abbildgn. u. 1 Karte.) Wien 891. F. Tempsky. — Leipzig, G. Freytag. n. 14. —

Jireček, Const. Jos., die altböhmischen Gedichte der Grünberger u. Königinhofer Handschrift. Im Urtexte u. in deutscher Uebersetzung hrsg. gr. 16. (VI, 160 S.) Prag 879. Rziwnatz. n. 1. 60

Jireček, Const., die Edelleute v. Hum auf d. Inschrift Veličani. [Aus: „Wissenschaftl. Mittheilgn. aus Bosnien u. d. Hercegovina", 8. Bd.] Lex.-8. (8 S.) Wien 895. (C. Gerold's Sohn.) n. — 40

— d. christl. Element in d. topograph. Nomenclatur d. Balkanländer. [Aus: „Sitzungsber. d. k. Akad. d. Wiss."] gr. 8. (98 S.) Ebd. 897. n. 2. 20

—— Geschichte der Bulgaren. gr. 8. (XI, 586 S.) Prag 876, Tempsky. *

Jireček, C. J., die Handelsstrassen und Bergwerke von Serbien und Bosnien im Mittelalter, s. Abhandlungen der königl. böhm. Gesellschaft der Wissenschaften.

— die Handelsstrassen u. Bergwerke v. Serbien u. Bosnien während d. Mittelalters. Historisch-geograph. Studien. gr. 4. (VII, 92 S.) Ebend. 878. n. 3. —

Jireček, Dr. Constantin Jos. Die Handelsstrassen und Bergwerke von Serbien und Bosnien während des Mittelalters. Historisch-geographische Studien. 4. Prag 1879.

—· die Handelsstrassen und Bergwerke von Serbien und Bosnien während des Mittelalters. Historisch-geograph. Studien. gr. 4. (VII, 92 S.) (Ebendas.) 879. *

Jireček, Dr. Constantin Jos. Die Heeresstrasse von Belgrad nach Constantinopel und die Balkanpässe. Eine historisch-geographische Studie. 8. Prag 1877.

—— die Heerstrasse von Belgrad nach Constantinopel und die Balkanpässe. Eine historisch-geograph. Studie. gr. 8. (VI, 172 S.) Ebendas. 877. *

—- Leben des obersten Hofkanzlers von Böhmen Wilhelm Grafen Slavata. Dargestellt nach den hinterlassenen Papieren desselben. gr. 8. (23 S.) (Ebendas.) 876. *
Aus: Sitzungsberichte der k. böhmischen Gesellschaft der Wissenschaften, besonders abgedruckt.

Jirecek, C., s.: Liber statutorum civitatis Ragusii.

Die Romanen in den Städten Dalmatiens während des Mittelalters. Von Constantin Jireček. Th. 1–3. *Wien: C. Gerold's Sohn in Komm. 1901–04.* 4°
1. 1901. 2. 1903. 3. 1904.
—Denkschriften d. Kais. Akademie d. Wiss. in Wien. Phil.-hist. Classe. Bd 48, 3. 49, 1. 2. [04. 887] 4

-- Staat und Gesellschaft im mittelalterlichen Serbien. Studien zur Kulturgeschichte des XIII.—XV. Jahrhunderts. 1. Teil. D 56, 2 . . . . . . „ 6.90
-- — 2. Teil. D 56, 3 . . . . . . „ 6.—
-- -- 3. Teil. D 58, 2 . . . . . . „ 6.—
Separatabdruck

Jireček, L., Die Militärtaxe in Oesterreich. Alphab. Nachschlagebuch üb. die mit Ende des Jahres 1883 bestehenden Gesetze u. Verordnungen. 8. (158 S.) Prag, Al. Hynek. 1 fl.

Jiriczek Otto: Die innere Geschichte des Alphartliedes.
II. 1890 PN 642 Diss. Wien, Univ.

Jiriczek, Otto Luitpold

Jiriczek, Otto L., d. Amlothsage auf Island, s.: **Abhandlungen, germanistische.**

Anleitung zur Mitarbeit an Volkskundlichen Sammlungen. Ausgearb. von Dr. Otto [Luitpold] **Jiriczek**, Doc., Breslau. Als Ms. gedr. *Brunn: 'Deutsches Haus' 1894.* (V, 31 S.) 8° [S.] [94. 371]

Jiriczek, Otto L., s.: **Beiträge, Münstersche, zur engl. Literaturgeschichte.**

Jiriczek, Otto Luitpold (Hrsg.), s. Beiträge, Würzburger, zur englichen Literaturgeschichte

Jiriczek, Otto L., s.: **Bósa-Rímur, die.**

— s.: **Bósa-Saga, die, in zwei Fassungen,** nebst Proben aus den Bósa-Rímur.

— die **Hvenische Chronik**, in diplomatischem Abdruck nach der Stockholmer Handschrift, nebst den Zeugnissen Vedels u. Stephanius u. den Hvenischen Volksüberlieferungen hrsg. v. O. L. J. [Aus: „Acta germanica".] gr. 8. (XVII, 39 S.) Berlin 892. Mayer & Müller. n. 1. 80

— s.o. **Dichtung. Viktorianische.**

Viktorianische Dichtung. Eine Auswahl aus E. Barrett Browning, R. Browning, A. Tennyson ... mit Bibliogr. u. literarhist. Einleitungen von Dr. Otto **Jiriczek**, Prof. Heidelberg: C. Winter 1907. (XVII, 486 S.) 8° [07.16767]

Jiriczek, Otto Luitpolt [Dr. phil.]: **Zur Geschichte der Bósa-Saga** ... [= Th. 3 d. Einl. zu der bei K. J. Trübner in Strassburg 1893 erschienenen Ausg. d. Bósa-Saga.] Breslau, *Druck d. „Strassb. Neuesten Nachr."*, 1893; 1 Bl., 38 S., 1 Bl. 8.
Breslau, Phil. Fak., Hab.-Schr. v. 10. Juni 1893

— die deutsche Heldensage, s.: **Sammlung Göschen.**

Deutsche Heldensagen. Von Otto Luitpold **Jiriczek**, Privatd. ... an d. Univ. Breslau. Bd 1. *Strassburg: K. J. Trübner 1898.* 8. [97. 8035]

— **Königsfühne.** 8. (V, 83 S.) Leipzig 894. Breitkopf & Härtel. n. 2. —

— s.a. **Kudrun u. Dietrich-Epen.**

Kudrun und Dietrich-Epen in Auswahl m. Wörterbuch von Prof. Dr. Otto L[uitpold] **Jiriczek**. 4., nahezu unveränd. Aufl. Leipzig: Göschen 1905. 168 S. 8°
(Sammlung Göschen. 10.) [11. 14170 11]

— s.: **Mitteilungen der schles. Gesellschaft f. Volkskunde.**

— Sigmund, d. Wiking, s.: **Hoffmann's**, Frz., Volks- u. Jugendbibliothek.

Jiřík, Fr., Katalog der Ausstellg. v. keram. u. Glasarbeiten böhmischen Ursprungs, s.: **Chytil, K.**

Jirik, Rich., u. Vincenz Syrovy, praktisches Lehrbuch der deutschen Sprache f. Tschechen, s.: **Kunst, die, der Polyglottie.** 80. Tl.

Jiřík, R. a Syrový, C., Praktická mluvnice jazyka německého pro Čechy. [Die Kunst der Polyglottie. 80. Teil.] 8°. (VIII, 183 S.) geb. K 2.20
Wien: Hartleben 1903.

Jirku Anton: Die alte Landschaft Syrien.
1908 PN 2440 Diss. Wien, Univ.

Jirmann, Friedrich, aus Breslau: **Ueber Darstellung** hochmolekularer Kohlenwasserstoffe aus Bienenwachs. *Heidelberg 1899: J. Hörning.* (32 S.) 8°
Heidelberg, Naturw.-math. Diss. v. 1899

Jirmejahu der Kleine, s.: **Thatsachen, ernste.**

Jirrins, Neggels, s.: **Allomnaok, ferreng-an öömreng.**

Jirsik, Jan Valerian

Jirsik, Joh. Val., **Bohomil.** Ein nützliches u. heilsames Lesebuch, in welchem ein aufrichtiger nichtkathol. Christ erzählt, aus welchen Ursachen er in den Schoß der hl. kath. Kirche zurückgekehrt ist. Aus dem Böhmischen ins Deutsche übers. von Jos. Rup. Trinks. Prag 1845, 8°.
Litteblätt. zur Sion 1848, S. 182—4. Das hier vorlieg. Werk wurde schon, wie der Übersetzer in der Vorr. sagt, 1838 u. d. T. „Gottlieb" zu Linz herausgegeben.

Jirsik, Joh. Valerian, **Bohomil.** Ein nützl. und heilsames Lesebuch, in welchem ein aufrichtiger nichtkathol. Christ erzählt, aus welchen Ursachen er in den Schooß der heil. kathol. Kirche zurückgekehrt ist. Aus dem Böhm. von Jos. Rupert Trinks. gr. 8. (VIII und 388 S.) Prag 848, (Credner und Kleinbub.) *

Jirsjk, Jan Valer., **Bohomil.** Kniha, w kteréžto geden upřjmný nekatolický křestan wyprawuge, za kterými přjčinami se do lůna swaté cjrkwe katolické nawrátil. 3. Wydánj. 12. (441 S.) Prag 850, Credner & Kleinbub in Comm. n. 12 *ngl*

Jirsjk, Jh. Val., **Bohomil.** Kniha, w kteréžto geden upřimny nekatolický křestan wyprawuge, za kterými přjčinami se do luna swaté cirkwe katolické nawrátil. Druhé wydánj. Prag 846, Credner. n. 12 *ngl*

Jirsjk, Joh. Val., **populäre Dogmatik** od. Glaubenslehre der heil. christ-kathol. Kirche in gemeinfaßl. Sprache. Verdeutscht v. G. Anton. 1. Bd. 8. (22 B.) Wien 845, Mechitaristen-Congr.-Buchh.

Jirsik, Joh. Valerian, **populäre Dogmatik,** oder Glaubenslehre der kathol. Kirche. Hrsg. von Bruno Schön. 2. Aufl. gr. 8. (XVI und 456 S.) Wien (861)62, (Mayer und Comp.)

Jirsik, Jan. Valer., **populäre Dogmatik** oder Glaubenslehre der katholischen Kirche. Hrsg. von Bruno Schön. 4. Aufl. gr. 8. (XVI und 460 S.) Wien 865, Mayer und Comp.

Jirsik, Joh. Valerian, **populäre Dogmatik** oder Glaubenslehre der katholischen Kirche. Hrsg. v. Hugo Schön. 5. (Titel-) Aufl. gr. 8. (XVI, 460 S.) Wien (1865) 881. Mayer & Co. n. 2. —

— **Populárnj dogmatika.** Kniha w kteréžto učenj wjry swaté křestanské katolické cjrkwe prostonárodnjm způsobem wykladá. Druhé rozmnožené wydánj. 8. Ebend. 847. n. 24 *ngl*

—— **populárnj dogmatika.** Kniha, w kteréžto učenj wjry swaté křestanské katolické cjrkwe prostonárodni způso bem wykládá. 2. Wydánj. (916 S.) 1847. * 24 Ngr. und 3. Wydánj. 12. (VIII und 819 S.) Prag 851(52,) (Credner und Kleinbub.) *

Jirsjk, Joh. Valerian, **Gottlieb.** Nachricht e. aufricht. evangel. Christen von d. Wichtigkeit d. wahren christl. Religion. Ein nützl. u. heils. Lesebuch. N. d. Böhm. d. ersten, im J. 1835 zu Prag erschien. Aufl. Von Geo. Anton. 8. (17½ B.) Linz 838, (Haslinger.)

Jirsik, Jh. Valerian, Gottlieb. Nachricht eines aufrichtigen evangel. Christen von der Wichtigkeit der wahren christl. Religion. Nach d. Böhm. ersten Aufl. Von G. Anton. 8. Linz 838. (Haslinger.) 5/12 Thlr

Jirsik, Jan Valer., kázani na všecky neděle a svátky celého roku a řeči postni, kteréž činil a vydal etc. 2. opravené vydáni. Dil. 1—3. Prag 856. Credner. gr. 8. (2 Bl., 228; 2 Bl., 232; 2 Bl., 274 S.) Jeder Bd. à. 1 Thlr.

Jirsjk, Jh. Val., O cirkewnjm přikázanj Postu. Prag 846, Credner. n. 1½ ngr

— Proč gsem Katoljkem? Slowo k sprostému katoljku, gak gakby z wjry swé počet dáti měl. Nákladem Dědictwj Swatojanského. 8. Prace 846. (Credner.) geb. n. 4 ngr

— Proč gsem katoljkem? Slowo k sprostému katoljku, gakby z wjry swé počet dáti měl. Čtwrté wydánj. Ebd. 846. n. 3½ ngr

— Proč gsem katoljkem? Slowo k sprostému katoljku, gakby z wjry swé počet dáti měl. 4. rozmnožené wydánj. 12. (74 S.) Ebd. 850. n. 4 ngr

— warum bin ich ein Katholik? Ein Wort an den gemeinen Katholiken, wie er von seinem Glauben Rechenschaft geben soll. Aus d. Böhm. von Georg Anton. 12. Linz 838. (Haslinger.) 1/...

—— warum bin ich Katholik? Ein Wort d. Belehrung an den schlichten kathol. Christen z. Wahrung seines Glaubens. Nach d. 4. verm. Aufl. aus dem Böhmischen übers. v. F. A. Lemayer. 8. (7 B.) Prag 846, Credner u. Kleinbub. *

Jirsik, Joh. Valerian, warum bin ich Katholik? Ein Wort der Belehrung an den schlichten kathol. Christen zur Wahrung seines Glaubens. Nach der 4. verm. Aufl. aus den böhm. übers. von F. A. Lemayer. (2. Aufl.) 8. (82 S.) Prag 850, (Credner und Kleinbub.) Thlr. *

Drei Kriegsjahre in Südwest. Schilderungen von K. Jitschin. Grünberg 1910: (Levysohn). 47 S. 8° A 12. 6602

Jitschinsky, Ferdinand — Kurze Darstellung der Gründung und des Bestandes des k. k. theresianischen adeligen Damenstiftes am Prager Schloße bis auf die gegenwärtige Zeit, nebst den wichtigsten geschichtlichen Momenten. Zu dessen hundertjähriger Gründungsjubelfeier im Jahre 1855. Verfaßt von — —. Prag, 1855. Druck der k. k. Hofbuchdruckerei von Gottlieb Haase Söhne. Mit zwei Kupfern. (VI. 218 S. 4.)

Jitta, D. J., s.: Beiträge, rechtswissenschaftliche.

Jitzchak, Isachar ben, Jerusalem od. üb. den Zweck d. mosaischen Gesetzgebung. 8. (1 B.) Rinteln 846. (Bösendahl.)

Jizchak, Rabbi, Befestigung im Glauben, neu herausg. mit verb. hebr. Texte überhaupt u. insbesond. durch Benutzung correcterer Lesarten nach einem Mscr., verm. mit einer Uebersetzung ins Deutsche u. begleitet von einigen Anmerkungen, von Dav. Deutsch. Sohrau 865. (Berlin, Cohn.) br. 8. (X, 398 S.) n. 1 Thlr 20 ngr.

Jizchak, Rabbi, Befestigung im Glauben, neu hrsg. mit verb. hebr. Texte überhaupt und insbesondere durch Benutzung correcterer Lesarten nach einem Manuscr., verm. mit einer Uebersetzung ins Deutsche und begleitet von einigen Anmerkungen vom Rabb. Dav. Deutsch. 2. vielfach verm. Ausg. gr. 8. (X, 438 S.) Sohrau 873. (Göttingen, Dieterich's Verlag.) *

Jizchak ben Arama, Jad-Awschalom. Neu hrsg. von E. Freimann. gr. 8. (III und 228 S. in hebr. Sprache.) Leipzig 859, (C. L. Fritzsche.) * †

IJzeren, J. van, de vitiis quibusdam principum codicum Aristophaneorum. gr. 8. (XI, 114 S.) Amsterdam 899. Editorium Societas „Elsevier". n.n. 3. —

Ikara, Carla, Momentbilder. Gedichte. 8. (V, 60 S.) Dresden 899. (E. Pierson.) n. 2. —; geb. n. 3. —

Ikaros-Nikaria, eine vergessene Insel des griechischen Archipel. [Gotha 1894.] V: *Bürchner, Ludwig*. (Cat. der Stadtbibl. Zürich. Zürich 1864—97.)

Ikarus, Joh., schriftl. Versuche in einigen ernsten Betrachtungen aus d. sittl.-religiösen Welt-Anschauung. M. 1 Stnt. gr. 8. (9 B.) Berlin 828, Hold.

Ike, Ch. G., Passionspred. s. Passionspredigten.

Ike, David Gottlieb (Deutschossig/Lausitz), De usucapione juris publici. Diss. acad. Präs. Johann Wolfgang Kipping. Helmstedt (Joh. Drimborn) 24. IX. 1738. 148 S. m. Widm. v. Präs. (10.—) 16814

Ikeda, Etsujiro, prakt. Arzt aus Miyasaki (Japan): Aus d. Poliklinik f. Haut- u. Geschlechtskrankheiten zu Rostock (Direktor Prof. Dr. Wolters). Hydroa vacciniformis (Bazin). *Rostock 1901: C. Hinstorff.* (62 S.) 8°
Rostock, Med. Diss. v. [10. Juni] 1901

Ikeda, Hideo, aus Tokio: Über die Resektion des Darmes bei Ileus mittels des Murphyknopfes. *Leipzig: G. Fock 1899.* (29 S.) 8°
Leipzig, Med. Diss. v. Aug. 1899
(Nur in beschränkter Zahl für den Austausch)

Ikeda, Kensai (geb. Tokio 10. 10. 1848): Ueber die Behandlung der Deviationen des Uterus, insbesondere der Retroflexionen. Berlin (1875). (32 S.) 8°
Berlin, Med. Diss. v. 6. Aug. 1875

Ikeda, Riuichi, aus Tōkyō: Die Hauserbfolge in Japan unter Berücksichtigung der allgemeinen japanischen Kultur- und Rechtsentwickelung. *Weimar 1903: R. Wagner Sohn.* (XV, 152 S.) 8° ¶ [Erschien vollst. 1903 bei Mayer & Müller in Berlin.]
Berlin, Jur. Diss. v. 16. Apr. 1903

Die Hauserbfolge in Japan unter Berücksichtigung der allgemeinen japanischen Kultur- und Rechtsentwickelung. Von Riuichi Ikeda, Dr. d. Rechte. *Berlin: Mayer & Müller 1903.* (XXI, 268 S.) 8° [03. 2384]

Iken, über die französ. Conjugation, s. Programm.

Iken. Ueber die französische Conjugation. Oldenburg, H. B., 1848. 43 S. Progr.

Iken, westliche Linienführung des Grossschiffahrtsweges Berlin-Stettin, s. Mitteilungen des Binnenschiffahrtsverein f. den Norden u. Westen der Prov. Brandenburg. Nr. 2.

Westliche Linienführung des Grossschiffahrtsweges Berlin—Stettin. '(Techn. Einzelheiten.)' Vortr. gehalten im Grossen Ausschuss d. Central-Ver. f. Hebg d. deutschen Fluss- u. Kanalschiffahrt v. Iken, kgl. Wasserbau-Insp. '(SA. aus d. 'Zeitschr. f. Binnenschiffahrt' Jg. VI, H. 5.)' *Berlin: Dr. v. A. W. Hayn's Erben 1899.* (16 S., 1 Kt.) 8.
= Mittheilungen des Binnenschiffahrtsvereins f. d. Norden u. Westen d. Prov. Brandenburg No 2. [99. 4758]

Iken, Arnold (Bremen), De advocato fisci, ejusque officio. Disp. jur. Marburg (Philipp Casimir Müller) Aug. 1727. 32 S. (6.80) 16815
Widm. v.: Joh. Frid. Hombergk zu Vach, Joh. Bernh. Grimmel (Steinfurt).

Iken, Arn., († d. 15. Febr. 1802.) animadversionum juris civilis specimen. 8. Marb. 778.

Iken, Dr. C., s. R. C., Maturin, Bertram.

Iken, Carl ..., s. Iken, Karl ...

Iken, Conrad, s. Iken, Konrad

Iken, (Dr.) G., über Familie u. Vaterland. Eine Vorlesung. 8. Brem. 813. Heyse. 3 gr

Iken, Hnr. Fr., Katechismus der christl. Lehre. gr. 12. Bremen 813. Geisler. 5 gr — 2e Aufl. 839. 1/6 Thlr

Iken, Hnr. F., Trostbibel für Kranke u. Leidende, in e. passenden Auszuge aus d. Psalmen, mit passenden Anmerkk. gr. 8. Hamb. 827. Fr. Perthes. 1 Thlr

— Trostbibel für Kranke u. Leidende, in einem passenden Auszuge aus den Psalmen, mit erklärenden Anmerkungen. (Wohlfeile Ausg.) gr. 8. Bremen 835. Geisler. 1/2 Thlr

— gerechte Würdigung d. Schrift von J. A. Brennecke: bibl. Beweis, daß Jesus nach seiner Auferstehung rc. 8. Bremen 820. Heyse. 9 gr

Iken, J. Friedr. Kirchliche Arbeiten u. Kämpfe, Niederlagen u. Siege zu Bremen in unserm Jahrhunderte. Die Entwicklg. der kirchl. Verhältnisse in Bremen während der J. 1800—1860. Ein Vortrag. gr. 8. (59 S.) Bremen 889, Morgenbesser. — 75

Iken, J. Fr., die wallonisch-französische Fremdengemeinde in Bremen, s.: Goschichtsblätter d. deutschen Hugenotten-Vereins.

Iken, J. Fr., die Geschichte der St. Pauli-Kirche und -Gemeinde in Bremen. Zur Erinnerung an die vor 200 Jahren, am 18. Aug. 1682, geschehene Einweihung der heut. St. Pauli-Kirche. Mit 3 Portr. und 1 Ansicht der Kirche in Lichtdr. 8. (XV, 251 S.) Bremen 882, Silomon. *

Iken, J. F., Heinrich v. Zütphen, s. Schriften des Vereins für Reformationsgeschichte.

(Schriften des Vereins für Reformationsgeschichte. Heinrich von Zütphen v. J. Friedrich Iken. Halle. 1886. 8°.

Iken, J. Fr., die evangelische Kirche Frankreichs. Ein Blick auf ihre Geschichte und ihre Bedeutung. Vortrag am 3. März in Bremen gehalten. gr. 8. (32 S.) Bremen 871, Müller's Verlag. *

—— dass. — s. Vorträge, zeitgeschichtliche.

— die bremische Kirchenordnung v. 1534. Hrsg. v. der histor. Gesellschaft d. Künstlervereins. [Aus: „Brem. Jahrbuch".] gr. 8. (LXXXIII, 116 S.) Bremen 891. C. Ed. Müller. n. 5. —

—— die innere Mission in Bremen, s. Mission, die innere, in Deutschland.

Ikon, J. F., Die innere Mission in Bremon. »Mission, Die innore, in Deutschland.« (98 S.) Ebd. 1881. Oemler.

— Joachim Neander. Sein Leben u. seine Lieder. Auf Veranlassung seines 200. Todesjahres nach bekannten u. neuentdeckten Quellen bearb. Mit einem Bildnisse Neander's (in Lichtdr.). 8. (VIII, 415 S.) Bremen 880. Müller. n. 3. —; geb. n.n. 4. —

— die Wirksamkeit v. Pastor Dulon in Bremen (1848—52). Ein kirchl. Gedenkblatt aus der Revolutionszeit. [Aus: „Bremer Kirchenbl."] 8. (IV, 48 S.) Bremen 894. M. Heinsius Nachf. n. — 60

— **Johann** (Bremen), De cessione actionum post solutionem occasione L. 39. ff. de fidejuss. Junct. L. 28. mandat. Disp. jur. Präs. Peter Burmann. Utrecht (Wilhelm van de Water) 21. V. 1711 (1715). 38 S. (6.80) 16817

— **Johann Christoph** (Bremen), De morbis hepatis. Diss. med. Jena (Goepferdt) 8. V. 1802. 24 S. (6.—) 16818

— **Johann Georg** (Bremen), De poenis arbitrariis. Diss. jur. Götting. (J. C. Baier) 23. XII. 1808. 72 S. (6.20) 16819

Iken, Karl Jak. Ldw., (schreibt sich bald C., bald C. J. L., bald J. C. L.) über d. Erfindung, durch Dampf u. andere neue Mittel Schiffe in Bewegung zu setzen. Ein Auszug aus Rob. Buchanan. Mit 2 Kpf. gr. 8. Bremen 817. Heyse. 12 gr

— Eunomia, s. Eunomia.

— d. vier italienischen Hauptschulen d. Malerei, nebst d. Raphaelschen Schule insbesondere; als genealog. Tableau entworfen bei Gelegenheit d. dritten Säcularfeier Raphaels am 18. April 1820. Fol. Bremen 820. Heyse. 9 gr

— Hellenion. Ueber Kultur, Geschichte u. Literatur d. Neugriechen. 1s Heft. Mit 3 Abbildd. gr. 8. Leipz. 822. Brockhaus. 1 Thlr 8 gr ill. 1 Thlr 16 gr

— s. A. Korai, vom alten u. neuen Hellas.

Iken, (Carl,) Leukothea rc., s. Leukothea.

Iken, K. J. L., s. Nechschebi.

— de statu Graeciae hodierno deque Neohellenum seu Romaicorum historia tam politica, quam literaria. 4. Bremen 817.

— Tabelle d. Reisenden in Griechenland seit 1453. Bremen 819. Schünemann. 6 gr

— s. chronolog. Uebersicht d. berühmt. Maler.

— **Justin Friedrich Wilhelm** (Burg-Steinfurt), De Augustissimi imperatoris atque imperii Romano-Germanici primariis vasallis Imperatore atque Augusta. Commentat. jur. Marburg (Philipp Casimir Müller) 3. VI. 1751. 60 S. (7.—) 16820

Iken, Konrad

— animadvers. in antiquitat., s. J. H. *Schacht.*

Iken, Konr., († d. 25. Juni 1753.) antiquitates hebraicae secund. triplicem Hebraeor. statum. 8. Brem. 732. Ed. II. 736. Ed. III. 741. Ed. IV. 752 et 64. (Kummer in Lpz.) 20 ℳ

Iken, Conr., antiquitates hebraicae, secund. triplicem Hebraeor. statum. 8. Brem. (Kummer, Lps.) 764.

— contra Gudium demonstratur, coenam Chr. σταυρωσ. vere paschalem fuisse. Brem. 1742. 4.

— de cultu quotidiano templi. 4. ibid. 736.

— difficultates contra sententiam (in diss. antec.) moveri solitae diluuntur. I—II. Brem. 1739. 4.

— Dissert. philolog.-theolog., in div. sacri codicis utriusq. instrumenti loca. II Tom. (Vol. II.) ed. J. H. Schacht. 4. Amsterd. 749—62. (Weidmann in Leipz.) 5 ℳ

— dissertat. philolog. theol., in div. sacri codicis utriusq. instrumenti loca. II Tmi. 4. Leid. (Weidmann, Lps.) 749—70.

— — eaed. c. Schacht. T. I. et II. p. 1. 4. Traj. Bat. (Rabenhorst, Lps.) 778.

Iken, C., de fica ad imprecationem Salvatoris exarescente. Brem. 1741. 4.

Iken, C., harmonia perpessionum Christi. Brem. 1743. 4.

— hormonia historiae perpessionum J. C. cur. J. H. S. (Schacht). 4. Leyd. 758. (Weidmann in Leipz.) 20 ℳ

Iken, C., de jure vitae et necis, tempore mortis Christi apud Judaeos non amplius superstite. Brem. 1740. 4.

Iken, C., de λιθόστρωτῳ. Brem. 1725. 4.

Conr. Iken (resp. Henr. Lampe) diss. de lilio Saronitico. Brem. 1728. 4. (Ad Cantic. 2, v. 1.)

— **Conrad,** Oratio de illustri Bremensium schola magnorum ingeniorum summorumque in omni scientia virorum alma atque foecunda matre. Bremen (Hermann Christoph Jan's Wwe.) 2. II. 1741. 140 S. mit zahlreichen Biographien. (12.—) 16816

— oratio de illustri Bremens. schola. 4. Brem. Foerster. 742.

Iken, C., de tempore celebratae a Servatore ultimae coenae paschalis. I—II. Brem. 1735. 4.

— thesaurus nov. theol.-philolog. s. sylloge dissertat. exeget. ad. selectiora V. et N. Test. loca. II Tmi. fol. Leid. 732.

Iken, C., de unctione aegrotorum precibus juncta et mutua offensionum confessione. Brem. 1749. 4.

Ikenberg, Bendix [aus Nieheim (Westfalen)]: Über Beckenfrakturen .... Würzburg, P. Scheiner's Buchdr., 1885; 37 S. 8°.
Würzburg, Med. Fak., Inaug.-Diss. v. 1885.

Ikenberg, Bendix, über Beckenfrakturen. Diss. Würzburg 1885, Stahelsche Univ.-Buchh. 8°. 37 S.

Iker-Stöß, Viktoria, der Leitstern meiner Tage. (IV, 127 S.) 12. Leipzig (903). O. Mutze. Geb. in Leinw. n. 1.50

IKIC, Karl: Anakoluthien und einige andere Unregelmäßigkeiten bei Sophokles. — 1909. 73 Bl. Diss. Graz, Univ.

Ikier, Otto [aus Posen]: Das Colloquium Charitativum zu Thorn vom 28. August bis 21. November 1645 nach den Akten dargestellt. Ein Beitrag zur Geschichte der Reformation in Polen. ... Halle, Druck v. Friedrich A. Kosmäl in Krotoschin, 1889; 2 Bl. + 80 S. + 1 Bl. 8°
Halle, Phil. Fak., Inaug.-Diss. v. [20. März] 1889

Ikier, Paul *Richard Max* [Referendar in Schwedt]: Die Rechtsverhältnisse des Sortimentsbuchhändlers. ... Berlin, Druck v. M. Driesner, 1890; 43 S. 8°
Giessen, Jur. Fak., Inaug.-Diss. v. 1890

Ikker, J. C., Frühlings-Gruß an Preußens Deputirten-Kammern. Ein Natur-Gedicht. Schneidemühl, Anfangs April 1849. gr. 8. (8 S.) Deutsch-Crone 849. (Landsberg, Bolger und Klein.) **

Iklé, Leop., Bericht üb. Gruppe 5 der schweizerischen Landesausstellung Zürich 1883: Die Stickerei. gr. 8. (16 S. m. 1 Curventaf.) Zürich 884. Orell Füssli & Co. Verl. n. 1 —

Iklé, Max, aus Hamburg: Über das ultrarote Absorptionsspektrum einiger organischer Flüssigkeiten. *Hamburg (1903): Lütcke & Wulff.* (37 S.) 8°
Berlin, Phil. Diss. v. 21. Nov. 1903

Iklé, Max, die Entwicklg. der Materie, s.: Le Bon, Gust.

Iklé, Richard Alexander

Iklé, R. A., die Kommandit-Aktiengesellschaft nach schweiz. u. deutsch. Recht, s.a. Abhandlungen z. schweiz. Recht.

Iklé, R A , cand. jur: Die Kommandit-Aktiengesellschaft nach schweizerischem und deutschem Recht. Bern 1907. XII + 210 S. 8°.
Bern. Jur. Diss. 1906 1907.

Iklé, R[ichard] A[lexander]. Die Kommandit-Aktiengesellschaft nach schweizerischem und deutschem Recht. XII + 210 S. 8. Bern Stämpfli & Cie., 1907.
Ausg. A: Diss. Jur. Bern ... von R. A. J'....
Ausg. B: Von Dr. R. A. J'. [fr. 4.20.] — Abhandlungen zum schweizerischen Recht, hrg. von Dr. Max Gmür, Professor.... Heft 18.

Ikoma [Schlagwort]

Ikoma. s. Kolonialkarten.

Ikonographia dermatologica. Atlas seltener, neuer u. diagnostisch unklarer Hautkrankheiten. Atlas des maladies rares de la peau. Cases for Diagnosis. Tabulae selectae, adjuvantibus ... editae a Albert Neisser, Breslau, [&] Eduard Jacobi, Freiburg i. Br. Fasc. 1. Berlin, Wien: Urban & Schwarzenberg 1906. 4°(8°) [06. 15451]

Ikonographia dermatologica. Atlas seltener, neuer u. diagnostisch unklarer Hautkrankheiten. Atlas des maladies rares de la peau. An atlas of new and rare skin diseases. Tabulae selectae, adjuvantibus de Amicis, Ed. Arning, A. Hensel etc. editae a Alb. Neisser et Eduard Jacobi. Fasc. II—V. (85 farb. Taf. m. illustriert. Text S. 41—223 in deutscher, französ. u. engl. Sprache.) Lex. 8. Wien 907—10. Urban & Schwarzenberg. à 8.— (Bd. I kplt. 40.—; geb. n 45.—)

Ikonographie d. Heiligen. Ein Beitr. z. Kunstgeschichte. (Von J. v. Radowitz.) gr. 8. (7 B.) Berlin 834, Dümmler.

Ikonoklastes, Thomas (Pseud.), s. Escher, Heinrich

Ikřivan, Anton, Lehrbuch der kaufmännischen einfachen Buchhaltung mit vorangehender Erklärung der Hilfsbücher. 6. Aufl. (283 S) Prag: Řivnáč 1891. 2.—

Ilé, A. G., die Lore am Tore, s.: Theater-Bibliothek.

Iks-Tafel, besteh. aus e. vollst. Lehrgang f. doppelte italien. u. amerikan. Buchführg. m. Kontenzeiger, u. f. Bilanz u. Abschluss m. Wegweiser. (1 farb. Taf., 24×39 cm, m. Text 36 S.) gr. 8. Hannover (908). Iks-Verlag. In Tasche nn 1. 85; ohne Lehrg. 1.—; Lehrgang allein —85

Ikutha [Schlagwort]

Ikutha (Wakamba), s. Missionskarten.

Ikuta, Massno [aus Tokio Japan]: Ueber para-Nitrosodiphenylamin .... Erlangen, Druck d. Univ.-Buchdr. v. Junge & Sohn, 1888; 27 S. 8°
Erlangen, Phil. Fak., Inaug.-Diss v. 1888

Il faut un Etat; ou la Revue de l'Art. Proverbe en 1 Acte. p. Leger. 8. Brswg. Pluchart. 806.

Ilacomilus, s.: Waldseemüller, Mart.

Ilarianu, A. Papiu, die constitutionelle Unabhängigkeit Siebenbürgens. Frei nach dem Ruman. mit Beziehung auf die dort lebenden Deutschen von J. F. Neigebaur. gr. 8. (65 S.) Breslau 862, Kern's Verlag.

Ilau, Der. Eine Skizze aus dem galizischen Volksleben. Thorn 1871. V: *Misses, Isaac.* [?]. (Litt. Beil. Nr. 8 1872 zur Isr. Wochenschr. Nr. 19, S. 32.)

Ilau, der. Eine Sizze aus dem galiz. Volksleben. gr. 8. (III, 82 S.) Thorn 871. Leipzig, Leiner. *

Ilanz [Schlagwort]

Ilanz, s.: Schweiz, Volksatlas.

Ilberg, Friedr. (Wilh. Carl) (geb. Crossen a. O. 10. 8. 1858): Zur Casuistik der Luxationen. Berlin (1882). (34 S.) 8°
Berlin, Med. Diss. v. 14. Nov. 1882

Ilberg, Geo., Bericht üb. die ersten 100 Sitzungen der forensisch-psychiatrischen Vereinigung zu Dresden, s.: Grenzfragen, juristisch-psychiatrische IV. 2.

Ilberg, Geo.: Die Dementia, paralytica, s.a. Sammlung klin. Vorträge.

Die Dementia paralytica. Von Georg Ilberg, (Sonnenstein). *Leipzig: Breitkopf & Härtel 1896.* (40 S.) 8.
— Sammlung Klinischer Vorträge. N. F. No 168. [95. 8174

Aus der psychiatrischen Universitätsklinik in Zürich. Die psychologische Diagnose des Tatbestandes. Von C. G. JUNG. — Bericht über die ersten 100 Sitzungen der forensisch-psychiatrischen Vereinigung zu Dresden. Von GEORG ILBERG. [Juristisch-psychiatrische Grenzfragen. Zwanglose Abhandlungen. Herausgegeben von A. FINGER, A. HOCHE, JOH. BRESLER. Bd. 4., Heft 2.] Halle a. S. 1906. Carl Marhold. 8°.

Ilberg, Geo., Geisteskrankheiten, s.a. Aus Natur u. Geisteswelt.

Geisteskrankheiten. Von Dr. Georg **Ilberg**, Anstaltsoberarzt. Leipzig: B. G. Teubner 1907. (VII, 152 S.) 8° [F.]
— Natur, Aus, u. Geisteswelt. Bdch. 151. [07. 7108

Über Geistesstörungen in der Armee zur Friedenszeit. Von Stabsarzt d. R. Dr. Georg **Ilberg**. Zum Gebr. f. Offiziere ... *Halle a. S.: C. Marhold 1903.* (27 S.) 8° [03. 10704 3

Irrenanstalten, Idioten- und Epileptikeranstalten, mit bes. Berücks. d. Tätigkeit d. Arztes in denselben. Von Dr. Georg **Ilberg**. Oberarzt zu Großschweidnitz. Mit 1 Abb. *Jena: G. Fischer 1904.* (IV S., S. 383-478.) 4°(8°)
— Handbuch d. sozialen Medizin. Bd 4. [5.] [04. 1459

— dasselbe, s.a. Handbuch der sozialen Medizin. 4. Bd.

– Das Jugendirresein (Hebephrenie u. Katatonie), s.a. Sammlung klin. Vorträge.

Das Jugendirresein '(Hebephrenie u. Katatonie)' v. Georg **Ilberg** (Sonnenstein i/S.). *Leipzig: Breitkopf & Härtel 1898.* (22 S.) 8.
— Sammlung klinischer Vorträge. N. F. No 224. [98. 10036

Krankheit oder Sünde. Von Anstaltsoberarzt Dr. [Georg] **Ilberg** u. Strafanstaltspfarrer Dr. [Johannes] Jaeger, Amberg. Berlin: Geschäftsst. d. Deutsch-ev. Vereins z. Förd. d. Sittlichkeit (1908). (44 S.) 8° [F.] [08. 15917

— u. J. **Jaeger,** Krankheit od. Sünde. (44 S.) gr. 8. Berlin (909). Leipzig, H. G. Wallmann. —60

Die Prognose der Geisteskrankheiten. Für prakt. Aerzte u. Studirende von Georg **Ilberg**. *Halle a. S.: C. Marhold 1901.* (29 S.) 8° [01. 6137 3

Ilberg, *Karl Hermann* Fritz [aus Belgern]: **Das Blut des** Menschen und der Tiere in forensischer **Beziehung, m. bes.** Berücks. d. neutrophilen Granulationen ... **Berlin, C. Vogts** Buchdr., *1895;* 26 S., 3 Bl. 8.
Berlin, Med. Fak., Inaug.-Diss. v. 6. Aug. 1895

Ilberg, Hugo

Ilberg, H., Ueber die Dissimilation griech. Laute. Pr. 1878. 44 S. 4°.

Ilberg, Hug.: Exercitationes criticae. 15 S. -- Progr. Stettin 1855.

Ilberg. Exercitationes criticae (Fragm. d. Ennius). Pr. 1855. 15 S. 4°. 1.50

Ilberg, Hugo (geb. am 24 Juli 1828 in Hohenmölsen bei Weissenfels): Q. Ennii Annalium libri primi fragmenta emendata disposita illustrata ... Bonnae, form. C. Georgii 1852. 2 Bl., 40 S., 1 Bl. 8.
Bonn, Phil. Fak., Diss. v. 7 Aug. 1852

Ilberg, H., Ad Martialem quaestt. criticae. Pr. 1888. 26 S. 4°.

ILBERG, J., Die Vagantendichtung. Berlin 1899. (A.) 8°. (75 Pfg., B. Seligsberg, Bayreuth, 1911.)

Ilberg, Johannes

Ilberg, J., Asklepios. S.-A. 1901 18 S. m. Abb. 4°. 1.—

Ilberg, Johs. A., Cornelius Celsus u. die Medizin in Rom. (S. 377—412.) Lex. 8. Leipzig 907. B. G. Teubner. 1.20
Sonderabdr. aus: „Neue Jahrbb. f. d. klass. Altertum, Geschichte u. deut. Lit."

Ilberg, Joannes, de Galeni vocum Hippocraticarum glossario, s. Commentationes Philologae quibus Ottoni Ribbeckio congratulantur Discipuli Lipsienses.

Ilberg, Johs., d. Hippokrates-Glossar d. Erotianos u. s. ursprüngl. Gestalt. Lex.-8. (48 S.) Leipzig 893. B. G. Teubner. n. 2.—; ermäss. Pr. n. 1.—

— Friedrich Theodor Hugo Ilberg. Erinnerungen an sein Leben und Wirken, für seine Freunde und Schüler zusammengestellt. 8. (IX, 198 S. mit 1 Bildnis in Lichtdr.) Leipzig 885, Teubner. * 2 —

— s.: Jahrbücher, neue, f. das klassische Altertum.

Ilberg, Johs, aus Galens Praxis. Ein Kulturbild aus der röm. Kaiserzeit. (41 S.) Lex.-8. Leipzig 905. B. G. Teubner. n. 1. 20
Sonderabdruck aus: „Neue Jahrbb. f. klass. Altertum usw."

— Prolegomena critica in Hippocratis operum quae feruntur recensionem novai 64 S. m. 1 Taf.

Ilberg, Johannes: Die Sphinx in der griechischen Kunst und Sage. Leipzig, Druck v. A. Edelmann, Univ.-Buchdr., 1896; 1—48 S. 4.
Leipzig, k. G. OP 1896 (559)

— d. Sphinx in d. griech. Kunst u. Sage. Progr. 4. (III, 48 S.) Leipzig 896. (J. C. Hinrichs' Sort.) n. 1. 80

— Studia Pseudippocratea. Diss. 1883. 63 S.

Ilberg, J., Zur Ueberlieferung des Hippocratischen Corpus. S.-A. s. a. 28 S.

— Die Überlieferg. der Gynäkologie des Soranos v. Ephesos, s. a. Abhandlungen der kgl. sächs. Gesellschaft d. Wissenschaften. Philol.-histor. Kl. 28, II.

Die Überlieferung der Gynäkologie des Soranos von Ephesos. Von Johannes Ilberg. Mit 6 Lichtdrucktaf. Leipzig: Teubner 1910. 121 S. 4°(8°)
(Abhandlungen d. philol.-hist. Kl. d. Kgl. Sächs. Gesellschaft d. Wiss. Bd 28, Nr 2) (10. 7991

— u. Max Wellmann, zwei Vorträge zur Geschichte der antiken Medizin. (IV, 88 S.) Lex. 8. Leipzig 909. B. G. Tenbner. 1. 40
Sonderabdr. a.: „Neue Jahrbb. f. d. klass. Altertum".

Ilberg, Rosa, Kindergeschichtchen in Reimen. Für artige Kinder. (VII, 75 S. m. Abbildgn) kl. 8. Dresden 905. E. Pierson. n. 1.—; kart. n. 1. 50

ILDEBALD, J C
J. C. Ildebald's Reise nach dem Lande der Freiheit, in den Jahren 1780 bis 1790.
Aus einem englischen Manuscript übersetzt.
Erster Theil.
Berlin: Kgl. preuß. akd. Kunst- u. Buchhdlg. 1793. 6, 240 S. 8°.
Universitätsbibliothek Rostock
Mehr nicht erschienen. Name Pseudonym?

Ildefon, ein Lebens- u. Sittengemälde. 8. Halle 793. Hemmerdel. 10 gr

Ildefons, P., von Arx, der Geschichtschreiber des Kantons St. Gallen; eine Lebensbeschreibung. St. Gallen 1874. V: *Meyer v. Knonau, Gerold.* (Cat. d. Stadtbibl. Zürich. Zürich 1864—97.)

Ildefons von Aix, P., der Geschichtsschreiber des Kantons St. Gallen. Ein Lebensbild aus der Zeit der Umwälzung. Hrsg. vom histor. Verein in St. Gallen. gr. 4. (36 S. mit 1 lithogr. Taf.) St. Gallen 874, Huber und Comp. *

Ildefons von Arx der Geschichtschreiber von Olten. Olten 1874. V: *Meyer von Knonau. Gerold.* (Gk) V: *Zingg, Eduard.* (Cat. d. Stadtbibl. Zürich. Zürich 1864—97.)

Ildefons, tausendjähr. Reich rc., oder d. merkwürd. Prophezeihungen aus d. christl. Jahrhunderten. 3 Bdchen, mit Kpf. 8. Leipz., Magazin f. Ind. 1 rthl 8 gr

Ildefonse, od. die Familie v. Reineck. 8. Wien, Bauer. 10 gr

— v. Venedig. Seitenstück zu Laurette Pisana, v. Verf. derselb. (J. F. E. Albrecht.) m. Kpf. 2 Bde. 8. Leipzig, Liebeskind. 795.

Ildegerte, Königin v. Norwegen; eine Gesch., von A. v. Kotzebue, m. K. 8. Leipzig, Kummer. 792.

Ildegerte, Königin von Norwegen, historische Novelle von A. von Kotzebue, mit 2 Kupfern, zweyte Aufl. 8. Daselbst, 793. Kummer. 27 gl.

Ildehausen [Schlagwort]

Ildehausen, s. Braunschweig. Landeskarte.

Ildephons v. Arx, Geschichte der Herrschaft Ebringen im J. 1792, aus alten Urkunden gezogen, dem Drucke übergeben von Jos. Booz. gr. 8. (VIII und 188 S.) Freiburg im. Br. 860, Wangler.

The **Ilo** of Ladies, hrsg. nach e. Hs. des Marquis von Bath zu Longleat, dem Ms. addit. 10303 des Brit. Mus. u. Speghts Druck von 1598 von Jane B[elle] Sherzer, Ph. D. *Berlin: Mayer & Müller 1903.* (117 S.) 8°
Ein Teil erschien auch als Inaug.-Diss. Berlin 1902. (04. 4236

Ile. L'ile de St Pierre dite L'ile de Rousseau. Berne s. [Wagner, Sigmund von].

Ile, L', de Rousseau dans le lac de Bienne. Die Peters-Insel im Bieler-See. [Bern 1796.] V: *Wagner, Siegmund.* (CLZür Forts. III)

Iles, les, Hawaii (Iles Sandwich.) Paris

ILEŠIČ, Franz: Das Drama und die slowenische Literatur. — 1897. 93 S. Diss. Graz, Univ.

Ilešič, Fran (Franz): Dramatika in slovensko slovstvo. 8 (S. 3—14). Progr. K. k. Staats-Oberg. *Laibach* 1897.
Die Dramatik und die slovenische Litteratur.

Ilex, F. (Pseud.), s. Abegg, F.

Ilex, F., vor Straßburg. Erinnerungen aus d. J. 1870. gr. 8. (129 S.) Straßburg 895. Eduard van Hauten. n. 1.—

Ilfeld [Schlagwort]

Ilfeld, Kreis, s. Hildesheim, Reg.-Bez.

Ilg, über den Gebrauch v. antequam u. priusquam bei Caesar. [Aus: „Korrespondenzbl. f. d. württ. Gelehrten- u. Realschulen".] gr. 8. (7 S.) Tübingen 887. Fues' Verl. n. —20

Ilg [Prof. Dr.]: Über die homerische Kritik seit F. A. Wolf. I. Tl: Die Wolf-Lachmann'sche Richtung. Ravensburg, Buchdr. v. Dr. B. Kah, *1891*; 28 S. 4°
Ravensburg, k. G, P 1891 (582)

Jlg, A., das Verhältniß der prakt. Aerzte Bayerns zum Staate. gr. 8. (15 S.) München 848. (Franz.) 2 ngl

ILG, A. Andreas (München): Indicationes partus artificialis.- Monachii: Hübschmann 1837. 16 S.
14.8.1837 - Urk; F 63
Diss. Ingolst.-Landsh.-Mchn.

Ilg, Alb., s.: Album v. Objecten a. d. Sammlg. kunstindustrieller Gegenstände d. allerhöchsten Kaiserhauses.

—— f. Allegorien und Embleme.

– Altäre u. and. kirchliche Einrichtungsstücke aus Österreich, s. Schmidt, Otto.

Jlg, Alb., f.: Alt-Wien in Bild u. Wort.

Ilg, Albert & Wendelin Boeheim. Das k. k. Schloss Ambras in Tirol. Beschreibung des Gebaudes und der Sammlungen. Wien, A. Holzhausen 1882.
XIV + 143 S., 1 Taf. 8°.

Das K. u. K. Schloss Ambras in Tirol. Führer durch das Gebäude u. d. Sammlungen von Dr. Albert Ilg u. Wendelin Boeheim. *Wien: A. Holzhausen 1897.* (84 S.) 8° {ca. 9198

— Beiträge zur Geschichte der Kunst u. der Kunsttechnik aus mittelhochdeutschen Dichtungen, s. a. Quellenschriften f. Kunstgeschichte u. Kunsttechnik.

— Beiträge zur Geschichte d. Kunst u. d. Kunsttechnik aus mittelhochdeutschen Dichtgn. [Aus: „Eitelberger-Ilg's Quellenschriften".] gr. 8. (XI, 187 S.) Wien (892). C. Graeser. n. 3. —

Ilg, Albert, Beiträge zur Geschichte der Kunst und der Kunsttechnik aus mittelhochdeutschen Dichtungen. Gr.-8. (IX, 187 S.) 1.80
Wien: Gräser 1896.

— s.: Bibliothek, österreichische.

— s.: Bildhauer-Arbeiten in Oesterreich-Ungarn.

— kunstgeschichtliche Charakterbilder aus Österreich-Ungarn. Unter Mitwirkg. v. Mor. Hoernes, Rob. Ritter, v. Schneider, Jos. Strzygowski, Jos. Neuwirth, Heinr. Zimmermann, Alfr. Nossig hrsg. Mit 102 Orig.-Zeichngn. (2 Radiergn., 3 Heliograv. u. 97 Textabbildgn.). Lex.-8. (XIV, 406 S.) Prag 893. F. Tempsky. — Leipzig, G. Freytag. n. 12. —

Ilg, Alb., Prinz Eugen von Savoyen als Kunstfreund. gr. 8. (46 S.) Wien 889. Graeser. n. 1. —

Ilg, Alb., die kunstgewerblichen Fachschulen d. k. k. Handelsministeriums, anlässlich der im Octbr. 1875 im k. österr. Museum f. Kunst u. Industrie veranstalteten Ausstellg. derselben besprochen im Namen d. Ausstellungscomités. gr. 8. (XIV, 220 S.) Wien 876. Lehmann & Wentzel in Comm. n. 5. —

Ilg, Albert (Hrsg.), s.a. Fischer, Die von Erlach.

— die Fischer v. Erlach. Mit Förderg. des k. k. Ministerums f. Cultus u. Unterricht hrsg. I. Leben u. Werke Joh. Bernh. Fischer's v. Erlach, d. Vaters. gr. 8. (XIII, 819 S. m. Bildnis u. 1 genealog. Tab.) Wien 895. C. Konegen. n. 20. —

— f.: Galerien, Wiener.

— f.: Gegenstände, kunstgewerbliche, der culturhistor. Ausstellg. zu Steyr 1884.

Ilg, Alb., Geschichte und Terminologie der alten Spitzen. Vorträge, gehalten im k. k. österreich. Museum für Kunst und Industrie am 20. und 27. Jänner 1876. Mit 2 (eingedr.) Holzschn. und 4 Taf. in Lichtdr., nach Spitzen aus der Sammlung des Museums ausgeführt von J. Löwy. gr. 8. (V, 64 S.) Wien 876, Lehmann und Wentzel.

— s.: Grabdenkmäler, moderne Wiener.

— die Veste Hohensalzburg, s.: Schmidt, Otto.

– Interieurs v. Kirchen u. Kapellen in Österreich, s. Schmidt, Otto.

— das Palais Kinsky auf der Freiung in Wien. 30 Taf. in Lichtdr. Erläuternder Text v. A. I. Imp.-4. (16 S. m. 1 Abbildg.) Wien 894. J. Löwy. Kart. n. 25. —

Ilg, Alb., unsere Künstler und die Gesellschaft, } s. Gegen den Strom.
—— moderne Kunstliebhaberei, }

Ilg, A., Leben u. Werke Joh. Bernh. Fischers v. Erlach des Vaters. Mit Portr. u. Stammbaum. Wien 1895. 8.

—— Franz Xaver Messerschmidt's Leben und Werke. Mit urkundl. Beiträgen von Joh. Batka. gr. 8. (V, 96 S. mit dem chemigr. Portr. und Facs. Messerschmidt's.) Prag 885, Tempsky. — Leipzig, Freytag. * 4 —

—— s. Lobmeyr, L., die Glasindustrie.

Ilg, Alb., kunsttopographische Mittheilungen aus den fürstl. Schwarzenbergischen Besitzungen in Südböhmen. [Aus: „Mitteilgn. d. Central-Commission f. Erhaltg. u. Erforschg. d. Kunst- u. histor. Denkmale".] gr. 8. (III, 95 S. m. Abbildgn.) Wien 891. (Kubasta & Voigt.) n. 2. —

— s Niemann, G. Palast-Bauten d. Barockstils in Wien.

Ilg, Albert. Das Neugebäude bei Wien. (Separat-Abdruck aus dem „Jahrbuch der kunsthistorischen Sammlungen des Allerhöchsten Kaiserhauses" XVI. Bd., Jahrgang 1895.) (Mit mehreren Illustra-
Wien 1895

—— nur nicht österreichisch! s. Gegen den Strom.

— Ornamente f. Architektur u. Kunst-Industrie, nach den Gypsabgüssen d. k. k. österr. Museums f. Kunst u. Industrie ausgewählt. Aufgenommen v. J Löwy. 10 Lfgn. gr. Fol. (à 5 Lichtdr.-Taf.) Mit Text. (8 S.) Ebend. 875—77. n. 40. —; einzeln à n. 5. —

—— Ornamente für Architektur und Kunst-Industrie, nach den Gypsabgüssen des k. k. österreich. Museums für Kunst und Industrie ausgewählt. Aufgenommen von J. Löwy. 10 Lfgn. gr. Fol. (50 Lichtdr.-Taf.) Ebendas. 876. à Lfg. *M 5.; in Mappe

– s. Plafond - und Wand dekorationen des XVI. – XIX. Jahrhunderts.

— s.a. Portale v. Wiener Profanbauten des XVII. u. XVIII. Jahrh.

Ilg, Dr. Albert, Portale von Wiener Profanbauten des XVII. und XVIII. Jahrhunderts. 60 Lichtdrucke nach photographischen Aufnahmen. Mit Text von –. Wien 1891. Kunstverlag von Anton Schroll und Comp. (Min.-Erl. v. 10. Februar 1895, Z. 12101) 1895 36.—

— s.: Quellenschriften f. Kunstgeschichte u. Kunsttechnik d. Mittelalters u. der Neuzeit.

— u. Heinr. **Kábdebo,** Wiener Schmiedework des XVIII. Jahrh. Sammlung auserlesener Eisenarbeiten d. Barock- u. Rococco-Stiels m. fachl. Erläuterungen. 1—9. Lfg. Fol. (à 6 Lichtdrtaf.) Dresden 878—82. Gilbers' Vorl. à n. 5. —

— u. Heinr. **Kábdebo,** Wiener Schmiedewerk d. XVIII. Jahrh. Sammlung auserlesener Eisenarbeiten d. Barock- u. Rococco-Stils m. fachl. Erläutergn. 10. (Schluss-) Lfg. Fol. (VII, 8 S. m. 6 Lichtdr.-Taf.) Dresden 883. Gilbers' Vorl. n. 5. — (1—10.: n. 50. —)

Ilg, A., s.a. Schwarzenberg, das Palais, am Heumarkt in Wien.

Das Palais Schwarzenberg am Heumarkt in Wien. 38 Tafeln in Lichtdruck, erläuternder Text von Dr. Alb. Ilg. 4. (15 S. mit drei Illustrationen.) Cartonnirt 21.—
Wien: Löwy 1895.

— Stucco-Decorationen i. d. reg. Chorherrenstifte Klosterneuburg, s.: Drexler, Karl.

VORNEHMHEIT, Moderne (von *Albert Ilg*). Wien 1888.
Anon.-Lex. V. p. 318 (Eigenbericht).

J 3528 Ilg, Albert. Wappen des österreichischen Herrscherhauses von den Originalmodeln ... abgedruckt und herausgegeben. 2 Aufl. Wien. Adolf Holzhausen 1879.
Tit., 4 S.; 29 Taf. gr 2°.

— s. Wappen des Oesterreichischen Kaiserhauses.

Ilg, Alb., ueber den kunsthistorischen Werth der Hypnerotomachia Poliphili. Ein Beitrag zur Geschichte der Kunstliteratur in der Renaissance. gr. 8. (III, 146 S. mit 1 Holzschntaf.) Wien 872, Braumüller. *

— ueber den kunsthistorischen Werth der Hypnerotomachia Poliphili. Ein Beitrag zur Geschichte der Kunstliteratur in der Renaissance. gr. 8. (III, 136 S m. e. Holzschntaf.) Wien 872. Braumüller. n. 3. —

— s.: Weyr, R., Haus Habsburg u. sein Kunstleben.

—— Wr.-Neustadt und Florenz. Vortrag, gehalten am 16. April im Saale des Landes-Lehrer-Seminars zu Wr.-Neustadt. [Mittheilungen des Vereines zur Erhaltung der Kunst-Denkmäler in Wiener-Neustadt. II.] gr. 8. (14 S.) Wr.-Neustadt 886. (Wien, Hölder.) * — 60

— s.: Im Zeichen der Myrte.

Ilg, Alb., Zeitstimmen über Kunst u. Künstler der Vergangenheit. Studie. gr. 8. (VII, 71 S.) Wien 881. Braumüller. n. 2. —

— Zwickelbilder im Stiegenhause des k. k. kunsthistorischen Hof-Museums zu Wien, s.: Klimt, Ernst.

Ilg, Augustin Maria, Geist des heil. Franziskus Seraphikus dargestellt in Lebensbildern aus der Geschichte des Kapuziner-Ordens. gr. 8. (VII, 364 S.) Augsburg 876, Kranzfelder'sche Buchh.

Ilg, Augustin Maria, Geist d. hl. Franziskus Seraphikus dargestellt in Lebensbildern aus der Geschichte d. Kapuziner-Ordens. 2. u. 3. Thl. gr. 8. Augsburg 879. Kranzfelder. n. 8. 80 (1—3.: n. 12. 80)
2. St. Franziskus-Rosen. (VII, 479 S.) n. 4. 80
3. Seraphisches Immergrün. Missions- u. Lebensbilder aus der Geschichte des Kapuziner-Ordens zunächst im 18. Jahrh. (IV, 340 S.) n. 4. —

Ilg, Augustin Maria, Geist des heil. Franziskus Seraphikus, dargestellt in Lebensbildern aus der Geschichte des Kapuziner-Ordens. 3. (Schluß-)Thl. A. u. d. T.: Seraphisches Immergrün. Missions- und Lebensbilder aus der Geschichte des Kapuziner-Ordens zunächst im 18. Jahrh. gr. 8. (IV, 340 S.) Augsburg 882, Kranzfelder'sche Buchh. *
1. und 2. Thl. Ebendas. 1876,79. *.ℳ 8,80.

Ilg, Augustin Maria, Geist d. hl. Franziskus Seraphikus, dargestellt in Lebensbildern aus der Geschichte d. Kapuziner-Ordens. 1. Bd. 2. Aufl. gr. 8. (VII, 364 S.) Augsburg 883. Kranzfelder. n. 4. —

Ilg, Augustin Maria, Geist des heil. Franziskus Seraphikus, dargestellt in Lebensbildern aus der Geschichte des Kapuziner-Ordens. 2. Thl. A. u. d. T.: St. Franziskus-Rosen. Missions- und Lebensbilder aus der Geschichte des Kapuziner-Ordens zunächst im 17. Jahrh. 2. Aufl. gr. 8. (VII, 479 S.) Augsburg 887, Kranzfelder'sche Buchh. * 4 80
1. und 3. Thl. Ebendas. 1883. *ℳ 8.—.

Ilg, Augustin Maria, Geist d. hl. Franziskus Seraphikus, dargest. in Lebensbildern aus d. Geschichte d. Kapuziner-Ordens. 3. Thl.: Seraphisches Immergrün. Missions- u. Lebensbilder aus d. Geschichte d. Kapuziner-Ordens zun. im 18. Jahrh. 2. Aufl. gr. 8. (IV, 340 S.) Augsburg 897. Kranzfelder. n. 4. — (Kplt.: n. 12. 80)

— Tugendspiegel f. Priester u. Ordensleute, d. i. Betrachtgen üb. das Leben, die Lehre u. das Leiden Jesu Christi auf alle Tage d. Kirchenjahres; nebst e. Anh. v Betrachtgn. auf Feste verschiedener Heiligen. Mit Zugrundelegg. d. vom ehrw. Capuzinerpater Alfons v. Zuffmerhausen hrsg. Tugendspiegels neu u. vollständig bearb. 2 Bde. gr. 8. (436 u. 517 S.) Altötting 873. 74 Lutzenberger. à n. 2. 6

—— Tugendspiegel für Priester und Ordensleute, d. i. Betrachtungen über das Leben, die Lehre und das Leiden Jesu Christi auf alle Tage des Kirchenjahres; nebst einem Anhang von Betrachtungen auf Feste verschiedener Heiligen. Mit Zugrundelegung des vom ehrw. Capuzinervater Alfons v. Zuffmerhausen hrsg. „Tugendspiegels" neu und vollständig frei bearb. 2 Bde. 2. verb. und auch für heilsbeflissene in der Welt lebende Christen eingerichtete Aufl. 8. (XII, 487 und 467 S.) Altötting 876, Lutzenberger.

Ilg, Aug. Maria, Tugendspiegel f. Priester u. Ordensleute, d. i. Betrachtgn. üb. das Leben, die Lehre u. das Leiden Jesu Christi auf alle Tage d. Kirchenjahres; nebst e. Anh. v. Betrachtgn. auf Feste verschiedener Heiligen. Mit Zugrundelegg. d. vom ehrw. Capuzinerpater Alfons v. Zuffmerhausen hrsg. „Tugendspiegels" neu u. vollständig frei bearb. 2 Bde. 4., verb. u. auch f. heilsbeflissenen in der Welt leb. Christen eingerichtete Aufl. 8. (XII, 487 u. 467 S.) Altötting 888. J. Lutzenberger. à 3. —

Ilg, Augustin Maria, O. Cap., Tugendspiegel f. Priester u. Ordensleute, d. i. Betrachtgn. üb. das Leben, die Lehre u. das Leiden Jesu Christi auf alle Tage des Kirchenjahres; nebst e. Anh. v. Betrachtgn. auf Feste verschied. Heiligen. Mit Zugrundelegg. des v. Alfons v. Zusimerhausen hrsg. „Tugendspiegels" neu u. vollst. frei bearb. 2 Bde. 6. verb. u. auch f. heilsbeflissene in der Welt leb. Christen eingerichtete Aufl. 8. (XII, 488 u. 475 S.) Altötting (902). J. Lutzenberger. 4.—

Ilg, Berta

Ilg, B., maltes. Märchen u. Schwänke, s.a. Beiträge zur Volkskunde.

Maltesische Märchen und Schwänke. Aus d. Volksmunde gesammelt von B(ertha) Ilg. T. 1. 2. Mit d. Bilde d. Sammlerin. Leipzig: G. Schönfeld 1906. 2 Bde 8°
— Beiträge z. Volkskunde. H. 2. 3. [illegible]

Ilg, B., u. H. Stumme, maltesische Volkslieder im Urtext m. deutscher Übersetzung, s.a. Studien, Leipziger semitistische. III. 6.

Maltesische Volkslieder im Urtext mit deutscher Übersetzung hrsg. von B[erta] Ilg u. H[ans] Stumme. Leipzig: Hinrichs 1909. 77 S. 8°
(Leipziger semitistische Studien. 3, 6.) [illegible] 3980

Ilg, F., ärztliche Betrachtungen üb. das Radfahren. (Schumann's medizin. Volksbücher.) (148 S.) kl. 8. Leipzig 903. [W. Schumann Nachf.] Ulm, J. Ebner.
Geb. in Leinw. n. 1.50

Ilg, F., die verschiedenen Entzündungen der Augenbindehaut. (Schumanns medizin. Volksbücher.) 8. (120 S.) Leipzig 902. J. F. W. Schumann. Geb. in Leinw. n. 1.50

(S) Ilg, F., die Entzündungen der Augenbindehaut. 902. Jetzt: Ulm, J. Ebner.

Ilg, Frdr., deutsches Lesebuch, s.: Lackner, Phpp.

Ilg, Fritz [cand. med. aus Biberach in Württemb.]: Beitrag zur Statistik der operativen Behandlung des Mammacarcinoms '(50 Fälle)' ... München, kgl. Hof- u. Univ.-Buchdr. v. Dr. G. [!] Wolf & Sohn, 1893; 60 S., 2 Tab. 8.
München, Med. Fak., Inaug.-Diss. v. 1894

Gesänge und mimische Darstellungen nach den deutschen Konzilien des Mittelalters. Von Prof. Johann Ilg. (Linz 1906: Ak. Pressvereinsdruck.) (21 S.) 8°
[Aus: 9. Jahresber. d. Gymn. 'Kollegium Petrinum' in Urfahr. 1906.] [illegible]

Ilg Dr. Joh.: Rede bei der Schillerfeier am 9./5. 1905. (6). Urfahr 05 Progr.

Ilg, Johann Georg: Einige anatomische Beobachtungen, enthaltend: eine Berichtigung der zeitherigen Lehre vom Bau der Schnecke des menschlichen Gehörorgans, nebst einer anatomischen Beschreibung und Abbildung eines durch außerordentliche Knochenwucherung sehr merkwürdigen menschlichen Schädels. 24 S., gbd., 3 Taf.

Prag: typ. Sommer 1821

JB 797

Ilg, J. G., einige anatom. Beobachtt., enthaltend e. Berichtigung d. zeitherigen Lehre vom Bau d. Schnecke des menschl. Gehörorgans, nebst e. anatom. Beschreib. u. Abbild. eines durch außerordentl. Knochenwuchs sehr merkwürd. menschl. Schädels. Mit 3 lithogr. Tafeln. gr. 4. Prag 822. Widtmann. 16 [illegible]

Ilg, J. G., Grundlinien d. Zergliederungskunde des Menschenkörpers. 1r Bd. gr. 8. Prag, Widtmann. 811.

— — dieselben. 2r Bd. gr. 8. Ebend. 812.
Auch unt. d. Titel:
Ilg, J. G., anatom. Beschreib. d. äußern Sinnorgane u. des menschl. Körpers.

Ilg, Johann Georg: Anatomische Monographie der Sehnenrollen, zur Berichtigung der zeitherigen Lehre vom Bau der Gelenke der Finger- und Zehenglieder bei dem Menschen, den übrigen Säugthieren und den Vögeln. Abschn. 1 - 2/1, gbd., Abb.

Prag: Widtmann 1823 - 1824

JB 798

Ilg, J. G., Sammlung aller bestehenden Vorschriften rc., s.: Sammlung rc.

Ilg, (Johann) Georg: Sammlung aller bestehenden Vorschriften, welche in Bezug auf Disziplin, Unterricht, Prüfungen und Promozion der an der k.k. Karl-Ferdinands-Universität zu Prag studirenden Aerzte, Wundärzte, Pharmazeuten, Geburtshelfer und Hebammen bis auf gegenwärtige Zeit erschienen sind. Gesammelt, und in Folge eines hohen Studien-Hofkommissions-Dekrets vom 7. Dezember 1827, Zahl 4377, berichtigt, ergänzt und vervollständigt. 193 S., gbd.

Prag: Krauß 1829

JB 5.504

Ilg, J. G., Samml. aller bestehenden Vorschriften, in Bezug auf Disciplin, Unterricht, Prüfungen u. Promotion der auf d. Universität zu Prag studirenden Aerzte, Pharmaceuten, Geburtshelfer u. Hebammen rc. gr. 8. Prag 829. (Haase S.) 1 [illegible]

Ilg, (Johann) Georg: Vorwort, gesprochen bei der feierlichen Einweihung des neuen Locals der anatomischen Lehranstalt an der k.k. Carl-Ferdinands-Universität zu Prag, in dem anatomischen Hörsaale am 11ten October 1830. 16 S., gbd.

Prag: typ. Sommer (1830)

Ilg Josef: Zwei Charakterbilder aus der altgriechischen Comödie. (35). Brixen. 99.
Progr.

Ilg Josef: Dr. Franz Weiner †. S. Horn 04.
Progr.

Ilg, Paul, Gedichte. (II, 123 S. m. Titelbild.) 8. Berlin 907. Wiegandt & Grieben. 3.—; geb. 4.—

Ilg, Paul, Gedichte. Jetzt: Leipzig, G. K. Sarasin.

Paul Ilg. Der Landstörtzer. Roman. Berlin: Wiegandt & Grieben 1909. 300 S. 8° [illegible]

— Der Landstörtzer. Jetzt: Leipzig, G. K. Sarasin.

Ilg, Paul. Lebensdrang. Roman. 260 S. 8. Stuttgart und Leipzig, Deutsche Verlags-Anstalt, 1906. [M. 3.—, geb. 4.—]
Verf. ist Thurgauer, Schauplatz der Erzählung ist Zürich.

Ilg, Paul. Skizzen und Gedichte. IV + 192 S. 8. Dresden und Leipzig, E. Pierson, 1902. (M. 2.—)

(B) — Skizzen u. Gedichte. 902. Jetzt: Berlin, Verlag Berlin-Wien.

Ilgen, David. Gedicht, verfaßt u. den noch lebenden Schülern d. verehrten Mannes, insbesondere denen aus dem Sexennium 1820/25 gewidmet v. einem alten Portenser. gr. 8. (26 S.) Berlin 878. Schleiermacher. n. 1. —

Ilgen (Hrsg.), s. Carmina convivalia ...

Ilgen, Carl David, s. Ilgen, Karl David

Ilgen, Emil, das Seh-Organ anatomisch, vergleichend anatomisch, physiologisch u. pathologisch, durch Abbildgn. erlautert, mit Rucksicht der Gewebslehre u. Entwicklungsgeschichte. Nach den besten Quellen u. eignen Beobachtgn zusammengestellt. (In 6 Lfgn.) 1. Lfg. Imp. 4. (38 S. m. 15 lith. u. color. Taf.) Wiesbaden 850, W. Friedrich's Verl. Subscr.-Pr. n. 4 ℳ

ILGEN, Ernst (Grünstadt): De hypopyo.- Monachii: Giesser 1836. 16 S.
23.2.1836 - Urk; F 63
Diss. Ingolst.-Landsh.-Mchn.

— **Ernst Constantin** (Pforta/Thüring.), Disquisitionis de Tribubus Atticis earumque partibus specimen. Berlin 8. VII. 1826. Leipzig (Fr. Chr. Wilh. Vogel). 79 S. mit Biogr. (M.: J. Gutjahr.) (7.—) 16831
Oppon.: Friedrich Rosen, Heinrich Stieglitz, Ernst Struve. — Gew.: Carl David Ilgen (Vater).

Ilgen, (E. C.,) Disquisitiones de tribubus atticis earumque partibus specimen. 8 maj. Lips. 826, W. Vogel.)

Ilgen, Er. Konst., Disquisitiones de tribubus atticis earumque partibus specimen. 8 maj. Leipz. 827. (W. Vogel). 8 ℳ

— — Patri optumo dilectissumo Carolo Davidi Ilgenio diem natalem septuagesimum a. d. 26. II. 1833 feliciter fausteque agendum pie solemniterque gratulatur filius. Berlin (Trowitzsch & Sohn). 4 Bl. (5.—) 16832

Ilgen, Ern. Constant., Oratio de religione publicae civitatum felicitatis auctore, sollemnibus publicis diei natali Friderici Guilelmi III. Augustiss. Sereniss. Potentiss. Borussor. Reg. pie celebrando dicatis in Gymnasio Reg. Ioachimico a. d. III. non. aug. anni Aug. anni MDCCCXXXVI. 4 maj. (3 B.) Berolini 837, (Dümmler.)

Ilgen, E. C. Oratio de religione publicae civitatum felicitatis auctore. 22 S. . . . .
Berlin, J.,Progr. 1838

Ilgen, F. H. W., die Gasindustrie der Gegenwart. Enth. die Geschichte des Beleuchtungswesens. Gasstatistik. Leuchtgasbereitung. Benutzung der Nebenprodukte. Verwendung des Gases. Wirthschaftliche Bedeutung des Gaslichtes. Gemeinfaßlich dargestellt für Gastechniker sowie für Interessenten jegl. Standes. gr. 8. (VI, 234 S. mit 42 in den Text gedr. Abbild., Holzschn., und zahlreichen Tab.) Leipzig 873. Spamer.

Ilgen, F. H. W: Die Gasindustrie der Gegenwart. Leipzig 1874

Ilgen, F. H. W., instruction sur l'emploi profitable de l'éclairage au Gaz dans les chambres, recommandée aux consommateurs de ce genre d'éclairage, traduite par A. Bertololy. 2. éd. gr. 8. (16 S.) Kirchheimbolanden 866. C. Thieme. — 10

Ilgen, F. H. W., rationelle Obstweinbereitung in allgemein verständlicher Darstellung, nach den einschläg. Werken von N. Graeger, F. J. Dochnahl, F. Mohr, L. v. Babo, E. Lucas, F. Rubens u. A. bearb. 8. (VI, 55 S. mit 4 eingedr. Holzschn.-Abbild. und mehreren prakt. Tab.) Kaiserslautern 880, Kayser.

Ilgen, F. H. W.: Rationelle Obstweinbereitung in allgemein verständlicher Darstellung, nach den einschlägigen Werken von N. Graeger, F[riedrich] J[akob] Dochnahl, F[riedrich] Mohr, L[ambert Frhr] v. Babo, E[duard] Lucas, F[erdinand] Rubens u.a. bearb. Mit 4 Abb. u. mehreren praktischen Tab. Kaiserslautern: Kayser 1881. VI, 55 S. -- 12°

Ilgen, H. W. H., s. Diehl, Loth., Gasbeleuchtung.

Ilgen, Heinr., Anleitung zur rationellen Bienenzucht. 8. (VIII, 100 S. mit eingedr. Holzschn.) Berlin 875, Stubenrauch. *

Ilgen, Heinr., Anleitung zur rationellen Bienenzucht. 2. verb. und nach den neuesten Entdeckungen und Fortschritten bereich. Aufl. 8. (IV, 124 S. mit eingedr. Holzschn.) Berlin 882, Stubenrauch'sche Buchh.

Ilgen, Heinr., Anleitung zur rationellen Bienenzucht. 3. verb. und nach den neuesten Entdeckungen und Fortschritten bereicherte Aufl. Hierzu ein Anhang: Verbesserter Bienenzuchtbetrieb. Eine Anweisung von „Ilgens Lagerkasten" und Behandlung der Bienen in demselben. gr. 8. (X, 138 S. und Anhang 43 S. mit eingedr. Holzschn.) Berlin 887, Stubenrauch'sche Buchh. * 2 —
Anhang allein * — 50

Ilgen, Heinr., Anleitung zur rationellen Bienenzucht. 4., verb. u. nach den neuesten Entdeckgn. u. Fortschritten bereich. Aufl. Hierzu e. Anh.: Verbesserter Bienenzuchtbetrieb. Eine Anweisg. zur Herstellg. v. „Ilgens Lagerkasten" u. Behandlg. der Bienen in demselben. gr. 8. (XV, 177 u. VI, 55 S. m. Abbildgn.) Bielefeld 892. Velhagen & Klasing. n. 2. 40

Anleitung zur rationellen Bienenzucht von **Heinrich Ilgen**, weil. Seminarlehrer. 5. Aufl., unveränd. Abdr. d. 4. verb. Aufl. Hierzu e. Anh.: Verbesserter Bienenzuchtbetrieb. (Hrsg.: Paul Ilgen.) *Bielefeld & Leipzig: Velhagen & Klasing 1900.* (Getr. Pag.) 8° [J.]

— verbesserter Bienenzuchtbetrieb. Eine Anweisg. zur Herstellg. v. „Ilgens Lagerkasten" u. Behandlg. der Bienen in demselben. Im Anschluß an d. Verf. „Anleitg. zur rationellen Bienenzucht". 8. (IV, 44 S.) Ebd. 887. n. — 50

Ilgen, Hermann: Animadversiones ad L. Annaei Senecae philosophi scripta. . . . Homburgine, apud Georgium Schudt, 1889; 20 S. + 1 Bl. 4°
Jena, Phil. Fak., Inaug.-Diss. v. 1889

Ilgen, Herm. Animadversiones ad L. Annaei Senecae philosophi scripta Diss. gr. 4. (20 S.) Homburg 889. (Jena, Dabis.) * — 60

Ilgen, H., animadversiones ad L. Annaei Senecae philosophi scripta. Inaug.-Diss. gr. 4. (20 S.) Homburg 889. Rudolstadt, Dabis. n. — 60

Ilgen, Hermann: Animadversiones ad L. Annaei Senecae philosophi scripta. Homburg v. d. Höhe, Buchdr. d. Taunusboten (G. Schudt), 1889; S. 3—20; 4°
Homburg v. d. Höhe, R u. PG, OP 1889 (384)

Ilgen, Herm., das Erkenntnißprincip des modernen Materialismus. Versuch einer wissenschaftl. Widerlegung desselben. 8. (32 S.) Salzungen 868, (Scheermesser.)

Ilgen, Karl David

— — (Rector), Animadversiones criticae in fragmentum Hermesianactis ab Athenaeo lib. XIII. p. 597. servatum. — Oratiunculis duabus vernaculis 5. III. 1790 in schola senatoria Numburgensi recit. praemissae. Lpz. (Sommer). 12 Seiten. (3.—) 16823

— — Animadversiones historicae et criticae in Ciceronis orationem pro Archia poeta pars I. — In schola senatoria Numburgensi duo optimae spei adolescentes orationes 5. III. 1793. Leipzig (Sommer). 28 S. (4.—) 16828

— — (Rector zu Pforta), Animadversiones philologicae et criticae in carmen Virgilianum quod Copa inscribitur. — Solemnia natalitia scholae provincialis Portensis a. d. 1. XI. 1820. 64 S. (6.80) 16830

Ilgen, C. D., Animadversiones philol. et criticae in Carmen Virgilianum, quod *Copa* inscribitur. Hal. 820. 4.

—animadverss. philologicae et criticae in carmen Virgilianum, quod Copae inscribitur. 4. Halle 821. (Schwetschke u. S.) 16 gr.

Ilgen, C. D., Chorus Graecorum tragicus qualis fuerit, et quare usus eius hodie revocari nequeat. Lips. 787. 4.

Chorvs Graecorvm tragicvs qvalis fverit et qvare vsvs eivs hodie revocari neqveat — Viro clarissimo Carolo Gotlobo Sontagio ... amicorvm nomine gratvlatvrvs scripsit CAROLVS DAVID ILGENIVS. Lipsiae (1788). Ex officina Sommeria. 4°.

— — Disquisitio actionis principis in Iliade Homeri pars I in schola senatoria Numburgensi tres opt. spei adolescentes orationes 7. III. 1791. Lpz. (Sommer). 20 S. (3.—) 16824

— — Dasselbe. II. 28./29. IV. 1791. Lpz. (Sommer). 23 S. (3.—) 16825

— — Dasselbe. III. 5. III. 1792. Lpz. (Sommer). 26 S. (4.—) 16826

— — *ΕΙΡΕΣΙΩΝΗ* Homeri et alia poeseos Graecorum mendicae specimina cum quibusdam nostri temporis carminibus ex hoc genere comparata. — In schola senatoria Numburgensi duo bonae spei adolescentes ante discessum in academiam orationes 12. IV. 1792. Lpz. (Sommer). 28 S. (5.—) 16827

Ilgen, C. D., Progr. *Εἰρεσιώνη* Homeri et alia poeseos Graecorum mendicae specimina, c. quibusd. nostri temporis carminibus in hoc genere comparata. Numb. 792. 4.

— Epistola, qua probatur, Nestore felicissimi senis exemplo Homerum non magis delectare, quam prodesse. Lips. 789. 4.

— s. a Geschichte d. Tobias.

Ilgen, K. D., d. Geschichte Tobis n. d. versch. Origin. übers. m. Anm. gr. 8. Jena, Göpferdt. 800.

Ilgen's, C. D., Geschichte des Tobias. Aus dem Griech. Lateinischen u. Syrischen m. Anm. Jena 808. 8. 1 rthl. 4 gr.

— S. Homeri Hymni.

— — De imbre lapideo et solis ac lunae mora inter pugnam Israelitarum sub Josuae auspiciis cum Amorraeis. — Ad aud. orationes quas septem optimae spei adolescentes ante discessum in academiam 9. u. 11. IV. 1793 in schola senatoria Numburgensi. Lpz. (Sommer). 43 Seiten. (6.—) 16829

— S. Leonidae Tarentini specimen.

Ilgen, Carolus David, Iobi antiquissimi carminis Hebraici natura atque virtutes. Lipsiae 1789.

— natura atq. virtutes Iobi antiqui carminis hebraici. 8. maj. Lps. B. Fleischer. 789.

Ilgen, C. D., de notione tituli filii Dei. Jen. 1795. 4.

— — (Rector designatus), Nestore felicissimi senis exemplo Homerum non magis delectare quam prodesse. — Viro ampl. et jureconsultissimo Joanni Martino Pfarrio consuli apud Numburgenses celeb. semisecularem senatoriae dignitatis et munerum de quibus praeclare meritus et solemnitatem 23. XI. 1789 cum scholae magistris gratul. Lpz. (Sommer). 30. S. (6.—) 16822

— opuscula varia philolog. 8. maj. Erf. Hennings. 797.

— *Σκολια*, hoc est carmina convivalia Graecorum. 8. Ienae, Cröcker. 798.

Ilgen, Carl David, Poeseos Leonidae Tarentini specimen. — Viro clar. Renato Gotthelfio Loebelio summos in philosophia honores amicorum quorundam nomine gratulaturus graece edidit notisque illustr. Lpz. 1785. 32 S. (6.—) 16821
Gratul.: F. L. Becher (Ehrenfriedersdorf), I. G. Erler (Zschokena/Misn.), A. M. Krafft (Nieder Trebra/Thür.), I. G. Müller (Graupzig/Misn.), C. G. Sonntag (Radeberg/Misn.), I. G. Scheibe (Rothenburg/Laus.), M. F. G. Sturz (Erbisdorf/Misn.).

Ilgen, Karl David, Die Urkunden des ersten Buchs von Moses in ihrer Urgestalt. [= Die Urkunden des Jerusalemischen Tempelarchivs in ihrer Urgestalt. I.] Halle 1798.

— Urkunden d. Jerusalem. Tempelarchivs. 1r Thl. (od. d. Urkund. d. 1sten B. v. Moses in ihr. Urgestalt.) gr. 8. Halle, Hemmerde. 798.

— d. Urkunden des Jerusalem. Tempelarchivs. 1r Thl., oder d. Urkunden d. 1sten B. von Moses in ihrer Urgestalt. gr. 8. Halle 798. Schwetschke u. S. 1 rthl. 16 gr.

Ilgen, P., Blumenkranz, gewunden unter dem Kreuze unseres Herrn. Ein poet. Versuch. 12. (52 S. mit Illustr.) Cleveland, O. 887. (Philadelphia, Schaefer und Koradi.) geb. * 1 25

Ilgen, P. Nikolaus v. Butrinto als Quelle zur Geschichte Heinrichs VII. (63.) 8. Jena 1873.

. **Anhang zum Gesangbuch für Freimaurerlogen hrsg. von der St. Johannis-Loge „Zu den drei Rosen im Walde" im Or. zu Sorau. [Zsgest. von Paul Ilgen. Nebst] Anh. Sorau N.-L. [1903]: Rauert & Pittius. 37 S. 8°**
Anh. 2 Bl. o. J.
57 Gesänge ohne Noten.

Ilgen, Paul: Etwas Geschichte in Appositionen. 4 (S. 3—10).
Z. Feier des Gedächtnisses an Ph. Ferd. Ad. Just Kgl. G. *Sorau* 1900.
Nicht im Tauschverkehr.
Progr.

Geschichte der Logen „Zu den 3 Säulen" in Triebel und „Zu den drei Rosen im Walde" in Sorau 1806 bis 1901. Von Paul Ilgen. Sorau, N.-L. 1901: [Rauert & Pittius]. III, 238 S. 8°
Recens: FZ. 56 (1902) S. 71 (K. Pilz); L. 25 (1902) S. 32 (R. Fischer).
cf. Bbl. 15 (1901) S. 628 (G. Diercks).
Im Anh.: Verzeichn. der Mitgl.

Kleine Handreichung den Brrn der Loge „Zu den 3 Rosen im Walde" in Sorau N.-L. Gewidmet von Paul Ilgen. [Sorau 1908]: Rauert & Pittius. 15 S. 8°
cf. H. 20 (1909) No 31 (O. Adler).
Gesch. der Loge, ihre Stiftungen, Anweisungen für den Bürgen eines Suchenden, Beförderungen u. a. m.

Ilgen, Paul Katalog der sog. Kirchenbibliothek zu Sorau (1 Teil).
14 S. **Progr.** *Sorau* 1885.

Ilgen, *Paul* Katalog der sogen. Kirchenbibliothek zu Sorau (2. Teil).
4 (20 S.). (3. Teil). 4 (16 S.). G. *Sorau* 1886 (85). 1890 (87).
Progr.

Ilgen, Paul [Dr.]: Katalog der sogen. Kirchenbibliothek zu Sorau (3. Teil). (Fortſ. d. P=Beil. 1885. 86.) (Sorau N.L., J. D. Rauert, 1890); 16 S. 4°
Sorau, f. G, OP 1890

Ilgen, Paul: Lebensweisheit für die Jugend aus unseren deutschen Dichtern. Sorau N-L. 1909: Rauert & Pittius. 28 S. 8°
Sorau, k. G P 1909 (101)** [S 09. 222

*Ilgen, Paul: Siegismund August Petri und Johann Georg Schrepfer. S. 3—7. 4.
Zur Feier des Gedächtnisses an Phil. Ferd. Adolf Just. Kgl. Gymn. *Sorau* 1901.
Progr.

Ilgen, Paul. Stechäp.el; ein Frühlingsgedicht. Highland, Ill. n. d.

Verzeichnis der Büchersammlung der Joh.-Loge „zu den 3 Rosen im Walde" in Sorau N.-L. Systemat. zsgest. nach dem Bestande vom 1. Januar 1906 von Paul Ilgen. Sorau N.-L. 1906: Rauert & Pittius. VIII, 134 S. 8°
Recens: Bbl. 20 (1906) S. 292 (G. Diercks).
cf. L. 29 (1906) S. 191—192 (P. Fischer). 3.

Ilgen. Pedro. Herzensleben in Liedern u neue Gedichte. StL. 1896.

Ilgen, Pedro, unter westlichen Sternen. Gedichte. (122 S.) 8. Leipzig 905. Modernes Verlagsbureau. n. 2. —

Sulamith. Königsnocturnen, Meer- u. Wanderlieder. Von Pedro **Ilgen.** (2. Ausg.) Leipzig-Gohlis: Volger 1908. 93 S. 8° [08. 3640 5

Ilgen, Pedro. Sulamith. St. Louis, 1908. GSP

Ilgen, Pedro. Tiefgluth. St. Louis, 1906. UC

Ilgen, Welt- u. Gottesreichsklänge. Gemischte Gedichte. 12. (152 S.) Wiesbaden 891. (W. Mohr.) Geb. in Leinw. n. 2. —

Ilgen, Pedro. Welt- und Gottesreichs-Klänge, Gedichte. Highlands, Illinois, 1892. UC

Ilgen, Theodor

Ilgen, f.: Aus Westfalens Vergangenheit.

Ilgen, Th., rheinisches Archiv, s. **Zeitschrift**, westdeutsche, für Geschichte und Kunst.

—— und Rud. **Vogel**, kritische Bearbeitung und Darstellung der Geschichte des thüringisch-hessischen Erbfolgekrieges 1247—1264. gr. 8. (IV, 226 S.) Kassel 884. (Ebendas.) *
Aus: Zeitschrift des Vereins für hessische Geschichte und Landeskunde, besonders abgedruckt.

Ilgen, Thdr., Markgraf Conrad von Montferrat. gr. 8. (137 S.) Marburg 880, Elwert'sche Verlagsh. *

Ilgen, Thdr., die neuen Dienstgebäude der Staatsarchive zu Coblenz u. Düsseldorf, s. **Knipping**, Rich.

— Die wiederaufgefundenen Registerbücher der Grafen u. Herzöge v. Cleve-Mark, s.: **Mitteilungen** der k. preuss. Archivverwaltg. 14. Heft.

Die wiederaufgefundenen Registerbücher der Grafen und Herzöge von Cleve-Mark von Dr. Theodor **Ilgen**. Leipzig: Hirzel 1909. 50 S. 8°
(Mitteilungen d. K. Preuss. Archivverwaltung. H. 14). [09. 3490 2

Ilgen, Th., die Siegel v. Adligen, Bürgern u. Bauern der Bistt. Minden, Osnabrück u. Paderborn, s.: Siegel, die westfäl.. des Mittelalters. IV. 3.

Ilgen, Th., die Siegel v. Adligen, Bürgern u. Bauern des Bist. Münster u. angrenzender Gebiete, s.: Siegel, die westfälischen, des Mittelalters.

— zur Herforder Stadt- u. Gerichtsverfassung. [Aus: „Zeitschr. f. vaterl. Geschichte u. Alterthumskunde Westfalens".] gr. 8. (58 S.) Münster i/W. 892. Regensberg. n. 1. —

— s.: **Urkundenbuch**, westfälisches.

Ilgendorf, Jodocka von, oder die drei Freunde von Serinwar. Wien 1799. V: *Fessler, Ign. Aurel.* (BIBLPORT)

Ilgener, Pt. Flor., Eugenia u. Amynt; e. Trſpl. in 5 Aufz. 8. Frankf. a. M. 777. (Vergl. Franz Jäger).

— s. Prinzenraub.

Ilgeney, A., Mithülfer Monat-Bletter. 8. (100 S.) Mülhausen 888, (Schick und Philipp.) * 1 —

Ilgeniana. Leipzig 1853. H: *Naumann*, *Wilh.* (Pöckel, Philol. Schriftsteller-Lexikon. Leipzig 1882. S. 132.)

Ilgeniana. Erinnerungen an Dr. Carl David Ilgen, Rector der Schule zu Pforte, insbesondere an dessen Reden in Erholungsstunden. Eine kleine Anekdotensammlung von W. R. 8. (VI und 78 S.) Leipzig 853, Hinrichs'sche Buchh. •

Ilgenstein, Ernst, a. Bernburg: Handels- und Gewerbegeschichte der Stadt Magdeburg im Mittelalter bis zum Beginn der Zunftherrschaft ⟨1330⟩. Halle a. S. 1908. (Leipzig: A. Hoffmann). (50 S.) 8° [F.]
Halle, Phil. Fak., Ref. Waentig, Diss. v. 18. Febr. 1908
[Geb. 17. Dez. 83 Bernburg; Wohnort: Leipzig; Staatsangeh.: Anhalt; Vorbildung: Karls-Gymn. Bernburg Reife O. 02; Studium: Tübingen 3, Berlin 1, Halle 2, Tübingen 3, Halle 2 S.; Rig. 23. Febr. 07.]

[F.] Abendläuten. Zwei Erzählgn v. Heinrich **Ilgenstein.** *Berlin: Schweitzer & Mohr 1898.* (71 S.) 1 Bd 8. [98. 2129

Ilgenstein, Heinr., s.: Blaubuch, das.

Deutsches Volk wahre deine heiligsten Güter! Ein Weckruf von Heinrich **Ilgenstein.** Berlin: Concordia 1907. (32 S.) 8° [F.] [07. 11336

— Die beiden Hartungs. Roman. (318 S.) 8. Berlin (909). Concordia. 4.—; geb. 5.—

Der Märchensucher. Liebe. 2 Erzählungen von Heinrich **Ilgenstein.** *Berlin: Schweitzer 1898.* (117 S.) 8° [F.] [98. 1971

Mörike und Goethe. Eine literar. Studie von Heinrich **Ilgenstein,** Dr. phil. *Berlin: R. Schröder 1902.* (143 S.) 8° [F.] [03. 1001

Mörike und Goethe. Eine literar. Studie von Heinrich **Ilgenstein,** Dr. phil. 2. Aufl. Berlin: R. Schröder 1905 (143 S.) 8° [F.] [06. 4317

Ilgenstein, H., Mörike u. Goethe. Liefert: Cöpenick, R. Schön.

Wilhelm von Polenz. Ein Beitrag z. Literaturgeschichte d. Gegenwart v. Dr. Heinr. **Ilgenstein.** Berlin: F. Fontane & Co. 1904. (94 S.) 8° [04. 5915

— Preußenspiegel. Studien aus e. Kulturstaat. 1.—10. Taus. (144 S.) 8. Berlin-Westend 907. Berlin, E. Reiß. 2.—

Preußenspiegel. Studien aus e. Kulturstaat von Heinrich **Ilgenstein.** 1.—10. Taus. Berlin-Westend: Reiß 1909. 144 S. 8° [09. 12830

Die Wahrheitsucher. Schauspiel in 3 Aufz. von Heinrich **Ilgenstein.** Berlin-Westend: Reiss 1909. 125 S. 8°
(Moderne Bühne. Eine Samml. dramat. Werke.) [10. 5440

— Käthe Wandel. Schauspiel in 2 Aufzügen. 8. (VII, 67 S.) Dresden (901). H. Minden. n. 1.—; geb. n.n. 2.—

Sieben Jahre in Steiermark Bilder aus d. evang. Bewegung. Von W[ilhelm] **Ilgenstein,** P. 2. Aufl. Leipzig: Strauch [1910]. 48 S. 8° [11. 12138

Humoristisch-politische Land- u. Seekarte von Österreich-Ungarn. Hrsg. von F. G. **Ilger.** (Gezeichnet von Zothe.) (Maßst. — 70:30. *Wien: Kikeriki [1904].*) (1 Kartenbl. 45×36 cm mit Legende.) 8° [lith.] [k-d.]
[Umschlagt.:] Humorist.-polit. Land- und Seekarte von Österreich-Ungarn [04. 1166

Ilger, Fritz Garbriel [Hrsg.], s. Zeitschrift, Streffleur's österreichische militärische.

Ilger, Prosp., († 1753.) controversia canonistica de obligatione legis irritantis, una cum Exegesi Leg. ult. Cod. de Fidei-Commissis. 8. Linz 754. (Wohler in Ulm). 1 ℔ 16 ℊ (Frburg., Herder). 2 ℔

Ilger, Vinc., († d. 15. Oct. 1808.) observat. in secula christ. de disciplina et moribus ecclesiae cathol. IV Prts. 8maj. St. Blasii 791. (Thurneysen in Basel). 3 ℔ 8 ℊ

Ilgor, V., observ. in secula christ. de disciplina et moribus ecclesiae cathol. IV part. 8. maj. Einsiedel. (Thurneisen, Basel.) 791. (1r 2r 1 Rthlr. 16 gr. 3r–4r 1 Rthlr. 16 gr.)

— — idem liber. IV Partes in usum Cleri etc. 8. Freiburg. Herder. 791.

Ilges, F. Walth., M. v. Munkacsy, s. Künstler-Monographien.

M. von Munkacsy. Von F. Walther **Ilges.** Mit 121 Abb. nach Gemälden u. Zeichn. *Bielefeld & Leipzig: Velhagen & Klasing 1899.* (132 S.) 4°(8°) [F.]
— Künstler-Monographien. 40. [99. 137

Ernst Ortlepp. Blätter aus d. Leben u. Dichten e. Verschollenen. Nach unveröffentl. Hs. u. seltenen Drucken. Von F. Walther **Ilges.** *München: E. Reinhardt 1901.* (190 S.) 8° [F.] [01. 10067

— **Paris,** s. Projections-Vorträge. 17. Hft.

Paris. Vortrag zu e. Serie v. 50 bezw. 75 Projektionsbildern nach photogr. Aufnahmen. Von F. Walter **Ilges.** *Düsseldorf: E. Liesegang (1898).* (37 S.) 8°
— Projections-Vorträge. H. 17. [99. 10129

Ilgmeier, Anton, approb. Arzt aus Waldkirchen: **Ueber einen Fall von psychogenen Torticollis.** ***München 1904: M. Ernst.*** (22 S.) 8°
München, Med. Diss. v. 1904

Ilgner, August [Ref. am K. Amtsgericht zu Grottkau]: **Das Präsentationsrecht des Patrons nach katholischem Kirchenrecht.** . . . *Leipzig, Druck v. J. G. Findel* (1889); VIII + 82 S. + 1 Bl. 8°
Breslau, Jur. Fak., Inaug.-Diss. v. 31. Jul. 1889

Ilgner, Elisabeth, ein Weihnachts-Abend. Aus dem Engl. übersetzt. 8. (23 S.) Berlin 874, Beck. *

Ilgner, C: Der elektrische Antrieb von Reversier-Walzenstraßen. Düsseldorf 1903.

Ilgner, Carl, s. Ilgner, Karl

[F.] Der Dachshund, s. Geschichte, Zucht u. Verwendg z. Jagd über u. unter d. Erde. Von Emil **Ilgner,** Prem.-Lt. a. D. M. e. Bilde S. M. d. Königs Albert v. Sachsen, 3 Farbentaf. u. 123 Abb. *Neudamm: J. Neumann 1896.* (4 Bl., 214 S., 1 Portr., 3 Taf.) 1 Bd 8.
(J. Neumanns Forst- u. Jagdwissenschaftliche Büchersammlg.) [96. 1119

Gebrauchs- und Luxushunde. Von Emil **Ilgner.** Mit 1 Farbentaf. u. 90 Textabb. *Magdeburg: Creutz (1902).* (108 S.) 8° [F.] [02. 13263

Ilgner, Emil, der Hundesport, s. Bibliothek f. Sport u. Spiel.

Ilgner E.: Der Hundesport. 2 Bd. Leipz. [1904—05]. 195, 259 S. Fig.
(1. Geschichte, Zucht, Dressur, Ausstellungswesen usw. — 2. Die Rassen d. Hunde).

— **Zwingerbuch.** M. Abb. v. C. v. Roth. qu. Fol. (144 S. Formulare.) Ebd. 896. Geb. in Leinw. n. 10.—

Ilgner, Karl

Ilgner, Carl, die volkswirtsch. Anschauungen Antonins v. Florenz, s. a. Jahrbuch f. Philosophie u. spekulative Theologie. VIII.

Die volkswirtschaftlichen Anschauungen Antonins von Florenz (1380–1459). Dargest. von Dr. theol. Carl **Ilgner**. *Paderborn: F. Schöningh 1904.* (XII, 268 S.) 8°
— **Jahrbuch** f. Philosophie u. spekulat. Theologie. Erg.H. 8. [04. 4572

Ilgner, Carolus, Parochus Leobergensis: **In S. Antonini Archiepiscopi Florentini O. Pr. sententias De Valore et de pecunia Commentarius.** P. 1. *Vratislaviae 1902: Schles. Volkszeitung.* (48 S.) 8°
Breslau, Kath.-theol. Diss. v. 4. Juni 1902

Ilgner, R., Beitrag zur Lehre von der periodischen Haemoglobinurie. Inaugural-Dissertation. gr. 8. (39 S.) Jena 878, (Neuenhahn.)

Ilias in nuce sive Praecepta ad graecam linguam. Ratisp. 722. 8.

Ilias, Die schwäbische, von Ludwig Auerbacher weiland erdacht . . . Frankf. a. M. 1850. H: *Simrock, Carl Jos.* (Ky)

Ilias, die schwäbische, von Ludw. Aurbacher weiland erdacht. Nun aber von mehrern von seinen Verehrern in holprige Verse gebracht. (Hrsg. von Carl Simrock.) 8. (121 S.) Frankfurt a. M. 850, Brönner.

Ilieff, Ilija, a. Bulgarien: **Über die Sterblichkeit der rachitischen Kinder nach Beobachtungen in der Univ.-Klinik für Kinderkrankheiten zu Berlin. Berlin-Charlottenburg (1907): J. Zalachowski.** (45 S.) 8°
Berlin, Med. Fak., Ref. Heubner, Diss. v. 12. Juli 1907
[Geb. 16. Nov. 82 Schumla, Bulgarien; Wohnort: Schumla; Staatsangeh.: Bulgarien; Vorbildung: Gymn. Sofia Reife M. 02; Studium: Wien 2, Berlin 3, München 1, Berlin 3 S.; Rig. 12. Juli 07.]

Ilieff, Paul: **Die Landwirtschaft in Bulgarien.** *Leipzig 1902: O. Schmidt.* (113 S.) 8°
Leipzig, Phil. Diss. v. [18. Juli] 1902

Ilieff, Paul, die Landwirtschaft in Bulgarien. Diss. (113 S.) gr. 8. Leipzig 902. (Kössling.) n.n. 2. 50

Iljin, A. Karte des Asiatischen Russlands und des Turkestanschen Gebiets. 1 : 10500000. 1 Bl. c. L. Ff.

Iljin, A., das europaeische Russland. 1:2,520,000. 4 Bl. Fol. St. Petersburg 874, Devrient. *M 6.; aufgez. *

Iljinska, Barbara [aus Riabinki b./Jeletz, Russland]: **Zur Frage der konservativen Behandlung der tuberkulösen Gonitis. Bern 1898. 43 S. nebst 3 Tafeln. 8°.**
Bern. Med. Diss. 1897/98.

Iljinsky, Wladimir, aus Tomilowo, Gouv. Simbirsk (Rußl.): **Über die Tuberkulose der inneren weiblichen Genitalien.** *Berlin (1902): G. Schade.* (29 S.) 8°
Berlin, Med. Diss. v. 25. Sept. 1902

Iliovici, George: I. Über die Darstellung von Rohargon aus Luft mit Calciumcarbid. II. Über die Produkte der Lichtbogen- und Funkenentladungen in flüssigem Rohargon. (Berlin 1910: G. Schade.) 52 S. 8°
Berlin, Phil. Diss. v. 14. Dez. 1910, Ref. E. Fischer, Nernst
[Geb. 5. März 78 Ploesti; Wohnort: Ploesti; Staatsangeh.: Rumänien; Vorbildung: Lys. Ploesti Reife Juni 96; Studium: Berlin 10 S.; Rig. 24. Nov. 10.]
[U 11. 240

Ilisch, Fr., Untersuchungen über Entstehung und Verbreitung des Cholera-Contagium und über die Wirksamkeit verschiedener Desinfections-Mittel. Lex.-8. (76 S.) St. Petersburg 866, Röttger. * –

Ilisch, Friedrich (Riga)
Bestimmung der in den Knollen der Kartoffeln enthaltenen Säure.
[In: Annalen d. Chemie u. Pharmacie, Bd 51 (1844) 246.]
Dr. phil. Giessen 9.3.1844.

Ilisch, Jakob Johann

— über d. zweckmäß. Benehmen bei d. jetzt herrschenden Scharlachfieber, für Nichtärzte. 8. Pernau 817. (21 S.)

Ilisch, Ritter Jak. Jh., d. natürl. u. falschen Blattern zur Sicherstellung gegen d. jetzt häufig statt habende Verwechselung beider Krankheiten, aus den Schriften d. vorzügl. Beobachter entlehnt. 8. Pernau 817. (16 S.)

— d. gewöhnl. Krankheiten d. menschl. Körpers, rücksichtl. ihrer Erkenntniß, Ursachen, Gefahr u. Heilung. 4. Riga u. Dorpat 822. (328 S.)

— über d. Seebad, zur Belehrung für Badegäste. gr. 8. Reval 826. (68 S.)

Ilisch, Johann August Wilhelm (Croellwiz/Thür.), De catarrho. Diss. med.-chir. Präs. Christian Gotthold Eschenbach. Lpz. (Klaubarth) 19. IX. 1806. 27 S. (6.—) 16834

Ilisto, germana. (Deutscher Ilist.) Kun suplemento: La Rakontoro (Der Erzähler). Schriftleiter: Rob. Auerbach. 1. Yaro. Oktbr.—Dezbr. 1908. 3 Nrn. (à 8 S.) gr. 8. Stuttgart, Franckh. — 75

— dasselbe. (Oficial organo di la Reform-Esperanto-Societo en Dresden e di altra ilista Societi.) 2. Yaro. 1909. 12 Nrn. (Nr. 1—8 à 8 S.; 9—11 à 12 S. u. Nr. 12 16 S.) gr. 8. Ebd. 3. —
Fortsetzg., s.: Idano.

Ilitscheff, Dimiter Chr(istoph), aus Ossenez (Bulgarien): **Ein Beitrag zur Geographie von Makedonien.** *Leipzig 1899: B. Georgi.* (47 S.) 8°
Leipzig, Phil. Diss. v. [22. Juli] 1899

Ilitscheff, Dimiter Chr., ein Beitrag zur Geographie v. Makedonien. Diss. gr. 8. (47 S.) Leipzig (899). (Kössling.) n.n. 1. —

Ilius Pamphilius, (Banausius Stüntzer,) deutscher Parnaß. 8. (III und 51 S.) Zürich 854, Kiesling's Verlag.

Ilka, Johannes, appr. Arzt a. Bauerwitz in Oberschlesien: **Aus der Kgl. Augenklinik der Universität Greifswald. Über Heilerfolge bei Fremdkörpern in infizierten Augäpfeln. Greifswald 1905: H. Adler.** (27 S.) 8°
Greifswald, Med. Fak., Ref. Schirmer, Diss. v. 23. Okt. 1905
[Geb. 21. Aug. 71 Bauerwitz; Wohnort: Bauerwitz; Staatsangeh.: Preußen; Vorbildung: Gymn. Ratibor Reife O. 94; Studium: Theologie: Breslau 10, Medizin: Greifswald 10 S.; Coll. 23. Okt. 05; Approb. 16. Febr. 04.]

Ilkits, J. G., pompejanische Wandmalerei, s. Studien aus der Special-Schule von Th. R. v. Hansen.

Ill, Mary v. der, zwei Schwestern, s.: Theater, kleines.

— Die Theaterprobe, s.: Theater, kleines.

Illaire, Walther von Saint Paul

Illaire, W. v. Saint Paul, Suaheli-Handbuch, s.: Lehrbücher des Seminars f. orientalische Sprachen zu Berlin.

Illaire, Walther von Saint Paul [Hrsg.],
s. Taschenbuch für Deutsch-Ostafrika

Illasiewicz, Orest, das Religionsbekenntniß der Kinder nach österreichischem Recht. gr. 8. (53 S.) Czernowitz 900. H. Pardini. n. 1.20
Sonderabdruck aus: „Oesterr. Zeitschr. f. Verwaltung".

Ilch, Abraham, Berichtigungen und Zusätze zum fünften Kapitel der barhebräischen kleinen Grammatik auf Grund des Textes von Abbé Martin (Paris 1872) nebst Einleitung. [Diss.] Leipzig 1885.

Ille, Ed., Affen- und Hunde-Komödie. qu. gr. 8. (28 S. mit color. Holzschn. München 874, Braun und Schneider. geb.

Ille, Ed., dem Andenken Meisters Moritz Ritter v. Schwind. Entwurf zu einem deutschen Lebensbilde. (S.-A. aus Bd. 31 d. oberbayer. Archivs: S. 71—83.) Gr. 8⁰. Cart.
Unterz.: München, am Tage d. Einzugs d. Deutschen in Paris, d. 1. März 1871. — Anhängend, S. 84—98: Wimmer, Ed. (Oberlieut. etc.), Bericht über Hanns von der Leiter, Statthalter zu Ingolstadt, und sein Geschlecht, dem histor. Vereine in u. für Ingolstadt erstattet (de dato Landau [Pfalz], d. 25. Decbr. 1869).

Ille, Ed., Gedichte. gr. 12. (VIII und 175 S.) Weimar 855, (Jansen und Comp.) •

Ille, Ed., der unzerreißbare Hanswurst. Ein lust. Bilderbuch mit Orig.-Zeichnungen und Text. Fol. (8 color. Holzschntaf. auf Carton mit 8 S. Text.) Augsburg 880, Lampart und Comp. geb.

Ille, Ed., Kaiser Joseph II., s.a. Universal-Bibliothek Nr. 1999.

Ille, Ed., Kaiser Joseph II. Lebensbild in 4 Abthlgn. und einem Vorspiel. Geschrieben im Frühling 1848. 8. (116 S.) München 850, Franz.

Ille, Ed., s. Kaulbach, Wilh. v., kunstgeschichtl. Wandgemälde.

—— Grimm's Kinder- und Hausmärchen in Bildern. In Holz geschn. von W. Hecht. 1. Lfg. (Rothkäppchen. Froschkönig. Dornröschen.) Imp.-Fol. (3 Holzschntaf.) Berlin 874, A. Duncker.

Ille, E., s.: Lampart's erstes lebendiges Bilderbuch.

— der Staberl u. Hanswurst. Bilderbuch zum Theaterspielen f. Kinder. 16 color. Bilder nach Orig.-Zeichngn. u. m. Text. Fol. (16 Bl. Text.) Augsburg 884. Lampart & Co. geb. n. 4. —

— der unzerreißbare Staberl. Ein lustiges Bilderbuch mit Orig.-Zeichnungen u. Text. Fol. (8 color. Holzschn.-Taf. auf Carton mit 8 S. Text.) Ebend. 880. geb. 3. —

Ille, Ed., die sieben Todsünden. In Holz geschnitten von Allgaier u. Siegle. Stuttgart 861. Engelhorn. gr. Fol. (7 Holzschntaf.) 4 ℳ

—— die sieben Todsünden. In Holz geschn. von Allgaier und Siegle. [Neuer Abdr.] Fol. (7 Taf. und Titelbl.) München 888, Oppen's Kunstverlag. * 5 —

Ille, Marie, s. Beeg, Marie. — Ille-Beeg, Marie

Ille, O., Anleitung, die Maximaldosen leicht u. sicher zu erlernen. Für Mediciner u. Pharmaceuten zusammengest. 12. (16 S.) Berlin 896. Mayer & Müller. n. — 60

Ille's, O., Anleitung, die Maximaldosen leicht u. sicher zu erlernen. Für Mediciner u. Pharmaceuten. 2. Aufl., auf Grund der 4. Ausg. des deutschen Arzneibuches hrsg. v. C. Hamburger. 12. (14 S.) Berlin 901. Mayer & Müller. n. — 60

Ille's, O., Anleitg., die „Maximaldosen" leicht u. sicher zu erlernen. Für Mediciner u. Pharmaceuten. 3. Aufl., auf Grund der 4. Ausg. des deutschen Arzneibuches hrsg. von C. Hamburger. (14 S.) kl. 8. Berlin 904. Mayer & Müller. n. — 60

Ille, Otto *Friedrich Karl* [aus Berlin]: Beiträge zur Kenntnis der Aneurysmen ... Berlin, Buchdr. F. Posekel, 1894; 30 S., 1 Bl., 1 Taf. 8.
Berlin, Med. Fak., Inaug.-Diss. v. 4. Dez. 1894

Ille-Beeg, Marie, s. a.: Beeg, Marie.

– Aschenbrödel, s.a. Bloch's, Ludw., Kinder-Theater.

Aschenbrödel. Dramat. Märchenspiel von Marie Ille-Beeg. *München: Seitz & Schauer; (Berlin: E. Bloch) 1898.* (17 S.) 8° [F.]
— Kinder-Theater, Ludwig Blochs. No 73.

– Dornröschen, s.a. Bloch's, Ludw., Kinder-Theater.

Dornröschen. Märchenspiel von Marie Ille-Beeg. *München: Seitz & Schauer; (Berlin: E. Bloch) 1898.* (15 S.) 8° [F.]
— Kinder-Theater, Ludwig Blochs. No 76.

— Die Faulkrankheit, s.: Mädchen-Bühne.

— Fratzruslus, s.: Bloch's, Ludw., Kinder-Theater.

– Die Galloschen des Glücks,
s.a. Bloch's, Ludw., Kinder-Theater.

Die Galloschen des Glücks. Lustspiel von Marie Ille-Beeg. *München: Seitz & Schauer; (Berlin: E. Bloch) 1898.* (19 S.) 8° [F.]
— Kinder-Theater, Ludwig Blochs. No 75.

– Die goldene Gans, s.a. Bloch's, Ludw., Kinder-Theater.

Die goldne Gans. Kleines Lustspiel in 4 Akten von Marie Ille-Beeg. *München: Seitz & Schauer; (Berlin: E. Bloch) 1898.* (24 S.) 8° [F.]
— Kinder-Theater, Ludwig Blochs. No 68.

– Hanswurstel bei der Gräfin,
s.a. Bloch's, Ludw., Kinder-Theater.

Hanswurstel bei der Gräfin. Posse in 2 Akten von Marie Ille-Beeg. *(Berlin: E. Bloch) [1901.]* (32 S.) 8° [F.]
— Kinder-Theater, Ludwig Blochs. No 71.

– Kasperl als Frühlingsbote, s. Jugend- u. Volksbühne.

— Kasperl als Galgenvogel, s.: Bloch's, Eduard, Kasperl-Theater.

— Kasperl vor Gericht, s.: Bloch's, Eduard, Kasperl-Theater.

– Kasperl im Königsgarten, s. Bloch's, Eduard, Kasperl-Theater.

— Kasperl u. die Märchen, s.: Bloch's, Eduard, Kasperl-Theater.

– Kasperl in Not, s. Bloch's, Eduard, Kasperl-Theater.

– Kasperl u. der Pelzmärtel, s. Jugend- u. Volksbühne.

– Kasperl, Tod u. Teufel, s. Bloch's, Eduard, Kasperl-Theater.

Goldene Kinderzeit. Erzählungen u. Märchen f. Knaben u. Mädchen im Alter von 7 bis 10 Jahren von Marie [Ille-]Beeg. Berlin: Globus-Verl. [1904]. (239 S.) 8° [F.]

— das Fräulein Köchin, s.a. Bloch's, Ludw., Damen-Bühne. Nr. 28.

Ille-Beeg, Marie: Das Fräulein Köchin. Ein Zukunftsscherz von –. München: Seitz & Schauer, (Berlin: E. Bloch) 1898. (22 S.) 8°
= Damen-Bühne, Ludwig Blochs. No 28.

— Johanna Weiskirch, George P. E. Cabanis, Marie Luise Barth, im Kranze froher Feste, s.: Jugend- u. Volksbühne.

— die Lenzesboten, s.a. Bloch's, Ludw., Kinder-Theater.

Die Lenzesboten. Ein Frühlingsspiel von Marie Ille-Beeg. (Berlin: E. Bloch) [1901.] (28 S.) 8° [F.]
— Kinder-Theater, Ludwig Blochs. No 70.

— zweierlei Mädchen, Lieschen u. Gretchen s.a. Mädchen-Bühne. 54. Hft.

Ille-Beeg, Marie: Zweierlei Mädchen. Lieschen u. Gretchen. Kleines Lustspiel in 2 Akten von –. München: Seitz & Schauer; (Berlin: E. Bloch) 1898. (24 S.) 8°
= Mädchen-Bühne. H. 54.

Mädchenjahre in Lust und Leid. Erzählung f. junge Mädchen von Marie [Ille-]Beeg. Mit 1 Titelbilde. 2. Aufl. Stuttgart, Berlin, Leipzig: Union [1903]. (VI, 402 S.) 8° [F.]

— Beim Neujahrswunsch, s.: Mädchen-Bühne.

— Nach der Prüfung, s.: Jugend- u. Volksbühne.

– Rotkäppchen, s.a. Bloch's, Ludw., Kinder-Theater.

Rotkäppchen. Märchenspiel von Marie Ille-Beeg. München: Seitz & Schauer; (Berlin: E. Bloch) 1898. (14 S.) 8° [F.]
— Kinder-Theater, Ludwig Blochs. No 72.

Schneekönigin und Maikönigin. Ein Maifestspiel f. d. Schuljugend von Marie [Ille-]Beeg. München: Seitz & Schauer; (Berlin: E. Bloch) 1898. (16 S.) 8° [F.]
— Kinder-Theater, Ludwig Blochs. No 67.

– Schneewittchen, s.a. Bloch's, Ludw., Kinder-Theater.

Schneewittchen. Märchenspiel von Marie Ille-Beeg. München: Seitz & Schauer; (Berlin: E. Bloch) 1898. (18 S.) 8° [F.]
— Kinder-Theater, Ludwig Blochs. No 74.

Segen der Freundschaft. Von Marie [Ille-]Beeg. Mit Ill. Neu-Ruppin: G. Kühn [um 1904]. (224 S.) 8° [F.]
(Gustav Kühn's Jugendschriften. 698.)

[Ille-] Beeg, Marie: Auf der Sonnenalp. Erzählung f. junge Mädchen von –. Mit 4 Kunstdruckbild. u. Einbandzeichn von W. Roegge. Cöln: J. P. Bachem [1906]. (163 S.) 8°
= Erzählungen, Bachem's illustr., f. Mädchen. Bd 23.

— die Tarokpartie, s.: Bloch's, Ed., Dilettanten-Bühne.

— Was wollt ihr werden? s.: Jugend- u. Volksbühne.

— ein Weihnachtsabend s.a. Bloch's, Ludw., Kinder-Theater.

Ein Weihnachtsabend. Von Marie Ille-Beeg. (Berlin: E. Bloch) [1901.] (32 S.) 8° [F.]
— Kinder-Theater, Ludwig Blochs. No 69.

ILLEK, Franz: Die griechischen Casus und ihre Verwendung bei Hesiod. — 1885. 126 S. Diss. Graz, Univ.

Illek, Franz Ueber den Gebrauch der Praepositionen bei Hesiod. I. Theil. 8 (S. 3—26). II. Theil. 8 (17 S.). Staats-Oberg. Mähr.-Trübau 1888. Zweites deutsch. Oberg. Brünn 1889 Progr.

Illek Dr. F.: Zur Syntax des Hesiod. 14. Brünn I. St. G. 90. Progr.

Illemann, R., Führer durch den Deister, Osterwald und Saupark, s. Erdmann, R.

Illemann, Wilh., Haftpflicht der Post- u. Telegraphenverwaltung u. ihrer Beamten f. Postsendungen, Telegramme u. Ferngespräche im Inlands- u. Auslandsverkehr, s.a. Handbibliothek, juristische.

Illemann, Wilh.: Haftpflicht der Post- und Telegraphenverwaltung und ihrer Beamten für Postsendungen, Telegramme u. Ferngespräche im Inlands- u. Auslandsverkehr. Zsstell. u. Erl. sämtl., die Garantieverhältn. behandelnden gesetzl. u. Verwaltungsbestimm. Leipzig 1908. 8°
(Jurist. Handbibliothek, hrsg. von Max Hallbauer [u.] W. Schelcher. Bd 265.)

Illenau. Geschichte, Bau, inneres Leben, Statut, Hausordnung, Bauaufwand u. finanzielle Zustände der Anstalt. Hrsg. von der Direction der großh. Heil- u. Pflegeanstalt Illenau. Karlsruhe 865. Bielefeld's Hofbuchh. gr. 8. (XIII. 141 S. mit Ansichten u. Plänen in 24 lith. Blättern, wovon 8 in Buntdruck in qu. gr. Fol.) n. 6 ₰ 20 ngr; der Text apart n. 16 ngr.

— Festschrift zur Feier d. 50jährigen Jubiläums der Anstalt Illenau. Hrsg. v. den jetz. u. früheren Illenauer Ärzten: Schüle, v. Krafft-Ebing, Kirn, Neumann, Fr. Fischer, Eickholt, Wilser, Landerer, Dietz. Mit 1 Lichtdr.-Bilde v. Illenau u. 2 lith. Taf. Lex.-8. (VII, 219 S.) Heidelberg 892. C. Winter. n. 6. —

Illenau, die Heil- u. Pflegeanstalt, s.a. Beiträge zur Statistik der innern Verwaltung des Großherzogth. Baden.

Illenau die großherzogl. badische Heil- und Pflegeanstalt. Statut, Hausordnung, Krankenwartdienst, Bemerkungen und Nachrichten als Auskunft für Behörden und Angehörige der Kranken. 2., mit einem Anhange versehene Ausg. gr. 8. (XII und 261 S. mit einem lithogr. Situationsplan in 4.) Heidelberg 852. [Leipzig, Winter'sche Vrlgsb.] *

Illenau in den sechs ersten Jahrzehnten seiner Wirksamkeit. Mit 2 Bildern u. 2 Lage-Plänen. Im Anschluß: Die derzeit. Aufnahme-Bestimmgn. (Von Frdr. Brandt.) (IX, 95 S.) gr. 8. Karlsruhe 903. (Müller & Gräff.) n. 1. 10

ILLENBERGER, Ferd. (1789—1841). — Fahrten u. Abenteuer des Sängers u. Schauspielers Ferdinand Illenberger. Von ihm selbst niedergeschrieben. (Motto aus Goethe: 8 Verszeilen.) Hildburghausen u. Meiningen, Kesselring'sche Hofbuchhdlg., 1841. Gr. 8°. (In Dresden.) (3 Mk., geles. Expl., Lehmann & Lutz, 1884.)
Tit. u. 114 S. (incl. Nachschrift d. Herausgebers, dat. Neusess bei Koburg, d. 2. Mai 1841) — Seiner Zeit verboten!

Illenberger, Th., der Projektionsapparat m. Episkop, s.: Kalss, A.

Illenbrand, die beyden Brüder, u. die beyden Schwestern, zu Weckhausen. Familiengesch. von Bartholet. 2 Bde. 8. Halle, Hendel. 805.

Iller [Schlagwort]

Iller Flusses — Hydrographische Karte des — in acht Blätter; in Rücksicht der darauf, dem Sinn des Pariser Staats-Vertrages gemäss, mit rother Farbe bezeichneten (1815 statt gefundenen) linkseitigen Ufers, bey einem mittlern Wasserstande des Flusses; welches Ufer, nach diesem Vertrage, die Lande gränze bilden sollte. Ferner sind auf dieser Karte angezeigt: Die von den beyden von den Höfen Baiern und Würtemberg ernannten Bevollmächtigten, dem königlich Baierischen wirkl. ... Rathe etc. u. s. w. Ritter von Wiebeking, etc. und dem K. W. Staatsrathe und Generalmajor etc. Freyherrn von Seeger u. s. w. vorgeschlagenen Geradeleitungen und Verbesserungen des Iller Flusses 1816. Joh. Maximilian ... 1 : 1,4 o. 5 Fl.

Illers, Robert [pr. Arzt aus Ohlendorf]: Ueber einen Fall von Aphasie mit Sectionsbefund. . . . Berlin, Buchdr. v. Gustav Schade (Otto Francke) (1880); 28 S. + 2 Bl. 8°
Berlin, Med. Fak., Inaug.-Diss. v. 21. Dez 1880

Illert, Geschichte v. Neu-Isenburg, s.: **Geschichtsblätter des deutschen Hugenotten-Vereins. IX. 2/3.**

Illert, C., s. Illert, Joh. Kasimir Jakob

Illert, Joh. Kasimir Jakob

— Gedichte. 8. Konstanz 822. Wallis. 9 gr

Illert, Jh. Kasim. Jak., kleine Streifzüge im Gebiete d. Musen, nebst einigen deutschen Gesängen. 8. Insbr. 798. Schisner. 9 gr

Illert, K., s. Illert, Joh. Kasimir Jakob

Illés, Aladár Edvi, s.: **Führer, technischer, v. Budapest.**

Illés, Eug., **Kalamitäten.** Humoresken. Mit Illustr. v. Knut Hansen, Paul Haase, Julie Wertenthin, Rolf Niczky. (84 S. m. 7 Taf.) 8. Berlin (909). Harmonie. 1.50

— **Die drei Väter.** Roman v. d. Tauentzienstraße. Illustr. v. Aug. Hajduk. 1.—4. Tauf. (328 S.) 8. Berlin (910). Verlag Continent. 8.—; geb. 4.—

(Illés, [Stephan].) Kurze Beschreibung der beiden Geographischen Stereoramas des Biblischen Jerusalems zur Zeit Christi und des Heutigen Jerusalems .... [Mit 1 Vignette.] 8. Bern (1880)

Illessy, Josef

— Predigten nach dem Bedürfniß des Zeitgeistes fur die Geburts- u. Namensfeste gekrönter Haupter gehalten. 1r Thl. A. u. d. T.: Predigten, an den höchsten Geburtsfesten Seiner Majestat des Königs gehalten. gr. 8. Tübingen 837. Laupp. 7/12 th

v. Illessy, Jos, die Umgebungen v. Graz. Sonnetenkranz. gr. 8. Grätz 840. Kienreich. 1/4 th

Illg, Frdr., **Schulgesanglehre.** Richtlinien u. Lehrgang. Hrsg. vom württemberg. evangel. Lehrer-Unterstützungsverein. (VI, 121 S.) gr. 8. Stuttgart 909. A. Bonz & Co. Geb. 2.40

Illg, Wilh.: Ueber die Behandlung der Bau-Sachen bei den Bau- und Administrativ-Behörden, verbunden mit den Bau- und Feuer-Polizei-Gesetzen. Stuttgart: Frlz 1847.

Illge, Rich., zehn **Jahre** unter dem Dreiklassenwahlunrecht. Eine Denkschrift zur Wahlrechtsbewegg. in Sachsen. Im Auftrage des sozialdemokratischen Zentralagitations-Komitees vers. (64 S.) 8. Leipzig 906. (Leipziger Buchdruckerei A.-G.) n. —50

— zur **Wahlrechtsbewegung** in Sachsen. Ein Aufruf an das sächs. Volk zum Kampf um sein Recht, zur Erringg. des allgemeinen gleichen direkten u. geheimen Wahlrechts. (48 S.) 8. Ebd. 908. n. —20

Illgen

— s. a. **Ilgen.**

Illgen, Christian Friedrich

Illgen, C.F. (Hrsg.), s.a. Abhandlungen, Historisch-theologische.

— — historisch-theolog. Abhandlungen. Zweyte Denkschrift der historisch-theolog. Gesellschaft zu Leipzig. gr. 8. Ebend. 819.

Illgen, Chrstn. Friedr., Beschreibung der am 22. u. 23. Sept. 1839 Statt gefund. Feier d. 25jähr. Bestehens d. histor.-theolog. Gesellschaft zu Leipzig. Nebst den bei dieser Feier gehalt. Vorträgen. gr. 8. (21 1/2 B.) Leipzig 840, Cnobloch.
Aus der: Zeitschrift f. histor. Theol., besond. abgedruckt.

— — **Ad solemnia, quae societas historico-theologica Lipsiensis, regio rescripto die 19. IV. hujus anni comprobata, in memoriam confessionis Augustanae saecularem tertiam 25. IV. 1830 in anditorio magno scholae Nicolaitanae instituet, pie celebranda observ. invitat. — Inest commentatio de Confessione Augustana utriusque Protestantium ecclesiae consociandae adjutrice. Acced. societatis historico-theol. Lips. statuta.** Lpz. (B. G. Teubner) 23 u. 22 S. (5.50) 16843
Text d. Statuten deutsch.

Illgen, Chr. Fr., 1e, 2e u. 3e Denkschrift d. histor.-theolog. Gesellschaft zu Leipzig s. a. Abhandlungen, histor.-theolog.

Illgen, Chr. F., Denkschrift der histor. theolog. Gesellschaft zu Leipzig. Zur Feyer des 3ten Jubelfestes der Reformation. gr. 8. Leipzig, W. Vogel. 819.

— — **Einladungsschrift zu der am 22. u. 23. IX. 1839 in d. akadem. Aula Statt findenden Feier des 25jährigen Bestehens der historisch-theologischen Gesellschaft zu Leipzig. — Verzeichniß sämmtlicher Mitglieder der historisch-theologischen Gesellschaft zu Leipzig.** Lpz. (Bernhard Tauchnitz jun.) 1839. 36 S., z. Tl. mit kurzen Biographien d. Mitgl. (5.—) 16851

— — **Einladungsschrift zu der am 11. u. 12. IX. 1844 in d. akadem. Aula Statt findenden Feier des 30jährigen Bestehens der historisch-theologischen Gesellschaft zu Leipzig. — Fortsetzung des Verzeichnisses sämmtlicher Mitglieder der historisch-theologischen Gesellschaft zu Leipzig.** Lpz. (C. P. Melzer) 1844. 31 S. (4.—) 16852

— — Aonii Palearii de concilio universali et libero epistola emendatius edita atque praefatione adnotationibusque illustrata. (Rector univers. Lips. D. Carl Klien ad memoriam ecclesiae christianae instauratae et solemnem inaugurationem successoris in magistratu academico D. Wilhelm Andreas Haase.) Lpz. 31. X. 1832. 23 Seiten. (4.—) 16844

— — Ex collegio philobiblico Lipsiensis primis ab ejus origine temporibus duo alia ejusdem nominis collegia in hac ipsa academia prodiisse, probatur. Lpz. (G. Staritz) 30. X. 1837. 15 S. (3.50) 16850

Illgen, Chr. Fr., Ein' feste Burg ist unser Gott! Die Glaubenszuversicht d. evangel. Kirche in uns. vielbewegten Zeit. Predigt am Reformationsfeste 1830. gr. 8. (1½ B.) Leipzig, Reclam.

—— Historiae collegii philobiblici Lipsiensis. Ps. I. et II. 4. (13½ B.) Lipsiae 836, 37, (T. O. Weigel.) •

— — Historiae Collegii Philobiblici Lipsiensis pars I. (Rector univers. Lips. D. Carl Friedrich Günther memoriam instauratae ecclesiae christianae et solemnem inaugurat. success. in summo magistratu academico D. Friedrich Adolph Schilling.) Lpz. 31. X. 1836. 64 S. mit Namen. (6.—) 16846

— — Dasselbe. II. Lpz. (Staritz) 1837. 44 S. mit Namen. (5.—) 16847

— — Dasselbe. III. (Rector univers. Lips. D. Johann Christian August Clarus sacra instauratae ecclesiae et solemnia inaugurat. successoris in summo magistratu academico Moritz Wilhelm Drobisch.) Lpz. (Staritz) 31. X. 1840. 44 S. mit Namen. (5.—) 16848

— — Dasselbe. IV. Lpz. (Wilh. Staritz) 1841. 32 S. mit Namen. (4.—) 16849

— — Recolitur memoria utriusque catechismi Lutheri. Commentat. I. Lpz. 31. X. 1829. 24 S. (3.—) 16839

— — Dasselbe. II. Lpz. 1829. 16 S. (2.—) 16840

— — Dasselbe. III. Lpz. 1830. 23 S. (2.50) 16841

— — Dasselbe. IV. Lpz. 1830. 26 S. (3.—) 16842

— — Quae cura ei adhibenda sit, qui aliorum de rebus divinis sententias rite exponere velit. Lpz. 1833. 18 S. (4.—) 16845

— — u. (Respond.) **Christian Elia Sauerteig** (Hildburghausen), Symbolarum ad vitam et doctrinam Laelii Socini illustrandam partic. I. Commentat. histor.-theol. Lpz. (Fried. Christ. Wilh. Vogel) 16. III. 1826. 90 S. (6.80) 16836

— — Dasselbe. Partic. II. Lpz. (F. Ch. W. Vogel) 18. III. 1826. 30 S. (4.—) 16837

— — Dasselbe. Part. III. Quas terras Laelius Socinus Italia profugus viserit et quo tempore hic illic fuerit commoratus. Accedunt Epistolae aliquot a Laelio Socino et ad eum de eoque scriptae, quarum paucissimae adhuc vulgatae fuerunt. (Rector univers. Lips. D. Ernst Heinrich Weber sacra instauratae ecclesiae et solemnia inaugurationis successoris in summo magistratu academico D. Carl Friedrich Guenther). Lpz. (Staritz) 31. X. 1844. 40 S. (5.—) 16838

— d. Verklärung d. irdischen Lebens durch d. Evangelium. gr. 8. Leipz. 823. Cnobloch. 1 ℳ 4 ₰

Illgen, C. F., Vita Laelii socini, Specimen histor. ecclesiast. 8maj. Lips. Steinacker. 814. Rthlr.

Illgen, Christian Friedrich (Chemnitz) u. **Heinrich Eduard Schmieder** (Pforta), Vita Laelii Socini. Specimen histor.-eccles. Lpz. (Bened. Gotth. Teubner) 19. II. 1814. 85 S. (6.80) 16835
Gew.: D. Car. Aug. Theoph. Keil, D. Jo. Aug. Hen. Tittmann, Christ. Dan. Beck.

— über den Werth d. christl. Dogmengeschichte. Ein Versuch zur Empfehlung ihres Studiums. gr. 8. Leipz. 817. W. Vogel. 20 ₰

Illgen, Chr. Fr., s. Zeitschrift für histor. Theologie.

Illgen, Ernst Konstantin, s. Ilgen

Illgen, Hermann [aus Crimmitschau '(Sachsen)']: Beitrag zur Kenntniss stereoisomerer Thiosemicarbazide ... Berlin, Buchdr. v. G. Schade, *1894*; 51 S., 1 Bl. 8.
Berlin, Phil. Fak., Inaug.-Diss. v. 8. Aug. 1894

Illgen, Rud., dramatische Werke. 1. Bd.: Ghuria. Schauspiel in 4 Akten. 8. (70 S.) Dresden 880, Kellberg.

Illgner, Ernst: Volkswirtschaftliche Kartelle in der Deutschen Industrie unter Berücksichtigung der Kalk-Industrie. Vortrag d. Dir. E[rnst] Illgner in Oppeln, geh. ... 1904 auf d. Hauptversammlung d. Sektion Kalk. Unter Mitbenutzung lit. Quellen.
Berlin: Tonindustrie-Zeitung (1904). (36 S.) 8°
= Mitteilungen d. Deutschen Vereins f. Ton-, Zement- u. Kalkindustrie E. V. Jg. 40, Anh.

Illhardt, Joh. Georg (Eisenach), De limitibus disputationum scholasticarum; ex indultu clementissimo in auditorio classis selectae illustris gymnasii Isenacensis. Präs. M. Christian Juncker (Dresden; Rector). Druck: Michael Urban 3. III. 1711. 12 S. (4.50) 16853

Illica, Luigi: André Chénier, s. Giordano, Umberto

Illica, Luigi: Istrianische Hochzeit [Nozze istriane, deutsch]. Drama in 3 Aufz. von –. Für d. deutsche Bühne übertr. von Felix Falzari. Musik von Antonio Smareglia. [Textbuch.]
Triest: Schmidl copyr. 1907. 71 S. 8°

Illica, Luigi: Das Mädchenherz, s. Buongiorno, Crescenzo

Illica, L., die Märtyrerin, s.: **Samara, S.**

Illica, Luigi: Rosalba, s. Pizzi, Emilio

Illica, Luigi: Cornelius Schut, s. Smareglia, Antonio

Illich, Alberto, Beitrag zur Klinik der Aktinomykose. gr. 8. (IV, 208 S. m. 2 Lichtdr.-Taf.) Wien 892. J. Šafář. n. 5.40

Illies, G. Dn., üb. die Verbindung d. Arbeitsschulen mit den Lehrschulen auf dem Lande. 8. Greifsw. 802.

Illies, Georg, aus Magdeburg: **Das Verhältnis von Davenants 'The Law against Lovers' zu Shakespeares 'Measure for Measure' und 'Much Ado about Nothing'.** *Halle a. S. 1900: C. A. Kaemmerer & Co.* (90 S.) 8°
Halle, Phil. Diss. v. 1900

Illig, Georg Severin, Über das Verhältnis der Vernunft zur christlichen Offenbarung. Aschaffenburg 1828/9, 4°, 18 S., Programm des Lyceums.
Recens. Katholik Bd. 34 (1829), S. 369—73. Felders Littztg 1829, Bd. 4 S. 187—210 des Intelligenzblattes.

Illig, Heinrich, Appr. Tierarzt, Assist. d. Inst.: **Aus d. anat. Inst. d. Tierärztl. Hochsch. zu Stuttgart.** ⟨Vorst.: v. Sussdorf.⟩ T. 1. Beitrag zur Kenntnis der Nebenhöhlen der Nase der Haussäuger. T. 2. Über den histologischen Aufbau der Schleimhaut der Nebenhöhlen der Nase bei den Haussäugetieren. T. 3. Die Entwickelung der Nebenhöhlen-Systeme beim Rind. Ditzingen 1910: Vierkorn. 96 S. 8°
Gießen, Veterinär-Med. Diss. v. 20. Dez. 1910, Ref. Martin
[Geb. 12. Aug. 84 Stuttgart; Wohnort: Tubingen; Staatsangeh.: Württemberg; Vorbildung: Oberrealsch. Stuttgart Reife M. 03; Studium: Tierheilk. Stuttgart Tierärztl. Hochsch. 7, Med. Tubingen 2 S.; Rig. 18. Juli 10.] [U 11. 1294

Illig, Karl Gottwalt, Duftorgane d. männlichen Schmetterlinge, s.a.: **Zoologica.** 38.

Illig, Karl Gottwalt: **Duftorgane der männlichen Schmetterlinge.** *Stuttgart: E. Nägele 1902.* (34 S.) 4° ¶(Aus: Zoologica, H. 38.)
Leipzig, Phil. Diss. v. [12. Aug.] 1902

Illig, Leonhard [aus Hamburg]: **Ein besonderer Fall von Hemiplegie. ...** Freiburg i. B., Buchdr. H. Epstein, 1891; 31 S. 8°
Freiburg i. B., Med. Fak., Inaug.-Diss. v. 1891

Illig, Mart., die märkische Stadt Trebbin in Wort u. Bild. gr. 8. (68 S.) Berlin 902. Hilfsvereins Deutscher Lehrer. n.n. 1.50

Illig, R(obert) K(arl), aus Worms: **Oxydationsversuche mit überschwefelsaurem Ammonium.** *Giessen 1898: v. Münchow.* (42 S.) 8°
Giessen, Phil. Diss. v. 1898

Illig, Walter, Gerichtsreferendar in Cöln: **Die fristlose Kündigung des Dienstvertrages auf der Grundlage des bürgerlichen Gesetzbuches. Ihre Voraussetzungen und Einwirkungen auf die Verpflichtungen der Parteien.** Bonn 1904: C. Georgi. (84 S.) 8°
Rostock, Jur. Fak., Ref. Bernhöft, Diss. v. 15. Sept. 1904
[Geb. 30. Dez. 79 Duisburg a. Rh.; Wohnort: Cöln; Staatsangeh.: Preußen; Vorbildung: Gymn. Duisburg Reife O. 99; Studium: Marburg, Leipzig, Bonn; Rig. 13. Nov. 03.]

Illig, Wilhelm [app. Arzt aus Worms]: **Aus d. patholog. Institut zu Giessen. Die Myome des Oesophagus ...** Giessen, grossh. Hof- u. Univ.-Dr. C. v. Münchow, 1894; 23 S. 8.
Giessen, Med. Fak., Inaug.-Diss. v. 1894

Illigens, Everhard, Anleitg. zur Verwaltg. des hl. Bußsakramentes, s.: **Tappehorn, Ant.**

Illigens, Eberh., die unendliche Anzahl u. die Mathematik. gr. 8. (60 S.) Münster i/W. 893. Theissing. n. 1.—

[F.] Geschichte der Lübeckischen Kirche von 1530 bis 1896, d. i. Geschichte d. ehemal. kathol. Bistums u. d. nunmehr. kathol. Gemeinde, sowie der kathol. Bischöfe, Domherren u. Seelsorger zu Lübeck v. 1530 bis 1896. Von Everhard **Illigens,** Pastor. Paderborn: F. Schöningh 1896. (VIII, 239 S., 1 Bl.) 1 Bd 8. [96. 3314

[F.] Der Glaube der Väter dargest. in d. kirchl. Altertümern Lübecks ... v. Everhard **Illigens,** Pastor. Paderborn: F. Schöningh 1895. (56 S.) 1 Bd 8. [96. 2059

Illigens, Max, $3^1/_2$ procentige Zins-Tabelle. (25 S.) Lex.-8. Hannover 891. Göhmann'sche Buchdr. Geb. in Leinw. n. 4.—

Illiger, C., s. Illiger, Joh. Karl Wilhelm

Illiger, Joh. Karl Wilhelm

— s. **J. G. Kugelan,** Verzeichniß d. Käfer.

Illiger, Jh. Karl With., († d. 10. Mai 1813.) Magazin für Insektenkunde. 6 Bde. gr. 8. Braunschw. 802—5. N. A. 822. Vieweg. 8 ℛ

— s. **Olivier,** Entomologie.

Illiger, K., Prodromus systematis mammalium et avium, additis terminis zoographicis utriusque classis earumque versione germanica. 8maj. Berol. Achenwall et Comp.

—**Prodromus systematis mammalium et avium, additis terminis zoographicis utriusque classis earumque versione germanica.** 8 maj. Berl. 811. (Rücker). 1 ℛ 4 𝒦

Johann Karl Wilhelm Illiger

Caroli Illigeri [Johann Karl Wilhelm Illiger] Prodromus systematis mammalium et avium add. terminis zoographicis utriusque classis, eorumque versione Germanica. Berolini: Salfeld 1811. 301 S. 8°

s. **F. de Rossi,** Fauna.

—**Versuch einer systemat. Terminologie, f. das Thier- u. Pflanzenreich.** gr. 8. Helmst. 800. (Götting.), Vandenhöck u. R. 1 ℛ 12 𝒦

Johann Karl Wilhelm Illiger

Johann Karl Wilhelm Illiger's Versuch einer systematischen vollständigen Terminologie für das Thierreich und Pflanzenreich. Helmstädt: Fleckeisen 1800. XLVI, 469 S. 8°

Illiger J. K. W.: Verzeichniss d. Käfer Preussens. Entworfen v. J. G. Kugelann. M. e. Vorr. d. Prof. Hellwig. Halle 1798. (42) 510 S.

— syst. Verzeichn. d. Schmetterlinge d. Wienergegend, s. **Verzeichniß.**

Illiger, K., s. Illiger, Joh. Karl Wilhelm

Illiger, Walter [pr. Arzt zu Steinbach a. T.]: **Ueber die Castration als Heilmittel der Osteomalacie. Fünf weitere durch d. Castration geheilte Fälle v. Osteomalacie ...** Frankfurt a. M., Druckerei J. Schaub, 1895; 42 S., 1 Bl. 8.
Würzburg, Med. Fak., Inaug.-Diss. v. 1895

Illing, Wilma. Ein Gedenkblatt. Hrsg. von Aug. Frdr. Krause. Mit 5 Bildern u. 1 Fcsm. 1. u. 2. Aufl. (Je 34 S.) gr. 8. Görlitz 903. R. Dülfer. n. 1.—

Illing (I.), die Aufgaben des protestantischen Volkes gegenüber den Nothständen und Gefahren der kirchlichen Gegenwart. Rede bei der Gründung des ersten bayer. Protestanten-Vereins zu Kitzingen am 5. Novbr. 1871. gr. 8. (23 S.) Kitzingen 871. (Würzburg, Stuber.) *

—— Entgegnung auf die bei Stahel in Würzburg erschienene Rede des Herrn Pfr. Sitzmann vom 19. Novbr. 1871. gr. 8. (17 S.) Ebendas. 872. *

Illing, Alfr., Bau-Unfallversicherungsgesetz, — Gewerbe-Unfallversicherungsgesetz, } s.: Handbibliothek, Leipziger jurist.

— das Invalidenversicherungsgesetz, s.: Hallbauer, Max.

Illing, A., Invalidenversich., siehe Meinhold's Handbibl.

Illing, A., das Krankenversicherungsgesetz in der Fassung des Reichsgesetzes v. 25. V. 1903, sowie das Gesetz üb. die eingeschrieb. Hilfskassen v. 7. IV. 1876/1. VI. 1884, s.: Handbibliothek, jurist.

Illing, A.: Die gewerbliche Unfallversicherung, s.a. Handbibliothek, Leipziger jurist.

Illing A., die gewerbliche Unfallversicherung. Gemeinverständliche Darstellung in Gesprächsform. (176 S) Leipzig 1901

— Unfallversicherungsgesetz f. Land- u. Forstwirtschaft, s. Handbibliothek, Leipziger jurist.

Illing, C. C., s. Illing, Karl Christian

Illing, C. E., s. Illing, Karl Emil

Illing, Carl, s. Illing, Karl

Illing, Carl Christian, s. Illing, Karl Christian

Illing, Carl Emil, s. Illing, Karl Emil

Illing, Chr. Lpld. Josua, († d. 15. April 1800.) s. Gesangbuch, Hildesheimer.

Illing, Chr. Rud., umständl. Beschreib. der 300jähr. Säcularfeier d. Universität Wittenberg ꝛc., in Briefen an e. Freund. 8. Wittenb. 803. Zimmermann. 16 gr.

Illing, Chr. Rud., die Vortheile des Krieges. Bruchstücke aus einem satyr.-komischen Roman. 8. Leipz. 807.

— s. Graf Benoni.

— **Daniel** (Pratovallens. Misn. [= Wiesenthal]), De coronis earumque inprimis in sacrificiis usu, ad illustrandum locum Act. XIV. v. 13. Diss. acad. Präs. D. Johann Schmid. Lpz. (Christoph Fleischer) 24. XII. 1701. 20 S. (6.—) 16855

Illing, Ernst *Heinrich* [aus Altenburg]: Über die Sprache der altfranzösischen Handschrift Franç[!] 1070 der Nationalbibliothek zu Paris ... Halle a. S., Hofbuchdr. v. C. A. Kaemmerer & C., 1895; 1 Bl., 5—34 S., 1 Bl. 8.
Halle, Phil. Fak., Inaug.-Diss. v. [16. Juli] 1895

Illing, F.

(Illing.) Geschichte des königl. bayer. Infanterie-Leib-Regiments von seiner Errichtung bis zur Rückkehr aus dem Feldzuge 1870—1871. Auf Befehl bearbeitet für den Unterofficier und Soldaten von einem Lieut. des Reg. kl. 8. München 1881.

Illing, Geschichte des königl. bayerischen Infanterie-Leib-Regiments. Bearb. zu Unterrichtszwecken. 2., durchgesch. Aufl. 8. (IV, 206 S. m. Abbildgn. u. Skizzen.) Berlin 890. Mittler & Sohn. n. 1. 20

Illing, Geschichte d. königl. bayerischen Infanterie-Leib-Regiments von der Errichtung bis zum 1. Oktbr. 1891. Lex.-8. (XXIV, 654 S. m. Bildnissen, Abbildgn., Karten u. Plänen.) Berlin 892. E. S. Mittler & Sohn. n. 12.—; geb. in Leinw. n.n. 14.—

—— Offizier-Stammliste d. königl. bayer. Infanterie-Leib-Regiments. 1814 bis 1891. Lex.-8. (XI, 169 S.) Ebd. 892. * 6 —; geb. ** 7 50

Illing, Ferd., Ad. Tilkowsky, F. Schauta, Ludw. Unger, v. Reuss u. Urbantschitsch, die Anstalten f. Kranke, Irre, Gebärende, Findlinge, Ammen, Blinde u. Taubstumme in Oesterreich, s.a. Verwaltung, sociale, in Oesterreich. II. 3.

Illing, Ferd., Ad. Tilkowsky, F. Schauta, Ludw. Unger, v. Reuss u. Urbantschitsch, Die Anstalten für Kranke, Irre, Gebärende, Findlinge, Ammen, Blinde u. Taubstumme in Oesterreich. (56 S.) Wien 1900. F. Deuticke.

Illing, Georg, aus Radebeul bei Dresden, Assistent am physiolog. und histolog. Institut der tierärztl. Hochschule zu Dresden: Vergleichende makroskopische und mikroskopische Untersuchungen über die submaxillaren Speicheldrüsen der Haussäugetiere. (Mit 14 Abbildungen auf 4 Tafeln.) Wiesbaden 1904. 144 S. 8°. [14. X. 04.]
Zürich. Phil. Diss. II. S. 1904/1905.

Illing, Georg. Vergleichende makroskopische und mikroskopische Untersuchungen über die submaxillaren Speicheldrüsen der Haussäugetiere. Diss. Phil. [II.] Univ. Zürich. Mit 14 Abbildungen auf 4 Tafeln. 144 S. 8. Wiesbaden, J. F. Bergmann, 1904.

Illing, Frau Julia, s.: Avérina, J. v.

Illing, Julius

Illing (II.), Handbuch für preußische Verwaltungs-Beamte, Geschäftsmänner und Kreis- oder Gemeinde-Vertreter. 2., durchaus neu umgearb. Aufl. 2 Bde. in 8 Lfgn. gr. 8. (VIII, 723; IV, 645 S.) Düsseldorf 869,70, de Haen. à Lfg. *M* 1,50.

—— dass. — Nachtrag, enth. die Gesetzgebung ꝛc. seit 1870. gr. 8. (IV, 231; III, 158 S.) Ebendas. 874.

Illing, Handbuch für preußische Verwaltungs-Beamte, Geschäftsmänner, Kreis- u. Gemeindevertreter u. Schöffen. 3., umgearb. Aufl. 2 Bde. gr. 8. (XX, 860 u. V, 938 S.) Berlin 882. Haack. n. 22. 50

Illing, Handbuch für preußische Verwaltungs-Beamte, Geschäftsmänner, Kreis- und Gemeindevertreter und Schöffen. 4. verm. und umgearb. Aufl. 4 Abthlgn. oder 2 Bde. gr. 8. (VIII, 1004; VI, 1081 S.) Ebendas. 886. * *M* 25.—; geb. *

Illing, Handbuch f. preußische Verwaltungs-Beamte, Geschäftsmänner, Kreis- u. Gemeindevertreter u. Schöffen. 5., neu bearb. Aufl. gr. 8. (1. u. 2. Abth. 1040 S.) Berlin 890. Haack. n. 26. —

— Handbuch f. preußische Verwaltungs-Beamte, Geschäftsmänner, Kreis- u. Gemeindevertreter u. Schöffen. 6. bis auf die Gegenwart fortgeführte Aufl. 2 Bde. gr. 8. (X, 1128 u. III, 1136 S.) Ebd. 892. n. 26. —; geb. in Halbfrz. n. 30. —

— dasselbe. 6. bis auf die Gegenwart fortgeführte, umgearb. u. verb. Aufl., bearb. v. Geo. Kautz. 4 Abthlgn. od. 2 Bde. gr. 8. (1. Abth. 1. Bd. S. 1–624.) Ebd. 894. n. 30. —; geb. n. 34. —

Illing, Handbuch f. preuß. Verwaltungsbeamte, im Dienste d. Staates, d. Kommunalverbände, d. Korporationen u. f. Geschäftsleute. 7., bis auf d. Gegenwart fortgef., umgearb. u. verb. Aufl., bearb. v. Geo. Kautz. 2 Bde. gr. 8. (XVI, 1542 u. V, 1639 S.) Berlin 898. A. Haack. n. 34. —; geb. in Halbfrz. n. 38. 50

Illing, Handbuch für preußische Verwaltungsbeamte, im Dienste des Staates, der Kommunalverbände, der Korporationen u. f. Geschäftsleute, begründet v. J., fortgeführt v. Geo. Kautz. 8. Aufl. 3 Bde. gr. 8. Berlin, A. Haack. n. 70. —; geb. in Halbfrz. n. 77. 50

1. (XIII, 1286 S.) 903. n. 18. —; geb. n. 20. 50
2. (XVII, 1521 S.) 903. n. 22. —; geb. n. 24. 50
3. (XX, 2022 S.) 904. n. 30. —; geb. n. 32. 50

— dasselbe. 9. Aufl. 1. u. 2. Bd. (XXVIII, 1588 u. VIII, 1432 S.) gr. 8. Ebd. 905. 906. à n. 27. —; geb. in Halbfrz. à n. 29. 50

Illing, Handbuch f. preuß. Verwaltungsbeamte im Dienste des Staates, der Kommunalverbände, d. Korporationen u. f. Geschäftsleute, begründet v. J., fortgeführt v. Geo. Kautz. 9. Aufl. 3. u. 4. (Schluß-)Bd. gr. 8. Berlin, A. Haack. 32.—; geb. in Halbfrz. 37. —

3. (X, 1680 S.) 907. 27.—; geb. 29. 50
4. (III, 374 S.) 908. 5.—; geb. n 7. 50
Bd. 1 u. 2. Ebd. 905. 06. 54.—; geb. 59. —

Illing, Handbuch für Rhein-Preußische Verwaltungs-Beamte, Geschäftsmänner und Kreis- oder Gemeinde-Vertreter. 2 Bde. Düsseldorf 862. (de Haen.) gr. 8. (XVIII, 1108 S.) n. 3 ₰ 15 ngr.

— die Kreis-Ordnung f. die Provinzen Ost- u. Westpreußen, Brandenburg, Pommern, Schlesien u. Sachsen von 1872/81, nebst Gesetz, betr. die Erhebg. der auf das Einkommen gelegten direkten Kommunalabgaben vom 27. Juli 1885, m. Erläutergn. u. Anmerkgn. versehen. [Aus: „Handbuch f. preuß. Verwaltungsbeamte".] gr. 8. (94 S.) Ebd. 887. cart. n. 1. —

— die Kreis-Ordnung für die Provinzen Ost- und Westpreußen, Brandenburg, Pommern, Schlesien und Sachsen von 1872/81, nebst Gesetz, betr. die Erhebung der auf das Einkommen gelegten direkten Kommunalabgaben vom 27. Juli 1885, mit Erläuterungen und Anmerkungen versehen. gr. 8. (94 S.) Ebendas. 887. cart. *

— die Reichs-Gewerbeordnung einschließl. d. auf d. preuß. Gewerbewesen bezügl. Gesetze. 4. Aufl., bearb. v. Geo. Kautz. gr. 8. (VI, 629 S.) Ebd. 896. Geb. in Leinw. n. 4. —

Illing, K. R., s. Illing, Chr. Rud.

Illing, Karl

Illing, Carl, der Schulmann auf dem Pegasus. Heitere und ernste Reime für die Schülerwelt. 16. (52 S.) Regensburg 888, (Wunderling.) cart. *

Illing, Karl Christian

Illing, Karl Chr., († d. 8. März 1814.) Agio u. Verlustberechnung auf Dukaten, Louisd'or ꝛc., nach d. Procenten ꝛc. 8. Dresden u. Pirna (805). Friese. 3 gr.

— arithmet. Handbuch für Lehrer in Schulen. 2 Thle. 8. Leipz. 794, 95. Hilscher. 1 ₰ 8 gr. (2r Thl. Auch u. d. T.: Rechenbuch für Lehrer in Schulen.) Ebd. (Central-Cpt.) 18 gr.

— arithmet. Handbuch f. Schullehr. 2 Thl. 8. Lpz. Hilscher (a. Meyer.) 794–95. (à 16 gr.)

— — dass. 8. Lpz. Compt. f. Lit. 794.

— Handlungsakademie, als Handbuch in jeder Handlung zu gebrauchen. 2 Thle. 8. Leipz. 797, 98. 1r Thl., 2e Aufl. 801. Gr. Fleischer. 2 ₰

Illing, C. C.: „Handlungsakademie, als Handbuch in jeder Art Handlung zu gebrauchen", 2 Teile, Leipzig 1801 (Rücker).

Illing, C. C.: „Der unterrichtete und belehrende Kaufmann", 3 Teile, Dresden 1792 (Hilscher).

— der unterricht. u. belehrende Kaufmann. 3 Thle. 8. Dresden 793. Hilscher. 16 gr.

(Illing, Carl Christian): „Der Kaufmann als Waarenkenner, oder der wohleingerichtete Waarenspeicher . . . .", 2 Teile in einem Bde., Dresden 1800. — Vorh.: Com. Bibl. Hamburg und Büch. der Industrie- u. Handelskammer Leipzig.

— d. Kaufmann als Waarenkenner. gr. 8. Lpz. Compt. f. Lit. (a. G. Fleischer.) 800.

— der Kaufmann in seinem Wirkungskreise; ein Handbuch für Herren, Diener, Lehrlinge. 7 Thle. 8. Pirna 804—11. Friese. (1r Thl., enth. d. Banquier ꝛc. 804. 16 gr. 2r Thl., d. Commissionair u. Spediteur ꝛc. 804. 14 gr. 3r Thl., d. Fabrikant ꝛc. 804. 14 gr. 4r Thl., der Meß- u. Marktfierant ꝛc. 808. 18 gr. 5r Thl., d. Materialist ꝛc. 809. 16 gr. 6r Thl., d. Reisediener ꝛc. 811. 12 gr. 7r Thl., das Verhalten eines Lehrlings, Dieners u. Principals ꝛc. 811. 10 gr.) 4 ₰ 4 gr.

— Comtoirnachrichten f. Kaufleute. 8. Lpz. G. Fleischer. 798.

Illing, Carl Christian: „Comtoir-Nachrichten für Kaufleute, enthaltend eine Erklärung der Münzen und des Wechsel-Courses der vornehmsten Handels-Orte, nach deren habenden beständigen und variirenden Valuten . . . .", Dresden 1799. — Vorh.: Bücherei der Industrie- und Handelskammer Leipzig.

Illing, C. C.: „Comtoirnachrichten für Kaufleute", Leipzig 1799 (G. Fleischer).

— Lehre v. Wechselgeschäfte, od. Handbuch e. Banquiers u. Kaufmanns. 8. Dresd. 791. 2e Aufl. 792. Hilscher. 16 gr.

— Rechenbuch f. Schullehr. ist dess. arithmet. Handbuch für Schull. 2r.

— Rechnungsspecimina in alle Rechnungsfächer einschlagend. 2 Thle. 8. Görlitz 801. (Schöps in Zittau). 12 gr.

— Universalregeln zu Wechsel- u. Waarenberechnungen. 8. Dresden 807.

1791. *C. C. Illing's* kurzer, jedoch gründlicher und fasslicher Unterricht in der Kettenrechnung, in ökonomischen, kaufmännischen und Wechselrechnungen, vorgetragen von *K. Ch. Illing.* Friedrichsstadt-Dresden, gedruckt bey Gerlach. 218 S. 8.

— kurzer Unterricht in der Kettenrechnung. 8. Dresd. 791. Hilscher. 14 gr

— Unterricht v. den arithmet. Vortheilen u. Anweis. zu den Rechnungen mit Proportionalzahlen. 1r Thl. 8. Dresd. 788. Mit neuem Titelbl. u. 2r Thl. 8. Leipz. 790, 91. Hilscher in Dresd. 1 rth 8 gr

— arithmet. Vademecum. 8. Leipz. 793. Compt. f. Litt. 12 gr

Illing, Carl Christian: „Kaufmännische Waaren-Berechnungen, enthaltend: Holländische, Englische, Französische .... Einkauf-Rechnungen ...„ nebst einer gründlichen Anweisung zu deren Berechnung ....", Leipzig 1795. — 3. Auflage, Leipzig 1800, vorhanden: Bücherei der Ind.- und Handelskammer Leipzig.

— kaufmänn. Waarenberechnungen. 4. Leipz. ... 2e Aufl. 798. 3e Aufl. 800. Gr. Fleischer. 1 rth 8 gr

— erneuertes Wechselgeschäft, enth. die Entstehung u. Beschreib. der Wechselbriefe, d. Wechselnegozes, d. Banken rc. 8. Leipz. 803. Compt. f. Litt. 16 gr

Illing, Karl Emil

Illing, Carl Emil (Pegau), De antidosi. Diss. philos. Leipzig. Berlin (Berl. Buchdr., A.-G., Setzerinnenschule d. Lette-Vereins [Carl Janke]) 1884. 38 S. mit Biogr. (M.: Ch. Gaumnitz.) (5.—) 16854

De antidosi. Scripsit Carolus Aemilius **Illing**. (Berlin: S. Calvary & Co. 1885.) (S. 269–307.) 8°
— **Studien**, Berliner, f. classische Philologie u. Archaeologie. Bd 2, [3.]

Illing, Karl Emil, Dr.: Der **Periplus** des Hanno. *Dresden 1899: Ramming.* (S. 3–49.) 4° [F.]
Dresden, Wettiner G, OP 1899 (566)

Illing, die deutsche Gewerbe-Ordnung und die Gesetze, betreffend die Handelskammern, die Beförderung von Auswanderern, das Versicherungswesen, das Pfandleihgewerbe, die Maß- und Gewichts-Ordnung, die Eichungsbehörden, den Marktverkehr, die öffentl. Schlachthäuser, den Verkehr mit Nahrungsmitteln, die Dampfkessel, die Urheberrechte und den Markenschutz, das Patentgesetz, das Haftpflicht- und das Arbeiter-Krankenversicherungsgesetz. gr. 8. (VI, 226 S.) Berlin 884, Haack. *

Illing, die deutsche Gewerbe-Ordnung und die Gesetze betr. die Dampfkessel, die Handelskammern, die Auswanderer, das Versicherungswesen, das Pfandleihgewerbe, Maß und Gewichte, die Eichungsbehörden, den Marktverkehr, die öffentl. Schlachthäuser, die Nahrungsmittel, Verkehr mit explosiven Stoffen, Feingehalt der Gold- und Silberwaaren, das Patentwesen, die Urheberrechte, den Markenschutz, die Arbeiterkrankenversicherung, die Haftpflicht der Eisenbahnen rc., die Unfallversicherung. 2. Aufl. gr. 8. (IV, 297 S.) Berlin 886, Haack. cart. * 2 40

Illing (I.). Die deutsche Gewerbe-Ordnung u. die auf dieselbe bezügl. preußischen Gesetze. 3. umgeänd. Aufl. gr. 8. (418 S.) Berl. 891, Haack. geb. in Leinw. * 2 —

Illing, L., gründl. Anleitung z. Anfertigung u. Revision aller Gemeinde u. Stiftungsrechnn. Ein unentbehrl. Handb. f. alle Land-, Herrschafts- u. Patrimonialgerichte rc. im Königr. Bayern. gr. 4. (10¼ B.) Nördlingen 840, Beck'sche Buchh.

Illing, L., gründliche Anleitung z. Anfertigung u. Revision aller Gemeinde- u. Stiftungs-Rechnungen. Ein unentbehrl. Handb. f. alle Land-Herrschafts- u. Patrimonialgerichte rc. im Königr. Bayern. 2. verb. Aufl. gr. 8. (5¾ B.) Nördlingen 846, Beck'sche Buchh. Thlr.

Illing, Lorenz

Illing, Lor., der Kindergarten als ethische Erziehungs- und Bildungsanstalt beleuchtet. gr. 8. (80 S.) München 878, Franz'sche Buchh.

Illing, L., Nothwendigkeit u. Zweckmäßigkeit der Umwandlung der Kleinkinder-Bewahr-Anstalten in Volkskindergärten. Ein zeitgemäßes Wort an die Vorstände derselben. gr. 8. (12 S.) München 872. Gradinger. — 25

— die organische Verbindung d. Kindergartens m. der Schule. gr. 8. (35 S.) München 875. Th. Ackermann. n. — 60

— Volkskindergarten od. Bewahranstalt? gr. 8. (34 S.) Ebend. 876. n. — 60

Illing, Lorenz, Wesen und Wert der Schulwerkstätten. Ein Beitrag zur Hebung des bayer. Gewerbes in Stadt und Land. gr. 8. (34 S.) München 880, Franz'sche Buchh.

Illing, Ludwig, approb. Arzt aus Baudenbach: Über **Dystrophia** musculorum progressiva. *München 1902: C. Wolf & Sohn.* (28 S.) 8°
München, Med. Diss. v. 1902

Illing, Osk., Rosen u. Dornen. Gedichte. (VII, 221 S.) 8. Leipzig 907. (Ellenville, German Authors Agency.) Geb. in Leinw. 4. —

Illing, Paul: Aus d. Physiol. u. Histol. Inst. d. Tierärztl. Hochsch. zu Dresden. Vergleichende anatomische und histologische Untersuchungen über die Epiphysis cerebri einiger Säuger. Mit 16 Abb. Dresden 1910: Franke. 71 S. 8°
Leipzig, Veterinär-Med. Diss. v. 21. Febr. 1910, Ref. Ellenberger
[Geb. 26. März 85 Oberlößnitz; Wohnort: Dresden; Staatsangeh.: Sachsen; Vorbildung: Kgl. Gymn. Dresden-N. Reife O. 05; Studium: Dresden Tierärztl. Hochsch. 7 S.; Coll. 5. März 10: Approb. 16. Juni 09.] [U 10. 2991

Illing Dr. Wilhelm: Mähren und seine Bevölkerung. 21. Zwittau R. 05. **Progr.**

Illing, Wilhelm: Der Regierungsantritt Ferdinands I. in den niederösterreichischen Erblanden. S. 3–32. 8.
Progr. K. k. Staatsgymn. *Floridsdorf* 1903.

Illing Wilhelm: Der Regierungsantritt Ferdinand I. in den niederösterreichischen Erblanden.
H. 1903 PN 1596 Diss. Wien, Univ. 863

Illingen [Schlagwort]

Illingen, s.: Preussen. Messtischblätter.

Illini, G. R., De cardialgia s. doloro ventriculi. 25 pp. Wircob. 4°. 1750

Illinios [Schlagwort]

Illinois. s.: Eisenbahnkarten.

Illinois Adler und Demokratischer Whig: May 21—Oct. 1 1844.
Weekly. Campaign paper. Title varies: ADLER DES WESTENS. Edited by J. A. Arenz, & published by J. F. Ruhe, jr.; Salomon Köpfli also given as editor. Motto: „Wo Freiheit thront, da ist mein Vaterland."
Springfield, IL

Illinois Banner: Feb. 18, 1852—1859.

Weekly, then tri-weekly, then daily. Democratic. Suspended for a time in 1859, but resumed publication briefly. Continued as Täglicher Peoria Deutsche Zeitung. Edited & published by J. Wolf & Alois Zotz, Feb.—May 1852; by Alois Zotz, June 1852—Jan. 14, 1858; by Eduard Rummel & Kappis, Jan. 14, 1858—1859; by William Geilhausen, 1859; *Brandel* gives Eduard Fresenius, also, as an editor.

Peoria, IL

Illinois Beobachter: Mar. 21, 1844—1845?

Independent weekly, with some Democratic leanings; for Van Buren & Polk. Continued as Illinois Beobachter (Quincy, Ill.). Edited & published by Theodor Engelmann, 1844; by Bartholomäus Hauck, 1845?—1846. 1845 published in Quincy.

Belleville, IL

Illinois Beobachter: 1855—1866.

Weekly. Democratic under editorship of John Reis; Republican under V. Walter. Edited & published by Johns Reis, 1855—63; by V. Walter, 1863—64; by G. H. Weigler, 1864—66.

Alton, IL

Illinois Beobachter: 1883?—1885?

Weekly. Merged with Das Volksblatt. Edited & published by Schmidt & Reuter, 1883—84; by Fritz Reuter, 1885.

Streator, IL

Illinois Courier: 1851—? **Quincy, IL**

Illinois Courier: 1853—1861?

Weekly, then daily. Whig. Continued from Quincy Wochenblatt. Edited & published by Georg Linz.

Quincy, IL

Die Illinois Freie Presse: 1872?—1890?

Weekly, 1872—83; tri-weekly, 1883; semi-weekly, 1884—85; weekly, 1886—90. Republican, 1872—75; Independent, 1876—79; Independent Democratic, 1880; Democratic, 1881—90. Circulation: 1880, 1300; 1890, 1100. Edited & published by Eduard Rummel, Jan.?—Apr. 1872; by Emil Hotze & Friedrich Gehring, May 1872—73; by Friedrich Gehring, 1873—86; by Charles J. Brenner [Bremer?] & Kleinworth, 1886—87; by Charles J. Brenner & Co. [Illinois Freie Presse Co.], 1888—90.

Springfield, IL

Das Illinois Journal: June—Oct. 1877.

Independent weekly. Merged with Logan County Volksblatt. Edited & published by C. F. L. Rautenberg.

Lincoln, IL

Illinois Republikaner: July 20, 1872—1873?

Daily, except Sunday. Republican. Merged with Belleviller Zeitung. Circulation, 1873, 300 (est.). Edited by Heinrich Huhn, July 20, 1872—Jan. 14, 1873; by C. Neubert, Jan. 15, 1873—?; published by Union News & Job Printing Co., 1872—73.

Belleville, IL

Illinois Staats-Anzeiger: June 1859—Dec.? 1860. **Springfield, IL**

Republican weekly. Edited & published by Theodore Canisius;

Illinois Staats-Demokrat: 1865?—1872.

Democratic weekly. Circulation: 1870, 600 (est.). Edited & published by Christian Lohmann.

Springfield, IL

Illinois Staats-Herold: 1906—1936?

Independent weekly. Title varies: Chicagoer Herold, 1929—30. Dated also at Winona, Minn. Circulation: 1930, 22,903; 1935, 8510. Edited by H. F. Fritsch, 1930; by Julius Klein, 1931—33; by Ernest L. Klein, 1934—36; published by Chicagoer Herold Publishing Co., 1930; by Illinois Staats-Herold, Publishing Co., 1931—33; by National Weeklies, Inc., Winona, Minn., 1934—36. United with *Ill. Staatszeitung*, united with *Ill. Herold*.

Chicago, IL

Illinois Staats-Herold Almanach: no. 1, 1893. **Chicago, IL**

Illinois Staats-Zeitung: Apr. 1848—July 11, 1922.

Weekly, 1848—49; semi-weekly, 1850; tri-weekly, 1850—51; daily, morning except Sunday, Aug. 25, 1851—1922? Date of establishment cannot be ascertained because none of early issues exist: *Townsend* points out that considerable conflict exists among authorities, even in the special editions of the paper; he notes: Körner says it was etablished 1847; but, Scott and the special editions of 1873 and 1898 give 1848 [the 1898 issue gives Apr. 1848] and that date has been accepted. In the same way, the political character of the paper during its long life has varied; only briefest comment is here made: originally Democratic [*Park* says Socialistic], during most of is life the paper was Republican; strongly anti-slavery even before 1850; firmly pro-Union during the War, at first critical of Lincoln, later more friendly to him; opposed to Johnson; opposed to Liberal Republican movement; in local affairs, often Democratic, and always anti-temperance; favorable to the following in national campaigns: Lincoln in 1860 and 1864; Grant, 1868 and 1872; independent between Hayes & Tilden; for Garfield, 1880; for Cleveland, 1884; independent between Cleveland and Harrison, 1888; for Cleveland, 1892; for McKinley, 1896. Rather strongly pro-German before and during World War I, and severely critical of Wilson's policies; had lost interest in politics, and become nationalistic; incurred disfavor of Administration, and resulting unpopularity brought about business difficulties and final suspension."

Title varies: Illinois Staats-Zeitung, 1848—Aug. 1851; Täglicher Illinois Staats-Zeitung, Aug. 25, 1851—Apr. 12, 1862; Illinois Staats-Zeitung. Tägliche Ausgabe, Apr. 13, 1862—1922? Absorbed Die Freie Presse. Merged with Deutsch-Amerikanische Bürger-Zeitung. For evening edition, see Illinois Staats-Zeitung. Abendblatt. For weekly edition, see Wöchentliche Illinois Staats-Zeitung. For Sunday editions; see: Chicago Sonntags-Zeitung; Der Westen; Westen und Daheim. For supplement, see Illinois Staats-Zeitung: Landwirt.

Circulation: 1870, 12,000 (est.); 1880, 8400; 1890, 23,720; 1900, 23,900; 1910, 32,500; 1918, 40,000.

Published by Robert Bernhard Höffgen, 1848—?; by Anton Caspar Hesing, 1867—Feb.? 1895; by Washington Hesing, Mar. 1895—Dec. 1897; by Illinois Staats-Zeitung Publishing Co. (Richard Michaelis & H. L. Brandt); by Illinois Publishing Co., 1904—22. Editors [given with dates as far as has been determined]: Robert Bernhard Höffgen, 1848; Karl Helmuth, 1849—49; Arno Voss, 1849—?; Hermann Kriege, 1849—50 [few months]; Karl Helmuth, 1850; Georg Schneider, 1850—52; Georg Schneider & Georg Hillgärtner, 1852—54; Georg Schneider & Eduard Schläger, 1854—62; Lorenz Brentano & Wilhelm Rapp, 1862—67; Hermann Raster & Wilhelm Rapp, July 1867—1881; Karl F. Pietsch, 1867—?; Heinrich Binder; Albert Schädlich; Paul Wolff, Sept. 1891—?; Wilhelm Wyl [Ritter von Wymetal]; Arthur Lorenz & Carl Bruell; Michael Singer; Daniel Hertle. Associate editors: Eduard Remack [editor of Sunday edition]; Heinrich Mannhardt, 1874—81; Eduard Hubert Makk; Franz Goetz, 1872—? [editor of Abendblatt]. John Hansen; Andreas Simon, Feb. 1894—?; Caspar Butz [editor of Sunday edition]; Julius Leopold & Wilibald Winckler, 1868 [editor of Sunday edition]; Albert Pulitzer.

Chicago, IL

Illinois Staats-Zeitung: Abendblatt: 1891—July 27, 1899.

Evening edition, except Sunday, of Illinois Staats-Zeitung: For weekly edition of this paper, see Wöchentliches Abendblatt der Illinois Staats-Zeitung. Title varies: Abendblatt der Illinois Staats-Zeitung, Oct. 24, 1894—July 27, 1899. Circulation: 1895, 15,000.

Chicago, IL

Illinois Staats-Zeitung: Landwirt: 1908—? **Chicago, IL**

Agricultural weekly supplement to Illinois Staats-Zeitung.

Illinois-Staats-Zeitung zum 50jährigen Jubilaeum 1848—1898. Chicago, April 1898. Fol.

Wöchentliche Illinois Staats-Zeitung: 1848—1922?

Weekly edition of Illinois Staats-Zeitung. Title varies: Illinois Staats-Zeitung: Wöchentliche Ausgabe, with variant running-title. See also Chicago Deutsche Zeitung. Circulation: 1870, 15,000 (est.); 1880, 12,000; 1890, 34,600; 1900, 38,000; 1915, 15,000.

Chicago, IL

Illinois Volksblatt: 1871—1872.

Weekly. Circulation: 1872, 500 (est.). Edited & published by Bernhardt & Heinrich Krumme, 1871; by T. F. Bernhardt, 1872.

Decatur, IL

Illinois Volksblatt: Aug. 1876—1929?

Republican weekly. Circulation: 1880, 975; 1890, 999; 1900, 1100; 1910, 1200; 1920, *1175*. Edited by Dr. H. D. Schmidt, 1876—86; by Hermann Ricken, 1887—95; published by Emil Schmidt & Co., 1876—81; by Hartman & Schmidt, 1881—86; by Emil Schmidt & Son, 1887—91; by Matlack & Schmidt, 1892—95; edited & published by Schmidt & Watts, 1896—99; edited by F. C. Krimsiek, 1900—29; published by Schmidt & Watts, 1900—09; by H. J. Schmidt, 1910—23; by H. J. & C. C. Schmidt, 1924—29.

Nashville, IL

Illinois Volksblatt: 1877?

Independent weekly. Title varies: La Salle County Volksblatt. Edited & published by F. W. Arste.

La Salle, IL

Illinois Volks-Zeitung: 1870—1872?

Independent daily, morning except Sunday. For weekly edition, see Wöchentliche Illinois Volks-Zeitung. Circulation: 1870, 4000 (est.). Edited & published by German Printing & Publishing Co.

Chicago, IL

Illinois Volkszeitung: 1909?—1911. **Sterling, IL**

Republican weekly. Edited & published by Carl B. Foelsch.

Wöchentliche Illinois Volks-Zeitung: 1870?—1872? **Chicago, IL**

Weekly edition of Illinois Volks-Zeitung. Circulation: 1870, 2000.

Illinois Wochenblatt: Nov. 1878—Oct. 14, 1921.

Weekly. Republican, 1878—87; Independent, 1888—89; Democratic, 1890—1919; Independent, 1920—21. Sub-title: Consolidation of Staats-Wochenblatt (Springfield), Elgin Herold (Elgin, Ill.), Zeitung (Decatur), Volksblatt-Rundschau (Lincoln, Ill.), Oct. 15, 1920—1921. Dated also at Winona, Minn., Oct. 15, 1920—Oct. 14, 1921. Absorbed Elgin Herold (Elgin, Ill.), and assumed its numbering. Title varies: Staats-Wochenblatt, 1878—Oct. 8, 1920. Circulation: 1880, 1200; 1890, 3200; 1900, 4800; 1913, 2500; 1921, 5200. Edited & published by Henry Schlange, 1878—81; by Adolph Wulff, 1882—85, by Henry Schlange, 1885—1900; by B. F. Sexauer & Patzke, 1901; by B. F. Sexauer, 1902—20; edited by B. F. Sexauer, & published by Westlicher Herold Publishing Co., Winona, Minn., Oct. 15, 1920—Oct. 14, 1921.

Springfield, IL

Illinois Wochenblatt: 1891—1921. **Elgin, IL**

(1891—1920: Elgin Herold).

Illinois Zeitung: 1870?—1872? **Springfield, IL**

Republican weekly. Edited & published by Christian Lohmann.

Illmann, August, approb. Arzt aus Neu-Driebitz: **Aus d. chirurg. Klinik zu Kiel. Zur Casuistik der Myositis ossificans.** *Kiel 1901: H. Fiencke.* (26 S.) 8°
Kiel, Med. Diss. v. [25. Aug.] 1901

Illmann, F., 42 fromme Lieder zum Gebrauche bei Wallfahrten, nebst den dazu gehör. Gebeten. Aus verschied. alten und neuen aprob. Gesangbüchern gesammelt. 8. (60 S.) Frauenstadt 867, Neustadt.

Illmann, Ph., de Tibulli codicis Ambrosiani auctoritate. Diss. inaug. gr. 8. (85 S.) Halis Sax. 886. (Berlin, Mayer & Müller.) n. 1. 50

Illmann, [Philipp]: Die Philosophie des Protagoras nach der Darstellung Platos. T. 1. Erkenntnistheorie. Friedland i. Meckl. 1908: Walther. 17 S. 4°
Friedland i. M., G P 1908 (867) [S 08. 213

Illmann, Philippus [Vratislaviensis]: De Tibulli codicis Ambrosiani auctoritate .... Halis Saxonum, Oderbergae Marchorum typ. Feistelianis (1886); 65 + 1 S. 8°.
Halle, Phil. Fak., Inaug.-Diss. v. [15. März] 1887.

Illmann, Philippus, de Tibulli codicis Ambrosiani auctoritate. Diss. Halle 1886, Lippertsche Buchh. 8°. 65 S.

Illmann, Wilhelm. (Guilielmus Illmannus.) Dissertatio historia de torne amentis inprimis germanicis. [Resp.] Christianus Gottofr. Schmidius. Leipzig, Phil. F., Diss. 1724

Illmensee, Joh. Michael

— Beiträge zur Homiletik. 1r Bd. 1s u. 2s Heft. gr. 8. Rotw. 826—27, Herder. à 18 gr.

Illmensee, J. M., Beiträge z. Homiletik. 2—5. Bd. à 2 Hfte. gr. 8. Rotweil, Herder. [2. (23 B.) 828. à H. 18 Gr., 3. (22 B.) 829., 4. ($22\frac{1}{2}$ B.) 830., 5. (23 B.) 831. à H. 12 Gr.]

Illmensee, Joh. Mich. v., Beiträge zur Homiletik. 6. Bd. 1. u. 2. Hft. — A. u. d. T.: Neue Beiträge rc. 1. u. 2. Hft. gr. 8. (20 B.) Sigmaringen 838, Beck u. Fränkel.

— s. J. B. Bossuet, Bergpredigt.

—— fünfzig kurze Grabreden sammt drei Trauerreden f. junge Geistliche, welche auch zu Predigten u. Betrachtn. vom guten Tode können benützt werden. 2., verm. Aufl. 8. ($12\frac{1}{4}$ B.) Augsburg 838, Rieger'sche Buchh.

—— kurze Grabreden f. junge Geistliche. 1. Bdchn. 4. Aufl. u. 6. Bdchn. gr. 8. (15 B.) Rotweil 836, 35, [Setzer.]
2—5. Bdchn. Ebendas. 1828—33. à 18 Gr. — 6 Bde. zus. genomm. hrbgs. Pr. 2 Thlr. 12 Gr.

Illmensee, Jh. Mich., 40 kurze Grabreden f. junge Geistliche rc. 8. Augsb. 805. Rieger. 8 K (Gräffer u. S. in Wien). 6 K

Illmensee, (J. M.) 40 kurze Grabreden f. junge Geistliche, welche auch zu Predigten u. Betrachtt. vom guten Tode können benützet werden. 1s u 2s Bdchen. 2e Aufl. u. 3s Bdchen. 8. Rotweil 823 u. 24, Herder.

—— 40 kurze Grabreden f. junge Geistliche, welche auch zu Predigten u. Betrachtungen v. guten Tode können benützet werden. 5 Bdchn. gr. 8. Rotweil, Herder. [1. 2. ($15\frac{1}{4}$ B.) 3. Aufl. 828., 3. (8 B.) 2. A. 830., 4. ($8\frac{1}{2}$ B.) 2. A. 833., 5. (9 B.) 828. à 18 Gr.] Zusammen genomm.

Illmensee, J. M., vierzig neue kurze Grabreden f. junge Geistliche, welche auch z. Predigten u. Betrachtungen vom guten Todte können benutzt werden. 8. Freyb. Herder. 812.

— vierzig neue kurze Grabreden f. junge Geistliche, welche auch zu Predigten u. Betrachtungen vom guten Tode können benutzt werden. 8. Rotw. 812. Herder. 6 K N. Aufl. 5 Bdchn. Ebd. 823—28. 4 fl Einzeln à Bdchn. 18 K

— Jesus am Oelberge, in 6 Fastenpredigten. 8. Augsb. 819. Wolf. 10 K

— s. Knappich, [illegible]

— Predigten auf das Advent u. die vier höchsten Feste. 2 Bde. 8. Augsb. 815. Rieger. 20 K

—— Predigten nach d. Bedürfniß d. Zeitgeistes f. die Geburts- u. Namensfeste gekrönt. Häupter gehalten. (1. Thl.) — A. u. d. T.: Predigten, an d. höchsten Geburtsfesten Sr. Maj. d. Königs gehalten. gr. 8. ($8\frac{1}{2}$ B.) Tübingen 837, Laupp'sche Bh.

Illmensee, Joh. Mich. v., Predigten auf die Feste Mariens der seligsten Jungfrau. 8. (15 B.) Augsburg 842, Rieger'sche Bh.

— Reden an Kinder. Bregenz, Brentano.

— 6 Schulpredigten. 8. Augsb. 804. J. Wolf. 8 K

Illner, Richard [Cand. med. aus Breslau]: Ueber die Anwendung des Exalgins bei Kreissenden ... München, Buchdr. v. M. Ernst, 1891; 46 S., 1 Bl. 8.
München, Med. Fak., Inaug.-Diss. v. [22. Juli] 1892

Illner, R., die Frauenmilch etc., s.: Baumm, Paul.

Illness, the, of the Emperor Frederick the Third. An authentic record, derived from official sources, and founded upon the reports deposited in the archives of the Royal House of Prussia, and made by Bardeleben, v. Bergmann, Bramann, Gerhardt, Kussmaul, Landgraf, Mor. Schmidt, Schrötter, Tobold and Waldeyer. gr. 8. (95 S.) Berlin 888. v. Decker. n. 1. 50
Deutsche Ausg., s. Krankheit, die, Kaiser Friedrich des Dritten.

Illo aus 'm Bunzl (A. Donath), s.: Noch 'm Feierabend!

— s.: Nu do.

Illo aus 'm Bunzl, s.: Tuppvels, a, schles'sche Geschichten.

Illoway, H., die Aetiologie, Pathologie u. Therapie der Sommerdiarrhöen der Kinder (Infants.) (166 S.) 8. Berlin 905. S. Karger. n. 2. 50

— über diätetische Vorschriften bei der Behandlung chronischer Herzleiden, s.a. Klinik, Berliner, 184. Heft.

Ueber diätetische Vorschriften bei der Behandlung chronischer Herzleiden. Von Dr. H. **Illoway,** New-York. *Berlin: Fischer 1902.* (22 S.) 8°
— **Klinik,** Berliner. H. 184. [illegible]

Illowo [Schlagwort]

Illowo, s.: Preussen. Messtischblätter.

Illsung, Frz., ein einheitliches System f. den Verband v. Ziegelmauerwerk. Einfachstes, allgemein gilt. Verfahren, f. jede Grundrissform sofort, ohne Probieren, den besten Verband anzugeben. Mit e. Anh.: Ueberblick üb. Material u. Ausführung sämtl. Backstein-Mauerkonstruktionen. Eingehende Darstellg. der Kaminverbände. (79 S. m. 221 Fig.) gr. 8. Leipzig 905. H. A. L. Degener. n. 3.—; geb. n. 3.60

Illsung, Jac., S. J., Verba vitae aeternae. Ex quatuor evangelistis deprompta atque in argumenta quotidianae meditationis digesta. Ed. nova, emendata et aucta curante Rud. Handmann, S. J. Tom. I u. II. 8. Regensburg, Verlagsanstalt vorm. G. J. Manz. n. 8.50; geb. in Halbldr. n.n. 11.50

I. Meditationes a Dominica I. adventus usque ad finem octavae festii ss. corporis Christi. (XII, 419 S.) 901. n. 4.50; geb. n.n. 6.—

II. Meditationes ab octava ss. corporis Christi usque ad adventum. (405 S.) 901. n. 4.—; geb. n.n. 5.50

ILLUCH, Andreas: De concilio Arausicano secundo. — (1869) 73 S. 4° (Handschr.) Diss. 258
Diss. Wien, Univ.

Der Illuminat, eine Monatschrift, hrsg. von J[oh.] H[einr.] Faber, in Gesellschaft einiger aufgeklärter Männer und Freunde der Aufklärung. Jänner—December 1788. Frankfurt a. M.: Jäger [1788]. [getr. Pag.] 8° [Umschlagtit.]
Jän. XVI, 95 S.; Horn. 94 S.; März 126 S.; Apr. 94 S.; May 95 S.; Jun. 95 S; Jul. 95 S. 1 Bl. Noten; Aug. 127 S. 1 Taf.; Sept. 95 S.; Oct. 95 S.; Nov. 95 S.; Dec. 94 S.
Selten. Enth. ausser e. Gedicht: An d. Freymäurer (Juniheft S. 15) und Abb. e. geheim. Versammlungszimmers (Augustheft S. 19—30) nichts üb. Frmrei.

— d., e. Monatsschrift in Gesellschaft einiger aufgeklärter Männer u. Freunde d. Aufklärung, (v. J. H. Faber). 12 Stücke. 8. Frankf. a. M. 788. Jäger. 3 ℳ 8 ₰

Illuminat, Der. Ein Drama. Landshut 1803. V: *Petz, L. Andreas.* (GGr VI/454, Nr. 39/1) (BiblPort)

Illuminat, der, ein Drama. 8. Landshut, Kopp. 803.

Der ächte **Illuminat** oder Die wahren, unverbesserten Rituale der Illuminaten [hrsg. von Joh. Heinr. Faber]. Enth. 1. Die Vorbereitung, 2. Das Noviziat, 3. den Minervalgrad, 4. den kleinen und 5. grossen Illuminatengrad. Ohne Zusaz [!] und ohne Hinweglassung. Edessa [Frankfurt: Hermann] 1788. 212 S. 8°
Auszug in: A. 10 (1842—1843) S. 33—49.
cf. D. neuest. Religionsbegebenheiten. 11 (1788) S. 53—66.
Kl. 3258.

Die Mainzer **Illuminaten.** Ein tragikomisches Schauspiel in hundert Aufzügen. Vierter Aufzug. o. O. 1793. 16 S. 8°

Ueber den **Illuminaten-Orden.** [Leipzig: Voss] 1799. 87 S. 8°
cf. Taschenbuch f. Frmr. 1801 S. 322—345. Kl. 3516. Nach Herzog, J. J.: Real-Ency. klopädie. 6 1856 S. 641 ist Voss Verf. 23. KB-

Der Illuminaten-Orden und die Freimaurerei. o. O. u. J. 25 S. 4°. [Lith.]

Illumination, Die. Ein komisches Original Singspiel in zwey Aufzügen. Wien 1787. V: *Gross, Johann.* (Hdschr. Mitth. von Gustav Gugitz, Wien.) (BiblPort)

Illumination, die; Sgspl. in 2 A. 8. Wien, Wallishausser. 5 ₰

Der Königl. Hoff- und Haupt-Stadt Berlin Allgemeine Illumination Uber die ... Geburth ... Friderich Wilhelms Printzen in Preussen ... Cölln an der Spree / Druckts Ulrich Liebpert [1710].
24 S. 4°

Illumination Dresdens, b. d. Sicilian. Vermähl. m. K. 4. Dresd. 738.

Illuminator, Gregorius [Pseud.], s. Langen, Josef

Illuminatur, Lucifer [Pseud.], s. Kászony, Daniel von

Illuminatus Dirigens, oder Schottischer Ritter. Ein Pendant zu der nicht unwichtigen Schrift: Die neuesten Arbeiten des Spartacus und Philo in dem Illuminaten-Orden, jetzt zum erstenmal gedruckt, und zur Beherzigung bei gegenwärtigen Zeitläuften hrsg. [Frankfurt: Hermann] 1794. XVI, 17—77 S. 1 Taf. 8°
Aus: Archiv d. Schwärmerey u. Aufklärung. 2 (1788) S. 328—346; 3 (1790) S. 1—14.
Recens: Frmr-Bibliothek. 7 (1794) S. 127—137.
cf. Archiv d. Schwärmerey u. Aufklärung. 2 (1788) S. 321—328; D. neuesten Religionsbegebenheiten. 16 (1793) S. 577—596.
Kl. 3271. Nachdr. Nach Kloss erschien die 1. Ausg. in München: Strobl 1794. XVI, 77 S.

Illuminatus dirigens, od. Schottisch. Ritter, e. Pendant z. d. Schrift: d. neuest. Arbeit. des Spartakus ꝛc. 8. Leipzig, Böhme. 794.

Illuminatus dirigens, od. Schottischer Ritter, e. Pendant zu d. Schrift: d. neuesten Arbeiten des Spartakus ꝛc. 8. Leipz. 794. (Knobloch). 6 ₰

Illuminir-Bilderbuch, neues. 300 Bilder zum Ausmalen. Leipzig (Dresden) 859. Bock. 4. (14 lith. Bl.) 15 ngr

Illuminirer, der kleine, od. angenehme u. nützl. Beschäftigung f. Kinder, mit 18 Kupf., wovon 6 illum. 12. Berl. Amelang. 815.

Illuminirer, der kleine, od. angenehme u. nützl. Beschäftigung f. Kinder, mit 18 Kpf., wovon 6 ill. 12. Pirna 815. Friese. 12 ℋ

Illuminirfibel, die, od. die Kunst mit 4 Farben Kupferstiche u. Lithographien der Natur getreu auszumalen. Mit 26 ill. Musterbildern u. 26 schw. Bild. zum Nachilluminiren. 8. (½ B. u. 12 Taf. Abbild.) Leipzig 844. (Schrey.)

Illuminirschule, oder Unterricht im Schattiren und Coloriren nach Darstellungen von Sauerweid und Andern. 1s Heft oder 3s Heft der Geißlerschen Zeichen- und Illuminirschule. 4. Leipzig, Mag. f. Industrie. 820.

Illuminirübungen. No. 1—6. mit illum. u. schwarz. Vorstellungen. 16. Ulm, Jak. Ebner. (No. 1. 8 gr. 2. 10 gr. 3. 12 gr. 4. 16 gr. 5. 18 gr. 6. 1 Rthlr.)

Illuminirübungen, neue, enthaltend Thierscenen in freundlichem Gewande. Mit 2 Farbentabb. (8 ill. u. 16 schwarz. Kpft.) 4. Nürnb. 832. Renner (u. Schuster). In Etuis 16 ℋ

Illuminir- u. Zeichen-Uebungen f. d. Jugend. 16 Blätter Jagdstücke (wov. 8 ill.) qu. 8. Nürnberg 845. [Lotzbeck.]

—— dass. 16 Blätter Pferdestudien (wov. 8 ill.) qu. 8. Nürnberg 844. [Lotzbeck.]

Illuminir- und Zeichnen-Uebungen für die Jugend. 6 Hefte. (à 8 ill. und 8 schw. Stnt.) qu. 8. Nürnberg 847, Lotzbeck. à Heft 7½ Ngr.

Illuminist, der, od. Anweis., v. sich selbst schön illuminiren zu lernen. Mit Kpf. 4. Nürnb. 788. Schneider u. W. 5 ℋ

Illustrated: The Swiss Illustrated and English Herald v. The English Herald.

Illustrateurs, les grands, du 16me, 17me et du 18me siècle, s. Hirth's, G., kulturhistor. Bilderbuch.

Illustratio Joelis cap 3. Gött. 1788. V: *Tychsen, Thom. Chn.* (winer)

Illustratio pro commodo R. P. Marci Hansizii veritatem de prima ecclesia cathedrali Ratisbonensi minus assequentis . . . Regensb. 1755. V: *Kraus, Joh. Baptist.* (Lindner) (ML)

Illustratio pro commodo R. P. Hansizii de sede Monasterii ad. S. Emmeram . . . Regensb. 1756. V: *Kraus, Joh. Baptist.* (ML)

Illustratio, Philostrati Imaginum et Callistrati statuarum. Gött. 1796—1801. V: *Heyne, Chn Glob.* (Gi) (MGT) (ErschDL)

Illustration, die. Redact.: Siegm. Schneider. 1.—3. Jahrg. Octbr. 1889—Septbr. 1892. 1. u. 2. Jahrg. à 24 Hefte; 3. Jahrg. 52 Hefte. Fol. (à Heft ca. 30 S. m. Textbildern u. Farbendr.) Wien, Wiener Verlagshaus, (Gust. Steiner u. Comp. à Jahrg. * 24 — 1. u. 2. Jahrg. auch à Heft * 1 —; 3. Jahrg. à Heft * — 60

L'Illustration nationale suisse. Réd.: Frdr. de Spengler. 3. année 1889/90. 52 nrs. (2 B.) Fol. Zürich 890. Orell Füssli Verl. n.n. 16. —

— dasselbe. Noël 1889. Fol. (32 S. m. Illustr. u. 3 Taf.) Ebd. 890. n. 2. 50

Illustration, die. Red.: Siegm. Schneider. 3. Jahrg. Octbr. 1891—Septbr. 1892. 52 Hfte. Fol. (à Hft. ca. 20 S. m. Text-Bildern u. 1 Farbendr.) Wien, Wiener Verlagshaus, Gust. G. Steiner & Co. n. 24. —; einzelne Hfte. à n. — 60

Illustrationen

Illustrationen aller Arten Musik-Instrumente, Automaten, Uhren von H. P. & Co. (deutsch, engl., franz.). (o. O.) 1896

—— zu der neuen Ausg. deutscher Classiker. Goethe, Schiller, Klopstock, Lessing, Wieland, Platen, Thümmel, Pyrker und Lenau. In Holzschn. nach Originalzeichnungen dresdner Künstler. (400 Bl. in 50 Lfgn.) I. Abthl.: Goethe. Nach Originalzeichnungen von Ludw. Richter. 1—3. Lfg. gr. 16. (à 8 Holzschnt.) Leipzig 853, G. Wigand. à Lfg. * 4 Ngr. *

—— dass. — 2. Abthl.: Schiller. Nach Originalzeichnungen von A. Ehrhardt. 1. und 2. Lfg. gr. 16. (à 8 Holzschnt.) Ebds. 853. à Lfg. * 4 Ngr. *

ILLUSTRATIONEN ZUM VIten BERICHT ÜBER DIE VERHANDLUNGEN DES VEREINS FÜR KUNST UND ALTERTHUM IN ULM UND OBERSCHWABEN. enthaltend: 2 Blaetter zum Bericht über die Restauration des Münsters zu Ulm und 3 Abbildungen zur Beschreibung alter Holzschnitzwerke in der Sammlung des Dekan Dr Dursch in Wurmlingen O. A. Tuttlingen. Ulm 1849. fol.

Illustrationen zum Burschenleben. qu. Fol. (6 lithogr. und ill. Bl.) Esslingen 853, Weychardt. Thlr. *

—— dass. — 2. Sammlung. qu. Fol. (3 lithogr. und ill. Bl.) Ebds. 853. *

Illustrationen zu deutschen Dichtern aus Hans Wachenhusen's Hausfreund. hoch 4. (24 Holzschntaf. mit Text.) Berlin 866, Hausfreund-Expedition. In Mappe.

Illustrationen zu deutschen Dichtern. 1. Serie. Gedichte von Eman. Geibel, illustrirt von Th. Kutschmann. 1—3. Hft. Fol. (à 2 Steintaf. u. 2 Bl. Text.) Neumünster 879. 80. Brumby. à 4. 50

Illustrationen zu deutschen Dichtern. 1. Serie: Gedichte von Emanuel Geibel, illustrirt von Th. Kutschmann. 3. Heft. Fol. (2 Stnt. mit 2 Bl. Text und chromolithogr. Titelbl.) Neumünster 880, Brumby.
1. und 2. Heft. Ebendas. 1879. à ℳ 4,50.

Illustrationen zu Debrunner's Erlebnissen in Venedig. gr. 8. (7 Stnt.) Zürich 850, Beyel.

Illustrationen deutscher Gedichte. (Erläuterungen zu den Bildern: Schäfers Sonntagslied, das Schloss Boncourt, die Kapelle, der Postillon, die Auswanderer, e. süsser Trost ist ihm geblieben u. des Sängers Fluch.) (71 S. m. 7 Taf.) 8. Leipzig (909). F. E. Wachsmuth. In Leinw. kart. — 90

Illustrationen z. d. Handbuch f. Reisende in Belgien, nebst den Reiserouten v. Cöln nach London u. Paris, v. B. Rubens. 100 Abbildgn. aller sehenswerthen Gebäude in Belgien in Holzschn. 16. Brüssel 846, Muquardt 10 Ngr. — Für die Besitzer v. Rubens Handb.

Vgl. Rubens.

Illustrationen zu Onkel Tom's Hütte von Harriet Beecher Stowe. 16 Blätter im feinsten Holzschn. nach Zeichnungen von H. Anelay. Mit dem Portr. von H. Stowe (in Holzschn.). Nebst e. Vorrede von Elihu Burrit, e. Biographie der Verf. u. erläut. Anmerkungen zu Onkel Tom's Hütte. Leipzig (853.) Friedlein. 8. (VII u. IX S.) 10 ngr.

—— zum ewigen Juden u. Martin d. Findling v. Eug. Sue, s.a. Sue, E.

— zum Ewigen Juden von Eugène Sue, entworfen von P. C. Geißler, in Stahl gest. von Tombleson, Prof. Roßmäßler u. A. 1.—22. Heft. 16. (22 Stahlst.) Leipzig 844—46, Naumburg. à 1/8 ß — dass. französ. 1.—22. Liefg. 8. Ebend. à n. 1/6 ß

Illustrationen zu deutschen Klassikern. E. Reihenfolge leb. Bilder f. Vereine, Tischgesellschaften, wie überhaupt f. gesell. Zwecke. 12. (6 S.) Berlin (895). M. Böhm. 1.—

—— zu Martin der Findling von Eug. Sue, s.a. Sue, E.

— zu „Martin d. Findling, od. Memoiren e. Kammerdieners v. E. Sue." 1.—4. Liefg. 8. (à 2 Stahlst.) Ebd. 846. à 1/8 ß

— zu „Martin der Findling, od. Memoiren e. Kammerdieners. Von Eug. Sue." 5—11. Hft. 8. (à 2 Stahlst.) Leipzig 847. 48, Naumburg. à 1/8 ß (1—11; 1 3/8 ß)

—— zu Hanne Nüte un de lütte Pudel. 'Ne Vagel- un Minschengeschicht von Fritz Reuter. 37 Bilder (in Holzschn. mit Text) nebst Reuter's Portr. (in Holzschn.) gr. 8. Wismar 868, Hinstorff'sche Hofbuchh. In Carton. * In engl. Carton. *

—— zu Wielands Oberon, s.a. Wieland, C. M.

— zu Wielands Oberon. 24 Bilder. 1e Lfrg. 6 Kpfr. u. 7 Bl. Text. Lex. 8. Leipzig 840. (Hunger.) n. 1/4 ß

— zu Wielands Oberon. 2.—4. Liefg. Lex.-8. (Mit 18 Bild. u. Text.) Leipzig 841. Hunger. à n. 1/3 ß

—— zur Rang- u. Quartier-Liste, od. Abbildungen der neuen Uniformen in der preuß. Armee. 1—5. Hft. gr. 8. (à Hft. 4 ill. Stnt.) Berlin 844, 45, Mittler, Berl. à Hft. *

— — Sechzehn, zu „Zwischen Krieg und Frieden". gr. 8. Ebd. 40 kr.

—— zu Ut mine Stromtid (olle Kamellen, Bd. 3. 4. 5.) von Fritz Reuter. 60 Bilder (in Holzschn. mit Text) nebst Reuter's Portr. (in Holzschn.) gr. 8. Wismar 868, Hinstorff'sche Hofbuchh. In Carton * 2 Thlr.; in engl. Carton. *

—— travestirte, zu Schillers Monolog aus Wilhelm Tell. gr. 16. (14 Bl. Holzschn.) Leipzig 848, Hirschfeld.

— zur wohlfeilsten Volks-Bibliothek. 1. Liefg., enthaltend: Acht gravirte Abbildungen zu allen Geschichten Napoleon's in Taschenformat. 1. Liefg. 16. Hamburg 841, Berendsohn. n. 1/6 ß

—— zu die weite weite Welt von Elisabeth Wetherell. 8. (8 Holzschnt.) Leipzig 853, Friedlein. *

—— zur allgem. Weltgeschichte 20 Orig.-Compositionen v. Alf. Rethel. In Stahl gest. von d. vorzügl. deutschen Künstlern. Mit erläut. Texte v. K. H. Hermes. 1. u. 2. Lfg. gr. 8. (4 Taf. u. 10 Bl. Text.) Braunschweig 841, 42, Westermann. à *

—— zur allgem. Weltgeschichte von C. v. Rotteck, Becker u. A. 20 Original-Compositionen v. Alf. Rethel. In Stahl gestochen. Mit erläut. Texte v. Friedr. Bülau. Lief. 3 u. 4. gr. 8. (4 Taf. u. 2 1/2 B.) Braunschweig 843, Westermann. à *

Illustrationen zu Boz' Werken, s.a. Bildergallerie.

Illustrationen zu Boz Werken. Taschenausgabe. Deutsch von Roberts u. Moriarty. — Barnaby Rudge. Illustrirt von H. Cattermole u. H. K. Browne. 1. Liefg. Nr. (Blatt) 1—10 (auf farb. Pap.). 16. Leipzig 841, Weber. n. 1/6 ß

—— zu Werken schwedischer Dichter ausgeführt von schwed. Künstlern. 1. Heft: C. M. Bellman's Episteln. Fol. (4 Stnt. in Ton- und Farbendr. und 4 Bl. schwed. und deutscher Text.) Stockholm 855, Bonnier. (Düsseldorf, Arnz und Comp.) *

—— zu Schillers Werken, s.a. Schiller, Fr. v.

Illustrationen zu Schillers sämmtlichen Werken. 8 Hfte. 16. Stuttgart 838. Xylographische Anstalt. (Pforzheim, Dennig, Finck u. Comp.) (à 1/6 ß) 1 ß

—— zu Shakspeare's Werken. 40 chemitypirte Bl., mit Shakspeare's Portrait nebst Facsimile. Lex.-8. Leipzig 849, Friedlein.

Illustrationen, 22, zu 1866 oder Custozza und Königgrätz. Historisch-romantische Enthüllungen aus Oesterreichs neuester Geschichte. gr. 8. Wien, Hartleben's Verlag. 1869. 50 kr.

Illustrationen, zwölf, zu Schillers Gedichten v. Arth. v. Bamberg, Ferd. Piloty, Carl Piloty, Kirchner u. Schwind. Photographirt v. Frdr. Brandseph. 8. Stuttgart 873. Cotta. 12. —; einzelne Blatt: 1. —

— dasselbe. 8. (12 Photogr. in Cabinetformat.) Ebend. 874. In Carton. n. 14. —

Illustrationes, Codicis Justinianei, a triga eruditorum profectae . . . Francof. et Lips. 1767. H: *Beger, Euseb.* (ML)

Illustrations of the Bible. Old a. New Testament. qu. 16. (à 16 color. Holzschn.) Basel 872. Spittler. à n. — 80; cplt. cart. n. 1. 80

Illustrations of the Bible. 32 color. Abbildungen mit Text. quer-8. Basel, C. F. Spittler, carton. 1873. 2. 20

— — dasselbe mit italienischem Text ebds. broch. 2. —

A. Test. Fr. 1. —, N. Test. Fr. 1. —, carton. à Fr. 1. 20

— — dasselbe mit russischem Text. Neues Testament. ebds. broch. 1. —

cart. 1. 20

Illustrations of Landscape-Gardening and Garden-Architecture etc. — Illustrations de Jardinage Paysagiste et de l'Architecture de Jardin etc. — Erläuterungen üb. Landschaft-Gartenkunst u. Garten-Bau-Kunst; od. Samml. v. origin. u. ausgeführten Plänen z. Anlegung v. Landsitzen jed. Art u. Grösse, v. d. Bauerhütte u. d. Bauergute bis z. National-Pallast, u. öffentl. Park; v. Gemüse u. Blumengärten, Baumpflanzungen u. Lustgebüschen, von botan. u. wissenschaftl. Gärten, Begräbniss-Plätzen etc. In verschied. Stylen, v. verschied. Künstlern, v. verschied. Zeiten u. Ländern. Hrsg. v. J. C. Loudon. (Engl., Franz. u. Deutsch.) 1. Thl. Imp.-Fol. (4 Stnt. u. 2 B. Text.) Strasbourg 830, Treuttel u. Würtz. Thlr.

Illustrations, 48, des Saintes Écritures d'après les dessins de Schnorr de Carolsfeld. [Xylographie.] qu. Fol. Basel 878, Spittler. * ℳ 1,60.; geb. **

Illustrations-Photograph, der. Monatsschrift f. die Pflege der Photographie. Fachschrift f. das Spezialgebiet d. Illustrations-Photographie. Unterhaltungsblatt f. Kamerafreunde. Red.: C. Dietze. 1.—3. Jahrg. April 1908—März 1911. à 12 Nrn. (148, 140 u. 144 S. m. Abb.) Lex. 8. Drossen, R. Knuth & Sohn. à Jahrg. 3. —

Illustrationsproben

ZWÖLF Illuſtrationsproben aus den Privatdrucken des Verlages C. W. Stern, Wien 1908.

1. Serie: Aus Amethyſt: Heine, Diana / Beardsley, Studie zu Lyſiſtrata / Rops, Der Beſuch. — Aus Fleurettens Purpurſchnecke: Bayros, Andante Con Fantasia / Derſelbe, Der Traum / Derſelbe, Der Kopf / Derſelbe, Chinoiſerie. — Aus Cleland, Fanny Hill: Bayros, Badeſzene. — Aus Rowlandſon, Groteſken: Rowlandſon, The Devil. — Aus dem Buch der tauſend Nächte: Choiſy le Conin, Illuſtration / Rantzi, Illuſtration. — Aus Lafossette: Dupleſſis, Die Geſchwiſter.

2. Serie (gleicher Titel): Jagersthal: »Erotiſche Märchen«, 2 Illuſtrationen — E. Sartori: »James Grunert«, 2 Illuſtrationen — Lemort: »Visions Érotiques«, 2 Illuſtrationen — R. Matthieux: »1001 Nacht«, 1 Illuſtration — »Devéria und ſein Kreis«, 2 Illuſtrationen — Lebègue: »Die ſieben Hauptſünden«, 2 Illuſtrationen — Smith: »Balkangreuel«, 1 Illuſtration.

Illustrations-Sammlung aus der Süddeutschen Bauhütte. 40 Taf. m. 257 Abb. Nach Entwürfen u. Bauwerken v. Th. Fischer, J. Littmann, H. Metzendorf u. a. (Neue [Titel-]Ausg.) (III S. Text.) 84×27,5 cm. München (907). G. D. W. Callwey. In Mappe 4. —

Illustrationstechnik, moderne, s.: Miniatur-Bibliothek.

Illustrationsverfahren, Die Modernen, und die Anwendungen der Photographie in der Wissenschaft, der Kunst und der Industrie. Eine Monatsschrift. In-8°. Nr. 1. 8 S. Genf, F. Théooz & Co. 1893. gratis.

Illustratoren, klassische. I u. II. Lex.-8. München 907. R. Piper & Co. Geb. à n. 5. —
I. Francisco Goya. Von Kurt Bertels. Mit 53 Abbildgn. nach Gemälden, Zeichngn. u. Kupferstichen. (149 S.)
II. William Hogarth. Von Jul. Meier-Gräfe. Mit 47 Abbildgn. nach Gemälden, Zeichnungen u. Kupferstichen. (115 S.)

Illustratoren, klassische. Hrsg. v. Kurt Bertels. III—VII. Lex. 8. München, R. Piper & Co. Geb. in Halbleinw., à Bd. 4. —
Bertels, Kurt, Honoré Daumier als Lithograph. Mit 70 Abb. (150 S.) 908. (IV.) 5.—; erm. Pr. 4. —
Hausenstein, W., der Bauern-Bruegel. Mit 66 Abb. nach Gemälden, Kupferstichen u. Zeichngn. (143 S.) 910. (VI.)
Hoeber, Fritz, griechische Vasen. Mit 78 Abb. nach Vasengemälden u. Gefässformen, darunter 4 Farbentaf. (140 S.) 909. (V.)
Kurth, Jul., Suzuki Harunobi. Mit 53 (1 farb.) Abb. nach japan. Originalen. (123 S.) 910. (VII.)
Worringer, Wilh., Lukas Cranach. Mit 63 Abb. nach Gemälden, Zeichngn., Kupferstichen u. Holzschnitten. (128 S.) 908. (III.) 5.—; erm. Pr. 4. —
Bd. I u. II. Ebd. 907. Erm. Pr. à 4.—.

[Ungenannt] Illustri Gymnasio Sedinensi Sacra Saecularia a. d. V. Id. Jun. MDCCCXLIV celebranti congratulantur Gymnasii Gryphiswaldensis rector et collegium. 7 S. fol.

Greifswald, Progr. 1844

... Illvstri Vniversitati Dvblinensi ... sacra saecvlaria tertia a qvinto ad octavvm diem m. Ivlii a. 1892 festo ritv pie celebranti ex animi nostri sententia congratvlamvr Vniversitatis Albertinae Regimontanae Rector et Senatvs et Professores omnivm ordinvm ... Regimontii Prvssorvm, ex offic. Hartvngiana, *1892*; 1 Bl. gr. 2.

Berner Illustrierte: Die Berner Illustrierte
v. Neue Berner Zeitung (III), Der Werktag.

Illustrierte: Neue Illustrierte
v. Der Werktag.

Illustrierte: Ostschweizer Illustrierte
v. Schweizerisches Katholisches Sonntagsblatt.

St. Galler Illustrierte
v. Schweizerische Freie Volks-Zeitung.

Illyricus, Matthias Flacius
s. Flacius Illyricus.

Illyrien [Sachliches OW]

Illyrien. Esseg 1777. V: *Hohenhausen, Frh.* (PK 1/142) (Bespr. Wiener Realzeitung 1779, Bd. 2, S. 499—502) (KY 3/43) (Rauthe 93 b) (Biblport)

Illyrien. *Herausgeg. v. k. k. General-Stab im J. 1829. 1 Blatt. 29'' H., 23'' Br. Massstab: 1 Wr. Zoll = 6,000 Wr. Klftr. Verhältn. 1:432.000.* Aus den vorhandenen Militär-Aufnahmen mit besonderer Rücksicht auf die Strassen zusammengestellt. Auf Stein gravirt.

Illyrien. *Herausgeg. v. k. k. General-Stab im J. 1843. 4 Bl., 21'' H., 16'' Br. Massstab: 1 Wr. Zoll = 4,000 Wr. Klftr. Verhältn. 1 :288,000.* Reduzirt aus der Special-Karte dieses Landes. Blatt Nr. 2 enthält die politische Eintheilung. Blatt Nr. 3 die Höhen über dem Meere.

— u. Dalmatien, oder Sitten, Gebräuche u. Trachten der Illyrier u. Dalmatier, s. Miniaturgemälde, 74 u. 86 Bdchn.

Illyrien, das Königreich, nach seiner neuesten Eintheil. statist.-topograph. beschrieben. M. 1 Karte, 2 großen Plänen v. Laibach u. Klagenfurt, 3 Ansichten, v. Laibach, Klagenfurt u. Triest, 1 Musikbeil. u. 1 Situationsplan. gr. 8. (7¼ B.) Laibach 826. (Leipzig, Fr. Fleischer.)

Illyrien, das Königreich, bestehend: aus dem Herzogthum Kärnthen, dem Herzogthum Krain, der gefürsteten Grafschaft Görz und Gradiska, der Margrafschaft Istrien und dem Gebiete von Triest. Mit Angabe der vorzüglichsten Höhen und Bezeichnung der wichtigsten Bergwerke, Glashütten, Kupfer- und Eisenhammer etc., so wie der Eisenbahnen und mit den Plänen von Laibach und Triest. Gezeichnet von R. A. Schulz. gross Folio. Wien, Artaria & Comp. Massstab 1:505,000. 1 [illegible] 4 2 fl.

Illyrien (Das Königreich), bestehend: aus dem Herzogthum Kärnthen, dem Herzogthum Krain, der gefürsteten Grafschaft Görz und Gradiska, der Markgrafschaft Istrien und dem Gebiete von Triest. Mit den Plänen von Laibach und Triest Gezeichnet von R. A. Schulz. 1 gr. Blatt. Massstab 1:505,000. Ebds. 1[illegible] 2 fl.

Illyrien [Schlagwort]

Illyrien. Reisen durch das österreichische Illyrien, Dalmatien und Albanien im Jahre 1818 von R. von H.....g. 2 Vol. Meissen. 1822, 8°

Illyrien. Specialkarte des Königreichs Illyrien und des Herzogthums Steiermark nebst dem ungar. Littorale. Herausgegeben vom k. k. österr. General-Quartiermeisterstab. Wien. 1834. Folio.

Ilm [Schlagwort]

Ilm, s.: Apolda.

Ilm (Stadt Ilm), s.: Geologische Karten (Preussen).

Ilm [Verfasser]

Ilm, E.: Der Aufstand der Apachen, s. Volks- u. Jugend- Erzählungen.

Ilm, E.: Der Flüchtling von Angra Pequena, s. Volks- und Jugend- Erzählungen.

– Der Gefangene der Chiquitos, s. Volks- und Jugend-Erzählungen.

– Die „sichere Hand", s. Volks- u. Jugend- Erzählungen.

– Der weiße Häuptling, s. Volks- und Jugend-Erzählungen.

– An der Indianergrenze, s. Volks- und Jugend-Erzählungen.

Ilm, E.: Der Kuguar, s. Volks- und Jugend- Erzählungen.

– Im Lande der Namaquas, s. Volks- u. Jugend-Erzählungen.

– Marcipotama, die Tochter der Pampas, s. Volks- u. Jugend- Erzählungen.

– Am Marterpfahl, s. Volks- u. Jugend- Erzählungen.

– Der Medizinmann der Komanchen, s. Volks- und Jugend- Erzählungen.

– Der Schrecken der Sioux, s. Volks- u. Jugend-Erzählungen.

Ilm, E., der Steuermann d. Piraten, s.a. Volksbücher, neue.

— der Steuermann d. Piraten od. die Folgen d. Leichtsinns. Eine lehrreiche Erzählg. Ster.-Ausg. 8. (64 S.) Reutlingen 884. Enßlin & Laiblin. — 20

– Uaktehno, der Steppenräuber, s. Volks- u. Jugend-Erzählungen.

– Der Vampyr, s. Erzählungen, Neue, für die Jugend.

Ilm, E., s. Volksbücher, neue. — Volks- u. Jugend-Erzählungen.

– Wakinyatawa, s. Volks- und Jugend- Erzählungen.

– Wakinyatawa, der Dacotahindianer, s. Erzählungen, Neue, für die Jugend.

— Wyaconda, s.: Volks- u. Jugend-Erzählungen.

– Wyaconda, der Schrecken der Sioux, s. Erzählungen, Neue, für die Jugend.

— Zettina, s.: Volks-Erzählungen, kleine.

Ilm, Grete, Theaterdamen. (121 S.) 8. Wien 905. Wiener Verlag. n. 1.—; geb. n.n. 2.—

Ilm, J. v. d. Leid im Lied. Blätter der Erinnerung. 8. (96 S.) Dresd. 891, v. Grumbkow. * 1 50

Ilmberger, Maurus, O. S. B., Betrachtgn. auf alle Tage d. Woche, s.: Ludwig v. Granada.

v. Ilmen, Rosaura. 8. Berl. 805. Belitz. 1 ℛ 6 gr

Ilmen, Ludw., Lyrische Blätter. Lieder u. Dichtgn. aus d. Franz. 12. (96 S.) Leipzig 896. C. F. Tiefenbach. n. 1.50; erm. Pr. n. 1.20, geb. in Leinw. m. Goldschn. n.n. 2.25; erm. Pr. n.n. 2.—

Ilmen, L., lyrische Blätter. (VIII, 187 S.) 8. Dresden 903. E. Pierson. n. 2.—; geb. n. 3.—

Ilmen, Ludw., Walda. Ritterfestspiel in 8 Aufzügen. (48 S.) kl. 8. Leipzig 909. M. Spohr. — 80

Ilmenau [Sachliches OW]

Ilmenau [Schlagwort]

— s. a.: Deutschland. Karte (Abt. Preussen). — Geologische Karten. Karte (Preussen).

– s.a. **Preussen. Messtischblätter.**

— s. a.: **Thüringen. Gräf.**

Ilmenau. Hassenstein, F., Spezialkarte v. Ilmenau u. Umgegend. 1 : 25,000. Nebst Plan von Ilmenau. 1 : 8300. 43×59,5 cm. Farbdr. Ilmenau 897. [Fleischer.] A. Schröter. In Etui n. — 75

Ilmenau. Hassenstein, F., Spezialkarte v. Ilmenau u. Umgegend bis zur Schmücke. Auf Grund der Generalstabskarte u. der Forstkarte bearb. 1 : 25,000. Nebst Plan von Ilmenau. 1 : 8,300. 43 × 59,5 cm. Farbdr. Ilmenau 897. F. Fleischer. In Etui n. — 75

Ilmenau. Hassenstein, F., Spezialkarte v. Ilmenau u. Umgegend bis zur Schmücke. Auf Grund der Generalstabskarte u. der Forstkarten bearb. (Neue Aufl.) 1 : 25,000. 48×63 cm. Farbdr. Ilmenau (906). A. Schröter. In Tasche n. — 75

Ilmenau. Hengras, E., neue Umgebgs.- u. Touristenkarte v. Ilmenau. 1:37,500. 30×32,5 cm. Farbdr. Erfurt (910). (Gotha, Verlagsanstalt u. Druckerei [H. Bartholomäus].) — 50

— Plan v. Bad Ilmenau u. nächster Umgebg. 1:5000. 49,5×60 cm. Farbdr. Ilmenau (909). (A. Schröter.) 1.—

Ilmenau [Verfasser]

Ilmenau, Carl v. (Carl Cassau), verloren u. wiedergefunden. Werthers Schatten, s.: Enßlin's Roman- u. Novellenschatz.

v. Ilmenstein, Adolph; der Kreuzfahrer u. seine schöne Armgardt, (von Chr. Gli. Möbius). 8. Leipz. 794. (Aue in Altona). 16 gr

Ilmenstein, Adolph von, der Kreuzfahrer u. seine schöne Armgard; ein romant. Gemälde aus d. Vorzeit. 8. Leipz. Jacobäer. 794.

Ilmer, Andr., Seite über die Gefangennähmung Andreas Hofer, Sandwirths in Passeier, veröffentlicht v. Frz. Steiner-Hauenstein, s.: Publikationen v. noch nicht in Druck gelegten alten Orig.-Handschriften v. u. üb. Andreas Hofer u. seinen Zeitgenossen. Nr. 1.

Ilmer, Richard [aus Hoyersdorf '(Braunschw.)']: Über einige unsymmetrische Alkylphenylhydrazine ... Rostock, C. Hinstorffs Buchdr., 1897; 34 S., 1 Bl. 8.
Rostock, Phil. Fak., Inaug.-Diss. v. [22. Febr.] 1897

Ilmoni, Imman., Rede, bei der akademischen Erinnerungs-Feier, den 11. Jan. 1851 an der kaiserl. Alexanders-Universitet. gr. 8. (32 S.) Helsingfors 851. (Leipzig, Brockhaus.) **

—— et L. H. Törnroth, Analecta clinica iconibus illustrata. Tomi I. Fasc. I. Fol. (VII und 16 S. mit 8 ill. Stnt.) Ibid. 851. **

Ilmsagen von A. v. B. 12. (VII, 141 S.) Berka 889. (Weimar, L. Thelemann.) Geb. in Leinw. n. 2. —

Ilnicki, Emilian, Maturitätsaufgaben aus der darstell. Geometrie nebst vollständigen Lösungen f. d. oberen Klassen der Realschulen. (III, 82 S. m. Fig.) gr. 8. Wien 908. F. Deuticke. 1. 25

Ilnicki L.: Über das Zerlegen von Functionen in Partialbrüche und unendliche Producte. (19.) Suczawa 79.
Preis.

I. L. O. Nachrichten, s. International Labour Office Nachrichten.

Ilosvay v. Nagy Ilosva, Ludw., d. chem. Verhältnisse des Balatonsee-Wassers, s.: **Resultate** der wissenschaftl. Erforschg. d. Balatonsees.

Ilowaiski, s. Ilowaisky

Ilowaisky, D. Kurzgefasste Geschichte des russischen Reichs, mit vorzugsweiser Berücksichtigung der inneren Zustände. Nach der 7. Aufl. der „Краткіе очерки Русской Исторіи", mit Genehmigung des Verfassers, übersetzt und mit Erläuterungen und Zusätzen versehen von Adalbert v. Fabricius. 8. Reval 1867.

Ilowaisky, D., kurzgefaßte Geschichte des russischen Reichs, mit vorzugsweiser Berücksichtigung der inneren Zustände. Nach der 7. Aufl. des Orig. mit Genehmigung des Verf. übersetzt u. mit Erläuterungen u. Zusätzen von Adb. v. Fabricius. 2. Aufl. Nach der 17. Aufl. des Orig. von Neuem durchgesehen u. verb. von Heinr. Paucker. gr. 8. (XVI, 341 S.) Reval 881. Kluge. n. 3. 60

— Leitfaden der Geschichte Rußlands. Mittlerer Curs. [vorzugsweise in biograph. Skizzen]. Aus dem Russ. übers. von H. Paucker. gr. 8. (IV, 128 S.) Ebend. 878. n. 2. 40

Ilowaiski, D., Leitfaden der Geschichte Rußlands. Mittlerer Kurs. [vorzugsweise in biograph. Skizzen]. Aus dem Russ. übers. v. Heinr. Paucker. 2. Aufl. gr. 8. (IV, 130 S.) Reval 886. Kluge. n. 2. 40

Ilper, Karl, 15 Gedenkblätter bei der Entlassung aus der Schule. qu. 4. Celle 878. (Hannover, Schulbuchhandlung.) n. 1. —

Ilper, Carl, Hephatha! Eine Weihnachtsstimme an Christenkinder. 8. (8 S.) Celle 864, Schulze'sche Buchh.

Ils, Jak., Bauern-Kompaß od.: Was thut dem Bauernstand not? gr. 8. (98 S.) Stuttgart 899. Deutsches Volksblatt. n.n. — 50

Ils, Jakob: Das Benediktinerkloster und Reichsstift Ochsenhausen einst und jetzt. Verf. von –. Ochsenhausen: Selbstverl. 1896. 74 S. 8°

Ils, Jak., Hand- u. Lehrbuch f. den Unterricht an ländlichen Fortbildungsschulen. Zugleich e. Volksbuch. Unter Mitwirkg. v. Fachmännern hrsg. 2., vollständig umgearb. Aufl. des Lese- u. Aufsatzbuches. gr. 8. (300 S.) Stuttgart 893. J. Roth. n. 2. 20; geb. n.n. 2. 70

Ils J, Hand- und Lesebuch für den Unterricht an ländlichen Fortbildungsschulen. 2. Auflage. Stuttgart 1893

Ils, Jak., Landwirts Heimat. Illustriertes Unterrichts- u. Bildungsbuch f. die allgemeine Fortbildungsschule u. f. Landwirte. (VIII, 199 S.) 8. Stuttgart 908. Muth. Geb. 1. 20

— Hilfsbüchlein f. männliche Sonntagsschulen. Enth. Landwirtschaftliches u. Gesundheitspflege in Frage u. Antwort, Bürgerkunde, Rechtspflege u. Geschäftsaufsätze. 8. (68 S.) Stuttgart 899. [J. Roth.] Muth. Kart. n. — 50

Ils, Jak. Lese- u. Aufsatzbuch f. ländliche Fortbildungsschulen [weibl. u. männl. Sonntagsschulen, Abendschulen, landwirtschaftl. Schulen.] 8. (269 S.) [Schwäb. Gmünd 890.] Stuttg., Jos. Roth. cart. * 2 40

— **Lese- u. Aufsatzbuch f. ländliche Fortbildungsschulen [weibl. u. männl. Sonntagsschulen, Abendschulen, landwirtschaftl. Schulen]. 8. (269 S.) Ebd. 891. Kart. n. 2. 40**

Ils, Jak., Ratgeber u. Lesebuch f. d. Unterricht an d. männl. allgem. Fortbildungs- u. Sonntagsschule. Zugl. e. Lese- u. Bildungsbuch f. Jünglinge. Nach d. amtl. Lehrplänen f. d. allgem. Fortbildungsschulen Württembergs unt. Mitwirkg. v. Schul- u. Fachmännern hrsg. 2., verm. u. verb. Aufl. gr. 8. (XII, 329 S.) Stuttgart 897. J. Roth. n. 1. 80; geb. n. 2. —

— **Ratgeber f. den Unterricht an männlichen ländlichen Fortbildungsschulen. Zugleich e. Lese- u. Bildungsbuch f. Jünglinge. Unter Mitwirkg. v. Fachmännern hrsg. gr. 8. (227 S.) Ebd. 893. n. 1. 50; geb. n. n. 1. 80**

Ils, Jak., Rechenbuch für ländliche Fortbildungsschulen u. landwirtschaftliche Lehranstalten. (88 S. m. Fig.) gr. 8. Stuttgart 903. Muth. Kart. n. n. — 45

— **dasselbe. Lehrer-Ausg. Mit Merksätzen u. briefl. Lösgn. versehen. (120 S. m. Fig.) gr. 8. Ebd. 903. Kart. n. 1. 50**

— **Unterrichts- u. Lesebuch f. weibliche ländliche Fortbildungsschulen. Mit besond. Berücksicht. der Hauswirtschaftskunde. gr. 8. (112 S.) Ebd. 893. n. — 90; geb. n. n. 1. 15**

— Unterrichts- u. Lesebuch f. weibliche Fortbildungs- u. Sonntagsschulen. Mit besond. Berücksicht. der Hauswirtschaftskunde u. Gesundheitspflege nach d. amtl. Lehrplänen f. die Fortbildungsschulen Württembergs zum allgem. Gebrauch an Fortbildungsschulen bearb. u. hrsg. 3. verm. u. verb. Aufl. gr. 8. (213 S.) Ebd. 901. n. 1. 20; geb. n. 1. 40

— der schriftliche Verkehr im geschäftlichen Leben u. m. den Behörden m. den dabei zu beachtenden Bestimmgn. des bürgerl. Gesetzbuches. Für Schule u. Haus m. besonderer Berücksicht. landwirtschaftl. Verhältnisse hrsg. u. bearb. 8. (VII, 136 S.) Ebd. 902. n. 1. —; geb. n. 1. 25

— Die Volkspoesie in d. Sprichwörtern, Sinnsprüchen, Bauernregeln u. Hausinschriften auf dem Lande, s.: Landmann's, des, Winterabende.

Ilse, Prinzessin. Ein Märchen aus dem Harzgebirge. 1. Aufl. (VIII und 60 S.) 1851. und 2. und 3. Aufl. 16. (68 S.) Berlin 852, A. Duncker.

Ilse, Prinzessin, ein Märchen aus dem Harzgebirge. Berlin 1852. 2. u. 3. Aufl. 1852. V: *Petersen, Marie.* (Kat. Harrwitz-Berlin 101, 2.)

Ilse, Prinzessin. Ein Märchen aus dem Harzgebirge. 16. (68 S.) Berlin 852, A. Duncker. — 2. Aufl. 16. (68 S.) Ebd. 852. 12 ngl; in Engl. Einb. mit Goldschn. 24 ngl — 3. Aufl. 16. (68 S.) Ebd. 852. 1/2 ß; in Engl. Einb. mit Goldschn. 27 ngl

— — Illustrirte Pracht-Ausg. 5. Aufl. 853. — 6. Aufl. 856. — Neue Aufl. Ebend. 857. 4 (47 S. m. Holzschn. im Text u. 6 Lithogr. in Ton- u. Farbendr.) n. 1 ß. 20 ngr

Ilse, Prinzessin. Ein Märchen aus dem Harzgebirge. 6. Aufl. Berlin 854. A. Duncker. 16. (68 S.) 15 ngr

Ilse, Prinzessin. Ein Märchen aus dem Harzgebirge. 10. Aufl. 16. (68 S.) Berlin 865, A. Duncker. geb. mit Goldschn.

Ilse, Constantin, s. Ilse, Konstantin

Ilse, E., verschwiegene Schuld. Eine Erzählg. aus der hannov. Gesellschaft der Vierziger Jahre. Für die reifere Jugend. 8. (186 S.) Leipzig 894. (Von Haus zu Haus, A. Mahn.) n. 1. 60; geb. in Leinw. 2. 40

Ilse, Friedr. (Paul Carl) (geb. St. Johann an d. Saar 3. 10. 1860): Ueber künstliche Beleuchtung in Schulen. Berlin (1884). (30 S.) 8°
Berlin, Med. Diss. v. 14. Aug. 1884

Ilse (H.). Flora von Mittelthueringen. Erfurt, 1866. 8°.

Ilse, Karl, der Bergbau u. Hüttenbetrieb in kaufmännischer u. technischer Hinsicht. Die Organisation eines Hüttenwerkes m. Nebenbetrieben unter besond. Darstellg. der Buchführg. u. Handelskorrespondenz derart. Betriebe. Für die Praxis u. zum Gebrauch f. junge Kaufleute, höhere Handelslehranstalten, Techniken, Bergakademien u. s. w. (Dr. Ludw. Huberti's moderne kaufmänn. Bibliothek.) (VI, 152 S. m. Abbildgn.) gr. 8. Leipzig (903). [Dr. L. Huberti.] Verlag d. mod. kaufm. Bibliothek. Geb. in Leinw. n. 2. 75

Ilse, Konstantin

Ilse, Constantin [aus Beurig bei Trier]: Über das Verhalten von α-Oxysäuren gegen Schwefelsäure ... Rostock, Univ.-Buchdr. v. Adler's Erben, 1893; 42 S., 1 Bl. 8.
Rostock, Phil. Fak., Inaug.-Diss. v. [16. Aug.] 1893

Ilse, Leopold

Ilse, die altpreußischen landesherrl. Fräuleinstifter. Ihre Entstehung, Entwickelg. u. jetz. Verfassg. 1. u. 2. Bd. hoch 4. Berlin 902. M. Pasch. Geb. n. 26. 70
1. Das Marienstift zu Königsberg (Pr.). (65 S. m. 1 Abb. u. 1 Fksm.)
2. Das Fräuleinstift zu Lippstadt. (74 S. m. 1 Abb. u. 2 Fksms.)

Ilse, Leopold Friedrich

Ilse, L. Fr., Geschichte der deutschen Bundesversammlung, insbesondere ihres Verhaltens zu den deutschen National-Interessen. 3 Bde. Marburg 860—62. Elwert. (Frankfurt a. M., Völcker.) gr. 8. (1.: XXIX, 800 S.; 2.: 597 S.; 3.: VIII, 662 S.) 8 ß 25 ngr

Ilse, L. Fr., Geschichte der deutschen Bundesversammlung, insbesond. ihres Verhaltens zu den deutschen National-Interessen. 1—3. Bd. gr. 8. Marburg, Elwert'sche Universitäts-Buchh. [1. Bd. (XXIX und 800 S.) 860. 3 Thlr. 15 Ngr., 2. (597 S.) 861. 2 Thlr. 15 Ngr., 3. (VIII und 662 S.) 862. 2 Thlr. 25 Ngr.]

Ilse, Leop. Fr. Geschichte des deutschen Steuerwesens. 1. Abth. Von den Staatsabgaben. 1. Periode. Zeit der Karolinger. Staatswissenschaftl. Inauguralabhandlung. gr. 8°. Giessen 1844. (Coblenz, Blum.)

— Geschichte der politischen Untersuchungen, welche durch die neben der Bundesversammlung errichteten Commissionen, der Central-Untersuchungs-Commission zu Mainz und der Bundes-Central-Behörde zu Frankfurt in den J. 1819 bis 1827 und 1833 bis 1842 geführt sind. gr. 8. (IX und 717 S.) Frankfurt a. M. 860. [Berlin, M. Hirsch.] *
Ermäßigter Preis

Ilse, Dr. L. F., Lehrer der Staatswissenschaft an der Universität zu Heidelberg, Ueber die Nothwendigkeit, den Sitz der Reichsgewalt in die Mitte Deutschlands zu verlegen. Bonn, Georgi, 1848. 19 S. 8°.

Zweite Auflage, mit Erlaubniß des Verfassers der Bonner ersten Auflage wörtlich nachgedruckt. 1848.

Ilse, Dr. L. F., Lehrer der Staatswissenschaft an der Universität zu Heidelberg, Ueber die Nothwendigkeit, den Sitz der Reichsgewalt in die Mitte Deutschlands zu verlegen. 2. Abhandlung. Coblenz, Kehr, 1848. 21 S. 8°.

—— die Politik der beiden deutschen Großmächte und der Bundesversammlung in der kurhessischen Verfassungsfrage vom J. 1830 bis 1860. gr. 8. (248 S.) Berlin 861, F. Schneider. *

Ilse, L. Fr., die Politik Preußens vom Antritt des Ministeriums v. Bismarck bis zum Wiener Frieden mit Dänemark. Aus 1865 gehalt. Vorlesungen über neueste Geschichte. 2 Hefte. gr. 8. Marburg 867, Elwert'sche Universitäts-Buchh. [1. Heft. (IV und S. 1—68.) * 10 Ngr., 2. Heft. (S. 69—112.) * 4 Ngr.] *

—— Protokolle der deutschen Ministerial-Conferenzen, s.a. Protokolle.

Ilse, L. Fr.: Protokolle der deutschen Ministerial-Conferenzen, gehalten zu Wien in den Jahren 1819 u. 1820. Frankfurt a. M. 1860.

Jlse, Paul, aus St. Johann a. d. Saar: **Röntgenstrahlen: Frakturen und Luxationen.** *Erlangen 1898: A. Vollrath.* (34 S.) 8°
Erlangen, Med. Diss. v. 19. Juli 1898

Ilse-Munk, Rose
s. Munk.

Ilsée, Prinzessin von Tripolis. Lithographien von A Mucha. Text von R de Flers, übersetzt von R Adler. (126 S) 4° Prag 1901

Ilsemann, Geschichte d. kurmärkischen Dragoner-Regiments Nr. 14. (202 S. m. Abbildgn. u. Kartenskizzen.) gr. 8. Berlin 907. H. Hillger. Kart. 2. —

— dasselbe. (Ausg. f. Offiziere.) (230 S. m. Abb., Kartenskizzen u. 1 farb. Taf.) gr. 8. Ebd. 907. Geb. in Leinw. 18. —

Ilsemann, Chrn. Welche Massnahmen wären zu ergreifen, um dem schädigenden Einfluss unreeller Baumschulen, Baummärkte u. der wandernden Baumhändler vorzubeugen? gr. 8. (15 S.) Wien 890, (Frick). * — 80
Aus: Fruchtgarten, besonders abgedruckt.

Examenarbeit zur Qualifikation 'Geprüfter Obergärtner' an der Gärtner-Lehr-Anstalt Köstritz, eingereicht von Fr. Theobald **Ilsemann**, in Celle (Hannover). Berlin-Carlshorst: H. Friedrich 1903. (48 S.) 8° [F.]
(Arbeiten an Deutschen Gärtner-Lehranstalten.) [illegible]

Ilsemann, Johann Wilhelm (Zellerfeld), De colica saturnina metallurgorum. Diss. med. Präs. Jo. Andreas Segner. Götting. (Georg Ludwig Schultz) 18. V. 1752. 76 S. (7.—) 16856
Gew.: Gottfried Philipp Frh. v. Bülow.

Ilsenburg [Sachliches OW]

Ilsenburg als Sommer-Aufenthalt, 266 Mtr. üb. der Ostsee. Ein Führer durch Ilsenburg u. Umgegend, nebst e. Special-Karte m. Angabe der näheren Spaziergänge Bearb. u. entworfen v. Germ. Keuffel u. e. Karte der Grafsch. Wernigerode. Mit e. geschichtl. Uebersicht v. Jacobs. 3. Aufl. 16. (49 S. m. Abbildgn.) Wernigerode 891. B. Angerstein. Kart. — 80

Ilsenburg [Schlagwort]

Ilsenburg, s.a. Harz. — Wernigerode.

Ilsenburg. Brandes, Specialkarte v. Ilsenburg u. dessen nächster Umgebung m. Angabe der Hausnummern. Farbendr. 42×26 cm. Wernigerode 891. B. Angerstein. — 50

Ilsethal, das, im Harz. Gedicht, allen Freunden des Harzes gewidmet. gr. 8. (4 S.) Leipzig 871, G. Schulze.

Ilten, Jobst, Herm. v., s.: Bodemann, E.

Ilten, Fr. G.Ch., s.a. Alruna oder Denkwürdigkeiten... 1817.

Alruna oder Denkwürdigkeiten der Vorzeit, von Fr. G. Ch. von I (lten). 3 Thle. Hannover 1817. 8°. (1½ Rthl.) (½ Rthl. Heberle, Köln, Cat. 74. F. no. 602.)

Iltgen, Alfons aus Calcar (Rheinprovinz)]: **Vergleichende Betrachtung der gebräuchlichen Instrumente zur Kraniotomie mit besonderer Berücksichtigung des Iltgen'schen Kraniospasten . . . .** Berlin, Buchdr. v. Gustav Schade (Otto Francke) (1888); 30 S. + 1 Bl. 8°
Berlin, Med. Fak., Inaug.-Diss. v. 25. Febr. 1888

Iltgen, Friedrich [aus Calcar]: **Die Ansiedelungen am Niederrhein von der Lippemündung bis zur holländischen Grenze.** '(M. e. Kte)' ... Halle a. S., Hofbuchdr. v. C. A. Kaemmerer & C., 1892; 55 S., 1 Kte; 8.
Halle, Phil. Fak., Inaug.-Diss. v. [16. Juni] 1892

Iltis, Hugo, üb. e. durch Maisbrand verursachte intracarpellare Prolifikation bei Zea Mays L. (15 S. m. 2 Taf.) gr. 8. Wien 910. A. Hölder. 1. 20
Sonderabdruck aus: „Sitzungsber. d. k. Akad. d. Wiss."

Iltgen, J. Jos.: De Horatio Lucilii aemulo. 21 S.– Montabaur Kais. W. G., Progr. 1872.

(Iltgen, Joh.) Einführung des Direktors Joh. Iltgen. 10 S. G. Cuba 1884.
Progr.

Iltgen, Ioannes (geb. am 15 Apr. 1843 in Köln): Lvciliana ... Bonnae, form. C. Georgi (1865). 1 Bl., 31 S., 1 Bl. 8.
Bonn, Phil. Fak., Diss. v. 25 Nov. 1865

Iltgen, Petrus Josephus (geb. am 21 Dez. 1831 in Köln): De chloroformio aliisque reagentibus in albumen deque albuminuria, num existat, normali ... Bonnae, ex typogr. C. Krueger 1858. 37 S., 1 Bl. 8.
Bonn, Med. Fak., Diss. v. 11 Aug. 1858

Iltis, H., Über eine durch Maisbrand verursachte intrakarpellare Prolifikation bei Zea Mays L. [Aus: Sitzungsber. d. k. Akad. d. Wiss., mathem.-naturw. Klasse.] (Gr.-8°. (15 S. mit 2 Tafeln.) † Wien: Hölder 1910. K 1.20

Hugo ILTIS — Über den Einfluss von Licht und Dunkel auf das Längenwachstum der Adventivwurzel bei Wasserpflanzen
Diss., Prag 1904/1905

Iltis, Hugo: Über das G y n o p h o r und die Fruchtausbildung bei der Gattung Geum (mit 2 Taf.). S. 122. I. 1177 .....
Separatabdruck

Iltis, Hugo [Hrsg.], s. P u n n e t t s, Reginald Crundall: Mendelismus

Iltis, P., die **Pressluftwerkzeuge**, s.a. Sammlung Göschen.

Iltis, P.: Die P r e s s l u f t w e r k z e u g e von P. Iltis. Mit 105 Fig. Leipzig: Göschen 1910. 115 S. 8°
(Sammlung Göschen. 493.)

Iltz

Deutscher Ostmarken-Verein. — Die Fehler der deutschen Politik in den Ostmarken. Vortrag, gehalten am 17. Februar 1902 in der Ortsgruppe Stargard i. P. des Deutschen Ostmarken-Vereins vom Oberlehrer Dr. ILTZ, Stettin. Berlin 1902. Johannes Belling, Buchdruckerei. 8°.

Iltz, Joannes [Stargardiensis [sic!] Pomeranus]: **De vi et usu praepositionum ἐπί, μετά, παρά, περί, πρός, ὑπό apud Aristophanem....**
Halis Saxonum, form. Kaemmererianis [sic!], 1890; 90 S. + 1 Bl. 4°
Halle, Phil. Fak., Inaug.-Diss. v. [11. Jun.] 1890

Iltz, Johannes: Über Wilhelm Raabes **Weltanschauung. Stettin** 1908: (Herrcke & Lebeling). S. 37—46. 4°
Stettin, Stadt-G OP 1908 (198) [S 08. 214

Iltz, Walt. Bruno, Sinfonia erotica u. andere Novellen. (67 S.) 8. Leipzig 908. Modernes Verlagsbureau. 2. —

Ilwof, Franz

— die Grafen v. Attems, Freiherren v. Heiligenkreuz, in ihrem Wirken in u. für Steiermark, s.a. **Forschungen z. Verfassungs- u. Verwaltungsgeschichte d. Steiermark.**

[F.] Die Grafen von **Attems**, Freiherren v. Heiligenkreuz in ihrem Wirken in und für Steiermark. Von Franz **Ilwof**. M. 2 Portr. u. 3 genealog. Tab. *Graz: 'Styria' 1897.* (4 Bl., 216 S., 2 Portr.) 1 Bd 8.
= **Forschungen** z. Verfassungs- u. Verwaltungsgeschichte d. Steiermark. Bd II. H. 1. (97. 3426

Ilwof, Frz., Beiträge zur Geschichte der Alpen- und Donauländer. I. Ueber die ältesten Bewohner Norikums. 4. (32 S.) Graz 856, (Ferstl'sche Buchh.) •
Aus: Jahresbericht der k. k. Ober-Realschule zu Graz, besonders abgedruckt.

Ilwof, Frz., **Beiträge zur Geschichte der Alpen- und Donauländer. II.: Rätien- und Vindelicien vor ihrer Eroberung durch die Römer. 4. (32 S.) Graz 857, (Ferstl'sche Buchh.)**
Aus: Jahresberichte der k. k. Ober-Realschule zu Graz, besonders abgedruckt.

Ilwof, Frz., Goethe's Beziehungen zu Steiermärkern. 8. (51 S.) Graz 898. Leykam. n. 1. 20

Wechselseitige Brandschaden-Versicherungsanstalt in Graz. **1829 bis 1878, von *Fr. Ilwolf.* Graz 1879.**

Ilwof. Dr. Franz, Die Einfälle der Osmanen in die Steiermark. II. (Aus den Mittheilungen des histor. Vereines für Steiermark. V. Heft.) gr. 8. (58 S.) Graz. Kienreich. 1861. 80 kr.

Ilwof Dr. F.: Festreden und Festgedicht, (letzteres v. Dr. E. Notoliczka) am 24. April 1879. Graz L.-OR. 79. Progr

Ilwof, Frz., Flussreguliergn. u. Wasserbauten 1772—1774. (18 S.) gr. 8. Wien 909. A. Hölder. — 55
Sonderabdruck aus: „Archiv f. öst. Gesch."

Ilwof, Frz., u. Karl F. Peters, Graz. Geschichte u. Topographie der Stadt u. ihrer Umgebg. Mit e. Anh. üb. Eisenerze, Braunkohlen, Braunkohlenflora, Mineralquellen u. Curorte in der Steiermark. Mit e. (lith. u. color.) Plane der Stadt (in Imp.-Fol.) 8. (VI, 437 S.) Graz 875, (Leuschner & Lubensky.) n. 3. 20

Die Habsburgfeier v. Dr. Fr. Ilwof. 6. 1883.
Graz, L. - R. Progr.

Ilwof, Franz: H a u s - und Hof m a r k e n aus Steiermark. (Sonderabdruck aus dem 12. Hefte der Mittheilungen des historischen Vereins für Steiermark.) Von –. (Gratz.) o. J. 8°

Ilwof, Franz: I n italien auf Goethes Spuren. Von –. Graz: Selbstverl. 1900. (32 S.) 8°
Aus: Grazer Morgenpost.

Ilwof, Franz: Erzherzog J o h a n n und der historische Verein für Steiermark. Rede von –. (Graz: Leykam [1901].) (16 S.) 8° [Kopft.]

— Franz Freiherr v. Kalchberg (1807—1890). Sein Leben u. Wirken im Ständewesen d. Steiermark u. im Dienste des Staates. gr. 8. (72 S.) Graz 897. U. Moser. n. 1. 80

Ilwof, Frz., Josef Freiherr v. Kalchberg (1801—1882), wirkl. kaiserl. Geheimer Rath, Leiter des Ministeriums f. Handel u. Volkswirtschaft. Sein Leben u. seine Schriften. gr. 8. (V, 56 S.) Innsbruck 902. Wagner. n. 1. —

— der provisorische Landtag des Herzogth. Steiermark im J. 1848, s.a. **Forschungen zur Verfassungs- u. Verwaltungsgeschichte der Steiermark. IV. 2.**

Der provisorische Landtag des Herzogthums Steiermark im Jahre 1848. Von Franz **Ilwof**. *Graz: Styria 1901.* (153 S.) 8° [F.]
= **Forschungen** z. Verfassungs- u. Verwaltungsgeschichte d. Steiermark. Bd 4, H. 2. (01. 9777

Ilwof, Franz: Der ständische L a n d t a g des Herzogtums Steiermark unter Maria Theresia und ihren Söhnen. Ar. 104. 121 .....
Separatabdruck

Ilwof, Franz, Maria Theresia vom Aachener Frieden bis zum Schlusse des siebenjährigen Krieges 1748—1763, s. Geschichte, österreichische.

Ilwolf, Frz., Richard Peinlich. Biographie. gr. 8. (20 S.) Graz 883, (Leuschner und Lubensky.)
Aus: Mittheilungen des historischen Vereines für Steiermark, besonders abgedruckt.

Ilwolf, Frz., das Postwesen in seiner Entwicklung von den ältesten Zeiten bis in die Gegenwart. 8 Vorträge. gr. 8. (71 S.) Graz 880. Leuschner & Lubensky. n. 1. 60

— der Protestantismus in Steiermark, Kärnten u. Krain vom XVI. Jahrh. bis in die Gegenwart. 8. (III, 300 S.) Graz 900. Leykam. n. 3. 20

Ilwof, Franz: R e d e in der Festversammlung des Historischen Vereins für Steiermark am 26. Nov. 1908 zur Feier des 60jährigen Regierungs-Jubiläums Sr. Maj. des Kaisers Franz Joseph I. geh. von –. Graz: Hist. Ver. f. Steiermark 1909. 24 S. 8°

Ilwof, Franz, Aus Erzherzog Johann's Tagebuch. Eine Reise in Obersteiermark im Jahre 1810. Im Auftrage Sr. Exc. d. H. Franz Grafen von Meran herausgeg. S. (141 S) Graz, Leuschner & Lubensky. 1 fl. 50 kr. 1883.

Ilwof, Franz, Tauschhandel u. Geldsurrogate in alter und neuer Zeit. gr. 8. (91 S.) geh. 1 fl. Graz: Leuschner & Lubensky 1882.

Ilwolf, Franz, s. Ilwof

Ilz und seine Umgebung. Ilz [1892]. V: *Fink, L.* (JOANSTYRA)

Ilzhöfer, Hermann, appr. Arzt a. Augsburg: Ueber tuberkulöse Basilarmeningitis. Statistische Studie am Material d. pathol.-anat. Institutes in München v. J. 1886—1905 incl. München 1906: C. Wolf & Sohn. (52 S.) 8°
München, Med. Fak., Ref. v. Bollinger, Diss. v. 27. Febr. 1908
[Geb. 15. Febr. 75 Augsburg; Wohnort: Augsburg; Staatsangeh.: Bayern; Vorbildung: Gymn. Augsburg Reife Juli 94; Studium: München 10 S.; Coll. 27. Febr. 08; Approb. 31. Jan. 08.]

Ilzhöfer, Hermann, aus Augsburg: Ueber die Einwirkung von Quecksilberoxydsalzen auf aromatische Verbindungen. *Tübingen: F. Pietzcker 1901.* (47 S.) 8°
Tübingen, Naturw. Diss. v. 1901

Ilzhöfer, K., kurzgefaßte Bibelkunde, m. e. Anh. üb. das christl. Kirchenjahr f. das Perikopenlesen, nebst e. Bibelleseplan, f. die Hand der Schüler in Mittelschulen, höheren Mädchenschulen, Bürgerschulen, Lyceal- u. Realschulen, Aspiranten- u. Präparandenanstalten ꝛc. bearb. 8. (VIII, 105 S.) Stuttgart 894. A. Bonz & Co. Kart. n. — 60

Ilzhöfer, K., Biblisches Handbuch f. Schüler in den mittl. u. ob. Klassen d. Volks-, Mittel- u. Bürgerschulen, sow. z. Gebr. in Real- u. Lateinschulen, höh. Mädchenschulen, Aspiranten- u. Präparandenanstalten ꝛc. Eine biblische Geschichte Alten u. Neuen Testaments m. Erläutergn. u. Nutzanwendgn., method. bearb. gr. 8. (VIII, 342 S. m. 10 Abb. u. 2 farb. Karten.) Stuttgart 897. A. Bonz & Co. Geb. n.n. 1. —

Ilzhöfer, K., biblisches Handbuch f. Schüler in d. mittleren u. oberen Klassen der Volks-, Mittel- u. Bürgerschulen, sowie z. Gebrauch in Real- u. Lateinschulen, Aspiranten- u. Präparandenanstalten etc. Eine bibl. Geschichte Alten u. Neuen Testaments m. Erläutergn. u. Nutzanwendgn., methodisch bearb. 2. Aufl. (8.—12. Tauf.) (VIII, 343 S. m. 3 [2 farb.] Karten.) 8. Stuttgart (910). A. Bonz & Co. Geb. nn 1. —

Ilzhöfer, K., methodisches Handbuch der biblischen Geschichte mit Vorerzählungen, Dispositionen, Erläuterungen, Lehrinhalt-Angaben, einer Tafel nebst mehreren Karten und Tabellen, sowie einer kurzgefaßten Bibelkunde, für Lehrer und Lehrseminaristen bearb. 1. Tl.: Altes Testament. Mit einem Vorwort von Paul Lang. gr. 8. (XII, 342 S.) Stuttgart 887, Bonz und Comp. *

—— dass. — mit Vorerzählungen, Dispositionen, Erläuterungen, Lehrinhalt-Angaben, 1 Karte und mehreren Tabellen, für Lehrer und Lehrseminaristen bearb. 2. Tl.: Neues Testament. gr. 8. (IX, 383 S.) Ebendas. 889. *

— methodisches Handbuch der biblischen Geschichte, m. Vorerzählgn., Dispositionen, Erläutergn., Lehrinhalt-Angaben, e. kurzgefaßten Bibelkunde, e. Anh. üb. das christl. Kirchenjahr, nebst mehreren Tab. u. Karten, f. Lehrer u. Lehrseminaristen bearb. 2., verb. Aufl. 2. Tl. Neues Testament. gr. 8. (IX, 408 S.) Ebd. 892. n. 3. 60 (1. 2.: n. 7. 20)

— Method. Handbuch d. bibl. Geschichte m. Vorerzählgn., Dispositionen, Erläutergn., Lehrinhalt-Angaben, nebst mehr. Tabellen u. Karten, f. Lehrer u. Lehrseminaristen bearb. 3., verb. Aufl. 2 Tle. gr. 8. Ebd. à n. 3. 60
1. Altes Testament. (XVI, 360 S. m. Abb.) 896.
2. Neues Testament. (IX, 400 S. m. 2 farb. Karten.) 898.

Ilzhöfer, K., methodisches Handbuch der biblischen Geschichte m. Vorerzählungen, Dispositionen, Erläuterungen, Lehrinhalt-Angaben nebst mehreren Tabellen u. Karten, für Lehrer u. Lehrseminaristen bearb. 4. verb. Aufl. 2 Tle. gr. 8. Stuttgart, A. Bonz & Co. à n. 3. 60; geb. in Leinw. à n.n. 4. 30
1. Altes Testament. (XVI, 364 S. m. Abbildgn. u. 2 farb. Karten.) 903.
2. Neues Testament. (XV, 402 S. m. Abbildgn. u. 2 farb. Karten.) 906.

Ilzig, Carl: Das Trostbuch des Deuterojesaja. Berlin, R. Gaertner, 1894; 27 S. 4.
Berlin, Sophien-G, OP 1894 (65)

Methode Rustin. Unterrichtsbriefe für das Selbststudium der evangelischen Religion ... Hrsg. vom Rustinschen Lehrinstitut. Bearb. von Oberl. C[arl] Ilzig. Lfg 1. Potsdam & Leipzig: Bonness & Hachfeld [1902]. 4° (8°)
— Selbst-Unterrichts-Briefe. [8,] Lfg 1.

Ilznük, Henriette, Kinderfreuden und Kinderleiden. Weihnachtsgaben in Erzählungen für die Jugend. Aarau 862. Sauerländer. 16. (XV, 224 S. mit Holzschn.) 20 ngr.

Im Atelier. Dramat. Polterabend-Scherz m. Gesang in 1 Act. 12. (8 S.) Berlin (895). M. Böhm. 1. 50

— Angesichte des Todes (in vereinfachter Stenographie), s.: Aus helvetischen Landen.

Im Bademantel. Hygienische Winke für Seebadreisende von M. 8. (45 S.) Berlin 887, Eckstein Nachf. *

Im Bademantel. Hygienische Winke f. Seebadreisende, zusammengestellt v. M. Nebst e. Tabelle, welche die Verdauungszeit der gebräuchlichsten Nahrungsmittel angiebt. 12. (46 S.) Berlin 889. Eckstein Nachf. In Wachstuch geb. n. — 60

Im Bademantel. Hygienische Winke f. Seebadreisende, zusammengestellt v. M. Nebst e. Tabelle, welche die Verdauungszeit der gebräuchlichsten Nahrungsmittel angiebt. 2. (Titel-)Aufl. 12. (46 S.) Leipzig-Reudnitz 893. E. Kunze. n. — 50

—— Banne. Eine Erzählg. für's Volk v. F. A. 12. (54 S.) Gernsbach 891, Christl. Kolportage-Verein. ** — 35

Im Banne der Dritten Abtheilung. Zeit-Roman von ***. 2 Bde. 8. (272; 280 S.) Berlin 884, Janke. *

Im Banne dämon. Kräfte, s.: Miniatur-Bibliothek.

Im Bann der Leidenschaft. Aus dem Engl. v. Marie Scott. 3 Bde. 8. (199, 189 u. 203 S.) Leipzig 871. E. A. Günther. n. 6. —

— Banne der Venus. Bohême-Geschichten. (141 S.) schmal 8. Berlin (905). Berliner Verlags-Institut. 2. —

— Bannkreise des Rosengarten. Bozen-Gries u. seine Bergwelt. Illustriertes Pracht-Album der Bäder u. Kurorte. (Mit Text in deutscher, französ. u. engl. Sprache.) (19 S.) qu. Lex.-8. Dresden (904). Arnold & Gröschel. n. 1, 25

Im untern Berg. Zürich 1890. V: *Meyer-Rahn, Cäcilie.* (zuwzür 1911)

Im Bilderland. Bilder u. Geschichten f. kleine Leute. (64 S. m. z. Tl. farb. Abbildgn.) 33×28,5 cm. Nürnberg (907). Th. Stroefer. Geb. 6. —

— Bivouak. Humoristische Erzähl gn. u. Anekdoten aus den Feldzügen v. 1866 u. 1870. gr. 16. (92 S.) Berlin 871. Cronbach. — 60

—— Brautkranz. Briefe an eine junge Verlobte mit einem Kapitel über die Ehe als Morgengabe für Bräute, von Frau Therese. gr. 16. (VII, 149 S.) Hamburg 870, Richter. *

Brennpunkt der Schulreform-Bewegung. Ein poet. Klärungsversuch. gr. 8. (III, 36 S.) Frankf. a. M. 890, Mahlau u. Waldschmidt. ** — 75

— Buchwald. Belletristische Zeitschrift. Hrsg. u. red. v. O. J. Nußbaum. 1. Jahrg. 1890. 26 Hfte. (1½ B.) gr. 4. Czernowitz, Pardini. n. 12. —; à Hft. n.n. — 60

— Buchwald. Illustrirte Zeitschrift. Hrsg. u. red. v. O. J. Nußbaum. 2. Jahrg. 1891. 24 Hfte. (1½ Bog.) gr. 4. Czernowitz, (Pardini). à Hft. n.n. — 50

Nicht weiter erschienen.

— Bunde der Dritte. Vexierbuch. 12. (4 farb. Faltebilder m. Text.) Stuttgart 893. F. Loewe. — 15

— neuen Burgtheater. Kritische Streiflichter. 1. u. 2. Aufl. gr. 8. (36 S.) Leipzig 893. Literar. Anstalt A. Schulze. n. — 60

— Circus. Relief-Bilderbuch. 4. (16 S. m. eingedr. Illustr. u. Reliefbildchen in Mappe.) Dresden 885, Schwager. geb. n. 2. 25

—— Circus. Leporello-Album mit 10 Bildertaf. qu. 4. Stuttgart 888, F. Loewe. geb.

—— Circus. Drollige Sachen zum Staunen u. Lachen. Ergötzliche Bilder m. lust. Reimen f. Knaben u. Mädchen. Leporello-Album. qu. 4. (8 farb. Taf.) Stuttg. 889, Nitzschke. • 2 —

—— Circus. 8. (16 S. m. Illustr. u. 6 beweg l. Buntbildchen.) Stuttg. 892, Loewe. cart. — 50

—— Coupé 1.—3. Classe, } f. Lindau's, Carl, Reise-
—— Coupé für Nichtraucher, } bibliothek.

Im Dachstübchen. Weihnachtsbild in 1. Akt, 10. Aufl. Paderborn [1902]. V: *Ney, Christian.* (Berl)

— Dienst des Herrn. Das Dirnlein Naemanns. Tabea. 2 Singspiele, nach der hl. Schrift zusammengestellt f. Jungfrauenvereine u. christl. Gemeinschaften. Hrsg. v. Verband der evang. Jungfrauenvereine Deutschlands. (16 S.) 8. Berlin 909. 10. Buchh. d. ostdeutschen Jünglingsbundes. — 50

— Dienst d. Königs. Kreuz u. Krone. Erzählungen v. der Verf. v. „Die span. Brüder", „Ohne Kreuz keine Krone". Aus dem Engl. v. Elis. Klee. 8. (VI, 356 S.) Anklam 886. (Leipzig, Buchh. d Vereinshauses.) n. 3.50; geb. n. 4. 50

— Dienst des Meisters. Züge aus dem Leben des Pfr. Rud. Wenger. 8. (76 S. m. 1 Bildnis.) Basel 899 Missionsbuchh. n. — 80

— goldenen Drachen zu Titipu. Bier-Oper m. u. ohne Gesang in e. Akte v. Will-Will u. Hill-Hill. gr. 16. (23 S.) Leipzig 895. C. F. Tiefenbach. — 25

Im Esterhazy-Keller. Ein Kaprizzio [Wiener Zeitschrift für Kunst, Theater, Literatur und Mode 1848, Nr. 19]. S.-A. V: *Lyser, Joh. Peter.* (Friedrich Hirth: J. P. Lyser. München u. Leipzig 1911, S. 549)

Im Exil. Roman in 3 Thln. Von W. v. St. 1. Aufl. gr. 8. (816 S.) 1855. und 2. Aufl. 8. (IV und 816 S.) Braunschweig 856, Leibrock.

Im Exil. Roman. Von W. v. St. 3 Thle. 856. 3 ₰. 10 ngr. — 2. (Titel-)Aufl. Braunschweig 857. Leibrock. 8. (3 Bl., 260; 2 Bl., 292; 2 Bl., 264 S.) 3 ₰. 15 ngr.

„Im Felde." Erinnerungen eines einjähr. Freiwilligen vom Füsilier-Bataillon des Kaiser-Franz-Garde-Grenadier-Regiments aus dem Feldzuge in Böhmen und Mähren. (Ein Beitrag zur Geschichte des Regiments.) 8. (VI und 119 S.) Berlin 867, Stilke und van Muyden. * —

—— Felde. Erfahrungen u. Bilder aus dem tägl. Leben im Kriege. Von e. aktiven älteren Offizier. gr. 8. (461 S.) Berl. 890, Eisenschmidt. * 7 50

Im Felddlazareth währ. des deutsch-französ. Krieges 1870. Erlebnisse e. Freiwilligen unter d. Johanniter-Orden. 8. München. 1870. 0.50.

— Feuer geläutert, s.: Edelweiß.

Im Finstern ist nicht gut tappen. Eine Posse zum Singen in zwey Aufzügen. Wien 1791. V: *Hiesberger, L.* (GGR V/331, Nr. 105a) (Biblport)

Im Finstern ist nicht gut tappen, und das Singsp. ohne Titel. 2 Opern v. Hiesberger. 8. Wien. Stahel. (Schaumburg.) 791.

Im Fluge. Ein epilog. Scherz zur Novelle „Im Zuge von Edmund Heyking" von F. K. gr. 16. (43 S.) Riga 878, Stieda. *

Im Fluge durch die Welt. Vortrag zu einer Serie von 52 Laternenbildern. Düsseldorf 1898. V: *Jost, H. E. Walter.* (Berl)

Im Freien. Bilder u. Sprüche aus dem Kinderleben. Unzerreißbares Leinwandbilderbuch. Nürnberg 863. Geh. 4. (16 color. Lithogr.) n. 20 ngr.

— Freien, e. schönes Bilderbuch. 2 Sorten. 4. (à 6 farb. Taf. m. Text.) Leipzig 889. Fr. Pfau. cart. à n. — 25

— Freien. schmal Fol. (12 z. Tl. farb. S. m. eingedr. Text.) Eßlingen 896. J. F. Schreiber. Kart. n. — 40

— Freien. Mal-Buch. (8 S. m. z. Tl. farb. Abbildgn. ohne Text.) qu. 16. Hannover (904). A. Molling & Co. — 10

— Freien. Ein Bilderbuch f. kleine Leute. (6 farb. S. auf Pappe.) 33,5×21 cm. Weißensee-Berlin (910). E. Bartels. Geb. 2. —

„Im Frieden." Ein Militärhandbuch für Alle. Zu Nutz und Frommen der lustigen und traurigen Soldaten jeder Waffengattung vom Feldwebel ab- und aufwärts, sowie aller Civilisten ohne Unterschied des Alters und Geschlechts hrsg. vom Generalstab der Münchener „Fliegenden Blätter". 1.—8. Aufl. gr. 8. (191 S. mit eingedr. Holzschn.) München 885,86, Braun und Schneider. *ℳ 2.—.; geb. **

— **Frieden.** Ein Militärhandbuch f. Alle. Zu Nutz u. Frommen der lust. u. traur. Soldaten jeder Waffengattg. vom Feldwebel ab- u. aufwärts, sowie aller Civilisten ohne Unterschied des Alters u. Geschlechts hrsg. vom Generalstab der Münchener „Fliegenden Blätter". Neue Folge. gr. 8. (200 S. m. Illustr.) München 889. Braun & Schneider. n. 2. —; geb. n. 4. — (1. 2.: n. 4. —; geb. n. 8. —)

Im **Frieden** fahren. Reden, geh. bei d. Begräbnisfeier d. Herrn Superint. a. D., Pastor em. Adolf Ferdinand Augustin zu Insterburg 1896. *Elberfeld: Luth. Bücherver. [1896].* (22 S.) 8° [F.] (ou. 4147 6)

— **Frühling!** Eine Blumen-Anthologie m. Gedichten v. Fr. Bodenstedt, Fel. Dahn, E. Geibel ꝛc. Nebst e. Titelbilde, 4 Aquarelldr. u. 3 Vollbildern in Holzschn. 4. (106 S.) Leipzig 893. G. Fock. Geb. in Leinw. m. Goldschn. 3. —

— zoologischen **Garten**. Bilder zur Unterhaltung u. Belehrung für Kinder von 3 bis 7 Jahren. 4. (11 Chromolith.) Langensalza 878. Beyer & Söhne. geb. 1. —

— zoologischen **Garten**. Leporello-Album. qu. 4. (12 farb. Taf. auf Carton.) Stuttgart 889. G. Weise. cart. n. 2. 50

— zoologischen **Garten**. Ein Bilderbuch zum Aufstellen. gr. 4. (8 farb. Taf. auf Pappe m. plast. Fig.) Eßlingen (899). J. F. Schreiber. Kart. n. 6. —

— zoologischen **Garten**. (18 S. m. z. Tl. farb. Abbildgn.) qu. Lex.-8. Nürnberg (904). Th. Stroefer. Auf Pappe od. in Leporelloform n. 3. —

—— Geiste Overberg's oder Signale der „alten Garde" für Seelsorger, Lehrer und Lehrerinnen von Bruno. 12. (IV, 315 S.) Kempten 888, Kösel.

Im deutschen Gerichtshof. Gemeinverständliche Belehrung über die Reichs-Justizgesetze. Berlin 1879—83. V: *Keyssner, Albert Bernhard Hugo.* (KGBerlin I, 855)

—— deutschen **Gerichtshof**. Gemeinverständliche Belehrung über die Reichs-Justizgesetze. (I.) 8. (208 S.) Berlin 879, Behrend. *
Aus: Berliner Gerichtszeitung, besonders abgedruckt.

—— deutschen **Gerichtshof**. Gemeinverständliche Belehrung über die Reichs-Justizgesetze. 2. und 3. Bd. 8. Berlin, Behrend. [2. Bd. (III, 222 S.) 880. *ℳ 1.; 3. Bd. (360 S.) 883. *ℳ 1,50.] *
Aus: Berliner Gerichtszeitung, besonders abgedruckt.

— **Grünen.** 12. (12 S. m. z. Tl. farb. Abbildgn.) Stuttgart 898. W. Nitzschke. -- 40

— **Grunewald** ist Holzauktion, sowie viele andere neue Couplets u. Lieder. 8. (30 S.) München 892. Münchener Verlags-Institut, F. Braunbeck. — 10

— Hauptquartier des Prinzen **Friedrich Karl**, s.: Gabelsberger-Bibliothek 70. Bd.

— **Hause.** Illustrirte Blätter f. die junge Mädchenwelt. Hrsg. von Jeanne Marie de Gayette. 1. 2. Bd. Oktbr. 1886—Septbr. 1888. à 12 Nrn. (B.) hoch 4. Leipzig, Leipziger Lehrmittel-Anstalt von Dr. O. Schneider. à Jahrg. n. 2. 40

— **Haus** u. im Freien. 8 (chromolith.) Bilder m. Verschen. qu. 4. Leipzig 871. Opetz. — 40

Im preußischen Heere, s.a. Willich, v.

Im preussischen Heere! Ein Disciplinarverfahren gegen Premier-Lieutenant v. Willich ... Mannheim 1848. V: *Willich, August von.* (Ky) (EngJ)

— eigenen **Heim**. Illustr. Monatsschrift f. Haus, Hof u. Garten. Die Gartenstadt. Mitteilungen üb. Kleinwohnungsbau u. üb. Gartenstadtbestrebgn. Schriftleitung: E. Abigt. Jahrg. 1909. 12 Nrn. (à ca. 16 S. m. Abbildgn.) 31×23,5 cm. Wiesbaden, Westdeutsche Verlags-Gesellschaft. 4. —

— trauten **Heim**. Ein österr. Familienblatt. Red.: Arth. Kirchner. 1. Jahrg. Apr.—Dezbr. 1893. 27 Nrn. (à ca. 2½ Bog.) gr. 4. Wien, C. Fromme. n. 6. —

— dasselbe. Red. v. Jos. Siebenlist. 2. Jahrg. 1894. 52 Nrn. (à ca. 2½ Bog.) gr. 4. Ebd. n. 8. —

— trauten **Heim**. Ein österreich. Familienblatt. Chefred.: Hugo Astl-Leonhard. Red.: Arth. Kirchner. 3.—4. Jahrg. 1895—1896. à 24. Nrn. (à ca. 3 Bog. m. Abb.) gr. 4. Wien, M. Breitenstein. à Jahrg. n. 8. —

— dasselbe. Red.: Fritz Lemmermayer. 5. Jahrg. Jan.—Septbr. 1897. 18 Nrn. (à ca. 3 Bog. m. Abb.) gr. 4. Ebd. n. 6. —
Erscheint seit 1. Oktbr. 1897 u. d. T.: Wiener illustr. Frauen-Zeitung.

— **Himmel** nicht glücklich. 16. (8 S.) Barmen 874. (Wiemann.) — 6

— **Hippodrom.** gr. 4. (14 Farbdr.-Bilder.) Stuttgart 889. Loewe. n. 1. 60

— **Hippodrom.** gr. 4. (14 farb. Taf.) Fürth 894. (Leipzig, W. Opetz.) 1. —

Im goldenen Hirsch zu Kamenz. Kamenz 1894. V: *Klix, Friedrich Ferdinand.* (Less 126)

— Hofe und am Hofe, s. Novellen, Hamburger.

— **Hofbräuhaus.** Extra-Nummer des „Reise-Onkel". 3. u. 4. Taus. gr. 4. (16 S. m. Abb.) München 898. C. Andelfinger & Co. — 20

Im Horste des Rothen Adlers. Ein Roman aus der jüngsten Vergangenheit von? Halle a. S. 1895. V: *Crome-Schwiening Carl.* (Berl)

— Horste d. Rothen Adlers. Ein Roman a. d. jüngsten Vergangenheit v. ? gr. 8. (233 S.) Halle 895. W. Kutschbach. n. 3. —

— Jahre 1870 an der Eisenbahn. Rückerinnerungen e. Bayerin. gr. 8. (41 S.) Heidelberg 900. J. Hörning. n. — 80

— Jahre 1909, s.: Zehnpfennig-Unterhaltungshefte f. Nationalstenographen. Nr. 6.

— tollen Jahr. 1. Jahrg. d. Kladderadatsch 1848. Nach 50 Jahren neu hrsg. m. Anmerkgn. u. Erläutergn. gr. 4. (III, 136 S. m. Abb.) Berlin 898. A. Hofmann & Co. Kart. n. 3. —

—— Jahres-Laufe. Ein Shakespeare-Kalender für 1890 u. 1891. 12. (à Jahrg. 12 Bl. m. farb. Illustr.) [Münch.] Nürnb., Stroefer. à Jahrg. * 1 —
Folgende Jahrge. s. u. d. T.: Shakespeare-Kalender.

Im Kampf ums Dasein! 1. u. 2. Bd. gr. 8. Pößneck, H. Schneider Nachf. à n. 1. —
1. Wie verschaffe ich mir ein Darlehn ohne Sicherheit, sowie auf Bürgschaft, durch Wechsel, durch Teilhaberschaft u. dergleichen, nebst e. Anh.: Wie vermeidet man e. Konkurs? Ein Ratgeber. Von K. Fr. Ludwig. (71 S.) (906.)
2. Wie inseriere ich am besten bei Geschäfts-Anzeigen, bei Familien-Ereignissen, als Vereinsvorstand etc. Nebst e. Anh.: Die wichtigsten Bestimmgn. des Gesetzes üb. den unlauteren Wettbewerb. Von R. Gasch. Mit zahlreichen in den Text gedruckten Beispielen. (83 S.) (906.)

— Kampf ums Dasein! (Praktische Bibliothek.) 3.—9. Bd. gr. 8. Pößneck, H. Schneider Nachf. à 1. —
Ellmersdorff, Paul, wer hat Recht? Der Prinzipal od. sein Angestellter? Rechtsbuch f. Prinzipale u. Untergebene in Handels- u. gewerbl. Betrieben. Zugleich e. Handbuch f. die Vorstände der kaufmänn. u. gewerbl. Schiedsgerichte. Ein Ratgeber. (139 S.) gr. 8. 907. (Bd. 5.)
Maeder, E., der deutsche Postüberweisungs- u. Scheckverkehr. Einführung in die Postscheckordng. vom 6. XI. 1908 unter besond. Berücksicht. der engen Beziehgn. zwischen dem Postscheck- u. dem Reichsbank-Giroverkehr. Mit zahlreichen Erläutergn., Beispielen u. Musterformularen gemeinverständlich bearb. Ein Ratgeber. 2. Aufl. 3.—4. Tausd. (99 S.) (909.) (Bd. 9.)
Obst, Joh., Geschäftskniffe (Geschäftsklugheit) od. Der moderne, intelligente Kaufmann in der richt. Beurteilg. u. Ausnützg. unserer neuzeitl., geschäftl. Verhältnisse u. Gründgn. Vademekum f. alle Geschäftsleute, Geschäftsreisende, Geschäftsdisponenten, Agenten, Makler, Handlungskommis (Volontäre u. Lehrlinge), sowie f. Zöglinge der Handels-Lehranstalten. Mit Anh.: Ueber Geschäfts- u. Fabrikations-Geheimnisse. (96 S.) 16. Stuttgart (905). (Bd. 3.)
Rudolph, Führer durch den Brautstand. Gesetz u. Sitte f. Verlobte nebst ausführl. Darstellung der Gebräuche vor dem Altar der evangel. u. kathol. Kirche. Ein Ratgeber f. Eltern u. Verlobte. (80 S.) gr. 8. (907.) (Bd. 6.)
— Ein Kind. Gegenseitige Rechte u. Pflichten zwischen Eltern u. Kindern. Das Erbrecht der Kinder. Die Rechte der unehel. Kinder. Ein Ratgeber f. Eltern u. Kinder, sowie f. Mütter, Väter u. Vormünder von außerehel. Kindern. (79 S.) (908.) (Bd. 7.)
Stahl, C. J., Miete u. Pacht, in ihren Rechtsverhältnissen u. wichtigsten Bestimmgn. f. Mieter u. Vermieter, Pächter u. Verpächter nach dem bürgerl. Gesetz-Buch gemeinverständlich dargestellt. Mit e. Anh.: Entwürfe zu Schriftstücken f. den Verkehr zwischen den Mietsparteien. (88 S.) 8. Leipzig 1900. (Bd. 4.)
Bd. 8 ist noch nicht erschienen.

Im Kampf ums Dasein! Ein Beitrag zur mod. Arbeiterbewegg. (118 S.) 8. Heiligenstadt (907). F. W. Cordier. — 30
Sonderabdruck aus: „Mitteldeut. Volkszeitg. Eichsfeldia".

— Kampf ums Dasein! Lebenserinnergn. e. Mädchens aus dem Volke als Fabrikarbeiterin, Dienstmädchen u. Kellnerin. Mit e. Vorwort v. G. Braun. 4. Aufl. (191 S.) 16. Stuttgart (908). [C. Weber & Co.] H. Quasthoff. 1. —

— Kampf f. Preußens Ehre. Aus dem Nachlaß des Grafen Albrecht v. Bernstorff, Staatsministers u. kaiserl. deutschen außerordentl. u. bevollmächt. Botschafters in London u. seiner Gemahlin Anna geb. Freiin v. Koennerítz. Hrsg. v. Karl Ringhoffer. Mit 2 Bildnissen in Lichtdr. u. der Nachbildg. e. Briefes. (XV, 687 S.) gr. 8. Berlin 906. E. S. Mittler & Sohn. n. 12. —; geb. n. 13. 50

Im Kampf für Russlands Freiheit. Leipzig 1906. V: *Polly, Adrian.* (StadtBibl Berlin XII, S. 277)

— Kampf f. Rußlands Freiheit. 1—5. Tausd. (IV, 286 S.) 8. Leipzig 906. Insel-Verlag. n. 3. —; geb. in Leinw. n. 4. —

— Kampfe um den alten Orient. Wehr- u. Streitschriften, hrsg. v. Alfr. Jeremias u. Hugo Winckler. Nr. 1—3. gr. 8. Leipzig, J. C. Hinrichs' Verl. 3. 40
Jeremias, Alfr., das Alter der babylon. Astronomie. 2. erweit. Aufl. m. 15 Abbildgn. u. astronom. Zeichngn. Unter Berücksicht. der Erwiderg. v. F. X. Kugler, S. J. (92 S.) 909. (Nr. 3.) 1. 60
1. Aufl. (64 S.) 908. 1. 20
— Die Panbabylonisten, der alte Orient u. die ägyptische Religion. Mit 6 Abbildgn. 2. erweit. Aufl. m. Sach- u. Autorenregister. (72 S.) 907. (Nr. 1.) — 80
1. Aufl. (65 S.) 907. — 80
Winckler, Hugo, die jüngsten Kämpfer wider den Panbabylonismus. (80 S.) 907. (Nr. 2.) 1. —

— Kampf gegen die Schunddruckerzeugnisse, s.: Flugschriften des Volksbundes zur Bekämpfung des Schmutzes in Wort u. Bild.

— Kampf um Süd-Afrika. 4 Bde. gr. 8. München, J. F. Lehmann's Verl. n. 24. —; geb. n. 28. —; auch in 48 Lfgn. à n. — 50
I. Lebenserinnerungen. Von Paul Krüger. Von ihm selbst erzählt, nach Aufzeichngn. v. H. C. Bredell u. Piet Grobler hrsg. v. A. Schowalter. Deutsche Orig.-Ausg. (309 S. m. Bildnis.) 902. n. 5. —; geb. n. 6. —
II. Die Transvaaler im Krieg m. England. Kriegserinnerungen. Von Ben. Viljoen. Deutsche Orig.-Ausg. v. A. Schowalter u. H. A. Cremer. Mit vielen Abbildgn. v. Fritz Bergen u. Ant. Hoffmann, u. e. mehrfarb. Karte v. Südafrika. (401 S.) (902.) n. 7. —; geb. n. 8. —
III. Stejn, Präsident u. die Freistaater im Krieg m. England. 1. Tl. Präsident Stejn. Ein Lebensbild. Von Fred. Rompel. Mit Abbildgn. nach Orig.-Photographien u. nach Vorlagen v. Ant. Hoffmann. Deutsche Orig.-Ausg. Hrsg. v. A. Schowalter. — 2. Tl. Mit den Burenkommandos im Felde. Von J. D. Kestell. Mit vielen Abbildgn. nach Orig.-Photographien u. nach Vorlagen v. Fritz Bergen u. Ant. Hoffmann, 2 Kartenskizzen u. 2 Taf. m. Unterschriften. Deutsche Orig.-Ausg. Hrsg. v. A. Schowalter. (VII, 76 u. XI, 380 S.) (902.) n. 7. —; geb. n. 8. —
IV. Die Buren in der Kapkolonie im Kriege m. England, mit Benutzung v. Aufzeichngn. v. Hauptkommandant Lategan u. anderer Kommandanten, sowie nach den amtl. Berichten v. General Smuts. Von de Wet, A. H. v. Doornik u. G. C. du Plessis. Mit 48 Abbildgn. nach Orig.-Photograph. u. Vorlagen v. Ant. Hoffmann. Hrsg. u. übers. v. A. Schowalter. (VIII, 257 S. m. 1 farb. Karte.) (902.) n. 5. —; geb. n. 6. —

Im Kampf m. Verbrechern. Abenteuer berühmter Geheimpolizisten aller Länder. 1—3. Bd. (à 32 S.) 8. Berlin (906). Verlag deutscher Volksliteratur. à — 10

Im Kampf m. Verbrechern. Jetzt: Berlin, Druck- u. Verlagsgesellschaft.

Im Kampf um die Weltanschauung. Bekenntnisse eines Theologen. 10.—12. Aufl. Freiburg i. Br. 1893. V: *Wimmer, Rich.* (Berl) (Ky)

— Kampf um die Weltanschauung. Bekenntnisse e. Theologen. 1. u. 2. Aufl. 8. (III, 154 S.) Freiburg i/Br. 888. J. C. B. Mohr. cart. n. 2. 80

— dasselbe. (Ausg. B.) 3.—8. Aufl. 8. (III, 95 S.) Ebd. 888. 889. n. 1. —

— dass. — 3. und 4. Aufl. (Ausg. B.) 8. (III, 95 S.) Ebendas. 888. cart. *

— Kampf um die Weltanschauung. Bekenntnisse e. Theologen. 7. Aufl. 8. (95 S.) Freib. i. Br. 889, J. C. B. Mohr. cart. * 1 —

— dass. — (Ausg. B.) 8. Aufl. 8. (III, 95 S.) Ebd. 889. cart. * 1 —

— Kampf um die Weltanschauung. Bekenntnisse e. Theologen (Rich. Wimmer). 10.—12. Aufl. 8. (III, 95 S.) Freiburg i/B. 893. J. C. B. Mohr. n. 1. —

— dasselbe. Nachtrag, s.: Weg, der, zum Frieden.

— Kampf um die Weltanschauung. Kundgebung des Goethebundes vom 3. V. 1908. Ansprachen v. Wilh. Bölsche, Otto Ernst, Ludw. Fulda u. a. (50 S.) 8. Berlin (908). Concordia. — 50

Im katholischen Glauben stirbt man getrost! Eine Ermahnungsrede an alle Christen. Nachtrag zu der Ermahnungsrede über den christlichen Ehestand besonders in gemischter Ehe. Von dem Verfasser der »Schritte zur vollkommenen Liebe Gottes etc.« Regensburg 1839. V: *Blum, Georg.* (Russell IX, 562)

Im kathol. Glauben stirbt man getrost! Eine Ermahnungsrede an alle Christen. Nachtr. zu d. Ermahnungsrede üb. d. christl. Ehestand besond. in gemischter Ehe. Von d. Verf. d. „Schritte zur vollkomm. Liebe Gottes etc." 8. (2½ B.) Regensburg 839, Manz.

Im Kaukasus 1862. [Berlin 1865.] V: *Friedrich Heinrich Albrecht Prinz von Preussen.* (Kat. d. Lipperheideschen Kostümbibl. 1. Berlin 1896—1901.)

— Kleinen treu. Eine Erzählung aus dem Kinderleben. Bevorwortet v. Frey. 12. (87 S.) Elberfeld 889. Buchhandlg. d. Evangel. Gesellschaft. n. — 80

— Kleinen treu! 4 Erzählgn. von M. v. O. Mit Titelbild nach Guido Reni: Erzengel Michaels Kampf m. d. Drachen (Offbg. Joh. 12 V. 7—12). 8. (IV, 144 S.) Schwerin 901. F. Bahn. n. 1. 20; geb. n. 1. 60

— Kleinen treu! Vier Erzählgn. v. M. v. O. Mit Titelbild nach Guido Reni: Erzengel Michaels Kampf m. dem Drachen. (Offbg. Joh. 12 V. 7—12). 2. u. 3. Aufl. (Je 144 S.) 8. Schwerin 904. F. Bahn. n. 1. 20; geb. in Leinw. n. 1. 60

— Kleinen treu! 4 Erzählgn. von M. v. O. Mit Titelbild nach Guido Reni: Erzengel Michaels Kampf mit dem Drachen. (Offenbg. Joh. 12 V. 7—12.) 4. Aufl. (IV, 144 S.) 8. Schwerin 911. F. Bahn. 1.20; geb. 1. 60

— Konkubinenstock. Humoreske von Max Sax. 12. (19 S.) München 882, Pollner.
Aus: Süddeutsche Post, besonders abgedruckt.

— Kranze d. Jahres. Ein Gedenk- u. Gedichtbuch fürs Haus. Mit 12 Illustr. in Farbendr. nach Aquarellen v. Jul. Hoeppner. 2. Aufl. 8. (199 S.) Leipzig 881. Zehl. geb. m. Goldschn. n. 8. —

Im Kränzchen. Erzählungen f. die Jugend v. F. Andreae, Erna Berger, Agnes Brauer u. a. (227 S. m. 10 Farbdr.) gr. 8. Leipzig (903). E. Kempe. Geb. in Leinw. 3. —

Im Kreise der »Eintracht«. Am sechsten Tag der Gründung. [Wien 1860.] V: *Kaltenbrunner, Carl Adam.* (EB)

— frohen Kreise. [illegible] Sammlg. v. schönsten Volkslieder. 12. (VIII, [illegible] S.) Düsseldorf 896. A. Bagel. Geb. in Leinw. 1. —

— häuslichen Kreise. Katholisches Volksbuch, m. Beiträgen v. Schulte, Rich. Kettnaker, Phpp. Laicus etc. Mit Bildern. 8. (308 S.) Osnabrück 885. Wehberg. n. — 50

— häuslichen Kreise. Katholisches Volksbuch. Mit Beiträgen von Beckmann, Fr. W. Grimme, E. Lingen etc. 2. Bd. 8. (260 S. m. Bildern.) Osnabrück 890. Wehberg. n. — 50 (1. 2.: n. 1. —)

— häuslichen Kreise. Illustrierte Zeitschrift f. Unterhaltg. u. geist. Anregg., Mode u. Handarbeit. Mit den Beilagen: 1. Kunstbeilagen moderner Meister. — 2. Moden-Zeitung fürs deutsche Haus. — 3. Große Kinder-Modenwelt. — 4. Album prakt. Handarbeiten. — 5. Hauswirtschaftliche Beilage. — 6. Schnittmusterbogen. Red.: Erich Petersson, Doris Kiesewetter, Hermine Steffahny, Frau Elsa Oelkers. Jahrg. 1904/1905. (April 1904—März 1905.) 26 Hefte. (à ca. 32 S. m. Taf. u. Schnittmusterbog.) Fol. Berlin, W. Vobach & Co. 7. 80
Fortsetzung s.: Von Land zu Land.

— Kreuz ist Heil! Auserlesene Gebete m. Andachten f. christl. Seelen v. e. kathol. Geistlichen der Diözese Brixen. Mit (2 lith.) Bildern. gr. 16. (504 S.) Einsiedeln 875. Eberle. Kälin & Co. — 88

— Kreuz ist Heil! Vollständiges Gebet und Andachtsbuch für kathol. Christen. 24. (XV, 608 S. mit chromolithogr. Titel und 1 Stahlst.) Dülmen 881, Laumann'sche Verlagsh. geb. von ℳ 2. bis

— dass. — Enthaltend die nothwendigsten Gebete für Trost und Beruhigung suchende Katholiken. 7. verb. Aufl. gr. 16. (368 S. mit 1 Stahlst.) Salzburg 879, Pustet.

— Kreuz ist Heil. Vollst. Gebet- u. Andachtsbuch f. kathol. Christen. 7. Aufl. 16. (XVI, 496 S. m. farb. Titel u. 1 Stahlst.) Dülmen 898. A. Laumann. Geb. n. 1. —

— Kreuz ist Heil! Kathol. Gebet- u. Andachtsbuch, enth. die hl. Messe, Vesper- u. Completandachten u. Litaneien. Latein. u. deutsch nach dem röm. Breviere. (224 S. m. Titelbild.) 16. Kevelaer (903). J. Thum. Geb in Leinw. — 55

— Kreuz ist Heil. Vollst. Gebet- u. Andachtsbuch f. kath. Christen. 8. Aufl. (XVI, 528 S. m. farb. Titel u. Titelbild.) 11×7 cm. Dülmen (908). A. Laumann. Geb. in Leinw. 1. —

— Lachkabinet. gr. 8. (16 S. m. Abb.) Berlin 895. Exped. d. „Lustigen Blätter". — 10

Im Lande der Indianer. Erzählungen für die reifere Jugend. 8. Mülheim 880, Bagel's Verlagsh. cart.
Inhalt:
Kümmel, Max, Juan, der Steppenvogel, oder die Indianergeißel. (144 S. mit 2 Chromolithogr.) — Mylius, Otfr., der Canadische Robinson. (136 S. mit 2 Chromolithogr.)

— Lande der Revanche. Eine deutsche Tissotfahrt. 1. u. 2. Aufl. 8. (IV, 143 S.) Leipzig 887. F. Freund. n. 2. —

— Lande d. Rothhäute. Der Letzte d. Mohikaner v. J. F. Cooper. Der Waldläufer v. Gabr. Ferry. gr. 8. (208 S. m. 6 Farbdr.) Mülheim a/R. 897. J. Bagel. Geb. 2. 50

— Lande der Rothhäute. — Cooper, J. F., der letzte der Mohikaner. — Ferry, Gabriel, der Waldläufer. — Müller, Karl, die jungen deutschen Auswanderer in Australien. Eine Erzählg. f. die Jugend. (207 u. 128 S. m. 9 Farbdr.) 8. Mülheim a/R. (905). J. Bagel. Geb. 3. —

— Lande des Zukunftskrieges. Neue militär. Reisebilder aus Galizien und Westrußland. gr. 8. (VII, 80 S.) Leipzig 888, E. H. Mayer. *

Im Langweidling von Zürich nach Köln, Juli 1903. Zürich 1903. V: *Moser, Hnr.*, *Otto Schröter* & *Ulr. Farner.* (Zuwachsverz. d. Bibl. Zürich 1898ff, 8.)

Im Lazareth und auf dem Verbandplatze. Erinnerungen einer freiwill. Pflegerin aus dem deutsch-französ. Kriege 1870. 8. (III, 78 S.) Trier 872, Troschel. * 1 —

— Lenz geknickt. Proben aus dem geist. Nachlasse Ludwig Stifter's. Mit einer biograph. Einleitung von Müller aus Guttenbrunn. 8. (IV, 137 S.) Linz 881, Ebenhöch'sche Buchh. +

— Lichte d. Herrn. Jes 2, 5. Eine Sammlg. fortlauf. Predigtjahrgänge üb. die in den verschiedenen evangel. Landeskirchen Deutschlands besteh. Perikopen. Unter Mitwirkg. namhafter Prediger aus ganz Deutschland nach beigefügtem Mitarbeiterverzeichnis hrsg. v. Adf. Ohly u. Chrph. Kolb. 1.—3. Bd. à 21 Lfgn. gr. 8. Stuttgart, Greiner & Pfeiffer. à Lfg. n. — 30; à Bd. n. 6. —; geb. in Halbfrz. n. 7. 50

1. Bd. Die bayr. Evangelien v. Thomasius. (VIII, 690 S.) 892.
2. Bd. Die Episteln d. 2. Württemberger Perikopenjahrgangs. (VII, 690 S.) 893.
3. Bd. Die Evangelien des 2. braunschweig. Perikopenjahrgangs. (VII, 690 S.) 894.

Im rechten Licht! Eine Antwort auf die Res Tirolenses ... Von einem Zentralisten. Meran 1888. V: *Hochegger, Anton* oder *Robert Graf Terlago.* (Margr)

Im rechten Licht. Eine Antwort auf die Res Tirolenses. Ein Beitrag zur Nationalitätenfrage in Oesterreich. Von e. Zentralisten. gr. 8. (IV, 106 S.) Meran 888. Ellmenreich. n. 1. 50

'Im Liebesfalle...' Berlin: Kleines Witzblatt [um 1904]. (64 S.) 8° = Witzblatt-Bilderbuch. Bd 10.

— Löwenbräukeller. (Extra-Nr. des „Reise-Onkel".) gr. 4. (16 S. m. Abbildgn.) München 899. C. Andelfinger & Co. — 20

— Luftschiff. Erlebnisse u. Abenteuer. Mit Beiträgen v. Graf Bernstorff, Funcke, Härtel u. a. hrsg. v. Wilh. Köhler. 110. Taus. (228 S. m. 96 Abbildgn. u. 5 Taf.) gr. 8. Minden 910. W. Köhler. 3.—; geb. 4. —

— Mai. Frühlingslieder u. Bilder v. deutschen Dichtern u. Künstlern. gr. 4. (IV, 68 S. m. Text-Bildern u. 12 Illustr.-Taf.) München 891. Verlags-Anstalt f. Kunst u. Wissenschaft. Geb. in Prachtbd. m. Goldschn. n. 20. —

— Mai des Lebens. Ein Bücherschatz für unsere Töchter, s. Eitner, M.

— Märchenland. Eine Sammlg. der schönsten Volks- u. Kindermärchen n. Gebrüder Grimm u. andern. Mit 3 feinen Aquarellen v. W. Zweigle u. zahlr. farb. u. schwarzen Textbildern. gr. 4. (III, 40 S.) Eßlingen (902). J. F. Schreiber. Geb. n. 2. —

Im Marchenland. Kalender für 1906. I. II. (je 6 T) fol Wien (1906)

— Märchenwalde. Deutschlands schönste Märchen. 12. (96 S.) Dresden (899). M. Fischer. 1.50; steif brosch. 2.—

— dasselbe. 8. (127 S. m. 4 Farbdr.) Ebd. (899). Geb. 4.—

— dasselbe. gr. 8. (192 S. m. 4 Farbdr.) Ebd. (899). Geb. 6.—

Im Millionenlande. Satiren für Deutsche. Danzig 1888. V: *Hinrichsen, Adolf.* (Russell XVI, I, 3, 3517)

— Millionenlande. Satiren f. Deutsche. 8. (79 S.) Rostock 888. Danzig, Hinstorff's Verl. n. 1. —

Im Morgenrot der Reformation. Hrsg. v. J. v. Pflugk-Harttung in Verbindg. m. hervorrag. Fachgelehrten. (In 20 Lfgn.) 1.—9. Lfg. (S. 1—320 m. Abbildgn. u. [9 farb.] Taf.) Lex. 8. Stuttgart (909. 10). F. Lehmann. à Lfg. — 60

— Morgenrot d. Reformation. Hrsg. v. J. v. Pflugk-Harttung. Jetzt: Hersfeld, Vertriebsanstalt christl. Kunstwerke. (Nur direkt.)

— Morgensonnenschein. Erinnerungen aus froben Kindertagen. Für Kinder und Kinderfreunde von † Tante Alice [M. v. Böttcher.] gr. 8. (III, 128 S. mit 35 Federzeichnungen von Anna v. Wahl.) Dorpat 887, Karow. cart. *

— Namen d. Gerechtigkeit! Kritik der Umsturz-Vorlage. Von Normannus. gr. 8. (35 S.) Berlin 895. R. Taendler. n. — 50

Im Namen Jesu! Zeügnuß der Wahrheit Von denen abgesezten Predigern und Candidaten in Schaffhausen. O. O. 1721. V: *Ziegler, Johann Conrad.* (CLZür Forts. III)

— Namen Jesu. Ein vollständ. Gebetbuch für kathol. Christen. 16. (VI, 384 S. mit 1 Stahlst.) Paderborn 874, Junfermann'sche Buchh. — 90

Im Namen Jesu. Ein vollständ. Gebetbuch für kathol. Christen. 2. Aufl. 16. (XIV, 432 S. m. 1 Stahlst.) Paderborn 878. Junfermann. — 90

— dicken Nebel, s.: Sattler's interessante Bibliothek.

— Nihilistenstaate Neu-Sodom oder Historia v. der schönen Dinah. Eine überaus tendenziöse Humoreske, an Tag gegeben v. Helwigk. Paris anno 3000 p. Chr. n. 8. (49 S.) Leipzig 879. Friedrich. n. 1. —

— Norden Indiens, s.: Missions-Traktate, kleine.

— Notwendigen Einheit! Predigten, geh. in Görlitz v. F. Anderson, G. Bornkamm, K. Festner u. a. u. gesammelt v. Mart. Schian. (VIII, 212 S.) gr. 8. Halle 906. J. Fricke's Verl. Geb. in Leinw. n. 3. —

— Ofen d. Elends. Lebensbild e. Leidensschwester v. e. Leidensschwester. 12. (38 S.) Herborn 897. Buchh. d. Nass. Colportagevereins. n. — 15

Im Orient; Reiseskizzen. Zürich 1867. V: *Meister, Hnr.* (Cat. d. Stadtbibl. 1864—97.)

— Panorama. Geleitet v. e. Kinderfreund. 4. (10 S. m. Abb. u. 2 ausgestanzten Taf.) Konstanz 895. C. Hirsch. Kart. 1. 50

— Paradies der Damen. (63 S.) gr. 8. Hamburg (903). Hanseat. Druck- u. Verlags-Anstalt. — 75

— neuen Parlamentsgebäude. Rückblick auf die Amtswirksamkeit d. Ministeriums Taaffe u. die parlamentar. Thätigkeit während d. 5. Abschnittes der 9. Session d. Reichsrathes. Von e. Oesterreicher. gr. 8. (24 S.) Wien 885. (Sintenis.) n. — 50

— Polen-Aufruhr. 1846—1848. Aus d. Papieren e. Landrats. Von ***. gr. 8. (III, 271 S.) Gotha 898. F. A. Perthes. n. 4. —

— Puppenreich. (12 S. m. z. Tl. farb. Abbildgn.) gr. 8. Hannover (905). A. Molling & Co. — 85

— Quartier, s.: Gabelsberger-Bibliothek. 43. Bd.

Im Recht des Königs das Recht des Volkes. Danzig 1847. V: *Werner, v.* (Ky)

—— Recht des Königs das Recht des Volkes. gr. 8. (49 S.) Danzig 847, (Homann's Kunsthandl.) *

— Rechtsstaat. 1. u. 2. Hft. gr. 8. Stuttgart, R. Lutz. n. 1.60
1. Noch einmal der Fall Kuhnle. Ein Appell an die Gewissen. (95 S. m. 1 Plan.) 899. n. 1. —
2. Kuhnle—Dreyfus. Ein Triumph der Lüge, der Fälschg. u. des Meineids. Von Rob. Lutz. Mit Kuhnle's Eingabe an die württemb. Kammern. (31 S.) 899. n. — 60

— Regierungsantritte des neuen Fürsten v. Schwarzburg-Sondershausen glänzt seinem Lande eine Morgenröthe freudiger Hoffnung entgegen. Eine Predigt. 8. Sondershausen 835. Eupel. 1/... [illegible]

Im Reiche der Blumen. Die Rosen . . . O. O. u. J. V: *Erich, Gustav E.* (?). (wolfstieg II, 856)

— Reich der Lüfte Deutschland voran! Populäre illustr. Zeitschrift f. Luftschiffahrt. Hrsg. u. red. v. Adf. Hinrichsen. Ausg. B. 2. u. 3. Jahrg. 1909 u. 1910 à 24 Nrn. (à ca. 20 S.) 31,5×23,5 cm. Berlin, E. Pilger Nachf. à Jahrg. 6.—; Ausg. A. auf Kunstdr.-Pap. 10. —

— deutschen Reich. Zeitschrift, hrsg. v. d. Centralverein deutscher Staatsbürger jüd. Glaubens. Red.: Alphonse Levy. 1.—4. Jahrg. 1895—1898. à 12 Nrn. (à ca. 4 Bog.) gr. 8. Berlin, M. Harrwitz. à Jahrg. n. 3. —; einz. Nrn. — 30

— deutschen Reich. Zeitschrift d. Centralvereins deutsch. Staatsbürger jüd. Glaubens. Red.: Alphonse Levy. 5.—8. Jahrg. 1899—1902. à 12 Nrn. (à ca. 4 Bog.) gr. 8. Berlin (NW. Karlstr. 26II), Alph. Levy. à Jahrg. 3. —

— deutschen Reich. Zeitschrift des Centralvereins deutscher Staatsbürger jüd. Glaubens. Red.: Alphonse Levy. 9.—12. Jahrg. 1903—1906. à 12 Nrn. (754, 698, 680 u. 740 S.) 8. Berlin (SW., Lindenstr. 13, II) Alph. Levy. à Jhrg. n. 3. —; geb. n. 4. —

—— neuen Reich. Wochenschrift für das Leben des deutschen Volkes in Staat, Wissenschaft und Kunst. Hrsg. von Alfr. Dove. 1.—4. Jahrg. 1871—1874. à Jahrg. 52 Nrn. (à 2—2½ Bog.) gr. 8. Leipzig, Hirzel. à Jahrg. * 24 —

—— neuen Reich. Wochenschrift für das Leben des deutschen Volkes in Staat, Wissenschaft und Kunst. Hrsg. von Konr. Reichard. 5.—8. Jahrg. 1875—1878. à Jahrg. 52 Nrn. (à 2—2½ Bog.) gr. 8. Leipzig, Hirzel. à Jahrg. *

—— dass. — Hrsg. von Wilh. Lang. 9. Jahrg. 1879. 52 Nrn. (à 2—2½ Bog.) gr. 8. Ebendas. *

—— neuen Reich. Wochenschrift für das Leben des deutschen Volkes in Staat, Wissenschaft und Kunst. Hrsg. von Wilh. Lang. 10.—12. Jahrg. 1880—1882. à Jahrg. 52 Nrn. (à Nr. 2—2½ Bog.) gr. 8. Leipzig, Hirzel. à Jahrg. *
Nicht weiter erschienen.

— Reiche der Geister. Sammlung okkultist. Träumereien u. Visionen. Hrsg. v. Leop. Engel. 1.—6. Lfg. (S. 1—288.) 8. Schmiedeberg (904—906). F. E. Baumann. à n. — 40
Die Lfgn. 1—3 erschienen in Dresden.

— Reiche der Geister. Eine Sammlg. okkultist. Berichte, Erzählgn. u. Begebenheiten. 7.—10. Lfg. Hrsg. v. F. E. Baumann. (48, 49 S., S. 50, 50a u. 51—144.) 8. Schmiedeberg (907—10). F. E. Baumann. à — 40

— Reiche der Gnade. Sammlung v. Casualreden in Beiträgen namhafter Geistlichen der evangelisch-luther. Kirche Deutschlands, hrsg. v. Gust. Leonhardi. 1. Hft. Lasset die Kindlein zu mir kommen. Taufreden. gr. 8. (77 S.) Leipzig 891. Fr. Richter. n. 1. —

— Reiche der Gnade. 1. Bd. Sammlung v. Kasualreden in Beiträgen namhafter Geistlichen der evangelisch-luther. Kirche Deutschlands, hrsg. v. Gust. Leonhardi. 2.—6. Hft. gr. 8. Leipzig, Fr. Richter. à n. 1. — (1. Bd. kplt.: n. 6. —; geb. in Leinw. m. Goldschn. n. 7. 50)
2. Heilige sie in deiner Wahrheit. Confirmationsreden. (80 S.) 891.
3. Siehe ich stehe vor der Thür. Beicht- u. Abendmahlsreden. 1. u. 2. Aufl. (79 S.) 891. 894.
4. Ich u. mein Haus wollen dem Herrn dienen. Traureden. (81 S.) 891.
5. Tod, wo ist dein Stachel? Grabreden. 1. u. 2. Aufl. (84 S.) 891. 894.
6. Bauet euch zum geistlichen Hause u. zum geistlichen Priesterthum. Ordinations-, Einführungs- u. Weihereden. (84 S.) 891.

— dasselbe. 2. Bd. Sammlung v. Kasualpredigten, in Beiträgen namhafter Geistlichen der evangelisch-luther. Kirche hrsg. v. Gust. Leonhardi. 6 Hfte. gr. 8. Ebd. 893. à n. 1. — (2. Bd. kplt.: geb. in Leinw. m. Goldschn. n. 7. 50)
1. Wir sind Botschafter an Christi Statt. Antrittspredigten. (80 S.)
2. Ich befehle euch Gott u. dem Worte seiner Gnade. Abschiedspredigten. (80 S.)
3. Du krönest das Jahr m. deinem Gut. Erntefestpredigten. (75 S.)
4. Herr, ich habe lieb die Stätte deines Hauses. Kirchweihpredigten. (83 S.)
5. Gott ist unsre Zuversicht. Reformationsfestpredigten. (80 S.)
6. Deine Toten werden leben. Totenfestpredigten. (76 S.)

— dasselbe. 3. Bd. Sammlung v. Kasualpredigten, in Beiträgen namhafter Geistlichen der evangelisch-luther. Kirche

Deutschlands, hrsg. von Wilh. v. Langsdorff. 6 Hfte. gr. 8. Leipzig 894. Fr. Richter. à n. 1.—;
(3. Bd. kplt.: geb. in Leinw. m. Goldschn. n. 7. 50)
1. Gott will, daß allen Menschen geholfen werde. Missionsfestpredigten. (80 S.)
2. Reichet dar in der Gottseligkeit brüderliche Liebe. Predigten bei Festen der inneren Mission. (85 S.)
3. Gedenke, wovon du gefallen bist, u. thue Buße. Bußtagspredigten. (80 S.)
4. Fürchte dich nicht, du kleine Herde. Gustav-Adolf-Festpredigten. (55 S.)
5. Wir haben e. festes prophetisches Wort. Bibelfestpredigten. (76 S.)
6. Danket dem Herrn u. prediget seinen Namen. Predigten bei Jahresfesten besonderer Art. (80 S.)

— Reiche der Gnade. 1. Bd. Sammlg. v. Kasualreden, in Beiträgen namhafter Geistlicher der evangel.-luther. Kirche Deutschlands, hrsg. v. Gust. Leonhardi. 4. Hft. gr. 8. Leipzig 895. Fr. Richter. n. 1.—
Ich u. mein Haus wollen d. Herrn dienen. Traureden. 2. Aufl. (80 S.)

— dasselbe. 2. Bd. Sammlg. v. Kasualpredigten u. Kasualreden, in Beiträgen namhafter Geistlicher d. evang.-luther. Kirche Deutschlands hrsg. v. Gust. Leonhardi. 3. Hft. gr. 8. Ebd. 898. n. 1.—
Du krönest das Jahr m. deinem Gut. Erntefestpredigten. 2. Aufl. (76 S.)

— dasselbe. 4. Bd. Sammlg. v. Kasualpredigten u. Kasualreden, in Beiträgen namhafter Geistlicher d. evang.-luther.

Kirche Deutschlands, hrsg. v. Wilh. v. Langsdorff. 1.—6. Hft. gr. 8. Leipzig 898. Fr. Richter. à Hft. n. 1.—
1. D. Herr behüte Deinen Ausgang u. Eingang. Predigten z. Jahreswechsel (Sylvester u. Neujahr.) (79 S.)
2. Ihr seid d. Salz d. Erde. Pastoralansprachen an Synodal- u. Diöcesan-Versammlgn., Ephoral- u. Pastoral-Konferenzen. (87 S.)
3. Alles ist euer, ihr aber seid Christi. Predigten, Ansprachen, Weihe- u. Jubiläumsreden bei außerkirchl. Veranlassung. I. Vaterland u. Landesvater. (86 S.)
4. Dasselbe. II. Schule, Beruf, Haus, Verein. (84 S.)
5. Was wollen wir denn hierzu sagen? Grabreden f. schwier. Fälle. (84 S.)
6. Bereitet dem Herrn den Weg. Beichtreden üb. die altkirchl. Evangelien in Cantionen u. Dispositionen. Von W. v. Langsdorff. (91 S.)

Im Reiche der Gnade. 1. Bd. Sammlung v. Kasualpredigten u. Kasualreden, in Beiträgen namhafter Geistlicher der evangelisch-luther. Kirche Deutschlands hrsg. v. Gust. Leonhardi. 3.—5. Hft. gr. 8. Leipzig. Dresden, Fr. Richter. à n. 1.—
3. Siehe, ich stehe vor der Thür. Beicht- u. Abendmahlsreden. 3. Aufl. (79 S.) 899.
4. Ich u. mein Haus wollen dem Herrn dienen. Traureden. 3. Aufl. (80 S.) 903.
5. Tod, wo ist dein Stachel? Grabreden. 3. Aufl. (84 S.) 899.

— dasselbe. 2. Bd. Sammlung v. Kasualpredigten in Beiträgen namhafter Geistlicher d. evangelisch-luther. Kirche Deutschlands, hrsg. v. Gust. Leonhardi. 5. Hft. Gott ist unsere Zuversicht. Reformationsfestpredigten. 2. Aufl. gr. 8. (80 S.) Dresden 9[illegible]. Fr. Richter. n. 1.—

— Reiche der Gnade. Sammlung v. Kasualpredigten, begründet v. G. Leonhardi. I. Bd. 2. Hft. u. III. Bd. 1. u. 3. Heft. 8. Dresden, C. L. Ungelenk. à n. 1.—
I. 2. Heilige sie in deiner Wahrheit. Konfirmationsreden in Beiträgen namhafter Geistlicher der evangelisch-luther. Kirche Deutschlands. 3. verm. Aufl. (96 S.) (904.)
III, 1. Missionsfestpredigten in Beiträgen v. Blau, Buchner, Conrad u. a. Hrsg. v. Conrad. Neue Bearbeitg. (III, 88 S.) 906.
3. Bußtagspredigten, in Beiträgen v. Ackermann, Aeschbacher, Conrad u. a. hrsg. v. Conrad. Neue Bearbeitg. (92 S.) 906.

— Reiche der Gnade. Sammlung v. Kasualpredigten, begründet v. Gust. Leonhardi. II. Bd. 4. Heft. 8. Dresden 907. C. L. Ungelenk. 1.—
Herr, ich habe lieb die Stätte deines Hauses! Kirchweihpredigten in Beiträgen namhafter Geistlicher der evangel.-luth. Kirche Deutschlands. 2. Aufl. (96 S.)

— Reiche des Ideals. Drei Vorträge: I. Unsere Culturbestrebungen u. unsere Ideale. II. Gedanken über histor. Kunst. III. Altes u. Neues zu Faust II. gr. 8. (56 S.) Leipzig 881. Roßberg in Comm. n. 1. 50

Im Reiche d. Musen. Kalender f. 1897. Fol. (12 farb. Blatt m. Musikstücken.) Königstein. (Leipzig, Gebr. Hug & Co.) 5.—

— Reich der Spitzköpfe. III. (Hrsg. v. Hans Karl Abel u. Geo. Ritleng.) (3 Taf. m. 8 S. illustr. Text.) Fol. Strassburg 906. Schlesier & Schweikhardt. n.n. 5.—

Im Reiten und Reiten ist ein Unterschied 2c. 8. Naumburg, Rößler. 806.

— Ringen nach e. Weltanschauung. Selbstbekenntnisse e. Arbeiters, hrsg. v. Karl Brunner, s.: Volks-Schriften, Pforzheimer. Nr. 4.

—— bunten Rock. Des Einjährig-Freiwilligen Freude und Leid. Ein harmloses Epos in 12 Gesängen von einem Cameraden. 8. (41 S.) Leipzig 881, Reißner. *

(8) — Wundergarten. 908. (KBL 33.) Erh. Pr. 8.—

— bunten Rock. (6 S. m. farb. Abb. auf Pappe.) 33,5× 21 cm. Weißensee-Berlin (910). E. Bartels. Geb. 2.—

— bunten Rock. Ein lust. Soldaten-Bilderbuch f. wackere Knaben. (8 farb. S. auf Pappe.) Lex. 8. Wesel (910). (W. Düms.) Geb. 1 —

— Schatten der Kirche. Christliche Unterhaltgn. 1.—4. Bd. 12. Steyl, Missionsdruckerei. Geb. in Leinw. à n. 1.—
1. Von A. F. (III, 175 S.) (895.)
2. Von A. F. (VII, 216 S.) (896.)
3. Von A. F. (196 S.) (896.)
4. Von Em. Huch. (194 S.) (898.)

— Schatten der Kirche. Christliche Unterhaltgn. 5. Bd. Von Em. Huch. 12. (197 S.) Steyl 899. Missionsdruckerei. Geb. in Leinw. n. 1.—

—— Schatten d. Kreuzes. 4. (15 S. m. eingedr. Illustr.) [Münch. 889.] Nürnb., Stroefer. cart. * 2 50

Im Schaufenster. Eine Erzählung... Berlin 1898. V: *Redern*, *Hedwig von.* (Berl)

— dasselbe, s.a. Für Dich.

— Schaufenster. Eine Erzählg. von H. v. R. 12. (68 S.) Berlin 899. Deutsche ev. Buch- u. Tractat-Gesellschaft. n. — 40

— Schleier der Maya. Ein Entwurf ar. Welterfassung, aufgezeichnet v. Beowulf. (XVI, 154 S.) gr. 8. Innsbruck (903). Wien, Verwaltg. d. Scherer. n. 2. 55

Im Schnee und andere Geschichtchen von F. F. *Witten a. d. R.: Stadtmission [1900].* (16 S.) 8° [F.]
— Blütenzweige. No 6. [illegible]

Im Schnee und am warmen Ofen, von Fr. Th., s. Erzählungen und Novellen, neue.

— Silberkranz u. Goldesglanz. Neueste Glück- u. Segenswünsche zur silbernen u. goldenen Hochzeit sowie Jubiläen aller Art. Eine reichhalt. Sammlung v. Gedichten, Ansprachen u. Vorträgen, Glück- u. Segenswünschen ernsten u. laun. Inhalts. 2 Bdchn. (Je 48 S.) 8. Reutlingen (908). R. Bardtenschlager. à — 25

— Sonnenschein. E. Bilderbuch auf Leinw. m. mehr als 100 farb. u. schwarzen Abb. ohne Text. gr. 4. (16 Taf.) Eßlingen 897. J. F. Schreiber. Kart. n. 2. —

— Sonnenschein. Geschichten f. Jung u. Alt von M. v. O. 1.—10. Hft. gr. 8. Schwerin 903. F. Bahn. n.n. 1. 95; 1—8 in 1 Leinw.-Bd n. 1. 80; in 2 Halbbdn. (1 u. 2, u. 3—8) kart. à n. —80

1. Hans der Tölpel. Erzählung f. Jung u. Alt. (40 S. m. 1 Abbildg.) n. — 25
2. Der große Schmied. Erzählung f. Jung u. Alt. (63 S. m. 1 Abbildg.) n. — 40
3. König Saul. Ein bibl. Lebensbild. (32 S. m. 3 Abb.) n. — 20
4. Geber od. Gaben. Erzählung. (16 S. m. 1 Abb.) n.n. — 10
5. Mein Bruder. Erzählung. (16 S. m. 1 Abb.) n.n. — 10
6. Zum Vater durch Ihn! (10 S. m. 1 Abb.) n.n. — 10
7. Der Pechvogel u. sein Freund. Erzählung. (16 S. m. 1 Abb.) n.n. — 10
8. Der Menschenfischer. — Zwei kleine Menschenfischer i. Krankenhaus. Aus d. Erinnerg. erzählt. (16 S. m. 1 Abb.) n.n. — 10
9. Vater unser! Das Gebet unseres Heilandes. In Wort u. Bild. (48 S.) n. — 30
10. Ein Jünger Jesu. (Umschlag: Jesu Jünger. Ein Lebensbild.) 2. bill. Ausg. (48 S. m. 1 Bildnis) n. — 30

— Sonnenschein. Erzählungen v. M. v. O. 11—21. Heft. (à 16 S. z. Tl. m. Abbildgn.) 8. Schwerin 903 bis 905. F. Bahn. à n.n. — 10

11. Gebote, die hl. zehn. — Hans, der wilde, u. das fromme Liselichen. Eine Geschichte zu den zehn Geboten. — Er sieht es!
12. Gebot, das erste. — Geschichte, e., vom Vertrauen. Zum ersten Gebot erzählt.
13. Gebot, das zweite. — Anrufen, Beten, Loben u. Danken. Eine Geschichte zum zweiten Gebot. — (Jürgen der Gänsejunge.)
14. Gebot, das dritte. — Alle Tage Sonnenschein. Eine Geschichte zum dritten Gebot. — Geist, der sanfte u. stille.
15. Gebot, das vierte. — Eines Vaters Liebe. Eine Geschichte zum vierten Gebot.
16. Gebot, das fünfte. — Wie man das Lieben lernt. Eine Geschichte zum fünften Gebot. — Das sechste Gebot. — Bist du treu? Eine Geschichte zum sechsten Gebot.
17. Großmutter's Heiner. Erzählung f. Jung u. Alt. — Weidenkätzchen. Erzählung f. Jung u. Alt.
18. Wie Werner das Betrügen lernte. Wie Hermann seine Gaben verschleuderte.
19. Wie zähmt man sie?
20. Ich muß es haben, Hansel.
21. Liesel's Puppe u. Hansel's Sparbüchse.

— Sonnenschein. Erzählungen. 22.—23. Heft. 8. Schwerin, F. Bahn. nn 1. 25

Andrae, Hedw., Fridelt u. Frietl. (16 S.) 909. (Heft 33.) nn — 10
— Das Wunderkind. (16 S.) 909. (Heft 31.) nn — 10
Draußen. Von M. v. O. (16 S.) 909. (Heft 29.) nn — 10
Erwins Freund. Von M. v. O. (16 S.) 907. (Heft 24.) nn — 10
Großmutter Lene's Letzte. Von M. v. O. (16 S. m. 1 Abb.) 907. (Heft 22.) nn — 10
Hand, die starke. — Hansel u. Fritzel. Von M. v. O. (16 S. m. 2 Abb.) 907. (Heft 27.) nn — 10
Im Weihnachtslicht. Von M. v. O. (16 S. m. 1 Abbildg.) 907. (Heft 25.) nn — 10
Kampf, der, m. dem Drachen. Von H. v. R. (16 S.) 909. (Heft 30.) nn — 10
Krüppelmienchen. Von M. v. O. (16 S.) 909. (Heft 32.) nn — 10
Märtyrerin, die. Von M. v. O. (16 S. m. 1 Abbildg.) 907. (Heft 26.) nn — 10
Mutter, unsere. Von H. v. R. (H. v. Redern.) (16 S. m. 1 Abb.) 907. (Heft 28.) nn — 10
Sagt's nah u. fern. Von M. v. O. (24 S. m. 2 Abb.) 907. (Heft 23.) nn — 15

— Spiegel der Handschrift. Der Autographen-Publikationen 2. Jahrg. 1908. Hrsg.: Carl Fr. Schulz-Euler. 12 Lfgn. (à ca. 4 S. in Fksm. m. je 1 Bl. Text.) Lex. 8. Frankfurt a/M., C. F. Schulz. 10. —

—— Spiegel der Jahrhunderte. Aus Geschichte und Biographie, Belletristik, Culturgeschichte und Ethnographie aller Zeiten und Völker. [Titel-Ausg. von „Aus allen Zeiten und Landen", 3. Jahrg.] Lex.-8. (VIII, 112 Sp. mit 60 Illustr.) Leipzig 885, Barsdorf. geb.

— Spielerparadies. Momentphotographien aus Monte Carlo. Von Marie-Madeleine. (94 S. m. z. Tl. farb. Abbildgn.) gr. 8. Berlin (903). Verlag der „Lust. Blätter". n. 1. —; geb. n. 1. 50

—— Stillen. Schilderungen vom heim. Herd. Von Marie. Aus dem Norweg. von O. Gleiß. 8. (IV, 312 S.) Gütersloh 882, Bertelsmann. *ℳ 3,60.; geb. *

— Strome des Lebens. Altes u. Neues zur Belebung der religiösen Jugendunterweisg., dargeboten v. Leipziger Lehrer-Verein. 1. u. 2. Aufl. (VI, 362 S.) gr. 8. Leipzig 908. 09. Dürr'sche Buchh. 3.—; geb. 3. 40

— Strom der Zeit. Jahrbuch f. Kunst, Wissenschaft u. öffentl. Leben. Hrsg.: Walth. Stein. 1. Bd. 1903. (XVI, 251 S. m. 1 Bildnis.) 8. Wetter 902. B. Engelmann. n. 2. —

— fernen Süden. (4 Farbdr.) qu. 4. Berlin (903). W. Schultz-Engelhard Nachf. n. 3. —

— Süden Indiens. Bilder aus Stadt u. Dorf nach den Jugenderinnergn. e. Hindu. Aus dem Engl. 8. (176 S. m. Illustr.) Basel 888. Missionsbuchhandlg. n. 1. 20; geb. n. 2. —

—— dunkeln Thal. 7 Briefe an die Trauernden unter den Gebildeten. [Zunächst für Witwen und Mütter.] Autoris. Übersetzung aus dem Engl. 16. (56 S.) Hamburg 885, Evangel. Buchhandlung. *

—— Tiergarten. Ein Auszug-Bilderbuch. qu. 4. 12 Bl. feine Farbdr.-Bilder mit Versen. Nach Zeichnungen von J. Kocher. Stuttgart 888, Süddeutsches Verlags-Institut. geb. *

Im Tiergarten. gr. 4. (4 Farbendr.) Stuttgart 894. G. Weise. n. — 50; Leporello-Ausg., auf Pappe 1. 50.

— Tiergarten. Unzerreißbares Leinwandbilderbuch. gr. 4. (12 S. m. z. Tl. farb. Abbildgn. u. Text.) Eßlingen (901). J. F. Schreiber. n. — 80

— Tierreiche. Zeichenbuch. (16 S. m. Abbildgn. ohne Text, m. Pausen.) qu. 16. Hannover (901). A. Molling & Co. — 15

IM Tricot die Welt alarmiert. Erlebnisse einer Tänzerin. Hrsg. von G. Raimund. Berlin, o. J. 8°. (70 Pfg. H. Hugendubel, München, 1902.)
Fuchs no. 81 hat statt „alarmiert": „erobert".

Im Trüben ist gut fischen. Singspiel in 2 Acten, a. d. Franz. Köln 1786. Mannheim 1788. Berlin 1788. V: *André, Johann.* (GGr)

Im Trüben ist gut fischen; Sgspl. in 2 A., aus d. Italien. von J. André. 8. Manh. 788. (Löffler). 5 gr. Insbr. 793. Wagner. 4 gr.

Im Trüben ist gut Fischen. Singsp. in 3 Aufz. a. d. Ital. 8. Passau, Ambrosi. 794.

—— Ural und Altai. Briefwechsel zwischen Alex. v. Humboldt und Graf Geo. v. Cancrin aus den J. 1827—1832. gr. 8. (XVII, 170 S.) Leipzig 869, Brockhaus. * 4 —

Im Verein, Turner, Schützen, Feuerwehr, e. Originalsammlung ausgewählter Reden u. Trinksprüche, 8., völl. umgearb. u. verm. Aufl., Stuttgart, 46 S., Kl.-8°.

— Vorzimmer des Arztes, s. Schillings-Bücher.

—— Walde. Gedicht in 1 Akt. [Bühnen gegenüber Mscr.] 8. (32 S.) Rathenow 870, Haase. — 75

—— Walde. Gedicht in 1 Akt. 2. Aufl. gr. 8. (34 S.) Rathenow 885, Haase's Buchh. — 75

— Walde. (4 farb. Taf.) hoch 4. Berlin (903). W. Schultz-Engelhard Nachf. n. 4. —

Im Wald und auf der Haide. Ein Liederstrauß für den Aufenthalt im Grünen. Hrsg. von der Redaction der „Fidelitas", Organ für gesell. Vereine und Privatkreise. 16. (58 S.) Hamburg 888, Kramer. cart. — 30

— Wandel d. Jahres. Ein Geburtstags- u. Gedenktagsbuch. 4. (102 S. m. farb. Abbildgn.) Leipzig 890. Meissner & Buch. geb. m. Goldschn. n. 6. —

— Wandel der Zeiten. Eine Blütenlese neuerer deutscher Lyrik. Mit 10 Illustr. v. Rich. Gutschmidt in Photograv., sowie zahlreichen Holzschn. Mit e. Einleitungsgedicht v. Frida Schanz. gr. 4. (76 S.) Leipzig 891. (G. Fock.) Geb. in Leinw. m. Goldschn. n. 20. —

— Wechsel der Tage. Kalender f. 1890—1893. gr. 4. (à Jahrg. 12 Bl. in Farbendr.) [Münch.] Nürnb., Stroefer.
Jahrg. 1890—92 à * 1 80; Jahrg. 1893 in Kästchen * 2 —

— frohen Wehrmannskreise. Eine Sammlg. v. Feuerwehr-, Vaterlands-, Kneip- u. Volks-Liedern. Mit e. Anh.: Kneip-Regeln u. Kneip-Salamander. 16. (120 S.) Saaz 888. Gebr. Butter. cart. n. — 55

— Weihnachtsglanz. 1. Heft. 8. Barmen, E. Müller. — 30
Der alte Lorenz u. sein Sohn u. andere Weihnachtsgeschichten. Von Luise Himmelmann. (48 S.) (903.)

— wilden Westen. 2 Erzählgn. f. die reifere Jugend. — Sigismund Rüstig od.: Der Schiffbruch des Pacific. Erzählung v. Marryat. — Der Karawanenwürger u. andere Erzählgn. Erlebnisse u. Abenteuer zu Wasser u. zu Lande v. Karl May u. A. gr. 8. (136 u. 128 S. m. 8 Farbdr.) Berlin (900). A. Weichert. Geb. in Leinw. 6. —

— Wundergarten. Ausgewählte Märchen v. Wilh. Hauff u. aus 1001 Nacht. Für die Jugend m. Berücksicht. der neuen Rechtschreibg. durchgesehen v. Wilh. Kriger. Mit 12 schwarzen Textbildern sowie 13 farb. Bildern v. Eug. Hanetzog u. Ernst Zimmer. (IV, S. 5—120, 120, 120 u. 104 S.) gr. 8. Berlin (906). Verlag Jugendhort. Geb. in Leinw. n. 6. —

Im Königreich Wunderli - v. Muralt in Windisch; Erinnerungen eines ehemaligen Textiarbeiters. Zürich [1907]. V: *Stauber, Arnold.* (zuwzür 12, 1908, I, S. 85)

— Zauberbann d. Pharaonenlandes. Nörgelnde Reiseskizzen e. Weltbummlers. gr 8. (IV, 112 S.) Leipzig 898. E. H. Mayer. n. 2. 50

— Zeichen der Jakobinermütze. Nach dem Tagebuche e. Revolutionssoldaten v. ***. (In 50 Hftn.) 1.—10. Hft. gr. 8. (S. 1—160.) München 902. Münchener Volksschriften-Verlag. à — 10

— Zeichen der Jakobinermütze. Nach dem Tagebuche e. Revolutionssoldaten v. ***. 11—50. (Schluß-)Heft. (S. 161—796.) gr. 8. München (902. 903). Münchener Volksschriften-Verlag. à — 10
Neue Ausg. s.: Scherer-Boccard, Thdr. Graf v., im Zeichen der Jakobinermütze.

Im Zeichen des Kreuzes oder der Loge... Wien [1898]. V: *Menghin, Alois & G. H. Weiter.* (EB)

— Zeichen des rothen Kreuzes. Ein Selbstschriften-Album deutscher Fürsten und Fürstinnen zum Besten der vom Vaterländ. Frauen-Verein zu Gleiwitz O.-Schl. gegründeten Institute zur Hebung der Haus-Industrie, gesammelt und hrsg. von Eufemia Gräfin Ballestrem und Const. v. Schmidt. (Volksausg.). qu. gr. 8. (VI, 124 S.) Berlin 882, Entrich. **
Prachtausg. Imp.-4. geb. in Leinw. **
Fürstenausg. reich geb. mit Goldschn. **

— Zeichen der Myrte. Erinnerungs-Blätter aus Anlass der Vermählg. Ihrer k. u. k. Hoheit, der durchlauchtigsten Frau Erzherzogin Marie Valerie m. Sr. k. u. k. Hoheit, dem durchlauchtigsten Hrn. Erzherzoge Franz Salvator v. Toscana, v. Louise Scherak, Charlotte Wackerow, Karl Ferd. Kummer, Joh. Richter, Heinr. Reinhart, Jos. Lewinsky, Hans Sommert, Eugénie Touzet, Alb. Ilg, Leopoldine Sturm u. Marie Mully Edle v. Oppenried. Angeregt u. hrsg. v. Eug. Bar. d'Albon. Mit 2 Heliograv. und 4 Holzschn. gr. 8. (103 S.) Wien 890. Hölder. n. 1. 80; geb. n.n. 2. 40

Im Zeichen des heiligen Sebastianus. Ortsgeschichtliche Plauderei. [Linnich 1901.] V: *Oidtmann, Heinrich.* (Berl)

— Zeichen der Türme. (1.) Almanach f. jeden Tag des Jahres. Briefe aus vergangener Zeit. Bericht d. Verlages v. Karl Curtius in Berlin. (127 S. m. Taf.) 8. Berlin (909). K. Curtius. — 50

— Zeichen d. Verkehrs. Organ f. alle Branchen d. Berliner Textil-Industrie. Illustr. Fach- u. Offertenblatt. Red.: L. Korach. 1. Jahrg. April—Decbr. 1896. 18 Nrn. Fol. (à ca. 2 Bog.) Berlin, Rosenbaum & Hart. 4. 50

— dasselbe. Organ f. d. ges. Textil-Industrie. Illustr. Fach- u. Offertenblatt f. Fabrikanten u. Grossisten d. ges. Textil-Industrie. Red.: L. Korach. 2. u. 3. Jahrg. 1897—1898. à 24 Nrn. (à ca. 2 Bog.) Fol. Berlin (Leipzigerstr. 49), Expedition des Geschäftsfreund. à Jahrg. 6. —
Kann auch vierteljährlich bezogen werden. — Der 3. Jahrg. war von Ludw. Emanuel redigiert.

— Zeichen des Verkehrs, Fortsetzg., s.: Geschäftsfreund.

— Zellengefängniß. Bilder aus der Verbrecherwelt, nach Erfahrungen in einer Strafanstalt von einem ehemal. Strafanstaltsprediger. 2 Bde. 1. Aufl. 1866. 1 Thlr. 10 Ngr. und 2. (Titel-)Ausg. 8. (VII und 475 S.) Wittenberg 868, Koelling. *

— Zellengefängniß. Bilder aus der Verbrecherwelt, nach Erfahrungen in einer Strafanstalt von einem ehemal. Strafanstaltsprediger. 3. Aufl. gr. 8. (VIII, 311 S.) Bremen 881, Heinsius. *

Im Zuchthause. Grüningen [1898]. V: *Schmidt, Joh. Pankraz Mich.* (Zuwachsverz. d. Bibliotheken in Zürich 1898 ff.)

— Zuschauerraum, s.: Fastnachts-Bühne. 90.

— Zwielicht. Künstler-Album der lust. Blätter. (16 S. m. z. Tl. farb. Abbildgn.) 34,5×26 cm. Berlin (910). Verlag der lust. Blätter. — 50

Images, des, coloriés sans paroles. 2 Hefte. gr. 16. (à 8 Stnt.) Leipzig [Wesel] 874, Düms. à Heft * 20 Pf. * — 40
Auch in englischer, schwedischer und spanischer Ausgabe zu gleichem Preise.

ab Imagine, P. L., Gedanken von d. großen Landeswirthschaft. 12 Stücke. 8 Gotha 756. Ettinger. 12 gr

— Vereinigung d. Soldatenstandes m. d. Gelehrsamkeit. 4. Dresd. 757.

Imagines inscriptionum graecarum antiquissimarum, in usum scholarum a. 1894 iterum composuit Herm. Roehl et jam auxit supplementis Theraeis et Meliis. Imp.-4. (III, 92 S.) Berlin 898. G. Reimer. n. 6. —

Imagines inscriptionum graecarum antiquissimarum, in usum scholarum composuit Herm. Roehl. Ed. III. (III, 122 S.) 34,5×26 cm. Berlin 907. G. Reimer. 8. —

Imagines, Principum et regum Polonorum, ad vivum expressae . . . Coloniae Agripp. V: *Mylius, Arn.* (Barbier)

Imagines professorum Tubingensium. Tübingen 1869. V: *Roth, Walth. Rud.* (Heyd)

Imago divinae bonitatis, sive Maria sine labe originali concepta. Coloniae 1700. V: *Aler, Paul.* (Jes)

Imago Caroli VI. Imperatoris ex V. Carolis imperatoribus adumbrata . . . Campidunum 1741. V: *Riegger, Paul Josef.* (Margr)

Imago Perfecti Episcopi Proposita . . . Bambergae 1753. V: *Jung, Joh.* (Jes)

Imago primi Episcopi a Divo Bonifacio Archi-Episcopo consecrati . . . renovata. Drama musicum. S. l. 1758. V: *Crauer, Carl.* (Jes)

Imago Gesneri, seu Programma Georgiae Augustae nomine scriptum . . . Goett. 1761. V: *Michaelis, Joh. Dav.* (ML)

Imago, Illustrissima sapientiae, . . . Breslau 1711. V: *Neuwerdt, Franz.* (Kat. d. Druckschr. üb. Breslau. Breslau 1903. S. 261.)

Imago trium praeclarissimorum Ecclesiae luminum. S. l. 1738. V: *Müsser, Chph.* (Pk) (Jes)

Imago virtutum Roberti Cardinalis Bellarmini a Marcello Cervino ejus nepote adumbrata, et Gregorio XV Pont. Opt. Max. exposita. Ed. Mich. Sintzel. 18. (90 S.) Solisbaci 843, de Seidel.

Imai, Shintaro, das Schicksal der Myopieoperierten, s.a. Beiträge zur Augenheilkunde. 72. Heft.

Imai, Shintaro: Das Schicksal der Myopieoperierten. Hamburg & Leipzig: Voss 1909. 102 S. 8° ¶(Ersch. auch als: Beiträge z. Augenheilk. H. 72.)
Gießen, Med. Diss. v. 24. März 1909, Ref. Vossius
[Geb. 15. Apr. 75 Yonezawa; Wohnort: Gießen; Staatsangeh.: Japan; Vorbildung: Gymn. Yonezawa Reife M. 94; Studium: Sendai (Japan) Akad. 8, Gießen 6 S.; Rig. 18. Dez. 08.] [U 09. 1113

Imakoromazipſyloniakus. 8. Frankf. 788. Fleischer; (auch Wucherer in Wien). 3 gr

Imakoromazypziloniakus, Ein kleiner Appendix zu den geheimen Briefen über die preussische Staatsverfassung, von —. Nebst einer Anecdote, genannt: der Todtenkopf. Utrecht (Ulm) 1788. 8°. 45 S. (In Rostock, Landesbibl.) (6 Mk. der Vorige.)
— — — — Dasselbe (ohne den Pseud. u. ohne Anhang). Aus d. Französ. Utrecht (Ulm) 1788. 8°. 32 S. (6 Mk. 50 Pfg. Max Harrwitz, 1909.)
Weller, fing. Dr., wo der Pseud. „Imakoromazypsiloniacus" heisst.

Imalis, J. Die Steuerbelastung von Berlin und Wien. Die Gegenwart, Bd. 35, 1889.

Iman, der Reisende, in e. Reihe von Briefen. 8. Leipz. 784. Gel.-Handl. in Dessau. 6 gr

Imandt, C. [Hrsg.], s. Turnhalle, Rheinische.

Imandt, J. A. C., Goupil des Füchsleins Kreuz- und Querfahrten, oder Skizzen aus dem Leben eines zur Besinnung gebrachten Pfäffleins. Zur Würdigung des „Treuen Bildes einer deutschkathol. Gemeinde" und dessen Verfassers M. Wangenmüller. 8. (72 S.) Wesel 847, A. Bagel.

Imandt, J. A. C., italien. Sprachlehre nach Bergani's Methode. 8. (17¾ B.) Leipzig 846, Brockhaus u. Avenarius. —

Imandt, J. W., Christian in der Fremde, s. Theater, kleines.

Imanuel, s.a. Immanuel

Imanuel, Dr., die Jubelfeier d. Superintent. Letsch, am 3. Dec. 1819, nebst den, an diesem Tage erschien. Gedichten u. Reden. 8. Hirschb., Krahn. 18 gr

Imanuel, S., Beleuchtung d. Schrift: Für Holstein, nicht geg. Dännemark, u. d. Grundsätze, welche bei deren Vereinigung festzuhalten sind. gr. 8. (2¾ B.) Itzehoe 835, (Schuberth u. Comp.) Thlr. *

Imanuel, S. Ueber d. ersten Anfänge der Reformation u. d. Gründung des Gymn. zu M. . . . .
Progr. Minden 1823

Imanuel, S. Specim. animadvers. in locos nonnullos Ciceronis et Propertii. (Cic. d. orat. II. et III. Propert. Eleg. III. 11, 5: II. 14, 29.) 4 S. . . . .
Minden, Progr. 1831

Imanuel, S. Ueber den Deklamations-Unterricht auf Schulen. 10 S. .
Progr. Minden 1825

Imanuel, S., Probe einer Geschichte der englischen Nationalliteratur. Progr. des Gymn. Minden 1841. 4°. 23 S.

Imanuel, S., über Hrn. Lorinsers Schrift: zum Schutz d. Gesundheit auf Schulen. Ein Gutachten. 8. (3 B.) Bielefeld 836, Velhagen u. Klasing.
Vgl. Immanuel.

Imanuel, S. Zwei Schulreden. (Enth. allgem. pädag. Betrachtungen, mit besond. Beziehung auf d. Gymn. zu Minden, u. Ermahnungen an zwei z. Univers. abgehende Jünglinge.) 14 S. Minden, Progr. 1837

Imanuel, S. Ueber den histor. Unterricht auf Gymn. 12 S. . . . . Progr. Minden 1827

Imass, Abraham, aus Kischinev (Russland): I. Direkte Bestimmung des Randwinkels von wässrigen Salzlösungen in Capillarröhren aus verschiedenen Glassorten. II. Ueber die Ausbreitung von wässrigen Salzlösungen an der Oberfläche fester Körper unter Wasser. *Heidelberg 1898: J. Hörning.* (23 S.) 8°
Heidelberg, Naturw.-math. Diss. v. [10. Juli] 1898

Imbach, Fritz [von Buttisholz (Kt. Luzern), Assistenzarzt an der kantonalen Krankenanstalt in Aarau]: Diphtherie ohne Diphteriebacillen. Aarau 1898. 62 S. 8°.
Zürich. Med. Diss. 1897/98.

Imbuch, Fritz, Diphtherie ohne Diphtheriebacillen. Diss. gr. 8. (62 S) Aarau 898. (H. R. Sauerländer & Co.) n. 1. 10

Imbecillus, Heinr., s.: Prosector, der, in der Westentasche.

Imberdis, der letzte Tag eines Selbstmörders. N. d. Franz. v. Ferd. Frh. v. Biedenfeld. 8. (10 B.) Weimar 837, Voigt.
Aus: Verirrungen, Schwächen u. Krankheiten uns. Jahrh. 1. Bd., besond. abgedruckt.

Imberg, F., s.: Deutschland u. seine Kolonien.

Imbergen, s.a. Für den Feierabend. II.

Imbergen. Eine Dorfgeschichte. 8. (148 S.) Hamburg 872, Agentur des Rauhen Hauses. * 1 —

IMBERT, Barthélemy (geb. 1747 zu Nîmes, † 1790 in Paris), Briefe der Miss Faneli. Aus d. Französ. (von Carl Gotthelf Lessing). Berlin 1777. 8°.
Anon.-Lex. II. p. 320 (nach Meusel, Kayser, Adelung).

— — Dasselbe mit d. Titel: Die Irrungen der Liebe, oder Fanelis und Milforts Briefe. Aus d. Französ. 2 Thle. Berlin, C. F. Voß, 1787. 8°. (8 Kr. Halm & Goldmann, 1907; 4 Mk., m. d. Jahrz. „1777", Jos. Baer & Co., 1912.)
Orig.: Les égarements de l'amour ou lettres de Fanéli et de Milfort. 2 tomes. Avec 4 figg. d'après Moreau par Martini. Amsterdam (Paris, Delalain) 1776. 8°. (12 Kr., avec 2 [au lieu de 4] figg., veau marb., dos et plats ornés, Halm & Goldmann, 1907.) — S. l. 1776. 8°. II. Avec 2 charmantes figg. de Martini. (7 Mk. 50 Pfg. S. Calvary & Co., Berlin, c. 1900.) — Amsterd. 1777. 8°. II. Ensemble 399 pp. (R. Zinke's Dresdener Novbr.-Auct. 1905.)

Imbert, ..., philosoph. Erzählungen; aus d. Französ. (von Jh. Brabl). 2 Thle. 8. Berl. 785. (Friedrich in Liebau). 18 K

Imbert philosophische Erzählungen, aus dem Franz. 2 Theile, 8. Berlin, (Libau) 785. Friedrich. 23 sgl.

Imbert, B. Philosophische Erzählungen; a. d. Franz. Berlin 1786. Ü: *Brahl, Johann.* (KY) (MGT)

— historiettes ou nouvelles en vers. gr. 8. Par. (Rottmann in Berlin) 774.

— les mêmes. gr. 8. Amst. (Schweighäusser à Basle.) 775.

— — Morgenzeitvertreib, oder kleine Erzählungen von *Imbert* (in Prosa-Uebersetzung). Mit reizender Signet-Vignette auf d. Titel (Grünler sc.). (Druckerst.) Breslau und Leipzig, bey Christian Friedrich Gutsch, 1784. 8°.
160 S. (incl. Tit., nebst Inh. auf letzter Seite). 1. Wie der Liebhaber, so die Liebe; e. moralische Erzählung. 2. Der unglückliche Erbe, e. Anekdote. 3. Die unerwartete Lehre, e. Anekdote. 4. Die pedantische Erziehung, e. Erzählg. 5. Welch ein Freund! oder das seltne Verfahren, e. Anekdote. 6. Alles kommt daher, dass man sich nicht miteinander versteht, e. Erzählg. 7. Darinnen wird man sich nicht erkennen, e. Erzählg. 8. Die galante Feindseligkeit, e. Nouvelle (!). 9. Die verfolgten Liebenden, e. Erzählg. 10. Die Rechtsbelehrung, e. Anekdote. 11. Constantia, oder die tugendhafte Reue, e. Anekdote.
Wohl der Orig.-Ausg. entnommen: Historiettes ou Nouvelles en vers par Mr. (Barthélemi) Imbert. 2de Edit. rev. corr. et augm. Par l'Auteur. Avec 1 grav. Amsterdam et se trouve à Paris chez Delalain 1774. (1778?) 8°. (In Wolfenb.) VIII—198 pp., 1 f. table des 4 livres des contes, en partie assez libres. Avec 1 front. gr., 1 belle gravure et 4 vignettes, d'après Moreau le jeune (et un autre artiste) gr. par D. Née.

— Morgenzeitvertreib in moral. Erzählung. 8. Bresl. (Sommer, Lpz.) 784.

— — Der Wittwer zweyer Frauen, nach *Imbert* (von Joach. Chp. Friedr. Schulz). Berlin 1788. 8°.
Goedeke IV, 354, 24, 10.

Ange Bernard Imbert-Delonnes

[Ange Bernard] Imbert Delonnes [Traité de l'hydrocèle. Deutsch:] Abhandlung vom Wasserbruch und der gründlichen Heilung dieser Krankheit so vie auch von verschiedenen andern Krankheiten, ... Aus d. Franz, übers. von C[arl] H[einrich] Spohr. Schweinfurth: Grießbach 1786. X,420 S. 8°

Imbert-Gourbeyer, Der Glaube und die medizinische Wissenschaft. Ein Vortrag. Mit Genehmigung des Verf. übersetzt von Philipp Prinz von Arenberg. Regensburg, Verlagsanst., 1888, 8°, IV, 40 S., 60 Pf.
Recens. v. Fr. Bierbaum, Litt. Handw. 1888, S. 311—2. L. Schmitz, Natur u. Offbrg 1888, S. 504. (Linzer) Theol.-prakt. Quartalschr. 1892, S. 680.

Imbert-Gourbeyre, A., öffentliche Vorträge über Homöopathie. Mit des Verf. Ermächtigung aus dem Französ. übertragen von E. Schärer. 8. (203 S.) Leipzig 877, Baumgärtner's Buchh. (* ℳ 2,50.)

Imboden, Carl, s. Imboden, Karl

Imboden, J[ohann] H[einrich]. Finanzdepartement ⟨Eidgenössisches⟩. Sonderabdruck [aus:] Handwörterbuch der Schweizerischen Volkswirtschaft, Socialpolitik und Verwaltung. Hrg. von Dr. jur. N[aum] Reichesberg.... Band I. II S. + S. 963—979. 8. Bern, Verlag Encyklopädie, 1903.

Imboden, J[ohann] H[einrich]. Die Staatsschulden der schweizerischen Eidgenossenschaft von 1848 bis 1905. Separatabzug aus dem »Schweiz. Finanz-Jahrbuch 1906«. II + 31 S. 8. Bern, Neukomm & Zimmermann, 1906.

Imboden, Karl

Imboden, Carl, Arzt, von Unterseen, Kanton Bern: Ein Beitrag zur Frage der Kombination des manisch-depressiven Irreseins mit der Hysterie. Berlin 1908. 48 S. 8°.
Bern. Med. Diss. 1908/09.

Imbusch, H., Arbeitsverhältnis u. Arbeiterorganisationen im deutschen Bergbau. Eine geschichtl. Darstellg. (XVI, 720 S.) gr. 8. Essen (909). Fredebeul & Koenen. Geb. in Leinw. 10. —

Imbusch, H., ist e. Verschmelzung der Bergarbeiter-Organisationen möglich? Kritische Betrachtgn. zur Frage der Verschmelzg. der beiden großen Bergarbeiterverbände. (80 S.) 8. Essen (906). Fredebeul & Koenen. n. — 75

— Das deutsche Knappschaftswesen. Eine Darstellg. seiner Entwicklg. u. seines heut. Standes, unter besond. Berücksicht. des Knappschaftsrechtes u. des Wirkens der Knappschaftsvereine in der Praxis. (137 S. m. 1 Tab.) 8. Cöln 910. Christl. Gewerkschafts-Verlag. 1. 50

Imbusch, Heinrich, s. Imbusch, H.

Imbusch, Hermann, s. Imbusch, H.

Imchanitzky, Marie, und Ries, Julius. Zur Physiologie des Insektenauges. Vergleich des facettierten Auges mit einem Kynematographen. (Morcote,... April 1905.) [3 S.] 8. [Bern, H. Jent, 1905.]

Imchanitzky, Marie, de Prilouky (Russie): (Institut de Physiologie [Hallerianum] de l'Université de Berne.) Quelles sont les voies que suit dans le cœur l'excitation motrice? [Avec deux planches.] Liège 1906. IV + 187 S. 8°. Extr. des Arch. intern. de physiol. 1906, vol. 4. [7. VI. 05.]
Bern. Med. Diss. 1905, 1906.

(Imchanitzky, Marie, [und] Ries, Julius.) Wie wirkt Bierhefe, ohne zu leuchten, auf die photographische Platte? (Morcote..., 7. IX. 05.) [3 S.] 8. [Bern, H. Jent, 1905.]

Imchenetsky, B., mémoire sur l'intégration des équations différentielles symétriques, s.: Mémoires de l'académie impériale des sciences de St.-Pétersbourg.

Imelmann, Johannes

Imelmann, J., s.: Abriß der deutschen Grammatik.

Imelmann, J., Abriß der deutschen Grammatik, s.: Bellermann, L.

Imelmann, J., Anmerkungen zu deutschen Dichtern. [Aus: „Symbolae Joachimicae".] gr. 8. (38 S.) Berlin 880. (Calvary & Co.) n. 2. —

— der deutsche Aufsatz, s.: Laas, Ernst.

— der deutsche Aufsatz in den oberen Gymnasialklassen, s.: Laas, Ernst.

—— deutsche Dichtung im Liede. Gedichte literaturgeschichtl. Inhalts, gesammelt und mit Anmerkungen begleitet. gr. 8. (XXV, 619 S.) Berlin 880, Weidmann'sche Buchh. *

— donec gratus eram tibi. Nachdichtungen u. Nachklänge aus 3 Jahrhunderten. Zusammengestellt v. I. gr. 8. (84 S.) Berlin 899. Weidmann. n. 1. 60

Imelmann, J., die siebziger Jahre in der Geschichte der deutschen Literatur. Vortrag zum Besten eines Lehrerinnen-Feierabendhauses im Bürgersale des Berliner Rathhauses. 8. (52 S.) Berlin 877, Weidmann'sche Buchh. *

Imelmann, Johannes [Hrsg.], s. Leibnitz, Gottfried Wilhelm von: Briefe an den Astronomen der Societät d. Wissenschaften „Gottfried Kirch"...

Imelmann, J., s.: Lesebuch, deutsches, f. höhere Lehranstalten.

Imelmann, J., Lesebuch, deutsches, für höhere Lehranstalten, s. Bellermann, L.

Imelmann, Johannes: Observationes criticae in Aristotelis Ethica Nicomachea. Halis Saxonum (1864): Bernstein Berolini. 48 S. 8°
Halle-Wittenberg, Phil. Diss. v. 27. Jan. 1864
Geb. Berlin 12. 12. 1842. V.
Verf. erlebte die Diplomerneuerung 1914 als Geheimer Regierungsrat Gymnasialprofessor a. D in Berlin, vgl. Anh. Nr. 653.

Imelmann, J., s.: Schiller, die Künstler.

Imelmann: Zur aristotelischen Topik. 17 S. — Berlin Fr. W Progr. 1870.

Imelmann, J., zur aristotelischen Topik. 4. (17 S.) Berlin 870, (Calvary und Comp.) * 1 —

Imelmann, *Johannes* [Prof. Dr.]: Herder und Schillers Wallenstein. Berlin, Druck v. M. Oldenbourg, 1893; 16 S. 4.
Berlin, k. Joachimsthalsches G, P 1893 (58)

Imelmann, Rud., Lazamon. Versuch üb. seine Quellen. (VII, 118 S.) 8. Berlin 906. Weidmann. n. 3. —

Imelmann, Rudolf: Das altenglische Menologium. *Berlin (1902): E. Ebering.* (64 S.) 8°
Berlin, Phil. Diss. v. 25. Okt. 1902

Imelmann, Rud., die altengl. Odoaker-Dichtung. (48 S.) 8. Berlin 907. J. Springer. 2. —

— Wanderer u. Seefahrer im Rahmen der altengl. Odoaker-Dichtung. (91 S.) 8. Ebd. 908. 3. 60

— Zeugnisse zur altenglischen Odoaker-Dichtung. (47 S. m. 1 Taf.) 8. Ebd. 907. 2. —

Imendörffer

— W. Gerlai, J. Sziklay, à travers la Hongrie, s.: l'Europe illustrée.

— — — to and through Hungary, s.: Europe illustrated.

Imendörffer, A., s.: Ungarn in Wort u. Bild.

Imendörffer, A s. Vienna. From V' to Budapest viâ Bruck-on-Leitha .... Zurich ([18]89) -- Vienne. De V' à Budapest par Bruck-sur-la-Leitha .... Zurich ([18]89) -- Wien. Von W' nach Budapest über Bruck a.-L. Zürich ([18]89).

— von Wien nach Budapest, s.: Wanderbilder, europäische.

Imendörffer, Benno: Beiträge zur Quellenkunde der sechs letzten Bücher der Annalen des Tacitus. 22 S. 8.
Progr. Erstes deutsches k. k. Gymn. *Brünn* 1901.

Imendörffer, Benno, Landeskunde v. Steiermark. Mit 8 Holzschn., 8 Kartenskizzen u. 1 Karte. (Methodisch bearb. Texte zu den vom k. u. k. militär-geograph. Institute in Wien hrsg. Schul-Wandkarten u. Handkarten v. K. Schober. Red.: K. Schober.) (IV, 84 S.) gr. 8. Wien 903. R. Lechner's Sort. n. 3. —

— Lehrbuch der Erdkunde f. Mädchenlyzeen u. verwandte Lehranstalten. I. u. II. Tl. gr. 8. Wien, F. Tempsky. Geb. in Leinw. n. 5. 50
I. 1—3. Klasse. (265 S.) 904. n. 3. —
II. 4–6. Klasse. (V, 147 S.) 904. n. 2. 50

Imendörffer, Benno, Lehrbuch der Erdkunde f. Mädchenlyzeen u. verwandte Lehranstalten. 1. u. 3. Tl. gr. 8. Wien 907. F. Tempsky. Kart. à 1. 10
1. I. Klasse. Mit 27 Abbildgn. 2., verb. Aufl. (59 S.)
3. III. Klasse. 2., verb. Aufl. (64 S. m. 1 eingedr. Kartenskizze.)

Imendörffer, Dr. Benno, Lehrbuch der Erdkunde für Mädchenlyzeen und verwandte Lehranstalten. IV. Teil. IV. bis VI. Klasse. 2., verbesserte Auflage. Wien 1908. F. Tempsky. Geb. K 2.50.

— dasselbe f. österreichische Mittelschulen. 1. Tl.: Lehrstoff der 1. Klasse. (V, 88 S. m. Fig. u. 3 Karten.) gr. 8. Wien 905. A. Hölder. Geb. n. 1. 26

(F) **Imendörfer, B.,** Lehrbuch der Erdkunde für österr. Mittelschulen. I. Teil: Lehrstoff der ersten Klasse. 2. Aufl. Gr.-8°. (ill. V, 88 S. u. 3 Tafeln) geb. K 1.46.
Wien. A. Hölder. 1910.

Imendörffer, Dr. Benno, Lehrbuch der Erdkunde für österreichische Mittelschulen. Wien 1907. Alfred Hölder. II. Teil: Lehrstoff der II. Klasse. Geh. K 1.10, geb. K 1.60. III. Teil: Lehrstoff der III Klasse. Geh. K 1.10, geb. K 1.60.

(F) **Imendörfer, B.,** Lehrbuch der Erdkunde für österr. Mittelschulen, II. Teil: Lehrstoff der zweiten Klasse. 2. Aufl. Gr.-8°. (ill. V, 118 S. u. 1 Tafel) geb. K 1.70
Wien: A. Holder. 1910.

Imendörffer, Dr. Benno, Lehrbuch der Erdkunde für die österreichischen Mittelschulen. Wien 1910. A. Hölder. III. Teil. Lehrstoff der III. Klasse. 2, dem neuen Lehrplan angepaßte Auflage. Geb. K 1.80. IV. Teil. Lehrstoff der IV. Klasse (Österreich-Ungarn). 2., dem neuen Lehrplane entsprechende Auflage. Geb. K 1.46

Imendörffer, Dr. Benno, Lehrbuch der Erdkunde für österreichische Mittelschulen. IV. Teil. Lehrstoff der IV. Klasse (Österreich-Ungarn.) Wien 1907. Alfred Hölder. Geh. K —.96, geb. K 1.46.

— Poldl, s.a. Jugendschriften. Hrsg. vom Lehrerhausverein f. Oberösterreich. 15. 16. Bd.

(F) **Imendörffer, B.,** Poldl. Eine Erzählung aus der Zeit der Türkenkriege. [Jugendschriften. Hrsg. vom Lehrerhausvereine für Oberösterreich. 15. u. 16. Bd.] 8°. (158 S.) † geb. K 2.
Linz. Mareis 1903.

Imendörffer Benno: Ueber Quellen des Tacitus in den sechs letzten Büchern seiner Annalen, mit besonderer Berücksichtigung der Senatsakten.
1894 PN 872 Diss. Wien, Univ 763

Imendörffer, Benno, Speise u. Trank im deutschen Mittelalter, s.: Sammlung gemeinnütz. Vorträge.

— Bange Tage, s.a. Pichler's Jugendbücherei.

(F) **Imendörffer, B.,** Bange Tage. [Pichlers Jugendbücherei. Bd. 26.] 8°. (59 S.) Wien: Pichler 1907. geb. K 1.—

Per l'augusto Imeneo di Sua Maestà Imp. Real. Apostolica Francesco Giuseppe I. con Sua Altezza Reale Elisabetta Duchessa di Baviera. 8. (4 Blätt.) Vienna, Tip. dei PP. Mechitharisti. 1854.

Imer-Cuno, A. (Hrsg.), s. Au foyer romand.

Imesch, D[ionys]. Zur Geschichte des Simplonpasses. [Hrg. bei Anlass der] Jahresversammlung des Schweizerischen Forstvereins in Brig Sept. 1904. II+16 S. 8. Brig, Tscherrig & Tröndle, 1904.

Imesch, D.: Die Kämpfe der Walliser gegen die Franzosen in den Jahren 1798 & 1799. Dem Andenken d. Väter gewidmet vom histor. Ver. im Oberwallis. In dessen Auftr.: D. Imesch, Prof., Brig. (Vorr.: F. Schmid, Präses d. Ver.) Sitten 1899: F. Aymon. (VIII, 151 S.) 8°

Imesch, D., die Kämpfe der Walliser gegen d. Franzosen in den J. 1798 u. 1799. Dem Andenken der Väter gewidmet v. histor. Verein in Oberwallis. gr. 8. (VIII, 152 S. m. Abbildgn.) Sitten 899. Brig, Geschichtsforschender Verein v. Oberwallis. n.n. 1. 80

— die Werke der Wohlthätigkeit im Kanton Wallis, s.a. Neujahrsblatt, 101., der Zürcher. Hülfsgesellschaft.

Imesch, [Dionys]. Die Werke der Wohlthätigkeit im Kanton Wallis. Von Herrn Prof. Imesch in Brig. [Mit 1 Tafel.] 52 S. 4. (Zürich,) Schulthess (Komm. Fäsi & Beer, 1901). [fr. 1.50]
101. Neujahrsblatt der Zürcherischen Hülfsgesellschaft. Auf das Jahr 1901.

Imfeld, C., elementare Anleitung über Terrainlehre und Terraindarstellung, sowie über das Rekognosziren und Croquiren. gr. 16. (151 S. mit ca. 200 Fig.) Luzern 886. (Leipzig, Ziegenhirt.) * 3 —

Imfeld, C., elementare Anleitung üb. Terrainlehre u. Terraindarstellung, sowie üb. das Rekognosziren u. Croquiren. Mit ca. 200 Fig. gr. 16. (154 S.) Luzern 886. (Mülheim, Ziegenhirt.) n. 3. —

Imfeld, C., elementare Anleitung üb. Terrainlehre u. Terraindarstellung, sowie üb. das Rekognosziren u. Croquiren. 2. Aufl. 12. (113 S. m. 200 Fig.) Zürich 893. Art. Institut Orell Füssli, Verl. Kart. n. 2. 60

Imfeld, Carl, s. Imfeld, Karl

I[mfeld], Ch[ristian]. Allgemeine Notizen über Schweizerische Luftcurorte und deren Verhältniss zur Tuberculose und Schwindsucht, mit specieller Berücksichtigung des Thales von Engelberg. SA. 8° ([Leipzig] 1874.)

Imfeld, Jg., Erbauungsrede an dem Feste des heil. Leodegards, Stadt- u. Landespatrons Luzerns, gehalten in d. Pfarr- und Stiftskirche zu Luzern. 8. Luzern 813. Anich. 4 K

Imfeld, Joseph: Abschied des sel. Bruder Klaus von seiner Familie. Zwei Festreden, gehalten an der 400jährigen Säkularfeier, den 16. Okt. 1867 ... Hrsg. vom Piusverein von Sachseln. 8°. Sarnen 1867.

Imfeld, Jos., die zwei Mütter, nämlich: 1. Die freudenreiche Schmerzensmutter Helvetia, und 2. Die schmerzenreiche Freudenmutter Maria. Predigt auf den eidgenöss. Bettag und zugleich das Schmerzenfest Mariä gehalten in Sims den 17. Septbr. 1871. gr. 8. (20 S.) Luzern 871, Gebr. Raeber. — 30

Imfeld, Joseph: Der grosse Prophet des Schweizer-Landes, oder der sel. Nikolaus von Flüe. Eine Lob- und Sittenrede, gehalten an seinem Gedächtnisstage, den 21ten März 1834 ... zu Saxeln. 8°. Luzern. Saxeln 1834.

Imfeld, Joseph: Vaterlands-Liebe nach dem Vorbilde des sel. Bruder Klaus. Eine Predigt, gehalten bei einer obrigkeitlich angeordneten ... Landes-Wallfahrt Obwaldens, den 7. August 1845 ... zu Saxeln. 8°. Luzern 1845.

Imfeld, Karl

(I[mfeld], C[arl].) L'Ordre Indépendant des Odd Fellows. Exposé sommaire de son Histoire, de son Organisation et de sa Vitalité. ([Par] C. I., [colonel,] Zurich.) 3e éd. ([Traduit par] A[dolphe] R[obert], Bâle.) [Couverture illustrée.] 36 p. 8. Bâle, R.-G. Zbinden, 1901.

Imfeld, Leopold, v. Sarnen, I. Assistenzarzt der chirurg. Klinik in Bern: Zur Radikaloperation nicht eingeklemmter Hernien. Leipzig 1909. 54 S. 8°.
Bern. Med. Diss. 1909/10.

Imfeld, Meinrad, und die Regierung von Obwalden ... Zürich 1831. V (?): *Imfeld, Meinrad.* (AarK)

(Imfeld, Meinrad.) Meinrad Imfeld und die Regierung von Obwalden. Spiegel und Bild. 8. Zürich 1831.

Imfeld, X. Elementare Anleitung über Terrainlehre und Terraindarstellung sowie über das Rekognoszieren u. Krokieren. 2. Aufl. Mit Taf. Zürich 1893. 113 S.

Imfeld, Sebastian: Ehren-Rede auf den Seligen Nikolaus von Flüe. Gehalten, in der Pfarrkirche Saxlen, den 9ten April 1815. Gedruckt zum Behufe der Armen. [Mit Porträt-Tafel.] 8°. Einsiedeln 1815.
Ausg. A. Mit Porträt gestochen von [Johann] H[einrich] Lips.
Ausg. B. Mit Porträt gestochen von D[ominik] Öchslin.

Imfeld, Walther, prakt. Arzt von Lungern (Obwalden): Vier neue Fälle von Persistenz des Ductus arteriosus Botalli. (Aus der medizin. Universitäts-Poliklinik in Zürich. Direktor: Prof. Müller.) Zürich 1908. 27 S. und eine Tafel. 8°. [26. X. 08.]
Zürich. Med. Diss. 1908,09.

Imfeld, Xav., Alpenansicht bei Schaffhausen. Im Auftrag des dortigen Verschönerungsvereines aufgenommen u. lith. Chromolith. qu. gr. schmal-Fol. Schaffhausen 879. Schoch. cart. n. 5. —

Imfeld, X., Alpen-Panorama vom Pilatus [Tomlishorn 2133m]. Lith. qu. gr. Fol. Luzern 876. Prell in Comm. n.n. 5. —

Imfeld, X., Alpen-Panorama vom Pilatus [Tomlishorn 2133 m]. Für die Sektion Pilatus d. S. A. C. gezeichnet u. gestochen. 2., verb. u. color. Aufl. qu schmal Fol. (5 Taf.) Luzern 889. Prell. In Carton. n. 3. —

La chaîne du Mont-Blanc. Carte au 1/50000ème dressée sur l'ordre de Albert Barbey, présid. de la sect. des Diablerets du Club Alpin Suisse p. X. Imfeld, ingén., d'après les relevés, les mensurations et la nomenclature de Louis Kurz, Membre du Comité Central du Club Alpin Suisse ... et d'après les docum. existants 1896.
Berne: Gravé et imp. p. Kümmerly jr., rochers p. R. Leuzinger (1896).
1 Bl. quer-gr. 2°

— Gebirgs-Ansicht auf dem Uetliberg bei Zürich. Im Auftrag der Section Uto des Schweiz. Alpen-Club nach der Natur aufgenommen. Lith. u. color. schmal qu. gr. Fol. Zürich 877. Keller. cart. n. 4. —

— — Gebirgspanorama vom Belvedere auf dem Zürichberg. Zürich, C. Schmidt. 1877. 2. —

Imfeld, X. (eidgen. Ingenieur). Panorama vom Rigi-Kulm, nach der Natur aufgenommen. In Stahlstich ausgeführt von Zollinger. Höhe 15 cm., Länge 60 cm. Luzern, C. F. Prell's Buchhandlung. 1881. 1 50

Imfeld, X. (Ingenieur-Topograph). Panorama vom Monte Rosa. Vollständige Rundsicht von der Dufourspitze (4638 m.), dem höchsten Gipfel der Schweizer Alpen. Aufgenommen im Sept. 1878. Länge 2,51 m. Chromolith. Zürich, Wurster & Cie. 1880. In Carton 10 —

Imfeld, X. Panorama vom Säckelamts-Häuschen bei Schaffhausen. Im Auftrage des Verschönerungsvereins aufgenommen. Lithographie, Länge 3 Meter 81 Cm., Breite 11½ Cm. Schaffhausen, C. Schoch. 1880. 6 —

Imfeld, X[aver]. Panorama vom Weissenstein bei Solothurn, aufgenommen auf der Terrasse des Kurhauses von X. I', Ingenieur, und lithographirt von Hofer & Cie, Zürich. Hrg. vom Verkehrs- u. Verschönerungs-Verein Solothurn. *2 Streifen auf* 1 Bl. quer-fol., *in illustr. Umschlag* gr.-8. ([Solothurn, Th. Petri,] 1904.) [fr. 2. —] K
Titel auf dem Blatt: P' vom W', a' auf der T' des K' 1287 m/ü. M. Gezeichnet von X. Imfeld, I', und l' v. H' & Cie in Z' im Jahre 1904.... Hrg. vom V'- &. V'-V' der Stadt Solothurn.

— Relief v. Gletschergarten (Jardin de glacière) in Luzern. Maßstab 1 : 100. Länge 36 cm. Breite 22 cm. Luzern, C. F. Prell's Buchhandlung. 1881.

Imfeld, X. Relief-Karte der Central-Schweiz, hrsg. vom Verein zur Förderung des Fremdenverkehrs am Vierwaldstättersee und Umgebung. In Farbendruck ausgeführt von der Geograph. Anstalt von Wurster, Randegger & Cie. in Winterthur. In-fol. Zürich, J. Wurster & Cie. 4 —
1887. Auf Leinwand 5 —

Imfeld, H. Reliefkarte der Centralschweiz, herausg. v. Verein z. Förderung des Fremdenverkehrs am Vierwaldstättersee und Umgebung. 2. ergänzte Aufl. Maasstab 1 : 100 000. 1898.
Offen 4 —; Taschenf. aufgez. 5 —

Imfeld, X. (Ing. Topographe). Souvenir de Zermatt, trois Panoramas etc. Zürich, Wurster & Cie. 1879. 3 —

Imgardt, E., s. Pusch, F., Aussenstände.

Imgardt, E., wie klagt man am zweckmäßig. seine Außenstände ein?, s.: Pusch, Fr.

Imgart, Hans [aus Pollnow (Pomm.)]: Über Dithiourazol und Imidothiourazol ... Berlin, C. Vogts Buchdr., *1895;* 35 S., 1 Bl. 8.
Berlin, Phil. Fak., Inaug.-Diss. v. 18. März 1895

Imgart, W., Index zu den Mitteilungen aus der Verwaltung der direkten Steuern im preußischen Staate. Hft. Nr. 1 bis Nr. 18. Alphabetisch-sachlich zusammengestellt. 2. Folge. 4. (IX, 248 S.) Berlin 886. v. Decker. n. 5. —

Imgart, W., Verzeichniss der Wortkürzungen, Hülfsverba und Affixe, sowie Darstellung der gebräuchlichsten Nebensilben. 3. Aufl. Unter Zugrundelegung der 34. Aufl. der Anleitung zur deutschen Stenographie von W. Stolze alphabetisch zusammengestellt. 8. (16 S.) Leipzig 884, Robolsky. *

Imgarten, Thomas, eine wahre Geschichte. Leipz. 1777. V: *Schöpfel, Joh. Wolfgang Andreas.* (Ky) (Fiker) (MGT

Imgarten, Thomas, eine wahre Gesch. 8. Leipzig, Crusius. (W. Vogel.) 777. -

Imgarten, Thomas, eine wahre Geschichte, (v. Jh. W. Andr. Schöpfel). 8. Leipz. 777. (W. Vogel). 12 gr.

Imgrund od. die wiederversöhnte Eidgenossenschaft auf dem Tage zu Stans 1481. Ein vaterländ. Schausp. in 5 Aufz. Freie dichterische Bearbeitung von A. B. gr. 8. (6 B.) Zürich 815. (Orell, Füßli u. Comp.) *

Imhäuser, August [aus Brachbach a. d. Sieg]: I. Beiträge zur Kenntnis aliphatischer Säuren. II. Ueber einige Synthesen von Polycarbonsäuren ... Heidelberg, Univ.-Buchdr. v. Ph. Wiese, 1895; 2 Bl., 58 S., 1 Bl. 8.
Heidelberg, Naturw.-math. Fak., Inaug.-Diss. v. [16. Juli] 1895

Imhæuser, Heinrich: Die alttestamentliche Messiaserwartung und ihre neutestamentliche Erfüllung. Tl 1 histor.-krit. dargest. Trarbach, Buchdr. G. Balmer, 1892; 24 S. 4.
Trarbach, k. PG, P 1892 (401)

Imhäuser, Ludwig [aus Kirchen]: Entwicklungsgeschichte und Formenkreis von Prasiola. . . . (Aus: „Flora oder allgem. botan. Zeitung". 1889.) Marburg, Univ.-Buchdr. (R. Friedrich), 1889; 1 Bl. + 58 S. + 1 Bl. u. 2 Taf. 8°
Marburg, Phil. Fak., Inaug.-Diss. v. [30. Jul.] 1889

Imhäuser, L., Lehrbuch f. den Unterricht in der Botanik, s.: **Waeber, R.**

Imhäuser, L., Methodik des naturkundlichen Unterrichts, unter Berücksicht. der Volks-, Mittel- u. höheren Mädchenschule f. Seminaristen u. Lehrer bearb. (195 S.) gr. 8. Breslau 907. F. Hirt. 2. 25

— die Mittelschullehrerprüfung in den Naturwissenschaften, s.: **Mittelschullehrer- u. Rektoratsprüfung,** d. I. 5.

Imhäuser, L.: Naturwissenschaften.
Von Dr. L. Imhäuser, Seminarl. in Genthin.
Breslau: F. Hirt 1899. (48 S.) 8°
= Mittelschullehrer- u. d. Rektoratsprüfung. Reihe 1. H. 5.

— Naturwissenschaften für die Rektoratsprüfung, s.a. **Mittelschullehrer- u. Rektoratsprüfung,** die. II. 6.

Naturwissenschaften. Von Dr. L[udwig] **Imhäuser** in Alfeld. Breslau: F. Hirt 1904. (72 S.) 8° [F.]
— **Mittelschullehrer-** u. Rektorats-**Prüfung,** Die. Reihe 2. H. 5.

— Naturwissenschaften f. die Mittelschullehrerprüfung, s.a. **Mittelschullehrer- u. Rektoratsprüfung,** die. I, 5.

Naturwissenschaften. Von Dr. L[udwig] **Imhäuser,** Sem.Oberl. 2., durchges. Aufl. Breslau: F. Hirt 1908. (48 S.) 8° [F.]
— **Mittelschullehrer-** u. d. Rektorats**prüfung.** Die. Reihe 1, H. 5.

— Realienbuch, s.: **Lettau, H.**

Imhäusser, Walter, Referendar u. bacc. jur. zu Köln a. Rh.: Beiträge zur Lehre vom System der Todeserklärung im geltenden Reichsrechte. Borna-Leipzig 1908: R. Noske. (VIII, 69 S.) 8°
Leipzig, Jur. Fak., Diss. v. 9. April 1908
[Geb. 30. Sept. 84 Odessa; Wohnort: Cöln a. Rh.; Staatsangeh.: Preußen; Vorbildung: Friedrich-Wilhelms-Gymn. Cöln Reife O. 03; Studium: Bonn 6 S.; Rig. 23. Nov. 06.]

Im Hof, Heinrich Max. [Zürich 1870.] V: *Prosch, E.* (Cat. d. Stadtbibl. Zürich. Zürich 1864—97.)

Imhof, s.a. Imhoff

Imhof, Arithmétique p. les Ecoliers, ou nouv. méthode d'apprendre l'arithmétique. 8. Bern, Typ. 792.

— Arithmétique élémentaire. I Vol. 8. ibid.

— art de Tenir les livres en parties doubles. 4. Strasb. Academ. Handl. 786.

Im Hof, A., die Pflicht der Anwänder zur Leistung v. Beiträgen an Anlegung u. Korrektion v. Strassen nach baselstädtischem Recht. (76 S.) gr. 8. Zürich 909. Art. Institut Orell Füssli. 1. —

Im Hof, A., Verfassung u. Verwaltungsorganisation der Städte der Schweiz, s.: **Escher, E.**

Imhof, A. L. von, Neu eröffneter historischer Bildersaal, d. i. Beschreibung der Universalhistorie. Mit Kupfern. Nürnb. 733-84. 17 Thle. 8. 20 rthl.

Im Hof, A[dolf]. Können die kantonalen Baupolizeivorschriften auf Eisenbahnbauten Anwendung finden? Gutachten zu Handen des schweizerischen Städteverbandes. Separat-Abdruck aus dem Schweiz. Zentralblatt für Staats- und Gemeindeverwaltung 1905, Nr. 6 und 7. 45 S. 8. [Zürich, Orell Füssli.]

Im Hof, A[dolf]. Verfassung und Verwaltung der Stadt Basel. Sonderabdruck aus den Schriften des Vereins für Socialpolitik Band 121. S. 43—73. 8. [Altenburg, Hofbuchdr. Stephan Geibel & Co., 1906.]

Im Hof, A[dolf]. Unentgeltliche Wiedereinbürgerung durch Verfügung des Bundesrates. Referat von Dr. A. J' an der 5. Staatsschreiber-Konferenz ⟨September 1904⟩. Separatabdruck aus dem Schweizerischen Zentralblatte für Staats- und Gemeindeverwaltung. Jahrg. 5, Nr. 19. 19 S. 8. [Brugg, «Effingerhof», 1904.]

Imhof, Adrian

— u. Adelhelm Jann, O. M. Cap., Anastasius Hartmann v. Hitzkirch, Kt. Luzern, Mitglied der schweizerischen Kapuzinerprovinz, Bischof v. Derbe, apostolischer Vikar v. Patna u. Bombay, Thronassistent Sr. Heiligkeit, Graf des römischen Reiches. Ein Lebens- u. Zeitbild aus dem 19. Jahrh. Nach Quellen bearb. (VIII, 556 S. m. Abbildgn.) gr. 8. Luzern 903. Räber & Co. n. 7. —
130*

Imhof, Adrian, O. M. Cap., der Heimat zu! Ein Gebetbuch für kathol. Christen. (285 S. m. 1 Stahlst.) 16. Einsiedeln 903. Verlagsanstalt Benziger & Co. Geb. in Leinw. — 60; m. Goldschn. — 75; in Ldr. m. Goldschn. 1. 20; in unecht. Kalbldr. m. Goldschn. 2. 10; Ausg. auf dünnem Pap. — 70; 1. —; 1. 60 u. 2. 80

Imhof, Adrian. Biographische Skizzen sämtlicher VV. Kapuziner aus dem Kanton Schwyz. (Dem kathol. Schwyzervolke gewidmet) Von P. A' J', Ord. Cap. [Mit 12 Tafeln und illustriertem Umschlag.] VI + 166 S. 8. Schwyz, Emil Steiner, 1904. [fr. 1. —]

— Trost im Leiden, s.: **Hartmann, Anastasius.**

— **Wachet u. betet!** Kirchlich approbierte Gebete. Nach e. älteren Sammlg. neu hrsg. (272 S. m. Abbildgn. u. 2 Lichtdr.) 16. Einsiedeln 905. Verlagsanstalt Benziger & Co. Geb. von — 60 bis 1. 80

Imhof, Albert. De Silvarum Statianarum condicione critica. 44 S.
Halle, Lat. Hptsch., Progr. 1859

Imhof, Alb., T. Flavius Domitianus. Ein Beitrag zur Geschichte der röm. Kaiserzeit. Nach den Quellen dargestellt. Halle 857. Buchhdlg. des Waisenhauses. gr. 8. (VI, 144 S.)
22½ ngr.

Imhof: P. Papinii Statii ecloga ad uxorem. 26 S. Halle, W., Progr. 1863.

— Emendata quaedam et observata in Statii Silvis. Pr. 1867. 11 S. 4°. 1.--

Imhof: Emendationes Statianae. 11 S. Halle, W., Progr. 1867.

Imhof, Albert, aus Brueckenau: Weitere Studien ueber den Haemoglobingehalt der Muskeln mit besonderer Beruecksichtigung im Freien lebender, wilder Tiere. *Würzburg 1903: Fraenkische Gesellschaftsdruckerei.* (19 S.) 8°
Würzburg, Med. Diss. v. 1903

Imhof, Amalie von

— vergl. v. Hellwig, Amalie.

— Samml. von Gedichten, zum Besten d. unglücklichen Wittwen u. Waisen in Griechenland. 8. Berl. 826.

v. Imhof, Fräulein Amalie, d. Schwestern v. Lesbos; eine Idylle in 6 Gesängen. 8. Frankf. a. M. 801. (Mohr in Heidelb.) 1 ℛ Mit 7 Kpf. 1 ℛ 16 ℊ Mit Kpf. Velinp. 2 ℛ 8 ℊ

Imhof, Amalie v., die Schwestern v. Lesbos. (Ein Gedicht in 6 Ges.) 2. Aufl. 8. (10 B.) Heidelberg 833, Mohr.

v. Imhof, Andr. Laz., († d. 11. Sept. 1704.) s. Bildersaal, historischer.

Imhof, And. Laz. v., neu eröffn. histor. Bildersaal, d. i. Beschr. d. Universalhistorie v. Anf. d. Welt. 17 Thle. m. K. gr. 8. Nrnb. Lechner. 735—84. (1r — 8r Thl. incl. Anhang z. 5n u. 6n Thl. 9 Thlr. 12 gr. 11r 12r u. 13r à 20 gr., 9r 10r 14r 15r 16r u. 17r à 1 Thlr. 8 gr.) (nur v. 9ten bis 17ten sind einzelne Theile zu haben) compl. :

Imhof, B., die Bruderschaft St. Antoni zum Regenbogen in Altdorf, s.: Neujahrs-Blatt, 13. historisches, hrsg. vom Verein s.a. Geschichte u. Altertümer v. Uri.

Die Bruderschaft St. Antoni zum Regenbogen in Altdorf. Von B. **Imhof**, Typogr., Altdorf. (Altdorf 1906: Gisler.) (S. 13–30.) 8° [F.]
— **Neujahrs-Blatt**, Historisches, hrsg. v. Verein f. Gesch. u. Altertümer von Uri. 13. [2.]

Im-Hof, Christoph Andreas von (Helmstaedt), De eo quod justum est circa galeam. Präs. Eucharius Gottlieb Rink. Altdorf (Jod. Wilh. Kohles) 11. IV. 1726. 51 S. (7.—) 16857
7 Siegelabb. v.: Udalr. Stromeir (1371), Leupold Schurstab (1374 u. 1377), Johann Ebner (1376), Eberhard Vorchtel (1376), Hanns Groland (1390), Cunrad Incuria (1415).

Imhof, Chph. Andr. d. IV., († d. 17. März 1807.) Samml. eines Nürnberg. Münzkabinets, welches mit vieler Mühe, so vollständig als möglich, zusammengetragen u. genau beschrieben worden. 1r Thl. (ein 2r Thl. ist noch nicht erschienen). Mit Kpf. gr. 4. Nürnb. 780. Schmiedmer. 3 ℛ

Im Hof, E., die innere Bewährung der Diener Gottes angeschaut in Jakobs Kampf und Sieg. Synodalpredigt über 1. Mose 32, 21—31. Gehalten den 7. Mai 1857 in der Münsterkirche zu Schaffhausen. 8. (22 S.) Schaffhausen 858, [Brodtmann'sche Buchh.] *

Im Hof, E., die innere Bewährung der Diener Gottes angeschaut in Jakobs Kampf und Sieg. Synodalpredigt über 1. Mose 32, 21—31. Gehalten den 7. Mai 1857 zu Schaffhausen. Schaffhausen 858. (Beck u. Sohn.) 8. (22 S.)
n. 3 ngr.

Imhof, E[duard]. Bergfahrten im Rhatikon und Plessurgebirge. [Mit 1 Vignette und 2 Tafeln.] SA. 8. [Bern 1892.]

Imhof, Ed[uard]. Illustrierte Geographie der Schweiz für Mittelschulen. Obligatorisches Lehrmittel für die deutschen Sekundarschulen und Progymnasien des Kantons Bern. 8., vollständig umgearbeitete Aufl. (von N[iclaus] Jakobs Geogr' der Sch'). IV + 152 S. 8. Bern, Verlag der Papeterie Kuhn, 1908. [cart. fr. 1.—]
Frühere Auflagen (bis 7. Aufl. 1898), s. Jacob, N[iclaus]. Ill' Geogr' der Schweiz für M'.

Imhof, Ed[uard]. Die Grauen Horner im Spatherbst. SA. 8. [Bern 1889.]

Imhof, E., s.a. *Itinerarium.*

Imhof, Ed., Itinerarium f. die Albulagruppe 1893—1895. 8. (291 S.) Bern 893. (Stämpflische Buchdr.)
Nicht im Handel.
Wurde an die Mitglieder des Schweizer. Alpen-Clubs vertheilt u. nur in Höhe der Mitgliederzahl gedruckt.

Imhof, Ed[uard]. Itinerarium [des] S. A. C. für 1890 91: Der Rhatikon, das Plessurgebirge und die westlichen Vorlaufer der Silvrettagruppe. 8. Glarus 1890.

S. A. C. Itinerarium für die Silvretta- und Ofenpassgruppe oder die Gebirge des Unterengadins. Im Auftr. d. Centralkomitees des S. A. C. bearb. von Ed. **Imhof**, Seminarlehrer in Schiers. Bern 1898: Stämpfli & Cie. (XII, 260 S.) 8°

Imhof, Ed[uard]. Klosters für den Sommerfrischler und für den Touristen. 8. Davos 1891.

Imhof, Ed[uard]. Eine Schulreise der Anstalt Schiers in das Bundner Oberland, das Gotthardgebiet und an den Vierwaldstattersee. 8. St. Gallen 1889.

Imhof, Ed[uard]. Eine Schulreise in die Silvrettagruppe. [SA.] 8. Zurich 1893.

Imhof, Ed[uard]. Drei Schulreisen in den Prätigauer Bergen. [SA.] 8. [Zurich. 1891.]

Imhof, Ed[uard]. Vom Pratigau in's Rastithal. 8. St. Gallen 1890.

Imhof, Eduard [aus Fahrni-Steffisburg (Kanton Bern)]: Die Waldgrenze in der Schweiz. Leipzig 1900. 89 8. 1 Taf. 8°. (S.-A. aus Beiträge zur Geophysik hg. v. Gerland, Bd. 4, S. 241—350.)
Bern. Phil. Diss. 1899/1900.

Imhof, Ed[uard]. Kleine Wanderungen im Clubgebiet. [Mit 1 Tafel.] SA. 8. [Bern 1893.]

Imhof, Ed[uard]. Wanderungen im Rhatikon. [Mit Illustrationen und 2 Panoramen.] SA. 8. [Bern 1891.]

Im Hof, Eug., die Reorganisation unseres Gymnasiums. Bemerkungen zu den Entwürfen eines Schulgesetzes für den Kanton Schaffhausen. gr. 4. (23 S.) Schaffhausen 878, (Schoch.)

Imhof, F. I., Zea e magdis, morbus ad ustilaginem vulgo relatus. c. fig. 4. maj. Strasb. Acad. 785.

— — id. lib. fol. ibid. 785.

IMHOF, Ferdinand (Aarau/Schweiz): De typhi abdominalis diagnosi et therapia. (Titel nach der Urkunde)
5.2.1841 - Urk; F 65
Diss. Ingolst.-Landsh.-Mchn.

Imhof, G. v., Albrecht Dürer in seiner Bedeutung für die moderne Befestigungskunst. Zur IV. Säcularfeier von Dürer's Geburtstag dargestellt. gr. 8. (IX, 50 S. mit 14 Stnt. in gr. Fol.) Nördlingen 871, Beck'sche Buchh. * 2 –

Imhof, Gottlieb. [in Basel]: Anatomie und Entwicklungsgeschichte des Lumbalmarkes bei den Vögeln. Hierzu 1 Tafel und 30 Figuren im Text. Bonn 1905. 114 S. 8°. S.-A. a. d. Archiv f. mikrosk. Anatomie. Bd. 65. 1905.
Basel. Phil. Diss. 1904/1905.

Im Hof, Hannah, das hat der Schnaps gethan. (Eine wahre Begebenheit.) (14 S.) 16. Dinglingen (902). (Barmen, Elim, Buchh. des Blauen Kreuzes.) — 10

Imhof, Jakob Wilhelm

Imhof, J. G., Albanensis familiae arbor geneal. illustrata historica relatione. Norimbergae 1722.

— corpus historiae geneal. Ital. et Hispaniae. II Part. cum fig. fol. Nrnb. Hofmann. 701-2.

— excellentium familiarium in Gallia Genealogia. fol. Norimb. Endter.

Imhof, Iac. G., Genealogiae XX. illustr. in Hispania familiar. exegesi perpet. histor. illustr. c. icon. fol. Lips. Gleditsch. 712.

— histor. u. geneal. Nachr. v. d. Grands in Spanien. 12. Hamb. Hoffmann. 7 2.

— notitia S. R. Imperii procerum tam ecclesiasticor. quam saecularium hist. herald. genealogica. II Tom. fol. Tübing. Cotta. 732. 34.

Imhof, Jh. Bapt., geistl. Fruchtschnitt, d. i. ordentl. Verfass. der Evangelien nach Auslegung u. Lehrstücken. 2 Thle. 8. Augsb. 776. Rieger. 1 ß 4 kr

— freundliches Willkommen, d. i. kurze Weise fromm zu leben. 8. Ebend. 733.

IMHOF, Joh. Hier.: Anmerkk. contra scriptum: Päbstl. Unfug titulirt. *Nürnb.* 702. 8.

Im Hof, Joh. Jac., der Historienmaler Hieronymus Heß von Basel. Geschichte seines Lebens und Verzeichnis seiner Werke. gr. 4. (V, 66 S. mit 32 Taf. in Lichtdr. und zahlreichen Text-Illustr.) Basel 887, Detloff's Verlag. geb. * 25 -

Imhof, Joseph [Pseud.], s.a. Leu, Joseph Burkard

Imhof, Jos., die Jesuiten in Luzern, wie sie kamen, wirkten und gingen. Ein Beitrag zur Geschichte dieses Kantons. gr. 8. (IV und 88 S.) St. Gallen 848, Scheitlin und Zollikofer.

v. Imhof, Karl Hnr., Gedichte. 8. Karlsr. 808. Macklot. 20 kr

— Reime u. Vignetten. 8. Oehring. 801.

Imhof, Ludwig, s. Imhoff

Imhof, Mt., s. Erdbeschreibung d. Schweiz.

Imhof, Maximus von

— Anfangsgründe d. Chemie, z. Gebrauch f. Vorlesungen. gr. 8. München 802. Lentner. 20 kr

— Anfangsgr. d. Chemie z. Gebr. f. Vorles. gr. 8. Münch. Lentner. 803.

— Anleit. zur Naturlehre; aus dem Latein. von J. G. Prändel. gr. 4. Amb. 802. (Uhlmann). 1 ß

— Anleit. z. Naturlehre, a. d. Latein. v. Prändel. gr. 8. Amb. Uhlemann. 804.

— theoret.-prakt. Anweis. zur Anlegung zweckmäß. Blitzableiter. Mit 3 Kpf. 8. Münch. 816. Lindauer. 8 kr (Seidel in Salzb.) 9 kr

— epitome institution. physices et matheseos applicatae. 8 maj. München 792.

— Grundriß d. öffentl. Vorlesungen üb. die Experimentalnaturlehre. 2 Bde. Mit 15 Kpft. gr. 8. Münch. 794, 95. Lentner. 2 ß

— institutiones physicae quas in usum auditorum suorum elucubravit. 8 maj. München 797. Lentner. 20 kr

— Positiones logicae, metaphysicae et mathematicae. 4. München 789.

— principia prima de veritate religionis christ.-cathol., una cum fontibus seu criteriis theolog. revelatae. 8. München 791.

— Rede üb. die dringenden Zeitbedürfnisse in unserem Vaterlande, die Anzahl der Studirenden zu vermindern rc. gr. 8. München 804. Lentner. 3 kr

— üb. das Schießen gegen heranziehende Donner- u. Hagelwetter. 4. München 812. (Lindauer). 4 kr (bei Franz das.) 5 kr

— theoria electricitatis recentior experimentis stabilita. 8. Haidhusii 790.

Imhof, Prof. Maximus (Joh. Evang.), des Ordens d. heil. Augustins, d. Akad. o. Mitgl. (1800 Lehrer d. Kronprinzen Ludwig, geb. 26. Juli 1758 zu Reisbach, † 11. April 1817 zu München), ueber die *Verbesserung des physikal. Klima (!) Baierns durch eine allgemeine Landeskultur.* An d. Stiftungstage d. churfl. Akad. d. Wiss. . . . . vorgetragen, d. 28. März 1792. München, Jos. Lindauer, 1792. — *A. E.:* Gedr. mit Franzischen Schriften. 4°. 21 S. Cart.

Imhoff, P. M., Was hat die heutige Arzneykunde von den Bemühungen einiger Naturforscher und Aerzte seit e. halben Jahrhunderte in Rücksicht einer zweckmäßigen Anwendung der Electricität auf Kranke gewonnen? 79 S. München. 8°. Salzb. med. chir. Zt. 1797, III, 414.

v. Imhof, Max., († d. 11. April 1817.) was hat die heutige Arzneikunde von d. Bemühungen e. Naturforscher seit einem halben Jahre in Rücksicht einer zweckmäßigen Anwend. der Elektricität auf Kranke gewonnen? 4. Münch. 796. Lindauer. 10 kr (bei Franz das.) 5 kr

Imhof, Osk. Wilh., Ortsgeschichte v. Niederzimmern, m. e. Vorwort v. Mollberg. Mit Abbildgn. (auf 5 Taf.) u. e. (farb.) Flurkarte. I. Tl. — Urzeit bis 1600. (52 S.) gr. 8. Weimar 908. (Erfurt, K. Keil.) nn 1.50

Imhof, Othmar [med. pract. von Aarau, z. Z. wissenschaftlicher Assistent an der medizinischen Klinik des Kantonsspitals zu Zürich]: Beitrag zur Lehre der Polyneuritis acuta ascendens. Zürich 1900. 29 S. 8°.
Zürich. Med. Diss. 1900/1901.

Imhof, Othmar Emil, Beiträge zur Anatomie der Perla maxima Scopoli. Inaugural-Dissertation. gr. 8. (41 S. mit 2 Stnt.) Aarau 881. (Sauerländer's Verlagsh.) *

Imhof, Oth[mar] Em[il]. Summarische Beiträge zur Kenntnis der Aquatilia invertebrata der Schweiz. SA. 8. (Erlangen 1895.)

Imhof, Oth[mar] Em[il]. Ueber die pelagische Fauna einiger Seen des Schwarzwaldes. ‹SA.› 8. ([Leipzig] 1891.)

Imhof, Oth[mar] Em[il]. Zur Kenntniss der Hydrologie des Kantons Graubünden. SA. 8. [Chur 1889.]

Imhof, Othmar Emil. [1.] Ueber das Leben und die Lebensverhältnisse zugefrorener Seen. Vortrag, gehalten am 25. März 1891 in der Aargauischen Naturforschenden Gesellschaft. ([2.] Beiträge zur Fauna der Schweiz: Thierwelt der stehenden Gewässer.) SA. [illegible] [Aarau] 1891.

Imhof, Oth[mar] Em[il]. Vorläufige Notiz über die Lebensverhältnisse in den Seen unter der Eisdecke. [SA.] 8. [Chur 1891.]

Imhof, Othmar Emil. Resultate meiner Studien über die pelagische Fauna kleinerer und grösserer Süsswasserbecken der Schweiz. Habilitationsschrift ... der Universität Zürich vorgelegt. Mit einer lithographischen Tafel. (SA.) 8. Leipzig 1884.

Imhof, Oth[mar] Em[il]. Premiers résultats de [illegible] la faune des invertébrés aquatiques du canton de Fribourg. [illegible] 8. (Fribourg 1895.)

Imhof, Othmar Emil. Studien über die Fauna [illegible] Seen insbesondere des Kantons Graubünden. [illegible] SA. 8. [Chur 1887.]

Imhof, Dr. Othmar Emil, Faunistische Studien i. 18 kleineren u. grösseren österr. Süsswasserbecken. Mit 1 Holzschn. S.-A. gr. 8 (24 S.) Wien. * Carl Gerold's Sohn. 22 kr. 1885.

Imhof, Othmar Emil, faunistische Studien in 18 kleineren und grösseren österreichischen Süsswasserbecken. Lex.-8. (24 S. mit 1 eingedr. Holzschn.) Wien 885. (Tempsky) * * — 45

Aus: Sitzungsberichte der k. Akademie der Wissenschaften, besonders abgedruckt.

Imhof, Othmar Emil. Studien zur Kenntnis der [illegible] ‹Vorläufige Mittheilung.› [illegible] [Leipzig 1883.]

Imhof, Oth[mar] Em[il]. Ueber die microscopische [illegible] Seen 2000–2780 m. ü. M.› ‹SA.› 8. ([Leipzig] 1883.)

Imhof, Othmar Emil. Tierwelt der hochalpinen Seen. [illegible] 1895.)

Imhof, Othmar Emil. Ueber das Vorkommen von [illegible] in den Alpenseen der Schweiz. Seen von 473–2460 Meter ü. M. SA. 8. (Erlangen 1894.)

Imhof, Othmar Emil. Bemerkenswerte Vorkommnisse von [illegible] hyaline [illegible] der Alpenseen. [A.] 8. [Erlangen 1893.]

Imhof, Robert. Ein Fall von Kindersarcom. Inaug.-Dissertation der Universität Zürich. In-8°, 58 S. Brugg, Druck von Fisch-Wild & Cie., 1882.

Imhof, Rupert

— — Hans Sebald Lautensacks Ansichten von Nürnberg, s. Mittheilungen des Vereins für Geschichte der Stadt Nürnberg

Imhof, Rupert Frhr. v., Beiträge zur Geschichte des Jagdwesens im ehemaligen Erzstift Salzburg mit Einbezug der an Bayern, Tirol, Steiermark rc. abgetretenen Gebietstheile und Herrschaften. gr. 8. (III, 359.) Salzburg 888, Kerber. * 7 —

Aus: Mittheilungen der Gesellschaft für Salzburger Landeskunde, besonders abgedruckt.

Imhof, Stefan [cand. med.]: Ueber die Luxationen des Humerus mit Fractur des Caput humeri und deren blutige Behandlung ... München, Buchdr. v. M. Ernst, 1894; 31 S. 8.
München, Med. Fak., Inaug.-Diss. v. 1894

Im Hof, Th[eodor]. Szenische Bearbeitung des Liedes von der Glocke. Bern s.a. [Schiller, Friedrich von].

Im Hof, Th., szenische Bearbeitung des Liedes v. der Glocke. (38 S.) kl. 8. Bern (909). G. Grunau. 1. —

Imhof, Theodor, approb. Arzt: Ueber das traumatische **Emphysem** des Gesichtes. *München 1903: M. Ernst.* (38 S.) 8°
München, Med. Diss. v. 1903

Im Hof, Theodor. Aus den ersten Zeiten der Helvetik. ‹Nach ungedruckten Briefen Fr(iedrich) C(äsar) Laharpes.› (SA.) 8. [Zürich] 1893.

Imhof, Walt., der Rose Pilgerfahrt. Ein Frühlingsmärchen. Neu erzählt. Mit Illustr. in Lichtdr. u. Holzschn. v. M. E. Kepler. 2., verb. Aufl. 12. (102 S.) Stuttgart 892. Greiner & Pfeiffer. Geb. in Leinw. m. Goldschn. n. 4. 50

vgl. Imhoff

Imhof-Spielberg, Alexander von
[Pseud. Alexis in Villa]

Imhof-Spielberg, A. Freiherr von: „Bitten, Winke, Ansichten über das Postwesen, als Nachtrag zu der Schrift: Ueber Postanstalten, nach ihrem Finanzprincip (s. Nr. 10603); und als Beitrag zu den Verhandlungen der Zweiten Kammer der bayerischen Ständeversammlung in der 37. Sitzung am 29. May 1819", Halle 1820. — Vorh.: Com Bibl. Hamburg.

— s. Darstellung d. Begründung e. Postanstalt.

s. Germania II. üb. d. deutsche Postwelt.

s. Grundlagen, üb. die, d. Organisation des Reichspostwesens.

Alexis in Villa, (Alex. Frhr. v. Imhof-Spielberg), über anthropolog. Organismus u. dessen Regierung. 8. Bayreuth 808. (Grau).

s.a. Postanstalten, über.

(Imhof-Spielberg, A. Freiherr von): „Ueber Post-Anstalten, nach ihrem Finanz-Princip und über die Herrsch-Maximen der Post-Regieen. Eine staatsökonomische Parallele, durch Hauptzüge aus der Post-Praxis nachgewiesen", Halle 1817. — Vorh.: Com. Bibl. Hamburg und Preuß. Staatsbibliothek Berlin.

Post-Anstalten (Ueber) nach ihrem Finanzprincip und über die herrschenden Maximen der Post-Regien. (Von A. Frhr. Imhof-Spielberg.) gr. 8°. Halle, Schwetschke u. S., 1817.

s. Post-Notizen, über.

Imhof-Spielberg, Frhr. Alex., Uebersicht u. Zusammenstellung d. königl. preuß. Postgesetze von 1816–1828 einschließlich. (Aus Karl's Archiv f. die gesammt. Staats-Wissenschaften rc. Jahrg. 1827 abgedr.) gr. 8. Heidelb.... Oswald. 6 gr.

Imhofer, R.

— 50 Jahre laryngologischer Arbeit auf dem Gebiete der Kehlkopftuberkulose, s.a. Sammlung zwangloser Abhandlungen aus dem Gebiete d. Nasen- usw. Krankheiten. IX, 7. 8.

Imhofer, R.: Fünfzig Jahre laryngologischer Arbeit auf dem Gebiete der Kehlkopftuberkulose. Von Dr. R. Imhofer, Prag. Halle a. S.: Marhold 1909. 102 S. 8°
(Sammlung zwangloser Abhandlungen aus d. Geb. d. Nasen-, Ohren-, Mund- u. Halskrankheiten. Bd 9, H. 7. 8.)

Imhofer, R., die Geschichte der Kehlkopftuberkulose vor Erfindung des Kehlkopfspiegels, s.a. Sammlung zwangloser Abhandlungen aus dem Gebiete der Nasen- usw. Krankheiten. IX, 3—5.

Die Geschichte der Kehlkopftuberkulose vor Erfindung des Kehlkopfspiegels. Von Dr. med. R. Imhofer, Prag. Halle a. S.: C. Marhold 1908. (127 S.) 8°
— Sammlung zwangloser Abhandlungen aus d. Geb. d. Nasen-, Ohren-, Mund- u. Halskrankh. Bd 9, H. 3/5. 08. 7734 3

Imhofer, R., die Krankheiten der Singstimme f. Aerzte. Nebst e. Kapitel „Gesangstechnik" v. M. Wallerstein. (171 S. m. 1 Tab.) gr. 8. Berlin 904. O. Enslin. n. 4. —

Imhoff, s.a. Imhof

Imhoff Pascha, s.: Aus dem türkischen Leben.

IMHOFF, ANDREAS LAZARUS VON. Neu Eröffneter Historien-Saal Das ist Kurtze, deutliche und unpartheyische Beschreibung der Allgemeinen Welt- und Kirchen-Geschichten. Von Aufang biß auff diese unsere Zeiten [= 1741]. 6 Bde. Basel, J. Brandmüller, 1736 & 1746. 4°. Schöne starke Lbde. d. Z. m. Rv. u. Rsch., teilw. leicht berieben u. bestoßen. 165.—

Imhoff, Ferdinand Lazarus Moritz von (Fränkischer Adel), Specimen collationis juris Moscovitici et communis. Präs. Georg Engelbrecht. Helmstedt (Georg Wolfgang Hamm) 28. XI. 1711. 66 S. (7.—) 16859

van Imhoff, (G. Wilh. H.,) Specimen juridicum inaugurale de furtis ad XII tab. et institutiones, cum Gaji tum Justiniani. gr. 8. Groning 824, (Leipz., Weigel.)

Imhoff, Joh. Herm.: Dissertationes practicae 1—8. Coloniae Agripp.

1. De advocatis et assessoribus curiae archi-episcopalis Coloniensis. 1773.
2. De jurisdictione vicarii generalis Coloniensis. 1774.
3. De notariis curiae archi-episcopalis Coloniensis. 1774.
4. De praeventione jurisdictionis et protocolli . . . 1774.
5. De arresto, pignore praetorio, et sequestro, nec non de citatione edictali. 1774.
6. De sponsalibus [usw.]. 1774.
7. De mutuo . . . 1775.
8. De procuratoribus et latoribus curiae archi-episcopalis Coloniensis. 1779.

Imhoff, Karl

Imhoff, K: Abhandlungen über Abwasserreinigung. München usw. 1909—1922

Imhoff, K[arl], Reg.-Baumeister, wiss. Mitglied d. Kgl. Prüfungsanstalt f. Wasserversorgung u. Abwässerbeseitigung i. Berlin: Die biologische Abwasserreinigung in Deutschland. (Vorr.: [Adolf] Schmidtmann u. [Carl] Günther.) 1906. 157 S., 2 Tab. 8° ¶ Aus: Mitteilungen aus d. Kgl. Prüfungsanstalt f. Wasserversorgung u. Abwässerbeseitigung. H. 7.
Dresden, Dr.-Ing.-Diss. v. 20. 12. 1905

Die Reinhaltung der Ruhr. Bearb. im Auftr. d. Reg.Präs. v. Bake in Arnsberg von Dr. Ing. [Karl] Imhoff, Reg.Baumeister a. D. Essen-Ruhr: Haarfeld 1910. 39 S. 8° A12.418

Imhoff, K., Taschenbuch f. Kanalisations-Ingenieure. (Zeichnungen v. O. Bernards.) (20 S. m. 8 Taf.) kl. 8. München 907. R. Oldenbourg. · Geb. in Leinw. 2. 40

Imhoff, Ludw., die Gattungen d. Rüsselkäfer, s. Labram, D.

—— Insekten der Schweiz, s. Insekten.

—— die schweizerischen Käfergattungen, s. Labram.

Imhoff, Ludwig, s. Labram, David:
Die Gattungen der Rüsselkäfer.

Imhoff, Ludwig s. Labram, Jonas David

Imhoff, Ludwig: Sammlung von Abbildungen schweizer. Insekten, s. Labram, D.

—— Sammlung v. Abbildn. schweiz. Insekten, s. Sammlung.

Imhoff, Ludw., Versuch einer Einführung in das Studium der Koleoptern. In 2 Thln. (in 1 Bd.) und einem, 25 Taf. lithogr. Abbildungen nebst Text enthalt., Anhange. Lex.-8. (XXXIII und 386 S.) Basel 856, (Bahnmaier's Buchh.) *

Imhoff, Ludw., Versuch einer Einführung in das Studium der Koleoptern. In 2 Thln. (in 1 Bd.) und einem, 25 Stnt. Abbild. nebst Text enthalt. Anhange. Lex.-8. (XXXIII und 386 S.) Basel 857, (Bahnmaier's Verlag.) *

Imhoff, Max, aus Basel: Über Bromderivate des Anthracens. Basel 1905. 40 S. 8°. [27. XII. 05.]
Zürich. Phil. Diss. II. 8. 1905/1906.

Imhoff, P. M., s. Imhof, Maximus von

Imhoff, Paul: Untersuchungen über das α-Naphtochinolin. *Freiburg i. B. 1897: F. Wagner.* (41 S.) 8°
Freiburg i. B., Phil. Diss. v. 1897

Imhoff, Walt., der Rose Pilgerfahrt. E. Frühlings-Märchen. Neu erzählt. Mit Illustr. v. R. E. Kepler. 12. (120 S.) Stuttgart 896. Greiner & Pfeiffer.
Geb. in Leinw. m. Goldschn. n. 3. —

vgl. Imhof

Imhoff, Wilh. Frhr. v., s.: Handbuch, genealogisches, der zur Zeit lebenden rats- u. gerichtsfähigen Familien der vormaligen Reichsstadt Nürnberg.

Imhoof, Ed., Predigt gehalten zu Uerkheim, den 2. Jan. 1848, auf Veranlassung der Hinrichtung der zwei Raubmörder Jak. Klaus und Jak. Hürzeler, v. Uerkheim. 8. (15 S.) Zofingen 848, Steinegger'sche Buchh.

Im Hoof, Joh. Georg (Bern/Schweiz), De testamentis, codicillis, ac clausula codicillari, deque modis, quibus infirmentur. Disp. jurid. ex jure civili Romano Bernensi deprompta. Bern (Andreas Hügenet) 17. VI. 1704. 26 Bl. (6.80) 16860

Imhoof, Marie. Schweizerisches Familien-Kochbuch. [Mit 1 Tafel.] VIII + 778 S. 8. Bern, K. J. Wyss, 1903. [geb. fr. 7.—]

Imhoof, Marie, schweizerisches Familien-Kochbuch. 3. Aufl. (VI, 778 S.) 8. Bern (910). G. Grunau. Geb. in Leinw. m. Nägeln 7. —

Imhoof-Blumer, Friedrich: Auctions-Catalog der bedeutenden Sammlung römischer und byzantinischer Münzen des Herrn Dr. Friedrich Imhoof-Blumer in Winterthur, sowie e. ausgew. Sammlung griechischer Münzen aus d. Besitze e. auswärt. Diplomaten u. A. München: Hirsch 1907. 151 S., 39 Taf. 4⁰(8⁰)
(Hirsch, Jakob: Auktions-Katalog Nr. 18.)

Imhoof-Blumer. F(r[iedrich]). Beiträge zur Münzkunde und Geographie von Alt-Griechenland und Kleinasien. Mit [Figuren und] 3 Tafeln. SA. 8. Berlin 1873.

(Imhoof-Blumer. F[riedrich].) Beiträge zur griechischen Münzkunde. [Mit 1 Tafel.] SA. 8. (Berlin [1885].)

(Imhoof-Blumer. F[riedrich].) Numismatische Berichtigungen. [Mit 1 Tafel. SA.] 8. (Berlin [1874].)

Imhoof-Blumer, F., choix de monnaies grecques de la collection de F. I.-B. 2. éd. gr. 4. (9 Kpfrtaf. m. 1 Bl. Text.) Paris 883. (Leipzig, K. F. Köhler's Antiquarium.) n.n. 12. —; Ausg. in Fol. n.n. 16. —; Ausg. in Fol. auf chines. Pap. n.n. 20. —

—— and Percy **Gardner**, a numismatic commentary on Pausanias. 3 vols. gr. 8. London. (Leipzig, K. F. Kœhler's Antiqu.) ** 20 50

Inhalt:

Vol. I. Book I. 39—44 Megarica; Book II. Corinthiaca. (52 S. mit 12 photolithogr. Taf.) 885. *M 7.50.

» II. Book III—VIII. (56 S. mit 8 photolithogr. Taf.) 886. *M 7.50.

» III. Book IX. X. I. 1—38 a. Suppl. (57 S. mit 10 photolithogr. Taf. und 236 Fig.) 887. **M 5.50.

Aus: Journal of Hellenic Studies, besonders abgedruckt.

Imhoof-Blumer. Fr[iedrich]. Die Flügelgestalten der Athena und Nike auf Münzen. ⟨Mit einer Tafel.⟩ (SA.) 8. Wien 1871.

Imhoof-Blumer, F., Monnaies grecques. Publié par l'Académie royale néerlandaise des sciences. gr. 4. (IV, 518 S. mit 9 Lichtdr.-Taf.) Paris 883. (Leipzig, K. F. Köhler's Antiq.) cart. **

Imhoof-Blumer. F[riedrich]. Antike Münzbilder: 1. Betende und bittende Figuren. 2. Mythen des Zeus ... 5. Berggottheiten. Gebirge und Nymphen. ⟨Hierzu Tafel 9⟩. (SA.) 4. (Berlin 1888.)

Imhoof-Blumer, F., die Münzen Akarnaniens. Mit 8 Taf. in Lichtdr. u. 8 (eingedr.) Holzschn. gr. 8. (180 S.) Wien 878. Manz. n.n. 12. —

Imhoof-Blumer, F., s.: Münzen, die antiken, Nord-Griechenlands.

Imhoof-Blumer. Fr[iedrich]. Bithynische Münzen. [Mit 1 Tafel.] SA. 8. Athen 1898.

—— die Münzen der Dynastie von Pergamon. gr. 4. (40 S. mit 4 phototyp. Taf.) Berlin 884, (Dümmler's Verlagsh.) cart. *

Aus: Abhandlungen der k. preussischen Akademie der Wissenschaften zu Berlin, besonders abgedruckt.

Imhoof-Blumer, F., griechische Münzen. Neue Beiträge u. Untersuchgn. Mit 878 Abbildgn. auf 14 Lichtdr.-Taf. [Aus: „Abhandlgn. d. k. bayer. Akad. d. Wiss."] gr. 4. (S. 525—798.) München 890. (Franz' Verl.) n.n. 40. —

Imhoof-Blumer. F[riedrich]. Griechische Münzen. Notes on some rare Greek Coins. [With 1 Map.] Reprinted from the „Numismatic Chronicle". 8. London 1895.

—— griechische Münzen in dem königl. Münzkabinet im Haag und in anderen Sammlungen. gr. 8. (85 S. mit 4 Lichtdr.-Taf.) Berlin 876, Weidmann'sche Buchh.
Aus: Zeitschrift für Numismatik, besonders abgedruckt.

Imhoof-Blumer. F[riedrich]. Griechische Münzen aus dem Museum in Klagenfurt und anderen Sammlungen. [Mit 2 Tafeln.] (SA.) 8. Wien 1885.

Imhoof-Blumer. F[riedrich]. Griechische Münzen in der Grossherzoglich Badischen Sammlung in Karlsruhe. Mit 1 Tafel. (SA.) 8. Berlin 1879.

(Imhoof-Blumer. Fr[iedrich].) Griechische Münzen aus der Sammlung des Herrn Fr. I-B'.... Hierzu Tafel 53 und 54. [SA.] 8. [Berlin 1870.]

Imhoof-Blumer. F[riedrich]. Die Münzen der Kilbianer in Lydien. ⟨Hiezu Taf. 1.⟩ [SA.] 8. ([Wien] 1888.)

— **kleinasiatische Münzen**, s.a: **Sonderschriften des österreich. archäologischen Institutes in Wien. I.**

Imhoof-Blumer, Friedrich: Kleinasiatische Münzen von –. Mit Taf. Bd 1. 2. Wien: A. Hölder 1901–02. 2 Bde 4⁰
= Sonderschriften d. österr. archäol. Institutes in Wien. Bd 1. 3.

(Imhoof-Blumer. F[riedrich].) Münzen der Kleruchen auf Imbros. [Mit Figuren. A.] 8. [Athen 1882.]

(Imhoof-Blumer. F[riedrich].) Münzen von Selge und Aspendos. ⟨Taf. 6.⟩ [SA.] 8. (Berlin 1877.)

Imhoof-Blumer. [Friedrich]. Die Münzen von Selinunt und ihre Typen. [SA.] fol. (Leipzig 1872.)

Imhoof-Blumer. F[riedrich]. Zur Münzkunde Boeotiens und des peloponnesischen Argos. Mit 2 Tafeln und 19 Holzschnitten. (SA.) 8. Wien 1877.

Imhoof-Blumer. F[riedrich]. Zur Griechischen Münzkunde: Eusebeia Kaisareia – Elaiusa Sebaste – ... Antiocheia Gerasa. Mit 2 Tafeln in Lichtdruck. (SA.) 8. Genf 1898.

Imhoof-Blumer, Friedrich: Zur Griechischen Münzkunde von –. Mit 2 Taf. Genf: Schweizer. Numismat. Gesellsch. 1898. 50 S. 8⁰

Zur Griechischen und Römischen Münzkunde von F[riedrich] Imhoof-Blumer. Mit 7 Reg. u. 214 Abb. auf 10 Taf. Genf: Schweiz. numismat. Gesellsch. 1908. (323 S.) 8°
Aus: Revue suisse de numismatique. T. 13. 14. [08. 12,09 7]

Imhoof-Blumer, Friedr., zur Münzkunde Grossgriechenlands, Siciliens, Kretas etc. Mit besonderer Berücksichtigung einiger Münzgruppen mit Stempelgleichheiten. gr. 8. (82 S. mit 3 Lichtdr.-Taf.) Wien 887. (Leipzig, K. F. Koehler's Antiqu.) ** 4 50
Aus: Numismatische Zeitschrift, besonders abgedruckt.

Imhoof-Blumer. Fr[iedrich]. Zur Münzkunde Kilikiens. [Mit 1 Tafel.] SA. 8. Berlin 1883.

Imhoof-Blumer. Fr[iedrich]. Zur Münzkunde und Palaeographie Boeotiens. ⟨Mit zwei Tafeln.⟩ (SA.) 8. Wien 1873.

(Imhoof-Blumer. F[riedrich].) Zur Münzkunde des Pontos, von Paphlagonien. Tenedos. Aiolis und Lesbos. (Hierzu Tafel 9 und 10.) (SA.) 8. (Berlin [1896].)

Imhoof-Blumer. Fr[iedrich]. Die Münzstätte Babylon zur Zeit der Makedonischen Satrapen und des Seleukos Nikator. Mit zwei Tafeln. [SA.] 8. Wien 1896.

— Nymphen u. Chariten auf griechischen Münzen. Mit 482 Abbild. auf XII Taf. (213 S. m. 1 Bildnis.) Lex. 8. Athen 908. (Leipzig, O. Harrassowitz.) nn 12. —
Sonderabdr. aus: „Journal internat. d'archéol. numism."

—— Porträtköpfe auf antiken Münzen hellenischer und hellenisierter Völker. Mit Zeittaf. der Dynastien des Altertums nach ihren Münzen. gr. 4. (IV, 95 S. mit 206 Bildnissen in Lichtdr. auf 8 Taf.) Leipzig 885, Teubner. cart. * 10 —

Imhoof-Blumer, F., Porträtköpfe auf römischen Münzen der Republik u. der Kaiserzeit. Für den Schulgebrauch hrsg. 2., verb. Ausg. gr. 4. (16 S. m. 4 Lichtdr.-Taf. Leipzig 892. B. G. Teubner. Kart. n. 3. 20

(Imhoof-Blumer. Friedrich.) Die Prägorte der Abbaier, Epikteter, Grimenothyriten und Temenothyriten. (SA.) 4. [Wien 1898.]

(Imhoof-Blumer. [Friedrich].) Die euböische Silberwährung. (SA.) 8. (Berlin 1881.)

Imhoof-Blumer, F., Lydische Stadtmünzen. Neue Untersuchgn. M. 6 Registern u. 151 Abb. auf 7 Taf. [Aus: „Revue suisse de numismatique".] gr. 8. (III, 213 S.) Genf 897. (Leipzig, O. Harrassowitz.) n.n. 10. —

— u. O. Keller, Tier- u. Pflanzenbilder auf Münzen u. Gemmen d. klassischen Altertums. 26 phototyp. Taf. m. 1352 Abbildgn. gr. 4. (X, 168 S.) Leipzig 889. Teubner. geb. n. 24. —

(Imhoof-Blumer, F[riedrich].) Griechische Ueberprägungen. [A.] 8. [Berlin 1877.]

Im Hooff, St., Lehrbuch d. Arithmetik, z. Handgebr. u. f. Schulen. Mit Vergleichungs-Tafeln üb. Maaße u. Gewichte, u. e. Anh. v. 52 Taf., mit Aufgaben üb. alle vorkomm. Rechnungsarten. 8. (17½ B.) Basel 828, Neukirch.

Imhorst, Joh. D.

Imhorst, J. D., Handlexikon aller Schiffs-Unkosten in europäischen und aussereuropäischen Häfen. Nebst Berechnung der Lade- und Staufähigkeit der Schiffe, sowie Notizen über Schiffsbau, Schiffsmessung, Charte partieen etc. gr. 8. (VIII und 243 S.) Bremen 856(57,) Kühtmann und Comp. *

Imhorst, John, Taschen-Wörterbuch der allgemeinsten Schiffsausdrücke in deutsch-engl.-franz.-spanisch, so wie engl.-deutsch, franz.-deutsch u. span.-deutsch. gr. 8. (16 B., 3 Stnt., 1 col. Taf. u. lith. Ttl.) Bremerhaven u. Lehe 844. (Bremen, Schünemann's Sort.-Buchh.) *

Imhorst, Joh. D., Taschen-Wörterbuch der allgemeinsten Schiffs-Ausdrücke in deutsch-englisch-französisch-spanisch so wie englisch-deutsch, französisch-deutsch u. spanisch-deutsch. 2. Ausg. Bremen 859. Kühtmann & Co. gr. 8. (244 S.) n. 1 ₰

Imhorst, Peter

Imhorst, P. [approb. Arzt aus Moers (Rheinprovinz)]: Ueber physiologische und pathologische Herzinnervation . . . . München. Druck v. M. Ernst (vorm. G. Pollner), 1886; 24 S. 8°.
München, Med. Fak., Inaug.-Diss. v. 1886.

Imhove, Johann Hermann

Imhove, Johann Hermann (Cöln), De advocatis & assessoribus curiae archi-episcopalis Coloniensis. (Diss. practic. I.) Cöln (Theodor Holtzapfel) 1773. 48 S. (6.50) 16861

— — De arresto, pignore praetorio, & sequestro, nec non citatione edictali. (Diss. practic. V.) Cöln (Theodor Holtzapfel) 1774. 16 S. (3.—) 16865

— — De jurisdictione vicarii generalis Coloniensis, et recursu, seu provocatione ab eodem ad officialem ibidem quà judicem ordinarium (Diss. practic. II.) Cöln (Theodor Holtzapfel) 1774. 14 S. (3.50) 16862

— — De Mutuo, von Gelehnten Sachen, Ob der Glaubiger von dem Schuldner hiervon Interesse oder Zinsen, wan, und wie hoch sothane Interesse oder Zinsen zu forderen, und ob auch Interesse von Interesse oder Zinsen von Zinsen einzuklagen berechtiget, mithin in welchen Fällen der verfluchte Wucher=Contract enthalten seye. (Diss. practic. VII.) Cöln (Theodor Holtzapfel) 1775. 40 S., meist dtsch. Text. (6.—) 16867

— — De notariis curiae archi-episcopalis Coloniensis. (Diss. practic. III.) Cöln (Theodor Holtzapfel) 1774. 12 S. (3.—) 16863

— — De praeventione jurisdictionis & protocolli, nec non de jurisdictione prorogabili. (Diss. practic. IV.) Cöln (Theodor Holtzapfel) 1774. 16 S. (3.—) 16864

— — De procuratoribus & latoribus curiae archi-episcopalis Coloniensis. (Diss. practic. VIII.) Cöln (Dominic Ferd. Holtzapfel) 1779. 15 S. (3.—) 16868

— — De sponsalibus, impetitione matrimoniali, defloratione, & confrontatione. (Diss. practic. VI.) Cöln (Theodor Holtzapfel) 1774. 16 Seiten. (3.—) 16866

Imiſch, H., Domjazy woltak. Modleṡke kniżi. Bautzen 867. (Leipzig, Schmaler & Pech.) 8. (XXVI, 276 S.) geb. n. 12 ngr.

—— Schkit Boži. Wójnuſke modlitwy. 2. wudawk. (VIII und 39 S.) We Wojerezach 867. (Bautzen, Schmaler und Pech.) *

Imitation libre du Poëme de la Cloche et de l'Hymne au Plaisir du célèbre poëte Schiller, p. M. C. A. M. de A—l. gr. 8. Zürich, Orell, F. et C. 808.

Imitatione Christi, de, libri quatuor multiplici lingua nunc primo impressi et quidem latina archetypi interpretationibus italica, hispanica, gallica, germanica, anglica, graeca. Cum notis et variis lectionibus cur. Jo. Bapt. Weigl. Lex.-8. (41⅛ B. u. 1 Stahlst.) Solisbaci 837, libr. de Seidel. 2⅔ Thlr., Vlnp.

—— id. — liber primus. Ex lat. in hebraeum versus Jo. Müller. 8. (9 B.) Francofurti 837, libr. Andreä.
Vgl. Thomas v. Kempen.

Imitatione Christi, de, libri quattuor. Ad editionem optimam Maurinorum una cum appendice precum cotidiano usui destinatarum ed. Coel. Wolfsgruber. Editio altera aucta. 32. (XI, 284, 83 S.) Angsburg 888, Litterar. Institut von Dr. M. Huttler. * 1 50
geb. *M 2.50, *M 3.80 und * 6 —

Imkeller, Hans, aus Königshofen im Grabfelde: Die Fauna der obersten Kreidebildungen bei Toelz. (Th. 2.) *Stuttgart: E. Schweizerbart 1901.* (S. 27–64.) 4° ¶ Aus: Palaeontographica, Bd 48.
München, Phil. Diss. v. 1901

Die Kreidebildungen und ihre Fauna am Stallauer Eck und Enzenauer Kopf bei Tölz. Ein Beitrag z. Geol. d. bayer. Alpen. Von Hans **Imkeller.** Mit 3 Taf., 1 Kartenskizze, 4 Profilen u. 2 Textfig. Stuttgart: E. Schweizerbart 1901. (64 S.) 4°
— **Palaeontographica.** Bd 48, Lfg 1. [os. 2110

Berner Imker: Der Berner Imker
v. Bernische Blätter für Landwirthschaft, Wald- und Gartenbau.

Imker, der deutsche, aus Böhmen. Monatschrift für die Interessen der Bienenzucht. Organ des deutschen bienenwirtschaftl. Centralvereins für Böhmen. Redig. von Wenzel Herm. Böhm. 1. Jahrg. 1888. 12 Nrn. (Bog.) gr. 8. Prag, (Calve'sche Hof- und Universitäts-Buchh.) ** 4 —

Imker, der deutsche, aus Böhmen. Monatschrift f. die Interessen der Bienenzucht. Organ d. deutschen bienenwirtschaftl. Centralvereins f. Böhmen. Redig. v. Wenzel Herm. Böhm. 2.—5. Jahrg. 1889—92. à Jahrg. 12 Nrn. (Bog.) gr. 8. Prag, (Calve). à Jahrg. ** 4 —

Imker, der deutsche, aus Böhmen. Monatschrift f. die Interessen der Bienenzucht. Organ d. deutschen bienenwirtschaftl. Centralvereins f. Böhmen. Red. v. Wenzel Herm. Böhm. 4.—7. Jahrg. 1891—1894. à 12 Nrn (à 1/2—1 Bog. m. Illustr.) gr. 8. Prag, (J. G. Calve) à Jahrg. n. 4. —

Imker, der deutsche, aus Böhmen. Monatschrift f. die Interessen d. Bienenzucht. Organ d. deutschen bienenwirtschaftl. Centralvereins f. Böhmen. Red. v. Wenzel Herm. Böhm. 8.—11. Jahrg. 1895—1898. à 12 Nrn. (à ca. 24 S. m. Abb.) gr. 8. Prag (J. G. Calve). à Jahrg. n. 4. —
Der 11. Jahrg. ist von Hans Baßler redigiert.

Imker, der deutsche, aus Böhmen. Monatschrift f. die Interessen der Bienenzucht. Organ des deutschen bienenwirtschaftl. Centralvereines f. Böhmen. Red. v. Hans Baßler. 12.—15. Jahrg. 1899—1902. à 12 Nrn. gr. 8. (à ca. 24 S. m. Abb.) Prag (J. G. Calve). à Jahrg. n.n. 4. —

Imker, der deutsche, aus Böhmen. (Seit Oktbr. 1902 vereinigt m. der Monatsschrift „Der Bienenvater a. Böhmen", dem Organ des ehemal. Landesvereines zur Hebg. der Bienenzucht Böhmens, gegr. 1852.) Organ des deutschen bienenwirtschaftl. Landes-Zentralvereines f. Böhmen usw. Schriftleiter: Hans Baßler. 16.—18. Jahrg. 1903—1905. à 12 Nrn. (à ca. 24 S. m. Abbildgn.) Lex.-8. Prag (J. G. Calve). à Jahrg. n. 4. —

Imker, der schlesische. Organ des schles. Bienenzucht-Vereines. Redact.: J. F. Benda. 1.—4. Jahrg. 1874—1877. à Jahrg. 8 Nrn. (à 1/2—1 Bog.) gr. 8. Troppau, (Buchholz und Diebel.) à Jahrg. *

—— dass. — 5. Jahrg. 1878. 10 Nrn. (à 1/2—1 Bog.) gr. 8. (Ebendas.) **

—— dass. — 6. Jahrg. 1879. 12 Nrn. (à 1/2—1 Bog.) gr. 8. (Ebendas.) **

Imker, der schlesische. Organ des schlesischen Bienenzucht-Vereines. Red.: J. F. Benda. 7. Jahrg. 1880. 12 Nrn. (à 1/2—1 B.) gr. 8. Troppau, (Buchholz & Diebel). n. 2.40

— dasselbe. 8. u. 9. Jahrg. 1881 u. 1882. à 12 Nrn. (à 1/2—1 B.) gr. 8. Ebend. à Jahrg. n.n. 2. —

Imker, der schlesische. Organ d. schles. Bienenzucht-Vereins. Red.: J. F. Benda. 10. u. 11. Jahrg. 1883 u. 1884. à 12 Nrn. (à 1/2—1 B.) gr. 8. Troppau, (Buchholz & Diebel). à Jahrg. n. 2. —

— dasselbe. 12. u. 13. Jahrg. 1885 u. 1886. à 12 Nrn. (à 1/2—1 B.) gr. 8. Ebend. à Jahrg. n.n. 2. 40

— der schlesische. Organ d. schles. Bienenzucht-Vereins. Red.: J. F. Benda. 14. u. 15. Jahrg. 1887. 1888. à 12 Nrn. (à 1/2—1 B.) gr. 8. Troppau, (Buchholz & Diebel). à Jahrg. n.n. 2. 40

— dasselbe. 16. u. 17. Jahrg. 1889. 1890. à 12 Nrn. (à 1/2—1 B.) gr. 8. Ebd. à Jahrg. n.n. 2. —

— der schlesische. Organ d. österreichisch-schles. Bienenzuchtvereines. Red.: J. F. Benda. 18.—21. Jahrg 1891—1894. à 12 Nrn. (à 1/2—1 Bog.) gr. 8. Troppau (Buchholz & Diebel). à Jahrg. n.n. 2. —

— d. schlesische. Organ d. österreich.-schles. Bienenzuchtvereines. Red.: Alb. Engelbrecher. 22.—25. Jahrg. 1895—1898. à 12 Nrn. (à ca. 12 S.) gr. 8. Troppau (Buchholz & Diebel). à Jahrg. n.n. 2. —
Der 22. Jahrg. war auch von A. Bouchal redigiert.

— der schlesische. Organ des österreich.-schles. Landesvereines f. Bienenzucht. Red.: Alb. Engelbrecher. 26.—29. Jahrg. 1899—1902. à 12 Nrn. gr. 8. (à ca. 12 S.) Troppau (Buchholz & Diebel). à Jahrg. n.n. 2. —

— der schlesische. Organ des österreichisch-schles. Landesvereins f. Bienenzucht. Red.: Alb. Engelbrecher. 30. Jahrg. 1903. 12 Nrn. (à ca. 12 S.) gr. 8. Troppau (Buchholz & Diebel.) n.n. 2. —
Erscheint nicht mehr.

—— der Schweizer. Zeitschrift f. prakt. Bienenzucht. 4. Jahrg. 1892. 12 Nrn. (à Nr. 1—1 1/2 Bog.) 8. Basel, Schweiz. Verlags-Druckerei. * 1 60
Erscheint nicht weiter.

Neues schlesisches **Imkerblatt.** Allgem. Organ f. d. ostdeutschen Bienenzüchter. Hrsg. von M[ax] Hamsch. Jg. 1. Breslau: Selbstverl. 1902. 8° [F.] [od. 804 2

Imkerbote, der. Monatsblatt f. die gesamten Interessen der Bienenzucht d. In- und Auslandes, hrsg. v. M. Felgentreu, Geuder, N. P. Kunnen, W. J. Tessak. 1. Jahrg. Juni 1889—Mai 1890. 12 Nrn. (B. m. Illustr.) gr. 4. Leipzig, Roßberg. n. 2. —

Imker-Bote, der, aus Oesterreich. Kalender für Jedermann unter besonderer Berücksicht. der Interessen der Bienenwirthe auf das J. 1889. In Gemeinschaft mit einer Anzahl hervorragender Bienenschriftsteller hrsg. und redig. von Ant. Pfalz. gr. 8. (100 S.) Wien, Sallmayer und Comp. * 1 —

—— der, aus Österreich. Kalender f. d. J. 1891. 3. Jahrg. In Gemeinschaft m. e. Anzahl hervorrag. Bienenschriftsteller hrsg. u. redig. v. Ant. Pfalz. 12. (104 S. u. Notizbuch.) Deutsch-Wagram. (Nördl., Beck.) cart. * 1 —
1., 2. u. 4. Jahrg. im Selbstverlag v. A. Pfalz. — 5. Jahrg. im Selbstverlag v. Al. Alfonsus in Wien-Döbling.

Imker-Bote, Der, aus Oesterreich. Gegründet von Anton Pfalz zu Deutsch-Wagenau. Kalender für das Jahr 1894. 6. Jahrg. Herausgegeben von Alois Alfonsus. 16. (92 S.) Geb.
Wien: Perles. —.60

Imker-Bote, der, aus Oesterreich. Gegründet v. Ant. Pfalz Kalender f. d. J. 1895. 7. Jahrg. In Gemeinschaft m. e. Anzahl hervorrag. Bienenzuchtschriftsteller hrsg. u. red. v. Alois Alfonsus. gr. 16. (II, 112 S. m. Abbildgn., Bildnis u. Schreibkalender.) Wien, M. Perles. Kart. n. 1. —

Imker-Bote, Der, aus Oesterreich. Gegründet von Anton Pfalz zu Deutsch-Wagram. Kalender für das Jahr 1896. 8. Jahrgang. Herausgegeben von Alois Alfonsus. 16. (119 S., mit Notizbuch.) Geb. —.60
Wien: Perles 1895.

Imker-Bote, Der, aus Oesterreich. Gegründet von Anton Pfalz zu Deutsch-Wagram. Kalender für das Jahr 1897. 9. Jahrgang. Herausgegeben von Alois Alfonsus. 16. (111 S., mit Notizbuch.) Geb. —.60
Wien: Perles 1896.

Imker-Bote, Der, aus Oesterreich. Gegründet von Anton Pfalz zu Deutsch-Wagram. Kalender für das Jahr 1898. 10. Jahrgang. Herausgegeben von Alois Alfonsus. 16 (108 S., mit Notizbuch.) Geb. —.60
Wien: Perles 1897.

Imker-Bote, Der, aus Oesterreich pro 1899. XI. Jahrgang. Gegründet von Anton Pfalz zu Deutsch-Wagram. In Gemeinschaft mit einer Anzahl hervorragender Bienenschriftsteller herausgegeben und redigirt von Alois Alfonsus, Bienenwirth, Wien-Döbling. Mit Porträt von Hans Bassler. 16. (106 S.) Geb. Wien: Perles 1898. — 60

(F) Der Imker-Bote aus Oesterreich. Gegründet von Anton Pfalz zu Deutsch-Wagram. Kalender für das Jahr 1902. XIV. Jahrgang. In Gemeinschaft mit einer Anzahl hervorragender Bienenzuchtschriftsteller herausgegeben und redigiert von Alois Alfonsus. Wien. Perles. 8°. 106 S. mit 1 Tafel. K 1.20

Imker-Bote, der, aus Oesterreich. Gegründet v. Ant. Pfalz. Kalender f. d. J. 1903. 15. Jahrg. In Gemeinschaft m. e. Anzahl hervorrag. Bienenzuchtschriftsteller hrsg. u. red. v. Alois Alfonsus. 12. (109 S. m. Schreibkalender u. 1 Bildnis.) Wien, M. Perles. Kart. n. 1. —

Der Imker-Bote aus Österreich. Kalender für das Jahr 1905. 17. Jahrg. 8°. (127 S.) Wien: Perles 1904. K 1.20

(F) Der Imkerbote aus Österreich. 18. Jahrg. 1906. 8°. (125, 76 S.) Wien: Perles 1905. K 1.20

Imker-Bote, der, aus Oesterreich. Gegründet v. Ant. Pfalz. Kalender f. d. J. 1907. 19. Jahrg. In Gemeinschaft m. e. Anzahl hervorrag. Bienenzuchtschriftsteller hrsg. u. red. v. Alois Alfonsus. (124 u. 16 S. u. Schreibkalender m. 1 Bildnis.) kl. 8. Wien, M. Perles. Kart. n. 1. —

Der Imkerbote aus Österreich. Kalender für das Jahr 1908. 20. Jahrg. 8° Wien: Perles 1907. K 1.20

Der Imkerbote aus Österreich. Kalender für das Jahr 1909. 21. Jahrg. 8°. (125 S.) Wien: Perles 1908. K 1.20

Der Imkerbote aus Österreich. 22. Jahrg. 8°. (117 S.) Wien: Perles 1909. K 1.20

Der Imkerbote aus Österreich. 1911. 8°. K 1.20
Wien: Perles 1910.

Imker-Bote, der, aus Österreich. Gegründet v. Ant. Pfalz. Kalender f. d. J. 1911. 23. Jahrg. In Gemeinschaft m. e. Anzahl hervorrag. Bienenzuchtschriftsteller hrsg. u. red. v. Alois Alfonsus. (103 S. u. Schreibkalender m. 1 Bildnis.) kl. 8. Wien, M. Perles. Kart. 1.20

Imker-Humor. 1. Bdchn. 8. (64 S.) Leipzig (902). Leipziger Bienen-Zeitung. n. 1.25

Imkerkalender, badischer, f. d. J. 1899. 3. Jahrg. Im Auftr. d. bad. Landesvereins f. Bienenzucht hrsg. v. J. M. Roth. M. d. Bildn C. J. H. Gravenhorst's. gr. 8. (70 S.) Karlsruhe, J. J. Reiff. n. — 30

Imkerkalender, badischer, f. d. J. 1902. 6. Jahrg. Im Auftrag des bad. Landesvereins f. Bienenzucht hrsg. v. J. M. Roth. Mit dem Bilde des hochw. Herrn Pfarrer Schweizer. II. Vorstand d. Landesvereins f. Bienenzucht in Baden. gr. 8. (66 S.) Karlsruhe, J. J. Reiff. n. — 20

Imker-Kalender, badischer, f. d. J. 1907. 11. Jahrg. Im Auftrag des badischen Landesvereins f. Bienenzucht begründet u. bisher hrsg. v. J. M. Roth, fortgeführt v. Wilh. Graebener. (64 S. m. 1 Bildnis.) 8. Karlsruhe, J. J. Reiff. n. — 25

Imker-Kalender, badischer, f. d. J. 1909. 13. Jahrg. Im Auftrag des bad. Landesvereins f. Bienenzucht begründet v. J. M. Roth, fortgeführt v. Wilh. Graebener. (64 S. m. 1 Bildnis.) 8. Karlsruhe, J. J. Reiff. nn — 25

Imker-Kalender, deutscher, f. 1890—1893. gr. 16. (à Jahrg. ca. 95 S. u. Schreibkalender.) Berne, Bessin. geb. à Jahrg. ** 1 —

— deutscher, f. 1895. Bearb. v. e. prakt. Imker. gr. 16. (80 S., Schreibkal. u. 8 S.) Berne, B. Bessin. Geb. n. 1. —

Imker-Liederbuch. Lieder für fröhliche Imker u. deren Vereins- u. Fest-Versammlungen. Gesammelt u. hrsg. von einem rheinischen Imker. 16. (102 S.) Köln 882. Heyn. cart. n. — 60

Imkerschule, die. Ein unabhäng. Blatt im Dienste der vaterländ. Bienenzucht, das dem gesunden Fortschritt huldigt u. v. den Grundsätzen ausgeht: „Jedem das Seine" — „Eins aber schickt sich nicht für Alle". Red.: C. Weygandt. 1.—4. Jahrg. 1891—1894. à 12 Nrn. (Bog.) gr. 8. Flacht. (Leipzig, H. Voigt.) à Jahrg. n. 3. —

Imkerschule, die. Organ d. Imkerschule u. bienenwirthschaftl. Versuchsstation zu Flacht, sow. d. Vereins der Bienenzüchter d. R.-Bez. Wiesbaden. Unt. Mitwirkg. hervorrag. Bienenzüchter d. In- u. Auslandes hrsg. v. d. Imkerschule zu Flacht. Red.: C. Weygandt. 5.—7. Jahrg. 1895—1898. à 12 Nrn. (à ca. 1 Bog.) gr. 8. Flacht. (Leipzig, H. Voigt.) à Jahrg. n. 3. —

— dasselbe. Organ d. Vereins d. Bienenzüchter d. R.-Bez. Wiesbaden u. dessen Imkerschule u. bienenwirtschaftl. Versuchsstation zu Flacht. 8. Jahrg. 1898. 12 Nrn. (à ca. 1 Bog.) gr. 8. Ebd. n. 3. —

Imkerschule, die. Organ des Vereins der Bienenzüchter f. den Reg.-Bez. Wiesbaden. Unter Mitwirkg. hervorrag. Bienenzüchter des In- u. Auslandes hrsg. v. C. Weygandt. 9.—12. Jahrg. 1899—1902. à 12 Nrn. gr. 8. (à 16 S.) Staffel a/d. Lahn, Pfr. Weygandt. à Jahrg. 3. —

Imkerschule, die, Fortsetz.. s.: Bienenzeitung, deutsche illustr.

Imlauer, Gust., „ich nehm'l" od. Börse u. Leben. Eine heit. Parallele in Wort u. Bild. hoch 4. (31 S.) Wien 896. C. Daberkow. Geb. in Leinw. n. 5. —

IMLAY, Gilbert 1754? - 1828?
G. Imlay's ... Nachrichten von dem westlichen Lande der Nordamerikanischen Freistaaten, von dem Klima, den Naturprodukten, der Volksmenge, den Sitten und Gebräuchen desselben, nebst einer Angabe der Indianischen Völkerstämme, die an den Gränzen wohnen, und einer Schilderung von den Gesetzen und der Regierung des Staates Kentucky. In Briefen an einen Freund in England.
Aus dem Englischen übersetzt, mit vielen Anmerkungen und Bestimmungen der natürlichen Produkte von E. A. W. Zimmermann ...
Berlin: Voss. 1793. XVI, 168 S. 8°.
John Carter Brown Library Providence, R. I.
Übers. v. A Topographical Description of the western Territory of North America, London 1792.
Weitere Ausg., s. die beiden nachfolgenden Nr.
Sabin 34359.
Eberhard August Wilhelm Zimmermann, 1743-1815

IMLAY, Gilbert 1754? - 1828?
G. Imlay's ... Nachrichten von dem westlichen Lande der Nordamerikanischen Freistaaten, von dem Klima, den Naturprodukten, der Volksmenge, den Sitten und Gebräuchen desselben, nebst einer Angabe der Indianischen Völkerstämme, die an den Gränzen wohnen, und einer Schilderung von den Gesetzen und der Regierung des Staates Kentucky. In Briefen an einen Freund in England.
Aus dem Englischen übersetzt, mit vielen Anmerkungen ... von E. A. W. Zimmermann ...
Berlin: Voss. 1793. XVI, 168 S. 8°.
Magazin von merkwürdigen neuen Reisebeschreibungen, Bd. 9, Tl. 2.
Lippische Landesbibliothek Detmold
Übers. v. Topographical Description of the western territory.
Reihenausg. d. voraufgehenden Nr. Nachdr., s. nachfolgende Nr.
Sabin 34359. Baginsky 1170. Palmer.
Eberhard August Wilhelm Zimmermann, 1743-1815

IMLAY, Gilbert 1754? - 1828?
G. Imlay's ... Nachrichten von dem westlichen Lande der Nordamerik. Freystaaten ...
Aus dem Englischen übersetzt ... von E. A. W. Zimmermann ...
Wien: Schrämbl. 1793. 8°.
Magazin von merkwürdigen neuen Reisebeschreibungen [Wiener Ausg.], Bd. 18, S. 167-489.
Universitätsbibliothek Leipzig
Übers. v. Topographical Description of the western territory.
Nachdr. d. beiden voraufgehenden Nr.
Eberhard August Wilhelm Zimmermann, 1743-1815

Imle, neuester Atlas, s. Atlas.

Imle, C., die Behandlung des Cloakdüngers, des Stallmistes von Pferden u. Hornvieh, der Jauche u. des Composts oder Mengedüngers. Ein Versuch, dieselbe aus rationellen Grundsätzen zu entwickeln. gr. 8. (2 B.) Stuttgart 845. [Becher's Verl.]

—— der Boden u. der Dünger nach ihrer Entstehung u. Zusammensetzung. Ein Beitrag zur Lösung der Frage üb. die natürl. Fruchtbarkeit des Bodens u. die Wirkung der verschied. Düngerarten. 16. (7¾ B.) Stuttgart 845. [Becher's Verl.] —

Imle, Fanny, die Arbeitslosenunterstützg. in d. deutsch. Gewerkschaften. Nach d. Angaben der Gewerkschaftsvorstände bearb. gr. 8. (52 S.) Berlin 903. Verlag der socialist. Monatshefte. n.n. — 75

Imle, Fanny, der Bleibergbau v. Mechernich in der Voreifel. Eine wirtschafts- u. sozialpolit. Studie. (XI, 226 S. m. 1 eingedr. Kartenskizze.) gr. 8. Jena 909. G. Fischer. 7. 50

Imle, Fanny, gewerbliche Friedensdokumente. Entstehungs- u. Entwicklungsgeschichte d. Tarifgemeinschaften in Deutschland. (VI, 566 S.) gr. 8. Jena 905. G. Fischer. n. 10. —
Hieraus einzeln:
Die Tarifentwicklung im Baugewerk. (188 S.) 3. —. — Die Tarifentwicklung in der Bekleidungsindustrie, im Transportgewerbe u. bei der Produktion der Nahrungs- u. Genußmittel. (134 S.) 3. —. — Die Tarifentwicklung in den graphischer Gewerben. (106 S.) 2. 50. — Die Tarifentwicklung in den Holzbearbeitungs- u. Verzierungsindustrien. (93 S.) 2. —. — Die Tarifentwicklung in der Metallindustrie. (86 S.) 2. —.

Kritisches und Positives zur Frage der Arbeitslosenfürsorge. Von Dr. Fanny **Imle.** Jena: G. Fischer 1907. (71 S.) 8° [F.] [07. 4961

Die Tarifverträge zwischen Arbeitgebern und Arbeitnehmern in Deutschland. Von Dr. Fanny **Imle.** Jena: G. Fischer 1907. (VI, 159 S.) 8° [F.] [06. 15060

Imling, K., s. Gesetzartikel, XIX., vom J. 1888 über die Fischerei.

Imm, Emil: Die nationale und freiheitliche Bewegung in Baden während der Jahre 1830—1835. Freiburg i. B. 1909: Kuttruff. 143 S. 8°
Heidelberg, Phil. Diss. v. 16. Sept. 1909, Ref. Oncken
[Geb. 6. Jan. 86 Stollhofen; Wohnort: Karlsruhe i. B.; Staatsangeh.: Baden; Vorbildung: Gymn. Freiburg i. B. Reife M. 04; Studium: Freiburg i. B. 4, Heidelberg 4 S.; Rig. 18. Nov. 08.] [U 10. 2140

Immaculata. Gebete zur unbefleckten Jungfrau f. alle Tage d. Woche, um e. guten Tod zu erlangen. Aus dem Psalter d. hl. Bonaventura, m. e. Anh. v. Ablaßgebeten. 16. (89 S. m. Titelbild.) Wien 892, St. Norbertus. * — 30

Immaculata. Preces breves in honorem immaculatae conceptionis B. M. Virginis. In usum sacerdotum. 1854—1904. (31 S. m. Titelbild.) 16. Münster (904). Alphonsus-Buchh. — 15

Immann, R., ein Deutscher in Amerika, s. Erzählungen, zwei.

Immanuel

— s.a. Theosophie, christliche.

Immanuel; Ein Buch für Christen u. Juden, oder die völlige Vernichtung d. natürl. Religion durch die kritische Philosophie. gr. 8. Berl. 805. Nicolai. 1 ₰ 8 Gr

— oder das Kind in der Krippe zu Bethlehem. Ein Geschenk für Kinder. 12. München 817. Giel; (Barth in Leipz.) 2 Gr

Immanuel! Die beste Weihnachtsbescheerung für Christenkinder. Berl. 1839. V: *Gossner, Johannes.* (Ky) (zu)

Immanuel! Die beste Weihnachtsbescherung f. Christenkinder. (Von J. Goßner.) 32. (32 Seit.) Berlin 839, Wohlgemuth.

Immanuel. Zeugnisse aus heil. Schrift, Mission und kirchlichem Leben in Wort und Lied für luther. Christen. In Verbindung mit gleichgesinnten Freunden hrsg. von J. Chr. Müller. 1. Jahrg. 1857. 4 Hefte. gr. 8. (VIII und 208 S.) Friedberg, Scriba's Buchh. Thlr. *
Einzelne Hefte *
Ist nicht fortgesetzt worden.

Immanuel Jes. 8, 10., ein Kalender auf das J. 1868. 1. Jahrg. (Als Fortsetzung des Traugottkalenders „9. Jahrg.") 8. (188 S. mit 1 Holzschntaf.) Magdeburg, Berger. *
Vgl: Traugott.

—— Jes. 8, 10. Ein Kalender auf das J. 1869. 2. Jahrg. [Als Fortsetzung des Traugottkalenders 10. Jahrg.] 8. (159 S. mit eingedr. Holzschn.) Magdeburg 868, Berger. * — 80

—— Volksblatt für lutherische Gemeinden. Hrsg. von den Pastoren der Imanuel-Synode. Redact.: v. Kienbusch. 5.—11. Jahrg. 1868—1874. à Jahrg. 24 Nrn. (Bog.) gr. 8. Halberstadt, (Frantz'sche Buchh.) 5.—8. Jahrg. à * 1 50
9. und 10. Jahrg. à * 1 70
11. Jahrg. * 2 —

Immanuel. Volksblatt für luther. Gemeinden. Hrsg. von den Pastoren der Immanuel-Synode. Redact.: v. Kienbusch. 12.—16. Jahrg. 1875—1879. à Jahrg. 24 Nrn. (à ½—1 Bog.) gr. 8. Halberstadt, (Frantz'sche Buchh.) à Jahrg.

Immanuel. Volksblatt für luther. Gemeinden. Hrsg. von den Pastoren der Immanuel-Synode. Redact.: v. Kienbusch. 17.—21. Jahrg. 1880—1884. à Jahrg. 26 Nrn. (à Nr. ½—1 Bog.) gr. 8. Halberstadt, (Frantz'sche Buchh.) à Jahrg.

—— Volksblatt für lutherische Gemeinden. Redact.: v. Kienbusch. 22.—25. Jahrg. 1885—1888. à Jahrg. 24 Nrn. (à Nr. ½ Bog.) Lex.-8. Halberstadt, (Frantz'sche Buchh.) à Jahrg. * 2 50

Immanuel. Volksblatt f. luther. Gemeinden. Redact.: v. Kienbusch. 26. Jahrg. 1889. 24 Nrn. (à Nr. ½ Bog.) Lex.-8. Halberst., (Frantz). * 2 50

Nicht weiter erschienen.

Immanuel. Gedenkblatt an die feierl. Eröffnung der neuen Kirche der reformirten Gemeinde Gemarke am 27. Mai 1869. gr. 8. (28 S.) Barmen 869, (Buchh. der evangel. Gesellschaft.) * — 40

—— Eine Hütte Gottes bei den Menschen. Vermächtnisse der Pastoren Johs. und Carl Bonekemper an das evangel.-reformirte Kirchspiel Rohrbach-Worms zum Andenken an die Einweihung der neuen Kirche zu Worms. 8. (138 S.) Basel 869, (Spittler.) * — 70

Immanuel. Christliches Gedenkbuch auf alle Tage des Jahres. Hrsg. vom Calwer Verlagsverein. 8. (368 S. mit 4 Chromolithogr.) Calw 886, Vereinsbuchhandlung. geb. mit Goldschn. * 4 —

Immanuel. Monatsschrift f. das Volk zum Preise des allerheiligsten Altarssakramentes. Organ der Erzbruderschaft der ewigen Anbetg., des hlst. Herzens Jesu, der nächtl. Anbetg. u. anderer eucharist. Vereine. Mit Gratisbeilage: St. Michael. Monatsschrift f. Kinder zu Ehren des allerheil. Altarssakramentes. Hrsg. v. e. Priesterkomitó. Red. f. Oesterreich-Ungarn: Wunibald Briem. 7. Jahrg. 1899. 12 Nrn. gr. 8. (à ca. 16 S. u 8 S. in 12.) Schaan. Buchs, Verl. d. Emmanuel. 1.20

Fortsetzung, s.: Emmanuel.

— Gott m. uns! Ein Nachweis über den Zusammenhang m. der Hl. Schrift Alten u. Neuen Testaments, nach e. bis jetzt nicht aufgeklärten Seite hin. Im Anschluß an das Buch: „Giebt es e. lebend. Gott?" (Von Frl. Canz.) gr. 8. (51 S.) Lichtenthal bei Baden-Baden 901. Christl. Kolportage-Verein. — 40

—— das ist: Gott mit uns. Eine Sammlung auserlesener Christus-Lieder und Gedichte zur Erbauung und sittl. Veredlung. 8. (V, 472 S.) Barmen 872, (Klein.) * 2 80

Immanuel ben Salomo.

Machberôt 'Immânûêl. Berlin 1796. H: *Isaak ben Mose Satanow.* (KatDMG)

Jmmanuel [ben Salomo], Makamen, mit erläut. Anmerkungen und einer Lebensbeschreibung des Dichters von J. Wilheimer, nebst einer biograf. Skizze von M. Steinschneider, hrsg. von Mich. Wolf. (In hebr. Sprache.) 4. (VIII, 239 S.) Lemberg 870. (Berlin, Benzian.) ** 4 —

Immanuel ben Samolo, Tofet u. Eden oder die Divina commodia. Aus dem Hebr. übers. u. zur 600jähr. Jubelfeier Dante Alighieri's in Florenz hersg. von M. E. Stern. Wien 865. Herzfeld & Bauer. gr. 8. (VI, 82 S.) n. 16 ngr.

Immanuel, s.a. Imanuel

Immanuel, C., Buch f. Christen u. Juden, oder die völlige Vernichtung d. natürl. Religion durch die krit. Philosophie. gr. 8. Berl. Nicolai. 805.

Immanuel, Friedrich

Immanuel, F., Afghanistan, s.a. **Sammlung militärwissenschaftlicher Einzelschriften. 10. Hft.**

Immanuel, F.: Afghanistan. Eine polit.-milit. Studie. Von F. Immanuel, Hauptm. u. Lehrer, Engers. Berlin: R. Schröder 1902. (35 S.) 8⁰
= Sammlung militärwissenschaftlicher Einzelschriften. H. 10.

Immanuel, (F.), Anleitung u. Beispiele zum Regimentskriegsspiele. Mit e. Karte 1:100,000 (Château-Salins) u. mehreren Skizzen im Texte. (IV, 115 S.) gr. 8. Berlin 903. E. S. Mittler & Sohn. n. 2.25

— Taktische Aufgaben f. Übungen u. Kriegsspiel in Verbänden aller Art bis zum Armeekorps einschließlich, s.: Handbibliothek des Offiziers. 16. Bd.

— (225) taktische Aufgaben für Uebungen aller Art u. Kriegsspiel im Rahmen gemischter Abtheilungen, selbstständiger Kavallerie, Brigaden, Divisionen auf Grund der Felddienst-Ordnung vom 1. I. 1900. Mit 4 Karten. 1:100,000 u. 3 Uebersichtsskizzen. gr. 8. (XII, 387 S.) Berlin 900. E. S. Mittler & Sohn. n. 8.60; geb. in Leinw. n.n. 10.—

— 225 taktische Aufgaben f. Uebungen aller Art u. Kriegsspiel im Rahmen gemischter Abteilungen, selbständiger Kavallerie, Brigaden, Divisionen auf Grund der neuesten Vorschriften. 2., völlig neu bearb. Aufl. Mit 4 Karten. 1:100,000 u. 3 Uebersichtsskizzen. (XVIII, 414 S.) gr. 8. Berlin 904. E. S. Mittler & Sohn. n. 9.—; geb. in Leinw. n.n. 10.60

Immanuel, Frdr., die Ausbildung der Kompagnie im gefechtsmäßigen Schießen. Ratschläge u. Anreggn. auf Grund der neuesten Dienstvorschriften. (69 S.) kl. 8. Berlin 910. Liebel. 1.—

— dasselbe in Schule u. Gefecht. Ratschläge u. Winke. 2., nach den neuesten Vorschriften umgearb. Aufl. (VI, 172 S. m. Abb.) kl. 8. Berlin 910. E. S. Mittler & Sohn. 2.75
1. Aufl. (VI, 172 S. m. Abb.) 907. 2.50.

— Brigade- u. Divisionsmanöver sowie größere Garnisonübungen. Anlage, Leitg., Beispiele. Mit e. Karte in Steindr. (VI, 129 S.) gr. 8. Ebd. 908. 3.50; geb. n 4.50

— Dienstunterricht des Infanteristen, s.: Weißhun.

— Einführung in die Felddienst-Ordnung vom 1. I. 1900. Mit 7 Skizzen im Text. 12. (VIII, 65 S.) Berlin 900. R. Schröder. n. 1.50

— Erfahrungen u. Lehren des russisch-japanischen Krieges 1904/05 f. Heer- u. Truppenführung. Mit 29 Abbildgn., 8 Karten u. e. Sachregister. (VIII, 172 S.) gr. 8. Berlin 906. Liebel. n. 4.50

— Die deutsche Felddienst-Ordnung vom 22. III. 1908, kriegsgeschichtlich erläutert. (VIII, 199 S. m. 83 eingedr. Skizzen.) gr. 8. Berlin 910. E. S. Mittler & Sohn. 4.50; geb. n 5.50

— s.a. **Felddienstordnung, die französische.**

Immanuel: Die französische Felddienstordnung. Règlement sur le service des armées en campagne. Ausg. 1905. Berlin 1906

— Garnisonübungen, Übungsritte; Übungsgänge. Winke f. ihre Anlage u. Durchführg. nebst Beispielen. Dazu 1 Übersichtskarte u. 1 Bl. der Karte des Deutschen Reiches 1 : 100000 (St. Avold). (VII, 149 S.) gr. 8. Ebd. 910. 4. —

— **Gefecht der französischen Infanterie, s.: Zeitfragen, militärische. 1. Hft.**

Das Gefecht der französischen Infanterie in seiner neuesten Gestalt. (Regl. vom Sommer 1901.) Von [Fritz] **Immanuel**, Hauptm. u. Lehrer an d. Kriegsschule Engers. (*Berlin: A. Bath 1902.*) (S. 20–48.) 8° [Kopft.]
— **Zeitfragen**, Militärische. H. 1, [2.]

— Handbuch der Taktik, s. a. Handbibliothek des Offiziers. 7. Bd.

Handbuch der Taktik. Von [Fritz] **Immanuel**, Hauptm. Mit 143 Abb. Berlin: E. S. Mittler & Sohn 1905. (XXII, 617 S.) 8° [F.]
— **Handbibliothek** d. Offiziers. Bd 7.

Immanuel, Friedrich: Handbuch der Taktik. Von Friedrich Immanuel, Major. 2., völlig neu bearb. Aufl. Mit zahlr. Abb. T. 1. 2. Berlin: Mittler 1910. 8°
1. Kriegsgliederung. Befehle. Aufklärung. Märsche. Taktik d. einzelnen Waffen.
2. Die Schlacht. Kampf unter besond. Verhältnissen. Ruhe. Fuhrwesen. Verpflegung. Eisenbahnen. Rückwärtige Verbindungen. Gesundheitsdienst. Feldbefestigung.
(Handbibliothek d. Offiziers. Bd. 7, 1. 2.)

— Handbuch f. den Truppenführer, s.: Lehnert.

— Hülfsbuch f. die Einjährig-Freiwilligen, Offizier-Aspiranten, Reserve- u. Landwehr-Offiziere der Infanterie, s.: Heckert.

— die französische Infanterie. Ausbildung u. Gefecht nach dem endgült. Exerzier-Reglement vom 3. XII. 1904. In den Hauptzügen dargestellt u. erläutert. (VI, 85 S.) 8. Berlin 905. E. S. Mittler & Sohn. n. 1. 80

Immanuel, (F.), der russisch-japanische Krieg. In militär. u. polit. Beziehg. dargestellt. 6 Hefte. Lex.-8. Berlin, R. Schröder. n. 13. 50
1. Mit 8 Kartenskizzen. 2. umgearb. Aufl. (115 S.) 906. n. 2. 50
1. Aufl. (119 S.) 904. n. 2. 50.
2. Mit 7 Zeichngn. u. 1 Uebersichtskarte. (128 S.) 905. n. 2. 50
3. Mit 8 Kartenskizzen. (125 S.) 905. n. 2. 50
4. Mit 5 Kartenskizzen u. 1 Plan der Umgebg. v. Port Arthur. (137 S.) 905. n. 2. 50
5. 6. Mit 9 Kartenskizzen. (159 S.) 906. n. 3. 50
Liefert R. Schön in Cöpenick zu ermäß. Preisen.

— Marokko, s. a. Sammlung militärwissenschaftlicher Einzelschriften.

Marokko. Eine militärpolit. u. wirtschaftl. Frage unserer Zeit. Von [Fritz] **Immanuel**, Hauptm. im Inf.Reg. Nr. 87. *Berlin: R. Schröder 1903.* (53 S.) 8° [F.]
— **Sammlung** militärwissenschaftl. Einzelschriften. H. 13.

— taktische Neuerungen a. d. neuen Exerzier-Reglement f. d. Feldartillerie, s.: Sammlung militärwiss. Einzelschr. 2.

— Patrouillendienst, Gefechts- u. Nahaufklärung der Infanterie. Lehren u. Beispiele f. Offiziere u. Unteroffiziere. Mit 1 Meßtischblatt 1 : 25000. (VIII, 155 S.) 8. Berlin 907. E. S. Mittler & Sohn. 2. 75

— s. a.: **Schiessvorschrift, die französ., f. die Infanterie.**

Immanuel. Die franz. Schießvorschrift für die Infanterie von 1905, übersetzt, erläutert und mit der deutschen Schießvorschrift verglichen. Berlin 1906. 8°.

— kleine Schießvorschrift f. die Infanterie, s.: Brunn, v.

— hervorragende Taten aus dem Kriege 1870/71. Eine Sammlg. v. Beispielen. Mit Kartenskizzen. (IV, 176 S.) 8. Berlin 904. Liebel. n. 1. 50; geb. in Leinw. n. 2. 50
Sonderabdruck aus: „Unteroffizier-Zeitg."

— Hervorragende Taten aus dem Kriege 1870/71. Eine Sammlg. v. Beispielen. 2. Bdchn. Mit Kartenskizzen. (IV, 187 S.) 8. Berlin 908. Liebel. 1. 50
1. Bdchn. Ebd. 904. 1. 50.
Sonderabdruck aus: „Unteroffizier-Zeitg."

— 264 Themata f. Winterarbeiten u. Vorträge aus dem Gebiete d. neuesten Kriegsgeschichte 1871—1906. Zugleich Ergänzg. zu dem Werke des verstorbenen Majors Hermann Kunz: „1736 Themata f. Winterarbeiten u. Vorträge usw." (IV, 50 S.) gr. 8. Berlin 907. E. S. Mittler & Sohn. 1. 25

— Der Unteroffizier im Gelände. Ein Handbuch f. die Unteroffiziere. Nach dem gleichnam. Buche d. verstorb. v. Brunn völlig neu bearb. 10. Aufl. (VII, 170 S. m. Abb. u. 2 Karten.) kl. 8. Berlin (908). Liebel. p 1. 60

— die Verfolgung. Abriß der Kriegsgeschichte. Lehren f. Heer- u. Truppenführg. Mit 18 Textskizzen. (VI, 192 S.) gr. 8. Berlin 903. E. S. Mittler & Sohn. n. 3. 75; geb. in Leinw. n. 5. —

— was bringt das Exerzier-Reglement f. die Infanterie vom 29. V. 1906 Neues? (87 S.) kl. 8. Berlin 906. E. S. Mittler & Sohn. n. — 50

— was bringt die Schießvorschrift für die Infanterie (Entwurf vom 2. XI. 1905) Neues? (57 S.) kl. 8. Berlin 906. E. S. Mittler & Sohn. n. — 60

— Was bringt die Schießvorschrift f. die Infanterie vom 21. X. 1909 Neues? (55 S. m. Fig.) kl. 8. Berlin 909. E. S. Mittler & Sohn. — 60

— was man von der französischen Armee wissen muß. Der Patrouillendienst im Felde in bezug auf das franz. Heer. Nach den neuesten Bestimmgn. zusammengestellt. 2., vollständig neubearb., erweit. Aufl. (56 S. m. Abbildgn.) 8. Berlin 906. Liebel. n. — 75

Immanuel, Frdr., was man v. der französischen Armee wissen muß. Der Patrouillendienst im Felde in bezug auf das französ. Heer. Nach den neuesten Bestimmgn. zusammengestellt. Mit vielen Abbildgn. u. 3 (farb.) Uniformentaf. 3., vollst. umgearb. Aufl. (IV, 49 S.) 8. Berlin 909. Liebel. — 90

— Welche Lehren lassen sich aus den Kriegen in Südafrika u. Ostasien f. die taktischen u. moralischen Grundlagen der Kriegführung ziehen? (29 S.) gr. 8. Wien 907. C. W. Stern. 1. —

Immanuel, Sigm. J., animadversiones ad Coluthi Carmen de raptu Helenae; cum specimine versionis Germanicae. 8. Hamb. 809.

Immanuel, Wilh. (Geo. Wilh. Schulze), s. a.: Schulze, Geo. Wilh.

Immanuel, Wilh. (G. W. Schulze), s. a. Wachet u. Betet!

Immanuel, Wilh., „Wachet und betet!" oder „Durch Ihn zu Ihm!" Eine wahre Geschichte, für das Volk erzählt. Berlin 864. Beck. 8. (46 S.) n. 5 ngr

Immanuel, Wilh., „Wachet u. betet!" oder „durch Ihn zu Ihm!" Eine wahre Geschichte für das Volk erzählt. 2—11., neu durchges. Aufl. Berlin 865—68. C. Beck. 8. (48 S.) n. 2⅓ ngr

Immanuel, Wilh., „Wachet und betet!" oder „Durch ihn zu ihm!" Eine wahre Geschichte für das Volk erzählt. 13. neu durchgeseh. Aufl. 8. (56 S.) Berlin [Leipzig] 869, Heinersdorff. * — 40

Immanuel, Wilh., „Wachet und betet!" oder „Durch Ihn zu Ihm!". Eine wahre Geschichte für das Volk erzählt. 14.—20. Aufl. 16. (56 S.) Herborn 874—78, Buchh. des Nassauischen Colportagevereins. *

Immaterialgüter. Zeitschrift f. Urheber-Patent-Muster-Modell-Marken-Industrie-Schutzrechte. Mit Berücksicht. d. Versicherungs-, Konsulats- u. internationalen Verkehrswesens. Hrsg. unter Mitwirkg. erster Kräfte d. In- u. Auslandes v. der Expedition der „Immaterialgüter", Dr. A. Klein & Co. 1. Jahrg. Jan.—März 1892. 12 Nrn. (Bog.) gr. 4. Berlin, Immaterialgüter, Dr. A. Klein & Co. n. 5. —; einzelne Nrn. n. — 50
Erscheint v. Nr. 13 an u. d. T.: „Neuzeit".

Imme, *Theodor* Die Bedeutung der Casus. I. Vom Accusativ. 4 (S. 3—36). Progr. G. *Essen* 1886 (404).

Imme, T. Die Fragesätze nach psychologischen Gesichtspunkten eingeteilt und erläutert. Cap. 1—6. Cleve, G., 1879, 1881. 37, 46 S. 4. Progr.

Imme, Thdr., der Kampf gegen den Fremdwörtermißbrauch in unserer Muttersprache u. seine Berechtigung, s. a. Zeitfragen des christl. Volkslebens.

Imme, Theodor: Der K a m p f gegen den Fremwörtermißbrauch in unserer Muttersprache und seine Berechtigung. Von Dr. Theodor Imme, Essen (Ruhr). Stuttgart: Belser 1909. 54 S. 8°
(Zeitfragen d. christlichen Volkslebens. Bd 34, H. 5.)

Imme, Theodor [Oberl. Dr.]: Mustersätze zur Einübung der griechischen Syntax. Leipzig, Druck v. Hesse & Becker, 1890; 8. III–IV, 1–27; 4°
Essen, k. G, P 1890 (434)

Imme, T., De enuntiationum interrogativarum natura generibusque psychologorum rationibus atque usu maxime Platonico illustratis. I. Diss. 1873. 54 S. 2.—

Imme, Thdr., die Ortsnamen des Kreises Essen u. der angrenzenden Gebiete. (72 S.) gr. 8. Essen 905, G. D. Baedeker. — 70

— dasselbe, s. a. Beiträge zur Geschichte v. Stadt u. Stift Essen. 27.

— die deutsche Weidmannssprache nach ihrer Eigenart u. ihren Wechselbeziehungen zum Gemeindeutsch sprachwissenschaftlich beleuchtet. Mit e. Schlußabschnitt „Der Weidmann u. sein Sinn f. Scherz u. Humor". (III, 72 S.) 8. Neudamm 906. J. Neumann. n. 1. 50; geb. in Leinw. n. 2. 50

Imme, Thdr., wie dient der Einzelne am besten der Gesamtheit? Rede zur Feier des Geburtstages Sr. Maj. des Kaisers, am 20. März 1880 in der Aula des Gymnasiums zu Cleve geh. gr. 8. (32 S.) Cleve 880. Knipping in Comm. — 30

Immeckenberg, Fritz: Plan zur Herstellung von Schienenwegen (Eisenbahnen) in Deutsch-Ostafrika im Anschluss an die See- und Flussdampfschiffahrt. Berlin 1890. 12 S., 1 Krt. Fol.

Immediateingabe des Magistrats der Stadt Insterburg, des Landwirtschaftlichen Zentral-Vereins für Litauen und Masuren und der Handelskammer der Stadt Insterburg an S. M. den Kaiser und König betr. d. Kanalisierung d. Oberpregels. Dat. Insterburg d. 1. Juni 1898. [Fing. T.] (Insterburg 1898: Czibulinski's Nachf.) (10 S.) 8° 1.3. 98 10

Immedietät und Landeshoheit, Vertheidigte, des Klosters Schwarzach am Rhein über die zween Abtsstäbe Schwarzach und Virnbuch . . . Wetzl. 1772. V: *Haas, Damian Ferd.* (MGT) (Holz

Immel, Bruno, Referendar: Sind Verbindung, Vermischung und Verarbeitung (§§ 946 ff. BGB.) Rechtsgeschäfte? Borna-Leipzig 1909: Noske. VII, 48 S. 8°
Jena, Jur. Diss. v. 13. Mai 1909, Ref. Thon
[Geb. 28. April 83 Insterburg; Wohnort: Darkehmen; Staatsangeh.: Preußen; Vorbildung: Gymn. Wehlau Reife O. 03; Studium: Königsberg 3, Würzburg 1, Berlin 2, Königsberg 3 S.; Rig. 12. März 09.] [U 09. 2096

Immel, Friedrich [aus Prichsenstadt in Bayern]: Beiträge zur Kenntnis der Sulfonirung aromatischer Amine . . . Freiburg i. B., Univ.-Buchdr. v. H. M. Poppen & Sohn, 1890; 71 S. 8°
Freiburg i. B., Phil. Fak., Inaug.-Diss. v. 1890

Immel, Gustav, appr. Arzt: Aus d. 1. Univ.-Augenklin. zu Berlin. Die Dunkeladaptation beim chronischen Glaukom. Berlin 1910: G. Schade. 34 S. 8°
Berlin, Med. Diss. v. 8. Juli 1910, Ref. v. Michel
[Geb. 2. Jan. 86 Geisweid; Wohnort: Geisweid; Staatsangeh.: Preußen; Vorbildung: Realgymn. Siegen Reife O. 04; Studium: Göttingen, Prag, München, Gießen, Berlin aus. 12 S.; Coll. 22. Dez. 09; Approb. 6. Juli 09.] [U 10. 50

Immel, Karl, Aufgaben zum Kopf-Rechnen mit Zugrundelegung des metrischen oder Decimal-System. 1.—4. Heft. 8. München 874, Lindauer'sche Buchh. * 1 50
Inhalt:
Heft 1. Die vier Species mit ungleichbenannten ganzen Zahlen. [4. Schuljahr.] (40 S.) * 30 Pf.
" 2. Die gemeinen Brüche. [5. Schuljahr.] (42 S.) * 30 Pf.
" 3. Die Decimal-Brüche. [6. Schuljahr.] (39 S.) * 30 Pf.
" 4. Die Rechnungsarten des bürgerlichen Lebens. [7. Schuljahr und Fortbildungsschule.] (74 S.) * 60 Pf.

—— dass. — Auflösungen. 5 Hefte. 8. Ebendas. 873. * 1 20
Inhalt:
Heft 1. [2. und 3. Schuljahr.] (15 S.) * 20 Pf.
" 2. [4. Schuljahr.] (20 S.) * 20 Pf.
" 3. [5. Schuljahr.] (20 S.) * 20 Pf.
" 4. [6. Schuljahr.] (27 S.) * 20 Pf.
" 5. [7. Schuljahr und Fortbildungsschule.] (27 S.) * 40 Pf.

—— Aufgaben zum Kopf-Rechnen mit den neuen Münzen, Maßen und Gewichten. Für Mittelklassen. 2. Aufl. 8. (56 S.) Ebendas. 875. * — 40
Auflösungen. (38 S.) * — 50

—— dass. — Für Oberklassen. 2. Aufl. 8. (96 S.) Ebendas. 875. * — 75
Auflösungen. (47 S.) * — 50

Immel, Karl, Aufgaben für das gemeinschaftliche Schnellrechnen. 8. (IV, 49 S.) München 877. Expedition des königl. Zentral-Schulbücher-Verlags. cart. n.n. — 50

Immel, Karl. Aufgaben f. das gemeinschaftl. Schnellrechnen. 5. Aufl. 8. (IV, 49 S.) Münch. 892, Oldenbourg. ** — 60

—— dass. — m. Münzen, Maßen u. Gewichten. Schülerbuch. Verm. Sep.-Abdr. f. Schüler der Mittel- u. Oberklassen. 6. u. 7. unveränd. Aufl. 8. (16 S.) Ebd. 892. ** — 10

Immel, Karl, Aufgaben f. das gemeinschaftliche Schnellrechnen. 6. unveränd. Abdr. 8. (IV, 49 S.) München 894. R. Oldenbourg, Abteilg. f. Schulbücher. Geb. in Halbleinw. n.n. — 65

— dasselbe m. Münzen, Maßen u. Gewichten. Schülerbuch. Verm. Sep.-Abdr. f. Schüler der Mittel- u. Oberklassen. 7. unveränd. Aufl. 8. (16 S.) Ebd. 892. n.n. — 10

— Aufgaben f. das gemeinschaftliche Schnellrechnen in der Unter- u. Mittelklasse. In allseit. Zahlbehandlg. nach Zehnern u. Hunderten aufbauend. 8. (42 S.) Ebd. 894. Kart. n.n. — 50

Immel, Karl, Aufgaben f. d. gemeinschaftl. Schnellrechnen. 7., unveränd. Abdr. 3. (IV, 49 S.) München 898. R. Oldenbourg. Kart. n.n. — 60

Immel, Karl, Aufgaben f. das gemeinschaftliche Schnellrechnen. 9. unveränd. Abdr. 8. (IV, 49 S.) München (901). R. Oldenbourg. Kart. n.n. — 60

— dasselbe, in der Unter- u. Mittelklasse. In allseit. Zahlbehandlung nach Zehnern u. Hunderten aufbauend. 8. (42 S.) Ebd. (900). Kart. n.n. — 50

— dasselbe. Schülerbuch m. Münzen, Maßen u. Gewichten. Verm. Sep.-Abdr. f. die Schüler der Mittel- u. Oberklassen. 8. (16 S.) Ebd. (900). n.n. — 10

Immel, Karl, Aufgaben f. das gemeinschaftliche Schnellrechnen. 10. unveränd. Abdr. (49 S.) 8. München (903). R. Oldenbourg. Kart. n.n. — 60

— dasselbe in der Unter- u. Mittelklasse. In allseit. Zahlbehandlg. nach Zehnern u. Hunderten aufbauend. 6. Aufl. (42 S.) 8. Ebd. (903.) Kart. n.n. — 50

— dasselbe m. Münzen, Maßen u. Gewichten. Schülerbuch. Verm. Sep.-Abdr. f. Schüler der Mittel- u. Oberklassen. 9. unveränd. Aufl. (16 S.) 8. Ebd. (904). n.n. — 10

Immel, Karl, Aufgaben f. das gemeinschaftliche Schnellrechnen in der Oberklasse. 13. unveränd. Abdr. (IV, 49 S.) kl. 8. München (910). R. Oldenbourg. Kart. nn — 60

— dasselbe in der Unter- u. Mittelklasse. In allseit. Zahlbehandlg. nach Zehnern u. Hunderten aufbauend. 8. unveränd. Aufl. (42 S.) kl. 8. Ebd. (909). Kart. nn — 50

Immel, Karl, Aufgaben zum Ziffer-Rechnen mit Zugrundelegung des metr. oder Decimal-Systems. 1. Thl. [2. u. 3. Schuljahr.] München 870. Lindauer. 8. (40 S.) n. 2 ngr

—— Aufgaben zum Ziffer-Rechnen mit Zugrundelegung des metr. oder Decimal-Systems. 5 Thle. 8. Ebendas. 870. [1. Thl. 2. und 3. Schuljahr. (40 S.) * 20 Pf.; 2. Thl. (61 S.) * 30 Pf.; 3. Thl. (56 S.) * 30 Pf.; 4. Thl. (59 S.) * 30 Pf.; 5. Thl. (116 S.) * 60 Pf.] * 1 70

—— dass. — mit den neuen Münzen, Maßen und Gewichten. Für Mittelklassen. 1. und 2. Thl. 8. Ebendas. 874. à Thl. * 20 Pf. * — 40

Inhalt:
Thl. 1. Die vier Grundrechnungen mit reinen und angewandten Zahlen im Zahlenraume von 1—100,000. 3. Aufl. (40 S.)
" 2. Die vier Grundrechnungen mit reinen und ungleichbenannten Zahlen im Zahlenraume von 1—1,000,000. 2. Aufl. (56 S.)

—— dass. — Für Oberklassen. 1. und 2. Thl. 2. Aufl. 8. Ebendas. 874. * — 60

Inhalt:
Thl. 1. Zeitrechnung. Einführung in die Bruchlehre. (40 S.) * 30 Pf.
" 2. Bruchrechnung. Rechnungsarten des bürgerlichen Lebens. (80 S.) * 40 Pf.

— Auflösungen zum Zifferrechnen für Mittelklassen. 8. (38 S.) München 875, Lindauer'sche Buchh. *

— Auflösungen zum Zifferrechnen für Oberklassen. 8. (47 S.) Ebendas. 875. *

— die wichtigsten Bestimmungen üb. die Benützung der öffentlichen Verkehrsanstalten [Post, Eisenbahn u. Telegraph] im Deutschen Reiche. Zum geschäftl. u. Privatgebrauche nach den neuesten amtl. Verordngn. bearb. gr. 16. (VIII, 98 S.) Ebend. 876. n. 1. —

—— die Elemente der Raumlehre in Verbindung mit dem geometr. Zeichnen. 8. (87 S.) Ebendas. 873. 1 20

—— Handbuch des Rechen-Unterrichtes nach dem Decimalsystem und mit den metr. Maßen und Gewichten. Mit einem Anh.: Geschichtliche Notizen über das Rechnen. Rechnungsvortheile. gr. 8. (IV, 144 S.) Ebendas. 871. * 1 50

—— das metrische oder dekadische Maß und Gewicht in Verbindung mit dem reinen Decimalrechnen, den Uebergangs-Umrechnungen und der Decimalregeldetri, nebst Kopfrechnungsbeispielen. Für die Oberklassen der Volksschule bearb. 8. (144 S.) Ebendas. 870. * — 60

—— Rechenfibel für das erste Schuljahr. 1. und 2. Abthl.: Für das erste Schuljahr. 8. (30; 48 S.) Ebendas. 872. à Thl. * 20 Pf. * — 40

—— die neue deutsche Reichsgoldmünze, Umwandlung der deutschen Reichswährung in die süddeutsche Währung, Thalerwährung, österreich. Währung, Frankenwährung und umgekehrt, nebst prakt. Aufgaben und Anwendung der 100theil. Münzeintheilung auf die neuen Maße und Gewichte. Zum Schul- und Hausgebrauche. 8. (16 S.) Ebendas. 872. — 15

— die neue deutsche Reichsgoldmünze. Umwandlung der deutschen Reichswährung in die süddeutsche Währung, Thalerwährung, österreich. Währung, Frankenwährung und umgekehrt, nebst prakt. Aufgaben und Anwendung der 100theil. Münzeintheilung auf die neuen Maße und Gewichte. Zum Schul- und Hausgebrauche. 2. Aufl. 8. (16 S.) Ebendas. 874.

— Schülerbuch zu den Aufgaben für das gemeinschaftliche Schnellrechnen mit Münzen, Maßen und Gewichten. Verm. Separat-Abdr. für Schüler der Mittel- und Oberklassen. 8. (16 S.) München 875, Expedition des k. Central-Schulbücher-Verlags. **

— Schülerbuch zu den Aufgaben für das gemeinschaftliche Schnellrechnen mit Münzen, Maßen u. Gewichten. Verm. Separat-Abdr. für Schüler der Mittel- u. Oberklassen. 8. (16 S.) Ebend. 878. n.n. — 10

— methodisch geordnete Uebungen über den Zusammenhang der metrischen Hohlmaße, Körpermaße und Gewichte für das Kopf- und Zifferrechnen in Volks- und Fortbildungsschulen rc. 8. (23 S.) München 876, Lindauer'sche Buchh. *

Immel, Theodor, approb. Arzt aus Barmen: Aus d. Kgl. Universitätsfrauenklinik zu Bonn. Ueber Centralruptur des Dammes. *Bonn 1903: S. Foppen.* (99 S.) 8°
Bonn, Med. Diss. v. 19. Nov. 1903

Immelborn [Schlagwort]

Immelborn, s.: Preussen. Messtischblätter.

Immelen, Hubert, aus M.-Gladbach, (Gerichtsref. in Eschweiler): Die Schuldverschreibung (übergedr.:] Das Schuldversprechen) nach dem gemeinen Recht und dem bürgerlichen Gesetzbuch. *Aachen 1899: 'Volksfreund'.* (41 S.) 8°
Erlangen, Jur. Diss. v. 11. Nov. 1898

Immelmann, Max [aus Stendal]: Acht Fälle von Apoplexie in der Geburt. . . . Berlin, Buchdr. v. Gustav Schade (Otto Francke) (1889); 29 + 1 S. + 1 Bl. 8°
Berlin, Med. Fak., Inaug.-Diss. v. 8. Okt. 1889

Immelmann, [Max]: Zehn Jahre Orthopädie und Röntgenologie 1896–1906. Berlin 1906: Klett. 49 S. 8°

Immelmann, Max, Röntgen-Atlas des normalen menschl. Körpers. Fol. (18 S. Text u. XXVIII farb. Lichtdr.-Taf.) Berlin (900). A. Hirschwald. Geb. in Halbleinw. n. 32. —

Immelmann, Max [Hrsg.], s. Verhandlungen und Berichte des Ersten Kongresses vom 30. April bis 3. Mai 1905 in Berlin, abgehalten von der Röntgen-Vereinigung zu Berlin.

Immelmann, Otto, Graf Albrecht v. Roon, s.: Volksbücher, biographische.

[F.] Graf Albrecht von Roon. Preussischer Kriegs- und Marine-Minister. E. Lebens- u. Charakter-Bild. Von Otto Immelmann. M. 1 Bildn. Leipzig: R. Voigtländer 1898. (144 S., 1 Portr.) 1 Bd 8°
= Volksbücher, Biographische. No 44—47.

Immelmann, Richard, Simmern, Rheinprovinz: Aus d. chirurg. Klinik d. Kgl. Tierärztl. Hochschule zu Berlin ⟨Prof. Dr. Eberlein⟩. Die Hornsäule des Pferdes. Mit 10 Abb. auf Taf. 1—4. Stuttgart 1907: Union. (35 S.) 8° ¶ (Aus: Monatshefte f. prakt. Tierheilkunde Bd 19.)
Leipzig, Phil. Fak., Ref. Eber-Kirchner, Diss. v. 28. Okt. 1907
[Geb. 7. Febr. 66 Stendal; Wohnort: Berlin; Staatsangeh.: Preußen; Vorbildung: Realgymn. Ludwigslust Reife f. Prima 85; Studium: Tierärztl. Hochsch. Berlin 8, Univ. Leipzig 3 S.; Rig. 2. Nov. 06.]

v. Immen, K. F., Anweis. zur Bienen- u. Seidenzucht. 8. Leipz. 798. Liebeskind. 10 gl.

— s. a. Locatelli, Kleininstrument.

Immenbach, Jos., der Bienen-Wespenkrieg. Ein Gedicht. 12. (28 S.) Neumarkt, Ob.-Pf. 898. J. Boegl. n. — 10

Immendorf, H., Altes u. Neues aus dem Gebiete der Düngerlehre. Vortrag, geh. in der ökonom. Gesellschaft im Königr. Sachsen zu Dresden am 7. I. 1910. (17 S.) gr. 8. Leipzig 910. Fritzsche & Schmidt. — 60

— u. E. Kempski, Calciumcyanamid (Stickstoffkalk od. Kalkstickstoff) als Düngemittel. (124 S.) gr. 8. Stuttgart 907. E. Ulmer. 3. 50

Immendorff, H., die wichtigsten chemisch. Konservirungsmittel d. Stalldüngers. Ist Phosphatpräcipitatgyps geeignet, den Superphosphatgyps als Konservirungsmittel d. Stalldüngers zu ersetzen? gr. 8. (15 S.) Bremen 893. (M. Heinsius Nachf.) n. — 30

Immendorff, H., das landwirtsch. Versuchswesen u. d. Thätigkeit der landwirtschaftlichen Versuchsstationen Preussens, s.a. Jahrbücher, landwirtsch. Erg.-Hfte.

Das landwirtschaftliche Versuchswesen und die Thätigkeit der landwirtschaftlichen Versuchsstationen Preussens im Jahre 1897. Im Auftr. d. Herrn Minist. f. Landwirtsch. zsgefasst von Dr. H. Immendorff, Bremen. *Berlin: P. Parey 1899.* (VIII, 386 S.) 4°(8°)
= Jahrbücher, Landwirtschaftliche. Bd 28, Erg.Bd 4.

Immendorff, Heinrich ⟨geb. am 29 Febr. 1860 in Lingen Hann.⟩: Beiträge zur Kenntniss der Wirkung des Aluminiumchlorids ... Bonn, Univ.-Buchdr. v. C. Georgi 1885. 41 S., 1 Bl. 8.
Bonn, Phil. Fak., Diss. v. 19 März 1885

Immenhauser, Gottfried, s. Alpenbahnen, Schweizerische...

Immenhauser, G., radfahrende Infanterie, s.a. Militärzeitung, allgemeine schweizerische. 1904. Beiheft 4.

Radfahrende Infanterie von Oberstlt. G. Immenhauser. Basel: B. Schwabe 1904. (34 S.) 8° [Umschlagt.]
= Militärzeitung, Schweizerische. 1904, H. 4, Beil.

Immenhauser, G., die Verpflegung unsrer Armee im Kriege, s.: Militärzeitung, allgem. schweizer. 1907. Beilage 2.

Immenhof, Hans v., die Babenberger. Historische Erzählg. 8. (VI, 282 S. m. 1 Stammtaf. u. 1 Karte.) Brünn 901. F. Irrgang. n. 4. 50

— er kommt. Eine Wiener Geschichte u. anderes. 12. (179 S.) Triest 901. F. H. Schimpff. 2. —; geb. in Leinw. n. 4. —

Immenkamp, S., Fabrik medicinischer Verbandstoffe: Preisliste. Chemnitz 1892. 1893.

Immenkötter, Theodor: Über Heizwertbestimmungen mit besonderer Berücksichtigung gasförmiger und flüssiger Brennstoffe. 1905. VII, 97 S. 8° ¶ Auch bei Oldenbourg in München; Abschn. 2 ff. auch in: Schilling's Journal f. Gasbeleuchtung. Jg. 48.
Aachen, Dr.-Ing.-Diss. v. 10. 7. 1905

Immenkötter, Thdr., üb. Heizwertbestimmungen m. besond. Berücksicht. gasförmiger u. flüssiger Brennstoffe. (VII, 97 S. m. 23 Abbildgn.) gr. 8. München 905. R. Oldenbourg. n. 3. —

Immens, Pet., der Tischgenosse d. Herrn, od. Anleit. zu e. würd. u. geseg. Gebrauch d. heil. Abendmahls in versch. Abhandl. üb. d. Glauben, d. Gnadenbund u. d. gottgefäll. Genuß d. Bundessiegels. Nach d. 5. Orig.-Aufl. a. d. Holländ. übers. gr. 8. (24¾ B.) Elberfeld 834, Hassel.

Immenstadt [Sachliches OW]

Immenstadt. Im Jahre 1825. Vom K. Steuer-Kataster. 1 : 2,500. 1 Bl.

Immenstadt [Schlagwort]

Immenstadt, s.: Bayern. Atlas.

Immenstadt, s.: Deutschland. Kürschner-Pelp.

Immer heiter. (24 S. m. farb. Abbildgn.) 18×23,5 cm. München (908). Braun & Schneider. 1. —

Immer mit'n Hut! Eine illustrirte Geschichte des Hutes, vom frühesten Zeitalter bis zur Gegenwart. 8. (62 S. mit über 70 Illustr.) Hamburg 869, Richter. *

Immer mit'n Hut! Eine illustrirte Geschichte des Hutes vom frühesten Zeitalter bis zur Gegenwart. 2. (Titel-) Aufl. 8. (62 S. m. eingedr. Holzschn.) Hamburg 878. J. F. Richter. n. 1. —

Immer kreuzlustig! Neuestes Taschenliederbuch. Geweiht den Freunden des Gesanges und des geselligen Lebens. Eine Auswahl von 232 der beliebtesten Lieder und Schnaderhüpfeln. 5. Aufl. 32. (VIII und 216 S.) München 851. (Leipzig, H. Fritzsche.) Thlr.

Immer kreuzlustig! Neuestes Taschenliederbuch. Geweiht den Freunden des Gesanges und des gesell. Lebens. Eine Auswahl von 232 der beliebtesten Lieder und Schnaderhüpfeln. 7. Aufl. 32. (VIII und 216 S.) München 853. (Leipzig, Thomas.)

Immer lachen, immer weinen ... Nürnberg 1801. V: *Witschel, Johann Hnr. Wilhelm.* (will)

Immer mehr Fortschritt, immer mehr Arbeit und Elend. 4. Aufl. (Brennende Fragen, Nr. 11, 1887.)

Immer munter! (Bilderbuch.) 12. (16 farb. S. m. eingedr. Text.) Düsseldorf 895. A. Bagel. — 20

Immer nur kreuzfidel! — od. des neuen Taschenliederbüchleins 2. Thl. Enthalt. die beliebt. Trink- u. Gesellschaftslieder, Romanzen, Arien, Chöre aus ältern u. neuern Opern u. Liederspielen rc. 32. (128 S.) Nürnberg 812, Winter. -

Immer was Neues, selten was Gutes; die treffendste Beschreibung, besonders der letzten Hälfte d. 18ten Jahrh. Frkf. a. d. O. 790. Acad. Buchh. 2 K

Immer, Albert

Immer, A., Johann Bunyan, ein Lebensbild, nebst einer Blumenlese einiger seiner Gedanken und Aussprüche. gr. 16. (87 S. mit 1 Photolithogr.) Basel 871, (Bahnmaier's Verlag.) * — 60

Immer, A., Johann Bunyan, e. Lebensbild nebst e. Blumenlese einiger seiner Gedanken u. Aussprüche. Neue illustr. Ausg. (88 S.) 8. Gotha (904). Missionsbuchh. P. Ott. n. — 50; geb. n. 1. —

Immer, A[lbert]. Johann Bunyan, ein Lebensbild, nebst einer Blumenlese einiger seiner Gedanken und Aussprüche, von Prof. der Theol. Dr. A. I', Bern †. Neue illustrierto Ausgabe. 88 S. 8. [1905.] [M. —. 50, geb. 1. —]

Zusammen von drei Firmen verlegt:
Ausg. A: Barmen, Emil Müller.
Ausg. B u. C: Dinglingen, St. Johannis-Dr., u. Gotha, Missionsbuchh. P. Ott.

—— die Geschichtsquellen des Lebens Jesu, s. Vorträge, protestantische.

—— Hermeneutik des neuen Testamentes. gr. 8. (XII, 301 S.) Wittenberg 873, Kölling. * 5 25

—— der Conflikt zwischen dem Staatskirchenthum und dem methodistischen Dissenterthum im J. 1829 in Bern. Aktenmäßig dargestellt. gr. 8. (71 S.) Bern 870, Wyß. * 1 —

Immer, A[lbert]. (J[ohann] L[udwig]) Samuel Lutz ([1785–]1844), Dr. Theol., als Lehrer und Prediger. Ein Vortrag, gehalten in Bern.... 8. Bern 1861.

Ausg. A. ...von A. I'....
Ausg. B. ...von Dr. A. I'.... Zur Erinnerung an die Versammlung der schweiz. Prediger-Gesellschaft in Bern, den 13. und 14. August 1861.

Immer, A., Schleiermacher als religiöser Charakter. Ein Vortrag, vor einem gemischten Publikum gehalten in Bern, den 18. Febr. 1859. Bern. (Zürich, Schultheß.) gr. 8. (63 S.) n. 6½ ngr.

Immer, A., neutestamentliche Theologie. gr. 8. (XX, 558 S.) Bern 878. Dalp. n. 10. —

Immer, A., der Unsterblichkeitsglaube im Licht der Geschichte und der gegenwärtigen Wissenschaft. Akademischer Vortrag, gehalten in Bern. 1. und 2. Aufl. gr. 8. (37 S.) Bern 868, Heuberger's Verlag.

— den Voralpen. Skizzen aus Oberbaiern von einem Süddeutschen. I. u. II. (Abth.) München 865. Gummi. 8. (306 S. u. 1 Stahlst.) Jede Abth. 18 ngr.

Immer, Carl, s. Scott, W., ausgewählte Romane.

IMMERDURSTIG, Ludwig (ps.), Der närrische Kerl. 1847 bis 48.

Weller, Lex. Ps. p. 276.

Immergrün. Eine Sammlung schöner Denksprüche von alten deutschen und holländischen Dichtern. Breslau 1828. H: *Hoffmann gen. von Fallersleben, August Heinrich.* (GGr) (EE) (Ky)

Immergrün. (Sentenzen. — Von Aug. Heinr. Hoffmann.) 16. (1½ B.) Breslau 828, (Hentze.)

—— Taschenbuch f. d. J. 1837—43. 1—7. Jahrg. Mit Beiträgen v. A. v. Tromlitz, Friedr. Laun, Ad. Ritter v. Tschabuschnigg, J. N. Vogl, F. Dingelstedt, M. G. Saphir. Jeder m. 8 Stahl- u. Kpfrst. 16. (22¼, 22¾, 22, 23, 22½, 23¼, u. 21 B.) Wien, Haas'sche Buchh. [837—41. à * 2⅚ Thlr., 42. u. 43. à * 2⅔ Thlr.] *

Immergrün. Taschenbuch f. d. Jahr 1844. 8. Jahrg. gr. 16. (20½ B. u. 6 Kpfr.) Wien 843, Haas'sche Buchh. *
Prachtausg. *

Immergrün. Eine Festgabe z. vierten Jubelfeier d. Erfindung d. Buchdruckerkunst. (Enthält: Gutenberg's Tod, geschichtl. Lebensgemälde v. F. Dingelstedt, nebst Novellen v. Jul. Krebs, Ludw. Storch, Bernd v. Gusek, — u. lyr. Beiträge v. Nik. Lenau, L. A. Frankl, R. v. Leitner, J. G. Seidl, J. N. Vogl, E. Duller, Fitzinger u. a. m. 16. (22¼ B. u. 7 Stahlst. nach Originalgemälden u. Ttl. in Golddruck.) Wien 840, Haas'sche Buchh. * 2⅚ Thlr., Pracht-Ausg. in Seide. *

Immergrün. Zur Belehrung und Erheiterung der deutschen Jugend, enth.: Erzählungen, Märchen, Aufsätze und Gedichte. Hrsg. vom berliner Communal-Lehrer-Verein. br. 8. (IV und 172 S. mit 6 ill. Kpfrt.) Berlin 852, C. Schultze's Buchdruckerei. -

Immergrün. Lieder einer früh Heimgegangenen. Mit einem Vorworte von Emil Frommel. gr. 16. (VIII, 193 S.) Berlin 876, Wiegandt und Grieben.

—— Erzählungen für die christl. Jugend. Nr. 1—20. 12. (à Nr. 24 S.) Stuttgart 881—84, Buchh. der Evangel. Gesellschaft. à Nr. *

Inhalt:

- Nr. 1. Hofacker, L., der Weihnachts-Abend im Bahnwärterhäuschen. — Der blonde Wilhelm. Erzählungen. 1.—4. Aufl.
- „ 2. Die Geschichte vom armen Seppeli. 1.—3. Aufl.
- „ 3. Weitbrecht, G., Freund und Feind. Erzählung. 1.—4. Aufl.
- „ 4. Hofacker, L., des Försters Kind. 1.—4. Aufl.
- „ 5. Frommel, E., zweierlei Treue. Erzählung. — Noch einmal ein Treuer. 1.—4. Aufl.
- „ 6. Titelius, M., die goldene Kette. 1. und 2. Aufl.
- „ 7. —— krumm und doch gerade. 1. und 2. Aufl.
- „ 8. Röschen. Von Ch. G.-St. 1. und 2. Aufl.
- „ 9. Hofacker, L., der barmherzige Kosak und „Der noble Studentenstreich". Gedichte. 1. und 2. Aufl.
- „ 10. Tod und Leben auf der Barrikade. 1. und 2. Aufl.
- „ 11. Titelius, M., Versorgt.
- „ 12. Hofacker, L., die Königin im Raubschloß.
- „ 13. Schock, H., ein' feste Burg ist unser Gott.
- „ 14. Zweierlei Wege. Von Ch. G.-St.
- „ 15. Spieß, Ph., der Schachtelfrieder.
- „ 16. In Wasserfluten.
- „ 17. Titelius, M., Ritter und Köhler.
- „ 18. Liebrecht, M., hinter Schloß und Riegel.
- „ 19. Geheilt. Von C. D.
- „ 20. Meisner, M., eine eiserne Jungfer.

Immergrün. Erzählungen für die christl. Jugend. [1—7. Bd.] Nr. 21—42. 16. (à Nr. 24 S.) Stuttgart 885—88, Buchh. der Evangel. Gesellschaft. à Nr. * 10 Pf.; geb. à Bd. * 1 —

Inhalt:

Nr. 21. Kübler, Th., die junge Heldin. Eine wahre Geschichte. 1. und 2. Aufl.
- 22. Hofacker, L., in der Höhle verborgen. Eine Geschichte aus dem Leben von Joh. Brenz. 1. und 2. Aufl.
- 23. Schock, H., mein Joar. 1. und 2. Aufl.
- 24. Andreä, F., ein Geschwisterpaar. Eine Erzählung aus dem Leben. 1. und 2. Aufl.
- 25. Wolff, P., die Auswanderer.
- 26. Schulz, A., die beiden Freunde.
- 27. Hofacker, L., dem Kloster entronnen.
- 28. Der rote Jakob.
- 29. Hofacker, L., die Gemsjäger.
- 30. Titelius, M., die kleinen Fremdlinge.
- 31. Klarus, O. K., ein hartes Herz.
- 32. —— wenn die Not am größten.
- 33. Kübler, Th., fünfzig Jahre auf dem Throne.
- 34. Brennekam, O., ich will euch nicht Waisen lassen.
- 35. —— Onkel Christoph.
- 36. Schmidt, M., Alles zum besten.
- 37. Stein, Armin, ein teurer Fidibus und Dreierlei Weihnachten.
- 38. Schock, H., solcher ist das Reich Gottes.
- 39. Menschenwille und Gotteswille. Von M. E.
- 40. Dahnow, M., O du fröhliche —! Stein, Armin, ein Stücklein von der Königin Luise.
- 41. Schmidt, M., der Herr wird's verseh'n.
- 42. Brennekam, O., Kaiser Wilhelms I. Jugend.

—— dass. — Nr. 2. 8. 9. 11—16. 18—20. 12. (à Nr. 24 S.) Ebendas. 885—88. à Nr. * — 10

Inhalt:

Nr. 2. Die Geschichte vom armen Seppeli. 4. Aufl.
- 8. Röschen. Von Ch. G. St. 3. Aufl.
- 9. Hofacker, L., der barmherzige Kosak und der noble Studentenstreich. Gedichte. 1. Aufl.
- 11. Titelius, M., versorgt. 2. und 3. Aufl.
- 12. Hofacker, L., die Königin im Raubschloß. 2. Aufl.
- 13. Schock, H., ein' feste Burg ist unser Gott. 2. und 3. Aufl.
- 14. Zweierlei Wege. Von Ch. G. St. 2. und 3. Aufl.
- 15. Spieß, Ph., der Schachtelflieder. 2. Aufl.
- 16. In Wasserfluten. 2. und 3. Aufl.
- 18. Liebrecht, M., hinter Schloß und Riegel. 2. Aufl.
- 19. Geheilt. Von E. D. 2. Aufl.
- 20. Meisner, M., eine eiserne Jungfer. 2. Aufl.

Immergrün. Erzählungen f. die christl. Jugend. Nr. 2, 8, 9, 11—16, 18—24, 31—54. 12. (à 24 S.) Stuttgart 887—890. Buchhandlung der Evangel. Gesellschaft. à Nr. n. — 10; à Bd. = 6 Nrn. geb. n. 1. —

2. Die Geschichte vom armen Seppeli. 4. Aufl.
8. Röschen. Von Ch. G.-St. 3. Aufl.
9. Der barmherzige Kosak u. der noble Studentenstreich. Gedichte v. L. Hofacker. 3. Aufl.
11. Versorgt. Von M. Titelius. 3. Aufl.
12. Die Königin im Raubschloß. Von L. Hofacker. 2. Aufl.
13. Ein' feste Burg ist unser Gott. Von H. Schock. 3. Aufl.
14. Zweierlei Wege. Von Ch. G.-St. 3. Aufl.
15. Der Schachtelflieder. Von Ph. Spieß. 2. Aufl.
16. In Wasserfluten. 3. Aufl.
18. Hinter Schloß u. Riegel. Von M. Liebrecht. 2. Aufl.
19. Geheilt. Von E. D. 2. Aufl.
20. Eine eiserne Jungfer. Von M. Meisner. 2. Aufl.
21. Die junge Heldin. Von Th. Kübler. 2. Aufl.
22. In der Höhle verborgen. Von L. Hofacker. 2. Aufl.
23. Mein Joar. Von H. Schock. 2. Aufl.
24. Ein Geschwisterpaar. Von F. Andreä. 2. Aufl.
31. Ein hartes Herz. Von O. K. Klarus.
32. Wenn die Not am größten. Von O. K. Klarus.
33. Fünfzig Jahre auf dem Throne. Von Th. Kübler.
34. Ich will euch nicht Waisen lassen. Von O. Brennekam.
35. Onkel Christoph. Von O. Brennekam.
36. Alles zum besten. Von M. Schmidt.
37. Ein teurer Fidibus u. Dreierlei Weihnachten. Von Armin Stein.
38. Solcher ist das Reich Gottes. Von H. Schock.
39. Menschenwille u. Gotteswille v. M. E.
40. O du fröhliche —! Von M. Dahnow. Ein Stücklein von der Königin Luise. Von Armin Stein.
41. Der Herr wird's verseh'n. Von M. Schmidt.
42. Kaiser Wilhelm's I. Jugend. Von O. Brennekam.
43. Kaiser Wilhelm der Siegreiche. Von O. Brennekam.
44. Lenchen Ungeschickt u. Thut Gott noch Wunder? Von M. Dahnow.
45. Der treue Kamerad u. Der Lorbeerzweig. Von A. Vollmar.
46. Aus wilder Zeit. Von M. Titelius.
47. Gerettet. Von M. Titelius.
48. Gott sorgt f. euch u. Auferstanden. Von L. Rien.
49. Die Schuld der Witwe. Von Maria Liebrecht.
50. Landfremd. Von H. Schock.
51. In der Höhle des Löwen. Von O. K. Klarus.
52. In der Dachkammer. Von M. Dahnow.
53. Das Testament v. Champigny. Von Paul Dorsch.
54. Ehre Vater u. Mutter. Von Ludw. Rien.

Immergrün. Erzählungen für die christl. Jugend. VIII.—XI. Bd. Nr. 43—66. 16. (à Nr. 24 S.) Stuttg. 889—92, Buchh. d. Evangel. Gesellschaft. à Nr. * — 10; geb. à Bd. * 1 —

43. Brennekam, O. Kaiser Wilhelm der Siegreiche.
44. Dahnow, M. Lenchen Ungeschickt u. Thut Gott noch Wunder?
45. Vollmar, A. Der treue Kamerad u. Der Lorbeerzweig.
46. Titelius, M. Aus wilder Zeit.
47. —— Gerettet.
48. Rien, Ludw. Gott sorgt f. euch. — Auferstanden.
49. Liebrecht, Marie. Die Schuld der Witwe.
50. Schock, H. Landfremd.
51. Klarus, O. K. In der Höhle des Löwen.
52. Dahnow, M. In der Dachkammer.
53. Dorsch, Paul. Das Testament v. Champigny.
54. Rien, Ludw. Ehre Vater u. Mutter.
55. Ell, Fanny v. Trachtet am ersten nach dem Reiche Gottes u. nach seiner Gerechtigkeit, so wird euch solches alles zufallen.
56. Ell-Dahnow. Selig sind die Friedfertigen. Marie Langert.
57. Dorsch, Paul. Ein Verwundeter v. Fröschweiler.
58. Schmidt, Marie. Mutter Raymond u. der kleine René.
59. Dahnow, M. Durch Liebe u. Ernst gereift.
60. Berthold, Helene. Heimgebetet.
61. Dahnow, M. Das Häuschen auf der Schäre.
62. Schock, H. Erlöse uns v. dem Übel.
63. Hagen, Klara. Der Spielmann u. sein Kind.
64. Saat u. Ernte.
65. Der armen Witwe Weihnachtsreise.
66. Schöne, Emma. Nur eine Stecknadel.

dasselbe. Nr. 67—72. 16. (à 24 S.) Ebd. 893. à n. — 10; als XII. Bd. geb. in Leinw. n. 1. —; in Bibliotheksbd. n. — 80

67. Evangelische Bekenner. Von Helene Berthold.
68. Jetta. Von Marie Engelhardt.
69. Mit Gott u. eigener Kraft. Von Marie Engelhardt. Der arme, kleine Johannes.
70. Evangelische Glaubenszeugen. Von Helene Berthold.
71. Nach Hamburg. Von A. Sapper.
72. Das Weihnachtsglöckchen. Von Emma Schöne. Die Christbescherung.

— Erzählungen f. die christl. Jugend. Nr. 8. 16. Stuttgart 894. Buchh. der Evang. Gesellschaft. n. — 10

Er heißt Wunderbar. Von E. B. (24 S.) [An Stelle der früheren Nr. 8.]

— dasselbe. Nr. 55—60. 16. (à 24 S.) Ebd. 894. à n. — 10; als X. Bd. geb. in Leinw. n. 1. —

55. Trachtet am ersten nach dem Reiche Gottes u. nach seiner Gerechtigkeit, so wird euch solches alles zufallen. Von Fanny v. Ell.
56. Selig sind die Friedfertigen. Marie Langert. Von Ell-Dahnow.
57. Ein Verwundeter von Fröschweiler. Von Paul Dorsch.
58. Mutter Raymond u. der kleine René. Von Marie Schmidt.
59. Durch Liebe u. Ernst gereift. Von M. Dahnow.
60. Heimgebetet. Von Helene Berthold.

— dasselbe. Nr. 73—78. 16. (à 24 S.) Ebd. 894. à n. — 10; als XIII. Bd. geb. in Leinw. n. 1. —; in Bibliotheksbd. n. — 80

73. Die Konfirmandenkinder. Von Maria Liebrecht.
74. Eine Weihnachtsgeschichte zum 4. Gebot. Von Helene Berthold.
75. Durch Blut u. Thränen. Von Helene Berthold.
76. Gefunden. Von M. Engelhardt.
77. Eine gesegnete Kur. Von Marie Gerner.
78. Des Einsamen Weihnachtsabend. Von M. Dahnow.

Immergrün. Erzählgn. f. d. christl. Jugend. Nr. 35 u. 79—102. gr. 16. (à 24 S.) Stuttgart, Buchh. d. Evang. Gesellschaft. à n. — 10; je 6 Nrn. in 1 Biblioth.-Bd. n. — 80; geb. in Leinw. n. 1. —

35. D. Geschwister. Von E. B. 896.
79. Das Stärlein. 895.
80. Besiegt. Von Klara Hager. 895.
81. Zur See od. d. Macht d. Gebets. Von F. v. Ell. 895.
82. Das Erdbeer-Rösle. Von E. B. 895.
83. Im Schnee. 2 Erzählgn. v. M. Dahnow. 895.
84. Was aus d. bösen Grete geworden ist. Von Th. Hempel. Die zerbrochene Fensterscheibe. 895.
85. Kuoni, e. Geschichte aus dem 30jähr. Krieg. Von Agnes Sapper. 896.
86. In keinem andern Heil. Von E. Schwerin. 896.
87. An Kindes Statt. Von Thekla Hempel. 896.
88. Gottes Walten. Von Marie Engelhardt. 896.
89. Gottes Stimme u. Fleck od. Loch. Von Emma Schöne. 896.
90. Aus großen Tagen. Von F. E. B. 896.
91. Aus Großmutter Knorrs Leben. Von M. Dahnow. 897.
92. Herbert Mehnert. Von Florence Montgomery. 897.
93. Im Waisenhause. Von Helene Berthold. 897.
94. Treu bis an den Tod. Von M. Titelius. 897.
95. Lenchens Weihnachtsabend. Von Frida v. Kronoff. 897.
96. Versöhnt. Von L. Ideler. 897.
97. Im Glöcknerhäuschen. Von M. Engelhardt. 898.
98. Der Sohn des Meeres. Von Thdr. Kübler. 898.
99. Vier Wochen Ferien. Von F. v. Ell. 898.
100. Die Familie Knuten. Von Marie Liebrecht. 898.
101. In dunkler Nacht. Von Frida v. Kronoff. 898.
102. Lenis Weihnachtsbäumchen. Von M. Frohmut. 898.

Immergrün. Erzählungen f. die christl. Jugend. Nr. 103—126. gr. 16. (Mit Abbildgn.) Stuttgart, Buchh. der ev. Gesellschaft. à n. — 10; als 18.—21. Bd. (144; 144; II, 143 u. II, 96 S.) in Bibliotheksbd. à n. — 80; geb. in Leinw. à n. 1. —

103. Hans u. Hannes. Von C. Schöne. (24 S.) (899.)
104. Am Heedbrink. Von M. Grabl. (24 S.) (899.)
105. Im Rosenhäuschen. Eine Erzählg. Von Frida v. Kronoff. (24 S.) (899.)
106. In treuer Hut. Von Clara Hagen. (24 S.) (899.)
107. Zwei Weihnachtsabende i. d. Bergen. Von M. Dahnow. (24 S.) (899.)
108. Ein Kranz für des Vaters Bild. Von M. E. Engelhardt. (24 S.) (899.)
109. Ich bin der gute Hirte. Von H. Wagner. (24 S.) (900.)
110. Der Veterkönig. Von J. Palmer. (24 S.) (900.)
111. Der Junge. Von M. Dahnow. (24 S.) (900.)
112. Die Glücksdukaten. Von M. E. Engelhardt. (24 S.) (900.)
113. Erzählung, die, des Lokomotivführers. — Zu spät! Von A. Schaab. (24 S.) (900.)
114. Wo blieb der Held? — Es soll Ostern werden. Von M. Grabl-Harald. (24 S.) (900.)
115. Sylphide u. Helene oder die beiden Freundinnen. Von M. Titelius. (24 S.) (901.)
116. Gott weiß alles. Von E. v Winterfeld. (24 S.) (901.)
117. Friede auf Erden! Eine Weihnachtserzählg. f. Jung u. Alt. Von Maria Liebrecht. (24 S.) (901.)
118. Der zärtliche Bruder. Erzählung. Von Charlotte Schmid. (24 S.) (901.)
119. Auf Ehrenwort. Von M. Grabl. (24 S.) (901.)
120. Auf der Heide u. Daheim. Nach dem Holl. (23 S.) (901.)
121. Die verlorene Urkunde. Von Emmy Seifert. (16 S.) (902.)
122. Bilder a. Konstantinopel. Von Emmy Seifert. (16 S.) (902.)
123. Bennos Wunsch. Von M. v. P. (Umschlag: E. Bentz.) — Ein schlummerndes Königskind im Dornenschloß. (16 S.) (902.)
124. Matthes der Holzschnitzer. Von M. Dahnow. (16 S.) (902.)
125. Eine kurze Freundschaft. — Vergelt's Gott! (Volkssage.) Von O. Hohrath. (16 S.) (902.)
126. Der Juwelen-Diebstahl. Von M. H. Engelhardt. (16 S.) (902.)

Immergrün. (Christliche Erzählungen f. die Jugend.) Nr. 127—150. (à 16 S. m. Abbildgn.) 8. Stuttgart, Buchh. der evang. Gesellschaft. à n. — 10; als Bd. 22—25 (à II, 96 S.) Geb. in Leinw. à n. 1. —

Forst, Eberh., Jürgen Hufelands Versprechen. (905.) (Nr. 140.)
Henning, Frieda, d. brennende Zehner. (906.) (Nr. 150.)
Jahn, Oskar, in Todesnöten. Aus d. eigenen Leben erzählt. (906.) (Nr. 149.)
Kronoff, Frida v., in Gottes Hut. (905.) (Nr. 144.)
Pilger, E., die Sonne bringt es an den Tag. (904.) (Nr. 138.)
Schleber, Anna, was Annegret zu helfen fand. (905.) (Nr. 139.)
— e. Geschichte vom Heimkommen. (906.) (Nr. 145.)
— Ninetta. (904.) (Nr. 136.)
— im Schloß Hausbaden. (Die kaiserl. Familie in der Sommerfrische.) (903.) (Nr. 127.)
— einen Sommer lang. (904.) (Nr. 137.)
— Sonnenstrahlen. (903.) (Nr. 128.)
— Zurückgesetzt? (903.) (Nr. 129.)
Schmid, Christofine, vom Hirtenknaben zum Universitätsprofessor. (904.) (Nr. 135.)
— Hans Joachim v. Zieten. (904.) (Nr. 134.)
Schock, Helene, d. kleine Reichsdeutsche. Bilder aus d. russ. Revolution. (906.) (Nr. 147).
Seifert, Emmy, ein Ausflug nach Panama im J. 1884. (903.) (Nr. 132.)
— auf der Flucht. (904.) (Nr. 133.)
— die Kleinodien der Kurfürstin. (903.) (Nr. 131.)
— eine Reise in Ostafrika. Nach Privatbriefen erzählt. (906. (Nr. 146.)
Seifert, Emmy, ein Talisman. (905.) (Nr. 142.)
— der Vereinsamten Helfer. Etwas vom Gustav-Adolf-Verein. (905.) (Nr. 141.)
— ein Weidener Ratsherr. (903.) (Nr. 130.)
Urgroßvater, der. Eine Familiengeschichte. Von J. Sch. (906.) (Nr. 143.)
Zeller, Helene, d. Wildfang. Nach d. Englischen. (906.) (Nr. 148.)

Immergrün. Nr. 151—174. (à 16 S. m. Abbildgn.) 8. Stuttgart 907—10. Verl. der ev. Gesellschaft. à p — 10; als Bd. 26—29. (à II, 96 S.) Geb. in Leinw. à 1. —

Immergrün. Classische Denksprüche in Poesie und Prosa für alle Tage des Jahres. 16. (897 S.) Cannstatt 884, Bosheuver's Buchh. geb. mit Goldschn. *

Immergrün, das. Ein Unterhaltungsblatt zur Förderg. d christl. deutschen Familienlebens. Red.: E. Evers. 1—3. Jahrg. 1884—1886. à 52 Nrn. (B.) gr. 4. Wiesbaden, Ebbecke. à Jahrg. n. 2. 60

Immergrün, das. Ein Unterhaltungsblatt zur Förderung d. christl. deutschen Familienlebens. Red.: E. Evers. 4. u. 5. Jahrg. 1887. 1888. à 52 Nrn. (B.) gr. 4. Cassel, [Fischer] Classen. à Jahrg. n. 2. 60

— dasselbe. Red.: O. Brennekam und F. E. Bierschenk. 6. u. 7. Jahrg. 1889. 1890. à 52 Nrn. (B.) gr. 4. Ebd. à Jahrg. n. 2. 60

— das. Ein Unterhaltungsblatt zur Förderg. d. christl. deutschen Familienlebens. Red.: Otto Brennekam. 7.—10. Jahrg. 1891—1894. à 52 Nrn. (Bog. m. Abbildgn.) gr. 4. Stuttgart, C. Classen. à Jahrg. n. 2. 60

— das. E. Unterhaltungsblatt z. Förderg. d. christl. deutschen Familienlebens. 11.—14. Jahrg. 1895—1898. à 52 Nrn. (Bog. m. Abb.) gr. 4. Stuttgart, C. Classen. à Jahrg. n. 2. 60

— das. Ein Unterhaltungsblatt zur Förderg. des christl. deutschen Familienlebens. 15.—18. Jahrg. 1899—1902. gr. 4. (à ca. 8 S. m. Abbildg.) Stuttgart, C. Classen. à Jahrg. n. 2. 60

— das. Ein Unterhaltungsblatt zur Förderg. des christl. deutschen Familienlebens. Hrsg. v. Herm. Mosapp. 19.—22. Jahrg. 1903—1906. à 52 Nrn. (à Jhrg. 416 S. m. Abbildgn.) 4. Stuttgart, C. Classen. à Jhrg. n. 2. 60; geb. n. 4. —

— dasselbe. 18.—23. Jahrg. Oktbr. 1902—Septbr. 1907. à 13 Hefte. (à 32 S. m. Abb.) 4. Ebd. à Heft n. — 20

Immergrün, das. Ein Unterhaltungsblatt zur Förderg. des christl. deutschen Familienlebens. Hrsg. v. Herm. Mosapp. 23.—26. Jahrg. 1907—1910. à 52 Nrn. (à Jahrg. IV, 416 S. m. Abbildgn.) 34×23,5 cm. Stuttgart, C. Classen. à Jahrg. 2. 60

— dasselbe. 24.—27. Jahrg. Oktbr. 1907—Septbr. 1911. à 13 Hefte. (à Jahrg. IV, 416 S. m. Abb.) 34,5×24 cm. Ebd. à Heft — 20

— Jagd- u. Waldlieder. 12. (III, 476 S.) Düsseldorf 890. (Köln, J. G. Schmitz.) n. 2. 50; geb. in Leinw. n. 3. 60

Immergrün Classische Denksprüche in Poesie u. Prosa f. alle Tage d. Jahres. 24. (400 S.) Straßburg 891. Straßburger Druckerei u. Verlagsanstalt. Geb. in Leinw. m. Goldschn. n. 2. —

— illustr. Monatsschrift z. Unterhaltg. u. Belehrg. Red. v. Jos. Gürtler. Jahrg. 1895—1898. à 12 Hfte. (à ca. 8 Bog.) gr. 8. Warnsdorf, A. Opitz. à Jahrg. n. 3. —

— Illustrirte Monatsschrift f. Unterhaltg. u. Belehrg. Red. v. Jos. Gürtler. 11.—14. Jahrg. (1899—1902. à 12 Hfte. gr. 4. (à ca. 40 S.) Warnsdorf, A. Opitz. à Jahrg. n. 2. 80

Immergrün. Illustrierte Familien-Zeitschrift. Red. v. Jos. Gürtler. 15.—18. Jahrg. (1903—1906.) à 12 Hefte. (à Jhrg. IV, 748 S.) gr. 8. Warnsdorf, A. Opitz. à Jhrg. n. 4. —

— Illustrierte Familien-Zeitschrift. Red. v. Jos. Gürtler. 19.—23. Jahrg. Oktbr. 1906—Septbr. 1911. à 12 Hefte. (à Heft ca. 64 S.) gr. 8. Warnsdorf, A. Opitz. à Jahrg. 4. —

— Gedenkbuch f. alle Tage des Jahres. 12. (366 S.) Dresden 896. J. Naumann. Geb. in Leinw. m. Goldschn. n. 2. 50

Immergrün. Erinnerungen f. junge u. alte Lutheraner in Preussen. Elberfeld: Luth. Bücherverein 1906. (40 S.) 8° [F.] 106. 7076 5

Immergrün, Paul Jul., Herz, Welt und Vaterland. Gedichte. 2., verm. Aufl. 16. (XV und 190 S.) Bremen 862, Kühtmann und Comp. *

Immergrün-Kalender f. das evangelische Volk in Stadt u. Land auf d. J. 1907. Von Ernst Kalb. (80 S. m. Abbildgn. u. 2 Taf.) gr. 8. Stuttgart, Buchh. der ev. Gesellschaft. n. —20

Immergrün-Kalender f. das evangel. Volk in Stadt u. Land auf d. J. 1911. Begründet v. Ernst Kalb, fortgeführt v. A. Hinderer. (69 S. m. Abb. u. 2 Taf.) gr. 8. Stuttgart, Verlag der ev. Gesellschaft. —20

Immerheiser, Carl [aus Obermoschel]: Über β-Phenylpyridindicarbonmonosulfosäure und β-Pyridinphenylenketonsulfosäure als Oxydationsproducte der β Naphtochinolinsulfosäure Beitrag zur Constitution der β Naphtylamin-α sulfosäure. . . . Würzburg, J. M. Richter's Buch- u. Kunstdr., 1891: 24 S. 8°
Würzburg, Phil. Fak., Inaug. Diss. v. 1891

Immerlustig, Herr, od. unfehlbares Mittel z. Erregung d. Lachens. Eine Samml. d. neuesten Witzspiele u. Anekdoten. Nebst e. Anh. d. schwersten u. scharfsinnigsten Charaden. 16. (18 B. u. 1 Zeichn.) München 841, Fleischmann.

Immerlustig, Basilius

— — Gantz funckel nagel neuer Deutsch- und Schwäbischer . . . . . Weiber-Kalender. Wien, Augsburg u. Linz (Nürnb.), o. J. (c. 1710). (Weller, fing. Dr.)

IMMERLUSTIG, Basilius, Neuer Weiber-Kalender. Gedruckt in diesem Jahr. (Weller, Lex. Pseud.) (24 xr. Scheible vor 1870; jetzt viel theurer!)

IMMERLUSTIG, F., Knallerbsen. Neue Anekdotensammlung. 1866.
Weller, Lex. Ps. p. 276

IMMERLUSTIG, Hanns (ps.), Heute wollen wir lachen. Drollige Anekdoten und heitere Schwänke. 1880.
Weller, Lex. Ps. p. 276.

IMMERLUSTIG, H., Prosit zum Neuen Jahr 1794. (Gedicht.) O. J. (Nürnberg 1793.)
Weller, Lex. Ps. p. 276.

Immermann, Karl. Blätter der Erinnerung an ihn . . . Stuttgart 1842. V: *Freiligrath, Ferdinand, Gottfried Kinkel, Levin Schücking, Oscar Ludw. Bernh. Wolf, Theod. Adam Hnr. Frdr. v. Müller.* (BrMm

Immermann, Karl. Sein Leben und seine Werke aus Tagebüchern und Briefen . . . Berlin 1870. V: *Gans Edler von Putlitz, Gustav.* (JStBbII) (Dn) (Ky)

Immermann, Karl. Sein Leben und seine Werke, aus Tagebüchern und Briefen an seine Familie zusammengestellt. [Hrsg. von Gust. zu Putlitz.] 2 Bde. gr. 8. (XIV, 358; IV, 389 S.) Berlin 870, Hertz.

Immermann. Karl Immermann. Eine Gedächtnisschrift z. 100. Geburtst. d. Dichters. M. Beitr. v. R(ichard) Fellner, J(oh.) Geffcken, O(tto) H(einr.) Geffcken, R(ichard) M. Meyer u. Fr(iedr.) Schultess. M. 1 Portr. Immermanns in Photograv. u. 1 Lichtdrucktaf. Hamburg & Leipzig: L. Voss 1896. (VI S., 1 Bl., 220 S., 1 Portr., 1 Taf.) 1 Bd 8°

Immermann Die Christliche Lehre. Ein Leitfaden für den Unterricht in der ersten Klasse gelehrter Schulen. Bruchstück des ersten Theils. 33 S. . . .
Magdeburg, Kl., Progr. 1846

Immermann, letztes Wort über die Streitigkeiten der Studirenden zu Halle, seit dem 4. März 1817. gr. 8. Leipzig, Klein. 817.

Immermann, (Car. Ferd.) Armin. (geb. Magdeburg 2. 9. 1838): De morbis febribus quaestiones nonnullae adjectis morborum historiis. Berolini (1860). (48 S.) 8°
Berlin, Med. Diss. v. 19. Dez 1860

Immermann, Charles, s. Immermann, Karl Leberecht

Immermann, Ferdinand [aus Erlangen]: Über Doppeleier beim Huhn. Basel 1899. 43 S. 3 Taf. 8°.
Basel. Phil. Diss. 1898/99.

Immermann, Ferd., die Tripyleen-Familie der Aulacanthiden, s.a. **Ergebnisse d. usw. Plankton-Expedition d. Humboldt-Stiftung.**

Immermann, Ferdinand: Die Tripyleen-Familie der Aulacanthiden von –. Mit 8 Taf. Kiel & Leipzig: Lipsius & Tischer 1904. (92 S.) 4°
= Ergebnisse d. Plankton-Exped. d. Humboldt-Stiftung. Bd 2. L. h.

Immermann, Georg. Die Erfolge der Iridectomie bei Iridochorioiditis. Diss. Med. Basel. *Kopftitel:* **Aus der Universitäts-Augenklinik Basel (Prof. (Carl) Mellinger). 107 S. 8. (Basel, M. Werner-Riehm,) 1903.**

Immermann, Hermann

Immermann, H., Handbuch der allgemeinen Ernährungsstörungen, — Handbuch der Krankheiten d. Bewegungsapparates, Erkältungskrankheiten, allgemeine Ernährungsanomalien, } **s.: Handbuch d speciellen Pathologie u. Therapie**

Immermann, H., die Kaltwasserbehandlung des typhus abdom., s. Ziemssen, H.

— die Klinik u. ihr Leben. Rectoratsrede, gehalten zum Jahresfeste der Universität Basel am 11. Novbr. 1880. gr. 8. (46 S.) Basel 881. Schwabe. n. 1. 20

Immermann, Hermann: Der Schweissfriesel. s.a. Pathologie u. Therapie, Specielle.

Immermann, Hermann: Der Schweissfriesel. Von Prof. Dr. Hermann Immermann in Basel. Wien: A. Hölder 1898. (3 Bl., 80 S.) 1 Bd 8°
= Pathologie, Specielle, u. Therapie. Bd v. Th. IV. Abth. III.

Immermann, Herm., XII Thesen des preuß. Richterstandes zur Erwägung aufgestellt. gr. 8. (7 S.) Magdeburg 848, Heinrichshofen'sche Buchh.

– Variola (incl. Vaccination). s.a. Pathologie u. Therapie, Specielle.

Immermann, Prof. Dr. H., Variola. (Inclusive Vacination). I. Hälfte. (Specielle Pathologie und Therapie. IV. Band. 4. Theil, I. Abtheilung.) Gr.-8. (138 S.) Wien: Hölder 1895. 2,40

Immermann, Prof. Dr. H., Variola. (Inclusive Vaccination.) II. Hälfte. (Vaccination S. 137—296. Schluss.) Specielle Pathologie und Therapie. IV. Band. IV. Theil. II. Abtheilung. Gr.-8. (VI und S. 137—295) 2.60
— — Complet. (Specielle Pathologie und Therapie. IV. Bd. IV. Theil.) Gr.-8. (VI, 295 S.) Wien: Hölder 1896. 5.—

Immermann, Joh. Gottl. (Conrector), Ad actum oratorium in gymnasio Mauritiano quod Magdeburgi est. Magdebg. (Nicol. Günther) 13. V. 1735. 4 Bl. (4.—) 16871
Lud. Bened. Gottfr. Schartow (Magd.), Joh. Ernst Kestner (Magdb.), Mich. Fried. Hintze (Wolfenbütt.), Gotth. Fried. Christ. Clausius (Welsleb./Magdb.), Fried. Christ. Christ. Richter (Magdb.), Christoph Aug. Reiche (Magdb.)

Immermann, Karl Ferdinand Hermann, s. Immermann, Hermann

Immermann, Karl Leberecht

Immermann, Karl Lbr., üb. den rasenden Ajax des Sophocles. Eine ästhet. Abhandl. 8. Magdeb. 826. Heinrichshofen. 10 gl

- Alexis, s.a. Universal-Bibliothek.

Immermann, Karl (Leber.), Alexis. Eine Trilogie. M. 1 Musikbeil. 8. (26½ B.) Düsseldorf 832, Schaub.
Inh.: Die Bojaren. Schausp. — Das Gericht v. St. Petersburg. Tragödie. — Eudoxia. Epilog.

— Alexis. Eine Trilogie. 1) Die Bojaren. 2) Das Gericht von St. Petersb. 3) Eudoxie. 8. Düsseld. 835 Schaub. 2⅓ rf

—— Alexis. Drama. In freier Bearbeitung für die Bühne in 5 Aufzügen von Wilh. Buchholz. Mit einem zu diesem Drama komponirten Männerchor von Mendelssohn-Bartholdy. 8. (115 und Musikbeilage 2 S.) Stuttgart 885, Metzler'sche Buchh., Verlag. *

— das Auge d. Liebe. Ein Lstspl. 8. Hamm 824. Schulz. 16 gl Velinp. 22 gl

—— das Bild von der Flasche, s. Schrödter, A.

— Brief an einen Freund üb. die falschen Wanderjahre Wilhelm Meisters u. ihre Beilagen. 8. Münster 823, (Hamm, Schulz u. W.)

— Cardenio u. Celinde. Trspl. in 5 Aufz. gr. 12. Berl. 826. Laue. 20 gl

— Cardenio u. Celinde. Trauerspiel. 12. Berlin 826. Jetzt Heymann; auch Bethge. 5/6 rf

— Fortsetzung davon ist: ein ganz frisches schönes Trauerspiel von Pater Brey, dem falschen Propheten in d. zweiten Potenz. gr. 8. Münster 822. (Hamm, Schulz). 4 gl

- Dramen, s.a. Hempel's Klassiker-Bibliothek.

— Dramen. Die Nachbarn. Merlin. Alexis. Mit Einleitgn. v. Rob. Boxberger. 12. (392 S.) Berlin 884. Dümmler's Verl. n. 1. 50; geb. n. 2. —

—— Dramen. Die Nachbarn. — Merlin. — Alexis. Mit Einleitungen von Rob. Boxberger. 12. (392 S.) Berlin 884, Hempel. *M 1,50.; geb. *

- Die Epigonen, s.a. Classiker des In- u. Auslandes.

- Die Epigonen, s.a. Hempel's Klassiker-Bibliothek.

- Die Epigonen, s.a. Universal-Bibliothek.

Immermann, Karl, die Epigonen. Familienmemoiren in 9 Büchern. 3 Thle. 8. Düsseldorf 836. Schaub. 6 rf

Immermann, Karl, die Epigonen. Familien-Memoiren in neun Büchern. 3 Thle. 2. Aufl. Berlin 854. Ghle. 8. (2 Bl., 240; 2 Bl., 208; 2 Bl., 280 S.) 3 rf. 22½ ngr

— die Epigonen. Familienmemoiren in 9 Büchern. 3 Thle. in 1 Bde. 12. (XVI, 223; 192 u. 259 S.) Berlin 880. Hempel. n. 2. 40; geb. n. 3. —

—— das Fest d. Freiwilligen zu Köln a. Rh., d. 3. Febr. 1838. Im Auftr. d. festordn. Comités beschrieben. gr. 8. (7 B.) Köln 838, Bachem.

—— Kaiser Friedrich d. Zweite. Trauersp. in 5 Aufz. 8. (11¼ B. u. 1 Vign.) Hamburg 828, Hoffmann u. Campe.

-- Gedichte, s.a. Hempel's Klassiker-Bibliothek.

—— Gedichte. Neue Folge. 8. (16¼ B.) Stuttgart 830, Cotta.
Dess. „Gedichte." Mit Musikbeil. gr. 8. Hamm, Schulz. 1822. 1 Thlr.

— Gedichte. Mit Einleitg. u. Anmerkgn. v. Rob. Boxberger. 12. (XVI, 368 S.) Ebend. 884. n. 1. 60; geb. n. 2. —

- Die schelmische Gräfin, s. Universal-Bibliothek.

- Andreas Hofer, s. Classiker des In- u. Auslandes.

— Andreas Hofer, s.: Museum.

- Andreas Hofer, s. Universal-Bibliothek.

- Andreas Hofer, der Sandwirth v. Passeyer, s.a. Hempel's Klassiker-Bibliothek.

— Andreas Hofer, der Sandwirth v. Passeyer. Mit Einleitg. v. Rob. Boxberger. 12. (86 S.) Ebend. 884. n. — 40; geb. n. — 80

Immermann, Karl, der Hofschulze, s.a. Verein f. Verbreitung guter Schriften, Zürich.

Immermann, Carl. Der Hofschulze, von K'J'. [Aus K'Immermann's «Münchhausen».] 152 S. 8. Zürich, Jacques Bollmann, Mai 1908. fr. —.30
Verein für Verbreitung guter Schriften. (Zürich) No. 70. 1908.

— Preußische Jugend zur Zeit Napoleons, s.a. Hausbücherei der deutschen Dichter-Gedächtnis-Stiftung.

Immermann, Karl, Preussische Jugend zur Zeit Napoleons. Nach seinen „Memorabilien" hrsg. u. eingel. von Wilh. Bode. Hamburg-Grossborstel 1907. 8°.
(Hausbücherei d. deutschen Dichter-Gedächtnis-Stiftung. Bd 27.)

- Der Carneval und die Somnambule, s. Universal-Bibliothek.

— der im Irrgarten d. Metrik umhertaumelnde Cavalier. Eine literar. Tragödie. (Sennette u. Trochäen.) gr. 8. Hamb. 829. Hoffmann u. Campe. 6 gl

Immermann, Karl, s. Klassiker, moderne.

— Knaben-Erinnerungen, s.a. Schatzgräber, der.

Immermann, Karl: Knaben-Erinnerungen. Aus d. Memorabilien von —. Hrsg. v. Dürer-Bunde. Berlin: Koenig [1908]. 40 S. 8°
(Der Schatzgräber. N. F. 1907/08. H. 4.)

Immermann, Charles, la blonde Lisbeth. Traduction de Marie d'Asa. Préface de M. Neftzer. gr. 12. (355 S.) Leipzig 861, A. Dürr. *

— Lustspiele, s.a. Hempel's Klassiker-Bibliothek.

—— Lustspiele. Die Prinzen von Syrakus. — Ein Morgenscherz. — Das Auge der Liebe. — Die Verkleidungen. — Die schelmische Gräfin. — Die Schule der Frommen. Mit Einleitungen von Rob. Boxberger. 12. (364 S.) Berlin 884, Hempel. ℳ 1,20.; geb.

— Memorabilien, s.a. Hempel's Klassiker-Bibliothek.

— Memorabilien. Mit Einleitg. v. Rob. Boxberger. 3 Thle. 12. (222, 267 u. 210 S.) Ebend. 884. n. 2. 40; in 1 Bd. geb. n. 3. —

— Merlin s.a. Universal-Bibliothek Nr. 599.

—— Merlin. Eine Mythe. 8. (15½ B.) Düsseldorf 832, Schaub.

— Merlin. Eine Mythe. 8. Ebd. 835. 1½ ℛ

— Merlin. 8. (176 S.) Berlin 900. Leipzig, Insel-Verl. Kart. n. 3. 50

Immermann, Karl Lebrecht: Merlin von —. Berlin & Leipzig: Schuster & Loeffler 1900. (176 S.) 8⁰
= Merlin-Ausgabe. Bd 1.

— Miscellen, s.a. Hempel's Klassiker-Bibliothek.

—— Miscellen. (1. Bd.) gr. 8. (16¼ B.) Stuttgart 830, Cotta. Inh.: Der neue Pygmalion. — Die schelmische Gräfin. — Das Carnaval u. d. Somnambüle.

—— Münchhausen, s.a. Classiker des In- und Auslandes.

— Münchhausen, s.a. Hempel's Klassiker-Bibliothek.

— Münchhausen, s.a. Universal-Bibliothek.

Immermann, Karl, Münchhausen. Eine Geschichte in Arabesken. 2. Ausg. 4 Thle. 8. Düsseldorf 841, Schaub. 1½ ℛ

— Münchhausen. Eine Geschichte in Arabesken. 4 Thle. (in 2 Bdn.) 3. (Titel-)Aufl. Berlin (841.) 854. Ehle. 8. (VIII, 245; 189; VIII, 238; VII, 168 S.) 3 ℛ. 22½ ngr.

— Münchhausen. Eine Geschichte in Arabesken. 4 Thle. in 1 Bde. 12. (219, 172, 216 u. 152 S.) Berlin 880. Hempel. n. 2. 40; geb. n. 3. —

— dasselbe. 2 Bde. 16. (418 u. 384 S.) Leipzig 881. Ph. Reclam jun. In 1 Bd. geb. n. 1. 75

— dasselbe. Hrsg. von Adf. Strodtmann. Illustr. von Ernst Bosch. Holzschn. von H. Kaeseberg u. G. Treibmann. 2 Bde. oder 10 Lfgn. 8. (XX, 420 u. 386 S.) Berlin 882. Grote. à Lfg. — 60; in 2 Bde. geb. n. 8. —

— Münchhausen, s.a. Klassiker-Bibliothek, goldene.

Immermann, Karl: Münchhausen. In 2 Tlen. Auf Grund d. Hempelschen Ausg. neu hrsg., mit Einl. u. Anm. versehen von Werner Deetjen. T. 1. 2. [in 1 Bd]. Berlin, Leipzig, Wien, Stuttgart: Bong [1908]. 8⁰
(Goldene Klassiker-Bibliothek.)

— die Nachbarn. Dramatische Idylle in 1 Aufzuge. Hrsg. v. Werner Deetjen. (81 S.) kl. 8. Leipzig 905, Dieterich. n. — 50

— der Oberhof, s.a. Bibliothek der Gesamt-Litteratur d. In- u. Auslandes.

— Der Oberhof, s.a. Bücher, die, des deutschen Hauses.

—— der Oberhof s.a. Collection Spemann.

— s.a. Erzählungen des deutschen Hausfreundes.

— dasselbe, s.a. Erzählungen, klassische, der Weltlitteratur. 6. Bd.

— dasselbe, s.a. Hausbibliothek, hamburgische.

— dasselbe, s.a. Klassiker-Ausgaben, illustr., Minerva.

— Als Operntext, s. Liebeskind, Jos.

—— dass. — s.a. Meisterwerke unserer Dichter.

— s.a. Meyer's Volksbücher.

— dasselbe, s.a. Universal-Bibliothek.

— dasselbe, im Auszuge hrsg. v. G. Carel, s.: Velhagen & Klasing's Samml. deutscher Schulausgaben.

— dasselbe, s.a. Volksbibliothek, Cotta'sche.

—— der Oberhof. Aus dem „Münchhausen." Mit Illustrationen von B. Vautier. gr. 4. (VI und 246 S. mit eingedr. Holzschn. und 4 Holzschntaf. in Tondr.) Berlin 863, Hofmann und Comp. * 4 Thlr. 15 Ngr.; geb. mit Goldschn. *

—— dass. — Mit Illustr. von B. Vautier. 2. Aufl. gr. 4. (VIII, 219 S. mit eingedr. Holzschn. und 4 Holzschntaf.) Ebendas. 869. geb. mit Goldschn. (*ℳ 19,50.) *

—— der Oberhof. [Aus Münchhausen.] Kabinets-Ausg. br. 8. (VIII, 356 S.) Berlin 870, Hofmann und Comp. *

— der Oberhof. [Aus „Münchhausen".] Klassiker-Ausg. Illustr. v. B. Vautier. gr. 16. (V, 264 S. m. eingedr. Holzschn.) Berlin 871. Hofmann & Co. n. 1. —; geb. n. 1. 50

— dasselbe. Erzählung aus dem Roman „Münchhausen". Volks-Ausg. Mit 9 Illustr. (Holzschntaf.) nach Orig.-Zeichngn. v. C. Schweitzer. gr. 16. (452 S.) Nienburg a. d. W. Leipzig 871. Hartknoch in Comm. n. 1. 80

— dasselbe. Idylle aus dem „Münchhausen". Mit Zeichnungen (in eingedr. Holzschn. u. Holzschntaf.) v. Wold. Friedrich in Holz geschn. v. H. Kaeseberg u. Ferd. Tegetmeyer, u. e. Einleitg. v. Ernst Hermann. 8. (X, 268 S.) Berlin 875. Grote. geb. n. 4. —; geb. m. Goldschn. n. 4. 50; geb. in rothe Leinw. m. Goldschn. n. 5. —

—— dass. — Diamant-Ausg. 1. Aufl. 1874, und 2. Aufl. 16. (445 S.) Ebendas. 875. geb. mit Goldschn. *

—— der Oberhof. Aus dessen Münchhausen. Klassiker-Ausg. Illustr. von B. Vautier. 2. Aufl. gr. 16. (272 S.) Berlin 877, Hofmann und Comp. *

— dasselbe. Mit Zeichngn. v. Wold. Friedrich, in Holz geschn. v. H. Kaeseberg u. Ferd. Tegetmeyer, u. e. Einleitung v. Ernst Hermann. 3. Aufl. 8. (X, 366 S.) Berlin 881. G. Grote. Geb. in Leinw. n. 4. —; in Renaissancebd. n. 5. —

— der Oberhof. Mit Silhouetten v. A. Schurz. 12. (367 S.) Leipzig 884. Tiße. geb. m. Goldschn. n. 4. —

— dasselbe. 16. (296 S.) Leipzig 892. Versandt-Bureau (W. Fiedler). Geb. m. Goldschn. n. 1. 20

— dasselbe. Neue Diamant-Ausg. Mit 8 Lichtdr. nach Zeichnungen v. P. Grot Johann. 4. Aufl. 24. (446 S.) Ebd. 892. Geb. in Leinw. m. Goldschn. n. 4. —; in Kalbldr. n. 6. —

Immermann, Karl, der Oberhof. [Aus: „J., Münchhausen".] Klassiker-Ausg. Illustr. v. W. Bautier. 5. Aufl. 12. (272 S.) Hamburg 894. Verlagsanstalt u. Druckerei. Geb. in Leinw. n. 1. 50

— dasselbe. 16. (378 S.) Ebd. 894. Geb. n. 2. —

— der Oberhof. 8. (V, 370 S. m. Bildn.) Leipzig (896). M. Hesse. 60; geb. in Leinw. n. 1. —

— dasselbe. M. Silhouetten v. A. Schurz. 2. Aufl. 12. (367 S.) Leipzig 898. A. Tiße. Geb. in Leinw. m. Goldschn. n. 4. —

— dasselbe. Mit Proben aus dem Roman „Münchhausen" f. den Schulgebrauch hrsg. v. Herm. Muchau. Mit 5 Abbildgn. nach Orig.-Aufnahmen v. E. Brey. 12. (256 S.) Leipzig 901. G. Freytag. Geb. n. 1. 20

— der Oberhof. Mit Immermanns Bildnis u. Fksm., sowie e. Einleitg. v. Karl Siegen. (Neue Ausg.) 12. (XXXII, 316 S.) Leipzig (901). M. Hesse. Geb. in Leinw. n. 1. —; auf besserem Pap., geb. in Halbfrz. 2. —; in Liebhaberhalbfrz. 3. —

— dasselbe. Aus Münchhausen. (Mit 47 Abbildgn. v. W. Bautier.) 8. (VIII, 373 S.) Hamburg (902.) Verlagsanstalt u. Druckerei. Geb. in Leinw. n. 4. —

— der Oberhof. Mit Illustr. v. P. Grot Johann. (VIII, 289 S.) 4. Berlin 903. G. Grote. Geb. in Leinw. n. 10. —

Der Oberhof. Von Karl Immermann. Im Ausz. bearb. von Dr. F[riedrich] Zurbonsen, Prof. zu Münster i. W. *Münster i. W.: Aschendorff 1903.* (280 S.) 8° [J.]
= Ausgaben, Aschendorffs, f. d. deutschen Unterricht. [22.] (03. 305)

— dasselbe. 1.—3. Taus. (Hamburgische Hausbibliothek. Hrsg. im Auftrage der Gesellschaft hamburg. Kunstfreunde usw.) (366 S.) 8. Hamburg 905. A. Janssen. Geb. in Leinw. n. 1. 60

Immermann, Karl: Der Oberhof von -. Ill. von Strzoda. Berlin-Leipzig: Buchverl. fürs Deutsche Haus 1908. (304 S.) 8°
= Bücher, Die, d. Deutschen Hauses. Reihe 2, Bd 29.

Der Oberhof. Eine Erzählung von Karl Immermann. Berlin: Scherl [1909]. 551 S. 8°
(Bibliothek August Scherl. Bd 527. 528.) 10. 1909

Die Papierfenster e. Eremiten, s.a. Hempel's Klassiker-Bibliothek.

— die Papierfenster eines Eremiten. 8. Hamm 822. Schulz. 21 gr.

— König Periander u. sein Haus. Trauerspiel. gr. 8. Bonn 822, Habicht.

— König Periander u. sein Haus. Trspl. gr. 8. Bonn 823, Habicht. 16 gr.

— die Prinzen von Syrakus, s.a. Bücher-Schätze.

— die Prinzen von Syrakus. 8. Hamm 821. (Schulz). 12 gr. Velinp. 16 gr.

Immermann, (K.,) die Prinzen von Syracus; romant. Lustspiel. 8. Hamm 821, Wundermann. Rthlr

— der neue Pygmalion, s.: Bibliothek der Gesamt-Litteratur d. In- u. Auslandes.

— dasselbe, s.: Hausbibliothek, kleine, f. die Jugend.

Der neue Pygmalion, s. Meyer's Volksbücher.

Der neue Pygmalion, s.a. Universal-Bibliothek

Immermann, Karl Leber., Fränkische Reise 1837. Sieh: Immermann, Memorabilien. Hamburg 1840—43. 12. Bd. 3. S. 1—170. . . . . (D.)

— Reisejournal. Blick ins Tirol, Ahr u. Lahn, s.a. Hempel's Klassiker-Bibliothek.

— Reisejournal. 8. (29½ B.) Düsseldorf 833, Schaub.

— Reisejournal. 8. Ebd. 833—835. 2⅓ Thlr.

Immermann, Karl (Leber.), Schriften. 1—14. Bd. 8. 1—11., 13. u. 14. Bd. Düsseldorf, Schaub; 12. Bd. Hamburg, Hoffmann u. Campe.

Bd. 1. Gedichte. In sechs Büchern.
- 2. Reisejournal. — Frühlings-Capriccio. — Blick ins Tyrol. — Ahr u. Lahn.
- 3. Merlin. Eine Mythe. — Andr. Hofer, d. Sandwirth v. Passeyer. Ein Trauersp.
- 4. Alexis. Eine Trylogie. — Die Verschollne. (1—4.: 131¼ B.) 835. 8 Thlr.
- 5—7. Die Epigonen. Familienmemoiren in neun Büchern. 3 Thle. (81¾ B.) 836. 6 Thlr.
- 8—11. Münchhausen. Eine Geschichte in Arabesken. 4 Thle. 1. Aufl. 838, 39. (100¾ B.) 8 Thlr. 8 Gr., 2., wohlf. Ausg. (54½ B.) 841. 4 Thlr. 12 Gr.
- 12. A. u. d. T.: Memorabilien. 1. Thl. (25 B.) 840. 2 Thlr.
- 13. Tristan u. Isolde. (29¾ B.) 841. 2 Thlr. 12 Gr.
- 14. A. u. d. T.: Dramen u. Dramaturgisches, enth.: Ueber d. Ajax. Die Prinzen v. Syracus. Die Nachbarn. Ein Morgenscherz. Ghismonda. (28 B.) 843. 2 Thlr. 8 Gr.

Immermann, Carl (Leber.), Schriften. 13. u. 14. Bd. — A. u. d. T.: Memorabilien. 2. u. 3. Thl. 8. (53¼ B.) Hamburg 843, Hoffmann u. Campe. Thlr.

— s. Schrödter's, A., Bild von der Flasche.

— die Schule der Frommen, s.a. Haus-Bibliothek.

— die Schule d. Frommen. Lustsp. in 3 Aufz. 8. (7½ B.) Stuttgart 829, Cotta.

Immermann, Karl Leberecht, s. Scott, Walter: Ivanhoe

Immermann, Carl (Lebrecht), Theater-Briefe. Hrsg. von Gust. zu Putlitz. 8. (X und 114 S.) Berlin 851, A. Duncker. *

— Ein ganz frisch schön Trauerspiel von Pater Brey, d. falschen Propheten in d. zweiten Potenz. Ans Licht gestellt durch K. J. Jcum. gr. 8. Hamm 823. Schulz. 4 gr.

— d. Trauerspiel in Tirol, s.a. Meyer's Volksbücher.

— das Trauerspiel in Tyrol; dramat. Gedicht. 8. Hamb. 827. Hoffmann u. Campe. 20 gr. Fein P. 1 Thlr. 6 gr.

— Trauerspiele, s.a. Hempel's Klassiker-Bibliothek.

— Trauerspiele. (Enthalt.: Das Thal von Ronceval. — Edwin. — Petrarka.) gr. 8. Hamm 822. (Schulz). 1 ℛ 16 gr

— Trauerspiele. Mit Einleitgn. v. Rob. Boxberger. 2 Thle. 12. Berlin 884. Dümmler's Verl. n. 2. 40; in 1 Bd. geb. n. 3. —
1. Das Thal v. Ronceval. Edwin. Petrarca. König Periander. Cardenio u. Celinde. Andreas Hofer. (555 S.)
2. Das Trauerspiel in Tirol. Kaiser Friedrich der Zweite. Ghismonda. Die Verschollene. (531 S.)

— s.a. Tristan und Isolde.

— Tristan u. Isolde, s.a. Bibliothek der Gesamtlitteratur.

— Tristan u. Isolde, s.a. Hempel's Klassiker-Bibliothek.

— s.a. Klassiker, Moderne

— Tristan und Isolde, s.a. Meyer's Volksbücher.

— Tristan und Isolde, s.a. Universal-Bibliothek Nr. 911 –913.

Immermann, Carl (Leberecht), Tristan und Isolde. Ein Gedicht in Romanzen. 2. (Titel-)Aufl. 8. (IX und 451 S.) Berlin 854, Ehle. Thlr.

— Tristan und Isolde. Ein Gedicht in Romanzen. Mit Einleitung von Rob. Boxberger. 12. (VI, 287 S.) Ebendas. 881. ℳ 1.; geb.

Immermann, Karl: Tristan und Isolde. Ein Gedicht in Romanzen von –. Halle a. S.: O. Hendel [1906]. (VI, 223 S.) 8⁰
(Bibliothek d. Gesammtliteratur d. In- u. Auslandes. No 1972–74.)

— Tulifäntchen s.a. Bibliothek der Gesamt-Litteratur d. In- u. Auslandes.

— Tulifäntchen, s.a. Hempel's Klassiker-Bibliothek.

— s.a. Meyer's Volksbücher.

— Tulifäntchen, s.a. Museum.

— Tulifäntchen, s.a. Universal-Bibliothek.

— Tulifäntchen. Ein Heldengedicht in 3 Ges. 8. (9 B.) Hamburg 830, Hoffmann u. Campe.

— Tulifäntchen. Ein Heldengedicht in 3 Gesängen. Illustrirt von Th. Hosemann. br. 8. (185 S. mit eingedr. Holzschn.) Berlin 861, Hofmann und Comp. *

— Tulifäntchen. Ein Heldengedicht in drei Gesängen. Illustrirt von Th. Hosemann. Ebend. 862. 8. (135 S. mit Holzschn.) n. 1 ℛ; geb. n. 1 ℛ 15 ngr.

— Tulifäntchen. Mit Einleitung von Rob. Boxberger. 12. (116 S.) Ebendas. 881. 50 Pf.; geb.

— die Verkleidungen. Lstspl. in 3 Aufz., mit 1 Vign. 8. Hamb. 828. Hoffmann u. Campe. 20 gr

Immermann's, K., Werke, s.a. National-Bibliothek der deutschen classischen Dichter.

Immermann's, K., Werke s.a. National-Bibliothek sämmtlicher deutschen Classiker.

Immermann's, Karl, Werke, s. National-Litteratur, deutsche.

Immermann's, Karl, Werke. Mit der Biographie des Dichters und Einleitungen von Rob. Boxberger. 20 Thle. 12. (LXXXVIII, 219; 172; 216; 152; XVI, 223; 192; 259; 152; 155; 272; XVI, 368; 116; 287; 364; 392; 555; 531; 222; 267; 215 S.) Berlin 883, Hempel. geb. in 8 Bde.

Immermann's, Karl, Werke. Mit der Biographie des Dichters u. Einleitgn. v. Rob. Boxberger. 20 Thle. 12. (LXXXVIII, 219; 172, 216, 152; XVI, 223; 192, 259, 152, 155, 272; XVI, 368; 116, 287, 364, 392, 555, 531, 222, 267 u. 215 S.) Berlin 883. Dümmler's Verl. In 8 Bdn. geb. n. 24. —

Immermann's, Karl, Werke. Hrsg. v. Harry Maync. Kritisch durchgeseh. u. erläut. Ausg. 5 Bde. (49, 474, 495, 491, 499 u. 496 S. m. Bildnis u. 1 Bl. in Fksm.) 8. Leipzig (906). Bibliograph. Institut.
Geb. in Leinw. à n. 2. —; in Saffian à n. 3. —

(Meyers Klassiker-Ausgaben.)

Immermann's, Karl, ausgew. Werke, s.a. Bibliothek, Cotta'sche, d. Weltlitteratur.

— dasselbe in 6 Bdn. M. Einleitg. v. Fz. Muncker. 8. (376, 384, 306, 394, 359 u. 364 S. m. Bildn.) Stuttgart 898. J. G. Cotta Nachf. In 3 Leinw.-Bdn. n. 6. —

— letztes Wort üb. die Streitigkeiten der Studirenden zu Halle, seit dem 4. März 1817. gr. 8. Leipz. 817. Klein. 5 gr

Immermann, W., de oleorum fixorum volatilium et empyreumaticorum notatione atque natura quaedam continens. 8. Götting. Brose. 811.

Immerschitt, Ernst, s.: Grundriss des Maschinenbaues.

— Der Monteur, s.: Bibliothek d. ges. Technik. (Cremer, Chr.)

Immerschitt, Ernst, s.: Repetitorien des Maschinenbaues.

Immertreu, Thdr., dem Branntwein Feind! Kleine Geschichten aus dem Leben (in Gedichten). 8. (III und 56 S.) Bremen 856. (Leipzig, Naundorf.) *

— Loblieder auf Wohlthäter der Menschheit, Skizzen in Versen. Leipzig 856. Naundorf in Comm. 8. (2 Bl., 83 S.) n. 10 ngr.

Immerwahr, Clara, s. Immerwahr, Klara

Immerwahr, Hans E., Referendar in Freiburg i. Schl.: Beiträge zur Lehre vom Eigenschaftsirrtum. Borna-Leipzig 1908: R. Noske. (X, 52 S.) 8°
Breslau, Jur. Fak., Ref. Leonhard-Schott, Diss. v. 26. Juni 1908
[Geb. 1. Okt. 85 Breslau; Wohnort: Freiburg i. Schl.; Staatsangeh.: Preußen; Vorbildung: Maria-Magdalena-Gymn. Breslau Reife O. 04; Studium: Lausanne 1, Breslau 6 S.; Rig. 21. Dez. 07.]

Immerwahr, Kasp. (Jak. Kasp. Jacusiel), das braune Jackett, s.: Universal-Bibliothek.

Immerwahr, Klara

Immerwahr, Clara: Aus d. chemischen Institut d. Universität Breslau. Beiträge zur Löslichkeitsbestimmung schwerlöslicher Salze des Quecksilbers, Kupfers, Bleis, Cadmiums und Zinks. *Breslau 1900: R. Galle.* (89 S.) 8°
Breslau, Phil. Diss. v. 22. Dez. 1900

Immerwahr, Cl., über den Einfluss des Bindemittels auf den photochemischen Effect, s.: Abegg, R.

Immerwahr, Paul [Dr. phil.]: Der Minderkaufmann ... Breslau, Schletter'sche Buchh., 1893; 1 Bl., VIII, 76 S., 1 Bl. 8.
Rostock, Jur. Fak., Inaug.-Diss. v. [4. Okt.] 1893

Immerwahr, Paul [aus Breslau]: Ueber die Reduktion einiger aromatischer Nitrile. ... Berlin, Buchdr. v. Gustav Schade (Otto Francke) (1890); 46 S. + 1 Bl. 8°
Berlin, Phil. Fak., Inaug.-Diss. v. 2. Aug. 1890

Immerwahr. Robert [aus Berlin]: Über haematogene Albuminurie .... Berlin, Buchdr. v. Gustav Schade (Otto Francke) (1887); 31 + 1 S. 8°.
Berlin, Med. Fak., Inaug.-Diss. v. 13. Aug. 1887.

Immerwahr, Walter [Dr. phil. Kammerger.-Ref.]: Actio praejudicialis und Feststellungsklage ... *Berlin, Druck v. W. Issleib, 1894;* 32 S., 2 Bl. 8.
Berlin, Jur. Fak., Inaug.-Diss. v. 18. Juli 1894

Immerwahr, Walther (geb. Breslau 23. 2. 1863): De Atalanta. Berolini (1885). (72 S.) 8°
Berlin, Phil. Diss. v. 10. Aug. 1885

Immerwahr, Walt., die Kulte u. Mythen Arkadiens. (In 2 Bdn.) 1. Bd. Die arkad. Kulte. gr. 8. (VI, 288 S.) Leipzig 891. B. G. Teubner. n. 4. —

Immerwahr, Walt., die Kündigung, histor. u. systemat. dargest. gr. 8. (VIII, 187 S.) Breslau 898. M. & H. Marcus. n. 6. —

Immerwahr, W., die Lakonika d. Pausanias, auf ihre Quellen untersucht. gr. 8. (150 S.) Berlin 889. Mayer & Müller. n. 3. —

Immerwahr, Walt., das Recht des Handlungsagenten. gr. 8. (X, 208 S.) Breslau 900. M. & M. Marcus. n. 4.—

— die Verschweigung im deutschen Recht s.a. **Untersuchungen zur deutschen Staats- u. Rechtsgeschichte.**

Immerwahr, Walt.: Die Verschweigung im Deutschen Recht. Preisschr. Breslau 1895.

(Untersuchungen z. Dt. Staats- u. Rechtsgesch. hrsg. von Gierke. H. 48.)

Immessen, Arnold

Der Sündenfall und Marienklage. Zwei niederdeutsche Schauspiele ... herausgegeben von Dr. Otto Schönemann. Hanover. 1855. 8°. Mit Melodieen.
G. G. G. 107 Nr. 12 u. 13. Abgedruckt nach Handschriften vom J. 1460 in der Bibliothek zu Wolfenbüttel. Verf. des 1. Schauspiels ist Arnoldus Immessen.

Immich, d. gemeinschaftl. Eigenthum d. preuss. Landrechts im Vergleich m. d. Miteigenthum d. gemeinen Rechts. Berlin 883.

Immich, Chph.: Jus cambiale harmoniacum Lipsiaco-Magdeburgicum. ***Lips.* 707. 4.**

Immich, Edmund [aus Berlin]: Zur Entwicklungsgeschichte der Spaltöffnungen .... (Aus: „Flora", Jahrg. 1887.) Regensburg, Druck d. F. H. Neubauer'schen Buchdr. (F. Huber), 1887; 36 S. + 1 Bl. u. 1 Taf. 8°
Berlin, Phil. Fak., Inaug.-Diss. v. 7. Okt. 1887

Immich, Max, Geschichte des europäischen Staatensystems von 1660—1789. (Handbuch der mittelalterl. u. neueren Geschichte. Hrsg. von G. v. Below u. F. Meinecke. Abtlg. II: Politische Geschichte.) (XIII, 463 S.) Lex.-8. München 905. R. Oldenbourg. n. 12. —; geb. n. 13. 50

Immich, Max, Papst Innocenz XI. 1676—1689. Beiträge zur Geschichte seiner Politik u. zur Charakteristik seiner Persönlichkeit. gr. 8. (III, 111 S.) Berlin 900. Speyer & Peters. n. 2. 80

Immich, Max [aus Berlin]: Die Schlacht bei Zorndorf am 25. August 1758. Tl 1. ... Berlin, Druck v. W. Issleib, 1892; 1 Bl., 49 S., 1 Bl. 8.
Berlin, Phil. Fak., Inaug.-Diss. v. 4. Aug. 1892

Immich, Max, die Schlacht bei Zorndorf am 25. Aug. 1758. Mit 1 Skizzentaf. u. 2 Karten. gr. 8. (VII, 156 S.) Berlin 893. Speyer & Peters. n. 3. 50

Immich, Max, zur Vorgeschichte d. Orleans'schen Krieges. Nuntiaturberichte aus Wien u. Paris 1685 – 1688, nebst ergänz. Aktenstücken Hrsg. v. d. bad. histor. Kommission. M. e. Vorwort von Fr. v. Weech. Mit 2 Porträts in Lichtdr. gr. 8. (XXIV, 388 S.) Heidelberg 898. C. Winter. n.n. 12. —

Bibliothek M[ax] Immich, Königsberg i. Pr. Allgemeine Weltgeschichte. Antiquariats-Katalog No 55, enth. u. a. d. Bibliothek d. † Dr. M. Immich, Privatd. a. d. Univ. Königsberg i. Pr. Leipzig: F. Meyer 1904. (86 S.) 8° [Umschlagt. Ant. u. F.]

Immich, Rud. (geb. Berlin 11. 5. 1859): Das gemeinschaftliche Eigenthum des Preussischen Land-Rechts im Vergleich mit dem Miteigenthum des gemeinen Rechts. Berlin (1883). (VI, 87 S.) 8°
Berlin, Jur. Diss. v. 20. Nov. 1883

Immigrant: Jahrgang 1, April 1883 – 1891
Weekly. Sub-title: Wochenblatt für die Interessen der Bevölkerung des Itajahygebietes. Issues Beilage without title. Edited by C.W. Friedenreich. Printed by Bernhard Scheidemantel. Bought Blumenauer Zeitung, which see. Reestablished by Gesellschaft „Immigrant".
Blumenau

Immigrant: April 1898 – July 1898 Blumenau
Second paper with the same name.

Imminck, Henr., Specimen medicum inaugurale de magnetismi artificialis vi in morbis. 8maj. Groningae 841, van Boekeren. n. 1/3 ℛ

Imming, C., materiae concordantes ex univ. jure. fol. Lips. 720.

Imming, Ernst

Imming, E., die Behandlung pulpa- u. wurzelkranker Zähne. 2. umgearb. Aufl. (191 S. m. Abbildgn. u. 6 farb. Taf.) gr. 8. Berlin 907. Berlinische Verlagsanstalt. Geb. in Leinw. 8. —

Das Fortbildungs-Institut des Verbandes der Dentisten im Deutschen Reiche. Bericht anläßl. d. 10jähr. Bestehens. Von E[rnst] Imming, Dentist. (Berlin): Verband 1910. 42 S. 8° [11. 10306]

— Das Kurpfuscherei-Gesetz u. seine unheilvolle Wirkg. auf die Berufstätigkeit der Dentisten. Vortrag, geh. am 25. III. 1909 in Berlin. (24 S.) 8. Ebd. (909). nn — 50

IMMINGER, Johann Nepomuk (Hafenhofen): De abscessu.- Monachii: Giesser 1834. 16 S. 26.8.1833 - Urk: F 61
Diss. Ingolst.-Landsh.-Mchn.

Imminger, Konrad, Med.-Prakt.: Zwei Fälle von Schenkelhalsfraktur im Kindesalter. München 1909: Kastner & Callwey. 30 S. 8°
München, Med. Diss. v. 12. Juli 1910, Ref. v. Angerer
[Geb. 2. Okt. 82 Altenstadt, BA. Illertissen; Wohnort: Kempten; Staatsangeh.: Bayern; Vorbildung: Gymn. Kempten Reife Juli 03; Studium: München 11 S.; Coll. 12. Juli 10; Approb. 30. Juni 10.] [U 10. 3522

Immisch, Ueber Theophrasts Charaktere. S.-A. o. J. 20 S.

Immisch, üb. das „Paukon" u. die bei der Behandlung der „Schmisse" eintretenden, sowie die schnelle Heilung der Wunden hindernden Störungen. gr. 8. (15 S.) Heidelberg 886. Bangel & Schmitt. n. — 50

Immisch, Edmund, zur Entwicklungsgeschichte der Spaltöffnungen. Diss. Berlin 1887. 8°. 36 S. mit einer Taf.
Sonder-Abdruck aus: Flora. Jahrg. 1887. Regensburg, Verlagsanstalt.

Immisch, Franz Albert (Knauthayn), De notione febris essentialis gastricae et de recto usu evacuantium in hoc morbo. Diss. med. Präs. Ernst Heinrich Weber. Lpz. (Georg Maret) 2. X. 1829. 18 S. (5.50) 16872
Gew.: Johann Theophil Thierfelder (Meissen).

— **Franz Armin** (Meissen), De sialolithiasi morbo. Diss. med.-chir. Präs. Chr. Ad. Wendler. Lpz. (J. S. Wassermann) 1. XII. 1860. 40 S. mit Literatur u. Biogr. (M.: W. Chemnitz.) (6.—) 16873
Oppon.: H. Meissner, Humann.

Immisch, G. Fr., der einträgliche, wahrhaft praktische Tabacksbau. 8. (30 S.) Weißenfels 851, [Prange.]

Immisch, H., deutsche Antwort eines sächsischen Wenden. Der Panslavismus, unter den sächs. Wenden mit russ. Gelde betrieben und zu den Wenden in Preußen hinübergetragen, beleuchtet. gr. 8. (IV, 156 S.) Leipzig 884, (Hinrichs'sche Buchh.) *

Immisch, H., die innere Mission unter den Wenden. Vortrag, am 17. Febr. 1881 im Evangelischen Vereinshause zu Breslau geh. gr. 8. (20 S.) Bautzen 881. Weller in Comm. — 30

Immisch, H., über die Nothwendigkeit, in unserem sächsischen Vaterlande eine regere und geordnete Theilnahme an der innern Mission zu wecken, sowie über die hierbei etwa einzuschlagenden Wege. Vortrag in der Landes-Pastoralconferenz zu Dresden, am 21. Aug. 1867 gehalten. gr. 8. (16 S.) Bautzen 867, (Schmaler und Pech.) *

Brudergruss der Loge Akazia an ihren Br. Burckhardt zu dessen 25jährigem Maurerjubiläum am 7. Oct. 1861. [Unterz.: Herm.] **Immisch.** Meissen [1861]: Klinkicht. 2 Bl. 8⁰ [Umschlagtit.]
Lied ohne Noten: „Stimmt an die alten Lieder . . ."

Meissen: Johannisfestlied. [Unterz.:] [Herm.] **Immisch.** [Meissen] o. J.: [Klinkicht]. 1 Bl. 8⁰ [Kopftit.]
Ohne Noten: „Nun thuet Herz und Augen auf . . ."

[Lied.] Zur Neujahrs-□. [Unterz.:] [Herm.] **Immisch.** [Meissen 1861: Klinkicht.] 1 Bl. 8⁰ [Kopftit.]
Tt. 2491. Lied ohne Noten: „Wachet auf! ruft uns die Stimme, . . ."

De Spondylitide. Dissertatio quam scripsit I. Ch. A. Immisch. Kiliae. 1851. 8°.

Immisch, Joh. Herm. O. [aus Wartha i. Sachsen]: **De glossis lexici Hesychiani italicis . . . .** (Aus Leipziger Studien VIII.) **Lipsiae, J. B. Hirschfeld,** 1885; 4 S. u. S. 267—318. 8°.
Leipzig, Phil. Fak., Inaug.-Diss. v. 14. Dez. 1885.

Immisch, K. O., sächs. Schulchronik, s.: Kalender d. sächs. Pestalozzi-Vereins.

Immisch, Kurt Benno, appr. Tierarzt u. erster Assistent d. physiolog. u. histolog. Institutes d. Kgl. Tierärztl. Hochschule zu Dresden: Aus d. physiolog. u. histolog. Institut d. Kgl. Tierärztl. Hochschule zu Dresden. · Direktor: Geh. Med.-Rat Prof. Dr. Ellenberger. Untersuchungen über die mechanisch wirkenden Papillen der Mundhöhle der Haussäugetiere. Mit 21 Abb. im Texte. Wiesbaden: J. F. Bergmann 1908. (107 S.) 8°
Gießen, Veterinär-Med. Koll., Ref. Martin, Diss. v. 8. Febr. 1908
[Geb. 10. Okt. 77 Dresden; Wohnort: Dresden; Staatsangeh.: Sachsen; Vorbildung: Gymn. Schneeberg (Sachsen) Reife O. 99; Studium: Dresden 9 S.; Rig. 7. Febr. 07.]

Immisch, M., Hochflut d. Liebe. Novellen. (Stürmische Herzen. — Irrlicht.) 8. (262 S.) Chemnitz 896. J. Feller. n. 3. —; geb. n. 4. —

Immisch, M., aus dem Tagebuche e. Frau. Roman. 8. (IV, 122 S.) Dresden 900. E. Pierson's Verl. n. 2. —; geb. n. 3. —

Immisch, Mor., der Isochronismus der Spiralfeder. Theoretische Erläuterung aller einschlagenden Fragen, unter besonderer Berücksichtigung der verschiedensten Hemmungen, nebst praktischen Anleitungen im Reguliren der Uhren. In London gekrönte Preisschrift, in's Deutsche übertragen vom Verfasser. 2., unveränd. (Titel-)Aufl. gr. 8. (V, 47 S.) Weimar (1873) 879. B. F. Voigt. 1. 50

Immisch, Mor., der Isochronismus d. Spiralfeder. Theoret. Erläuterg. aller einschläg. Fragen, unt. bes. Berücksicht. d. verschied. Hemmgn., nebst prakt. Anleitgn. im Regulieren d. Uhren. 3. Aufl. gr. 8. (42 S.) Leipzig 898. B. F. Voigt. 1. 60

Immisch, Mor., Londoner Preis-Schrift über den Isochronismus der Spiralfeder. Theoretische Erläuterung aller einschlag. Fragen unter besond. Berücksicht. der verschiedenen Hemmungen, nebst prakt. Anleitungen in der Kunst des Regulirens der Uhren. gr. 8. (VII, 47 S.) Weimar 873, B. F. Voigt.

Immisch, Otto

Immisch, O., Babriana. S.-A. s. a. 6 S.

Immisch, Otto, die innere Entwicklung des griechischen Epos. Ein Baustein zu e. histor. Poetik. (VI, 84 S.) gr. 8. Leipzig 904. B. G. Teubner. n. 1. —

Immisch (Otto), s.: **Erbe, das,** der Alten.

Immisch, O., De glossis lexici Hesychiani Italicis I. Diss. 1685. 52 S.
— — compl. S.-A. 1685. 112 S.

Immisch, Otto [Dr.]: Klaros. Forschungen über griechische Stiftungssagen. . . . (Aus: Jahrb. f. class. Philol., Suppl.-Bd. 17.) Leipzig, Druck v. B. G. Teubner, 1889; 1 Bl. | S. 127–181. 8°
Leipzig, Phil. Fak., Hab.-Schr. v. 26. Febr. 1889

Immisch, O, Die klassische Philologie als Schulwissenschaft. S.-A. 1898. 21 S.

Immisch, Otto, Dr., a. o. Prof. an d. Univ.: De recensionis Platonicae praesidiis atque rationibus. *Leipzig 1903: B. G. Teubner.* (IV, 61 S.) 8°
Leipzig, König Albert-G, OP 1903 (617)

— de recensionis Platonicae praesidiis atque rationibus Progr. (IV, 61 S.) gr. 8. Leipzig 903. (J. C. Hinrichs' Verl.) n. 1. 20

Immisch, Otto, philologische Studien zu Plato. 1. Hft. Axiochus. gr. 8. (III, 99 S.) Leipzig 896. B. G. Teubner. n. 3. —

— philologische Studien zu Plato. 2. Heft. De recensionis Platonicae praesidiis atque rationibus. (IV, 110 S.) gr. 8. Leipzig 903. B. G. Teubner. n. 3. 60

— Wie studiert man klassische Philologie? Ein Überblick üb. Entwicklg., Wesen u. Ziel der Altertumswissenschaft, nebst Ratschlägen zur zweckmäss. Anordnung des Studiengangs. (Violets Studienführer.) (IV, 192 S.) gr. 8. Stuttgart 909. W. Violet. 2. 50

Immisch, Otto, Xenophon über Theognis und das Problem des Adels, s. Commentationes Philologae quibus Ottoni Ribbeckio congratulantur Discipuli Lipsienses.

Immisch, Rob., die slavischen Ortsnamen im Erzgebirge. 4. (34 S.) Bautzen 866, (Schmaler und Pech.)

Immler, Der Erste Staatsanwalt Herr Christian, in Gotha als Vorsitzender des Aufsichtsrates der Gothaischen Verlagsanstalt . . . Gotha 1894. V: *Perthes, Emil.* (Berl)

Immler, Chr., practische Kinder-Klavierschule. I. Thl., enth.: Leichte, den Schüler zum freudigen Fortschreiten anspornende Stücke zu vier Händen, im Umfang von fünf Tönen bei stillstehender Hand. 2., verb. und verm. Aufl. gr. 4. (35 lithogr. S.) Langensalza 854, Schulbuchhandlung des thüringer Lehrer-Vereins. —

Immler, Johann Wilhelm

Immler, J. W., prakt. Anleitung z. Singen f. Lehrer u. Lernende in Stadt- u. Landschulen. qu. 8. (6 B.) Chur 828. (Nürnberg, Riegel u. Wießner.)
Die Zugabe der 2-, 3- u. 4stimm. Canons, apart 3 Gr.

Immler, Joh. Wilh., prakt. Anleitung zum Singen f. Lehrer u. Lernende in Stadt- u. Landschulen. 2., umgearb. Aufl. gr. 8. (6 B.) St. Gallen 843, Scheitlin u. Zollikofer.

—— Frühlings-Blümchen in kleinen, fröhlichen Liedern f. Kinder, die gerne singen lernen möchten. I. Sträußchen. 2. Aufl. qu. gr. 8. (1 B.) St. Gallen 843, Scheitlin u. Zollikofer.

—— Jugendfreuden, besungen in 100 dreistimmigen, meist leichten u. fröhlichen stufenweise geordneten Liedern, die auch 2stimmig gesungen werden können. 1. u. 2. Hft. 3., verb. Aufl. qu. Lex.-8. (à 1 B.) St. Gallen 842, Scheitlin u. Zollikofer. à 3¼ Ngr.

—— dass. 3. u. 4. Hft. qu. Lex.-8. (à 1 B.) Ebds. 847. à 2 Ngr.

Immler, Joh. Wilh., Jugendfreuden, besungen in 100 dreistimm., meist leichten und fröhlichen stufenweise geordneten Liedern, die auch nur zweistimm. gesungen werden können. 5. Heft. qu. gr. 8. (S. 61—88.) St. Gallen 849, Scheitlin und Zollikofer. *

—— Lieder aus den Schweizeralpen für Männerchöre. qu. gr. 8. (40 S.) St. Gallen 849, Scheitlin und Zollikofer.

—— Rosenblüthen. Heitere Liedchen zu 1 oder 2 Stimmen mit leichter Klavierbegleitung. gr. 16. (48 S.) St. Gallen 848, Scheitlin und Zollikofer.

Immler, Leop. Ein alpines Fest im Algäu. Heiterer Vortrag, geh. in der Sektion „Algäu-Kempten" des d. u. oe. A.-V. am 3. Febr. 1891. 12. (16 S.) Kempten 891, (Kösel). * — 40

—— Berliner Wespen im Allgäu. Heiterer Vortrag, geh. am 8. März 1892 in der Monatsversammlg. der Sektion Allgäu-Kempten d. d. u. ö. A.-V. 12. (24 S.) (Ebd.) 892. * — 40

Immling, Eman. F., Vogesische Ruinen u. Naturschönheiten. 8. Straßb. 822.

Immobilien-Anzeiger, bayerischer. **Bayerische Immobilien-Zeitg. Central-Organ f. Angebot u. Nachfrage in Grundbesitz, speziell im Königreich Bayern gelegen, f. An- u. Verkauf, Pachtg. u. Tausch v. Gütern, Stadt- u. Landanwesen jeder Art u. s. w. Red.: Frdr. Jung. 1. Jahrg. Juni 1894—Mai 1895. 24 Nrn. (à ca. 1 Bog.) gr. 4. München. (Leipzig, K. Scholtze.) n. 4. —**

Immobilien-Anzeiger, deutscher. Geschäftsblatt f. Kauf, Verkauf, Vermietg., Verpachtg. u. Verwaltg. v. Häusern, Gütern, Fabriken u. Geschäften etc. Red.: R. Gruner. 1. Jahrg. 1889. 52 Nrn. gr. 4. (Nr. 1. 1 S.) Leipzig, Gruner. n.n. 4. —

Immortalitas, die, der Weisen und die Mortalitas der Thoren, oder: wie lange lebt der Mensch? Eine humanist. Naturbetrachtung für Thoren und Weise von einem Manne aus dem Volke und Studiosen der Gelehrten und Ungelehrten der Neuzeit. 16. (240 S.) Wien 872, Mayer und Comp. *

Immortellen, s.a. Berger, J. G.

Immortellen, ein Bändchen Novellen und Gedichte hgbn. für arme Blinde. [Düren 1821.] V: *Fuchs.* (Max Harrwitz-Berlin. Kat. 101, S. 21.)

—— ein Unterhaltungsbl. f. d. Kinderwelt. (1. Jahrg.) 1830. Oct. — Decbr. 13 Nrn. (Bog.) Mit Vign. 4. Breslau, (W. G. Korn.)

—— dass. (mit d. Zusatz:) Blätter f. Unterhalt. u. Belehr. f. d. Kinderwelt. (2. Jahrg.) 1831. 1. u. 2. Quartal. à 3 Hfte. Mit Titvign. 8. Ebds. [1. 16 Gr., 2. 12 Gr.]

Immortellen. Diesseits-Blüthen unserer Jenseits-Hoffnungen im Lichte der heiligen Schrift, der Forschung und der Erfahrung. Für Bekenner höherer Wahrheit und die gebildeten Christenthumsfreunde aller Confessionen. 1. Jahrg. 2 Bde. à 5 Hefte. (à 2 Bog.) gr. 8. Großenhain 866, Haffner. à Bd. 15 Ngr.

Immortellen. 5 (chromolith.) Buchzeichen mit Bibelsprüchen. Serie A u. B. qu. schmal gr. 8. Basel 877. Spittler. à n. 1. 20

Immortellen. 8. (V. 152 S.) Ebd. 902. n. 2.—; geb. n. 3.—

Immortellen für Gräber gewunden. Dritter Theil des Tagebuches einer Abgeschiedenen. Als Manuscript gedruckt. Preßburg, 1855. Druck von Karl Friedrich Wigand. Mit einem Titelkupfer. (155 S. 12.)

Immortellen auf das Grab Robert Schumanns. Berlin 1873. V: *Busch, Helene.* (Verlagskatalog J. A. Barth. Leipz. 1880. S. 78.)

Immortellen auf das Grab Robert Schumann's. 8. (21 S.) Leipzig 873, Barth. *

Immortellen, nordische, in Poesie u. Prosa, am Meeresstrande gesamm. v. Fr. Siemerling. gr. 8. (13½ B.) Stralsund 830, Löffler.

—— des Schlachtfeldes. Nr. 1—4. gr. 8. Darmstadt 870, Zernin. à Nr. * 20 Pf. *

Inhalt:
Nr. 1. Die Schlacht von Wörth. Ballade von Gfrd. Aug. Bürger. (8 S.)
„ 2. Die Hessen vor Metz am 18. Aug. 1870. (6 S.)
„ 3. Die Deutschen vor Paris. Ein Klagelied der Frau Lutetia. (8 S.)
„ 4. Vater Moltke. (5 S.)

Immortellen auf Schlachtfeldern, od.: Scenen aus d. berühmtesten Schlachten d. J. 1813. Im Jahre ihres silbernen Jubiläums 1838. Gesammelt v. Einem, der an mehren ders. Theil nahm. 8. (14 B.) Nordhausen 839, Fürst. Thlr.

Immortellen-Kranz, ein Gedenkbuch für Ehegatten. 10. Verl. 829. Coomar u. Nr. 16 ℳ

Immortellen-Kranz, ein Gedenk-Buch f. Ehegatten. 16. (23¼ B. u. 2. Vign.) Berlin 830, [Zesch.]

Immortellenkranz auf das Grab weil. d. Hochwürdigsten Herrn Augustin Grüniger, Abt v. Muri u. Prior in Gries. 8. (16 S. m. Bildn.) Bozen 897. A. Auer & Co. n. —20

Immortellen-Kränze. Gedichte von F. Bodenstedt, Emanuel Geibel, Jul. Grosse, Aug. Radnitzky, Oskar v. Redwitz, M. E. Schleich, Herm. Schmid. In den Tagen der Trauer um den allgeliebten König Maximilian II. gesammelt u. dem dankbaren bayerischen Volke zur Erinnerung dargebracht. München 1864. H: *Fränkel, F.* (**ZB**)

Immortellen-Kränze. Gedichte von F. Bodenstedt, Eman. Geibel, Jul. Grosse x. In den Tagen der Trauer um den allgeliebten König Maximilian II. gesammelt u. dem dankbaren bayerischen Volke zur Erinnerung dargebracht. München 864. (J. A. Finsterlin.) Lex.-8. (16 S.) 3 ngr.

Immortellen-, oder Immerschönen-Taschenbuch für die Entdeckungsjahre 1805 bis 1816. Herausgegeben von J. G. Berger. Mit 1 Titelkupf. und 1 Musikbl. 12. (Berlin, Mittler in Comm.) 818.

Immunität, Die kirchliche. Eine positiv-rechtliche Abhandlung ... Freib. 1853. V: *Buss, Franz Joseph Ritter von.* (ADB 47, 409)

Imnau [Sachliches OW]

Imnau, Stahlbad, in Hohenzollern u. seine Umgebung. [Aus: „Tübingen u. seine Umgebg."] 8. (8 S.) Tübingen 888. Fues. n. — 20

Imnau [Schlagwort]

Imnau. s.: Württemberg. Höhenkurvenkarte.

Im Obersteg, Armin. Die Sicherungsrechte des Spediteurs nach dem deutschen Handelsgesetzbuche, unter Berücksichtigung des schweizerischen Obligationenrechts. Diss. Jur. Leipzig von A' J', bacc. jur. aus Basel. XII + 135 S. 8. Borna-Leipzig, Robert Noske, 1904.

Imobersteg, J[acob]. Das Emmenthal nach Geschichte, Land und Leuten. 8°. Bern 1876.

Imobersteg, J[acob]. Ein Gang auf und um den Gurten, oder die Alten vom Berge. Eine kulturgeschichtliche Studie. SA. 8°. Bern 1879.

Imobersteg, J., das Inselbuch. Ueberſichtliche Darſtellung der geſchichtl. Entwickelung und des gegenwärtigen Beſtandes der Inſelkorporationsanſtalten: Inſelſpital, äußeres Krankenhaus, Waldau. Hrsg. im Einverſtändniß der Inſeldirektion. gr. 8. (VII, 279 S.) Bern 878, Huber und Comp. *

Imobersteg, [Jacob]. Die Ritter von Bremgarten an der Aare und ihre Herrschaft. Vortrag, gehalten im Volksverein Bremgarten-Zollikofen. SA. 8°. Bern 1878.

Imobersteg, Johann Friedrich s. Veltschi, Jacob, und Imobersteg, Johann Friedrich.

Imobersteg, Samuel

Imobersteg, S., Sängerfahrt der Berner Liedertafel nach dem Süden, Ostern 1903. (78 S.) 8. Bern 903. Büchler & Co. n. 2. 50

Imogen, in fünf Aufzügen, nach Shakespear's Cymbeline. Wien 1782. V: *Meyer, Frdr. Ludw. Wilh.* (Ky) (MGT)

Imogen; Schspl. in 5 A. nach Shakspeare (v. F. L. W. Meyer). 8. Leipz. 782. Sommer. (Nauck). 5 ℳ

Impartial: L'Impartial du Jura
① Organe des intérêts jurassiens et feuille d'annonces ⑤ no. spécimen 1901; 7. 12. 1901—décembre 1920 ⑥ in-2° ⑦ bihebdomadaire; puis trihebdomadaire ⑧ Delémont: Grobéty & Membrez ⑪ H. Grobéty fils ⑫ sans couleur politique précise ⑬ BGSZ: 1 (no. 6359): 294. 962. 973 ⑭ Be: L., St.

Impartialis Bohemus, Nicolaus Veridicus, s. Veridicus Impartialis Bohemus, Nicolaus

Imparziale: L'Imparziale v. L'Iride (sub 15).

L'impasse orientale. Souvenirs et observations par Charles de *. gr. 8. (III, 56 S.) Bruxelles 871. Leipzig, Duncker & Humblot in Comm. n. 1. 20

Impekoven, Toni, u. Otto Th. Bergmann, Narrenstreich! 3 Akte, die irgendwo im Mittelalter spielen. (112 S.) 8. Berlin 909. Wilmersdorf, H. Paetel. 1. —

Imperanti nullum esse jus in populum ... quam quod per leges fundamentales ... ei concessum ... demonstratur. Regiomonti 1760. V: *Klopmann. Ewald von.* (R-N) (Adel)

Imperatoren, Moderne. Diskretes und Indiskretes. Persönliche Erinnerungen eines politischen Agenten. Cöln 1867. V: *Kertbeny (= Benkert), Carl Maria.* (EB)

Imperatoren, moderne. Diskretes u. Indiskretes. Persönliche Erinnerungen eines polit. Agenten. 1. u. 2. Heft. Cöln 867. Ahn's Verlagsh. gr. 8. Jedes Heft n. 5 ngr.
1. Heft. Napoleon III. — Maximilian I. (S. 1—34.)
2. Heft. Franz Josef I. (S. 35—62.)

Imperiali [Pseud.], s. Meier, Joachim

Imperialismus. Beiträge zur Analyse des wirtschaftl. u. politischen Lebens der Gegenwart v. Lord Goschen, Henry W. Wolff, A. Haas u. a. Hrsg. v. W. Borgius. (48 S.) Lex.-8. Berlin (905). Liebheit & Thiesen. n. 1. 50

Imperialismus, der, und die Congreß-Idee. 8. (31 S.) Leipzig 865, Matthes.

Imperium [Sachl. OW]

Imperium Austriacum felix in Amore et Timore Josephi I. Imp. Graecii 1711. V: *Piesser, Joseph.* (Jes)

Imperium Romano Germanicum etc. aeri insculpt. et venale prostans apud Matheum Seutter. Augusta Vind. 1728? 1: 2,500,000. 1 Bl.

Imperium Romano-Germanicum in suos Circulos, Electoratus et Status ... divisum. Aug. Vind., M. Seutter. [1730?] . . . . (Dt. Mus.)

Imperium Romano Germanicum in suos circulos divisum ad mentem Joh. Hubneri destinatum a Joh. Bapt. Homanno Norimbergae 1732. 1: 2,500,000. 1 Bl.

Imperium [Schlagwort]

Imperii Germ. jus ac professio in Genua etc. 4. maj. Harm. Helwing. 757.
Schreibp.

Imperii Moscovitici pars Australis in lucem edita per Guillielmum De l'Isle etc. nunc excusa et venalis exposita per Matthaeum Seutter sculpt. Aug. Vind. 1: 2,600,000. 1 Bl.

Imperii Moscovitici pars Septentrionalis Mappa etc. adornata per Guillielmum De l'Isle nunc vero aeri incisa et venalis exposita a Matth. Seutter. Augustae Vind. 1: 2,600,000. 1 Bl.

Imperii Romano-Germanici — Mappa — in suos Circulos, Electoratus et status divisi cum adjacentibus aliis Regionibus delineata. J. Jos. Haas, Ingenieur. 1753. 1 : 225,000. 2 Bl.

Imperii Romano-Germanici in suos Status et circulos divisi Tabula Generalis in Usus Juventutis erudiendae accomodata a Joh. Bapt. Homanno. Noribergae 1741. 1 : 2,500,000. 1 Bl.

Imperium Romanum, s. a. Atlanton. Kampen, A. v.

Imperii — Sac. Romani — in suos decem Circulos accurate divisi nova Descriptio ex Officina Davidis Funcken Norimbergae. Joh. Bapt. Homann, sculp. 1 : 2,500,000. 1 Bl.

Imperii Russici et Tatariae Universae etc. tabula et Opera Joh. Mathiae Hasii. Impensis Hommannianorum Heredum. Norib. 1739. 1: 18,000,000. 1 Bl.

Impermnestra, Opera dramatica, da P. Metastasio, col. trad. tedesca. 8. Dresde, Walther. 752. —

IMPERTI Candidus. Einige Hiebe den freymüthigen Gedanken des Herrn Josef Wenzel Sack über die Verwandlung der obrigkeitlichen Gründe in Bauerngüter versetzt von Krauss, Wien 1781. 1 vol. 30 S.

Impertinente, la curieuse, trad. de l'anglois. II Vol. voy. Curieuse.

Impetus apologeticus in Sachen der Klöster. Von e. alten Landpfarrer. 8. (35 S.) München 874. Stahl. — 35

Impfdebatten, die, im deutschen Reichstage am 6. und 12. Juni 1883. Nach dem stenograph. Bericht. Nebst den Tabellen des Reichs-Gesundheitsamtes, auf welche der Redner Dr. Möller sich beruft. [S. 11 dieser Schrift.] gr. 8. (36 S.) [Leipzig 883, Knapp.] Linnich, Oidtmann und Comp. +

Impfen m. Rotlaufkulturen durch Laien. (Verhandlungen der XXXIV. Plenarversammlg. d. deutschen Landwirtschaftsrats.) (S. 517—528.) Lex. 8. Berlin 906. P. Parey. nn 1. —
Sonderabdruck aus: „Archiv d. deut. Landwirtschaftsrats".

Impfgegner, der. Zeitschrift gegen Impfung und Impfzwang. Hrsg. unter Mitwirkung von H. Oidtmann, R. Nagel, H. Wolbold u. A. von Thdr. Hahn. 1. Jahrg. 1876. 12 Nrn. (à ½—1 Bog.) gr. 8. St. Gallen. (Berlin, Grieben.) *
—— dass. — Hrsg. unter Mitwirkung von H. Oidtmann, R. Nagel, C. Löhnert u. A. von Thdr. Hahn. 2. Jahrg. 1877. 12 Nrn. (à ½ Bog.) gr. 8. (Ebendas.) *
Nicht weiter erschienen.

Impfgegner, der. Organ der Impfgegner Deutschlands und der übrigen deutschredenden Nationen — Oesterreich, Schweiz, Holland, zugleich Organ des Comités des internationalen Verbandes der Impfgegner aller Länder. Hrsgbr.: Heinr. Oidtmann. Redact.-Comité: Ad. Vogt, Heinr. Oidtmann, Weber, G. Fr. Kolb, C. Löhnert, v. Coellen. 1. Jahrg. 1883. 24 Nrn. (à Nr. 1—2 Bog.) gr. 4. Leipzig, [Verlag des Reichs-Medicinalanzeiger.] Verlag des Maschinenbauer. +

—— dass. — 2. Jahrg. 1884. 24 Nrn. (à Nr. 1—2 Bog.) gr. 4. Leipzig, Verlag des Maschinenbauer.

Forts. s. Impfzwanggegner, Der.

Impfgegner, der. Organ der deutschen Impfzwanggegner-Vereine. Begründet v. H. Oidtmann. Hrsg. vom Impfzwanggegner-Verein zu Dresden unter Mitwirkg. hervorragender Ärzte u anderer Autoritäten auf dem Gebiete d. Impfwesens. Red.: F. Hartmann. 9.—12. Jahrg. 1891—1894. à 12 Nrn. (Bog.) gr. 4. Dresden, (C. Winter). à Jahrg. n. 2.—

Früher u. d. T.: Impfzwanggegner.

Impfgegner, der. Organ d. deutschen Impfzwanggegner-Vereine. Begr. v. H. Oidtmann. Hrsg. v. Impfzwanggegner-Verein zu Dresden unt. Mitwirkg. hervorrag. Aerzte u. and. Autoritäten auf d. Gebiete d. Impfwesens. Red.: F. Hartmann. 13. Jahrg. 1895. 12 Nrn. (Bog.) gr. 4. Dresden (Cranachstr. 18), Geschäftsstelle. n. 2.—; f. Mitgl. v. Impfgegner- u. Naturheilvereinen n.n. 1. 50

— dasselbe. Red.: Reinh. Gerling. 14.—16. Jahrg. 1896—1898. à 12 Nrn. (à ca. 1 Bog.) gr. 4. Ebd. à Jahrg. n. 2.—; f. Mitglieder v. Impfgegner- u. Naturheilvereinen n.n. 1. 50

Impfgegner, der. Organ der Impfzwanggegner-Vereine Deutschlands. Begründet v. H. Oidtmann. Hrsg. vom Impfzwanggegner-Verein zu Dresden unter Mitwirkg. hervorrag. Aerzte u. anderer Autoritäten auf dem Gebiete des Impfwesens. Red.: Wilh. Ressel. 17.—20. Jahrg. 1899—1902. à 12 Nrn. gr. 4. (à ca. 8 S.) Dresden, Geschäftsstelle. à Jahrg. n. 2.—

Die Jahrgge. 17 u. 18 sind v. R. Gerling redigiert.

Impfgegner, der. Organ des unter dem Vorsitze des Prof. Dr. Paul Förster steh. „Deutschen Bundes der Impfgegner" in Berlin u. der Impfgegner-Vereine Deutschlands. Begründet v. H. Oidtmann. Hrsg. vom Impfzwanggegner-Verein zu Dresden, 1. Vorf. Bertheleen. Hauptred.: Wilh. Ressel. 21.—24. Jahrg. 1903—1906. à 12 Nrn. (à Jhrg. 96 S. m. Abbildgn.) 4. Dresden, Geschäftsstelle. à Jhrg. n. 2.—

Impfgegner, der. Organ des „Verbandes der deutschen Impfgegner-Vereine". Begründet v. H. Oidtmann. Eigentum des Impfzwanggegner-Vereins zu Dresden. Schriftleiter: Wilh. Ressel. 25.—28. Jahrg. 1907—1910. à 12 Nrn. (à Jahrg. 96 S. m. Abb.) 31,5×24 cm. Dresden, Verlag des Impfzwanggegner-Vereins. Portofrei à Jahrg. 2.—

— — dasselbe. 8. Jahrg. 1909. 3 Nrn. (à 32 S. m. Abbildgn.) 30,5×23 cm.

Impfmethode, Die leichteste und wohlfeilste, und ein Wort über Vielschreiberei im Staat. Kempten 1810. V: *Königsberger, Stephan.* (Ky)

Impfmethode, die leichteste u. wohlfeilste u. ein Wort über Vielschreiberei im Staat, (v. St. Königsberger). 8. Kempten 810. Dannheimer. 2 K

Impfpflichtigkeit. Vorstellung des Vereins zur Förderung des Naturheilverfahrens ohne Arznei zu München an Se. Maj. den König Max II. von Bayern. Nach Gutachten von Gleich, Steinbacher, Hacker und Kreuzer ex officio verfaßt von dem Vereins-Vorsitzenden Geo. v. Klöber. gr. 8. (47 S.) München 850, (Franz.) *

Impfscheine, 50, nach der Vorschrift des Medicinal-Collegiums in Berlin. qu. 8. Wesel... Prinz. ½ n/

Impfsegen. Blumenlese. Dem Schweizervolke gewidmet von einem Menschenfreunde. gr. 8. (14 S.) Basel 882, Krüsi's Verlagsh.

Impfspiegel, der, 300 Aussprüche ärztl. Autoritäten üb. d. Impffrage, u. zwar vorwieg. aus neuerer Zeit. Hrsg. v. Impfzwanggegnerverein zu Dresden. 3., sehr verm. Aufl. gr. 8. (40 u. Nachtrag 8 S.) Ebd. 890. n. —40

Impfung, die Gefahren der, s. Gesundheit.

Impfung, Die, vor dem Richterstuhle der Statistik. Chemnitz 1873. V: *Löhnert, Carl.* (Kat. d. stat. Bureaus. Dresden 1890.)

Impfung, die, vor dem Richterstuhle der Statistik mit Berücksicht. der vom Med.-R. Dr. Max Flinzer herausgegebenen Mittheilungen des statist. Bureaus der Stadt Chemnitz. Hrsg. von einem Menschenfreunde. hoch 4. (22 S. mit 1 Tab. in Fol.) Chemnitz 873, (Ernesti.)

Impfungstabellen, oder Register zur Eintragung d. geimpften Kinder, für Landärzte, Pfarrer, Schulmeister ꝛc. Fol. Ulm... Ebner. Das Buch 8 K

Impfzwangfrage, Die. München 1878. V: *Kolb, Gg. Frdr.* (Kat. d. stat. Bureaus. Dresden 1890.)

Impfzwanggegner, der, Organ des deutschen Impfzwanggegner-Vereins. Hrsgbr. und Redact.: H. Oidtmann. 3. Jahrg. 1885. 24 Nrn. (à Nr. 1—2 Bog.) gr. 4. Linnich, Expedition.

1. und 2. Jahrg. erschienen u. d. T.: Impfgegner, der.

—— dass. — 6. Jahrg. 1888. 12 Nrn. (Bog.) gr. 4. Berlin, Expedition des Pionier.

Impfzwanggegner, der. Organ d. deutschen Impfzwanggegner-Vereins. Hrsg. u. Red.: H. Oidtmann. 6. u. 7. Jahrg. 1888. 1889. à 12 Nrn. (B.) gr. 4. Berlin, Actiengesellsch. „Pionier". à Jahrg. n. 3.—

Impfzwanggegner, der. Organ d. deutschen Impfzwanggegner-Vereins. Hrsgbr. u. Redact.: Heinr. Oidtmann. 7. u. 8. Jahrg. 1889 u. 1890. à Jahrg. 12 Nrn. (Bog.) gr. 4. Berl., Actiengesellsch. „Pionier." à Jahrg. * 3 —

Forts. s. Impfgegner, Der.

Impietas punita seu Wilhelmus Rufus . . . [Salisb. 1713.] V: *Ritter, Alanus von.* (Hr)

Implacabilis, s.: Rom, das päpstliche, zu Luthers Zeiten.

Imploratio Anwalds Burgermeister und Raths hiesiger Altstadt . . . in pto praesentanei exercitii iurisdictionis. Hannov. 1756. V: *Grupen, Chn Ulr.* (ML)

Imploratio, Hochfürstl. Brandenburgische, pro restitutione in integrum adversus sententias de 23. Juni 1723 et 10. Febr. 1736 ... O. O. 1754. V: *König von Königsthal, Gust. Gg.* (ML) (Holz) (Will)

Imploratio, Unterthänige, pro Restitutione in integrum wider einige Puncten, der den 26. Oct. 1759 ... gnädig eröfneten Urtel ... Wetzlar 1760. V: *Haas, Dam. Ferd.* (Holz)

Imploratio, Unterthänigste, pro restitutione in integrum contra sententiam, d. XVI. Dec. 1748 latam in Sachen der beyden Familien von Breidenbach zu Breidenstein ... Wetzlar 1751. V: *Falcke, Joh. Philipp Conrad.* (MGT) (Holz)

Imploratio, Unterthänigste, pro restitutione in integrum gegen die d. 24. Nov. 1758 ... eröfnete Urthel ... Wetzl. 1759. V: *Haas, Dam. Ferd.* (Holz)

Implorationsschrift, Unterthänigste abermalige, pro clementissime decernenda Restitutione in integrum ... in Sachen Hn Ferdinand Damian ... Frhn. von Breidbach zu Büresheim ... O. O. 1756. V: *Haas, Dam. Ferd.* (Holz)

Implorationsschrift, Unterthänigste, pro restitutione in integrum ... in Sachen der Landschaft obern Theils der Marggrafschaft Baden angehörig contra Weil. Hn Friederich ... O. O. 1739. V: *Hauer, von.* (Holz)

Implorations- u. Bittschriften in Sachen Brenner wider Hassen Rheinfels. Fol. Wetzlar. 742.

Importeur u. Agent. Exportorgan f. Fabrikanten, Importeure u. Agenten aller Länder, vormals: „Der Agent". Red.: F. Rosenthal-Bonin. 5. Jahrg. 2. Halbj. Juli—Dezbr. 1906. 12 Nrn. (à ca. 32 S. m. Abbildgn.) 4. Berlin, Industrieller Verlag. n. 3. 75
Vergl.: Agent, der.

Importeur u. Agent. Exportorgan f. Fabrikanten, Importeure u. Agenten aller Länder. Red.: Arth. Lange. 6. u. 7. Jahrg. 1907 u. 1908. à 24 Nrn. (à 32 S. m. Abb.) 31×23 cm. Berlin, A. W. Hayn's Erben. à Jahrg. 7. —
Vom Jahrg. 1909 erschienen noch 3 Nrn. (à 32 S.)
Wurde u. d. T.: Die Warte fortgesetzt.

Ketzerphilosophie des Mittelalters. Das Buch genannt 'De tribus **impostoribus.**' 1598. Übers., mit e. Nachw. u. Anm. vers. von Gregor v. Glasenapp. Riga: Jonck & Poliewsky 1909. 58 S. 8°
(10. 89)

Imposturae 218 in dissertatione Benedicti Cetto de Sinensium imposturis detectae ... Budae 1781. V: *Pray, Georg.* (Jes)

l'Imposture devoilée, antidote contre le libelle intitulé: Karl Langlois, mit d. deutschen Uebersetzung von J. F. L. Menzel zur Seite. 8. Frankf. u. Leipz. 796.

Imprägnierung von Eisenbahn-Schwellen. 2. Aufl. Wien 1890. V: *Löwenfeld, G.* (EB)

Imprägnirung, Ueber die, hölzerner Eisenbahnschwellen. Berlin 1883 (Aus: Glaser's Annalen f. Gew. u. Bauw. Bd 8 H. 7)

Drei Waldenburger **Impressa** so im August 1750 übergeben, aber von Brandenburg nicht angenommen worden ad causam Hohenlohe ca Hohenlohe, enthaltend: 1. Notariatsinstrument vom 29. Oct. 1749; 2. Extractus Protocolli commissionis mixtae de acto Pfedelbach 23. Mart. 1744 et 29. Oct. 1749; 3 Extract Commissions-Protocolli de acto Pfedelbach 29. Oct. 1749 et seqq. Hung. Tit.

Impression et souvenirs du siège de Belfort par un volontaire de l'armée de Belfort. Avec 1 carte (lithogr. in 4.), des notes et des pièces justificatives. 8. (VIII, 172 S.) Strassburg 871. Treuttel und Würtz. *

Impressions militaires d'un séjour à Constantinople en Octobre 1887. Par un officier allemand. gr. 8. (24 S.) Berlin 888, Mittler und Sohn. *

Impressum, Sachsen Saalfeldisches, sub titulo Monumentum executionis rei iudicatae Caesareae ... O. O. 1740. V: *Gruner, Joh. Frdr.* (Holz)

Imprimés de la délégation d'Alsace-Lorraine. 3me. session. Févr.-Mars 1877. Tome I. Propositions et annexes. gr. 4. (328 S.) Strassburg, (Schneider). n. 4. —

Imprimés de la délégation d'Alsace-Lorraine. 3me session, Févr.-Mars 1877. Tome I.: Propositions et annexes. gr. 4. (328 S.) Strassburg 877, (Schneider.) *
2me session vgl.: Comptes rendus officiels de la délégation d'Alsace-Lorraine.

Improvisator, der. Vademecum für gemüthl. Unterhaltung. Hrsg. von C. F. Kalm. 8. (IV und 268 S.) Eisleben 859, Reichardt.

Improvisator, Der verunglückte. Ein biogr. Schwank ... Altona 1825. V: *Kratz, Ernst Friedrich Lebrecht.* (Schr) (GGr)

Imra' al-Qais ben Hugr

— — Amrilkais, der Dichter und König. Sein Leben dargestellt in seinen Liedern. Aus dem Arabischen übertragen von Friedrich Rückert. Stuttgart und Tübingen 1843.

— — Amrilkaisi carmen (quartum) ... edidit interpretatione Latina instruxit ... Fr. Aug. Arnold. Halae 1836.

— — Amrulkeisi Moallakah cum scholiis Zuzenii ... edidit, Latine vertit et illustrávit Ern. Guil. Hengstenberg. Bonnae 1823.

Imruulkaisi Muállaka. Edidit Aug. Mueller. gr. 8. (XXII. 31 S.) Halle 869. Barthel. *

Imre, Arpad [Gräfin E.]. Toi seul! Roman. 8. (346 S.) Minden i. W. 891, Bruns. * 4 —; geb. * 5 —

—— Wegmilde. Roman. 8. (336 S.) Braunschw. 892, Westermann. * 5 —; geb. * * 6 —

Imrefi, die ungarischen Flüchtlinge in der Türkei. Eine Zusammenstellung bisher unbekannter Daten zur Geschichte der Emigration von 1849. Nach dem Tagebuche eines in die Türkei geflüchteten und von dort zurückgekehrten Augenzeugen, mitgetheilt. Aus dem Ungar. übers., mit mehreren Aktenstücken verm. und bis auf die neueste Zeit fortges. durch Wassi. gr. 8. (IX und 274 S. mit 1 lithogr. Karte.) Leipzig 851, Herbig.

Imschenetzky, B., sur la généralisation des fonctions de Jacques Bernoulli, s.: Mémoires de l'académie impériale des sciences de St.-Pétersbourg.

Imsiq, Dienstpflicht u. Bildung. gr. 8. (31 S.) Berlin 883. Liebrecht. n. — 60

Im Tann, Ew., u. Math. Im Tann, mehr Licht! Zeitgemäßes in Versen u. Prosa. 1. Thl. 12. (VIII, 173 S.) Zürich 896. Verlags-Magazin. n. 2. 50

Im-Thurn, Eduard

Im-Thurn, Ed., besond. Arzneimittellehre f. Thierärzte, naturhistor. bearb. Lex.-8. (23⅛ B.) Solothurn 841, Kassmus. (?)

Im-Thurn, Ed., besondere Arzneimittellehre für Thierärzte, naturhistor. bearb. gr. 8. (VI und 361 S.) Solothurn 817. Jent und Gassmann.

Im-Thurn, Eduard: Der Kanton Basel, s. Gemälde d. Schweiz, 11. Hft.

Im-Thurn, Ed., u. H. W. Harder, Chronik der Stadt Schaffhausen. 1—3. Lfg. 8. (18 B.) Schaffhausen 842, 43, Brodtmann'sche Buchh. à Lfg.

—— Encyklopädie der Pferde- u. Rindvieh-Heilkunde, s. Rychner, J. J.

—— vollständ. Handbuch d. Veterinärkunde f. Thierärzte, Oekonomen, Pferdeliebhaber; zum Selbstunterr. u. zu Vorlesn. auf Veterinär-Schulen. (1. Abthl.) gr. 12. (9 B.) Schaffhausen 841, Brodtmann.

— der Kanton Schaffhausen s.a. Gemälde d. Schweiz, 12. Bd.

Im-Thurn, Eduard. Der Kanton Schaffhausen, historisch, geographisch, statistisch geschildert. Beschreibung aller in demselben befindlichen Berge, Flüsse, Städte ... und Weiler.... Ein Hand- und Hausbuch.... [Umschlag illustriert.] 8. St. Gallen und Bern 1840.

Historisch-geographisch-statistisches Gemälde der Schweiz. Heft 12.

Im-Thurn, Ed., Taschenbuch f. Pferdebesitzer, Pferdewärter u. Alle, die mit Pferden umzugehen haben. Mit 1 Kpfr. 8. (IV u. 128 S.) Basel 839, Schabelitz. 1/2 ℳ

—— Taschenbuch für Pferdebesitzer, Pferdewärter und Alle, die mit Pferden umzugehen haben. 8. (IV und 128 S. mit 1 Kpfrt.) Basel 849, Schabelitz'sche Buchh.

—— der Thierarzt, s. Thierarzt, der.

—— die Währschaftsgesetze d. Schweiz, u. der sie umgeb. Staaten, mit Anmerkn. versehen. 8. (8⅛ B.) Frauenfeld [u. Zürich] 838, Beyel.

Im Thurn, H., das Brod. Eine Studie für Bäcker und Consumenten. Mit 2 Tafeln. VIII u. 70 Seiten. 8. Schaffh., Brodtmann. 1871 1. 35

Im Thurn, J. Heinr., Bauernbuch zum Selbstunterricht auf dem Hofe u. der Flur, sowie zum Gebrauche an landwirthschaftl. Schulen, an Fortbildungs- u. Winterschulen u. als Grundlage für Wandervorträge. 3 Thle. gr. 8. Zürich 880—82. Schultheß. 5. 65

1. (VIII, 104 S.) 1. 35
2. Die Pflanzenproduktion. (216 S.) n. 2. 20
3. Viehhaltung. Mit Anh.: Der Wirthschaftsgarten. (152 S.) 2. 10

Im Thurn, J. Heinr., Bauernbuch zum Selbstunterricht auf dem Hofe und der Flur, sowie zum Gebrauche an landwirthschaftl. Schulen, an Fortbildungs- und Winterschulen und als Grundlage für Wandervorträge. 3 Thle. gr. 8. Zürich, Schultheß.

Inhalt:

Thl. 1. Die Oeconomie der Landwirthschaft. (VIII, 104 S.) 880. ℳ 1,35.
- 2. Die Pflanzenproduktion. (216 S.) 881. ℳ 2,20.
- 3. Die Viehhaltung. Mit Anhang: Der Wirthschaftsgarten. (152 S.) 882. ℳ 2,10.

Im-Thurn, J. Heinr., kurze Beleuchtung des landwirthschaftl. Zustandes der Schweiz u. Angabe der Mittel, durch deren Anwendung Regierungen, Vereine u. Privaten die Landwirthschaft, beziehungsweise die Hausthierzucht in der östl. Schweiz heben u. emporbringen können. gr. 8. (5⅛ B.) Frauenfeld 844, Beyel.

—— landwirthschaftl. Beschreibung der Guts-Wirthschaft Castell, nebst ein. Vorw. über Bewirthschaftung größerer Güter in d. nordöstl. Schweiz u. den Nachbarstaaten. Mit 9 Taf. Abbild. landw. Geräthe. u. viel. erläut. Tabellen. Lex.-8. (24 B. u. 15 Tab.) Zürich u. Frauenfeld 845, Beyel.

Im Thurn, Johann Heinrich. Die Brynsi im Thurn von Schaffhausen, und Reflexionen des Herausgebers J.-H. im Th. (Als Manuskript gedruckt.) 8. Frauenfeld 1865.

Im Thurn, J. Heinr., die Dombasle-Pflüge in Lothringen u. der Schweiz; über verschied. Arten des Pflügens, Veranstaltung von Probe- u. Wettpflügen, nebst Bezüglichem aus der landwirthschaftlichen Mechanik. Frauenfeld 865. Huber. gr. 8. (68 S.) 0 ℳ

Im Thurn, J. Heinr., das landwirthschaftliche Düngerwesen nach C. J. A. Mathieu de Dombasle's hinterlassenen Schriften; eigenen Erfahrungen in der Schweiz und im Auslande; dem A. Ronna'schen Berichte über Superphosphate in England; nebst einer kurzen Agrikultur-Chemie von J. A. Barral. gr. 8. (XII und 220 S.) Frauenfeld 866, Huber.

Imthurn, J. H. Über die Einführung verbesserter Instrumente bei der Landwirthschaft. Konstanz 1842.

—— landwirthschaftliche Erlebnisse zu Hofwyl und Roville; auf Reisen durch Deutschland, Frankreich, Belgien und Griechenland. Eine Gabe für angehende Landwirthe und Gutsbesitzer. 8. (128 S.) Aarau 883, Christen.

— der Güterpacht unserer Zeit. Ein volkswirthschaftl. Wegweiser für Pächter u. Verpächter, Staatswirthe [Rentbeamtete], Gemeinden etc. gr. 8. (53 S.) Aarau 882. Christen. — 90

In

Grundsteuer, die in 8 Procent des Rohertrages ausgesprochene, ist gerecht. 8. Münch. Lindauer. 815.

In and about Aix-la-Chapelle. A Guide and Friend ... Aix-la-Chapelle 1883. V: *Du Bois, James T.* (Müller M., Lit. üb. d. Thermen v. Aachen. Aachen 1903.)

In and about Aix-la-Chapelle. A guide and friend by J. T. D. B. 16. (VIII, 106 S. mit 1 lithogr. Plan.) Aachen 883, (M. Jacobi.) geb. *

In Friedrich Fröbels Bahnen, s.: Schriften des deutschen Fröbelverbandes. I.

In Banden frei. Roman ... Berlin 1865—69. V: *Meyer, Rachel geb. Weiss.* (The Jewish Encyclopedia. Vol. VIII, S. 27.)

In der russischen Bastille während der Revolution. Eindrücke, Stimmgn. u. Betrachtgn. v. Parvus. (168 S. m. 1 Bildnistaf.) gr. 8. Dresden (907). Kaden & Co. 1.—

In Belgium liberatum, versus aliquot. S. l. 1787. V: *Bremer, Johann Gfr.* (MGT) (Kordes, Schlesw.-Holst. Schriftst. Schlesw. 1797.)

In Berlin hat der Pfingst-Ochse gebrüllt und gegen die Tagesordnung getrotzen. Bäie'sche Buchdruckerei. 1 Bl. 8.
Flugblatt. Berlin, 20. Mai 1848.

In Berlin zu Hause. Ein Führer durch Berlin und Potsdam für Einheimische und Fremde. Mit einem Anhang: Klubs, Logen und Vereine Berlins. 1. bis 5. Aufl. 1887/88. gr. 16. (113 S. mit 1 chromolithogr. Plan.) Berlin, Hennig. cart. in Lederimitation *

—— dass. — Ausg. 1888/89. 6. und 7. Aufl. gr. 16. (160 S. mit 8 Karten und 6 Theaterplänen.) Berlin, Hennig und Eisendorf. cart. in Lederimitation *

In Berlin zu Hause. Ein Führer durch Berlin und Potsdam f. Einheimische u. Fremde. Mit 8 Karten u. 11 Theaterplänen. Ausg. 1890/91. 10. Aufl. 12. (IV, 152 S.) Berlin, Hennig. cart. n. 1.—

In Berlin zu Hause. Ein Führer durch Berlin u. Potsdam f. Einheimische u. Fremde. Mit Stadtplan, 12 Plänen v. Theatern u. Cirkussen, sowie 12 Illustr. Ausg. 1892/93. 13. Aufl. 12. (IV, 160 S.) Berl. 892, Henning u. Comp. cart. * 1 —
Ergänzung dazu, s. Spaziergang d. d. internat. Kunst-Ausstellung.

In Berlin zu Hause. Illustr. Führer durch Berlin u. Potsdam. Mit Stadtplan, Plänen der Theater u. Circusse, sowie vielen Abbildgn. Ausg. Mai 1894. 14., umgearb. Aufl. gr. 16. (XII, 254 S.) Berlin 894. W. & S. Loewenthal. n. 1.—

In Bern im Februar 1831. Zwei Satiren, mitgeteilt von H. T. [Bern 1906.] V: *Türler, Heinrich.* (BBullSchw 6, 1906)

—— Blüthen versteckt. 16. (4 Chromolithogr.) Leipzig 880, Baldamus.

—— der Blüthenzeit, s. Hoeppner, J.

— der Blüthenzeit. Ein Liederstrauß m. 9 Illustr. in Farbendr. nach Aquarellen v. Jul. Hoeppner. Farbendr. v. J. G. Bach in Leipzig. gr. 4. (55 S.) Leipzig 883. Zehl. geb. m. Goldschn. n. 30. —

In Bremen brennt es. Etwas zur Aufklärung der Sache von Einem, der auf Bremen viel, aber auf den „neuen Glauben" nicht viel hält. 8. (32 S.) Bremen 868, Valett und Comp. *

In fatales Turris et Templi Elisabetani Vratislav. Casus. Entwurff deß Thurns vnd der Kirchen zu St. Elisabeth in Breßlaw Einfalls. Breslau o. J. V: *Köler, Christoph.* (Kat. d. Druckschr. üb. Breslau. Breslau 1903. S. 251.)

— Cath Catharda, the civil war of the Romans, ed. and translated by Whitley Stokes, s.: Texte, irische. IV, 2.

In Causa inter Exc. D. L. Baronem Samuelem de Bruckenthal ut actorem et J. Nationem Saxonicam. O. O. u. J. V: *Seivert, Joh. Fch.* (WBL 34/39) (BiblPort)

In Christo geborgen. Aus dem Leben eines Jünglings, welcher durch die Gnade Gottes in das Licht des Evangeliums durchgedrungen ist. Mitgeteilt von ihm selbst. Weinfelden 1907. V: *Wüest, Henry.* (BBullSchw 10, S. 407)

— Christo geborgen. Aus dem Leben e. Jünglings, welcher durch die Gnade Gottes in das Licht des Evangeliums durchgedrungen ist. Mitgeteilt v. ihm selbst. (11 S.) 8. Weinfelden 907. A.-G. Neuenschwander'sche Buchh. — 15

— den Himmel gebetet, s.: Schriften, kleine.

— der Stille erblüht. Als Dankesgruß f. empfangene Liebe u. Freundschaft den Treuen in Nähe u. Ferne dargebracht v. Th(erese) K(östlin). 16. (60 S.) Gießen 897. Darmstadt (Kiesstr. 92), Frl. Th. Köstlin. Privatdruck.

—— der Vernunft selbst ist d. Bedürfniß göttl. Offenbarung begründet. Eine nähere Erörterung meiner Behauptung: Die Vernunft ist d. Christenthum untergeordnet. Von e. Studenten d. Theol. gr. 8. (1½ B.) Marburg 835, Elwert'sche Univ.-Buchh.

— k. u. k. Diensten. Militärische Sittenbilder aus österreich. Garnisonen. Von e. ehemal. k. u. k. Offizier (W. Moß). (215 S.) 8. Braunschweig 904. Leipzig, R. Sattler. n. 2.50

In dulci iubilo nun singet und seid froh. Ein Beitrag zur Geschichte der deutschen Poesie ... Hannover 1854. V: *Hoffmann gen. von Fallersleben, August Hnr.* (GGr)

—— durance vile, s. Collection of British authors.

— der Einsamkeit. Tagesordnung, Gebete u. Lieder zum Gebrauche bei vier- bis fünftäg. Exerzitien, v. e. Schwester vom hl. Karl Borromäus. (VIII, 236 S. m. 1 Stahlst.) 16. Dülmen 903. A. Laumann. Geb. in Leinw. n. — 75

In quatuor Epigrammata Graeca, Anthologiis non comprehensa. [Berol. 1816.] H: *Jacobs, Chn Frdr. Wilh.* (NN) (MGT)

In Extremis
v. In Extremis.

— allen Farben, s.: Bibliothek, humoristische, s. „Fidele Geister".

In Feindesland. Ein Stück aus dem Krieg. 16. (16 S.) Weimar 870. geogr. Institut in Comm. n. — 50

In Feld u. Flur, s.: Jugend-Bücherei, farbig illustr.

— den Felsengebirgen. Zwei Erzählungen aus dem Indianerleben für die reifere Jugend. 8. Mülheim 880. Bagel. cart. 2. 25
Der Pfeiltöter. Abenteuer u. Erlebnisse einer Ansiedlerfamilie im Indianergebiet v. M. Kümmel. (144 S. m. 2 Chromolith.)
Blanca, die Rose der Prairie. Eine Erzählung aus dem Indianerleben v. M. Kümmel. (128 S. m. 2 Chromolith.)

— den Ferien. (Ausgestanzt.) qu. 4. (14 S. m. z. Tl. farb. Bildern.) Fürth 894. (Leipzig, W. Opetz.) — 60

— den Ferien. qu. 4. (24 S. m. farb. Abbildgn.) München (902). Braun & Schneider. n. 1. —

In Frankreich (1870—71). Erlebnisse eines nicht ausgewiesenen Deutschen während des deutsch-französischen Krieges. Darmst. 1872. V: *Maurer, August.* (UBTüb F, Nachtr. 5) (klüpfel) (Cat. der Stadtbibl. Zürich. Zürich 1864—97.)

— Frankreich [1870—1871]. Erlebnisse e. nicht ausgewiesenen Deutschen während d. deutsch-französ. Krieges. gr. 8. (XVI, 84 S.) Darmstadt 872. Jonghaus. n. 1. 40

— Frankreich 1870/71. Erinnerungen eines königlich preußischen Cavallerie-Offiziers. [Aus: „Allg. Militär-Zeitg."] gr. 8. (67 S.) Darmstadt 882. Zernin. n. 1. 50

In Frankreich ist — ist nicht Recht geschehen, Schreiben an den Redacteur der Kreuzzeitung. Von einem Namenlosen. gr. 8. (16 S.) Berlin 851, Hertz.

— Freiheit dressiert. Humoresken v. Karlchen (Karl Ettlinger). 3. u. 4. Aufl. (IV, 142 S.) 8. München 908. G. Müller. 2.—; geb. 3. —

In der Fremde. Lieder eines Verschollenen, von Adolph K. Mit einem Vorwort von Phil. Galen. 16. (XV und 180 S.) Leipzig 858, Kollmann.

— der Fremde. Zweckmäßige Anleitg. zur leichten Erlerng. fremder Sprachen ohne Lehrer. B. 1. Tl. (Zum Selbstunterricht.) kl. 8. Potsdam, A Stein. n. 1. —; (Schulausg.) n. — 60
B. In England. Von Ruck. 1. Tl.: Aussprache, Grammatik, Vokabeln. (Zum Selbstunterricht.) (VII, 131 S.) (905.) 1. —; (Ausg. f. Fortbildungsschulen.) (VII, 87 S) — 60.
A s.: Lotsch, Fr., in der Fremde.

— der Fremde. Zweckmäßige Anleitg. zur leichten Erlernung fremder Sprachen. A. In Frankreich. III. Tl.: Aussprache, Grammatik, Vokabeln v. Lotsch. (IV, 123 S.) kl. 8. Potsdam 907. A. Stein. 1. —

— dasselbe. B. In England. II. Tl.: Verbum, Pronomen, Substantiv, Adjektiv u. Adverb v. Ruck. (Zum Selbstunterricht.) (III, 168 S.) kl. 8. Ebd. (908). 1. 20

In Freud und Leid, Unterhaltungsblatt, illustr. 1883. 1.—11. Heft. hoch 4. (S. 1—192). Wien. Hugo Engel. à 15 kr.

In Freud und Leid, Illustr. Unterhaltungsblatt. 1883. 12.—23. Heft. Hoch 4. (S. 193—576.) Wien, Hugo Engel. à 15 kr. (vom 21. Heft an) à 22 kr.

In Freud und Leid, Illustrirtes Unterhaltungsblatt. 1883. 24. bis 26. Heft. Hoch 4. (S. 577—672.) Wien. Hugo Engel. à 15 kr.

— Freud u. Leid. Ein Blumenstrauß religiöser Gedichte alter u. neuer Zeit. Hrsg. v. der Diakonissenanstalt Bethesda. 12. (VIII, 152 S.) Stuttgart 894. Christliches Verlagshaus. Geb. in Leinw. n. 2. —

— Freud u. Leid. E. Blumenstrauß religiöser Gedichte alter u. neuer Zeit. Hrsg. v. d. Diakonissenanstalt Bethesda. 12. (VIII, 152 S.) Elberfeld 895. Verlag d. Bethesdavereines. Geb. in Leinw. 2. —; m. Goldschn. 3. —

— Freundesland. Erlebnisse u. Eindrücke der bayr. Teilnehmer an der Studienreise nach England, veranstaltet v. der Nationalvereinigg. der evang. Jünglingsbündnisse Deutschlands Mai/Juni 1910. (37 S. m. Abb.) 12×15,5 cm. Mainbernheim (910). Buchh. des bayer. Bundes der christl. Vereine junger Männer u. ev. Jünglingsvereine. — 30

— der Frühlingszeit. 6 Bilder in Farbendr. m. Versen v. Klara Reichner. gr. 4. Stuttgart 884. G. Weise. cart. — 75; Leinwand-Bilderbuch geb 1. 80

In Funere; ad Amicum Epistola. [Helmstadt 1718.] V: *Hardt, Hermann von der.* (BrMm)

In funere Joh. Fabricii ... Helmstadii 1728. V: *Mosheim, Joh. Lorenz.* (Myl)

In der Garnison. Berlin 1894. V: *Roor, Jürgen.* (Berl)

— kleinen Garnisonen. Mit 19 (eingedr. chemityp.) Illustr. 12. (86 S.) Hannover 882. Helwing's Verl. n. 1. 25

In treuem Gedenken! 4 Bdchn. 16. (à Bdchn. 12 S. m. farb. Illustr.) [Münch. 889.] Nürnb., Stroefer. Einzeln à Bdchn. * — 70
In Leinw.-Etui * 3 —
1. Treue Wünsche. Gedichte v. Martha Halm u. A. — 2. Gruß aus der Heimath! Gedichte v. Cornelie Lechler. — 3. Unvergessen. Gedichte v. Cornelie Lechler. — 4. Zur Erinnerung! Gedichte v. Hedwig Halm u. A.

In der Gefangenschaft, s. Nach dem Zapfenstreiche.

— Geist u. Wahrheit. Gedanken üb. innerl. Christentum. Von E. Dr. 12. (150 S.) Gütersloh 896. C. Bertelsmann. Kart. n. 1. 50; geb. n. 1. 80

— Seinem Geleit. 4. (12 S. m. 4 farb. Bild.) Nürnberg 895. Th. Stroefer. M. Goldschn. 1. 50; m. Dedikation f. Konfirmanden 1. 50

— lustiger Gesellschaft. Ein Musik-Album f. Gesellschaft u. Haus. (408 S.) 34×27 cm. Berlin (907). Harmonie. Geb. in Leinw. (urspr. Pr. 12. —)

— Gewissensnot. Worte e. Balten an seine Landsleute. gr. 8. (33 S.) Leipzig 889. Duncker & Humblot. n. 1. —

In Goethium epigramma imagini eius publice ascriptum A. MDCCCXX Academia Jenensi natalem eius celebrante. [1820.] V: *Reisig, Carl.* (Bresl 31, S. 87)

In Gott ist unsere Versöhnung. Gebet- u. Andachtsbuch für erwachsene kathol. Christen, von K. J. H. 8. Kempt. 826. Dannheimer. 8 gr.

In Gott mein Heil! (Ps. 62, 8.) Gebet- u. Erbauungsbuch für Katholiken. Nebst den Andachtsübungen der Todesangst-Bruderschaft, des h. Kreuzweges rc. Mit 1 Stahlst. gr. 12. Münster 845, Deiters. 1/3 ℛ

— Gott mein Heil! Ps. 62, 8. Gebet- u. Erbauungsbuch für kathol. Christen. 2. verb. Aufl. [Nebst 1 Stahlst.] 12. (VIII u. 316 S.) Münster 850, Deiters. 6 gr — 2. verm. u. verb. Aufl. Nebst den Andachtsübungen der Todesangst-Bruderschaft, d. h. Kreuzweges u. vielen Litaneien. Mit 1 Stahlst. gr. 12. (VIII u. 300 S.) Ebd. 851. 1/3 ℛ Ausg. in 16.: 6 gr

—— Gott mein Heil! Ein Gebet- und Erbauungsbuch für kathol. Christen. 3., verm. Aufl. 16. (VIII und 376 S. mit 1 Stnt.) Münster 862, Aschendorff'sche Buchh.

—— Gott meine Hoffnung. Vollständiges kathol. Gebet- und Andachtsbuch von einem Pfarrer der Erzdiözese Köln. 8. (VI und 370 S. mit 1 Stahlst. und chromolithogr. Titel.) M.-Gladbach 856, Riffarth.

— Gottes Hand od.: Die geraubte Tochter. Eine Erzählg. aus der Sklavenzeit. (335 S. m. 4 Vollbildern.) kl. 8. Lengerich (907). Bischof & Klein. Geb. in Leinw. 2. 25

— guten Händen. Von v. M. O. gr. 16. (60 S.) Berlin 892. Deutsche Evangel. Buch- u. Traktat-Gesellschaft. n. — 20

— guten Händen. Von M. v. O. 2. Aufl. 12. (60 S.) Ebd. 901. n. — 20

— Hannover zu Hause. Ein zuverläss. Führer durch Hannover u. Linden f. Einheimische u. Fremde. Mit 1 Plane der Königl. Residenzstadt Hannover u. der Stadt Linden, sowie m. 1 Grundriss d. Königl. Hoftheaters. Ausg. 1889/90. 12. (91 S.) Linden-Hannover, Manz. cart. n. 1. —

— Hannover zu Hause. Ein zuverläss. Führer durch Hannover, Linden u. Umgegend. Mit 1 Plane der königl. Residenzstadt Hannover u. der Stadt Linden, sowie m. 1 Grundriss d. königl. Hoftheaters. Ausg. 1891/92. 12. (98 S.) Hannover-Linden, Manz & Lange. Kart. n. 1. —

In den Harz! Wegweiser nach u. v. sämmtl. Eisenbahnstationen d. Harzes. Dargest. in d. Reihenfolge d. einz. v. Braunschweig abgeh. u. daselbst ankomm. Züge. Sommer 1898. qu. 12. (48 S.) Braunschweig 898. J. H. Meyer. — 30

— den Harz! Wegweiser nach u. von sämmtl. Eisenbahnstationen des Harzes. Dargestellt in der Reihenfolge der einzelnen von Braunschweig abgeh. u. daselbst ankomm. Züge m. Anschlüssen von u. nach Hannover-Hildesheim. Sommer 1900. qu. 12. (43 S.) Braunschweig, J. H. Meyer. — 30

— dasselbe. Dargestellt in der Reihenfolge der einzelnen v. Magdeburg abgeh. u. daselbst ankomm. Züge m. Anschlüssen von u. nach Berlin. Sommer 1899. qu. 12. (43 S.) Ebd. 899. — 30

— den Harz. Hrsg. v. Verbande der Hotelindustriellen des Harzes u. der umlieg. Gebiete, E.V. (328 S. m. eingedr. Kartenskizzen, 8 Vollbildern u. 1 Karte.) kl. 8. Braunschweig (909). F. Wagner. Geb. in Ldr. — 75

In Haus und Hof. 54 Thierbilder. 2 Hefte. qu. 4. (à Heft 6 color. Stnt.) Wesel 877, Düms. cart. à Heft 60 Pf.

— dasselbe. Malbuch. (20 S. m. z. Tl. farb. Abbildgn.) qu. 16. Hannover (901). A. Molling & Co. — 15

— Haus u. Hof. (12 Haustiere u. 12 kindl. Anschauungsbildertafeln.) (24 farb. S. auf Pappe in Leporelloform.) qu. kl. 8. Stuttgart (904). G. Weise. Kart n. 2. 40

— Haus u. Hof. (6 S. m. farb. Abb. auf Pappe.) 33,5×21 cm. Weißensee-Berlin (910). E. Bartels. Geb. 2. —

—— the Heart of a Hill by the author of „Found Dead“, s. Collection of British Authors.

— der Hildener Heide, s.: Abhandlungen, pädagogische.

In der Heimat. Briefe eines Halbjahrs... Bresl. 1843. V: *Reinsberg-Düringsfeld, Ida Baronesse von.* (LVS)

—— der Heimath. Briefe eines Halbjahres, vom Blätterknospen bis zum Blätterfallen. Von der Verfasserin von „Schloß Goczyn.“ gr. 8. (23½ B.) Breslau 843, Kern.

— Hochregionen. I. D. wissenschaftl. Erforschg. d. Ostalpen v. Ed. Richter. — II. Entwickelungsgeschichte d. Alpinismus u. d. alpinen Technik v. R. L. Purtscheller. [Aus: „Zeitschr. d. deutschen u. österr. Alpenvereins“.] gr. 8. (VII, 176 S. m. 26 Abb.) Berlin 895. R. v. Decker. n. 2. —

In Gottes Hochschule. Von M. v. O. 8. (129 S.) Berlin 894. Deutsche Evangel. Buch- u. Traktat-Gesellschaft. n. 1. 20; geb. n n. 2. —

— Gottes Hochschule. Von M. v. O. 2. Aufl. 8. (128 S.) Berlin 901. Deutsche ev. Buch- u. Tractat-Gesellsch. n. 1. 20

—— hoc signo vinces, s. Beiheft zum Militär-Wochenblatt.

—— honorem Victoris Scheffel, ein Scherflein des Dankes von einem alten Heidelberger Studenten. 8. (6 S.) Karlsruhe 886, (Braun'sche Hofbuchh.) *

— Gottes Hut, s: Bergißmeinnicht-Erzählungen. Nr. 67.

— Sechzig Jahren, s.: Bibliothek, Europäische, 134—136. Bd.

—— Jesus mein Heil! Vollständiges Beicht- und Communionbuch für fromme Christgläubige jedes Standes und Alters in 2 Abthlgn., enth. 128, zum Theil umfangreichere Andachtsübungen: Beicht-, Meß- und Communion-Andachten &c. für den Vorabend, den Morgen und Vormittag, sowie den Nachmittag und Abend des heil. Communion-Tages, hrsg. von einem kathol. Priester. 16. (XI und 404 S.) Münster 862, Brunn's Verlag.

— der Irre, s.a Dito u. Idem.

—— der Irre. Novellen von † Dito und Idem [Königin Elisabeth von Rumänien und Mite Kremnitz]. 1. und 2. Aufl. 8. (371 S.) Bonn 888, Strauß. *ℳ 5.—; geb. *

—— der Irre. Novellen v. Dito u. Idem. 3. Aufl. 8. (371 S.) Bonn 890, Strauß. * 5 —; geb. * 6 —

— der Irre. Novellen v. Dito u. Idem (Carmen Sylva u. Mite Kremnitz). 4. Aufl. (4. Tauf.) 8. (III, 371 S.) Bonn 901. E. Strauß. 2.—; geb. in Leinw. 3.—

— dulci jubilo! 313 Volks- u. Kommerslieder-Texte, sowie Texte beliebter Gesellschaftslieder, Operngesänge u. auserwählter Vortragslieder, darunter zahlreiche Spezialtexte f. Hochzeitsfeierlichkeiten, Turn-, Radfahr-, Kegler-, Segler-, resp. Ruderer- u. Militär-Vereine, auch Rhein-, Vaterlands-, Weihnachts- u. Neujahrs-Lieder-Texte u. e. humorist. Potpourri „Vivat sequens". Neueste bedeutend verm. Aufl. (127 S.) kl. 8. Leipzig (905). C. Rühle. — 10

— den Ketten d. Sünde!, s.. Schriften, kleine.

—— Kiel zu Hause. Ein zuverläss. Führer für Einheimische und Fremde. 12. (93 S. mit 1 Plan der Stadt Kiel und 1 Karte der nächsten Umgebung in Farbendr.) Kiel 888, Lipsius und Tischer. cart. in Leinw. *

In Kiel zu Hause. Ein zuverlässiger Führer für Einheimische und Fremde. Mit 1 Plan der Stadt Kiel und 1 Karte der nächsten Umgebung in Farbendruck. Kiel. 1889. 8°.

—— der Kinderstube. qu. 4. (8 color. Bilder auf Holzschntaf.) Stuttgart 869, Gebr. Scheitlin. [Eger und Distler.] cart.

— der Kinderstube. Ein Begleitbüchlein f. Bonnen, Kindergärtnerinnen u. Kindermädchen, wie auch f. christl. Mütter. 16. (VII, 176 S.) Augsburg 892. Literar. Institut v. Dr. M. Huttler. n. 1.—; geb. in Leinw. n.n. 1. 50

— kostbarer Erinnerung an e. treugeliebte Mutter. 10 Sätze f. alle großen u. kleinen Kinder. Verf. u. hrsg. von H. v. E. (22 Bl.) 8. Wien 909. W. Braumüller. — 80

— frohem Kreise. Neue auserw. Volks- u. Gesellschaftslieder. Ster.-Ausg. 16. (96 S.) Reutlingen 897. R. Bardtenschlager. — 50

— sonnigen Landen. Reisebeschreibung v. e. Indienfahrer. (45 S.) gr. 8. Soest 908. (Leipzig-Möckern, E. Böttcher.) 1.—

—— rosiger Laune. Die besten komischen Vorträge, Schnurren und Späße für Jedermann, der lachen kann. 1.—3. Sammlung. gr. 16. Dresden 879, Kaufmann's Verlag. [1. Sammlung. 13. verb. Aufl. (von „der Gesellschafter"). (128 S.); 2. Sammlung. 2 Thle. in 1 Bd. 7. verb. Aufl. (von „Kladderadatsch in bester Laune"), (à 72 S.); 3. Sammlung, (IV, 114 S.)] à Sammlung *ℳ 1. *

— rosiger Laune. Die besten komischen Vorträge, Schnurren u. Späße für Jedermann, der lachen kann. 1—3. Sammlung. gr. 16. Dresden 879—81. Kaufmann's Verl. à n. 1. —
1. 14., verb. Aufl. (v. „der Gesellschafter"). (128 S.)
2. 2 Thle. in 1 Bd. 7., verb. Aufl. (v. „Kladderadatsch in bester Laune"). (à 72 S.)
3. 2. Aufl. (IV, 114 S.)

— rosiger Laune. Die besten kom. Vorträge, Schnurren u. Späße, f. Jedermann, der lachen kann. 1., 3-5. Sammlg. 12. Dresden 883. Kaufmann's Verl. à n. 1. —
1. 15. Aufl. (III, 128 S.)
3. 3. Aufl. (IV, 114 S.)
4. 5. Humoristische Abende v. M. G. Saphir. Ein Cyclus Vorlesgn., geh. im Museum zu München. 5. verb. Aufl. (V, 228 S.) geb. n. 2. 50

—— schweren Leiden. Ein Anwalt der an Leib und Seele Kranken von einem in Leiden Erfahrenen. 8. (IV, 60 S.) Halle 869, Schmidt's Verlag. *

In der Loge! — In der Schlaraffia! Originales und Originelles in Wort und Lied. Berlin: Böhm o. J. 10 S. 8° [Umschlagtit.]
(Böhm, M.: Gelegenheits-Dichtungen.)
Enth. auch 2 Lieder zum Schwesternfeste ohne Noten.

— Lörrach vor zwanzig Jahren. Erzählungen e. Zeitgenossen. gr. 8. (64 S.) Lörrach 891. C. R. Gutsch. n. — 60

—— Luft und Sonne. Künstler- und Selbstschriften-Album. Im Einverständnis mit der Zentralstelle der deutschen Vereinigungen für Ferienkolonien und Sommerpflegen hrsg. von Schorer's Familienblatt zu Berlin. gr. 4. (IX, 88 S.) Berlin 888, Schorer. geb. * geb. mit Goldschn. *

— Männerkleidern ums tägliche Brod. (In 100 Hftn.) 1.—14. Hft. gr. 8. (S. 1—344 m. je 1 Vollbild.) Berlin 898, Verlagshaus f. Volkslitteratur u. Kunst. à — 10; auch in 20 Bdn. à — 50

— Männerkleidern ums tägliche Brod. 15.—80. Hft. gr. 8. (S. 345—1928 m. je 1 Vollbild.) Berlin, Verlagshaus f. Volkslitteratur u. Kunst. à — 10; auch in 20 Bdn. à — 50

—— meines Vaters Hause sind viele Wohnungen. Vier Kreuze mit Frühlingsblumen. Vier Kreuze aus Blumen. Chromolithogr. 24. Leipzig 883, (Baldamus.)

— memoria del Domenico de Rossetti. Pubblicata da la società triestina austria. gr. 8. (28 S.) Triest 901. (F. H. Schimpff.) n. 1. —

In memoriam! Karl Adolph von Vangerow und Robert von Mohl. München 1876. V: *Marquardsen, Herm.* (Heyd)

—— memoriam! Karl Adolph v. Vangerow und Robert v. Mohl. Zwei Nekrologe. gr. 8. (17 S.) München 876, Th. Ackermann.

In Memoriam. Rosalie Friedländer. [Karlsruhe 1888]. V: *Friedländer, A.* (Hof- und Landesbibl. Carlsruhe. Zugangsverz. 1899.)

In memoriam. Rückblicke auf das livländische Landesgymnasium Kaiser Alexander II zu Birkenruh . . . Riga 1892. H: *Bienemann, Frdr.* (Berl)

In Memoriam; Erinnerungen an unseren lieben Vater Rudolf Alexander Pestalozzi . . . [Zürich 1896.] V: *Pestalozzi, F. Otto.* (Cat. d. Stadtbibl. Zürich. Zürich 1864—97.)

— memoriam! Reden, geh. bei der Begräbnisfeier des am 10. I. 1906 heimgegangenen Hrn. General-Superintendenten, Oberhofpredigers u. Wirklichen Ober-Konsistorialrats Wilhelm Lohr. (29 S. m. 1 Bildnis.) kl. 8. Kassel 906. F. Lometsch. n. — 75

In bissecularem memoriam classis supremae et bibliothecae publicae Gymnasii Thorunensis . . . Thorun 1794. V: *Sammet, Johann Samuel.* (MGT)

— memoriam Detlev Liliencron. 18 faks. Briefe v. Storm, Fontane, C. F. Meyer, Hopfen, Bulthaupt, Rob. Franz, Brahms, Hugo Wolf, Hans v. Bülow, Herm. Conradi, Wilh. Arent, Pet. Hille u. Otto Erich Hartleben an Detlev v. Liliencron. Eingeleitet u. hrsg. v. Hanns Wolfg. Rath. (105 S.) Lex. 8. Frankfurt a/M. (909). C. F. Schulz. Kart. 12. —

— memoriam Oscar Wilde. Hrsg. v. Frz. Blei. (2. geänderte u. verm. Ausg.) (V, 124 S.) 8. Leipzig 905. Insel-Verlag. n. 3. —; geb. in Perg. n. 4. —
1. Aufl. (106 S.) 904. n. 3. —; geb. n. 4. —.

— piam memoriam. Zur Erinnerg. an Emil Frommel. Abiit non obiit 9. XI. 1896. 8. (48 S. m. Bildn.). Berlin 897. E. S. Mittler & Sohn. n. 1. —; geb. in Leinw. n.n. 1. 75

—— piam memoriam eines Frühvollendeten, des Candidaten des Predigtamtes und Stadtvicarius in München Dr. A. E. H. Rud. Kraussold, geb. 1. Octbr. 1853, gest. 26. Decbr. 1876. gr. 8. (27 S.) Schweinfurt 877, Stoer. *

In memoriam sacrorum pacis publicae d. 6. Junii anno 1779 concelebratorum hoc qualecunque animi grati . . . testimonium exhibit. Freibergae [1779]. V: *Voigtius, F. G.* (Bem I, 1, S. 467)

— memoriam Saladin. (William Stewart Ross.) * 20. III. 1844 in Kirkbean (Schottland), † 30. XI. 1906 in London. Ein Ritter vom Geist. Ein mut. Kämpfer gegen Lüge, Aberglauben u. Verdummg. Eine kleine Auslese aus seinen Schriften u. Anderes, m. e. Einführg. v. Cor. (Englisch u. Deutsch.) (IV, 120 S. m. 1 Bildnis.) gr. 8. Hamburg (907). C. O. Radde. Kart. 2. —

— der Menagerie. Ergötzliche Bilder m. lust. Reimen. Leporello-Album. qu. 4. (8 farb. Taf.) Stuttgart 889. Nitzschke. n. 2. —

— der Menagerie. 8. (16 S. m. Illustr. u. 6 bewegl. Buntbildchen.) Stuttgart 892. J. Loewe. Kart. — 50

— meinen Mussestunden. Naturwissenschaftliche Anreggn. u. Mitteilgn. f. unsere Jugend. Hrsg. v. K. Smalian. 1. Jahrg. Oktbr. 1910—Septbr. 1911. 12 Hefte. (à ca. 16 S. m. Abbildgn.) gr. 8. Stuttgart, Franckh. 3. —

---- stiller Nacht. Gedichte für Frohe und Leidende. Gesammelt von Friedr. Schreider. gr. 16. (IV und 116 S.) Leipzig 851 (52.) O. Wigand. *

In Jesu Namen! I. Gott, der König aller Könige . . . II. Unser Gott, des Kaysers Freund. III. Das Göttliche Wolgefallen . . . Breslau 1709. V: *Neumann, Caspar.* (Kat. d. Druckschr. üb. Breslau. Breslau 1903. S. 10.)

In natalitia Elisabethae Fridericae Sophiae Marggr. Brandenb. excusum stilo lapidari . . . [Erlangae 1744.] V: *Ellrod, German August.* (ML)

In natalitia Elisabethae Fridericae Sophiae exaratum stilo lapidari. Erlangae 1745. V: *Ellrod, German August.* (ML)

In natalitia Fridericae Sophiae Vilelminae Marggr. Brandenb. excusum stilo lapidari. Erlangae 1744. 1745. V: *Ellrod, German August.* (ML)

In natalitia Friderici, Marg. Brandenb. exaratum stilo lapidari. Erlangae 1745. V: *Ellrod, German August.* (ML)

In der Natur. 8. (84 S.) Zeitz 853. [Leipzig, Hebenstreit.]

In der Nonnenschule. Berlin 1871. V: *Strodtmann, Frau später vereh. Brandes.* (EB)

—— der Nonnenschule. Aus den Papieren einer Verstorbenen. Hrsg. von Adf. Strodtmann. 8. (142 S.) Berlin 871, Gebr. Paetel.

In nuptias Degingo-Finhagianas . . . Lubecae s. a. V: *Morhof, Dan. Georg.* (Bruun, Bibl. Danica. III, 1071.)

In nuptiis Friderici principis et Carolinae Austriacae . . . academia Lipsiensis. Lips. 1819. V: *Hermann, Johann Gfr. Jacob.* (MGT)

In nuptiis Joannis Principis et Amaliae Bavaricae . . . Academiae Lipsiensis. Lips. 1822. V: *Hermann, Johann Gottfried Jacob.* (MGT)

In obitum Acad. curatoris Behrii. Gottingae 1772. V: *Heyne*, *Christian Gottlob.* (MGT)

In obitum Friderici, March. Brandenb. de veterum Christianorum erga Imperatores mortuos pietate. Erlangae 1763. V: *Reinhard*, *Johann Paul.*

In obitum Friderici Christiani, March. Brandenburgici, de modo pacem divinam exorandi. Erlangae 1769. V: *Reinhard*, *Johann Paul.* (ML)

In obitum Imperatricis Reginae Maria Theresiae . . . Vindob. 1780. V: *Krufft*, *Andreas Adolph Freih. von.* (ML)

In obitum Sophiae Charlottae Silchmüller, nomine Coll. Baruthi 1733. V: *Ellrod*, *German August.* (Fiker)

In obitum Admodum Reverendi et Clarissimi Viri Stephani Spaits, A. A. L. Et Philosophiae Doctoris . . . Ad Diem 28 Martii Anno 1804. Abbae Regiae. V: *Neichel*, *Franciscus.* (BiblPort)

In obitum D. Chph. Jac. Trew . . . hominum amorem erga hanc vitam maiorem esse, quam erga aeternam. Erlangae 1769. V: *Reinhard*, *Johann Paul.* (ML)

In der Octav aller armen Seelen Plus de morts, moins et ennemis. Wien 1786. V: *Perinet*, *Joachim.* (Hdschr. Mitth. von Gustav Gugitz, Wien.) (Stadtbibliothek Wien) (BiblPort)

In Paris gefangen! (Dresden: Dresdner Roman-Verl. [1906].) 32 S. 8⁰ [Umschlagt.] (Der Krieg. Bd 16.)

In Psalmum LXXII. praeterita. Erlangae 1803. V: *Pfeiffer*, *Aug. Frdr.* (Fiker)

In Quarantäne auf dem Oesterreichisch-Ungarischen Lloyd. Ein Sittenbild aus dem XIX. Jahrh. gr. 8. (45 S.) Berlin 886, Mittler und Sohn.

—— Rastatt 1849! s. Soldaten-Freund, der.

In reditu Friderici Augusti patris patriae . . . Lips. 1815. V: *Hermann*, *Joh. Gottfried Jacob.* (MGT)

— Reih u. Glied. Gedichte v. e. Namenlosen, s. a. Arbeiter-Dichtung, deutsche.

In Reih und Glied. Gedichte von einem Namenlosen. 8⁰. Stuttgart, Dietz, 1893. (Deutsche Arbeiter-Dichtung, Bd. 3.)

— bunter Reihe. 4. (8 Chromolith. m. Text.) Stuttgart 886. G. Weise. n. — 50; unzerreißbar, geb. 1. 50

— bunter Reihe. 8 Blatt in Farbendr. (auf Leinw.) m. Text. Aus dem Engl. 4. Stuttgart 887. G. Weise. geb. 1. 50

—— dass. — 4. (32 Chromolithogr. mit eingedr. Text.) Ebendas. 888. cart.

— dasselbe. 4. (6 farb. Bl. m. eingedr. Text.) Ebd. 890. n. — 25; auf Pappdeckel, cart. n. — 50; auf Leinw. — 75

— dasselbe. 4. (12 farb. S. m. eingedr. Text.) Ebd. 890. Auf Pappdeckel. cart. n. 1. —

— dasselbe. Leporello-Album. 4. (24 farb. S.) Ebd. 890. Auf Pappdeckel. n. 2. —

—— dass. — Ein Bilderbuch für die lieben Kleinen. Leporello-Album. Mit 18 lack. Farbendr.-Bildern und Text in Versen. qu. 4. Stuttgart 888, F. Loewe. geb.

— bunter Reihe. Ein Bilderbuch in Leporello-Format. qu. 4. (14 farb. Taf. m. eingedr. Text.) Eßlingen 893, J. F. Schreiber. Kart., auf Pappe. n. 1. 20

— bunter Reihe. (12 farb. S. m. Unterschriften.) 8. Wesel (904). W. Düms. Geb., auf Pappe — 75

— dasselbe. 12 neue Künstlerzeichngn. (12 farb. Bl. m. untergedr. Text.) qu. gr. 8. Stuttgart (906). Loewe. Geb. 2. —; auf Pappe 2. 50; Leporello-Ausg. 3. —; auf Leinw. 3. —

—— des Königs Rock. Ein illustr. Jugendwerk. Bilder v. Rich. Knötel, Text v. Fedor v. Köppen. 4. (48 S. m. 12 Chromo-Taf. u. eingedr. Abbildgn.) Lpz. 890, Meißner u. Buch. cart. * 6 —

— des Königs Rock. Soldaten-Ansprachen, in Verbindg. m. evangel. Militär-Geistlichen hrsg. v. Richter. Nr. 1—14. = 1. Sammlg. 16. Berlin, E. S. Mittler & Sohn. à n.n. — 5 (1. Sammlg. kplt.: n. — 40; geb. in Leinw. n.n. — 60)

1. Helm ab zum Gebet! Von Frommel. (8 S.)
2. Alte u. neue Heimath. Von Quandt. (10 S.)
3. Ich dien'! Worte zum Fahneneide. Von G. Goens. (8 S.)
4. Weihnachten in der Kaserne. Von Zechlin. (12 S.) 892.
5. Gott m. uns! Neujahr. Von Thiel. (9 S.) 892.
6. Fürchtet Gott, ehret den König! Kaisersgeburtstag. Von Rocholl. (10 S.) 892.
7. Die erste Probe. Rekrutenvorstellung. Von Witting. (8 S.) 893.
8. Das Kreuz auf den Fahnen. Passionszeit. Von Frommel. (8 S.) 893.
9. Der größte Sieger. Ostern. Von Uhlig. (9 S.) 893.
10. Allen das Eine, Jedem das Seine. Pfingsten. Von Schaumann. (10 S.) 893.
11. Hinaus ins Feld! Felddienstübung. Von Bußler. (9 S.) 893.
12. Die große Musterung. Truppen-Vorstellg. Von Rogge. (9 S.) 893.
13. Im Quartier. Manöver. Von Platz. (9 S.) 893.
14. Königsrock u. Bürgerkleid. Entlassung zur Reserve. Von Frommel. (8 S.) 893.

— des Königs Rock. Soldaten-Ansprachen. Hrsg. v. der evangel. Militärgeistlichkeit. 12.—14. Sammlg. à 12 Nrn. (à 8 S.) 16. Berlin 903—906. E. S. Mittler & Sohn. à Sammlg. — 12

— des Königs Rock. Soldaten-Ansprachen. Hrsg. v. der evang. Militär- u. Marinegeistlichkeit. 15.—19. Sammlg. à 12 Nrn. (à 4 S.) kl. 8. Berlin 906—11. E. S. Mittler & Sohn. à Sammlg. — 12

In eigener Sache. Vom Verfasser von »Duell und Verruf«. Berlin 1897. V: *Bensemann, Walther.* (Erman und Horn, Bibliogr. d. dtsch. Universitäten. 1. Leipz. u. Berl. 1904.) (Berl)

In Sachen der Mainzer Advokatenversammlung . . . Leipzig 1844. V: *Schletter, Hermann Theodor.* (Engj)

—— Sachen der mainzer Advokatenversammlung. Gegen Hrn. Justizminister Mühler u. den ungenannten Recensenten in den „Kamptz'schen Jahrbüchern" von d. Verf. des „offenen Sendschreibens" an Erstern. 8. (3⅝ B.) Leipzig 844, Ph. Reclam jun.

In Sachen Brandenburg contra Nürnberg super turbata possessione der hohen fraisslichen Obrigkeit. O. O. [1770]. V: *König von Königsthal, Gust. Georg.* (ML) (will)

—— Sachen d. „Deutsch-Katholiken." Urtheil letzter Instanz v. großen G. Mit Erläuterungen v. kleinen David. Ein ungestalteter Weihnachtsschwank. gr. 8. (3⅛ B.) Magdeburg 846, Heinrichshofen.

— Sachen Deutschlands gegen Preußen. Eine Berufung an das unbestochene Urtheil u. Gewissen unseres Volkes. Mannheim 866. Schneider. gr. 8. (16 S.) 2 ngr

In Sachen der Ethnologie als Lehre vom Menschen. Denkschrift an die Versammlung deutscher Naturforscher und Ärzte überreicht. Berlin 1893. V: *Bastian, Adolf.* (Berl 1904, S. 1372)

— Sachen des guten Geschmacks wider das Berliner Publicum. (Bei Gelegenheit der Aufführung des Stückes „Er muß auf's Land.") Eine Neujahrsgabe für Wohlgesinnte. 8. Berlin 845, Amelang'sche Sort.-B. n. 1/6 ℛ

—— Sachen der Homöopathie. 2. Folge. Mit e. Stimme des Auslandes üb. dieselbe. Von K. gr. 8. (3½ B.) Bremen 843, Geisler. *

—— Sachen des Hrn. Kindt gegen Homöopathie v. K. gr. 8. (1½ B.) Bremen 843, Geisler. *

— Sachen der vierten Landesirrenanstalt in Württemberg. 8. (17 S.) Tübingen 887. Laupp'sche Buchh. n. — 40

In Sachen Mozart's. Wien 1851. V: *Fuchs, Alois.* (EB) V: *Lorens*, Dr. (Kupitsch 187/1, 969)

—— Sachen Stumm, Berger und Consorten gegen Bamberger, Richter und Consorten puncto Eisen. gr. 8. (42 S.) Berlin 879, Springer. *

— der Sägemühle, s.a. Christblumen. 7. Bdchn.

— dasselbe, s.a. Tannenzweige. 4. Hft.

—— der Sägemühle. 16. (20 S.) Barmen 874, (Klein.)

— paradiesischer Schönheit. Farbige Freilicht-Akte nach künstler. Aufnahmen v. M. Schneider. 10 Lfgn. (Je 8 Bl.) Fol. Berlin, R. Eckstein Nachf. 20. 50; in verschliessbarer Mappe 26. —

— Seligkeit u. Sünden. Verse v. Marie Madeleine. 1. u. 2. Taus. (Je 135 S.) 8. Berlin (905). Verlag Continent. n. 3. —; geb. n. 4. —

— treuem Sinne. gr. 16. (36 S. m. farb. Abbildgn.) Leipzig 893. Meissner & Buch. Kart. m. Goldschn. n. 1. 50

In solemnia meritorum Directoris de Superville, excusum stilo lapidari. Erlangae 1744. V: *Ellrod, German Aug.* (ML)

In solemnia meritorum de Superville excusum stilo lapidari. Erlangae 1745. V: *Ellrod, German August.* (ML)

—— den Sommerferien. gr. 4. (6 Chromolithogr.) Stuttgart 881, G. Weise.

—— der Sommerfrische. Ein lust. Handbuch für einfache, Rundreise- und combinirte Billetsinhaber jeden Alters und Geschlechts, für Bäderbesuchende und Landluftgenießende (Gesunde und Kranke, zur Abkühlung und Erheiterung bei großer Hitze und schlechtem Wetter. Mit einem Vorwort von † v. Miris [Fr. Bonn.] gr. 8. (200 S. mit Bildern.) München 888, Braun und Schneider.

— der Sommerfrische. (Aufstell-Bilderbuch.) 4. (18 farb. Taf. m. Klappbildern u. 2 Fig.-Taf. zum Ausschneiden.) Leipzig 894. F. A. Berger. In Karton. 5. —

In stadio literarum multas scientias atque disciplinas delibare in optima autem doctrina consistere necesse esse. Baruthi 1752. V: *Braun, Johann Friedrich.* (Fiker)

— der ewigen Stadt: Rom u. der Vatikan, s.: Projections-Vorträge. 30. Heft.

—— der warmen Stube. Erzählungen zur Befestigung religiöser und rechtlicher Gesinnungen, Eltern, Kindern und Dienstboten geweiht. 8. (III und 106 S.) Straubing 857, Schorner.

— d'Stubl, s.: Schul- u. Vereinsbühne, christliche.

— drei Stufen, s.a. Schröder (F. W. Jul.).

—— drei Stufen. Auch eine Sammlung Gedichte. Geleitet und eingeleitet durch Friedr. Wilh. Jul. Schröder. gr. 16. (XVII und 265 S.) Elberfeld 853, Hassel.

—— drei Stufen. Auch eine Sammlung Gedichte. Veranstaltet von Friedr. Wilh. Jul. Schröder. 2., verm. Ausg. 1859. und 3., nochmals gesichtete, verm. und wohlfeile Ausg. 16. (XVI und 371 S.) Elberfeld 860, Bädeker'sche Buchh. *
geb. *

—— drei Stufen. Auch eine Sammlung Gedichte. 5. gesicht. und verm. Ausg. gr. 16. (XVI, 392 S.) Elberfeld 870, Bädeker'sche Buchh. *ℳ 3.; geb. *

In der eilften Stunde; nach dem Leben erzählt. . Prag 1883. V: *Sulser, Wilhelm.* (Cat. d. Stadtbibl. Zürich. Zürich 1864—97.)

—— eilfter Stunde. Ein patriot. Nothruf in Sachen des Radetzky-Denkmales an Meister Zumbusch und an die Stadt Wien. 8. (23 S.) Wien 887, (Seidel und Sohn.) *

—— stiller Stunde. Andachten u. Betrachtungen. 8. (XII, 300 S.) Strehlen 891, Asser. * 1 80; geb. * 2 40; eleg. geb. * 2 80

— der zwölften Stunde. An die Angehörigen des deutschen Bundes. Von dem Verf. des „Stalden." Schaffhausen 860. Brodtmann. 16. (36 S.) 5 ngr.

—— der zwölften Stunde. Aus und an Oesterreich. 8. (63 S.) Leipzig 866, O. Wigand. *

— der zwölften Stunde. Ein ernstes Wort in ernster Zeit. gr. 8. (80 S.) Wien 871. Gronemeyer. n. 1. —

—— zwölfter Stunde. Ein Wort an den Reichsrath in Sachen unserer Pferdezucht von einem Nicht-Steirer. gr. 8. (32 S.) Wien 878, F. Beck. *

In einsamen Stunden. Erbauliches und Beschauliches in Liedern. Berlin 1855. H: *Forck, L.* (Kürschners Deutscher Literatur-Kalender XII, 1890) (Hdschr. Mitth. von Friedrich Müller, München.)

—— einsamen Stunden. Erbauliches und Beschauliches in Liedern. 1. Aufl. 1855. und 2. Aufl. gr. 16. (X und 313 S. mit 1 Stnt.) Berlin 856, Guttentag.

—— einsamen Stunden. Erbauliches und Beschauliches in Liedern. 4. Aufl. 16. (X und 310 S. mit 1 Stnt.) Berlin 857, Guttentag. 1 Thlr.; geb. *

—— einsamen Stunden. Erbauliches und Beschauliches in Liedern. 5. Aufl. 16. (XII und 307 S.) Berlin 867, Guttentag. geb. mit Goldschn. *

—— einsamen Stunden. Erbauliches und Beschauliches in Liedern. 6. Aufl. gr. 16. (316 S. mit 1 Holzschntaf.) Berlin 873, Guttentag. geb. mit Goldschn. *

—— einsamen Stunden. Erbauliches und Beschauliches in Liedern. 8. verm. Aufl. 12. (XII, 332 S. mit 1 Holzschn.) Berlin 886, Brachvogel und Ranft. geb. mit Goldschn.

—— einsamen Stunden. Von Marie. Aus dem Norweg. von O. Gleiss. Autoris. deutsche Ausg. 8. (X, 403 S.) Gütersloh 884, Bertelsmann. * M 4.; geb. *

—— einsamen Stunden. (Ein Betrachtungsbuch.) 12. (462 S.) Wien 889, „St. Norbertus". * 2 —

— freien Stunden. Eine Wochenschrift. Romane u. Erzählgn. f. das arbeit. Volk. Red.: Th. Glocke. 3.—6. Jahrg. 1899—1902. à 52 Hfte. gr. 8. (à ca. 24 S. m. Abb.) Berlin, Buchh. Vorwärts. à Jahrg. 4. 80; geb. in je 2 Leinw.-Bdn. à n. 3.50; in je 2 Halbfrz.-Bdn. à n. 4.—

— freien Stunden. Eine Wochenschrift. Romane u. Erzählgn. f. das arbeit. Volk. Red.: Th. Glocke u. seit [illegible]: E. Preczang. 7.—10. Jahrg. 1903—1906. à 52 Hefte. (X, 1262; X, 1240; X, 1240 u. X, 1240 S. m. Abb.) gr. 8. Berlin, Buchh. Vorwärts. à Jhrg. 4. 80; geb. in 2 Bde., Leinw. 7.—; Halbfrz. n. 8.—

— freien Stunden. Eine Wochenschrift. Romane u. Erzählgn. f. d. arbeit. Volk. Red.: E. Preczang. 11.—14. Jahrg. 1907—1910. à 52 Hefte. (à Bd. ca. 620 S.) Lex.8. Berlin, Buchh. Vorwärts. à Jahrg. 5.20; in je 2 Leinw.-Bde. 7.—; 2 Halbfrz.-Bde. 8. —

—— stillen Stunden. Harfenklänge für Geist und Herz. Ein Toiletten-Geschenk. 32. (190 S.) Münster 870, Brunn's Verlag.

—— Treue fest. Gedenkbuch für das deutsche Heer. (Hrsg. von H. v. Voß.) 8. (IV, 366 S.) Berlin 888, Voßische Buchh. geb. *

In Treue fest ! oder der Soldat, wie er sein soll . . . Von einem geistlichen Soldatenfreund. Bregenz [1903]. V: *Starklauf, Johann.* (Margr)

— Treue fest! od. Der Soldat, wie er sein soll im Krieg u. Frieden. Pflichten- u. Gebetbüchlein f. kathol. Angehörige u. Veteranen des k. u. k. österreichisch-ungarischen Heeres. Von e. geistl. Soldatenfreund. 16. Bregenz (903). J. N. Teutsch. Geb. in Leinw. n.n. — 70

In Treue fest für König und Vaterland ! Chronik des Veteranen- und Krieger-Vereins Bamberg . . . Bamberg 1899. V: *Schuster, Anton.* (BMarsch 1200)

— unsern Tagen noch Pietisten, Stephanianer, Mystiker, Altlutheraner! Wie geht das zu? Eine wichtige Frage zu Nutz u. Frommen für Jedermann zur Feier des 31. Octobers beantwortet von Rationalis Cordatus. gr. 8. Leipzig 842, Weinedel. n. $6^1/_4$ ngr

In Varzin. [Berlin 1892.] V: *Harden, Maximilian.* (StadtBiblBerlin XII, S. 136)

— Vertretung. Die sterbende Geliebte od. Wie d. Musketier Knobel auf Urlaub wollte. s.: Theater-Bibliothek.

— $4^1/_2$ Tagen üb. d. Ocean, s.: Cunard-Linie New-York—Liverpool—Boston.

In vindicias Joannis Jahn animadversiones commilitionis. Januarii 1822. V: *Tumpacher, Georg.* (Pk)

In den Voralpen. Skizzen aus Oberbaiern von einem Süddeutschen . . . München 1864. V: *Noé, Heinrich.* (Bücher-Samml. d. hist. Ver. v. u. f. Oberbayern. Münch. 1867.) (Ky)

—— den Voralpen. Skizzen aus Oberbayern von einem Süddeutschen. 3 Abthlgn. 8. (468 S. mit 1 Stahlst.) München 865, Gummi. à Abthl. 18 Ngr. 1 Thlr. 24 Ngr.; geb.

— d. Vororte! Winke u. Ratschläge f. alle, die hinaus wollen. (30 S. m. Abb.) 8. Berlin 908. Baedeker & Moeller. — 50

In Walhalla. Festgedicht, gesprochen am 80. Geburtstage des Fürsten Bismarck, 1. April 1895. Dresden 1895. V: *Penzer.* (SingerB S. 209)

In Wehr und Waffen. Ein Buch von Deutschlands Heer u. Flotte. Unter Mitw. von ... hrsg. von d. Gen. Lts. z. D. [Rudolf] v. Caemmerer u. Bn [Armand] v. Ardenne. Mit 510 Abb. u. 49 Kunstbeil. (In 48 Lfgen.)
Stuttgart, Berlin, Leipzig: Union (19[10–] 11.) XIV,240, 240 S. 2° (4°)

— welchem Verhältnisse steht der Geistliche gegen die Schullehrer, von einem kathol. Geistlichen. 8. Liegnitz 805. Siegert; (Heymann in Glogau). 5 K

In welchem Zeitalter leben wir und was haben wir in der Zukunft zu erwarten? Beantwortet durch eine kurze Erläuterung der Geheimen Offenbarung des heiligen Johannes. Neuburg, Prechter, 1841, 3½ Bg., 8°. 75 Pf.

In welchen Fällen ist die Abnahme von Kindern der Gewährung von Familienunterstützungen offener Pflege vorzuziehen? Leipzig 1895. V: *Flesch, Carl.* (EB)

In welchen Verhältnissen steht die Saline Clemenshall zur Württembergischen Salz-Regie während der Zeit ihres Pachts? Stuttg. 1828. V: *Thon, Joh. Wilh.* (Kat. d. ständ. Bibl. Stuttg. 1907. S. 654.)

In welches Bad kann ich reisen? Ratgeber f. Erholungsbedürftige, Kranke u. Sommerfrischler. Hrsg. u. red. v. Carl Georgi. 2. Jahrg. 1903. 6 Nrn. gr 4. (à ca. 8 S. m. Abbildgn.) Berlin, Verlag der litterar. Agentur. — 50

In welches Bad kann ich reisen? Welche Sommerfrische soll ich wählen? In welchem Hotel soll ich wohnen? Red.: Carl Georgi. 3. Jahrg. 1904. 12 Nrn. (à ca. 8 S. m. Abbildgn.) 4. Berlin, C. Georgi. n. 2. —
Erscheint nicht mehr.

— zwei Welten. Ein Lebensbild d. Pastor prim. Rudolf Hermann Gurland. 1.—8. Aufl. (XIII, 448 S. m. 1 Bildn.) 8. Gütersloh 907. 08. C. Bertelsmann. 4.—; geb. n 4.50

In wie fern darf der Richter dem angeschuldigten Verbrecher Stockschläge zuzählen lassen? [Braunschweig 1790.] V: *Nicolai, L. J.* (MGT)

In wiefern der Miether ... verbunden sei, den Schaden zu ersetzen, welchen das gemiethete Haus durch Brand erlitten hat. Bair. 1793. V: *Lammers, Joh. Friedrich Wilhelm.* (Ky) (MGT) (Fiker)

— wie fern der Miether e. Hauses verbunden sei, den Schaden zu ersetzen, welchen das gemiethete Haus durch Brand erlitten hat, (v. J. F. W. Lammers). 8. Bayr. 793.

In wiefern sind Sekten ein Uebel? Wie ist denselben zu wehren, u. wie die Einigkeit in d. Kirche zu mehren? Einige Worte, veranlaßt durch eine im Druck erschien. Gelegenheitspredigt üb. Maleachi 2, 7. gr. 8. (1¾ B.) Basel 837, Schweighauser.

In wie ferne sind die Mediatstädte in Teutschland zur Erhebung der Nachsteuer ... berechtiget. [Hildburghausen 1800.] V. *Haus, Ernst Aug.* (MGT)

— der Wildniß. Land- u. Seebilder für die reifere Jugend. 8. Mülheim 880. Bagel. cart. 2. 25
Die jungen deutschen Auswanderer in Australien. Von Otfr. Mylius. (143 S. m. 2 Chromolith.)
Die Schützlinge des Malayen. Von Otfr. Mylius. (135 S. m. 2 Chromolith.)

In kalter Wintersnacht. Schauspiel für Kindertheater. Wien [ca. 1905]. V: *Neidl, Julius.* (EB)

— der Wüste. Eine Geschichte v. der Kirche unter dem Kreuz. Von der Verf. der „Span. Brüder". (D. Alcock.) Deutsch v. W. Claus. (Neue [Titel-]Aufl.) (175 S.) 8. Konstanz [891] (906). C. Hirsch. Geb. in Leinw. n. 2. 40

— böser Zeit. Kindertraktat. 32. (16 S. mit 2 Bildern.) Stuttgart 887, Buchh. der Evangel. Gesellschaft. *

— neuer Zeit. Briefe e. alten Diplomaten an e. jungen Freund. I—V. 8. Berl., Wilhelmi. à Thl. * 1 —
I. Wallende Nebel u. Sonnenschein. 1.—5. Aufl. (47 S.) 889. — II. Parademarsch d. 7. Großmacht. 1.—4. Aufl. (56 S.) 889. — III. Auf d. Reiches Hochwacht. 1.—3. Aufl. (62 S.) 889. — IV. Sonnenschein. (49 S.) 890. — V. Ora et labora. (37 S.) 890.

In der Zwickauer Zelle. Aufzeichnungen e. Debütanten. (39 S.) gr. 8. Berlin (904). [Magazin-Verlag.] Leipzig, F. Rothbarth. n. — 50

— allen Zonen. Organ für die Deutschen im Auslande. Red.: Karl Gercke. 1. Jahrg. Juli 1879—Juni 1880. 52 Nrn. (2 B.) Fol. Gothenburg. Stockholm, Lindeqvist in Comm. n. 4. 60

Ina, das geraubte Mädchen aus Algier, od. schreckl. Schicksale u. Abentheuer eines jungen Spaniers. Vom Verf. des „Fiorenzo". 2 Thle. 8. Quedlinb. 813. 2e A. 831. Basse. 1 ₰ 20 ½

Ina, Baroneß. Pädagogisch-sociale Skizze. 8. (35 S.) Luxemb. 890, Brück. * — 50

Ina, L., der böse Nachbar. Gerechtfertigt. Zwei Erzählgn. aus dem Jägerleben. (254 S.) kl. 8. Neudamm (904). J. Neumann. n. 2. —; kart. n. 2. 50

Inagaki, C., zur Kenntnis der Eiweisskrystallisation. (17 S.) gr. 8. Würzburg 905. A. Stuber's Verl. n. — 80
Sonderabdruck aus: „Verhandlgn. d. phys.-med. Gesellsch. zu Würzburg".

Inama-Sternegg, Karl Frdr. v., s.: Zeitschrift f. Volkswirtschaft, Sozialpolitik u. Verwaltung.

Inama-Sternegg, Karl Thdr. v., Staatswissenschaftliche Abhandlungen. (VI, 391 S.) gr. 8. Leipzig 903. Duncker & Humblot. n. 8 —

Inama-Sternegg, K. Th. v., die Ausbildung der grossen Grundherrschaften in Deutschland während der Karolingerzeit, s.: Forschungen, staats- u. socialwissenschaftliche.

Inama-Sternegg, Karl Thdr von, Die Ausbildung der grossen Grundherrschaften in Deutschland während der Karolingerzeit. Leipzig 1878. 8.
Ist: Staats- u. soc.-wiss. Forsch. Bd. 1. H. 1. (D.; LIIK.)

Inama-Sternegg, Karl Th. v., Beiträge zur Geschichte der Preise, s.: Ausstellungs-Bericht, officieller.

INAMA-STERNEGG, Karl Theodor von (München): Beiträge zur Lehre vom Staatsgebiete. (1865.) S. 446–492
24.3.1865 – Urk (Titel: De statu Germaniae oeconomico-politico, bellum triginta annorum adnexis.); F 49
Diss. Ingolst.-Landsh.-Mchn.

— Bericht über Weisthümer-Forschungen im k. baier. allgemeinen Reichsarchive zu München. [Aus: „Sitzungsber. d. k. Akad. d. Wiss."] Lex.-8. (14 S.) Wien 878. Gerold's Sohn in Comm. n.n. — 30

— städtische Bodenpolitik in neuer u. alter Zeit. (VI, 65 S.) Lex.-8. Wien 905. W. Braumüller. n. 1.40
Sonderabdruck aus: „Zeitschr. für Volkswirtschaft, Sozialpolitik u. Verwaltg."

Inama-Sternegg, Carl Theodor von: Die Entwickelung der deutschen Alpendörfer. Ein wirthschaftsgeschichtlicher Essay von K' Th' von I'-St'. [A.] 8⁰. (Leipzig 1874.)

Inama-Sternegg, Karl Thdr. v., die definitiven Ergebnisse der Grundsteuerregelung in Oesterreich. gr. 8. (28 S.) Wien 884. Hölder. n. — 80

Inama-Sternegg, Karl Thdr. v., interessante Formen d. Flurverfassung in Oesterreich. Vortrag, geh. in d. ausserordentl. Versammlg. d. anthropolog. Gesellschaft in Wien am 28. Apr. 1896. [Aus: „Mittheilgn. d. anthropolog. Gesellschaft in Wien".] gr. 4. (7 S. m. 4 Abb.) Wien 896. (A. Hölder.) n. 1. —

— die Gliederung des Staatsgebiets. 8. (60 S.) Freiburg im Br. 872, Baader und Comp. *
Aus: Zeitschrift für Staatswissenschaft, besonders abgedruckt.

— Idealismus und Realismus in der Nationalökonomie. Rede gehalten bei der Jahresfeier der Wiederherstellung der Leopold-Franzens-Universität zu Innsbruck. gr. 8. (25 S.) Innsbruck 873. Wagner'sche Universitäts-Buchh. **

Inama-Sternegg, Karl Thdr. v., neue Probleme des modernen Kulturlebens. Der „Staatswissenschaftl. Abhandlgn." 2. Reihe. (VII, 314 S.) gr. 8. Leipzig 908. Duncker & Humblot. 6.—; geb. 7. 20

— über die Quellen der deutschen Wirthschaftsgeschichte. Lex.-8. (78 S.) Wien 877, (Gerold's Sohn.) *
Aus: Sitzungsberichte der k. Akademie der Wissenschaften, besonders abgedruckt.

— bunter Reih'. gr. 4. (14 S. m. z. Tl. farb. Abb.) Reutlingen 897. Enßlin & Laiblin. 1. —

— eigener Sache. Vom Verf. v. „Duell u. Verruf". (Walth. Bensemann.) gr. 8. (12 S.) Berlin 897. H. Walther. n. — 50

Inama-Sternegg, K. Th. v., Sallandstudien. [Aus: „Festgabe f. Geo. Hanssen".] Lex.-8. (46 S.) Tübingen 889. Laupp. n. 1. —

— Adam Smith und die Bedeutung seines Wealth of nations für die moderne Nationalökonomie. Zur Erinnerung an die 100jähr. Wirksamkeit seines berühmten Werkes. Rede bei Gelegenheit der feierl. Kundmachung der Preisaufgaben gehalten. gr. 8. (29 S.) Innsbruck 876, Wagner'sche Universitäts-Buchh. *

Inama-Sternegg, Karl Thdr. v., s.: Städtebuch, österr.

— freien Stunden. E. Wochenschrift. Romane u. Erzählgn. f. d. arbeit. Volk. Red.: Th. Glocke. 1. u. 2. Jahrg. 1897—1898. à 52 Hfte. (Bog. m. Abb.) gr. 8. Berlin, Buchh. Vorwärts. à Hft. — 10

— die Tendenz der Gross-Staatenbildung in der Gegenwart. Eine polit. Studie. 8. (III, 78 S.) Ebendas. 869. *

— Untersuchungen über das Hofsystem im Mittelalter mit besond. Beziehung auf deutsches Alpenland. Festschrift zur 400jähr. Jubelfeier der Ludwigs-Maximilians-Universität zu München. gr. 8. (129 S.) Ebendas. 872. *

— zur Verfassungsgeschichte der deutschen Salinen im Mittelalter. Lex.-8. (36 S.) Wien 886. (Gerold's Sohn.) n. — 60

— Die persönlichen Verhältnisse der Wiener Armen. Statist. dargestellt nach den Materialien d. Vereines gegen Verarmg. u. Bettelei. gr. 4. (22 S.) Wien 892, (Manz). * 1 —

— die persönlichen Verhältnisse der Wiener Armen. Statistisch dargestellt nach den Materialien des Vereines gegen Verarmg. u. Bettelei. 2. Bearbeitg. gr. 8. (22 S.) Wien 899. (M. Perles.) n. — 80

— Verwaltungslehre in Umrissen. Zunächst für den academ. Gebrauch bestimmt. gr. 8. (XI, 265 S.) Ebendas. 870. *

— Walhalla. Festgedicht, gespr. am 80. Geburtstage d. Fürsten Bismarck, 1. Apr. 1895. Von B...... gr. 8. (9 S.) Dresden 895. A. Köhler. n. — 50

— die tirolischen Weisthümer, s. Weisthümer, österreichische.

— d. Werkstätte e. Künstlers. 16. (16 S.) Hamburg 895. (Cassel, Verlagshaus d. deutschen Baptisten vorm J. G. Oncken Nachf.) — 05

— deutsche Wirthschaftsgeschichte. 1. Bd. A. u. d. T.: Deutsche Wirthschaftsgeschichte bis zum Schluss der Karolingerperiode. gr. 8. (XIII, 527 S.) Leipzig 879, Duncker und Humblot. *

— deutsche Wirtschaftsgeschichte. 2. Bd. Deutsche Wirtschaftsgeschichte d. 10. bis 12. Jahrh. gr. 8. (XX, 518 S.) Leipzig 891. Duncker & Humblot. n. 13. —
(1 u. 2.: n. 25. —)

— deutsche Wirtschaftsgeschichte. 3. Bd. Deutsche Wirtschaftsgeschichte in den letzten Jahrhunderten des Mittelalters. 2 Tle. gr. 8. (XXI, 455 S.) Leipzig, Duncker & Humblot. n. 26. 60
1. (XXI, 455 S.) 899. n. 12.—. — 2. (XVIII, 559 S.) 901. n. 14.60.

— Deutsche Wirtschaftsgeschichte. 1. Bd. Bis zum Schluss d. Karolingerperiode. 2., verb. u. verm. Aufl. (XXXVIII, 755 S.) gr. 8. Ebd. 909. 20. —

— neuer Zeit. Briefe e. alten Diplomaten an e. jungen Freund. V. Ora et labora. gr. 8. (38 S.) Berlin 890. R. Wilhelmi. (Leipzig, C. F. Steinacker.) n. — 75
(I—V.: n. 4. 75)

— das Zeitalter des Credits. [Aus: „Deutsche Rundschau".] 8. (21 S.) Prag 881. Dominicus. n. — 48

Inama - Sternegg, Karl Theodor v. (Hrsg.), s. Zeitschrift für Volkswirtschaft, Socialpolitik und Verwaltung,

Inamoralia, oder Ossians Grossmuth; ein Trauerspiel . . . Dessau 1782. V: *Wachsmuth*, *Carl Heinrich*. (MGT) »1783« (GGr)

Inamorulla; Trspl. nach Ossian (v. K. H. Wachsmuth). 8. Leipz. 787. Barth. 5 gl

Inarre, C. F.

— Anfangsgründe der Naturlehre. 1r Thl., von der Elektricität. Mit 16 Kpf. gr. 8. Frankf. a. M. 784. Andreä. 1 ℛ 16 𝔤𝔯

b*Inarre, C. F., Beschreib. der aerostat. Maschinen u. der bisher damit angestellten Versuche. Mit 5 Kpf. 8. Frankf. a. M. 784. Brönner. 12 𝔤𝔯

— Gedanken üb. Vulkane, Erdbeben u. die Witterung d. J. 1783. 8. Frankf. a. M. 784. Brönner. 4 𝔤𝔯

— Versuche über einige phys. Gegenstände. gr. 8. Frankf. a. M. 783. Andreä. 6 𝔤𝔯

Inaugural Souvenir 1901. (*Washington 1901: W. F. Roberts.*) (22 Bl.) 4°
[Beschreibung d. Einführungs-Feierlichkeiten der Präsidenten d. Ver. Staaten von Nordamerika in d. letzten 100 Jahren.] (oa. 444

Inauguration de la chapelle francaise de Bâle. 5 juillet 1868. Prières, sermon et allocutions. 8. Bâle 1868.

Inauguration, die feierliche, d. Rectors der Wiener Universität f. d. Studienj. 1892/93 am 24. Octbr. 1892. gr. 8. (55 S.) Wien 892, Hölder. * 1 20

— dasselbe f. d. Studienj. 1893/94 am 26. Octbr. 1893. gr. 8. (48 S.) Wien 893. (Manz.) n. — 60

Weissenburg: **Inauguration de la r∴ ☐ de la Triple-Union. o. O. [1806]. 32 S. 8°**
Bericht. Unvollst.: S. 19–24 fehlten. 462.

Inauguration, die mitternächtl., des Kaiser Rudolph-Denkmals im Dome zu Speyer. (Gedichte.) 8. (1 B.) Speyer 843, Lang. *

Inaugurations-Feier des Monuments für Johannes Gutenberg in Mainz am 14., 15. u. 16. Aug. 1837. Ein Blatt der Erinnerung, allen Beförderern u. Feittheilnehmern gewidmet. In Congreve-Druck. gr Roy.-Fol. Mainz, Kupferberg. ²/₃ ℛ

Inazo Ota-Nitobe: Ueber den japanischen Grundbesitz, dessen Verteilung u. landwirtschaftliche Verwertung. Diss. Halle a. d. S. 1890. 91 S.

Inbegriff der Ablässe, welche der Gürtelbrüderschaft der seligsten Jungfrau Maria von Trost, des heil. Augustins und der heil. Monika verliehen sind. Getreulich entnommen dem Breve des Papstes Klemens X. Aus dem Italien. von Jos. Löcherer. 12. (XII und 72 S. mit 1 Stahlst.) Augsburg 856, Kollmann'sche Buchh.

Inbegriff alles dessen, was ein Mädchen aus den gebildeten Ständen bis zum vollendeten zehnten Jahre in wissenschaftl. Hinsicht zu lernen braucht. Ein sicherer Leitfaden f. Mütter, welche ihre Kinder selbst unterrichten wollen. Von Emma. gr. 12. Leipz. 827, Hartmann.

— alles dessen, was ein Mädchen aus den gebildeten Ständen bis zum vollendeten zehnten Jahre in wissenschaftl. Hinsicht zu lernen braucht. Ein sicherer Leitfaden f. Mütter, welche ihre Kinder selbst unterrichten wollen. Von Emma. gr. 12. Leipz. 827. (Lehnhold). 18 𝔤𝔯

— alles dessen, was ein Mädchen aus d. gebildeten Ständen bis zum vollendeten zehnten Jahre in wissenschaftl. Hinsicht zu lernen braucht. Ein sicherer Leitfaden f. Mütter, welche ihre Kinder selbst unterrichten wollen. Von Emma. 2., wohlf. Ausg. gr. 12. (8½ B.) Leipzig 830, Wöller.

Inbegriff der heiligen Geschichte des alten Testaments; zum Gebrauch für die Primarschulen des Elsasses. 2 Abthll. A. u. d. T.: Abrégé de l'histoire sainte de l'ancien testament etc. 12. Straßburg 831 u. 35. Levrault. (I. ⅓ ℛ, II. 5 𝔤𝔯) ⅓ ℛ

Inbegriff d. heil. Geschichte d. alt. Testaments; z. Gebr. f. d. Primärschulen d. Elsasses. 2 Abthln. — A. u. d. T.: Abrégé de l'histoire sainte de l'ancien testament etc. 12. (7⅔ B.) Strasburg, Levrault. [1. 831. 3 Gr., 2. 835. 5 Gr.] Thlr.

Inbegriff der heiligen Geschichte des alten Testaments; zum Gebrauch für die Primärschulen des Elsasses. A. u. d. T.: Abrégé de l'histoire sainte de l'ancien testament; à l'usage des écoles primaires de l'Alsace. 12. (187 S.) Straßburg 849, Ww. Berger-Levrault & Sohn. 9 𝔤𝔯

— der heiligen Geschichte des alten Testaments; zum Gebrauch für die Primärschulen des Elsasses. A. u. d. T.: Abrégé de l'histoire sainte de l'ancien testament; à l'usage des écoles primaires de l'Alsace. 12. (187 S.) Straßburg 852, Wwe. Berger-Levrault und Sohn.

— der heiligen Geschichte des alten Testaments. 2 Abthlgn. — Abrégé de l'histoire sainte de l'ancien testament. 2 parties. (Neue Aufl.) Strasbourg 856. Berger-Levrault et fils. 12. (83; 107 S.) 6 ngr.;
1. Abth. allein 3 ngr.

Inbegriff der heiligen Geschichte des alten Testaments. 2 Abthlgn. A. u. d. T.: Abrégé de l'histoire sainte de l'ancien testament. 2 Parties. 8. (VII und 182 S.) Straßburg 861, Wwe. Berger-Levrault und Sohn.

Inbegriff der heiligen Geschichte des alten Testaments. — Abrégé de l'histoire sainte de l'ancien testament. 8. (VIII und 182 S.) Straßburg 866, Wwe. Berger-Levrault und Sohn. cart.

— d. Kriegswissenschaft, s. Estemauville.

Inbegriff, kurzer, od. Lehre heil. Schrift von der Seligkeit d. Menschen durch Christum. 8. Kiel 810, Bünsow.

Inbegriff, Kurzer, der Ästhetik, Rede- und Dichtkunst . . . Königsberg 1771—72. V: *Lindner, Joh. Gotthilf.* (Ky)

Inbegriff, kurzer, der Aesthetik, Rede- u. Dichtkunst rc., (v. Jh. Gtthlf. Lindner). 2 Thle. 8. Königsb. 771, 72. (Unzer). 1 ℛ Schrbp. 1 ℛ 8 𝔤𝔯 (NB. ist eigentl. eine umgearb. Aufl. seines Lehrb. der schönen Wissenschaften.)

Inbegriff, kurzer, d. Bibelkunde. 1. Aufl. 843 u. 2., verb. Aufl. 8. (à 3½ B.) Grünberg 846, Weiß. à

Inbegriff, Kurzer, des Christenthums, in Hauptstücken und Bibelsprüchen. Riga 1822. V: *Grave, Carl Ludwig.* (R-N)

Inbegriff, Kurzer, der biblischen Geschichte und Lehre; für die Real-Schulen. Zürich 1773. 3. Aufl. 1787. 4. Aufl. 1791. V: *Hess, Johann Jacob.* (CLZür Forts. II) (Bschwik V, 10c) (Cat. d. Stadtbibl. Zürich. Zürich 1864—97.) (ADB)

— kurzer, d. Geschichte der Schweizer, f. Anfänger, (v. Jh. Konr. Füßly). 8. Leipz. 770. (Orell in Zürich). 4 𝔤𝔯

Inbegriff, Kurzer, der Geschichte der Schweitzer . . . Zürich 1775. V: *Füssli, Johann Conrad.* (KY) (ML)

Inbegriff, Kurzer, von dem Leben und Thaten des Joseph Balsamo genannten Grafen Cagliostro ... (A. d. Italien. ins Deutsche übersetzt.) Graz o. J. V: *Marcello.* (Hayn, Vier neue Curis. Bibliogr., S. 33, Nr. 57) (BiblPort)

Kurzer Inbegrif [!] von dem Leben und den Thaten des Jos. Balsamo, gen. Grafen Cagliostro, welcher aus dem wider ihn im Jahre 1790 zu Rom abgeführten Prozess gezogen worden ist, und welcher zum Leitfaden dienen kann um die Beschaffenheit der Freimaurersekte zu erkennen. (Aus d. Ital. ins Deutsche übers.) Graz: Ferstl. & Kienreich in Komm. 1790. 177 S. 8°

Kurzer Inbegriff von dem Leben und den Thaten des Jos. Balsamo, gen. Grafen Cagliostro. Ein Auszug aus dem wider denselben im J. 1790 in Rom angestellten Untersuchungsprocesse, wodurch man zugleich mit dem Geist der Freimaurerei bekannt wird. Rom 1790.
[L. 28 (1871) S. 93.]

Inbegriff, Kurtzer, der christlichen Lehre in Fragen und Antworten ... Hamburg 1808. V: *Mutzenbecher, Johann Heinrich.* (schr)

Inbegriff, kurzer, der christlichen Lehre, in Fragen und Antworten. Schriftmäßig ausgefertigt vom Hamburg. Ministerio. Ein Ausz. aus d. Lehrb. der christl. Religion. 12. Hamburg, Herold jun. 818.

Inbegriff, Kurzer, der Christlichen Lehre für die katholischen Zöglinge des Kön. Baier. Taubstummen-Institutes. München 1816. V: *Ernsdorfer, Bernh. v.* (schmal)

Inbegriff, Kurzer, der Lehre der heil. Schrift von der Seligkeit des Menschen ... Flensburg 1840. V: *Wiegmann, Christian Ludw.* (NN)

Kurzer Inbegriff der Lehre Heiliger Schrift von der Seligkeit der Menschen durch Christum. Oder: Der schleswig-holst. Landeskatechismus neu umgearbeitet und vermehrt. Flensburg. 1840.

Inbegriff, Kurzer, der menschlichen Pflichten. Riga 1798. V: *Sonntag, Carl Gottlob.* (R-N)

—kurzer, der theoret. u. prakt. Rechtsgelehrsamkeit. 8. Regensb. 793. Montag u. W. (Schmidt in Leipz.) 8 gr

Inbegriff, Kurzer, der christlichen Religion für Katechumenen und Confirmanden. Barmen u. Schwelm 1833. V: *Döring, Carl August.* (KY) (ZU)

Inbegriff, kurzer, d. christl. Religion f. Katechumenen u. Confirmanden. (Von K. A. Döring.) 16. (4 B.) Barmen 833, Falkenberg.

Inbegriff, Kurzer, von des Hannöverischen Stadt-Magistrats praesentaneo exercitio iurisdictionis ... über Hof-Kramer Schmalen . . . Hannover 1756. V: *Grupen, Christian Ulrich.* (ML) (Rotermund, Gel. Hann. Bremen 1823.)

Inbegriff, kurzer, der dän. Sprachlehre f. Deutsche. 8. Copenh. Bonnier. 811.

Kurzer Inbegrif der neuesten Wahlkapitulation des röm. Kaisers Leopold II. vom 30. Sept. des J. 1790 nach dem Alphab. geordnet. 1791.

— kurzer, der neuesten Wahlcapitulation d. röm. Kaisers Leopold II. 4. Frankf. a. M. 791. Andreä. 2 gr

—— kurzer, des Wichtigsten aus allen Zweigen d. Wissens, od. kleine Encyklopädie f. d. Jugend. N. d. 20. Ausg. d. französ. Orig. frei bearb. gr. 12. (9¾ B.) Ulm 836, Ebner'sche Buchh.

— kurzer, aller Wissenschaften, z. Gebrauch f. Kinder von 6—12 Jahren. 8. Potsd.... 9e Aufl. 806. 23e Aufl. 819. Horvath. 20 gr Mit 360 Abbildb. 2 ₰ 18 gr ill. 4 ₰ 22 gr

—Anhang zu Obigem, welches die Rechnenkunst, die Geometrie u. die Wappenkunde enthält. N. Aufl. Ebd. 6 gr

— kurzer, aller Wissenschaften, welche zur Oekonomie erforderlich sind. 8. Nürnb. 769. Monath u. K. 4 gr

— — kurzer, der nützlichsten Wissenschaften für die Jugend. 23ste Aufl. 8. Potsdam, Horvath. 819.

— — dasselbe mit 360 Abbildungen aus der Naturgesch. N. Aufl. schwarz
illum.

Inbegriff, Kurzgefasster, der vornehmsten Merkwürdigkeiten von ... Bresslau. Brieg 1731-34. V: *Gomolcke, Daniel.* (Nent) 2. Aufl. Brieg 1731. (EB)

— des Nothwendigsten aus der deutschen Sprachlehre für Volksschulen. Passau 858. Elsässer u. Waldbauer. 16. (1 Bl., 60 S.) 3 ngr

Inbegriff der Religionslehre, in so weit sie ein jeder erwachsene Christ kennen müsse . . . Hamburg 1810. V: *Rentzel, Hermann.* (Ky)

— d. Religionslehre, in so weit sie jeder erwachsene Christ kennen müsse etc. (Auch u. dem T.: Hülfsbuch f. unstudirte u. ungeübte Religionslehrer, v. H. Renzel). 8. Hamb. 810. (Campe.) 1 Rthlr

— d. Religionslehre, in so weit sie jeder erwachsene Christ kennen müsste, (a. u. d. Titel: Hülfsbuch für unstudirte und ung. übe: Religionslehrer) 8. Hamb. Hoffmann.

— d. kopernikanischen Sonnen oder d. Weltsystems. 8. Chemnitz ... Mauke. 2 gr

INBEGRIFF. – des Allerhochsten Stempelpatentes vom 30. Janner 1788 ... samt einem von ... I(gnaz) D(ominik) Schwartz, ... verfaßten alphabetischen Auszug. Sieldler, Brünn 1788. 1 vol. 48 S. + 48 Bl.

— tabellar., d. heil. Schrift des N. Test. in chronolog. Ordnung, eine Beilage z. ersten Aufl. von Braun herausgeg. Bibelübersetzung. gr. 8. Augsb. 805. M. Rieger. 3 gr

— tabellarisch: systematischer, aller Wissenschaften zum leichten Ueberblick f. erfahrnere u. besond. für Anfänger auf Schulen u. Gymnasien. 4. Bremen 811. Müller. 20 gr Schrbp. 1 Rthlr

— vollständiger, der Gnaden u. Ablässe der ehrw. Erzbruderschaft Mariä von Trost, s.a. Löcherer.

—— vollständiger, der Gnaden und Ablässe der ehrwürd. Erzbruderschaft Mariä von Trost, oder der schwarzledernen Gürtel der heil. Mutter Monika, des heil. Vaters Augustinus und des heil. Nicolaus von Tolentin. Zum Gebrauche für alle Einverleibten und jeden Freund der Erzbruderschaft. Nebst Bruderschaftsgebeten etc. und den andern gewöhnl. christl. Andachtsübungen. Von Jos. Löcherer. 12. (XVI, 244 und Breve des Papstes Clemens X. 32 S. mit 1 Stahlst.) Augsburg 856, Kollmann'sche Buchh.

Anonym: „Inbegriff aller Wissenschaften zur Einrichtung einer guten Oekomie und Hauswirthschaft", Nürnberg 1770 (Monath).

Inbegriff der vorzüglichsten Wissenschaften, nebst einer Methodik des Unterrichts . . . Brandenb. 1779. V: *Spieker, Friedrich Samuel.* (Ky) (MGT)

— d. vorzügl. Wissenschaften, nebst e. Methodik d. Unterrichts; ein Handbuch f. die Eltern auf d. Lande, welche ihre Kinder selbst unterrichten wollen, (von Fr. Sam. Spieker). 2 Thle. gr. 8. Brandenb. 779. ...

Inbegriff von Wünschen . . . in Beziehung auf den bevorstehenden Landtag Würtembergs. Stuttgart 1797—98. V: *Speidel, Christian Friedrich.* (Ky) (MGT)

— von Wünschen u. Vorschlägen in Beziehung auf d. bevorstehenden Landtag Würtembergs, (v. C. F. Speidel). 8. Stuttg. 797. Metzler. 1 Rthlr 4 gr Nachlese dazu (von demselben). 8. (Ebd.) 798. 1 Rthlr

d'Incarville, über Zubereitung d. chines. Lacks, s. Schauplatz d. Künste u. Handwerke, 10r Bd.

Incas, les, ou la destruct. de Pérou par Marmontel. 2 Vol. 12. Par. (Rottmann à Berl.) 777.

— — le m. 2 Vol. av. fig. 8. Berne, Typ.

— — le m. 2 Vol. Basle, Flick. 777.

— — le même. 2 Vol. 8. Frf. Brönner. 809. avec fig.

Incas, die, od. die Zerstörung d. Reichs von Peru, a. d. Franz. d. Marmontel. 2 Thle. m. K. 8. Frankf. Brönner. 784. Rthlr.

— Geschichte der v. Böttcher, s. Geschichte der Inkas.

Ince, Walter H. [aus London (England)]: Ueber die moleculare Umlagerung der Pr 3 Phenylindole. . . . Wurzburg, Druck d. Ferdinand Röhrl'schen Buchdr., 1889; 28 S. 8°

Würzburg, Phil. Fak., Inaug.-Diss. v. 1889

Incendium amoris S. Bonaventurae Ord. Min. Ep. Card. et Eccl. Doct. Seraph. favente revmo. in Christo Patre Fr. Bernardino a Montefranco Ord. Min. Generali Ministro curantibus PP. Francisc. Ref. Prov. Venet. iterum prodit. Patavii 1857. Typis Seminarii. (68 S. 8.)

Incerti scriptoris narratio de rebus in bello sancto gestis a. D. MCCXVII—MCCXVIII. Prim. ed. ex unico codice, qui in biblioth. Aulae-Gracanae servatur J. A. Giles. 8. Lond. 846. (Lips., T. O. Weigel.) n. 2 Rthlr 24 ngr

Incest oder der Schutzgeist von Avignon . . . Greiz 1799. V: *Müllner, Amandus Gottfried Adolph.* (Ky) (GGr)

Incest, od. der Schutzgeist von Avignon; ein Beytrag zur Gesch. der Verirrungen des menschl. Geistes u. Herzens. 2 Thle. 8. Graiz, Henning. 799.

Inchbald, Elisabeth

Inchbald, Mistriss. Eine einfache Geschichte a. d. Engl. . . . Leipz. 1792. Ü: *Liebeskind, Margarethe verm. Forkel geb. Wedekind.* (Ky) (Schl) (GGr)

Inchbald, Elisabeth. Natur und Kunst, oder der Karakter des Menschen gründet sich auf die Erziehung . . . a. d. Engl. Leipz. 1797. Ü: *Seidel, Carl Aug. Glieb.* (GGr) (Ky)

Inchbald, Mrs., nature and art. gr. 16. (192 S.) Leipzig 887. Gressner & Schramm. n. — 80

Inchbald, Mrs., wives as they were and Maids as they are. A Comedy in 5 acts. A new edit. with an italien translation, by A. Montucci. — A. u. d. T.: Mogli all' antica e Fanciulle alla moda. 8. (14 B.) Lipsia 829, Fr. Fleischer.

Inchhofer, M., die Monarchie der Ichsuchtianer, s. Monarchie, die.

Inchoffer, Melch., Annales ecclesiastici regni Hungariae. IV T. 8. Posonii 795—97. (Eggenberger in Pesth). 4 Rthlr

— histor. sacrae latinitatis libri VI etc. narrationibus animum relaxantes. 8. Prag. 741.

Inclbus, s.: Turnfest-Spiegel, deutscher.

Incisioni bibliche. Altes u. neues Testament. qu. 8. (à 16 Chromolith.) Basel 873. Spittler. à n. — 80; cart. à n. 1. —

Incle

— — s. a. Inkle.

— u. Yariko. Trspl. (von J. H. Faber). 8. Frankf. 768. ...

— u. Yariko; e. Trspl. (von Jos. B. Pelzel). 8. Wien 773.

— u. Yariko. Trspl. 8. Augsb. 777. v. Jenisch u. St. 2 xr

Incle et Yarico; Tragédie. 8. Wien 784. Schaumburg. 3 xr

Inclé et Yarico. Tragédie. 8. Vienne, Stahel. 784.

— u. Yariko. Schspl. 8. Schwerin 794. (Andrä in Leipz.) 4 xr

— u. Yariko. Sgspl. in 1 A. von J. W. D. 8. Cassel 798. (Luckhardt). 4 xr

— — Schsp. in 1 A. v. Gleich. 8. Wien, Wallishäuser. 807. —

v. **Incledon**, Charl., miscellaneous poems. 8. Wien 842, J. Klang. 1 ß

Incledon, Charles V., the Taunus, or Doings and Undoings, being a Tour in search of the picturesque, romantic, fabulous and true; the roman antiquities of the Taunus, and the Donnersberg, the Mineralsprings of Nassau, the saws and legends of the Rhine, Lahn and Nahe, with reflections on the character, manners and habits of the people. gr. 8. (11 B. u. Titkpfr.) Mentz 837, Kirchheim, Schott and Thielmann. •

... **Inclyto** collegio Sanctae Trinitatis Dvblinensi in Hiberniae capite ... a. d. 1592 ... condito ... hvic litterarvm vniversitati florentissimae ... diebvs quinto sexto septimo octavo m. Ivlii in memoriam trivm saecvlorvm feliciter ... peractorvm sacra laetissima celebranti ... vniversitas litterarvm Ienensis, soror eivsdem fere aetatis, svas etiam gratvlationes et vota sva ... testificanda esse censvit. Ienae, typ. G. Nevenhahni, 1892; 1 Bl. 2.
(Nicht für den Austausch)

Inclytae facultatis juridicae Erfordensis Responsorum et sententiarum selectior Collectio. fol. Gothae, Ettinger.

Incognito, das; od. der König auf Reisen. Schsp. v. Ziegler. 8. Wien, Wallishäuser. —

— das, . Singsp. nach Saintfoir, v. Herklots. 8. Berl. Voß. 792. —

Incognito, das, oder der König auf Reisen, ein Lustspiel in 4 Akten von F. W. Ziegler. 2te Aufl. 8. Leipzig, Köhler. 818.

Incognito, Prinz, oder die Chinesischen Laternen. Fastnachtsspiel. Züllichau 1802. V: *Kind, Johann Friedrich.* (streisand kat. 24)

Incognito, s.: Was uns bitter not tut!

Incognitus, Pater [Pseudon.] s.a. Reithard, Johann Jacob.

Incognitus, Pater, s. Jesuitenpredigt, radicale.

INCOGNITUS (ps.). — Der verliebte und galante Student, welcher unter der Lebens- u. Liebes-Geschichte des Spanischen Marchesens Perez de Cehnauscheno, u. des Venetianischen Barons Biondi de N.**** der Galanten Welt zu einem ehrbaren (!?) u. erlaubten Zeitvertreib, damit Sie sehen, wie es auf Universitäten u. vornemlich zu PADUA hergehet, schertzhafft (oft sehr pikant) u. mit der grösten Behutsamkeit (!) vorgestellet, u. mit einer Vorrede von einer edlen Liebe u. denen Mißgebuhrten derselben versehen von *InCognito.* Lübeck u. Leipzig (o. Adresse), 1734. 8°. (In Dresden: Lit. Germ. rec. C. 413, sehr schönes Expl.; auch in Rostock, Landesbibl.) (14 Mk. J. Halle, München, c. 1905.)

Erste Ausgabe dieses raren Eroticums. — Tit. (roth u. schwarz), 14 Bll., curiose (mit Reimen untermischte) Vorr., 384 S. — Unter den eingestreuten Gedichten hervorzuheben: Quodlibet von Chrysander vnd Crispin (S. 104—7); Manalcas (sic), ein verliebter Knabe, u. Modestinus, ein gescheuter Student (S. 159—62; poet. Dialog mit Arien); der Critisirenden Criticorum Erstes — Fünfftes Dutzend (5 Hochzeitscherze von 1731, in Reimen, wie Prosa gedruckt, von 1) Quasimodogenito; 2) Cordophilo; 3) Chrevillo Sasatio; 4) Cabricias arcituram nequeis povarinum quipsa; 5) Plin plin plin plan plan plan tudlitu heissa (S. 227—242, stellenw. sehr frei); des neu-eröfneten Bilder-Saal Erstes — Drittes Dutzend (enth. 36 frivole Reimereien als Hochzeitscherze, mit französ. Versen untermischt, S. 263—67, 353—58, 372—77).

— — Dasselbe. Ibid. 1741. 8°. 1 Alph. 3 Bog.

— — Dasselbe. Ibid. 1750. 8°.

Inconnu, L', bienfésant, drame en un acte. Francf. 1775. V: *Wagner, Heinrich Leopold.* (ML)

Inconnu, Joach., (Karl Herm. Hemmerde,) Lehrbuch zur Beförderung d. Glückseligkeit d. Liebenden vor u. in der Ehe, für d. J. 1800. Mit Kpf. 8. (Leipz. 799).

Inconnue, l', histoire véritable. 12. Leipz. F. C. W. Vogel. 785.

Incoronata [Schlagwort]

Incoronata, Insel, s.: Adriatisches Meer.

Incrementa Inclyti Ducatus Styriae sub dominatu . . . domus Hapsburgico-Austriacae . . . Graecii 1737. V: *Schreiner, Ignaz.* (Jes)

Incrementum, Inclytae Ecclesiae Fuldensis, . . . Fulda 1707. V: *Huben, Franz.* (Jes)

Incunabula Hildeshemensia. Fasc. I. Incunabula gymnasii episcopolis Josephini et seminarii clericalis. Ed. Conr. Ernst. (X, 96 S.) gr. 8. Hildesheim 908. A. Lax. 4.—

— dasselbe. Fasc. II. Continens additamenta fasciculi Imi atque incunabula bibliothecarum ecclesiae cathedralis, civitatis Hildeshemensis, gymnasii regii Andreani, musei Roemeriani, ecclesiae ad S. Andream et nonnulla diversorum possessorum. Ed. Conr. Ernst. (XV, 148 S.) gr. 8. Leipzig 909. R. Haupt. 7.50

Incunabula Verbi incarnati et lectulus morientis Hierosolymisa ... Domino Roberto arduo olim itinere in Palaestinam suscepto pervestigata. 1719 et 1720 ... 1731. V: *Leeb, Robert.* (Florian Watzl, Die Cistercienser von Heiligenkreuz. Graz 1798. S. 153) (BIBLPORT)

Incze, Heinrich [aus Budapest]: Die Geschichte des 15. März 1848 in Buda-Posth. Beiträge zur Geschichte der Entstehung der Ungarischen Revolution nach den Quellen des Ung. National-Museums. Budapest 1899. 143 S. 8°.
Bern. Phil. Diss. 1901/1902.

Incze, Heinr., die Geschichte des 15. III. 1848 in Buda-Posth. Beiträge zur Vorgeschichte des ungar. Freiheits-Kampfes nach den Quellen des ung. National-Museums u. ausländ. Zeitgn. gr. 8. (143 S.) Budapest 900. S. Deutsch & Co. n. 2. —

Indagator artis benedictae (Übers.):

s.: Gründliche Einleitung zur allgemeinen grossen Medicin. (Commentatio de pharmaco catholico. Dt.) Dreßden u.Leipzig: 1727

JB 266

Indagine, J. L. ab

— s. auch Chr. Jh. Hnr. Hagen.

ab Indagine, J. L., (Jh. Ludolph Jäger.) Abhandl. über Materien aus d. Reiche der Natur. 8. Nürnb. 784. Stein. 10 gr

— drei Abhandlungen von Salmiak, Salpeter u. Borax. 8. Lpz. 771. Compt. f. Litt. 6 gr

— zwei Abhandl. von Zink, Gallmey u. Arsenik. 8. Leipz. 771. Compt. f. Litt. 6 gr

— chem.=physikal. Beiträge zu W. Linden's Schrift; nebst einer Sauerbrunnen=Instruktion. 8. Amsterd. u. Leipz. 772. (Günther in Glogau). 3 gr

— memorabilia Bismuthi, d. i. Abhandl. zur Kenntniß des Wismuthes u. Magnesia ꝛc. 8. Amsterd. u. Leipz. 782. N. Aufl. 784. (Stein in Nürnb.) 14 gr

— chem.=physikal. Nebenstunden. 8. Hof 780. Grau. 8 gr

— philosoph.=physikal. Zeitvertreib, in einigen Materien für Naturforscher. 8. Nürnb. 783. Stein. 12 gr

ab Indagine, Jh., (Jh. Hnr. v. Falkenstein,) wahre u. grundhaltende Beschreib. der R.=Stadt Nürnberg, was in derselben Merkwürdiges vorgefallen, in 5 Büchern. 8. Erf. 750. Nonne. 1 rthl 16 gr

Indago, Innocentius Liborius ab: Bifolium chemico-physico-metallicum, bestehend in zwo besondern Abhandlungen, deren die erste den Zink und den Galmey, die andere aber den Arsenik...untersuchet. 228 S., gbd.

Amsterdam u.Leipzig: Schreuder 1771

Indago, Innocentius Liborius ab: Trifolium chemico-physico-salinum oder dreyfache chemisch-physikalische Abhandlung, worinnen drey berühmte Salze, namentlich Salmiac, Salpeter und Borax...betrachtet werden. 196 S., gbd.

Amsterdam u.Leipzig: Schreuder 1771

Indbydelse. ⟨Mai 1843.⟩ o. O. (1843.) 2 Bl. 4° [Kopft]

Indbydelsesskrift til den offentlige Examen i Haderslev lærde Skole i Juli ...
1857—60. 63. Haderslev. (1857—60. 63.) 8°.

Jndebetou, H. O., De usu infinitivi Horatiano. Diss. 1875. 87 S.

Indemnitätsland, königl. preuß., od. gemeinnütz. Anzeiger für Geschichte, Justiz ꝛc. der preuß. Indemnitätslande. 2 Bde. 4. Erf. (u. Gotha) 803. Hennings. 2 rthl

Indépendance: L'Indépendance suisse
① Paraissant à Berne tous les jours sauf le lundi; intitulé aussi: Journal quotidien ③ La Patrie (Be) ④ L'Ordre ⑤ 1. 1. 1852—fin 1852 ⑥ in-2° ⑦ 6× par semaine ⑧ Berne: Haller ⑩ Heuri Weiser ⑫ conservateur ⑬ BGSZ: 1 (no. 6505), 962, 973 ⑭ Be: S

L'Indépendant. 20. August — 31. Oktober 1870. Metz. 2°.

Indépendant: L'Indépendant (Be)
① Organe des intérêts jurassiens et feuille d'annonces pour tous les districts du Jura ③ Courrier du Jura ⑤ 1867—1868 ⑥ in-2° ⑦ bihebdomadaire ⑧ Delémont: Imprimerie Feune ⑬ BGSZ: 1 (no. 6390). 973, ⑭ Be: St.

Indépendant: L'indépendant (Fr)
① Organe du parti libéral-radical fribourgeois. Journal libéral-radical - Feuille d'Avis de Fribourg ③ Le Journal de Fribourg: Le Confédéré de Fribourg ⑤ 24. 12. 1927 (cont.) ⑥ in-2° ⑦ 3× par semaine ⑧ Fribourg: Delaspre & fils, puis Paul Claraz & Cie. ⑨ Chronique littéraire et sportive. Chronique de la Quinzaine ⑪ Emil Gross, Arthur Brasey (1926). Marc Waeber ⑫ libéral-radical ⑬ BGSZ: 986; no. commémoratif du 5. 1. 1927 ⑭ Fr: C.

Indépendant: L'Indépendant (Fr)
Complétez: ③ L'indépendant (8. 3. 1947 cont.) ⑦ 3× par semaine (1907—1930 et 5. 4. 1938—1953); 4× par semaine (1931—2. 4. 1938); 2× par semaine (à partir de 1954) ⑨ Fribourg: Fragnière Frères (1953—1955). Jobin & Lachat (à partir de 1956) ⑪ actuellement: André Rohrbach (à partir du septembre 1954) ⑬ L'Indépendant 1930, no. 1 et 1957, no. 48.

The Independent American Volunteer (Containing Der Amerikanische Voluntair): vol. 1—2, vols. no. 1 - 78, July 8, 1807 - Dec. 28, 1808.
Weekly. Published in English; one page in German.
The period in which a section was printed in German is: vol. 1, no. 27, Jan. 6, 1808, through vol. 2, no. 78, Dec. 28, 1808. The section was titled: Der Amerikanische Voluntair, gedruckt bey M. Bärtgis, 12 × 17 1/2, each issue containing 4 pages. Edited & published by Matthias Bärtgis.
Fredericktown, MD

Indépendant: L'Indépendant bernois
① Organe libéral de Bienne et du Jura, puis: Organe de l'Association Libéral-Indépendant du Jura ⑤ 15. 12. 1883—1886 ⑥ in-2° ⑦ 6× par semaine (1883—1885), trihebdomadaire (1886) ⑧ Bienne: Imprimerie de la Société typographique (gérant: Conrad Schweizer) ⑪ E. Genillard ⑫ libéral-indépendant ⑬ BGSZ: 1 (no. 6391). 959, 962, 973 ⑭ Be: St.

Indépendant: L'Indépendant de Neuchâtel (Suisse)
v. L'Indépendant (Ne I).

In-der-Aue, Roland, u. Theo. Stroefer, Märchen- u. Sagen-Schatz. E. Sammlg. d. schönsten Märchen, Sagen, Legenden ꝛc. 2 Tle. M. je 4 Farbdr.-Bild. u. 100 Text.-Abb. 4. Nürnberg 898. Th. Stroefer.
Kart. à 3. 50; geb. in Leinw. à 3. 75; in 1 Bd. kart. 6. —; geb. in Leinw. 6. 50
1. Es war einmal. (159 S.) — 2. Vor uralten Zeiten. (160 S.)

Inderbitzin, Emil: Der Viehhandel im Rechte des Kantons Schwyz. Schwyz 1898. 127 S. 8°.
Bern. Jur. Diss. 1898/99.

(Inderbitzin, Leonhard Carl.) Vaterländisches Gespräch, zwischen dem Verfasser des Kaleidoskop ... (Lienhard Karli In-der-Bitzin). und einem Bauern-Rathsherrn im Kanton Schwyz.... [Mit Porträt-Tafel.] 8. Zug 1831.

KALEIDOSCOP, oder: Unerschöpfliche Mannigfaltigkeit der Ehstandsfreuden. Von einem sonderbaren Autor im Hirtenhemd u. Holzschuhen in der Schweiz *(L. K. Inderbitzin)*. Leipzig. Lit. Compt. 1825 (od. 1826).
Wagenseil, Unterhaltungsbuch etc. Bd. I. Nürnb. 1837. 8°. p. 206 (ohne Quellen-Ang.).
Zuerst gedr. Zug 1824. 8°. (12 Sgr. Scheible, vor 1875; 75 cts. Hanke, Zürich, Cat. 94.)

Indexcongregation, die römische, und ihr Wirken. Historisch-kritische Betrachtungen zur Aufklärung des gebildeten Publikums. München 863. Lentner. gr. 8. (45 S.) 6 ngr.

Inderfurth, Carl Joseph Hubert,
s. Inderfurth, Karl Joseph Hubert

Inderfurth, Hermann (geb. am 12 Juli 1844 in Erkelenz): Ueber Katheterisation der Luftröhre bei Neugeborenen ... Bonn, Druck v. C. Georgi 1868. 30 S., 1 Bl. 8.
Bonn, Med. Fak., Diss. v. 31 Juli 1868

Inderfurth, Karl Joseph Hubert

Inderfurth, Carolus Iosephus Hubertus (geb. am 8 Apr. 1809 in Beek Kr. Erkelenz): De sensus in cute aberrationibus ... Bonnae, ex off. Neusseriana (1832). 3 Bl., 18 S., 1 Bl. 4.
Bonn, Med. Fak., Diss. v. 22 Sept. 1832

Inderfurth, Leop. (geb. Beeck bei Erkelenz 10. 4. 1832). De cholelithiasi. Berolini (1857) (31 S.) 8°
Berlin, Med. Diss. v. 4. Aug. 1857

Inderfurth, Ludw., prakt. Anleitung zur Erteilung d. Erstkommunion-Unterrichtes. (IV, 391 S.) gr. 8. Cöln 910. J. P. Bachem. 3.80; geb. 4.80

Inderfurth, Ludw., der Katechet, s.: Jaegers, Ferd. Heinr.

— Nach d. Schulzeit. Ein Geleitbüchlein f. d. heranwachs. Jugend. Derselben auf d. Weg ins Leben mitgegeben. 1.—20. Taus. (32 S.) kl. 8. Ebd. (908.09). —15

Indermauer, Carl v., Handbuch des österreich Straf-Rechtes. Enthaltend: den Text des Strafgesetzes vom 3. Septbr. 1803 I. und II. Thl., mit Ausschluß des Verfahrens, eingetheilt nach der Competenz der Gerichte gemäß der neuen Strafprozeß-Ordnung vom 17. Jänner 1850, und versehen mit den wichtigsten einschlägigen Verordnungen und Patenten bis auf die neueste Zeit, nach ihrem wesentlichen Inhalte. Besonderer Theil. Ler.-8. (XV und 325 S.) Innsbruck 850, (Pfaundler.) *

—— dass. — Allgemeiner Theil und Anhang. 2., verm. und verb. Aufl. gr. 8. (IX und 624 S.) Innsbruck 850, (Wagner'sche Buchh.)

(IN DER MAUR Ignaz Anton von). Grundriß des oberösterreichischen Lehenrechtes von I. A. v. I. (-). Seizer, Wien 1794.
1 vol. 128 S.

Inder Maur, Karl v., Verfassung u. Verwaltung im Fürstent. Liechtenstein. (47 S.) kl. 8. Wien 907. A. Hölder. — 90
Sonderabdr. aus: „Österr. Staatswörterbuch".

Indersleben, Alfr., Verzeichnis d. homöopath. Arzneimittel u. ihre Synonyma. (112 S.) kl. 8. Leipzig 894. Dr. W. Schwabe. 1.—

Indes Orientales [Schlagwort]
Indes Orientales — Carte des — dessinée suivant les Observations les plus récentes dont le principal est tirée des cartes hydrographiques de M. d'Apres de Mannevillette. Dressée par M. Tobie Mayer, publiée par les Héritiers de Homann. Nuremberg l'an 1748.
1: 10,000,000. 2 Bl.

Index alphabet. in C. a Linné specim. plant., s. Linné.

— alphabet. in J. C. Fabricii systema Eleutheratorum gen. et spec. continens. 8 maj. Helmstädt 803. Fleckeisen. 12 gr (Vergl. J. C. *Fabrici*.)

— alphabet. in J. C. Fabricii systema Piezatorum, s. J. C. *Fabrici*.

— alphabet. in J. C. Fabricii syst. Rhyngotorum, s. a. J. C. *Fabrici*.

— alphabet. in I. C. Fabricii syst. rhyngotorum gen. et spec. cont. 4. Braunschw. Reichart. 804.

— — id. in - 8. ibid.

Index alphabétique de l'annuaire statistique de la Suisse etc., s.: Inhaltsverzeichnis, alphabet., des statistischen Jahrbuches der Schweiz.

Index, Alphabetischer — aller Orte, welche in der Uebersicht über die administrative und gerichtliche Eintheilung des Preßburger Verwaltungsgebietes vorkommen. Verzeichniß der Komitate im Preßburger Verwaltungsgebiete: I. Preßburg. II. Komorn. III. Ober-Neutra. IV. Unter-Neutra. V. Trencsin. VI. Arva-Turócz. VII. Liptau. VIII. Sohl. IX. Bars. X. Hont. XI. Neográd. XII. Magistr. der k. Freist. Preßburg. Preßburg, 1855. Maschinendruck der vormals Schmid'schen Buchdruckerei. (43 S. 4.)

Index et argumentum Epistolarum ad D. Erasmum Roterodamum autographarum . . . Lipsiae 1784. H: *Burscher, Johann Friedrich.* (BrMm)

Index bibliographicus syphilidologiae. Bearb. von Dr. Karl Szadek, Arzt in Wien. Jg. 1–5. Die Litteratur d. J. 1886–1890. Hamburg & Leipzig: L. Voss 1888-93. 5 Bde 8° [97. 730

Index bibliorum, in bibliotheca Werningerodae extant. 8 maj. Halle ... Ed. III. 766. Waisenh.-B. 4 gr

— Bibliothecae ab Ulrico Frid. Koppio relictae. A. u. d. T.: Katalog der hinterlass. Bibliothek von Ulr. Fr. Kopp dem Paläographen. Nebst einem Anhange. gr. 8. Mannheim 846, Schwan u. Götz. n. 1/12 Rthl.

L. (D. G. H.). Index Botanicus sistens omnes Fungorum species in D. C. H. Persoonii Synopsi methodica Fungorum enumerata. . . . Gottingae, 1808. 8°. (Reprinted). Lond. 1819.
The London reprint under the auspices of T. F[orster].

Index aliquot Codicum chartaceorum . . . Dresdensium . . . [Dresdae 1845.] V: *Petzhold, Jul.* (cb)

Index corporis historico-diplomatici Livoniae ... oder kurzer Auszug aus der Urkunden-Sammlung, welche für die Geschichte ... Liv- Esth- und Kurlands ... zusammengebracht worden ist. Riga u. Dorpat 1833. H: *Napiersky, Carl Eduard.* (EngJ) (Wa) (Ky) 1833—35 (R-N)

Index corporis histor.-diplomat. Livoniae, Esthoniae, Curoniae; od.: Kurzer Auszug a. derjen. Urkunden-Sammlung, welche f. d. Geschichte u. d. alte Staatsrecht Liv-, Ehst- u. Kurland's, mit Unterstützung Sr. Maj. d. hochsel. Kaisers Alexander I. v. Russland, u. auf Verwilligung Sr. Maj. d. Königs Friedrich Wilhelm III. v. Preussen, aus d. geh., ehemal. Deutsch-Ordens-Archive zu Königsberg v. d. Ritterschaften Liv-, Ehst- u. Kurland's zusammengebracht worden ist, u. wie solche, mit einigen Stücken aus inländ. Archiven verm., bei Einer Edlen Ritterschaft d. Hrzgth. Livland aufbewahrt wird. Auf Veranstalt. u. Kosten d. verbund. Ritterschaften Liv-, Ehst- u. Kurland's hrsg. (v. C. E. Napiersky). 1. u. 2. Thl. Fol. Riga, (Frantzen.)
Thl. 1. Vom Jahre 1198—1449. (98 B.) 833.
- 2. Vom Jahre 1450—1631 incl. mit einigen Anh. (104½ B.) 835.

Index in Caesarii Heisterbacensis dialogum. gr. 12. (47 S.) Coblenz 857, Hergt.

Index diplomaticus, geographicus personarum et rerum in codicem diplomaticum episcopatus Ratisbonensis. S. l. 1816. V: *Moritz, Joseph.* (sch)

—— generalis in monumentorum Boicorum Voll. I—XIV. Pars I. 4maj. (730 S.) Monachii 847, (Franz.) *
Vgl.: Monumenta Boica.

(F) **Index** der ungarischen Gesetze. I. Systematischer Teil. 1836—1904. II. Alphabetischer Teil. 1867—1904. 8°. (XVI, 276, 147 S.) K 6.—
Wien: Manz 1906.

Index homileticus. Lips. 1713. V: *Schulze, Friedrich.* (ML)

INDEX ÜBER DIE ERSTEN 30 JAHRGÄNGE DER HISTORISCHEN VEREINSBERICHTE VON MITTELFRANKEN. Ansbach 1871. Druck von Carl Junge. 4°

—— der, des Kandjur. Hrsg. v. der kaiserl. Akademie d. Wissenschaften u. bevorwort. v. J. J. Schmidt. gr. 4. (27½ B.) St. Petersburg 845. (Leipzig, L. Voss.) **

Index Kewensis plantarum phanerogamarum. Supplementum primum, nomina et synonyma omnium generum et specierum ab initio anni 1886 usque ad finem anni 1895 complectens. Confecerunt Theoph. Durand & B. Daydon Jackson. 4 Fasc. (VII, 519 S.) 4. Bruxellis 906. (Berlin, R. Friedländer & Sohn.) n.n. 50.—

— dasselbe. Supplementum secundum, nomina et synonyma omnium generum et specierum ab initio anni MDCCCXCVI usque ad finem anni MDCCCC complectens. Ductu et consilio W. T. Thiselton-Dyer confecerunt herbarii horti regii botanici Kewensis curatores. Fasc. 1 et 2. (III, 204 S.) 4. Oxonii 904. 905. (Berlin, R. Friedländer & Sohn.) n.n. 24. 50

Index Kewensis plantarum phanerogamarum. Supplementum tertium, nomina et synonyma omnium generum et specierum ab initio anni MDCCCCI usque ad finem anni MDCCCCV complectens. Ductu et consilio D. Prain confecerunt herbarii horti regii botanici Kewensis curatores. (III, 193 S.) 33×27 cm. Oxonii 908. (Berlin, R. Friedländer & Sohn.) nn 28.—

Index lectionum ... Berlin.

Index lectionum quae ... in universitate litteraria Berolini constituta (später: in universitate litteraria Berolinensi, dann: in universitate litteraria Friderica Guilelma) per semestre hibernum a. 1810 (per sem. aest. 1811, per sem. hib. 1811-12 u. s. f. bis: per sem. hib. 1885-86) ... instituentur (später: habebuntur). Berolini 1810-1885. 151 Hefte ... * Regelmässig erschienen; im Umfang allmählich anwachsend von 8 S. auf 51 S.

Index lectionum ... Breslau.

Index lectionum *(später bisweilen: scholarum)* in Viadrina Vratislaviensi *(WS 1816/17 — WS 1817/18: in Universitate Vratislaviensi; SS 1818 — SS 1824, SS 1828 — SS 1829, SS 1832, SS 1833, WS 1833/1834: in Universitate litteraria Vratislaviensi; WS 1824/25 — WS 1827/28, WS 1829/30 — WS 1831/32, WS 1832/33, SS 1834 ff: in Universitate litterarum Vratislaviensi)* per hiemem anni 1811 *(u. ff. bis* ... aestatem anni 1885) .. instituendarum *(später: habendarum).* (Vratislaviae 1811 — 85.) 148 Bde 4° *(Umfang zwischen 8 u. 40 S.)*

Index lectionum ... Halle-Wittenberg.

Index lectionum (seit WS 1830/31: scholarum) in Academia (seit SS 1833: Universitate litteraria) Fridericiana Halensi (WS 1817/18ff: et (WS 1829ff: cum) Vitebergensi consociata) per aestatem anni 1817 (u. ff. bis ... aestatem anni 1885) publice privatimque habendarum. Halae (1817—85): Hendel. 137 Bde 8° (4°) (seit SS 1848: 4°) (Umfang zwischen 8 u. 38 S.)

Index lectionum ... Zürich.

Index Lectionum in Universitate literarum Turicensi inde a die XXXVI. mensis Octobris M.DCCC.XLVI. usque ad diem XX. mensis Martii M.DCCC.XLVII. Inest: C. Cornelii Taciti Dialogus de Oratoribus cum nova collatione Cod. Perizoniani in us. scholar. ed. Io. Caspar Orellius. 4maj. (6 B.) Turici 846, Orelli, Fuesslini et soc. Thlr.

Index lectionum in academia Turicensi inde a d. 19. Aprilis usque ad d. 25. Septbr. 1847 habendarum. Insunt Antonii Augustini amicorumque epistolarum ab (Joan.) Andresio primum editar. loci selecti, ad philologiae historiam pertinentes. 4maj. (27 S.) Turici 847, Orell, Füssli et soc. Thlr.

Index sextus librorum ex bibliotheca regia Berolinensi publica auctionis lege divendendorum. Berolini 1829. 8°.

—— librorum historiam naturalem spectantium ab anno 1700—1846 in Germania, Scandinavia, Anglia, Gallia, Belgio, Italia atque Hispania impressorum edid. Guil. Engelmann. Pars. I. Et. s. tit.: Bibliotheca historico-naturalis. Verzeichniss der Bücher über Naturgeschichte, welche in Deutschland, Scandinavien, Holland, England, Frankreich, Italien u. Spanien in den Jahren 1700—1846 ersch. sind. I. Bd. Bücherkunde. Hülfsmittel. Allgem. Schriften. Vergl. Anatomie u. Physiologie. Zoologie. Palaeontologie. Mit e. Namen- u. Sachregister. gr. 8. (50 B.) Leipzig 846, W. Engelmann. *

Index quorundam Librorum saeculo XV. impressorum quos possidet Altorfii C. G. Schwarzius . . . Norimbergae 1727. V: *Hoffmann, Joh. Conr. & Joh. Paul Roeder.* (BrMm)

Index librorum manuscriptor. et impressor. quibus Biblioth. Reg. Berolinensis aucta est an. 1835—39. 4maj. Berolini, (Besser.) [835. (11¾ B.) 836. * ⅔ Thlr., 36. (22½ B.) 840. * 1⅓ Thlr., 37., 38. (10 B.) 840. * ⅞ Thlr., 39. (...) 841. * ⅔ Thlr.] *

— librorum mss. et impress. quibus Bibliotheca Reg. Berolin. aucta est anno 1835. 4maj. Berlin 836. Crantz. ½ ₰

— ead. anno 1836. gr. Lex.-8. Berol. 840. (Besser.) n. 1⅓ ₰

— ead. aucta annis 1837 et 1838. Praemissa est Historia Bibliothecae Reg. a. 1828—1839, vernaculo sermone scripta (Auctore Fr. Wilken.) gr. Lex.-8. Ibid. 840. n. ⅞ ₰

— librorum manuscriptor. et impressor. quibus bibliotheca regia Berolinensis aucta est a. 1839. 4maj. Berlin 841. (Besser.) n. ⅔ ₰

— librorum prohibitorum, gedr. zu Parma 1580, s. Reusch, F. H.

— librorum prohibitor. Innocent. XI. jussu edit. 8. Prag. 726.

Index Librorum Prohibitorum juxta exemplar Romanum ... editum anno 1835 ... Mechliniae 1836. H: *Degola, Thom. Ant.* (BrMm)

— librorum prohibitor. Juxta exemplar Roman. jussu Sanctiss. Dom. nost. editum an. MDCCCX, accesserunt suis locis nomina eorum qui usque ad hanc diem damnati fuere. 12maj. (18⅔ B.) Mechliniae 838. (Lipsiae, Michelsen.) *

— librorum prohibitorum. Katalog üb. die in den Jahren 1844 u. 1845 in Deutschland verbotenen Bücher. Beitrag zur Geschichte der Presse. 2 Hälften. 8. (2 u. 1½ B.) Jena 845, 46, Luden. à 3 Ngr.

— librorum prohibitorum (usque ad 1. Novbr. 1851) sanctissimi domini nostri Gregorii XVI. Pontificis maximi jussu editus Romae MDCCCXLI. gr. 16. (357 S. m. 1 Kpfr.) Moedoetiae 852. (Paris, F. Didot freres.) 1½ ₰

Index librorum prohibitorum sanctissimi domini nostri Pii IX. pont. max. jussu editus. Edit. novissima, in qua libri omnes ab Apostolica Sede usque ad a. 1876 proscripti suis locis recensentur. gr. 8. (LI, 355 S.) Romae 876. (Regensburg, Pustet.) * *

Index librorum prohibitorum, sanctissimi domini nostri Leonis XIII. Pont. Max. jussu editus. Ed. III. Taurinensis, cum appendice usque ad 1891. 12. (XLVIII, 439 S.) Taurini 891. (Donauwörth, Auer.) * 2 40

— librorum prohibitorum, ssmi d. n. Leonis XIII, iussu et auctoritate recognitus et editus, praemittuntur constitutiones apostolicae de examine et prohibitione librorum. Lex.-8. (XXIII, 316 u. 8 S.) Rom 900. (Loescher & Co.) n.n. 4.—

— dasselbe. Ed. II. Lex.-8. (XXIII, 317 S.) Rom 901. F. Pustet. n. 4.—

Index librorum qui in Dania prodierunt, f. Forlagscatalog.

Index librorum quibus bibliotheca academiae Rheno-Trajectinae ab a. 1841 exeunte usque ad a. 1855 locupletata est. Trajecti ad Rh. 855. Kemink et fil. gr. 8. (2 Bl., 351 S.) n. 24 ngr

Index librorum, quibus bibliothecae Universitatis litterariae (f. 1843: Fridericianae) Halensis consociatae cum Vitebergensi auctae sunt anno 1836 (u. ff. bis 1843). Halae 1837—44: Grunert (f. 1841: Heynemann, f. 1842 f.: Hendel). 8 Bde 8° (2°) (Umfang zwischen 13 u. 36 S.) — Für 1837 bis 1842 ist nur der Tit. lateinisch.

— librorum ad celebranda sacra saecularia confessionis Augustanae traditae tertia annis MDCCCXXIX, MDCCCXXX et MDCCCXXXI, cum in Germania tum extra Germaniam vulgatorum, quorum magnam partem bibliotheca Regia Berolinensis comparavit. Ed. Theoph. Friedlaender. Praemittitur praef. Frid. Wilken. 8 maj. (5¼ B.) Berolini 833, Duemmler.

Index librorum ad celebranda sacra saecularia reformationis ecclesiasticae ... Berol. 1821. V: *Wilken, Friedrich.* (Ky) (MGT)

— librorum bibliopolii J. A. G. Weigel. Fasc. I et II. 8maj. (14¼ B.) Lipsiae 838, [T. O. Weigel.] *
Fasc. I. Biblia. Patres et scriptor. ecclesiast. Histor. ecclesiast. Scriptores class. gr. et lat. * 4 Gr.
II. Scripta philol. Antiquitates. Libri histor. Histor. literar. * 6 Gr.

INDEX DER DEUTSCHEN ZAHNÄRZTLICHEN LITERATUR UND ZAHNÄRZTLICHE BIBLIOGRAPHIE.
Im Auftrage des Zentralvereins deutscher Zahnärzte ... herausgegeben von Prof. Dr. PORT, Heidelberg.
Umfassend die Literatur bis zum Jahre 1902. Heidelberg 1910. Heidelberger Verlagsanstalt und Druckerei 8°.
Im Auftrage des Zentralvereins deutscher Zahnärzte bearbeitet von Prof. Dr. PORT in Heidelberg.
Jahrg. 1. 1903. Heidelberg 1904. Heidelberger Verlagsanstalt und Druckerei (Hörning und Berkenbusch) 8°.
Jahrg. 2. 1904. ib. 1905. —
Jahrg. 3. 1905. ib. 1906. —
Jahrg. 4.[1]) und 5. 1906 und 1907. ib. 1909. —
Jahrg. 11. 1913. Berlin 1914. Verlagsbuchhandlung Hermann Meusser.
[1]) Jahrg. 6—10 erscheinen laut Vermerk in Jahrg. 11 später.

Index der deutschen zahnärztlichen Literatur und zahnärztliche Bibliographie. Umfassend d. Literatur bis z. J. 1902. Im Auftr. d. Zentralvereins deutscher Zahnärzte u. mit Unterstützung d. Herren ... hrsg. von Prof. Dr. [Gottlieb] Port, Heidelberg. Lfg 1. Heidelberg: Heidelb. Verl.-Anst. 1909. 8° [00. 12339]

— dasselbe. Umfassend die Literatur bis z. J. 1902. Im Auftrage d. Zentralvereins deutscher Zahnärzte u. m. Unterstützg. v. H. Albrecht, Bordes, Euler u. a. hrsg. v. Port. (XII, 1419 S.) Lex. 8 Ebd. 910. 27.—; auch in 9 Lfgn. à 3.—

— medicus novus. Inhaltsangabe der periodisch erschein. medicin. Literatur aller Länder. (In deutscher, engl., französ. u. italien. Sprache.) Hrsg.: Conr. Dohany. Red.: Tob. Prusenovsky. 1. Jahrg. Juni—Decbr. 1899. 12 Nrn. gr. 8. (300 S.) Wien, W. Braumüller. n. 8.—
Nr. 1—6 erschienen u. d. T.: Weltliteratur, die medic.

— dasselbe. Red.: Rud. Ed. Bondi. Jahrg. 1900. 24 Nrn. gr. 8. (à ca. 32 S.) Ebd. n. 16.—

— missarum intentionum in usum .... gr. 8. (100 Bl. Rubriken m. latein. Texten.) Wien 901. (St. Norbertus.) Geb. in Leinw. n. 1. 50

Index Musei Linckiani, oder systematisches Verzeichniss der vornehmsten Stücke der Linckischen Naturaliensammlung zu Leipzig. Leipzig 1783—87. V: *Lincke (Linck), Johann Heinrich.* (Ky) (MGT) (Adel)

— musei Linkiani, od. Verzeichniß d. Linkischen Natural. Samml. in Leipzig. 3 Thle. gr. 8. Lpz. Weygang. 783—87.

Index numismatum percussorum

Index numismatum in virorum de rebus medicis aut physicis meritorum memoriam percussorum. Berolini: 1823

s.: Rudolphi, Karl Asmund: Viro illustri Christophoro Knape...honores doctorales decem ante lustra rite acceptos sincere gratulatur.

JB 910

Index numismatum percussorum

Index numismatum in virorum de rebus medicis vel physicis meritorum memoriam percussorum. Berolini: 1825

s.a. Blumenbach, Ioanni Fr(iderico),...viro illustri, Germaniae decori, diem semisecularem physiophili Germanici laete gratulantur.

JB 911

Index numismatum in virorum de rebus medicis vel physicis meritorum memoriam percussorum. Berolini 1825. V: *Rudolphi, Carl Asmund.* (EngM)

Index academicorum philosophorum Herculanensis. Edid. Franc. Buecheler. gr. 4. (24 S.) Gryphiswaldiae 869. (Berlin, Calvary und Comp.) *

Academicorum philosophorum index Herculanensis ed. Segofredus Mekler. *Berolini: Weidmann 1902.* (XXXIII, 134 S.) 8°

Index plantarum horti botanici Halensis. Halae Magdeb. 1771. V: *Junghanss, Philipp Caspar.* (Erman & Horn, Bibliogr. d. dtsch. Universitäten. 2. Leipz. u. Berl. 1904.)

— plantarum horti botanici Halensis. 8. Hannov. 797. Hahn. 2 ℛ

— plantarum horti botanici Marburgensis. 8. Marb. 807. Krieger. 6 ℊ

— plantarum, quae in horto acad. Lugd. Batav. aluntur. c. fig. 8. Leid. 720.

Index praelectionum ... in academia Borussica Rhenana per m. hib. a. 1820—21 ... habendarum. Bonnae, litt. Kupferbergianis (1820). 12 S. 4. ¶ Ohne Prooemium.

⊙ Index Praelectionum tam publicarum quam privatarum in Gymnasio Hamburgensi 1817—18 habitarum et 1818—19 habendarum. Hamburgi. 1818. 4° k.

Index regni vegetabilis, qui continet plantes omnes, quae habentur in Linnaeani Systematis editione ... duodecima. Viennae 1770. V: *Jacquin, Nic. Jos.* (BrMm)

— rerum notatu dignissimarum quae in Gebaueri exercitat. acad. deprehenduntur. 4. Gött. 797. Schneider. 4 ℊ

Index rerum gestarum divi Augusti sive Monumentum Ancyranum una cum Graecae interpretationis reliquiis Ancyranis et Apolloniensibus. 8. [Turici 1859.]
[*Sep.-Abdr. aus:* P. Cornelii Taciti opera ... recensuit Jo. Gaspar Orellius Volumen I. Ed. 2a.]

Index rerum et verborum in Ovidii fastor. lib. ed. Gierig, s.a. Ovidius.

Index rerum et verborum in Ovidii Fastis occurentium ... Lipsiae 1814. V (Index rerum): *Schroer, Wilh.* (Index verborum A—D): *Hessler, J. K. G.* (Index verb. E—Z): *Ebert, Frdr. Adolph.* (Ky) (MGT)

— rerum et verborum in Ovidii Fastis occurrentium ad ed. Gierigii accommodatus, (ed. M. Schröer, F. A. Ebert et J. K. G. Hessler) 8 maj. Lpz. 814 Schwickert. 2 ℛ 6 ℊ

Index rerum et verborum, quae in tribus tomis Principiorum juris civilis Romano-Germanici Caroli Christophori Hofacker continentur ... Tubingae 1801. V: *Faulhaber, Gg Phil.* (MGT)

Index scholarum ... Bonn.

Index scholarvm qvae ... in vniversitate Fridericia Gvilelmia Rhenana per m. aest. a. 1870 ... habebvntvr. Bonnae, form. C. Georgi (1870). 1 Bl., 11 S., 3 Bl. 4. ¶ Ohne Prooemium.

Index scholarum ... Breslau.

—— scholarum in Universit. litterar. Vratislaviensi per aestatem a. 1841 habendarum, s. Eclogae.

Index scholarum ... Göttingen.

—— scholarum publice et privatim in Academia Georgia Augusta per Semestre hibernum a. 1845—46 habendarum. Praemissa est epicrisis quaestionis de Demosthenis anno natali. 4maj. (25 S.) Gottingae 847, libr. Dieterich. *

—— id. — Per semestre aestivum a. 1846. Praemissa sunt analecta de aetate et usu scholiorum Persianorum. 4maj. (29 S.) Ibid. 847. *

—— id. — Per semestre hibernum a. 1846—47. Praemissa est disputatio de theoria Deliaca. 4maj. (26 S.) Ibid. 847. *

—— id. — Per semestre aestivum a. 1847. Praemissa est disputatio de codicibus Juvenalis recte existimandis. 4maj. (30 S.) Ibid. 847. *

—— id. — Per semestre hibernum a. 1847—48. Praemissae sunt (Hermanni) quaestiones de probole apud Atticos. 4maj. (30 S.) Ibid. 847. *

—— id. — Per semestre aestivum a. 1847 habendarum. — Praemissa est (C. F. Hermanni) disputatio de loco Ciceronis pro Sestio c. XXXIII. 4maj. (25 S.) Ibid. 848.

Index scholarum ... Halle-Wittenberg.

— scholarum in universitate litteraria Fridericiana Halensi cum Vitebergensi consociata per hiemem a. 1847—1848 a die XV. Octob. usque ad diem VIII. Aprilis publice privatimque habendarum. Inest Leonis de Anglosaxorum literis gutturalibus commentatio. 4maj. (VI und 13 S.) Halae 847, (Hendel.)

Index scholarum ... Hamburg.

Index scholarum in Gymnasio Hamburgensium academico habendarum. 1833--1834. 1835--1836. 1839-1840. Hamburgi 1833, 35, 39.

Index scholarum ... Jena.

— scholarum publicae privatimque in Universitate litterarum Jenensi per aestatem anni 1833 — 1840, inde a die 20. Oct. habendar. Praefat. est H. C. A. Eichstadius. 4maj. Jena 833 — 39. Bran. (1833 — 1836, 16 Halbjahr (à $^1/_8$ ß), $^7/_8$ ß; 1836, 26, — 1837 (à $^1/_6$ ß) $^1/_2$ ß; 1838 — 1840 (à $^1/_8$ ß) $^5/_8$ ß), zusammen $2^7/_8$ ß

— scholarum publicae privatimque in Universit. litterar. Ienensi per aestatem et hiemem a. 1835. Praef. est Henr. Car. Abr. Eichstadius. 4maj. Jenae, libr. Bran. à

— id — per aestatem et hiemem a. 1836. Praef. est H. C. A. Eichstadius. 4maj. Ibid. [1. (...) $^1/_8$ Thlr., 2. ($2^1/_4$ B. u. 1 Tab.) $^1/_6$ Thlr.]

Index scholarum publ. priv. etc. per aestatem et hiemem a. 1837. Praef. est H. C. A. Eichstadius. 4 maj. Jenae, libr. Bran. [1. ($2^1/_4$ B. u. 1 Tab.), 2. ($2^3/_4$ B.) à $^1/_6$ Thlr.] Thlr.

— id. — per aestatem et hiemem a. 1838. Praef. est H. C. A. Eichstadius. 4maj. Ibid. [1. ($1^3/_4$ B. u. 1 Tab.), 2. ($2^1/_4$ B. u. 1 Tab.) à $^1/_8$ Thlr.]

— id. — per aestatem et hiemem a. 1839. Praef. est H. C. A. Eichstadius. 4maj. Ibid. [1. ($2^1/_4$ B. u. 1 Tab.), 2. (3 B. incl. 1 Tab.) à $^1/_8$ Thlr.]

— id. — per aestatem et hiemem a. 1840. Praef. est H. C. A. Eichstadius. 4maj. Ibid. [1. (...), 2. ($2^1/_4$ B. u. 1 Tab.) à $^1/_8$ Thlr.]

— id. — per aestatem et hiemem à 1841. Praef. est H. C. A. Eichstadius. 4maj. Ibid. [1. (2 B. u. 1 Tab.), 2. (...) à $^1/_8$ Thlr.]

— scholarum aestivarum publice privatimque in Universitate litterarum Ienensi inde a die XXVI. m. Aprilis usque ad diem XI. m. Septembris anni 1841 habendarum. Praefatus est Hnr. Car. Abr. Eichstadius. 4maj. (Mit 1 Tab.) Ienae 841, libr. Bran. $^1/_8$ ß

— scholarum aestivarum publice et privat. in Univers. litterar. Ienensi inde a m. April. usque ad m. Sept. annor. 1842, 43, 44 et 46 habendarum. Praef. est Henr. Car. Abr. Eichstadius. 4maj. Ienae, libr. Bran. [1842. ($2^1/_2$ B. u. 1 Tab.) 43. ($2^3/_4$ B.) 44. (3 B.) 46. (2 B. u. 1 Tab.) à $3^3/_4$ Ngr.]

— id. a die 13. m. Aprilis usque ad diem 3. m. Sept. anni 1842 habendarum. Praefatus est Hnr. Car. Abr. Eichstadius. 4maj. (Mit 1 Tab.) ibid. 842. $^1/_8$ ß

— id. a die XXIV. m. Aprilis usque ad diem II. m. Sept. anni MDCCCXLIII. Praefatus est H. C. Abr. Eichstadius. 4maj. ibid. 843. $^1/_8$ ß

— id. a die XXII. m. Apr. usque ad diem VII. m. Sept. a. MDCCCXLIV habendarum. Praefatus est H. C. Abr. Eichstadius. 4 maj. ibid. 844. $^1/_8$ ß

— id. a die XX. m. Aprilis usque ad diem V. m. Sept. MDCCCXLVI habendarum, auctoritate prorectoris magnifici Car. Ern. Schmidii edit. Praefatus est H. C. Abr. Eichstadius. 4maj. ibid. 846. $^1/_8$ ß

— scholarum aestivarum publice et privatim in Universitate litterarum Jenensi inde a die XXVI. m. Apr. a. 1847 habendarum. Praefatus est Henr. Car. Abr. Eichstadius. 4. (20 S. und 1 Tab.) Jena 847, libr. Bran. *

— id. — inde a die XV m. Aprilis a. 1850 habendarum. Praefatus est Ferd. Handius. 4maj. (22 S. und 1 Tab. in Fol.) Ibid. 850. *

Index scholarum hibernarum publice et privatim in Universitate litterarum Ienensi inde a die XXIV. m. Octobr. a. MDCCCXLII usque ad diem XVIII. m. Mart. a. MDCCCXLIII habendarum. Praefatus est H. C. Abr. Eichstadius. 4maj. (Mit 1 Tabelle.) Ienae 842, libr. Bran. $^1/_8$ ß

— scholarum hibernar. publice et privat. in Univers. litterar. Ienensi inde a m. Octbr. anni 1842 usque ad m. Martii annor. 1843, 44, 45 et 46 habendarum. Praef. est Henr. Car. Abr. Eichstadius. 4maj. Ienae, libr. Bran. [1843. (2 B. u. 1 Tab.) 44. (3 B.) 45. (3 B.) 46. ($2^1/_2$ B.) à $3^3/_4$ Ngr.]

— id. a die XXIII. m. Octobr. a. MDCCCXLIII usque ad diem XVI. m. Martii a. MDCCCXLIV habendarum. Praefatus est H. C. Abr. Eichstadius. 4maj. ibid. 843. $^1/_8$ ß

— id. a die XXI. m. Octobr. a. MDCCCXLIV usque ad diem XV. m. Martii a. MDCCCXLV habendarum. Praefatus est H. C. Abr. Eichstadius. 4maj. ibid. 844. $^1/_8$ ß

— id. a die XX. m. Octobr. a. MDCCCXLV usque ad diem XIV. m. Martii a MDCCCXLVI habendarum. Praefatus est H. C. Abr. Eichstadius. 4. ibid. 845. $^1/_8$ ß

— scholarum hibernar. publice et privat. in Univers. litterarum Jenensi inde a die 19. Octbr. 1846 habendarum. Praefat. est Henr. Car. Abr. Eichstadius. 4 maj. (2 B. u. 1 Tab.) Jenae 846, libr. Bran.

— scholarum hibernarum publice et privatim in universitate litterarum Jenensi inde a die XVIII. m. Octbr. 1847 habendarum. Praefatus est Car. Abr. Eichstadius. 4maj. (20 S.) Ibid. 847.

— id. — inde a die XXIII. Otobr. a. 1848, 49 et 50. habendarum. Praefatus est Ferd. Handius. 4maj. Ibid. [1848. (24 S.) 3 Ngr., 49. (27 S. und 1 Tab. in Fol.) 4 Ngr., 50. (24 S. und 1 Tab. in qu. Fol.) 3 Ngr.]

Index scholarum ... Kiel.

Index scholarum in academia (regia) Christiana Albertina per instans semestre ... habendarum. 1824/25, 1829/30, 1830, 1830/31, 1831, 1831/32, 1832, 1833, 1840/41, 1842, 1854, 1854/55. Kiliae (Holsatorum) (1824–1854.) 4°

— seminum in horto botanico reg. Berolinensi collectorum, s.: Notizblatt des königl. botan. Gartens u. Museums zu Berlin. Appendix VIII.

— seminum in horto botanico reg. Berolinensi-Dahlemensi collectorum, s.: Notizblatt d. königl. botan. Gartens u. Museums zu Berlin-Dahlem. Appendix.

Index seminum et plantarum horti Gryphici systematicus. Gryphiae 1773. V: *Weigel, Chn Ehrenfried.* (Erman & Horn, Bibliogr. d. dtsch. Universitäten. 2. Leipz. u. Berl. 1904.)

— tabularum pictar. et caelatar., quae longaevos repraesentant. 4 maj. Kopenh. 783. Schubothe. 10 ℛ

— omnium titulorum, qui in libris juris civilis et canonici inveniuntur, ordine alphabetico dispositus. Cum Blumiano Pandectarum conspectu nunc emendatior ac locupletior editus. 8maj. Halis Sax. 811, Anton. 1/4 ℛ

— verbor. et phrasium difficilior. ad libr. lection. latin. 8. Helmst. 781. (Fleckeisen). 3 ℛ

Index verbor. et phrasium difficilior. ad libr. lection. latin. 8. Helmst. Kühnlin. 781. Rthlr. ·

— vocum hebraear. etc. in. usum juvent. 8. Berl. Franke. 722.

Index verlegener Werke von Rud. Gärtner in Berlin. In schöne Reime gebracht für Artige Sortimenter. Berlin [1868]. V: *Parey, Paul.* (stadtBiblBerlin X, S. 29)

Indiana. Lstsp. v. Thompson. 8. Frkf. Brönner. (a. Gebhardt u. R.) 776. —

Indiana. Department of geology and natural resources. 18. annual report. 1893. by S S Gorby. Indianapolis 1894

Indiana Deutsche Zeitung : Jan. 1874 - 1877?

Republican daily, evening except Sunday, supported Hayes. For weekly edition, see WÖCHENTLICHE INDIANA DEUTSCHE ZEITUNG. For Sunday edition, see SONNTAGSBLATT DER INDIANA DEUTSCHEN ZEITUNG. Circulation: 1876, 2208; 1877, 1800. Edited & published by Charles B. Lizius, 1874; by C. H. Heinrich, 1875 - 77. Other editors: Franz Goldhausen; Karl Knortz.
Indianapolis, IN

Sonntagsblatt der Indiana Deutschen Zeitung : 1874? - 1877? Indianapolis, IN

Sunday edition of INDIANA DEUTSCHE ZEITUNG. Circulation: 1875, 1152.
In 1878 merged with DIE TRIBÜNE.

Wöchentliche Indiana Deutsche Zeitung : 1873? - 1877. Indianapolis, IN

Weekly edition of INDIANA DEUTSCHE ZEITUNG. Circulation: 1875, 1566.

Indiana Freie Presse : 1883 - 1909

Independent weekly. Merged with DIE INDIANA POST. Merged with DEMOKRAT in 1909. Edited & published by Carl Langner.
Evansville, IL

Indiana Freie Presse : 1902? - 1904? Indianapolis, IN

Republican weekly. Published by Freie Presse Publishing Co.

Indiana Katholisches Wochenblatt : 1885 - 1886? Fort Wayne, IL

Weekly. Roman Catholic.

Die Indiana Post : 1879 - 1912.

Weekly. Republican, 1879 - 83; Independent Republican, 1883 - 1901; independent, 1902 - 12. Absorbed DER ANZEIGER, and INDIANA FREIE PRESSE. Merged with TÄGLICHER EVANSVILLE DEMOKRAT. Title varies: DIE INDIANA POST, 1879 - 1901; INDIANA POST UND ANZEIGER, 1902 - 06; DIE INDIANA POST, 1907; INDIANA POST UND FREIE PRESSE, 1908 - 12. Circulation: 1880, 1100 (est.); 1890, 1500; 1900, 1600; 1907, 2300. Edited & published by Ernst Wilkom, 1879 - 1900; by Lena M. Wilkom, 1901; by Carl Langner, 1902 - 06; by Ernst R. Welcker, 1907; by Carl Langner, 1908 - 12.
Evansville, IL

Indiana Staats-Zeitung : May 1867 - Sept. 1908

Tri-weekly, 1867 - 77, daily, evening except Sunday, 1877 - 1908. Democratic; supported Tilden. For weekly edition, see WÖCHENTLICHE INDIANA STAATS-ZEITUNG. Title varies slightly: INDIANA STAATSZEITUNG, 1867 - May 15, 1872. Continued from FORT WAYNE DEMOKRAT. Merged with FREIE PRESSE. Circulation: 1870, 600 (est.); 1880, 900 (est.); 1890, 1000; 1900, 1800. Edited & published by Indiana Staats Zeitung Co., 1901 - 08.
Fort Wayne, IL

Wöchentliche Indiana Staats-Zeitung : Oct.? 1859 - 1908.

Weekly, 1859 - 78, semi-weekly, 1879 - 1908; an edition of INDIANA STAATS-ZEITUNG. Circulation: 1870, 2000 (est.); 1880, 1300; 1890, 1500; 1900, 1972.
Fort Wayne, IL

Indiana Tribüne : Oct. 1877? - June 1907.

Daily, evening except Sunday, independent, but Republican 1882 - 86, and for Labor in 1887 - 94. For weekly edition, see WÖCHENTLICHE INDIANA TRIBÜNE. For Sunday edition, see SONNTAGSBLATT DER INDIANA TRIBÜNE. United with INDIANAPOLIS TELEGRAPH, to form TELEGRAPH UND TRIBÜNE. Circulation: 1885, 3000; 1895, 4116; 1900, 4576; 1905, 4300. Edited by Charles B. Lizius, & published by Louis P. Hild, 1877 - 79; edited & published by Otto Schissel, 1880 - 81; edited by Philip Rappaport, 1882 - Apr. 1900; by August Tamm, May 1900 - 1907; published by K. Tennhardt & Co., 1882; by Tribüne Publishing Co., 1883 - 1901; by Gutenberg Co., 1901 - 07.
Indianapolis, IN

Sonntagsblatt der Indiana Tribüne : 1882? - Feb. 1907

Sunday edition of INDIANA TRIBÜNE. Circulation: 1885, 3500; 1895, 4371; 1900, 4623.
Indianapolis, IN

Wöchentliche Indiana Tribüne : 1878? - 1898? Indianapolis, IN

Weekly edition of INDIANA TRIBÜNE. Circulation: 1890, 800.

Indiana Union : 1868 - 1870? Lafayette, IN

Republican weekly. Edited & published by Carl Wohlen.

Indiana Volksblatt : Oct. 1848 - 1875?

Democratic weekly. Absorbed by INDIANA TELEGRAPH. Circulation: 1870, 2800; 1875, 1050. Edited & published by Julius Boetticher, 1848 - 75.
Indianapolis, IN

Indiana Volksblatt und Wöchentlicher Telegraph : Sept.? 1868 - June 1907.

Weekly edition of TÄGLICHER TELEGRAPH. Title varies: INDIANA TELEGRAPH, WOCHENBLATT. Absorbed INDIANA VOLKSBLATT. Circulation: 1870, 1500 (est.), 1885, 4420; 1900, 4100; 1905, 5200.
Inianapolis, IN

Indiana Volksfreund : Dec. 1871 - 1876.

Weekly edition of FORT WAYNE TAGBLATT, 1876. Circulation: 1876, 2600. Edited & published by Rudolph Worch, 1871 - 76.
Fort Wayne, IL

Indiana Volksfreund : 1884? - 1885? Goshen, IN

Republican weekly. Edited & published by Casper Hett

Indianer, die, in England. Lustsp. v. Kotzebue. 8. Leipzig, Kummer. 791.

Indianer, die 6 Kupferrothen, von d. Stamme d. großen Osagen, welche von den Missuri d. 27. Juli 1827 zu Havre de Grace in Frankreich angelangt sind. Nach d. Französ. Mit 1 ill. Abbild. gr. 8. Lpz. 827, Industrie-Cpt.

Die Indianer v. Neufundland. Eine Erzählung; frei nach Murray bearbeitet, von Wilhelm Lual (... Nro. 197).
Reutlingen: Druck und Verlag von Rob. Bardtenschlager in Reutlingen
o. J. (1885), 64 S., 16; ... 11 S. U.-Ill.: *Schon [illegible] eine Anzahl Micmacs [illegible] durch den schmalen Zugang in die Höhle*, 9 ... 78.
HBS d. D [illegible] K 3456.
Zum nicht identifizierbaren Autor vgl. Johannsen II, S. 214.

Indianerapostel, e., neuerer Zeit od. Wirken des P. Petrus de Smet, S. J., s.: Unterhaltungs-Bibliothek, Steyler. 9.

Indianer- u. Volksbibliothek. Nr. 13, 20, 26—32, 34, 35, 37, 39, 46—77 u. 101. 12. (à ca. 64 S.) Berlin, A. Weichert. à — 25

Inhaltsübersicht in alphabet. Ordnung:

Ansiedelung, die, am Pecos. E. Erzählg. aus d. Südwesten Amerikas. 896. (Nr. 53.)
Bolten, Wilh. Pekajah, d. letzte Häuptling d. Wyandots. E. Erzählg. aus d. Zeit d. Indianerkriege in Nordamerika. 898. (Nr. 32.)
— unt. d. Südseeinsulanern. E. geschichtl. Robinsonade. 898. (Nr. 34.)
Büttner, Heinr., gefangen bei d. Sioux-Indianern. Nach d. Tagebuchblättern v. Miß Coleson. 898. (Nr. 29.)
Dittmann, Holger, am Hofe d Kaisers v. China od. die Greuelthaten v. Tien-Tsin. E. Erzählg. 896. (Nr. 71.)
Falk, Herib. v., auf d. Kriegspfade d. Comanchen. E. Erzählg. aus d. Indianer-Territorien. 898. (Nr. 31.)
Fehlau, Mart., Georg Petermann, d. Zigeunerhauptmann. Seine kühnen Abenteuer, Irrfahrten u. s. seltsamen Erlebnisse. Dem Volke erzählt. 896. (Nr. 47.)
Felsenriff, das, od. auf einsamer Fährte. E. Erzählg. aus d. Seemannsleben. 896. (Nr. 64.)
Frey, Herbert, auf Tod u. Leben od.: D. Wildtöter. E. Erzählg. aus Wild-West. 898. (Nr. 28.)
— Rio, d. Schrecken d. [illegible]. E. seltsames Abenteuer in d. Jagdgründen d. Navahoes. 898. (Nr. 26.)
Genoveva, die tugendhafte Gattin, die um Tugend halber schweres Ungemach erdulden mußte. E. Erzählg. f. d. deutsche Volk. 896. (Nr. 77.)
Grollmann, A., die Kronenräuber v. Birma. E. Erzählg. 896. (Nr. 69.)
— die fürstliche Nachtwandlerin od. Zwischen Himmel u. Erde. Erzählg. 898. (Nr. 39.)
— Admiral Nelson, d. Seeheld. 896. (Nr. 101.)
— d. schwarze Rebell v. Cuba. Erzählg. 896. (Nr. 74.)
— d. Schlangenkönigin. E. Erzählg. 896. (Nr. 75.)
— d. Zauberer v. Rom. E. Erzählg. 896. (Nr. 76.)
Johnson, Walt., am Red-River od. Abenteuer e. verl. Postens im Urwald. 896. (Nr. 72.)
Irving, Tom, d. [illegible] v. Red-River. E. Erzählg. 898. (Nr. 37.)
Leonhardt, Emin, [illegible] Terosa, d. kühne Räuberhauptmann, genannt: [illegible] v. Cassari. Erzählg. f. d. reif. Jugend. 896. (Nr. 61.)
Nord, Emil v., am [illegible] d. Sultans v. Nepal. E. Erzählg. f. d. Jugend. 896. (Nr. 62.)
— die wilden [illegible] Hinter-Indiens. E. Erzählg. 896. (Nr. 56.)
Nord, Emil v., Buffalo-Bill, d. Pfadfinder. E. Erzählg. f. d. Jugend. 896. (Nr. 63.)
— d. Deserteur a. d. Fremdenlegion. E. wahre Begebenheit nach Aufzeichngn. e. alten [illegible]. 896. (Nr. 61.)
— d. Geheimnis d. [illegible] Häuptlings. E. Erzählg. aus d. Indianerleben [illegible]. 896. (Nr. 60.)
— der [illegible]. E. [illegible] Erzählg. aus d. vor. Jahrh. 896. (Nr. [illegible])
— [illegible]. E. [illegible] Erzählg. aus d. 16. Jahrh. Neu bearb. [illegible])
— [illegible] d. [illegible] d. Sklavenschiff. E. Erzählg. f. d. Jugend. 896. (Nr. [illegible])
— [illegible] Kampf auf Leben u. Tod. E. Erzählg. nach alten [illegible] e. [illegible]stammes in Mittelasien. 896. (Nr. [illegible])
— [illegible] Begebenheit. E. Jugend[illegible]
— d. rote Seeräuber. E. Erzählg. aus d. Seemannsleben. 896. (Nr. 51.)
— Claus Störtenbecker, d. Pirat d. Nordsee. E. Erzählg. f. d. Jugend aus d. 15. Jahrh. 896. (Nr. 57.)
— Tippu-Tipp, d. grausame Sklaven-Händler. E. Erzählg. f. d. Jugend. 896. (Nr. 68.)
— d. Untergang d. Erde u. d. Reise d. letzten Erdenbewohner nach d. Mars. Erzählg. f. d. Jugend. 896. (Nr. 55.)
— Zipig Beitels Reise-Abenteuer. E. Erzählg. f. d. Jugend. 896. (Nr. 65.)
— Witboot, d. grausame Kaffern-Häuptling in Deutsch-Süd-West-Afrika. E. Erzählg. f. d. Jugend. 896. (Nr. 73.)
— im Zwischendeck e. Auswandererschiffes. E. Erzählg. f. d. Jugend. 896. (Nr. 50.)
Nordeck, Erich v., die heimliche Vehme. E. Erzählg. aus d. 13. Jahrh. 898. (Nr. 30.)
Peters, M., auf d. Kriegspfade. E. Erzählg. aus d. Indianerleben. 898. (Nr. 27.)
Prince, in d. Gefangenschaft d. Papuaneger. Aus d. Erzählgn. u. Erlebnissen d. P. 898. (Nr. 20.)
Reinhold, Caes., d. überfall. Einsiedler. E. Erzählg. aus d. Wildnissen Süd-Amerikas. 898. (Nr. 35.)
Schön, Walter, Rinaldo Rinaldini. E. Erzählg. 896. (Nr. 46.)
Smith, John, der Ansiedler v. Mississippi. E. Erzählg. 898. (Nr. 13.)
Station, die, im Busch. E. Erzählg. aus d. Leben d. Ansiedler in Australien. 896. (Nr. 52.)
Ueberfall, der, im Urwalde. E. Erzählg. aus d. fernen Westen. 896. (Nr. 66.)
Welten, Rich., d. Helden im Blockhause. E. Erzählg. 896. (Nr. 49.)

Indianer- u. Volksbibliothek. Nr. 87—100, 102—105, 344—348, 350—360. 12. (à ca. 32 S.) Berlin, A. Weichert. à — 15

Aus d. Leben e. Löwenbändigers. Nach eig. Erlebnissen v. ihm selbst erzählt. 896. (Nr. 97.)
Dimidow, Jgn., d. Bergwerksträfling od. 2 Jahre in d. Silberminen Sibiriens. 896. (Nr. 100.)
Golde, Paul, Abenteuer im Goldlande. E. Erzählg. a. d. westl. Nordamerika. 896. (Nr. 358.)
Gradik, Walt., durch eig. Schuld. E. Erzählg. aus d. Wildnissen d. nördl. Amerika. 898. (Nr. 344.)
Grollmann, A., d. Todesfahrt Jeultas, d. Japanen. E. Erzählg. aus d. japanisch-chines. Kriege. 896. (Nr. 103.)
Hagedorn, Konr., Kaspar Hauser, e. königl. Findling? Eine wunderbare, doch wahre Begebenheit aus der 1. Hälfte des 19. Jahrh. 896. (Nr. 96.)
Hansen, Ernst, der schwarze Jack. Ein Seeabenteuer aus d. stillen Ocean. 898. (Nr. 356.)
Herbst, Fritz, Pats Eiland od.: D. rote Kannibale. E. Erzählg. f. d. Jugend. 898. (Nr. 352.)
Hilberts, Karl, d. Millionär v. New Orleans. E. Erzählg. f. d. Jugend. 898. (Nr. 354.)
Kalk, Ernst, Gold u. Blut od.: Unt. d. Goldgräbern Californiens. E. Erzählg. f. d. Jugend. 898. (Nr. 350.)
— der Schatz d. Goldgräbers. E. Erzählg. f. d. Jugend. 898. (Nr. 357.)
— die Strandräuber. E. Erzählg. f. d. Jugend. 898. (Nr. 353.)
Kilian, Rob., in der Wildnis Australiens. E. Erzählg. f. d. Jugend. 898. (Nr. 359.)
King, Fred, die Indianer d. Felsenberge. E. Erzählg. f. d. Jugend. 898. (Nr. 348.)
Klaus, Jens, v. Sturm verschlagen. E. Erzählg. aus d. Seemannsleben. 898. (Nr. 351.)
Knight, Henry, d. Rache d. Comanches-Indianer. E. Erzählg. aus d. Indianergebiet d. Verein. Staaten. 898. (Nr. 355.)
Lichtner, Oswin, Ehrich, e. junger deutscher Held. E. Erzählg. 898. (Nr. 345.)
Nord, Emil v., d. Amazonenschiff. E. interessante Erzählg. f. d. Jugend. 896. (Nr. 88.)
— das Geheimnis d. schwarzen Corsaren. E. Erzählg. aus d. Seeräuberleben. 896. (Nr. 104.)
— d. Geheimnis d. Löwenhöhle. E. Erzählg. f. d. Jugend. 896. (Nr. 102.)
— im Kampfe m. d. wilden Sioux. E. Erzählg. aus d. Texas. 896. (Nr. 91.)
— e. Löwenjagd. E. wahre Begebenheit. Nach eig. Erlebnissen f. d. Jugend erzählt. 896. (Nr. 94.)
— e. Nachtgefecht auf d. roten Flusse. E. Erzählg. aus d. französisch-tonkines. Kriege nach eig. Erlebnissen. 896. (Nr. 89.)
— e. Reise nach d. Mittelpunkt d. Erde. E. Erzählg. f. d. Jugend. 896. (Nr. 87.)
— d. Reiter ohne Kopf. E. Erzählg. aus d. Texas f. d. Jugend. 896. (Nr. 90.)
— d. Schatz im Felsentempel. E. Erzählg. f. d. Jugend. 896. (Nr. 95.)
Panterzahn, d. Häuptling d. Apachen. E. Erzählg. aus d. Leben d. westl. Jäger. 896. (Nr. 105.)
Schwestern, d. drei. E. Geschichte m. vielen Abenteuern u. Bezaubergn., auch deren Lösg. durch Reinald, genannt d. Wunderkind. 898. (Nr. 360.)
Ternaud, Will, Tschi-Ju-King. Der Verräter v. Korea. E. Erzählg. aus d. Befreiungskampfe d. Koreaner. 896. (Nr. 98.)
Waldau, Erwin, verirrt in d. Wildnis. E. Erzählg. aus d. nördl. Amerika. 898. (Nr. 346.)
Walden, Heinr., auf d. Rio Gila. E. Erzählg. aus d. Südwesten d. verein. Staaten v. Amerika. 896. (Nr. 93.)
„Wali", d. Insel-König. E. Erzählg. aus Neuseeland. 896. (Nr. 92.)
Wernli, Alf., Wilhelm Tell, d. Held d. Schweizer Volkes. Histor. Erzählg. aus d. Anfang d. 14. Jahrh. 896. (Nr. 99.)
Winter, Bernh., im austral. Busch. E. Erzählg. f. d. Jugend. 898. (Nr. 347.)
Früher u. d. T.: Jugend- u. Volksbibliothek.

Indianer- u. Volksbibliothek. Nr. 343 u. 349. 12. Berlin, A. Weichert. à — 15

343. Der Juwelenschatz od.: Der Strandherr v. Dagöe. Eine Erzählg. f. die Jugend. Von Erhard Halm. (29 S.) (899.)
349. Die Schmuggler. Eine Erzählg. f. die Jugend. Von Osc. Becker. (32 S.) (899.)

Indianer-Bücher. Eine Sammlg. lehrreicher u. interessanter Erzählgn. f. die Jugend. Nr. 1—36 u. 39—41. 12. (à ca. 64 S.) Berlin (902). [Tessaro-Verlag.] Langensalza, K. Dietmar. à — 25

Inhaltsübersicht in alphabetischer Ordnung:

Briand, Ch., die Letzte ihres Stammes. Eine Geschichte aus der Vergangenheit Spaniens. (Nr. 2.)
— vor dem Marterpfahle bewahrt. Schicksale e. Natchez-Sachems. (Nr. 25.)
Dietrich, K., die Rache Utalissis. Eine Erzählg. aus d. Vergangenheit Louisianas. (Nr. 27.)
Dumassen, A., die Abenteuer des Kapitäns Larron. Erlebnisse e. Piratenkapitäns. (Nr. 26.)
— John, der Wolfs- u. Indianertöter. Kanadische Erzählg. (Nr. 3.)
Edgeworth, Maria, der dankbare Neger. Eine Erzählg. v. der Insel Jamaika. (Nr. 13.)
Elter, E., eine furchtbare Strafe. Ein Sittenbild aus dem Leben der Kabylen. (Nr. 35.)
Genlis, D., vom Scheiterhaufen errettet. Eine Erzählg. aus Perus Vergangenheit. (Nr. 19.)
Hauff, W., die unheimliche Waldschenke. Eine Räubergeschichte aus dem Spessart. (Nr. 29.)

Hudibras, P., der Sklaverei entronnen. Wunderbare Rettg. fünf engl. Matrosen. (Nr. 10.)
Hugo, Vict., der entlassene Sträfling. Eine Erzählg. nach dem Leben. (Nr. 31.)
Ploetz, K., der bucklige Buschranger. Ein Abenteuer in Australien. Erzählt nach dem Tagebuche e. Ansiedlers. (Nr. 21.)
— ein moderner Räuberhauptmann. Nach e. wahren Begebenheit. (Nr. 34.)
— der prophetische Verbrecher. Eine Kriminalgeschichte. (Nr. 20.)
— der wunderbare Zauber. Eine Erzählg. aus der Zeit der Kreuzzüge. (Nr. 4.)
Rickert, M., der Bandit v. Korsika. (Nr. 32.)
— eine sonderbare Begegnung. Ein Erlebnis im Urwalde von Borneo. (Nr. 33.)
— von Boxern gehetzt. Eine Erzählg. aus dem chines. Aufstande. (Nr. 18.)
— Burenhelden. Erzählungen aus der Vergangenheit d. Burenvolkes. (Nr. 11.)
— im Burenkriege. Abenteuer aus dem Freiheitskampfe der Buren gegen England. (Nr. 24.)
— in den Diamantgruben Afrikas. Erlebnisse zweier Diamantengräber in Kimberley. (Nr. 16.)
— der schwarze Douglas od. der furchtbare Schottenheld. Nach Walt. Scott erzählt. (Nr. 40.)
— die Ermordung des Paschas. Eine Erzählg. aus dem Orient. (Nr. 26.)
— gefangen bei den Georgiern. Eine Erzählg. aus d. Kaukasus. (Nr. 5.)
— von Jaguaren belagert. Abenteuer im brasilian. Urwald. (Nr. 8.)
Rickert, M., der Kampf am Bir Marran. Scenen aus dem Leben der arab. Beduinen Mesopotamiens. (Nr. 12.)
— der Kampf m. dem Nordpol od. die Schrecken der Polarnacht. (Nr. 1.)
— Pignada, der Gaucho. Szenen aus Argentinien. (Nr. 41.)
— der chinesische Pirat. Scenen aus d. südchines. Meere. (Nr. 30.)
— korsische Rache. Eine Erzählg. aus der Vergangenheit Korsikas. (Nr. 36.)
— der Scharfrichter v. Berlin. Nach e. wirkl. Begebenheit. (Nr. 22.)
— ein unerbittlicher Skalpjäger. Erlebnisse e. Franzosen im Gebiete der Kiowas. (Nr. 15.)
— auf den Spuren der Yagnis. Erzählg. aus Mexiko. (Nr. 6.)
— der schwarze Tod. Scenen aus dem ind. Leben. (Nr. 17.)
— ein grausiges Verbrechen. Nach e. wahren Mordgeschichte aus Kroatien. (Nr. 14.)
— im Weltmeere verloren. Erzählung. (Nr. 9.)
— Zitkala-Sa, die Ogalla-Maid. Scenen aus Wild-West. (Nr. 28.)
Scott, Walt., ein gesetzter König. Eine geschichtl. Erzählg. aus Schottlands Vergangenheit. (Nr. 7.)
Souvestre, in e. Gletscherspalte gestürzt. Romantische Erzählg. aus den Alpen. (Nr. 39.)

Indianer-Erzählungen. Nr. 463—468. 12. (à 64 S.) Reutlingen 896. R. Bardtenschlager. à — 25
463. Adlerflügel, d. Seminolenhäuptling. Eine Erzählg. aus Florida v. Carl Cassau.
464. D. fliegende Taube. Eine Indianergeschichte aus d. mexikan. Urwäldern v. Geo. Gärtner.
465. In maur. Gefangenschaft. E. Erzählg. nach Thatsachen von Geo. Gärtner.
466. D. Apulcho. E. Erzählg. aus d. Westen v. Carl Cassau.
467. Bis in d. Wildnis. Indianer-Erzählg., nach Kapit. Maine-Reid frei bearb. v. Alfr. Bredow.
468. D. Tuskarora-Kinder. E. Indianer-Erzählg. v. H. Grube.

Indianergeschichten. 1. Aus dem Leben d. letzten Mohikaners. 2. Die Bärenjagd. Für die reifere Jugend erzählt. Illustriert v. Carl Römer. 4. (16 S. m. farb. Bildern.) Lpz.-Reudnitz 889, Schmidt u. Römer. cart. * — 50

Indianergeschichten, drei, s.a. Aus fernen Landen.

Indianergeschichten. Drei Indianergeschichten. Namameha und Watomilka. Erzählt von Alexander Baumgartner S. J.; — Tahko, der junge Indianer-Missionär. Erzählt von A v. B ; — Vater Renés letzte Fahrt. Erzählt von Anton Huonder S. J. 6. Aufl. Mit vier Bildern [Tafeln, und illustriertem Umschlag]. VIII + 80 S. 8. Freiburg im Breisgau, Herder, (1902). [M. —. 60, geb. M. —. 80]
Aus fernen Landen ... gesammelt von Joseph Spillmann S. J. Bändchen 6....

Indianer- und Seegeschichten, s.a. Siebenstern, A.

Indianer- u. Seegeschichten. 13. u. 14. Bdchn. 8. (Mit je 1 Bild.) Regensb. 889, Verlagsanstalt. à Bdchn. 1 —
13. Baierlein, J. Über dem großen Wasser. Erzählg. f. die Jugend. (160 S.)
14. — — Die malayischen Meuterer. Eine Seegeschichte. f. die Jugend. (141 S.)

An der **Indianergrenze**. Eine Erzählung aus Texas. Styrum & Leipzig: A. Spaarmann [1899?]. (31 S.) 8°
= Jugend-Bibliothek, Kleine. No 123.

Indianer-Häuptlinge, berühmte. 40.—46. Bd. (à 32 S.) gr. 8. Berlin (906). Verlagshaus für Volksliteratur u. Kunst. à — 10
Bergl.: Sitting Bull, d. letzte Häuptling d. Sioux-Indianer.

Indianer-Häuptlinge, berühmte. 47.—180. (Schluß-)Bd. (à ca. 32 S.) gr. 8. Berlin (907—09). Verlagshaus f. Volksliteratur u. Kunst (909). à — 10

INDIANERIN, Die hitzige, oder artige und curieuse Beschreibung derer Ost-Indianischen Frauens-Personen, welche so wohl aus Europa in Ost-Indien ziehen, oder darinnen gebohren werden, sie seyn gleich aus vermischten oder reinem Heydnischen Geblüte derer Indianer, aus eigner Erfahrung entworffen, durch den DACIER (d. i. aus Dacien?). Mit (freiem) TKpf. Cölln, bey Peter Marteau (Leipzig, Heybey), 1701. 12°. (10 Mk. Paul Neubner, Cöln, 1892; 30 Mk. Adolf Weigel, Lpz., 1905; 20 Kr. Halm & Goldmann, 1904.)

Indianerin, Die junge, in einem Akt. Wien 1777. V: *Jester, Ernst Frdr.* (Ky) (MGT)

Indianerin, die junge, e. Lstspl., aus d. Französ. (von Fr. Er. Jester. ...

Indianerin, die junge, . Lstsp. v. Champfort. 8. Frankfurt, Garbe. 766.

INDIANERIN, Die schöne, oder Annalen eines Dorfs. Aus d. Französ. übersetzt. 3 Bde. Leipzig 1800. 12°. (3 Mk. 50 Pfg., stark geles., A. Bielefeld, Carlsruhe, 1911.)

Indianer-Krieg, d. lustige. Ein Postkarten-Malbuch. (12 [6 farb.] perforierte Bl.) 14×19,5 cm. Nürnberg (908). Th. Stroefer. — 50

Bei den **Indianern**. Erzählgn. f. d. reifere Jugend. M. Titelb. v. F. Schmidt. Düsseldorf: A. Bagel [1896]. (79 S., 1 Taf.) 1 Bd 8°
(Der Jugend Bücherschatz.)

Die Indianer-Wache: 1903/04 – 1919.
Annual. Roman Catholic. Octavo, each 48 pages; illustrated; contains poetry, articles; some material, such as "The Lord's Prayer" in Snohomish; biographical sketches of Indians and missionaries. Sub title: Ein Jahrbuch in englischer und deutscher Sprache, herausgegeben zum Besten des Vereins zur Erhaltung des Glaubens unter den Indianer Kindern, durch das Bureau für katholische Indianer-Mission. German edition of INDIAN SENTINEL.
Washington, DC

Indica. Texte, Übersetzgn. u. Studien aus d. Gebieten der ind. Religions-, Kultur- u. Sprachgeschichte, in zwanglosen Heften hrsg. v. Ernst Leumann. 1.—4. Heft. gr. 8. Leipzig, O. Harrassowitz. 6. 50
Kalpa=sūtra. Die alte Sammlg. jinist. Mönchsvorschriften. Einleitung, Text, Anmerkgn., Übersetzg., Glossar v. Walth. Schubring. (71 S.) 905. (2. Heft.) 1. 50
Kressler, Osc., Stimmen indischer Lebensklugheit. Die unter Cāṇakya's Namen gehende Spruchsammlg. in mehreren Rezensionen untersucht u. nach e. Rezension übersetzt. (185 S.) 907. (4. Heft.) 2. —
Leumann, Ernst, u. Jul. Leumann, etymologisches Wörterbuch der Sanskrit-Sprache. 1. Lfg.: Einleitung u. a bis jū. (II, 112 S.) 907. (1. Heft.) 2. —
Walter, Otto, Übereinstimmungen in Gedanken, Vergleichen u. Wendungen bei d. ind. Kunstdichtern v. Vālmīki bis auf Māgha. (43 S.) 905. (3. Heft.) 1. —

Indicateur. – L'Indicateur
1.: Feuille d'annonces, d'agrément et d'instruction économique et politique 5.: 11.2.1854–1863 (?) 6.: in- 2° et in- 4° 7.: 2x par semaine 8.: Fribourg: J. Koch-Aibischer 10.: l'imprimeur 12.: journal commercial, dès 1856 politique 14.: Fr: C 15.: En 1863, J. Koch est mort; sa femme a probablement continué l'édition du journal.

Indicateur d'antiquités suisses, s.: Anzeiger f. schweizerische Altertumskunde.

Indicateur du Canton de Neuchâtel. 1re partie: Neuchâtel (Ville & Serrières). Avec un nouveau plan en 4 couleurs. (4e éd.) 1901 - 1902. VIII + 300 [+ 8] + 32 p. 8. (Berne et Lausanne, Office polytechnique d'Édition et de Publicité.) [relié fr. 4. —]

Indicateur du Canton de Neuchâtel. Avec un nouveau plan en 4 couleurs. (4e éd. — 3 parties.) 1901-1902 (*Umschlag: 1901-1903). (ens. 350) + 192 + 400 p. 8. (Berne et Lausanne, Office polytechnique d'Édition et de Publicité.) [relié fr. 10. —] Q
1re partie. [relié fr. 4. —] c. *Bulletin 1901, p. 267.*

Indicateur des chemins de fer suisses. Horaire d'été 1er mai — 30 septembre 1902. 32 p. 8. Fribourg, Impr. catholique suisse.
[Ex. 1:] Supplément gratuit aux abonnés de l'Ami du Peuple.
[Ex. 2:] Supplément gratuit aux abonnés de la Liberté.

Indicateur des chemins de fer suisses. Horaire d'été 1er mai—30 septembre 1903. 32 p. 8. Fribourg, Impr. catholique suisse. —
[Ex. 1:] Supplément à l'Ami du Peuple.
[Ex. 2:] Supplément à la Liberté.

— commercial et industriel de Bienne et Seeland, s.: Handels- u. Gewerbe-Adressbuch der Stadt Biel u. Seeland.

Indicateur Davoine. Publication bisannuelle des adresses de l'horlogerie suisse et des branches s'y rattachant ainsi que des fabriques de bijouterie, joaillerie et pièces à musique. Avec qq. indications de maisons notables du dehors et d'autres renseignements utiles. 34e année. 1890-91. In-8º. XVI, 240 p. Marin, F.-L. Davoine. 3 —

Indicateur-Davoine. Recueil annuel des adresses de l'horlogerie suisse, des branches qui s'y rattachent, ainsi que des fabriques de bijouterie, joaillerie et pièces à musique. Avec un choix de maisons étrangères et autres renseignements utiles. 36. année 1893—1894. 8. (392 S.) Berne 893. (Berlin, W. H. Kühl.) Geb. in Leinw. n.n. 4. —

Indicateur-Davoine et Indicateur général de l'horlogerie suisse et limitrophe. Recueil des adresses de cette industrie et des fabriques de bijouterie, joaillerie et pièces à musique. Avec un tableau des droits de douanes de tous les pays, un résumé des dispositions légales sur le contrôle des matières d'or et d'argent, un vocabulaire français-allemand et des renseignements utiles. 1896—1897. 51. année. 39. éd. (Französisch u. deutsch.) 8. (548 S.) La Chaux-de Fonds 1896. (Leipzig, Wilh. Diebener.) n. 3. 60

Indicateur fédéral des distances pour le calcul des indemnités de route,
s. Distanzenzeiger, Eidgenössischer, für die Berechnung der Reiseentschädigungen.

Indicateur des foires et marchés de la Suisse française et des départements limitrophes d'après l'ordre chronologique 1889. Indispensable à toutes les maisons faisant voyager et aux voyageurs de commerce visitant la Suisse romande. 16. (31 S.) Bern 889, (Nydegger u. Baumgart). geb. u. durchsch. • 1 —

L'Indicateur français pour l'étranger. The English advertiser for the continent. Französisch-englisches Intelligenz- und Unterhaltungs-Blatt. Hrsg.: J. Oppenheim. Jahrg. 1863. 36 Nrn. (Bog.) Fol. Frankfurt a. M., Französisch-englisches Intelligenz-Bureau. Vierteljährlich *

Indicateur fribourgeois – Freiburger Anzeiger (I)
5.: 8. 6. 1894–1901 (?) 6.: in-2º 7.: hebdomadaire 8.: Bulle: Ackermann-Eberle 10.: Librairie de l'Universite 12.: Feuille d'Avis des Entreprises 14.: Fr.C. 15.: Journal bilingue.

Indicateur fribourgeois – Freiburger Anzeiger (II)
1.: Freiburger Stadtanzeiger 5.: 1894–1921 (?) 6.: in -2º 7.: hebdomadaire 8.: Fribourg 10.: H. Schneider 12.: feuille d'avis 14.: Fe: C.

— de l'horlogerie Suisse. Almanach von 10,000 Adressen Schweizer Uhren-Fabriken und anderen damit verwandten Geschäftszweigen, Bijouterie, Musikwerke etc. Jahrgang 29. 1883. Berlin, in Commission bei W. H. Kühl. 4 —

Indicateur de l'horlogerie suisse. Almanach von 10,000 Adressen Schweizer Uhren- u. Bijouteriewaaren-Fabrikanten. Jahrgang XXXI. Chaux-de-fonds, Davoine. 1884 3 —

Indicateur industriel, commercial & agricole du Canton de Fribourg pour 1903-1904 arrêté le 1er janvier 1903 (*Umschlag: Indicateur de Fribourg, Ville et Canton 1903/1904). Publié d'après les données officielles avec un nouveau plan de la ville de Fribourg. (ens. 411 p.) 8. Fribourg, Delaspre & fils, 1903. [relié fr. 5. —] Q

— industriel, commercial & agricole du canton de Fribourg pour 1903—1904, arrêté le 1. I. 1903. Publié d'après les données officielles avec un nouveau plan de la ville de Fribourg. (VIII, XXI, 173 u. 177 S.) 8. Fribourg. Lausanne, Soc. suisse d'édition. Geb. in Leinw. n. 4. —

— officiel suisse, s.: Kursbuch, offizielles schweiz.

Indicateur de poche de tous les chemins de fer suisses et bâteaux à vapeur. Saison d'été 1888. In-12º, 72 p. Berne (Rud. Jenni's Buchhandlung). — 30

Indicateur: L'Indicateur-Réclame
① Journal distribué gratuitement 1× par semaine à l'arrivée de chaque train, ainsi que dans tous les trains partant des stations principales de la Suisse et se dirigeant dans toutes les directions — Erscheint wöchentlich 1× und wird bei Ankunft und Abgang aller Züge der Hauptbahnhöfe der Schweiz nach allen Richtungen hin gratis verteilt ⑤ 10. 9. 1901—décembre 1901 ⑥ in-4º (10. 9. 1901—20. 9. 1901): in-2º (27. 9. 1901—décembre 1901) ⑦ hebdomadaire ⑧ Yverdon: A. Dully ⑩ l'imprimeur ⑪ l'imprimeur ⑫ neutre ⑭ Be. L. (incomplet).

Indicateur Suisse. Offert par... à ses abonnés. Supplément à.... Horaire d'été juin — septembre 1901. IV + 32 p. 8. Fribourg (Suisse), Impr. catholique.
[Ex. 1:] Offert par l'Ami du Peuple.... Supplément à l'Ami du Peuple.
[Ex. 2:] Offert par La Liberté.... Supplément à La Liberté.

Indicateur Suisse. Offert par... à ses abonnés. Supplément à.... Horaire d'hiver octobre 1901—mai 1902. XII + 32 p. 8. Fribourg (Suisse), Impr. catholique.
[Ex. 1:] Offert par l'Ami du Peuple.... Supplément à l'Ami du Peuple.
[Ex. 2:] Offert par La Liberté.... Supplément à La Liberté.

Indicateur du Valais pour 1901-1902. (4e éd.) VIII + 146 + 28 p. 8. Berne-Lausanne-Saxon, Office polytechnique d'Edition et de Publicité, (1901). [relié fr. 2. 50]

Indicateurs des doubles, s.: Doubletten-Anzeiger.

Indications bibliographiques relatives pour la plupart à la littérature historico-géographique des Arabes, des Persans et des Turcs, spécialement destinées à nos employés et voyageurs en Asie. A. u. d. T.: Библiографическiя указанiя большею частью изъ историческо-географической литтературы Арабовъ, Персовъ и Турковъ преимущественно для нашихъ чиновниковъ и путешественниковъ въ Азiи. (Par Frahn.) Lex. 8. (LVI u. 87 S.) St. Pétersbourg 845. (Leipzig, Voss.) n. 2 ℳ

Indicator, Cuculus, oder interessante Scenen aus dem Leben der Gräfin Lichtenau ... Glogau 1801. Ü: *Benkowitz, Carl Friedrich.* (GGr) (Ky) (MGT)

Indicator, Cuculus; enthält 11 sonderbare Geschichten; (v. K. F. Benkowitz). 8. Glogau, N. Günthersche Buchh. 1 ₰ (NB: Ist auch unter Cuculus aufgeführt)

Indicator, the homoeopathic domestic. Diseases and their homoeopathic treatment. Materia medica History of Hahnemann and homoeopathy. Translated from the German. 8. (144 S.) Leipzig 887, Dr. Schwabe. *

Indicazioni sulla navigazione nei porti erariali austriaci negli anni amministrativi 1838—1844. (Compilato da Vinc. Gallo.) gr. 8. Trieste 845, Favarger. 1 ₰

Indice alfabetico del Codice penale generale dei crimini, dei delitti e delle contravvenzioni, del 27 maggio 1852 obbligatorio per tutto l' Impero ad eccesione del territorio dei Confini militari. (Alphabetisches Register über den Inhalt des allgemeinen Strafgesetzes über Verbrechen, Vergehen und Uebertretungen vom 27. Mai 1852 für den Umfang des österreichischen Kaiserthumes mit einziger Ausnahme des Militärgrenzgebietes.) 8. (XCII, et CXLIV S.) Wien. Aus der k. k. Hof- und Staatsdruckerei. 1853.

Indice degli avvocati ecc., s. Verzeichniss der Advocaten.

Indice dei verbi irregolari latini. (32 S.) kl. 8. Triest (908). M. Quidde. — 50

Indices Attici. N. d. Engl. bearb., s. Baumstark, Ant.

Indices in Horatii carmina locupletissimi. Lipsiae 1829. V: *Döring, Frdr. Wilh.* (vater)

Indices Generales Auctorum et Rerum ... Acto rum Eruditorum ... nec non Supplementorum Lipsiae, apud J. Grossii haeredes, 1693-1

Indices nominum trivialium ad Linnaei species plantarum, ed. I. (III, 92 S.) gr.8. Berlin 907. W. Junk. 3.—

Indicia Hungaricae Sanctitatis. 8, Budae, Typ. 737.

Indicia, quibus medicamina Pharmacopoeae Fennicae editionis secundae dignoscuntur et probantur. Supplementum ad Pharmacopoeae Fennicae edit. secundam. Helsingforsiae 852. Öhman. (Leipzig, Brockhaus.) gr. 8. (XXIII, 189 S.) nn. 1 ₰. 22½ ngr.

Indictio. acta et decreta capituli synodalis archidiaconalis Novesiensis praesidente Henr. Lindberg Mercurii 6. Julii 1701 in crypta ecclesiae S. Quirini Novesiensis. Coloniae Agripp. 1701.

Indictio temporis nota potissimum duplex ... Colon. Agripp. 1773. V: *Neller, Georg Christoph.* (BB)

Indiculus in opusculum scholasticum Luciani. 8. Wien 768. Trattner. 3 gr

— in alterum opusculum graecum. 8. Wien 769. Trattner. 3 gr

Indicum, Belilli, cuius occasione in Tethyos mythologiam ... inquiritur. Norimbergae 1717. V: *Lochner von Hummelstein, Michael Friedrich.* (will)

Indien [Sachliches OW]

Indien. Das alte Wunderland. Die kolossale Riesenwelt von 300 Millionen Heiden ... Wien [1906]. V: *Ruff, Joh. Casp.* & *Ldw. Weizmann.* (EB)

Indien in Moll, Java. Reiseerinnerungen u. Betrachtgn. Von einem Bewunderer. (VII, 200 S. m. 56 Abb. u. Taf. u. 1 Karte.) Lex. 8. Stuttgart 908. (Union.) Geb. in Leinw. 7.—

Indien [Schlagwort]

Indien, s.a. Hand- u. Reisekarten. 53. 54. —

— s.a. Hinter-Indien.

Indien — Kulturkarte von —. 15,000,000. G. M. 1859.

Indien. Petermann, A., Karte von Indien u. Inner-Asien in 2 Blättern. 1 : 7,500,000. [Stieler's Hand-Atlas Bl. Nr. 63 u. 64.] Kpfrst. u. color. gr. Fol. Gotha 888. J. Perthes. Zusammengesetzt m. Leinw.-Streifen in Carton. n. 2. —; auf Leinw. in Futteral n. 2. 40

Indienfahrer, der,. Schsp. in 4 A. v. C. G. H. Arresto. 8. Hamb. Campe. 803.

Indienne, la jeune,. Comédie p. Champfort. 8. Dresde, Walther. 765.

Indiens, les, en Angleterre. Comédie trad. de l'Allemand de Kotzebue. gr. 8. Lpz. Gräff.

Indier, der, Apostel oder die Firmung, s. Gnaden, die, des Christenthums.

INDIERINNEN, Die. Originalausgabe. Leipzig 1904. [Innentitel: D. I. Erotische Novelle aus dem siebzehnten Jahrhundert. Von Prof. Dr. F. E. Leipzig 1864.] Kl. 8°. 24 S. (=Miniaturbibliothek erotischer Meisterwerke.)
Verb. d. AG. Leipzig IV 498/05.

Indigena, (Jh. Jak. Grümbke,) Streifzüge durch das Rügenland; in Briefen. Mit Kpf. gr. 8. Altona 805. Hammerich. 2 ₰ 6 gr

Indigenatrecht, üb. d. Kön. Dän. s.a. J. L. v. Schirach.

Indigenatrecht, üb. das Königl. Dänische, u. einige Gegenstände d. Staatswissenschaft, (v. G. B. v. Schirach). 4. Hamb. 779. (Stiller in Rostock). 12 gr

Das **Indigenat-Recht**, wodurch der Zugang zu Aemtern in den Königlichen Staten den eingebohrnen Unterthanen, oder denen, die ihnen gleich zu achten sind, allein vorbehalten wird. Gegeben auf dem Schlosse Christiansburg, den 15. Januar 1776. Publicirt den 29. Januar 1776. Glückstadt. o. J. 4°.

Indigenatsedikt. Religionsedikt. Standesherrenedikt. Adelsedikt. Gutsherrliche Rechte und Gerichtsbarkeit. Familienfideikommissedikt. Staatsdieneredikt. Concordat. Protestantenedikt (im Königreich Bayern.) München [1907. 8°.
(Landesgesetze, bayerische, Nr. 2.)

Indiger, Dav. Heinr., Reden u. literar. Bruchstücke. Hrsg. u. mit e. kurzen Lebensbeschreib. d. Autors vers. v. Joh. Matth. Robert. gr. 8. (8 B.) Leipzig 836, [Serig'sche Buchh.]

Indischer Archipel [Schlagwort]

Indischer Archipelagus, s.: Hand- u. Reisekarten. 54.

Indischer Ozean [Schlagwort]

Indischer Ocean, s.a. Seekarten.

Indischer Ozean. Segelhandbuch f. den Indischen Ozean. Hrsg. v. der Direktion der deutschen Seewarte Lex.-8. (X, 812 S. m. 41 Fig. u. 3 lith. Taf.) Hamburg 892 (L. Friederichsen & Co.) Geb. in Leinw. n. 30. —

Atlas dazu:

— — **Atlas d. Indischen Ozeans. 35 (z. Tl. farb.) Karten, die physikal. Verhältnisse u. die Verkehrs-Strassen darstellend. Mit e. erläut. Einleitg. u. als Beilage zum Segelhandbuch f. den Ind. Ozean. Hrsg. v. der Direktion der deutschen Seewarte.** qu. Fol. (16 S. Text.) Ebd. 892. n. 18. —

Indiscrète, l', ou mémoires d'une femme de chambre. II Vol. 8. Londres, Acad. 787.

Indiscretionen, s. Indiskretionen

Indiskretionen. Aus den Erinnerungen eines politischen Reptils. Berl. 1883—84. V: *Wollheim da Fonseca.* (Singer, A., Bismarck in der Literatur. Würzburg 1909. S. 97.)

Indiscretionen. Aus den Erinnergn. e. patriot. Reptils. I. gr. 8. (IV, 461 S.) Berlin 883. Hofmann & Co. n. 7. —

INDISCRETIONEN, Pikante, aus dem Leben der Prima Ballerina Amanda Federleicht. (c. 1900.) (Mk. 0,50.)

Indiskretionen, Stuttgarter, ausgeplaudert v. A. K. 8. (23 S.) Bremen (892). E. Hampe. n. — 60

Individualismus u. Schablone im deutschen Heere. Kritische Besprechg. d. Buches: „Rembrandt als Erzieher" in seinen Beziehgn. zur Armee. Von e. alt. Offizier. gr. 8. (59 S.) Berl. 892, F. Luckhardt. * 1 —

Individualitäten aus und über Paris von CARL FRIEDR. CRAMER und seinen Freunden. In freyen Heften. 1—3. Heft. Amsterdam. 1806. — 4. oder 2. Bd. 1. Heft. Sm. St. 1807. (M. Facsimiler). (Mere udkom ikke).

Individual-Potenz, die, und die Mengel-Weckherlin'sche Schule der Race und Constanz-Doktrin eingeleitet mit einem Vorworte von H. Settegast. gr. 8. (80 S.) Berlin 861, [Wiegandt und Hempel.] *

Individualrecht oder Verstaatlichung. Ein Klage-Entwurf. Berlin 1879. V: *Arnold,* (*Ornold?*) *E.* (schz 219)

Individualrecht od. Verstaatlichung? Ein Klage-Entwurf. 8. (16 S.) Berlin 879. Bahlen. n. — 40

Indoles, Corn. Taciti et T. Livii in scribendis rebus gestis, propriaque ratio inter se comparata. [Bernae] 1813. V: *Lutz, S.* (BSCE)

Indra, Alois, graphische Ballistik. Synthetische Behandlung der Bewegung im materiell erfüllten Raume. Anwendung auf die Geschoss-Bewegung. 1. Thl. gr. 8. (XI, 116 S. mit 8 Stut. in qu. Fol.) Wien 876, Seidel und Sohn. *

Indra, Alois, Ballistik der Handfeuerwaffen in Tabellen. Kritischer Vergleich der ballist. Eigenschaften der Ordonnanz-Gewehre Europa's. [Mit 1 lith. Taf. u. 5 Tab.] gr. 8. (IV, 24 S.) Wien 879. Seidel & Sohn. n. 2. 40

Indra, Alois, üb. d. Bestimmg. d. Temperatur e. veränderl. Wärmequelle in e. bestimmt gegeb. Zeit. [Aus: „Sitzungsbor. d. k. Akad. d. Wiss."] gr. 8. (16 S. m. 1 Fig.) Wien 896. (C. Gerold's Sohn.) n. — 40

INDRA, Alois
Die wahre Gestalt der Spannungscurve. Experimentelle Untersuchungen über die Spannungs-Verhältnisse der Pulvergase in Geschützrohren von Alois Indra. Mit 5 Figuren-Tafeln. Sonder-Abdruck aus den Mittheilungen über Gegenstände des Artillerie- und Genie-Wesens, Jahrgang. 1900 und 1901, als II. Theil der „neuen ballistischen Theorien". Wien. 1901. In Comm. Waldheim. Gr.-8°. X, 310 S. K 12.—

Ⓢ **Indra,** A., die wahre Gestalt d. Spannungskurve. 901. (KBL 31.) Jetzt: Wien, L. W. Seidel & Sohn. Erm. Pr. n 6. —

Indra, Alois, das Kampfgleichgewicht im Feld- u. Festungs-Kriege. Eine Studie. gr. 8. (VII, 66 S.) Trient 894. (Wien, L. W. Seidel & Sohn.) n. 2. —

Indra, Alois, Kritik der militärischen Vernunft in 8 Vorträgen. gr. 8. (XIV, 162 S.) Wien 887, (Seidel und Sohn.) *

INDRA, Alois
Studien über die Wirbelbewegungen von Alois Indra. (Mit 16 Textfiguren.) (Aus den Sitzungsberichten der kaiserl. Akademie der Wissenschaften. Mathem.-naturw. Classe. Bd. CX. Abth. IIa. April 1901.) Wien. 1901. In Comm. Gerold's Sohn. Gr.-8°. 23 S. K —.90

— neue ballistische Theorien. Beiträge zum Studium neuer Probleme der innern u. äussern Ballistik. I. Analytische Theorie der Wärmeleitg. in Geschützrohren. gr. 8. (XIV, 177 S.) Pola 893. (E. Scharff.) n. 6. —

Indra, K. R., Südseefahrten. Schilderungen e. Reise nach den Fidschi-Inseln, Samoa u. Tonga. gr. 8. (III, 226 S. m. 8 Taf.) Berlin 903. W. Süsserott. n. 5. —; geb. n.n. 6. 50

Indrak, J.: Ist Pisistratus der Redakteur der homerischen Gedichte? 25 S. 8°. – Wien Jos. OG., Progr. 1870.

Indrak, J.: Die klassische Philologie im Verhältnis zu unserer Zeit. 14 S. 8°. – U. Hradisch ROG., Progr. 1868.

Indralôkâgamanam. Ard'schuna's Reise zu Indra's Himmel, nebst andern Episoden des Mahâ Bhârata; in der Ursprache z. ersten Male herausgeg., metrisch übersetzt u. mit krit. Anmerkk. versehen von Frz. Bopp. gr. 4. Berl. 824. Logier. 4 ₰ Die Uebersetzung apart 1 ₰ 8 gr

Indra's Verheissung. Allegor. Festsp. v. K. Wolfart. 8. Berl. Dümmler. (in Comm.) 809. Rthlr.

Induktionsapparate. Weller W. die galvanischen Induktionsapparate. (216 S) Leipzig (1902)

Induktions-Regulatoren f. Ein- u. Mehrphasen-Hochspannungs-Anlagen. System Brown, Boveri & Cie. (16 S. m. Abbildgn.) Lex.-8. Baden (906). (Berlin, J. Springer.) n. — 80

Indultgesetz, das französische, vom 18. August 1870 und seine Nichtanwendung auf deutsche Wechselverpflichtungen nach der Entscheidung des deutschen Oberhandelsgerichts in Leipzig vom 21. Febr. 1871. 8. (18 S.) Berlin 871, Guttentag. — 30
Aus: Rechtssprechung des Oberhandelsgerichts zu Leipzig, besonders abgedruckt.

Indulto pontificio sopra l'asilo sacro della Lombardia austriaca. Milano 1758 *s.* [Salis-Marschlins, Ulysses *II* von.] Geschichte Der in den Jahren 1761. 1762. und 1763.... gepflogenen Unterhandlung.... Chur 1764.

Industrialblätter, als Fortsetzung des Unterrichts in d. techn. Chemie u. Naturgeschichte. 3 Thle. 8. Prag 820. Haase S. 18 gr

Industrial-Partnership-System, Das. Ein Versuch zur Lösung der Arbeiterfrage. Augsburg 1868. V: *Huttler, Max.* (stam)

Industrial-Partnership-System (Das). Ein Versuch zur Lösung der Arbeiterfrage. (Von M. Huttler.) (Nach Cossa von L. Brentano.) 8⁰. Augsburg 1868.

Industrie. Pittoreske Beschreibung d. europäischen Industrie. Hrsg. unt. d. Leitung Stephan Flachat's. Frei in d. Deutsche übertr. v. e. Vereine Gelehrter unt. d. Direct. Friedr. Pohl's. 1. Abthl. qu. ½ gr. Fol. (18 B. u. 38 Stnt.) Leipzig 834, Peeters.

Industrie. Pittoreske Beschreib. d. europä. Industrie. Hrsg. unt. d. Leitung Stephan Flachat's. Frei in d. Deutsche übertr. von e. Vereine Gelehrter unt. d. Direct. Friedr. Pohls. (2. Abthl.: Von d. Anwend. d. Mechanik bei d. Gewerben.) (B. 1—9. u. 9 lith. Taf.) gr. 4. Leipzig 835, Peeters. (?)

Industrie. General-Anzeiger f. Bergbau, Hütten- u. Maschinenwesen. Red.: P. Müller. 5. Jahrg. 1894. 52 Nrn. (à ca. 28 S.) Fol. Berlin, W., Linkstr. 12, Verlag der Industrie. n. 15. —; vierteljährlich n. 4. —

Industrie. Fachzeitg. f. Bergbau, Hütten- u. Maschinenwesen. Red.: P. Müller. 6. u. 7. Jahrg. 1895—1896. à 52 Nrn. (à ca. 20 S.) Fol. Berlin (W, Schellingstr. 11), Verlag d. Industrie. n. 15. —
Erscheint seit 4. März 1896 u. d. Titel:

— Fachzeitg. f. Kohlen- u. Kali-Bergbau. Specialorgan f. d. rheinisch-westfäl. Bergwerke. Red.: P. Müller. 8. Jahrg. 1897. 52 Nrn. (à ca. 20 S.) Fol. Ebd. n. 15. —

— dasselbe. Einzig existir. Fachorgan f. d. Kali-Industrie. Red.: P. Müller. 9. Jahrg. 1898. 104 Nrn. (à ca. 4 Bog.) Fol. Ebd. n. 16. —

Industrie. Fachzeitung f. Kohlen- u. Kali-Bergbau. Specialorgan f. die rheinisch-westfäl. Bergwerke. Einziges täglich erschein. Fachorgan f. die Kali-Industrie. Red.: Ant. Schacht. 10. Jahrg. 1899. ca. 300 Nrn. Fol. (à ca. 8 S.) Nebst Gratisbeilage: Deutschlands Kali-Industrie. (à ca. 4 S. m. Abbildgn.) Berlin (W., Schellingstr. 11). Verlag der Industrie. n.n.n. 25. 60
Nicht durch den Buchhandel zu beziehen.

— die. Zeitschrift f. die Interessen der österreich. Industrie. Organ f. die Verlautbargn. des Centralverbandes der Industriellen Oesterreichs. Hrsg.: Leop. Weiß. Red.: Jac. Jul. Müller. 4.—7. Jahrg. 1899—1902. à 52 Nrn. Fol. (à ca. 8 S.) Wien, L. Weiß. à Jahrg. n. 22. —; vierteljährlich n. 6. —
Die Jahrgänge 4 u. 5 sind von Jos. Grunzel hrsg.

Industrie, die. Zugleich deutsche Konsulats-Zeitung. Wochenschrift für die Interessen der deutschen Industrie und des Ausfuhrhandels. Zeitschrift für Handels- und Kolonialpolitik. Redact.: A. Steinmann-Bucher. 6. und 7. Jahrg. der Deutschen Konsulats-Zeitung. 1887 und 1888. à Jahrg. 52 Nrn. (à Nr. 3 Bog.) gr. 4. Berlin, (Kühl.) à Jahrg. *
Die ersten fünf Jahrgänge erschienen u. d. T.: Consulats-Zeitung.

Industrie, die. Zugleich deutsche Konsulats-Zeitung. Zeitschrift f. die Interessen der deutschen Industrie u. d. Ausfuhrhandels. Redact.: A. Steinmann-Bucher. 8.—11. Jahrg. 1889—1892. 8.—10. Jahrg. à 52 Nrn. (à Nr. 2—3 Bog.); 11. Jahrg. 26 Nrn. (à Nr. 2—4 Bog.) gr. 4. Berl., (Kühl). à Jahrg. * 20 —

— dasselbe. 11. u. 12. Jahrg. 1892. 1893. à 26 Nrn. (à ca. 4 Bog.) gr. 4. Ebd. à Jahrg. n. 20. —

— dasselbe. 13. Jahrg. 1894. 24 Nrn. (à ca. 4 Bog.) gr. 4. Ebd. n. 20. —

Industrie, die. Zugl. deutsche Konsulats-Zeitg. Zeitschrift f. d. Interessen d. deutschen Industrie u. d. Ausfuhrhandels. Red.: A. Steinmann-Bucher. 14. Jahrg. 1895. 26 Nrn. (à ca. 2 Bog.) gr. 4. Berlin (W. H. Kühl.) n. 20. —

— dasselbe. 15. Jahrg. 1896. 24 Nrn. (à ca. 12 S.) gr. 4. Ebd. n. 20. —

— dasselbe. 16. Jahrg. (I. Sem.) Jan.—Juni 1897. 12 Nrn. (à ca. 2 Bog.) gr. 4. Ebd. n. 10. —

— dasselbe, Fortsetzg., s.: Industrie-Zeitung, deutsche.

L'Industrie, de, agricole. Emancipation des serfs en Russie par D. S. gr. 8. (VII und 82 S.) Leipzig 861, Franck'sche Verlagsh. *

Industrie, alkoholfreie. Zentralblatt f. die Herstellg. u. den Vertrieb v. alkoholfreien Getränken, Mineralwässern, Limonaden u. natürl. Brunnen. Zugleich Organ f. die Bekämpfung des Alkoholismus. Red.: Joh. Bresler. Aug. 1903—Juli 1904. 12 Nrn. (398 S.) Lex.-8. Halle [C. Marhold]. Dresden, O. V. Böhmert. n. 4. 80

— dasselbe. Zugleich Organ f. rationelle Ernährg. u. für Körperpflege, sowie zur Bekämpfung des Alkoholismus. Red. v. E. Luhmann. 2.—4. Jahrg. Juli 1904—Juni 1907. à 24 Nrn. (2. u 3. Jahrg. IV, 292 u. IV 288 S.) Lex.-8. Dresden, O. V. Böhmert. à Jhrg. n. 4. 80

Industrie, alkoholfreie. Zentralblatt f. d. Herstellg. u. d. Vertrieb v. alkoholfreien Getränken, Mineralwässern, Limonaden u. natürl. Brunnen. Zugleich Organ f. rationelle Ernährg. u. f. Körperpflege, sowie z. Bekämpfg. d. Alkoholismus. Red. v. E. Luhmann. 5. Jahrg. Juli 1907—Juni 1908. 24 Nrn. (à ca. 12 S.) Lex. 8. Dresden, O. V. Böhmert. 4. 80

Industrie, Die appenzellische; Bericht der Industriekommission. O. O. 1870. V: *Steiger-Meyer, Jac.* (Zuwachsverz. d. Bibl. Zürich 1898 ff. 8)

Die **Industrie** von Baden, Rheinpfalz und Elsass-Lothringen. Breslau: M. Gottlieb 1907. (27 Bl.) quer-8° 108. 6379 2

—— die, d. Königr. Bayern. Hrsg. von e. Verein v. Technikern. 1. Bd. — A. u. d. T.: Grundlinien z. Statistik u. Technik d. Thonwaaren u. Glas-Fabrikation im Königr. Bayern. Nach authent. Quellen v. Chr. Schmitz. gr. 8. (12 B. u. 2 lith. Ttlbl.) München 836, [Kgl. Hofbuchhandl.]

Die **Industrie** Böhmens, Mährens u. Schlesiens. Breslau: M. Gottlieb [1907]. (24 Bl.) quer-8° [J.] 108. 6380

Industrie, die chemische. Monatsschrift, hrsg. vom Verein zur Wahrung der Interessen der chem. Industrie Deutschlands. Red.: Emil Jacobsen. 1. Jahrg. 1878. 12 Hfte. hoch 4. (1. Hft. 4½ B.) Berlin, Springer. n. 16. —

— dasselbe. 2—5. Jahrg. 1879—1882. à 12 Hfte. hoch 4. (à Hft. ca. 3½ B.) Ebend. à Jahrg. n. 20. —

Industrie, die chemische. Monatsschrift, hrsg. vom Verein zur Wahrung der Interessen der chem. Industrie Deutschlands. Red. v. Emil Jacobsen. 6—9. Jahrg. 1883—1886. à 12 Hfte. hoch 4. (à Hft. 4 B.) Berlin, Springer. à Jahrg. n. 20. —

— die chemische. Monatsschrift, hrsg. vom Verein zur Wahrung der Interessen der chem. Industrie Deutschlands. Red. v. E. Jacobsen. 10. Jahrg. 1887. 12 Hfte. (à 4—6 B.) hoch 4. Berlin, Gaertner. n. 20. —

— dasselbe. Zeitschrift, hrsg. vom Verein zur Wahrg. der Interessen der chem. Industrie Deutschlands. Organ f. die Berufsgenossenschaft der chem. Industrie. Red. v. E. Jacobsen. 11.—13. Jahrg. 1888—1890. à 24 Nrn. (2—3 B.) hoch 4. Ebd. à Jahrg. n. 20. —

— die chemische. Zeitschrift, hrsg. vom Verein zur Wahrg. der Interessen der chem. Industrie Deutschlands. Organ f. die Berufsgenossenschaft der chem. Industrie. Red. v. Emil Jacobsen. Für den wirthschaftl. Thl. Max Wiedemann. 14.—17. Jahrg. 1891—1894. à 24 Nrn. (à 2—3 Bog.) hoch 4. Berlin, (R. Gaertner). à Jahrg. n. 20. —

— d. chemische. Zeitschrift, hrsg. v. Verein zur Wahrg. d. Interessen d. chem. Industrie Deutschlands. Organ f. d. Berufsgenossenschaft d. chem. Industrie. Red. v. Otto N. Witt. F. d. wirthschaftl. Thl. Max Wiedemann. 18.—21. Jahrg. 1895—1898. à 24 Nrn. (à ca. 24 S. m. Abb.) hoch 4. Berlin (R. Gaertner). à Jahrg. n. 20. —

— die chemische. Zeitschrift, hrsg. vom Verein zur Wahrg. der Interessen der chem. Industrie Deutschlands. Organ f. die Berufsgenossenschaft der chem. Industrie. Red. v. Otto N. Witt. Für den wirthschaftl. Thl. verantwortl. Max Wiedemann u. v. 1901 an Rich. Brauer. 22.—25. Jahrg. 1899—1902. à 24 Nrn. hoch 4. (II, 590; II, 596; II, 709 u. II, 622 S.) Berlin [R. Gärtner.] (Weidmann). à Jahrg. n. 20. —

— die chemische. Zeitschrift, hrsg. vom Verein zur Wahrg. der Interessen der chem. Industrie Deutschlands. Organ f. die Berufsgenossenschaft der chem. Industrie. Red. v. Otto N. Witt. Für den wirtschaftl. Tl. verantwortlich: Rich. Brauer. 26.—29. Jahrg. 1903—1906. à 24 Nrn. (II, 661; II, 742; II, 789 u. II, 699 S.) hoch 4. Berlin, (Weidmann). à Jhrg. n. 20. —

— die chemische. Zeitschrift, hrsg. v. Verein zur Wahrg. d. Interessen d. chem. Industrie Deutschl. Organ f. die Berufsgenossenschaft d. chem. Industrie. Unter Mitwirkg. v. Otto N. Witt red. v. Max Wiedemann. 30.—33. Jahrg. 1907—1910. à 24 Nrn. (II, 725; II, 826; II, 883 u. II, 854 S.) Lex. 8. Berlin (Weidmann). à Jahrg. 20. —

— dasselbe. Zeitschrift f. die Interessen der in der chem. Industrie beschäftigten Arbeiter. Organ d. Verbandes der Arbeiter der chem. Industrie, Elberfeld. Red.: C. Stärken. 1 Jahrg. April—Dezbr. 1890. 18 Nrn. (2 B.) Fol. Hamburg, Jensen & Co. n. 3. —

Chemische Industrie Deutschlands, Die, auf der Welt-Ausstellung in Philadelphia i. J. 1876. Berlin 1876. 8

— die chemische, des Deutschen Reiches im Besitze von Aktien-Gesellschaften. Inhalt: Fabriken f. Chemikalien, Kohlensäure, Farben u. Bleistifte etc. Statistisches Jahrbuch üb. die Vermögensverhältnisse u. Geschäftsergebnisse im Betriebsj. 1899/1900. 3., vollst. umgearb. u. verm. Aufl. gr. 8. (XII S., IV Sp. u. 231 S.) Leipzig 901. Verlag f. Börsen- u. Finanzliteratur. Geb. in Leinw. n. 5. —

Industrie, die chemische, des Deutschen Reiches im Besitze von Aktien-Gesellschaften. Inhalt: Fabriken f. Chemikalien, Kohlensäure, Farben u. Bleistifte usw. Statistisches Jahrbuch üb. die Vermögensverhältnisse u. Geschäftsergebnisse im Betriebsjahr 1901 bezw. 1901/1902. 4., vollständig umgearb. u. verm. Aufl. (XII, 216 S.) gr. 8. Leipzig 903. Berlin, Verlag f. Börsen- u. Finanzliteratur. Geb. in Leinw. n. 5. —

— die chemische, auf d. Weltmarkt. Ein alphabet. Verzeichnis der hauptsächl. Chemikalien, Drogen, Farbwaren, Vegetabilien, Rohmaterialien, chem. Apparate u. Bedarfsartikel, die f. den Weltmarkt in Frage kommen, m. Angabe ihrer besten Bezugsquellen in allen Ländern. Hrsg. v. Verlag f. chem. Industrie, Berlin, 1. Jahrg. 1910. (VII, XXX, 158 S.) gr. 8. Berlin, Verlag f. chem. Industrie. 5. —

— die chemisch-technologische, m. besond. Berücks. ihrer maschinellen Anlagen, s. a. Uhland's, Wilh. Heinr., Handb. f. d. prakt. Maschinen-Konstrukteur. IV, 2.

Die chemisch-technologische **Industrie**. Mit besond. Berücks. ihrer maschinellen Anlagen. I. Die Zuckerfabrikation. Bearb. von Dipl.-Ing. A. Reichelt. II. Stärke-, Stärkezucker-, Dextrin- u. Sagofabrikation. Bearb. von Ing. W. Uhland. III. Mehlfabrikation, Bäckerei u. Teigwarenfabrikation. Bearb. von Ing. F. Baumgartner. IV. Brennerei u. Hefenfabrikation. Bearb. von Ing. H. Nehbel. V. Bierbrauerei. Bearb. v. Dipl.-Ing. W. Frick. VI. Kälteerzeugung u. Eisfabrikation. Bearb. von Ing. W. Rottmann. Mit 283 Abb. im Texte u. 7 Taf. Berlin: Löwenthal [1900]. 154 S. 4° (Uhland's Handbuch f. d. prakt. Maschinen-Konstrukteur. 2. Aufl. Bd 4, T. 2.) 10. 5301

Industrie et le Commerce mondial
v. **Industrie und Welthandel — Industrie et le commerce mondial.**

Deutsche Industrie: 1886--1903?
Monthly trade journal. Dated also at NYC. Quarto, each issue, 24--76 pages. Circulation: 1897, 8300. Edited & published by Eugene A. Sittig & Son, 1896--1903.
Chicago, IL

— deutsche. Wochenschrift f. Industrie, Handel u. Technik, Patente u. Gebrauchsmuster. Beilage zur „Deutschen Warte". Hrsg. von Arth. v. Studnitz u. Max Pleßner. 1. Jahrg. April—Dezbr. 1899. 39 Nrn. Fol. (à ca. 8 S. m. Abbildgn.) Berlin, Deutsches Druck- u. Verlagshaus. n. 6. —

Deutsche Industrio. Deutsche Kultur. Unter Mitw. von ... Mit Ill. Hrsg. von Julius Eckstein u. J. J. Landau. *Berlin: S. A. Fischer 1900.* (XVI, 388 S.) 2° [ot. 875

DEUTSCHE INDUSTRIE („Hand in Hand"), Zeitschrift für die Gesamtvertretung der Interessen von Industrie und Handel. Amtliches Organ des Bundes der Industriellen. Herausgeber: Dr. WILHELM WENDLANDT, Generalsekretär des Bundes der Industriellen.
Jahrg. VI. No. 19—24. 1904. ib. Druck und Kommissionsverlag von Wilhelm Baensch.
Jahrg. VII. No. 1—24. 1905. Charlottenburg. Verlag der „Deutschen Industrie" (Hand in Hand) Hans Winkler.
Jahrg. VIII. No. 1—24. 1906. Berlin. Verlagsbuchhandlung, G. m. b. H.
Jahrg. IX. No. 1—24. 1907. ib. —

DEUTSCHE INDUSTRIE („Hand in Hand"). Amtliches Organ des Bundes der Industriellen E. V. Herausgeber: Generalsekretär Dr. WILHELM WENDLANDT, Berlin, Mitglied des Abgeordnetenhauses.
Jahrg. X. Januar—Dezember 1908. Berlin. Verlag von Ulrich Meyer, Verlagsbuchhandlung, G. m. b. H. (Mit bes. Titelblatt.)
Jahrg. XI. No. 1—24. 1909. ib. —. (Ohne bes. Titelblatt.)
DEUTSCHE INDUSTRIE. Amtliches Organ des Bundes der Industriellen. E. V. Herausgeber: Generalsekretär Dr. WILHELM WENDLANDT, Berlin. M. d. A.
Jahrg. XII. (Januar—Dezember 1910.) ib. —. (Mit bes. Titelblatt.)

Industrie, deutsche. Ztschr. des Bundes der Industriellen. Hrsg.: W. Wendland. 13. Jahrg. 1911. 24 Nrn. Berlin, U. Meyer. 2. 50; einz. Nrn. —. 50.

Industrie, die deutsche, u. ihre berechtigten Forderungen Zusammenstellung der in der Leipziger Versammlg. d Central-Verbandes deutscher Industrieller am 5. u. 6 Mai 1876 durch die Vertreter der Einzel-Industrien vorgetragenen Special-Referate. gr. 4. (86 S.) Berlin 876 (Stuhr.) n. 1. —

— u. Kunst, deutsche. Hrsg.: Karl J. Galandauer. Septbr. 1904—Aug. 1905. 12 Nrn. (à ca. 8 S. m. Abbildgn.) gr. 4. Schöneberg-Berlin, Verlag d. Deutschen Industrie u. Kunst. n. 1. 80

— die deutsche, der Steine u. Erden im Besitze von Aktien-Gesellschaften. Statistisches Jahrbuch üb. die Vermögensverhältnisse u. Geschäftsergebn. derselben im Betriebsj. 1899/1900. 3., vollst. umgearb. u. verm. Aufl. gr. 8. (XIV, 226 S.) Leipzig 901. Verlag f. Börsen- u. Finanzliteratur. Geb. in Leinw. n. 5. —

DEUTSCHLANDS INDUSTRIE UND HANDEL IM JAHRE 1881, mit besonderer Rücksicht auf die Zollpolitik. Auszüge aus den Handelskammerberichten für 1881. Herausgegeben vom Verein zur Förderung der Handelsfreiheit. ib. 1882. Verlag der „Volks-Zeitung". 8°.

DEUTSCHLANDS INDUSTRIE UND HANDEL im Jahre 1882, mit besonderer Rücksicht auf die Zollpolitik. Auszüge aus den Handelskammerberichten für 1882. Herausgegeben vom Verein zur Förderung der Handelsfreiheit. Berlin, 1883. Druck und Verlag der „Volks-Zeitung", Akt.-Ges. 8°.

Industrie, Deutschlands, und Handel im Jahre 1886, mit besonderer Rücksicht auf die Zollpolitik. Auszüge aus den Handelskammer-Berichten für 1886. Herausg. vom Verein zur Förderung der Handelsfreiheit. Berlin 1887. 8. . . . . (LHK.; DSB.; HC.)

DEUTSCHLANDS INDUSTRIE UND HANDEL IM ERSTEN JAHRE DER NEUEN ZOLLPOLITIK. Auszüge aus den Handelskammerberichten für 1880. Herausgegeben vom Verein zur Förderung der Handelsfreiheit. Berlin 1881. Verlag von Troitzsch & Ostertag. 8°.

Industrie, die frühere, Augsburg's mit Rücksicht auf die polyt. Schule. Augsburg 1862.

Industrie, die frühere, Nürnberg's mit Rücksicht auf die polyt. Schule. Nürnberg 1861.

— die, im Gebiete d. mittelrheinischen Bezirksvereins deutsch. Ingenieure. Festschr., hrsg. z. 48. Hauptversammlg. d. Vereins deutsch. Ingenieure in Coblenz v. 16. bis 20. VI. 1907. (196 S.) 8. Coblenz (907). (W. Groos.) nn 1. 50

Industrie und Gewerbe auf der Landes-Ausstellung in Innsbruck 1893. Bozen 1894. V: *Weber, Franz Sylvester.* (margr)

Industrie, die grosse der vereinigten Staaten. Eine histor. Zusammenstellung des Ursprungs, des Wachsthums und der Vervollkommnung der hauptsächlichsten industriellen Künste dieses Landes von H. Greeley, L. Case, Edw. Howland, J. B. Gough, Ph. Ripley, F. B. Perkins u. A. Mit zahlreichen Illustrationen. Hartford, Chicago u. Cincinnati 1872. 8°.

Industrie, die große, der Vereinigten Staaten. Eine histor. Zusammenfassung des Ursprungs, des Wachsthums und der Vervollkommnung der hauptsächlichsten industriellen Künste dieses Landes, von Horace Greeley, Leon Case, Edward Howland 2c. gr. 8. (1292 S. mit zahlreichen Illustr. in eingedr. Holzschn. und auf Holzschntaf.) Hartford 872. [Leipzig, Zander.] (*ℳ 7,50.) * 4 —

Industrio, Handel und Flotte. Volkswirtschaftl. Atlas in 5 Taf. u. 2 Karten nebst erl. Text. Unter Beihilfe mehrerer Künstler hrsg. vom Deutschen Flottenver. *Braunschweig: G. Westermann (1900).* (7 Taf.) 4° [oo. 875

Industrie und Handel im Kaiserthume Oesterreich. Nach ihrem gegenwärtigen Standpunkte dargestellt von *L. Brodhuber*, *A. Heinrich*, Dr. *R. Heym*, Dr. *C. Holdhaus*, *A. Martin* und *C. Noricki*. 1. und 2. Lieferung. *Wien* 1857. Verlag der typ.-lit.-art. Anstalt (*L. C. Zamarski*, *C. Dittmarsch & C.*) S. 1—176. 8°. Lief. 24 kr.
Auch u. d. T. Der grosse österreichische Hausschatz. 23. u. 28. Lieferung.

Industrie und Handel im Kaiserthume Oesterreich. Nach ihrem gegenwärtigen Standpuncte dargestellt von L. Brodhuber, A. Heinrich, Dr. R. Heym, Dr. C. Holdhaus, A. Martin und und C. v. Nowicki. *Wien* **1858.** *Typ.-lit.-art. Anst. (L. C. Zamarski, C. Dittmarsch & Comp.)* 3. und 4. Lief. S. 177—368. 8°. **24 kr.**
Vergl. Nr. 833 (Februar).
Des Sammelwerkes: „Der grosse österr. Hausschatz" 33. u. 36. Lieferung.

Industrie und Handel des Kantons St. Gallen 1867 bis 1880. Herausgegeben vom kaufm. Directorium in St. Gallen. Bearbeitet von Dr. Hermann Wartmann, Actuar des kaufm. Directorium. I. Theil. (Allgemeine Lage, Zolltarife und Handelsverträge, Fabrikgesetz.) In-4°, 84 S. St. Gallen, Huber & Co. 1893. 2 —

Industrie u. Handel des Kantons St. Gallen 1881—1890. Herausg. vom kaufmännischen Direktorium in St. Gallen. Bearb. von *H. Wartmann.* Mit Tabellen u. 1 Karte. In-4°. IV, 260 S. St. Gallen, Fehr'sche Buchhandlung. 1897. 5 —

Industrie, Die, des **Pilsener Handelskammer-Bezirkes auf der Weltausstellung 1878 in Paris . . . Pilsen 1878. V:** *Baver, Caietan & Adolph Štěpánek.* (EB)

Industrie und Landwirtschaft Bayerns auf der internationalen Ausstellung zu Paris 1867. Mitteilunven über die baverischen Aussteller. München 1867

Industrie, Die, und Land-Wirtschaft Bayerns auf der Internationalen Ausstellung zu Paris im Jahre 1867. Mit Anhang: Kurze Nachricht über die Landwirtschaft des Königreichs Bayern. München 1867.

— die Leipziger. Adress- u. statist. Jahrbuch f. 1897. Hrsg. auf Grund offiz. Angaben u. privater Ermittelgn. m. Unterstützg. d. statist. Amtes d. Stadt Leipzig. 2. Jahrg. gr. 8. (VI, 151 S.) Leipzig, C. Jacobson. Geb. 2. 50

Die **Industrie** Mitteldeutschlands. Charlottenburg: M. Gottlieb [1907]. (28 Bl.) quer-8° fol. 5443

Industrie, die, Nürnbergs mit Rücksicht auf die polytechnische Schule. gr. 8. (IV und 107 S.) Nürnberg 861, (W. Schmid.) *

Ostdeutsche **Industrie.** Organ d. Verbandes Ostdeutscher Industrieller. Nr 1. (Danzig 1906: Kafemann.) 4° A 12. 8935 10
Früher u. d. T.: Mitteilungen des Verbandes Ostdeutscher Industrieller.

Ostdeutsche Industrie. Zeitschrift f. d. Förderung d. Industrie in d. östl. Provinzen. Organ d. Verbandes Ostdeutscher Industrieller. [Jg. 1.] Danzig 1908: (Kasemann).4°

OSTDEUTSCHE INDUSTRIE. Zeitschrift für die Förderung der Industrie in den östlichen Provinzen. Organ des Verbandes Ostdeutscher Industrieller.
Nr. 1—24. 1908. Danzig. Druck von A. W. Kafemann. G. m. b. H. (Ohne bes. Titelbl.) 4°.
Nr. 1—24. 1909—1915. ib. —

— die photographische. Photo-Börse. Fachblatt f. Fabrikation u. Handel sämtl. photograph. Bedarfsartikel. Unter Mitwirkg. v. Fachleuten hrsg. v. Geo. Springer. Nebst Beiblatt: Die Sprechmaschine. Fachblatt für die gesamte phonograph. Industrie. Jahrg. 1903. 24 Nrn. (612 S. m. Abb.) hoch 4. Dresden, Steinkopff & Springer. n. 8. —
Nr. 1 u. 2 erschienen noch u. d. T.: Photo-Börse.

— dasselbe. Jahrg. 1904. 52 Nrn. (1216 S. m. Abb.) hoch 4. Ebd. n. 8. —

— dasselbe. Unter Mitwirkg. v. Herm. Schnauss hrsg. von Geo. Springer Jahrg. 1905 u. 1906. à 52 Nrn. (1260 u. 1352 S. m. Abbildgn.) hoch 4. Ebd. à Jhrg. n. 8. —

— die photographische. Fachblatt f. Fabrikation u. Handel sämtl. photograph. Bedarfsartikel. Red.: Geo. Springer u. K. W. Wolf-Czapek. Jahrg. 1907 bis 1910. à 52 Hefte. (1531, 1547, 1815 u. 1740 S. m. Abb.) 31,5×22,5 cm. Berlin, Union, Zweigniederlassung. à Jahrg. 8. —

„Industrie und Proletariat. Ein Wort zur Beherzigung an Deutschlands Industrielle. 1. November 1848 dem Verein zum Schutz deutscher Arbeit mitgetheilt von Bleibtreu", Frankfurt a. M. 1848. — Vorh.: Com. Bibl. Hamburg.

Die **Industrie** von Rheinland und Westfalen. Breslau: M. Gottlieb [1907]. (26 S.) quer-8° fol. 6382

Die **Industrie** von Rheinland und Westfalen. Charlottenburg: M. Gottlieb [1907]. (28 Bl.) quer-8° fol. 5444

Industrie und Handel, Russlands. Von W. K. Aus dem Russischen von E. Davidson. Leipzig 1901. V: *Kovalevskij, Vladimir Ivanovič.* (Berl 1918, S. 1; 1916, I, 1156)

Die **Industrie** von Sachsen und Thüringen. Breslau: M. Gottlieb [1906]. (24 Taf.) quer-8° fol. 7077 8

Die **Industrie** von Sachsen und Thüringen. Breslau: M. Gottlieb [1907]. (28 Bl.) quer-8° fol. 6380

— **sächsische. Sächsische Industrie- u. Handelszeitg. Organ des Verbandes sächs. Industrieller u. der Gesellschaft zur Entschädigg. bei Arbeitseinstellgn. Schriftleiter: G. Stresemann. 1.—3. Jahrg. Oktbr. 1904—Septbr. 1907. à 24 Nrn. (à ca. 20 S.) 4. Dresden A. Uhlig. à Jhrg. n. 10. —**

— sächsische. Sächs. Industrie- u. Handelszeitg. Organ d. Verbandes sächs. Industrieller u. d. Gesellschaft zur Entschädigg. bei Arbeitseinstellgn. Schriftleiter: G. Stresemann. 4.—6. Jahrg. Oktbr. 1907—Septbr. 1910. à 24 Nrn. (392, 384 u. 396 S.) 31×23 cm. Dresden, A. Uhlig. à Jahrg. 10. —

Industrie, Sächsische, und **ein Wort über die Anschliessungsfrage. [Chemnitz] 1833. V:** *Eisenstuck, Bernh.* (EB)

„Sächsische Industrie, und ein Wort über die Anschließungsfrage", Chemnitz 1833 (C. G. Kretzschmar). — Vorh.: Bücherei der Handelskammer Magdeburg.

— süddeutsche. Fachblatt f. alle Gewerbe u. Fabrikbetriebe, f. Angebot v. Maschinen u. techn. Bedarfs-Artikeln. Red.: C. M. Seiler. V—VII. Jahrg. 1895—1897. à 12 Nrn (à ca. 12 S.) Fol. Stuttgart (Militärstr. 97), Exped. à Jahrg. n. 2. 40

Die **Industrie** Süddeutschlands. Charlottenburg: M. Gottlieb [1907]. (28 Bl.) quer-8° fol. 5445

Die **Industrie** Südwestdeutschlands. Breslau: M. Gottlieb [1907]. (28 Bl.) quer-8° fol. 6383 2

Die **Industrie** von Südwestdeutschland. Charlottenburg: M. Gottlieb [1907]. (28 Bl.) quer-8° fol. 5446

— le, du verre et de la céramique en France. Annuaire de la verrerie et des fabriques de porcelaines et faiences, avec désignation approscimative de leur situation géographique. Indication des produits et specialités. Ed. par la red. de la „Glashütte", Dresde. 2. éd. 1906. (66 S.) kl. 8. Dresden, J. Fahdt. 3. —

— die wichtigste, der Gegenwart. Das Wasserglas, seine Bereitung und Anwendung im Allgemeinen. Hrsg. von E. S. 8. (61 S. nebst 1 lithogr. Kpfrt. in gr. Fol.) Ratibor 872, Wichura und Comp. * 1 —

— **die wissenschaftliche, in der unabhängige Gesellschaft. Versuch üb. polit. Oekonomie. 8. (XII. 786 S. m. 1 Steintaf.) Leipzig 874. Brockhaus' Sor n. 10. –**

Industrie, die, des Königreichs Württemberg. Sammlung gewerblicher Adressen. Prag 1873.

— die württembergische. Eine Vierteljahrsschrift f. fortschrittl. Wirtschaftspolitik. Hrsg. im Auftrag des württemberg. Landesverbands d. Handelsvertragsvereins v. A. Marquard. 1. Jahrg. Mai 1907—April 1908. 4 Hefte. (à ca. 40 S. m. Abb.) Lex. 8. Stuttgart (Glaser & Sulz). 6. —
Erscheint nicht mehr.

— württembergische. Organ d. Verband. Württemb. Industrieller. 1. Jahrg. 1910. 12 Hefte. (388 S.) gr. 8. Stuttg. (Büchsenstr. 53), Verband Württemb. Industrieller. 4. —

Industrie, die, des Zollvereins und der preußisch-französische Handelsvertrag mit Rücksicht auf die Preisfrage: „In wie weit sind Schutzzölle für den deutschen Gewerbfleiß eine Nothwendigkeit?" gr. 8. (101 S.) Erlangen 863, Enke's Verlag. *

Industrie-Adressbuch, Allgemeines, und Industrie der Haupt- und Residenzstadt Berlin . . . Berlin 1808. V: *Bratring, Friedrich Wilh. Aug.* (Ky) »1807« (Hitzig)

Industrie-Adreßbuch, allgem., u. Industrie der königl. preuß. Haupt- u. Residenzstadt Berlin, auf d. J. 1808, (von F. W. A. Bratring). Berl. 808. Braunes. 16 K

Industrie- und Handels-Adressbuch, Berliner, mit genauer Bezeichnung der Specialitäten der betr. Firmen. 1. Jahrg. 1876. 1. und 2. Aufl. gr. 16. (XII, 420 S.) Berlin, (C. Heymann's Verlag.) geb. *

—— —— dass. — mit näherer Angabe der Specialitäten und Berücksicht. der neuesten Veränderungen. 2. Jahrg. 1877. [Mai-Ausg.] gr. 16. (XX, 489 S.) (Ebendas.) geb. *

Industrie- und Handels-Adressbuch, Berliner, 1883. Nach Namen und nach Branchen geordnet, enthaltend: sämmtliche Fabrikanten, Kaufleute, Exporteure, Importeure, Agentur- und Commissions-Geschäfte, Gross- und Klein-Industrielle von Berlin und Umgebung als: Berlin, Charlottenburg, Friedenau, Friedrichsberg, Pankow, Rixdorf, Rummelsburg, Schöneberg, Tempelhof etc. Hrsg. von Herm. Stöhn. 12. (XII, 552 S.) Berlin, Drewitz. geb.

Deutsches Industrie-Adreßbuch. Bd 1. Ausg. 1909. Bochum: Rhein.-Westf. Verl.-Anst. in Komm. 1909. 8°

Industrie-Adressbuch, deutsches. I. Bd.: Bergwerke, Salinen, Hütten- u. Walzwerke u. ihre Nebenbetriebe: Kokereien u. dergl. Zusammengest. u. bearb. v. Rud. Kraemer. (381 S.) Lex. 8. Bochum 910. Rheinisch-westfäl. Verlags-Anst. Geb. in Leinw. 7. 50

Industrie-Aktiengesellschaft

Chemische Industrie A.-G. St. Margrethen, Kt. St. Gallen, Schweiz. Spezial-Preisliste für comprimirte Droguen und Chemikalien. 1901. [20 S.] quer-8. (Altdorf, Gisler & Cie.)

Industrie-Anstalt, Rathenower Optische, vorm. E. Busch, A.-G: Busch, neuestes Teleobjektiv Bis-Telar F: 9. Rathenow (1905)

Industrie-Anstalt, Rathenower Optische vorm. E. Busch A.-G: Bis-Telar Serie II F: 7. Ein neues lichtstarkes Teleobjektiv für Momentaufnahmen. Rathenow 1908

Industrie-Anstalt, Rathenower Optische, vorm. E. Busch, A.-G: Busch-Expositionsmesser mit Bildsucher. Rathenow 1903

Industrie-Anstalt, Rathenower Optische, vorm. E. Busch, A.-G: Busch-Prisma-Binocles. [Preislisten und sonstige Veröffentlichungen] 1901. 1905. 1907 ff. Rathenow

Industrie-Anstalt, Rathenower Optische, vorm. E. Busch, A.-G: Busch-Spezial-Jagd-Gläser. Rathenow 1907.

Industrie-Anstalt, Rathenower Optische, vorm. E. Busch, A.-G: Busch-Visar. Zielfernrohr für Gewehre. Rathenow (1907?)

Industrie-Anstalt, Rathenower Optische, vorm. E. Busch, A.-G: Busch »Drei-Preis«-Kamera. Rathenow (1908?)

Industrie-Anstalt, Rathenower Optische, vorm. E. Busch A.-G: Busch -Flavor-Gelbfilter. Rathenow 1908

Industrie-Anstalt, Rathenower Optische, vorm. E. Busch, A.-G: Katalog über photographische Objektive und Handkameras. Rathenow 1909

Industrie-Anstalt, Rathenower Optische: Katalog über photographische Objective und Hand-Kameras. Rathenow 1910

Industrie-Anstalt, Rathenower Optische, vorm. E. Busch, A.-G: Katalog über photographische Objektive und Zubehör. Rathenow 1903. 1905. 1907.

Industrie-Anstalt, Rathenower Optische, vorm. E. Busch, A.-G: Busch's Patent-Taschen-Stativ und Busch's Taschen-Klemmbügel. Rathenow 1903

Industrie-Anstalt, Rathenower Optische, vorm. E. Busch: Preis-Courant über optische Fabrikate. Rathenow 1899. 1904

Industrie-Anstalt, Rathenower Optische, vorm. E. Busch: Preis-Courant über Fernrohre und Teleskope. Rathenow 1897

Industrie-Anstalt, Rathenower Optische, vorm. E. Busch: Preis-Courant über Mikroskope und Zubehör. Rathenow 1897.

Industrie-Anstalt, Rathenower Optische, vorm. E. Busch: Preis-Courant über photographische Objective. Rathenow 1899
Nebst Suppl. 1900

Industrie-Anstalt, Rathenower Optische, vorm. E. Busch: Preis-Courant über Operngläser usw. Rathenow 1900
Nebst Nachtrag 1905

Industrie-Anstalt, Rathenower Optische, vorm. E. Busch, A.-G: Preisliste über Projections-Objective und Condensor-Linsen. Rathenow 1901

Industrie-Anstalt, Rathenower Optische, vorm. E. Busch, A.-G: Preislisten über Hand-Cameras. Rathenow 1901. 1905. 1907. 1908

Industrie-Anstalt, Rathenower Optische, vorm. E. Busch, A.-G: Busch-Doppel-Feldstecher, Modell »Stabil«. Rathenow 1903.

Industrie-Anstalt, Rathenower Optische, vorm. E. Busch, A.-G: Suppl.-Liste 1903 über Handkameras mit Busch-Objektiven. Rathenow 1903

Industrie-Anstalt, Rathenower Optische, vorm. E. Busch, A.G: Einige Urteile über Busch-Objektive und Hand-Kameras. Rathenow 1909

Industrie-Anstalt, Rathenower Optische, vorm. E. Busch, A.-G: Busch Wolkenblende. Rathenow 1908

Industrie-Anzeiger, Allgemeiner —. Redakteur: Dr. A. J. Groß-Hoffinger. Druck von M. Auer. 4. Erscheint wöchentlich 1 bis 6 Nummern.
Wien: 1856.

Industrie- und Bergwerks-Anzeiger, s. Bergwerks- und Industrie-Anzeiger.

Industrie-Anzeiger, deutscher. Organ für Industrie, Handel und Verkehr. Internationaler Herold für Export und Import. Hrsgbr.: Const. Sandfort. 2. Jahrg. 1882. 12 Nrn. (Bog.) gr. 4. Hannover, Expedition. *
1. Jahrg. erschien u. d. T.: Herold, internationaler.

Industrie-Anzeiger, deutscher. Organ für Industrie, Handel u. Verkehr. Internationaler Herold f. Export u. Import. Hrsg.: Const. Sandfort. 3. Jahrg. 1882. 12 Nrn. (B.) gr. 4. Hannover. (Leipzig, Hartmann.) 12.—
cf.: Herold, internationaler.

Industrie-Anzeiger, deutscher, f. Ostasien. — The German manufacturers advertiser for Eastern-Asia. Sep.-Ausg. der „Deutschen Export-Revue" f. China, Japan, Deutsch-China, Hongkong, Formosa, Korea, Russisch-China, Wladiwostok, Philippinen, Siam, Straits, malayische u. Südsee-Inseln. Unter Mitwirkg. hervorrag. Fachmänner aus Wissenschaft u. Praxis hrsg. v. Alb. Blom. Chefred.: Herm. Albrecht. 4. Jahrg. April 1902—März 1903. 24 Hfte. gr. 4. (à ca. 40 S. m. Abbildgn.) Bremen, M. Nössler. n. 12.—

Industrie-Anzeiger, deutscher, für Ostasien. — The German manufacturers advertiser for Eastern-Asia. 5. Jahrg. April 1903—März 1904. 4 Hefte. (1. Heft. XXII, 28 u. Literatur-Anzeiger 56 S. m. Abbildgn.) gr. 4. Bremen, M. Nössler. n. 8.—

— dasselbe. 6. u. 7. Jahrg. April 1904—März 1906. à 4 Hefte. (1. Heft. XVIII, 20 u. Literatur-Anzeiger XXVI S. m. Abbildgn.) gr. 4. Ebd. à Jhrg. n. 11.20

— dasselbe. 8. Jahrg. Oktbr. 1906—Septbr. 1907. 4 Hefte. (1. Heft. XIV, 22 u. Literatur-Anzeiger. XX S. m. Abb.) gr. 4. Ebd. à Hft. 4.—

Industrie-, Stellen- u. Geschäftsanzeiger, photographischer, Gratis-Beilage z. photograph. Centralblatt. 1. Jahrg. 1896. 48 Nrn. (à ca. 12 S.) Lex.-8. Karlsruhe. Wiesbaden, O. Nemnich. 2.—
Weiter nicht erschienen.

Industriearbeiter: Der Industriearbeiter
Ⓢ Titel bei Fritschi »Handbuch der Schweiz. Arbeitnehmerverbände« (1951), p. 131. Es ist der abgekürzte Titel von »Textil Chemie Papier Industrie Arbeiter«. v. Der Textil-Arbeiter (sub 2)

Industrie- oder Mädchen-Arbeitsschulen, die, im Großherzogthum Sachsen Weimar-Eisenach. Ein Wort über u. für dieselben für Freunde des Gemeinnützigen u. der weiblichen Bildung, insbesondere für Gemeinde-Behörden u. Schul-Vorstände. Nebst einem Anhange von Liedern für Mädchen-Arbeitsschulen. Weimar 859. Hoffmann. 8. (32 S.) n. 5 ngr.

Industrieausstellung, allgemeine, für das Gesamtgebiet des Hauswesens in Kassel 1870. Liste der Preise. Kassel 1870

Industrie-Ausstellung, die allgem., zu Nürnberg im Herbste 1840. Auszg. aus d. Erinnerungen an d. Volksfest, d. Uebungslager, dann an d. Aufenthalt d. K. Familie in d. Burg zu Nürnberg u. Beschreib. d. allgem. Industrie-Ausstellung. gr. 4. (8½ B.) Nürnberg 841, Riegel u. Wießner.

Industrie-Ausstellung, die allgemeine, zu Paris. 1855. Redig. von Adph. William Lemme. 12 Nrn. (Bog.) gr. 8. Leipzig 855, E. H. Mayer.

Industrie-Ausstellung, die deutsche, in der Central-Halle zu Leipzig. Nebst einem nach Fächern u. Ländern geordneten Verzeichnisse der Aussteller u. ihrer Erzeugnisse u. der Angabe der mit dem Preise gekrönten Fabrikanten u. Arbeiter. Mit 100 in den Text gedr. Abbildgn. (in Holzschn.) u. einem Vorworte v. Frdr. Geo. Wieck. hoch 4. (VIII u. 112 S.) Leipzig 850, Weber. n. 1 ₰

Industrieausstellung, Die, in Dresden. [Dresden 1856.] V: *Wieck, Frdr. Gg.* (Kat. d. stat. Bureaus. Dresden 1890.)

Industrie-Ausstellung, erste zürcherische, abgehalt. zu Zürich im Aug. 1846. 8. (9¾ B.) Zürich 846, Orell, Füßli u. Comp. *

Industrie- und Gewerbe- Ausstellung

Gewerbeförderungsdienst des k. k. Handelsministeriums in Wien. 2. Industrie- und Gewerbeausstellung in Olmütz 1902. (72 S.) Olmütz 1902

Industrie- und Gewerbe-Ausstellung für Rheinland, Westfalen und benachbarte Bezirke verbunden mit e. deutsch-nationalen Kunstausstellung. Düsseldorf 1902. *Düsseldorf: Schmitz & Olbertz (1903).* (12 farb. Taf.) quer-8° [Ant. u. F.] [03. 9708

Industrie- und Gewerbe-Ausstellung für Rheinland, Westfalen und benachbarte Bezirke, verbunden mit e. Deutsch-nationalen Kunstausstellung Düsseldorf 1902. Amtl. Plan. Maassst. 1 : 2,000. [Nebst] Erl. z. Plan. *(Düsseldorf:) Ausstellungsleitung [Schmitz & Olbertz in Komm.] 1902; Dr. von A. Bagel.* (1 Kartenbl. 104 × 28 cm, 12 S.) 4° [kol.] [Umschlagt.:] Lageplan d. Industrie- u. Gew.-Ausstellung f. Rheinland ... [02. 78

Industrie- u. Gewerbe-Ausstellung, die, für Rheinland, Westfalen u. benachbarte Bezirke verbunden m. e. deutschnationalen Kunst-Ausstellung Düsseldorf 1902. Im Auftrage des Arbeits-Ausschusses unter Mitwirkg. der Ausstellungsleitg. u. der Gruppen-Vorsitzenden hrsg. von G. Stoffers. (VII, 392 S. m. Abbildgn., 3 Bildnistaf., 3 [1 farb.] Plänen, 2 graph. Taf. u. 4 Karten.) gr. 4. Düsseldorf 903. (Schmitz & Olbertz.) Geb. in Leinw. n. 27.—

—— die große, aller Nationen, welche in London im J. 1851 abgehalten werden soll. Eine Beschreibung des Ausstellung-Gebäudes, welches gegenwärtig im Hyde-Park errichtet wird, nach den Zeichnungen des Hrn. Parton. gr. 12. (12 S.) Frankfurt a. M. 850, Schmerber'sche Buchh.

Industrie-Ausstellung, die — von London, München, Paris, 1851, 1854, 1855, nebst der Entdeckungsgeschichte des Naturselbstdruckes. Wien, 1857. Aus der k. k. Hof- und Staatsdr. (50 S. 6 Bl. 8. Mit 5 Bl. Facsimile und einem Bl. Naturselbstdruck.)

Industrie-Ausstellung, über die, zu München, gehalten im Nov. 1854. Aus Dingler's polytechn. Journal 1854 abgedr. Lex.-8. München 854. Literarisch-artist. Anstalt. baar ⅙ ₰

Nordische Industrie-, Landwirtschaft- und Kunstausstellung in Kopenhagen 1888. 2 Bl. Photogr. (Portal- und Ausstell.-Halle) gr fol In Mappe. Kopenhagen 1888

Industrie- u Landwirtschaftsausstellung, österreichisch-ungarische, in Triest 1882. Spezialkatalog von Produkten der Holzzucht und Holzindustrie. Wien 1882

Industrie-Ausstellung, die Pariser, 1867. Blätter für Industrie, Kunst und Gewerbe. Nach Orig.-Mittheilungen bearb. 18 Lfgn. gr. 8. (208 S.) Leipzig 867,68, Minde. à Lfg. 1½ Ngr.

Industrie-Ausstellung, permanente — in Wien. Mit einem Holzschnitt: Aeußere Ansicht. — Gedruckt bei Josef Stöckholzer v. Hirschfeld. (8 S. 8.) 1855.

Industrie- u. Gewerbe-Ausstellung, sächsisch-thüringische, Leipzig 897. qu.-8. (16 Taf. Abb.) Leipzig 897. F. E. Fischer. n.n. —50

Industrie-Ausstellung zu Stuttgart 1842. Stuttgart 1842

Industrie-Ausstellung aller Völker zu London im Jahre 1851. Amtlicher Bericht von der Berichterstattungs-Commission der deutschen Zollvereinsregierungen. Berlin. Thl. I u. II. 1852. Thl. III. 1853. 8°.

Industrie-Ausstellungen, Die vierundzwanzig, des Gewerbe-Vereins Bamberg. Eine kleine Festgabe zur Feier der 25. Ausstellung 1877. Bamberg 1877. V: *Dros, Otto.* (BMarsch 1199)

Industrie-Ausstellungs-Gebäude, das grosse, in London. Nach den Mittheilungen des Architecten Hrn. Ch. Fowler jun. in London bearb. Imp.-Fol. (6 Stnt. und 4 S. Text.) Wien 851, Förster's artistische Buchh. Thlr.
Aus: Förster's allgem. Bauzeitung, besonders abgedruckt.

[Umschlagt.:] **Industrie-Bahnen.** Fabrik Arthur Koppel. *(Breslau: C. T. Wiskott [1896].)* (1 Bl., 21 Taf.) 1 Bd quer-8. (97. 633

Industriebau, der. Monatsschrift f. die künstler. u. techn. Förderg. aller Gebiete industr. Bauten, einschliesslich aller Ingenieurbauten, sowie d. gesamten Fortschritte d. Technik. Hrsg.: E. Beutinger. Jahrg. 1910. 12 Hefte. (IV, 288 S. m. 789 Abb., 10 farb. Taf. u. 1 Doppeltaf.) 36,5×27 cm. Leipzig, C. Scholtze. 24.—; geb. 27.—

Industriebau, der. 1910-13. fol Leipzig 1910-13

Industriebeamten, des, Taschenbuch 1910. Hrsg. vom Bund der technisch-industriellen Beamten. (288 u. IV S. m. 1 eingedr. farb. Karte.) kl. 8. Berlin 910. Industriebeamten-Verl.
Geb. in Leinw. 1.50; f. Mitglieder nnn 1.—

Organ des Bundes der industriellen Beamten. Jg. 1. (Jg. 2: Deutsche **Industriebeamten-Zeitung.** Zeitschrift f. d. soz. Interessen d. techn. Privatangestellten. Organ ...). Berlin: Bund d. industr. Beamten 1904-05. 4° (07. 104

Industriebeamten-Zeitung, Deutsche. Zeitschrift für die sozialen Interessen der Privatangestellten. Organ des Bundes der technisch-industriellen Beamten. Jg. 3 u. 4 (1907 u. 1908). Berlin, 1907—1908 u. ff.

Industriebeamtenzeitung, Deutsche, 1909-13 mit: Das Recht der Angestellten. 1912. 13. 4° Berlin 1909-13

Deutsche **Industrie-Bibliothek.** Neue u. pract. Erzeugnisse d. Metallindustrie, d. Maschinenbau-, Bau- u. Ingenieurwesens. Unt. Mitw. bewährter Fachleute hrsg. v. Carl Mahlke. Bd 1. *Friedenau: Commv. v. Fiedler & Kluge 1897.* 8. (98. 9558

Industrie- und Gewerbe-Blatt, allgemeines, hrsg. und redig. von Carl v. Frankenstein. 8—10. Jahrg. 1846—48. à Jahrg. 104 Nrn. (½ Bog.) mit Abbildungen, lithogr. Beilagen rc. gr. 4. Gratz, (Kienreich. Leipzig, G. Wigand.) à Jahrg. *
Vgl. 10. Bd. 1. Abthl. S. 409.

Industrie- und Gewerbe-Blatt, bayerisches. Hrsg. vom Centralverwaltungsausschusse des polytechn. Vereins für Bayern unter Mitwirkung von Schneider, Beylich und Zängerle redig. von A. Schels. 1. Jahrg. 1869. 12 Hefte. gr. 4. (à Heft 32 S. mit eingedr. Holzschn. und Stnt. in qu. Fol.] München, Fleischmann'sche Hofbuchh. * 12 —
—— s. a. Kunst- und Gewerbeblatt.

—— dass. — hrsg. vom Ausschusse des polytechn. Vereins in München, redig. von C. Linde und C. Stölzel. 2. und 3. Jahrg. 1870 und 1871. à 12 Hefte. gr. 4. (à Heft 32 S. mit Stnt. in qu. Fol.) Ebendas. à Jahrg. * 12 —
—— dass. — redig. von G. Feichtinger. 4. Jahrg. 1872. 12 Hefte. (à ca. 4 Bog. mit Holzschn. und lithogr. Beilagen.) gr. 4. München, Literarisch-artist. Anstalt. * 12 —
—— dass. — Zugleich Organ des bayer. Dampfkesselrevisions-Vereins. Redig. von G. Feichtinger. 5. und 6. Jahrg. 1873 und 1874. à 12 Hefte. (à ca. 4 Bog. mit Holzschn. und lithogr. Beilagen.) gr. 4. Ebendas. à Jahrg. * 12 —

Industrie- und Gewerbe-Blatt, bayerisches, hrsg. vom Ausschusse des polytechn. Vereins in München. Zugleich Organ des bayer. Dampfkessel-Revisions-Vereins. Redig. von G. Feichtinger. 7.—9. Jahrg. 1875—1877. à Jahrg. 12 Hefte. (à Heft ca. 48 S. mit Holzschn. und lithogr. Beilagen.) gr. 4. München. Literarisch-artist. Anstalt. à Jahrg. *

—— —— dass. — redig. von C. Kester. 10. Jahrg. 1878. 12 Hefte. gr. 4. (à Heft ca. 48 S. mit lithogr. Taf.) Ebendas.

—— —— dass. — redig. von Egb. Hoyer. 11. Jahrg. 1879. 6 Hefte. Lex.-8. (à Heft ca. 100 S. mit eingedr. Holzschn. und Kpfrt.) Ebendas. *

Industrie- und Gewerbeblatt, bayerisches. Zugleich Organ des bayer. Dampfkessel-Revisions-Vereins. Hrsg. vom Ausschusse des polytechn. Vereins in München, redig. von Egb. Hoyer. 12.—15. Jahrg. 1880—1883. à Jahrg. 6 Hefte. Lex.-8. (à Heft ca. 90 S. mit eingedr. Holzschn. und Stnt.) München, Literar.-artist. Anstalt. à Jahrg. *
dass. — Wochenschrift. Hrsg. vom Ausschusse des polytechn. Vereins in München, redig. von Egb. Hoyer. 16. Jahrg. 1884. 52 Nrn. (à Nr. ½ Bog.) und 4 Vierteljahrshefte. gr. 8. (Ebendas.) *

— dasselbe, red. v. Hoyer u. H. Steinach. 16—18. Jahrg. 1884—1886. à 52 Nrn. (à ½—1 B.) u. 4 Vierteljahrshefte. gr. 8. Ebend. à Jahrg. n.n. 12.—
Erscheint nicht mehr.

Industrie- u. Gewerbeblatt, bayerisches. Wochenschrift. Hrsg. vom Ausschusse d. polytechn. Vereins in München, red. v. H. Steinach. 19.—22. Jahrg. 1887—1890. à 52 Nrn. (à ½—1 B.) u. 4 Vierteljahrshefte. gr. 8. München, (Literar.-artist. Anstalt). à Jahrg. n.n. 12.—

Industrie- u. Gewerbeblatt, bayerisches. Hrsg. vom Ausschusse d. polytechn. Vereins in München. Red. v. H. Steinach. 23.—26. Jahrg. neue Folge. — 77.—80. Jahrg. der ganzen Reihe. 1891—1894. à 52 Nrn. (à 1½—2 Bog. m. Abbildgn.) gr. 8. München, (Literar.-artist. Anstalt). à Jahrg. n.n. 12.—

Industrie- u. Gewerbeblatt, bayerisches. Hrsg. vom Ausschusse d. polytechn. Vereins in München. Red. v. H. Steinach. Neue Folge. 27. u. 28. Jahrg.— 81. u. 82. Jahrg. d. ganzen Reihe. 1895—1896. à 52 Nrn. (Bog. m. Abb.) gr. 4. München, G. D. W. Callwey. à Jahrg. n. 12.—

— dasselbe. Offic. Org. d. internat. II. Kraft- u. Arbeitsmaschinen-Ausstellg. in München 1898. Jahrg. 1897 u. 1898. à 52 Nrn. (à ca. 1 Bog. m. Abb.) gr. 4. Ebd. à Jahrg. n. 12.—
Kann auch vierteljährlich bezogen werden.

Industrie- u. Gewerbeblatt, bayerisches. Organ des bayer. Revisionsvereins f. elektr. Anlagen u. des Museums f. Arbeiterwohlfahrtseinrichtungen in München, Kegelhof 3. Hrsg. vom Polytechn. Verein in München. Red.: H. Steinbach. Jahrg. 1899—1902. à 52 Nrn. gr. 4. (à ca. 8 S. m. Abbildgn.) München, G. D. W. Callwey. à Jahrg. n. 12.—

Industrie- u. Gewerbeblatt, bayerisches. Organ des Museums f. Arbeiterwohlfahrtseinrichtgn. in München. Hrsg. vom Polytechn. Verein in München. Red.: H. Steinach. Neue Folge 35.—38. Jahrg. 89—92. Jahrg. der ganzen Reihe 1903—1906. à 52 Nrn. (à ca. 8 S. m. Abbildgn.) gr. 4. München, Süddeutsche Verlags-Anstalt. à Jhrg. n. 12. —

Industrie- u. Gewerbeblatt, bayerisches. Publikations-Organ d. Zentralstelle f. Industrie, Gewerbe u. Handel. Organ d. kgl. bayer. Arbeiter-Museums in München usw. Hrsg. v. Polytechn. Verein, E. V., techn. Begutachtungsstelle d. Staats-, Kreis- u. Gemeinde-Behörden, Auskunftsstelle f. gewerbl. Rechtsschutz. Red.: H. Steinach u. seit 1910: Wilh. Wagner. Neue Folge. 39.—42. Jahrg., 93.—96. Jahrg. der ganzen Reihe. 1907—1910. à 52 Nrn. (à ca 10 S. m. Abb.) Lex. 8. München, Südd. Verlagsanst. à Jahrg. 12.—

Industrie- u. Gewerbe-Blatt. Herausgeg. vom *steiermärkischen Industrie- u. Gewerbe-Vereine.* III. Jahrg. Redakt. *Dr. C. Leyer.* Druck von *Jos. A. Kienreich.*

Erscheint in **Gratz**, jeden Donnerstag, ½ Bogen in 4°. 2-spalt. Pränum.-Pr. ¼-jähr. 1 fl. — pr. Post 1 fl. 15 kr. Einzelne Blätter 6 kr. mit Zeichnung 9 kr.

Industrie- und Gewerbeblatt hrsg. vom steiermärkischen Industrie- und Gewerb-Vereine. Redakt.: C. Leyer, C. Förster und Ferd. Zehengruber. 1. Jahrg. 1856. 52 Nrn. (½ Bog. mit eingedr. Holzschn.) gr. 4. Grätz, (Ludewig.) *

Industrie- und Gewerbe-Blatt hrsg. vom steiermärkischen Industrie- und Gewerb-Vereine. Redig. von C. Leyer. 2. und 3. Jahrg. 1857 und 1858. à Jahrg. 52 Nrn. (à ½ Bog.) Mit Stnt. und eingedr. Holzschn. gr. 4. Gratz, Ludewig und Wohlfarth. à Jahrg. *

Industrie- und Gewerbe-Blatt herausg. vom steiermärkischen Industrie- und Gewerb-Vereine. Red.: C. Leyer. 4. Jahrg. 1859. 52 Nrn. (à ½ Bgn. m. lith. Taf. u. Holzschn. im Text.) Grätz, (Wiesner.) n. 2 ₰

Industrie- und Gewerbe-Blatt hrsg. vom steiermärkischen Industrie- und Gewerb-Vereine. Redig. von C. Leyer. 5. Jahrg. 1860. 52 Nrn. (à ½ Bog.) gr. 4. Grätz, Selbstverlag. Thlr. *

Industrie- und Gewerbeblatt, hrsg. vom steiermärkischen Industrie- und Gewerbe-Vereine. 1862. 7. Jahrg. Redakt.: C. Leyer. 52 Nrn. 4. (à ½ Bog.) Gratz, Selbstverlag. *

Industrie- u. Handelsblatt. Hrsg. v. M. Bürgel. 1893-1902. 4° Berlin 1898-02

Industrie- und Handels-Blatt, steiermärkisches. Organ des steiermärkischen Gewerbe-Vereines. Herausgegeben und redigirt vom Professoren-Collegium der Akademie für Handel und Industrie. Verantwortlicher Redakteur: Franz [illegible] 24 Nr. gr. 4. (à 1 Bg.) Graz. Leyk. 3 fl.
1868. Mit Zustellung 3 fl. 50 kr.

Industrie- und Handelsblatt, steiermärkisches. 1868-71. 4° Graz 1868-71

Industrie- u. Gewerbsblatt, innerösterreich., zur Verbreitung gemeinnütz. Kenntnisse f. alle Stände, hrsg. u. redig. v. Carl v. Frankenstein. 1. Jahrg. 1839. Mai—Dec. u. 2. u. 3. Jahrg. 1840 u. 41. à 104 Nrn. (½ Bog.) u. 1 Literat.- u. Ankündig.-Blatt. Mit Abbildn. gr. 4. Grätz, Kienreich. [839. * 2 11/12 Thlr., 40. u. 41. à * 4 ½ Thlr.] *

Industrie- u. Gewerbe-Blatt, Innerösterreichisches, hrsgbr. u. Redact.: Carl v. Frankenstein. 4—7. Jahrg. 1842—45. à 104 Nrn. (½ B.) Mit Abbildgn., wöchentl. Anzeigeblatt u. Titelvign. gr. 4. Grätz 842. (Kienreich.) à J. * 5 Thlr. 10 Ngr. *

Industrie-Blätter. Wochenschrift für Fortschritt und Aufklärung auf den Gebieten der Gewerbe, der Hauswirthschaft, Gesundheitspflege etc. Hrsg. von H. Hager und E. Jacobsen. 1. Jahrg. 1864. Juli bis Decbr. 26 Nrn. (à ½—1 Bog.) gr. 4. Berlin, (Springer's Verlag.) *

— dass. — 2.—4. Jahrg. 1865—67. à Jahrg. 52 Nrn. (à ½—1 Bog.) gr. 4. Ebendas. à Jahrg. *

Industrie-Blätter. Wochenschrift für Fortschritt und Aufklärung in Gewerbe, Hauswirthschaft, Gesundheitspflege etc. Redig. von H. Hager und E. Jacobsen. 5. und 6. Jahrg. 1868 und 1869. à 52 Nrn. (à ½—1 Bog.) gr. 4. Berlin, (Springer's Verlag.) à Jahrg. * 4 —
— dass. — 7.—11. Jahrg. 1870—1874. à 52 Nrn. (à ½—1 Bog. mit eingedr. Holzschn.) gr. 4. Berlin, Gerschel.
7. und 8. Jahrg. à Nr. * 20 Pf.; à Jahrg. * 6 —
9. und 10. Jahrg. à Nr. * 30 Pf.; à Jahrg. * 8 —
11. Jahrg. à Nr. * 30 Pf.; à Jahrg. * 12 —

Industrie-Blätter. Wochenschrift für Fortschritt und Aufklärung in Gewerbe, Hauswirthschaft, Gesundheitspflege. Hrsg. von H. Hager und E. Jacobsen. 12. und 13. Jahrg. 1875 und 1876. à Jahrg. 52 Nrn. (à ½—1 Bog. mit eingedr. Holzschn.) gr. 4. Berlin, Gerschel. à Jahrg.

Industrie-Blätter. Wochenschrift für gemeinnützige Erfindungen u. Fortschritte in Gewerbe, Haushalt u. Gesundheitspflege. Hrsg. von H. Hager u. E. Jacobsen. 14—17. Jahrg. 1877—1880. à 52 Nrn. (à ½—1½ B.) gr. 4. Berlin, Gerschel. à Jahrg. n. 12. —

— dasselbe. Hrsg. von E. Jacobsen. 18. Jahrg. 1881. 52 Nrn. (à ½—1½ B.) gr. 4. Berlin, Friedländer & Sohn in Comm. n. 12. —

— dasselbe. 19. Jahrg. 1882. 52 Nrn. (à ½—1½ B.) gr. 4. Berlin, Gaertner. n. 12. —

Industrie-Blätter. Wochenschrift f. gemeinnütz. Erfindgn. u. Fortschritte in Gewerbe, Haushalt, Gesundheitspflege. Hrsg. v. E. Jacobsen. 20—23. Jahrg. 1883—1886. à 52 Nrn. (à ½—1½ B.) gr. 4. Berlin, Gaertner. à Jahrg. n. 12. —

Industrie-Blätter. Wochenschrift f. gemeinnütz. Erfindgn. u. Fortschritte in Gewerbe, Haushalt u. Gesundheitspflege. Hrsg. v. E. Jacobsen. 24.—27. Jahrg. 1887—1890. à 52 Nrn. (à ½—1½ B.) gr. 4. Berlin, Gaertner. à Jahrg. n. 12. —

Industrie-Blätter. Wochenschrift f. gemeinnütz. Erfindgn. u. Fortschritte in Gewerbe, Haushalt u. Gesundheitspflege. Hrsg. v. E. Jacobsen. 28.—30. Jahrg. 1891—1893. à 52 Nrn. (à ½—1½ Bog.) gr. 4. Berlin, R. Gaertner. à Jahrg. n. 12. —

Industrie- und Gewerbe-Blätter, illustrirte, mit allgemeinem Patentanzeiger. Organ für die gesammte Industrie, die gewerbl. Vereine Deutschlands, der Schweiz und Oesterreich-Ungarns. 2. Jahrg. 1883/84. 52 Nrn. (à Nr. 1—1½ Bog.) gr. 4. Eßlingen, Langguth. *
— dass. — 3. Jahrg. 1884. 12 Nrn. (à Nr. 1—1½ Bog.) gr. 4. Ebendas. *
Nicht weiter erschienen.

— illustrirte schwäbische. Hrsg. von Ferd. Strich-Chapell (Ch. Kapellenberg). 1. Jahrg. 1881/82. 24 Hfte. (3 B. m. Holzschn.) gr. 8. Eßlingen, Exped. n. 12. —

Die Industrieen des Herzogtums Braunschweig. 1. Theil. Im Auftrage der Handelskammer für das Herzogthum Braunschweig bearbeitet von R. Bettgenhaeuser. Braunschweig 1899.

Industrien. Gesundheitsgefährliche Industrien. Berichte über ihre Gefahren und deren Verhütung, insbesondere in der Zündhölzchenindustrie und in der Erzeugung und Verwendung von Bleifarben, von A Tybaldo Bassia in Alexandrien, Prof. E P Bérard in Paris, ... H[einrich] Rauschenbach in Schaffhausen, ... Dr. E[rnst] Vogelsanger ... in Schaffhausen,.... Im Auftrage der internationalen Vereinigung für gesetzlichen Arbeiterschutz eingeleitet und hrg. von Prof. Dr. Stephan Bauer, Direktor des internationalen Arbeitsamts in Basel. LXVIII + 459 S. 8. Jena, Gustav Fischer; Bern, A. Francke; Paris, Le Soudier, 1903. [M. 7.50]

Die **Industrie-Erzeugnisse** des Herzogtums Braunschweig und ihre Fabrikationsstätten. Zsgest. im Bur. d. Handelskammer f. d. Hzgth. Braunschweig. Braunschweig: Braunschw. Verl. f. kaufm. Unterrichtswesen 1901. 65 S. 8° (u. 11168) 10

Industrie-Feuerwehren, die. Fachzeitg. f. das gesammte Feuerlöschwesen. Supplementar. Hand- u. Nachschlagebuch f. bestch. u. neu zu erricht. Fabriks-, Gewerks-, Hütten-, Mühlen-, Eisenbahn-, Werft- u. sonst. Industrie-Feuerwehren. Hrsgbr. u. Redact.: Carl Thdr. Sternn. 1. Jahrg. Mai 1889—April 1890. 12 Nrn. (à Nr. 2 Bog. m. Illustr.) gr. 4. Altona, (Harder's Sort.). * 6 —
Ist seit April 1890 m. d. „Archiv u. Centralblatt f. Feuerschutz" (s. d.) verschmolzen.

Der neue Mannheimer Industriehafen. Eine erläuternde Skizze. Im Auftrag des Stadtraths bearbeitet im Statistischen Amt der Stadt. Mannheim 1898.

Industrie- und Produkten-Halle, die böhmische — und die von Herrn Adam Pollak gegen sie erhobenen Einwendungen. Prag, 1856. Druck der k. k. Hofbuchdruckerei von Gottlieb Haase Söhne. (2 Bl. 4.)

Industrie-, Handels- und Gewerbe-Kalender, Allgemeiner, auf das Jahr 1890. Zugleich Comptoir-Handbuch und Vormerk-Kalender für alle Tage des Jahres. III. Jahrgang. 8. (132 S.) Geb. Wien: Dittmarsch 1889. 1.—

Industrie-, Handels- und Gewerbe-Kalender auf das Schaltjahr 1892. Zugleich Comptoir-Handbuch und Vormerk-Kalender für alle Tage des Jahres. 5. Jahrg. Gr.-8. (91 S.) Geb. 1.—
Wien: Dittmarsch 1891.

Industrie-Kalender für Nordböhmen. 1869. Zusammengestellt und hrsg. von Heinr. Pfeifer. 1. Jahrg. 16. (282 S.) Rumburg, Pfeifer. geb. 2 50

Industrie- u. Hauskalender, sächsischer, auf d. J. 1894. 4. (120 S. m. Abbildgn., Reichstagssitzungsplan u. Wandkalender.) Flöha, A. Peitz & Sohn. n. — 50

Industriekarte [Sachliches OW]

Industrie- und Kommunikationskarte des Herzogtums Bukowina. Zusammengestellt vom Büro der Handels- und Gewerbekammer. (1:144.000.) Prag 1861 · Handelskammer Czernowitz.

Industriekarte, Statistische, des Handelskammerbezirkes Brünn. Entworfen und bearbeitet von Walter Ritter Princig von Herwalt, k. u. k. Consularelevе. Maßstab 1:155.000, in 7 Farben.
4 einzelne Blätter * 8.—
Auf Leinwand aufgezogen mit Stäben als Wandkarte * 10.—
4 einzelne Blätter auf Leinwand aufgezogen in Carton * 11.—
Auf Leinwand aufgezogen in Buchform * 12.—
Brünn: Rudolf M. Rohrer 1891.

Industrie- und Verkehrskarte des niederrheinisch-westfälischen Industriebezirks (15. Aufl. d. Bergwerks- u. Hüttenkarte d. Oberbergamtsbezirks Dortmund) nebst e. alphab. Verzeichniß d. Bergwerke einschließl. Förderung u. Arbeiterzahl der sonstigen industriellen Anlagen u. der Ortschaften. Maßst. 1:125,000. [Mit 3 Nebenkarten.] *Essen: G. D. Baedeker [1903].* (1 Kartenbl. 93×51 cm, 47 S.) 8° [kol.] (04. 1191)

[Industriekarte.] Industrie und Verkehrskarte des Niederrheinisch-Westfälischen Industriebezirks. 1:125000. Mit Nebenkarten der Umgegend von Essen, Dortmund, Duisburg-Ruhrort, Gelsenkirchen-Schalke und alphabetischem Bergwerksverzeichnis. 16. Aufl. Essen-Ruhr, 1908. Mit 46 S. Text.

Industriekarten von Preussen. Nr. 2: Oberschlesien. Zur Statistik des Regierungsbezirkes Oppeln von Th Schuck. Gezeichnet von A Zaunert. fol Iserlohn 1861

Industriekarte(n) [Schlagwort]

— **s. a.: Welthandel.**

Industriekarte, s.a. **Westentaschen-Sammlung.**

Industriekarten. Diercke, C., Schulwandkarte des rheinisch-westfälischen Industriegebietes. 1:50,000. 141×219 cm. Farbdr. Braunschweig (908). G. Westermann. Auf Leinw. m. Stäben. 24.

Industriekarten. General-Industriekarte v. oberschlesischen, russischen u. Mährisch-Ostrauer Revier. Angefertigt durch Mueller. 1:100,000. 78×83,5 cm. Kattowitz (906). C. Siwinna. n. 2. —; auf Leinw. in Tasche od. m. Stäben n. 4. —

Industrie-Karten. Hilscher, A., Uebersichts- u. Verkehrskarte des oberschles. Industriebezirks, enth. die Kreise Beuthen, Gleiwitz, Kattowitz, Pless, Rybnik, Tarnowitz u. Zabrze, sow. d. oberschles. Strassenbahnnetz. 1:135,000. 2., verb. Aufl. 46×46 cm. Farbdr. u. kolor. Neustadt O.-S. 897. Beuthen, H. Freund. n. 1. 25; auf Leinw. n. 2. —

Industrie-Karten. Industrie, Handel u. Flotte. Volkswirtschaftlicher Atlas in 5 Taf. u. 2 Karten nebst erläut. Text (auf d. Rückseite). Unter Beihilfe mehrerer Künstler hrsg. vom deutschen Flottenverein. schmal Fol. (II S. Text.) Braunschweig 900. G. Westermann. n. 1. 50

— Industrie- u. Verkehrskarte d. niederrheinisch-westfälischen Industriebezirks (15. Aufl. der Bergwerks- u. Hüttenkarte des Oberbergamtsbez. Dortmund). 1:125,000. 53×95 cm. Farbdr. Nebst e. alphabet. Verzeichniss d. Bergwerke einschliesslich Förderg. u. Arbeiterzahl, der sonst. industriellen Anlagen u. der Ortschaften. (47 S.) gr. 8. Essen (903). G. D. Baedeker. n. 4. —; auf Pappe m. Oesen n. 6. —; auf Leinw. in Taschenform. n. 7. —; m. Stäben n. 8. —

— Industrie- u. Verkehrskarte des niederrhein.-westfälischen Industriebezirks. (16. Aufl. der Bergwerks- u. Hüttenkarte des Oberbergamtsbez. Dortmund.) Mit Nebenkarten der Umgegend v. Essen, Dortmund, Duisburg-Ruhrort, Gelsenkirchen-Schalke. 1:125,000. 55×95 cm. Farbdr. Nebst Verzeichnis d. Bergwerke, Salinen, Hütten u. sonst. industriellen Werke, sowie der Ortschaften nach ihrer Lage auf d. „Industrie- u. Verkehrskarte d. niederrheinisch-westfäl. Industriebezirks". (46 S.) 8. Essen (908). G. D. Baedeker. 4.—; auf Pappe m. Oesen n 6.—; auf Leinw. in Taschenformat n 7.—; m. Stäben n 8.—

— **Karte** des oberschlesischen Industriebezirks, umfassend die Kreise Beuthen, Kattowitz, Zabrze, Tarnowitz. Für den Schul- u. Privatgebrauch entworfen. 1 : 37,750. 2. Aufl. 6 Blatt à 46 × 56 cm. Farbendr. Riesenburg 896. L. Schwalm. n. 9. —; auf Leinw. m. Stäben n. 12. —; in Leinw.-Mappe n.n. 14. —

— **Karten** üb. Geologie, Topographie u. Besitzverhältnisse im rheinisch-westfälischen Industriebezirk. Aus d. Sammelwerk: Die Entwickelg. d. niederrheinisch-westfäl. Steinkohlen-Bergbaues in der 2. Hälfte des 19. Jahrh. (18 farb. Taf.) Berlin (905). J. Springer. Gebrochen in schmal Lex.-8, in Leinw.-Mappe n.n. 25. —

— **Lemberg**, Heinr., Uebersichtskarte des niederrheinisch-westfälischen Industriebezirks. 1 : 120,000. 40 × 65 cm. Farbendr. Nebst: Zechen-Verzeichnis. 8. (4 Bl.) Dortmund 896. C. L. Krüger. n. 2. —

— **Lemberg**, Heinr., Uebersichtskarte des niederrhein.-westfälischen Industriebezirks. 1 : 120,000. 4. Aufl. 40×65,5 cm. Farbdr. Nebst: Zechen-Verzeichnis. 8. (2 Bl.) Dortmund 900. C. L. Krüger. n. 2. —

— **Lemberg**, Heinr., Uebersichtskarte des niederrheinisch westfälischen Industriebezirks. 1 : 120,000. 5. Aufl. 48,5×93,5 cm. Farbdr. Nebst: Zechen-Verzeichnis. (2 Bl.) gr. 8. Ebd. Dortmund 904. C. L. Krüger. n. 2. —

— **Mittelbach's**, R., Spezialkarte des rheinisch-westfälischen Industriegebietes m. Höhencurven. 1:75,000. 4 Blatt. à 47×58 cm. Farbdr. Leipzig (902). Mittelbach. Auf Leinw. in Futteral à n. 2. —; roh à 1. 50; Ausg. f. Radfahrer zu gleichen Preisen.
1. Essen. — 2. Düsseldorf. — 3. Dortmund. — 4. Gummersbach.

— **Mueller**, General-Industriekarte vom oberschlesischen, russischen u. Mährisch-Ostrauer Industrierevier. (Umschlag: Unter Mitwirkg. königl. Behörden, Magistrate, Berg- u. Hüttenverwaltungen nach den Generalstabskarten d. kgl. preuss. Landesaufnahme, d. Oberbergamtskarten u. eigenen Aufnahmen bearb. 2. Aufl.) 1 : 100,000. 77×81,5 cm. Farbdr. Kattowitz 911. Phönix-Verlag. 2.50; auf Leinw. in Taschenfutteral od. m. Stäben n 5. 50

— **Mueller**, Uebersichtskarte (Umschlag: Oberschles. Industrie-Karte) d. Kreise Tarnowitz, Beuthen, Zabrze, Kattowitz. Nach den neuesten topograph. Aufnahmen des preuss. Generalstabes u. des kgl. Oberbergamts hergestellt. 1 : 100,000. 49×40,5 cm. Farbdr. Kattowitz (903). C. Siwinna. n. 1. —

Industrie-Karten. Opitz, C., Spezialkarte des rheinisch-westfälischen Kohlen- u. Industrie-Gebiets. [Aus: „W. Koch u. C. Opitz, Eisenbahn- u. Verkehrsatlas v. Europa".] 1 : 200,000. 27,5 × 47,5 cm. Farbendruck. Mit vollständ. Ortsverzeichnis. 12. (21 S.) Leipzig-Neustadt 895. Leipzig, J. J. Arnd. n. — 50

— **Opitz**, C., Übersichtskarte für das rheinisch-westfälische Kohlen- u. Industriegebiet. [Aus: „W. Koch u. C. Opitz. Eisenb. u. Verkehrs-Atlas".] 1 : 200,000. 28×47,5 cm. Farbdr. Düsseldorf (899). C. Schaffnit. — 30

— **Raschdorff's**, Paul, Uebersichts-, Gruben- u. Hüttenkarte des oberschles. (preuss.), mährisch-ostrau-karwiner (österreich.) u. russisch-polnisch. Industriebezirks. (Dreikaiserecke.) Gezeichnet v. Osw. Melching. 1 : 125,000. 62.5 × 67 cm. Farbdr. Nebst Beiheft, enth. sämmtl. Städte u. gröss. Industrie-Ortschaften in alphabet. Ordnung der 3 Reiche m. Angabe der Verkehrsverhältnisse, Einwohnerzahl, Behörden u. gröss. privatl. Verwaltgn., Garnison, höh. Schulen, Bank- u. Speditionsgeschäfte, gröss. Etablissements m. Angabe d. Hauptfabrikationszweige, Wochenmärkte, d. frequentirt. Hotels u. Weinhandlgn., Badeanstalten, ferner e. Ortschafts-, Gruben- u. Hüttenverzeichnis zur schnelleren Auffindung der auf der Handkarte verzeichn. Orte etc. gr. 8. (II, 57 S.) Kolberg 898. Beuthen, Herm. Freund. n. 3. —; auf Leinw. in Decke n. 5. —; ermäss. Preis n. 2. — auf Leinw. in Decke n. 4. —

— **Ravenstein's** deutsche Reisekarte des oberschles. Industriebezirks. 1 : 300,000. 29×38 cm. Farbdr. Kattowitz (909). A. Kraus. — 50

— **Schulze**, Ernst, Industrie-Karte d. oberschlesischen Berg- u. Hütten-Reviers unter Berücksicht. der Lage der einz. Werke u. Industriezweige, sowie d. Grenzreviere, bis auf d. neueste Zeit fortgeführt. 1 : 200,000. 54 × 40 cm. Farbendr. Nachweisung von 80 Bergwerken, 72 Hüttenwerken u. 37 div. gröss. anderen Etablissements, geordnet nach ihren Industriezweigen, als: Steinkohlengruben, Zink-, Blei- u. Schwefelerz-Gruben etc. (am Rande). Breslau 896. Beuthen, O. Waeldner. 1. 50

— **Uebersichtskarte** des westfälischen Kohlen- u. Industriegebietes. 1 : 200,000. 26×34 cm. Farbdr. Hagen 900. O. Hammerschmidt. n. — 40

— **Verkehrs-Karte** des Industriebezirkes der Städte Duisburg, Essen, Mülheim (Ruhr), Oberhausen u. Ruhrort. 1 : 90,000. 49 × 67 cm. Farbdr. Mit Ortsverzeichnis am Fusse. Duisburg 898. J. Ewich. n. 1. —

— **Wander-, Rad- u. Automobilkarte** durch das rheinisch-westfälische Industrie-Gebiet. 1 : 300,000. 29×38 cm. Farbdr. Essen (909). Fredebeul & Koenen. — 60

Industriel: L'industriel suisse
① Petit journal envoyé gratuitement chaque mois aux maisons de commerce, fabriques, banques, hôtels, instituts, administrations, etc. ⑤ 1903 ⑥ in-8° ⑦ mensuel ③ Bienne: Imprimerie commerciale ⑫ neutre en politique ⑭ Be: I.

Industriemagazin, herausg. v. F. Hempel, s. Magazin z. Beförderung d. Industrie.

Industrien, Deutschlands, s. Adressbuch der deutschen Maschinenindustrie ...

Industrien, gesundheitsgefährliche. Berichte üb. ihre Gefahren u. deren Verhütg., insbesondere in d. Zündhölzchenindustrie u. in der Erzeugg. u. Verwendg. v. Bleifarben v. A. Tybaldo Bassia, E. P. Bérard, der Comision de Reformas Sociales in Madrid u. a. Im Auftrage der internationalen Vereinigg. für gesetzl. Arbeiterschutz eingeleitet u. hrsg. v. Steph. Bauer. (LXV, 459 S.) gr. 8. Jena 903. G. Fischer. n. 7. 50; französ. Ausg. (LX, 460 S.) n. 8. 50

Industries, les, à domicile en Suisse, s.: Hausindustrie, die, in d. Schweiz.

Industries, les, insalubres, s. a. Industrien, gesundheitsgefährliche.

Industries. Les i' insalubres. Rapports sur leurs dangers et les moyens de les prévenir, particulièrement dans l'industrie des allumettes et celles qui fabriquent ou emploient des couleurs de plomb, par A Tybaldo Bassia à Alexandrie, E B(*Umschlag: P) Bérard, ingénieur à Paris, ... H[einrich] Rauschenbach à Schaffhouse, ... E[rnst] Vogelsanger ... à Schaffhouse... . Publiés au nom de l'Association internationale pour la protection légale des travailleurs et précédés d'une préface par Etienne Bauer, Professeur à ... Bâle... . LX + 460 p. 8. Iéna, Gustave Fischer; Berne, A. Francke; Paris, Le Soudier, 1903. [M. 8. 50]

Industries, of Russia. By the Department of Trade and Manufactures Ministry of Finance for the world's Columbian exposition at Chicago. Editor of the english translation John Martin Crawford. Vols I, II and V. Lex.-8. St. Petersburg 893. (C. Ricker.) n. 18. —
I. II. Manufactures and Trade. With a general industrial map. (XV, LIV, 576 S. m. graph. Fig.) n. 12. —
V. Siberia and the great Siberian railway. With a general map. (XII, 265 S.) n. 6. —

Industries of Russia. Editor of the english translation John Martin Crawford. Vols. III. and IV. Lex.-8. St. Petersburg 893. (C. Ricker.) n. 15. — (kplt.: n. 33. —)
III. Agriculture and f[...]try, with coloured maps. By the department of a[...] ministry of crown domains for the world's Columbian exposition at Chicago. (XXXII, 487 S.) n. 12. —
IV. Mining and metallurgy, with a set of mining maps by A. Keppen. For the world's Columbian exposition at Chicago. (IX, [...] S.) n. 3. —

Industrieschule, allgem., der Deutschen, auf d. J. 1802—5. Herausgeg. von C. L. Schubkraft. gr. 8. Stuttg. (Ronneb., Schumann). 9 ℔

Industrieschule zu Blankenburg. [Halberstadt 1798.] V: *Fischer, Gottlob Nathanael.* (ML)

Industrie-Schutz, der. Mittheilungen üb. Patent-, Gebrauchsmuster-, Marken- u. Muster-Schutz im Deutschen Reiche. Hrsg. v. F. C. Glaser. Red. v. L. Glaser. 1. u. 2. Jahrg. Oktbr. 1891—Septbr. 1893. à 24 Nrn. (4 Bog.) hoch 4. Berlin, (G. Siemens). à Jahrg. n. 6. —

Industrie-Statistik des Pilsener und Piseker Kreises für 1865. Pilsen 1866

Industrie-Statistik der österreichischen Monarchie, s.a. Mittheilungen aus dem Gebiete der Statistik.

Industrie-Statistik der österr. Monarchie für das Jahr 1856. Herausgeg. v. d. k. k. Direction der administrat. Statistik. *Wien* 1857. In Comm. bei *W. Braumüller*. VIII, 136 S. 8°. 1. 40.
I. Heft. Steinwaaren, Thonwaaren, Glaswaaren. (Mit 2 Industrie-Karten.)

Industriestatistik der drei Kantone St. Gallen, Appenzell und Thurgau. Aufgenommen im Sommer 1880 durch die Herren Hermann Schlatter in St. Gallen und August Sturzenegger in Trogen. In-4°, 44 S. St. Gallen, Zollikofer'sche Buchdruckerei. 1882

Industriestatistik der drei Kantone St. Gallen, Appenzell und Turgau. 1890. (91 S) 4° St. Gallen 1891

Industrie- und Zolltarif in Oesterreich. Eine Beleuchtung der jüngsten Zollagitation. Wien 859. F. Manz. gr. 8. (2 Bl., 158 S.) 1 ℔

Industrie-Unterricht, der, in der weiblichen Arbeitsschule im Anschluß an die Buhl'sche Regel. Zusammengestellt von einer Industrielehrerin. 3. Aufl. 32. (48 S.) Donauwörth 887, Auer. * — 25

Industrie-Unterricht, der, in der weiblichen Arbeitsschule im Anschluß an die Buhl'sche Regel. Zusammengestellt v. e. Industrielehrerin. 5. Aufl. (48 S.) 16. Donauwörth (904). L. Auer. n. — 25

Industrie-Unterricht in den Volksschulen. Memorierstoff in Fragen u. Antworten f. die Hand der Schülerinnen. Hrsg. vom Erziehungs-Institut Sießen. 12. (VII, 56 S.) Stuttgart 894. J. Roth. n.n. — 18; kart. n. — 25

Industrie-Unterricht, der, in d. Volksschulen. Memorierstoff in Fragen u. Antworten f. d. Hand d. Schülerinnen. Hrsg. v. Erziehungs-Institut Sießen. 3., verm. u. verb. Aufl. 12. (63 S.) Stuttgart 897. J. Roth. Kart. n. 25

Industrie-Zeitung,– Allgemeine illustrierte Industrie- und Kunstzeitung

—— ——s.a. Weltausstellungs-Zeitung, Wiener.

Industrie- und Kunst-Zeitung, allgemeine illustrirte. Hrsg. von Ferd. Springmühl. Jahrg. 1874. 52 Nrn. (2 Bog. mit eingedr. Holzschn.) Fol. Leipzig, Expedition. * 18 —

Erschienen 1872–1875

Industrie- und Kunst-Zeitung, allgemeine illustrirte. Hrsg. von Ferd. Springmühl. Jahrg. 1875. 48 Nrn. (à 2—4½ Bog. mit eingedr. Holzschn.) Fol. Leipzig, Expedition. *
Nicht weiter erschienen.

—— deutsche. Hrsg.: Rob. Binder. Jahrg. 1862 und 1863. à Jahrg. 52 Nrn. (à 1—1½ Bog. mit eingedr. Holzschn., Mustern und Stnt.) Imp.-4. Chemnitz, Bureau der deutschen Industrie-Zeitung. (Focke.) à Jahrg. *
Früher u. d. T.: Sächsische Industrie-Zeitung.

—— dass. — Organ der Handels- und Gewerbekammern zu Chemnitz, Dresden, Plauen und Zittau. Hrsg.: Rob. Binder. Jahrg. 1864—67. à Jahrg. 52 Nrn. (à 1—1½ Bog. mit eingedr. Holzschn., Mustern und Stnt.) Imp.-4. Ebendas. à Jahrg. *

Industrie-Zeitung, deutsche. Organ der Handels- und Gewerbekammern zu Chemnitz, Dresden, Plauen und Zittau. Hrsgbr.: Rob. Binder. Mitredact.: Max Diezmann. 9.—11. Jahrg. 1868—1870. à 52 Nrn. (à 1—1½ Bog.) Mit eingedr. Holzschn., Mustern und Stnt. Imp.-4. Chemnitz, Bureau der deutschen Industrie-Ztg. (Focke.) à Jahrg. * 14 —
—— dass. — Redact.: Max Diezmann. 12.—15. Jahrg. 1871—1874. à 52 Nrn. (à 1—1½ Bog.) Mit eingedr. Holzschn., Mustern und Stnt. Imp.-4. Ebendas. 12. Jahrg. * 14 —
13. Jahrg. 1. Semester * 7 —
13. Jahrg. 2. Semester * 9 —
14. und 15. Jahrg. à * 18 —

Industrie-Zeitung, deutsche. Organ der Handels- und Gewerbekammern zu Chemnitz, Dresden, Plauen und Zittau. Redact.: Max Diezmann. 16.—19. Jahrg. 1875—1878. à Jahrg. 52 Nrn. (à 1—1½ Bog. mit eingedr. Holzschn., Mustern und Stnt.) Imp.-4. Chemnitz, Bureau der deutschen Industrie-Zeitung. (Focke.) à Jahrg. *

—— dass. — 20. Jahrg. 1879. 52 Nrn. (à 1—1½ Bog. mit eingedr. Holzschn., Mustern und Stnt.) Imp.-4. Chemnitz, (Brunner'sche Buchh.) *

Industrie-Zeitung, deutsche. Organ der Handels- und Gewerbekammern zu Chemnitz, Dresden, Plauen und Zittau. Redact.: Max Diezmann. 21.—23. Jahrg. 1880—1882. à Jahrg. 52 Nrn. (à Nr. 1—1½ Bog. mit eingedr. Holzschn., Mustern und Stnt.) Imp.-4. Chemnitz, (Brunner'sche Buchh.) à Jahrg. *

— dass. — Redact.: Fr. Engau. 24. und 25. Jahrg. 1883 und 1884. à Jahrg. 52 Nrn. (à Nr. 1—1½ Bog. mit eingedr. Holzschn., Mustern und Stnt.) Imp.-4. (Ebendas.) à Jahrg. *

Industrie-Zeitung, deutsche. Organ der Handels- und Gewerbekammern zu Chemnitz, Dresden, Plauen und Zittau. Redact.: F. Engau. 26. und 27. Jahrg. 1885 und 1886. à Jahrg. 52 Nrn. (à Nr. 1—1½ Bog. mit eingedr. Holzschn., Mustern und Stnt.) Imp.-4. Chemnitz, (Bülz.) à Jahrg. * 18 —

—— dass. — 28. Jahrg. 1887. 52 Nrn. (à Nr. 1—1½ Bog. mit eingedr. Holzschn., Mustern und Stnt.) Imp.-4. Chemnitz, (Brunner'sche Buchh.) * 18 —

—— dass. — Redact.: Osk. Ackermann. 29. Jahrg. 1888. 52 Nrn. (à Nr. 1—1½ Bog. mit eingedr. Holzschn., Mustern und Stnt.) Imp.-4. (Ebendas.) * 18 —

Industrie-Zeitung, deutsche. Organ d. Handels- u. Gewerbekammern zu Chemnitz, Dresden, Plauen u. Zittau. Redact.: Osk. Ackermann. 30. Jahrg. 1889. 52 Nrn. (à Nr. 1—1½ Bog. m. eingedr. Holzschn., Mustern u. Stnt.) Imp.-4. Chemnitz, (Brunner). * 18 —
Nicht weiter erschienen.

—— dass. s. a. Alphabetisches Repertorium, s. Büchting, A.

Alphabetisches Repertorium über die Jahrg. 1860, 1861, 1862 u. 1863 der deutschen Industrie-Zeitung unter specieller Hinweisung auf die betr. Nrn. Von Ad. Büchting. Ebend. 864. Fol. (14 S.) n. 20 ngr.

Industrie-Zeitung, deutsche. Organ d. Zentralverbandes deutscher Industrieller z. Beförderg. u. Wahrg. nation. Arbeit. (Begr. 1876.) Früher: D. Industrie. Zugleich deutsche Konsulats-Zeitg. Hrsg. u. Red.: Arnold Steinmann-Bucher. 16. Jahrg. 2. Sem. Juli—Dezbr. 1897. 12 Nrn. (à ca. 24 S.) gr. 4. Berlin (W. H. Kühl). n. 10. —

— dasselbe. 17. Jahrg. 1898. 24 Nrn. (à ca. 24 S.) gr. 4. Ebd. n. 20. —
Kann auch halbjährlich bezogen werden.

Industrie-Zeitung, deutsche. Organ des Zentralverbandes deutscher Industrieller zur Beförderg. u. Wahrg. nationaler Arbeit (Begr. 1876). Früher: Die Industrie. Zugleich deutsche Konsulats-Zeitg. Hrsg.: A. Steinmann-Bucher. Red.: Arnold Steinmann. 18.—21. Jahrg. 1899—1902. à 52 Nrn. gr. 4. (à ca. 8 S.) Berlin (W. H. Kühl). à Jahrg. n. 20. —

Industrie-Zeitung, deutsche. Organ d. Centralverbandes deutscher Industrieller zur Förderung u. Wahrg. nationaler Arbeit (begr. 1876). Hrsg.: Arnold Steinmann-Bucher. Red.: Arnold Steinmann. 22.—25. Jahrg. 1903—1906. à 52 Nrn. (490, 480, 642 u. 642 S.) gr. 4. Berlin, Deutscher Verlag. à Jhrg. n. 20. —

Industrie-Zeitung, deutsche. Organ des Centralverbandes deutscher Industrieller zur Förderg. u. Wahrg. nationaler Arbeit (begr. 1876). Hrsg.: Arnold Steinmann-Bucher. Red.: Arnold Steinmann. 26. u. 27. Jahrg. 1907 u. 1908. à 52 Nrn. (à ca. 12 S.) 31,5×23 cm. Berlin, Deutscher Verlag. à Jahrg. 20. —

— dasselbe. 28. u. 29. Jahrg. 1909 u. 1910. à 52 Nrn. (654 u. 839 S.) 31,5×23 cm. Berlin, O. Elsner. à Jahrg. 20. —

Industrie- und Gewerbe-Zeitung. Redact.: A. Dorr und E. Gaus. 6. Jahrg. 1868. 24—36 Nrn. (à ½ Bog. mit eingedr. Holzschn.) gr. 4. Wien, (Beck's Verlag.) * 4 —

—— —— Wiener. Redact.: A. Dorr. 7. Jahrg. 1869. 24—36 Nrn. (Bog. mit eingedr. Holzschn.) Fol. Wien, (Czermak.) * 4 —

—— —— dass. — Redact.: A. Ehrmann. 8.—12. Jahrg. 1870—1874. à 24—36 Nrn. (Bog. mit eingedr. Holzschn.) gr. 4. Ebendas. 8.—11. Jahrg. à * 6 —
12. Jahrg. * 8 —

Industrie und Gewerbezeitung, landwirthschaftliche. Redigirt von J. Friedl: 1. Jahrg. 1. Heft (August). Hoch gr. 4. Monatlich 1 Heft à 3 Nrn. (à 1½ Bg.) Prag, Mercy. per August und September 1 fl. 40 kr.

—— mitteldeutsche, mit Submissions-Anzeiger. Organ für Maschinenwesen und maschinentechnische Industrie. Redact.: Seidler. 1. Jahrg. 1884. 52 Nrn. (Bog.) 4. Dresden, [Expedition.] Bloem. *

—— mitteldeutsche, mit Submissions-Anzeiger. Organ für Maschinenwesen und maschinen-techn. Industrie. Redact.: Osk. Elb. 2. und 3. Jahrg. 1885 und 1886. à Jahrg. 52 Nrn. (Bog.) gr. 4. Dresden, Bloem. à Jahrg. * 4 —

Industrie- und Handels-Zeitung, norddeutsche. Redakt.: Nicol. Hocker. Jahrg. 1867. 52 Nrn. (Bog.) gr. Fol. Cöln, Ahn's Verlagsh.

— oesterreichische. Internationales Organ f. Industrie, Gewerbe u. Handel. Hrsg.: Czech. 2. Jahrg. 1872. 36 Nrn. (à 1—1½ B. m. eingedr. Holzschn.) gr. 8. Ebend. n. 10. —

— dasselbe. 3. u. 4. Jahrg. 1873 u. 1874. à 36 Nrn. (à 1—1½ B. m. eingedr. Holzschn.) gr. 8. Ebend. à Jahrg. n. 10. 50

Industriezeitung: Ostschweizerische Industriezeitung
③ Appenzellische Weberzeitung (1900) ④ Der Textilarbeiter (1904) ⑤ 1901—1904 ⑥ 4° ⑦ monatlich 2× ⑧ Rheineck: A. Indermauer ⑪ Hauptredaktor: Nationalrat H. Eugster-Züst ⑫ Organ für die Weber, den Stickfachverein und die Ausrüstvereine (Hilfsindustrie, wie Bleicherei, Färberei, Spenglerei, Appretur usw.) mit sozialpolitischem Einschlag ⑬ BGSZ: 944.

—— Prager. Internationales Organ für Industrie, Gewerbe und Handel. Organ für Zuckerfabrikation, Bierbrauerei und chem. Industrie. Redact.: Czech. 1. Jahrg. 1871. 12 Nrn. (Bog.) gr. 8. Prag, (Rziwnatz.) * 10 —
Forts. s. Industrie-Zeitung, Oesterreichische.

Industrie-Zeitung, Rigasche. Organ des techn. Vereins zu Riga. Redact.: Hoyer. 1. Jahrg. 1875. 24 Nrn. (à 1½ Bog.) gr. 4. Riga, Deubner. *

—— dass. — Unter Mitwirkung von E. Bing, M. Glasenapp, J. v. Hagen, M. Schönflies redig. von W. Ritter. 2.—4. Jahrg. 1876—1878. à Jahrg. 24 Nrn. (à 1½ Bog.) gr. 4. (Ebendas.) à Jahrg. *

—— dass. — Unter Mitwirkung von E. Bing, M. Glasenapp, C. Hennings, M. Schönflies redig. von W. Ritter. 5. Jahrg. 1879. 24 Nrn. (à 1½ Bog.) gr. 4. (Ebendas.) *

Industrie-Zeitung, Rigasche. Organ des techn. Vereins zu Riga. Unter Mitwirkung von E. Bing, M. Glasenapp, H. Hennings, E. Asboth redig. von W. Ritter. 6. und 7. Jahrg. 1880 und 1881. à Jahrg. 24 Nrn. (à Nr. 1½ Bog.) gr. 4. Riga, (Deubner.) Jahrg. 1880 *
Jahrg. 1881 *

—— dass. — Unter Mitwirkung von E. Bing, H. Hennings, G. Kirstein, E. Arnold redig. von M. Glasenapp. 8. und 9. Jahrg. 1882 und 1883. à Jahrg. 24 Nrn. (à Nr. 1½ Bog.) gr. 4. (Ebendas.) à Jahrg. *

—— dass. — 10. Jahrg. 1884. 24 Nrn. (à Nr. 1½ Bog.) gr. 8. (Ebendas.) *

—— Rigasche. Organ des techn. Vereins zu Riga. Unter Mitwirkung von E. Arnold, E. Bing, C. Hennings, G. Lang, redig. von M. Glasenapp. 11. Jahrg. 1885. 24 Nrn. (à Nr. 1½ Bog.) gr. 4. Riga, (Kymmel's Sortiment.) * 12 —

— dass. — Unter Mitwirkung von E. Arnold, E. Bing, G. Lang, E. Pfuhl, redig. von M. Glasenapp. 12.—14. Jahrg. 1886—1888. à Jahrg. 24 Nrn. (à Nr. 1½ Bog.) gr. 4. (Ebendas.) à Jahrg. * 12 —

· Rigasche. Organ d. techn. Vereins zu Riga. Unter Mitwirkg. v. E. Arnold, J. Gunstensen, M. Grübler, E. Pfuhl, redig. v. M. Glasenapp. 15.—18. Jahrg. 1889—1892. à Jahrg. 24 Nrn. (à Nr. 1½ Bog.) gr. 4. Riga, (Kymmel's Sort.) à Jahrg. * 12 —

Industrie-Zeitung, Rigasche. Organ des techn. Vereins zu Riga. Unter Mitwirkg. v. E. Bing, M. Grübler, E. Pfuhl, B. v. Wodzinski red. v. M. Glasenapp. 18. u. 19. Jahrg. 1892. 1893. à 24 Nrn. (1½ Bog.) gr. 4. Riga, (N. Kymmel's Sort.). à Jahrg. n. 12. —

Industrie-Zeitung, Rigasche. Organ d. techn. Vereins zu Riga. Unt. Mitwirkg. v. M. Grübler, E. Pfuhl, K. Wladimiroff, B. v. Wodzinski red. v. M. Glasenapp. 21.—24. Jahrg. 1895—1898. à 24 Nrn. (à ca. 12 S. m. Taf.) gr. 4. Riga (N. Kymmel's Sort.). à Jahrg. n. 12. —

- Rigasche. Organ des techn. Vereins zu Riga. Unter Mitwirkung v. A. Agthe. E. Pfuhl, C. Wladimiroff, B. v. Wodzinski red. v. M. Glasenapp. 25.—28. Jahrg. 1899—1902. à 24 Nrn. gr. 4. (à ca. 12 S. m. Fig. u. Taf.) Riga (N. Kymmel's Sort.) à Jahrg. n. 12. —

-- Rigasche. Organ des techn. Vereins zu Riga. Unter Mitwirkg. v. A. Agthe, E. Pfuhl, C. Wladimiroff, B. v. Wodzinski red. v. M. Glasenapp. 29. Jahrg. 1903. 24 Nrn. (VIII, 320 S. m. Fig.) gr. 4. Riga (N. Kymmel's Sort.). n. 12. —

-- dasselbe. 30. Jahrg. 1904. 24 Nrn. (VIII, 352 S. m. Fig.) gr. 4. Ebd. n. 15. —

-- dasselbe. 31. u. 32. Jahrg. 1905 u. 1906. à 24 Nrn. (X, 328 u. X, 356 S. m. Fig.) gr. 4. Ebd. à Jhrg. n. 13. —

-- Rigasche. Organ des techn. Vereins zu Riga. Red.: V. v. Friedrichs, Kommission: E. Pfuhl, N. Schiemann, B. v. Bock, M. Glasenapp. Red.: M. Glasenapp. 33.—36. Jahrg. 1907—1910. à 24 Nrn. (X, 316; X, 320; XI, 388 u. XII, 384 S. m. Fig.) Lex. 8. Riga, N. Kymmel. à Jahrg. 13. —

Industrie-Zeitung, sächsische. Hrsg. von Rob. Binder. Jahrg. 1860. Juli bis Decbr. 26 Nrn. (Bog.) Mit eingedr. Holzschn., Mustern und Stnt. Imp.-4. Chemnitz 860, Bureau der sächsischen Industrie-Zeitung. (Ernesti.)

—— dass. — Jahrg. 1861. 52 Nrn. (à 1—1½ Bog.) Mit eingedr. Holzschn., Mustern und Stnt. Imp.-4. Ebendas. *
Forts. s. Industrie-Zeitung, Deutsche. Chemnitz 1862 ff.

Industrie- u. Handels-Zeitung, sächsische. Organ f. Sachsens Industrie, Handel u. Gewerbe. Red.: Paul Schulz. 1. Jhrg. April—Septbr. 1904. 12 Nrn. (à ca. 24 S. m. Abb.) gr. 4. Leipzig [Verlag der sächs. Industrie u. Handels-Ztg.] Dresden, A. Uhlig. n. 3. —
Fortsetzung s.: Industrie, sächsische.

Industriezeitung, Schweizer. 1908-13. 4° Zurich 1908-13

Industrie- und Handelszeitung, Schweizer. 1884-1900. St. Gallen 1884-1900

Industrie- (und Handels)zeitung, schweizer. 1901-07. fol Zürich 1901-07

Schweizer Industrie-Zeitung in Verbindung mit der St. Galler Handels-Zeitung
① Offizielles Organ des Vereins chemaliger Techniker Winterthurs (seit 10. 8. 1885) ③ St. Galler Handels-Zeitung ④ Schweizer Industrie- und Handels-Zeitung ⑤ 24. 3. 1884—20. 12. 1886 ⑥ 4° ⑦ Wochenblatt ⑧ Buchs (SG): J. Kuhn ⑩ schweizerische Industrielle und Kaufleute ⑪ Walter Senn-Barbieux ⑬ BGSZ: 1047 ⑭ SG: Va ⑮ Seit dem 24. 3. 1884 war die St. Galler Handels-Zeitung mit der Schweizer Industrie Zeitung vereinigt.

— südwestdeutsche. Zeitschrift u. Anzeiger f. die Berg-, Hütten-, Metall- u. Maschinen-Industrie. Hrsg.: Hugo Scheur. 6. u. 7. Jahrg. 1909 u. 1910. à 52 Nrn. (à ca. 24 S.) Lex. 8. Völklingen. (Leipzig, F. Schneider.) à Jahrg. 8. —

Industriezeitung für Ungarn. 1870-88. 4° Budapest 1870-88

Industrie- und Gewerbezeitung, Wiener. 1867-71. fol Wien 1867-71

Industrie- u. Gewerbezeitung, Wiener. Red.: A. Ehrmann. 8. u. 9. Jahrg. 1870 u. 1871. à 24 36 Nrn. (B. m. eingedr. Holzschn.) gr. 4. Wien, Czermak in Comm. à Jahrg. n. 6. —

— dasselbe. 12. u. 13. Jahrg. 1874 u. 1875. à 24—36 Nrn. (B.) Fol. Ebend. à Jahrg. n. 8. —

— dasselbe. 14. Jahrg. 1876. 24—36 Nrn. (à 1—2 B.) Fol. Ebend. n.n. 6. —

Industrie- u. Gewerbezeitung, Wiener. Red.: A. Swoboda. 15. Jahrg. 1877. 24—36 Nrn. (à 1—2 B.) Fol. Wien, Toeplitz & Deuticke. n.n. 6. —

—— —— dass. — Hrsgbr.: Jos. Steinhöfer und A. Swoboda. 16. und 17. Jahrg. 1878 und 1879. à Jahrg. 24—36 Nrn. (à 1—2 Bog.) Fol. Wien, Expedition. à Jahrg. **

Industrie- und Gewerbezeitung, Wiener. 7. Jahrgang [illegible]. 24—36 Nrn. hoch 4. [illegible] Wien, [illegible] 2 fl.

Ferwahl. Musikdrama in 3 Akten mit e. Vorspiel. Dichtung u. Mus. von Vincent d'Indy. Deutsch v. Emma Klingenfeld. Berlin, Köln & Leipzig: A. Ahn [1898] 48 S. 8°
= Operntext-Bibliothek, Ahn's. No 66.

Inedita, romanische, auf italiänischen Bibliotheken gesammelt von Paul Heyse. gr. 8. (XII und 175 S.) Berlin 856, Hertz. *

Inedita Syriaca. Eine Sammlung syrischer Übersetzungen von Schriften griechischer Profanliteratur ... Herausgegeben von Ed. Sachau. Wien 1870.

[Ineichen, Adolf.] Die Dampfreisen durch die Schweiz. Mit besonderer Berücksichtigung aller an den schweiz. Eisenbahnen und Seeufern gelegenen historisch merkwürdigen Ortschaften ..., der hauptsächlichsten Kurorte, nebst jeweiliger Angabe der ... Gasthöfe.... Mit Illustrationen und einem Eisenbahnkärtchen. 8. Freiburg in der Schweiz.
Ausg. A. 1858. — *Ausg. B.* 1859.

[Ineichen, Adolf.] L'enthousiasme de la Suisse pour la cause de Neuchâtel. Souvenir pour le peuple suisse et son armée (*Umschlag*: Exposé historique et juridique destiné au peuple). Ouvrage illustré et accompagné d'une carte du canton de Neuchâtel et [d'une carte] de la frontière du Rhin [ainsi que de 2 portraits. Version française par Alexandre Daguet]. (6 Livraisons.) 8. Fribourg.... (Genève. 1857-) 1858.

[Ineichen, Adolf.] Die Erhebung der Schweiz für Neuenburg. Dem Schweizervolk und seiner Armee zur Erinnerung. Mit Illustrationen [3 Tafeln] und [je] einem Kärtchen des Kantons Neuenburg und der Rheingrenze. 8. Freiburg ... 1858.

Ineichen, Ad., populäre Staatsverfassungsgeschichte der Schweiz von den ersten ewigen Bünden bis auf die Gegenwart, mit Urkunden und einer historischen Karte. gr. 12. (XXI und 224 S. mit 1 Stnt.) Freiburg i. d. Schweiz 856. 58. (Leipzig, Gerhard.) *

[Ineichen, Adolf.] Voyages en Suisse par les chemins de fer et les bateaux à vapeur. Description historique et pittoresque de tous les lieux remarquables qui se trouvent sur les voies ferrées ou sur les rives des lacs.... [Traduit de l'allemand par Alexandre Daguet.] Ouvrage orné de vignettes et d'une carte des chemins de fer. 8. Fribourg en Suisse 1858.

Ineichen, Franz

Ineichen, Frz., diätet. Kochbuch, s.: Wiel.

Ineichen, F., Tisch f. Magenkranke, s.: Wiel, Jos., diätetische Behandlung der Krankheiten des Menschen.

Ineichen, Heinr., Selbstbiographie, s.: Jahresbericht üb. d. höh. Lehranstalt zu Luzern.

— Spruch u. Reim. Festschrift z. Einweihg. d. neuen Schulhauses in Ballwil, hrsg. v. Jos. Grüter u. J. Schwendimann. 8. (70 S. m. Bildn.) Luzern 895. Räber & Co. n. 1. —

Ineichen, J., kurze Anleitung zum Messen u. Punktieren des schweizerischen Braun- u. Grauviehes, nebst den bezügl. Meß- u. Punktiertabellen. Auf Veranlassg. der Gesellsch. schweizer. Landwirte hrsg. 3., umgearb. Aufl. gr. 8. (46 23 u. 19 S.) Bern 895. K. J. Wyß. Kart. n. 1.60

Ineichen, J., Entwicklungsgang der Ansichten über die Weltsysteme. Luzern 1866. Progr.

Ineichen, J., Grundlehren d. Algebra. gr. 8. Luzern 827. Meyer. (Schmidt in Leipz.) 16 gr.

Ineichen, J.: Hat der Mond Einfluss auf die Witterung und andere irdische Verhältnisse? Luzern 1874.

Ineichen, J., Punktir- und Meßtabellen, nebst kurzer Anleitung zum Messen und Punktiren des schweizerischen Braun- und Grauviehes. Auf Veranlassung der Gesellschaft schweizer. Landwirthe hrsg. 2. Aufl. gr. 8. (27, 23, 35 S.) Bern 888, Wyß. cart. * 1 50

Ineichen, Jos., praktische Anleitg. üb. Fischzucht im Kleinen u. Besetzen v. Gewässern, sowie üb. Fischbehälter (Vorratskasten). (23 S. m. 2 Taf.) 8. Bern 900. (A. Francke.) — 60

Ineichen, Jos., Lieder vom alten Sepp. Gesammelt und hrsg. von Freunden volksthüml. Dichtung. 8. (XVI, 152 S.) Luzern 868, Schiffmann'sche Buchh. * 1 60

Ineichen, Joseph. Selbstbiographie von Professor Joseph Ineichen. (Gestorben den 22. April 1881.) Ein Beitrag zur Geschichte der Luzerner Lehranstalt. ([Hrg. von] X[aver] Arnet.) [A. Progr.] 4. [Luzern 1895.]

Ines, s.a. Inez

Ines, de Castro, . Trsp. a. d. Franz. d. Hrn. la Motte. 8. Lpz. Schwickert. 774.

— de Castro, . Trsp. 8. München, Fritz. 779.

— de Castro, . Trsp. v. Soden. 8. Berlin, Maurer. 791.

Ines de Castro, Drama in 2 Atti. 8. Wien, Wallishäuser. 807. Rthlr.

— del Castro, . Trsp. in 5 Akt. v. J. H. Thele. 12. Zürich, Orell, F. u. Comp. 808.

Ines, Bruder Jacob, s.: Familien-Bibliothek.

Inescu, A. F., s.: Rumänien in Bild u. Wort.

Inett, John, origines Anglicanae, or, a history of the English Church from the conversion of the English Saxons till the death of King John. New edit., by John Griffiths. 2 vols. Oxford 855. (Parker.) gr. 8. (XLIV, 482; XXI, 704 S.) n. 10 $\mathscr{M}$. 15 ngr.

Inez, s.a. Ines

Inez, übers. v. Wilma Wera, s.: Weber's moderne Bibliothek.

Inez, Donna; ein Trauerspiel in einem Aufzug. Wien 1772. V: *Moll, Chn Hier. von.* (Ky)

Inez de Castro und der Tod des ältern Plinius. Zwey histor. Novellen. Nach dem Franz. der Frau von Genlis bearbeitet von Th. Hell. (Auch u. d. Titel: Genlis sl. Romane u. Erzählungen. 15s Bdchen.) 8. Leipzig, Hinrichs. 818.

Infallibilismus und Katholicismus. Sendschreiben an einen infallibilistisch gesinnten Freund. 2. nochmals durchgeseh. und in einem Nachworte vervollständ. Aufl. gr. 8. (56 S.) Bonn 885, Cohen und Sohn.

Infallibilität und Täuschung oder Wahrheit über Wahrheit. Zur ruhigen Beherzigung vorgelegt von einem prakt. Wahrheitsfreunde. gr. 16. (116 S.) Wien 870, Mayer und Comp. — 40

Infander, poet. Sabbatysfeyer, oder Gedichte üb. Evangel. u. Epist. 8. Marb. Keßler. 726.

Infanger, Martinus, Craniensis: De inflammatione sinuum frontalium. Tur. ex offic. Zürch. et Furr. 1845. 19 S., 1 Taf. 4°.
Zürich. Med. Diss. v. 8. Febr. 1845.

L'infant pietùs in sias oraziuns. Dedichà als infants da Müstair. Innsbruck 1901: F. Rauch. (58 S.) 8°

Infanterie von Holleben. (VI. 158) 8. Mit 2 Plän. Berlin 1867. 3,00.

Infanterie gegen feindliche Kavallerie, s.a. Fischer, Chr. v.

Infanterie gegen feindliche Kavallerie. Mit Tab. Danzig 1833. 75 S.

Infanterie, Leichte, oder Jäger als Elite-Infanterie ... München 1866. V: *Roth, A.* (KA)

Infanterie, leichte, oder Jäger als Elite-Infanterie. Studien von A. N., Verf. der „Betrachtungen über die französ. u. österreich. Armee" etc. München 866. Lindauer'sche Buchh. 8. (239 S.) 24 ngr.

Infanterie, Die leichte, der französischen Armee. Berlin 1856. V: *Ollech, Carl Rud. v.* (Kat. d. Bibl. d. k. Preuss. gr. Generalstabes. Berlin 1878.) (KA)

Infanterie, die leichte, der französischen Armee. Von R. O. gr. 8. (V und 106 S.) Berlin 856, Mittler und Sohn. Thlr.

Infanterie, Die k. k. österreichische. Gedanken über ihre Vergangenheit und Gegenwart wie über ihre Mission in der Zukunft. Wien 1869. V: *Grivičić, Georg.* (KA)

Infanterie, die k. k. oesterreichische. Gedanken über ihre Vergangenheit und Gegenwart, wie über ihre Mission in der Zukunft. gr. 8. (VI, 81 S.) Wien 869, Seidel und Sohn. * 2 —

Über die Preussische Infanterie 1869. (VII. 64) 8. Berlin 1870. 1,00.

Infanterie, Die, im Schlachtenfeuer der Zukunft von H. v. W. Wien 1898. V: *Weiss, H. von.* (EB)

Infanterie, die, im Schlachtenfeuer d. Zukunft. Von H. v. W. [Aus: „Streffleur's österr. militär. Zeitschr."] gr. 8. (34 S.) Wien 898. W. Braumüller. n.n. — 80

Infanterie, unsere. 63 ausgewählte Bilder aus d. Soldatenleben, auf 40 Taf. 2. erweit. Aufl. (43 S.) 24,5×82,5 cm. Oldenburg (909). G. Stalling's Verl. 1. 25

Infanterie-Angriff, der deutsche, 1902. Nach prakt. Erfahrgn. auf dem Truppenübungsplatz Döberitz bei Berlin, Mai 1902. Mit 7 Kartenskizzen. gr. 8. (53 S.) Berlin 902. R. Eisenschmidt. n. 1. 50

— dasselbe. 2. verb. Aufl. gr. 8. (56 S.) Ebd. 902. n. 1,50

Infanterie-Angriff, der deutsche, 1902. Nach prakt. Erfahrgn. auf dem Truppenübungsplatz Döberitz bei Berlin, Mai 1902. Mit 7 Kartenskizzen. 3. verb. Aufl., nebst e. Entgegng. auf die Besprechgn. des deutschen Infanterie-Angriffs. (56 S.) gr. 8. Berlin 903. R. Eisenschmidt. n. 1. 50

Infanterieangriff, der, üb. offenes Terrain. (34 S. m. 8 Fig.) gr. 8. Wien 907. (L. W. Seidel & Sohn.) 1. — Sonderabdruck aus: „Streffleur's militär. Ztschr."

Infanterie-Brigade, die 49., in der Schlacht von Vionville — Mars la Tour am 16. Aug. 1870. Eine kriegsgeschichtl. Studie aus dem deutsch-französ. Kriege 1870/71 nach der applikator. Methode. gr. 8. (X, 152 S.) Berlin 885, Mittler und Sohn. * 3 —

Infanteriedienst bei Cavallerie-Divisionen, insbesondere die Thätigkeit der in den Monaten September, October und November 1870 der 4., 5. und 6. Cavallerie-Division zugetheilten bayer. Infanterie. Aus: „Kriegsgeschichtliche Einzelschriften", II. Bd., 11. Hft. — Siehe P I a. Berlin 1888.

Infanteriedienst bei Kavallerio-Divisionen, insbesondere die Thätigkeit der in den Monaten September, Oktober und November 1870 4., 5. und 6. Kavallerie-Division zugetheilten bayerischen Infanterie. Mit 2 Anlagen und 1 Uebersichtskarte. (Aus:) „Kriegsgeschichtliche Einzelschriften." 11. Heft. — Berlin 1889.

Infanterie-Exerzier-Reglement f. die Marine. gr. 16. (VI, 247 S. m. 20 Abbildgn.) Berlin 890. Mittler & Sohn. cart. n. 1. 60

Infanterie-Exerzir-Reglement für die Marine (mit Gewehren 98). (J. E. R. Mar. (98)). Nur f. d. Dienstgebrauch. Berlin (1899): (E. S. Mittler & Sohn.) (XI, 267 S.) 8° [illegible]

Infanterie-Exerzir-Reglement f. die Marine (m. Gewehren 98). [J. E. R. Mar. (98)]. Neuabdr. unter Berücksicht. der bis Ende 1905 eingetretenen Aendergn. D. E. Nr. 115. (XI, 267 S. m. 40 Abbildgn.) kl. 8. Berlin 905. E. S. Mittler & Sohn. n. 1. 60; kart. n. 1. 85

Infanterie-Exerzier-Reglement f. die Marine (ausschließl. Marineinfanterie). (J. E. R. Mar.), nebst Anh.: Abänderungen u. Zusätze f. die m. Infanteriegewehr 71/84 ausgerüsteten Marineteile. (D. E. Nr. 115.) (VIII, 186 u. 11 S. m. Fig.) kl. 8. Berlin 907. (E. S. Mittler & Sohn.) 1.15; geb. in Leinw. 1.50; Anh. II. Auszug aus der Felddienst-Ordng. vom 22. III. 1908. (Zu D. E. Nr. 115.) (IV, 97 S. m. Abbildgn. u. 4 Taf.) 909. — 60; geb. in Leinw. 1. - -

Das neue Infanterie-Exerzirreglement in Österreich-Ungarn. Berlin 1881. 8° (Bd. z. M. W. B.)

Infanterie-Exerzir-Reglement, das preußische, in seiner bisherigen Entwickelung u. die Forderungen der Gegenwart [1812—1847—1876—18??]. gr. 8. (III, 58 S.) Hannover 884. Helwing's Verl. n. 1. 20

Infanterie-Exerzir-Reglement f. die Torpedo-Abtheilungen. Entwurf. 12. (VII, 54 S.) Berlin 893. E. S. Mittler & Sohn. n. — 60

— f. die Torpedodivisionen u. die Minenabteilung. (D. E. Nr. 438.) (VI, 34 S. m. Fig.) kl. 8. Ebd. 910. — 50; geb. — 80

Infanterie-Exercier-Reglements in Oesterreich-Ungarn. Beiheft z. „Milit.-Wochenblatt". — Berlin 1881.

Das Infanteriefeuer im Gefecht. Eine taktische Studie von den dänischen Premierlieutenants F. Volkersen und J. Leerbech. (Berlin 1880.) 8°. (Bh. z. M. W. B.)

Infanterie-Feuergewehr, das kaiserlich-königliche österreichische. Auf die hohen Vorschriften basirt und zum Gebrauche für den Officier beschrieben und dargestellt von M. B. A. gr. 8. (VI und 67 S. mit eingedr. Holzschn.) Wien 850, Auer's Verlag. •

Infanterie-Feuergewehr, das kaiserlich-königliche österreichische. Auf die hohen Vorschriften basirt und zum Gebrauche für den Officier beschrieben u. dargestellt von M. B. A. 1. u. 2. Aufl. Wien 857. Auer. (Leipzig, R. Hoffmann.) gr. 8. (VI, 67 S. mit Holzschn. im Text.) n. 10 ngr.

Infanterie-Feuergewehr, das kaiserlich-königliche österreichische. Auf die hohen Vorschriften basirt, und zum Gebrauche für den Officier beschrieben und dargestellt von M. B. A. 4. Aufl. Wien 862. (Leipzig, R. Hoffmann.) gr. 8. (IV, 67 S. m. Holzschn.) n. 12 ngr.

Infanterie-Gewehr, das bayerische, M. 69 [System Werder]. Ein Auszug, das Nothwendigste aus den Vorschriften enth., nebst einer Uebersicht der verschiedenen Hinterladungssysteme, sowie einer Vergleichung des bayer. Gewehres mit anderen Waffen. Für Unteroffiziere und Soldaten. 3. verb. und verm. Aufl. 16. (88 S. mit 1 Holzschntaf. in 4.) Eichstätt 873, Krüll'sche Buchh. * — 75

Das deutsche Infanterie-Gewehr 98. Mit Taf. München 1898. 28 S.

—— das, der Jägerstutzen und das Extra-Corps-Gewehr nach dem System Wänzl. 8. (32 S. mit 1 lithogr. Taf. in qu. 4.) Wien 868, Tendler und Comp. [Martin.] * — 50

Infanterie-Gewehr. Das, mit dem glatten Laufe und die Kammerbüchse mit dem gezogenen Rohre. (Mit 1 Taf.) 8. Wien 1851.

Infanterie-Gewehr, das, M/71. In Verse gebracht von MJR. 1. und 2. Aufl. 16. (48 S.) Potsdam 878, Döring. *

Infanterie-Gewehr, das, M/71. In Verse gebracht von MJR. 3. und 4. Aufl. 16. (48 S.) Potsdam 880,84, Döring. *

— das, M/71. In Verse gebracht von MJR. 3. Aufl. 16. (48 S.) Potsdam 880. Döring. n. — 25

—— M/71 in doppelter Größe. Chromolithogr. Imp.-Fol. Mit tabellar. Zusammenstellung der Namen der einzelnen Theile. qu. gr. 4. Hannover 879, Helwing'sche Verlagsb. *

Infanteriegewehr M/71.84. 8. (44 S. mit 27 Abbild.) Stuttgart 888, (Kohlhammer.) — 30
—— dass. — nebst zugehör. Munition, nach der kriegsministeriellen Instruction für den Soldaten bearb. von v. R. 1.—17. Aufl. 8. (32 S. mit 31 Abbild. und 4 Taf.) Hannover 885—87, Helwing's Verlag. ** — 50
—— dass. — zum Gebrauch für die Mannschaften. 1.—3. Aufl. [Nachtrag zu Köhler's Leitfaden für den theoret. Unterricht des Infanteristen.] 12. (34 S. mit 20 Abbild.) Straßburg 887, Straßburger Druckerei und Verlagsanstalt, vorm. Schultz und Comp., Verlag. * — 10

Infanterie-Handbuch. Paris 1808.

Infanterie-Handbuch f. die Reserveoffizieraspiranten u. Offiziere des Beurlaubtenstandes. Nach den Vorschriften der Heerordng., zugleich m. den wichtigsten allgem. Bestimmgn. f. den Beurlaubtenstand. (VIII, 162 S. m. Abbildgn. u. 2 Taf.) gr. 8. Berlin 903. Vossische Buchh. n. 3. —; geb. n. 3. 75

Infanterieinstruction, Kurbayrische, und Dienstreglement. München 1774. H: *Beer, Joh. Frdr.* (MGT)

Infanterie-Instruction, Churbaierische, und Dienstreglements. 1. Th. Verhaltungen. 2. Th. Von den Waffen-Uebungen. 3. Th. Von Garnison-Dienst. 4. Th. Vom Feld-Dienst. (Mit 2 Beilagen.) 5. Verschiedene besondere Dienste betreffend. (5 Bde.) 8. München 1774.

Infanteriekampf, der, in der oberitalienischen Tiefebene. Von e. Generalstabsoffizier. Mit 20 Textskizz. u. -Fig. (46 S.) Lex. 8. Wien 907. L. W. Seidel & Sohn. 1. 40
Sonderabdruck aus: „Streffleur's militär. Ztschr."

Infanterie-Lager, grosses, zu Büllesheim bei Euskirchen 1842. qu. ½ gr. Fol. (Bonn 842, Henry u. Cohen.) *

Infanterie-Patrouillen u. Ausbildung d. Führer u. Mannschaften f. selbständ. u. schwier. Unternehmgn. Von H. T. M. 3 Beilagen 8. (III, 64 S.) Wien 895. L. W. Seidel & Sohn. n. 1. 20

Infanterie-Patrouillenführer, der. (15 S. m. 1 Taf.) 13 ×6,5 cm. Berlin 903. E. S. Mittler & Sohn. n. — 25

Infanterie-Pferdehalter, der. Anleitung zur Heranbildung der Infanterie-Mannschaften und Pferdeburschen zum Führen eines Reitpferdes im Dienst — im Gefecht — im Terrain. Pferdetransport auf der Eisenbahn. Der Manöverstall. Von K. v. K. 16. (III, 86 S. mit 1 Fig.-Taf.) Berlin 886, Liebel'sche Buchh. cart. * 1 20

Infanterie-Regiment, ein beleidigtes (k. sächs. 5. Inf.-Reg. Nr. 104). Pressprozess gegen die „*Süddeutsche Post*". (Sozial-polit. Zeit- u. Streitfragen. Heft 4.) München, G. Pollner, 1883. Kl. 8°. 24 S. Cart.

Das 7. Brandenburgische Inf.-Reg. Nr. 60 von seinem Ursprung (1859) bis zur Gegenwart (1881). Mit 1 Bld. Berlin 1882. 48 S.

Infanterie-Regiment No. 60, das 7. Brandenburgische, von seinem Ursprung bis zur Gegenwart. Eine kurze Darstellung der Geschichte des Regiments f. alle jetzigen u. ehemaligen „Sechziger". Auf Veranlassung des Hrn. Commandeurs verfaßt von einem Offizier des Regiments. gr. 8. (48 S. m. 1 Chromolith.) Berlin 882. H. J. Meidinger. n. 1. —

Infanterie-Regiment Nr. 60, das 7. Brandenburgische, von seinem Ursprung bis zur Gegenwart. Eine kurze Darstellg. der Geschichte d. Regiments f. alle jetz. u. ehemal. „Sechsziger". Auf Veranlassg. d. Hrn. Commandeurs verf. v. e. Offizier d. Regiments. 2. Aufl., m. e. (chromolith.) Gruppen-Darstellg. d. Regiments. gr. 8. (48 S.) Berlin 884. H. J. Meidinger. n. 1. —

Infanterie-Regiment, Das 4. Württ., Nr. 122 in den Feldzügen von 1806 bis 1870/71 beschrieben für Unteroffiziere und Mannschaften . . . Stuttgart 1889. V: *Köberle, Rudolph.* (Hirsch) (KA)

Infanterie-Regiment, 2. nassauisches, Nr. 88. 33 Bilder nach Orig.-Aufnahmen, anlässlich des 100jähr. Jubiläums m. Genehmigg. des Regiments hrsg. v. der Verlagsbuchhandlg. (23 Bl. u. IV S. Text m. 1 Abb.) 23.5 ×32 cm. Oldenburg (909). G. Stalling's Verl. 3. —

Infanterie-Reglement, Das russische, vom Jahre 1881. Beihft. z. „Milit. Wochenblatt". — Berlin 1882.

Infanterie-Repetir-Gewehre, die französischen, M. 84 u. 85. Mit 60 Holzschn. gr. 8. (80 S.) Hannover 887. Helwing's Verl. n. 1. 60

Infanterie-Signale für die sächsische Armee. Dresden 867. (Meinhold & Söhne.) 8. (30 S.) n. 4 ngr.

Infanterie-Unteroffizier, der, beim Exerziren in der Function als Lehrer, Fahnen-, Flügel-, schließender Unteroffizier und Gruppenführer. Nach den reglementar. Vorschriften bearb. Für den Unteroffizier, Unteroffizier-Aspiranten und einjähr. Freiwilligen zur Belehrung, für den Offizier zum Gebrauche bei der Exerzier-Ausbildung. 1. und 2. Aufl. 8. (VIII, 103 S. mit vielen eingedr. Holzschn. und 1 Kommando-Tabelle.) Potsdam 875,76, Döring. *

Infanterie-Unteroffizier, der, beim Exerzieren in der Function als Lehrer, Fahnen-, Flügel-, schließender Unteroffizier u. Gruppenführer. Nach den reglementar. Vorschriften bearb. Mit vielen (eingedr.) Holzschn. u. einer Kommando-Tabelle. 3. Aufl. 8. (VIII, 102 S.) Potsdam 880. Döring. n. 1. 20

Infanterie-Unteroffizier, der, im Feldwachdienst. Auf Grund der Felddienst-Ordng. v. 22. III. 1908. Für Unteroffiziere, Gefreite u. Einjährig-Freiwillige. 2. Aufl. (31 S.) 16. Berlin 908. Zuckschwerdt & Co. — 25

Infanterie-Unterofficier, der, als Schwarmführer. gr. 16. (II, 62 S.) Wien 868, Tendler und Comp. [Martin.] * — 60

Der **Infanterie-Unteroffizier** im Vorpostendienst. *Berlin: E. S. Mittler & Sohn 1903.* (20 S.) 8° [F.] [03. 1993]

Infanterie-Zündhütchengewehr, das, u. der Stutzen, nebst einer prakt. Theorie des Schießens zum Unterricht d. Mannschaft, bearb. von einem k. bayer. Offizier. kl. 16. Passau 842, Pustet'sche Buchh. n. 1/4 ₰

Infanterist, der, im Felde. Dem ausscheid. Soldaten e. kurze Erinnerg. an seine Pflicht, wenn das Vaterland ruft. 16. (12 S.) Berlin 884. Mittler & Sohn. n.n. — 10

Infanterist, der, im Felde. Dem Soldaten eine kurze Erinnerung an seine Pflicht, wenn das Vaterland ruft. 2. Aufl. 16. (12 S.) Berlin 887, Mittler und Sohn. — 10

—— der kleine. Ein Bilderbuch für deutsche Knaben. Mit lust. Versen und 6 feinen Farbendr.-Bildern. qu. 4. (6 S. Text.) Stuttgart 887, Loewe. — 60
Ausg. auf Leinw. geb. * 1 —

— **der praktische.** Hand- u. Hülfsbuch f. Officiere und Unterofficiere (Aspiranten ꝛc.) beim Ausbilden d. Mannschaften in allen Dienstzweigen, nach den neuesten Vorschriften m. dem Gewehr 88. v. W. H. 16. (228 S. m. Abbildgn. u. 8 Taf.) Köln 890. Warnitz & Co. n.n. 1. 30; cart. n.n. 1. 50

DIE INFEKTION, IHRE ERKENNUNG UND BEHANDLUNG. Sechzehn Vorträge, gehalten von Geh. Ober-Med.-Rat Prof. Dr. EHRLICH, Frankfurt a. M., Geh. Med.-Rat Prof. Dr. C. FLÜGGE, Berlin, Prof. Dr. A. FRAENKEL, Berlin, Geh. Med.-Rat Prof. Dr. B. FRÄNKEL, Berlin, Geh. Med.-Rat Prof. Dr. HILDEBRAND, Berlin, Prof. Dr. JOCHMANN, Berlin, Geh. Med.-Rat Prof. Dr. F. KRAUS, Berlin, Geh. Med.-Rat Prof. Dr. E. LESSER, Berlin, Geh. Med.-Rat Prof. Dr. LOEFFLER, Greifswald, Prof. Dr. MEISSEN, Hohenhonnef, Prof. Dr. PLEHN Berlin, Prof. Dr. SCHLOSSMANN, Düsseldorf, Prof. Dr. AD. SCHMIDT, Halle a. S., Prof. Dr. SIEGERT, Cöln a. Rh., Geh. Med.-Rat Prof. Dr. VEIT, Halle a. S., Geh. Med.-Rat Prof. Dr. WASSERMANN, Berlin. Herausgegeben vom Zentralkomitee für das ärztliche Fortbildungswesen in Preussen in dessen Auftrage redigiert von Prof. Dr. R. KUTNER. Mit 16 Abbildungen. Jena 1911. Verlag von Gustav Fischer. (Nicht im Buchhandel.) 8°.

Infeld, Frz. Ritter, kurzgefaßte Grundzüge zur Feststellung eines Bewirthschaftungs-Systems, basirt auf den absoluten Bedarf an Dünger, an Futter, ferner an Zug- und Nutzvieh. gr. 8. (24 S.) Prag 851, Credner und Kleinbub. *
Aus: Centralblätter der k. k. patriotisch-ökonom. Gesellschaft, besonders abgedruckt.

Inferiae herois manibus Excell. D. Othonis Ferdinandi S. R. J. Comitis de Traun et Abensberg . . . Claudiopoli 1748. V: *Jabroczky, Adam.* (JES)

Inferiae herois manibus Excell. D Othonis Ferdinandi . . . V: *Peringer, Andr.* (De Cornides Bibliotheca Hungarica. Pestini 1792. S. 105) (BIBLPORT) S. a. II, 10799.

Infernale, Gräfin, s.a. Substitut d. Behemot 3r Bd.

Infernale, Gräfin. Eine Geschichte aus Neu-Sodom . . . Westindien [Hamburg] 1796. V: *Riem, Andreas.* (WR) (KY) (BGE)

Infernalia sive satira in sectam Muratorum. Composuit Catus iratus. 8. (20 S.) Graz 881. Styria. n. — 70; ermäss. Pr. n. — 20

Infernus apertus hominibus christianis ut in illum non descendant; s. considerationes de poenis infernalibus . . . Monachii 1706. V: *Pinamonti, Giovanni Pietro.* (CLZür Forts. II)

Inffeld, Adf. Ritter v., über Aufbau u. Detail in der Baukunst. Eine Anleitg. zum Studium der Bauformen f. Schule u. Praxis. (30 Taf. m. Text auf der Rücks. u. X S. Text.) 38,5×30 cm. Wien 907. C. Fromme. Kart. 7. 50

Influenz, die, in allen ihren Formen, ihre Erkenntniß u. ihre Behandl., f. Aerzte, Wundärzte u. f. d. gebild. Publicum. Entworfen von e. prakt. Arzte. 8. (7 B.) Sangerhausen 838. [Leipzig, Prächtel.]

Influenza, die, s.a. **Miniatur-Bibliothek.**

Influenza, die. Wesen, Vorbeugungsmaßregeln u. Behandlg. 8. (23 S.) [Düsseld. 890, F. Bagel.] Frankf. a. M., Jaeger's Verlag. * — 50

Influenza, die, der Pferde. Bericht über die Erfahrungen, welche in Südwestdeutschland hinsichtlich dieser Krankheit gemacht worden sind. 16. (23 S.) Karlsruhe 849, Braun'sche Hofbuchh.
Aus: Thierärztliche Zeitung. Jahrg. 1849. August-Heft, besonders abgedruckt.

DIE INFLUENZA-EPIDEMIE 1889/90. Im Auftrage des Vereins für innere Medicin in Berlin bearbeitet von A. BAGINSKY, A. BAER, P. FÜRBRINGER, PAUL GUTTMANN, ARTHUR HARTMANN, HILLER, CARL HORSTMANN, M. JASTROWITZ, J. LAZARUS, LENHARTZ, M. LITTEN, C. RAHTS, HUGO RIBBERT, LEOPOLD RIESS, FRANZ STRICKER, J. WOLFF, A. WÜRZBURG, W. ZÜLZER. Herausgegeben von E. LEYDEN und S. GUTTMANN. Nebst zwei Beiträgen und 16 kartographischen Beilagen, theilweise in Farbendruck. Wiesbaden 1892. J. F. Bergmann. fol.

Influenza-Epidemie, die, 1889/90. Im Auftrage d. Vereins f. innere Medicin in Berlin bearb. v. A. Baginsky, A. Baer, Fürbringer u. A., hrsg. v. E. Leyden u. S. Guttmann. Nebst 2 Beiträgen u. 16 kartograph. Beilagen, theilweise in Farbendr. Imp.-4. (XI, 194 S.) Wiesbaden 892. J. F. Bergmann. In Mappe. n. 30. —

Influenza-Epidemie, die vom Winter u. Frühjahr 1891/92 im Grossherzogth. Hessen. Nach den Berichterstattgn. der grossh. Kreisgesundheitsämter. gr. 8. (68 S.) Darmstadt 893. (G. Jonghaus.) n. 1. 50

Informat, oder Unterricht der Theologischen Facultät in Leipzig vom Pietismo . . . O. O. 1710. V: *Klettwig, Simon Philipp.* (MYL)

Informat, Der Löbl. Theologischen Facultät, auf der Universität Leipzig ertheiltes, Oder eigentlicher Unterricht Vom sogenannten Pietismo . . . Franckfurt u. Leipzig 1711. V: *Klettwig, Simon Philipp.* (Erman & Horn, Bibliogr. d. dtsch. Universitäten. 2. Leipz. u. Berl. 1904.)

Informat der Theologischen Facultät zu Rostock auf drey Fragen ertheilet. O. O. 17?? V: *Engelke, Hermann Christoph.* (Myl)

Informatio Facti et Juris oder Geschichts- und Actenmässiger wahrer Verlauff des von Sachsen-Meiningen . . . erhobenen, nichtigen Klagwerks . . . O. O. 1750. V: *Kobe von Koppenfels, Joh. Sebast.* (Holz)

Informatio in jure et facto in causa Syndacatus Jo. Baptistae Gaspari Caesarei auditoris in Principatu Castilionensi. Wien 1757. V: *Gaspari, Joh. Bapt. de.* (Della Vita . . . di Gio. Batt. de Gaspari. Venezia 1770. S. 130)

Informatio, Succincta, de canonia Pollingana . . . Günzb. 1760. V: *Töppel, Franz.* (weber)

Summarische **Informatio.** Was gestalten Ihre Chur-Fürstl. Durchl. zu Pfaltz, alß Hertzog zu Berg, auf die Statt, Schloß, u. Zoll zu Kayserswerth sambt Zubehör berechtiget. [Dat.:] Düsseldorff den 17. 6. 1702.

Informatio, Ulterior, pro amico veritatis et justitiae ad causam Anselmi abbatis Michelsbergensis fortius propugnandam. S. l. [174?]. V: *Geissendorfer, Anselmus.* (zürKL)

Information a b r é g é e pour Leurs Excellences du Conseil Souverain de la Ville et République de Berne ([à propos de] 4 des griefs [formés par] le Prince de Neuchâtel contre la Ville & Bourgeoisie). 4. s. l. [1767].

Actenmässige **Information** in causa destitutionis et dejectionis ab officio, des Freyherrn von Wolzogen, contra den Herzog Christian zu Sachsen-Weissenfels. 1716. fol.

Information sur les d i f f e r e n c e s entre le Roi de Danemarc & de Norvègue (Fréderic IV.), et le Duc de Sleswic-Holstein-Gottorp, (Fréderic IV.), Contenuë dans une Lettre d'un Gentilhomme à son Ami en Hollande, du 16/6 de Novembre 1699. Imprimé en 1700. o. O. 12°.

Information, ergebene — in der Rechtssache des Anton Funk, Machthabers seiner Ehegattin Adele geb. von Künstlern wider Valentin v. Ordódy respektive dessen Erben pto. Rechnungslegung über die Besorgung eines dem Ebengenannten übertragenen Bevollmächtigungsgeschäftes. Preßburg. 1855. Druck von Alois Schreiber. (7 S. 8.)

Information, Fernere, des Oberlanddrostens Joach. Fried. von der Lühe wider des Hn Herzogs Carl Leop. zu Mecklenburg Durchlaucht . . . O. O. 1737. V: *Struben, Dav. Georg.* (Holz)

Information, Gemüssigte . . . mit nöthigen Documentis bewährte, worinnen . . . des Oberland-Drosten von der Lühe auf Panzow . . . Actiones . . . . . . der . . . Welt vor Augen zu legen der unumgänglichen Nothdurft befunden worden . . . O. O. 1730. V: *Struben, Dav. Gg.* (Holz)

Information, Gruendliche, von der Toggenburger Freyheiten und Gerechtigkeiten . . . O. O. 1713. V: *Escher, Johann Caspar.* (Adel) (ML)

Information, gründl., d. Gerechtsame d. Hauses Sachsen an Jülich, Cleve u. Berg. 4. Dresd. Waltber. 733.

Information, Gründliche und umbständliche, was es sowol bei denen gesambten Reichs-Ständen als auch . . . bei denen Frey- und Reichs-Städten . . . für eine Bewandtnüss und Beschaffenheit mit dem . . . Boten-Wesen habe . . . Leipz. 1710. V: *Harpprecht, Stephan Chph.* (CBH)

Information (Gründliche und umbständliche) was es sowohl bei denen gesambten Reichsständen als auch und absonderlich bei denen Frey- und Reichs-Städten von ohnverdenklichen Jahren her, für eine Bewandniss und Beschaffenheit mit dem hie und da befindlichen ordentlichen Boten-Wesen habe etc. (von Harpprecht S. C.). fol. Leipzig 1710.

Kurtze in Jure & Facto gegründete **Information.** von der am 6ten Novembris 1708. auff die Princessin zu Schlesswig Hollstein Gottorff. Maria Elisabeth, zur Abtissin des Freyen weltlichen Reichs-Stiffts Q u e d l i n g b u r g per Majora gefallenen Wahl. o. O. 1709 in Januario. Fol. in 4° k gebunden.

Information, Kurze aus Acten und Urkunden gezogene, in Sachen Hrn Joh. Wilh. Karl Oelhafen von Schöllenbach, als Herrn des Colerischen Antheils von Neunhof . . . [Nürnb.] 1772. V: *Oelhafen von Schöllenbach auf Eismannsberg, Kupprechtstein und Neukirch, Georg Christoph.* (will) (MGT) (Holz)

Information, Kurze jedoch gründliche, was es um des Chur- und Fürstl. Hauses Sachsen Gerechtsame an Jülich, Cleve und Berg vor eine Bewandtniss habe. Dresden u. Leipzig 1733. V: *Bünau, Heinrich Graf u. Herr zu.* (Holz) (ML)

Information, Kurze, in Sachen Hrn Paul Carl Welser von und zu Neunhof und Röthenbach . . . contra Hn Joh. Wilh. Carl Christoph Oelhafen von Schöllnbach . . . O. O. 1768. V: *Welser von Neunhof, Paul Carl.* (Holz)

Information pour Sa Majesté le Roi de Prusse, comme Prince Souverain de Neufchatel & Valangin, contre La Ville & Bourgeoisie dudit N. sur les Articles 2. 3. 4 & 8 de la demande du Roi. 8. s. l. 1767.

Nöthige Information in Sachen Bod. Christ. Aschen von Oberg, wieder dessen Frau Mutter Hedwig Luise von Oberg, geb. von Hammerstein. Hildesheim 1735. fol.

Information for playing the Accordion. — Méthode p. l'Accordion. — Anweisung f. d. Accordion, nebst e. Anzahl v. Tonstücken mit genauer Bezeichn. f. diejen. versehen, welche auch keine Noten kennen. breit 12. (1 B.) Leipzig 831, [Kistner.]

Information for playing the Accordion. — Méthode pour l'Accordion. Anweis. für das Accordion, nebst einer Anzahl v. Tonstücken mit genauer Bezeichnung für diejen. versehen, welche auch keine Noten kennen. breit 12. Leipz. 831. Probst. 8 K

Information sommaire des droits de Sa Majesté le Roy de Prusse à la pleine Souveraineté de Neufchâtel et Valangin. fol. s. l. [1707].
Mutmasslicher Verfasser: Gottfried Wilhelm Leibniz.

Information sur l'usage à faire de l'ouvrage pasigraphique pour les cas où l'on voudrait se faire comprendre de ceux qui ne possèdent pas encore la grammaire pasigraphique. 16. (8 S.) Graz 872, Verlag Leykam-Josefsthal. — 20

Information. Véritable & sincère Information ou On fait voir D'un côté, Que le ... Canton De Berne N'a pas seulement accepté les Moïens ... Pour rétablir ... une Paix ... Durable: Mais qu'il a aussi ... fait diverses ouvertures, tendant à la même tin. Et de l'autre, On montre ... que les Cantons de Lucerne & d'Uri ... Ont violé ... la Paix conclue & signée. 4° s. l. 1712.

Informationes ad studia humaniora. De oratione liber unicus. In scholarum usum. gr. 12. (V und 283 S.) Wien 862, Mayer und Comp.

Informations de la CSCE
v. L'Action (Ge)

Informations-Führer durch Warschau. (II, 74 S.) kl. 8. Warschau 911. Gebethner & Wolff. 1. —

Der Informations-Kursus . . . für Schulaufsichts- u. Verwaltungsbeamte sowie f. Schulleiter. *[Wird fortges.]*

Informativ-Proceß, der. Eine kirchenrechtliche Erörterung. gr. 12. (30 S.) Mainz 850, [Kirchheim.] *

Informator f. die Besucher v. Paris (im J. 1900). Mit e. (farb.) Plan u. Hilfsbuch f. Deutsche auf französ. Sprachgebiete m. Aussprache. 12. (76, 40 u. VIII S. m. Abbildgn.) Berlin 900. H. Steinitz. n. 1. 50

Informator: Der Informator für das In- und Ausland
(5) 1. Probeblatt am 1. 5. 1859 (sollte am 6. 7. 1859 erscheinen). 2. Probeblatt am 7. 1. 1860 (6) 8° (7) sollte wöchentlich erscheinen (8) Zürich: J. J. Ulrich (9) Leonhard Widmer, Lithograph, bekannt als Dichter des Schweizerpsalms (11) Leonhard Widmer (12) war als Stellenvermittlungsblatt mit politischen Beiträgen und solchen aus der Musiktheorie geplant (13) Schollenberger Leonhard Widmer (Aarau 1907), p. 53—54 (14) Be: L.

Informatore svizzero e Corriere aereo
v. Schweizer Information und Luftpostzeitung.

Informatores, die beyden,. Schsp. v. Blau. 8. Stendal, Franzen. 789.

Unterthänigste actenmässige Informatorial-Gegen-Deduction Sambt Bitt appellatischen Anwaldts in Sachen angebentlicher sämbtlicher Eingesessener der Aembter Born und Sittardt des Herzogthums Gülich contra Hr. Joh. Matth. Maes, Hoff-Rhaten und Vogten daselbst. Pretensae appellationis. o. O. [um 1729.]

Informatorium juridicum officiale oder der Rechtsgelehrte Kluge Beamte . . . Nürnb. 1729. V: *Schweser (Sueser), Christoph Heinrich.* (Fiker)

Kirchliches Informatorium: 1851 1867
Monthly and bi-monthly. Ein geistliches Lehrblatt für alle Christen From Vol. IV, No. 1 (Aug. 15, 1854) "Herausgegeben von der aus Preussen eingewanderten Lutherischen Kirche." Monthly Grabau, Johannes A. A., Vol. I, No. 1 7; (Bi-monthly) Grabau, Johannes A. A., Vol. I, No. 8 Vol. II, No. 7; (Monthly) Grabau, J. A. A., Vol. II No. 8 16; (Bi-monthly) Grabau, J. A. A., Vol. II, 1 24 to Vol. VI, No. 24 (Vol. III missing). (Monthly) Grabau, J. A. A., Vol. VIII, 1 to Vol. XII, No. 12; Hochstetter, Chr., Vol. IX, 1 to Vol. XV, No. 9?
Buffalo, NY

Kirchliches Informatorium: Jahrgang 1 – 23 July 15, 1851 1875 Buffalo, NY
Semi-monthly, then monthly. Sub-title: Ein geistliches Lehrblatt für alle Christen. Herausgegeben von der Synode der aus Preussen eingewanderten Lutherischen Kirche. Organ of the Lutherische Synode von Buffalo. Quarto, each issue 8 pages; joint indexes each two volumes. Edited by the Rev. J. A. A. Grabau, & published by Conrad Bär, 1851 64; edited by Chr. Hochstetter, 1865 ?; by Heinrich von Rohr, 1867? 75; by H. Heinicke & Fr. Muller, 1874

Informatorium, kirchliches. Ein geistl. Lehrblatt für alle Christen. Hrsg. von Conr. Bär. Redig. von J. Andr. A. Grabau. 1 — 4. Jahrg. 1852 — 55. à Jahrg. 21 — 26 Nrn. (Bog.) gr. 4. Buffalo. (Philadelphia, Schäfer und Koradi. — Nördlingen, Beck'sche Buchh.) [1. Jahrg. * 1 Thlr., 2. und 3. Jahrg. à * 1 Thlr. 10 Ngr., 4. Jahrg. * 1 Thlr.] *

Informatorium, kirchliches. Ein geistl. Blatt für alle Christen. Hrsg. von der Synode der aus Preußen eingewanderten luther. Kirche. Redig. von J. Andr. A. Grabau. 5—7. Jahrg. Aug. 1855 bis Juli 1858. à Jahrg. 24 Nrn. (Bog.) gr. 4. Buffalo. (Philadelphia, Schäfer und Koradi.) à Jahrg. *

Informatorium, kirchliches. Ein geistl. Lehrblatt für alle Christen. Hrsg. von der Synode der aus Preußen eingewanderten luther. Kirche. Redig. von J. Andr. A. Grabau. 8.—12. Jahrg. Aug. 1858 bis Juli 1863. à Jahrg. 24 Nrn. (Bog.) gr. 4. Buffalo. (Philadelphia, Schäfer und Koradi.) à Jahrg. *

Kirchliches Informatorium: 1867 1878.
Monthly. Herausgegeben im Auftrag der ev.-Luth. Synode von Buffalo (Vol. XV, No. 1 (April 15, 1867) to Vol. XIX No. 12 (April 1872)?). H. von Rohr, Detroit, Michigan, April 1867 to July 1871; H. von Rohr, Manitowoc, Wis., (Vol. XIX No. 4) April 1872; Chr. Heinicke, ?, June (?) 1874 to ? 1876; Schadow, ?, June (?) 1876 to March 1878
Detroit, MI

Kirchliches Informatorium: 1871 April 1872
Monthly. Herausgegeben im Auftrag der ev.-Luth. Synode von Buffalo: Vol. XV, No. 1 (April 15, 1867) to Vol. XIX, No. 12 (April 1872)? H. von Rohr was its editor in Manitowoc from 1871 (Vol. XIX, No. 4) to April 1872. Published also in MICHIGAN, Detroit.
Manitowac, WI

Informatorleben, das, od. d. Schule d. Prüfung rc. 8. Berl. Realsch. 789.

Informatorleben, das, od. die Schule d. Prüfung rc. 8. Berl. 789. Reimer. 10 gr

Informazioni
v. Mitteilungen — Informations — Informazioni.

Inful, Die mit Tugend, Ruhm und Ehren Ausgeschmuckte, des Weyland Hochwürdigen . . . Herrn Eugenii aus dem hochgräfl. Haus von Inzaghi . . . Steyr [1760]. V: *Sartori, Siegfr.* (Scriptores ord. s. Benedicti. Vindob. 1881.)

Inga, das Zigeunermädchen. Eine Erzählung für Jung und Alt. gr. 16. (III, 48 S.) Herborn 879, Buchh. des Nassauischen Colportage-Vereins. * 20 Pf.; geb. geb. mit Goldschn. *

Inga, das Zigeunermädchen. Eine Erzählung für Jung u. Alt. 2. Aufl. gr. 16. (III, 48 S.) Herborn 881. Buchh. d. Nassauischen Colportage-Vereins. n. — 20; geb. — 75; m. Goldschn. n. 1. —

Inga, das Zigeunermädchen. Eine Erzählg. f. Jung u. Alt. 3. Aufl. 12. (48 S.) Herborn 883. Buchh. d. Nassauischen Colportagevereins. n. — 20

Inganno, L', fedele; oder: Der getreue Betrug. In einem heroischen Schäfer-Spiele . . . O. O. 1714. V: *König, Johann Ulrich von.* (schr)

Inganno, L., nascosto nel disinganno, e discoperto Da un Padre della Compagnia di Giesù in risposta ad un libro intitolato Il Disinganno, composto Da un Religioso dell'Ordine de' Predicatori. In Colonia 1702. V: *Montecatini, Baldassare.* (Jescorrections I, Sp. 27)

Ingarden, Eduard N.

Ingarden, Ed. N., Syphilidologie nach geläuterten haematopatholog. Ansichten u. Erfahrungen, auf die Grundlage der mit dem dreifachen Preise dreier goldenen Medaillen von der k. k. medic.-chirurg. Josephs-Akademie am 15. Mai 1840 gekrönten Preisschrift, mit besond. Rücks. auf prakt. Brauchbarkeit kritisch bearb. gr. 8. (30¾ B.) Wien 845. (Kaulfuss Wwe., Prandel u. Comp.) *

Ingarden, Eduard N.: Syphilidologie nach geläuterten haematopathologischen Ansichten und Erfahrungen, auf die Grundlage der mit dem dreifachen Preise dreier goldenen Medaillen von der löbl.k.k.medicinisch-chirurgischen Josephs-Akademie in der Plenarsitzung am 15. Mai 1840 gekrönten Preisschrift, mit besonderer Rücksicht auf die praktische Brauchbarkeit kritisch bearbeitet. 467 S., gbd.

Wien: typ.Ueberreuter 1845

JB 4.724

Karte der Umgebung von Frauensee. Nach d. neuesten Hilfsmitteln u. eigenen Aufnahmen im Auftr. d. Verschönerungsver. zu Frauensee bearb. i. J. 1899 von O. Ingber. Massstab 1:25,000. (Mit 1 Nebenkarte.) *Eisenach (1899): H. Kahle; Gotha & Eisenach: Kartogr. Anst. v. H. Keil.* (1 Kartenbl. 39 × 45 cm.) 8° [kol.] [illegible]

Inge Maria, Advent. (Umschlagzeichnung nach e. Orig.-Lithogr. v. Edv. Munch.) (91 S.) kl. 8. Stuttgart (906). A. Juncker. n. 2. 50

— der Schrei nach dem Kinde. 12. (21 S.) Ebd. 902. n. — 50

Inge Maria, und Du sollst fruchtbar sein. Präludium. 12. (71 S. m. Titelbild.) Leipzig 902. H. Seemann Nachf. n. 2. —

Inge, J. F., Tagebuch, s. Beckenstedt, E., 25 Jahre zur See.

*Ingeber, Joh., Chiromantia, Metoposcopia et Physiognomia curiosa practica oder kurtze Anweisung rc. Frkf. a. M. 692. 8. *Frkf. 701. 8.

Ingeber, J., Anw. z. Chiromantie, Metoposkopie u. Physiognomie. 8. Frkf. 724.

Ingebrechtsen, Kristian. Ueber die Kinetik der Reduktion durch Zinnhalogenüre in halogenwasserstoffsaurer Lösung. Diss. Phil. [II.] Univ. Zürich. VIII + 80 S. 8. Heidelberg, J. Hörning, 1904.

Ingel, G. E., De statu Galliae Transalpinae politico et sociali usque ad tempora C. J. Caesaris. Diss. 1850. 48 S. 1.50

Ingel, Joh. Gottfr.: „Berg- und Schmelzbuch", Berlin 1743.

Ingelfinger, Josef, appr. Arzt a. Stuttgart: Beiträge zur Pathologie der Niereninsufficienz. München 1905: C. Wolf. (33 S.) 8° ¶[Soll auch in den Annalen des Krankenhauses l. d. Isar erscheinen.]
München, Med. Fak., Ref. Müller, Diss. v. 29. Juli 1905
[Geb. 9. April 81 Stuttgart; Wohnort: Stuttgart; Staatsangeh.: Württemberg; Vorbildung: Eberhard-Ludwigs-Gymn. Stuttgart Reife Juli 00; Studium: Straßburg 4. München 6 S.; Coll. 29. Juli 05; Approb. 6. Juni 05.]

Ingelfinger, Theodor [aus Heilbronn a. N.]: Beiträge zur Chemie des Tellurs ... Tübingen, Druck v. H. Laupp jr. 1896; 52 S., 2 Taf. 8.
Tübingen, Naturw. Fak., Inaug.-Diss. v. 1896

Ingelmann, Edmund, approb. Arzt aus Hannover: Die syphilitischen Erkrankungen der Augenlider nebst einem Beitrage. *Leipzig 1904: B. Georgi.* (38 S.) 8°
Leipzig, Med. Diss. v. (13. Juli) 1904

Ingelow, Jean

Ingelow, J., Sarah de Berenger, s.: Collection of british authors.

Ingelow, Jean: Don John, s. Collection of British Authors.

Ingelow, J., Fated to be free, s. Collection of British Authors.

— Poems, s. Collection of British Authors.

Ingelow, Jean: Off the Skelligs, s. Collection of British Authors.

Ingelow, J., Skizzen aus dem Mädchenleben, s.: Universal-Bibliothek f. die Jugend.

Ingemann, Bernhard Severin

Ingemann, (B. S.,) Abenteuer u. Erzähll. in Callot-Hoffmannscher Manier. Aus d. Dän. v. D. Bertels. 8. Leipz. 826, Hartmann.

Ingemann, B. S.; Abentheuer u. Erzähll. in Callot-Hoffmannischer Manier; aus d. Dän. von D. Bertels. 8. Leipz, 826. (Lehnhold). 1 ₰ 8 gr

Ingemann, B. S., Tasso's Befreiung. Ein dramat. Gedicht. Aus d. Dän. v. H. Gardthausen. 8. Leipz. 826. Gnobloch. 1 ₰

— Dass. bearb. von A. Dieterich. 12. Gotha 832. Flinzer. 4 gr

— Blanka. Trspl. nach d. dän. Original von Dt. W. v. Lewezow. 8. Kopenh. 815. Bonnier. (Leipz., Wienbrack). 18 gr

Ingemann, B. S., König Erik u. d. Geächteten. Ein Zeit- u. Sittengemälde aus d. letzten Tagen d. 13. Jahrh. A. d. Dän. 3 Thle. 8. (59 B.) Kiel 834, Universitäts-Buchh.

Ingemann, B. S., drei Erzählungen: Der Wehrwolf. — Der lebende Todte. — Der Korsikaner. A. d. Dän. v. L. M. Fouqué. 8. (6 B.) Halle 837, Kümmel.

— Skandinavische Erzählungen, siehe: Bibliothek, Europäische, 775—780. Bd.

— das stumme Fräulein, siehe: Bibliothek, Europäische, 558. Bd.

Ingemann, Bernhard Severin. Der Hirte von Tolosa. Ein Trauerspiel nach d. Dän. Schleswig 1820. V: *Scholtz, Ludw. Heinrich.* (GGr)

Ingemann, B. S. Der Hirte von Tolosa. Histor. Trauerspiel in 5 Akten. Aus dem Dän. metr. übers. Dresden 1819 = Hells Bühne d. Ausländer. 1. Bd. — Unter der Vorrede des Übers.: *D. W.* = *Karl Trummer.* (DARP)

— der Hirte von Toloso. Trspl. nach d. Dän. (von ... Scholz). gr. 8. Schlesw. 821. Taubstummen-Instit. 1 ₰

Ingemann, B. S. Holger der Däne. Schleswig 1840. Ü: *Zütphen*, *L.* (Collin, Anonymer. Kiobenh. 1869.)

—— die erste Jugend Erick Menweds. A. d. Dän. übertr. v. L. Kruse. 4 Thle. 8. (77 B.) Leipzig 829, Kollmann.

Ingemann, Bernh. Severin, Blocks Jugendstreiche, s. Bibliothek, europäische.

Ingemann, Bernh. Sev., Kunnuk u. Naja oder die Grönländer. Erzählung. Aus dem Dänischen von Jul. Reuscher. (Miniat.-Ausg.) 16. (Mit 1 Stahlst.) Berlin 846, C. H. Schultze. geb. mit Goldschn. $1^1/_4$ ₰

— dass. aus dem Dänischen übers. gr. 12. Oldenburg 846, Stalling. $^5/_6$ ₰

—— Kunnuk u. Naja od. die Grönländer. Eine Erzählung. A. d. Dän. übers. gr. 12. ($8^1/_3$ B.) Oldenburg 846, Stalling.

Der Löwenritter. Tragödie v. B[ernhard] S[everin] Ingemann. Hadersleben. 1824. 8°

— der Löwenritter. Tragödie, metrisch aus d. Dän. übers. von Fr. Lange. 8. Altona 825. Hammerich. 14 gr

— Mährchen u. Erzähll. Frei nach d. Dän. v. G. Los. 8. Leipz. 821. Kollmann. 1 ₰ 8 gr

—— Königin Margarethe. Histor. Gedicht in 10 Gesängen. A. d. Dänisch. übers. v. C. W. G. v. Rumohr. gr. 8. ($13^1/_4$ B.) Berlin 846, Th. Enslin. *

—— Prinz Otto u. seine Zeit. Histor. Roman. A. d. Dän. übers. v. L. Kruse. 3 Thle. 8. ($63^1/_2$ B.) Leipzig 835, Kollmann.

Ingemann, (B. S.,) sämmtliche Schauspiele. 1s Bdchn. A. u. d. T.: Tasso's Befreiung, ein dramat. Gedicht, aus d. Dän. v. A. Dietrich. 12. Gotha 827, Hennings.

Ingemann, B. S., (Hs. Gardthausen), sämmtl. Schauspiele. 1s Bdchen. A. u. d. T.: Tasso's Befreiung; e. dramat. Gedicht, aus d. Dän. von A. Dietrich. 12. Gotha 827. (Reichenbach in Leipz.) 4 gr

—— des Schuhflickers Sohn, s. Bibliothek, europäische.

— die Unterirdischen; aus d. Dänisch. von G. Lotz. Roman. 8. Hamb. 822, Herold. 20 gr

Ingemann, Bernhard Severin

Waldemar der Sieger. Historischer Roman. Dem Dänischen nacherz. von Lauritz Kruse. Th. 1-4. Leipzig: Kollmann 1827. 8°

— Drei Wochen vor Weihnacht u. die letzten Herren v. Gervandsburg, s.a. Bibliothek, Europäische, 596. Bd.

—— drei Wochen vor Weihnacht und der Weihnachtsabend. Ein Vielliebchen zum Weihnachtsfeste. 16. (105 S. und 1 Stahlst.) Grimma 851, Verlags-Comptoir.

Ingen-Housz, Jan

Ingen-Houss, Johann, Anfangsgründe der Elektricität, hauptsächlich in Beziehung auf den Elektrophor; nebst einer leichten Art, vermittelst eines elektrischen Funkens das Licht anzuzunden, und einem Briefe in Betref einer neuen entzündbaren Knallluft. (Aus dem Engl. übersetzt von Niklas Carl Molitor.) Wien 1781.

Ingenhouß, Jh., († d. 7. Sept. 1799.) Anfangsgrunde d. Electricität, in Beziehung auf den Electrophor; aus d. Engl. von N. K. Molitor. gr. 8. Wien 781. Beck. 8 gr

Ingenhous, J., Anfanesgründe der Elektricität 2c. a. d. Engl. v. Molitor. gr. 8. Wien, Wappler. 781.

— üb. Ernährung der Pflanzen u. Fruchtbarkeit des Bodens; aus d. Engl. mit Anmerkk. v. Gtthlf. Fischer; nebst e. Einleitung üb. e. Gegenstände d. Pflanzenphysiologie, von F. A. v. Humboldt. 8. Leipz. 798. Kühn. 18 gr

Ingen-Houss, Joh., üb. Ernährung d. Pflanzen u. Fruchtbarkeit d. Bodens. Aus d. Engl. v. Gtthlf. Fischer; nebst e. Einleit. üb. einige Gegenstände d. Pflanzenphysiologie v. F. A. v. Humboldt. 8. Leipzig. 1798. (T. O. Weigel.) — $22^1/_2$

— s. N. Hulme, Heilungsart d. Steins et ejusd. nova, tuta facilisque methodus etc.

— miscellanea phys. med. ed. Scherer. 8. maj. Viennae, Camesina. 795.

— miscellanea physico-medica; ed. Jh. Andr. Scherer. 8 maj. Wien 795. (Heubner; u. Schaumburg u. C.) 16 gr.

Ingen-housz, Jan: Miscellanea physico-medica. Edidit Johann Andreas Scherer. 210 S., gbd.

Viennae: Patzowsky 1795

JB 205

— vermischte Schriften, physikal.-medicin. Inhalts; aus d. Engl. von N. K. Molitor. gr. 8. Wien 782. 2e Aufl., 2 Thle., mit Kpf. 784. Beck. 3 Thlr (Heubner). 1 Thlr 12 gr.

Ingen-housz, Jan: Vermischte Schriften phisisch-medizinischen Inhalts. (Miscellanea physico-medica. Dt.) Übers.u.herausgeg.von Nikolaus Karl Molitor. 416 S., gbd., Abb.

Wien: Krauß 1782

JB 203

— verm. Schriften, phys. medic. Inhalts, a. d. Englischen v. Molitor. 2 Thle. m. K. gr. 8. Wien, Beck (a. Haslinger in Linz) 784.

Ingen-housz, Jan: Vermischte Schriften physisch-medicinischen Inhalts. (Miscellanea physico-medica. Dt.) Übers.u.herausgeg.von Nikolaus Karl Molitor. 2.verbess.u...verm. Aufl. Bd 1 - 2, gbd., Abb.

Wien: Wappler 1784

JB 204

— Versuche mit e. Elektrophor; aus d. Engl. ins Holländ. übers. v. J. von Breda. gr. 8. Delft 780.

Ingen-housz, Jan: Versuche mit Pflanzen, wodurch entdeckt worden, daß sie die Kraft besitzen, die atmosphärische Luft beim Sonnenschein zu reinigen, und im Schatten und des Nachts über zu verderben; nebst einer neuen Methode die Reinigkeit der Atmosphäre genau abzumessen. (Experiments upon vegetables... Dt.) 191 S., gbd., 1 Taf.

Leipzig: Weygand 1780

JB 226

— Vers. m. Pflanzen, hauptsächlich üb. ihre Eigenschaft rc. v. Scherer. 3 Bde. gr. 8. Wien, Beck. 786-90. (1r 1 Thlr. 12 gr. 2r 3r à 1 Thlr.)

Ingen-housz, Jan: Versuche mit Pflanzen, hauptsächlich über die Eigenschaft, welche sie in einem hohen Grade besitzen, die Luft im Sonnenlichte zu reinigen und in der Nacht und im Schatten zu verderben... (Experiments upon vegetables... Dt.) Aus dem französischen (vom Verfasser übersetzten Texte) übers. von Johann Andreas Scherer. (Bd 1): verbess. und verm. Aufl. Bd (1), 3, gbd., Abb.

Wien: Wappler 1786 - 1790

JB 227

Ingenbert, J., Chiromantia, metoposcopia et physiognomia curiosa. Frcf. 8°. (1 ed. Frcf. 1690. fol.)

Ingenbleeck, Theodor, s. Ingenbleek

Impots directs et indirects sur le revenu. La contribution personnelle en Belgique. L'Einkommensteuer en Prusse. L'income-tax en Angleterre. Par J. Ingenbleek. Bruxelles, Leipzig: Misch & Thron 1908. VIII, 520 S. 8°
(Inst. Solvay. Travaux de l'Institut de Sociologie. 2. Etudes sociales. 4.)

Ingenbleek, Thdr., über den Einfluss des Reimes auf die Sprache Otfrids, s. a. Quellen und Forschungen zur Sprach- und Culturgeschichte der germanischen Völker.

Ingenbleeck, Theodor: Ueber den Einfluss des Reimes auf die Sprache Otfrids, besonders in Bezug auf Laut- und Formenlehre. Strassburg, Karl J. Trübner, 1880. 8. II, 46 S.

Ingenbleek, Theodor [Dr.]: In welchem Zusammenhang steht Platons Lehre von der ἀνάμνησις mit seiner Ideentheorie? Für das Verständnis der oberen Gymnasialklassen dargestellt. Sigmaringen, M. Liehner'sche Hofbuchdr., 1880; S. 1-9; 4°
Sigmaringen, k. kath. G, P 1880 (452)

Ingendaay, J., über Wasser. Niederrheinischer Roman. (216 S.) kl. 8. Wesel (910). Ingendaay & Janssen. 2.—; geb. 2.50

v. Ingenheim, G. Graf, s. Zegries u. Abencerragen, die.

INGENHEIM, Theodor v.: Rede von der Abschließung der Waldungen, von dem Mangel des Gehölzes und von den Mitteln diesem landschädlichen Übel abzuhelfen. - o. O. 1769

Ingenhousz, Jan, s. Ingen- Housz

Ingenhousz, Johann, s. Ingen- Housz, Jan

Ingenhoven, Geschichte des Kreuzberges bei Bonn. (Bilder aus der Geschichte v. Bonn u. seiner Umgebg.) gr. 8. (38 S. m. 1 Taf.) Bonn (899). B. Hauptmann. n. —60

Ingenhoven, H.: Syphilis und Carcinom. . . . Bonn, Univ.-Buchdr. v. Carl Georgi, 1889; 27 + 1 S. 8°
Bonn, Med. Fak., Inaug.-Diss. v. 23. März 1889

Ingenieur, der. Zeitschrift f. das gesammte Ingenieurwesen. Hrsg. v. C. R. Bornemann, C. R. Brückmann u. G. E. Röting. 1. Bd. (9 B. Text m. 4 Taf. Zeichngn. u. 3 Chemitypen.) gr. 4. Freiberg 846, Engelhardt. Thlr. *

Ingenieur, der. Zeitschrift für das gesammte Ingenieurwesen. Hrsg. von C. R. Bornemann, C. R. Brückmann und G. E. Röting. 2 Bde. gr. 4. Freiberg, Engelhardt. [1. Bd. (288 S., mit 14 Stnt. in qu. Fol. und 20 Holzschn.) 2. (... 3.) 848. à Bd. * 6 Thlr. 20 Ngr.] *
Der 2. Bd. wurde von Bornemann und Brückmann allein herausgegeben.

Ingenieur, der. Zeitschrift für das gesammte Ingenieurwesen. Hrsg. v. C. R. Bornemann, C. R. Brückmann u. G. E. Röting. 1. Bd. 2—4. Hft. gr. 4. (S. 145—288 u. 144 S. m. 20 Holzschn. u. 14 lith. Taf. in Fol. u. qu. Fol.) Freiberg 847. 48, Engelhardt. Subscr.-Pr. à n. 1⅔ Thlr Einzeln à n. 2 Thlr (1. Bd. n. 6⅔ Thlr) — Hrsg. v. C. R. Bornemann, C. R. Brückmann u. E. Hartmann. 2. Bd. 8 Hfte. gr. 4. (IV u. 258 gespalt. S. m. Holzschn. u. 32 lith. Taf. in gr. 4. u. gr. qu. Fol.) Ebd. 848—50. n. 6⅔ Thlr Einzelne Hfte. à n. 1 Thlr (1 u. 2. Bd. n. 13⅓ Thlr)

— der. Internationale Rundschau üb. das gesamte Ingenieurwesen. Schriftleiter: Wilh. Gentsch. 1.—4. Jahrg. Oktbr. 1907—Septbr. 1911. à 24 Nrn. (à ca. 28 S. m. Abbildgn.) Lex. 8. Berlin, Cordel & Renné. à Jahrg. 12.—

Ingenieur, der. Seine kulturelle, gesellschaftliche u. soziale Bedeutg. m. e. histor. Überblick üb. das Ingenieurwesen. Essays v. Frz. M. Feldhaus, Geo. Biedenkapp, J. Kollmann, Jos. A. Lux, Adf. Reitz u. a. (52 S. m. 8 Abb.) Lex. 8. Stuttgart 910. Franckh. 1.—; geb. 1. 80
(Technische Monatshefte. 1910. Buchbeilage 2).

Ingenieur, Der zur Verfertigung schöner Risse getreulich anweisende, ... Nürnb. 1750. V: *Stettner, Daniel.* (ML) (AarK)

Ingenieur, Stummer's. Internationales Organ. Bd 3–5. Wien: Fromme 1875–1877 (Früher u. d. T.: Engineering).

l'Ingenieur universel. — The universal engineer. Bd 4 u 5 fol Manchester 1880

Der **Wol-Unterwiesene** Ingenieur. Von J. S. G. W. Mit Kpf. Nürnberg 1726. 738 S.

Ingenieur-Corps, das, der Preußischen Armee, wie es war u. wie es sein sollte. Ein Wort zur Verständigung üb. die Organisation desselben. gr. 8. (79 S.) Berlin 852, Mittler's Sort.-Buchhandlung. n. ½ ℳ

Ingenieur-Journal f. Eisenbahn-, Brücken-, Wasser- u. Maschinenbau. Hrsgbr.: C. Meyer. (1. Jahrg.) Juli—December. 1844. 12 Nrn. (à 1½—2 Bog.) Mit Holzschn. u. circa 12 Stnt. Roy.-4. Stuttgart 844, Expedition. *

Ingenieur-Kalender, s. a. Fehland's Ingenieur-Kalender.

Ingenieur-Kalender 1883. Für Maschinen- u. Hütten-Ingenieure bearb. von H. Fehland. Mit einer Beilage u. zahlreichen eingedr. Holzschn. gr. 16. (VIII, 273 u. 102 S.) Berlin, Springer. geb. u. geh. n. 3. 20; in Brieftaschenform n. 4. 20

—— von 1886 und 1887. Für Maschinen- und Hütten-Ingenieure bearb. von H. Fehland. Mit einer Beilage. 8. und 9. Jahrg. gr. 16. (V, 286, 106; VI, 221, 71, 106 S.) Berlin, Springer. geb. und geh. in Leder à Jahrg. * 3 —
In Brieftaschenform à Jahrg. * 4 —

—— 1888. Für Maschinen- und Hütten-Ingenieure hrsg. von Th. Beckert und A. Polster. 10. Jahrg. 2 Thle. gr. 16. (VI, 184; 108 S.) Ebendas. geb. und geh. * 3 —
Ausg. in Brieftaschenform * 4 —
Jahrg. 1899, s. Fehland's Ingenieur-Kalender.

Ingenieur-Kalender, deutscher, für 1875. Herausgegeben von A. Rheinhard und W. Schlebach Stuttgart. 12.

Ingenieur-Kalender, Deutscher. Hrsg. von der Red. von Uhlands Zeitschriften. Jg. 1910; 1914—15; 1922—23 u. 1925ff. Leipzig

— deutscher. 1911. Hrsg. v. d. Red. v. Uhlands Zeitschriften. (XVI, 16 u. 836 S. u. Schreibkalender m. Abbildgn. u. 1 Karte.) kl. 8. Leipzig, Uhland's techn. Verl. Geb. in Leinw. 1. 50

Ingenieur-Kalender für Landwirthe. Jg. 2. 1882. Berlin

— für Maschinen- u. Hüttentechniker, s. a.: Stühlen, P.

Ingenieur-Kalender für Maschinen- und Hüttentechniker. 1866—68. Eine gedrängte Sammlung der wichtigsten Tab., Formeln und Resultate aus dem Gebiete der gesammten Technik, nebst Notizbuch. Unter gef. Mitwirkung des westfäl. Bezirksvereins deutscher Ingenieure bearb. von P. Stühlen. 1.—3. Jahrg. gr. 16. (à Jahrg. X, 96 und 112 S.) Essen, Bädeker. geb. à Jahrg. *

Ingenieur-Kalender für Maschinen- und Hüttentechniker. 1869 und 1870. Eine gedrängte Sammlung der wichtigsten Tabellen, Formeln und Resultate aus dem Gebiete der gesammten Technik, nebst Notizbuch. Unter gefälliger Mitwirkung mehrerer Bezirksvereine deutscher Ingenieure bearb. von P. Stühlen. 4. und 5. Jahrg. gr. 16. (VIII, 210; X, 167 S. mit je 1 Stnt. in qu. 4.) Essen, Bädeker.
In Leder geb. à Jahrg. (*ℳ 2,80.) * 3 —
—— dass. — 1871. 6., für Fuss- und Metermaass bearb. Jahrg. gr. 16. (X, 174 S. mit 1 Stnt. und 1 chromolithogr. Karte in qu. 4.) Ebendas. (*ℳ 2,80.) * 3 —
—— dass. — 1872—1875. Unter gefälliger Mitwirkung mehrerer Bezirksvereine des Vereins deutscher Ingenieure bearb. von P. Stühlen. 7.—10., für Fuss- und Metermaass bearb. Jahrg. 8. (X, 184; X, 236; X, 200; X, 200 S.) Ebendas.
7. Jahrg. geb. (*ℳ 2,80.) * 3 —
8.—10. Jahrg. geb. à * 3 25
In Brieftaschenform à * 4 25

Ingenieur-Kalender für Maschinen- und Hüttentechniker 1876—1880. Eine gedrängte Sammlung der wichtigsten Tabellen, Formeln und Resultate aus dem Gebiete der gesammten Technik, nebst Notizbuch. Unter gef. Mitwirkung mehrerer Bezirksvereine des Vereins deutscher Ingenieure bearb. von P. Stühlen. 11.—15. Jahrg. gr. 16. (X, 208; X, 200; X, 138, 71 S. mit 1 chromolithogr. Eisenbahnkarte; X, 145, 71 S. mit 1 chromolithogr. Eisenbahnkarte; X, 148, 71 S. mit 1 chromolithogr. Eisenbahnkarte.) Essen, Baedeker. à Jahrg. geb. *
In Brieftaschenform *

—— für Maschinen- und Hüttentechniker. 1881—1885. Eine gedrängte Sammlung der wichtigsten Tabellen, Formeln und Resultate aus dem Gebiete der gesammten Technik, nebst Notizbuch. Unter gefälliger Mitwirkung mehrerer Bezirksvereine des Vereins deutscher Ingenieure bearb. von P. Stühlen. 16.—20. Jahrg. Mit je 1 chromolithogr. Eisenbahnkarte. gr. 16. (X, 152, 71; X, 229; X, 233; VIII, 250; VIII, 250 S.) Essen, Baedeker.
geb. in Ldr. mit Klappe à Jahrg.
Ausg. in Brieftaschenform à Jahrg.

—— oesterreichischer, für das J. 1875. 1. Jahrg. Redig. von Jos. v. Stummer-Traunfels. gr. 16. (IX, 276 S. mit eingedr. Holzschn.) Wien, Fromme. geb. * 3 20

—— oesterreichischer, auf die J. 1876—1878. 2.—4. Jahrg. Redig. von Jos. v. Stummer-Traunfels. gr. 16. (XII, 235; X, 245; X, 246 S.) Wien, Fromme.
geb. in Leinw. à Jahrg. *
geb. in Leder à Jahrg. *

—— dass. — für das J. 1879. 5. Jahrg. Redig. von Friedr. Steiner unter Mitwirkung von Mor. Ritter v. Pichler. gr. 16. (243 S. mit eingedr. Illustr.) Ebendas. geb. in Leinw.
geb. in Leder
Jahrg. 1880 erschien im Selbstverlag des Herausgebers.

Ingenieur- und Architekten-Kalender, [illegible] 1869. Ein Taschenbuch nebst Notizbuch [illegible] Civil-Ingenieure [illegible] an polytechnischen [illegible] Herausgegeben von [illegible] Dr. R. Sonndorfer. I. Jahrg. [illegible] Wien, Waldheim. [illegible] wandband. [illegible]

Ingenieur- und Architekten-Kalender, oesterreichischer, für 1875. Ein Taschenbuch nebst Notizbuch für Architekten, Baumeister, Civil-Ingenieure etc. Hrsg. von R. Sonndorfer. 7. Jahrg. 16. (255 S.) Wien, v. Waldheim. geb. * 4 —

Ingenieur- und Architekten-Kalender, österreichischer, für 1876 und 1877. Ein Taschenbuch nebst Notizbuch für Architekten, Baumeister, Civil-Ingenieure etc. Hrsg. von R. Sonndorfer. 8. und 9. Jahrg. gr. 16. (VIII, 243; VIII, 262 S. mit eingedr. Holzschn., Tab. und 1 lithogr. Eisenbahnkarte in qu. Fol.) Wien, v. Waldheim. geb. à Jahrg. *

Ingenieur- und Architekten-Kalender, österreichischer, für 1878—1880. Ein Taschenbuch nebst Notizbuch für Architekten, Baumeister, Civil-Ingenieure etc. Hrsg. von R. Sonndorfer. 10.—12. Jahrg. gr. 16. (VIII, 109, 156 S. mit eingedr. Holzschn. und Tab.; VIII, 109, 171 S. mit 1 lithogr. Karte; VIII, 109, 185 S.) Wien, v. Waldheim. geb. à Jahrg. *

Ingenieur- und Architekten-Kalender, österreichischer, für 1881 und 1882. Ein Taschenbuch nebst Notizbuch für Architekten, Baumeister, Civil-Ingenieure etc. Hrsg. von R. Sonndorfer. 13. und 14. Jahrg. gr. 16. (VIII, 300; VIII, 307 S. mit eingedr. Holzschn. etc.) Wien, v. Waldheim. geb. à Jahrg. *

—— dass. — für 1883—1885. [Gegründet 1867 von R. Sonndorfer.] Seit 1883 hrsg. von R. Sonndorfer und J. Melan. 15.—17. Jahrg. gr. 16. (326; XVI, 357; XVI, 107, 190, 51 S. mit je 1 Eisenbahnkarte.) Ebendas. geb. à Jahrg. *

Ingenieur- und Architekten-Kalender, österreichischer, für 1886—1889. Ein Taschenbuch nebst Notizbuch für Architekten, Baumeister, Civil-Ingenieure etc. [Gegründet 1867 von R. Sonndorfer.] Seit 1883 hrsg. von R. Sonndorfer und J. Melan. 18.—21. Jahrg. à 2 Thle. gr. 16. (XX, 107, 191, 92; XX, 107, 203, 105; XX, 107, 222, 95; XX, 107, 223, 103 S., mit je 1 Eisenbahnkarte.) Wien, v. Waldheim. geb. und geh. à Jahrg. * 4 —

Ingenieur- und Architektenkalender, Oesterreichischer, für 1890. Ein Taschenbuch nebst Notizbuch f. Architekten, Baumeister, Civilingenieure 2c. (Gegründet 1867 von Dr. R. Sonndorfer.) Seit 1883 herausg. vom Reg.-R. Prof. Dr. R. Sonndorfer und Prof. Ing. J. Melan. 22. Jahrg. 2 Theile. Gr.-16. (XX, 107, 247 und 107 S. mit 1 Eisenbahnkarte.) Geb. * 2.—
Wien: Waldheim 1889.

Ingenieur- u. Architektenkalender, Oesterreichischer, für 1891. Ein Taschenbuch nebst Notizbuch für Architekten, Baumeister, Civilingenieure etc. (Gegründet 1867 v. Dr. R. Sonndorfer.) Seit 1883 herausg. vom Reg.-R. Prof. Dr. R. Sonndorfer u. Prof. Ing. J. Melan. 23. Jahrgang. 2 Theile. Gr.-16. (XX. 194, 171 S. und Notizblätter mit 1 Eisenbahnkarte.) Geb. Wien: Waldheim 1890. 2.—

Ingenieur- u. Architektenkalender, Oesterreichischer, für 1892. Ein Taschenbuch nebst Notizbuch für Architekten, Baumeister, Civilingenieure etc. (Gegründet 1867 von Dr. R. Sonndorfer.) Seit 1883 herausgegeben von Reg.-R. Prof. Dr. R. Sonndorfer und Prof. Ing. J. Melan. 24. Jahrg. 2 Theile. Gr.-16. (290 u. 85 S. mit 1 Eisenbahnkarte.) Geb. 2.—
Wien: Waldheim 1891.

Ingenieur- u. Architekten-Kalender, Oesterreichischer, für 1893. Ein Taschenbuch nebst Notizbuch für Architekten, Baumeister, Civil-Ingenieure etc. (Gegründet 1867 von Dr. R. Sonndorfer.) Seit 1883 herausgeg. vom Reg.-Rath Prof. Dr. R. Sonndorfer und Prof. Ing. J. Melan. 25. Jahrg. Mit 1 Beilage. 2 Theile. Gr.-16. (X, 290 u. 94 S. mit Notizblättern und 1 Eisenbahnkarte.) In Lwd geb. 2.—
Wien: Waldheim 1892.

Ingenieur- und Architektenkalender, Oesterreichischer, für 1894. Ein Taschenbuch nebst Notizbuch für Architekten, Baumeister, Civil-Ingenieure etc. (Gegründet 1867 von Dr. R. Sonndorfer.) Seit 1883 herausgegeben vom Reg.-R. Prof. Dr. R. Sonndorfer und Prof. Ing. J. Melan. 26. Jahrg. 2 Theile. Gr.-16. (X, 294 u. 96 S., mit Notizblättern u. einer Eisenbahnkarte.) Geb. Wien: Waldheim * 2.—

Ingenieur- u. Architekten-Kalender, österreichischer, f. 1895. Ein Taschenbuch nebst Notizbuch f. Architekten, Baumeister, Civil-Ingenieure etc. [Gegründet 1867 v. R. Sonndorfer.] Seit 1883 hrsg. v. R. Sonndorfer u. J. Melan. 27. Jahrg. 2 Thle. gr. 16. (XIII, X S., Schreibkalender, 294 u. 106 S. m. Fig. u. 1 Eisenbahnkarte.) Wien, R. v. Waldheim. Geb. in Leinw. u. geh. n. 4. —

Ingenieur- u. Architektenkalender, Oesterr., für 1896. Ein Taschenbuch nebst Notizbuch für Architekten, Baumeister, Civilingenieure etc. (Gegründet 1867 v. Dr. R. Sonndorfer.] Seit 1883 herausg. v. Reg.-R. Prof. Dr. R. Sonndorfer u. Prof. Ing. J. Melan. 28. Jahrgang. 2 Theile. Gr.-16. (I. Th. 304 S., mit Notizblättern. II. Theil. 110 S., mit 1 Eisenbahnkarte.) Geb. Wien: Waldheim 1895. 2.—

Ingenieur- u. Architektenkalender, Oesterr., für 1897. Ein Taschenbuch nebst Notizbuch für Architekten, Baumeister, Civilingenieure etc. (Gegründet 1867 v. Dr. R. Sonndorfer.] Seit 1883 herausg. v. Reg.-R. Prof. Dr. R. Sonndorfer u. Prof. Ing. J. Melan. 29. Jahrgang. 2. Theile. Gr.-16. (I. Theil: 327 S., mit Notizblättern. II. Theil. 109 S., mit einer Eisenbahnkarte.) Geb. 2.—
Wien: Waldheim 1896.

Ingenieur- u. Architektenkalender, Oesterr., für 1898. Ein Taschenbuch nebst Notizbuch für Architekten, Baumeister, Civilingenieure etc. [Gegründet 1867 v. Dr. R. Sonndorfer.] Seit 1883 herausgeg. v. Reg.-R. Prof. Dr. R. Sonndorfer u. Prof. Ing. J. Melan. 30. Jahrgang. 2 Theile. Gr.-16. (I. Theil: 334 S., mit Notizblättern. II. Theil. 117 S., mit einer Eisenbahnkarte.) Geb. 2.—
Wien: Waldheim 1897.

Ingenieur- u. Architekten-Kalender, österreichischer, für 1899. E. Taschenbuch nebst Notizbuch f. Architekten, Baumeister, Civil-Ingenieure etc. [Gegründ. 1867 v. R. Sonndorfer.] Seit 1883 hrsg. v. R. Sonndorfer u. J. Melan. 31. Jahrg. 2 Thle. 12. (X S., Schreibkalender, 338 u. 123 S. m. Fig., 1 Eisenbahnkarte u. 1 Tab.) Wien, R. v. Waldheim. Geb. in Leinw. u. geh. n. 4. —

Oesterreichischer Ingenieur- und Architekten-Kalender für 1900. Ein Taschenbuch nebst Notizbuch für Architekten, Baumeister, Civil-Ingenieure, Eisenbahn- und Maschinenbau-Ingenieure, Studirende an technischen Hochschulen etc. (Gegründet 1867 von Dr. R. Sonndorfer.) Seit 1883 herausgegeben von Prof. Dr. R. Sonndorfer und dipl. Ingenieur J. Melan. XXXII. Jahrgang. Mit 1 Beilage. Wien. Waldheim. 8°. 347 S. mit 1 Karte. Geb. fl. 2.—
Ein 2. Theil (123 S.) brochirt liegt bei und ist in obigem Preise einbegriffen.

Oesterreichischer Ingenieur- und Architekten-Kalender für 1901. Ein Taschenbuch nebst Notizbuch für Architekten, Baumeister, Civil-Ingenieure, Eisenbahn- und Maschinenbau-Ingenieure, Studirende an technischen Hochschulen etc. (Gegründet 1867 von Dr. R. Sonndorfer.) Seit 1883 herausgegeben von Prof. Dr. R. Sonndorfer und dipl. Ingenieur J. Melan. XXXIII, Jahrgang. Mit 1 Beilage. Wien. Waldheim. 8°. 347 S. mit 1 Karte. Geb. K 4.—

Oesterreichischer Ingenieur- und Architekten-Kalender für 1902. Ein Taschenbuch nebst Notizbuch für Architekten, Baumeister, Civil-Ingenieure, Eisenbahn- und Maschinenbau-Ingenieure, Studirende an technischen Hochschulen etc. (Gegründet 1867 von Dr. R. Sonndorfer.) Seit 1883 herausgegeben von Prof. Dr. R. Sonndorfer und dipl. Ingenieur J. Melan. XXXIV. Jahrgang. Mit 1 Beilage. Wien. Waldheim. 8°. 365 S. mit 1 Karte. Geb. K 4.—

Ein 2. Theil (142 S.) brochirt liegt bei und ist in obigem Preise einbegriffen.

Ingenieur- u. Architekten-Kalender, österreich. f. 1903. Ein Taschenbuch nebst Notizbuch f. Architekten, Baumeister, Civil-Ingenieure etc. [Gegründet 1867 v. R. Sonndorfer.] Seit 1883 hrsg. v. R. Sonndorfer u. J. Melan. 35. Jahrg. 2 Thle. 12. (X, XII S., Schreibkalender, 374 u. 143 S. m. Fig., 1 Eisenbahnkarte u. 1 Tab.) Wien, R. v. Waldheim. Geb. in Leinw. u. geh. n. 4. —

Österr. Ingenieur- und Architektenkalender für 1905. 37. Jahrg. 8°. (504 S. mit 1 Beilage) geb. K 4.—
Wien: Waldheim 1904.

Österreichischer Ingenieur- und Architektenkalender für 1906 38. Jahrg. 8°. (520 S. mit 1 Beilage) geb. K 4.
Wien: Waldheim 1905.

Ingenieur- u. Architekten-Kalender, österreichischer, f. 1907. Ein Taschenbuch nebst Notizbuch f. Architekten, Baumeister, Zivilingenieure, Eisenbahn- u. Maschinenbauingenieure, Studierende an techn. Hochschulen etc. (Gegründet 1867 v. R. Sonndorfer.) Seit 1883 hrsg. v. R. Sonndorfer u. J. Melan. 39. Jahrg. 2 Tle. (XXII S., Schreibkalender, 442 u. 151 S. m. Fig., 1 Eisenbahnkarte u. 1 Tab.) kl. 8. Wien, Druckerei- u. Verlagsaktiengesellsch. vorm. R. v. Waldheim. Geb. in Leinw. u. geh. n. 4. —

Österreichischer Ingenieur- und Architektenkalender für 1908. 40. Jahrg. 8°. (536, 154 S. mit 1 Beilage) geb. K 4.—
Wien: Waldheim 1907.

Österreichischer Ingenieur- und Architektenkalender für 1909. 41. Jahrg. Mit einer Beilage. 8°. (544, 170 S.) geb. K 4.—
Wien: Waldheim 1908.

Österreichischer Ingenieur- und Architektenkalender für 1910. 42. Jahrg. Mit einer Beilage. 8°. (568 S.) geb. K 4 50
Wien: Waldheim 1909.

Ingenieur- u. Architekten-Kalender, österreichischer, f. 1911. Ein Taschenbuch nebst Notizbuch f. Bau- u. Maschineningenieure, Architekten, Baumeister, Studierende an techn. Hochschulen etc. (Gegr. 1867 v. R. Sonndorfer.) Seit 1893 hrsg. v. R. Sonndorfer u. J. Melan. 43. Jahrg. 2 Tle. (XXIV S., Schreibkalender, 530 u. 188 S. m. Fig., 1 Tab. u. 1 Taf.) kl. 8. Wien, Druckerei- u. Verlags-Aktiengesellschaft vorm. R. v. Waldheim. Geb. in Leinw. u. geh. 4. 80

Ingenieurkalender. Schweizerischer Ingenieur-Kalender (**Theil 1*: Bau- und Ingenieur-Kalender). Jahrg. 23. 1902. [Mit Figuren.] 2 Theile. 8. Zürich, Cäsar Schmidt. [fr. 4. —]

Theil 1: A. Allgemeines. B. Tarife, Gesetze, Verordnungen und Bestimmungen..., nebst Verzeichniss der schweizer Techniker.... [Mit 1 Karte der Schweiz.] VIII + 286 S.

Abteilung 2: Ingenieurwesen. Redaktion: Victor Wenner, Stadting. Zürich. ([Mit] Kalendarium 1902. Schweizer Ausgabe.) XX + 270 [+ *Kalend.* 54] + 16 S.

s. auch Baukalender.

Ingenieurkalender. Schweizerischer I'-K'. Jahrg. 25. 1904. 2 Abteilungen. 8. Zürich, Cäsar Schmidt. [fr. 4. —]

[Abteilung 1:] Redaktion: Victor Wenner, Stadting. Zürich. ([Mit Figuren, 1 Karte der Schweiz und] Kalendarium 1904.) XXXVI + 443 [+ *Kalend.* 54] + 16 S. *geb.*

Abteilung 2: Tarife, Gesetze, Verordnungen und Verzeichnis Schweiz. Techniker. II + 109 + 40 S.

Ingenieurkalender. Schweizerischer J'-K'. Jahrg. 26. 1905. [Mit Figuren.] 2 Abteilungen. 8. Zürich, Cäsar Schmidt. [fr. 4. —] P

[Abteilung 1:] Redaktion: Victor Wenner, Stadting. Zürich. ([Mit 1 Karte der Schweiz und] Kalendarium 1905.) XXXVIII + 452 [+ *Kalend.* 56] + 18 S. *geb.*

Abteilung 2: Tarife, Gesetze, Verordnungen und Verzeichnis der Schweiz. Techniker. II + 154 S.

Ingenieurkalender. Schweizerischer J'-K'. Jahrg. 27. 1906. [Mit Figuren.] 2 Abteilungen. 8. Zürich, Cäsar Schmidt. [fr. 5. —]

[Abteilung 1:] Redaktion: Victor Wenner, Stadting. Zürich. ([Mit 1 Tafel, 1 Karte der Schweiz und] Kalendarium 1906.) XXXVIII + 463 [+ *Kalend.* 56] + 24 S. *geb.*

Abteilung 2: Tarife, Gesetze und Verordnungen. ([Nebst] Namens-Verzeichnis der Schweiz. Techniker.) II + 109 + 50 S.

— **schweizerischer.** 31. Jahrg. 1910. Red.: Vict. Wenner. 2 Tle. (XLIII, 498 S., III, 139 u. 69 S. u. Schreibkalender m. Fig. u. 1 Karte.) kl. 8. Zürich, Schweizer Druck- u. Verlagshaus. Geb. in Leinw. u. geh. 4. —

—— für Strassen- und Wasserbau, s. Kalender für Strassen- und Wasserbau-Ingenieure.

Ingenieur-Rundschau, monatliche, nebst technischem Index. Universalübersicht der gesammten techn. Presse. Hervorgegangen aus dem Index der techn. Presse. IV. Bd. April 1904—März 1905. 12 Nrn. (à ca. 90 S. m. Abbildgn.) Lex.-8. Brüssel (C. Muquardt.) n.n. 10.50

Ingenieurs, des, Taschenbuch. Hrsg. von dem Verein „die Hütte." 1—4., mit Berücksicht. des neuen Gewichts-Systems vollständ. umgearb. und verm. Aufl. 8. (XXIV und 641 S. mit vielen in den Text gedr. Holzschn.) Berlin 857—61, Ernst und Korn. *

Ingenieurs, des, Taschenbuch. Hrsg. von dem Verein „Hütte." 5. und 6. Aufl. 1864,65. * 1 Thlr. 15 Ngr. und 7., umgearb. und verm. Aufl. 8. (XXIV und 880 S. mit vielen in den Text eingedr. Holzschn.) Berlin 867, Ernst und Korn. * 1 Thlr. 20 Ngr.; geb. *

Ingenieurs, des, Taschenbuch. Hrsg. von dem Verein „Hütte". 8. und 9. verm. und für Fuss- und Metermaass umgearb. Aufl. (XXIII, 792 S. mt 353 Holzschn.; XXII, 840 S. mit 359 Holzschn.) 870,73. *ℳ 5., und 10. verm. und verb. Aufl. Mit vielen in den Text eingedr. Holzschn. 8. Berlin 874, Ernst und Korn. *ℳ 6.; geb. *

Ingenieur's, des, Taschenbuch. Hrsg. v. dem Verein „Hütte". 11. verm. u. verb. Aufl. Mit vielen in den Text eingedr. Holzschn. 8. (1. Hälfte 432 S.) Berlin 876. Ernst & Korn. n. 6. —

Ingenieur's, des, Taschenbuch. Hrsg. von dem Verein „Hütte". 11., verm. u. umgearb. Aufl. Mit über 400 in den Text eingedr. Holzschn. 8. (XXIII, 972 S.) Berlin 877. Ernst & Korn. n. 6. —; geb. n.n. 7. —

Ingenieurs, des, Taschenbuch. Hrsg. von dem Verein „Hütte". 12. verm. und umgearb. Aufl. 8. (XXII, 1053 S. mit vielen in den Text eingedr. Holzschn.) Berlin 881, Ernst und Korn.

Ingenieurs, d., Taschenbuch. Hrsg. v. dem Verein „Hütte". 13. Aufl. Mit vielen in den Text eingedr. Holzschn. 8. (1. Hälfte 336 S.) Berlin 885. Ernst & Korn. n. 6. 50

Ingenieurs, des, Taschenbuch. Hrsg. von dem Verein „Hütte". 13. umgearb. und verm. Aufl. 8. (XXVIII, 1144 S. mit 596 in den Text eingedr. Holzschn.) Berlin 887, Ernst und Korn. *ℳ 6.50.; geb. ** 740

Ingenieurs, d., Taschenbuch. Hrsg. v. Verein „Hütte". 14., völlig umgearb. Aufl. Mit üb. 900 eingedr. Fig. u. 1 Taf. 2 Abthlgn. in 1 Bde. 8. (XXI, 779 u. 596 S.) Berlin 890. Ernst & Korn. n. 7.50; geb. n.n. 9.—

Ingenieurs, d., Taschenbuch. Hrsg. vom akadem. Verein „Hütte". 15., neu bearb. Aufl. 2 Abtlgn. 8. (IX, 816 u. XV, 728 S. m. üb. 1000 Abbildgn. u. 1 Taf.) Berlin 893. W. Ernst & Sohn. n. 9.—; geb. in Leinw. n.n. 11.25; in Ldr. n.n. 14.—

Ingenieur's, des, Taschenbuch. Hrsg. v. akadem. Verein „Hütte". 17., vollständig neu bearb. Aufl. M. zahlr. in d. Satz eingedr. Abb. 2 Abtlgn. 8. (I, VI, 1076 u. II, XII, 688 S. m. 2 Taf.) Berlin 898 99. W. Ernst & Sohn. n. 16.—

Ingenieur's, des, Taschenbuch. Hrsg. v. akadem. Verein „Hütte". 18., neu bearb. Aufl. Mit üb. 1400 in den Satz eingedr. Abbildgn. 2 Abtlgn. 8. (XI, 1199 u. IV, 867 S.) Berlin 902. W. Ernst & Sohn. Geb. in Ldr. n.n. 16.—

Ingenieur's, des, Taschenbuch. Hrsg. vom akadem. Verein „Hütte". 19., neu bearb. Aufl. Mit üb. 1600 in den Satz eingedr. Abbildgn. 2 Abtlgn. (XI, 1334 u. VI, 926 S.) 8. Berlin 905. W. Ernst & Sohn. Geb. in Leinw. n.n. 16.—; in Ldr. n.n. 18.—

Ingenieur's, des, Taschenbuch, Fortsetzg., s.: Hütte.

Ingenieurtitel, Der. Bericht über die am 9. Februar 1903 abgehaltene Versammlung der Sektion Villach des Vereines der Ingenieure der k. k. österr. Staatsbahnen. Klgft., Bertschinger, (1903). 28 S.

Ingenieur-Verein, der sächsische. 1856-60. Dresden 1861

Ingenieurwerke in u. bei Berlin. Festschrift zum 50jähr. Bestehen des Vereins deutscher Ingenieure. Gewidmet vom Berliner Bez.-Verein deutscher Ingenieure. (Hrsg. v. A. Herzberg u. D. Meyer.) (VIII, 535 S. m. Abbildgn., Taf. u. 2 farb. Plänen.) Lex.-8. Berlin 906. (J. Springer.) Geb. in Leinw. n.n. 15.—

Deutsche Ingenieurwerke. Führer durch die Sammelausstellung aus dem Gebiete des Wasserbaus auf der Weltausstellung in Brüssel 1910. Berlin, 1910. 272 S. mit Abb., 15 Taf. u. 1 Karte.

Ingenieur-Zeitung, allgemeine, vormals: „Technische Rundschau" Organ d. allgemeinen Ingenieur-Vereines in Wien. Chef-Red.: Vict. Loos. Hrsg. u. Red.: Max Benesch. III.—VI. Jahrg. 1899—1902. à 24 Nrn. gr. 4. (à ca. 16 S.) Wien (Lehmann & Wentzel). à Jahrg. n. 16.—

Ingenieur-Zeitung, allgemeine, vormals: „Technische Rundschau". Organ des allgemeinen Ingenieur-Vereines in Wien. Red.: Vict. Loos. Hrsg.: Max Benesch. 7.—10. Jahrg. 1903—1906. à 24 Nrn (à ca. 16 S.) gr. 4. Wien (Lehmann & Wentzel). à Jahrg. n. 16.—

Ingenieur-Zeitung, allgemeine, vormals: „Technische Rundschau". Organ des allgemeinen Ingenieur-Vereines in Wien. Chefred.: Vict. Loos. Red.: Max Benesch u. seit 1909: J. Weinberger. 11.—14. Jahrg. 1907—1910. à 24 Nrn. (à ca. 12 S.) 32×24 cm. Wien, (Lehmann & Wentzel). à Jahrg. 16.—

— süddeutsche. Zugleich Anzeigeblatt f. die gesamte techn. Industrie. Hrsg. unter Mitwirkg. hervorrag. Fachmänner der Wissenschaft u. Praxis v. Frdr. Löb. Oktbr. u. Novbr. 1904. 4 Nrn. (58 S. m. Abbildgn.) 4. München, E. Koch. n. 4.—
Nicht weiter erschienen.

Ingenkamp, Cosmas (geb. am 23 Juni 1860 in Emmerich): Die geschichtliche Entwickelung unserer Kenntniss von Fäulniss und Gährung. Nach den zugänglichen Quellen bearbeitet ... Mit 3 lith. Figuren. Bonn, (Druck d. Barmer Geschäftsbücher Fabrik, Barmen) 1885. 2 Bl., 13 S., 1 Bl., 1 Taf. 8.
Bonn, Med. Fak., Diss. v. 25 Apr. 1885

v. Ingenof, Laura; Trspl. 8. Leipz. 797. Centr.=Compt. 8 gr

Ingenof, Laura von,. Trsp. 8. Leipz. Müller. (Joachim.) 797.

Ingenohl, Adph., e. Beitrag zur Embolie der Centralarterie der Netzhaut. Inaugural-Dissertation. gr. 8. (31 S.) Neuwied 873. (Heuser.) — 75

Ingenohl, Friedrich, Referendar, zu Wiesbaden: **(Die Bestimmungen des Bürgerlichen Gesetzbuches über den Dreißigsten (§ 1969) auf rechtsgeschichtlicher Grundlage.)** *[Marburg 1903.]* (39 S.) 8°
Marburg, Jur. Diss. v. [11. März] 1903

Ingénu, P, histoire véritable, par A. de Voltaire. 8. Londres. (Walther à Dresde) 767.

— — le même. 8. Ansbach, Haueison. 785.

— — le m. 8. Bresl. Korn d. ält. (a. Stettin à Ulm.) 768.

— — le m. 8. Copenhague, Proft. 768.

Inger, Chr., Zeichenblätter für Töchterschulen. 1. und 2. Heft. qu. 4. (à 12 lithogr. Bl.) Langensalza 851—52, Schulbuchhandlung des thüringer Lehrer-Vereins. à Heft 15 Ngr.

Inger, M., ein glückliches Christfest u. andere Erzählungen, s.: O du fröhliche usw. Weihnachtszeit. 15. Heft.

Inger, M., Heideblumen. Gedichte. 16. (94 S.) Jerusalem 896. (Leipzig, H. G. Wallmann.) n. 1.—

Inger, M., die letzte Herrin v. Dornig. Eine Erzählung. (177 S.) 8. Barmen (909). E. Biermann. Geb. in Leinw. 2.80

— Die unsterbliche Seele. Roman. 1. u. 2. Aufl. (270 S.) 8. Lengerich (908.09). Bischof & Klein. Geb. in Leinw. 3.—

— in Villa Stern, s.: Volksbücher, neue.

Inger, M., Wege u. Umwege. Erzählungen f. Jung u. Alt. Hrsg. von der niedersächs. Gesellschaft zur Verbreitg christl. Schriften. gr. 8. (278 S.) Hamburg 900. Ev. Buchh. 1.50; geb. 2.50

Ingerle, J. N., Franz Bernhold oder Verführung und ihre Folgen. Eine Erzählung aus dem badischen Aufstande im Jahre 1849. Für die reifere Jugend. Mit 1 Stahlst. München 853. Fleischmann. 8. (1 Bl., VI, 111 S.) 9 ngr.

Ingerle, J. N., Franz Bernhold oder Verführung und ihre Folgen. Eine Erzählung aus dem badischen Aufstande im J. 1849. Für die reifere Jugend. 8. (VII und 111 S. mit 1 Stahlst.) München 853, Fleischmann.

Ingerle, J. N., Bayern's Haupt- und Residenz-Stadt und ihre Umgebung. Ein Beitrag zur Heimatkunde für die Münchener Jugend. [Zugleich als Leitfaden zu der in den Münchener Volksschulen eingeführten Karte „München und seine Umgebung von G. Wenz". 8. (56 S.) München 871, Lindauer'sche Buchh. *

GV69
11

—— dass. — 2. Aufl. [Mit 1 (lithogr.) Kärtchen der Umgebung Münchens und 1 (lithogr.) Plane des k. Hofgartens in Nymphenburg.] 8. (63 S.) Ebendas. 872. *

Ingerle, J. N., Bayern's Hochland zwischen Lech und Isar. München 863. Fleischmann. 8. (X, 357 S.) n. 1 *ℳ* 12 *ngr.*

—— Wanderung durch das Königreich Bayern. Ein geographisches u. geschichtliches Bild unseres Vaterlandes für Schulen u. Vaterlandsfreunde. 2., verm. u. verb. Aufl. Ebend. 864. 8. (XVI, 220 S.) 15 *ngr.*

Ingerle, J. N., Wanderung durch das Königreich Bayern. Ein geographisches u. geschichtliches Bild für Schule u. Haus. 3., umgearb. u. bis zur Gegenwart fortgeführte Aufl. 8. (IV, 210 S.) München 878. Merhoff. n. 1. 60

Ingerle, Stef., die Anstalten f. Rekonvaleszenten, Erholungsbedürftige u. Tuberkulöse der Krankenkassen u. Landesversicherungsanstalten Deutschlands. gr. 8. (128 S. m. Abb.) München 901. Seitz & Schauer. n. 4. —

Ingerle, Stephan [approb. Arzt aus München]: Bericht über 3596 während der Jahre 1854—1864 in der pathologisch-anatomischen Anstalt zu München vorgenommene Sectionen ... Stuttgart. Druck [illegible] 1886. 29 S. 8°
München, Med. Fak., Inaug.-Diss. v. 1886

Ingerle, Stephan, Bericht über 3596 während der Jahre 1854—1864 in der pathologisch-anatomischen Anstalt zu München vorgenommene Sectionen. Diss. München 1886, A. Buchholz. 8°. 29 S.

Ingerman-Amitin, Anna, zur Casuistik der primären Vaginal- u. Vulva-Carcinome. Diss. gr. 8. (35 S.) Bern 893. (H. Körber.) n. — 70

Ingermann, S., zur Kasuistik der Hypophysistumoren. Inaug.-Diss. gr. 8. (25 S. m. 1 Taf.) Bern 899. (Huber & Co.) n. — 60

Ingermanland [Schlagwort]

Ingermanland — Charte von — oder dem grösten und wichtigsten Theil des Gouvernements St. Petersburg etc. Herausgegeben von Homanns Erben. Nürnberg 1803. 1 : 400,000. 1 Bl

Ingermanlandiae seu Ingriae novissima Tabula luci tradita Per Homannianos Heredes. Norib. A. 1734. 1 : 400,000. 1 Bl

Ingersleben, Therese von [Wirkl. Name]
s. Rothenfels, Emma von [Pseud.]

Ingerslev, d. Zustand d. gelehrten Schulen in Deutschland u. Frankreich. Berlin 841.

Ingerslev, Christian Frederik

Ingerslev, C. F., Bemerkungen üb. d. Zustand d. gelehrten Schulen in Deutschland u. Frankreich nach Beobachtn. auf e. pädagog. Reise. gr. 8. (7 B.) Berlin 841, Besser.

Ingerslev, Chr. Fr., s. Homeri Ilias.

Ingerslev, C. F., kort Lærebog i Geographien, til Brug for Begyndere samt for Borgerskoler. 4. Udgave. 12. (158 S.) Kjøbenhavn 847, Deichmann. n. 9½ *ngr.*

Ingerslev, C. F., kurzgefaßtes Lehrbuch der Geographie für die unteren Klassen der höheren Lehranstalten und für Bürgerschulen. 8. (VIII und 167 S.) Schleswig 853, Reddermeyer. *

Ingerslev, Chr. Fr., s. Livii historiarum.

Ingerslev, C. F., deutsch-lateinisches Schul-Wörterbuch. 9. Aufl. gr. 8. (XXV, 644 S.) Braunschweig 879. Vieweg & Sohn. n. 5. —

—— **lateinisch-deutsches Schul-Wörterbuch. Lex.-8. (XII und 946 S.) Braunschweig 853, Vieweg und Sohn.** *

— lateinisch-deutsches Schul-Wörterbuch. 9. Aufl. Lex.-8. (XVI, 809 S.) Ebend. 881. n. 6. —

— lateinisch-deutsches und deutsch-lateinisches Schul-Wörterbuch. 1. Thl. Lateinisch-deutscher Thl. 853. — 2. verb. Aufl. 855. — 2. Thl. Deutsch-lateinischer Thl. 855. — 2. verb. Aufl. 857. Braunschweig, Vieweg. Lex.-8. (XIV, 945; XXIII, 714 S.) 1.: n. 1 *ℳ* 25 *ngr*; 2.: n. 1 *ℳ* 15 *ngr.*

—— lateinisch-deutsches und deutsch-lateinisches Schul-Wörterbuch. (2 Thle.) Lex.-8. Braunschweig 855, Vieweg und Sohn. *
Inhalt:
Thl. 1. Lateinisch-deutscher Theil. 2., verb. Aufl. (XIV und 945 S.) * 1 Thlr. 25 Ngr.
» 2. Deutsch-lateinischer Theil. (XXIII und 714 S.) * 1 Thlr. 15 Ngr.

Ingerslev, C. F., lateinisch-deutsches und deutsch-lateinisches Schul-Wörterbuch. (2. Thl.) A. u. d. T.: Deutsch-lateinisches Schul-Wörterbuch. 2., verb. Aufl. Lex.-8. (XXIII und 716 S.) Braunschweig 857, Vieweg und Sohn. *

—— dass. — 2 Thle. 2., verb. Aufl. 2. Abdr. Lex.-8. Ebendas. 861. [Deutsch-latein. Thl. (XXIII und 714 S.) * 1 Thlr. 15 Ngr. — Latein.-deutscher Thl. (XIV und 945 S.) * 1 Thlr. 25 Ngr.] *

Ingerslev, C. F., lateinisch-deutsches und deutsch-lateinisches Schul-Wörterbuch. Lateinisch-deutscher Thl. 2., verb. Aufl. 3. Abdr. Lex.-8. (XIV und 945 S.) Braunschweig 862, Vieweg und Sohn. *

Ingerslev, C. F., lateinisch-deutsches und deutsch-lateinisches Schul-Wörterbuch. 2 Thle. 2. verb. Aufl. Braunschweig, Vieweg & Sohn. Lex.-8. n. 3 *ℳ* 10 *ngr.*
Deutsch-lateinischer Thl. 2. Abdr. 861. (XXIII, 714 S.) n. 1 *ℳ* 15 *ngr.* — Lateinisch-deutscher Thl. 2. Abdr. 861. — 3. Abdr. 863. (XIV, 945 S.) n. 1 *ℳ* 25 *ngr.*

Ingerslev, C. F., lateinisch-deutsches u. deutsch-lateinisches Schul-Wörterbuch. 3. durchgehends verb. u. verm. Aufl. 1. u. 2. Abdr. 2 Bde. Braunschweig 869, 70. Vieweg & Sohn. Lex.-8. n. 3 *ℳ* 10 *ngr.*
Lateinisch-deutscher Theil. (XVI, 800 S.) n. 1 *ℳ* 25 *ngr.* — Deutsch-lateinischer Theil. (XXV, 611 S.) n. 1 *ℳ* 15 *ngr.*

Ingerslev, C. F., lateinisch-deutsches und deutsch-lateinisches Schul-Wörterbuch. 2 Thle. 3. durchgehends verb. und verm. Aufl. 1.—4. Abdruck, und 4. Aufl. Lex.-8. Braunschweig 869—75, Vieweg und Sohn. (*ℳ 10.) *
Inhalt:
Thl. 1. Lateinisch-deutsches Schul-Wörterbuch. (XVI, 809 S.) (*ℳ 5,50.) *ℳ 6.
» 2. Deutsch-lateinisches Schul-Wörterbuch. (XXIV, 644 S.) (*ℳ 4,50.) *ℳ 5.

Ingerslev, C. F., lateinisch-deutsches und deutsch-lateinisches Schul-Wörterbuch. 2 Thle. 5.—8. Aufl. Lex.-8. Braunschweig 876—79, Vieweg und Sohn.
Inhalt:
Thl. 1. Lateinisch-deutsches Schul-Wörterbuch. (XVI, 809 S.) *ℳ 6.
» 2. Deutsch-lateinisches Schul-Wörterbuch. (XXV, 644 S.) *ℳ 5.

Ingerslev, C. F., lateinisch-deutsches und deutsch-lateinisches Schul-Wörterbuch. 2 Thle. 9. Aufl. Lex.-8. Braunschweig 881, Vieweg und Sohn.
Inhalt:
Thl. 1. Lateinisch-deutsches Schulwörterbuch. (XVI, 809 S.) *ℳ 6.
» 2. Deutsch-lateinisches Schulwörterbuch. (XXV, 644 S.) *ℳ 5.

Ingerslev, C. F., lateinisch-deutsches und deutsch-lateinisches Schul-Wörterbuch. 2 Thle. 10. Aufl. gr. 8. Braunschweig 887, Vieweg und Sohn. * 11 —

Inhalt:

Tl. 1. Lateinisch-deutscher Theil. (XVI, 809 S.) * M 6.—.
» 2. Deutsch-lateinischer Theil. (XXIV, 645 S.) * M 5.—.

Ingerslev, C. F., lateinisch-deutsches u. deutsch-lateinisches Schul-Wörterbuch. 2 Tle. gr. 8. Braunschweig 896. F. Vieweg & Sohn. n. 11. —
1. Lateinisch-deutsch. 12. Aufl. (XV, 809 S.) n. 6. —
2. Deutsch-lateinisch. 11. Aufl. (XXIV, 645 S.) n. 5. —

Ingerslev, E., s.: Berger, Christian Joh., Fragen üb. die Geburt des Menschen u. die Geburtshilfe.

— Französische Geburtshelfer zur Zeit Louis XIV. (VII, 128 S. m. 34 Abb.) gr. 8. Leipzig 909. J. A. Barth. 5 —

Ingerslev, E., die Geburtszange. Eine geburtshilfl. Studie. gr. 8. (VI, 146 S. m. 61 Holzschn.) Stuttgart 891. F. Enke. n. 5. —

Ingerslev, F., Vorhaut-Adhäsionen bei männlich. Säuglingen. (2 S.) gr. 8. Leipzig 910. B. Konegen. 1. —
Sonderabdruck aus: „Der Kinder-Arzt".

Ingersoll, Rob. G., moderne Götterdämmerung. Deutsch v. Wolfg. Schaumburg. 8. (67 S.) Leipzig 891. Schaumburg-Fleischer's Verl. 1. 50

— die Irrtümer Mosis. Eine krit. Beleuchtg. d. Pentateuch im Widerspruch zur modernen Weltanschaug. u. Gesittg. Deutsch v. Wolfg. Schaumburg. gr. 8. (195 S.) Ebd. 892. n. 2. —

— theologischer Konsensometer. Ein Fragekasten f. erwachsene Kinder u. solche, die es nicht bleiben wollen. (Nach J.'s Tabnagian Catechism.) Deutsch v. Wolfg. Schaumburg. gr. 16. (75 S.) Ebd. 894. n. — 50

— Was sollen wir thun, um selig zu werden? Deutsch v. Wolfg. Schaumburg. gr. 8. (45 S.) Ebd. 894. n. — 50

Inghirami, (Fr.,) Monumenti etc., s. Monumenti.

Inghirami, Franc., Pitture di Vasi fittili, per servire di studio alla mitologia ed alla storia degli antichi popoli. 4 Tomi. 4 maj. Mit 400 (zum Theil ill.) Kpfrt. Fiesole 831—37. (Leipzig, Brockhaus et Avenarius.) Velinp. *

Inghirami, Cav. Franc., Pitture di Vasi fittili, per servire di studio alla mitologia ed alla storia degli antichi popoli. Tomo II — IV. 4 maj. (Mit Kupfertaf. CI — CCCC, wovon 8 illum.) Fiesole 833, 35, 37. (Paris et Leipzig, Brockhaus et Avenarius.) Alle 4 Bde. n. 80 ℳ

Inghirami, Franc., Pitture di Vasi fittili, per servire di studio alla Mitologia ed alla Storia degli antichi popoli d'Europa. Fasc. 1—14. (I. 1—9. II. 1—5.) 4 maj. (28½ B. u. 161 Kpfrt., incl. 8 col.) Vienna 834, (Rohrmann et Schweigerd.)

Inghirami, F., Di un antico specchio mistico esistente nel Museo Britannico. Gel. 1825. 14 S. u 1 Taf. 4°. — .90

Inghirami, Fr., s. Sternkarten, Academische.

— Verzeichniss beobachteter Sterne, s. Sternkarte, akadem., Blatt 19.

Ingier, Alexandra, über den Bau der Genitalorgane v. Acera bullata. (18 S. m. 4 Fig. u. 2 Taf.) gr 8. Kristiania (906). A. Cammermeyer. 1. 70
Sonderabdr. a.: „Arch. f. mathematik og naturvidenskab."

Ingigian, Beschreib. d. thraz. Bosporus, s. Bibliothek d. Reisebeschreibb., 50r Bd.

Ingle, Harry [aus Leeds]: Ueber Para-Acetylacetophenon und Para-Diaethylenbenzol ... München, Druck v. V. Höfling, 1893; 48 S. 8.
München, Phil. Fak., Inaug.-Diss. v. 1893

Inglen, J., Orgelbegleitung zu fast allen Theilen des römisch-gregorianischen Gesanges, welche während dem Vor- und Nachmittagsgottesdienste in den Pfarrkirchen unter Mitwirkung der Orgel gebräuchlich sind. 2 Abthlgn. qu. Imp.-4. (1. Abthl. XII und 184 S.) Trier 857, Gall's Verlagsbuchh. *

(**Ingler**): Das Schützenwesen der Altstadt Hannover. Mit Urkunden. Sonderdruck aus dem „Neuen Hannoverschen Magazin". Hannover, 1864.

Ingler, Ferdinand: Entstehungsgeschichte, Bereich und Organisation der richterlichen Gewalt des früheren Deutschen Bundes. (Unt. Berücks. d. Rechtes früherer Bünde.) Marburg 1904. 8°
Marburg, Jur. Diss. v. 1904.

Ingler, Joh. Friedr.: Beyträge zur juristischen Biographie. Oder genauere litterar. u. crit. Nachrichten von dem Leben u. den Schriften verstorbener Rechtsgelehrten auch Staatsmänner, welche sich in Europa berühmt gemacht haben. Bd 1—6. Leipzig 1773—80. 6 Bde

Inglis, Henry David

Inglis, Her. Dav. († d. 20. März 1835), Tyrol und ein Blick auf Baiern. Aus d. Engl. übersetzt von A. Kaiser. 2 Thle. gr. 12. Leipzig 833. Weidmann. 2½ ℳ

Inglis, Henry Dav., the Tyrol, with a glance at Bavaria. 18. (376 Seit.) Frankfort o. M. 839, Jugel. *

—— Wanderungen in d. Fußstapfen d. Don Quixote. A. d. Engl. 8. (15 B.) Leipzig 838. [Berlin, Klemann.]

Inglis, Julia Selina

Inglis, Lady, u. **Forbes-Mitchell**, Erinnerungen aus d. indischen Aufstand 1857/58, bearb. v. Elisab. Braunholtz, s.: Bibliothek wertvoller Memoiren.

Inglis, Julia Selina: Erinnerungen aus dem Indischen Aufstand 1857/58, s.a. Braunholtz, Elisabeth.

Inglis, [Julia Selina] und [Will.] *Forbes-Mitchell.* Erinnerungen aus dem indischen Aufstand 1857/58. Bearb. von Elisabeth *Braunholtz.* Hamburg 1904. 8°.

Inglis, the honourable Lady, the siege of Lucknow, s.: Collection of British authors.

La Mère de Rosen, visitandine. Par A[ugustin] M[arie] P[ierre] **Ingold**. Colmar: H. Hüffel 1904. (198 S.) 8°
(Moines et religieuses d'Alsace.)

Le Père A. Danzas, Frère-prêcheur. Par A[ugustin] M[arie] P[ierre] **Ingold**. *Colmar: H. Hüffel 1902.* (80 S.) 8°
(Moines et religieuses d'Alsace.)

Inglis, Lady. The siege of Lucknow, s.a. Collection of Brit. authors.

Inglis, Julia Selina: The Siege of Lucknow. A diary. By the Honourable Lady [Julia Selina] Inglis. Copyright ed. Leipzig: Tauchnitz 1892. 255 S. 8°
(Collection of British authors. Tauchnitz Ed. Vol. 2846.)

Ingold, Meister, das goldene Spiel, s. Litteraturdenkmäler, elsässische, aus dem XIV.—XVII. Jahrh.

Ingold, A. M. P., s.: Betrachtungen vor u. nach d. hl. Kommunion.

— s.: Correspond... des Grandidier.

Ingold, A. M. P., le père A. Danzas, frère-prêcheur. (Moines et religieuses d'Alsace.) (81 S. m. 1 Bildnis.) 8. Colmar 902. H. Hüffel. n.n. 2. —

— Grandidier poète. (17 S. m. 1 Abbildg. u. 1 Taf.) gr. 4. Strassburg 903. J. Noiriel. n. 2.40; m. Stahlst.-Portr. n. 4. —
Sonderabdruck aus: „Revue alsacienne illustr."

Ingold, A. M. P., Jean Hanser, s.: Kroener, A.

— La Haute-Alsace à la veille de la révolution, s.: Hoffmann, Ch.

— Dom Mayeul Lamey, Prieur majeur de Cluny. (Moines et religieuses d'Alsace.) (V, 107 S. m. 1 Bildnis.) 8. Colmar 907. H. Hüffel. nn 2. —

— la mère de Rosen. Visitandine. (Moines et religieuses d'Alsace.) (198 S. m. 1 Bildnis.) 8. Colmar 904. H. Hüffel. n.n. 2. —

— Miscellanea Alsatica (In französ. Sprache.) 2 séries. 8. (115 u. 172 S. m. Abb. u. 1 Lichtdr.) Colmar 894, 95. H. Hüffel. à n.n. 1.60

— Miscellanea. 3. série. 8. (287 S. m. 4 Holzschn. u. 1 Héliograv.) Ebd. 897. n.n. 2.40

— Miscellanea alsatica. 4. série. (160 S. m. 1 Taf.) gr. 8. Ebd. 906. n.n. 2. —

— Miscellanea alsatica. 5. série. (112 S. m. 4 Taf.) gr. 8. Ebd. 908. nn 1.60

— s.: Turenne et le Lieutenant-Général Reinhold de Rosen.

Ingold, Angel, s. Holdt, Val Mich. Antonine, journal du palais du conseil souverain d'Alsace.

Ingoldsby, Thom., s. Ingoldsby-Legenden od. Spaß u. Spuk v. T. I., s.: Universal-Bibliothek.

Ingolf, Seekönig u. seine Wikinger, ein Roman der Vorzeit, von F. G. Gilling. 8. Leipzig, Kollmann. 820.

Ingollstadt, s. Ingolstadt

Ingolstadt [Sachliches OW]

Ingolstadt. Ohne Maasstab. 1 Bl.

Ingolstadt, od. d. Fest d. Grundsteinlegung z. Bayerschen Landesfestung am 25. Aug. 1834. Eine Festgabe z. dankb. Andenken an dieses hochwicht. Ereigniß, mit e. Darstell. aller an diesem Tage stattgehabten Feierlichkeiten, gehaltenen Reden u. erschien. Gedichte. gr. 8. (5½ B.) Ingolstadt. (Regensburg, Manz.)

Ingolstadt — die Vestung. Ohne Maasstab. 1 Bl.

Ingolstadt — Festung. Nach dem Original Modell gezeichnet vom Beno Praendl 1800. „Anno Domini 1571 Jar Hat Herzog Albrecht Die Löbliche Stat Durch Jacob Sanndtner In Grund Legen Lasen Mit Allem Was es zve Disser Zeit Gestanden Jst etc. Vnd Hat Dis Stat 5000. Schrit Vm Sich Wardt Burgenmaister Herr Vlrich Vischer." O. M.

Ingolstadt — Festung —. 1855. 12,500. Handzeichnung. 1 Bl.

Ingolstadt im Jahre 1810. Vom K. Steuer-Kataster. 1 : 2,500. 1 Bl.

Die Festung Ingolstadt unter Ludwig I., nebst Übersicht der Geschichte der Stadt. 8. Ingolstadt 1829.

Ingolstadt u. Umgebung. Ein prakt. Führer durch die Stadt u. ihre Sehenswürdigkeiten. Mit 10 Ansichts-Postkarten in Lichtdr. gr. 16. (32 S.) Ingolstadt (901). Krüll. n. 1. —

Ingolstadt [Schlagwort]

Ingolstadt, s.a. Europa. Generalkarte. Liebenow.

Ingolstadt, s.a. Radfahrerkarten.

Ingolstadt-Würzburg, s.: Automobilkarten. Automobil-Tourenkarte.

Ingolstadt — Plan uber die Gegend — und die allda befindlichen Oerter Wasser und Chausséen. F. v. Schmidt 1806. 1 : 55,000. 1 Bl. Handzeichnung.

(Ingolstadt) — Uebersicht des Terrains zu den Feld-Manoeuvres vom 1ten bis 15ten September 1825. München. 1825. 1 : 50,000. 1 Bl. lith.

Ingolstadt — Umgebungskarte von —. 20,000. Aufg. u. herausg. von Oberl. D. Funk. Ingolstadt 1865. 4 Bl.

Ingolstadt. Umgebungskarte von Ingolstadt, hrsg. vom königl. bayer. topograph. Bureau. 1 : 25,000. 9 Blatt. Photolith. Vergrösserg. aus dem topogr. Atlas. 38×38,5 cm. München 891. (Literar.-artist. Anstalt.) à n.n. — 75

Ingolstadt. Verkehrs-Karte v. Ingolstadt. 27×34 cm. Farbdr. Nebst Abgangs- u. Ankunfszeiten der in Ingolstadt abgeh. u. ankomm. Züge. 12. (1 Bl.) Ingolstadt (901). Krüll. — 15

Ingovlz, R. A., Wald und Weide in den Alpen. 1. Einführender Teil. Lex.-8°. (ill. 98 S.) K 5.—

Ingraham, J. H., d. Feuersäule od. Israel in d. Gefangenschaft. A. d. Engl. übers. v. M. Dauernstein. 8. (XXX, 613 S. m. Titelbild.) Frankfurt a/M. 895. H. Andres & Co. Geb. in Leinw. n. 3. —; m. Goldschn. n. 3.50

Ingraham, J. H., die Feuersäule od. Israel in der Knechtschaft. Übertr. v. O. Brandner. 8. (427 S.) Dresden 892. O. Brandner. n. 3.60; geb. n. 4.80

Ingraham, J. H., die Feuersäule od. Israel in der Knechtschaft. Uebertr. v. O. Brandner. (Neue [Titel-] Aufl.) (VIII, 427 S.) 8. Konstanz [892]. (906). C. Hirsch. Geb. in Leinw. n. 2.40

Ingraham, J. H., der Fürst aus David's Hause oder drei Jahre in der heil. Stadt. Eine Sammlung von Briefen, welche Adina, eine Jüdin aus Alexandrien, während ihres Aufenthaltes in Jerusalem zur Zeit des Herodes an ihren Vater, einen reichen Juden in Egypten, schrieb, und in denen sie als Augenzeugin alle Begebenheiten und wunderbaren Vorfälle aus dem Leben Jesus' von Nazareth von seiner Taufe im Jordan bis zu seiner Kreuzigung auf Golgatha berichtet. Aus dem Engl. übers. von A. Henze. 1. Aufl. 1858. und 2. Aufl. gr. 12. (XVII und 502 S. mit 9 Stahlst.) Braunschweig 861, Schulbuchh. *

— dass. — br. 8. (475 S. mit 1 Stahlst.) New-York 859. (Philadelphia, Schäfer und Koradi.) geb. *

Ingraham, J. H., der Fürst aus David's Hause oder drei Jahre in der heil. Stadt. Aus dem Engl. übers. von A Henze. 3. (Titel-)Aufl. Braunschweig (861) 865. Schulbuchh. gr. 12. (XII, 502 S. mit 9 Illustr. in Stahlst.) 1 ₰ 6 ngr

Ingraham, J. H., der Fürst aus David's Hause oder drei Jahre in der heiligen Stadt. Eine Sammlung von Briefen, welche Adina, eine Jüdin aus Alexandrien, während ihres Aufenthaltes in Jerusalem zur Zeit des Herodes an ihren Vater, einen reichen Juden in Egypten, schrieb, und in denen sie als Augenzeugin alle Begebenheiten und wunderbaren Vorfälle aus dem Leben Jesus' von Nazareth von seiner Taufe im Jordan bis zu seiner Kreuzigung auf Golgatha berichtet. Aus dem Engl. übers. von A. Henze. 4. Aufl. 8. (XVI, 502 S. mit 9 Illustr. in Stahlst.) Braunschweig 876. Vieweg und Sohn.

Ingraham, J. H., der Fürst aus David's Hause oder drei Jahre in der heil. Stadt. Eine Sammlung von Briefen, welche Adina, eine Jüdin aus Alexandrien, während ihres Aufenthaltes in Jerusalem zur Zeit des Herodes an ihren Vater, einen reichen Juden in Egypten, schrieb, und in denen sie als Augenzeugin alle Begebenheiten und wunderbaren Vorfälle aus dem Leben Jesus' von Nazareth von seiner Taufe im Jordan bis zu seiner Kreuzigung auf Golgatha berichtet. Aus dem Engl. übers. von A. Henze. 5. und 6. Aufl. 8. (XVI, 502 S. mit 9 Illustr. in Stahlst.) Braunschweig 880,84, Vieweg und Sohn.

Ingraham, J. H., der Fürst aus David's Hause, oder 3 Jahre in der heiligen Stadt. Eine Sammlg. v. Briefen, welche Adina, e. Jüdin aus Alexandrien, während ihres Aufenthaltes in Jerusalem, zur Zeit d. Herodes an ihren Vater, e. reichen Juden in Egypten, schrieb, u. in denen sie als Augenzeugin alle Begebenheiten u. wunderbaren Vorfälle aus dem Leben Jesus' v. Nazareth von seiner Taufe im Jordan bis zu seiner Kreuzigg. auf Golgatha berichtet. Aus dem Engl. übers. v. A. Henze. 7. Aufl. Mit 9 Illustr. in Kpfrst. gr. 8. (XVI, 502 S.) Braunschweig 890. Vieweg & Sohn. n. 4.60; geb. n. 6. —; m. Goldschn. n. 6.40

— der Fürst aus dem Hause Davids, od.: 3 Jahre in der Heil. Stadt. Eine Sammlg. v. Briefen, geschrieben v Adina, e. Jüdin aus Alexandrien, während ihres Aufenthaltes zur Zeit des Herodes in Jerusalem, an ihren Vater, e. reichen Juden in Ägypten, in denen sie als Augenzeugin über alle Ereignisse u. wunderbaren Begebenheiten aus dem Leben des Herrn Jesus v. Nazareth, von seiner Taufe im Jordan an bis zu seiner Kreuzigg. auf Golgatha berichtet. Aus dem Engl. übers. v Margarete Soeltner. Vollständige deutsche Ausg. 8. (XXX, 447 S. m. Bildern.) Frankfurt a/O. 893. H. Andres & Co. n. 2.40; geb. n. 3. —

— d. Fürst aus Davids Hause od. 3 Jahre in d. heil. Stadt. Schilderg. d. Begebenheiten aus d. Leben Jesu v. Nazareth. Aus d. Engl. v. P. L.-W. 12. (320 S.) Reutlingen 895. Enßlin & Laiblin. Geb. in Leinw. 1.50; m. Goldschn. (896) 3. —

— d. Fürst aus Davids Hause, od. 3 Jahre in d. heil. Stadt. E. Sammlg. v. Briefen, welche Adina, e. Jüdin aus Alexandrien, währ. ihres Aufenthaltes in Jerusalem, z. Zeit d. Herodes an ihren Vater, e. reichen Juden in Egypten, schrieb, u. in denen sie als Augenzeugin alle Begebenheiten u. wunderbaren Vorfälle aus d. Leben Jesus' v. Nazareth von s. Taufe im Jordan bis zu s. Kreuzigg. auf Golgatha berichtet. Aus d. Engl. übers. v. A. Henze. 8., deutsche Orig.-Ausg. M. 8 Illustr. 8. (XVI, 502 S.) Braunschweig 896. F. Vieweg & Sohn. 2.70; geb. in Leinw. n. 3.30; m. Goldschn. n. 3.60

Ingraham, J. H., der Fürst aus Davids Hause. Frei nach dem Engl. bearb. von Emmy v. Feilitzsch. gr. 8. (96 S. m. Abbildgn.) Konstanz (902). C. Hirsch (902). Kart. — 40

— der Fürst aus Davids Hause. Frei nach dem Engl. bearb. von Emmy v. Feilitzsch. (96 S. m. Abbildgn. u. 4 Vollbildern.) 8. Ebd. (904). Kart. n. — 40

— dasselbe od. 3 Jahre in der hl. Stadt. (202 S.) 8. Ebd. (905). Geb. in Leinw. Volksausg. n. 1.50; m. 8 Kunstdr.-Beilagen n. 2. —; Prachtausg. m. 24 Kunstdr.-Beilagen. n. 2.50; m. Goldschn. n. 3.

— der Thron Davids. Von der Heiligg. des Hirten v. Bethlehem bis zur Empörg. des Prinzen Absalom. Aus dem Engl. übers. v. J. Schneider. 8. (459 S. m. Titelbild.) Ebd. 894. n. 2.40; geb. n. 3. —; m. Goldschn. n. 3.50

— der Thron Davids. Von der Heiligg. des Hirten v. Bethlehem bis zur Empörg. des Prinzen Absalom. Aus dem Engl. übers. v. J. Schneider. (456 S. m. Titelbild.) 8. Reutlingen (904). Enßlin & Laiblin. Geb. in Leinw. 1.80; m Goldschn. 2.50

Ingram, Dokt., Grammatik der engl. Sprache nach Johnson's Grundsätzen. gr. 8. Würzb. 806. Stahel. 16 gr

Ingram, Georg Adam: Diss jur. de epistola hominis ultima. s. Grolmann, Melchior Dethmar (Praes.)

Ingram, Georg Adam (Lauterbach)
Dissertatio inauguralis juridica, de oblatione verbali.
Giessae 19. Juni 1708: Joh. Reinh. Vulpius. 32 S. 4°
pro summis in utroque jure honoribus ac privilegiis doctoralibus rite consequendis.

Ingram, John Kells

Ingram, John Kells, Geschichte d. Sklaverei u. d. Hörigkeit. Rechtmäß. deutsche Bearbeitg. v. Leop. Katscher. gr. 8. (VIII, 200 S.) Dresden 895. E. Reißner. n. 4. —; geb. n. 5. —

Ingram, J. K., Geschichte der Volkswirtschaftslehre. Autoris. Übersetzg. v. E. Roschlau. gr. 8. (VIII, 344 S.) Tübingen 890. Laupp. n. 4. —

Ingram, John Kells, Geschichte der Volkswirtschaftslehre. Autoris. Uebersetzg. v. E. Roschlau. 2. Aufl. (VIII, 326 S.) 8. Tübingen 905. H. Laupp. n. 2.20; geb. n. 3. —

Ingram, John K., L. L. D., die nothwendige Reform der Volkswirthschaftslehre. Uebers. u. eingeleitet von H. v. Scheel. Autoris. Uebersetzung. gr. 8. (VII, 35 S.) Jena 879. Fischer. n. 1. —

Ingres', J.-A.-D., Biographie, s.: Schmarsow, A.

Ingrisch, Franz: Zur körperlichen Erziehung an den Mittelschulen. Erfahrungen und Vorschläge. S 3—22. 8.
Progr. K. k. deutsches Staats-Gymn. Olmütz 1909.

. Ingrisch, Franz: Martin Opitz und Ewald von Kleist. Ein Beitrag zur Geschichte der deutschen Literatur im 18. Jahrhunderte. (Umschlagtitel: ... Kleist.) S. 16—43. 8.
Progr. K. k. Kronprinz Rudolf-Gymn. *Friedek* 1904.

Ingwer, Isidor

Ingwer, J., Anleitg. z. Gebrauche d. Gesetze üb. d. Vereins- u. Versammlungsrecht. gr. 16. (112 S.) Wien 896. Wiener Volksbuchh. Kart. n. — 80

Ingwer, J., Anleitung zum Gebrauche der Gesetze üb. das Vereins- u. Versammlungsrecht. 2. verm. Aufl. (127 S.) kl. 8. Wien 907. Wiener Volksbuchh. Geb. 1. —

Ingwer, J., das Arbeitsverhältnis nach österreichischem Recht. Eine systemat. Darstellg. (IV, 207 S.) kl. 8. Wien 905. Wiener Volksbuchh. Geb. in Leinw. n. 1. 80

— d. sogen. Arbeitsvertrag. Eine socialpolit. Studie. 8. (36 S.) Ebd. 895. n. — 20

— der Fall Bartmann, s.a. **Recht, das.**

Ingwer, J., Der Fall Bartmann. Zur Geschichte der Unabhängigkeit der österr. Rechtsprechung. [Separatausgabe der volkstümlichen Zeitschrift für österr. Rechtsleben „Das Recht". Nr. 2] (14 S.) † K —·20
Wien: Wiener Volksbuchhandlung 1903.

— u. J. Rosner, volksthümliches Handbuch des österreich. Rechtes. Ein Rathgeber u. Wegweiser f. jeden Staatsbürger in allen Fragen des öffentl. u. privaten Rechtes, m. besond. Berücksicht. der im Berufs- u. Geschäftsleben vorkomm. Rechtsfälle u. des Arbeiterrechtes. Mit mehreren 100 Formularien f. Verträge, Eingaben, Gesuche, Klagen in Civilsachen, in Strafsachen, in Verwaltungs- u. polit. Angelegenheiten. 2 Bde. gr. 8. Wien (900—902). Wiener Volksbuchh. à n. 5. —; geb. in Leinw. à n. 5. 50
1. Verfassungsrecht. — Verwaltungsrecht. (II, XXI, 635 S.)
2. Allgemeines bürgerl. Recht. — Handelsrecht. — Arbeiterrecht. — Strafrecht. — Gerichtsverfahren. (III, 634 S.)
Erschien auch in 40 Lfgn. à n. — 25.

— u. J. Rosner, volkstümliches Handbuch des österreichischen Rechtes. Eine populäre Darstellg. u. Erläuterg. aller Fragen des öffentl. u. privaten Rechtes; e. Wegweiser u. Ratgeber f. alle im tägl. Leben vorkomm. Rechtsfälle, m. besond. Berücksicht. des gesamten Arbeiterrechtes. Mit mehreren 100 Formularien f. Verträge, Eingaben im Zivilgerichtsverfahren, in Strafsachen, in Verwaltungs- u. sonst. polit. Angelegenheiten. 2. verm. umgearb. Aufl. (In 50 Heften.) 1—19. Heft. (S. 1—640.) gr. 8. Wien (906). Wiener Volksbuchh. à — 20

– u. J. Rosner, volkstümliches Handbuch des österreich. Rechtes. Eine populäre Darstellung u. Erläuterg. aller

Fragen des öffentl. u. privaten Rechtes; e. Wegweiser u. Ratgeber f. alle im tägl. Leben vorkomm. Rechtsfälle m. besond. Berücksicht. des gesamten Arbeiterrechtes. Mit mehreren 100 Formularien f. Verträge, Eingaben im Zivilgerichtsverfahren, in Strafsachen, in Verwaltungs- u. sonst. polit. Angelegenheiten. 2. verm., umgearb. Aufl. 20.—50. (Schluß-)Heft. (1. Bd. Verfassungsrecht — Verwaltungsrecht. S. 49—80 u. 641—812 u. 2. Bd. Allgemeines bürgerl. Recht — Handelsrecht — Arbeiterrecht — Strafrecht — Gerichtsverfahren. 780 S.) gr.8. Wien (907. 08). Wiener Volksbuchh. à — 20 (Kplt. in 2 Leinw.-Bdn. à 7. —)

— Das Koalitionsrecht der Arbeiter. Hrsg. v. österreich. Metallarbeiterverband. (104 S.) 8. Ebd. 909. 2. —

— Parlaments- u. Wahlreform, s.: Recht, das.

— d. Personal-Einkommensteuer u. d. Arbeiter. Vortrag, geh. im Volksverein „Gerechtigkeit" am 22. XI. 1897, m. e. v. Vereine beigegeb. prakt. Anh. 8. (32 S.) Ebd. 898. n.n. — 10

Ingwer, J., die Pressreform. Eine Kritik in der Regierungsvorlage vom 11. VI. 1902. gr. 8. (47 S.) Wien 902. Wiener Volksbuchh. n. 1. —

— die Rechtsstreitigkeiten vor dem Gewerbegerichte. 12. (VI, 360 S.) Wien 899. [C. Konegen.] Manz. n. 3. —; erh. Pr. n. 3. 60; geb. n. 4. 40

Ingwer, J., e. offenes Wort an den österreichischen Bauernstand. gr. 8. (32 S.) Wien 894. 1. Wiener Volksbuchh. (J. Brand). n. — 14

Ingwersen, Imis Peter: Bey der **Hamken-** und **Friedlieb**ischen Ehe-Verbindung. [Hochzeitsgedicht auf ... Hamken u. ... Friedlieb, 27. Nov. 1760.] — Schleswig (1760): Holwein. 2 Bl. 4°

(Ingwersen, P.) Die Affaire von Eckernförde 1849 vor dem dän. General-Kriegsgericht. Altona 1850. 8°.

Ingwersen, Paul: Oeffentliche Leistungen und stilles Verdienst. (Gustav Thaulow's. Von Paul Ingwersen.) Altona. 1846. 8°

Inhalt einer Abhandlung von Fürtrefflichkeit der natürlichen Gewächse, in Dannemarck und Norwegen ... Hamburg [ca. 1740]. V: *Müller, Elias.* (Bruun, Bibl. Danica. II, 189.) (Collin, Anonymer. Kiobenh. 1869.) (BrMm)

Erläuterung zum Preisthema „Der **Inhalt** des freimaurerischen Humanitätsgedankens". o. O. [1908]. 1 Bl. 8° [Kopftit.]
Abgedr. in: SL. 28 (1908) S. 187— 88; DrL. 39 (1908—1909) S. 141—142; L. 32 (1909) S. 54 bis 55. 3.

Inhalt. Kurtz-begreifflicher I° Einer Statt Bern Tituln und Rechten umb dero rechtmessig besitzende Welsche Land. [Mit Wappenvignette.] 4. Bern 1691.
Ausg. A. 22 S. — Ausg. B 23 S.

Kurtzer Innhalt u. Beschreibung des wunderbarlichen Ursprungs: Aufnemmen: u. Kayserl. Fundation .... des berühmten GOttshauss u. Closters ETTAL, Benedictiner-Ordens in Ober-Lands Bayern, Freysinger-Bistumb, gelegen. Wie auch eine Verzeichnuss der Bruderschafften, welche allda eingesetzet seind. Widerumb kurtze Meldung von denen vornemsten Indulgentzen u. Ablassen, so absonderlich disem GOttshauss verlyhen worden. .... C. permissu Superiorum. Gedr. zu München, bey Joh. Jac. Vötter, Landschaffts-Buchdr. An. 1741. 12°. Cart.
47 S. (incl. Tit., auf dessen Rücks. Kupferstich). Das Kloster wurde 1331 von Kaiser Ludwig d. Bayern gestiftet.

Inhalt, Kurzer, der Fürstlich Sachsen-Coburg-Saalfeldischen Exceptionum ... auf die Fürstlich Sachsen-Meiningischen falsa narrata ... O. O. 1742. V: *Gruner, Joh. Frdr.* (Holz)

Inhalt, Kurzer, christlich evangelischer Lehre in Fragen und Antworten ... Leipzig 1746. V: *Mayer, Johann.* (ML)

Kurtzer Inhalt | einer | Deutschen | Sprachkunst, | Nach den Mustern | der | Besten Schriftsteller | abgefasset. | IHS | Mit Erlaubuß [sic] der Oberen. | Lutzemburg, | Bey der Wittib J. B. Kleber, Kayserlich- und | Königlicher Buchdrucker und Handler 1758. |
96 gez., 4 ungez. S., kl-8° (170 × 100 mm).

Inhalt, Kurzer, der Vorlegung der fideicommissarischen Rechte des . . . Hauses Pfalz auf die von Maximilian Joseph in Bayern verlassenen Lande . . . Zweybrücken 1778. V: *Bachmann, Joh. Hnr.* (BrMm)

Kurzer Inhalt der Vorlegung der fideicommissarischen Rechte des Chur- und Fürstlichen Hauses Pfalz auf die von dem am 30. December 1777 verstorbenen Maximilian Joseph in Bayern verlassene Lande und Leute. Zweybrücken. Juli 1778. 4.

Inhalt, Kurzgefasster, der Sachsen-Hildburghausenschen Druckschrift unter dem Titel: Geschichts- und actenmässiger Verlauf ... O. O. 1752. V: *Kobe von Koppenfels, Joh. Sebast.* (Holz)

Inhalt, kurzgefaßter, d. Kurheff. Landesverfass., f. d. Bürger u. Bauer, wie er es leicht verstehen kann. gr. 8. (1 B.) Hanau 831, König.

Inhalt einiger Reden an Frauenspersonen in Berlin. Frankfurt a. M., Andreä, 1783. (1738?). 8°. (15 xr.)

Inhalt einiger öffentlichen Reden, welche 1738 in Berlin an die Frauens-Personen gehalten worden. 1738. V: *Zinzendorf, Nicolaus Ludwig Graf von.* (ClZür S. 844)

Inhalt einiger Reden an Männer in Berlin. Ibid. eod. a. 8°. (24 xr.)
Höchst selten und so gut wie unbekannt! Beides verzeichnet Cat. Monath. II. Nürnb. 1783. 8°. p. 387.

Inhalt dererjenigen Reden, welche zu Berlin 1728 in denen Abend-Stunden für die Manns-Personen gehalten worden. 1738. V: *Zinzendorf & Pottendorf, Nicolaus Ludwig Graf von.* (ClZür S. 844)

(c. 1775?). — Inhalt der ersten Schlittenfahrt sammt den Vorreitern, welche heuer unter dem Titel: Allerley besonders von den Frauenzimmern aufgeführet worden. (Kl. Holzschn.-Vign.) Gedr. in grossen Weilheim (München, Strobel), o. J. Kl. 8°. Rar!

Inhalt der Schlittenfahrt, welche heuriges Jahr den 10. Hornung u. d. Titel: vermischte Wahrheiten in dem Lande der Hinkenden von dem gesammten Publiko gehalten worden. [München. Im Jahr 8771.] [1771.] V: *Milbiller, Joseph.* (GGr IV/65, Nr. 15/2) (GGr IV³/129, Nr. 14/3) (BiblPort) (BGE VII², 182)

Inhalt der am 8. Junius, am Bundestage zu Frankfurt, als Grundgesetz bekannt gemachten Schluss-Acte der über Ausbildung und Befestigung des deutschen Bundes zu Wien gehaltenen Ministerial-Conferenzen. (Manuscript.) 4. Wien 1820.

— d. ganzen heil. Schrift. kl. Format. Tübing. 825. Fues. 1 ℛ

Inhalt der ganzen heil. Schrift. Ganz kleines Format. Tübingen 833. Fues. 1 ℛ

Inhalt des runden Stammholzes in Cubik-Schuhen bei einem mittleren Durchmesser von 3 bis 40 Zoll und einer Länge von 1 bis 60 Schuh. 1 Tab. in gr. Fol. Lithogr. Klagenfurt 863, Leon's Buchh. In S.-Carton.

Inhalt, Wesentlicher Statuten, der ... zu Bauske gestifteten ... Prediger-Wittwen- und Waisenkasse. Mitau 1803. V: *Mylich, Gottfried Georg.* (R-N)

Inhalt aller Streitigkeiten, welche üb. d. Herrsch. Pleß v. d. Graf. v. Promnitz vorgebracht worden ec. Fol. Sorau. 744.

Inhalt, Summarischer, des in der Offenbahrung Johannis oder vielmehr Jesu Christi beschriebenen Zustandes der ganzen Zeit . . . bis an das Ende der Welt. O. O. [1764]. V: *Oertel, Christian Gfr.* (Mi)

Inhalt, Systematischer, des Hn Herzog Anton Ulrich zu Sachsen Meiningen sogenanndter Abfertigung . . . O. O. 1747. V: *Gruner, Joh. Frdr.* (Holz)

— systemat., d. Herz. Ant. Ulrich Abfertig. nebst Reduction die Mißheyrath betr. Fol. Cob. Ahl. 747.

Inhalt. — Verkürzter Innhalt des Buchs: Raggionamento giuridico politico sopra la constitutione della Valtelina e del Contado di Chiavenna ... . 8°. Freyburg 1789.

Inhalt und Verzeichniss der Königlichen, Hertzog- und Fürstlich- . . . und andern Hohen Adel-Standes-Personen . . . welche sich . . . zu dem Römischen, alt-Evangelischen Catholischen Glauben . . . begeben. O. O. u. J. V: *Engel, Arn.* (Plas)

Wesentl. Inhalt d. beträchtl. Theils der neueren bad. Gesetzgeb., od. alphabet. Auszug a. den in d. Karlsruher u. Rastatter Wochenblättern befindl., auch mehrern and. dazu gehör. noch nicht gedr. Badischen, sowohl Justiz- als Regier.- u. Polizei-Sachen betreff. Verordnn. bis auf d. J. 1800. *Karlsruhe*, Braun. 782. 801. 2 Thle. 8. (3 Thl.)
Th. 3. 4., od. alphabet. Auszug der unter Karl Friedr. Regierung in den letzten elf Jahren verkündeten Verordnn. *Ebend.* 814. 8. (4 Thl. 6 Gr.)

Inhalt, Wesentlicher, des beträchtlichsten Theils der neuen grossherzoglich Badischen Gesetzgebung . . . 3. 4. Theil. Karlsruhe 1814. H: *Hartleben, Theodor Conrad & Frdr. Brodhag.* (Ky) (MGT)

Inhalt, Wesentlicher, des beträchtlichsten Theils der neueren Markgräfl. Badischen Gesetzgebung . . . Karlsruhe 1782. V: *Brauer, Joh. Nicolaus Frdr.* (MGT) (HS)

Inhalt, wesentl., des beträchtlichsten Theils d. neuen Markgräfl. Badischen Gesetzgebung, (v. J. N. F. Brauer, Fr. Brodhag u. Th. Hartleben). 4 Thle. 8. Karlsr. 814. Braun. 7 ℳ 6 ₰

Inhalt der mechanisch-technischen Zeitschriften, umfassend das gesammte Gebiet des Maschinenwesens. 1888. 2. Vierteljahr. (Berlin 1888)

INHALT DER MECHANISCH-TECHNISCHEN ZEITSCHRIFTEN, umfassend das gesammte Gebiet des Maschinenwesens. Als Beilage zur Zeitschrift des Vereines deutscher Ingenieure bearbeitet von JOH. ZEMAN.
Bd. 1. 1890. Berlin. Selbstverlag des Vereines. Kommissions-Verlag und Expedition: Julius Springer. 4°.
Bd. 2—5. 1891—1894. ib. —.*)

*) Von 1895 bis 1898 nicht erschienen.

Inhaltsangabe der bekanntesten Kirchen-Lieder, nebst Mittheilungen über das Leben ihrer Verfasser. Für Schule und Haus. 8. (30 S.) Ruhrort 882, (Andreae und Comp.)

8. internat. Congress gegen d. Alkoholismus. Wien, 9.—14. Apr. 1901. **Inhalts-Angaben** der angekündigten Vorträge. Résumés des discours annoncés. *Wien: Verl. d. Congr. 1901.* (VI, 143 S.) 8°

Inhalts-Anzeige, Alphabetische, der Kurländischen Bauer-Verordnung . . . Mitau 1819. V: *Bolschwing, Otto Ernst Johann von.* (R-N)

Inhalts-Anzeige, d. Ukasen in d. Senats-Zeitung, so wie d. Regierungs-Patente u. and. gedruckten obrigkeitl. Verordnungen d. Ostsee-Provinzen v. J. 1823, 24, 25, (von K. G. Sonntag). 8. Riga...

Inhalts-Anzeige der Ukasen in der Senats-Zeitung so wie der Regierungs-Patente . . . Riga 1825. V: *Sonntag, Carl Gottlob.* (R-N) (Ky)

Inhalts-Register sämmtl. in den bisher erschienenen Amtsblättern der kgl. Regierung zu Frankfurt seit ihrem Bestehen bis z. J. 1840 u. 1841 einschließl. enthalt. Gesetze, Verordnungen u. Bekanntmachungen jeder Art. Hrsg. v. ein. prakt. Juristen. gr. 4. Grünberg 842, Levysohn. [1840. (12½ B.) 1841. (10 B.) à * 1 Thlr.] *

Inhaltsübersicht, dispositive, ausgewählter Satiren d. Horaz. 8. (20 S.) Ansbach 890. Brügel & Sohn. cart. n. — 40

Inhalts-Übersicht des sechstägigen Vortrags-Kurses für Leiter und Beamte industrieller und kaufmännischer Unternehmungen, insbes. f. selbständ. Kaufleute ... in Magdeburg 1907, veranst. von d. Handelskammer zu Magdeburg. (Magdeburg 1907.) (2 Bl.) 4° [J.]

Inhaltsverzeichniss der Abhandlungen der Königl. Akademie der Wissenschaften zu Berlin aus den Jahren 1822 bis 1872. Nach den Klassen geordnet. Berlin 1873. 8°.

Inhaltsverzeichnis, alphabetisches, des statist. Jahrbuches der Schweiz u. des graphisch-statistischen Atlasses, s.: **Statistik, schweizerische.** 131. Lfg.

Inhaltsverzeichniss, alphabetisches, zu den Mittheilungen der grossherzogl. hessischen Centralstelle für die Landesstatistik, Bd. 1 [1863] bis Bd. 11 [1881] und zu den in dem Notizblatt des Vereins für Erdkunde zu Darmstadt etc. III. Folge [1862 bis 1879] und VI. Folge [1880] enthaltenen Mittheilungen aus der grossherzogl. hess. Centralstelle für die Landesstatistik. gr. 8. (46 S.) Darmstadt 882. Jonghaus'sche Hofbuchh.

Inhalts-Verzeichniß, alphabet., der Zollverordn. f. die Hrzgth. Schleswig u. Holstein v. 1. Mai 1838 u. der unterm 11. Dec. selb. Jahrs erlass. Instruction f. d. Zollbeamten dies. Herzogthümer. gr. 12. (5½ B.) Altona 840. [Dessau,] Aue. *

Inhalts-Verzeichniß (Sach- und Personal-Register) zu den stenographischen Berichten über die Verhandlungen der deutschen constituirenden Nationalversammlung zu Frankfurt a. M. und Stuttgart. Herausg. von Franz Wigard. Frankfurt a. M., Sauerländer 1850. 132 S. 4.

Inhalts-Verzeichnis über die Beschlüsse des kärntn. Landtages vom Jahre 1861 bis einschließlich 1897. Klgft., v. Kleinmayr, 1898. 343 S. (Verf.: Dr. Wilhelm Müller.)

Inhalts-Verzeichnis der Bibliothek der Joh. Loge „Globus" [in Hamburg]. [Hamburg:] 1909. 15 S. 8°
Rektor Kneisner, Hamburg.

INHALTS VERZEICHNISS DER BIBLIOTHEK des Vereins für Erdkunde zu Halle a/S. Halle a/S. 1881. Buchdruckerei des Waisenhauses. 8°.

Nachtrag zum Inhalts-Verzeichniss der Bibliothek des Vereins für Erdkunde zu Halle a/S. I., enthaltend die bis Michaelis 1882 neu eingegangenen Werke ... (ib. s. a. —) II., enthaltend die bis August 1883 neu eingegangenen Werke ... (ib. s. a. Gebauer-Schwetschke'sche Buchdruckerei.)

INHALTS-VERZEICHNIS DER BIBLIOTHEK DES VEREINS FÜR ERDKUNDE ZU HALLE A. S., enthaltend die bis Juli 1886 erworbenen Werke mit Ausschluss aller derjenigen, welche sich noch im Journal-Zirkel befinden. (Halle a. S. 1886 Buchdruckerei des Waisenhauses.) 8°.

Inhaltsverzeichnis der Bücherei der Königlichen Eisenbahn-Direktion zu Köln [illegible] Nachtrag [illegible] 1908 1912 [illegible] S.

Inhaltsverzeichniss, chronolog. u. alphab., zur Taschenausgabe d. Gesetze f. das Königreich Böhmen. Nr. 172, 173, 175, 177—182. (Jahrg. 1884.) (Anh. z. Verlags-Katalog. Nachtr. XI.) 8. (74 S.) Prag. H. Mercy. Gratis.

Inhaltsverzeichnis, Chronologisches und systematisch-chronologisches, zum Regierungsblatte für das Großherzogthum Mecklenburg-Schwerin, Jahrgang 1857 bis 1866. Wismar 1868. V: *Düberg, Christian.* (Russell XI, 637)

Inhaltsverzeichniß, 3. alphabetisches, der Druckschriften des Architekten- und Ingenieur-Vereins zu Hannover. Fol. (32 S.) Hannover 872, (Schmorl und v. Seefeld.) *

— — alphabetisch geordnetes, zu Gubitz' Volks-Kalender. Titel-Annale und Nachweis der in den sämmtl. bisherigen 14 Jahrgängen (1835—1848 einschließl.) befindl. Aufsätze ꝛc. Ferner Bezeichnung der Bild-Beigaben mit Hinzufügung der Preise, für welche Abgüsse der Platten überlassen werden. 8. (40 S.) Berlin 848, Vereins-Buchhandlung.

—— dass. — 2. zu den in Jahrg. 1849—51 einschließlich befindl. Aufsätze, Bemerkungen, Mittheilungen ꝛc. 8. (12 S.) Ebds. 851.

Alphabetisch geordnetes Inhalts-Verzeichniß zu den vom 18. Juni 1821 bis Ende Dez. 1826 [u. 1827—28] an die Postanstalten erlassenen allgemeinen Circular-Verfügungen. Berlin 1827. [29]. 2 Bde

—— nach Materien geordnetes, der sämmtl., von 1822—1848 erschienenen Bände des Correspondenzblattes des landwirthschaftl. Vereins in Württemberg. gr. 8. (92 S.) Stuttgart 851, Schweizerbart'sche Vrlgsh. *

GEORDNETES INHALTSVERZEICHNISS der baltischen Studien. (Jahrgang I bis XII) Entworfen von ERNST ZOBER. Stettin. 1847. 8°.

Inhalts-Verzeichnis, Kurzes, aller vom Jahre 1822 in der St. Petersburgischen Senats-Zeitung und in den Ostsee-Provinzen gedruckt erschienenen Ukasen ... Riga 1822. V: *Sonntag, Carl Gottlob.* (Ky) (R-N)

Inhalts-Verzeichniß, kurzes, aller vom J. 1822 in der St. Petersburgischen Senats-Zeitung u. in den Ostsee-Provinzen gedruckt erschienenen Ukasen, Patente u. Verordnungen, (v. K. G. Sonntag). Mit doppeltem Register. 8. Riga 822.

Inhaltsverzeichnis des neuzuerstellenden Lesebuches für das II. Schuljahr der Elementarschulen des Kantons Schaffhausen. Entwurf [der mit der Bearbeitung beauftragten Kommission]. II + 12 S. 8. Schaffhausen, H. Meier & Cie., 1905.

Inhaltsverzeichnis der Mitteilungen des Instituts für österreichische Geschichtsforschung. Bd. XXI—XXX. Ergänzungsband V 3, VI, VII, VIII 1. 1900—1909. Gr.-8°. (LXXII S.) K 2.-
Innsbruck: Wagner 1910.

Inhalts-Verzeichniß üb. d. neue, am 6. Juni 1832 erfolgte Organisation der, dem Großh. Hess. Ministerio d. Innern u. d. Justiz untergeordn. Regierungs-, Kirchen-, Schul- u. Medicinal-Behörden, so wie auch üb. die, bei d. Justizfach in Beziehung. d. Vorbereit. dazu u. wegen d. Polizeygerichtsbarkeit getroff. neuen Einrichtungen, u. deßhalb bis Ende Dec. 1832 ergang. höchsten Verfügen. gr. 4. (3 B.) Darmstadt 833, [Heyer, Vrlsh.] Thlr.

—— zur Philothea 1—14. Jahrg. und zur Theopista Jahrg. 1845—1850. gr. 4. (66 S.) Würzburg 851, Stahel'sche Buchh.

INHALTSVERZEICHNISS UND REGISTER zur I—IV Abtheilung. (Hektographiert mit gedrucktem Umschlagtitel.) o. O. o. J.

Inhalts-Verzeichnis zur Sammlung der Medaillen des Dr. med. C. L. von Duisburg auf Ärzte ... Berlin 1893. B: *Weyl, Adolph.* (Berl)

Inhalts-Verzeichnis für die Schiffsbücherkisten. Berlin: (E. S. Mittler & Sohn) 1898. (40 S.) 8° [Umschlagt.]

— f. die Schiffsbücherkisten. gr. 8. (40 S.) Berlin 899. (E. S. Mittler & Sohn). Kart. n. — 80

— — zur Taschenausgabe d. Reichsgesetze f. d. Kaiserth. Oesterreich. Nr. 135—143. (Jahrg. 1884.) 8. (74 S.) Ebds. Gratis.

Inhalts-Verzeichnis der über die neue ... Organisation der Steuer- und Medicinalbehörden ... ergangenen Höchsten Verfügungen. Darmstadt 1833. V: *Stumpff, Joh. Frdr. Wilh.* (HS) (NN)

INHALTSVERZEICHNIS DER VERÖFFENTLICHUNGEN DER DEUTSCHEN LANDWIRTSCHAFTS-GESELLSCHAFT vom 14. Mai 1884 bis zum 31. Dezember 1899. (Berlin. Druck von Gebr. Unger.) 8°.
vom 1. Januar 1900 bis 31. Dezember 1905. (ib. —.)
vom 1. Januar 1906 bis 1. Dezember 1910. (ib. —.)

Inhalts-Verzeichniß, vollständiges, (Sach- und Personal-Register) zu den stenograph. Berichten über die Verhandlungen der deutschen constituirenden Nationalversammlung zu Frankfurt a. M. und Stuttgart. Hrsg. von Frz. Wigard. gr. 4. (132 S.) Frankfurt a. M. 850, Sauerländer's Verlag. **

Inhalts-Verzeichnis des Vortrags über Artillerie. I. Coetus der vereinigten Artillerie- u. Ingenieur-Schule pro 1847. Autogr. Mit Beil. o. O. 1847. 190 S.

Inhaltsverzeichnis (Alphabetisches Register) der für die Bibliothek der Königlichen Technischen Hochschule zu Berlin in der Zeit vom 1. April 1904—1. April 1905 angekauften und geschenkten Werke. 1905. 31 S. 4°

INHALTSVERZEICHNISS wissenschaftlich- landwirtschaftlicher Zeitschriften der Verlagsbuchhandlung Paul Parey in Berlin: Landwirtschaftliche Jahrbücher, Jahresbericht für Agricultur-Chemie, Journal für Landwirtschaft, Landwirtschaftliche Versuchs-Stationen. 213 Bände. Berlin, 1896. pp. 77, 8vo. Parey.
An index to contents of each volume of the journals named with an author-alphabetical index. Compiled for trade purposes, it sets a good example to others.

Inhalts-Verzeichnisse der zehn ersten Bände der Monumenta Germaniae ... Hannover 1848. V: *Pertz, Georg Heinrich* & *Wilhelm Wattenbach.* (Petz)

Inhelder, Alfred, von Sennwald (St. Gallen): Fälle von Polydactylie bei Menschen und Haustieren. [Mit 7 Tafeln.] St. Gallen 1904. 32 S. 8°. [20. II. 03.]
Bern. Phil. Diss. 1904/1905.

(**I[nhelder]**, J[acob].) Heimatkunde der Gemeinde Kappel, Bezirk Obertoggenburg, Kanton St. Gallen. Veröffentlicht von der Sonntagsgesellschaft. 8°. Ebnat (1869).

Inhelder, J[acob]. Schul- und Haus-Theater. Lustspiele zur Aufführung an Schul- und Familien-Festen, sowie an Fastnacht- und Vereinsbelustigungen. Inhalt: 1. Der bestrafte Prahler.... 5. Die drei Wünsche. 65 S. 8. Nesslau, im Selbstverlage des Verfassers J. I'(Buchdr. A. Maeder, Lichtensteig), [1904]. [fr. 1.--]

Inhelder, Walter [von Sennwald, Assistenzarzt an der Irrenanstalt Münsterlingen (Thurgau)]: Ueber die Bedeutung der Hypnose für die Nachtwachen des Wartpersonals. Leipzig 1898. 26 S. 8°.
Zürich. Med. Diss. 1897/98.

Inhelveen, Joh.: Normanni, quid ad conditionem Angliae immutandam contulerint. 22 S.– Kempen, Progr. 1870.

Inhofer, Matthias, der Selbstmord. Historisch-dogmat. Abhandlung. Gekrönte Preisschrift. gr. 8. (XI, 379 S.) Augsburg 886, Kranzfelder'sche Buchh. * 6 —

Inhoffen, Walter: Die Voraussetzungen des Widerrufes von Schenkungen wegen Undankes nach dem Bürgerlichen Gesetzbuche unter Berücksichtigung des gemeinen Rechts. Borna-Leipzig 1910: Noske. IX, 102 S. 8°
Greifswald, Jur. Diss. v. 23. Nov. 1910, Ref. Pescatore
[Geb. 19. Juni 86 Bonn; Wohnort: Cöln; Staatsangeh.: Preußen; Vorbildung: Gymn. Viersen Reife O. 04; Studium: Paris 2, Göttingen 5 S.; Rig. 28. Juli 10.]
[U 11. 1598

Inhülsen, Walter: Über das gleichzeitige Vorkommen eines Sarkoms und Carcinoms im Darm. *Oldenburg [1897]: A. Littmann.* (16 S.) 8°
München, Med. Diss. v. 1897

Ini, aus d. 21sten Jahrh., von Julius v. Voß. 8. Berlin, Amelang. 810.

Ini, ein Roman aus dem 21n Jahrhund. von Jul. v. Voß. N. A. 8. Berlin, Amelang. 818.

Inigo, I. Bapt., planisphaerium versatile praemissa sphaera mundi. 4. Münst. Remy. 7 8.

Initia eruditionis oder A. B. C. der Gelehrsamkeit. Lipsiae 1705. V: *Loescher, Valentin Ernst.* (Myl)

— quatuor evangeliorum cum suis versibus et orationibus pro processionibus. gr. 4. (8 S.) München 865, Lentner'sche Buchh. geb. mit Goldschn. *

Initia quatuor evangeliorum cum suis versibus et orationibus pro processionibus. gr. Fol. (18 S. m. farb. Titelbild.) Regensburg 899. F. Pustet. 3. —; geb. in Ldr. m. Goldschn. n. 18. —; in Chagrin m. Goldschn. n. 20. —

Initia quatuor evangeliorum cum sive versibus et orationibus pro processionibus. (12 S.) 36,5×25,5 cm. Regensburg 907. F. Pustet. 3.—; geb. in Ldr. m. Goldschn. 14.—; in Chagrin m. Goldschn. 20. —

Initia historiae juris Romani, a Candidatis academiae et studii juridici cognoscenda. In us. schol. et Gymn. illustr. 8. Leipz. ... (List in Berl.) 4 *gr.*

Initia Historiae juris romani etc. 8. Lips. Sommer.

Initia historiae jur. Rom. *Lpz.* 785. 8.

Initia librorum patrium latinorum. Vindobonae 1865. V: *Aumer, Joseph.* (Mitth. Dr. A. Goldmann.) (BrMm)

Initia librorum patrum latinorum. Sumptibus academiae caesareae Vindobonensis. Wien 865. Gerold's Sohn. Lex.-8. (IV, 245 S.) n. 1 *Thlr* 25 *ngr*

Initia Philosophiae et Theologiae ex Platonicis fontibus ducta sive Procli Diadochi et Olympiodori in Platonis Alcibiadem Commentarii. Ex codd. mss. nunc primum graece edidit itemque ejusdem Procli instit. theolog. integr. emendat. adjecit Fr. Creuzer. Ps. Ima-fasc. 1 et 2. 8maj. Francof. a. M., Bröuner. 820.

Etiam sub Titulo;

ΠΡΟΚΛΟΥ ΔΙΑΔΟΧΟΥ ΕΙΣ ΤΟΝ ΠΛΑΤΩΝΟΣ ΠΡΩΤΟΝ ΑΛΚΙΒΙΑΔΗΝ. Procli Successoris in Platonis Alcibiadem Priorem Commentarii. edidit Fr. Creuzer.

Initia Philosophiae et Theologiae ex Platonicis fontibus ducta sive Procli Diadochi et Olympiodori in Platonis Alcibiadem Commentarii. Ex codd. mss. nunc primum graece edidit itemque ejusdem Procli instit. theolog. integr. emendat. adjecit Fr. Creuzer. P. IIda. 8maj. Francof., Brönner. 821. Rthlr.

etiam sub titulo:

Olympiodori librum gemini consilii argumentique etc.

Initia philosophiae ac theologiae ex Platonicis fontibus ducta; sive Procli Diadochi et Olympiodori in Platonis Alcibiadem commentarii. Ex codd. mss. nunc primum graece edid. Fr. Creuzer. Pars III. 8maj. Francof. 822, Broenner.

— id. lib. P. IV. A. u. d. T.: Nicolai Methonensis refutatio theolog. institut. a Proclo Platonico compositae. Ex codd. Mssrr. nunc primum ed. annotat. subjecit J. T. Voemel. 8maj. Francof. 825, Broenner. 3 Rthl. vel. Pap. 4 Rthl. Vol I — IV. 821 — 25.

Initia religionis Christianae in Vngaria. Halae 1740. V: *Schwarz, Gfr.* (Holz) »inter hungaros ecclesiae orientali adserta . . . Francof. et Lips. 1740« (Pk)

Initia religionis christ. int. Hungaros ecclesiae orient. etc. 4. Halae, Renger. 740.

Initial-Buchstaben des 15. und 16. Jahrhunderts aus der Hofbuchdruckerei in Weimar. (51 S.) Weimar 1883

Initiale und Verzierungen für Buchdruck und Kalligraphie. In verschiedenen Stylen gezeichnet von Adf. Gnauth, Carl Rieß, Ed. Rau ꝛc. Hrsg. von Adf. Glaß. gr. 4. (17 Stnt.) Stuttgart 873, Nitzsch. [Eger und Distler.] geb. *

Initialen, Rahmen, Titel u. Vignetten aus dem Verlag v. J. J. Weber in Leipzig. gr. Fol. (IV, 271 S. m. Abbildgn.) Leipzig 891. J. J. Weber. Kart. n. 20. —

Initiativbegehren des zürcherischen Kantonsrates vom 15. März 1904 betreffend Einführung der Volksinitiative für die Bundesgesetzgebung. ([Uebermittelt durch Eingabe] des Regierungsrates des Kantons Zürich An den ... Bundesrat..., 1904 April 28.) 23 S. 8. [Zürich, Buchdr. des Schweizer. Grütlivereins.]

Initiativbegehren, Unser, für die Verstaatlichung der Eisenbahnen im Lichte der Verhandlungen des Ständerathes über das Rechnungsgesetz . . . O. O. [1887]. V: *Schär, Joh. Frdr.* (BSchwLk V 9 h)

Initiativ-Vorschlag. Abänderungs- und Zusatzanträge zum Gesetzes-Entwurfe betr. Schuldbetreibung. 8 Stn. 8. Zürich 1871.

De initio, quod habuerint Gymnasia Vratislaviae Elisabethanum et Magdalenum, et memoria A. Wellaueri. 8 S. Breslau, E., P 1832

Initram, d. andächt. Kaufmanns geistl. Handelsjournal mit Gesangbuch. 8. Lpz. 739.

Injurie und Injurienprozeß. Nach deutschem Reichsrecht. Zum prakt. Gebrauche für Richter und Schöffen, Anwalte und Prozeßführende systematisch dargestellt. 8. (148 S.) Berlin 882, Grosser. cart. *

Injurien von ganz besonderer Art. Ravensburg 1776—78. V: *Knoll, Johann Baptist.* (Ky) (MGT)

— von ganz besonderer Art, (v. J. B. v. Knoll). 3 Bde. 8. Ravensb. 776 — 78. Nachgedr. 8. Nördling. 778. Beck.

Ueber **Injurien**, Hausrecht, Notwehr und Duelle nach Preußischem Rechte; nebst fünf Vorlesungen über diese Gegenstände in geschichtlicher und gemeinrechtlicher Hinsicht. Berl. 1827.

Injurien, Hausrecht, Nothwehr u. Duelle, über, nach Preuß. Rechte. gr. 8. Berl. 827. Hayn. 1 ß

Injurienprozeß, der merkwürdig., dies. Jahrh., s.a. Hofmann.

Injurien-Process, Der merkwürdige, dieses Jahrhunderts ... O. O. 1838. V: *Hofmann, Joh. Phil.* (Wa)

Injurienprozeß, der merkwürdige, dieses Jahrh., oder d. [illegible] gegen d. Pfarrer Hofmann von [illegible], gegenwärtig in Darmstadt 2c. gr. 8. Bern 838. Fischer. [illegible]

Injurienprocesse, die, des vormaligen Obersachwalters Hancke und des Lederfabrikanten Firjahn in Schleswig wider den Bürgermeister und Polizeimeister Aug. Jörgensen. gr. 8. (99 S.) Hamburg 862. (Schleswig, Heiberg's Buchh.) *

De injuriis quae haud raro novis nuptis 1) per sparsionem dissector. culmor. frugum, 2) per injust. interpellat. ulterior. proclamationis, 3) per ligationes magicas inferri solent. Quedlinb. et Ascan. s. a. 4.

Iniuriis, de, quae novis nuptiis inferri solent. 4. Quedlb. 702.

Inkas, die, oder d. Eroberung von Peru. Ballet in 4 A. 8. Wien, Wallishausser. 2 ß

Inkas, Die, ein Schauspiel in vier Aufzügen. Leipzig 1786. V: *Hempel, Gottlob Ludwig.* (ML)

Inkas, die, Schsp. v. Hempel. 8. Lpz. Linke. 786.

— s. auch Glo. Ldw. Hempel.

Rotterdamer Bank, Inkasso-Tarif. April 1903. — Für den bankgeschäftlichen Verkehr mit Holland. (Broschüre, enthaltend Usancen der holländischen Börsen, Effekten- und Wechselstempel, Wechselsachen usw.) 1904

St. Galler Handelsbank = Banque Commerciale de St-Gall = Commercial Bank of St. Gall, St. Gallen. Inkasso-Tarif N° 1. Gültig vom 1. November 1901 an = Tarif d'encaissement N° 1.... II + 33 S. 8. St. Gallen, Societäts-Dr.

Bank in Schaffhausen. Inkasso-Tarif für den Kanton Schaffhausen und Umgebung. No. 1 gültig vom 1. Juni 1901 an. [4 S.] 8. Schaffhausen, H. Meier & Cie., 1901.

Aargauische Bank = Banque d'Argovie, Aarau. Inkassotarif Nr. 5 für die Schweiz. Gültig vom 15. August 1903 an = Tarif d'encaissement N° 5.... VI + 24 S. 8. Aarau, H. R. Sauerländer & Co., [19]03.

Bank in Schaffhausen. Inkasso-Tarif für die Schweiz. No. 1 gültig vom 1. Juli 1901 an. IV + 22 S. 8. Schaffhausen, H. Meier & Cie., 1901.

Inkay de Pallin, Eduard, in ungarischer Kriegsgefangenschaft 1848/49. Erinnerungen. (29 S.) gr. 8. Wien 910. (L. W. Seidel & Sohn.) 1. —
Sonderabdruck aus: „Danzer's Armee-Ztg."

Inkel und Yariko. [Zürich] 1756. V (Th. 1): *Bodmer, Joh. Jac.* (Th. 2): *Gessner, Sal.* (Cat. d. Stadtbibl. Zürich. Zürich 1864—97.)

— dass., s.a. Inkle und Yariko.

Inkermann, s. Depeschen, illustrirte.

Inkermann, J. D. G., die heilige Leier. Ein kalligraphisches Kunstblatt, lithogr. von Donndorf. Imp.-Fol. Grimma 833. Gebhardt. ¾ ß

STERNAU, C. O. (d. i. *Otto Inkermann*), Kaleidoscop von Dresden. Skizzen, Berichte u. Phantasieen. 2te, vermehrte Aufl. Magdeburg, A. Inkermann, 1843. Kl. 12°. Orig.-Cartonbd. (In Berlin.)

Name des Verfassers bei Engelmann, Bibl. d. schönen Wiss. II., Lpz. 1846.

68 S. (incl. Tit., 2 Bll. poet. Widm.: „Den Dresdner Schönen", 1 Bl. Vorw.), VIII S. Inh. u. Verlags-Anz. — Die erste Ausg. ist von demselben Jahre u. war (laut Vorw.) in einigen Wochen vergriffen. — Interess. Notiz über Richard Wagner, S. 19: „Mehr Glück mit seinen Opern machte der vor wenigen Monaten als zweiter Kapellmeister engagirte Richard Wagner. Im Jahre 1842 kam er als armer Componist aus Paris nach Dresden, brachte nichts mit, als was er dort fast mit Aufopferung seiner Gesundheit seinem Genius abgelauscht, nämlich die große Oper: Rienzi. Durch besondere Verwendung hochgestellter Personen gelang es ihm, das Werk auf die Bühne zu bringen, und mit Begeisterung ging das Publikum aus der ersten Aufführung, die von 6 Uhr bis nach 11 Uhr gedauert hatte. Rienzi macht jederzeit noch ein volles Haus, obgleich er der Länge wegen in 2 Abenden gegeben wird. Seine zweite Oper: „Der fliegende Holländer" hat eben so gefallen und kurz nach ihrer Aufführung ward Wagner zum zweiten Kapellmeister ernannt. Seine Werke sind die Schöpfungen einer gewaltigen, zügellosen Phantasie, eines reichen, fast überreichen Genius und gänzlich abweichend von der Bahn aller modernen und antiken Componisten. Sie sind ein Chaos von Tönen, ein Meer von Harmonie, vor denen allerdings der lauschende Hörer anfangs mehr überwältigt staunt, als er sie in sich aufnehmen kann. Der Mann ist noch jung, die Welt steht ihm offen, und mancher Lorbeerbaum blüht noch darin, der ihn mit seinen Zweigen schmücken kann. In Dresden genießt Wagner die ungetheilte Achtung und Liebe des Publikums."

(Der Vf. hat sich durch dieses Urtheil selbst geehrt und als ächter Prophet erwiesen.)

Inkey, Alex von

Inkey, A. v., der Kossuth-Kultus. Von dem letzten Veteranen der alten Garde. gr. 8. (44 S.) Preßburg 890. Heckenast's Nachf. n. — 80

Inkey, Béla v., Bodenverhältnisse d. Gutes Pallag d. kgl. ung. landwirthschaftl. Lehranst. in Debreczin, } s.: Mitteilungen aus d. Jahrbuche d. kgl. ungarischen geolog. Anstalt.

Inkey, Béla v., geologisch-agronomische Kartirung der Umgebung v. Puszta-Szt.-Lörincz, s.: Mitteilungen aus dem Jahrbuche der kön. ungarischen geologischen Anstalt.

– Mezöhegyes und Umgebung vom agronom.-geolog. Gesichtspunkte, s. Mitteilungen aus dem Jahrbuch der kgl. ungarischen geolog. Anstalt.

Inkey, Béla v., Nagyág und seine Erzlagerstätten, im Auftrage der königl. ungar. naturwissenschaftl. Gesellschaft bearb. (Ungarisch und deutsch im Auszug aus dem Ungarischen Orig.) gr. 4. (VIII, 175 S. mit 4 Karten-Beilagen und 23 Abbild. im Text.) Budapest 885, (Kilián's Universitäts-Buchh.) * 6 —

Inkey v. Pallin, Frhr.

Inkey, k. k. Oberst von — Meine Rückerinnerung an den Feldzug 1848 und 1849. Von — —. Der Ertrag ist dem Fürst Windischgrätz'schen Invalidenfonde gewidmet. Wien, 1856. Buchdruckerei von Friedrich Manz. In Kommission bei F. Manz & Komp. (52 S. 8.)

Inkey v. Pallin, Frhr., meine Rückerinnerung an den Feldzug 1848 und 1849. gr. 8. (52 S.) Wien 858, (Manz und Comp.) Thlr. **

Inkey von Pallin, Frhr., historische Skizzen über Ungarn. 1.—4. Abthl. Lex.-8. (26, 37, 46, 45 S.) Leipzig 864—67, Förster und Findel. à Abthl. * 8 Ngr. *

Inkiek un Utkiek över'n Binnen- un Butendiek. Jan Klöhn sine Stammdisch-Sitzgn. in de Tiet von'n 1. X. 1905 bet to'n 31. XII. 1906. (Von Fritz Husmann.) (223 S.) gr. 8. Geestemünn 907. (Hannover, W. Otto.) 1.—

Inkle und Yariko

— — s. a. Incle.

— — s.a. Inkel und Yariko

Inkle und Yariko. Nach d. Franz. Frankf. 1768. V: *Faber, Johann Heinrich.* Cassel 1798. V: *Schubert, Carl Emil.* (GGr)

Inkle und Yariko; ein Trauerspiel. Wien 1773. Augsb. 1777. V: *Pelzel, Joseph Bernhard.* (Ky) S. a. »Yariko«.

Inkle u. Yariko,. Trsp. 8. Augsb. Stage. 777.

Inkle und Yariko. Schauspiel nach d. Engl. [des George Colman]. Leipzig 1794. V: *Schröder, Friedrich Ludwig.* (Ky)

— u. Yariko,. Schsp. nach dem Engl. v. Schröder. 8. Schw. Bödner. 794.

Inkle und Yariko. Kassel 1798. (II, 10858.) — Das A.-L. macht, ein Versehen Goedekes (V, 255, 28) übernehmend, Karl Emil Schubert zum Verf. dieses Singspiels. Auf dem Titel aber stehen (lt. Kayser 47a) die Chiffern des Verf. J. W. D., d. i.: *Joh. Wilh. Döring*, der Vater des s. Z. bekannten Novellisten Georg Döring. Vgl. GGr VI, 439. Zur Stoffgeschichte: Joerdens VI, 140/46, der den Verf. des obigen Stückes noch nicht kennt. (DARP)

— — — oder er war nicht ganz Barbar. Singsp. in 1 Akt. v. J. W. D. 8. Cassel, Griesbach. 798.

Inkonsequenz, üb. die, des dogmat. Systems, zu welchem sich d. Herr Oberhofprediger Dr. Reinhard bekennt, u. üb. die Consequenz des offenbarungsgläubigen Rationalismus, (v. Chr. Fr. Fritzsche). gr. 8. Meißen 811. (Goedsche). 4 Gr.

Inkunabeln, deutsche u. italienische, s.: Monumenta Germaniae et Italiae typographica.

Inland. – Das Inland. – München. – 1.I.1829 – 30.VI.1831.

Inland, das, e. Tageblatt f. d. öffentl. Leben in Deutschland, mit vorzügl. Rücksicht auf Bayern. (1. u. 2. Jahrg.) 1829 u. 30., u. (3.) Jahrg. 1831. 1. Halbjahr. à J. 365 Nrn. Mit Beiln. gr. 4. München, Literar.-Artist. Anstalt. à J. 9 Thlr. 8 Gr.
2., u. 3. Jahrg. 1. Hälfte wurden v. G. A. Puchta redigirt.

Inland, das, ein Tageblatt f. das öffentl. Leben in Deutschland, mit vorzüglicher Rücksicht auf Baiern. 1r Jahrg. 1829. gr. 4. München. v. Cotta. 9 Rthl. 8 Gr. 2r u. 3r Jahrg. 1830, 31. Red. von G. A. Puchta. (à Jahrg. 9 Rthl. 8 Gr.) Alle 3 Jahrgg. 28 Rthl.

Das Inland. Eine Wochenschr. für Liv-, Est- und Kurlands Geschichte, Geographie, Statistik und Literatur. Jg 1—28. — Dorpat: Laakmann (Jg 1—5: Riga: Kluge, Jg 6—10: Dorpat: Gläser) 1836—1863. 4° [Register: 1875.]

Inland, das, eine Wochenschrift für Liv-, Ehst- u. Curländische Geschichte, Geographie, Statistik u. Literatur. Herausg. u. redig. von F. G. v. Bunge, Mitherausgeber C. E. Napiersky u. E. J. A. Paucker. 1r—5r Jahrg. 1836—1840. à 52 Numm. gr. 4. Riga 836—40. Kluge. (1r—3r J. à n. 7 Rthl., 4r u. 5r J. à n. 6 Rthl.) 33 Rthl. (3r Jahrg. mit d. Beilage: Samson v. Himmelstiern, Darstellung der Leibeigenschaft in den Ostseeprovinzen.)

Inland, das, eine Wochenschrift f. Liv-, esth- u. curländ. Geschichte, Geographie, Statistik u. Litteratur. Hrsg. u. redig. v. F. G. v. Bunge. 1—6. Jahrg. 1836—41. à 52 Nrn. (Bog.) gr. 4. Dorpat. (Leipzig, Köhler.) [1—3. J. à * 5 Thlr., 4—6. J. à * 6 Thlr.] *

Inland, das, eine Wochenschrift für die Tagesgeschichte Liv-, Esth- u. Curlands. Hrsg. v. F. G. v. Bunge. 7—10. Jahrg. 1842—45. à 52 Nrn. (½—¾ B.) 4. Dorpat, Gläser's Verl. [7—9. J. à * 4 Thlr., 10. * 4 Thlr. 15 Ngr.] *
Vgl. Archiv f. d. Geschichte Liv-, Esth- u. Curlands.

— dass. 11. u. 12. Jahrg. 1846 u. 1847. à 52 Nrn. (Bog. mit Beilagen.) 4. Ebd. à J. * 5 Thlr. *
1—6. Jahrg. 1836—41. Ebendas. * 33 Thlr.

Inland, das. Eine Wochenschrift für Liv-, Est- und Kurlands Geschichte, Geographie, Statistik und Literatur. 26. Jahrg. 1861. 52 Nrn. (Bog.) Imp.-4. Dorpat. (Leipzig, Köhler.) *

Inland, das belletristische. Sammlung gediegener Original-romane der vorzüglichsten Schriftsteller Deutschlands. Hrsg. von Ed. Breier. 1—40. Lfg. 8. Wien 852, [Hügel.]
Inhalt:
Lfg. 1—16. Breier, Ed., die Rosenkreuzer in Wien. Sittengemälde aus der Zeit Kaiser Joseph's II. 4 Thlr. (778 S.)
" 17—21. Laube, Heinr., die Bandomire. Kurländische Erzählung. (217 S.)
" 22—30. Braun v. Braunthal, die Seherin von Bamberg. Roman. 2. Aufl. 2 Thlr. (427 S.)
" 31—40. Willkomm, Ernst, Eisen, Geld und Geist. Roman. 2. Aufl. 2 Thlr. (519 S.)

Inland, das belletristische. Billigste Hausbibliothek deutscher Roman- und Novellendichtung. Hrsg. von Hugo Oelbermann. 1. Jahrg. 1. Bd.: Historische Novellen von Amelie Godin. 16. (III und 259 S.) Bonn 863, Rheinische Verlags-Anstalt. Subscr.-Pr. 10 Ngr.; Ladenpr.

Das freisinnige Inland. Organ für die geistigen Gesamtinteressen der Gegenwart. Herausgeber: Adolf Duchenes. Wien 1889. 4°.

Jg. 1. Nr. 1—7 56 S.

Diese Zeitschrift verfolgte den Zweck, das profane Publikum über Zweck und Bedeutung des Freimaurer-, Freidenker- und Odd-Fellowstums aufzuklären.

Sehr selten. Mehr nicht erschienen.

Inland, das freisinnige. Organ für die geist. Gesammtinteressen der Gegenwart. Hrsg.: A. Duscheneß. Red.: L. Peter. 1. Jahrg. 1889. 24 Nrn. (B.) Imp.-4. Wien. (Leipzig, Leibing.) n.n. 10. —

— dasselbe. Red: W. Jacobi. 2. Jahrg. 1890. 24 Nrn. (B.) Imp.-4. Wien. Ebd. n.n. 8. 50

Inlender, Adf., s.: Führer, illustrirter, auf den k. k. österr. Staatsbahnen.

Hodikfalva-Radautz. Red. u. verf. v. Adolf Inländer. Wien [illegible] 1875

— vollständ. Handwörterbuch der deutschen u. poln. Sprache, s.: Konarski, Frz.

Inlender, Adf. Ladisl., s.: Aus Nord u. Ost.

Inn, Der, Baierns Strom, aber nicht Baierns Gränze.
kl. 8. Braunau am Inn 1814—1815.

Inn, der, Baierns Strom ab. nicht Baierns Gränze. 8. Braunau. (Salzb. Mayr in Comm.) 815.

Innbach, Frz., Bau'rnleut. Gedichte in oberösterreichischer Mundart. 8. (VII, 112 S.) Wien 879. Rosner. n. 1. 60

Innen-Architektur u. Dekorationen des 18. Jahrhunderts. Photogr. Aufnahmen von Herm. Rückwardt. Berlin 1884. Fol. Lieferg. I. (25 Blatt)

Innen-Architektur und Dekorationen der Neuzeit. Photographische Orig.-Aufnahmen nach der Natur und Lichtdr. von Herm. Rückwardt. 1. und 2. Lfg. gr. Fol. (à Lfg. 10 Taf.) Berlin 885, Rückwardt. à Lfg. *M* 12.—, 24 —

Innenausbau, der. Illustrierte Schreinerzeitg. Fachblatt f. alle Zweige der Tischlerei u. Holzindustrie, f. Innendekoration, Polsterei, Klavierfabrikation, Holzschnitz- u. Drechslerkunst, Publikationsorgan f. den Holz- u. Möbelhandel. Red. u. hrsg. v. Emil Augst. Jahrg. 1906. 52 Nrn. (à ca. 16 S. m. Taf.) 4. Berlin, Deutscher Gewerbe-Verlag. n. 12. —

Der **Innenausbau.** [illegible] Fachblatt f. alle Zweige d. Tischlerei... Red. [illegible] Emil Augst. Jg. [1.] 1906. Berlin: [illegible] J. Gladitz 1906. 4° [illegible]

Innenausbau, der. [illegible] Schreinerzeitung [illegible] Berlin 1907-13

Innenausbau, der, vereinigt m. Möbel u. Decoration. Illustrierte deutsche Tischlerzeitg. Offizielles Organ des rhein.-westfäl. Prov.-Tischlerverbandes, Bez.-Verband des Bundes deutscher Tischlerinnungn. Red.: Jac. u. Heinr. Nicolini. Nebst: Illustriertes Unterhaltungsblatt 4. u. 5. (12. u. 13.) Jahrg. 1909 u. 1910. à 52 Nrn. (586 u. 626 S. m. Abbildgn.) 32,5×24,5 cm. Berlin, A. Paul & Co. à Jahrg. 8. —

Innenausbau, der. Jetzt: Berlin, Hugo Spamer.

Innen-Dekoration. Mein Heim, mein Stolz. Illustrierte kunstgewerbl. Zeitschrift f. den gesammten inneren Ausbau. Hrsg. u. red. v. Alex. Koch unter Mitwirkg. v. H. van de Velde. 11.—13. Jahrg. 1900—1902. à 12 Hfte. Fol. (II, 200 S. m. 24 Taf.; II, 214 S. m. 23 Taf. u. II, 316 S. m. 5 farb. Taf.) Darmstadt, A. Koch. à Jahrg. n. 20. —; geb. n. 25. —; Ausg. in französ. Sprache zu gleichem Preise.
Vergl.: Zeitschrift, illustr. kunstgewerbliche f. Innen-Dekoration.

Innen-Dekoration. Illustrierte kunstgewerbl. Zeitschrift f. den gesamten inneren Ausbau. Mein Heim, mein Stolz. Hrsg. u. red. v. Alex. Koch. 14.—17. Jahrg. 1903—1906 à 12 Hefte. (à ca. 40 S. m. Taf.) 4. Darmstadt, Verlagsanstalt A. Koch. à Jahrg. n. 20. —; geb. n. 25. —; Ausg. in französ. Sprache zu gleich. Preise.

Innen-Dekoration. Reich illustrierte kunstgewerbl. Zeitschrift f. den gesamten inneren Ausbau. Unter Mitwirkg. v. hervorrag. Künstlern hrsg. u. red. v. Alex. Koch. 18.—21. Jahrg. 1907—1910. à 12 Hefte. (392, 392, 434 u. 479 S. m. 2, 4, 32 u. 55 Taf.) 32,5×24,5 cm. Darmstadt, Verlagsanstalt A. Koch. à Jahrg. 20.—; geb. 25. —

Innen-Dekoration, moderne. Internationale kunstgewerbl. Zeitschrift. Hrsg. v. Alex. Koch. 1. Jahrg. 1895. 12 Hfte. Fol. (1. Hft. 12 Taf. m. deutschem, franz., engl. u. span. Text.) Darmstadt, A. Koch. n. 24. —; einzelne Hfte. 2. 50

— moderne, Fortsetzung, s.: Koch, Alex., modernes Kunstgewerbe.

Innendekorationen etc. Photogr. aufgenommen von Otto Aufleger. Mit geschichtlicher Einleitung von J. Mayerhofer. (30 Blatt in Lichtdruck) München 1891. Fol.

Innen-Decorationen, Wiener. Entworfen v. H. v. Ferstel (k. k. Universität), Th. v. Hansen (k. k. Reichsrathsgebäude), A. v. Wielemans (k. k. Justizpalast), van der Nüll u. v. Siccardsburg (k. k. Hof-Opernhaus). (Aus: „Wiener Monumental-Bauten".) 4 Abthlgn. gr. Fol. (à 15 Kupfertaf.) Wien, A. Lehmann. In Mappe, Einzelpreis à n. 30. —; f. d. vollständ. Werk n. 100. —
1. Plafonds. 895. — 2. Treppen. 896.
3. Vorräume. 896. — 4. Zimmer. 896.

Innenräume. Leitung L. Bernoully. I. (20 T.) fol. Frankfurt a. M. 1907

Innenräume, ausgeführte englische. qu. gr. Fol. (20 Taf.) Berlin (900). E. Wasmuth. In Mappe n. 80. —

Innen-Räume u. Details a. d. neuen deutschen Reichstagsbau v. Paul Wallot. 33 Orig.-Aufn. m. beschreib. Text v. Frz. Jaffé. [Illustr. kunstgewerbl. Zeitschrift f. Innen-Dekoration etc. VI. Jahrg. 1895. 4. Hft.] Fol. (24 S.) Darmstadt 895. A. Koch. 3. —

— **moderne, ausgestellt auf der Industrie-, Gewerbe- u. Kunst-Ausstellung Düsseldorf.** 68 Taf. Lichtdr. nach fotogr. Aufnahmen. Fol. Düsseldorf (902). F. Wolfrum. In Mappe 40. —

Innen-Räume, die, der königl. alten Residenz in München. Mit allerhöchster Genehmigg. Sr. kgl. Hoh. des Prinz-Regenten Luitpold v. Bayern aufgenommen u. hrsg. v. G. Böttger sen. (ca. 150 Aufnahmen auf 100 Bl. in Lichtdr. od. 10 Lfgn.) 1.—7. Lfg. gr. Fol. (à 10 Bl.) München 893. 894. Piloty & Loehle. à Lfg. 20. —

— **die, der königl. alten Residenz in München.** Mit Genehmigung des Prinz-Regenten Luitpold v. Bayern aufgenommen u. hrsg. von G. Böttger sen. (ca. 150 Aufnahmen auf 100 Bl. in Lichtdr.) 2.—10. (Schluss-) Lfg. gr. Fol. (à 10 Bl.) München 893—895. Piloty & Loehle. à 20. —

Inner-Africa [Schlagwort]

Inner-Africa — Karte von — in 10 Bl. von Petermann und Hassenstein. 2.000.000. G. M. 1861–63.

*Das Innere der Asia. 1 Bl. Abbildung. 8.
Progr. Kgl. Lateinschule *Forchheim* 1902.

Innere, das, der Gesellschaft Jesu. Eine durch die Dokumente des Ordens gegebene Darlegung der Erziehung, Bildung, des innern Ganges, der Verwaltung, des Bestandes u. der Wirksamkeit der Gesellschaft in unsern Tagen. gr. 8. (18 B.) Leipzig 844, Otto Wigand.

Innere, Das, der Gesellschaft Jesu . . , Leipzig 1845. V: *Bode, Hnr.* (Th)

Innere, das, der Gesellschaft Jesu. Eine durch die Dokumente des Ordens gegebene Darlegung der Erziehung, Bildung, des innern Ganges, der Verwaltung, des Bestandes u. der Wirksamkeit der Gesellschaft in unseren Tagen. gr. 8. Leipzig 845, O. Wigand. n. $1^1/_3$ ℔

Innere, Das, eines Jesuiten-Kantons. SA. 8. Basel (1846).

Innerhofer, Frz., Geschichte Andreas Hofer's, Oberkommandanten der Landesvertheidiger v. Tirol im J. 1809. Nach den hinterlassenen Schriften Jos. Thaler's u. Joh. Jak. Pöll's hrsg. 12. (VIII, 64 S. m. 1 Taf.) Meran 899. F. W. Ellmenreich. n. —50

Innerhofer, Frz., Geschichte Andreas Hofers, Oberkommandanten der Landesverteidiger v. Tirol im J. 1809. Nach den hinterlassenen Schriften Jos. Thalers u. Joh. Jak. Pölls hrsg. (XII, 64 S. m. 2 Taf.) kl. 8. Meran 904. F. W. Ellmenreich. n. —50

Innerhofer, Josef (Hrsg.), s. Kunstfreund, Der.

Innerhofer, Fr. Martin. Votum, quatenus est impedimentum matrimonii. — (1905) 186 S. 8° (Handschr.) Diss. 248
Diss. Wien, Univ.

(F) **Innerkofler, P. A.,** Das fünfte Buch von der Nachfolge Christi des Thomas a Kempis. 16°. (67 S.) K —.60
Wien: Heinrich Kirsch 1905.

Innerkofler, Adf., C. Ss. R., für die studierende Jugend. I. Lebensbild Fr. Franz Wallaberger. II. Eine kleine Asketik. III. Anhang griech.-latein.-deutscher Gebete. (III, 351 u. XXIX S. m. Abbildgn.) 16. Wien 908. „Austria" F. Doll. 1.—; geb. in Leinw. n 1.50

Richard von Kralik. Ein Beitrag z. neuesten deutschen Poetik. Von Adolf **Innerkofler.** Baden-Baden: P. Weber 1904. (59 S.) 8° [F.] 107. 7030

— Ein Krippeng'spiel in 4 dramatischen Bildern: I. Herbergsuchen u. Verkündigg. II. König Herodes u. die Weisen. III. Anbetung u. Flucht nach Ägypten. IV. Jesus v. Nazareth. Nach dem Muster alter Volksspiele zusammengestellt. (94 S. m. Titelbild.) kl. 8. Salzburg (907). A. Pustet. —50

— **Ein österreichischer Reformator.** Lebensbild des hl. P. Klemens Maria Hofbauer, des vorzüglichsten Verbreiters der Redemptoristenkongregation. (XXII, 914 S. m. 1 Bildnis.) gr 8. Regensburg 910. F. Pustet. 5.—; geb. in Leinw. 6.20

[.: Thomas a Kempis, das 5. Buch v. der Nachfolge Christi.

— Eine große Tochter Maria Theresias: Erzherzogin Marianne in ihrem Hauptmonument, dem Elisabethinen-Kloster zu Klagenfurt. Jubelgabe zur Feier des 200jähr. Bestehens vom Elisabethinen-Konvent hrsg. (191 S. m. Abbildgn.) 8. Innsbruck 910. Vereinsbuchh. u. Buchdruckerei. 1.60

Im Innern Afrikas. Die Erforschung des Kassai während der Jahre 1883, 1884 und 1885. Von Hermann Wissmann, Ludw. Wolf, Curt von François, Hans Mueller. Mit einem Endbild über die Niederlassungen und Stationen. Leipzig 1888. XIX, 757 S., 2° ...

Wissmann, Hermann von, Wolf, Ludwig, François, Curt von, Mueller, Hans, Im Innern Afrikas. Die Erforschung des Kassai während der Jahre 1883, 1884 und 1885. 3. Auflage. Leipzig 1891.

Inner-Oesterreich [Sachl. OW]

Inner-Oesterreich, oder die Herzogthümer Steyermark Kaernten und Krain, die Grafschaften Goerz und Montfalcone, die Bezirke Triest und Istrien nebst den angränzenden Theilen von Italien, Tyrol, Salzburg, Nieder-Oesterreich, Kroatien u. Hungarn. Nach etc. gezeichnet von H. C. Zürner Ing. Geog. Wien bey Artaria et Comp. 1: 500,000. 4 Bl.

Inner-Oesterreich und Küstenland. s. Atlas v. Steiermark II

Inner-Oesterreich [Schlagwort]

Inner-Oesterreich — Geistliche Karte über die dermalige Dioeceseintheilung im Lande — Herausgegeben und zu finden bey F. X. Stoeckl, Kunsthändlern in Wien. Jac. A. Jackl del. 1: 680,000. 1 Bl.

Inneröstterreich — Charte von — od. den Herzogthümern Steyermark, Kaernten und Krain, mit den Gebiethen v. Goerz u. Triest; dann den angränzenden Provinzen Kroazien und Salzburg, dem grössten Theil von Niederösterreich und Theilen von Ungarn, Baiern und dem italienisch-lombardischen Staate. Nach dem Entwurfe und der Angabe des Herrn Joseph Marx Freyherrn von Lichtenstern bearbeitet und gezeichnet von F. W. v. Streit, Edmund von Zuccheri und Franz Schloif. Gestochen v. Joseph Lisit. und Ant. Witthalm. Wien 1807. 1: 640,000. 3 Bl.

Inner-Oestreich — Carte von — nach etc. gezeichnet von Joseph de Castro. Verlegt in Wien bey T. Mollo 1812. 1: 280,000. 6 Bl. und ein Uebersichtsblatt.

Inner-Oesterreich — Die Provinz — oder die Herzogthümer Steyermark, Kaernten und Krain, die Grafschaften Goerz und Gradisca, und das deutsch-österreichische Litorale entworfen und gezeichnet von Joseph Karl Kindermann. Gestochen zu Wien von Christoph Junker. Verlegt bey Franz Xaver Miller zu Graetz 1809. Nro. 1: 1: 50,000. General-Uebersicht. 2. Graetzer Kreis. 3. Marburger Kreis. 4 Cillier Kreis. 5. Brucker Kreis. 6. Judenburger Kreis. 7. Klagenfurter Kreis. 8. Villacher Kreis. 9. Laybacher Kreis. 10. Neustaedtler Kreis. 11. Adelsberger Kreis. 12. Triester Kreis. 1: 260,000. 12 Bl.

Innerste [Schlagwort]

Innerste, s.: Hannover, Umgegend.

Innes, Alfred George, aus Llanelly (S. Wales, England). Untersuchungen über Kupferoxydammoniak und Kupferoxydammoniakcellulose. Zürich 1909. IV+77 S., sechs Tafeln und fünf Kurventabellen. 8°. [17. VIII. 09.]
Zurich. Phil. Diss. 11. 8. 1908/09.

Innes, William Ross [aus Crosby Liverpool (Engl.)]: Ueber Beziehungen zwischen der Konstitution der Phenole und ihrem kryoskopischen Verhalten in Naphtalinlösung ... Heidelberg, Univ.-Buchdr. v. J. Hörning. 1895; 46 S., 1 Bl. 8.
Heidelberg, Naturw.-math. Fak., Inaug.-Diss. v. [5. Mai] 1896

Innfeld, Frz. v., die Ackergeräthe und landwirthschaftlichen Maschinen der herzogl. August von Sachsen-Coburg Gotha'schen Ackergeräthe-Fabrik zu Rima-Szeck in Ober-Ungarn. Kurzgefaßte Anleitung zur prakt. Anwendung derselben, nebst einem Anhange betr. die Grundzüge zur Einführung einer Bewirthschaftungs- beziehungsweise Fruchtwechsel-Systems. 2., mit Abbildungen von Geräthen verm. Aufl. Lex.-8. (32 S. mit 6 Stnt. in Fol.) Pest 851, Heckenast's Verlag. *

Innhausen u. Knyphausen, Reichsfreiherr Dodo zu. Seine Lebensgeschichte, s. Sattler, C.

Streifzüge in Indien. Tagebuch-Blätter von F[ürst] E[dzard] zu Inn- u. Knyphausen. Mit 2 Kärtchen, 57 Abb. u. 8 Taf. Berlin: D. Reimer 1906. (X, 157 S.) 4°(8°) (08. 17571

Innhausen u. Knyphausen, Graf Edzard zu, s.: Volks- u. Rittertrachten, ostfriesische, um 1500.

Inn- und Knyphausen, K., s. Münz- und Medaillen-Kabinet.

Innhauser, F., s.: Jahres-Bericht d. Wiener Stadtfysikates.

Innitzer, Thdr., Johannes der Täufer. Nach der Hl. Schrift u. der Tradition dargestellt. Preisgekrönte Schrift. (XX, 520 S.) gr. 8. Wien 908. Mayer & Co. 8 —

— s.: Parabeln, die, der Evangelien.

Innkreis, Der. Ein selbstständiges Lese-, Studier- und Nachschlagebuch. Linz 1832. V: *Pillwein, Benedict.* (EB)

Inland; Dorpater Wochenschrift. Dorpat.

Innocens, s.a. Innocentius

Innocens. Will das deutsche Volk auf sein höchstes Gut: „Das Recht" verzichten oder für Erlangung desselben kämpfen? 8. Zürich 1897.

Innocent, Theod., die Liebe heilbar. Humorist.-philosoph.-hydropath. Abhandlung. 16. (1½ B.) Graudenz 843. (Leipzig, Schreck.)

Innocent, Thdr., die Liebe heilbar. Humorist.-philosoph.-hydropath. Abhandlung. 16. Graudenz 843, Glück. ⅙ ♃ — 2. Aufl. 16. Leipzig 843, Glück. 2 ngl

—— Original-Beiträge zur Declamatorik, s. Original-Beiträge.

Innocentia Ecclesiae vindicata ... S. l. 1732. V: *Schaser, Hieron.* (Jes)

Innocentia victrix sive Ferdinandi Kusanis Ximi regis filius ... Graecii 1719. V: *Kaschutnig, Anton.* (SO) (Jes)

Innocentius I. Papa

Innocentii epistolae selectae, s. Patrum, sanctorum, opuscula.

Innocentius III. Papa

Innocentii III. de contemptu mundi s. de miseria humanae conditionis libri tres. Edidit Joan. Heur. Achterfeldt. 12maj. (XIV und 172 S.) Bonnae 855, Weber. *

Innocenz' III., Papst, Schrift: über das Elend des menschlichen Lebens. Übers. von Fr. Rudolf. Festgabe zum 50jähr. Priester-Jubiläum Sr. Heiligkeit Papst Leo's XIII., 1887. 12. (91 S.) Arnsberg 887, Stein. * — 75

Innocenz III., Geheimnisse d. h. Messe, s. Papst Innocenz III.

Innocenz III., Papst, sechs Bücher von den Geheimnissen der heil. Messe. Uebers. durch Fr. Hurter. 8. Schaffhausen 845, Hurter. 1 ♃

Innocenz III., sechs Bücher von den Geheimnissen der heil. Messe. Uebers. durch Friedr. v. Hurter. 2., verb. Aufl. gr. 8. (XXVIII und 328 S.) Schaffhausen 857, Hurter'sche Buchh.

Innocenz' III. sechs Bücher von den Geheimnissen der Messe. (D. Innocentii Papae III. mysteriorum evangelicae legis ac sacramenti eucharistiae libri VI.) Aus d. Lat. übers. von Pfarrer Wilh. Römer u. hrsg. von Dr. Wilh. Joos. *Schaffhausen 1893: P. Schoch.* (XII, 157 S.) 8° [...]

Innocenz III., Papst, zu Mariä Verkündigung. Eine altkathol. Festpredigt. Deutsch mit einigen einleit. Worten von Reinlein. 8. (12 S.) Erlangen 873, Deichert.

Innocentius IV. Papa

Innocenz IV., Pabst, Regesten, s.: Bibliothek des literarischen vereins in Stuttgart, XVI. Thl.

Innocentius VIII. Papa

Innocens VIII, s.a. Hexenbulle.

INNOCENZ VIII., Papst. — DIE HEXENBULLE PAPST *Innocenz VIII.* Summis Desiderantes vom 5. Dezember 1484. In authentischer Uebertragung aus dem BULLARIUM ROMANUM herausgegeben von Paul Friedrich. Leipzig, Julius Zeitler. Gedruckt in der Offizin W. Drugulin in einer Ausgabe von 800 handschriftlich numerierten Exemplaren Gr. 8⁰. 20 S. (Mk. 1.80.)
Aus d. Prospekt: „Mit der Hexenbulle ist Papst Innocenz VIII. der moralische und der tatsächliche Urheber des Hexenhammers und damit der ganzen Greuel der Hexenprozesse. Die Bulle ist die Haupt- und Grundschrift des von der Inquisition angefochtenen Hexenwahns, der damit die päpstliche Sanktion empfing, von da ab ein kirchliches Dogma bildete und heute noch in dunklen ultramontanen Hirnen sein unheimliches Dasein lebt."

Hexenbulle, Die („Summis desiderantes", des Papstes Innocenz VIII., 1484), nebst Auszügen aus dem „Hexenhammer". Aus dem Lateinischen ins Deutsche übersetzt (mit dem latein. Text zur Seite) und mit erläuternden Anmerkungen von W. Römer. 2. Aufl. Schaffhausen 1889. 8⁰. Gelangte nicht in den Buchhandel! (1 Mk. B. Seligsberg, Bayreuth, 1906.)

Innocentius VIII. Die Hexenbulle des Papstes Innocenz' VIII. (Im Urtext und in deutscher Übersetzung veröffentlicht) Von Wilhelm Römer.... Separatabdruck aus dessen Broschüre: „Die Hexenbulle nebst Auszügen aus dem Hexenhammer", 2. Aufl. ... 8. Schaffhausen (Schweiz) 1889.

Innocentius XI. Papa

Innocentii P. P. XI epistolae ad principes annis I—V (3. Oct. 1676—20. Sept. 1681), edente P. Fr. Joach. Jos. Berthier. Tom. I. Fol. (LV, 468 S. m. 1 Heliograv.) Rom 892. Spithoever. n. 40. —

Innocenti PP. XI. epistolae ad principes annis VI—XIII (24. Sept. 1681—6. Aug. 1689) edente Joach. Jos. Berthier, O. Praed. Tom. II. Fol. (614 S.) Rom 895. Spithoever. n. 40. —

Innocentius XIII Papa

INNOCENTIUS PP. XIII. | AD PERPETUAM REI MEMORIAM. | ... (Erteilung eines vollkommenen Ablasses durch Papst Innozenz XIII) ... Datum Romae apud Sanctam Mariam | Majorem sub Annulo Piscatoris die 17. Julii 1722. ... LUXEMBURGI, Apud JACOBUM FERRY, Typographum Bibliopolamque. Anno 1723. |
Einblattdruck, 2° (390 x 320 mm).

Innocentius Liborius ab Indagine

s.: Indago, Innocentius Liborius ab

Innocenz, s.a. Innozenz

Innocenz III., s. Halbe, Max.

Innocenz XI. und die Befreiung Wiens 1683. Prag 1883. V: *Haringer, Michael.* (EB)

Innocenz IV., Tammen, Ulr.

Innocenz, s.a. Innocentius

Innocenz [Pseud.], s. Schulz. Friedrich August

Innocenz, ..., üb. Preußens Vergrößerung im Westen, mit einigen Nebenbetrachtungen. Berl. 801.

Innominata, Hoffräulein Ilse u. andere Geschichten. 6 Erzählgn. f. die Jugend u. das Alter. (210 S.) 8. Berlin (903). A. W. Hayn's Erben. n. 2. —

Hoffräulein Ilse und andere Geschichten. 5 Erzählungen f. d. Jugend u. d. Alter von **Innominata**. Berlin & Potsdam: A. W. Hayn's Erben [um 1904]. (210 S.) 8° [F.]

Innominatus VII., — VIII., s.: Descriptiones terrae sanctae.

Innozenz, s.a. Innocenz

INNOZENZ XI. und die Stürzung der Türkenmacht in Ungarn. Auf Grund einschlägiger Werke der Geschichtsschreiber Onno Klopp, Edmund Michaud, Árpád Károlyi (etc.). Budapest 1910: Hornyánszky. 52, 2 S. · 8°

Innsbruck [Sachl. OW]

Innsbruck. Ein historisch-topographisch-statistisches Gemälde. Innsbruck 1838. V: *Weber, Beda.* (EB)

Innsbruck. Ein Historisch-topographisch-statistisches Gemälde dieser Stadt, nebst Ausflügen in die nahen Umgebungen. Ein Wegweiser für Einheimische und Fremde. Mit dem Plane von Innsbruck, einer Karte der Umgegend und mehreren (3) Ansichten. (Abdruck aus dem grösseren Werk: „Das Land Tirol.") 8. Innsbruck 1838.

Innsbruck. Ein histor.-topograph.-statist. Gemälde dieser Stadt, nebst Ausflügen in die nahen Umgebungen. Mit Plan, Karte u. mehr. Ansichten. gr. 8. Innsbruck 838. Wagner. 1 f.

Innsbruck. Statistischer Bericht über die wichtigsten demographischen Verhältnisse. Lex.-8. (12 S.) Wien 887, C. Gerold's Sohn. * — 60
Aus: Städtebuch, österreichisches, besonders abgedruckt.

Innsbruck. Published by the Verkehrssektion. Innsbruck [1910]. V: *Nistler, Alois.* (margr)

Innsbruck. Herausgegeben von der Städtischen Verkehrs-Sektion. Innsbruck [1910]. V: *Nistler, Alois.* (margr)

Innsbruck und seine Ausflüge. Beschreibung von Innsbruck nebst 9 kleinen und 21 grösseren Ausflügen ... Wien 1902. V: *Gerbers, Hugo.* (margr)

Innsbruck and its environs. From the German of Heinrich Noe and the French of L. Garreaud by J. A. G. ... Innsbruck 1890. V: *Glover, James A.* (margr)

Innsbruck and its environs. From the German of Heinr. Noë and the French of L. Garreaud by I. A. G. Illustrations by Tony Grubhofer. 8. (74 S. m. 1 Karte u. 1 Plan.) Innsbruck 890. Wagner. n. — 80

Innsbruck and its environs by C. H. C. Innsbruck [1896]. V: *Coursen, Charlotte H.* (margr)

Innsbruck and its environs, by C. H. C. 12. (120 S. m. Abbildgn., 1 Karte u. 1 Plan.) (Ausg. 1902.) Innsbruck, A. Edlinger. n. — 80

Innsbruck and its environs. 8°. (ill. 119 S.)
Innsbruck: A. Edlinger 1905.

Innsbruck et ses environs. Souvenir. 12. (95 S. m. Abb., Stadtplan u. 1 Karte.) Innsbruck 895. A. Edlinger. — 65

Innsbruck et ses environs. Souvenir. Innsbruck [1896]. V: *Pitra, Franz.* (margr)

— et ses environs. Souvenir. (Ausg. 1902.) 12. (95 S. m. Abbildgn., 1 Karte u. 1 Plan.) Ebd. n. — 70

Innsbruck et ses environs. 8°. (ill. 91 S.)
Innsbruck: A. Edlinger 1905.

Innsbruck and Oberammergau ... [Innsbruck 1910.] V: *Lechner, Narziss.* Ü: *Clarke, Nelly.* (margr)

Innsbruck in Tirol. Herausgegeben von der städtischen Verkehrs-Sektion ... Innsbruck [1906]. V: *Platter, Josef Calasanz.* (margr)

Innsbruck in Tirol. Hrsg. von d. Städt. Verkehrs-Sektion in Innsbruck. Mit Ill. von F. Burger u. E. T. Compton. Innsbruck: Städt. Verkehrs-Sektion [um 1906]. 17 Bl. 8° Ion. 7037

Innsbruck und Umgebung. Serie von 42 Quartphotogr. von Bopp. Wien, A. & V. Angerer u. Oscar Kramer (Debit). 1868.

Innsbruck [Schlagwort]

Innsbruck, s. a. Alpen.

Innsbruck, s. a. Europa. Liebenow.

— s. a.: Füssen.

Innsbruck, s. a. Radfahrerkarten. Lechner.

— s. a. Touristen-Führer.

— s. a. Woerl's Reisehandbücher.

Innsbruck-Linz, s.: Automobilkarten. Mittelbach.

Innsbruck-München, s.: Automobilkarten. Automobil-Tourenkarte. Mittelbach. Pharus-Auto-Strecke.

Innsbruck-Salzburg, s.: Automobilkarten. Pharus-Auto-Strecke.

Innsbruck. Freytag's, G., Innsbruck u. Umgebg. (Inhalt: Plan v. Innsbruck. 1:15,000. 31×23 cm. Karte der Umgebg. v. Innsbruck. Enth.: Zugspitze — Mittenwald — Karwendel-Gebirge — Achensee — Jenbach — Sölden — Stubaier Alpen — Brenner — Tuxer Gebirge. 1:150,000. 38,5×43,5 cm.) Farbdr. Wien (910). G. Freytag & Berndt.
Gebrochen in kl. 8. — 50

— Plan v. Innsbruck. 1:15,000. 31,5×23 cm. Farbdr. Ebd. (907). — 20

Innthal [Sachl. OW]

Innthal, Das, in Tirol und seine Nebenthäler. Für Eisenbahnreisende geschildert von W. M. ... Innsbruck 1860. V: *Mair, W.* (margr)

Innthal, das, in Tirol und seine Nebenthäler. Für Eisenbahnreisende geschildert von W. M. 8. (VIII und 128 S. mit 2 lithogr. Karten in 4.) Innsbruck 860, Wagner'sche Universitäts-Buchh. *

Innthal [Schlagwort]

Innthal, s.: Schliersee.

Innung, die. Organ der social-conservativen Vereinigung für das deutsche Handwerk. Redact.: H. Polakowski. 1. Jahrg. Oktbr. 1881—Septbr. 1882. 52 Nrn. (à Nr. 1—1½ Bog.) gr. 4. Berlin, M. Schulze. *

—— dass. — Organ der social-conservativen Vereinigung für das deutsche Handwerk und der Vereine zum Schutze des Handwerks. Offizielles Organ des Westdeutschen Handwerkerbundes. Redact. in B.: H. Müller. 2. Jahrg. Oktbr. 1882—Septbr. 1883. 52 Nrn. (Bog.) Fol. Berlin, Thormann und Goetsch. *

—— dass. — 3. Jahrg. Oktbr. 1883—Septbr. 1884. 52 Nrn. (Bog.) Fol. Mülheim a. R., Pleß. *

—— dass. — Offizielles Organ des allgemeinen deutschen Handwerkerbundes. 4. Jahrg. Oktbr. 1884—Septbr. 1885. 52 Nrn. (Bog.) Fol. Köln, (Theißing.) *

Innung der bürgerlichen Drechsler-Meister und der Befugten der k. k. Haupt- und Residenzstadt Wien für das Jahr 1854. 8. (24 S.) Wien. Mechitaristen-Buchdruckerei.

Innung, die, der Zukunft, s. a. Gewerbezeitung, deutsche.

Innung, die, der Zukunft. Für den deutschen Handwerker und Arbeiter. Wirthschaftlich und technisch, mit besond. Rücksicht auf Assoziazionen. Redakt.: F. G. Wieck. (Abthl. III. der deutschen Gewerbezeitung.) Jahrg. 1856. 8 Nrn. (Bog.) gr. 4. Leipzig, Friedlein. *

Innung, die, der Zukunft. Für den deutschen Handwerker u. Arbeiter. Wirthschaftlich u. technisch mit besonderer Rücksicht auf Genossenschaften (Assoziazionen). (Abth. III. der deutschen Gewerbezeitung.) Jahrg. 1856—58. à 8 Nrn. (à 1 Bgn.). Leipzig, Friedlein. gr. 4. Jeder Jahrg. n. 25 ngr.

Innung, die, der Zukunft. Für den deutschen Handwerker u. Arbeiter. Wirthschaftlich u. technisch mit besonderer Rücksicht auf Genossenschaften (Assoziazionen). Jahrg. 1859 u. 60. à 8 Hefte (à 1 Bgn.). Leipzig, Expedit. d. deutschen Gewerbezeitung. Jeder Jahrg. n. 25 ngr.

—— die, der Zukunft. Blätter für das Genossenschafts-Wesen (Associationen.) Volkswirthschaftlich und statistisch. Als Organ des Central-Correspondenz-Bureaus deutscher Vorschuß-, Credit- und Rohstoff-Vereine ꝛc. hrsg. von Schulze-Delitzsch. Jahrg. 1861. 10 Nrn. (à 1—1½ Bog.) gr. 4. Leipzig, (G. Mayer.) **

Innung, die, der Zukunft. Blätter für das Genossenschafts-Wesen (Associationen). Volkswirthschaftlich und statistisch. Als Organ der Anwaltschaft deutscher Erwerbs- und Wirthschafts-Genossenschaften, hrsg. von Schulze-Delitzsch. Jahrg. 1862. 10 Nrn. (à 1—1½ Bog.) gr. 4. Leipzig, (G. Mayer.) *

—— dass. — Jahrg. 1863. 12 Nrn. (à 1—1½ Bog.) gr. 4. Leipzig, Keil. *

—— dass. — Jahrg. 1864. 12 Nrn. (à 1—1½ Bog.) gr. 4. Ebendas.

—— dass. — Hrsg. von Schulze-Delitzsch unter Mitwirkung von Parisius-Gardelegen. Jahrg. 1865. 24 Nrn. (Bog.) gr. 4. Ebendas. *
Vgl.: Blätter für Genossenschaftswesen.

Innung der Zukunft, Sachregister, s.: Jäger, Hugo.

Innungen, die, u. d. Gewerbefreiheit in ihren Beziehungen auf d. Handwerksstand, u. Vorschläge z. Frieden mit Beiden. 8. (5 B.) Magdeburg 834, Creutz.

Die gewerblichen **Innungen** in Schleswig-Holstein. Bericht der seitens der Gewerbekammer für die Provinz Schleswig-Holstein eingesetzten Kommission zur Beurtheilung der Innungsverhältnisse. Kiel. 1889. Fol.

—— die, e. Wort f. d. Beibehaltung ders., mit Hinweis. auf d. preuß. Patentwesen. Von e. alten Gewerbsmanne. 8. (1¼ B.) Leipzig 834, Fort.

Innungs-Almanach, sächsischer. 1. Jahrg. 1888. Mit Anh.: Deutsche Innungs-Gesetzgebg., nebst Verweisen auf sonst. einschlag. Reichsgesetze, landes- u. reichsbehördl. Entscheidgn., Verordngn. rc. 8. (IV, 96 S.) Frankenberg i/S. 888. Roßberg. cart. n. 1. —

Innungsfrage (Die) verhandelt in der Dresdener Gewerbekammer. Aus den Akten veröffentlicht. 8⁰. Dresden 1880.

Innungsgesetz v. 18/7. 81, erläutert von:

Caspar. Berlin 882.	1	60	**Jacobi.** Berlin 882.	
Genzner. Strehlen 882.	1	50	**Rasp.** Nördlingen 882.	

Innungsgesetz. Gesetz betr. d. Abänderg. d. Gewerbeordng. v. 26. VII. 1897. (R.-G.-Bl. Nr. 37 v. 6. VIII. 1897.) 12. (64 S.) Berlin 897. R. v. Decker. — 60

Innungsgesetz, allgemeines. 4. (6¼ B.) Sondershausen 844, (Eupel.) *

Innungs- u Handwerkergesetz v. 26.7.97. (Gareis, Rges. 223-24) Giessen 1897

Innungs- u. Handwerkergesetz. Reichsgesetz betr. d. Abänderg. d. Gewerbeordng. v. 26. VII. 1897, nebst d. Ausführungs-Anweisg. v. 1. III. 1898. 2. Aufl. 12. (96 S.) Hannover 898. (H. Ahlfeld.) n. — 40; kart., m. Umschlag: D. Organisation d. Handwerkes auf Grund des Reichsgesetzes v. 26. VII. 1897, n. — 50

[F.] Innungs- und Handwerkergesetz. Reichsgesetz betr. d. Abänderg d. Gewerbeordng v. 26. Juli 1897 nebst d. Ausführgs-Anweisg v. 1. März 1898. 2. Aufl. *Hannover. Verl. d. Hannov. Handwerker Zeitg 1898.* (66 S.) 1 Bd 8. [illegible] 7

Innungs-Gesetz, das, für das Deutsche Reich. Nach dem Reichstagsbeschluß vom 9. Juni 1881. gr. 8. (12 S.) Arnsberg 881. Ritter. — 20

Innungs-Gesetz, das, für das Deutsche Reich. Gesetz betreffend die Abänderung der Gewerbe-Ordnung vom 18. Juli 1881. 16. (27 S.) [Eßlingen 881, Langguth.] Dresden, Barth und Schirrmeister. *

Innungs-Gesetz f. das Deutsche Reich. Gesetz betr. die Abänderg. der Gewerbe-Ordng. vom 18. Juli 1881. 16. (27 S.) Dresden 884. Barth & Schirrmeister. n. — 20

Innungs-Gesetze, die. Eine vollständ. Sammlung der die Rechte und Pflichten der Innungen und ihrer Mitglieder betr. Gesetze und Verordnungen, nebst Normalstatut für Innungen und Innungs-Krankenkassen. Text-Ausg. mit erläut. Anmerkungen. 8. (VII, 146 S.) [Neuwied 886, Heuser's Verlag.] Berlin, Siemenroth und Worms. cart.

Innungshalle, Deutsche, nebst Generalanzeiger für den deutschen Handwerkerstand. 1. Jahrg. April—Decbr. 1853. (18 Bgn.) Saalfeld, Niese in Comm. 4. n. 1 ℳ.

Innungs-Kalender für das Jahr 1854. 8. (LIV S.) Wien. Gedruckt bei A. Pichler's Witwe und Sohn. 1853.

Innungs-Ordnung für die Innungen aller Gewerbe, insbesondere für die Müller-Innungen. Mit den bezügl. Gesetzen, vielen Erläuterungen und Schemas zu den vorkommenden Geschäften der Innungen, Gewerberäthe rc. Bearb. von Frz. Staude. Lex.-8. (424 S.) Brandenburg 851, (Müller.) *

Innungsprivilegium für die Maurer in Schlesien. Fol. Glogau, C. F. Günther. 790.

Innungs-Stand des Mittels der bürgerlichen Bier- und Gastwirthe in der k. k. Reichshaupt- und Residenzstadt Wien im Jahre 1853. Dem löblichen Mittel gewidmet von den Ansagern. 4. (29 S.) Wien, Druck von Karl Ueberreuter.

Innungs-Stand des Mittels der bürgerlichen Bier- und Gastwirthe in der k. k. Reichshaupt- und Residenzstadt Wien im Jahre 1854. 4. (32 S.) Wien. Gedruckt bei Karl Ueberreuter.

Innungs-Stand des Mittels der bürgl. Bier- und Gastwirthe in der k. k. Reichshaupt- und Residenzstadt Wien im Jahre 1855. 4. (32 S.) Wien. Gedruckt bei Karl Ueberreuter.

Innungs-Stand des Mittels der bürgerlichen Bier- und Gastwirthe in der k. k. Reichshaupt- und Residenzstadt Wien im Jahre 1856. Dem löblichen Mittel gewidmet von den Ansagern. Wien. Gedr. bei Karl Ueberreuter. (32 S. 4.)

Innungsstand des Mittels der bürgerl. Bier- und Gastwirthe in der k. k. Reichshaupt- und Residenzstadt Wien im Jahre 1857. Dem löbl. Mittel gewidmet von den Ansagern. Gedruckt bei Karl Ueberreuter. (31 S. 4.)

Innungs-Stand der bürgerlichen Tischlermeister und der befugten Tischler in der k. k. Haupt- und Residenzstadt Wien für das Jahr 1854. 8. (VI, 76 S.) Wien. Gedruckt bei Anton Benko.

Innungsstand der bürgl. Weinwirthe und Gastgeber Wiens. 4. (24 S.) Wien. K. Ueberreuter. 1853.

Innungs-Stand der bürgerlichen Weinwirthe und Gastgeber in der k. k. Hauptstadt Gratz im Jahre 1854. 4. (8 S.) Gratz. Aus der C. Tanzer'schen Buchdruckerei.

Innungs-Stand der bürgerlichen Weinwirthe und Gastgeber in der k. k. Reichshaupt- und Residenzstadt Wien im Jahre 1854. 4. (24 S.) Wien. Gedruckt bei Karl Ueberreuter.

Innungs-Stand der bürgerlichen Weinwirthe und Gastgeber in der k. k. Reichshaupt- und Residenzstadt Wien im Jahre 1855. 4. (24 S.) Wien. Gedruckt bei Karl Ueberreuter.

Innungs-Stand der bürgerl. Weinwirthe und Gastgeber in der k. k. Reichshaupt- und Residenzstadt Wien im Jahre 1856. Wien. Gedr. bei Karl Ueberreuter. (24 S. 4.)

Innungsstand der bürgerl. Weinwirthe und Gastgeber in der k. k. Reichshaupt- und Residenzstadt Wien im Jahre 1857. Gedr. bei Karl Ueberreuter. (24 S. 4.)

Innungswesen (Das) u. die gewerbliche Arbeiterfrage. 8⁰. Berlin 1880.

Innungswesen (Ueber das) und die Verhältnisse der städtischen Handwerke überhaupt, von M. M. gr. 8⁰. Giessen, Ricker, 1843.

Innungs- u. Herbergs-Wochenblatt, allgemeines, ein National-Anzeiger u. Volksblatt f. Deutschland. Herausg. v. E. F. W. Lorenz. 1. Jahrg. 1842. 104 Numm. (1/2 Bog.) Lex.-8. Leipzig, Exped. d. Handelsschule. 1 1/2 ₰

Innungs- u. Herbergs-Wochenblatt, allgemeines, ein National-Anzeiger u. Volksblatt f. Deutschland. Hrsg. v. E. F. W. Lorenz. 1. Jahrg. 1842. 104 Nrn. (1/2 B.) Lex.-8. Leipzig, Verfasser.

Innungs-Zeitung, deutsche. Organ für allgem. Gewerbs-Interessen. Begründet vom Central-Innungs-Meister-Verein zu Leipzig. Redact.-Deputation: 10 Innungs-Meister. 1. Bd. Aug. — Decbr. 1848. 26 Nrn. (Bog.) hoch 4. Leipzig, Leiner.

Innviertel [Sachl. OW]

Innviertel, Das, mit dem Hausruckviertel . . . Salzburg 1810. V: *Koch-Sternfeld, Joseph Ernst Ritter v.* (Hr)

Innviertel, Das, mit dem Hausruckviertel. (Statistisch dargestellt am Anfange des Jahres 1810 und nach den Bestimmungen des Wiener Friedens vom 14. October 1809. Mit der vollständigen politischen, kirchlichen und ständischen Topographie.)
8. Salzburg 1810.

Inn Viertel — Das — in dem Erzherzogthum Oesterreich ob der Enns. In Verlag Tobias Conrad Lotter in Augsburg. 1: 165,000. 1 Bl.

Innviertel [Schlagwort]

Innviertel, s.a Alpen. Wenng, L.

Inn- und dem abgetretenen Theil des Hausruck Viertel — Neueste Generalkarte vom — gezeichnet von Joh. v. Ueblagger, Land. Com. Rath, Landrichter zu Obernberg und Ingen. Geogr. 1810. Copirt von Elev. Lessl und Pickl. 1:120,000. 1 Bl. Handz. auf Oelppr.

Inn und Hausruck-Viertel — Carte vom — nach seiner Eintheilung in Landgerichte so wie sie von der Königlich Bayerischen Hof-Commission in Ried unterm 25. Nov. 1810 vorgeschlagen worden ist. 1: 120,000. 1 Bl. Handzeichnung.

Inn Viertels — Geographische Verzeichnung des — in dem Erzogthum Oesterreich ob der Enns herausgegeben von Joh. Michael Probst in Augsburg 1783 1: 165,000. 1 Bl.

Ino, eine Kantate. Berlin 1765. V: *Ramler, Carl Wilhelm.* (ML) (MGT)

— E. musikal. Drama v. Brandes. 8. Erfurt, Keyser. 780.

Ino. Melodrama v. Brandes. 8. Lpz. Dyk. 791.

* Ino. Ein lyrisches Drama in 3 Akten, von J. J. Pfeiffer. gr. 8. Cöln, Rommerskirchen. 809.

Inoculation, Die, der Dummheit. Wien 1782. V: *Keppler, Josef Friedrich von.* (BGE 3/539) (KY 8/73) (GGR V/504, Nr. 2/5 »Wien 1783«) (WBL 11/171) (Realzeitung 1782, Nr. 48, S. 757/8) (BIBLPORT)

Inoculation, Die, der Liebe. Eine Erzählung . . . Leipzig 1771. V: *Thümmel, Moriz August von.* (Ky) (EE) (GGr)

Inoculation, die, der Liebe, e. Erzählung, (von M. A. v. Thümmel). 8. Leipz. 771. N. Aufl. 811. Weidmann. 6 Kr Dass. Pracht-Ausg. 8. Wien 803 u. 811. (v. Mösle; a. Armbruster). 8 Kr

— d. Menschenverstandes. 8. Mannh. Löffler. 778.

Inoculation des Menschenverstandes . . . Mannheim 1781. V: *Ganther, Conrad.* (Ky) (MGT)

— d. gesunden Verstandes. 8. Lpz. Gleditsch. 761.

— — dasselbe französisch. 8. Ebend.

Inoculations-Catechismus für das Landvolk. Zürich 1782. V: *Aepli, Joh. Melch.* (Call)

Inondation, L', . . . Strasbourg 1841. V: *Schmidt, Joh. Chph. v.* (Ky)

Inostranzeff, A., Studien über metamorphosirte Gesteine im Gouvernement Olonetz. Mit 10 (eingedr.) Holzschn.,

8 chromolith. Taf. u. einer geologischen (chromolith.) Karte. gr. 8. (VIII, 276 S.) Leipzig 879. Engelmann. n. 10. —

Inouye, T., Bericht der Privataugenklinik üb. d. J. 1883. gr. 8. (17 S. m. 2 Taf.) Tokio 884. (Wiesbaden, Bergmann.) n.n. 1. —

— dasselbe. 1884. gr. 8. (12 S. m. 1 Taf.) Ebend. 885. n.n. — 90

Inouye, Jukichi, der japanisch-chinesische Krieg in kurz gefasster Darstellg. Deutsch v. C. Birndt. gr. 8. (IV, 132 S. m. Abb. u. Karten.) Dresden 895. C. Reissner. n. 2. —

Inouye, Kikuji (prakt. Arzt a. Japan): Ueber die Volumensveränderung des Bulbus bei der Härtung in verschiedenen Härtungsflüssigkeiten und bei der Entwässerung in Alkohol. München 1908: Kastner & Callwey. (53 S.) 8⁰
München, Med. Fak., Ref. Eversbusch, Diss. v. 7. Mai 1908
[Geb. 28. März 81 Hiogo (Japan); Wohnort: Kioto; Staatsangeh.: Japan; Vorbildung: Deutsch-Gakko-Gymn. Kioto Reife April 98; Studium: Med. Akad. Kioto 8, München 2 S.; Rig. 7. Mai 08.]

Inouye, T., Bericht der Privataugenklinik über das J. 1883. gr. 8. (17 S. mit 2 Taf.) Tokio 884. (Wiesbaden, Bergmann.) **

Inouye, T., Bericht über die Privataugenklinik 1884. gr. 8. (12 S. mit 1 Taf.) Tokio 885. (Wiesbaden, Bergmann.) **

Inouye, Tatsuji, die Sehstörungen bei Schussverletzgn. der kortikalen Sehsphäre. Nach Beobachtgn. an Verwundeten der letzten japan. Kriege. (V, 114 S. m. 39 Fig. u. 2 Taf.) Lex. 8. Leipzig 909. W. Engelmann. 6. —

Inouye, Tetsujiro, s.: Geschichte, allgemeine, der Philosophie.

Inouye, Toyotaro [in Japan app. Arzt]: Ein Beitrag zur Entwicklungsgeschichte der Linse ... München, Buchdr. v. M. Ernst, 1895; 22 S., 1 Taf. 8.
München, Med. Fak., Inaug.-Diss. v. 1895

Inowraclawer, A., De metaphorae apud Plautum usu. Diss. 1876. 94 S.

Inowraclawer, Alfr. Meier Helmbrecht von Wernher dem Gartenaere, eine Quelle für deutsche Altertumskunde. 19 S. Progr. Fr. G. *Breslau* 1882.

Inowrazlaw [Schlagwort]

Inowrazlaw, s.a. Radfahrerkarten, Strassenprofilkarten.

Inowrazlaw. Baron, Paul, Spezial-Karte des Kreises Inowrazlaw. 1 : 100,000. 45,5×48,5 cm. Farbdr. Lissa (903). O. Eulitz. n. — 60

Inquiraner, Der. Eine Robinsonade. Chemnitz 1810. V: *Bachstrom, Joh. Frdr.* B: *Haken, Joh. Chn. Ludw.* (Mitth. Prof. Dr. H. Ullrich-Brandenburg a. H.)

Inquiraner, Die. Eine Robinsonade . . . Chemnitz 1810. V: *Haken, Joh. Chn Ludwig.* (Ky) (MGT) (GGr)

Inquiraner, d., eine Robinsonade vom Verf, d. grauen Mappe. 8. Chemnitz. Maure. 810.

Inquiraner, d., eine Robinsonade, vom Verfass. der grauen Mappe (J. C. L. Haken). 8. Chemnitz 810. Neue Aufl. 825. Starke. 1 ℳ 12 ₰

Inquiritur in veram mentem loci I. Petr. 3, 18 sqq. . . . Wittenb. 1801. V: *Dresde, Frdr. Wilh.* (Winer)

Inquisiteur, P, de Tortose. Drame p. Potono. gr. 8. Berlin, Quien. (Dunker et H.) 799.

Inquisitio in narrationum de vitae Jesu Christi primordiis fontes . . . Gött. 1798. V: *Ammon, Chph Frdr.* (Fiker)

Inquisition, Die. Ein Trauerspiel in fünf Aufzügen. Reval 1780. V: *Schlegel, Christian Hieron. Justus.* (Ky) (R-N)

Inquisition, die,. Trsp. in 5 A. gr. 8. Leipz. Crusius. (W. Vogel.) 780.

Inquisition, die, u. der Beichtstuhl in unserem Jahrh., s.a. Streitschriften, freundschaftliche.

[F.] Die Inquisition und der Beichtstuhl in unserem Jahrhundert. '(V. d. Vf. v. „Engl. Klöster"...)' Autoris.'(freie)' Verdeutschg v. Friedrich v. Schwarzbach. (In 8 Heften.) *Barmen: D. B. Wiemann [1893].* (137 S.) 1 Bd 8.
= Streitschriften, Freundschaftliche. No 49. [93. 689

Inquisition, die entlarvte. s. Puigblanch.

Inquisition, über, d. verschied. protestant. Gelehrten, wider den Katholicismus. 8. Wien 787. Wucherer. 3 ₰

Inquisition, Die, in der Schweiz im Jahre 1894. O. O. [1894]. V: *Segesser, Friedrich.* (Cat. d. Stadtbibl. Zürich. Zürich 1864—97.)

Inquisition, die spanische, s.: Volksaufklärung.

Inquisition, Spanische, in Bayern, unter d. Regierung Carl Theodors . . . . (S.-A. aus Hofr. Prof *Häberlin's* zu Helmstedt Staatsarchiv, Heft 24. Helmstedt u. Leipzig 1804. 8º. 20 S. Cart.
Betrifft einen Fall scheusslichster Cabinets-Justiz, dessen Opfer der kurfürstl. Hofkammer- u. Landkultur-Commissär Aloys Frdr. Wilh. v. Hellesheim (auf Betreiben d. Hofkammerraths v. Weizenbeck, des Fanatikers Pater Frank u. ähnlicher Schurken) wurde. — Selten!

— die spanische, in Baiern, unter der Regierung Karl Theodors. (Aus Häberlins Staatsarchiv, 24s Heft.) gr. 8. Landsh. 804. (Krüll). 2 ₰

Barbara Elisabeth Schulzin. Ein Arnstädter Hexenprozeß v. J. 1669 (Inquisition Acta contra Barbara Elisabeth Schulzin in Arnstadt wegen verdächtiger Hexerey). Nach d. Originalprozeßakten hrsg. von Reinhold Stade, Superint. a. D. in Weimar. *Arnstadt 1904: E. Frotscher.* (75 S.) 8º [F] [04. 10769

Inquisitionsakten

— d. Postraubers Lenz. 8. Berl. Maßdorf. 790.

Inquisitions-Akten, Merkwürdige, in dem Archive der Bastille wirklich gefundene Protocolle u. andere wichtige Papiere. Leipzig 1790. 376 S. 8º. Selten! (4 Mk. Rich. Bertling, 1899; 10 Mk. Max Perl, 1904.)
Enthält sämtliche Bordellberichte und hochinteressante Mitteilungen über d. Prostitution in Paris. Ferner: Die berüchtigte Schwärmerin Guyon 1698. — Die eiserne Maske. — Der Hexenmeister Aubert. — Gefangenschaft u. Tod des Goldmachers de l'Isle. — Einige Nachrichten von Jonsenistischen Schwärmern. — Madame B . . ., erste Kammerfrau der damaligen Dauphine, jetzigen Konigin v. Frankreich (Diamantendiebstahl). — Etc. Etc.

Inquisitionsakten, merkwürd., in dem Archiv der Bastille wirklich gefunden. 8. Leipz. 790. Jacobäer; (Aue in Alt.) 1 ℳ

Inquisitionsgericht, das heilige, 8. Dresden, Richter. 791.

Inquisitionsgeschichte, aktenmäßige, des Balthasar Fernsemer, exkommunic. Priesters und ehemal. Pfrs. zu Dietershofen. Nebst einer histor.-dogmat. Abhandlung über die Kirche. Von ihm selbst hrsg. gr. 8. (294 S.) Ulm 857, Krick'sche Buchh. *

Inquisitionsgeschichte der Freimaurer zu Neapel. Aus dem Italienischen übersetzt und mit den Dokumenten versehen. [Bern] 1792. Ü: *Werthes, Frdr. Aug. Clemens* (?). (Grolig, Die Freimaurer-Bibliothek in Brünn. Wien 1908. S. 38.)

Inquisitionsgeschichte d. Freimaurer in Neapel. 8. Bern 792. Typograph. Societ. 12 K

Inquisitor, der, v. Tortosa. Trsp. in 4 A. v. Schmieder. 8. Hamb. Vollmer. 804.

— — dasselbe französisch. gr. 8. Berlin, Quien. 799.

Das Inquisitoriats Gebäude und Gefangenhaus in Brieg. Aus den Bauausführungen des preussischen Staats besonders abgedruckt. Berlin. 1844. 4. 5 Thlr.

Inquisitoriats- und Gefangenhaus, das, zu Brieg. gr. 4. (59 S. mit 12 Kpfrt. in gr. Fol.) Berlin 850, C. Heymann. Thlr. *

In's Freie. Lieder f. Ausflüge. (16 S.) 16. Berlin (904). Germania. — 05

In's kunträre Jejentheel, Herr Jerichtshof, ick bestreite Allens! Eine Auswahl drolliger Gerichtsverhandlungen, der Berliner Gerichtszeitung entnommen. 1. Heft. 8. (47 S.) Leipzig 883, Rich. Hahn.
Nicht weiter erschienen.

Ins Riesengebirge. Reisebilder für die Jugend und deren Freunde. Bresl. o. J. V: *Ihlefeld.* (Russell III, 663)

Ins Schlaraffenland mit den Socialdemokraten! Sieben Leitartikel der „Magdeburger Zeitung". 1.—7. (Ster.-)Aufl. 8. (48 S.) Magdeburg 876,77, Faber'sche Buchdruckerei.

Ins Schlaraffenland mit der Sozialdemokratie . . . 3. Ausg. Magdeb. 1876. V: *Splittgerber, Wilh.* (stams)

— Stammbuch. Sammlung von Aussprüchen u. Versen für Stammbücher u. Albums christlicher Freunde. gr. 8. (32 S.) St. Louis, Mo. 881. (Philadelphia, Schäfer & Koradi.) n. — 60

Ins Wanderbuch junger Handwerker . . . 2. Aufl. Zürich 1885. V: *Lauterburg, Rob.* (Cat. d. Stadtbibl. Zürich. Zürich 1864—97.)

—— Wespennest! Humoristisch-satyr. Wochenblatt für Christen und solche, die es werden wollen. 1. und 2. Jahrg. 1881 und 1882. à Jahrg. 52 Nrn. (à Nr. 1/2—3/4 Bog. mit Illustr.) gr. 4. München, Expedition. à Jahrg.
—— dass. — Humoristisch-satyr. Wochenblatt. 3. Jahrg. 1883. 26 Nrn. (à Nr. 1/2—3/4 Bog. mit Illustr.) gr. 4. Ebendas.
Nicht weiter erschienen.

Ins Wunderland! Wanderstab f. angeh. Studenten, v. e. Philister. 8. (88 S.) Leipzig (901). H. Seemann Nachf. n. — 50

— Zauberland. Ein neues Märchen-Leporello-Album. 4. (10 farb. Bl. auf Pappe m. 5 S. Text auf der Rückseite.) Stuttgart (899). Loewe. 2. 50

Insabato, Enrico, der erlöschende Halbmond, s.: Ular, Alex.

Insar [Schlagwort]

Insar, s.: Geologische Karten. Karte (Russland).

Inschrift, Die chinesische, auf dem uigurischen Denkmal in Kara Balgassun. Übersetzt und erläutert von Gustav Schlegel. [= MSFO. IX.] Helsingfors 1896. 4°

Inschrift, Eine Karthaginensische, zur Erläuterung der Menschenopfer unter den Israeliten. [Freiburg 1834.] V: *Hug, Johann Leonhard.* (Gla)

Die **Inschrift** der Stele Nabuna'id's, Königs v. Babylon, enth. die erste inschriftl. Nachricht üb. d. Fall Ninives v. L. Messerschmidt. *Berlin: W. Peiser (1896).* (1 Bl., 83 S.) 8.
= Mitteilungen der Vorderasiatischen Gesellschaft. 1896. [No] 1. [94. 5814]

Inschrift, Die zweisprachige, von Tanis zum ersten Male herausgegeben und uebersetzt von S. Leo Reinisch und E. Robert Roesler. Mit sieben Tafeln und einer Titelvignette. Wien 1866.

Inschriften, aegyptische, aus den königl. Museen zu Berlin. Hrsg. v. der Generalverwaltg. I. Inschriften der ältesten Zeit u. des alten Reichs. hoch 4. (IV, 72 autogr. S.) Leipzig 901. J. C. Hinrichs' Verl. n. 7. 50

Inschriften, ägyptische, aus den königl. Museen zu Berlin. Hrsg. v. der Generalverwaltung II. u. III 1. hoch 4. Leipzig, J. C. Hinrichs' Verlag. n. 14. —
II. Die drei vollständ. Opferkammern des alten Reichs u. Inschriften aus der Zeit zwischen dem alten u. d. mittleren Reiche. (IV S. u. S. 73—136 in Autograv.) 903. n. 6. 50
III. Inschriften des mittleren Reichs. 1. Tl. (III S. u. S. 137—209 in Autogr.) 904. n. 7. 50
I. Ebd. 901. n. 7. 50.

Inschriften, Alte und neue römische und griechische, aus den Rheinlanden. O. O. [1868]. V: *Becker, Jac.* (Zuwachsverz. d. Bibliotheken in Zürich 1898 ff.)

Inschriften, altitalische, ausgewählt v. Herm. Jacobsohn, s.: Texte, kleine, f. theologische u. philologische Vorlesungen u. Übungen.

Inschriften, Altphrygische [und] Neuphrygische. Autographiert von H. Kiepert. 1 Blatt. Berlin o. J.

Inschriften, Die alttürkischen, der Mongolei. Von W. Radloff. – Neue Folge. Nebst einer Abhandlung von W. Barthold: Die historische Bedeutung der alttürkischen Inschriften. – Zweite Folge. W. Radloff, Die Inschrift des Tonjukuk. Fr. Hirth, Nachwort zur Inschrift des Tonjukuk. W. Barthold, Die alttürkischen Inschriften und die arabischen Quellen. 3 voll. St. Petersburg 1895. 1897. 1899. 4°

Die alttürkischen **Inschriften** der Mongolei. Von Dr. W[ilhelm] Radloff. Neue Folge. Nebst e. Abh. v. W. Barthold: Die histor. Bedeutg d. alttürk. Inschriften. *St. Petersburg: J. Glasounof 1897.* (VII, 181, 36 S.) 1 Bd 4.
[97. 6638]

Inschriften, Deutsche, auf Haus und Geräth. Zur epigrammatischen Volkspoesie. Berlin 1865. H: *Forck, L.* (Kürschners Deutscher Literatur-Kalender XII [1890].) (Hdschr. Mitth. von Friedrich Müller, München.)

Inschriften, deutsche, an Haus und Geräth. Zur epigrammat. Volkspoesie. 16. (XI und 82 S.) Berlin 865, Hertz. cart.

Inschriften, deutsche, an Haus und Geräth. Zur epigrammat. Volkspoesie. 2. verm. Aufl. 8. (VIII, 145 S.) Berlin 875, Hertz.

— deutsche, an Haus u. Geräth. Zur epigrammatischen Volkspoesie. 3., sehr verm. Aufl. 8. (VIII, 182 S.) Berlin 880. Hertz n. 2. 40; geb. n. 3. 60

— dasselbe. 4., sehr verm. Aufl. 8. (VIII, 239 S.) Ebend. 882. n. 3. —; geb. n. 4. 20

Inschriften, deutsche, an Haus u. Geräth. Zur epigrammat. Volkspoesie. 5., verb. Aufl. 8. (VIII, 239 S.) Berlin 888. Hertz. n. 3. —; geb. n. 4. 20

Die **Inschriften** des alten Friedhofs der israelitischen Gemeinde zu Frankfurt a. M. Mit e. Einl. von Dr. M[arcus] Horovitz, Rabbiner. *Frankfurt a. M.: J. Kauffmann 1901.* (53, 768 S.) 8°
[Nebentit. hebr.] Sefer Abne Zikkārōn hak-ketab we ham-miktāb mib-bet haq-qebārōt haj-jāšān de ... Wrankenwurt 'al nehar Moin 'im haqdāma we he'ārot meēt Mordekai Hal-lewi Hurwitz. [illegible]

Inschriften des alten jüdischen Friedhofes in Wien. Beitrag zur Alterthumskunde Oesterreichs von Ludw. Aug. Frankl. Wien 1855.

—— in Gebäuden und an Geräthen. Zur Erinnerung an die Gewerbe- und Industrie-Ausstellung zu Halle a. S. 1881. 8. (32 S.) Magdeburg 881, Faber'sche Buchdruckerei.

Geographische Inschriften altägyptischer Denkmäler nebst einem Anhange, enthaltend die im Tempel von Edfu aufgefundenen Recepte, in den Jahren 1863–65 an Ort und Stelle gesammelt und erläutert von Jahannes Dümichen. Bd. 1. 100 Tf. Bd. 2. 74 S., 100 Tf. Leipzig 1866. 2 Bde. 4°

Inschriften für Grab und Haus nebst Sprüchen der Liebe und Freundschaft und einem Anhang, enth. die Bedeutung der christl. Taufnamen. 16. (141 S.) Hannover 868, Meyer. cart. *

Inschriften, Griech. u. Latein., gesammelt v. Otto Fr. v. Richter, hrsg. v. Joh. Val. Francke. gr. 4. ($71\frac{1}{4}$ B.) Berlin 830, Reimer.

Inschriften zu Hainfeld in Steiermark. Wien 1850. V: *Hammer-Purgstall, Jos. Freih. v.* (schlossar)

Inschriften u. Alterthümer, himjarische, s. a. Mitteilungen aus den orientalischen Sammlungen der königl. Museen zu Berlin.

Inschriften und Alterthümer, Himjarische, in den Königlichen Museem zu Berlin. Berlin 1893. H: *Mordtmann, Johannes H.* (KatDMG) (Berl)

[Vort.:] Die **Inschriften** von Lakonien, Tarent, Herakleia (am Siris) und Messenien. Bearb. v. Richard Meister. *(Göttingen: Vandenhoeck & Ruprecht 1898.)* (146 S.) 8.
— Sammlung d. Griechischen Dialekt-Inschriften. Bd III. Hälfte 2. [illegible]

— lateinische christliche, m. e. Anh. jüdischer Inschriften, erklärt v. Ernst Diehl, s.: Texte, kleine, f. theologische u. philologische Vorlesungen u. Übungen.

Inschriften für Leichensteine und Monumente, nebst Anleitung u. Samml. von Beispielen zu Entwerf. u. Abfass. verschiedenartigst. Lebensläufe von Verstorbenen. 8. Ulm... Ebner. 5/8 [illegible]

Kgl. Museen zu Berlin. Die **Inschriften** von Magnesia am Maeander hrsg. von Otto Kern. Mit 10 Taf. u. einigen Abb. (Vorr.: [Reinhard] Kekulé v. Stradonitz.) *Berlin: W. Spemann 1900.* (XXXVII, 296 S.) 4° [illegible]

NEUE INSCHRIFTEN DES MAINZER MUSEUMS. Zusammengestellt von KÖRBER. Nachtrag 4., zum Becker'schen Katalog. Mit über 100 Abbildungen, grossenteils nach Facsimile-Zeichnungen von Heinrich Wallau. ib. 1905. — 8°.

Inschriften, Neue Römische, aus Iversheim in der Eifel. Römische Inschriften aus dem Brohlthal, aus Kruft und Bonn. [Bonn 1871.] V: *Freudenberg, J.* (StBKöln I, 42)

Die **Inschriften** von Olympia. Bearb. v. Wilhelm Dittenberger u. Karl Purgold. *Berlin: A. Asher & C. 1896.* (VIII S., 1 Bl., 920 S. bezw. Sp.) 1 Bd 2.(4.)
— Olympia. Die Ergebnisse der v. d. Deutschen Reiche veranst. Ausgrabg. Textbd V. [illegible]

Die **Inschriften** von Pergamon. Unter Mitwirkg v. Ernst Fabricius u. Carl Schuchhardt hrsg. v. Max Fränkel. (Halbbd) 1. 2. *Berlin: W. Spemann 1890—95.* 2 Bde 4.
1. Bis z. Ende d. Königszeit. 1890. (XX, 176 S., 1 Taf.)
2. Römische Zeit. — Inschriften auf Thon. 1895. (4 Bl., S. 177—530, 1 Taf.)
— Altertümer v. Pergamon. Bd VIII. [Abt.] 1. 2.
(Kgl. Museen zu Berlin.) [illegible]

[**Inschriften** in der Quellenkammer der Klopstock-Quelle bei Pforta.] *Naumburg a. S. 1899 H. Sieling.* (S. XXIV-XXV.) 4°
Pforta, k. Landes-S, P 1899 (257)

— räthselhafte, nebst einem wissenschaftlichen Versuche ihrer Auflösung. 8. (87 S. m. eingedr. Holzschn.) München 880. Braun & Schneider. cart. n. 1. —

— rätselhafte, nebst Auflösungen zur Unterhaltung u. Erheiterung. (64 S. m. Abbildgn.) kl. 8. Berlin-Schöneberg (909). G. E. Nagel. — 50

INSCHRIFTEN (Römische, Griechische, Mittelalterliche (auch Runen-) Inschriften) des Mainzer Museums. Nachtrag 3., zum Becker'schen Katalog. Zusammengestellt von K. KÖRBER. Mit 235 Abbildungen, zumeist nach Facsimile-Zeichnungen von Heinrich Wallau Mainz 1900. Verlag des Altertumsvereins 8°.

Inschriften, Römische, gefunden in Königsfelden. [Zürich 1894] V: *Schneider, Albert.* (Cat. der Stadtbibl. Zürich. Zürich 1864—97.)

[Umschlagt.:] Die römischen **Inschriften** und Bildwerke Württembergs. I. A. des württemb. Altertumsver. hrsg. v. Gymnasiumsdir. Ferdinand Haug in Mannheim u. Prof. Dr. G. Sixt ... in Stuttgart. (Tl 1.) *Stuttgart: W. Kohlhammer 1898.* 8. [illegible]

Schlesische Inschriften vom XIII. bis XVI. Jahrhundert. Herausgegeben von H. LUCHS. Der Schlesischen Gesellschaft für vaterländische Cultur zu ihrem 75jährigen Jubiläum am 17. Dezember 1878 gewidmet von dem Vereine für das Museum schlesischer Alterthümer. Breslau 1878. Robert Nischkowsky. 8°.

— aus Syrien, Mesopotamien u. Kleinasien, gesammelt v. Max Frhr. v. Oppenheim, s.a. Beiträge zur Assyriologie usw. VII, 1.

Inschriften aus Syrien, Mesopotamien und Kleinasien, gesammelt im Jahre 1899 von Max Frh. v. Oppenheim. Mit Beiträgen von … 1. Leipzig: Hinrichs 1909. 8°
(Beiträge z. Assyriologie u. semit. Sprachwissensch. 7, 1.) [09. 11701]

— der Tafel, welche bei Vollendung d. neuen evangel.-lutherischen Hauptkirche zu Karlsruhe in den Knopf d. Thurmes am 1. Juli 1815 gelegt wurde. 4. Karlsr. 815. Braun. 2 gK

Inschriften, Die, Tiglathpileser's I in transskribiertem assyrischem Grundtext mit Übersetzung und Kommentar von Wilhelm Lotz. Mit Beigaben von Friedrich Delitzsch. Leipzig 1880.

— vulgärlateinische, hrsg. v. Ernst Diehl, s.: Texte, kleine, f. theologische u. philolog. Vorlesungen u. Übungen.

Inschriften, zwei deutsche, älter als 600 vor Chr., aus dem Hetrurischen in's Neudeutsche übers. und erläut. durch K. A. Fr. v. Schmitz-Aurbach, den Entdecker, daß die hetrur. Sprache eine uraltdeutsche ist. gr. 4. (18 S.) Heidelberg 848, Groos'sche Universitäts-Buchh.

Inschriften, Zwei, von Wagenlenkern. O. O. [18??] V: *Friedländer, Ldw.* (Zuwachsverz. d. Bibliothek. in Zürich 1898 ff.)

Inscriptio Attica ed. C. W. Göttling. Pr. 1854. 5 S. 4°.

Inscriptio perantiqua sacris Aegyptiorum et vulgaribus literis itemque graecis in lapide nigro prope Rosettam invento et nunc in Museo Britannico asservato insculpta, Societ. antiquar. Londinensis sumptu ad formam et modulum ipsius lapidis edita, postea arte lithographiae domest. repetita Monachii. Fol. maj. Monach. 813. (Finsterlin). 3 ℳ 6 gK

Inscriptio perantiqua sacris Aegyptiorum et vulgaribus literis itemque graecis in lapide nigro prope Rosettam invento et nunc in Museo Britannico asservato insculpta, Societ. antiquar. Londinensis sumptu ad formam et modulum ipsius lapidis edita, postea arte lithographiae domest. repetita Monachii. Fol. maj. Monach., Thienemann. 818.

Inscriptio, Vetus, inedita ex lapide Lilybaetarco. Kilon. 1815. H: *Heinrich, Carl Friedrich.* (Ky) (MGT)

Inscriptiones Africae latinae. Consilio et auctoritate Academiae Litterarum Regiae Borussicae collegit Gustavus Wilmanns. Pars prior inscriptiones Africae Proconsularis et Numidiae comprehendens. Pars posterior inscriptiones Mauretaniarum. (Corpus Inscriptionum Latinarum. Vol. 8.) Berolini 1881. 1 Bd. XXXVIII, 1141 S., 3 Krt. Fol.

Antiquae inscriptiones Latinae ed. F. Hand. Pr. 1849. 20 S. 4°

Inscriptiones antiquae orae septentrionalis Ponti Euxini graecae et latinae. Jussu et impensis societatis archaeologicae imperii russici ed. M. Basilius Latyschev. Vol. I., inscriptiones Tyrae, Olbiae, Chersonesi tauricae, aliorum locorum a Danubio usque ad regnum bosporanum continens. Accedunt tabulae 2 lith. Imp.-4. (VIII, 243 S.) St. Petersburg 885. (Leipzig, Voss' Sort.) n. 20. —

Inscriptiones antiquae orae septentrionalis Ponti Euxini graecae et latinae. Jussu et impensis societatis archaeologicae imperii russici ed. M. Basilius Latyschev. Vol. II., inscriptiones regni bosporani continens. Imp.-4. (LVI, 351 S. m. 2 farb. Karten.) St. Petersburg 891. (Leipzig, Voss' Sort.) n.n. 30. — (I u. II.: n.n. 50. —)

— antiquae orae septentrionalis Ponti Euxini graecae et latinae. Iussu et impensis societatis archaeologicae imperii russici ed. Basilius Latyschev. Vol. IV., supplementa continens per annos 1885—1900 collecta. Imp.-4. (X, 368 S. m. Abbildgn.) Petropoli 901. (Leipzig, Voss' Sort.) n. 30. —

Inscriptiones Argolidis. Consilio et auctor. academiae litt. regiae borussicae ed. Maximilianus Fraenkel. *Berolini: G. Reimer 1902.* (VIII, 411 S.) 2°(4°)
Frühere T.: Corpus inscriptionum graecarum Peloponnesi et insularum vicinarum. Vol. 1. Inscriptiones graecae Aeginae, Pityonesi, Cecryphaliae, Argolidis.
— Inscriptiones graecae. Vol. 4. [04. 15418]

Inscriptiones atticae, s.a. Corpus inscriptionum atticarum.

Inscriptiones atticae … consilio et auctor. academiae litt. regiae borussicae ed. [1–3.] *Berolini: G. Reimer 1873–(1903).* 10 Bde 2°(4°)
[1.] Inscriptiones att. anno Euclidis vetustiores. Ed. Adolphus Kirchhoff. 1873. Supplementa. 1877. 1886. 1891. 1903.
[2.] Inscr. att. aetatis quae est inter Euclidis annum et Augusti tempora. Ed. Udalricus Koehler. P. 1. 1877. 2. 1883. 3. 1888. 4. Indices comp. Ioannes Kirchner. 1893. 5. Supplementa. 1895.
[3.] … aetatis romanae. Ed. Guilelmus Dittenberger. P. 1. 1878. 2. 1882. 3 — Appendix. Defixionum tabellae ed. Ricardus Wuensch. 1897.
Früherer T.: Corpus inscriptionum atticarum.
— Inscriptiones graecae. Vol. 1. 2, p. 1–5. 3, p. 1–3. [04. 15416]

— Britanniae christianae. Edidit Aem. Hübner. Adjectae sunt tabulae (lithogr.) geographicae II. Accedit supplementum inscriptionum christianarum Hispaniae. gr. 4. (XXIV, 107 S. mit eingedr. Holzschn.) Berlin 876, G. Reimer.

Inscriptiones Clenodiales ex libris judicialibus palatinatus Cracouiensis collegit et ed. Boleslaus Ulanowski. Accedunt inscriptiones ex actis consistorii et capituli Cracouiensium necnon ex libris judicialibus Lublinensibus descriptae. gr. 4. (XV u. S. 275 - 626.) Krakau 885. (Friedlein.) n. 10. —

Inscriptiones confoederationis Helveticae latinae ed. Th. Mommsen, s.a. Mittheilungen der antiquarischen Gesellschaft in Zürich.

Inscriptiones confoederationis Helveticae Latinae…. [2 Partes.] Mittheil. Ant. Ges. Zürich…. 4. 1854–1865.
[Pars 1°.] Inscr' c' H' L', edidit Theodorus Mommsen. [Mit Figuren und 2 Karten.] Mittheil… Band 10. Turici 1854.
[Pars 2°] *u. d. T.:* Erster Nachtrag zu den Inscr' c' H' L' von Theodor M'. Gesammelt und hrg. von F[erdinand] Keller und H[einrich] Meyer. [Mit Figuren.] Mittheil. … Band 15. Heft 5. Zürich 1865.
Nicht mehr erschienen.

Inscriptiones Cycladum consilio et auct. Acad. Litt. Reg. Boruss. ed. Fridericus Hiller de Gaertringen. . Berolini: G. Reimer 1909. XXXVII, 400 S. 2°
(Inscriptiones insularum maris Aegei praeter Delum. Fasc. 5.)
(Inscriptiones Graecae. Vol. 12, Fasc 5.) [09. 18106]

Inscriptiones Cycladum praeter Tenum consilio et auctor. academiae litt. regiae borussicae ed. Fridericus Hiller de Gaertringen. *Berolini: G. Reimer 1903.* (227 S.) 2°(4°)
— Inscriptiones insularum maris Aegaei praeter Delum. 5. p. 1.
— Inscriptiones graecae. Vol. 12, fasc. 5, p. 1. [04. 15743]

Inscriptiones u. Epitaphia, Dresdens, in d. Frauenkirche u. Zus. 4. Dresd. 738.

Inscriptiones Etruscae, Musei Lugd.-Bat., ed., interpretat. lat. et notis instr. L. I. F. Janssen. Accedunt tab. IV. 4maj. (1 B.) Lugduni-Bat. 840, S. et J. Luchtmans. (Lipsiae, T. O. Weigel.) Thlr. *
Vgl. Janssen, L. I. F.

Inscriptiones trivm Galliarvm et Germaniarvm Latinae ediderunt Otto Hirschfeld et Carolvs Zangemeister. P. 1. Fasc. 1. *Berolini: G. Reimer 1899.* 2.(4.)
= Corpus inscriptionum Latinarum. Vol. 13. P. 1. Fasc. 1. [99. 1258

— graecae. Consilio et auctoritate academiae litterarum regiae borussicae editae. Vol. I. Suppl. Bog. 28—29. (Corpus inscriptionum atticarum vol. IV, Suppl. I. 3.) (VI u. S. 211—217.) gr. Fol. Berlin (903). G. Reimer. n. 1. —
Erschien früher u. d. T.: Corpus inscriptionum atticarum.

— dasselbe. (Neubezifferung der Bde. der Corpora inscriptionum graecarum.) Vol. I et suppl.; vol. II, partes 1—5; vol. III, partes 1—3; vol. IV; vol. VII; vol. IX, pars 1; vol. XII, fasc. 1—3 et suppl. et 5 pars I; vol. XIV. Ebd. n. 683. —
I. Bisher: Corpus inscriptionum atticarum. Vol. I. 873. n. 24. —. — Suppl. Bisher: Corpus inscriptionum atticarum. Vol. IV, pars I, fasc. 1—3. 877. 878. 891. n. 19. —
II, 1—4. Bisher: Corpus inscriptionum atticarum. Vol. II, pars 1—4. 877. 883. 888. 893. n. 42. —; n. 54. —; n. 40. — u. n. 11. —
5. Bisher: Corpus inscriptionum atticarum. Vol. IV, pars II. 895. n. 36. —
III, 1.2. Bisher: Corpus inscriptionum graecarum. Vol. III, pars 1 et 2. 878. 882. n. 50. — u. n. 38. —
3. Bisher: Corpus inscriptionum atticarum. Appendix. 897. n. 9. —
IV. Bisher: Corpus inscriptionum graecarum Peloponnesi et insularum vicinarum. Vol. I. 902. n. 48. —
VII. Bisher: Corpus inscriptionum graecarum Graeciae septentrionalis. Vol. I. 892. n. 85. —
IX, 1. Bisher: Corpus inscriptionum graecarum Graeciae septentrionalis. Vol. III, fasc. 1. 897. n. 22. 50
XII, 1—3. Bisher: Inscriptiones graecae insularum maris Aegaei. Fasc. 1—3, 895. 899, 898. u. 30. —; n. 17. 50; u. n. 32. — Suppl. Inscriptiones insularum maris Aegaei. Fasc. III. Suppl. Inscriptiones Symes, Teutlussae, Alimnae, Teli, Nisyri, Astypalaeae, Anaphes, Therae et Therasiae, Pholegandri, Meli, Cimoli. Ed. Frider. Hiller de Gaetringen. (VI u. S. 273—356 m. Abbildgn.) 904. n. 11. —
XII, 5. I. Inscriptiones insularum maris Aegaei praeter Delum. Fasc. V, pars I. Inscriptiones Cycladum praeter Tenum. Ed. Frider. Hiller de Gaertringen. (VI, 327 S. m. Abbildgn. u. 1 Taf.) 903. n. 24. —
XIV. Bisher: Inscriptiones graecae Siciliae et Italiae. 890. n. 90. —
Weitere Bde. sind noch nicht erschienen.

Inscriptiones graecae. Consilio et auctoritate academiae litterarum regiae borussicae editae. Vol. IX, pars II et vol. XII, fasc. V pars II, fasc. VII et VIII. 40 ×28,5 cm. Berlin, G. Reimer. 137. —
IX, II. Inscriptiones Graeciae septentrionalis voluminibus VII et VIII non comprehensae. Pars II. Inscriptiones Thessaliae. Consilio et auctoritate academiae litterarum regiae borussicae ed. Otto Kern. Indices composuit F. Hiller de Gaertringen. Inest tabula geographica una. (XXXII, 336 S. m. Abbildgn.) 908. Kart. 49. —
XII, 5. II. Inscriptiones insularum maris Aegaei praeter Delum. Fasc. V. Inscriptiones Cycladum. Pars II. Inscriptiones Teni insulae et totius fasciculi indices. Ed. Frider. Hiller de Gaertringen. (XXXVIII u. S. 229—400 m. Abbildgn. u. eingedr. Kartenskizzen.) 909. 32. —
XII, 7. Dasselbe. Fasc. VII. Inscriptiones Amorgi et insularum vicinarum. Ed. Jul. Delamarre. Indices composuit F. Hiller de Gaertringen. Addita est tabula geographica una. (XII, 160 S. m. Abbildgn.) 908. 22. —
XII, 8. Dasselbe. Inscriptiones insularum maris Thracici. Ed. Carol. Fredrich. (XI, 217 S. m. Abbildgn. u. eingedr. Kartenskizzen.) 909. 34. —

Inscriptiones graecae Aeginae, Pityonesi, Cecryphaliae, Argolidis, ed. Max. Fraenkel, s. a. Corpus inscriptionum graecarum Peloponnesi et insularum vicinarum. I.

Inscriptiones graecae Aeginae, Pityonesi, Cecryphaliae, Argolidis consilio et auctoritate Academiae litterarum regiae borussicae ed. Maximilianus Fraenkel. *Berolini: G. Reimer 1902.* (VIII, 411 S.) 2°(4°)
— Corpus inscriptionum graecarum Peloponnesi et insularum vicinarum. Vol. 1. [02. 4105

Inscriptiones graecae antiquissimae praeter atticas in Attica repertas consilio et auctoritate academiae litterarum regiae borussicae ed. Herm. Roehl. Fol. (V, 193 S. m. eingedr. Fig.) Berlin 882. G. Reimer. cart. n. 16. —

— graecae ad ilustrandas dialectos selectae. Scholarum in usum ed. Fel. Solmsen. (VIII, 96 S.) 8. Leipzig 903. B. G. Teubner. n. 2. —; geb. n. 2. 40

— dasselbe. ed. II. (VIII, 96 S.) 8. Ebd. 905. n. 1. 60; geb. n. 2. —

— graecae ad inlustrandas dialectos selectae. Scholarum in usum tertium ed. Fel. Solmsen. (VIII, 98 S.) kl. 8. Leipzig 910. B. G. Teubner. 1.60; geb. 2. —

— Graecae ineditae. Fasc. I. ed. L. Rossius. 1834. 38 S. m. 8 Taf. 4°.

—— Graecae ineditae. Collegit edidítque Ludov. Rossius. Fasc. I. Insunt Inscriptiones Arcadicae, Laconicae, Argivae, Corinthiae, Megaricae, Phocicae. 4maj. (6 B. u. 8 Stnt.) Naupliae 836. (Lipsiae, Brockhaus.) *

Inscriptiones graecae ineditae. Ed. L. Ross. Fasc. II. Insunt lapides insularum Andri, Ii, Teni, Lyri, Amorgi, Myconi, Pari, Astypalaeae, Nisyri, Teli, Coi, Calymnae, Leri, Patmi, Sami, Lesbi, Therae, Anaphae et Peparethi. Roy.-4. (13 B. u. 2 Stnt.) Athenae 842. (Lipsiae, Brockhaus.) *

—— id. Fasc. III. Insunt lapides insularum Meli, Therae, Casi, Carpathi, Rhodi, Symes, Chalces, Calymnae, Coi, Astypalaeae, Amorgi, II. 4maj. (9 B.) Berolini 845. (Lipsiae, Brockhaus.) *
Fasc. I. Naupliae 1836. (Ibid.) * 1 Thlr. 10 Ngr.

Inscriptiones graecae ineditae. Ad. Aug. Boeckhium misit Joan. Ludov. Ussing. 4maj. (VIII und 72 S. mit eingedr. Holzschn.) Havniae 847, Reitzel. *

Inscriptiones graecae insularum maris Aegaei, fasc. 1—3, s. a. Inscriptiones graecae vol. XII, 1—3.

Inscriptiones graecae insularum maris Aegaei. Consilio et auctoritate academiae litterarum regiae Borussicae editae. Fasc. I et III. Fol. Berlin. G. Reimer. Kart. n. 62. —
I. Inscriptiones graecae insularum Rhodi, Chalces, Carpathi cum Saro Casi. Ed. Frdr. Hiller de Gaertringen. Accedunt tabulae geographicae III ab Henr. Kieperto descriptae. (VIII, 241 S.) 895. n. 30. —
III. Inscriptiones graecae insularum Symes, Teutlussae, Teli, Nisyri, Astypalaeae, Anaphes, Therae et Therasiae, Pholegandri, Meli, Cimoli. Ed. Frdr. Hiller de Gaertringen. Accedunt tabulae geographicae II. (VIII, 272 S.) 898. n. 32. —
Fasc. II. ist noch nicht erschienen.

— graecae insularum maris Aegaei. Consilio et auctoritate academiae litterarum regiae Borussicae editae. Fasc. II. Fol. Berlin, G. Reimer. Kart. n. 17. 50
Inscriptiones graecae insularum Lesbi, Nesi, Tenedi. Ed. Guil. R. Paton. Additae sunt tabulae geographicae duae. (VII, 156 S.) 899.
Fasc. I u. III. Ebd. 895. 898. n. 62. —.

— Graecas in itinere Asiatico collectas ab Ed. Falkenero ed. W. Henzen. S.-A. 1852. 35 S.

Inscriptiones graecae insvlarvm Lesbi, Nesi, Tenedi. Consilio et avct. Acad. litter. regiae Borvss. ed Gvilelmvs R. Paton. Additae svnt tab. geogr. dvae. *Berolini: G. Reimer 1899.* (4 Bl., 156 S., 1 Pl., 1 Kt.) 1 Bd 2.
= Inscriptiones graecae insularum maris Aegaei. Fasc. 2. [99. 6113

— graecae metricae ex scriptoribus praeter anthologiam collectae. Ed. Thdr. Preger. Lex.-8. (XXVI, 251 S.) Leipzig 891. B. G. Teubner. n. 8. —

Inscriptiones Graecae Phocidis Locridis Aetoliae Acarnaniae insvlarvm maris Ionii. Consilio et avctoritate Acad. Litter. Reg. Borvss. ed. Gvilelmvs Dittenberger. *Berolini: Apvd G. Reimervm 1897.* (VI S., 1 Bl., 212 S.) 1 Bd 2.(4.)
— Corpus inscriptionum Graecarum Graeciae septentrionalis. Vol. III. Fasc. 1. [97. 3457

Inscriptiones aliquot Graecae, nuper repertae, rest. et explic. F. Graef. Ak. 1811. 52 S. 4°.

— graecae ad res Romanas pertinentes auctoritate et impensis academiae inscriptionum et litterarum humaniorum collectae et editae. Tomus I, fasc. 1. Curavit R. Cagnat auxiliante J. Toutain. Lex.-8. (128 S. m. 1 Abbildg.) Paris (Rue Bonaparte 28) 901. E. Leroux. n.n. 2. 20

— dasselbe. Tomus III, fasc. 1. Curavit R. Cagnat auxiliante G. Lafaye. Lex.-8. (136 S.) Ebd. 902. n.n. 3.—

— graecae ad res romanas pertinentes, auctoritate et impensis academiae inscriptionum et litterarum humaniorum collectae et editae. Tom. I, fasc. 2—4 et tom. III, fasc. 2—5. Curavit R. Cagnat. Lex.-8. Paris (Rue Bonaparte 28), E. Leroux. n.n. 12. 80
I, 2.—4. Auxiliante J. Toutain. (S. 129—360.) 903—906. n.n. 4. 80
III, 2.—5. Auxiliante G. Lafaye. (S. 137—560.) 903—905. n.n. 8. —

— graecae ad res romanas pertinentes, auctoritate et impensis academiae inscriptionum et litterarum humaniorum collectae et editae. Tom. I, fasc. 5 et 6. Curavit, R. Cagnat, auxiliante J. Toutain. (S. 361—544.) Lex. 8. Paris 908. 09. (Rue Bonaparte 28), E. Leroux. nn 4. 80

— dasselbe. Tomus IV. Asia, fasc. 1 et 2. Curavit R. Cagnat, auxiliante G. Lafaye. (192 S.) Lex. 8. Ebd. 909. 10. à nn 2. 40

Inscriptiones graecae Siciliae et Italiae, s. a. Inscriptiones graecae vol. XIV.

Inscriptiones graecae Siciliae et Italiae additis graecis Galliae, Hispaniae, Britanniae, Germaniae inscriptionibus. Consilio et auctoritate academiae litterarum regiae borussicae ed. Geo. Kaibel. Galliae inscriptiones ed. Alb. Lebègue. Fol. (XII, 36 u. 778 S.) Berlin 890. G. Reimer. cart. n. 90. —

Inscriptiones graecae insvlarvm Symes Tevtlvssae Teli Nisyri Astypalaeae Anaphes Therae et Therasiae Pholegandri Meli Cimoli consilio et avctoritate Acad. Litt. Reg. Borvss. ed. Fridericvs Hiller de Gaertringen. Accedvnt tabvlae geograph. dvae. *Berolini: G. Reimer 1898.* (VIII, 272 S., 2 Pl.) 1 Bd 2.
= Inscriptiones graecae insularum maris Aegaei. Fasc. III. [98. 10711]

Inscriptiones Graeciae septentrionalis voluminibus 7 et 8 non comprehensae. P. 1. *Berolini: G. Reimer 1897.* 2°(4°)
= Inscriptiones graecae. Vol. 9, p. 1. [04. 13430]

Inscriptiones Helvetiae collectae et explicatae ab Ioanne Gaspare Orellio. 4. Turici 1844.
Ausg. A. (Mittheil. Ant. Ges. [Zurich] Band 2. [Heft 5].)
Ausg. B. [Sep.-Ausg.]

Inscriptiones Helveticae collectae et explicatae ab Joanne Gaspare Orellio. (Aus dem 2. Bde. der Antiquar. Gesellschaft abgedr.) 4maj. Turici 844, Meyer et Zeller. n. 1¼ ß

Inscriptiones Hispaniae christianae ed. Aemilius Hübner. Adiecta est tab. geogr. [Nebst] Suppl. *Berolini: G. Reimer 1871–1900.* 2 Bde 4°

Inscriptiones insularum maris Aegaei praeter Delum. Fasc. 1. *Berolini: G. Reimer 1895.* 2°(4°)
= Inscriptiones graecae. Vol. 12, fasc. 1. [04. 15431]

Inscriptiones latinae in terris Nassoviensibus repertae et auctoritate societatis antiquariorum Nassoviensis editae. 8maj. (IX und 121 S.) Wiesbaden 835, Roth. Thlr. *

Inscriptionum latinar. selectar. amplissima collectio ad illustrandam romanae antiquitatis disciplinam accommod. ac magnar. collect. supplementa complura emendat. exhibens. Cum ineditis Jo. Casp. Hagenbuchii suisque adnotat. ed. Jo. Casp. Orellius. Insunt lapides Helvetiae omnes. Acced. praeter Foggini Kalendaria antiqua, Hagenbuchii, Maffeii, Ernestii, Reiskii, Seguerii, Steinbruchelii epistolae, aliquo epigraphicae nunc primum editae. II Vol. 8maj. (à 35½ B.) Turici 828, (30,) Orell, Fuessli et Soc. 8 Thlr., Postp.

Inscriptionum latinarum selectarum amplissima collectio ad illustrandam romanae antiquitatis disciplinam accommodata. Vol. III. Collectionis Orellianae supplementa emendationesque exhibens ed. Guil. Henzen. Accedunt indices rerum ac notarum quae in tribus voll. inveniuntur. Lex.-8. (XXIII und 525 S. mit 3 Tab. in qu. Fol. und Indices II und 225 S.) Turici 856, Orell, Füssli et soc. *
Vol. I. et II. Ibid. 1828 * 8 Thlr.

Inscriptiones Lesbi, Nesi, Tenedi consilio et auctor. academiae litt. regiae borussicae ed. Guilelmus Paton. *Berolini: G. Reimer 1899.* (156 S.) 2°(4°)
Frühere T.: Inscriptiones graecae insularum maris Aegaei. Fasc. 2. Inscriptiones graecae insularum Lesbi, Nesi, Tenedi.
= Inscriptiones insularum maris Aegaei. 2.
= Inscriptiones graecae. Vol. 12, fasc. 2. [04. 15432]

Inscriptiones Megaridis et Boeotiae. Consilio et auctor. academiae litt. regiae borussicae ed. Guilelmus Dittenberger. *Berolini: G. Reimer 1892.* (VI, 806 S.) 2°(4°)
Frühere T.: Corpus inscriptionum graecarum Graeciae septentrionalis. Vol. 1. Inscriptiones graecae Megaridis, Oropiae, Boeotiae.
= Inscriptiones graecae. Vol. 7. [04. 15429]

Inscriptiones, Variorum intra Italiam monumentorum editae ab Amadeo de Benignis. Stregae Sil. 1715. V: *Milich, Johann Gottlieb.* (RHMB VI, 158)

— Olympiacae IV ed. C. W. Göttling. Pr. 1858. 18 S 4°.

Inscriptionum Orientis et Illyrici latinarum supplementum, s.: Corpus inscriptionum latinarum.

Inscriptiones parietariae Pompejanae, Herculanenses, Stabianae, s. Corpus inscriptionum latinarum.

Inscriptiones Phocidis, Locridis, Aetoliae, Acarnaniae, insularum maris Ionii consilio et auctor. academiae litt. regiae borussicae ed. Guilelmus Dittenberger. *Berolini: G. Reimer 1897.* (VI, 212 S.) 2°(4°)
Frühere T.: Corpus inscriptionum graecarum Graeciae septentrionalis. Vol. 3. fasc. 1. Inscriptiones graecae Phocidis, Locridis ...
= Inscriptiones Graeciae septentr. voluminibus 7 et 8 non comprehensae. 1.
= Inscriptiones graecae. Vol. 9, p. 1. [04. 15431]

Inscriptiones Rhodi, Chalces, Carpathi cum Saro Casi consilio et auctor. academiae litt. regiae borussicae ed. Fridericus Hiller de Gaertringen. *Berolini: G. Reimer 1905.* (241 S.) 2°(4°)
Frühere T.: Inscriptiones graecae insularum maris Aegaei. Fasc. 1. Inscriptiones graecae insularum Rhodi, Chalces, Carpathi cum Saro Casi
= Inscriptiones insularum maris Aegaei praeter Delum. 1.
= Inscriptiones graecae. Vol. 12, fasc. 1. [04. 15430]

— urbis Romae latinae, collegerunt Guil. Henzen et Johs. Baptista de Rossi, Eug. Bormann, ed. Chrn. Huelsen, s.: Corpus inscriptionum latinarum.

Inscriptionum romanar. fascic., c. explicatione notar. in us. iuvent. 8. Patav. (Pott, Laus.) 784.

Inscriptiones Symes, Teutlussae, Teli, Nisyri, Astypalaeae, Anaphes, Therae et Therasiae, Pholegandri, Cimoli, Meli consilio et auctor. academiae litt. regiae borussicae ed. Fridericus Hiller de Gaertringen. [Nebst] Supplementum. *Berolini: G. Reimer 1898.* 2 Bde 2°(4°)
Frühere T.: Inscriptiones graecae insularum maris Aegaei. Fasc. 3. Inscriptiones graecae insularum Symes, Teutlussae ...
= Inscriptiones insularum maris Aegaei. 3.
= Inscriptiones graecae. Vol. 12, fasc. 3. [04. 15433]

— Thessalicae ed. O. Kern. Gel. 1900. 18 S. u. 4 Taf. 4°.

— Thessalicarum antiquissimarum sylloge ed. O. Kern. Pr. 1902. 18 S. m. Abb. 4°.

Inscriptions de l'Orkhon. Recueillies par l'expédition finnoise 1890 et publiées par la société finno-ougrienne. Fol. (III, XLIX, 48 S. m. 69 Taf. u. 1 Karte.) Helsingfors 892. (Leipzig, O. Harrassowitz.) n.n. 28. —

Secondo Congresso internazionale per l'insegnamento del Disegno, Berna, 1904. Invito (– Regolamento – Ordine del giorno. 1902 dicembre 20). 7 p. 8.

Insekt, üb. e. d. Weintrauben höchst schädliches, s.a. Nenning, St. V.

Insekt, über ein den Weintrauben höchst schädliches, vorzügl. in d. Insel Reichenau bei Constanz einheimisches. Zum Druck befördert (v. St. B. Nenning). Mit 1 ill. Kpf. 8. Constanz (o. Jahrz.) (Herder in Rotweil). 4 K

Die schädlichen u. nützlichen Insecten in Forst, Feld u. Garten v. Med. Dr. H. M. Schmidt-Göbel. I. Abtheilung: Die schädlichen Forstinsecten. 6 Folio-Tafeln in Farbendruck. In Umschlag. Sammt Textheft 5 fl. Supplement: Die nützlichen Insecten. Die Feinde der schädlichen. 2 Tafeln. Sammt Textheft. 1 fl. 80 kr. Wien, Eduard Hölzel. 1881.

Insekten der Schweiz, s. Sammlung v. Abbild. schweizer. Insekten.

Insekten der Schweiz, die vorzüglichsten Gattungen je durch e. Art bildl. dargest. v. J. D. Labram. Nach Anleit. u. mit Text v. Ludw. Imhoff. (Im Hof.) 1—4. Bdchn. à 20 Hfte. (à 4 Taf. Abbild. u. 4 Bl. Text.) 8. Basel 835—42, [Bahnmaier.] à Bdchn. *
Das 1. Bdchn. erschien auch u. d. T.: Sammlung von Abbildungen schweizerischer Insekten.

Insekten der Schweiz, die vorzügl. Gattungen je durch eine Art bildlich dargestellt von J. de Labram. Nach Anleitung und mit Text von Ludw. Imhoff. 81—100. Heft (oder 5. Bdchn.) 8. (80 ill. Stnt. und 80 Bl. Text.) Basel 848, Bahnmaier's Buchh. *
1—4. Bdchn. Ebendas. 1835—42. * 16 Thlr.

Insecten, die, und ihre Wohnungen, s. Naturgeschichte des Thierreichs 16 Bdchn.

Insekten-Belustigungen, s. Schmetterlings-Belustigungen.

Insekten-Belustigungen f. die Jugend u. angeh. Entomologen überhaupt, ein Auszug aus d. großen Röselschen Insekten-Werke. 1r u. 2r Bd. Mit 77 ill. Kupf. 4. Nürnb. 822—27. Bauer u. R. à 4 Rthl. 12 gr.

Insekten-Börse. Central-Organ zur Vermittelung von Angebot, Nachfrage und Tausch. 1. Jahrg. Juli—Decbr. 1884. 12 Nrn. (à Nr. ½ Bog.) gr. 4. Leipzig, Wartig. *

Insekten-Börse. Central-Organ zur Vermittelung von Angebot, Nachfrage und Tausch. 2. Jahrg. 1885. 24 Nrn. (à Nr. ½ Bog.) gr. 4. Leipzig, Wartig. *

—— dass. — 3. und 4. Jahrg. 1886 und 1887. à Jahrg. 24 Nrn. (à Nr. ½ Bog.) gr. 4. Leipzig, Frankenstein und Wagner. à Jahrg. *

—— dass. — 5. Jahrg. 1888. 24 Nrn. (à Nr. ½ Bog.) gr. 4. Ebendas. *

Insekten-Börse. Central-Organ zur Vermittelg. v. Angebot, Nachfrage u. Tausch. 6.—9. Jahrg. 1889—1892. à Jahrg. 24 Nrn. (à Nr. ½ Bog.) gr. 4. Lpz., Frankenstein u. Wagner. à Jahrg. * 4 —

— dasselbe. Internationales Organ der Entomologie. Offertenblatt f. Objecte der gesammten Naturwissenschaft, zugleich im Dienste aller Sammel-Interessen. 10. u. 11. Jahrg. 1893. 1894. à 24 Nrn. (½ Bog.) gr. 4. Ebd. à Jahrg. n. 3. 60

Insekten-Börse. Internationales Organ d. Entomologie. Offertenblatt f. Objecte d. ges. Naturwissenschaft, zugl. im Dienste aller Sammel-Interessen. 12. u. 13. Jahrg. 1895—1896. à 24 Nrn. (à ca. 1 Bog.) gr. 4. Leipzig, Frankenstein & Wagner. à Jahrg. n. 3. 60

— dasselbe. Red.: A. Frankenstein. 14. u. 15. Jahrg. 1897—1898. à 52 Nrn. (à ca. 1 Bog.) gr. 4. Ebd. à Jahrg. n. 6. —
Kann auch vierteljährlich bezogen werden.

Insekten-Börse, Internationales Wochenblatt der Entomologie. Red.: A. Frankenstein. 16.—19. Jahrg. 1899—1902. à 52 Nrn. gr. 4. (à ca. 8 S.) Leipzig, Frankenstein & Wagner. à Jahrg. n. 6. —

Insekten-Börse. Internationales Wochenblatt f. Entomologie. Hrsg. v. Camillo Schaufuss u. A. Frankenstein. 20.—23. Jahrg. 1903—1906 à 52 Nrn. (416, 416, 208 u. 208 S. m. Abbildgn.) gr. 4. Leipzig, Frankenstein & Wagner. à Jahrg. n. 6. —

Insekten-Börse, Fortsetzg., s.: Wochenblatt, entomologisches.

Deutschlands Insectenfaune [Insektenfauna] oder Entomologisches Taschenbuch für das Jahr... Von Georg Wolfgang Franz Panzer. 1795. Nürnberg: Felsecker (1794). 8°

1795: Panzer, Georg Wolfgang Franz: Entomologia Germanica. [1794.]

Deutschlands Insectenfaune oder Entomologisches Taschenbuch für das Iahr 1795. Von Georg Wolfgang Franz Panzer.
Nürnberg: Felsecker [1795]. 18 Bl., 370 S., 1 Bl., 1 Titelkupf., 12 teilw. kol. Kupfertaf. 8°
[Nebent.:] Panzer: Entomologia Germanica exhibens insecta per Germaniam indigena secundum classes, ordines, genera, species adiectis synonymis, locis, observationibus. I. Eleuterata.

Der *Insectenjäger* od. Vertilger d. Ungeziefers, enthaltend 75 d. besten, einfachsten u. unschädlichsten Mittel gegen Ratten, Mäuse, Motten, Milben, ... Schnecken, Ohrwürmer, ... Sperlinge, Schwaben, Erdflöhe, Hasen ... u. s. w. ... v. einem practischen Oeconomen. Leipz. 1834. 44 S. P.

Insektenjäger, der, od. Vertilger d. Ungeziefers, enthält 75 d. besten, einfachsten u. unschädlichsten Mittel rc. Nach d. neuesten Erfahrn. zusammengest. v. e. pract. Oeconomen. 1. u. 2. Aufl. (à 2 B.) gr. 12. Leipzig 834, Drobisch. à

Insektenjäger, der kleine, ein Naturgeschichtsspiel, mit 53 illum. K. 8. Berl. Fr. Pauli. 815.

Insekten-Welt, die. Zeitschrift des internationalen entomologischen Vereins. Hrsg. unter Mitwirkung hervorragender Entomologen und Naturforscher. 1.—3. Jahrg. April 1884—März 1887. à Jahrg. 24 Nrn. (à Nr. ½—1 Bog.) gr. 4. [Brandenburg, Lunitz.] Berlin, Spamer. à Jahrg. *

Insekten-Welt, die. Zeitschrift des internationalen Entomologen-Vereins. Hrsg. unter Mitwirkg. hervorrag. Entomologen u. Naturforscher. 4. Jahrg. April—Septbr. 1887. 12 Nrn. (B.) gr. 4. [Brandenburg, Lunitz.] Berlin, H. Spamer. n. 4. —
Fortsetzg. s.: Zeitschrift, entomologische.

DIE INSEKTEN-WELT. Zeitschrift des Internationalen Entomologen-Vereins. Herausgegebe unter Mitwirkung hervorragender Entomologen und Naturforscher.
Jahrg. II. No. 1—24. 1. April 1885 — 15. März 1886. (Mit 1 Tafel.) Verlag: Entomologisch Verlagsbuchhandlung, Werder (Havel), später: P. Lunitz, Brandenburg a. H.
Jahrg. III. No. 1--11. 1. April 1886 — 1. September 1886. Verlag: P. Lunitz, Brandenburg a. I.

Insel, die, histor.-romant. Erzählung aus Rußland's u. Polen's Vorzeit. Vom Verf. d. „Czar v. Casimow." 8. (10½ B.) Weimar 832, Gräbner.

Insel, die, historisch-romant. Erzählung aus Rußlands u. Polens Vorzeit. 8. Weimar 832, jetzt Hennings u. Hopf in Erfurt. 5/6 rl

Die Insel. Monatsschrift mit Buchschmuck u. Ill. Hrsg. von Otto Julius Bierbaum, Alfred Walter Heymel, Rudolf Alexander Schröder. Jg. 1, Quartal 1. Berlin: Schuster & Löffler 1899. 8° [S.] 1899.

Insel, die. Monatsschrift m. Buchschmuck u. Illustr., hrsg. v. O. J. Bierbaum, A. W. Heymel u. R. A. Schröder. Red.: A. W. Heymel. 1. Jahrg. Oktbr. 1899—Septbr. 1900. 12 Nrn. 4. (à ca. 128 S.) Berlin [Schuster & Loeffler]. Leipzig, Insel-Verlag. n. 36. —; Luxus-Ausg. Nr. 1—15. 150. —; Nr. 16—40. 80. —; m. der Kunstmappe 75. —; Luxus-Ausg. Nr. 1—10. 300. —; Nr. 11—40. 160. —; Kunstmappe allein 50. —; bezw. 200. — u. 100. —

— dasselbe. 2. Jahrg. Oktbr. 1900—Septbr. 1901. 12 Hfte. 4. (à ca. 108 S.) Ebd. n. 24. —; Luxus-Ausg. 36. —

— dasselbe. Aesthetisch-belletrist. Monatsschrift m. Bilderbeigaben. Hrsg. v. Otto Jul. Bierbaum. 3. Jahrg. Oktbr. 1901—Septbr. 1902. 12 Hfte. gr. 8. (à ca. 88 S.) Leipzig, Insel-Verlag. n. 12. —
Erscheint nicht mehr.

— die, der Blödsinnigen. Die Tollheiten der Moderne in Wort u. Bild. Hrsg. v. L. Wulff. 8. (128 S.) Berlin 901. Verlag der „Lust. Blätter". 1. 50
3. Thl., s.: Drehwurm, der, im Ueberbrettl.

Insel, die ostfriesische, Borkum. (Von G. Merkel.) 12. (46 S.) Hannover 860, C. Rümpler. *

Insel, Die, der Bucklichen. Ein Lustspiel. Breslau 1758. V: *Lieberkühn, Christian Gottlieb.* (GGr IV, 53)

Insel, Die glückliche, oder Beytrag zu des Capitain Cooks neuesten Entdeckungen in der Südsee . . . Leipzig 1781. V: *Pfeil, Johann Gottlob Benjamin.* (Ky) (MGT) (ML)

— die glückliche, od. Beitrag zu d. Capitain Cook's neuesten Entdeck. in der Südsee, (v. J. G. B. Pfeil). 8. Leipz. 781. Hertel. 20 gr

Insel, die glückselige, oder d. wohlth. Philosoph. neue Regierungsformen. 8. Frkf. Keßler. 768.

Insel, die, d. Glückseligkeit; eine Erzähl. a. d. Franz. 8. Langensalza, Martini. 774.

Insel, d. heilige, im Herzogl. Gothaischen Parke. Mit 1 Abbld. gr. 4. Weimar 825, Ind.-Compt.

Insel, Die, der Liebe ein scherzhaftes Singspiel so auf Befehl . . . des Herrn Fürstens von Thurn und Taxis auf dem Theater zu Regensburg vorgestellt werden soll. Italienisch und deutsch. Regensburg 1772. V: *Metastasio, Pietro.* (BiblPort)

— die, der Liebe,. Singsp. 8. Mannh. Löffler. 773.

Insel, Die, der Liebe, oder Amor, Erforscher der Herzen; ein Lustspiel in zwei Aufzügen. Wien 1773. V: *Müller (= Schröter), Joh. Heinrich Frdr.* (Ky) (GGr)

Insel, die, d. Liebe, oder Amor, Erforscher d. Herzen; e. Lstspl. in 2 Aufz. (von Jh. Hnr. Fr. Müller). 8. Wien 773.

Insel, die, der Liebe. Singsp. ital. u. deutsch. 8. Regensb. Montag. 775.

Insel, Die neue. [Hannover 1785.] V: *Jugler, Joh. Heinrich.* (MGT)

—— Rügen, s. Staatsbürger-Zeitung.

Insel, die schöne. Erzählung f. die Jugend v. P. G. 8. (202 S.) Basel 892. B. Schwabe. Kart. n. 2. 40

Insel, die, d. Seligen, e. Kindermärchen, s.: Bibliothek kleiner Novellen u. Erzählgn. v. Dichtern u. Schriftstellern d. Gegenwart.

— die stille, u. die fröhliche Insel, od. Reise des Genius Alaziels nach diesen Inseln. 8. Bresl. Horn. 762.

— die unbekannte, od. Reise u. Merkwürdigkk. des Ritters Gastines; aus dem Französ. 4 Thle. 8. Frankf. 784. Keßler. 1 rl 8 gr

Insel, die unbekannte, oder Reisen und Merkwürdigkeiten des Ritters von Gastines, gesammlet und herausgegeben von Grivel, aus dem Franz. 4 Theile, 8. Frankfurt, 784. Keßler. 1 Rthl. 10 gl.

Insel, die unbekannte, eine wahre Geschichte, herausgegeben von Herrn Grivel und von J. F. Simon ins Deutsche übersetzt, 1r Theil, 8. Frankfurt, 788. Eßlinger. Schreibpap. 25 sgl. Dasselbe Buch Druckpapier 20 sgl.

— die unbekannte, e. wahre Geschichte; hrsgg. v. . . . Grivel; ins Deutsche übers. v. Jh. Fr. Simon. 1r Thl. Mit Kpf. 8. Frankf. a. M. 788. (Schäfer). 16 gr

Insel, Die unbekannte, oder Reisen und Merkwürdigkeiten eines Ritters bei seinem Schiffbruch . . . A. d. Franz. Frankf. a. M. 1798. V: *Grivel, Guillaume.* Ü: *Simon, Joh. Frdr.* [?] (Ullrich, Robinson u. Robinsonaden. Weimar 1898.)

Insel, Die unbewohnte. Lustspiel nach Metastasio. Cassel 1762. V: *Casparson, Johann Wilhelm Christian Gustav.* (Ky)

— die unbewohnte. Lstspl. nach Metastasio (von J. W. C. G. Casparson). Cassel 762. (Lotter in Augsb.) 2 gr

Insel, die, und das Seebad Wangerooge. Zugleich ein Rathgeber für Diejenigen, welche Seebäder gebrauchen wollen. Von M. v. E. 8. (79 S. mit 1 Ansicht und 1 Plane der Insel in Steindr.) Oldenburg 853, Schulze'sche Buchh. *

— die wüste. Sgspl. nach Metastasio, s. a. Meißner.

Insel, Die wüste. Ein Schauspiel von einem Aufzuge in ungebundener Rede [nach Metastasio] aus dem Französischen übersetzt. Wien 1770. V: *Collet.* Ü: *Bursay.* (Theaterkalender 1776. Gotha. S. 205) (BiblPort)

— die wüste. Schspl. in 1 A. 8. Wien 770. Trattner. 2 gr.

— die wüste,. Singsp. nach Metastasio. 8. Lpz. Dyk. 778.

Insel, A., d. Krisis im landwirthschaftl. Gewerbe u. uns. „nothleidende" Krautjunkerschaft. Ein allgem. verständl. Beitrag z. Agrarfrage. gr. 8. (32 S.) Potsdam 895. (Leipzig. K. Weißleder.) n. — 50

Insel-Almanach. [1.] Auf d. J. 1906. (Leipzig:) Insel-Verlag 1906. 8°

Insel-Almanach auf d. J. 1907. (151 S. m. Abbildgn. u. 2 Taf.) 8. Leipzig, Insel-Verlag. Kart. n. — 50

Insel-Almanach auf d. J. 1911. (199 S. m. Abbildgn. u. Taf.) kl. 8. Leipzig, Insel-Verlag. — 50

Inselbewohner, d. einsame, od. Robert Surrais Schicksale in 2 Welttheilen. 8. Wien, Anton Doll. (Liebeskind in Leipz. in Comm.) 799.

Insel-Buch. gr. 16. (VIII, 200 S. m. Abbildgn.) Leipzig 902. Insel-Verlag. n. 1. —; geb. n. 2. —

Inselfahrer, Die. Ein Roman aus der Wirklichkeit. Leipzig 1831. V: *Sydow, Wilhelmine Friederike Caroline.* (GGr)

Inselfahrt, die, od. Aloysius und Agnes; e. ländl. Dichtung in 6 Eklogen, v. L. Th. Kosegarten, m. K. 8. Berl. Voß. 804.

Schreibp.

Die Nordstrander Inselgruppe im Jahre 1862. Kiel. 1863. Lithogr. 1 Bl. 8°, ca. 22/13.5 cm (beschn.).

Beide Blätter gehören zu: Die Hallig Nordstrandisch Moor und ihre Watten v. Christian Johannsen. in Jahrbücher f. d. Landeskunde. Bd. 6. Kiel. 1863. S. 286 ff. Aufgez. a. Leinen.

Inselkönig, der, siehe: Bibliothek, Europäische, 726—730. 744—747. Bd.

Inseln [Sachliches OW]

Inseln, die beglückten, od. Geschichte des Fräuleins v. Jalling aus d. Italien. 2 Thle. 8. Augsb. 777. Klett. 20 gr.

Britische Inseln, siehe Atlas von Steinhauser. 5. Heft Nr. 32.

Inseln — Die britischen — entworfen und gezeichnet von Theodor Freiherrn v. Lichtenstern etc. Magdeburg im Verlag bei Ferdinand Rubach 1829. Lithographirt von Albrecht Platt und dessen Schüler B. Wohlmuth. 1: 1,640,000. 1 Bl.

Inseln — Die dänischen — in der Ost-See, als Seeland, Finen, Laaland, Falster Möen, Bornholm, Langeland u. a. m.; nach astron. Beob. etc. und den Charten v. C. Wessel, H. Schanke u. C. Warberg entworfen von F. L. Güssefeld. Nürnberg bei Homanns Erben 1807. 1: 420,000. 1 Bl.

INSELN, Die entdeckten, der Feen. Egypten (Meyer in Breslau). 1769. 8°.

Weller, fing. Druckorte; Wiener Cat. verbotener Bücher, 1774.

Inseln, Die Liparischen. Prag 1893—96. V: *Ludwig Salvator Erzherzog von Österreich.* (Berl)

Die Nordfriesischen Inseln, gez. v. Christian Peter Hansen 1859. (1 : 200000.) Leipzig. 1859 Farbendruck. 1 Bl. Fol., 47/30 cm. Aufgez. a. Leinen.

Die ostfriesischen Inseln. 1 : 100 000. (No. 64). 1880 und 1886. Je 2 Bl. K

Inseln [Schlagwort]

Insuln von Amerika — Die Englische Colonie - Laender auf den — und zwar die
Inseln S. Christophori, 1 : 280,000.
Antegoa, 1: 140,000 alles Antillische Insula
Jamaica. 1 : 280,000.
Barbados 1 : 1,350,000 samt den Ins. Bermudes. sonst Sommers genannt auf einem besondern Blatt saemtl. 1 : 105,000 vorgestellet, u. herausgegeben von Homaennischen Erben Nürnberg. 1 Bl.

Insulae Franciae — Agri Parisiensis, Tabula particularis, qua maxima Pars — seu Regiae celeberrimaeque Parisiorum Urbis vicina Regio in suas Castellanias accurate divisa exhebitur a Joh. Bapt. Homanno, Noribergae. 1 : 180,000. 1 Bl.

Inselpring, der. Erzählung f. Jung u. Alt von M. v. O. 1. u. 2. Aufl. 8. (à 74 S. m. 2 Vollbildern.) Schwerin 902. F. Bahn. n. — 90; geb. in Leinw. n. 1. —

Inselpring, der. Erzählung f. Jung u. Alt von M. v. O. 3. u. 4. Aufl. (à 74 S. m. Titelbild.) 8. Schwerin 905. F. Bahn. n. — 90; geb. in Leinw. n. 1. —

Inselsberg [Sachl. OW]

Inselsberg, Der, besungen den 10. Aug. 1745 ... Gotha 1745. V: *Suppius, Christoph Eusebius.* (MN) (GGr)

Inselsberg, der, besungen d. 10. August 1745. 4. Gotha, Mevius. 745.

Inselsberg [Schlagwort]

Inselsberg, s. a. Thüringen, Gräf.

Inselsberg, s. a. Thüringen, Mittelbach.

Inselsberg. Rundschaukarte vom Inselsberg. 1: 1,600,000. [Aus: „Friedrichroda u. Umgebgn." und „Tabarz u. Umgebgn."] 29×29 cm. Farbdr. Gotha (904). J. Perthes. n. — 30; auf Leinw. n. — 60

Die Veröffentlichungen des **Inselverlags** (1899—1909). Leipzig: (Insel-verl.) 1910. 71 S. 8°
[Umschlagt.:] Erster Gesamtkatalog d. Inselverlags. [illegible]

Inserat zu den fliegenden Blättern. Die Ankunft des II. Baron Beisele und seines Hofmeisters Dr. Eisele in Breslau. Breslau o. J. [1848.] V: *Fritz, Gustav.* (Kat. d. Druckschr. üb. Breslau. Breslau 1903. S. 59.)

Inseraten-Anzeiger der Stadt Luzern und Umgebung
(5) 15. 11. 1854—5. 5. 1885 (6) 4° (7) wöchentlich 3× (8) Luzern: J. Fluck-Meyer (9) Luzern: J. Fluck-Meyer (12) Inseratenblatt mit Nachrichtenteil und Feuilleton (13) BGSZ: 1028 (14) Lu: Z.

Schweizer Inseratenblatt
v. Emmenthaler Nachrichten.

Inseraten-Versendungs-Liste. Verzeichniss der in Deutschland und in der Schweiz erscheinenden bedeutendsten politischen und Local-Zeitungen, sowie der Zeitschriften wissenschaftl. Inhalts, welche Inserate aufnehmen. Mit Angabe der Verleger, der Auflagen, der Insertionsgebühren, ob Beilagen angenommen und Recensionen geliefert werden, sowie mit anderen Nachweisungen. Nach den neuesten und sichersten Quellen zusammengestellt. 6. Jahrg. 1858. Fol. (II und 28 S.) Leipzig, Haendel. **

—— dass. — 7. Jahrg. 1859. Fol. (29 S.) Ebendas. **

Inseraten-Versendungs-Liste. Verzeichniss der deutschen Zeitschriften wissenschaftl. und unterhaltenden Inhalts, welche Inserate aufnehmen. Nach den Wissenschaften geordnet. Mit Angabe der Redacteure, der Verleger, der Journal-Preise, der Insertionsgebühren, der Auflagen, ob Change-Inserate, Beilagen angenommen und Recensionen geliefert werden, sowie mit anderen Nachweisungen. Nach den sichersten Quellen zusammengestellt von C. A. Haendel. 11.—16. Jahrg. 1868—1874. 4. (32—38 S.) Leipzig, Haendel. 11.—13. Jahrg. à **
14.—17. Jahrg. à **

Inseraten-Versendungs-Liste. Verzeichniss der im deutschen Reich, in Oesterreich und in der Schweiz erscheinenden deutschen Zeitschriften, wissenschaftl. und unterhaltenden Inhalts, welche Inserate aufnehmen. Mit Angabe der Redacteure, der Verleger, der Journalpreise etc. Nach den sichersten Quellen bearb. von C. A. Haendel. 17.—21. Jahrg. 1875—1879/80. 4. (à 29—41 S.) Leipzig Haendel. 17. Jahrg. **
18.—21. Jahrg. à **

Inseraten-Versendungs-Liste. Verzeichniss der im Deutschen Reich, in Oesterreich-Ungarn und in der Schweiz erscheinenden deutschen Zeitschriften wissenschaftl. und unterhaltenden Inhalts, welche Inserate aufnehmen. Nach den Wissenschaften geordnet. Mit Angabe der Redacteure, der Verleger, der Journalpreise etc. Nach den sichersten Quellen bearb. von C. A. Haendel. 22.—26. Jahrg. 1880/81—1884/85. Lex.-8. (à Jahrg. 40 S.) Leipzig, Haendel. à Jahrg.

Inseraten-Versendungs-Liste. Verzeichniss der im Deutschen Reich, in Oesterreich-Ungarn und in der Schweiz erscheinenden deutschen Zeitschriften wissenschaftl. und unterhaltenden Inhalts, welche Inserate aufnehmen. Nach den Wissenschaften geordnet. Mit Angabe der Redacteure, der Verleger, der Journalpreise etc. Nach den sichersten Quellen bearb. von C. Haendel. 27. Jahrg. 1885/86. Lex.-8. (40 S.) Leipzig, Haendel. **
Fortsetzung s.: Adressbuch der deutschen, oesterreichischen und schweizerischen Fachzeitschriften.

Inserenten-Adressbuch, grosses. 12 000 Adressen inserier. Firmen. (Inserenten-Zeitung. 1. Jahrg. 1.—12. Hft.) 4. (144 S.) Leipzig 894. W. Fiedler. n. 12.—

Inserenten-Adreßbuch, neues, enth. über 5000 Adressen v. Firmen, die in deutschen Zeitgn., Zeitschriften u. Kalendern regelmäßig inserieren. Ein unentbehrl. Hilfs- u. Nachschlagebuch f. den Zeitungs- u. Kalender-Verleger. 2. Ausg. (III, 107 S.) 8. Chemnitz 906. H. Thümmler. n. 6.40

Inserenten-Zeitung. Eine Übersicht der hauptsächlichsten, in deutschen, österreich.-ungar., belg., holländ., schweizer. Zeitgn. u. Zeitschriften inserier. Firmen unter besond. Berücksicht. v. Firmen-Neubegründgn. 1. Jahrg. Febr. 1894—Jan. 1895. 24 Nrn. (à ca. 2 Bog.) gr. 4. Leipzig, W. Fiedler. n. 27.—

Inserenten-Zeitung, deutsche. Organ des deutschen Inserenten-Verbandes. Hrsg.: Otto Schmidt u. Fedr. Werth. Red.: Karl Rühlmann. 1. Jahrg. März 1899—Febr. 1900. gr. 4. (à ca. 16 S.) Köln, F. Werth. n. 6.—

— dasselbe. Red.: (Alex. Weber u.) Frdr. Werth. 2. Jahrg. 1900. 12 Nrn. gr. 4. (172 S. m. Abbildgn.) Köln, Verlag der Annoncenexpedition des deutschen Inserenten-Verbandes. n.n.n. 6.—
Nicht durch den Buchhandel zu beziehen.

Insertions-Kalender zugleich Zeitungs-Katalog der Annoncen-Expedition Rud. Mosse. 24. Aufl. Berlin 1891.

— 25. Aufl. 1892.

— 27. Aufl. 1894.

Insertions-Tarif der in Deutschland erscheinenden Zeitungen, s. Verzeichniss und Insertions-Tarif.

Insième [Autorname] = Dubus, Mlle

Insignia, Antiqua Femariae insulae, monumentis historicis ... asserta. Kiloniae 1784. V: *Christiani, Wilh. Ernst.* (schles)

Insignia Turcica. Jenae 17?? V: *Pater, Paul.* (EB)

Ueber **Insinuations-Wesen** und Contumacial-Verfahren in Preussen mit Bez. auf andere Deutsche Staaten. Leipzig: Mendelssohn 1859.

Inskriptions-Ordnung der K. Technischen Hochschule in München. [1905.]

Inspekter: Der Inspekter
(1) Humoristisch-satyrisches Volksblatt (5) [illegible] 1851 (2. Probenummer, die erste Probenummer ist ohne genaues Datum) [illegible] 1851 (6) [illegible] 13. 7. 1861: 4° (7) alle 14 Tage (8) St. Gallen: F. D. Kälin (9) Prof. Jakob Albrecht (12) freisinnig, antiklerikal, illustriert (13) BGSZ: [illegible] (14) SG: Va; Lu: Z.

Inspektions-Vorschriften, die. Angeordneter Feuerwehrdienst. Die Arbeiten des Schriftführers, Zahlmeisters u. Zeugwartes in der Feuerwehr u. im Verbande. Behandlung u. Aufbewahrg. der Spritze, Schläuche, Steig- u. Rettungsgeräthe. Anhang. Hrsg. v. Feuerwehr-Landes-Central-verbande. 8. (180 S. m. Formularen.) Trautenau 897. (Eger, J. Kobrtsch & Gschihay.) Kart. n.n. 1.40

Inspici(e)rung ..., s. Inspizierung ...

Inspiration, die, der Heiligen Schrift. Aus dem Engl. übers. 8. (87 S.) Schaffhausen 877. (Elberfeld, Langewiesche.) n. — 60

Inspizierungs - Schiessen. Von A. M. F. Wien 1904. V: *Minarelli Fitzgerald, Alexander Chevalier.* (EB)

Inspizierungs-Schießen. Von A. M. F. (22 S.) 8. Wien 904. L. W. Seidel & Sohn. n. — 60
Sonderabdruck aus: „Danzer's Armee-Zeitg."

Inspicirungs-Vorschrift (A—37) für das k. k. Heer. 4. Wien 1882.

Nachtrag 3 und 4 vom Jahre 1889 zur Inspicirungs-Vorschrift für das k. k. Heer vom Jahre 1882. (A—37) (Heft 54 der Taschen-Ausgabe.) 8. (7 S.) Wien: Hof- u. Staatsdruckerei 1889. —.4

Inspicirungs-Vorschrift für die k. k. Landwehr (V.-Bl. für die k. k. Landwehr Nr. 11 ex 1889.) 4. Wien 1889.

Inspicierungs-Vorschrift (A- XXXIV.) für die k. k. Landwehr (Verordnungsblatt für die k. k. Landwehr Nr. 29 ex 1894.) 4. Wien 1894.

Inspicirungs-Vorschrift für die k. k. Landwehr. 4. (26 S.) —.13 netto. Wien: Hof- u. Staatsdruckerei 1894.

Inspicierungs-Vorschrift f. d. k. k. Landwehr. (a. Taschen-Ausgabe der Vorschriften der k. k. Landwehr. 13. Hft.

Inspizierungs-Vorschrift für die k. k. Landwehr. [Taschenausgabe der Vorschriften der k. k. Landwehr. Heft 13.] (31 S.) Wien: Gerold 1903. K —.90

Inspicierungsvorschrift (A—38) für die k. und k. Militär-Erziehungs- und Bildungs-Anstalten. (Zu Präs. Nr. 1566 vom Jahre 1897 — N. V. Bl. für das k. und k. Heer, 10. Stück.) gr. 8. Wien 1897.

Inspizierungsvorschrift f. die k. u. k. Militär-Erziehungs- u. Bildungsanstalten. (17 S.) Lex.-8. Wien 905. (Hof-Staatsdruckerei.) n. — 20

Inspruckner, Andreas

Inspruckner, Andr., († d... Juli 1785.) Anleit. zu der neuester Zeit im Handel u. Wandel üblich seienden Rechenkunst. 8. Nürnberg 765. 2e Aufl. 781. 3e—6e (v. G. Ph. J. Bieling) verb. Aufl. 8. Ebd. 806, 16 u. 23. Bieling. (Fr. Fleischer in Lpz.) 8 gr

Inspruckner, A., Anleit. zu der neuesten Zeit im Handel u. Wandel. 8. Lpz. W. Fleischer. 799.

— kurze Anleit. z. Rechenkunst. 8. Nrnb. Bieling. 799.

Inspruckner, Andreas. Kurze Anleitung zu der . . . üblich seyenden Rechenkunst. 3. Aufl. Nürnberg 1800. V: *Bieling, G. Phil. J.* (will)

Inspruckner, A., Anleitung zu d. im Handel u. Wandel üblich seyenden Rechenkunst rc. neue verb. Aufl. 8. Nürnb. Bieling. 816.

Inspruckner, (A.,) Anleit. zu d. im Handel u. Wandel üblich seienden Rechenkunst. 6e Aufl. 8. Nürnb. 823. Bieling.

— nöthiges Wissen eines Wechselrechners, d. i.: Valores u. Curse d. vornehmsten Handelsstädte. 8. Nürnb. 768. N. Aufl. Ebd. 806. (Fr. Fleischer in Leipz.) 9 gr

• — nöthiges Wissen eines Wechselrechts. 8. Ebend. 806.

Installateur, Dem. Technische Mitteilungen der Fa. Junkers & Co. Jg. 1—4. 1909—12 u. Bl. 1. 1925ff. Dessau

Installateur-Kalender pro 1886. Hrsg. v. Carl Pataky etc. Mit vielfach verm. Text. Reich illustrirt. gr. 16. (VII, 112 u. 94 S.) Berlin, Pataky. geb. in Leinw. n. 2.—; in Ldr. n 2.60

Installateur-Kalender pro 1886—1889. Hrsg. von Carl Pataky etc. Mit vielfach verm. Text. Reich illustr. gr. 16. (à Jahrg. ca. 200 S.) Berlin, Pataky. geb. in Leinw. à Jahrg. * geb. in Leder à Jahrg. *

Installateur-Kalender [Rohrleger] f. 1891—1893. Hrsg. v. Carl Pataky unt. Mitwirkg. v. E. Dalchow, Foehr, G. Langbein u. vieler and. Praktiker. 11., 12. Jahrg. u. 13. Jahrg. 2 Thle. gr. 16. (VII, 101, 232, VII S.; XIII, 128, 136 S.; XIII, 128, 136, III, 122 S. m. Abbildgn.) Berl., Pataky. à Jahrg. geb. u. geh. n 2 —

Installateur-Kalender (Rohrleger) für 1894. Herausgegeben von Carl Pataky. Reich illustrirt. XIV. Jahrgang. 16. (143 S., mit Notizblättern.) In Lnwd geb. Wien: Perles 1.30

Installateur-Kalender (Rohrleger) f. 1895. Hrsg. v. Carl Pataky unter Mitwirkung vieler Fachleute. 15. Jahrg. 2 Thle. gr. 16. (XV, 128, 160 u. 120 S. m. Abbildgn.) Berlin, C. Pataky. Geb. in Leinw. u. geh. n. 2. —

Installateur-Kalender (Rohrleger) für 1895. Herausgegeben von Carl Pataky. Reich illustrirt. XV. Jahrgang. 16. (160 S., mit Notizblättern.) In Lnwd. geb. Wien: Perles 1894. 1.30

Installateur-Kalender (Rohrleger) für 1896. Herausgegeben von Carl Pataky. Reich illustrirt. XVI. Jahrgang. 16. (160 S. mit Notizblättern.) In Lnwd geb. Wien: Perles 1895. 1.30

Installateur-Kalender (Rohrleger) für 1897. Herausgegeben von Carl Pataky. Reich illustrirt. XVII. Jahrgang. 16. (160 S., mit Notizblättern.) In Lnwd. geb. Wien: Perles 1896. 1.30

Installateur-Kalender (Rohrleger) für 1898. Herausgegeben von Carl Pataky. Reich illustrirt. XVIII. Jahrgang. 16. (160 S., mit Notizblättern.) In Lnwd. geb. Wien: Perles 1897. 1.30

Installateur-Kalender f. 1899. Hrsg. v. Carl Pataky unt. Mitwirkg. vieler Fachleute. 19. Jahrg. 2 Tle. 12. (XV, 128, 176 u. 116 S. m. Fig.) Berlin, C. Pataky. Geb. in Leinw. u. geh. n. 2. —

Installateur-Kalender (Rohrleger) für 1899. Herausgegeben von Carl Pataky. Reich illustrirt. XIX. Jahrgang. 16. (176 S., mit Notizblättern.) In Lnwd. geb Wien: Perles 1898. 1.30

Installateur-Kalender (Rohrleger) für 1900. Herausgegeben von Carl Pataky unter Mitwirkung vieler Fachleute. Reich illustrirt. XX. Jahrgang. Wien. Perles. 8°. 176 S. Geb. fl. 1.30

Installateur-Kalender (Rohrleger) für 1901. Herausgegeben von Carl Pataky unter Mitwirkung vieler Fachleute. Reich illustrirt. XXI. Jahrgang. Wien. Perles. 8°. 176 S Geb. K 2.60

Installateur-Kalender (Rohrleger) für 1902. Herausgegeben von Carl Pataky unter Mitwirkung vieler Fachleute. Reich illustrirt. XXII. Jahrgang. Wien. Perles 8°. 176 S. Geb. K 2.60

Installateur-Kalender f. 1903. Hrsg. v. Carl Pataky unter Mitwirkg. vieler Fachleute. 23. Jahrg. 12. (XV, 128 u. 176 S. m. Fig.) Berlin, C. Pataky.
Geb. in Leinw. n. 2. —

Installateurkalender (Rohrleger) für 1904. 24. Jahrg. 8°. (ill. 176 S.) Wien: Perles 1903. geb. K 2.60

Installateur-Kalender f. 1906. Hrsg. v. Carl Pataky unter Mitwirkung vieler Fachleute. 26. Jahrg. (XV, 128 u. 184 S. m. Fig.) kl. 8. Berlin, C. Pataky.
Geb. in Leinw. n. 2. —

Installateur-Kalender f. 1911. Hrsg. v. Carl Pataky unter Mitwirkung vieler Fachleute. 31. Jahrg. (XV, 128 u. 194 S. m. Fig.) kl. 8. Berlin, C. Pataky.
Geb. in Leinw. 2. —

Installateur- u. Klempner-Zeitung, deutsche. Verbandsblatt des westdeutschen Verbandes selbständ. Installateure, Klempner u. Kupferschmiede. Red.: J. Gerlach jr. Jahrg. 1905. 52 Nrn. (à ca. 8 S.) 4. Düsseldorf, J. B. Gerlach & Co. n. 6. —
Vergl.: Kraft u. Licht. — Nicht mehr im Buchhandel.

Beigel, Herm.: **Installation** of Br. Herm. Beigel, as worshipful master of the Lodge of Tranquility [in London], No. 185, on Monday, Febr. 21 st, 1870. [London 1870.] 2 Bl. 4⁰ [Umschlagtit.]
Tt. 2492. Programm u. 4 Liedertexte.

Dachroeden, Caesar v.: Verhandelt im Ordenshause der Grossen Landes-Loge der Freimaurer von Deutschland zu Berlin, am 19ten Aug. 1864. **Installation** des neu erwählten Landes-Grossmeisters Caesar v. Dachroeden. [Berlin 1864: Mittler & S.] 7 S. 2⁰ [Kopftit.]

Die feierliche **Installation** (1904/05: Inauguration) des Rektors der K. K. Deutschen Carl-Ferdinands-Universität in Prag f. d. Studienj. 1894/95 ff. Prag 1894 ff.

Installationsfeier der reactivirten ger.·. u. vollk.·. St. Joh.·. Loge Carl zur Eintracht im Or. von Mannheim am 23. Aug. 5846. Als Ms. f. Brr. [Mannheim 1846.] 53 S. 8⁰
Abgedr. in: Erwinia. 1 (1847) S. 261—318, 358—360 [deutsch u. franz.].
Recens: A. 13 (1847) S. 343.
cf. FZ. 1 (1847) S. 15—16; L. 9 (1847) S. 169 bis 229.
Tt. 531. Bericht mit Angabe des Rituals, Reden von Abel: Üb. das Vollkommenwerden in der Frmrei, E. Kauffmann: Rückblick auf die Gesch. der Loge, u. a. m.

Installations-Feier der Loge zur Bruderkette am 15. Dec. 1847. (Als Ms. f. Frmr.) Hamburg 1848: Anthes. 24 S. 8⁰
[Umschlagtit.:] ⊏⊐ zur Bruderkette.
Bericht. Vortrag von A. Detmer: Üb. den Wert des Frmrbundes für die Gegenwart, von J. M. Buthman: Die „Bruderkette", ein Symbol der Eintracht, des Vertrauens u. der Liebe, u. von Hogarten: Mahnung, fortzubauen am Tempel der menschlichen Vollkommenheit.

Installations-Feier der Loge zur Brudertreue an der Elbe. Erinnerungsblätter an den 15. Sept. 1845. Hamburg [1845]: Nobiling & Heidrich. 13 S. 8⁰ [Umschlagtit.]
Bericht. Festrede von A. Detmer: Üb. Zweck u. Ziel des Mrbundes.

Installationsfeier der gerechten und vollkommenen Loge . . . im Morgen von Darmstadt. Mainz 1816. V: *Wedekind, Georg Christian Gottlieb Freiherr von.* (MGT) (Kl) (SJL)

Installations-Predigt, die, zur feierlichen Amtseinführung des Herrn Predigers Bernhard Meyer, gehalten von Herrn Jakob Benesch u. die Antritts-Predigt gehalten von Herrn Bernhard Meyer am 1. Adventsonntag 1863. gr. 8. (22 S.) Prag, Tempsky in Comm. 1864. 20 kr.

Installationsrede und Antrittspredigt gehalten bei der Einsetzung des Pfarrers Dr. Frz. Adph. Köster in der deutsch-reformirten Kirche zu Erlangen am Sonntag, den 6. Juni 1858. gr. 8. (80 S.) Erlangen 858, Bläsing.

Installationstage, am. des wiedererbauten Tempels der brüderl. Liebe zu Worms dem Com. Inst. B. Schulz M. v. St. zu Frankenthal gewidmet von Joh. Ad. M. Am 8. Juli 1811. 8 2 Bl. — Fehlt bei Kloss.

Instandsetzungen an den Schußwaffen 98. Vom 26. IV. 1910. (D. V. E. Nr. 172a.) (X, 115 S.) 8. Berlin 910. E. S. Mittler & Sohn. — 80; geb. 1. —

Instandsetzungs-Anleitung f. Feldgeschütze. München 1888. 1899.

Instandsetzungsanleitung f. Feldgeschütze C/96. Berlin 1899.

Instanz, die vierte. Monatsschrift f. Kritik der Rechtsprechung u. Gesetzgebung. Hrsg. u. Red.: Eduard Loewenthal. Oktbr.—Dezbr. 1904. 3 Nrn. (à 8 S.) Lex.-8. Berlin, O. Dreyer. n. 1.—
Erscheint nicht mehr.

Instanzen-Schematismus f. Tyrol und Voralberg. 8. Insbr. Wagner. 805.

Instanziennotiz, schles., od. d. lebende Schlesien. a Thle. (erscheint alle Jahre) 8. Bresl. W. G. Korn.

Schlesische **Instanzien-Notiz** oder Verzeichniß der in Schlesien befindlichen hohen und niedern Königl. Landes-Collegien, Aemter und übrigen Behörden (seit 1856:) **Handbuch** der Provinz Schlesien. Breslau. 5 Bde
Für die Jahre 1806. 1848/49. 1852. 1859. 1881.

Schlesische Instanzien-Notiz, Verzeichniss der Königl. Militair-, Civil-, Geistlichen-, Schulen- u. übrigen Verwaltungs-Behörden u. öffentl. Anstalten in d. Provinz Schlesien, d. dazu gehör. Theile d. Lausitz u. d. Grafschaft Glatz u. namentl. d. Haupt- u. Residenzstadt Breslau. Für d. J. 1817—34. Mit höher. Genehm. herausgeg. in dem Ober-Präsidial-Büreau. *Breslau*, W. G. Korn. gr. 8. (à J. 1 Thl. — 18 Thl.)

Instanziennotiz, schlesische, od. Verzeichniß der in Schlesien befindlichen hohen und niedern königl. Landescollegien, Aemter u. übrigen Behörden für das Jahr 1817—19. 8. Breslau. W. G. Korn. à 1 Thlr.

— — Dieselbe für 821. 8. Ebend. (Leipzig, Barth in Comm.) 821.

Instanzien-Notiz, Schlesische, oder Verzeichniß aller kön. Behörden rc., f. 1827. 8. Breslau. W. G. Korn.

Instanzien-Notiz, Schlesische, Verzeichniß d. Kgl. Militair-, Civil-, Geistlichen-, Schulen- u. übrigen Verwaltungs-Behörden u. öffentl. Anstalten in d. Provinz Schlesien, d. dazu gehör. Theile d. Lausitz u. d. Grafsch. Glatz u. namentl. d. Haupt- u. Residenzstadt Breslau. Für d. J. 1828—34. Mit höh. Genehm. hrsg. in d. OberPräsidial-Bureau. gr. 8. ... Breslau, W. G. Korn. à
Jahrg. 1817—27. Ebendas. à 1 Thlr.

Instanzien-Notiz, Schlesische. Verzeichniß der K. Militair-, Civil-, Geistlichen-, Schulen- u. übrigen Verwaltungs-Behörden, der öffentl. Anstalten, so wie der Rittergutsbesitzer, Kaufleute, Fabrikanten rc. in der Provinz Schlesien, dem dazu gehörigen Theile der Lausitz und der Grafschaft Glatz. Für die Jahre 1841/42, 1843/44, 1845/46. Herausgegeben in dem Ober-Präsidial-Bureau. gr. 8. Breslau, W. G. Korn. (à 2 Jahre n. 1⅓ ₰) 841—46 n. 4 ₰

Instanzien-Notiz, schlesische. Verzeichniß der kgl. Militair-, Civil-, Geistlichen-, Schulen- u. übrigen Verwaltungs-Behörden, der öffentl. Anstalten, so wie der Rittergutsbesitzer, Kaufleute, Fabrikanten rc. in der Provinz Schlesien, dem dazu gehörigen Theile der Lausitz u. der Grafschaft Glatz. Für d. J. 1843—44 u. 1845—46. Hrsg. in d. Ober-Präsidial-Bureau. gr. 8. Breslau, W. G. Korn. [18 43/44. (32½ B.) 843, 18 45/46. (34⅜ B.) 45. à * 1 Thlr. 10 Ngr.] *

Instanzien-Notiz, schlesische. Verzeichniß der königl. Militair-, Civil-, Geistlichen-, Schulen- und übrigen Verwaltungs-Behörden, der öffentl. Anstalten so wie der Rittergutsbesitzer, Kaufleute, Fabrikanten rc. in der Provinz Schlesien, dem dazu gehörigen Theile der Lausitz und der Grafschaft Glatz. Für die J. 1848—49. Hrsg. in dem Ober-Präsidial-Bureau. gr. 8. (XI und 504 S.) Breslau 848, Korn. *

—— dass. — Für das Jahr 1852. gr. 8. (XI und 422 S.) Ebds. 851. *

Instanzien-Notiz, schlesische. Verzeichniß der Königl. Militair-, Civil-, Geistlichen-, Schulen- und übrigen Verwaltungs-Behörden, der öffentlichen Anstalten, so wie der Rittergutsbesitzer, Kaufleute, Fabrikanten rc. in der Provinz Schlesien, dem dazu gehörigen Theile der Lausitz und der Grafschaft Glatz. Für das Jahr 1854. Mit höherer Genehmigung herausg. in dem Ober-Präsidial-Bureau. Breslau, Korn. Lex.-8. (XI, 431 S.) n. 1 ₰. 10 ngr

—— dass. — Handbuch der Provinz Schlesien. Mit höherer Genehmigung hrsg. in dem Ober-Präsidial-Bureau. gr. 8. (XII und 480 S.) Ebds. 856. *

Instanzien-Notiz, schlesische. Handbuch der Provinz Schlesien. Mit höherer Genehmigung hrsg. in dem Ober-Präsidial-Büreau. (Jahrg. 1858.) gr. 8. (XII und 472 S.) Breslau 858, Korn. *
Vgl.: Handbuch der Provinz Schlesien.

Instanzien-Schematismus f. Tyrol u. Vorarlberg. 8. Insbr 805. Wagner. 9 K

Insterburg [Schlagwort]

Insterburg, s.: Deutschland. Karte (Abt. Preussen). — Gumbinnen, Reg.-Bez.

Insterburg, s.: Europa. Liebenow.

Insterburg, s.: Radfahrerkarten.

Insterburg, s.: Woerl's Reisehandbücher.

Insterburg [Verfasser]

Insterburg, Sigismund v., Tag u. Nacht od. Singsang e. poet. deutschen Nachtwächters aus dem J. 1789 f. polit. u. unpolit. Leute in allen Tonarten. 16. (135 S.) Paderborn 872. Schöningh. n. 1. 25

Insterburg, Sigismund v., Tag und Nacht oder Singsang eines poet. deutschen Nachtwächters aus dem J. 1789 für polit. und unpolit. Leute in allen Tonarten. 16. (135 S.) Paderborn 873, Schöningh. *

Instinct, Der, ... 1785. (II, 10900) V: *Rivière Du Fresny, Charles* (nicht: *Presny*). (DARP)

Instinkt, der; oder: wer ist Vater zum Kinde? Lustspiel v. Jünger. 8. Lpz. Dyk. 785.

Instinct, Der, oder: Wer ist Vater zum Kinde. Lustspiel in einem Aufz. [nach Du Presny]. Leipzig 1786. V: *Jünger, Johann Friedrich.* (BrMm) (GGr)

Institoris, Heinr., Malleus Maleficarum, s. a. Sprenger, Jak.

Malleus Maleficarum. Der Hexenhammer. Verf. von d. beiden Inquisitoren Jakob Sprenger u. Heinrich **Institoris**. Zum 1. Male ins Deutsche übertr. u. eingeleitet von J. W. R. Schmidt. 3 Teile. T. 1—3. Berlin: H. Barsdorf 1906. 3 Bde 8°
1. Was sich bei d. Zauberei zusammenfindet.
2. Die verschiedenen Arten u. Wirkungen d. Hexerei u. wie solche wieder behoben werden können.
3. Der Kriminal-Kodex ... nebst ausführl. Index über alle 3 T. 1-4. 9155

Institoris, Mich., Impunitas vagae veneris hum. generi reiq. publ. multum noxia. 8. Presb. Lippert. 798.

— — idem. 8. Posonii (Eggonberger in Pest) 798.

Institut, Das bibliographische, in Leipzig. [Leipzig] 1879. V: *Hepp, Carl.* (cb)

Institut, das Bibliographische in Leipzig 1826-95. (26 S) 4° Leipzig 1895

Das Bibliographische **Institut** in Leipzig. (Leipzig [1906]: Bibl. Inst.) (37 S.) 4° [Umschlagt.] [u.ē. 1960]

l'**Institut central ampélologique royal hongrois à Budapest.** (16 S. m. 2 Abbildgn. u. 2 Plänen.) gr. 8. Budapest 905. (L. Toldi.) n. 1. —

Institut, das chemische der k. k. Universität zu Graz. Herausgegeb. von dem naturwissenschaftlichen Vereine für Steiermark. Mit 8 Tfln. Wien 1880. med. 4°. brosch. (28 S.)

Das Elektrotechnische **Institut** der Großherzoglich Technischen Hochschule Darmstadt. Zur Feier seines 25jährigen Bestehens. Darmstadt, den 1. Nov. 1907. 29 S., 13 Taf. 4°

Institut, das, der englischen Fräulein in Mainz. Festgabe zur ersten Säcularfeier. gr. 16. (VIII und 164 S.) Mainz 853, Kirchheim. **

Institut, das, der Freiwilligen in der königl. preußischen Armee. 8. (15 S.) Hannover 866, Helwing'sche Hofbuchh.

Institut, Das, für Gährungsgewerbe und Stärkefabrikation in Berlin. 2. Aufl. Berlin 1898. V: *Delbrück, Max.* (Berl)

Institut, Das, für Gährungsgewerbe und Stärkefabrikation in Berlin. 3. Aufl Berlin 1900

Das *Institut* f. Gärungsgewerbe u. Stärkefabrikation in Berlin. Ergänzungs-Heft. Berl. 1903. 28 S. Fig. 4°.

Das *Institut* f. Gärungsgewerbe u. Stärkefabrikation. Berl. 1906. 32 S. Fig. (Sætr.). 4°.
— Sst. o. A. 14 S. P.
(20. Wanderausstellung d. deutschen Landw.-Gesellschaft).

Institut für Gewerbehygiene zu Frankfurt a. M. (72 S) Frankfurt a. M. 1910

Institut, f. Grosbrit., z. Beförder. u. Entdeck. im Gebiete d. Nat. d. Künste u. Wissenschaften, a. d. Engl. gr.-8. Wien, Camesina. 800.

—**königl. Großbritann., z. Beförderung u. Entdeckung im Gebiete d. Natur der Künste u. Wissenschaften; aus d. Engl. gr. 8. Wien 800. (Heubner). 20 ℋ**

Institut. Das Internationale I' für Sozial-Bibliographie (E. V. zu Berlin). Ein Bericht ueber seine bisherige Entwicklung, hrg. vom Vorstande. 48 S. 8. Dresden, O. V. Boehmert, 1907. (M. 1.—)

(Verwaltungsbericht vom 30. August 1905 bis 31. Dezember 1906; Programm; Satzungen; Personalia; Zur Einfuehrung; Schlagwort-Verzeichnis; *etc.*)

Institut, das, der königl. baier. Landärzte in Schutz genommene, von Veridicus Bavarus gegen die Bemerkungen über einige Gebrechen der Sanitätspolizei in Baiern. gr. 8. München 819. Fleischmann. 5 ℋ

Institut für Nordalbingische Landeskunde. Heft 1: Mittheilungen des statistischen Bureaus in Kiel. Nr. 1: Uebersicht des Areals der Staatsforsten und der Staatsmööre in den Herzogthümern Schleswig-Holstein. Kiel. 1851. 8°.

Institut für nordalbingische Landeskunde. 1. Heft: Mittheilungen des statist. Büreaus in Kiel. Nr. 1. Lex.-8. (30 S.) Kiel 851, Schröder und Comp. *

Institut, das landwirthschaftliche, der Universität Halle-Wittenberg und die Wirksamkeit seines ersten Direktors und Begründers, des Hrn. Geh.-R. Prof. Dr. Jul. Kühn. Jubiläumsschrift zum 25jähr. Bestehen. gr. 8. (8 S. mit dem zinkogr. Bildniß von Jul. Kühn.) Leipzig 888, H. Voigt. *

— das landwirthschaftliche, zu Jena und seine 24jähr. Jubelfeier am 22. Juni 1851. Von einem alten Schüler der Anstalt. gr. 4. (7 S.) Leipzig 851, (Rein'sche Buchh.) *

Militär-geographisches **Institut,** Das k. und k., zu Beginn des XX. Jahrhunderts. (Mit 4 Karten, 1 Plan und 19 Porträts so wie vielen Abbildg. im Text.) 8. Wien 1901.

Das Pathologisch-hygienische **Institut** der Stadt Chemnitz. (Chemnitz 1905.) 6 S., 10 Taf. 4° [Umschlagt.] [illegible] 10

Institut, Das pharmaceutische, in Straßburg. Stuttgart 1845. V: *Gräter, L.* (Erman & Horn, Bibliogr. d. dtsch. Universitäten. 2. Leipz. u. Berl. 1904.)

Aus dem Pharmazeutischen **Institut** der Herzogl. Technischen Hochschule Carolo-Wilhelmina. Den Teilnehmern der 39. Hauptversammlung des Deutschen Apotheker-Vereins in Braunschweig vom 6. bis 8. Sept. 1910 gewidmet von H[einrich] Beckurts. Mit 9 Abb. im Text, 1 Grundriss u. 5 Taf. Braunschweig: Vieweg 1910. 121 S., 5 Taf. 8° *Br*

Enth. u. a.: H[einrich] Beckurts: Das pharmazeutische Institut der Herzoglichen Technischen Hochschule in Braunschweig 1870—1910. — O(tto) Linde: Die Anfertigung pharmakognostischer Dauerpräparate. — J[ulius] Troeger u. H(ermann) Runne: Beiträge zur Erforschung der Angosturaalkaloide. [Vgl. die Dissertation von Runne. Nr 889.] — Hermann Emde: Zur Beziehung zwischen chemischer Konstitution und physiologischer Wirkung: Substanzen mit lockerer Kohlenstoff-Stickstoffbindung. — H(einrich) Frerichs: Über die Darstellung von Chinatinkturen und über den Gehalt derselben an Alkaloiden. — Robert Bohlmann: Die Apotheken der Stadt Braunschweig.

Institut (Philanthropisches) oder ein Versuch über den Zustand der jetzigen Dürftigen und die besten Mittel, die verdienstvolle Klasse derselben thätig zu unterstützen. Von einem Preussen. 8⁰. Berlin 1809.

Berlin.

— Das Kgl. Preussische Geodätische Institut. Berlin 1890.

Das Königlich Preussische Geodätische **Institut** bei Potsdam. *(Berlin 1893: K. Hacker & L. Godenschweger.)* (17 Taf.) gr.2° [Deckelt.] [00. 10316

Institut der barmherzigen Schwestern. Behufs der Krankenpflege in Wien. 4. (78 S.) Wien. Mechitharisten=Buchdruckerei. 1854.

Institut der barmherzigen Schwestern. Wien, 1855. Mechitharisten = Buchdruckerei. (13, 9, 5, 3, 4, 3, 3, 5, 5, 4, 7, 5 S. 4.)

Institut der barmherz. Schwestern. Wien, 1856. Mechitharisten=Buchdr. (47 Bl. 4.)

—— das ständisch=polytechnische, zu Prag. Progamm zur 50jähr. Erinnerungs=Feier an die Eröffnung des Institutes. 10. Novbr. 1856. Im Auftrage des Lehrkörpers redig. von Carl Jelinek. gr. 8. (VIII und 367 S. mit 1 Portr. in Stahlst.) Prag 856, (Calve'sche Buchh.) **

[Institut.] Zu dem Kap. 31 Tit. 33 d. Etats d. preuss. Minist. d. geistl., Unterr.- u. Medizinal-Angelegenheiten f. d. J. 1907. (Zahnärztliches Institut d. Universität Berlin.) [Berlin 1907.] 8⁰. *[Umschlagtit.]*

Instituta et leges civitatum stirpis Doriensium . . . Gottingae 1775. V: *Heyne, Christian Gottlob.* (MGT)

Instituta et leges Heracliensium . . . Gottingae 1776. V: *Heyne, Chn Gottlob.* (MGT)

Institute, die unter der Regierung Sr. Maj. d. Königs Karl an der Universität Tübingen errichteten u. erweiterten, der naturwissenschaftlichen u. der medizinischen Fakultät. gr. 4. (VIII, 114 S. m. Abbildgn. u. Grundrissen.) Tübingen 889, Laupp. ‡ 10 -
Aus: Festgabe der Universität Tübingen zum 25. Juni 1889, besonders abgedruckt.

Institute, die, der medizinischen Fakultät an der Universität Leipzig, s. a. Festschrift zur Feier des 500jähr. Bestehens der Universität Leipzig. III.

Die **Institute** der medizinischen Fakultät an der Universität Leipzig. 1409. 1909. Leipzig: Hirzel 1909. 322 S. 4°
(Festschrift z. Feier d. 500jähr. Bestehens d. Univ. Leipzig. Bd 3.) [09. 11839 2

Institute, Hygienische, der Königl. Universität. Bericht über Heiz- u. Ventilations-Versuche. Berlin 1890. Fol.

Institute, The imperial and royal geological, of the austrian empire ... Vienna 1862. V: *Haidinger, Wilh. Ritter von.* (EB)

Katholische Institute vor dem Richterstuhle der irrgläubigen u. glaubensfeindlichen Presse. Paderb., Bonif.-Dr., 1899, kl. 8°, 10 Pf. (Bonif.-Brosch. Jahrg. 30, Heft 12.)

Institute, Naturwissenschaftliche, der Friedrich-Wilhelms-Universität zu Berlin. (7 Blatt Zeichnungen.) Fol.

Die naturwissenschaftlichen und medicinischen **Institute** der Universität Bern. (Vorr.: Erziehgsdir. Dr. Gobat.) *(Bern: Staatsverl.); Biel: Buchdr. A. Schüler (1896).* (1 Bl., 111 S., 18 Taf.) 1 Bd 4. [96. 7525

Institute, d. naturwissenschaftl. u. medicin., der Universität Bern 1896. hoch 4. (111 S. m. 36 Fig. u. 18 Lichtdr.-Taf.) Bern 896. [Staatl. Lehrmittelverlag.] J. Haller. n. 5. —; geb. n. 7. —

Institute, die naturwissenschaftlichen u. medicinischen, der Universität u. die naturhistorischen Sammlungen der Stadt Strassburg. Festschrift f. die 58. Versammlg. deutscher Naturforscher u. Ärzte. Lex.-8. (VII, 148 S. m. eingedr. Holzschn.) Strassburg 885. Heitz. n. 4. —

Die neuen Chemischen Institute der Königlichen Technischen Hochschule zu München. (Mit Vorw. von Walter v. Dyck.) — München 1909: Wolf. 64 S. 2° **1. 2.**

Vom österreichischen archäologischen **Institute**. Verluste von Mitgliedern. Wiss. Reisen ... (Vorr. O[tto] B[enndorf.]) Brünn 1903: Rohrer. 31 S. 8° A 14. 6972 7

Institute, die physikalischen, der Universität Göttingen. Festschrift im Anschluss an die Einweihg. der Neubauten am 9. XII. 1905. Hrsg. von der Göttinger Vereinigung zur Förderung der angewandten Physik u. Mathematik. (IV, 200 S. m. Abbildgn. u. 5 Taf.) Lex.-8. Leipzig 906. (B. G. Teubner.) n. 10. —; geb. n. n. 12. —

Institute, polytechnische: Prechtels Rede 6/11 1815 bei Eröffnung des Wiener Instituts; Industrie-Schule zu St. Gallen dargestellt von Delabar (1844); über polytechnische Institute von Dr. W. Hermann (1826).

— u. **Seminare**, die, der philosophischen Fakultät an der Universität Leipzig, s. a. Festschrift zur Feier des 500jähr. Bestehens der Universität Leipzig. IV.

Die **Institute** und Seminare der philosophischen Fakultät an der Universität Leipzig. 1409. 1909. T. 1. 2. Leipzig: Hirzel 1909. 4°
1. Die philolog. u. d. philosoph.-hist. Sektion.
2. Die math.-naturw. Sektion.
(Festschrift z. Feier d. 500jähr. Bestehens d. Univ. Leipzig. Bd 4.) [09. 11840 2

Die dem pharmazeutischen Studium dienenden **Institute** an der Großh. Technischen Hochschule zu Darmstadt. [1908.] 36 S. 4⁰

Institutio

— brevis universae matheseos. III Partes, c. fig. 8. Ofen 753. Typograph. Soc. 1 ₰ 4 Kr

— compendiaria grammaticae graecae. 8. Regensb. 754. Bader. 16 Kr

Institutio, Universae Matheseos brevis, theoretico-practica ex Operibus Patrum S. I. collecta ... »Dilingae 1747. V: *Planck, Joh. Bapt.*« (SO) (JES) Tyrnaviae 1752—55. V (3 u. H v. 1. 2): *Ivansics, Johann* (JES) oder *Reviczky, Ant.* (Stöger, Script. Prov. Austr. S. J. Viennae 1856). »Pedeponti 1752. V: *Gautruche, Pierre.*« [?] (EB)

Institutio pastoralis. Viennae 1819. V: *Reichenberger, Andr.* Ü: *Millauer, Maximilian.* (WBL)

Institutio ad philosophiam ... S. l. [ca. 1865]. V: *Staffler, Josef.* (Margr)

Institutio pract. clerici Petrini et maxime neoparochi. 8. Augsb. Rieger. 793.

Institutionen. Die vier Bücher der Institutionen des Kaisers Justinianus ... Lemgo 1765. Ü: *Helwing, Christian Frdr.* & *Joh. Alb. Herm. Heldmann.* (Ky) (EngJ) (MGT)

J. Inst. libb. IV. — A. u. d. T.: Die Institutionen des Kaisers Justinian, in vier Büchern. In's Deutsche übers. von W. M. Rossberger. *Berlin,* Voss. 829. 8. (1 Thl.)

Institutionen, einige, im Großherzogth. Mecklenburg-Schwerin, s. Zustände und Institutionen.

Institutionen d. Preuß. Privatrechts mit Einschluß des Lehnsrechts, sammt Angabe d. wichtigsten Abweichungen des in Deutschl. entstandenen gemeinen Rechts. gr. 8. Berlin 826, Hirschwald.

Institutionen des russ. Rechts, von der Gesetzcommission herausgeg. und für die Ostseeprovinzen deutsch bearbeitet. 1r Bd. gr. 8. St. Petersburg. (Leipzig, Cnobloch.) 819.

Die Institutionen-Commentare des Gajus. A. d. Latein. übers. u. m. Anmerkk. begleitet von L. U. H. Frhr. v. Brockdorff. Bd. I. *Schleswig,* (L. Hermann u. Langbein.) 825. gr. 8. (2 Thl. 18 Gr.) [Enth. blos d. 1ste Buch.]

Institutionen-Commentarien, die Gaianischen, übers. von F. W. Konr. Beckhaus. gr. 12. (IV und 272 S.) Bonn 857. [Cohen und Sohn.]

Institutiones recogn. P. Krueger, s. Corpus juris civilis.

Institutiones. Divi Fl. Justiniani Institutionum ex Theophili paraphrasi illustratarum Libri IV ... Francof. et Lips. 1746. H: *Beaurieux, Fr. Edm. Ch. de.* (Hoff)

Institutionum graeca paraphrasis Theophilo antecessori vulgo tributa, ad fidem librorum manu scriptorum rec., prolegomenis, notis criticis instruxit E. C. Ferrini. Accedit epistula C. E. Zachariae a Lingenthal. Pars I. Libros I et II et prolegomena continens. gr. 8. (XXIII, 256 S.) Berlin 884, Calvary und Comp.

—— dass. — Cum versione latina. Pars I. gr. 8. (XXIII, 256 Doppels.) Ebendas. 884.

Institutionum graeca paraphrasis Theophilo antecessori vulgo tributa, ad fidem librorum manu scriptorum rec., prolegomenis, notis criticis instruxit E. C. Ferrini. Accedit epistula C. E. Zachariae a Lingenthal. Pars II. Fasc. 1. gr. 8. (S. 257—320.) Berlin 885, Calvary und Comp. * Pars I. Ebendas. 1884. *ℳ 8.—.

— dasselbe. Cum versione latina. Pars II. Fasc. 1. gr. 8. (Doppels. 256—304.) Ebend 885. n. 2.40

Institutionum graeca paraphrasis Theophilo antecessori vulgo tributa, ad fidem librorum manu scriptorum rec., prolegomenis, notis criticis instruxit E. C. Ferrini. Accedit epistula C. E. Zachariae a Lingenthal. Cum versione latina. Pars II. Fasc. 2. gr. 8. (Doppels. 304—352.) Berlin 888. Calvary & Co. n. 3.— (I—II, 2.: n. 17.40)

Institutionum graeca paraphrasis Theophilo antecessori vulgo tributa, ad fidem librorum manu scriptorum recensuit, prolegomenis, notis criticis, versione latina instruxit E. C. Ferrini. Accedit epistula C. E. Zachariae a Lingenthal. Partis II fasc. 3. gr. 8. (III, Doppels. 352—495 u. S. 496—511.) Berlin 897. Leipzig, O. R. Reisland. n. 9.60 (Pars II kplt. n. 15.—; I/II n. 27.—)

Institutiones arithmeticae in usum Schol. III Part. 8. Budae, Typ.

Institutiones arithmeticae in usum gymnasiorum et scholarum grammaticarum ... Budae 1777—78. V: *Mako de Kerek-Gede, Paul.* (JES)

Institutiones artis poëticae. 8. Bresl. 790. Grass, B. u. C. 14 ℊ

— artis rhetoricae. 8. Bresl. 790. Grass, B. u. C. 12 ℊ

Institutiones compendiariae ad linguam graecam ... Moguntiae 1755. V: *Goldhagen, Hermann.* (JES) (SO)

Institutiones ad fundamenta chaldaismi biblici brevissime concinnatae. Ulmae 1787. Ed. 2. 1810. V: *Schröder, Nic. Wilh.* (ErschDL) (Gi)

— ad fundamenta chaldaismi biblici brevissime concinnatae (v. Nic. Wilh. Schröder) gr. 8. Ulm, Stettin. 810.

Institutiones ad fundamenta chaldaismi biblici brevissimae concinnatae (v. J. F. Gaum. Ed. IIa.) 8maj. Ulm, Stettin. 810.

Institutionum

— hermeneuticarum V. et N. testamenti sciagraphia (a Frz. Steph. v. Rautenstrauch). 4. Wien 775. Trattner. 2 ℊ

Institutiones historiae medicae. Norinbergae 1792. V: *Ackermann, Joh. Chn Glieb.* (Call) »medicinae« (Ky)

— historiae medicinae, (ab J. C. G. Ackermann). 8. Nürnb. 792. (Winter in Heidelb.; a. Cnobloch in Leipz.) 20 gr. Schrbp. 1 Rthl.

— pro infima grammat. nova meth. adornatae. 8. ibid. 793. 16 gr.

— juris ecclesiast. univ., ad stat. Germaniae cathol. accom. V Part. 4. Nrnb. Stahel. 774.

— juris Hugarici. II Part. 4. Posen. 792. (1r 1 Thlr. 2 gr. 2r 1 Thlr. 16 gr.)

Institutiones juris Hungarici, praemissis ejusdem historia, ac prolegomenis ... Posonii 1795. V: *Fleischhacker, Joh. Np.* (Schr)

Institutiones juris mohammedani adjec. Rosenmüller etc., s. Analecta arabica. Part. I.

— juris principum privati, brev. concinn. atque Germaniae applicatae. 4. Frcof. Esslinger. 747.

— jurisprudentiae rom. ad duct. I. G. Daries. 8. Lips. Gleditsch. 798.

— linguae germanicae in usum patriae civium conscripta. 8. Pest, Patzko.

— ling. graecae, utiliss. regulis et observ. exhibitae in Acad. Kyowomohylozaborowsciana. 8. Bresl. W. G. Korn. 768.

Institutiones linguae latinae et graecae, pro infima Grammatices. Manhemii 1750. V: *Goldhagen, Hermann.* (Jes) »pro media ... 1750«. »pro suprema ... 1750«. (So) (Jes)

— ling. latinae pro media grammatices. 8. Augsb. Rieger. 779.

Institutiones linguae latinae ad normam Eman. Alvari nova methodo adornatae. Aug. Vind. 794. 8. (451 S.)

Institutiones Logicae. Friburgi Brisg. 1798. V: *Petzek, Joseph Anton.* (EB)

— de praecavendis et curandis luibus cornutorum pecorum etc. 8. Ofen 816. Typograph. Soc. 5 gr.

Institutiones metaphysicae ... Friburgi 1772. V: *Steinmeyer, Phil.* (Jes) (AaRK)

Institutiones oratoriae et poeticae. 2 partes. 8. Augsburg, Wagner. 774.

Institutiones oratoriae et poeticae pro classe Rhetorices ... Manheimii 1753. V: *Goldhagen, Hermann.* (Jes) (So)

— oratoriae et poëticae pro classe rhetorices. 8. Augsb. Rieger. 779.

— orator. et poëticas ad Eloquentiam compl. II Part. 8. Budae, Typ. 787.

— orator. et poëticas ad eloquentiam compl. II Prts. 8. Ofen 787. Typograph. Soc. 1 Rthl. 8 gr.

— philosophiae moral. acc. dissertat. ejusd. argument. 8. Nrnb. 730.

Institutionum philosophicarum cursus, ad us. stud. juventutis etc. III Tom. Ed. nov. gr. 12. Mainz 816. (Müller). 2 Rthl.

Institutiones philosophicae practicae in usum praelectionum ... Friburgi Helv. 1836. V: *Luckemeyer, Frdr.* (Jes)

— poëticae in usum Gymn. Regni Hung. 8. Budae, Typ. 821.

Institutionum et regularum juris Romani syntagma. Exhibens Gai et Justiniani institutionum synopsin, Ulpiani librum singularem regularum, Pauli sententiarum delectum, tabulas systema institutionum juris Romani illustrantes praemissis duodecim tabularum fragmentis. Edidit et brevi annotatione instruxit Rud. Gneist. gr. 8. (XXVIII und 356 S.) Leipzig 858, Teubner. *

Institutionum et regularum iuris romani syntagma, exhibens Gai et Justiniani institutionum synopsin, Ulpiani librum singularem regularum, Pauli sententiarum libros V, tabulas systema institutionum iuris romani illustrantes, praemissis XII tabularum fragmentis, ed. et brevi annotatione instruxit Rud. Gneist. Ed. altera aucta emendata. gr. 8. (XXVIII, 390 S.) Leipzig 880. Teubner. n. 5. 20

Institutionum Rhetoricarum compendium ex Cicerone et Quintiliano ad verbum excerptum c. appendice de variis quatuor latinae linguae aetatum scriptoribus. 8. Wien 841, Libr. Mechitarist. 1/2 Rthl.

Institutiones stili latini soluti, et ligati ... Manheimii 1752. V: *Goldhagen, Hermann.* (Jes) (So)

— styli latini soluti et ligati, pro classe human. fatis. 8. Augsb. 779. Rieger. 16 gr.

— pro suprema grammat. 8. Augsb. Rieger. 779.

— theologiae, auctoritate D. D. archiepiscopi Lugdunensis ad usum schol. ed. Ed. VI. VIII Tom. 8. Augsb. 776. M. Rieger. 5 Rthl. 12 gr.

— theologiae, auctoritate D. D. archiepiscopi Lugdunensis ad usum Schol. ed. VIII Tom. 8. Augsb. M. Rieger. 796—797.

Institutiones theologiae dogmaticae examinis forma . . . Halae 1804. H: *Laukhard, Frdr. Chn.* (Ky)

— theologiae dogm. examinis forma etc. in usum candidator. theol. ed. 8. Halae, Dietlein. 804.

Institutiones theologiae dogmaticae etc. 8. Halae, 804. Hat jetzt Lauffer in Leipzig.

Institutiones universales compendariae ad linguam graecam. Moguntiae 1755. V: *Goldhagen, Hermann.* (Jes)

Institutions au droit public d'Allemagne. Leips. et Züllichau 1766. Ü & B: *Gerard de Rayneval, J. M.* (Pütter, Litt. d. Teutsch. Staatsr. Gött. 1783—91. II, 87.) (Barbier)

Institutions au droit public d'Allemagne. *Leipsic et Zullichau.* 768. 8.

Institutions au droit public d'Allemagne. Argentorati 1771. V: *Ehrlen, Joh. Frdr.* (ML) (Ky)

Institutions au Droit publ. d'Allemagne. 8. Strasb. Treuttel. 771.

— mathématiques, serv. d'instr. à un cours de Philosophie etc. 8. Bern, Typ. Soc.

Institutions, les, pénitentiaires de la Hongrie. Publió par le ministère royal hongrois de la justice. Rédigé par Etienne de Megyery. (IX, 634 S m. 9 Taf.) Lex.-8. Budapest 905. (S. Politzer & Sohn.) n. 7.—

Institutions (Les) de prévoyance du profit des employés de l'administration des postes et télégraphes de l'empire d'Allemagne. 8⁰. Berlin 1878.

Institutionum ..., s. Institutiones...

Instituto archaeologico ... diem 21. Apr. a. 1879 faustum felicem fortunatum apprecantur Univ. Frid. Guil. Berol. Rector et Senatus. [Berolini] (1879). (1 Bl.) 2⁰ ¶ Zum 50j. Stiftungsfest.

Institutsandenken. Vademecum für austretende Zöglinge . . . [Brixen 1902.] V: *Asperti, P.* (Margr)

Institutsbilder oder Vorbild und Erfahrung. Für reifere Mädchen und deren Mütter. Von der Verf. der „Mädchenträume," „Blumengeschichten," „Lebensbilder" rc. 8. (VIII und 275 S.) St. Gallen 867, Scheitlin und Zollikofer.

Institutsbilder, neue. Charactere und Schicksale. Für Frauen und Jungfrauen. Von der Verf. der Mädchenträume rc. 8. (VI, 244 S.) St. Gallen 869, Scheitlin und Zollikofer.

Instituts- u. Klosterdichter, der, s. a. Fest- u. Gelegenheitsgedichte. 4. Bdchn.

(F) Der Instituts- und Klosterdichter. Gedichte und Declamationen für Institute, Klöster, Kleinkinder-Bewahranstalten, Schulen, gesammelt und herausgegeben vom katholischen Pressvereine in Linz. („Fest- und Gelegenheitsgedichte." 4. Bdchen.) Linz-Urfahr. [1900.] Kath. Pressverein. 8⁰. 192 S. K 1.80

Instituts-Ordnung der Kunst-Akademie zu Prag. Prag. 1855. K. K. Hofbuchdruckerei von Gottlieb Haase Söhne. (8. S. 8)

Institutum societatis Jesu. II Tom. fol. Bamb. Göbhard. 757.

— societatis Jesu. II Tom. Fol. Bamb. 757. (Wesché in Frankf. a. M.) 6 ₰ 16 ₰

Institutum societatis Jesu. 3 vols. 33×23,5 cm. Florentiae. (Rom, F. Pustet.) 48.—
I. Bullarium et compendium privilegiorum. (XVI, 684 S.) 892.
II. Examen et constitutiones, decreta congregationum generalium, formulae congregationum. (XIV, 622 S.) 893.
III. Regulae, ratio studiorum, ordinationes, instructiones, industriae, exercitia, directorium. (XI, 740 S.) 893.

Instradamento al leggere il latino ad uso della terza classe delle scuole maggiori italiane negl' I. I. R. R. Stati Austriaci. 8. (46 p.) Vienna, Presso Leopoldo Grund. 1846 Sciolto Car. 3 M. C. Leg. to Car. 5 M. C.
Verlag der Schulbücher-Verschleiß-Administration.

l'Instructeur. Wochenschrift zur Belehrung und Unterhaltung in französ. Sprache. Redact.: Ad. Braeutigam und Charles Brandon. 1. Jahrg. 1878. 52 Nrn. (Bog.) gr. 4. Leipzig, [Diez und Gehrmann.] L. Senf. (* ℳ 7.)
—— dass. — Redig. von G. Foerster. 2. Jahrg. 1879. 52 Nrn. (Bog.) gr. 4. [Weimar, Diez und Foerster.] Leipzig, L. Senf. (* ℳ 7.)

l'Instructeur. Wochenschrift zur Belehrung und Unterhaltung in französ. Sprache. Redig. von G. Foerster. 3. Jahrg. 1880. 52 Nrn. (Bog.) gr. 4. [Weimar, Diez und Foerster.] Leipzig, Gebr. Senf. (ℳ 7.)

l'Instructeur. Wochenschrift zur Belehrung und Unterhaltung in französ. Sprache. Redig. von Emile Labaite und Booch-Arkossy. 4. Jahrg. 1881. 52 Nrn. (Bog.) gr. 4. Leipzig, Gebr. Senf. (* ℳ 6,75.)
—— dass. — 5. Jahrg. 1882. 1. und 2. Quartal. 26 Nrn. (Bog.) gr. 4. Ebendas. (* ℳ 3,70.)
Die Fortsetzung bildet: Lecture amusante et instructive.

Instructio, Brevis, de recitando officio divino. Oeniponti 1864. V: *Jungmann, Josef.* (Jes) (Margr)

Instructio, brevis, de recitando officio divino. Accedit ordo servandus in Missis votivis privatis. 8. (16 S.) Innsbruck 865, F. Rauch. *

—— Clementina pro oratione XL horarum. Ex sermone italico in latinum versa. 16. (22 S.) München 867, Lentner'sche Buchh.

Instructio pro judiciis ecclesiasticis imperii austriaci quoad caussas matrimoniales. (Anweisung für die geistlichen Gerichte des Kaiserthums Oesterreich in Betreff der Ehesachen. (Latein und deutsch zugleich.) Viennæ, 1855. Ex Cæsarea Regia Aulæ et Imperii typogr.) (93 S. 4.)

Instructio pro judiciis ecclesiasticis imperii Austriaci quoad caussas matrimoniales. 4maj. (40 S.) Viennae 855, libr. Mechitaristica.

Instructio pro judiciis ecclesiasticis imperii austriaci quod caussas matrimoniales. Anweisung für die geistlichen Gerichte des Kaiserthums Oesterreich in Betreff der Ehesachen. Viennæ, 1856 Ex cæsarea regia Aulæ et Imperii typographia. (93 S. 4.)

Instructio matrimonialis in ecclesiis archidioecesis Friburgensis quotannis prima et secunda dominica post epiphaniam domini fidelibus praelegenda. Ex rituali Friburgensi auctoritate excellentissimi ac reverendissimi domini Joannis Christiani archiepiscopi Friburgensis seperatim edita. gr. 8. (16 S.) Freiburg i/B. 894. Herder. n.n. — 15; m. Collectio precum in 1 Bd. geb. n.n. 1. 30

Instructio pro Sacris Ecclesiæ Ministris doctrinæ specimen daturis, seu brevis delineatio eorum, quæ in examine pro Sacris Ordinibus et pro Cura animarum suscipienda frequentius proponuntur. Primo Romæ ab A. B. Aloisio Togni edita, nunc vero magis accommode exarata a quodam sacerdote dioecesis Brixinensis. Permissu Reverendissimi Ordinarii. Oeniponte, 1856. Typis et Sumptibus Wagnerianis. (VII, 346 S. 16.)

Instructio sponsorum, lingua anglica conscripta ad usum parochorum auctore sacerdote missionario. 7. ed. (88 S.) 16. St. Louis, Mo. 905. Freiburg i/B., Herder. Geb. in Leinw. n. 1. 80

Instruction, s.a. Instruktion

Instruction d'apprenti. François et allemand. Mannheim: Kaufmann 1810. 23 S. 8°

[Dasselbe.] o. O. 1812. 23 S. 8°
Kl. 1980, 1987.

Instruction pour l'armée du roi, commandée par Mons. le maréchal duc de Broglie. Francfort 1760. 82 S.

Instruction pour les chefs de caisson, sous-officiers d'armement et armuriers. Avec annexes 1 à 10. En remplacement de l'« Instruction ... » du 23 janvier 1886. Approuvée par le Département militaire suisse le 13 mars 1901. 1re éd. [Avec 1 planche.] 56 p. 8. B[erne], H[aller], III. 1901.

Instruction de compagnon. François et allemand. Mannheim: Kaufmann 1810. 35 S. 8°
Kl. 1980.

Instruction sur la connaissance et l'entretien du fusil court modèle 1889/1900. (Approuvée par le Conseil fédéral le 9 avril) 1901. 1re éd. II + 20 p. 8. [Berne,] Bü[chler] & Co., II. [19]02.

Instruction sur la connaissance et le maniement du pistolet, modèle 1900. Approuvée par le Conseil fédéral le 2 avril 1901. 1re éd. [Avec 1 planche.] 24 p. 8. [Berne,] St[ämpfli] & Cie, XII. 1901.

— donnee par Catherine II voyez Katharina.

l'Instruction et l'éducation du clergé. Étude comparative des principes catholiques et des exigences formulées par les lois de mai par Irénée Thémistor. Traduction autorisée de la 2e édit. allemande, augmentée d'un épilogue de l'auteur. gr. 8. (XX, 398 S.) Trier 884, Paulinus-Druckerei. *

Instruction pour l'emploi de la Machine à coudre »Minerva«. [Vienne 1894.] V: *Riezler, Emil* & *Joseph Komúrek.* (EB)

Instruction sur l'emploi des tentes portatives dans l'armée suisse. Projet. 20 p. 8. [Berne,] W. W[älchli], III. 1902.
Publié sans planches.

— familière à la connaissance de la nature trad. de l'angl. 8. Düsseld. Schreiner. 795.

Instruction sur les fonctions des administrations municipales. Coblence an VI.
[Daran:]
Adresse de l'administration centrale du département de Rhin et Moselle. Coblentz an VI.

Instruction historique par demandes et réponses pour le grade d'apprentif franc-maçon, réctifié en convent-général [zu Wilhelmsbad] 5782. [Braunschweig 1782: Kolb.] S. 17—24. 2° [Kopftit.]
[Darin:] Instruction morale du grade d'apprentif franc-maçon avec l'explication du ceremonial de réception, rectifié en convent général de juillet en août 5782.
Sehr selten.

Instruction pour les levés topographiques à l'échelle 1 : 5000 et 1 : 10000. (Approuvé [par] Le Chef du bureau du génie fédéral.) 8. Berne 1888.

Instruction de Sa Majesté le Roi de Prusse; contentant les Ordres secrets, en 1778, expédiés . . . Dresde 1796. V: *Ligne, Carl Joseph Fürst von.* (Ky) (MGT)

Instruction de maître. François et allemand. Mannheim: Kaufmann 1810. 23 S. 8°
Kl. 1980.

INSTRUCTION SUR LA MANIÈRE DE CONSERVER LE FOIN PAR LES MEULES A COURANT-D'AIR, publiée par la Commission d'Agriculture & des Arts. — Anweisung über die Art und Weise, das Heu in Schobern mit Luft-Gaengen aufzubewahre. Von der Kommission des Ackerbaus ud der Künste bekannt gemacht. (Mit 1 Tafe) s. l. & a. 8°.

Instruction sur les manoeuvres de brigade avec cadres. Beihft. z. „Milit.-Wochenblatt". — Berlin 1877.

—— sur les manoeuvres de force de siége à l'usage de l'artillerie. Approuvée par le Ministre Secrétaire d'état de la guerre le 27 mars 1812. 32. (224 S. u. 19 Stnt.) Strasbourg 843, libr. Levrault.

Instruction militaire. Berlin 1770. H: *Friedrich II. König v. Preussen.* (ML)

Instruction Morale, Aux Jeunes Gens... Moralische Anweisung, für Junge Leute, Darinnen ihnen gezeigt wird, wie sie sich im Bürgerlichen Leben allenthalben, wohl aufführen sollen. Hamburg, B. Schiller, 1768. 161 S *mit Vignette a. d. Titel*, 1 (leeres) Bl.

Instruction sur le notariat. T. 1. 2. Cassel 1809.
[Nebentit.:] Instruction über das Notariats-wesen (Th. 2:) welche die Erkl. der Förmlichkeiten, die den Notariats-Urkunden gemein sind. . . . enth.

Instruction pour les offices de poste concernant le Service des Chèques et Virements postaux. [Publiée par l']Administration des postes suisses. ⟨Du 8 novembre 1905.⟩ II + 17 p. kl.-fol. [Berne,] R[ösch] & S[chatzmann], XI. [19]05.

Instruction pour les officiers de l'état civil. Traduction. gr. 4. (57 S.) Strassburg 888, (Schultz und Comp.) *

Instruction, concernant les personnes mordues par une bête enragée. Strassb. 8°. Deutsch Ibidem 1778. 8°.

Instruction pour les sages-femmes du canton de Berne du 8 mars 1904. II + 18 p. 8. Berne, Rösch & Schatzmann, 1904.

—sur le service de l'artillerie de montagne. 32. Paris et Strasbourg 838. Levrault. 1/12 ß

— sur le service et les manoeuvres de l'équipage de Pont d'Avant-Garde et de divisions, à l'usage de l'artillerie, approuvée par le ministre secrétaire d'état de la guerre le 9 juillet 1840. 32. (Mit 5 Steintaf.) la même 841. geb. 3/8 ß

Instruction de service pour les offices de poste suisses. Du 1er octobre 1907. Publié par la Direction générale des postes suisses avec l'approbation du Département des postes et des chemins de fer. [Avec figures.] XVI + 473 p. [+ 2 feuilles]. kl.-4. Berne, Rösch & Schatzmann, VIII. 1907. [relié] fr. 3.—
Administration des postes suisses. [Publications officielles.]

Instruction sur le Service des Troupes Suisses en Campagne. Arrêté du Conseil fédéral du 31 mars 1882. 4e Ed. VIII + 255 p. 8. F[ribourg], D[elaspre] & F[ils], I. 1902.

Instruction succincte sur les accouchemens etc. 8. Bern, Typogr. Soc. 6 K

Instruction de tir pour les Sous-officiers. (II.) Théorie du tir. 4me Ed. Projet. [Avec 15 figures.] II + 30 p. 8. [Berne,] N[eukomm] & Z[immermann,] IX. [19]01. [fr. —. 20]

Instruction sur le tir, à l'usage des troupes d'artillerie, approuvée par le ministre de la guerre le 13 Févr. 1848. 32. (122 S.) Strasbourg 848, Veuve Berger-Levrault et fils. *

Instruction pour les tuteurs. Edition officielle. 8. (43 S.) **Strassburg 888, Strassburger Druckerei und Verlagsanstalt, verm. Schultz und Comp.**
Vgl.: Anweisung für die Vormünder.

— pour les voyageurs, qui vont voir les glaciers et les Alpes du canton de Berne, s. J. S. Wyttenbach, Anleitung.

Instruction pour les Voyageurs, qui vont voir les Glaciers et les Alpes du Canton de Berne. Berne 1787. V: *Wyttenbach, Jacob Samuel.* (MGT)

— pour les Voyageurs, qui vont voir les Glaciers et les Alpes du Canton de Berne. 8. Berne, Haller. 805.

Instruction — Instructions.

— sur les armes à feu et armes blanches portatives. gr. 8. Nürnb. Campe.

— pour les jeunes Dames, voyez Magazin des jeunes Dames.

— sur l'établissement des nitrières etc. av. planch. gr. 8 Strasbourg, König. 794.

— d'une mère de qualité à sa fille au moment de son entrée dans le monde. 8. Prag, Widtmann. (Walther à Dresde.) 805.

— milit. du Roi de Prusse pour ses Généraux trad. de l'Allem. p. Faesch. avec planches. 8. Francf. Esslinger. 761.

— nouv., à la géometrie, ou théorie exacte et lumineuse de l'étendue, av. pl. 12. Braunschw. Pluchart.

— pour les Personnes qui gardent les malades. 12. Bern Haller, 788.

— sur la plantation, la culture et la récolte du houblon. 12. Paris. (Kupferberg à Mayence.) 791.

Instructions pour l'administration des (*1904: a' et le service des subsistances dans les) cours militaires en 1904 *et* en 1905. ⟨Approuvées par le Département militaire fédéral le 10 décembre 1903 *et* le 31 déc' 1904.⟩ *Kopftitel:* Armée suisse. II + 46 *et* II + 72 p. 8. F[ribourg], D[elaspre] & F[ils], XII. 1903 *et* [Berne,] O[tt] & B[olliger], I. 1905.

Instructions de l'armée du roi, commandée par le duc de Broglie pend. les campagnes de 1760 et 1761. 2 v. 8. Francfort 1761. — 4. Paris 1761.

Instructions in the art of wood carving for the guidance of beginners. Extracted from „the Amateur" [„der Dilettant"]. 8. (36 S. m. Textabbildgn.) Münch. 889, Mey u. Widmayer. * — 60

Instructions destinées au Corps enseignant appelé à procéder à la visite des enfants anormaux, lors de leur première entrée à l'école. [Avec 1 tableau.] 16 p. 8. (B[erne], H[aller], VII. [19]00.)
Deutsche Ausg. s. Anleitungen für das Lehrpersonal....

Instructions et directions pour les atel.·. de la Grande-Loge nationale suisse. Suppl. aux statuts-généraux. Cahier 1. Berne 1837: Haller. 31 S. 8° [Umschlagtit.]
Abgedr. in: Le Globe. 1 (1839) S. 404—411.
Kl. 3160.

Instructions for keeping the records and transacting the clerical business of the war department. 8. Washington 1876.

Instructions de S. M. Le Roi de Prusse contenant les ordres secrets en 1778. Dresden 1797. V: *Ligne, Charles Jos. Prince de.* (Des Fürsten von Ligne Erinnerungen und Briefe a. d. Franz. übers. u. hgbn. von Victor von Klarwill. Wien 1920, S. 395) (BiblPort)

Instructions pour les observateurs des stations météorologiques de la Suisse (arrêtées par la Commission météorologique Suisse). [Avec 10 tableaux.] 4. Zurich 1863.

[Instructions et observations sur les maladies des animaux domestiques. Deutsch:] Vollständiges Handbuch der Vieharzneikunst. Erfahrungen und Beobachtungen über die Krankheiten der Hausthiere,... Hrsg. u. geordnet von [Philibert] Chabert, [Pierre] Flandrin u. [Jean Baptiste] Huzard. Bd 1. 2. Berlin: Pauli 1798. 8°

Instructions particulieres du Roi de Prusse aux officiers de son armée principalement à ceux de la cavallerie à Tournay. 1788 chez Deflinne. V: *Ligne, Charles Joseph Prince de.* (Des Fürsten von Ligne Erinnerungen und Briefe a. d. Franz. übers. u. hgbn. von Victor von Klarwill. Wien 1920. S. 394) (BiblPort)

— secrètes et stratégiques de Frederic II. avec 51 plans cultum. gr. 4. Leipz. Baumgärtner. 803.

— succinctes sur les Accouchemens etc. 8. Bern. Soc. Typ.

Instructions pour vivre chrétiennement en présence de Dieu. 8. Stuttgart. Metzler. 1766. Rthlr.

Instructor, the. Wochenschrift zur Belehrung und Unterhaltung in engl. Sprache. Redact.: Ed. Tischer und Wegener. 1. Jahrg. 1878. 52 Nrn. (Bog.) gr. 4. Leipzig, [Diez und Gehrmann.] L. Senf. (* ℳ 7.)

—— dass. — Hrsg. unter Mitwirkung namhafter Fachmänner. Redig. von Ernest Haynel. 2. Jahrg. 1879. 52 Nrn. (Bog.) gr. 4. [Weimar, Diez und Foerster.] Leipzig, L. Senf. (* ℳ 7.)

Instructor, the. Wochenschrift zur Belehrung und Unterhaltung in engl. Sprache. Hrsg. unter Mitwirkung namhafter Fachmänner. Redig. von James Dix und Booch-Arkossy. 3. Jahrg. 1880. 52 Nrn. (Bog.) gr. 4. [Weimar, Dietz und Foerster.] Leipzig, Gebr. Senf. (ℳ 7.)
—— dass. — Hrsg. unter Mitwirkung namhafter Fachmänner von Leland Mason und Booch-Arkossy. 4. Jahrg. 1881. 52 Nrn. (Bog.) gr. 4. Leipzig, Gebr. Senf. (* ℳ 6,75.)
— dass. — 5. Jahrg. 1882. 1. und 2. Quartal. 26 Nrn. (Bog.) gr. 4. Ebendas. (* ℳ 3,70.)
Nicht weiter erschienen.

Instructor, academical, od. d. beste a. 22 Platten besteh. engl. Vorschrift. Fol. Leipz. Baumgartner. 800.

Instruiciune provisori despre procesura żudektorieloru jan lukrrile loru afar de kontraversie pentru Unguria, Kroacia, Skiauonia, Woiwodatul serbiku si Bnatulu timisianu. (Provisorische Instruktion über das gerichtliche Verfahren in Rechtsgeschäften außer Streitsachen für Ungarn, Kroatien, Slavonien, die serbische Woiwodschaft und das Temeser Banat.) 8. (129 S.) Wien. Aus der k. k. Hof- und Staatsdruckerei. 1853.

Instruktion

I. Abtheilung. **Instruction,** die 7 Kapitel enthaltend. [Dat.:] 1/8. Δ 1746 [d. i. 1787]. 8 S. 2° [Umschlagtit.]
cf. Die Brüder St. Joh. d. Evangelisten aus Asien. 1803 S. 164—183.
Kl. 2697.

II. Abtheilung. **Instruction.** [Dat.:] 1/8. Δ 1746 [d. i. 1787]. 8 S. 2° [Umschlagtit.]
cf. Die Brüder St. Joh. d. Evangelisten aus Asien. 1803 S. 114—129.
Kl. 2698. Allgemeine Theorie der Natur, Auslegung des Signatsterns vom Feuer als dem ersten, vom Wasser als dem zweiten Element.

III. Abtheilung. **Instruction** [Dat.:] 1/8. Δ 1746 [d. i. 1787]. 6 S. 2° [Umschlagtit.]
cf. Die Brüder St. Joh. d. Evangelisten aus Asien. 1803 S. 130—141.
Kl. 2699.

Instruction über das Abkochen im Felde. Mit 2 Tafeln. 8. (12 S.) Wien: Hof- u. Staatsdruckerei 1889.

Instruction üb. Ablösung d. Domanialzehnten v. landwirthschaftl. Erzeugnissen. 4. Carlsruhe 835, Müller.

Instruction für die Abrichtung der Rekruten der k. k. Fusstruppen... Wien 1867. V: *Barrault, Sigm.* (EB)

Instruction zur Abrichtung der Rekruten für k. k. Jäger. 8. Wien 1852.

Instruction zur Abrichtung der Recruten für die k. k. Linien- und Grenz-Infanterie. 8. Wien 1852.

Instruction zur Abrichtung der Scharfschützen. Nebst Anmerkungen und vorausgeschickten Winken über die Tendenz der Taktik des Fussvolkes und die Geschichte der leichten Infanterie seit Erfindung des Schiesspulvers. Mit 4 Plans. 8. Leipzig 1807.

Instruction zur Abrichtung der Scharfschützen. Leipzig 1807. V: *Porbeck, Heinrich Philipp Reinhard von.* (Pr)

— zur Abrichtung d. Scharfschützen rc. Mit Plänen. gr. 8. Leipz. 807. Hinrichs. 1 Rthlr 8 gr

-- zur Abschätzung u. Einrichtung der Waldungen im Großherzogth. Baden, mit ihren Beilagen. Aus dem Verordnungsblatt der Forstpolizeiverwaltung besonders abgedruckt; nebst e. einleit. Begründung. Mit 2 Steintaf. 4. Karlsruhe 836. Groos. 1/2 rf — Nachtrag, die nähern Vorschriften über das Vollzugsverfahren enthaltend. 4. Ebd. 838. 1/4 rf

Instruction zur Abschätzung und Einrichtung der Waldungen im Großherzogthum Baden, mit ihren Beilagen etc. nebst einer einleitenden Begründung. - Karlsruhe 1836. 97 S., 1 Kt. - Dazu ein Nachtrag, die näheren Vorschriften über das Vollzugsverfahren enthaltend. ebd. 1838. 38 S., 2 Taf.

— — über die Abschätzungen der bei Truppenabtheilungen vorkommenden Flurbeschädigungen. Berlin 1843. 8.

Instruction, gedruckte Abschrift d. Entwurfs der, wie bei Veranschlagung d. Arrenden bei d. Domainen-Aemtern zu verfahren ist. Fol. (55 B.) Königsberg 829. (Berlin, Th. Enslin.)

Instruction, betr. Abstellung v. Post-, Telegraphen- u. Eisenbahn-Beamten . . . f. d. Feld- u. Etappen-Formationen. München 1873.

Instruction f. d. zur Herstellung u. Erhaltung d. inneren Landessicherheit bestimmten milit. Abtheilungen (d. Großh. Würzburg). Würzburg 1807.

Instruktion betreffend die Abwehr und Unterdrückung von Seuchen unter den Pferden der Truppen [Seuchen-Instruktion], nebst einem Anhang, enthaltend allgemeine Vorschriften für das Verfahren zur Abwehr und Unterdrückung der Influenza. Vom 1. April 1881. gr. 8. (64 S.) Berlin 881, (v. Decker's Verlag.) *

Instruction für den Adjunkten des eidg. Militär-Departements für das Personelle und Oberinstruktor der Infanterie. (Vom 13. Christmonat 1865.) 8. Bern 1865.

Instruktion (G—61. 50) für das Adjustiren der 21cm Spitz-Bomben M. 1880. Mit 1 Taf. Beigeb.: I. Nachtrag. 1888. II. Nachtrag. 1891. (Lithogr.) Fol. Wien 1886—1891.

Instruktion (G—61, 9) über das Adjustiren der Geschosse für die 24cm Hinterlad-Kanonen, dann der 15cm Hinterlad-Hohlgeschosse M. 1873 und der 17cm und 24cm Spitz-Bomben. Mit 2 lithogr. Taf. (Lithogr.) Fol. (Wien 1877.)

Instruction (G—61, 9.) über das Adjustieren der Geschosse für die 24 cm Hinterlad-Kanonen, dann der 15 cm Hinterlad-Hohlgeschosse M. 1873 und der 17 cm und 24 cm Spitz-Bomben. (1877.) — (Ergänzung.) Beigeb.: Nachtrag 1. (1898.) (Lithographiert.) Fol. (Wien 1898.)

Instruktion (G—61.54) über das Adjustiren und Verpacken der Brandel M. 1880 und der Frictions-Zündschrauben. Mit 3 Taf. Beigeb.: I. Nachtrag. 1888. II. Nachtrag. 1894. (Mit 2 lithogr. Taf.) (Lithogr.) Fol. Wien 1887—1894.

— — (G—54.) über das Adjustieren und Verpacken der Brandel M. 1880 und der Frictions-Zündschrauben. (1887.) — (Ergänzung.) Beigeb.: Nachtrag 3. (1896.) 4. u. 5. (1900.) (Lithographiert.) Fol. Wien 1896—1900.

— — (G—61—93a.) für das Adjustieren und Verpacken der M. 96, M. 97, M. 98, M. 99 und M. 1 Granatzünder, ferner der 21 cm M. 98, 24 cm M. 98 und 15 cm M. 99 Zündvorrichtungen. (Mit 4 Tafeln.) (Zu Abt. 7, Nr. 6648 v. J. 1904.) (Lithographiert.) Fol. Wien 1904.

Berlin. Hydrographisches Amt der Kaiserl. Admiralität.

— — Instruktion für das Feuerschiff „Adler-Grund". Berlin 1884. Fol.

Instruktion für die Herren Agenten der Leipziger Feuerversicherungs-Anstalt. 4. (12 S) Wien. Gedruckt bei J. Stöckholzer von Hirschfeld. 1854.

—— der kaiserl. Akademie der Wissenschaften für meteorologische Stationen. Lex.-8. (VI, 106 S. mit 1 Tab. und 34 Holzschn.) St. Petersburg 887. Leipzig, Voss' Sortiment. * 3 —

Revidirte Instruction vor die Accise-Controlleurs im Hertzogth. Vor- u. Hinter-Pommern, Fürstenth. Cammin u. denen Herrschaften Lauenburg u. Bütow. De Dato Berlin, d. 28. Februar 1749. Stettin o. J.

Revidirte Instruction vor die Accise-Visitirer in denen Städten des Herzogth. Vor- u. Hinterpommern, Fürstenthum Cammin, auch Herrschaften Lauenburg u. Bütow. De Dato Berlin, d. 28. Februar 1749. Stettin 1749.

— — allgemeine, für die Beamten fahrender Post im Königr. Baiern mit einem besondern Bande, welcher die Beylagen enthält. gr. 8. Landshut, Krüll. 817.

Allgemeine Instruction über den Dienst der Königl. Westphälischen Posten. Deutsch und französisch. Vom 31. Dezember 1808. Fol.

Instruction, Allgemeine, für die Fiscalämter. Wien 1783. H: *Keess, Franz Georg Edler von.* (ML)

Allgem. Instruction f. d. Fiscalämter v. J. 1783. Mit den nachfolgenden Verordnungen commentirt v. *A. E.* Linz, Eurich u. Sohn. 836. gr. 8. (16 Gr.)

—— allgemeine, f. d. Fiscalämter v. J. 1783. Mit d. nachfolg. Verordnn. comment. v. A. E. gr. 8. (5 B.) Linz 836, Eurich u. Sohn.

Instruktion, Allgemeine, für die sammentliche Fiskalämter der k. k. böheimischen u. österreichischen deutschen Erblanden. Klgft., Kleinmayer, 1783. 42 S.

Allgemeine Instruction für die Justizbehörden in sämmtlichen kaiserl. österreich. deutschen Erbstaaten v. 9. Sept. 1785. *Insbruck*, Wagner. 785. gr. 8. (8 Gr.)

— — allgemeine, für die Justiz-Behörden in sämmtlichen kaiserl. königl. österreich. deutschen Erbstaaten vom 9. Sept. 1785. gr. 8. Innsbruck, Wagner, 815.

Instruction, Allgemeine, für die Landrechte. Wien 1783. H: *Keess, Franz Georg Edler von.* (ML)

INSTRUKZION. Allgemeine fuer die koeniglich boehmischen Landrechte. Trattner, Wien 1788 1 vol. 138 S.

Instruction, Allgemeine, für die K. K. N. Ö. Landrechte. Wien 1784. H: *Keess, Frz. Gg. Edler von.* (WBL 11/119) (Fideicomiss-Bibliothek Wien 2/516) (BIBL PORT)

Instruction, Allgemeine, für den Magistrat in der K. K. Residenzstadt. Wien 1783. H: *Keess, Franz Georg Edler von.* (ML)

Allgemeine Instruction für die Mitglieder der g. u. v. St. J. Loge Joseph zur Einigkeit i. O. Nürnberg. [Nürnberg] 1858: Campe. 12 S. 8°

Allgemeine Instruktion über das Verfahren bei Aufnahme des Katasters von ertragsfähigem Grundeigentum in den Rheinisch-Westphälischen Provinzen der Preuß. Monarchie. Cöln (1822.) 4°.

Instruction, allgemeine — für die Zimentirungsämter derjenigen Kronländer, in welchen die n. ö. Masse u. Gewichte als die allein gesetzlichen Masse und Gew. gelten, mit Ausnahme der Militärgränze. Erlassen vom k. k. Ministerium d. Innern, im Einvernehmen mit dem k. k. Minist. für Handel, Gew. und öffentl. Bauten. *Wien* 1858. *K. k. Hof- u. Staatsdr.* 83 S., 8°. 2 fl.
Mit den Tafeln Nr. 2735 und dem Anhange Nr. 2709 dazu.

— das Amt der Gerichtsvollzieher in der Rheinprovinz u. deren Gebühren betreffend. Gegeben Berlin d. 9. Juni 1833. 12. Cöln 833. Du Mont-Schauberg. 2½ ℳ

Instruction, Anekdotische, eines Freigeistes an seine Parthei; a. d. Ital. Halberstadt 1786. Ü: *Dreyssig, Johann Christoph.* (Ky)

— anekdot., e. Freigeistes an seine Parthei; aus d. Italien. (von Jh. Chr. Dreyßig). 8. Halberst. 786. (W. Nauck in Lpz.) 10 ℳ

— anekdot., e. Freygeistes an s. Parthey. a. dem Ital. 8. Halberst. (Sommer in Leipz.) 786.

Instruktion über das Anfertigen der Patronen-Säcke und Patronen für die stahlbronzenen 9^{cm}, 15^{cm}, 21^{cm} und 28^{cm} Mörser, dann der Sprengladungs-Säcke für die zugehörigen 21^{cm} und 28^{cm} Spitz-Bomben. Mit 2 Taf. Beigeb.: I. Nachtrag. 1888. (Lithogr.) Wien 1886—1888.
— — (G—61, 47) 2. Aufl. (Mit 1 Taf.) (Lithogr.) Wien 1892.

Instruktion (G—61, 47.) über das Anfertigen der Patronen-Säcke und Patronen für die stahlbronzenen 9 cm, 15 cm, 21 cm und 29 cm Mörser, dann die Sprengladungs-Säcke für die zugehörigen 21 cm und 28 cm Spitz-Bomben. 2. Auflage. (1892.) — (Ergänzung.) Beigeb.: Nachtrag 1. (1896.) (Lithographiert.) Fol. Wien 1896.

— — (G—61—96.) über das Anfertigen und Verpacken der 15 cm für Hbtz. à 0,71 kg 8 teiligen Sackpatronen und zur Übernahme der zugehörigen Munitionsbestandteile. (Mit 3 Tafeln.) (Zu Rkm.-Erlass Abt. 7, Nr. 5472.) (Lithographiert.) Fol. Wien 1904.

— — (G—61—94.) über das Anfertigen und Verpacken der Patronen für die 15 cm M. 80 Belagerungs- und Panzer-Mörser, dann zur Übernahme der zugehörigen Munitionsbestandtheile. (Mit 3 Tafeln.) (Ausgegeben mit Erlass Abth. 7, Nr. 8205 von 1902.) (Lithographiert.) Fol. Wien 1902.

Instruction (G—61—10.) zum Anfertigen und Verpacken der Patronen aus Geschützpulver M. 95 und der Bindfadenschlingen, dann zur Übernahme und Adjustierung der Patronen-Unterlagen für den 21 cm Küsten-Mörser M. 73. (Mit 2 Tafeln.) (Zu Abth. 7, Nr. 369 v. J. 1899.) (Lithographiert.) Fol. (Wien) 1899.

— — (G—61—81.) über das Anfertigen und Verpacken der Patronen, dann zur Übernahme und Adjustierung der 24 cm M. 98 Hülsen-Deckel, sowie zur Übernahme des 80 cm breiten Patronen-Seiden-Taffet, der Nähseide und der halbseidenen Bänder für den 24 cm M. 98 Mörser. (Mit 2 Tafeln.) (Zu Abth. 7, Nr. 6008 von 1900.) Beigeb.: Berichtigung 1901. (Lithographiert.) Fol. Wien 1900—1901.

Instruktion (G—61, 8) über das Anfertigen und Verpacken der Patronen-Säcke und Patronen für 15^{cm} kurze und 24^{cm} Hinterlad-Kanonen, 17^{cm} und 21^{cm} Hinterlad-Mörser, dann der Sprengladungs-Säcke für die Geschosse der 24^{cm} Hinterlad-Kanonen. Mit 2 lithogr. Taf. Beigeb.: Ergänzungen. (Lithogr.) Fol. Wien 1877—1885.

— — (G—51—65.) über das Anfertigen und Verpacken der Patronen-Säcke und Patronen aus rauchlosem Pulver für die 7 cm M. 75 Gebirgs- und 8 cm M. 94 Casematt-Kanone, die 15 cm M. 80 Belagerungs- und Panzer-Mörser, endlich der Brandel M. 95. (Zu Abth. 7, Nr. 1646 vom Jahre 1896.) (Mit 2 Taf.) Mit 2. Nachtrag (1898.) 3. Nachtrag. (1902.) (Mit Berichtigung Abth. 7, Nr. 8426 ex 1899.) (Lithographiert.) Fol. (Wien) 1896—1898.

Instruction (G—61, 39) zum Anfertigen und Verpacken der Patronensäcke und Patronen für die 12^{cm}, 15^{cm} und 18^{cm} stahlbronzenen Belagerungs-, beziehungsweise Minimalscharten-Kanonen M. 1880, dann der Sprengladungs-Säcke für die 15^{cm} und 18^{cm} Hohlgeschosse und 15^{cm} Hartguss-Hohlgeschosse M. 1880. Mit 2 Taf. Beigeb.: Berichtigungen etc. 1884. I. Nachtrag. (Mit 1 Taf.) 1887. II. Nachtrag. 1891. (Mit 2 Taf.) (Lithogr.) Fol. Wien 1883—1891.

Instruction (G—61—103.) über das Anfertigen und Verpacken der Sackpatronen aus rauchlosem Pulver für die 28 cm L/35 Küstenkanone in der Küstenlafette und die 28 cm Minimalschartenkanone. (Zu Abth. 7, Nr. 3838 von 1903.) (Mit einer Beilage.) (Lithographiert.) Fol. Wien 1903.

Instruktion (G—61, 21) zum Anfertigen, Verpacken und Untersuchen der Munition für die Feld- und Gebirgs-Kanonen M. 1875. Mit 4 Taf. Beigeb.: I. Nachtrag, enthaltend die Laborir-Arbeiten bei den 9^{cm} Stahl-Hohlgeschossen M. 1875. Fol. 1887. II. Nachtrag. 1889. (Lithogr.) Fol. Wien 1878—1889.

— — (G—61, 21.) zum Anfertigen, Verpacken und Untersuchen der Munition für die Feld- und Gebirgs-Kanonen M. 1875. (1878.) — (Ergänzung.) Beigeb.: Nachtrag 3 u. 4 mit Tafel 5—8. (1896.) (Lithographiert.) Fol. Wien 1896.

— — (G—61—82.) über das Anfertigen und Verpacken der 12 cm und 15 cm M. 99, sowie der 12 cm M. 96 Sack-Patronen für die 12 cm und 15 cm M. 80 Belagerungs-, dann die 12 cm M. 80 und M. 96 stahlbronzenen resp. schmiedbronzenen Minimalscharten-Kanonen. (Mit 2 Tafeln.) (Zu Abth. 7, Nr. 916 von 1901.) (Lithographiert.) Fol. Wien 1901.

Instruction für die Anfertigung der forstwirthschaftlichen Betriebspläne. - Hermannstadt 1881. 57 S.

Instruktion zur Anfertigung der Jahres-Rechnungen und der Quartal-Abschlüsse der gerichtlichen Salarien-Kassen vom 1. März 1852. Nebst Formularen und Anlagen. Amtliche Ausg. gr. 8. (III und 130 S.) Berlin 852, Decker'sche geheime Ober-Hofbuchdr.

— — über die Anfertigung der blinden Patronen für die gesammten Kapselschloss-Gewehre der k. k. österreichischen Armee. Mit 3 Tafeln. 8. Wien 1859.

Instruction über die Anfertigung der scharfen Patronen für die Kapselschloss-Gewehre der Infanterie, der Jäger und der Gendarmerie. Mit 3 lithogr. Tafeln. 8. Wien 1858.

— über die Anfertigung der Situations- und Nivellementspläne für Landesculturarbeiten. Zunächst zum Gebrauche für die Wiesenbau-Techniker in dem Regierungsbezirk Trier. gr. 8. (31 S. mit 3 lithogr. Plänen in qu. Fol., wovon 1 lithochrom.) Trier 855, Lintz'sche Buchh. *

Instruction (G—61—90.) für die Anfertigung und Verpackung der Patronen für den 21 cm M. 80 Küsten-Mörser, dann zur Übernahme der 21 cm M. 99 Hülsen-Deckel. (Mit 2 Tafeln.) (Zu Abth. 7, Nr. 3897 vom Jahre 1901.) (Lithographiert.) Fol. Wien 1901.

Instruktion für die Anlage und Behandlung der Siemens'schen Regenerativ-Gas-Oefen. Dresden 1888

Instruction für die Anlage und Berechnung von Demolirungsminen in neu zu erbauenden Brücken, Viaducten u. dgl. Genehmigt mit dem Erlasse des kaiserl. königl. Kriegs-Ministeriums vom 23. Februar 1866. Abtheilung 8, Nr. 421. (Mit 1 Tafel.) (Donation Liechtenstein.) 8. Wien 1866.

— — (H—10.) für die Anlage und Berechnung permanenter Demolirungs-Minen in Brücken und Viadukten. Mit 4 Plänen. (1877.) 1. Nachtrag. Mit 2 Taf. (1884.) 2. Nachtrag. (1887.) 8. Wien 1877—1887.

Instruction über die Anlage der, bei Strassen- und Eisenbahn-Bauten, an Brücken über grössere Gewässer und Gebirgsschluchten, sowie an Viadukten, gleich beim Baue dieser Objecte herzustellenden Kammern für Demolirungs-Minen. (Mit 1 Taf.) Beigeb.: Anhang. (Lithogr.) Wien, den 19. März 1857—1858.

Instruktion für die Anlage von Reserve-Bäckereien bei Anwendung gemauerter Backöfen. Mit 3 Taf. (Ad Cirkular-Verordnung. Abth. 12. Nr. 674 ex 1877.) kl. 8. Wien 1877.

— — für die Anlage von Reserve-Bäckereien. Mit 4 Taf. 2. Aufl. (Ausgegeben mit Circular-Verordnung A. 12, Nr. 1324 ex 1883.) kl. 8. Wien 1883.

— für die Anlage von Reserve-Bäckereien. 2. Aufl. 8. (65 S. mit 4 lithogr. Taf.) Wien 883, Hof- und Staatsdruckerei. *

Instruction weg. Anlegung u. Feststellung d. monatl. Geld-Verpflegungs-Liquidationen mob. Truppen u. Administrations-Behörden. Berlin 1850.

Instruction für die Annahme der zweigliederigen Aufstellung bei der k. k. Linien-Infanterie und den Jäger-Truppen. Uebersicht jener Paragrafe und Punkte, welche mit Rücksicht auf die Instruction im Exercir-Reglement der Infanterie, theils ausser Wirksamkeit, theils zu berichtigen kommen. Uebersicht jener Punkte und Paragrafe, welche mit Rücksicht auf die Instruction im Exercier-Reglement der Jäger, theils ausser Wirksamkeit, theils zu berichtigen kommen. 8. Wien 1861.

Instruction für die Annahme der zweigliedrigen Aufstellung bei der k. k. Infanterie und den Jägertruppen, sammt 2 Anhängen: Uebersicht jener Paragraphe und Punkte, welche mit Rücksicht auf die Instruction im Exercier-Reglement der Infanterie und Jäger theils außer Wirksamkeit, theils zu berücksichtigen kommen. gr. 8. (88 S.) Wien, Hof- u. Staatsdruckerei. 1861. 30 kr.

— für die Anwendung des Belmontylöls u. des hellen Vulkanöls. [Aus: „Anleitung zur guten Erhaltung der Artillerie-Depot-Bestände".] 8. (5 S.) Berlin 880. v. Decker. — 12

— für die Anwendung des Infanterie-Spatens. (Nach System Linnemann.) 8. Wien 873, k. k. Hof- und Staatsdruckerei. * — 20

— für die Anwendung des Infanterie-Spatens. 1. und 2. Aufl. 8. (37 S. mit eingedr. Abbild.) Wien 887, Hof- und Staatsdruckerei. * — 20

Instruction für das allgemeine Appellationsgericht der k. k. Armee, dessen Activität mit 1. Jänner 1803 anzufangen hat. Fol. Wien 1803.

Instruction f. Anwendung d. Wasserschusses z. Reinigen u. Entbleien d. 9 cm, 12 cm u. 15 cm Bronzerohre. Berlin 1875. 4°

— oberhirtlich approbierte, f. den Gebrauch der neubearb. biblischen Geschichte f. kathol. Volksschulen. 8. (8 S.) München (902). R. Oldenbourg. n.n. — 10

Instruction über die geometrischen Arbeiten bei Errichtung von Waldwirthschaftsplänen. Bern 1862.

Instruction für die topographischen Arbeiten des königl. preussischen Generalstabes. (Mit 5 Taf.) (Lithogr.) Fol. Berlin 1821.

[Kopft.:] [J.] Instruktion für die Armen-Direktion der Residenzstadt Potsdam [v. 1. Jan. 1897]. *(Potsdam: Dr. v. J. Grossmann [1897].)* (15 S.) 1 Bd 8.

Instruction für die Armenpfleger in Kiel. (Kiel 1803.) 8°

Instruction über die Art der Aufbewahrung und Behandlung der in das Archiv einer Genie- (Militär-Bau-) Direction gehörenden Pläne und sonstigen Gegenstände. 1876. Beigeb.: Beilage: Directiven zur Verfassung des Uebergabs-Actes bei den Genie- und Militär-Bau-Directionen. (Mit 1 Hft. Beilagen.) Wien, am 1. Februar 1878. Ergänzungen. 1. Nachtrag 1886. (Lithogr.) Fol. Wien 1876—1886.

Instruktion f. die Artillerie-Depot-Direktionen. Neuabdr. unter Berücksicht. der bisher erschienenen Deckblätter. (D.V.E. Nr. 30.) gr. 8. (S. 1—12, 12a—12e u. 14—17.) Berlin 901. E. S. Mittler & Sohn. n. — 20; kart. n. — 35

Instruction für die Artillerie-Depot-Inspectionen. Beigeb.: Tekturen Nr. 1—4. 8. Berlin 1880—1889.

— für die Artillerie-Depot-Inspektionen. 8. (16 S.) Berlin 880. (v. Decker.) cart. n. — 35

Instruction für die Artillerie-Depot-Inspectionen. Neuabdruck (1880) unter Berücksichtigung der bisher erschienenen Deckblätter. 8. Berlin 1901.

Instruktion für die Artillerie-Offiziere der Festungen. Berlin 1811. 4°.

Instruktion f. d. Art.-Offiz. d. Plätze. Berlin 1858.

Instruction für d. Artillerie-Regiments-Schulen. Wien 1861. 4°

— f. das Artillerie-Schulschiff. gr. 8. (31 S. m. 4 Taf.) Berlin 888. Mittler & Sohn. geb. n. 1. —

Instruction in Betreff der zu Mainz anzustellenden Artillerie-versuche. (Donation Liechtenstein.) Fol. Mainz 1829.

Instruction für die öffentlich angestellten Aerzte und Wundärzte in den k.k.österreichischen Staaten, wie sie sich bey gerichtlichen Leichenschauen zu benehmen haben. 62 S., gbd.

Wien: kaiserl.königl.Hof- und Staats-Druckerey 1814

JB 5.424

—— für d öffentl. angestellten Aerzte u. Wundärzte in d. k. k. österreich. Staaten, wie sie sich bei gerichtl. Leichenschauen zu benehmen haben. 2. Aufl. 4. (8½ B.) Prag 833, Kronberger u. Weber.

Instruktion f. die z. Beurteilg d. Fähigkeit zum Militärdienste berufenen Ärzte. Hannover 1854. 4.

Instruction für die Ärzte der Herzogthümer Schleswig und Holstein über das Verfahren bei einem Ausbruche der epidemischen Cholera . . . Kiel 1831. V: *Pfaff, Chph Heinrich.* (call)

Instruction [Instruktion] für die Aerzte und Wundärzte des Oker-Departements die Beförderung der Schutzblattern-Impfung betr. o.O. (1808). 12 Bl. 8°

— f. Aerzte u. Wundärzte in den k. k. österr. Staaten, bei Leichenschauen rc. 4. Wien 814. (Gastl in Brünn). 4 K Kronberger u. W. 10 K

Instructio [Instruktion] für die Ärzte und Wundärzte, welche die körperliche Beschaffenheit von Militairpflichtigen, Stellvertretern und Freiwilligen, resp. vor und nach deren wirklichem Eintritte in den Dienst zu beurtheilen haben. Hannover, den 30. Nov. 1822. o.O. (1822.) 37 S. 4°

Instruction, Aerztliche, in Betreff des Unterrichts der Mannschaften der Krankenträger-Compagnien. 8. Berlin 1860.

Instruction für die Assent-Officiere, die Verrechnungs-Officiere und die Thierärzte (Kurschmiede) der (nach den Bestimmungen des Gesetzes vom 16. April 1873 [XX. Gesetz-Artikel vom Jahre 1873] über die Deckung des Pferdebedarfes für das stehende Heer und die Landwehr) im Mobilisirungs-Falle zur Aufstellung gelangenden Pferde-Assent-Commissionen. 8. Wien 1878.

Instruction für Aufgrabungen vorchristlicher Grabdenkmäler in Mecklenburg, entw. von der Aufgrabungs-Deputation des Vereins für mecklenburgische Geschichte und Alterthumskunde. Schwerin. 1837. 8°.

Instruktion für die Aufnahme mit dem Meßtische und der Bussole. (Berlin 1851.) 4°. (Lithogr.)

—— für d. prakt. Aufnahme mit Meßtisch u. Kippregel. 16. (5 B. u. 8 Stnt.) Kassel 840, (Fischer.) *

Instruktion f. d. Aufnahme a. Ziel d. d. Schieß-übungen d. Fuß-Art. Berlin 1885.

Instruktion für die geometrischen Aufnahmen im Großh. Hessen. (Darmstadt 1824.) 8°.

Instruction. Instrukt' für topographische Aufnahmen im Masstab 1 : 5000. ([Hrg. von der] Direktion der öffentlichen Bauten des Kantons Bern.) 8. Bern 1898.

Instruction für die Aufnahme-Prüfungs-Commission in der Loge „Zum Bekränzten Cubus". [Havelberg 1899: Kärger.] 3 S. 8° [Kopftit.]

Instruktion f. die Aufseher bei den öffentl. Arbeiten der Forstfrevler. 8. (1 B. u. 2 Tab.) Carlsruhe 846, Braun'sche Hofbuchh. *

Instruction für den Aufseher und die Aufseherin des Armen- und Arbeitshauses im Flecken Wandsbeck. o. O. (1849.) 4°.

Instruction für die Aufseher bei Kulturarbeiten in Staats-, Gemeinde- und Privat-Waldungen der Bezirksforstei Stühlingen (v. 2. März 1841). - Stühlingen 1841. 15 S.

Instruction für die weiblichen Aufsichtsbeamten der Landes-Straf- und Correctionsanstalten. — Dresden: Lommatzsch [nach 1864]. V, 25 S. 8°

Instruction für die Aufsichtscommission (der Gesellschaft freiwilliger Armenfreunde in Kiel). (Kiel. 1835.) 8°. Bei: Wochenschrift zum Besten der Armen in Kiel. (Jg. 42.—43.) Kiel. 1834—35. 4°.

Instruction für die Aufstellung von Militär-Eisenbahn-Transports-Behörden. Anhang 1866. I., II. und III. Th. (2 Bde.) 8. Wien 1864—1866.

—— über d. Aufstellung v. Wirthschaftsplänen f. d. Gemeinde- u. Stiftungswaldungen im kgl. bayer. Regierungsbezirke Unterfranken u. Aschaffenburg. qu. gr. 4. (14¾ B., 1 ill. Karte u. 2¾ B. in gr. 8.) Erfurt 841, Hennings u. Hopf.
Aus: Zeitschrift f. d. Forst- u. Jagdwesen, v. Behlen, abgedruckt.

⊙ Instruktion für die außergerichtlichen Auktionatoren. Kiel. 1870. 8°

—— in Ausführung der Eichordnung vom 16. Juli 1869 auf Grund von Art. 18 der Maaß- und Gewichts-Ordnung vom 17. Aug. 1868 erlassen von der Normal-Eichungs-Kommission des norddeutschen Bundes am 10. Decbr. 1869. gr. 8. (III, 109 S. mit eingedr. Holzschn.) Berlin 870, Moeser. *

—— zur Ausführung des Gesetzes vom 17. Juli 1865, einige Abänderungen des Reglements für die Offizier-Wittwen-Kasse vom 3. März 1792 betr. Vom 26. Septbr. 1865. gr. 8. (16 S.) Berlin 865, v. Decker'sche geheime Ober-Hofbuchdruckerei.

— zur Ausführung d. Gesetzes üb. die Naturalleistungen f. die bewaffnete Macht im Frieden vom 13. Febr. 1875 u. der dazu ergangenen erläuternden Bestimmungen d. Gesetzes vom 21. Juni 1887. (Aus: „Armee-Verordnungsblatt".] 4. (46 S.) Ebd. 887. n. 1.20

Instruktion zur Ausführung des ungar. Gesetzartikels XL: 1868 über die Wehrkraft. Wien 1869. 8°.

Instruction (G—79) für die Ausführung der Herstellungs-Arbeiten am Feld- und am Gebirgs-Artillerie-Material. 8. Wien 1880.

Instruktion (G—79.) für die Ausführung der Herstellungs-Arbeiten am Feld- und am Gebirgs-Artillerie-Material. 1880. — (Ergänzung.) Beigeb.: Nachtrag 1. 1898. 8. Wien 1898.

— für die Ausführung der Herstellungsarbeiten am Feld- u. Gebirgsartilleriematerial, m. Anh. (VIII, 215 S. m. 19 Taf.) kl. 8. Ebd. 908.
In Leinw. kart. 4. —

Instruktion zur Ausführung des Kriegsleistungs-Gesetzes vom 11. Mai 1851. (Berlin. 1854.) 4°.

Instruction (G—61—95.) für die Ausführung der Laboratorien-Arbeiten bei den 30·5cm M. 98/96a Zünder-Granaten und den 30·5cm M. 98 Hülsen-Patronen für die 30·5cm L/40 Küsten-Kanone. (Mit 9 Tafeln.) (Zu Abt. 7, Nr. 5337 von 1904.) (Lithographiert.) Fol. Wien 1904.

Instruction (G—61. 55) zur Ausführung der Laboratorien-Arbeiten bei den 15cm Einschiess-Shrapnels M. 1880, M. 1878 und M. 1866. (Mit 1 Taf.) (Lithogr.) Fol. Wien 1888.

Instruktion (G—61. 30) zur Ausführung der Laboratorien-Arbeiten bei den Geschossen M. 1878 und den zugehörigen Munitions-Bestandtheilen. Mit 3 Taf. Beigeb.: I. Nachtrag. 1887. II. Nachtrag. 1888. III. Nachtrag. 1889. IV. Nachtrag. 1890. (Lithogr.) Fol. Wien 1881—1890.

— — (G—61, 30.) zur Ausführung der Laboratorien-Arbeiten bei den Geschossen M. 1878 und zugehörigen Munitions-Bestandtheilen. (Mit 3 Tafeln.) (Zu Abth. 7, Nr. 548 vom Jahre 1898.) (Lithographiert.) Fol. Wien 1898.

Instruktion (G—61.53.) zur Ausführung der Laboratorien-Arbeiten bei den Geschossen und zugehörigen Munitions-Bestandtheilen der 9cm und 15cm Belagerungs-Mörser M. 1880. Mit 1 Taf. Beigeb.: 1. Nachtrag. 1888. (Lithogr.) Fol. Wien 1887—1888.

— — (G—61, 53.) zur Ausführung der Laboratorien-Arbeiten bei den Geschossen und zugehörigen Munitions-Bestandtheilen der 9cm und 15cm Belagerungs-Mörser M. 1880. (1887.) — (Ergänzung.) Beigeb.: Nachtrag 2. (1896.) (Lithographiert.) Fol. Wien 1896.

— — (G—61—76.) für die Ausführung der Laboratorien-Arbeiten bei den Geschossen und Patronen für die 15cm L 40 Küsten-Kanone. (Mit 6 Tafeln.) (Lithographiert.) Fol. Wien 1902.

Instruction (G—61, 45) für die Ausführung der Laboratorien-Arbeiten bei den 12cm, 15cm und 18cm Geschossen M. 1880 und den zugehörigen Munitions-Bestandtheilen. Mit 3 Taf. Beigeb.: I. Nachtrag. 1886. II. Nachtrag. (Mit 1 Taf.) 1887. II. Nachtrag. Neuausg. (Mit 1 Taf.) 1888. III. Nachtrag. (Mit 2 Taf.) 1888. IV. Nachtrag. (Mit 1 Taf.) 1891. (Lithogr.) Fol. Wien 1884—1891.

— — (G—61, 45.) für die Ausführung der Laboratorien-Arbeiten bei den 12 cm, 15 cm und 18 cm Geschossen M. 1880 und den zugehörigen Munitions-Bestandtheilen. Mit 4 Tafeln. (Zu Abth. 7, Nr. 4471 von 1898.) (Lithographiert.) Fol. Wien 1898.

Instruction zur Ausführung der zum Behufe des allgemeinen Catasters, in Folge des 8. und 9. Paragraphes des allerhöchsten Patentes, vom 23. December 1817, angeordneten Landesvermessung. (Mit 20 Beilagen.) Fol. Wien 1824.

— — Geographische Ortsbestimmung von Steinschönau. Nebst der geographischen Karte der Herrschaft Böhmisch-Kamnitz. 8. Prag 1826.

Instruktion zur Ausführung der §§ 17 bis 27 des Gesetzes vom 25. Juni 1875 betr. die Abwehr und Unterdrückung von Viehseuchen. (Amtsblatt d. Kgl. Preuss. Regierung zu Frankfurt a. O. Jg. 1876, Nr 24. Ausserord. Beilage.)

— z. Ausführg. der §§ 19 b. 29 d. Gesetzes betr. d. Abwehr u. Unterdrückg. v. Viehseuchen v. 23. Juni 1880 u. 1. Mai 1894, nebst Anweisgn. f. d. Desinfektions- u. Obduktionsverfahren bei ansteck. Krankheiten d. Hausthiere v. 27. Juni 1895. (R.-G.-Bl. Nr. 27, S. 357 v. 1895.) 12. (77 S.) Berlin 895. R. v. Decker. — 60

—— zur Ausführung der ärztlichen Rapport- und Berichterstattung. Vom 15. Febr. 1873. 4. Berlin 874, Mittler und Sohn. * 1 —

Instrukt. zur Ausführg d. ärztl. Rapport- u. Berichterstattg. m. Zusammenstellg d. abändernden bezw. ergänzenden Bestimmgn v. 12. 2. 1877. 4.

Instruction zur Ausführung der Signal-Ordnung für die Eisenbahnen Deutschlands auf der Kgl. Militär-Eisenbahn. Berlin 1883. 8°.

Instruction zur Ausführung der mit dem Erlasse des k. k. Reichs-Kriegsministeriums vom 4. Juli l. J. angeordneten Übungen im Generalstabs-Dienste. Wien 1871. 8°.

—— für die Ausführung der technischen Vorarbeiten bei Landes-Meliorationen. Fol. (8 S. mit 4 Chromolithogr. in Fol. und Imp.-Fol.) Berlin 862, Ernst und Korn. *

—— für die Ausführung des Waffen-Reparatur-Geschäftes bei den mit glatten Gewehren bewaffneten Infanterie-Bataillonen. gr. 8. (32 S.) Berlin 853, Decker'sche geheime Ober-Hofbuchdr.

Instruktion f. Ausführung d. Waffen-Reparatur-Geschäftes bei den Inf.-, Pion.- u. Besatzungs-(Landw.-)Batl., bei d. Kav. u. Art. Berlin 1853—1871.

— — zur Ausführung des Wehrgesetzes. (Für Civilbehörden.) Ebd. 1869. XVI, 351 S. 8°

Nachtrag I zur Instruction zur Ausführung des provisorischen Wehrgesetzes für Bosnien und die Hercegovina. 8. (48 u. XVI S.) —.30
Wien: Hof- und Staatsdruckerei 1898.

—— zur Ausführung der Wehrgesetze, s. a. Gesetze, Separat-Ausg. der neuen österreichischen.

—— zur Ausführung der Wehrgesetze. Mit Anhang. 8. Wien 869, k. k. Hof- und Staatsdruckerei. *

Instruction zur Ausführung der Wehrgesetze. (Gesetz vom 5. December 1868, womit für die im Reichsrathe vertretenen Königreiche und Länder die Art und Weise der Erfüllung der Wehrpflicht geregelt wird; ungarischer Gesetzartikel XL vom 5. December 1868, über die Wehrkraft.) (Für Militärbehörden.) 8. (XVI u. 389 S.) Wien, k. k. Hof- und Staatsdruckerei. 1869. 1 fl.

— zur Ausführung der Wehrgesetze. [Gesetz vom 5. Decbr. 1868, womit für die im Reichsrathe vertretenen Königreiche u. Länder die Art u. Weise der Erfüllung der Wehrpflicht geregelt wird; ungarischer Gesetzartikel XL, vom 5. Decbr. 1868, über die Wehrkraft.] [2. Aufl.] gr. 8. (XVI, 404 S.) Ebend. 877. n. 2. 80

Instruktion zur Ausführung der Wehrgesetze vom 22. Octbr. 1885, sammt allen wichtigeren Formularien und Beilagen. Mit e. ausführl. alphabet., nach Schlagwörtern abgefaßten Sachregister. [Giltig vom 1. Jan. 1886.] 8. (314 S.) Prag, Mercy. n. 2. 40; geb. n. 2. 80

Instruction für die Ausführungen der jährlichen Vor- und scharfen Artillerie-Uebungen. (Mit 7 Beilagen.) (Lithogr.) Fol. Wien 1859.

Berlin. Preuss. Meteorologisches Institut. Instruktion für die Ausfüllung des neuen Beobachtungsformulares. (Mit zwei Formularen zur Eintragung der meteorologischen Beobachtungen, welche vom nächsten Jahre [1880] an gebraucht werden sollen.) Berlin 1879.

Instruction über die Ausgabe der Feuergewehre aus den Zeughäusern an die Truppen, über die Abgabe derselben von den Truppen an die Zeughäuser und über die Classificirung jener, welche durch die Zeughäuser von den Truppen zurückübernommen werden. 4. Wien 1841.

Instruction betr. die Ausgabe von Gewerbe-Scheinen, m. d. Formularen f. d. Angaben d. Steuerzahler, 3 Waaren-Verzeichn. u. d. wichtigsten angezog. Gesetzesstellen übs. v. A. v. Sticinsky, Handelsdeputirter d. Stadt Riga. *Riga: N. Kymmel 1898.* (59 S.) 1 Bd 8.
— Gesetz üb. d. Reichs-Gewerbesteuer. [Th.] II. [illegible]

Instruction für die Ausläufer auf den Telegraphenbureaux. ca. 1850.

Instruction über die Ausmittlung der Raumbedürfnisse für die einzelnen Abtheilungen des k. k. stehenden Heeres. (Mit 13 Beilagen und 3 Plänen.) (Zu Präsid. Nr. 482 vom Jahre 1871.) Beigeb.: Aenderungen und Zusätze. (Ad Circular-Verordnung des Reichs-Kriegs-Ministeriums vom 6. April 1872, Präs. ad Nr. 662.) 4. (Wien 1871—1872.)

—— über die Ausmittlung der Raumbedürfnisse für die einzelnen Abtheilungen des k. k. stehenden Heeres. 4. Wien 872, k. k. Hof- und Staatsdruckerei. * — 80

Instruction über die Ausrüstung, Verpackung, Verladung und Behandlung der in der k. k. Armee eingeführten Feldpressen. (Mit 6 Beilagen.) kl. 8. Wien 1875.

— über die Ausrüstung, Verpackung, Verladung u. Behandlung der in der k. u. k. Armee eingeführten Feldpressen. 8. (VIII, 40 S. m. 3 Taf.) Wien 893. (Hof- u. Staatsdruckerei.) n. — 60

—— für deutsche Auswanderer nach Texas. Hrsg. von dem Verein zum Schutze deutscher Einwanderer in Texas. Fol. (26 S. und Comite-Bericht des Vereines. gr. 8. 47 S. mit der neuesten lithogr. und ill. Karte dieses Staates in Imp.-Fol., nach dessen Grenzbestimmungen durch Congreß-Beschluß vom Septbr. 1850. Sodann eine lithogr. Special-Karte über den vermess. Theil des Grant-Gebiets des Texas-Vereines und einzelnen lithogr. Plänen der von demselben gegründeten Städte Neu-Braunfels, Friedrichsburg und Indianola in gr. Fol.) Wiesbaden 851. (Berlin, D. Reimer.) *

Badische Instruktion für die Aufseher bei den öffentlichen Arbeiten der Forstfrevler. - Carlsruhe 1846. 13 S., Formulare

— großherzogl. badische, die gesetzliche Einführung der Kuhpockenimpfung betreff. Mit 2 Tabb. Fol. Karlsr. 816. Müller. 2 gr

Instruction, Großherzogl. Badische, für den Visitator der Apotheken im Großherz. Baden. 8. Carlsruhe, Braun. 816.

Instruktion für die Bahnaufseher bei der k. k. priv. Buschtěhrader Eisenbahn. Prag, 1855. Druck von Karl Bellmann. (16 S. 8.)

Instruktion für die Bahnaufseher auf der a. priv. Kaiser Ferdinands-Nordbahn. (14 S. 8.) 1857.

Instruktion für die Bahnmeister der k. k. priv. ersten Eisenbahn. Linz. Eurich'sche Buchdruckerei. (12 S. 8) 1855.

Instruktion für die Bahnwächter der k. k. priv. Brünn-Rossitzer-Eisenbahn. Druck von Karl Winiker in Brünn. (36 S. 6 Bl. 8.) 1856.

Instruktion für die Bahnwächter der k. k. pr. ersten Eisenbahn. Linz. Eurich'sche Buchdruckerei. (36 S. 8.) 1855.

Instruktion für die Bahnwächter auf der k. k. nördlichen Staats-Eisenbahn. Druck von Karl Bellmann in Prag 1856. (52 S. 8.)

Instruktion für die Bahn- und Weichenwächter auf der k. k. priv. Buschtěhrader-Eisenbahn. (35 S. 8.) 1857.

— üb. d. Bau u. d. Betrieb d. Garnisons-Etagebackofens M. 1887. (Zu § 135 d. I. Thls. d. Vorschrift f. d. Verpflegg. d. k. u. k. Heeres, Verpflegg. im Frieden.) hoch 4. (IV, 30 S. m. 19 Plänen.) Wien 895. (Hof- u. Staatsdruckerei.) n. 4. —

Instruction über den Bau eines gemauerten Feldbackofens ohne versenkter Grundlage, mit Anwendung eiserner Schienen zu seiner Wölbung statt der bisherigen hölzernen Lehrbögen. (Mit 1 Tafel.) Fol. Wien 1814.

Instruction für den Bau eines Feldbackofens aus Lehm auf 44 Schuss Brot. (Ad A. 239, vom 20. Jänner 1840.) (Mit 2 Taf.) Lithogr. Fol. Wien 1840.

Instruktion für die K. K. fortificatorischen Bauämter. Mit Beil.-Bd 1—4. Wien 1838. 4° u. 2°

Instruction für die k. k. fortificatorischen Bauämter und insbesondere für die fortificatorischen Baurechnungs-Individuen. (2 Bde.) 4. Wien 1838.

Instruction für Bauende. o. O. u. J. 4 Bl. 8°
Enth. 5 Denksprüche.

Instruction für die Bauervögte und Vorsteher der Erbpachtdistricte im Amte Bordesholm. Kiel. 1859. 8°

Instruction vor die Baum- u. Thor-Schreiber in deren Städten des Herzogth. Vor- u. Hinter-Pommern u. Fürstenth. Cammin auch Herrschaften Lauenburg u. Bütow. De Dato Berlin, d. 28. Febr. 1749. Stettin o. J.

Instruction für die bei den Leuchtfeuer-Etablissements der Provinz Schleswig-Holstein angestellten Beamten und Officianten [Umschlag:] Leuchtfeuerwärter. o. O. u. J. 4°

Instruktion für die Beamten des städtischen Leihhauses in Altona. [Altona. (1881.)] 8° [Kopft.]

Instruction für die Bearbeitung des alphabetischen Zettelkatalogs in der Herzoglichen Bibliothek zu Wolfenbuettel... Wolfenbüttel 1893. H: *Heinemann, Otto v.* & *Gust. Milchsack.* (Berl)

— f. die Bearbeitung d. alphabetischen Zettelkatalogs in der herzogl. Bibliothek zu Wolfenbüttel. Nebst Erläutergn. u. Beispielen. 4. (35 S. m. 2 Tab.) Wolfenbüttel 898. (J. Zwissler.) n. · 65

Instruktion (G—61, 33.) betreffend das Bebändern der 12cm, 15cm und 18cm Geschosse M. 1880. Mit 3 Taf. I. Nachtrag. Mit 3 Taf. 1886. (Lithogr.) Fol. Wien 1882—1886.

Schweizerische Centralbahn. Instruction für die Bedienung der Weichen- und Signalverriegelung bei der Einmündung der Jura-Simplon-Bahn in den Rangirbahnhof Basel. 1901 Februar 15. ([Mit 2 Tafeln] Beilagen: 1 Zeichnung des Apparates mit Fahrprogramm [und] 1 schematisches Geleiseplänchen.) 4 S. 4.

—— in Betreff der Bedingungen des Eintritts und des Aufrückens, sowie in Betreff der Ausbildung und der Prüfungen für das Personal der Maschinen- und der Handwerks-Kompagnie der königl. Marine. gr. 8. (20 S.) Berlin 867, Bernstein. *

Instruction ü. Beförderung v. Bundestruppen a. d. bayer. Staats-Eisenbahnen. München 1866.

Instruction über die Beförderung der k. bayerischen Truppen auf Eisenbahnen. 8. München 1859.

Instruction über Begrenzung, Eintheilung und Vermessung der Gemeinde- und Instituten-Waldungen im Regierungsbezirk Wiesbaden (v. 20. Juli 1883). - Wiesbaden 1883. 10 S., m. Tab.

—— für die Begrenzung und Vermarkung, Vermessung und Betriebseinrichtung der oesterreichischen Staats- und Fondsforste. gr. 4. (141 S. mit 5 lithogr. und chromolithogr. Taf.) Wien 878, (Faesy und Frick.) *

— für die Begrenzung, Vermessung u. Betriebseinrichtung der österreichischen Staats- u. Fondsforste. 3., durchgreifend neu bearb. Aufl. gr. 4. (VIII, 198 S. m. 6 z. Tl. farb. Taf.) Wien 901. (W. Frick.) Kart. n. 6. 40
Sonderabdr. a.: „Jahrb. d. Staats- u. Fondsgüter-Verwaltung".

—— über die Behandlung und Ausbildung der einjährigen Freiwilligen. Vom 11. Dezbr. 1866. gr. 8. (8 S.) Berlin 866, v. Decker'sche geheime Ober-Hofbuchdruckerei.

Instruction über die Behandlung der Batterien für die schweizerischen Telegraphen. ca. 1850.

Hamburg. Deutsche Seewarte.

— — Instruktion über die Behandlung der Deviation der Kompasse an Bord eiserner Schiffe. Hamburg 1883.

Instruction f. Behandlung d. Fahrzeuge neuer Construction. München. 1875. 4°

Instruktion f. d. Behandlung d. Feldgeschütze. München 1884.

—— zur formellen Behandlung der Landbau-Projekte. gr. 8. (8 S.) Hannover 878, Schmorl und v. Seefeld.

Instruktion zur Behandlung des Forstrügewesens in Oberfranken vom 28. Juni 1842. - Bayreuth 1842. 27 S.

Instruktion zur Behandlung blinder u. taubstummer schulpflichtiger Kinder in der öffentlichen Volksschule. Klgft., Leon, (1882). 16 S.

—— über die Behandlung der Küstengeschütze und ihrer Munition. Behufs Sicherstellung guter Schußwirkung. 16. (VI, 66 S.) Berlin 874, Mittler und Sohn. * 1 —

Instruction ü. Behandlung d. Liderungen b. Röhren m. Flachkeil- u. Rundkeil-Verschluß. Berlin 1874.

— über die Behandlung der Perkussions-Gewehre, s. Leitfaden.

Instruction für die Behandlung der Postsendungen an Bord der in fremden Gewässern befindlichen k. u. k. Kriegsschiffe. (Beilage zum N.-V.-Bl. für die k. u. k. Kriegs-Marine XXXVII. Stück vom 21. November 1893.) 4. Wien 1893.

Instruktion ü. prakt. Behandlung u. dienstl. Gebrauch d. Percussions-Gewehre. Berlin 1840.
— — 1850: Desgl. f. perkussionirte Kav.-Schußwaffen.

— über die praktische Behandlung u. den dienstlichen Gebrauch der Perkussions-Gewehre. gr. 8. Berlin 842, Decker. 3 ngl — dass. 7. Aufl. Berlin 845, Grobe. 1/12 ₰

— — über die praktische Behandlung u. den dienstlichen Gebrauch d. Perkussions-Gewehre. 4. Aufl. Mit Abb. Berlin 1843. 16 S.

—— üb. die praktische Behandlung u. den dienstl. Gebr. d. Perkussions-Gewehre. 7. Aufl. 8. (1 B.) Berlin 845, Grobe.*
Vgl. Leitfaden bei der Instruction des Infanteristen.

Instruction über die rechnerische Behandlung der Kosten in Strafsachen vom 4. Juni 1862. 8. (39 S.) Bamberg 862, Buchner'sche Buchh.

Instruction über Behandlung und Verpflegung der Baugefangenen. Berlin 1832.

Instruktion über die Behandlung der Waffen im 1. Cuirassier-Regiment Prinz Friedrich v. Preußen. Breslau 1830. 8.° (Lithogr.)

Instruction für die politischen Behörden über die Anstrengung einer Inquisition ... Wien 1787. H: *Keess, Franz Georg Edler von.* (ML)

— f. die Bekämpfung des Hausschwammes. Genehmigt m. dem Erlasse des k. u. k. Reichskriegsministeriums, Abteilg. 8/H. B., Nr. 3502 v. 1904. Mit 10 Vollbild. u. 1 Fig.-Taf. (50 S.) kl. 8. Ebd. 906. n. 3.—

— — für die größere Belagerungs- u. Pontonierübung im Jahre 1879 (bei Ingolstadt und Neuburg). Mit Anl. rc. Ingolstadt 1879. 19 S.

Instruction üb. das Benehmen nach erfolgter Explosion schlagender Wetter u. bei den Rettungsversuchen der dabei Verunglückten.- (In deutscher, böhm. u. poln. Sprache.) 8. (16 S.) Mähr.-Ostrau 891, (Kittl). * — 10

Instruction für die Benutzung der Eisenbahnen zu Militärtransporten (1861). Dresden 1861. 8°.

Instruktion ü. d. Benützung d. elektr. Minen-Zündapparate. Mit 1 Tf. München 1859.

—— für die Beobachter an den meteorologischen Stationen im Königr. Bayern. Hrsg. von der k. bayer. meteorolog. Central-Station München. Lex.-8. (IV, 36 S. mit eingedr. Holzschn.) München 878, (Th. Ackermann.) *

Cassel. Instruction für die Beobachter an den meteorologischen Stationen im Kurfurstenthum Hessen. Mit einem Schema. Cassel 1866.

—— für die Beobachter an den meteorologischen Stationen II., III. und IV. Ordnung. Hrsg. vom königl. preuß. meteorolog. Institut. Lex.-8. (VI, 77 S. mit 29 Holzschn. und 1 Formular.) Berlin 888, Asher und Comp. * *

Sachsen, Instruction für die Beobachter auf den meteorologischen Stationen im Königreich Sachsen. Gotha 1865.

— f. die Beobachter der meteorologischen Stationen der Schweiz. 2., umgearb. u. verm. Aufl. Hrsg. v. der Direktion der schweiz. meteorolog. Centralanstalt. Lex.-8. (IV, 48 S. m. Fig.) Zürich 893. (Fäsi & Beer.) n. 2. —

Berlin. Preuss. Meteorologisches Institut.

— — Instruktion für die Beobachter an den meteorologischen Stationen im preussischen Staate. Berlin 1847.
— — Dasselbe Werk. Zweite Aufl. Berlin 1858.

Instruction f. die Beobachter an den meteorolog. Stationen im preuss. Staate. Berl. 1858. 30 S. P.

Stuttgart. Instruction für die Beobachter an den meteorologischen Stationen in Wurttemberg. Stuttgart 1857.

Stuttgart, Königliches Statistisches Landes-Amt, Instruktion für die Beobachter der württembergischen meteorologischen Stationen.
Stuttgart 1893.

Instruction, die besondern Beobachtungen bey der Ausführung der Magazins-Bau-Normal-Pläne enthaltend. Mit: „beygehende zwey mit Nro. I und II bezeichnete Normal-Pläne".
Fol. Wien, den 1. Februar 1811.

— zu den Beobachtungen an den in Deutschland für forstliche Zwecke errichteten meteorologischen Stationen. Vereinbart von dem Verein deutscher forstl. Versuchs-Anstalten. gr. 8. (19 S.) Berlin 881, Springer. * *

Instruction zu den Beobachtungen der für forstliche Zwecke errichteten meteorologischen Stationen im Königreich Preussen und im Elsass. - o. O. o. J. 18 u. 16 S., 4 Formul. f. d. Notirungen d. meteorol. Beobacht.

Neu-Guinea Co., Instruktion für meteorologische Beobachtungs-Stationen. 4°.

„Instruktion für die königlichen Bergrevierbeamten der Steinkohlen-Reviere", Essen 1830. — Vorh.: Preuß. Oberbergamt Dortmund — E. a. 90.

Instruction für die k. k. Berg- und Hütten-, Salzerzeugungs-, dann Bergwerks-Producten-Verschleißämter. Wien, k. k. Hof- u. Staatsdruckerei 1867. 66 S. Fol.

Instruktion (G—61, 12) zum Beringen der Geschosse für die Feld- und Gebirgs-Kanonen M. 1875. (Mit 9 Taf.) Und „Anhang". (Mit 6 Taf.) (Lithogr.) Fol. Wien 1878.

Instruction über die Beschaffenheit, die Einrichtung, den Gebrauch, die Bedienung und die Handhabung des 9cm und 8cm Feld-Artillerie-Materiales. M. 1875. (Mit 8 Taf.) 8. Wien 1876.

Instruktion über die Beschaffenheit, die Einrichtung, den Gebrauch, die Bedienung und die Handhabung des 9cm schmalspurigen Feld-Artillerie-Materiales M. 1875. Zu Folge Reichs-Kriegs-Ministerial-Erlass Abth. 7, Nr. 4853 vom 14. November 1877, verfasst von der I. Section des k. k. technischen und administrativen Militär-Comités. (Lithogr.) Mit 8 Taf. I. Nachtrag. 1888. 4. (Wien) 1878 1888

Instruktion über die Beschaffenheit, die Einrichtung, den Gebrauch und die Bedienung des 7cm Hinterlad-Gebirgs-Geschützes M. 1875. (Mit 1 Taf.) 8. Wien 1877.

—— über die Beschaffenheit, Einrichtung u. Untersuchung der Feldschmieden M. 1890 u. M. 1880 m. e. Anh., enth. die Beschreibg. der Schatullen-Feldschmiede M. 1866 u. der Gebirgs-Feldschmiede alt. A. 8. (V, 55 S. m. 3 Taf.) Wien 892, (Hof- u. Staatsdruckerei). — 90

— über die Beschaffenheit, Einrichtung u. Untersuchung der Schatullen-Feldschmiede M. 1880. 8. (26 S. m. 1 Steintaf.) Wien 882. Hof- u. Staatsdruckerei. n. — 30

Instruction über die Beschaffenheit, den Gebrauch und die Ausrüstung der der 4- und 8pfündigen gezogenen Feldgeschütz-, dann der 3pfündigen Gebirgsgeschütz-Schiesswoll-Batterien. (Mit 3 Taf.) 8. Wien 1862.

— — über die Beschaffenheit, den Gebrauch und die Ausrüstung der 4- und 8pfündigen gezogenen Feldgeschütz-, dann der 3pfündigen gezogenen Gebirgsgeschütz-Batterien vom Jahre 1863. (Mit 2 Taf.) 8. Wien 1864.

Instruction über die Beschaffenheit und den Gebrauch der 6 pf. Feld-Geschütz-Batterien mit gezogenen Rohren. (Lithographiert.) (Donation Liechtenstein.) Fol. (Wien) 1860.

Instruction über die Beschaffenheit, Conservirung und Visitirung der k. k. Uhlanen-Pike M. 1875. Mit 1 Figuren-Taf. 8. Wien 1877.

Instruktion zur Besorgung des Assekuranz-Geschäftes für sämmtliche Angestellte der ersten k. k. priv. Donau-Dampfschiffahrts-Gesellschaft. Wien. 1855. Druck von Karl Gerold und Sohn. (48 S. 8.)

Instruction zur Besorgung der Staats- und Klosterwaldungen des Kts. Thurgau. 1856. Abschrift.

Die am 9. Januar 1901 vom Finanzminister bestätigte Instruction betreffend die Entrichtung der Stempelsteuer für Schriftstücke, Urkunden und Documente. Uebers. von A. v. Sticinsky. *Riga: N. Kymmel 1901.* (6 S.) 8°
— Gesetz über d. Stempelsteuer. Th. 2. (cf. 3868

Instruction f. d. Bestimmung d. ersten Richtungs-Linie b. Mörsern u. z. Veränderung dieser Richtung. Wurftaf. f. 60 Pfdr Steinmörser. München 1866.

Instruction über die Bestimmung und den Wirkungskreis der Cavallerie-Depots. (Lithographirt.) Fol. (Wien 1852.)

— üb. d. Bestreitg. u. Verrechng. d. Auslagen f. Gefangene u. f. strafgerichtl. Untersuchgn. (Verordng. d. Justizministeriums v. 16. Decbr. 1895, Z. 24311, J. M. V. Bl. Nr. 25.) Lex.-8. (35 S.) Ebd. 896. n. — 20

Instruction für die Besuchung der Willisch-Norischen Bibliothek. Nürnb. 1800. V: *Kiefhaber, Johann Carl Sigm.* (sch) (MGT) (will) (NN)

Instruktion für den Betrieb der Gymnastik und des Bajonettfechtens bei der Infanterie. (Mit) Abänderungen. Berlin 1860—65. 8°.

—— für den Betrieb der Gymnastik und des Bajonettfechtens bei der Infanterie. Lex.-8. (58 S. mit 37 in den Text gedr. Fig. in Holzschn.) Berlin 860, Decker'sche geheime Ober-Hofbuchdruckerei.

Instruktion für den Betrieb der Gymnastik und des Bajonetfechtens bei der königlich bayerischen Infanterie.
kl. 8. München 1872.

—— für den Betrieb der Gymnastik bei den Truppen zu Pferde. gr. 8. (48 S. mit 44 in den Text gedr. Fig. in Holzschn.) Berlin 869, v. Decker'sche Geh. Ober-Hofbuchdr. — 75

Instruction für den Betrieb der Oelgasanstalten . . . Wien 1901. V: *Hanst, Wilh. Adolph.* (EB)

Instruktion für den Betriebs-Ingenieur und Ingenieur-Assistenten auf der k. k. privil. Buschtěhrader Eisenbahn. Prag, 1856. Druck des artist. typogr. Instituts des Karl Bellmann. (14 S. 8.)

Instruction über die sanitärische Beurteilung der Wehrpflichtigen. Bern 1895.

Instruktion für die Beurteilung des Wetturnens an den eidgenössischen Turnfesten. 24 S., 8°.

—— für die großh. badischen Bezirksförster in ihrer Eigenschaft als Domanialforstbeamte. Mit einer vollständ. Mustersammlung sämmtlicher für die Forstverwaltung nöthigen Impressen. gr. 4. (77 S.) Karlsruhe 849, Müller'sche Hofbuchh.

Instruction für die landesherrlichen Bezirksförster im Großherzogthum Baden in ihrer Eigenschaft als Dominialforstbeamte. - Karlsruhe 1834. 60 u. 24 S.

Instruktion für die Bezirks-Vereine und die Armenpflege der Stadt Aachen. *Ebend.* Aachen **1822**

[Kopft.:] [3.] **Instruktion** für die Bezirks-Vorsteher der Residenzstadt Potsdam. *Potsdam: F. Stein [1897?].* (5 Bl.) 1 Bd 4.

—— zur Bildung u. Anwendung techn. Grundsätze in den v. der kgl. General-Kommission f. d. Großhrzgth. Posen abhängigen Auseinandersetzungen, entworfen auf Grund d. §. 18. der Verordn. v. 30. Juni 1834. gr. 8. (18⅛ B.) Posen 841 (Gebr. Scherck.)

—— für die Bildung kathol. Präparanden in der Prov. Schlesien. gr. 8. (41 S.) Ober-Glogau 872, Handel. — 40

Instruction (N—14, b) für die Blessierten-Transport-Colonnen der österreichischen Gesellschaft vom Rothen Kreuze.
kl. 8. Wien 1893.

Instruction (N 14, b.) für die Blessierten-Transport-Colonnen der österreichischen Gesellschaft vom Rothen Kreuze 4. Auflage. Approbiert vom k. u. k. Reichs-Kriegs-Ministerium mit (Erlass Abth. 14, Nr. 2258 vom 4. September 1899. h. a. Nr 765 B. L. ex 1899).
8. Wien 1899.

Instruction für einen Brandfall im Bankgebäude od. dessen unmittelbarer Nachbarschaft. München 1878. 11 S. 12°. Cart.

Instruction (E—62) für dio k. k. Brieftauben-Stationen. 3. Aufl. (Lithographirt.)
Folio. Wien 1885.

— f. d. k. u. k. **Brieftaubenstationen. 6. Aufl. 8. (39 S. m. 2 Taf.) Ebd. 897. n. 1.20**

Instruction (F 62.) für die k. und k. Brieftaubenstationen. 6. Auflage. (Zu Abth. 5, Nr. 778 vom Jahre 1897 — N. V. Bl. f. d. k. und k. Heer, 10. Stück.)
8. Wien 1897.

Instruction für die dienenden Brüder. Goslar 1852: Brückner. 8 S. 8° [Umschlagtit.]

Gotha: **Instruction** für die dienenden Brüder der Loge Ernst zum Compass. [Dat.:] Gotha am 24. Juni 1860. 15 S. 8° [Umschlagtit.]

[N. Ausg. u. d. Tit.:]
Instruktion für die dienenden Brüder der Joh. Freimaurerloge Ernst zum Compass i. O. Gotha. Gotha 1884. 10 S. 8° [Umschlagtit.]

Erfurt: **Instruction** für die dienenden Brüder und den Kastellan der Loge Carl zu den drei Adlern in Erfurt. [Erfurt 1866: Ohlenroth.] 12 S. 8° [Umschlagtit.]

Instruction für die dienenden Brüder bei der Grossen National-Mutter-Loge in den preussischen Staaten, gen.: Zu den drei Weltkugeln und deren hiesigen St. Johannis-Logen. Berlin [1847]: Petsch. 11 S. 8° [Umschlagtit.]

[Dasselbe.] Berlin [1874]: Büxenstein. 10 S. 8°

Instruction für die dienenden Brüder der im Or. von Berlin unter Constitution der Grossen Loge von Preussen gen. Royal York zur Freundschaft arbeitenden Sanct Johannis-Logen. Berlin 1863: Sittenfeld. 8 S. 8°

[N. Ausg. u. d. Tit.:]
Instruction für die dienenden Brüder der im Or. von Berlin unter der Konstitution der Grossen Loge von Preussen, gen. Royal York zur Freundschaft arbeitenden vier vereinigten Johannislogen. Berlin 1873: Sittenfeld. 12 S. 8° [Umschlagtit.]

Instruktion für die dienenden Brüder (der Joh.-Loge „Tempel des Friedens" [und] der Andr.-Loge „Spes coronata") [Dat. v. 1. Nov. 1904.] o. O. u. J. 1 Bl. 2°

Instruktion zur Buchführung der Raiffeisen-Vereine. Neuwied 1889.

—— üb. die Büchse der preuß. Jäger u. Schützen nebst erläut. Zeichnungen. 4. Aufl. 8. (2½ B.) Berlin 843, Grobe. *.

— über die Büchse der Preußischen Jäger und Schützen. 5. verm. u. verb. Aufl. Mit 24 in den Text eingedr. Holzschn. Berlin 854. Grobe. (Bergemann.) 8. (39 S.) n. 7½ ngr.

Instruction für Büchsenmacher der k. k. Truppen über die nach dem System Wänzl umgestalteten Gewehre. (Mit 2 lithogr. Taf.) 8. Wien 1868.

Instruction für Büchsenmacher der k. k. Truppen über die Handfeuerwaffen mit Werndl-Verschluss. Mit 3 lithogr. Taf. kl. 8. Wien 1869.
—— (Neuauflage.) Mit 3 lithogr. Tafeln. kl. 8. Wien 1872.

—— für Büchsenmacher der k. k. Truppen über die Handfeuerwaffen mit Werndl-Verschluß. Mit 3 Taf. 8. Wien 872. k. k. Hof- und Staatsdruckerei. *

[*Kopft.*] [*f.*] Instruction über die Buchung, Einziehung und Verrechnung der gestundeten Honorare an der Königl. Universität zu Bonn. (*Am Ende:* Berlin, d. 21 Jan. 1873.) (Bonn, Druck v. C. Georgi) [1873]. 2 Bl. 4.

Instruktion für das **Budgetwesen** an der Grossh. Landes-Universität Giessen. Erlassen v. Grossh. Ministerium d. Innern u. d. Justiz am 15. Febr. 1894. Giessen, grossh. Hof- u. Univ.-Dr. C. v. Münchow, 1894; 22 S. 8.
(Nicht für den Austausch)

Instruction des Bundesrathes an die landwirthschaftlichen Experten der Juragewässerkorrektion. 1857. Mit dem Gutachten von Gmür, J. A. Kopp und F. Rödiger.

Instruktion für das Bureau der Verwaltung des eidgenössischen Kriegsmaterials. (Vom 21. Heumonat 1871.) 8. Bern 1871.

Instruction für den Bürgen. [Unterz.:] Die Loge „Zum Bekränzten Cubus" [in Gnesen]. [Havelberg 1899: Kärger.] 4 S. 8°. [Kopftit.]

Instruktion für den Bürgen [der Loge Akazie]. [Dat.: Meissen] Mai 1902. 2 Bl. 8° [Umschlagtit.]

⊙ **Instruction** für die Bürgerbewaffnung in Kiel. o. O. u. J. 8° [Kopft.]

—— für die Bürgermeister und die Feldgerichte des Herzogth. Nassau bezüglich deren Mitwirkung bei der Justizverwaltung. 12. (47 S.) Wiesbaden 863, Limbarth. *

—— für Bürgermeister und Gemeinderath des Herzogth. Nassau. gr. 8. (21 S.) Wiesbaden 863, Limbarth.

⊙ **Instruction** für die Kieler Bürgerwehr. Kiel. 1850. 8°

Instruktion f. d. Chargen d. mobilisierten fahr. Batterien, d. Divisions- u. Corps-Munitionsparks. 2., neubearb. Aufl. 12. (VII, 129 S. m. 1 Tab.) Teschen 895. K. Prochaska. n. 1. 20

—— über den Chassepot-Karabiner. Für den Unterricht der mit demselben laut Allerhöchster Ordre vom 6. März 1873 bewaffneten Truppentheile abgefaßt und durch Zeichnungen (in eingedr. Holzschn.) erläutert. 8. (32 S.) Berlin 873, Schlesier.

—— über den aptirten Chassepot-Karabiner M/71. und dessen Munition. Nach der offiziellen Instruction bearb. und durch 25 Abbild. (in eingedr. Holzschn.) erläutert. gr. 8. (32 S.) Ebendas. 875. *

Instruction für die Chaussee- und Wegebeamten des Herzogthums Holstein. (Königliches Ministerium für die Herzogthümer Holstein und Lauenburg, den 4 Sept 1856.) o. O. u. J. 4°.

Instruction für den Chef des eidgenössischen Stabsbureaus. (Vom 22. Christmonat 1865.) kl. 8. Bern 1865.

Instruktion für die Dampf-Pumpen-Wärter der a. p. Kaiser-Ferdinands-Nordbahn. 8. (8 S.) Wien. Druck von Joseph Stöckholzer von Hirschfeld. 1856.

— über die Dampfspritze. Mit 28 Abbildgn. in Holzschn. gr. 8. (32 S.) Leipzig 885. Leiner. — 75

Instruction über Dampf-Waschanstalten in Verbindung mit Ungeziefer-Vertilgungs-Oefen zum Gebrauche für Garnisons-Spitäler. (Mit 5 Tafeln.) Fol. (Wien 1852).

Instruction für einen landschaftlichen Defensions-Ober-Kommissär, wie nähmlich ein solcher im Süden, und einer im Norden zu bestehen hat, wenn die Landesdefension im südlichen und nördlichen Tyrol nothwendig wird. 1799. (Als Beilage C nachfolgende „Instruction".) Fol. Innsbruck 1799.

Instruktion für die Deputierten-Meister sämtlicher Bauhütten des schweiz. Logenbundes. [St. Gallen 1895.] 2 Bl. 8° [Kopftit.]

Instruction für die Detailvermessung der Waldungen im eidgenössischen Forstgebiet mit Normalien für die Planzeichnung. - Bern 1883. 9 S., 9 Taf.

Instruction, die der König hat ausfertigen lassen, um vorläufig das Exercitium danach einzurichten. Straßburg 1774. — 1775.

Instruction, die der König von Frankreich ausfertigen lassen, um vorläufig das Exercitium seiner Infanterie darnach einzurichten. Vom 11. Junius 1774. (Mit 24 Taf.) 8. Frankfurt am Main 1775.

Instruction f. diejenigen, welche bey der gegenwärtig grassirenden Vieh-seuche ihre Heerden durch die Inoculation in Sicherheit setzen wollen. Berl. 1781. 8 S.

Instruction für den administrativen Dienst und die Verrechnung bei den k. k. Militär-Bau-Verwaltungen. (Abth. 8, Nr. 1677, vom 31. August 1861.) 4. Wien 1861.

— — Formularien zur Instruction etc. (ad Abth. 8 Nr. 2677 von 1861.) 4. Wien 1861.

Instruction f. d. Dienst u. d. Geschäftsführung d. Art.-Berathungs-Commission. München 1876. 4°

Hamburg. Deutsche Seewarte.

— — Instruktion für den Meteorologischen Dienst der Deutschen Seewarte (Sturmwarnungswesen und Kustenmeteorologie). (Aus dem Archiv No. 2, 1878.) Hamburg 1879.

Instruction für den Dienst der Piloten in der k. k. Kriegsmarine. Beigeb.: Instruction über Signalisirung zur Nachtszeit und bei Nebel zur Bezeichnung der Stellung k. k. Dampf- und Segel-Schiffe. 4. 1853.

—— für den schriftlichen Dienst der Compagnie, Escadron und Batterie. Ein Hülfsbuch für Compagnie-Commandanten, Offiziere, Feldwebel und Listenführer. Von einem Hauptmanne. 16. (78 S.) München 869, Oldenbourg. *

Instruction (G—74) für den technisch-administrativen Dienst bei den Anstalten des Artillerie-Zeugwesens. 4. Wien 1871.

— für den technisch-administrativen Dienst bei den Anstalten d. Train-Zeugswesens. 8. (IX, 251 S.) Wien 884. Hof- u. Staatsdruckerei. n. 2. 80

Instruktion für den Dienstbetrieb bei d. Kav. Hannover 1893.

— — für d. militärischen und ökonomisch-administrativen Dienstbetrieb, dann für die Verwaltung und Verrechnung der Militär-Transporthäuser, ferner Vorschrift für Transportführer. 4. (X u. 75 S.) Ebd. 1869. 40 kr.

Instruction für den ökonomisch-administrativen Dienstbetrieb der Unter-Abtheilungen des k. k. Heeres im Frieden und im Kriege. 4. Wien 1869.

— — für den Dienstbetrieb, dann die Verwaltung und Verrechnung der Gelder, Materialien und Requisiten. A. In den Fuhrwesens-Material-Depots. B. Bei den Militär-Fuhrwesens-Escadronen. (ad Circular-Verordnung. Abth. 3, Nr. 5042, vom 31. December 1869.) 1870. Berichtigung der ..... (ad Abth. 3, Nr. 795 ex 1872.) 1872. (Mit 1 Tab.) Beilage A enthaltend den Material- (Durchschnitts-) Bestätigungs- und Portionen-Tarif, giltig vom 1. Jänner 1876 angefangen. (ad Abth. 3, Nr. 601 ex 1876.) (In 1 Bd.) 4. Wien 1870—1876.

Instruction (M.—1.) für den Dienstbetrieb, die Verwaltung und Verrechnung bei den Monturs-Verwaltungs-Anstalten des k. k. Heeres. (1. Th. Circular-Verordnung des Reichs-Kriegs-Ministeriums; Abth. 13, Nr. 1727, vom Jahre 1880.) (2. Th. Circular-Verordnung des Reichs-Kriegs-Ministeriums, Abth. 13, Nr. 1253, vom Jahre 1884.) (Mit 1 Taf.) Wien 1880—1884.

Instruction (M—1.) für den Dienstbetrieb, die Verwaltung und Verrechnung bei den Monturs-Verwaltungs-Anstalten des k. k. Heeres. (1880.) — (Ergänzung.) Beigeb.: Berichtigungen zum 1. Th. vom Jahre 1902 und 1904. 8. Wien 1902—1904.

—— über die Dienstesobliegenheiten der Gemeindevorsteher bei Mitwirkung zur Evidenthaltung der nicht präsenten Militär-Mannschaften nach dem mit der hohen Ministerial-Verordnung vom 14. Aug. 1871, Z. 8459/2467 — II. geregelten Verfahren, sammt allen einschlägigen Formularen. 2. Abdr. 8. (47 S.) Prag 872, Mercy. * — 40

Instruktion für das Dienstpersonale der Kgl. polytechnischen Schule in München. 1869. *M HofB*

Instruktion über die Dienstpflichten der Sanitäts-Compagnien im Felde, auf dem Marsche und in der Garnison. K. k. Sanitäts-Bataillon der Donau-Armee. (Donation Liechtenstein.) 4. (Wien 1848).

Instruction über das militärische Dienst-Verhältniss der im Linien- und Reserve-Stande befindlichen Personen des k. k. Heeres und der Kriegs-Marine ausser der Zeit der activen Dienstleistung, die Evidenthaltung derselben und über die periodischen Waffenübungen. 8. Wien 1871.

—— über das militärische Dienstes-Verhältniß der im Linien- und Reserve-Stande befindlichen Personen des k. k. Heeres und der Kriegs-Marine außer der Zeit der activen Dienstleistung, die Evidenthaltung derselben und über die periodischen Waffenübungen. 2. revid. Ausg. 8. Wien 874, k. k. Hof- und Staatsdruckerei. *

Instruktion über d. milit. Diensteverhältnis. T. 1. Wien 1880.

T. 1. Über das milit. Diensteverhältnis d. i. Linien- u. Reservestande befindl. Personen etc. außer der Zeit der aktiven Dienstleistung.

Instruktion über das militärische Dienstes-Verhältniß der im Linien- und Reserve-Stande befindlichen Personen des k. k. Heeres. Wien 1871. 8°.
Dass. 2. Ausg. 1874.
Dass. T. 1. 1880. 1885.

—— über die Dienstverhältnisse und Dienstobliegenheiten der Feuerwerks-Offiziere. 8. (20 S.) Berlin 883, (v. Decker's Verlag.) cart. *

Instruktion ü. Dienstverhältnisse ... d. Feuerwerks-Offiz. Berlin 1872—1883.

Instruktion ü. Dienstverhältnisse ... d. Feuerwerks-Offiz. München 1876—1883.

— für die Direktoren u. Rektoren der höheren Schulen der Prov. Schleswig-Holstein. Amtlich. gr. 8. (24 S.) Schleswig 885. Bergas. n. — 60

—— für die Direktoren der höheren Unterrichtsanstalten der Provinz Brandenburg. Amtlich. gr. 8. (20 S.) Berlin 868, Hertz. *

Instruktion für die Distrikts-Commissionen zur Durchführung der Grundentlastung im Kronlande Kärnten. Klgft., v. Kleinmayr, 1850. 204 S.

Instruktion für d. Disciplinar-Compagnien. Wien 1850.

— — für die Disciplinar-Compagnien. 8. Wien 1855.

Instruction für die in Gemässheit der Allhst. Entschliessung vom 26. September 1850, Nr. 2403/org. neu zu organisirenden Disciplinar-Compagnien. 8. 1850.

Instruktion für die Disziplinarräte. Karlsruhe 1850. 3 Bl.

—— für die Dorfgerichte bei den von ihnen vorzunehmenden gerichtl. Verhandln., laut Publikandum d. kgl. Ober-Landes-Gerichts zu Naumburg am 18. Dez. 1840. 8. (2½ B.) Breslau 841, Leuckart.

— — revidirte, für die Dorfgerichte bei den von ihnen vorzunehmenden gerichtlichen Verhandlungen. Vom 11. Mai 1854. Amtl. Ausg. gr. 8. (36 S.) Berlin 854, Decker'sche geheime Ober-Hofbuchdr. **

Instruktion, revidirte, für die Dorfgerichte bei den von ihnen vorzunehmenden gerichtlichen Verhandlungen. Vom 11. Mai 1854. Amtl. Ausg. gr. 8. (37 S.) Ratibor 854, Wichura. Thlr. *

— dass. — nebst Gebühren-Taxe. gr. 8. (31 S.) Eilenburg 854, Offenhauer.

Instruction, revidirte, für die Dorfgerichte bei den von ihnen vorzunehmenden gerichtlichen Verhandlungen. Vom 11. Mai 1854. Nebst Anlagen. gr. 8. (43 S.) Berlin 865, v. Decker'sche geheime Ober-Hofbuchdruckerei. *

[illegible] Instruction für die Dorfgerichte bei den von ihnen [illegible] Verhandlungen v. 11. Mai 1854. (Nebst [illegible] Aug. 1854.) (*Merseburg: Dr. e. F. Stollberg [1895].*) [illegible]

Instruction der Dragoner-Compagnie in Hamburg. O. O. [1809]. V *Böhme, Andreas Ludw. von.* (A)

Wien K. K. Hydrographisches Centralbureau.
— — Instruktion für die Durchführung des ombrometrischen Dienstes etc.
Wien [illegible]

Instruktion zur Durchführung des Kunstwein-Gesetzes (Ges.-Art. XXIII: 1893). [illegible] Budapest [illegible] 1897. 39 S. — [illegible] Kayser [illegible]

Wien K. K. Hydrograph. Central-Bureau.

— Instruktion für die Durchführung des Pegeldienstes etc.
Wien [illegible]

Instruction für königl. Preussische Ediktsgegner. Leipzig 1789. V: *Heinicke, Samuel.* (Ml.) (Ky)

Instruktion für die Aichämter der im Reichsrathe vertretenen Königreiche und Länder der österreichisch-ungarischen Monarchie. In Ausführung des Art. XX. der Maß- und Gewichtsordnung vom 23. Juli 1871, und der Aichordnung vom 19. Decbr. 1872, erlassen von der k. k. Normal-Aichungs-Kommission am 19. Decbr. 1872. gr. 8. (IV, 101 S.) Wien 872, Seidel und Sohn. *

Instruction die Eigenthums-Erwerbungen für den Wasser- und Straßenbau und für den Eisenbahnbau im Großherzogthums Baden betreffend. 4. Karlsruhe 841, Artist. Institut. 2/3 ℳ

Instruction betreffend die Einführung der Maass- und Gewichtsordnung für den Norddeutschen Bund vom 17. August 1868 bei der [illegible] des Fürstenthums Schwarzburg-Sondershausen. Sondershausen 1871. 24 S.

Staats-Eisenbahn-Gesellschaft, k. k. priv. österr. — Commerzieller Dienst. Instruktion Nr. 3. Ueber die Einnahme und Verrechnung bei der Beförderung des Reisegepäckes, der Militär-Ausrüstungsgegenstände, der Leichen, Hunde, Pferde, Wagen und Equipagen. Wien. Gedr. bei Josef Stöckholzer v. Hirschfeld. (16 S. 4.) 1857.

Staats-Eisenbahn-Gesellschaft, k. k. priv. österr. — Commerzieller Dienst. Instruktion Nr. 1. Ueber die Einnahme und Verrechnung der Gebühren beim Personen-Transporte. Instruktion Nr. 2. Ueber die Einnahme und Verrechnung der von den Ober-Kondukteuren während der Fahrt eingehobenen Gebühren. Wien, 1857. Gedr. bei Josef Stöckholzer v. Hirschfeld. (33, 13 S. 8.)

— über die Einrichtung u. Behandlung der nach dem System Wänzl umgestalteten Gewehre u. der dazu gehörigen Munition. 2. Aufl. 8. (78 S. m. 2 Steintaf.) Wien 883. Hof- u. Staatsdruckerei. n. — 70

— über die Einrichtung, Behandlung, Conservirung, Visitirung und den Gebrauch des Gendarmerie-Repetirgewehres nach System Fruwirth. 16. Mit 2 lithogr. Taf. Wien 872, k. k. Hof- und Staatsdruckerei. * — 50

— über die Einrichtung, Behandlung, Konservirung, Visitirung des Gendarmerie-Repetir-Gewehres nach System Fruwirth, sowie der zu demselben gehörigen Munizion, sammt Anh. vom J. 1880. [Mit 3 lith. Taf.] 8. (III, 35 S.) Ebend. 882. n. — 56

Instruktion über die Einrichtung u. den Gebrauch des Distanzmessers von Rokjandic. Wien 1880. 21 S.

Instruction über die Einrichtung und den Gebrauch des Revolvers. Mit 2 lithogr. Taf. (Und mit Anhang I.) kl. 8. Wien 1871.
— (Neuauflage.) Mit 1 lithogr. Tafel. kl. 8. Wien 1875.

Instrukzion über die Einrichtung und den Gebrauch des Revolvers. Mit 1 lithografirten Tafel (Donation Liechtenstein) 8. Wien 1875.

— über die Einrichtung und den Gebrauch des Revolvers. 8. (32 S. mit 1 lithogr. Taf. in qu. gr. 4.) Wien 875, k. k. Hof- und Staatsdruckerei.

— zur gleichförmigen Einrichtung des Kassen- und Rechnungs-Wesens bei der Bergwerks-, Hütten- und Salinen-Verwaltung vom 4. Novbr. 1852. Nebst Erläuterungen und Formularen. Amtl. Ausg. gr. 8. (III und 188 S.) Berlin 852, Decker'sche geheime Ober-Hofbuchdr.

— über die Einrichtung, die Konservirung und die Bedienung der k. k. Mitrailleuse. 8. (V, 54 S. mit 3 lithogr. Taf.) Ebendas. 878. cart. *

Nachtrag, 2, zur „Instruction über die Einrichtung, die Conservirung und die Bedienung der 11mm-Mitrailleuse". 8. (21 S.) —.12
Wien: Hof- u. Staatsdruckerei 1896.

— über die Einrichtung, Konservirung und Behandlung des k. k. Karabiners und des Extra-Korps-Gewehres mit Werndl-Verschluß, sowie der hiezu gehör. Munizion. 8. (42 S. mit 1 lithogr. Taf. in qu. gr. 4.) Ebendas. 875. *

— über die Einrichtung, Conservirung, Visitirung und Behandlung der nach dem Systeme Wänzl umgestalteten Gewehre und der hierzu gehörigen Munition. Mit 2 lithogr. Taf. 8. Ebendas. 868. * — 10

Instruction über die Einrichtung, Conservirung, Visitirung und Behandlung der nach dem Systeme Wänzl umgestalteten Gewehre und der hiezu gehörigen Munition. Mit 2 lithogr. Tafeln. kl. 8. Wien 1868.
— — 2. Auflage. kl. 8. Wien 1883.

Instruction über die Einrichtung, Conservirung, Visitirung und Behandlung des k. k. Infanterie- und Jäger-Gewehres mit Werndl Verschluss und der hiezu gehörigen Munition. Mit 1 lithogr. Taf. (Mit 3 Anhängen.) 8 Wien 1868—1873.

Instruction über die Einrichtung, Conservirung, Visitirung und Behandlung des k. k. Infanterie- und Jäger-Gewehres mit Werndl-Verschluß und der hiezu gehörigen Munition. Mit 1 lithogr. Tafel. 16. 1868. Wien, k. k. Hof- und Staatsdruckerei. 186 20 kr.

—— über die Einrichtung, Conservirung, Visitirung und Behandlung des k. k. Infanterie- und Jäger-Gewehres mit Werndl-Verschluß und der hierzu gehör. Munition. — Istruzione sopra la disposizione, conservazione, visita e trattamento dell Imp. Re. arma d'infanteria e cacciatori col serratore Werndl e della munizione a cio appartenente. 8. (79 S. mit 1 lithogr. Taf. in qu. 4.) Triest 874, Schimpff. * — 80

—— über die Einrichtung, Konservirung, Visitirung und Behandlung des k. k. Infanterie- und Jäger-Gewehres mit Werndl-Verschluß [Modell 1867] und der hiezu gehör. Munizion. 2. revid. Aufl. 8. (48 S. mit 1 lithogr. Taf. in qu. gr. 4.) Ebendas. 875. *

—— dass. — [Modell 1873] und der hiezu gehör. Munizion. 8. (55 S. mit 1 lithogr. Taf. in qu. Fol.) Ebendas. 876. *

Instruction über die Einrichtung, Conservirung, Visitirung und Behandlung des k. k. Karabiners und der Pistole mit Werndl-Verschluss, sowie der hiezu gehörigen Munition. Mit 1 lithogr. Taf. Beigebunden: I. Anhang (mit 1 Taf.). II. Anhang. III. Anhang (mit 1 Taf.) 8. Wien 1869.

— — 2. Auflage. Mit 1 lithogr. Tafel. kl. 8. Wien 1870.

—— über die Einrichtung, Conservirung, Visitirung und Behandlung des k. k. Karabiners und des Extra-Corps-Gewehres mit Werndl-Verschluß, sowie der hierzu gehörigen Munition. Mit 1 lithogr. Taf. 8. Wien 875, k. k. Hof- und Staatsdruckerei. — 40

Instruction zur Einrichtung der ganzen Registratur des zweyten Regierungs-Senates zu Bayreuth. O. O. 1797. V: *Völderndorf und Waradein, Carl Frdr. Wilh. Freiherr von.* (Fiker)

—— über die Einrichtung der Sinnanstalten und das Verfahren zur Inhaltsbestimmung der größeren Flüssigkeitsgefäße von Holz. (Beilage Nr. 3. der neuen Maasordnung.) Ergänzt nach der Ministerialverordnung vom 2. Septbr. 1831, die Bezeichnung des Inhalts der gesinnten Fässer betr. rc. 8. (12 S.) Freiburg im Br. 855, Wangler.

Instruction (G 69 b.) über die Einrichtung und Verwendung der 8mm Mitrailleusen M. 93. Mit 4 Taf. (Zu Abth. 7, Nr. 2580 vom Jahre 1898. — N. V. Bl. f. d. k. und k. Heer 20. Stück.) Beigeb.: Nachtrag 1. (1902.) 8. Wien 1898—1902

Instruction über die Einrichtung und Verwendung der 8 mm Mitrailleusen. M. 93. Mit 4 Tafeln. 8. (V, 96 S.) 1.25 no.

Wien: Hof- und Staatsdruckerei 1898.

Instruktion (G—52) über die Einrichtung und Verwendung der Artilleriebeleuchtungsmittel. (Zu Abt. 7, Nr. 7535 vom Jahre 1903. — N. V. Bl für das k. u. k. Heer 42. Stück vom Jahre 1903 Inhalt: G—52—1. Instruktion über die Einrichtung und Verwendung der Leuchtpistole. (Mit 1 Tafel.) G—52—2. Instruktion etc. der Magnesiumfackel. (Mit 2 Tafeln.) G—52—3. Instruktion etc. der M. 96 Wandlaterne. (Mit 1 Tafel.) G—52—4. Instruktion etc. der M. 97 grossen, blechernen Handlaterne. (Mit 1 Tafel.) G—52—5. Instruktion etc. der M. 97 kleinen, blechernen Handlaterne. (Mit 1 Tafel.) G—52—6. Instruktion etc. der 2-, 3-, 4- und 5-kerzigen, gusseisernen Leuchtgestelle samt Schirm. (Mit 1 Tafel.) 8. Wien 1903.

Instruktion

— — (G—52—7) über die Einrichtung und Verwendung des 25cm Azetylenscheinwerfers. Mit 2 Tafeln. (Zu Abt. 7, Nr. 7903 v. J. 1904. — N. V. Bl. f. d. k. u. k. Heer, 38 Stück v. J. 1904.) 8. Wien 1904.

— — (H—28—1) über die Einrichtung und Verwendung der Gewehr-Lafette. Wien 1902.

Instruction (H—28) über die Einrichtung und Verwendung besonderer Kampfmittel. (Zu Abth. 7, Nr. 6255 vom Jahre 1902. — N. V. Bl. f. d. k. u. k. Heer, 36 Stück.) — (Inhalt:) H—28—1. Instruction über die Einrichtung und Verwendung der Gewehr-Lafette. (Mit 3 Tafeln.) — H—28—2. Instruction über die Einrichtung und Verwendung des Schützenzeltspiegels. (Mit einer Tafel.) — H—28—3. Instruction für den Gebrauch der mechanischen Zündvorrichtung für Minen. (Mit 4 Tafeln.) H—28—4. Instruction über die Verwendung von Rundgeschossen als Ersatztorpedos. (Mit 1 Figurentafel und 5 Erfordernissen.) — H—28—5. Instruction für den Gebrauch der Staubbüchsen (Mit 2 Tafeln.) 8. Wien 1902.

Instruction (G—60) über die Einrichtung und Verwendung der stahlbronzenen Kanonen des Belagerungs-Artillerie-Parkes. Beigeb.: 1. Nachtrag (1888.) 2. Nachtrag. (Zu Abth. 7, Nr. 1396 vom Jahre 1891. N. V.-Bl. für das k. und k. Heer, 16. Stück.) 8. Wien 1885—1891

—— über die Einrichtung und Verwendung der stahlbronzenen Kanonen des Belagerungs-Artillerie-Parkes. 8. (V, 205 S.) Wien 885, Hof- und Staatsdruckerei. cart. *

— über die Einrichtung und Verwendung der Maschinengewehre. Entwurf. 1. Heft. Maschinengewehr (Schwarzlose) M. 7. (Nachdruckaufl. m. Berücksicht. des 1. Nachtrages.) G—69. (IV, 68 S. m. 4 Taf.) gr. 8. Ebd. 907. 1.50

— üb. die Einrichtung u. Verwendung der stahlbronzenen 9 cm, 15 cm u. 21 cm Mörser. 8. (V, 147 S. m. Fig.) Wien 888. Hof- u. Staatsdruckerei. n. 1.60

Instruction über die Einrichtung u. Verwendung der stahlbronzenen 9 cm, 15 cm u. 21 cm Mörser. [Neudruck] u. 1. u. 2. Nachtrag. 8. Wien, Hof- u. Staatsdruckerei. [(Neudruck.] (147 S.) 891. * 1.60; 1. Nachtr. (10 S.) 889. * — 8; 2. Nachtr. (41 S. m. 1 Taf.) 891. * — 30.] * 1.98

Instruktion üb. d. Einrichtg. u. Verwendg. d. Repetier-Gewehres M. 90, M. 88/90 u. M 86/90. 8. (IV, 87 S. m. 4 farb. Taf.) Wien 898. Hof- u. Staatsdruckerei n. 1.60

Instruction (G—5 a.) über die Einrichtung und Verwendung des Repetier-Gewehres M. 90, M. 88/90 und M. 86/90. Mit 4 Tafeln. (Zu Abth. 7, Nr. 1233 v. 1898. — N. V. Bl. f. d. k. u. k. Heer 9. Stück.) Nachdruck-Ausgabe vom Jahre 1902 mit Berücksichtigung des 1. Nachtrages. 8. Wien 1902.

(F) Instruction über die Einrichtung und Verwendung des Repetier-Gewehres M. 90, M. 88/90 und M. 86/90. 8°. (IV, 87 S. mit 4 Tafeln) Wien: Hof- u. Staatsdruckerei 1902. K 1.60

(F) G—5 b. Instruction über die Einrichtung und Verwendung des Repetier-Gewehres M. 95. (Zu Abth. 7, Nr. 137 vom Jahre 1899. — Normal-Verordnungsblatt für das k. u. k. Heer, 4. Stück.) Wien. 1899. Hof- und Staatsdruckerei. 8°. 86 S. mit 4 Tafeln. fl. —.70

— — (G—5 b.) über die Einrichtung und Verwendung des Repetier-Gewehres M. 95. (Zu Abth. 7, Nr. 137 v. J. 1899. — N. V. Bl. f. d. k. u. k. Heer 4. St.) (Mit 4 Tafeln.) Beigeb.: Nachtrag 1. (1900.) 8. Wien 1899—1900

(F) **Instruktion** über die Einrichtung und Verwendung des Repetiergewehres. M. 95. Mit Einbeziehung des I. Nachtrages und sonstiger Neuerungen. 8°. (80 S. mit 3 Tafeln) K 1.40

Wien: K. K. Hof- u. Staatsdruckerei 1908.

Instruction (G-6a.) über die Einrichtung und Verwendung des Repetier-Carabiners M. 90. (Zu Abth. 7, Nr. 137 v. J. 1899. — N. V. Bl. f. d. k. u. k. Heer 4. Stück.) Beigeb.: Nachtrag I. (1900.) (Mit 4 Tafeln.) 8. Wien 1898—1900.

(F) G—6a. Instruction über die Einrichtung und Verwendung des Repetier-Carabiners M. 90. (Zu Abth. 7, Nr. 137 vom Jahre 1899. — Normal-Verordnungsblatt für das k. u. k. Heer, 4. Stück.) Wien. 1898. Hof- und Staatsdruckerei. 8°. 75 S. mit 4 Tafeln. fl. —.70

Instruction (G-6c.) über die Einrichtung und Verwendung des Repetier-Carabiners M. 95. (Zu Abth. 7, Nr. 2796 vom J. 1899. — N. V. Bl. f. d. k. u. k. Heer 13. St.) Mit 4 Tafeln. Beigeb.: Nachtrag I. (1900.) 8. Wien 1899—1900

(F) G—6c. Instruction über die Einrichtung und Verwendung des Repetier-Carabiners M. 95. (Zu Abth. 7, Nr. 2796 vom Jahre 1899 — Normal-Verordnungsblatt für das k. u. k. Heer, 13. Stück.) Wien. 1899. Hof- & Staatsdruckerei. 8°. III, 78 S. mit 4 Tafeln. fl. —.70

— über die Einrichtung u. Verwendg. der Repetierpistole M. 7. (III, 37 S. m. 3 Taf.) 8. Wien 908. Hof- u. Staatsdruckerei. —50

Instruction (G—6b.) über die Einrichtung und Verwendung des Repetier-Stutzens M. 95. (Zu Abth. 7, Nr. 3476 v. J. 1897. — N. V. Bl. für das k. u. k. Heer 32. Stück.) Beigeb.: Nachtrag I. (1900.) (Mit 4 Tafeln.) 8. Wien 1897—1900.

(F) G—6b. Instruction über die Einrichtung und Verwendung des Repetier-Stutzens M. 95. (Zu Abth. 7, zu Nr. 3476 vom Jahre 1897. — Normal-Verordnungsblatt für das k. u. k. Heer, 32. Stück.) Wien. 1897. Hof- und Staatsdruckerei. 8°. 86 S. mit 4 Tafeln. fl. —.70

(F) G—5c. Instruction über die Einrichtung und Verwendung des Revolvers. M. 98. (Zu Abth. 7, Nr. 4067 v. J. 1900. — Normal-Verordnungsblatt für das k. u. k. Heer 25. Stück.) Wien. 1900. Hof- und Staatsdruckerei. 8°. 46 S. K .50

— — über die Einrichtung und Verwendung des Revolvers. M. 70. (70/74.) Mit einer Tafel. 8. (42 S.) Wien: Hof- und Staatsdruckerei 1898. —.21

– Über die Einrichtung der Wänzel-Gewehre. Wien 1868. 8°

Instruction über die Einrichtung, welche neu erbaut werdende, oder zur Reconstruction bestimmte, bestehende Wallgänge permanenter Festungswerke erhalten sollen. Kund gemacht in Folge hohen Ministerial Erlasses vom 18. Juni 1866, Abtheilung 8 Nr. 1888. Mit 1 Plan. 8. Wien 1866.

Instruction über den Eintritt der Freiwilligen in das stehende Heer. Vom 19. Mai 1816. Berlin fol.

Instruction für Eltern und verantwortliche Aufseher von Studierenden an Mittelschulen. (Erlaſs d. h. k. k. oberösterr. Landesschulrathes vom 14. Jänner 1899, Z. 721, und vom 8. April 1899, Z. 1038.) (Umschlagtitel: . . . schulen.) 8 (S. 1—6). **Progr.** K. k. Staatsg. *Ried* 1899.

Die enthüllte Instruction der Berliner Schutzmannschaft. Extra-Abdruck aus der Lokomotive. Druck ebenda. 1 Bl. 8.
Flugblatt. Berlin, 23. Juli 1848.

Instruction. Zu den Entwurf eines Bauplanes für Militär-Spitäler jeder Gattung, nach den hofkriegsräthlichen Rescripten vom 12ten July 1822 L. 3110, 30ten August 1822 L. 4013 und 17ten May 1823 L. 2097. (Lithogr.) Fol. (Wien 1823.)

Instruction zur Erbauung der Feldbacköfen über glenkische eiserne Schienen ohne versenkte Grundlage auf 88 Schuss Brot. (ad A. 4446 vom 17. November 1839.) (Mit 4 Taf. Aus- und Abmasse.) (2 Bde.) Lithogr. Fol. Wien 1839.

—— über die Erbauung der Garnisons-Backöfen für innere Holzfeuerung [M. 1885] in stabilen Militär-Verpflegs-Magazinen. [Pläne A, B, C, D, E.] hoch 4. (6 S.) Ebendas. 885.

Instruction. Zur Erbauung gedeckter Reitschulen für die Equitations-Institute der k. k. Cavallerie-Regimenter mit Bezug auf den Normalplan Litt. A und die 2 Detail-Pläne Litt. B und C. (Lithogr. Mit 3 Plänen.) Fol. Wien, am 16. October 1850.

— über das Erheben, Aufbewahren u. Einsenden von Wein behufs Untersuchung durch den Sachverständigen. gr. 8. (16 S.) Berlin 884. C. Heymann's Verl. —30

[*Kopft.*] **Instruction** über die Erhebung der gestundeten Honorare ... (*Am Ende:* Bonn, d. 28 März 1834. Rector u. Senat d. Königl. Rheinischen Friedrich-Wilhelms-Universität *etc.*) (Bonn, gedr. bei C. Georgi) [1834]. 6 S. 4. ¶ Wieder abgedr. bei Koch, Preuss. Univ. II 1840 S. 297 ff.

[*Kopft.*] [*F.*] **Instruction** über die Erhebung der gestundeten Honorare auf der Königl. Friedrich-Wilhelms-Universität zu Bonn. (*Am Ende:* Berlin, d. 31 Dec. 1847.) [Bonn, gedr. bei C. Georgi 1848.] 2 Bl. 4.

—— über die Erhebung der durch die Gesetze vom 1. Mai 1851 [G.-S. für 1851, S. 193] und vom 25. Mai 1873 [G.-S. für 1873, S. 213] angeordneten Klassensteuer, sowie über die Behandlung der diese Steuer betr. Ab- und Zugänge, Reclamationen und Rekurse. Vom 12. Dezbr. 1873. gr. 8. (34 S.) Berlin 873, v. Decker'sche Geh. Ober-Hofbuchdr. *

—— zur Erhebung und Kontrolirung der Branntweinsteuer und der Braumalzsteuer. gr. Fol. (18 S.) Berlin 867, v. Decker'sche geheime Ober-Hofbuchdruckerei. *

Instruction betreffend die Erhebung der Kur- und Verpflegungskosten für die medicinischen Institute der Universität Halle. [Am Ende:] Der Kurator der Universität. Schrader. Dat. Halle 27. Okt. 1884. 1 Bl. 4° (2°) [Kopft.]

Instruction zur Ermittelung der ortsüblichen Wohnungs- und Quartierbedürfniß-Preise behufs Feststellung angemessener Servis-Vergütigungssätze für die zu diesem Zwecke in jeder Stadt resp. für das platte Land eines jeden Kreises zu bild. Kommissionen. gr. 8. (15 S.) Berlin 864, (v. Decker'sche geheime Ober-Hofbuchdruckerei.)

Verneuerte Instruktion, oder in Frag und Antwort eingetheilte Richtschnur, vermög welcher die holzgerechten Jäger hauptsächlich aber dergleichen Lehrjungen im Königreiche Böhmen, wenn sie dem wahren Begriff dieser nutzbaren Wissenschaft erweißlich zu machen und demnach wehrhaft zu werden verlangen der allerhöchsten landesfürstlichen Verordnung nach geprüfet werden sollen. Nebst einem Anhang, für die mit der Jägerey in einem gar enge verknüpften Zusammenhange stehende Waldbereiter. - Prag 1789. 52 S.

Instruktion z. Errichtung v. Vereins-Lazarethen d. freiw. Krankenpflege i. Kriege f. d. Kgr. Bayern. München 1890.

Instruction über die Errichtung von provisorischen Waldwirthschafts-Plänen in Gemeinde- und Korporationswaldungen des Kantons Bern. - Bern 1877. 15 S.

Instruction für den übungspflichtigen Ersatz-Reservisten der Infanterie ... Berlin 1881. V: *Wedell, M. v.* (KA)

— für den übungspflichtigen Ersatz-Reservisten der Infanterie. Nebst allen Bestimmungen über die Ersatz-Reserve-Pflicht. Hrsg. von v. W. Mit vielen in den Text gedr. Holzschn. 8. (IV, 107 S.) Berlin 881. Eisenschmidt. n. — 40

Instruction für die Erstattung von Meldungen über den Ausbruch von Bränden... Wien 1900. V: *Müller, Eduard.* (EB)

Instruction zur Erstellung der Telegraphenlinien der Schweiz. ca. 1855.

—— über das Ertheilen der Commando's und Signale beim Exerciren eines leichten Regiments; sammt Instruction über das Ueberwinden von Hindernissen mit der Colonne. gr. 8. (20 S.) Wien 862, Hof- und Staatsdruckerei. *

— — (G—61—105.) für das Erzeugen, Adjustieren, Verpacken, Untersuchen, dann für die Verwendung der M. 99 Sprengwolken-Markierpatronen. (Mit 5 Tafeln.) (Zu Abt. 7, Nr. 6648 v. J. 1904.) (Lithographiert.) Fol. Wien 1904.

— — (G—61—16.) für die Erzeugung, Erprobung, Uebernahme und Verpackung der Satzscheiben-Pulversorten. (Mit 1 Tab.) (Zu Abth. 7, Nr. 3381 von 1898.) (Lithographiert.) Fol. (Wien) 1898.

Instruction vom Jahre 1869 über die Erzeugung von Exerzir-Patronen für Hinterladungs-Gewehre des Kalibers 6⅔'''. Beigeb.: Anhang zur Instruction etc. enthaltend: die Anfertigung von scharfen Patronen dieses Kalibers bei Benützung der noch brauchbaren verschossenen Patronenhülsen. 1870. (Mit 1 Taf.) (Lithogr.) Fol. Wien 1869—1870.

Instruction zur Erzeugung von scharfen und Exerzir-Patronen für 11mm Gewehre, Karabiner und Revolver bei den Truppen. Mit 7 Taf. Beigeb.: Anhang I. 8. Wien 1877—1878.

Instruction zur Erzeugung der Patronen und Adjustirung der Projectile für die 30pfündigen Granaten und 30pfündigen Marine-Kanonen, dann über die Verwendung dieser Geschütze zur Küsten-Vertheidigung. Zum Gebrauche für die k. k. österr. Artillerie. (Mit 3 Taf.) (Lithogr.) 8. Wien 1837.

Instruction für die Etappen-Commandanten, nebst einem Etappen-Regulativ. 8. Dresden 1850.

—— betr. das Etappen- und Eisenbahn-Wesen und die obere Leitung des Feld-Intendantur-, Feld-Sanitäts-, Militär-Telegraphen- und Feldpost-Wesens im Kriege. gr. 8. (XI, 209 S.) Ebendas. 872. **

Instruktion betreffend das Etappen- und Eisenbahn-Wesen und die obere Leitung des Feld-Intendantur-, Feld-Sanitäts-, Militär-Telegraphen- und Feldpost-Wesens im Kriege. Beigeb.: Abgeänderte Beilagen. 8. Berlin 1872 u. 1876.

Instruktion über d. Evakuation d. Feldlazarette. Berlin 1806.

— — (E—49) für die Evidenthaltung der Kartenwerke des militär-geographischen Institutes. kl. 8. Wien 1884.

Instruktion (E—49.) für die Evidenthaltung der Kartenwerke des militärgeographischen Institutes. 1884. — (Ergänzung.) Beigeb.: Anhang zum 1. Abschnitte. 1904. kl. 8. Wien 1904.

Instruction für die Evidenthaltung der Communicationen in den Kartenwerken des militär-geographischen Institutes. kl. 8. Wien 1877.

Instruktion für die ausübenden (Exekutiv-) Beamten der Polizeiverwaltung zu Kiel. Kiel. 1890. 8°

Instruction zum Exerciren der Infanterie. Königsberg 1809. 8°.

Instruktion für die Expeditoren, Expedienten, Expedits-Kanzlisten, dann für Magazineure und deren Adjunkten in Bezug auf die Manipulationen und Verrechnung bei dem Personen- und Sachen-Transporte auf der a. p. Kaiser Ferdinands Nordbahn. Gedr. bei Josef Stöckholzer v. Hirschfeld in Wien. (34 S. 8.) 1856.

Instruction für die vom Bundesrathe einberufenen Experten betreff. Juragewässerkorrektion u. Bericht der HH. Pestalozzi, Sauerbeck u. Hartmann. (8. Mai u. 3. Juni 1854.)

Instruction für das Fachrechnungs-Departement des k. k. Ackerbau-Ministeriums für Staats- und Fondsforste und Domänen. - Wien o. J. 5 S., 14 S. Beil.

— — für das montanistische Fachrechnungs-Departement des k. k. Finanzministeriums. Fol. 1867. (18 S.) Ebd. 20 kr.

— f. Fahrstuhlführer. Auszug aus der Polizei-Verordng. vom 6. IX. 1898 nebst zusätzl. Anweisgn. 12. (6 S.) Berlin 900. G. Siemens. n. — 20

Instruction für die mit Gebirgs-Ausrüstung versehenen Feld-Bäckerei-Abtheilungen. N.-V.-Bl. 35. Stück ex 1878. (Mit 7 Taf.) 8. Wien 1878.

— für die m. Gebirgs-Ausrüstung versehenen Feld-Bäckerei-Abtheilungen. Zur Zirkular-Verordng. Abth 12, Nr. 2396 ex 1878 [N. V. Bl. 35. Stück]. 8. (IV, 62 S. m. 7 Steintaf.) Wien 883. Hof- u. Staatsdruckerei. n. 1. 20

Instruction für die mit den eisernen Feldbacköfen ausgerüsteten Feld-Bäckereien. (Mit 4 Taf.) 8. Wien 1878.

— — (M. 1878, System Peyer.) (N.-V.-Bl. 38. Stück ex 1880.) Beigebunden: 1.—3. Nachtrag. (Mit 5 Taf.) kl. 8. Wien 1880—1887.

— für die mit eisernen Feld-Backöfen [M. 1878, System Peyer] ausgerüsteten Feld-Bäckereien. 8. (VII, 97 S. mit 5 Taf.) Wien 880. k. k. Hof- u. Staatsdruckerei. n. 1. —

Instruction für die bey den k. k. Armeen ... angestellten Feldchirurgen. Wien 1779. V: *Brambilla, Joh. Alexander Ritter von.* (ML) (MGT) »1780« (call)

Brambilla, Giovanni Alessandro de: Instruktion für die bey den Kaiserl.Königl.Armeen, und in den Feldspitälern angestellten Feld-Chirurgen. Insges.39 S., gbd., 11 Tab.

Wien: typ.v.Trattnern 1779
angeb.: Müller, Gottfried Wilhelm: XII Kupfertafeln, welche die meisten kleinen und zarten Mäuslein an dem menschlichen Körper vorstellen. 1769

JB 3.706

Instruktion des Felddienstes, gestützt auf die Waldersee'sche Ausbildungsmethode der Infanterie für das zerstreute Gefecht, in Verbindung mit kriegsgeschichtl. Beispielen. Für jüngere Officiere der Infanterie bearb. von E. v. St. gr. 8. (XVI und 851 S.) Frankfurt a. M. 858, Sauerländer's Verlag. *

Instruction f. Feldgendarmerie. Darmstadt 1834.

Instruction f. d. Feldgendarmerie. München 1859.
-- — 1864: Desgl. u. f. d. Marketender.

Instruction für die Feldgeschworenen im Großherzogthum Hessen. Darmstadt 1834

Instruktion f. die Feldgeschworenen des Großherzogt. Hessen, nebst den Gesetzen, die Feststellg. u. Erhaltg. der inneren Grenzen betr.: f.: Recht des Grundeigentums. 1. Hft.

Instruction ü. Feld-Postdienst. Berlin 1854.

— — (E -18.) etc der in der k. und k. Armee eingeführten Feldpressen. (N. V. Bl. f. d. k. u. k. Heer 9. Stück von 1893.) kl. 8. Wien 1893.

Instruction (H—30) für den Feldwebel einer Schanzzeug-Colonne. 2. Auflage. Mit 7 lithogr. Figuren-Tafeln. (Zu Abth. 8, Nr. 3604 von 1887. N.-V.-Bl. für das k. k. Heer 2. Stück von 1888.) Beigeb.: 1. Nachtrag 1889. 8. Wien 1888—1889.

Instruction zur Fertigung militärisch-schriftlicher Arbeiten für das (XII.) königlich sächsische Armee-Korps. 8. Dresden 1879.

—— für d. Fertigung d. Gemeindevoranschläge (Bedürfnißetats) im Großherzogth. Baden. Offiz. Ausg. 8. ... Karlsruhe ..., Groos.

Instruction über die Festsetzung und den Ersatz der bei Militair-Kassen, Militair-Magazinen und anderen Militair-Verwaltungen vorkommenden Defekte. 8. Berlin 1844.

Instruktion ü. Festsetzung u. Ersatz d. b. Milit. Kassen . . . vorkommenden Defekte. Berlin 1864.

—— vom 3. Jan. 1877, betr. die Feststellung des der Klassen- bezw. klassificirten Einkommensteuer unterliegenden Einkommens, nebst Inhaltsverzeichniß. 8. (28 S.) Meldorf 877, Bundies. cart. *

Instruktion über das Feuergewehr u. dessen Gebrauch. Mit Tab. &c. Stuttgart 1819. 119 S.

—— über Fixirung und Ablösung der Grundlasten. Erlassen vom k. protestant. Oberconsistorium. Mit einem Anhange: I. Das Fixirungs- und Ablösungs-Gesetz vom 4. Juni 1848, II. die Ministerial-Instruction hierzu vom 17. Juni 1848 und III. sonstige Citate der Oberconsistorial-Instruction enth. gr. 8. (64 S.) München 840, Franz. *

INSTRUCTION und Form die Profession einer Closter Jungfern abzulegen / nach Lauth dess Romanischen Pontificals. Schloß Eysen-Stadt, gedr. bey Joh. Bapt. Hübschlin. (1700) 81 S. - 12°

Instruction über das Formelle des Geschäfts und die Pflichten der Beamten beim Kriegs-Ministerio. Berl. 1829.

Instruction für die Forstämter, die Anfertigung und Einrichtung der Forstschreibtags-Vorschläge und das Forstrechnungswesen betreffend. - Hannover 1817. 14 S., 20 ges. S., Anl.

Instruction für die kgl. bayerischen Forstamts-Actuare. - München 1854. 5 S.

Instruction für die kgl. bayerischen Forstgehülfen. - München 1854. 9 S.

Instruction für die Königlich Preussischen Forstgeometer. Berlin am 13. Juli 1819. 11 S. Beilagen A-E. A.: Vorschrift zur Zeichnung der Forstkarten

—– für die großh. badischen Forstinspectoren in ihrer Eigenschaft als Domanialforstbeamte. gr. 4. (4 S.) Karlsruhe 849, Müller'sche Hofbuchh.

—— für die königl. bayerischen Forst-Inspicirungsbeamten. gr. 8. (240 S.) München 854, (Palm's Hofbuchh.) *

— für die königl. bayerischen Forst-Inspizirungsbeamten (13 S.); für die &c. Forstmeister (110 S.); für die &c. Revierförster (100 S.); für die &c. Forstamts-Actuare (5 S.); für die &c. Forstwärter (12 S.); für die &c. Forstgehülfen (9 S.); für die Waldaufseher (9 S.). München 854. (Palm.) gr. 8. n. 28 ngr.

Instruction für die kgl. bayerischen Forstmeister. - München 1854. 110 S.

Instruction für die Forstmeister in dem Herzogthum Gotha v. 1. May 1829. - Coburg 1829. 44 S., m. Formul.

Instruction für die Forstschützen im Großherzogthum Hessen (v. 13. April 1830). - Darmstadt 1830. 30 S.

— für die Forstschützen im Großherz. Hessen. 8. Darmstadt 841, Leske. 1/6 ℛ

—— für das königl. Forst- und Jagd-Schutzpersonale von Oberfranken behufs Mitwirkung beim Vollzuge der gesetzl. Bestimmungen über Behandlung der Jagden. 16. (30 S. mit 1 Kalender in qu. 4.) Bamberg 858, Buchner'sche Buchh. Thlr. *

Instruction für Forstwirthschafts-Einrichtung, insbesond. f. d. Herstellung d. Forst-Beschreibungen, Wirthschafts-Pläne u. Wirthschafts-Controle-Bücher. (M. 5 Nachträgen.) Fol. (40½ B.) München 830—33, (Jaquet.) Thlr.

Instruktion für Forstwirthschafts-Einrichtung insbes. für Herstellung der Forstbeschreibungen, Wirthschafts-Pläne und Wirthschafts-Controlle-Bücher im Königr. Bayern mit einleitenden historisch.-statistischen Bemerkungen. - Gotha 1832. 131, 12 S.

— für Forstwirthschafts-Einrichtung, insbesondere f. Herstellung d. Forstbeschreibungen, Wirthschafts-Pläne u. Wirthschafts-Controle-Bücher im Königr. Baiern &c. (Aus d. Jahrbüchern f. Forst- u. Jagdkunde abgedr.) gr. 8. Gotha 832. Flinzer. 1 ℛ

—— für Forstwirthschafts-Einrichtung, insbesond. f. Herstellung d. Forstbeschreibungen, Wirthschaftspläne u. Wirthschafts-Controlle-Bücher im Königr. Bayern, mit einleit. histor.-statist. Bemerkn. (Aus d. „allgem. Jahrbüchern f. Forst- u. Jagdkunde" abgedr.) gr. 8. (8½ B. u. 6 Tab.) Gotha 832. [Leipzig, Gebr. Reichenbach.]

Instruktion für die Forstwirthschafts-Einrichtung, insbesondere für die Forstbeschreibungen, Wirthschaftspläne und Wirthschafts-Contrôlebücher in Bayern. - Freiburg i. Br. 1840. 118 S., m. Tab.

—— für d. Forstwirthschafts-Einrichtung, insbesond. f. Forstbeschreibungen, Wirthschaftspläne u. Wirthschafts-Controlbücher in Bayern. gr. 8. (7¾ B. u. 5 Tab.) Freiburg 840, (Wagner'sche Buchh.)

Instruktion &c. für Unsere Fortifications-Bau-Beamte. Wien 1750. 4°

— königl. französ., zum bessern Betrieb d. Salpeterwesens, s. J. G. Simon, Kunst, Salpeter.

Instruction, Koeniglich franzoesische, zu besserem Betrieb des Salpeterwesens . . . Dresden 1781. Ü: *Pfingsten, Johann Hermann.* (Gatterer, Repert. d. mineral. Litt. Giessen 1798—99. II, 135.)

— kön. franz., z. bess. Betreib. d. Salpeterwesens mit Cornetts Abhandl. üb. d. Salpetererzeug. 8. Dresd. Walther. 781.

Instruction für den Friedens-Dienst der Königlichen Feldjäger des reitenden Corps. - Berlin 1836. 122 S.

—— für die Friedensrichter und Schiedsrichter bei Wildschadentaxationen. gr. 16. (11 S.) Aschersleben 872, Schlegel.

—— für den Führer einer Munitions-Colonne. 16. (XII, 258 S.) Berlin 869, Voßische Buchh. * 1 60

Instruction f. d. Führer e. Transportes v. Augmentations-Pferden. Karlsruhe 1869.

Hamburg, Deutsche Seewarte, Instruktion für die Führung des Chronometer-Journals. (Nebst Anlage.) Hamburg 1888. Fol.

(F) **Instruction,** betreffend die Führung der **Gewerbecataster** und die Vornahme von Gewerbezählungen durch die Handels- und Gewerbekammern. (Erlass der Ministerien des Handels, des Innern und der Finanzen vom 4. August 1899, Z. 29757.) [Wien. 1899. Hof- und Staatsdruckerei.] 4°. 28 S. fl. —.20

Instruction zur Führung des Grundbuches für die Personen der k. k. Landwehr (Landesschützen). (Landwehr-Verordnungs-Blatt Nr. 17 ex 1887.) 4. Wien 1887.

— zur Führung d. Grundbuches f. die Personen der k. k. Landwehr. [Landesschützen.] gr. 4. (56 S.) Wien 887. Hof- u. Staatsdruckerei. n. 1.60

Instruction über die Führung der Hengsten-Transporte. 4. Wien 1865.

Hamburg. Deutsche Seewarte. Instruktion zur Führung des meteorologischen Journals. Hamburg 1878.

Berlin.

— Kaiserliche Admiralität. Instruktion über die Führung des Meteorologischen Journals an Bord Sr. Maj. Schiffe. Berlin 1876.

„Instruction über die Führung des Kassen- und Rechnungswesens bei den Domainen-Verwaltungen im Grossherzogthum Baden", Karlsruhe 1817.

Instruction zur Führung eines Transportes mit handfrommen, halbwilden und Gestüts-Remonten durch Koppel-Mannschaft. 4. Wien 1854.

Instruktion für die Futtermeister in den Remonte-Depots. Berlin 1837. 15 S.

Instruktion betr. den Garnisondienst vom 9. 6. 1870.' (Mit) Nachtr. 1. 2. Berlin 1871. 8°.
Dass. u. d. T.: Garnisondienst-Instruktion. 1884.
Dass. u. d. T.: Garnisondienst-Vorschrift. 1888.
Dass. 1902.

Instruktion, betr. den Garnisondienst. Vom 9. Juni 1870. gr. 8. (VI, 53 S.) Berlin 871, v. Decker'sche Geh. Ober-Hofbuchdr. — 33

***Instruktion** in Garn- u. Leinwandsachen in Carnthen. Clagenfurt, Kleinmayr, 1756. Folio.

— — über Gattung, Aussehen, Eigenschaften und Verpackung von Dynamit der k. u. k. Pulverfabrik in Blumau. (Zu Abthlg. 7, Nr. 8600 von 1900.) Beigeb.: 1 Berichtigungsblatt. (1902.) (Lithographiert.) Fol. Wien 1900–1902

— — zur Gebahrung mit Montur und Rüstung bei den Cadeten-Compagnien. 4. Wien 1840.

Instruction zur Gebahrung mit Montur und Rüstung bei den k. k. Truppen. 4. Wien 1839.

Instruction zur Gebahrung und Verrechnung der Montur und Rüstung bei der Pionnier-Corps-Schule 4. Wien 1840.

Instruktion über den Gebrauch und die Behandlung der Gewehre mit Percussionsschlössern. Hannover 1828. 8°.

Instruction zum Gebrauche im Felde für k. k. öster. Artillerie-Offiziere. (Mit 6 Tafeln.) (Lithographiert.) (Donation Liechtenstein.) 8. (ohne Ort.) 1831.

Instruction zum Gebrauche im Felde für k. k. österreichische Artillerie-Officiere. (Mit 2 Taf. und 4 Tabellen.) (Lithogr.) 8. Wien 1831.

Instruction zum Gebrauche im Felde für k. k. österreichische Artillerie-Officiere. (Manuscript mit 6 Tabellen.) 8. (1839?)

Instruction über den Gebrauch des Feld-Signal-Apparates. Wien 1874. 8°.

Instruction über den Gebrauch des 3. Gliedes. Königsberg (1809). 8°.

Instruktion über den Gebrauch der Knallsignale auf den k. k. Staats-Eisenbahnen, als Anhang zu den bestehenden Signalisirungs-Vorschriften. Von der k. k. Generaldirektion der Kommunikationen. Druck von Karl Bellmann in Prag, 1856. (2 Bl. 8.)

Instruction (G—78) über den Gebrauch, die Conservirung, Deponirung und Rectification des Küsten-Distanzmessers von Starke. (Mit 1 Taf.) Beigeb.: Nachtrag 1. (Mit 1 Taf.) 1885. (Lithogr.) 4. Wien 1876 u. 1885.

Instruction f. d. Gebrauch . . . d. Control-Aufsatzes. München 1875.

Instruction (H—42) für den Gebrauch der Land-Torpedo M. 1885. Mit 1 Taf (2. Aufl.) (Ausgegeben mit Circular-Verordnung, Abth. 8, Nr. 4239 vom Jahre 1893, N.-V.-Bl. für das k. u. k. Heer, 38. Stück.) kl. 8. Wien 1893.

— f. den Gebrauch der Lanze. Nach den zur „Instruktion f. die Waffenübgn. der Kavallerie" vom Kgl. Kriegs-Ministerium erfolgten Abändergn. vervollständigt. 2., verb. Aufl. 12. (40 S.) Metz 890. Deutsche Buchhandlg. — 50

Instruction über den methodischen Gebrauch des Grundrisses der Erdbeschreibung für die erste Grammatical-Klasse in den Gymnasien der österreichischen Staaten. 8. Wien 1833.

Instruktion für den Gebrauch der neuartigen Pack-Gegenstände für den Fahr-Artilleristen u. Packung derselben. Mit Taf.
München, um 1859. 11 S. 4°

Instruction für den Gebrauch der neuartigen Pack-Gegenstände für den Fahr-Artilleristen und Packung derselben. (Mit 2 Taf.) 4. Wien 1860.

Instruction für den Gebrauch der im Jahre 1825 eingeführten Pulverprobe und die Art ihrer Verpackung. (Mit 1 Tafel.) (Lithographiert.) (Donation Liechtenstein.) 8. (Wien) 1826.

Instruktion ü. d. Gebrauch d. Richtbogens.
Berlin 1887.

Instruction ü. Gebrauch d. tragbaren Telegraphen.
Entw. München 1880.

Instruction f. d. Gebrauch d. dynamo-electr. Zündapparates u. d. Spandauer electr. Minen-Zünd-Patronen. München 1877.

Instruktion f. d. zerstreute Gefecht. (Vom 17. Apr. 1862.) übs. v. Rücker. Luxemburg 1865.

—— für das zerstreute Gefecht der französischen Infanterie. Uebers. von Rücker. 12. (72 S. mit 8 Fig. und sämmtl. Horn- und Trommel-Signalen auf 2 Stnt. in 4.) Luxemburg 865, Heintze's Verlag. *

Instruction, Geheime, des Königs in Preussen an die Offiziere seiner Armee hauptsächlich von der Cavallerie. Bei Gelegenheit des itzigen Kriegs. Prag 1778. 2. Aufl. V: *Ligne, Charl. Jos. Prince de.* (wrztg 1781, Beil. bei Nr. 26, Bücherverzeichnis Augustin Weigner) (Des Fürsten von Ligne Erinnerungen u. Briefe. Wien 1920. S. 394) (BiblPort)

— geh., d. K. v. Preuß. an d. Officiere s. Armee. 8. Prag, Schönfeld. 780.

Instruction, Geheime, an die Officiere seiner Armee, hauptsächlich von der Cavallerie . . . Prag 1779. V: *Friedrich II., König von Preußen.* (KA)

Instruktion für die Stettiner Gemeinde-Waisenräthe. *(Stettin) 1900: L. Pasenow.* (15 S.) 8° [F.]

—— für die bei den größeren Truppenübungen zur Verhütung von Flurbeschädigungen durch das Publikum 2c. fungirenden Gendarmerie-Patrouillen. 8. (4 S.) Berlin 883, Mittler und Sohn.

Instruktion für die mit der Inspizierung der deutschen Bundeskontingente i. J. 1841 beauftragten Generale, mit hinzugefügter Kriegsverfassung des deutschen Bundes. Mit Tab.
Frankfurt a. M. 1841. 90 S.

Instruction für Generale und höhere Commandanten zur richtigsten und erfolgreichsten Durchführung grösserer Gefechte im Kriege, sowie Feld-Manövers im Frieden. (Donation Liechtenstein.) 4. Wien 1859.

Instruction für den General- und Armee-Corps-Gewaltigen. (C. K. Nr. 1731 vom 15. April 1861.) 8. Wien 1861.

— — für die General-Intendanten. (Gezeichnet vom Generalissimus Erzherzog Carl.) Fol Wien 1809.

Instruction für die Generalität und höheren Officiere der k. k. Armee in Italien. (Von Sr. kaiserl. Hoheit Erzherzog Albrecht allen Generalen und höheren Stabsofficieren gewidmet. Mit dem Armee-Befehl Nr. 7 des Feldzeugmeisters Benedek. Verona am 10. März 1864.) kl. 8. Innsbruck 1866.

Instruction für die Generalität und höheren Officiere der k. k. operirenden Armee. kl. 8. Wien 1866.

Instruction für den General Cavallerie Inspector vom Jahre 1889. (A—13.) (Zu Heft 52 der Taschen Ausgabe.) 8. (7 S.) —.4
Wien: Hof- u. Staatsdruckerei 1889.

— — für die General- und Ober-Landes-Commissäre. Fol. Wien 1809.

— — für die General- oder Ober-Landescommissärs. Fol. Wien 1812.

Instruktion der königl. General-Kommission für Schlesien, für Feldmesser und Drain-Techniker zur Entwerfung und Ausführung von Drain-Plänen. Lex.-8. (28 S. mit 1 ill. Stnt. in Fol.) Berlin 857, Decker'sche geheime Ober-Hofbuchdruckerei.

—— der königl. General-Kommission für Schlesien für Feldmesser und Drain-Techniker zur Entwerfung und Ausführung von Drain-Plänen. gr. 8. (35 S. mit 1 chromolithogr. Karte.) Berlin 884, Springer. **

—— der königl. General-Kommission für Schlesien für Feldmesser und Drain-Techniker zur Entwerfung und Ausführung von Drain-Plänen. 2. Abdr. Lex.-8. (35 S. mit 1 chromolithogr. Plan.) Berlin 885, Springer. **

— **der königl. General-Kommission f. Schlesien f. Feldmesser u. Drain-Techniker 2c., 3. Aufl., s.: Anweisung f. die Aufstellung u. Ausführung v. Drainage-Entwürfen.**

Instruction für den jeweiligen General-Monturs-Inspector. (Lithographiert.) Fol. (Wien 1839.)

Instruction für den jeweiligen General-Monturs-Inspector. (Lithogr.) 4. (Wien 1853.)

Instruktion für des Fränkischen Kreises General-Quartirmeister und General-Marschkommissär. Nürnberg 1792. 4°.

—— für die Generalstabs-Reisen. 2. Aufl. 12. (III, 33 S. m. 1 Taf.) (Ebd.) 879. — 40

Instruction für die Generalstabsreisen. 3. Auflage. 8. (26 S.) Wien: Hof- und Staatsdruckerei 1895. --.20

— f. die Generalstabsreisen. 4. Aufl. (29 S.) 8. Wien 903. (Hof- u. Staatsdruckerei.) n. — 50

Instruction f. d. Genie-Dienst i. Allgem. u. seinen verschied. Unterabtheilungen. München 1826. 4°

Instruction f. d. Geniedienst b. d. Etappenwesen d. Armee. Mit 1 Pl. München 1870.

Instruction für die mit der Vermessung des Rheingebietes beauftragten Geometer. St. Gallen 1856.

Instruction für die Gerichte über das bei den Haus-Administrationen in Berlin zu beobachtende Verfahren. [Alle 3 dat.:] Berlin, d. 17. 4. 1812. Berlin 1812.

—— für die Gerichts-Aerzte im Königr. Bayern Behufs des Vollzuges der medizinisch-forensen Untersuchungen im Betreff des Verdachtes des Kindesmordes. (Amtl. Ausg.) gr. 8. (59 S.) München 850, Kaiser. *

—— für die Gerichtskosten-Rezepturen in den Bezirken der Appellationsgerichte zu Kiel, Cassel und Wiesbaden, nebst Formularen; und Verfügung des Justiz-Ministers vom 20. Aug. 1867. Amtl. Ausg. gr. 8. (IV und 147 S.) Berlin 867, v. Decker'sche geheime Ober-Hofbuchdruckerei. *

Instruction zur Theresianischen peinlichen Gerichtsordnung. für alle deutsch-erbländischen Hals- und Landgerichte, und überhaupt für alle Criminalrichter. Fol. (1770).

Instruction, f. die Gerichts- u. Pfandschreiber im Großherzogthum Baden. gr. 8. Frankfurt am M. Hermann. 812.

Instruction. Instrukt' für die Gesandtschaft des Standes Graubünden an die ordentliche eidgenössische Tagsazung in Luzern, von 1837. 8. o. O.

Instruction für das Geschäft der Ersatz-Aushebung zur jährlichen Ergänzung des stehenden Heeres. (Berlin 1817.) 2°.

Instruktion f. d. Geschäft d. ökonomischen Musterung b. d. Truppen i. Frieden. Vom 6. 2. 1862. Berlin 1869.

Instruktion üb. d. Geschäft d. ökonom. Mustergn b. d. Trupp. i. Frieden. Berl. 1862.

— für das Geschäft der ökonomischen Musterungen bei den Truppen im Frieden. Vom 3. Febr. 1881. gr. 8. (29 S.) Berlin 881. Bath. n. — 50

Instruktion f. d. Geschäft d. ökonomischen Musterungen b. d. Truppen i. Frieden.
München 1883.
— — 1892. 1899: Musterungsvorschrift.

Instruktion für das Geschäft der ökonomischen Musterungen bei den Truppen im Frieden vom 3. Febr. 1881. 2. Nachtrag. gr. 8. (6 S.) Berlin 886. Mittler & Sohn n.n. — 5

Instruction für das Geschäft der Musterungen bei den Truppen. Berlin 1838. 8°.
Dass. 1856.
Dass. von 1862. 1869.

—— für das Geschäft der Musterungen bei den Truppen im Frieden. gr. 8. (31 S.) Berlin 850, Deckersche geheime Ober-Hofbuchdr.

Instruktion, geschäftliche u. technische, f. die Durchführung agrarischer Operationen, s. a. Gesetze, Verordnungen u. Kundmachungen aus dem Dienstbereiche des k. k. Ackerbauministeriums. 10. Heft.

(F) Geschäftliche und technische Instruktion für die Durchführung agrarischer Operationen. [Gesetze, Verordnungen und Kundmachungen aus dem Dienstbereiche des k. k. Ackerbauministeriums. X. Heft.] 8°. (VIII, 122 S.) K 2.—
Wien: Hof- u. Staatsdruckerei 1908.

—— zur Geschäfts- und Buchführung der Darlehnskassen-Vereine mit Erläuterung durch praktische Beispiele. 3. gänzlich umgearb. und sehr verm. Aufl. gr. 8. (IV, 120 S.) Heddesdorf-Neuwied 881. (Leipzig, Haessel.) geb. *
Aus: Raiffeisen, F. W., Die Darlehnskassen-Vereine, besonders abgedruckt.

—— zur Geschäfts- u. Buchführung d. Darlehns-Kassen-Vereine Raiffeisen'scher Organisation. Hrsg. v. der General-Anwaltschaft ländl. Genossenschaften f. Deutschland zu Neuwied. 5. Aufl. gr. 8. (VII, 263 S.) Neuwied 890. (Lpz., Haessel's Commissions-Geschäft.) ** 2 25

Instruktion zur Geschäfts- und Buchführung der Darlehnskassen-Vereine Raiffeisen'scher Organisation. 5. Aufl. Neuwied: Raiffeisen 1890.

Instruktion für die Geschäftsführung im großen Lesesaale der Königlichen Bibliothek zu Berlin. *Burgb. M. 1893: A. Hopfer.* (VIII S.) 8°

„Instruction über den Geschäftsgang bey der Königl. Märkischen ökonomischen Gesellschaft zu Potsdam", Potsdam 1820.

Instruction für die ökonomische Geschäfts-Verwaltung bei den Armee-, General- und Corps-Commanden. Fol. Wien 1809.

—— für den Geschwader-Chef. gr. 8. (41 S.) Berlin 879, Mittler und Sohn. **

—— für Geschworne im Königreich Preußen. Eine Anleitung zur Ausübung des Geschwornen-Amtes unter besond. Berücksicht. der strafrechtl. Begriffe des Strafgesetzbuchs. Von einem prakt. Juristen. br. 8. (VI und 100 S.) Berlin 860, Plahn'sche Buchh. *

Instruction für einen Gesellen [der Loge „Zu den drei Schwertern", Dresden]. [Dat.:] [Dresden 1807]. 2 Bl. 4° [Kopftit.]

Instruction des Gesellen-Grades im Bunde der Grossen National-Mutter-Loge der Freimaurer in den Preussischen Staaten, genannt zu den drei Weltkugeln. [Berlin 1845:] Szlatohlawek. 64 S. 4° [Autogr.]

[Autogr.] Instruction des Gesellen-Grades im Bunde der Grossen National-Mutter-Loge der Freimaurer in den preussischen Staaten, gen.: Zu den drei Weltkugeln. [Berlin 1845:] Szlatohlawek. 64 S. 2°

Instruktion des Gesundheitsconseil zu Paris, üb. d. Anfertigung öffentl. Abtritte u. üb. die Gesunderhaltung d. Abtritte u. deren Gruben. Aus d. Französ. v. F. Gellhaus. 4. Lemgo 826, Meyer.

Berlin. Preuss. Meteorologisches Institut.
— — Instruktion für die Gewitter-Beobachter des … Berlin 1886

Instruction für die Gletscher-Reisenden des schweizerischen Alpenclubs. [Mit 2 Tafeln] 8. Bern 1871.

Instruction für den ersten Grad zum Gebrauch der □ im O. Freib[urg i. B.]. [Freiburg i. B. ca 1790.] 1 Bl. 4° [Kopftit.]

Instruction für den zweiten Grad der □ zur Edlen Aussicht im Or. Fr[eiburg i. B.] [Freiburg i. B. ca 1790.] 1 Bl. 4° [Kopftit.]

—— für die Gränz-Aufsichts-Beamten über die practische Behandlung und den dienstlichen Gebrauch des Gewehrs und Pistols. Vom 31. Octbr. 1852. gr. 8. (16 S.) Berlin 852, Decker'sche geheime Ober-Hofbuchdr.

Instruktion für die Grundbuchs-Lokalisirungs-Beamten, zur Erläuterung der Edikte über die Verlautbarung der fertigen Grundbuchs-Protokolle, und der hohen Justiz-Ministerial-Verordnung vom 15. Dez. 1855 ꝛc. Nebst einem Anhange: Die nothwendigsten Formularien von Grundbuchs-Gesuchen und Verträgen enthaltend. Im Auftrage des hohen k. k. Justiz-Ministeriums. Herausgegeben durch die k. k. Grundbuchs-Direktion zu Pest. Pest, 1857. Dr. von J. Beimel und Basil Kozma. (91 S. 8.)

Instruction. Ueber die bei der Einführung, dem Gebrauche und der Verrechnung der neuen blechernen Kochmaschinen zu beobachtenden Grundsätze. Fol. (Wien 1836.)

Instruction für das Güter-Depot einer Sammelstation. 8. Berlin 1879.

Schweizerische Hagel-Versicherungs-Gesellschaft (in Zürich). Instruktion.... 8.
Instruktion für die Herren Agenten. 1901 (Februar 1). 22 S. Zürich, J. Leemann, 1901.
Instruktion für die Herren Experten. (1902 Mai.) 18 S.

— für die Handhabung der Fischereipolizei im Reg.-Bez. Minden. 8. (24 S.) Minden 888. (Köhler.) n. — 30

—— über die Handhabung des Gesetzes vom 21. Decbr. 1871, betr. die Beschränkungen des Grundeigenthums in der Umgebung von Festungen. 8. (16 S. mit 1 lithogr. Skizze.) Würzburg 875, Stahel'sche Buchh.

Instruktion zur Handhabung des Invaliditäts- und Altersversicherungsgesetzes für die Beamten der Vereinigten Königs- und Laurahütte. o. O. (1896). (11 S.) 4°(2°) [F.] [97. 1896 2]

Instruction für die Hausadministratoren. [Nebst]
Instruction für den Häuser-Administrations-Inspector. [Nebst]
Instruction für die Gerichte über das bei den Haus-Administrationen in Berlin zu beobachtende Verfahren. [Alle 3 dat.:] Berlin, d. 17. 4. 1812. Berlin 1812.

Instruction f. die Hausvögte in Bauangelegenheiten. (Königsb. 1813). 8 S.

Instruction für Hebammen. 2 S., gbd.
O.O.: o.J.
JB 4 .372

Instruction. Instruktion für die Hebammen des Kantons Bern. (1904 März 8.) II + 18 S. 8. Bern. Rösch & Schatzmann, 1904.

— für die Hebammen d. Fürstenthum Erfurt. 8. Erfurt, Hennings. 812.

—— für die k. k. Heeresanstalten zur Durchführung des für die k. k. Truppen genehmigten neuen Verwaltungs- und Verrechnungs-Systems. 4. Wien 869, k. k. Hof- und Staatsdruckerei. * — 20

— über die Herstellung von Blitz-Ableitungen bei Militär-Gebäuden. [Genehmigt mit Reichs-Kriegs-Ministerial-Reskript vom 10. Jänner 1877, Abthl. 8, Nr. 6521 ex 1876.] gr. 4. (III, 18 S. mit 2 lithogr. und color. Plänen.) Wien 877, Hof- und Staatsdruckerei.

Instruktion (H-9) über die Herstellung von Blitz-Ableitungen bei Militär-Gebäuden (Mit 3 Figurentafeln) (Zu Abth. … Nr. 336 [illegible] von 1896 … N. V. Bl. f. d. k. u. k. Heer, 15. Stück) … Wien 1896.

— üb. d. Herstellg. v. Blitzableitungen b. Militärgebäuden. 8. (XIX, 50 S. m. 3 Taf.) Wien 896. (Hof- u. Staatsdruckerei.) n. 2. 40

Instruction (H-4) litt. A., über die Herstellung und den Gebrauch eines Kesselherdes für 100 Mann mit Kohlenfeuerung mit Bezug auf die Plane litt. B. C. D. E. und F. und den Kosten-Voranschlag litt. G. (5 Taf.) (Lithogr.) Fol. Wien 1880.

— über die Herstellung u. den Gebrauch eines Kesselherdes für 100 Mann mit Kohlenfeuerung. 1882. 4. (10 S. mit 5 Steintaf.) Wien 882. k. k. Hof- u. Staatsdruckerei. n. 1

Instruction über die Herstellung und dem Gebrauch eines Kesselherdes für 100 Mann mit Kohlenfeuerung. 1894. Mit fünf Figurentafeln. 4. (10 S.) Wien: Hof- und Staatsdruckerei 1894. 1.

Instruktion für die Herstellung der Zettel des alphabetischen Kataloges [der Königlichen Bibliothek in Berlin]. *Burg b. M. 1892: A. Hopfer.* (10 S.) 8° [95. 80]

(F) Instruction und Hilfstabellen zur Berechnung der Monatsraten und Tagesportionen von den Activitätsbezügen der Finanzwachmannschaft, dann der Monatsraten von den Versorgungsgenüssen der Finanzwachmannschaft und ihrer Hinterbliebenen. (Zur Fin.-Minist.-Z. 50172 ex 1899.) [Wien, 1900, Hof- und Staatsdruckerei.] Gr.-8°. 31 S. K — 40

— für die Hinausgabe von Dienstpferden der k. k. Cavallerie in die Privat-Benützung. Giltig f. die Cavallerie-Regimenter, welche in den im Reichsrathe vertretenen Königreichen u. Ländern garnisoniren [1., 2., 3., 8., 9., 10., 11. Corps-Bereich]. 8. (37 S. m. Tab.) Wien 888. Hof- u. Staatsdruckerei. n. — 48

— für den Hochwassernachrichtendienst im bayerischen Donaugebiet. (6 S.) 4. München 902. (R. Buchholz.) n.n. — 50
Sonderabdr. a.: „Amtsbl. d. k. Staatsministeriums des Innern".

Instruction für die in den [illegible] und Gemeinde-Waldungen arbeitenden Holzhauer und Holzsetzer (v. März 1878). – Baden Baden 1878. 14 S.

Instruction für die in [illegible] und Körperschaftswaldungen arbeitenden Holzhauer (v. 12. Sept. 1836). [illegible] 1836. 2 S.

Instruction für die in den Gemeinde-, Stiftungs- und Körperschafts-Waldungen des hiesigen Grossherzogl. Forstamt Stockach) Forstamts-bezirks arbeitenden Holzhauer (v. 1. März 1837). – Konstanz 1837. 11 S.

Instruction für die in Gemeinde-, Stiftungs- und Genossenschaftswaldungen des Forstamts Bezirkes Hüfingen arbeitenden Holzhauer (v. 1. März 1837). – Konstanz 1837. 8 S.

Instruction für die Holzhauer in den Domanialwaldungen des Großherzogthums Hessen (v. 19. 3. 1829). Angehängt: Vorschriften zur Anwendung der Instruction für die Holzhauer in den Communalwaldungen (v. 19. 3. 1829). – Darmstadt 1829. 32 u. [illegible] Instr. v. [illegible] 32 S.

—— für die Holzhauer in den Domanialwaldungen, sowie Vorschriften zur Anwendung der Instruction für die Holzhauer in den Communalwaldungen des Großherzogth. Hessen. 8. (32 S.) Darmstadt 863, Jonghaus'sche Hofbuchh.

Instruction für die Holzhauer in den Domanialwaldungen, sowie Vorschriften zur Anwendung der Instruction für die Holzhauer in den Communal-Waldungen des Grossherzogthums Hessen. – Darmstadt 1871. [illegible]

Instruction für die Holzhauer und Holzaufsetzer im kgl. Regierungsbezirke von Unterfranken und Aschaffenburg. – Würzburg 1867. 126 S.

—— für die Holzhauer und Holzaufsetzer im k. Regierungsbezirke von Unterfranken und Aschaffenburg. 8. (26 S.) Würzburg 867, Stahel'sche Buchh.

Instruction für die Holzhauer und Holzsetzer im Forste Umstadt (v. 12. Sept. 1819). o. O. 1819. 4 S.

Instruction für die Holzhauer und Setzer in Gemeinds- und Körperschafts-Waldungen des Forstamts [illegible] (v. 13. Sept. 1837). – Mannheim 1838. [illegible] S.

Instruktion für die Holzhauer [illegible] Staats- und Mitgebrauchs-Waldungen des Kurfürstenthums Hessen [illegible] – o. O. 1858. 51 S.

Instruction [illegible] die Hufbeschlagschulen des k. u. k. Heeres. (Zu Abt. [illegible] Nr. 650 v. J. 1902. – N. V. Bl. f. d. k. u. k. Heer. 10. Stück.) 4. Wien 1902.

—— für die Hufbeschlagschulen des k. u. k. Heeres. hoch 4. (13 S.) Wien 902. (Hof- u. Staatsdruckerei.) n. — 20

Instruktion betreffend die Jäger-Büchse M 71 nebst zugehöriger Munition. (Mit Nachträgen, Ergänzungen und Tekturen bis Mai 1888.) 8. Berlin 1874–1888.

—— über die Jäger-Büchse M/71. Für die Mannschaften. 1.–3. Aufl. 8. (24 S.) Potsdam 877,78, Döring.

—— über die Jäger-Büchse M/71. Für die Mannschaften. 4. Aufl. 8. (24 S.) Potsdam 882, Döring.

—— über die Jäger-Büchse M/71. Für die Mannschaften. 5. Aufl. 8. (24 S.) Potsdam 885, Döring. *

—— dass. — nebst zugehöriger Munition. Nachträge. Geschlossen Mitte Dezbr. 1885. gr. 8. (4 S.) Berlin 886, Mittler und Sohn. **

Instruction für die bei der astronomisch trigonometrischen Landesvermessung und im Calcul-Bureau des k. k. militär-geographischen Instituts angestellten Individuen. Sanctionirt vom Hochlöblichen k. k. Hofkriegsrathe laut Rescript G. Nr. 4060 vom 22. August 1844. (Mit 13 Taf. und 2 Beilagen.) 4. Wien 1845.

Instruktion für die Kgl. Preuß. gesammte Infanterie. Bayreuth 1799. 8°.

Instruction, Die, der schweizerischen Infanterie ... Luzern 1884. V: *Elgger, Carl v.* (Cat. d. Stadtbibl. Zürich. Zürich 1864—97.)

—— die, der schweizerischen Infanterie. Von einem Instruktions-Offizier (Elgger). I–III. 16. Luzern 884, (Doleschal's Buchh.) cart. in Leinw. à *M* 1,50.; *

Inhalt:

I. Militärschulen. [Organisation und Instruktion.] (XVI, 176 S.)
II. Anwendung der Exerzierreglemente. [Von der Soldatenschule bis zur Brigadeschule.] (159 S.)
III. Gefechtsmethode und Feldmanöver. (III, 190 S.)

—— über das Infanterie-Gewehr M/71. 1.–7. Abdr. 8. (20 S.) Potsdam 876, Döring. * — 10

—— über das Infanterie-Gewehr M/71. 8.–10. Abdr. 8. (29 S. mit 1 eingedr. Holzschn.) Ebendas. 877. *
—— dass. — 11. Aufl. 8. (23 S.) Ebendas. 879.

—— über das Infanterie-Gewehr M/71. und dessen Munition. 8. (16 S.) Berlin 875, Schlesier. — 10
—— dass. — Für den Unterricht des Infanteristen abgefaßt und erläutert durch 30 (eingedr.) Abbild. (in Holzschn.) 1. Aufl. (36 S.), und 2. erweiterte Aufl. gr. 8. (40 S.) Ebendas. 874. * — 60

—— dasselbe. Für den Unterricht d. Infanteristen abgefaßt u. erläutert durch 30 Abbildgn. (in eingedr. Holzschn.) 3., erweit. Aufl. gr. 8. (40 S.) Berlin 876. Schlesier. n. — 60

—— über das Infanterie-Gewehr M/71 und dessen Munition. Für den Unterricht des Infanteristen abgefaßt und durch 30 (eingedr. Holzschn.) Abbild. erläutert. 3. und 4. neu durchgeseh. Aufl. gr. 8. (40 S.) Berlin 878, [Schlesier.] Liebel'sche Buchh. *

—— über das Infanterie-Gewehr M/71 und dessen Munition. Für den Unterricht des Infanteristen abgefaßt und durch viele (eingedr. Holzschn.) Abbild. erläutert. 5. neu durchges. Aufl. gr. 8. (39 S.) Berlin 883, Liebel'sche Buchh. *

Instruktion über das Infanterie-Gewehr M/71 und dessen Munition. Für den Unterricht des Infanteristen abgefaßt und durch viele Abbild. erläut. 6. neu durchgeseh. Aufl. gr. 8. (39 S.) Berlin 886, Liebel'sche Buchh. * — 60
—— dass. — nebst zugehöriger Munition. Nachträge. Geschlossen Mitte Dezbr. 1885. gr. 8. (4 S.) Berlin 886, Mittler und Sohn. ** — 5

—— über das Infanterie-Gewehr M/71.84 nebst zugehöriger Munition. 8. (VI, 94 S. mit 4 Tecturen.) Ebendas. 886. ** 85 Pf.; cart. * 1 15

—— dass. — und dessen Munition. Als Leitfaden für den Unterricht der Mannschaft und als Hülfsbuch für den Selbstunterricht für Offiziere, Unteroffiziere, Einjährig-Freiwillige bearb. und durch 87 Abbild. im Text erläut. von A. v. B. gr. 8. (78 S.) Berlin 887, Liebel'sche Buchh. * — 75
—— dass. — nebst dessen Munition. Auf Grund der offiziellen Instruktion für die Unteroffiziere und Mannschaften bearb. von einem Compagnie-Chef. 16. (32 S.) Berlin 887, Bath. ** — 15
—— dass. — Für den Unterricht der Mannschaften abgefaßt und durch Abbild. erläut. von H. v. M. 1.–7. unveränd. Aufl. 8. (24 S.) Berlin 887, Liebel'sche Buchh. ** — 15
—— dass. — Für die Unteroffiziere und Mannschaften zusammengestellt. 1.–66. Tausend. 8. (31 S. mit 16 Holzschn.) Potsdam 886, Döring. * — 15

—— für die Infanterie-Lehr-Bataillons und die Jäger-Lehr-Division. gr. 8. (III und 70 S.) Wien 852. (Leipzig, Hübner.) *

Instruktion für die Infanterie-Regimenter . . . betreffend die Mannszucht und Ordnung im Felde. Berlin 1790. 8°

Instruktion für sämmtliche Infanterie-Regimenter... das Exerciren der Schützen betreffend. (Berlin 1789.) 8°.

—— für den Infanteristen der preuß. Armee. Zusammenstellung aller militair. Verhaltungsregeln, welche der Infanterist bei Ausübung seiner Dienstpflichten wissen muß. Mit Benutzung des neuen Exercier-Reglements u. der neuen Instruction für d. Scheibenschießen. 8. (5 B.) Potsdam 845. (Horvath'sche Buchh.) *

— — I. für das in Gang setzen und die vorzunehmenden Reparaturen der Mechanismen der Handfeuerwaffen M/69.
II. Ergänzungen und Erläuterungen hiezu.
III. Instruction für Reparatur und Justirung der Visireinrichtung des auf die Patrone M/71 aptirten Infanterie-Gewehres M/69. München 1876. 8.

Instruktion für Ingenieure und Ingenieur-Assistenten auf der ausschließlich privil. Kaiser Ferdinands Nordbahn. Gedruckt bei Josef Stöckholzer von Hirschfeld. (24 S. 8.) 1856.

Instruction f. d. Inspecteure u. Commandeure d. Landw. Berlin 1816. 4°

Instruktion f. d. Inspektion d. techn. Institute d. Art. . . . Berlin 1861.

Instruction für den Inspector des Armen- und Arbeitshauses im Flecken Wandsbeck. o. O. (1849.) 4°.

Instruktion für die Inspektoren, Aufseher und Wärter der gerichtlichen Gefangen-Anstalten (vom 24. Okt. 1837). (Naumburg: Rietz 1837.)

Instruction für die Herrn Inspectores der Königl. academischen Patronat Pfarren. (d. d. Greifswald d. 12. Aug. 1779.) [Neudruck.] (Greifswald [1910]: Abel.) 2 Bl. 8° [Kopft.] [U 10. 1494
(Nicht für den Austausch)

Instruction über die Instradirung von Truppen, Transporten und Aerarial-Gütern im Bereiche des General-Commandos in Wien. (K. k. General Commando in Wien. Abtheilung 1. Nr. 2010 de 1867.) Beilagen I—IX. (Lithogr.) (2 Bde.) Fol. u. gr. Fol. (Wien 1867.)

Instruction, Interimistische, für sämmtliche Stadt-Gerichte und Justiz-Ämter im Fürstenthum Bayreuth. O.O. 1797. H: *Völderndorf und Waradein, Carl Frdr. Wilh. Freih. von.* **(Fiker)**

Instruction über das Intercalar-Rechnungs-Wesen der protestant. Geistlichen im Königr. Bayern, hrsg. von einem ehemal. Rechnungsbeamten. gr. 8. (143 S.) Bayreuth 847, Buchner. Thlr.

Instruktion des Justiz-Ministers v. 3. 6. 1854, betr. die Einziehung der Gerichtskosten f. d. Exekutions-Instanz durch die gerichtl. Exekutoren. (Berlin: Decker 1854.)

—— für das Kadetten-Schulschiff. gr. 8. (37 S.) Berlin 888, Mittler und Sohn. * — 60

Instruction des Kalibers 5''', dann für Hinterladungs-Karabiner und Pistolen. (Lithogr.) Beigeb.: Anhang zur Instruction etc., enthaltend: die Anfertigung von scharfen Patronen für die genannten Feuerwaffen, bei Benützung der noch brauchbaren, verschossenen Patronenhülsen. 1870. (Mit 1 Taf.) — Anhang II zur Instruction etc., enthaltend: die Anfertigung der Revolver-Patronen (5''' Kaliber) durch die Truppen, dann den Vorgang beim Entleeren der von den Truppen erzeugten Patronen. 1872. (Mit 1 Taf.) — Anhang III zur Instruction etc., enthaltend: Verbesserungen in dem Anfertigen von scharfen und Exerzir-Patronen durch die Truppen. 1874. (Mit 1 Taf.) (Lithogr. In 1 Bd.) Fol. Wien 1869—1874.

— — des k. k. Karabiners und des Extra-Corps Gewehres mit Werndl-Verschluss, sowie der hiezu gehörigen Munition. Mit 1 lithogr. Tafel. (Modificirte neue Auflage.) kl. 8. Wien 1875.

— — des k. k. Karabiners und des Extra-Corps-Gewehres mit Werndl Verschluss (Modell 1873) und der hiezu gehörigen Munition. Mit 1 lithogr. Tafel. Beigeb.: Ergänzung mit 1 Tafel. 8. Wien 1877 u. 1880.

Instruction, betreffend den Karabiner M/71, nebst zugehöriger Munition. München 1877. 8.

—— zum Karabiner Modell 71. gr. 8. (4 S.) Rathenow 886, Babenzien. ** — 5

— die, Karls V. f. Philipp II. vom 25. X. 1555. Deutscher Text, hrsg. v. Bruno Stübel. (68 S.) gr. 8. Wien 905. (C. Gerold's Sohn.) n. 1. 50
Sonderabdruck aus: „Archiv f. öst. Gesch."

— — für den Kasernen-, Garnison- und äußern Dienst der bad. Infanterie. Karlsruhe 1841. 39 S.

Instruction für die Kasern-Verwaltungen. Fol. Wien 1853.

— f. die fiskalischen Kassebeamten vom 17. Septbr. 1893. [Aus: „Regierungsbl."] gr. 4. (130 S.) Darmstadt, (G. Jonghaus). n. — 80; geb. n. 1. —

Instruction für die mit der Geldgebarung des Forst- und Domänenwesens betrauten Cassen. - Wien o. J. 17 S, 21 S. Formul.

—— für die Kassen-Verwaltungen der Gerichtsbehörden in dem Geltungsbereiche der Verordnung vom 2. Januar 1849 nebst Formularen. Vom 17. Dezbr. 1872. Amtliche Ausg. 1. Aufl. (VI, 104 S.) 1873. *ℳ 1., und 2. revid. Aufl. Mit Sachregister. gr. 8. (VI, 147 S.) Berlin 875, v. Decker'sche Geh. Ober-Hofbuchdr. * 1 50

Instruktion für das Kassen- und Rechnungswesen bei den mit Post-Anstalten kombinirten Telegraphen-Stationen. Berlin, Decker. 1863. 4. (15³/₄ B.)

Instruktion für die alphabetischen Kataloge der Preussischen Bibliotheken und für den Preussischen Gesamtkatalog. Vom 10. Mai 1899. Berlin. 1899. 8° m.

Instruktion für die Alphabetischen Kataloge der Preußischen Bibliotheken vom 10. Mai 1899. Zweite Ausgabe in der Fassung vom 10. August 1908. Berlin 1909.

Instruction über die Kataster-Vermessung des Kts. Solothurn. 23. Aug. 1865.

— — für die Katastral-Vermessung in Bosnien und der Hercegovina. (Mit 52 Beilagen.) gr. 8. Wien 1880.

Instruction für die Catastral-Vermessung in Bosnien und der Hercegovina. 2. Auflage. (Mit 58 Beilagen.) gr. 8. Wien 1881.

Instruction über den Kavalleriefelddienst und den Karabiner M/71 von einem Kavallerieoffizier. gr. 8. (VIII, 56 S.) Hannover 877, Helwing'sche Verlagsh. *

—— dass. — Ausg. für Ulanenregimenter. gr. 8. (VIII, 56 S.) Ebendas. 877. *

—— über den Kavallerie-Karabiner M/71. Für die Mannschaften. 1.—4. Aufl. 8. (24 S.) Potsdam 877. Döring. *

Instruction betreffend den Kavallerie-Karabiner M/71 nebst zugehöriger Munition. (Beigebunden: Nachträge und Tekturen bis December 1888.) 8. Berlin 1876—1888.

—— betr. den Kavallerie-Karabiner M/71 nebst zugehöriger Munition 1876, mit Nachträgen vom 1. Dezbr. 1877 und Tekturen Nr. 1—22. (VI, 125 S.) Berlin 888, Mittler und Sohn. *ℳ 1.45.; cart. * 1 65
—— dass. — Nachträge, geschlossen Mitte Dezbr. 1885. gr. 8. (3 Bl.) Ebendas. 886. ** — 5

—— betr. den Kavallerie-Karabiner M/71 nebst zugehöriger Munition. 1876. Mit Nachträgen bis Ende 1888. 8. (125 S. m. 38 Bl. Tekturen u. 1 Taf.) Berl. 889, Mittler u. Sohn. * 2 —; cart. * 2 35

Instruction für die Cavallerie-Regimenter betreffend die Ordnung und Mannszucht im Felde. Berlin 1790. 8°.

— — für den Kavalleristen. Hannover 1874. 59 S.

—— f. den Cavalleristen über sein Verhalten in u. außer d. Dienste. Von e. Stabs-Offizier. 2., verb. Aufl. 12. ($4\frac{1}{2}$ B.) Brandenburg 843, Müller. *

—— für den Cavalleristen über sein Verhalten in und außer dem Dienste. Von einem Stabs-Offizier. 4., verb. Aufl. 16. (III und 93 S. mit 2 Holzschn.) Brandenburg 851, Müller. *

—— für den Cavalleristen über sein Verhalten in und außer dem Dienste. Von einem Stabsoffizier. 21.—26. Aufl. (93 S.) 1869—73, und 27. und 28. gänzlich umgearb. Aufl. gr. 8. (96 S.) Brandenburg 874,75, Müller.

—— für den Cavalleristen über sein Verhalten in und außer dem Dienste. Von einem Stabs-Offizier. 29.—31. gänzlich umgearb. Aufl. gr. 16. (96 S.) [Brandenburg 875—78, Müller.] Berlin, Eisenschmidt. *

—— für den Kavalleristen über sein Verhalten in und außer dem Dienste. Von einem Stabs-Offizier. Mit vielen in den Text gedr. Abbild. 32. und 33. Aufl. (116 S.) 1880,81; 34. Aufl. (182 S.) 1882; 35. Aufl. (179 S.) 1883; 36. Aufl. 16. (186 S.) Berlin 883, Eisenschmidt. *

—— für den Kavalleristen über sein Verhalten in und außer dem Dienste. Von einem Stabs-Offizier. 37. Aufl. 12. (223 S. mit vielen in den Text gedr. Abbild.) Berlin 884, Eisenschmidt. * — 60
—— dass. — 38. und 39. Aufl. 12. (216 S. mit 45 in den Text gedr. Abbild., nebst Signaturen- und Kroquirtaf.) Ebendas. 885,86. ** — 50
—— dass. — 40. Aufl. 12. (224 S. mit 47 in den Text gedr. Abbld., nebst Signaturen- und Kroquirtaf.) Ebendas. 887. * — 60
—— dass. — 41. Aufl. 12. (224 S. mit 1 Bildniß Sr. Maj. Kaiser Wilhelm II. und vielen in den Text gedr. Abbild.) Ebendas. 888. * — 60

—— für den Kavalleristen üb. sein Verhalten in u. außer dem Dienste. Von e. Stabsoffizier. Mit e. Bildniß Sr. Maj. Kaiser Wilhelms II. u. vielen in den Text gedr. Abbildgn. 42.—44. Aufl. 16. (239 S.) Berl. 889—91, Eisenschmidt. * — 60
—— dass. — Anh.: Kurzer Abriß der preußischen Geschichte. 16. (7 S.) Ebd. 891. — 10

Instruction für den Cavalleristen über sein Verhalten in und ausser dem Dienste... Berlin 1890. V: *Schmiterlöw, v.* (KA)

— dasselbe. Mit 1 Bildniß Sr. Maj. Kaiser Wilhelms II., 2 bunten Uniformtaf. u. 47 Abbildgn. 45. u. 46., verm. u. verb. Aufl. 12. (240 resp. 248 S.) Ebd. 893. 894. n. — 60

[J.] **Instruktion** für den Kavalleristen über sein Verhalten in und ausser dem Dienste. Von e. Stabsoffizier. M. 1 farb. Bildn. ... Kaiser Wilhelms II., 2 farb. Uniformtaf. u. 49 in d. Text gedr. Abb. 49. verm. u. verb. Aufl. *Berlin: R. Eisenschmidt 1897.* (254 S., 1 Portr., 1 Doppel-Taf.) 1 Bd 8. [98. 4797

— f. d. Kavalleristen üb. s. Verhalten in u. außer d. Dienste v. e. Stabsoffizier. M. 1 farb. Bildn. Kaiser Wilhelms II., 4 farb. Uniformtaf. u. mehr als 50 in d. Text gedr. Abb. 50., verm. u. verb. Aufl. 12. (287 S.) Berlin 898. R. Eisenschmidt. n. — 60

— f. den Kavalleristen üb. sein Verhalten in u. außer dem Dienste v. e. Stabsoffizier. Mit 1 farb. Bildniß Sr. Maj. Kaiser Wilhelms II., 3 farb. Uniformtaf. u. mehr als 50 in den Text gedr. Abbildgn. 51. völlig umgearb. Aufl. 12. (294 S.) Berlin 899. R. Eisenschmidt. n. — 60; geb. n.n. — 80

Instruction für die Kirchen-Officialen der Probstei Flensburg. Flensburg. 1847. 8°

Instruction für die Herzogl. Wirtembergischen Kirchenraths-Beamte, wonach sich dieselbe bei Begreifung eines neuen Forst-Etat über die ihnen gnädigst anvertraute Kirchenräthliche Waldungen zu achten haben. - Stuttgart 1783. 65 S.

—— kirchliche, f. christliche Hebammen. 16. (14 S.) Berl. 890, Trowitzsch u. Sohn. — 15

Instruction für die Commandanten der Feld-Sanitäts-Colonnen des deutschen Ritter-Ordens. (Mit 6 Beilagen.) 8. Wien 1876.

Instruction für den Commandanten des, zur Ueberwachung der Strompolizei den Po-Fluss befahrenden k. k. Lagunen-Kriegs-Dampfers. (Manuscript. Lithographirt.) Fol. Wien 1857.

—— für den Commandanten eines von S. M. Schiffen oder Fahrzeugen. gr. 8. (XII, 491 S.) Ebendas. 872.

— für den Commandanten eines von S. M. Schiffen oder Fahrzeugen. gr. 8. (XII, 504 S.) Berlin 877. Mittler & Sohn. n. 6. —

—— für den Commandanten eines von S. M. Schiffen oder Fahrzeugen. gr. 8. (XII, 505 S.) Berlin 878, Mittler und Sohn. *

— für den Commandanten eines von Sr. Maj. Schiffen oder Fahrzeugen. 1.—7. Nachtrag. gr. 8. (34; 9; 15; 21; 2; 7; 4 S.) Berlin 880—83, Mittler und Sohn. *
Hauptwerk mit 7 Nachträgen *
Hauptwerk. Ebendas. 1877. *ℳ 6.

— dasselbe. Nachtrag. [B. im Falle eines Gefechts.] gr. 8. (21 S.) Ebend. 882. n. — 45

— dasselbe. 6. Nachtrag. gr. 8. (7 S.) Ebend. 882. — 15
(Hauptwerk u. 1—6. Nachtrag: n. 7. 90)

— für den Commandanten c. v. Sr. Maj. Schiffen od. Fahrzeugen. Anlage XIa. Instruktion f. den Torpedooffizier. gr. 8. (4 S.) Berlin 883. Mittler & Sohn. — 15

Instruction f. d. inspicirenden Commissare der Milit.-Rechnungs-Kammer. München 1856.

Instruction für die Kommissariate der schweiz. Centralbahn, welche zum Behuf gütlicher Vermittlung der Expropriationen aufgestellt werden. Basel 1853.

„Instruction für die Commissarien der Dienst-Aufhebungsangelegenheit in der Kurmark", d. d. Berlin, 5ten Mai 1806. Berlin 1806 (Decker). — Vorh.: Preuß. Staatsbibliothek Berlin.

Instruction für die Kommission zur Revision der Vereinsfrachtkarten. Berlin 1861. 1 Heft. 4.

Instruction für die zu Verfertigung des Entwurfs zu einem Gesetzbuche verordnete Commission . . . Russisch und Teutsch. Moskau 1767. Teutsch mit Beylagen [von Ludw. Adolf Schlözer]. Riga 1768. II: *Catharina II., Kaiserin von Russland.* (ML) (EngJ)

— für die Communalgarde zu Dresden, als Erläuterung zu den Vorschriften d. Exercier-Reglements. 8. Dresden (Leipzig, Fr. Fleischer.) n. 1/... n⁊

Instruktion für Kondukteure und Packer auf der k. k. priv. Buschtěhrader Eisenbahn. Prag, 1855. Druck von Karl Bellmann. (20 S. 2 Bl. 8.)

Instruktion über die Konservirung und das Putzen der Pferde-Geschirrung. Wien, 1855. Druck von Carl Gerold und Sohn. (22 S. 8.) geh.

Instruktion über die Konservirung und das Putzen der Pferde-Geschirrung. 2 Auflage. Wien, 1855. Druck von Carl Gerold u. Sohn. (22 S. 8.)

— betr. die Konservirung der Schiffsdampfkessel. Lex.-8. (16 S.) Berlin 882. Mittler & Sohn. n. — 50

Instruktion für Konsistorien. 8. (10 S.) Wien. Gedruckt bei Leopold Grund. 1845. 1 kr. C. M. Verlag der Schulbücher-Verschleiß-Administration.

Instruktion zur Kontrolle der schweiz. Handfeuerwaffen. Bern 1884. 4°

—— für d. Kgl. Contumaz-Beamten. — Instruction üb. das bei d. Annäherung d. Cholera, so wie üb. d. bei d. Ausbruche ders. in d. Kgl. Preuß. Staaten zu beobacht. Verfahren. — Anweisung üb. d. Desinfections-Verfahren bei d. aus Gegenden, wo d. Cholera herrscht, kommenden Reisenden, Waaren u. Thieren. 3 Abthln. 2. Ausg. Fol. (10½ B.) Berlin 831, Mittler.

—— über Korporalschaftsführung für Reserve-Unteroffizier-Aspiranten. Von H. S. 1. und 2. Aufl. 12. (18 S.) Berlin 883,84, Liebel'sche Buchh. *

— üb. Korporalschaftsführung f. junge Unteroffiziere u. Reserve-Unteroffizier-Aspiranten. Von Maj. H. S. 3., verm. Aufl. 12. (24 S.) Berlin 892. Liebel. n. — 30

Instruktion für die Kranken im Garnison-Hospitale zu Dresden. (Dresden 1838.) 8°.

Instruktion für Kreisämter. 8. (8 S.) Wien. Gedruckt bei Leopold Grund. 1847. 1 kr. C. M. Verlag der Schulbücher-Verschleiß-Administration.

Instruction für die Kreislandschulbehörden. [Riga 1845.] V: *Ulmann, Carl Chn v.* (R-N)

— f. die Kreis-Schulkommissionen, f.: Schulgesetze.

Instruction für die ständig beurlaubte Krieg-Reserve. 8. Dresden (1840).

Instruction f. d. Kriegsbesatzung d. Festung Landau. Landau 1869.

Instruction (K 3) für die sämmtlichen Kriegs Zahlämter und Kriegs Cassen. (Vom Jahre 1836) Fol. Wien 1839.

Instruction für das Croquiren des Terrains mittelst äquidistanter Horizontalen. (Berlin. 1849.) 4°.

Instruction für den Kundschafts-Dienst einer auf dem Kriegsfusse befindlichen Armee. (C. K. Nr. 762, vom 10. März 1861.) 8. Wien 1861.

Instruction für die Kurschmidte. Karlsruhe 1826. 7 S.

Instruction, Kurtze vnd allgemeine, Von der gifftigen Seuche der Pestilentz. O. O. u. J. V: *Pansa, Martin.* (Kat. d. Druckschr. üb. Breslau. Breslau 1903. S. 211.)

Kurze Instruction zu der Geomantia auf die neue Arth. s. l. 1701. 4°

Instruction (G-78.) für die Küstendistanzmesser. (Zu Abth. 7, Nr. 6627 vom Jahre 1901. — N. V. Bl. f. d. k. u. k. Heer 36. Stück.) (Mit 5 Tafeln.) 8. Wien 1901.

Instruktion für die Küstendistanzmesser. (VIII, 87 S. m. Fig. u. 5 Taf.) 8. Wien 901. (Hof- u. Staatsdruckerei.) Kart. n. 4. —

— — über die Lagerung der Truppen im Frieden. Mit 11 Blatt Zeichnung. Berlin 1842. 8.

— über die Lagerung der Truppen im Frieden vom 20. Dezbr. 1842. II. Nachtrag. gr. 8. (2 S.) Berlin 886. Mittler & Sohn. n.n. — 5

[F.] Instruktion für Laien-Fleischbeschauer nebst e. Anh. d. wichtigsten einschläg. Bestimmgn. Hrsg. v. Ehricht, kgl. Kreisthierarzt in Neurode. 2. verm. Aufl. *Neurode: Leuschner & Tesch 1898.* (53 S.) 1 Bd 8.
[illegible] 2

Instruction für die militärsiche Landesaufnahme. (Militar mappirung.) 1. 2. 3. Teil. (In einem Bande.) 8. Wien 1875.

Instruction (E—44, a) für die militärische Landesaufnahme (Militär-Mappierung und Reambulierung). 1. Dienstlicher Theil. 2. Technischer Theil. (Mit 3 Taf.) (Zu Abth. 5, Nr. 3016 vom Jahre 1887, N.-V.-Bl. für das k. k. Heer, 18. Stück.) 3. Oekonomisch-administrativer Theil. (Zu Abth. 5, vom Jahre 1892, N.-V.-Bl. für das k. u. k. Heer, 48. Stück.) (3 Bde.) 8. Wien 1887—1892.

—— für die militärische Landesaufnahme (Militär-Mappirung und Reambulirung). Hrsg. vom k. k. militär-geograph. Institute in Wien. 2 Thle. 8. Wien 887, (Lechner's Sortiment.)* 6 —

Inhalt:

Thl. 1. Dienstlicher Theil. (VI, 68 S.) *ℳ 1.—.
„ 2. Technischer Theil. (XIII, 414 S.) *ℳ 5.—.

Instruction (E—44, a.) für die militärische Landesaufnahme. II. Technischer Theil. 2. Auflage. (Zu Abth. 5, Nr. 788 vom Jahre 1903. — N. V. Bl. für das k. und k. Heer, 18. Stück.) — Ökonomisch-administrativer Theil. 1892. (Ergänzung.) Beigeb.: Nachtrag 1. 1897. 8. Wien 1897—1903.

Instruction für die militärische Landesbeschreibung. (Entwurf.) Als Manuscript gedruckt. Mit 1 lithogr. Zeichen-Erklärung. 8. Wien 1870.

Instruction für die militärische Landesbeschreibung. Als Manuscript gedruckt. 8. Wien 1873.

— für die Landesregierung, Landgerichte, Forstcommission u. Landeshauptleute d. Fürstenthums Schwarzburg-Sondershausen. (Extrabeilage zu Nr. 14 u. 15 des Sondershäuser Regierungsblattes.) 4. (28 S.) Sondershausen 847. (Eupel.) 1/6 ℛ

—— für die Tiroler Landesschützen-Compagnien. Fol. Innsbruck 1799.

Instruction (E—44, b) für die militärische Landesvermessung (Astronomische Arbeiten, Triangulierung, Präcisionsnivellement.) 3. Oekonomisch-administrativer Theil. (Zu Abthg. 5, Nr. 3952 vom Jahre 1892, N.-V.-Bl. für das k. u. k. Heer. 48. Stück.) 8. Wien 1892.

Instruction (E—44, b.) für die militärische Landesvermessung. (Astronomische Arbeiten, Triangulierung, Präcisionsnivellement.) 3. Oekonomisch-administrativer Theil. 1892. — (Ergänzung.) Beigeb.: Nachtrag 1. 1897. 8. Wien 1897.

Instruction für die Land-Messer, welche zu denen, von Sr. Kgl. Majestet allerhöchst verordneten speziellen Vermessungen derer sämmtlicher Herrschaftlicher Heyden und Holtzungen in Ost-Preussen und Litthauen, sollen gebraucht werden, imgleichen, welchergestalt die Forst-Revire in Gestelle und Haulgte, abgetheilet werden müssen. Vom 2. Mai 1771. - Berlin 1771

Instruction für die mit den Landesstellen vereinte Landrechte zu Linz... Wien 1784. H: *Keess, Franz Georg Edler von.* (ML)

Instruction für die Landwehr. Fol. Wien 1813.

Instruction über das Legen der Bettungen und Einschneiden kleiner Scharten in die Brustwehre für Geschütze auf hohen, sowohl über gewöhnliche, als auch über Küstenbettungsrahmen (Châssis) gestellte Wall-Laffeten, dann über das Auführen solcher Geschütze auf die Bettung und Herabführen von dieser. (Mit 7 Tafeln.) (Lithographiert.) (Donation Liechtenstein.) 8. (Wien 1830.)

Instruction zum Legen des Oberbaues (schweiz. Nordostbahn) 1854.

Instruction und Leges, für die Lehrenden und Lernenden des ... kayserl. Lycei. Riga 1733. V: *Loder, Johann.* (R-N)

Instruction für die Lehrer der Geographie und Geschichte. 8. Wien 1823.

Instruktion für Lehrer der Hauptschulen. 8. (8 S.) Verlag der Schulbücher-Verschleiß-Administration 1855.

Instruction für die Herrn Lehrer des Berliner Cadetten-Hauses. (Lithographiert.) 4. Berlin 1851.

—— für die Lehrer und Ordinarien an den höheren Schulen der Prov. Schleswig-Holstein. Amtlich. gr. 8. (12 S.) Schleswig 885, Bergas. * — 40

—— für die Lehrer und Ordinarien an den höheren Unterrichtsanstalten der Provinz Brandenburg. Amtlich. gr. 8. (11 S.) Ebendas. 868. *

Instruktion für Lehrer der Realschulen. 8. (8 S.) Wien. Gedruckt bei Leopold Grund. 1845. 1 fr. C M Verl. der Schulbücher-Verschleiß-Administration.

Instruction für einen Lehrling [der Loge zu den drei Schwertern, Dresden]. [Dat.:] Dresden [1806]. 2 Bl. 4°. [Kopftit.]

Instruction des Lehrlings-Grades im Bunde der Freimaurer der Grossen National-Mutterloge in den preussischen Staaten genannt Zu den drei Weltkugeln. Entwurf als Ms. gedruckt. Berlin 1899: Denter & Nicolas. 37 Bl. 4°.

[Autogr.] Instruction des Lehrlings-Grades im Bunde der Grossen National-Mutter-Loge der Freimaurer in den preussischen Staaten, gen.: Zu den drei Weltkugeln. [Berlin 1845]: Szlatohlawek. 50 S. 2°

Instruktion f. d. Linien-Commissionen ü. d. Regelung d. Milit.-Transporte i. Frieden. Berlin 1879. Neuabdr. 1883.

Instruction über das Liquidations- und Rechnungswesen für den Vollzug von Anschaffungen, Herstellungen und Arbeiten auf Rechnung außerordentlicher Credite und besonderer Fonds. München 1874. 8.

Instruction für die Localforstverwaltung im Großherzogthum Hessen. - Darmstadt 1875. 22 S.

Instruction für die Lokomotiv-Führer der k. k. priv. ersten Eisenbahn. 8. (50 S.) Linz. Eurich'sche Buchhandlung. 1854.

Instruction für die Locomotivführer und Heizer der Großherzoglich Badischen Eisenbahnen. Karlsruhe 1861

Instruktion für Lokomotivführer und Lokomotivheizer auf der k. k. priv. Buschtěhrader-Eisenbahn. Prag, 1856. Druck von Karl Bellmann. (48 S. 8.)

Instruktion f. den M. 8 Distanzmesser. (18 S. m. 1. Taf.) 8. Wien 910. (Hof- u. Staatsdruckerei.) — 80

Instruction über Manipulationsart d. k. k. Berggerichte. Wien 1783. H: *Keess, Franz Georg Edler von.* (ML)

INSTRUKZION über die Manipulationsart der k. k. Berggesetze in einem deutsch u. böhm. Erblanden. Wien 1783

—— für die nach Berlin beurlaubten Mannschaften der kaiserl. Marine. gr. 8. (1 Bl.) Berl. 892, Mittler u. Sohn. — 10

—— für die Mannschaften der Infanterie über: I. Theorie des Schießens, II. Verwendung des Gewehrs, III. Entfernungs-Schätzen, IV. Die verschiedenen Feuer-Arten unter Benutzung der neuen Schießvorschrift. Von M. A. 2. Aufl. 12. (17 S.) Rathenow 887, Babenzien. * — 20

Instruction für die auf Steuer-Execution commandirten Mannschaften. 8. Dresden 1839.

Instruction zum Manovriren. K. k. Kriegs-Ministerium, Abth. 5, Nr. 1315, vom 24. Juli 1861. 4. Wien 1861.

—— für Marine-Aerzte zur Untersuchung und Beurtheilung der Dienstbrauchbarkeit oder Unbrauchbarkeit der in die königl. Marine einzustellenden, resp. der in derselben dienenden Mannschaften, sowie zur Beurtheilung der Invalidität in Dienst befindlicher und entlassener versorgungsberechtigter Mannschaften der Marine. Vom 5. Novbr. 1860. gr. 8. (51 S.) Berlin 861, Sittenfeld. * 6 Ngr.; cart. *

—— für die Marine-Zahlmeister. gr. 8. (22 S.) Berlin 876. Mittler und Sohn. *

Instruktion für die Maschinenführer der a. pr. Kaiser-Ferdinands-Nordbahn. v. Hirschfeld'sche Buchdruckerei. (60 S. 8.) 1856.

—— für die kaiserl. Maschinisten- und Steuermanns-Schule. Lex.-8. (28 S.) (Ebendas.) 878.

Instruction, Medicinalische, von der Beschaffenheit, Nutzen und Gebrauch des im Guntz-Thal gelegenen Dankelsrieder Gesund-Brunnens, dem Löbl. Gotteshauss Wohllöblicher Reichs Freyen Stadt Meiningen zugehörig. 2. Aufl. [Meiningen] 1740. V: *Dittel, Philipp Jacob, Joh. Daniel Wogau & Balthasar Ehrhart.* (DIBLPORT)

Instruction für die Mst. v. St. der Tochterlogen [von Hamburg] betreffend die Aufnahme von Mitgliedern der ehemaligen Grossloge Kaiser Friedrich zur Bundestreue. [Dat.:] Berlin 1900. 1 Bl. 2⁰ [Kopftit.]

Instruktion des Meister-Grades im Bunde der Freimaurer der Grossen National-Mutterloge in den preussischen Staaten gen.: Zu den drei Weltkugeln. Als Hs. gedruckt. Berlin [1905]: Denter & Nicolas. 39 S. 4⁰

[Autogr.] **Instruction** des Meister-Grades im Bunde der Grossen National-Mutter-Loge der Freimaurer in den preussischen Staaten gen.: Zu den drei Weltkugeln. [Berlin 1854.] 61 S. 2⁰

Instruction für die Militär-Aerzte. München 1872. 8.

Instruktion für die Militär-Aerzte zur Ausführung der ärztlichen Rapport- und Berichterstattung vom 15. Februar 1873 (Abdruck der Beilage zu Nr 6 des A.-V.-Bl. pro 1873 und der Beilage zu Nr. 5 des A.-V.-Bl. pro 1877.) Beigeb.: 2. Nachtrag (Abdruck der Beilage zu Nr. 7 des A.-V.-Bl. pro 1882.) 8. Berlin 1879—1882

Instrukt. f. d. K. K. Militärärzte u. Militär-Medikamentenbeamten. Wien 1872.

—— für die k. u. k. Militär-Ärzte u. Militär-Medicamenten-Beamten zu der m. 1. Jänner 1892 in Wirksamkeit tretenden Militär-Pharmakopöe. 8. (13 S.) Ebd. 891. * — 10

—— für die k. u. k. Militär-Aerzte zur Verrechnung der Arzneimittel. 12. (13 S.) Wien 876, Hof u. Staatsdruckerei. * — 20

—— für die Militair-Aerzte zum Unterricht der Krankenträger. Vom 27. Jan. 1869. gr. 8. (48 S.) Berlin 869, v. Decker'sche Geh. Ober-Hofbuchdr. ** — 60

Instruction für die Militär-Aerzte zum Unterricht der Krankenträger. Vom 25. Juni 1875. Beigeb.: Nachträge 1—3 (bis 1881 reichend). Mit 2 Tafeln. 8. Berlin 1875—1881.

Instruktion für die Militär-Aerzte zum Unterricht der Krankenträger. Vom 25. Juni 1875. gr. 8. (47 S.; Nachträge 31 S. mit eingedr. Fig. und 2 Stnt.) Berlin 885, Mittler und Sohn. * 1 —

Instruction f. d. Milit.-Ärzte z. Untersuchung u. Beurtheilung d. Diensttauglichkeit ... d. Militairpflichtigen ... Berlin 1831. 4⁰
— — 1859: Vom 9. 12. 1858.

— für Militair-Aerzte zur Untersuchung und Beurtheilung der Dienstbrauchbarkeit u. Unbrauchbarkeit Militairpflichtiger, Rekruten resp. Soldaten, so wie zur Beurtheilung der Invalidität im Dienst befindlicher oder entlassener versorgungsberechtigter Soldaten. Vom 9. Dezbr. 1858. Berlin 859. v. Decker. 8. (36 S.) n. 3½ ngr

[Entwurf einer] Instruktion für Militärärzte zur Untersuchung der Dienstbrauchbarkeit der Wehrpflichtigen. Karlsr. 1867. 4°.

Materialien aus den Drucksachen der Zweiten Kammer.

Instruktion für Militairbehörden über das Recrutirungsgesetz vom 20. Juli 1830. (Darmstadt 1831.) 8°.

(Schweiz. Militärdepartement.) Instruktion.... 8.

[1.] Instruktion für die Verwalter der eidg. Kriegsmaterial-Depots. (1901 Dezember 31/1902 Februar 1.) 12 S.

[2.] Instruktion für die Lieferung von Munition an Militärschulen und Kurse. (1902 Februar 4/6.) 7 S.

Instruktion betr. die Milit.-Fernrohre. München 1881.

Instruction für die Militair-Gerichte wegen künftiger Einrichtung der Militair-Gerichtsbarkeit. Königsberg, den 15ten September 1809. Fol.

—— für die Militär-Grenze zur Anwendung des für die k. k. Truppen genehmigten neuen Verwaltungs- und Verrechnungs-Systems auf die Verwaltung der Cassen der im Heimatlande befindlichen Grenz-Regimenter und des Titler Grenz-Bataillons. 4. Wien 869, k. k. Hof- und Staatsdruckerei. * — 20

Instruktion für die Militär-Grenze zur Anwendung des für die k. k. Truppen genehmigten neuen Verwaltungs- und Verrechnungs-Systems auf den Verwaltungs- und Verrechnungsdienst bei den Landes-Compagnien der in ihrem heimatlichen Grenzbezirke befindlichen Grenz-Truppen. 4. Wien 869, k. k. Hof- und Staatsdruckerei. * — 60

Instruction für das Militär-Haupt- und Verpflegsamt. Fol. Wien 1782.

Instruktion für dem kurpfalzbaierischen Militair-Cordon. München 1788.

Instruction für die Militair-Oberprediger. (Berlin 1833.) 2°.

Instruction für die Militär-Verpflegsämter und Feld-Directionen. Fol. 1782 und 1789.

Instruction für die Militär-Verpflegs-Beamten in Kriegs- und Friedenszeiten. (1 Bd. Text und 1 Bd. Formularien.) Fol. Wien 1782 und 1789.

—— des Ministers für Handel, Gewerbe und öffentliche Arbeiten zur Ausführung des Gesetzes vom 12. Mai 1851 über die Verhältnisse der Miteigenthümer eines Bergwerks, für den ganzen Umfang der Monarchie, mit Ausnahme der auf dem linken Rheinufer belegenen Landestheile. Nachtrag zu der Schrift: „Das neue Bergrecht." gr. 16. (14 S.) Essen 852, Bädeker.

INSTRUKTION für die Mitglieder des Vereins der freigewählten Kassenärzte. (Berlin 1903. Titelblatt.) 8°. Druck von H. S. Hermann.) (Ohne bes.

Instruktion über die Mitrailleuse. Wien 1878.

Instruction über die im Grossfürstenthum Siebenbürgen bei Beurlaubung der aus Siebenbürgen gebürtigen Soldaten der siebenbürgischen Linien-Regimenter, und des Fuhrwesens-Corps, dann deren Evidenthaltung zu beobachtende Modalitäten. Fol. Wien 1816.

Instruction über die im Königreiche Ungarn bei Beurlaubung der Soldaten ... zu beobachtenden Modalitäten. [Wien 1816.] H: *Jüngling, Joh.* (Trausch)

Instruction über die im Königreiche Hungarn bei Beurlaubung der Soldaten von hungarischen Regimentern und dem Fuhrwesens-Corps und deren Evidenthaltung zu beobachtende Modalitäten. Fol. Wien 1816.

– – (Modell 1873) und der hiezu gehörigen Munition. Mit 1 lithogr. Taf. (Und eine Ergänzung mit 1 Taf.) 8. Wien 1875—1876.

Instruction über die Monturs-Gebarung im Kriege. 4. Wien 1866.

Instruction, nach welcher bei specieller Abschätzung der Königlich-Preussischen Forsten verfahren werden soll. - Berlin, den 13. Juli 1819. 39 S.

Instruction nach welcher die ... Ingenieurs-Officiers bey den ... Berichten sich zu achten haben. Wien 1752. 4°

Instruction, nach welcher die Conscriptions- und Rekrutirungs-Angelegenheiten im Grossherzogthum Hessen ... behandelt werden ... Darmstadt 1817. H: *Klipstein, Frdr. Leop.* (HS) (Adel)

Instruktion nach welcher d. Kranken v. d. Kgl. preuß. Armee in d. Garnison-lazaretten verpflegt werden sollen, v. 30. 9. 1809. Königsberg 1809.

INSTRUKZION ... nach welcher die zu geometrisch-ökonomischer Aufnehmung und Vertheilung der zu den Staatsgütern gehörigen Realitäten herbeylassenden Ingenieurs sich zu benehmen haben. o. V. u. O. (Wien) o. J. (1792).

Instruction, nach welcher Landleute ihr Thun u. Lassen in Vormundschaftssachen einzurichten haben, f. die Landl. in den Fürstenth. Calenberg, Göttingen, Grubenhagen u. Lüneburg, auch in den Grafsch. Hoya u. Diepholz. *Hannover,* Hahn. 822. 4. (9 Gr.)

Instruction f. d. Natural-Verpflegungs-Controle b. d. Rechnungs-Revision d. Kriegsministeriums. München 1874. 4°

—— die neue, zur Ausführung des Wehrgesetzes. Eingeführt mit Circular-Verordnung des k. k. Reichs-Kriegsministeriums vom 22. Octbr. 1885, Praes. Nr. 4842 [Normal-Verordnungsblatt 36. Stück, Nr. 118]. Ergänzungsheft zum X. Bde., 1. Abthl. [von Gesetze, die österreich., Taschen-Ausg.]. 12. (XV, 254 S.) Wien 886, Manz'sche Hof-Verlagsh. *
A. u. d. T.: Manz'sche Gesetz-Ausgabe, Nr. 34.

Instruction, Neue, für die k. k. Feldchirurgen. Wien 1778. V: *Brambilla, Joh. Alex. von.* (Ky)

— neue, f. die k. k. Feldchirurgen, (von J. A. v. Brambilla). Fol. Wien 778. Trattner. 8 gl.

Neue und verbeßerte Instruction für die Ost-Preußische Regierung, das Tribunal, Hofgericht, Pupillen-Collegium [usw.] zu Königsberg. [Dat.:] Berlin, den 30. Julii, 1774. Königsberg (1774). fol.

— für die königlichen Notare nebst der Verordnung über die Behandlung des Tax- und Stempelwesens bei den Gerichten, Bezirksämtern, Rentämtern und Notaren und der Taxordnung vom 28. Mai 1852. Würzburg 862. Stahel. 8. (51 S.) 7½ ngr.

Instruction über das Notariatswesen ... Cassel 1809. H: *Fourmont, Aug.* (MGT) (Ky)

— üb. das Notariatswesen, (von A. Fourmont). Französisch u. deutsch. 2 Thle. gr. 8. Cassel 810. Luckhardt. 2 ₰

Instruktion für Ober-Aufseher. 8. (8 S) Wien. Gedruckt bei Leopold Grund. 1845. 1 kr. C M. Verlag der Schulbücher-Verschleiß-Administration.

Instruktion für die Fürstlich Leiningischen Oberförster vom 13. Juni 1805. - Amorbach 1805. 20 S., m. Formul.

Instruktion für die Ober-Werkführer. Diese Instruktion hat auch Geltung für die Werkführer der Stationen, wo Hilfs-Lokomotive sich befinden. Von der Direktion der a. p. Kaiser-Ferdinands-Nordbahn. Gedr. bei Josef Stöckholzer v. Hirschfeld in Wien. (14 S. 8.) 1856.

Instruction für die Ober- und Untergerichte zur Ausführung der Königlichen Verordnung vom 16. Juni d. J. wegen Einrichtung des Hypotheken-Wesens in dem mit den Preuß. Staaten vereinigten Herzogthum Sachsen (vom 12. 8. 1820). [Nebst] Anh. Berlin: Decker 1820.

Instruction für die Ober- u. Untergerichte zur Ausführung d. königl. Verordnung v. 16. Juni d. J. wegen Einrichtung des Hypothekenwesens in dem mit dem Preuss. vereinigten Herzogth. Sachsen. *Naumburg*, Wild. (Cnobloch in *Leipzig*.) 820. 4. (5 Gr.)

Instruction für den Oberinstruktor der Scharfschützen. 8. Bern 1864.

—— des evangelischen Ober-Kirchenraths vom 31. Octbr. 1873 zur Kirchengemeinde- und Synodal-Ordnung vom 10. Septbr. 1873. 8. (28 S.) Berlin 873, v. Decker'sche Geh. Ober-Hofbuchdr. — 25
—— dass. — 8. (20 S.) Berlin 874, Kortkampf. — 25

Instruktion für die Oberkondukteure und Kondukteure der k. k. privil. ersten Eisenbahn. Linz. Eurich'sche Buchdruckerei. (40 S. 8.) 1855.

Instruktion für Ober-Kondukteure und Kondukteure der ausschl. privil. Kaiser Ferdinands-Nordbahn. Gedr. bei Josef Stöckholzer v. Hirschfeld in Wien. (30 S. 8) 1856.

Instruction vor das ueber alle Königliche Lande errichtete Lutherische Ober-Consistorium. [Dat.:] Berlin, den 4. Oct. 1750. Cüstrin (1750). fol.

Instruction. Instruktion des eidg. Oberkriegskommissariates über die Verwaltung der Unterrichtskurse (**1903:* V' und Verpflegung in den Militär-Unterrichtskursen) pro 1901 *u.* pro 1902 *u.* pro 1903 = **Instructions** du Commissariat central des guerres pour l'administration (*1903:* et le service des subsistances) des cours militaires en 1901 *et* en 1902 *et* en 1903. II + 147 *u.* II + 151 *u.* II + 151 S. 8. Bern, Stämpfli & Cie., 1901 *u.* 1902 *u.* 1903.

Instruction. Instruktion des eidg. Oberkriegskommissariates über die Verwaltung der Unterrichtskurse pro 1902. — **Instructions** du Commissariat central des guerres pour l'administration des cours militaires en 1902. II + 151 S. 8. Bern, Stämpfli & Cie., 1902.

Instruction für das in Kriegszeiten aufgestellte Ober-Landes Commissariat. Fol. Wien 1782

—— die, für die Oberlehrer Münchens und ihre Bedeutung, dargelegt von einem Fachmann. 8. (38 S.) Augsburg 873, Kranzfelder'sche Buchh. — 30

Instruction für die Ober-Post-Directionen. Berlin 1850. 3 Bde. 4.

Instruktion für die Oberpräsidenten in den Provinzen. [Dat.:] Königsberg, den 23. Dez. 1808. [um 1808.]

Instruktion für die Königl. Ober-Rechnungskammer v. 18. Decbr. 1824. Berlin, Decker. Fol. (6 B.). Dieselbe befindet sich auch in: v. Kamptz' Annalen der Preuß. innern Staatverwaltung Bd. 9, S. 2, und ein Auszug daraus in: Bergius' Ergänzungen zur Gesetzsamml. S. 99 f.

—— für die königl. Ober-Rechnungs-Kammer, vom 18. Dezbr. 1824. Fol. (22 S.) Berlin 853, Deckersche geheime Ober-Hofbuchdr.

Instruction f. Obersteuerboten, Gendarmen ... Darmstadt 1845.

—— für Offizier-Burschen. gr. 8. (13 S.) Darmstadt 882, Zernin. *
Aus: Allgemeine Militär-Zeitung, besonders abgedruckt.

Instruction für die im Calcül-Bureau der k. k. Landesvermessung angestellten Herren Officiere. (Mit 2 Taf. und 2 Tabellen.) 8. Wien 1810.

Instruction für die Officiere der fränkischen Inspection ... Für das Regiment von Unruh. Bayreuth 1797. 8°.

Instruction für die zur militairischen Landesaufnahme commandirten Königlich Preussischen Offiziere. (Berlin. 1849.) 4°.

Instruction für die zu den topographischen Vermessungen des Königl. Preuss. Generalstabes commandirten Offiziere. (Berlin. 1857.) 4° k.

Instruktion für die zu den topographischen Vermessungen des Kgl. Preuß. Generalstabes commandirten Offiziere. (Berlin 1864.) 8°.

Instruktion für sämmentliche Officiers vom General-Staab. B. Thompson. General-Lieutenant. München 1792. 28 S.

Instruction für die zum Eisenbahn-Etapen-Dienste vorgemerkten Officiere zur Besichtigung der ihnen im Kriegsfalle zugewiesenen Etapen-Stationen. (Ad Erlass vom 3. Juni 1872, A. 5. Nr. 1281. 2. Auflage.) 8. (Wien) (1880)

Instruktion für Offiziers-Übungen. Hannover 1893.

— f. die Organe der Staatstelegraphenanstalt betr. den Schutz der Telegraphen-, Telephon- u. Signalanlagen gegen Starkströme. Hrsg. vom k. k. Handelsministerium. (31 S.) gr. 8. Ebd. 908. — 30

Militärischer Vorunterricht III. Stufe im Kanton Baselland. Instruktion für Organisation und Durchführung. (1903 März/April 9.) II + 16 S. 8. Liestal, Gebr. Lüdin, 1903.

— f. d. großherzogl. Ortsgerichte, d. Hypothekenwesen betr., v. 1. Dezbr. 1861 m. d. bis Ende 1894 hinzugekomm. abänd. u. ergänz. Vorschriften. gr. 4. (23 S.) Darmstadt 895. G. Jonghaus. n.n. — 30

Instruktion für Ortsschulaufseher. 8. (8. S.) Wien. 1847. 1. kr. C. M.
Verlag der Schulbücher-Verschleiß-Administration.

Instruktion für Ortsseelsorger. 8. (8 S.)
Verlag der Schulbücher-Verschleiß-Administration 1855.

Instruktion für Packmeister und Packer, welche auf der a. pr. Kaiser Ferdinands-Nordbahn Last- und gemischte Züge zu begleiten haben. 8. (26 S.) Wien. Gedruckt bei Joseph Stöckholzer von Hirschfeld. 1854.

Instruction über die bei den Truppen, an den bereits gefassten adjustirten neuartigen Packsatteln, vorzunehmende Aenderung. 4. Wien (1857).

Instruktion für Pastoren. 8 (8 S.) Wien. 1845. 1 kr. C. M.
Verlag der Schulbücher-Verschleiß-Administration.

Instruction und Patente grösseren Inhalts als Gegenstück zu dem vollständigen Auszuge aller für das Königreich Böhmen unter der glorreichen Regierung Josephs II. erlassenen Gesetze. Prag o. O. V: *Roth, Joh. Wenzel.* (zibrt 2/751) (WBL XXVII/103) (biblrort)

Instruction über die von der Eidgenossenschaft den Kantonen zu liefernden Patronen zu Hinterladungsgewehren, sowie über die von den Kantonen dafür zu leistenden Materiallieferungen und Vergütungen und die von ihnen bereit zu haltende Munition für Vorderlader. (Eidgen. Militärdepartement.) kl. 8. Bern 27. Dezember 1869.

— für die Patrouillenführer der Infanterie. Von einem Kompagnie-Chef. 8. (39 S.) Berlin 886, Bath. * — 40

— für die Pegelbeobachter an öffentlichen u. Privatflüssen in Bayern. (15 S.) kl. 8. München 901. (A. Buchholz.) n.n. — 50

Instruction f. d. ärztliche u. wundärztliche Personal z. Untersuchung d. Conscribirten. München 1830. 1852.

Instruction für die zur Impfung der Kuh- und Schutzpocken in dem Depart. der königl. Breslauschen Krieges und Dom-Cammer berechtigten Personen. Breslau 1804. V: *Friese, Friedrich Gotthelf.* (Nowack, Schles. Schriftst.-Lex. Bresl. 1836—43. V, 28.)

Instruktion über die Pflichten, die aus dem Wehrgesetze hervorgehen. Zum Gebrauche in den Unterofficiers- und Mannschafts-Schulen. 8. Wien 1875.

Instruction [Instruktion] der Herren Physicorum. (Hamburg 1818.) 31 S. 8°

Instruction für die mobilen Platz-Commanden im Felde. 8. Wien 1861.

— für die Polizeianwalte vom 24. Novbr. 1852. 8. (31 S.) Berlin 852, Deckersche geheime Ober-Hofbuchdr.

Instruktion der Polizeibehörden über die Mass- und Gewichtsordnung. (30 S) Karlsruhe 1873

— für Polizeidiener. Vom 4. V. 1875. gr. 8. (32 S.) Darmstadt 902. (G. Jonghaus.) n.n. — 60

Instruction für die Polizei-Verwaltung der Oberbürgermeisterei Münster. (*Münster i. W. 1892: Coppenrath.*) (15 S.) 8° [Umschlagt. F.] [illegible]

— — für die größere Pontonierübung 1888. Mit Beil. München 1888. 31 S.

Instruction für den Postanweisungs-Dienst auf den Schiffen der k. u. k. Kriegs-Marine. (Beilage zum M. N. V. Bl. XV. Stück vom 8. Juli 1901.) 4. Wien 1901.

Instruction für die Postmeister in den Herzogthümern Schleswig und Holstein. o. O. u. J. (nach 1829). Fol.

— — für den Postsparcassa-Dienst auf den Schiffen der k. u. k. Kriegs-Marine. (Hinausgegeben mit M. N. V. Bl. XIV. Stück vom 25. Juni 1901.) 4. Wien 1901.

Instruction. Instruktion für die Poststellen betreffend den Postcheck- u. Giroverkehr. [Erlassen durch die] Schweizerische Postverwaltung. ⟨Vom 8. November 1905.⟩ II + 18 S. kl.-fol. [Bern,] R[ösch] & S[chatzmann,] XI. [19]05.

Instruktion für die mit der Paß-Polizei in den Königlichen Staaten beauftragten Provinzial- und Ortsbehörden. (Breslau 20. März 1813.) Berlin (1813). fol.

Instruction für den Provinzial-Mappirungs-Director. (Lithographiert.) (Donation Liechtenstein.) Fol. Wien 1827.

Instruktion, Provisorische, über die Art der Bekämpfung der wichtigsten Schädlinge der Bekleidungs- und Ausrüstungssorten aus Leder. (Ausgegeben mit dem Erlass Abt. 13. Nr. 1920 von 1904 — Beiblatt Nr. 32 zum V. Bl. f. d. k. u. k. Heer.) (Mit 7 Tafeln.) 8. Wien 1904.

Provisorische Instruktion f. d. Ausführung d. Waffen-Reparatur-Geschäftes b. d. Art. München 1872.
— — 1872: Desgl. b. d. Pion.-Batl.

Provisorische Instruktion f. Ausführung d. Waffen-Reparatur-Geschäftes b. d. Inf. München 1872.

— —, Provisorische — für die Ausführung des Waffen-Reparatur-Geschäftes bei der Kavallerie. München 1872. 8.

Instruction, Provisorische. über die Ausrüstung der Batterien und Artillerie-Reserve-Anstalten, dann über den Dienst bei letzteren. 4. Wien 1864.

— — (Lithographirt.) Fol. Wien 1866.

Provisorische Instruction für die bei den Leuchtfeuer-Etablissements der Provinz Schleswig-Holstein angestellten Beamten und Officianten (vom 15. Dec. 1869. Schleswig. 1869). 4°

Provisorische Instruction für die der Kämmerei-Commission zunächst untergeordneten Beamten (in Altona). o. O. u. J. 4°, geb in Fol. [Kopft.]

— — Provisorische. für die Benützung des Check und Clearingverkehres der Postsparcassen-Ämter durch die Cassen der k. u. k. Kriegs-Marine. (Beilage zum N. V. Bl. f. d. k. u. k. Kriegs-Marine. XVI. Stück vom 20. Juli 1901.) 4. Wien 1901.

Instruction, Provisorische, über die Beschaffenheit und den Gebrauch der 6pfündigen Feldgeschütz-Batterien mit gezogenen Rohren. (Mit 1 Taf.) 8. Wien 1860.

Instruction, Provisorische, über die Bestimmung, Einrichtung, Bedienung und Handhabung der 48pfündigen eisernen Küstenkanone, der 30pfündigen eisernen langen Küstenhaubitze und des 60pfündigen eisernen Küstenmörsers. (Mit 8 Taf.) 8. Wien 1859.

Instruktion, Provisorische — über die Bestimmung, Handhabung und das Exerciren mit der Festungs- und Depressions-Lafete. Mit 5 Tafeln. 8. (44 S.) Druck von Karl Gerold und Sohn. 1854

Instruktion, provisorische — über die Bestimmung, Handhabung und das Exerziren mit der Festungs- und Depressions-Lafette. Mit 5 Tafeln. Wien. 1855. Druck von Karl Gerold und Sohn. (IV, 44 S. und V Taf. 8.)

Instruction, Provisorische, über die Bestimmung, Handhabung und das Exerciren mit der Festungs- und Depressions-Laffete. Mit 5 Tabellen. 2. Auflage. 8. Wien 1855.

—— provisorische, für den ökonomisch-administrativen Dienstbetrieb bei den Unter-Abtheilungen der k. k. Landwehr. 4. Wien 872, k. k. Hof- und Staatsdruckerei. * 2 —

Instruktion, provisorische, über die innere Einrichtung und die Geschäftsordnung der Gerichtsbehörden in dem Großfürstenthum Siebenbürgen und den damit vereinigten Theilen. 8. (120 S.) Wien, k. k. Hof- und Staatsdruckerei, 1852.

Instruction, Provisorische, für die k. k. Festungs-Artillerie-Direktoren. (Lithogr.) Fol. Wien 1876.

—— provisorische, zur Führung der Truppen-Cassen für die k. k. Landwehr. 4. Wien 872, k. k. Hof- und Staatsdruckerei. *

Instruction, Provisorische, für die unter der Leitung der Direction des k. k. militär-geographischen Institutes vorzunehmenden militärischen Landes-Aufnahmen für das Mappirungs-Jahr 1869/70 zur Erprobung sanctionirt von dem k. k. Reichs-Kriegsministerium laut Verordnung. Abth. 5, Nr. 708 vom 28. März 1869. (Mit 15 Taf. auf 11 Blättern.) (Lithogr.) Fol. Wien 1869.

Provisorische Instruction f. d. Milit.-Verpflegs-Magazine. Wien 1861. 4°

Instruction provisorische, für die Organe der Landesvertheidigung. I. Rayonscommandanten. II. Defensionscommissäre. III. Schützenhauptleute. gr. 8. (67 S.) Innsbruck. Wagner. 1861 40 kr.

—— provisorische, für die Truppen-Verwaltungs-Commissionen der k. k. Landwehr. 4. Ebendas. 872. *

Instruction, Provisorische, für die Uebungen im Felddienst 8. Wien 1856.

Provisorische Instruction für die Übungen mit dem Carabiner und der Pistole M/1869. München 1872. 8°.

Provisorische Instruction für den Unterricht und die Verwendung der Feld-Signal-Abteilungen des k. k. Heeres. Wien 1871. 8°.

Instruction, Provisorische, (G—61—87.) zur Untersuchung und Übernahme der 24 cm M. 98 appretierten (bebänderten) Ecrasit-Bomben. (Mit 2 Tafeln.) (Zu Erlass Abth. 7, Nr. 1574 von 1902.) Beigeb.: Berichtigung. 1. 1902. Berichtigung 2. (1902). (Lithographiert.) Fol. Wien 1902.

Instruktion, Provisorische — über das gerichtliche Verfahren in Rechtsgeschäften außer Streitsachen für Ungarn, Kroatien, Slavonien, die Serbische Woiwodschaft und das Temeser Banat. 8. (12 S.) Wien, k. k. Hof- u. Staatsdruck. 1853.

Instruction, Provisorische, für die Verpflegs-Organe einer mobilen Armee. 4. Wien 1861.

—— provisorische, für das Verrechnungswesen bei der Landesvertheidigung. Giltig vom 1. Jänner 1861. 8. (27 S., Anhang: provisorische Instruction für die Verwaltung aller Ausrüstungsgegenstände der Landesvertheidigung. 24 S.) Ebds. 30 kr.

—— provisorische, für die Verwaltung und Verrechnung der Armatur und Kleingewehr-Munition für die k. k. Landwehr der im Reichsrathe vertretenen Königreiche und Länder. 4. Ebendas. 873. *

– zur amtlichen Prüfung der von C. Schember erfundenen tragbaren Centesimal-Brückenwagen. (Hiezu eine Tafel mit Zeichnungen.) Ebd. 1867. 10 S. 8°

— Hydrographisches Bureau der Kaiserl. Admiralität, Instruktion für die Prüfung, Behandlung und den Gebrauch der nautischen Instrumente. (Autographirt.) [Berlin 1877.]

— — ü. d. Prüfung z. Feuerwerks-Leutnant. München 1876. 7 S. 4°

— f. die Prüfung v. Schiffspositions-Laternen. Hrsg. v. der deutschen Seewarte. gr. 8. (14 S.) Hamburg 901. (L. Friederichsen & Co.) n.n. — 25

—— für die Prüfung pro schola et rectoratu in der Prov. Schleswig-Holstein. Amtliche Ausg. gr. 8. (9 S.) Kiel 870, Universitäts-Buchh. * — 30

Instruktion, betreffend die Prüfung des Siemens'schen Spiritus-Meßapparates. Hrsg. von d. Kaiserl. Normal-Eichungs-Kommission. Berlin 1874

— – für die Prüfung von Sprengkapseln (Sprengzündhütchen) und elektrischen Minenzündern. (Zu Abth. 7. Nr. 3600 von 1900.) (Lithographiert.) Fol. Wien 1901.

— über die Prüfungen an den Gelehrtenschulen u. höheren Bürgerschulen. 8. Karlsruhe 841, G. Braun. 1/4 ℛ

—— für die Prüfungen der Kandidaten der evangelischen Theologie pro licentia concionandi et pro ministerio vom 12. Febr. 1799 nebst den Bestimmungen über die speziellen Erfordernisse in Bezug auf Anmeldung und Zulassung zu den Prüfungen, über Ableistung der Militairpflicht, Beaufsichtigung und Fortbildung der Kandidaten, ihre Wahlfähigkeit, Dispensation vom canon. Alter ꝛc. Bis auf die neueste Zeit. gr. 8. (59 S.) Berlin 872, C. Heymann's Verlag. — 75

Instruction für den Quästor bei der Königlichen vereinigten Friedrichs-Universität Halle-Wittenberg. Dat. Halle 9. Febr. 1866. 7 S. 4° [Kopft.]

— — [Am Ende:] Der Königliche Kurator der Universität. ... Roedenbeck. Dat. Halle 4. März 1872. 7 S. 4° [Kopft.]

Instruktion für die herrschaftlichen Rebleute. Karlsruhe 1832. -- [Zit. nach Bibliotheca oenologica. Nachtr. 4]

– für die Rechnungs-Abtheilungen der anweisenden Militär-Behörden im Frieden und im Kriege. Mit einem Anhange für die Fach-Rechnungs-Abtheilung des Reichs-Kriegs-Ministeriums. Ebd. 1869. IV, 105 S. 4°

Instruction für das Rechnungs-Bureau des General-Postamts. Berlin 1850. 1 Heft. 4.

Instruction für die Rechnungs-Departements der Finanzlandesbehörden z. Vollzuge des Rechnungsdienstes bezüglich der allgemeinen Erwerbsteuer. Lex.-8. (7 S.) —.02
Wien: Hof- und Staatsdruckerei 1898.

— — Für die Rechnungsdepartements der Finanz-Landesbehörden zum Vollzuge des Rechnungsdienstes bezüglich der directen Personalsteuern. Lex.-8. (11 S.) —.10
Wien: Hof- und Staatsdruckerei 1898.

Instruction für die Rechnungs-Departements der Forst- und Domänen-Directionen. - Wien o. J. 29 S.

—— für die Rechnungs-Departements der Forst- u. Domänen-Direktionen. gr. 8. (III, 34 S.) Ebd. 884.' * — 80

Instruction für die Rechnungs-Departements der Forst- u. Domänen-Directionen. 8. (34 S.) —.40
Wien: Hof- und Staatsdruckerei 1889.

—— für die Rechnungsführung über die Einnahmen und Ausgaben der Justiz-Verwaltung in der Provinz Hannover, nebst Formularen. Amtliche Ausg. gr. 8. (39 S.) Berlin 868, v. Decker'sche Geh. Ober-Hofbuchdr. * — 50

Instruction für die Rechnungslegung der Ober-Post-Kassen (1854). 3. Ausg. Berlin, Decker. 1863. 4. (23½ B.)

—— für die Rechnungslegung über die Verwaltung der Justiz-Haupt-Kassen und der im Verbande mit denselben stehenden Gerichts-Kassen im Geltungsbereiche der Instruction vom 17. Dezbr. 1872. Vom 1. März 1874. Nebst Formularen. gr. 8. (152 S.) Ebendas. 874. * 1 50

—— für die Rechnungsrevisoren, nebst: 1. Allgem. Verfügung vom 20. Juni 1885, betr. die Dienst- und Geschäftsverhältnisse der Rechnungsrevisoren; 2. Allgem. Verfügung vom 21. Juni 1885, betr. die außerordentl. Revisionen der Kassen der Justizbehörden; 3. Allgem. Verfügung vom 22. Juni 1885, betr. die Prüfung der Ausgabebeläge. Amtl. Ausg. 4. (22 S.) Berlin 885, R. v. Decker's Verlag. * — 60

— für die Regenstationen des kgl. bayer. hydrotechnischen Bureaus. 2. wesentlich erweit. Aufl. (24 S. m. Abbildgn. u. 1 Formular.) kl. 8. Ebd. 903. n.n. — 50

Instruction für die Mindisch-Ravensbergische Regierung. [Dat.:] Berlin, am 5. Dec. 1752. Minden (1752). fol.

Instruction vor die Neumärckische Regierung u. incorporirten Kreyse, worinn alle gegen den Codicem Fridericianum u. sonst eingeschlichene Mißbräuche u. Mängel gehoben u. einige Oerter des Codicis Fridericiani erklärt, corr. u. geänd. worden. [Dat.:] Berlin, den 3. Nov. 1750. Halle 1750. fol.

— für d. Neumärk. Regierung. Fol. Halle 750. Waisenh.-B. 3K

Instruction für die Regiments-Knaben-Erziehungshäuser. Fol. Wien 1810.

— — zu dem Reglement für die Beförderung von Truppen und Armee-Bedürfnissen auf den pfälzischen Eisenbahnen, sowie im gegenseitigen Verkehr zwischen den Staatsgebieten des norddeutschen Bundes, des Königreichs Bayern, des Königreichs Württemberg und des Großherzogth. Baden. Vom 16. Juli 1870. 8.

Instruction, Versuchsweise reglementarische, in Betreff des Ab- und Aufprotzens, des Gebrauchs der Kette, des Verhaltens der Fuss-Artillerie bei aufgesessener Mannschaft und einiger abgeänderter Verrichtungen einzelner Nummern bei der Bedienung des neuen Feldartillerie-Materials. 8. Berlin 1850.

—— des Reichskanzlers zu dem Gesetze vom 4. Mai 1870, betr. die Eheschliessung und die Beurkundung des Personenstandes von Bundesangehörigen im Auslande. gr. 4. (10 S.) Berlin 871, v. Decker'sche Geh. Ober-Hofbuchdr.

Instruktion z. Reit-Unterricht. T. 1—4. Mit 1 Atl. m. Kpftaf. München 1873—1877.
— — 1883: T. 1. 2.

— zum Reitunterricht f. die Kavallerie vom 31. Aug. 1882. 1. u. 2. Thl. 8. Berlin 882. Voß. geb. n. 5. —
1. Mit 9 lith. Taf. (118 S.) n. 2. —. — 2. Mit 10 lith. Taf. (244 S.) n. 3 —

— zum Reit-Unterricht f. die Kavallerie vom 31. VIII. 1882. D.V.E. Nr. 21. 1. Thl. Deckblätter Nr. 1 bis 60 u. 2. Thl. Deckblätter Nr. 1 bis 46. 8. Berlin, Voßische Buchh. — 30
I. 1 bis 51. (15 Bl. m. Fig.) 896. — 10. — 52 bis 60. (2 Bl.) — 05
II. 1 bis 43. (14 Bl.) 896. — 10. — 44 bis 46. (1 Bl.) 898. — 05

— zum Reitunterricht f. die Kavallerie vom 31. VIII. 1882. 2 Tle. 8. Berlin 904. Vossische Buchh. Geb. in Leinw. n.n. 6. 40
1. Mit 7 lith. Taf. Neudr. unter Berücksicht. der bisher erschienenen Deckblätter Nr. 1—61 einschl. (128 S.) n.n. 2. 60
2. Mit 10 lith. Taf. Neudr. unter Berücksicht. der bisher erschienenen Deckblätter Nr. 1—46 einschl. (269 S.) n.n. 3. 80

(H) — zum Reitunterricht für die Kavallerie. 904. (KBB 33.) Jetzt: Berlin, E. S. Mittler & Sohn.

— dasselbe. Sachregister. (17 S.) 8. Ebd. 906. n. — 20

— — zum Reitunterricht für die k. bayer. Kavallerie. I. Theil. Mit Berichtigungen. München 1878. 8.

Instruktion zum Reitunterricht für die Kgl. Preuß. Kavallerie. Berlin 1825—26. 8°.
Dass. T. 1. 1866.
Dass. T. 1. 1872.
Dass. T. 1. 2. 1882.

—— zum Reit-Unterricht für die königl. preußische Kavallerie. 1. Thl. gr. 8. (VI und 124 S. mit eingedr. Holzschn. und 7 Kpfrt. in 4.) Berlin 866, Voßische Buchh. * –
cart. * 15 Ngr.; geb. * –

—— zum Reit-Unterricht für die königl. preußische Kavallerie. 3 Thle. Neue Aufl. gr. 8. Berlin 872, Voßische Buchh. * 3 50
Inhalt:
Thl. 1. (VI, 124 S. mit 7 lithogr. Kpfrt. in qu. 4. und 13 eingedr. Holzschn.) *ℳ 1,25.
" 2. (VIII, 175 S. mit 16 eingedr. Holzschn.) *ℳ 1,25.
" 3. Ausschließlich zum Gebrauche bei der Lehr-Eskadron bestimmt. (IV, 90 S. mit 1 lithogr. Kpfrt. in qu. 4. und 9 eingedr. Holzschn.) *ℳ 1.

Instruction für Recognoscierungen in fortificatorischer und bautechnischer Richtung, für fortificatorische Landesbeschreibung und die Zusammenstellung von Feldacten. Als Manuscript gedruckt. kl. 8. Wien 1872.

Instruction über Recognoszirungen bei den jährlichen Übungsreisen der Officiere des Generalstabes. Berlin (1822 ?). 8°. (Lithogr.)

— — (G—61—23 c.) für das Reconstruiren der 8 mm Patronen-Hülsen bei Anwendung der Hülsen-Reconstructions-Maschine. (Mit 5 lithographierten Tafeln.) (Zu Erlass Abth. 7. Nr. 5048 v. J. 1897). Beigeb.: Nachtrag 1. (1902). (Lithographiert.) Fol. Wien 1897–1902.

Instruction (G—61, 23 a) zum Reconstruiren der Patronenhülsen, dann Anfertigen der scharfen und Exercir-Patronen M. 1888. (Mit 7 Taf.) Beigeb.: I. Nachtrag. 1889. II. Nachtrag. Anleitung zum Gebrauche der Kapsel-Auslös-Vorrichtung M. 1890. (Mit 1 Taf.) 1892. (Lithogr.) Fol. (Wien) 1888—1892.

Instruktion (G—61,23) zum Rekonstruiren der Patronenhülsen, dann Anfertigen der scharfen und Exercier-Patronen M. 1877 für 11mm Gewehre und Karabiner. Mit 6 Taf. Beigeb.: Anhang I, enthaltend das Rekonstruiren der 11mm Karabiner- und Revolver-Patronen-Hülsen M. 1882, dann das Anfertigen der scharfen und Exercir-Patronen M. 1882 für 11mm Karabiner und Revolver. Mit 1 Taf. 1884. Ergänzungen und Berichtigungen. 1884. Ergänzungen zu dem Anhang I. 1886. 1. Nachtrag zum Anhang I. 1895. Berichtigungen des Anhang II. 1888. Ergänzungen. 1888. 1. Nachtrag zum Anhang II. 1889. (Lithogr.) Fol. Wien 1880–1889.

Instruction f. d. Rekrutirungs-Offiziere. Karlsruhe 1832.

— — für die Remonte-Knechte. Berlin 1837. 10 S.

Instruction für die Repräsentanten der zum Bunde der Grossen National-Mutter-Loge [zu den drei Weltkugeln] gehörigen auswärtigen St. Johannis-Logen. Nach der Revision von 1867. [Berlin 1867]: C. Schultze. 8 S. 8° [Umschlagtit.]

Instruction für die Revidenten der Landschulen. [Riga 1845.] V: *Ulmann, Carl Chn v.* (R-N)

Instruction für die kgl. bayerischen Revierförster. - München 1854. 100 S.

Instruction für den Revierförster im Königl. Saechß. Forstdienst v. 15. April 1818. - Dresden 1818. 35 S.

Instruction zur Revision der Armen-Listen zu Cöln. *Cöln.* 1825

Instrukzion über d. Revolver. Wien 1871.

Instruction über den k. k. Revolver für Büchsenmacher der k. k. Truppen. Beigeb.: I. Anhang. Mit 1 lithogr. Tafel. kl. 8. Wien 1872 u. 1875.

—— betr. den Revolver M/83, nebst zugehöriger Munition. 16. (IV, 23 S.) Berlin 885, Mittler und Sohn. cart. * — 27

— betr. den Revolver M/79, nebst zugehör. Munition. gr. 8. (21 S.) Berlin 880. (v. Decker.) n. — 50

—— betr. den Revolver M/79 nebst zugehöriger Munition. 1880. Neudruck 1890. gr. 8. (IV, 21 S.) Berl., Mittler u. Sohn. * — 20
cart. * — 50

Instruction f. die Rossärzte in den Remonte-Depots. Berl. 1837. 51 S. P. (Indb. m.: Ueber die Behandlung d. Remonte-Pferde ... S. St. o. A.). 450.

Instruktion für die Sammlung und Zusammenstellung von Material zu Ertragstafeln (v. 3. Sept. 1873). - Locarno 1873. 15 S.

—— für d. Sanitäts-Behörden u. f. das bei d. Contumaz-Anstalten verwendete Personale etc., s. a. Annesley, J.

— für d. Sanitäts-Behörden u. für das bei den Contumaz-Anstalten verwendete Personale, zum Behufe d. Grenzen d. k. k. österreich. Staaten vor d. Einbruche d. Cholera morbus ꝛc. gr. 8. Hannov. 831. Helwing. 4 K

Instruction für den Sanitäts-Dienst bei der Armee im Felde. (Ad Präs. Nr. 3437 vom Jahre 1870. N.-V.-Bl. für das k. k. Heer, 53. Stück.) (Zur „Armee im Felde".) Beigeb.: Organische Bestimmungen für die freiwillige Unterstützung der Militär-Sanitätspflege im Kriege durch den deutschen Ritterorden. (Ad Präs. Nr. 2813 vom Jahre 1874. N.-V.-Bl. 36. Stück.) Organische Bestimmungen für die freiwillige Unterstützung der Militär-Sanitätspflege im Kriege durch den souveränen Maltheser-Ritter-Orden, Grosspriorat von Böhmen. (Ad Präs. Nr. 2215 vom Jahre 1875, N.-V.-Bl. 24. Stück.) 4. Wien 1870—1875.

Instruction für den Sanitäts-Dienst im Felde und über die Organisation der hiezu berufenen Truppen und Anstalten. (Mit 6 Taf.) 4. Wien 1864.

Instruction für den Sanitäts-Dienst im Felde und über die Organisation der hiezu berufenen Truppen und Anstalten, wesentlich gekürzt, mit den neuesten Abänderungen in der Ausrüstung und mit Bemerkungen versehen von Franz Hoffmann Ritter v. Vestenhof, Oberstabs-Arzt 1. Classe und Stellvertreter des General-Stabs-Arztes beim Kriegsministerium. 16. Wien 1864.

VIII. dtsch. Armeekorps. II. Division. Instruktion f. d. Sanitätsdienst während d. Gefechte. Würzburg 1866.

Instruktion über das Sanitätswesen der Armee im Felde. Berlin 1869. 8°.
Dass. u. d. T.: Kriegs-Sanitäts-Ordnung. (Mit) Nachtr. 1878.
Dass. (Mit) Anl. Bd. 1907.

Instruktion über das Sanitätswesen der Armee im Felde vom 29. April 1869. (Mit 6 lithogr. Taf.) 8. Berlin 1870.

—— über die vierrädrige Saug- und Druckspritze. gr. 8. (16 S. mit 22 Abbild.) Leipzig 885, Leiner. * — 40

—— für die Schätzungen und Schätzmänner in Hypothekensachen und gesetzliche Bestimmungen über die Schätzungen bei Gantsachen, Zwangsabtretung von Grund-Eigenthum, Ablösungen und Feuerversicherungen mit Anmerkungen. gr. 16. (56 S.) München 858, Franz.

—— für die Schätzungen und Schätzmänner in Hypothekensachen und gesetzlichen Bestimmungen über die Schätzungen bei Gantsachen, Zwangsabtretung von Grund-Eigenthum, Ablösungen und Feuerversicherungen mit Anmerkungen. 2. Aufl. (Vermehrt mit neueren Zusätzen.) 8. (58 S.) München 864, Franz'sche Buchh.

—— über d. bei Ablösung d. Domanialzehnten hinsichtl. d. Zehntbaulasten vorzunehmenden Schätzungen u. Berechnungen. 4. Carlsruhe 835, Müller.

— — über das Scheibenschießen der mit Gewehr M/69 bewaffneten Bataillone. München 1873. 8.

—— über das Scheibenschießen der mit Zündnadelbüchsen M/65 bewaffneten Jäger- und Schützen-Bataillone. gr. 8. (71 S.) Berlin 869, v. Decker'sche Geh. Ober-Hofbuchdr. ** 1 20

Instruktion über das Scheibenschießen der Infanterie. Berlin 1845. 8°.
Dass. u. d. T.: Instruktion ... der mit gezogenen Infanterie-Gewehren bewaffneten Infanterie-Bataillone. 1857.
Dass. u. d. T.: Instruktion ... der mit Zündnadel-Gewehren bewaffneten Infanterie-Bataillone. 1864.
Dass. u. d. T.: Bestimmungen über das Scheiben-Schießen der Infanterie. 1875.

— über das Scheibenschießen der Infanterie. kl. 8. Berlin 845, Decker. n. 2 ngl

Instruction ü. Scheibenschießen d. Inf. Schwerin 1852.

—— über das Scheibenschießen der Infanterie. Nach den allerhöchsten Bestimmungen vom 28. Septbr. 1875 zusammengestellt. Für Offiziere, Unteroffiziere und Soldaten. 1. und 2. Aufl. 16. (48 S.) Potsdam 876, Döring.

— — über das Scheibenschiessen der mit gezogenen Infanterie-Gewehren bewaffneten Infanterie-Bataillone. (Mit dazu gehörigem Schiessbuch.) 8. Berlin 1856.

— — über das Scheibenschiessen der mit Zündnadel-Gewehren bewaffneten Infanterie-Bataillone. Dazu gehörige Schiessbücher Nr. I, II und III. (Mit 1 Tafel.) 8. Berlin 1856.

— — über das Scheibenschiessen der mit Zündnadel-Gewehren bewaffneten Infanterie-Bataillone. (Vom 2. November 1864.) Abänderungen und Zusätze zur ..... Nachtrag zur ..... Instruktion über die Ausführung des mit dem aptirten Zündnadel-Gewehr auf weiten Entfernungen abzuhaltenden Belehrungs-Schiessens. 1872. 8. Berlin 1864—1872.

Instruktion über das Scheibenschießen der mit Zündnadel-Karabinern bewaffneten Kavallerie-Regimenter. gr. 8. (36 S.) Berlin 869, v. Decker'sche Geh. Ober-Hofbuchdr. **

—— über das Scheibenschießen der mit Hinterladungs-Carabinern bewaffneten K. S. Reiter-Regimenter. 8. (41 S.) Dresden 869, Meinhold und Söhne. — 75

Instruktion (E-8c) für das Schiessen mit dem Extra Corps-Gewehr bei der Festungs-Artillerie des k. k. Heeres. Mit Nachtrag 1 und 2. kl. 8. Wien 1883—1889.

— für das Schießen m. dem Extra-Corps-Gewehr bei der Festungs-Artillerie d. k. k. Heeres. 8. (65 S. m. Tab.) Ebend. 883. n. — 40

—— über das Schießen der Infanterie. Nach den Allerhöchsten Bestimmungen vom. 15. Novbr. 1877 zusammengestellt. 1.—4. Aufl. 16. (47 S. mit eingedr. Holzschn.) Ebendas. 878. *

—— über das Schießen der Infanterie. Nach den Allerh. Bestimmungen vom 11. Septbr. 1884 zusammengestellt. 2. und 3. Aufl. 16. (48 S. mit Holzschn.) Potsdam 885, Döring. * — 25
—— dass. — Nach den Allerh. Bestimmungen vom 22. Febr. 1887 zusammengestellt. 4. Aufl. 16. (64 S. mit Holzschn.) Ebendas. 887. * — 30

Instruktion (E-8b) für das Schiessen mit dem Revolver bei der Artillerie, der Train- und der Jäger-Truppe des k. k. Heeres. Mit 1. Nachtrag. 1886. kl. 8 Wien 1882—1886.

—— für das Schießen mit dem Revolver bei der Artillerie, der Train- und der Jäger-Truppe des k. k. Heeres. 8. (III, 26 S. mit eingedr. Holzschn. und Tab.) Ebendas. 882. *

Instruction für das Schießen mit dem Revolver bei der Artillerie, der Train- und der Jäger-Truppe des k. u. k. Heeres. 8. (23 S.) —.15
Wien: Hof- u. Staatsdruckerei 1894.

Instruction zum Schiessen der neuartigen Röhren-Shrapnels mit tempirbaren Zündern. Mit 3 lith. Tafeln. 8. Wien 1858.

— für die Schießübungen der Matrosenartillerie m. Geschützen. gr. 8. (10 S) Berlin 880. Mittler & Sohn. n.n. — 30

— über die Schießübungen S. M. Schiffe u. Fahrzeuge mit Geschützen. gr. 8. (28 S.) Ebend. 879. n. — 40

—— über die Schießübungen S. M. Schiffe und Fahrzeuge mit Geschützen. gr. 8. (35 S.) Berlin 883, Mittler und Sohn. *

—— dass. — gr. 8. (XXXV S. mit eingedr. Fig.) Ebendas. 888. *

Instruktion für Schul-Distrikts-Aufseher. 8. (24 S.) Verlag der Schulbücher-Verschleiß-Administration 1855.

INSTRUCTION für das katholische Schulen-Comité der kön. Freistadt Preßburg. Preßburg 1856: A. Schreiber. 14 S. - 8°

Instruktion für Schulgehilfen. 8. (8 S.) Verlag der Schulbücher-Verschleiß-Administration 1855.

Instruktion für akatholische Schulgehilfen. 8. (8 S.) Verlag der Schulbücher-Verschleiß-Administration 1855.

Instruktion für Schullehrer. 8. (16 S.) Wien. 1847. 2 kr. C. M.
Verlag der Schulbücher-Verschleiß-Administration.

Instruktion für akatholische Schullehrer. 8 (20 S.) Verlag der Schulbücher-Verschleiß-Administration. 1855.

—— für die Schultheißen des Herzogthums Gotha. — Mit dem Umschlags-Titel: Dienst-Instruction rc. gr. 8. (XIV und 110 S.) Gotha 847, Thienemann. *

Instruction für die Schulvisitatoren im Lande Tirol, durch ein k. k. Hofdekret vom 20. Hornung 1783 genehmiget. Innsbruck 1783. V: *Mantinger, Ignaz.* (MARGr)

— für die Schulvorstände, s.: Schulgesetze.

Instruction für die Schulvorsteher in den Amts-Districten der Probstei Rendsburg. (Urkundlich gegeben auf Gottorff, d. 18. Dec. 1843.) o. O. u. J. 8° [Kopft.]

Instruction für die Schulvorsteher in den adelichen Districten der Probstei Ploen. (Urkundlich gegeben auf Gottorff, d. 13. Mai 1844. [Druck:] Ploen.) o. J. 8° [Kopft.]

Instruction für die Schulvorsteher in den Amtsdistricten Ploen und Ahrensböck. (Urkundlich gegeben auf Gottorff, d. 13. Mai 1844. [Druck:] Ploen.) o. J. 8° [Kopft.]

Instruction für eine würdige Schwester. o. O. [nach 1780]. 2 Bl. 1 Bl. Noten. 4° [Kopftit.]
Gedicht: „Die Schwestern dulden's nie, wenn Brüder ..." Beigefügt ein Schwesterlied mit Noten von [J. F.] v. R[acknit]z u. [K. A.] Z[iedri]ch: „Brüder, stimmt die Maurerharfe ..."

Instruction für den Schwimmunterricht der russischen Cavallerie. Vollinhaltliche Uebersetzung. (Sep.-Abdruck aus der „Minerva".) Mit einer Figuren-Tafel. 8. (11 S.) —.50
Wien: Seidel & Sohn 1894.

—— für die Seekadetten-Schulschiffe. gr. 8. (39 S.) Berlin 887, Mittler und Sohn. * — 60

— f. d. Seelsorge-Clerus betr. Eheschließungen ungar. Staatsbürger in Österreich. (Nach d. „Kirchl. Verordnungsblatt f. d. Diöcese Seckau".) 8. (70 S.) Graz 896. U. Moser. n. 1. —

— II., f. den Seelsorge-Clerus betr. Eheschließungen ungarischer Staatsangehöriger in Österreich. Nach dem „Kirchl. Verordnungsblatt f. die Diöcese Seckau". 8. (32 S.) Graz 897. U. Moser. n. — 40; (I u. II n. 1. 40)

Hamburg. Deutsche Seewarte.

— — Instruktion der Seewarte über die Behandlung der Deviation der Kompasse. Hamburg 1888.

— der Seewarte üb. die Behandlung der Kompasse u. ihrer Deviation an Bord eiserner Schiffe. 5. Ausg. Lex.-8. (25 S.) Hamburg 900. (L. Friederichsen & Co.) n.n. 1. 50

— für die deutsche Seewarte, auf Grund d. § 6 der Verordnung, betr. den Geschäftskreis, die Einrichtg. u. die Verwaltg. der Deutschen Seewarte. gr. 8. (V, 46 S. m. 2 Tab. in Fol.) Berlin 875. (Mittler & Sohn.) n. 1. —

— betr. die Seitengewehre der Truppen zu Fuß. gr. 8. (39 S. mit 8 Steintaf.) Berlin 880. (v. Decker.) cart. n. 1. 35

Instruktion betreffend die Seitengewehre der Truppen zu Pferde und die Lanze. (Beigeb.: Nachträge und Tekturen 1881 – 1888.) (Mit 10 Taf.) gr. 8. Berlin 1880—1888.

— betr. die Seitengewehre der Truppen zu Pferde u. die Lanze N/A. gr. 8. (34 S. mit 10 Steintaf.) Ebend. 880. cart. n. 1. 60

Berlin. Königliche Akademie.

— — Instruktion für das Sekretariat der —. Berlin 1818.

Instruction für die Secundar-Aerzte im allgemeinen Krankenhause. 8 S., gbd.

Wien: kaiserlich-königliche Hof- und Staatsdruckerey 1814

JB 5.380

—— den Seminarbesuch der Candidaten der Theologie in der Prov. Schleswig-Holstein betr. Amtliche Ausg. gr. 8. (6 S.) Kiel 870, Universitäts-Buchh. *

— für die Signalstellen der deutschen Seewarte. gr. 8. (IV, 28 S. mit 2 Steintaf. in Fol. u. 4 Formularen.) Hamburg 876. (Friederichsen & Co.) n. 1. 20

—— für die Signalstellen der Deutschen Seewarte. Hrsg. von der Direktion. 2. Ausg. 4. (VIII, 30 S. mit eingedr. Holzschn., 4 Formularen und 1 lithogr. Karte.) Hamburg 880, (Friederichsen und Comp.) *

Hamburg. Deutsche Seewarte.

— — Instruktion für die Signalstellen der Deutschen Seewarte.
1. Ausgabe, Hamburg 1876.
2. " " 1880.
3. " " 1889.

— — für die Soldaten der bad. Infanterie. Karlsruhe 1843. 54 S.

Instruction für die Soldaten der grossherzoglich badischen Infanterie. 8. Karlsruhe 1849.

— — für Soldaten der grossherzoglich badischen Reiterei. 12. Karlsruhe 1855.

Instruction für die Special-Kommissare zu Ablösungen und Gemeinheitstheilungen im Königreich Sachsen. - Dresden 1833. 124 S.

—— für d. Special-Commissaire zu Ablösungen u. Gemeinheitstheilungen. 4. ... Dresden 833. (Leipzig, Fr. Fleischer.)

—— für die zu Grundstückenzusammenlegungen beauftragten Special-Commissare. gr. 4. (86 S.) Dresden 863, Meinhold und Söhne. *

„Instruction für die Specialcommissarien zu Ablösungen und Gemeinheitstheilungen, zum königlich sächsischen Gesetz darüber gehörig", Dresden 1833 (Meinhold). — Vorh.: Preuß. Staatsbibliothek Berlin.

—— über das Spitzkugel-Gewehr der Schleswig-Holsteinischen Armee. gr. 16. (14 S.) Glückstadt 851, Würzer und Eller.

Instruction (für die akademischen Sprachlehrer an der Königlichen Universität zu Halle a./S.). [Am Ende:] Der Kurator hiesiger Königlichen Universität. Dat. Halle a./S. 8. Oct. 1877. 2 Bl. 4° (2°) [Kopft.] [Autogr.]

Instruktion betr. Spreng-Patronen nebst zugehöriger Zündung z. Zertrümmern v. Hohl-Geschossen. München 1874. 1876.

Instruction für Staatsgüterbeamte und jene, welche bei solchen angestellt zu werden suchen. Klagenfurt 1788. V: *Schwizer, Sigmund Freih. von.* (WBL 33/194) (KY 5/204) (BiblPort)

Instruction für eine meteorologische Station II. Ordnung. (Ohne bes. Titelblatt.) 8°.

Petersburg.

— Kaiserliche Akademie der Wissenschaften, Instruktion für Meteorologische Stationen. St. Petersburg 1887.

— — Für die k. k. Steuerämter (Hauptsteuerämter) zum Vollzuge des Rechnungs- und Manipulations-Dienstes bezüglich der allgemeinen Erwerbsteuer. Lex.-8. (6 S.) —.02
Wien: Hof- und Staatsdruckerei 1898.

— — Für die k. k. Steuerämter (Hauptsteuerämter) zum Vollzuge des Rechnungs- und Manipulation-Dienstes bezüglich der directen Personalsteuern. Lex. 8. (17 S.) —.05
Wien: Hof- und Staatsdruckerei 1898.

— — Für die Steuerbehörden erster Instanz zum Vollzuge des Rechnungsdienstes bezüglich der allgemeinen Erwerbsteuer. Lex.-8. (76 S.) —.12
Wien: Hof- und Staatsdruckerei 1898.

— — Für die Steuerbehörden I. Instanz zum Vollzuge des Rechnungsdienstes bezüglich der directen Personalsteuern. Lex.-8. (115 S.) —.30
Wien: Hof- und Staatsdruckerei 1898.

Instruction für die Steuercommission in Bezug auf die durch das Gesetz vom 7. Juli 1849 angeordnete künftige Erhebung der Einkommensteuer. 1 Bl. 4°.

— für sammtl. Steuer-Lokalkommissionen d. Provinz Tirol über das bei Evidentstellung des Steuerkatasters zu beobachtende Verfahren. gr. 4. Innsbruck 837. Wagner. 1/12 ꝟ

Instruction für die Strassenbau-Inspektoren in Baiern. O. O. 1790. H: *Riedl, Adrian von.* (BB)

Instruction für die Strassen-Übersteher in Baiern. O. O. 1793. H: *Riedl, Adrian von.* (BB)

—— für Taucher. gr. 8. (23 S. mit 3 Stnt. in qu. Fol.) Berlin 872. Mittler und Sohn. *

— für Taucher. 8. (III, 60 S. mit 5 Steintaf.) Berlin 881. Mittler & Sohn. n. 1. 60

— für Taucher. Neuer Abdr. 8. (III, 60 S. m. 5 Steintaf.) Berlin 885. Mittler & Sohn. n. 1. 80

Instruktion zur Taxation der Großh. Badischen Domänen-Waldungen (v. 21. 2. 1843). – Karlsruhe 1843. 78 S.

—— zur Taxation der großherz. bad. Domänen-Waldungen. 4. (10 B.) Karlsruhe 843, Müller'sche Hofbuchh.
Aus: Verordnungsblatt der Forstdomänen- u. Bergwerks-Administration ꝛc., besond. abgedruckt.

⊙ **Instruction** nebst Taxe für die Gerichtsvögte in der Provinz Schleswig-Holstein mit Ausnahme der Inseln Amrum und Romoe … Kiel. 1870. 8°

—— technische, in Auseinandersetzungs-Angelegenheiten für den Bezirk d. General-Kommission zu Breslau. 1. Ausg. (10³/₈ B.) 843. * 1 Thlr. u. 2., vervollst. Ausg. gr. 8. (12³/₄ B.) Breslau 846, Schuhmann. *

Instruktion, technische, f. die Auseinandersetzungs-Angelegenheiten im Frankfurter Regierungs-Bezirk. Lex.-8. (24 B.) Frankfurt a. d. O. 842, Trowitzsch u. Sohn. Thlr. *

Instruction, technische, für die Auseinandersetzungs-Angelegenheiten im Frankfurter Regierungs-Bezirk. 2. Aufl. Lex.-8. (XII und 323 S. mit 6 Tab. in Fol. und gr. Fol.) Frankfurt a/O. 851, Trowitzsch und Sohn. *

—— die technische, für die Auseinandersetzungs-Commissarien der Provinz Sachsen, auf Grund der neueren Erfahrungen und Gesetze mit Anmerkungen versehen von Albert Oesten. gr. 8. (XVI und 328 S.) Stendal 855, Franzen und Große. *

—— technische, für die von der kgl. General-Kommission von Pommern beauftragten Oeconomie-Commissarien ꝛc. gr. 4. (31 B.) Berlin 842. (Schröder's Verl.) *

—— technische, für die Organisation der Gebirgs-Schützen. gr. 16. (18 S. mit eingedr. Holzschn.) München 866, Franz'sche Buchh. *

Instruction für die schweizerischen Telegraphen-Bureaux über den Betrieb der Telegraphen. ca. 1850;

Instruktion ü. optisches Telegraphiren. Berlin 1878. 4°

Instruction für die Telegraphisten der Schweiz mit Anwendung des Steinheil'schen Systems, nebst vollständiger Beschreibung und Abbildung aller Apparate. Bern 1852.

Instruction für die Telegraphisten der Schweiz betreffend die Behandlung des Relais. ca. 1850.

— f. d. Telegraphisten der Schweiz üb. d. techn. Bureaudienst. Hrsg. v. d. schweizer. Telegraphendirektion. Lex.-8. (IV, 162 S. m. 100 Fig. im Text u. auf Taf.) Bern 895. Schmid & Francke. n. 5. —; geb. n. 6. —

— über die Theorie d. Schießens zum Selbstunterricht f. die Unteroffiziere u. Gemeinen der Infanterie in Fragen u. Antworten. 8. (29 S.) Berlin 875. Schlesier. n. — 20

Instruktion für die Titeldrucke. *Burgb. M. 1893: A. Hopfer.* (XIII S.) 8°
[Aus: Verzeichniss der aus d. neu erschienenen Litt. von d. Kgl. Bibl. zu Berlin erworb. Druckschriften. 1892.] [93. 8]

Instruction für die Topographen der topographischen Abtheilung der königl. preussischen Landes-Aufnahme. Hierzu 17 Figurentafeln. Hft. I. Theoretischer Theil. Hft. II. Praktischer Theil. (2 Bde. Text u. 1 Bd. Figurentaf.) 8. Berlin 1876.

—— für die Topographen der topographischen Abtheilung der königl. preußischen Landes-Aufnahme. 2 Hefte nebst Atlas von 17 (lithogr.) Taf. (in 4.). 8. (VI, 86, III, 36 S.) Berlin 876, (Mittler und Sohn.) geb. **

Instruktion für den Transport der Truppen und des Armee-Materials auf Eisenbahnen. Berlin 1861. 8°.

Instruktion f. d. Transport Verwundeter u. Kranker nebst den Grundsätzen f. d. Evacuiren d. Feldspitäler. München 1870.

Instruction für die Transporthäuser. 4. Wien 1863.

Instruction für die Tracirung der oberirdischen Telegraphen-Linien. ca. 1850.

Instruction für die Triangulation IV. Ordnung im eidgenössischen Forstgebiet vom 14. Juni 1882. - Bern 1882. 8 S.

— f. d. leichten Truppen u. d. Officiers b. d. Vorposten, n. d. Instructionen Friedr. II. f. d. Cavallerie, a. d. Franz. gr. 8. Züllichau, Darnmann. 801.

— für die leichten Truppen u. die Offiziers bei d. Vorposten, nach d. Instruktionen Friedrich's II. f. die Cavallerie; aus d. Französ. gr. 8. Züllichau 801. Hinrichs in Leipz. 16 gr. Pbg. Pr. 12 gr.

Instruktion für die höheren Truppenführer. Berlin 1869. 8°.

Instruktion für die höheren Truppenführer. Berlin 1885. 149 S.

—— für die Truppen-Schulen des k. k. Heeres. 1.—7. Thl. gr. 8. Wien, k. k. Hof- und Staatsdruckerei. *

Inhalt:

Thl. 1. Infanterie und Jäger-Truppe. 2. Aufl. (XI, 103 S.) 876. * 70 Pf.
- 2. Kavallerie. 2. Aufl. (V, 81 S.) 877. * 70 Pf.
- 3. Artillerie. 2. Aufl. (86 S.) 878. * 80 Pf.
- 4. Genietruppe. 2. Aufl. (132 S.) 878. * M. 1,20.
- 5. Pionniere. 2. Aufl. (116 S.) 878. * M. 1.
- 6. Sanitäts-Truppe. 2. Aufl. (IV, 46 S.) 879. * 60 Pf.
- 7. Fuhrwesen. (52 S.) 871. * 60 Pf.

— für die Truppenschulen des k. k. Heeres. 1., 2., 6–8. Thl. gr. 8. Wien 876–81. k. k. Hof- u. Staatsdruckerei. n. 4. 80

1. Allgemeine Grundsätze u. Truppen-Schulen der Infanterie- u. der Jäger-Truppe. 2. Aufl. (XI, 103 S.) n. — 70
2. Truppen-Schulen der Kavallerie. 2. Aufl. (V, 81 S.) n. — 70
6. Truppen-Schulen der Sanitäts-Truppe. 2. Aufl. (IV, 46 S.) n. — 60
7. Truppen-Schulen der Train-Truppe. 2. Aufl. (67 S.) n. — 60
8. Kadetenschulen. (XII, 363 S.) n. 2. 20

—— für die Truppen-Schulen des k. k. Heeres. Allgemeine Grundsätze. 1.—3., 5. und 6. Thl. 3. Aufl. gr. 8. Wien, Hof- und Staatsdruckerei. * 4 —

Inhalt:

Thl. 1. Truppen-Schulen der Infanterie und der Jägertruppe. (X, 93 S.) 885. * 70 Pf.
- 2. Truppen-Schulen der Cavallerie. (X, 87 S.) 885. * 70 Pf.
- 3. Truppen-Schulen der Artillerie. (XI, 93 S.) 885. * 80 Pf.
- 5. Truppen-Schulen des Pionnier-Regiments. (127 S.) 887. * M 1.20.
- 6. Truppen-Schulen der Sanitätstruppe. (X, 56 S.) 887. * 60 Pf.

4., 7. und 8. Thl. Ebendas. 1877—80. * M 4.—.

—— dass. — Neu-Aufl. d. III.—V. Abschnitts. 1.—7. Thl. Ausbildung der Einjährig-Freiwilligen. gr. 8. Ebd. 889. à Thl. * — 40; * 2 80

1. Truppenschulen der Infanterie u. Jägertruppe. (45 S.)
2. Truppenschulen der Cavallerie. (49 S.)
3. Truppenschulen der Artillerie. (61 S.)
4. Truppenschulen der Genie-Truppe. (45 S.)
5. Truppenschulen des Pionnier-Regiments. (45 S.)
6. Truppenschulen der Sanitäts-Truppe. (45 S.)
7. Truppenschulen der Train-Truppe. (49 S.)
8. Thl. Ebd. 1880. * 2 20.

— — IX. Thl. Truppenschulen des Eisenbahn und Telegraphen Regiments. 8. (49 S.) .20

— — X. Theil. Schulen der Militär Verpflegs Branche. 8. (45 S.) —.20

Wien: Hof- u. Staatsdruckerei 1889.

— für die Truppenschulen d. k. u. k. Heeres. Allgemeine Grundsätze u. 1., 2., 5., 6. u. 9. Thl. gr. 8. Wien, Hof- u. Staatsdruckerei. n. 4. 80

1. Truppenschulen der Infanterie u. der Jägertruppe. 4. Aufl. (IX, 96 S.) 890. n. 1. —
2. Truppenschulen der Cavallerie. 4. Aufl. (IX, 91 S.) 890. n. 1. —
5. Truppenschulen des Pionnier-Regiments. 3. Aufl. (127 S.) 887. n. 1. 20
6. Truppenschulen d. Sanitätstruppe. 3. Aufl. (X, 68 S.) 887. n. — 60
9. Truppenschulen d. Eisenbahn- u. Telegraphen-Regiments. (VII, 129 S.) 890. n. 1. —

— f. die Truppenschulen d. k. u. k. Heeres. Allgemeine Grundsätze u. X. Thl. Schulen der Militär-Verpflegsbranche. gr. 8. (XI, 118 S.) Wien 892. Hof- u. Staatsdruckerei. n. 1. 60

Anhang zur Instruction für die Truppenschulen des k. u. k. Heeres. Corps-Officiersschulen. Gr.-8. (10 S.) Wien: Hof- u. Staatsdruckerei 1894. —.05

Instruction (E—12.) für die Truppenschulen des k. u. k. Heeres. — (Ergänzung.) Beigebunden zum I. Th. der 4. Aufl. 1890: Nachtrag 2 (1904). II. Th. der 4. Aufl. 1890: Nachtrag 1 (1902). 2. (1903). — (Fortsetzung.) VI. Th. Truppen Schulen der Sanitäts-Truppe. 4. Aufl. 1902. — Regiments-Offiziersschulen der Train-Truppe. (Im VII. Theil als neuer VI. Abschnitt einzuschalten.) 1901. — Anhang. Corps-Officiersschulen. 2. Auflage. 1899. (3 Bde.) 8. Wien 1899—1902.

(F) Zu E—12. Anhang zu der Instruction für die Truppenschulen des k. und k. Heeres. Corps-Officiersschulen. 2. Auflage. (Zu Abthg. 5, Nr. 640 vom Jahre 1899—Normal-Verordnungsblatt für das k. und k. Heer 9. Stück.) Wien. 1899. Hof- und Staatsdruckerei. 8°. 8 S. fl. —.05

Instruction für die Truppenschulen des k. u. k. Heeres.
II. Theil. 1. Nachtrag. Gr.-8°. (8 S.) K —.05
Wien: Perles 1903.

Instruktion für die Truppenschulen des k. u. k. Heeres.
II. Teil. 2. Nachtrag. Gr.-8°. (2 S.) K —.04
Wien: Hof- u. Staatsdruckerei 1903.

Instruction für die k. k. Truppen-Schulen und Militär-Bildungsanstalten über die in der Kartographie und bei der Militär-Aufnahme eingeführten Neuerungen. (Ad Rescript des Reichs-Kriegs-Ministeriums vom 15. December 1871. Abth. 8. Nr. 5627.) (Lithogr. Mit 6 Beilagen.) Fol. (Wien 1871.)

Instrukt. f. d. Truppenschulen d. Sanitäts-Truppe. Wien 1879.

Instruction für die Übernahme von Feuerrohren und Wasserrohren für den Bau von Schiffsdampfkesseln. Fol. Wien (1898).

Instruction über die Uebernahme der bisher bestandenen Kriegs-Brücken-Bespannungen des Militär-Fuhrwesen-Corps in den Stand des Pionnier-Corps. 4. Wien 1854.

Instruction für die Überwachung und den Unterhalt der oberirdischen Telegraphenleitungen. ca. 1850.

Instruction über die am Bord der k. k. Kriegsschiffe auszuführenden jährlichen Uebungen. (Mit 4 Taf.) 4. Wien 1853.

—— für die Uebungen der Feld- und der Gebirgs-Batterien im Geschützrichten, Distanzschätzen, Geschütz-Placiren und Recognosziren. 8. (V, 89 S. mit eingedr. Fig.) Ebendas. 877. cart. *

– für die Uebungen der Feld- und der Gebirgs-Batterien im Geschützrichten, Distanzschätzen, Geschützplaciren und Recognosciren. 2. Aufl.
Wien: Hof- u. Staatsdruckerei 1886. 92 S. 8°

Instruktion (G—55) für die Uebungen der Feld- und der Gebirgs-Batterien im Geschützrichten, Distanzschätzen, Geschütz-Placieren und Recognoscieren. 8. Wien 1877.
- - 3. Auflage. 8. Wien 1888.

Instruktion (G—55.) für die Uebungen der Feld- und der Gebirgs-Batterien im Geschützrichten, Distanzschätzen. Geschütz-Placieren und Rekognoszieren. 3. Auflage. (1888.) — (Ergänzung.) Beigeb.: Nachtrag 1. (1899.) 2. (1900.) 8. Wien 1899–1900.

(F) G—55. 1. Nachtrag zur Instruction für die Übungen der Feld- und Gebirgs-Batterien im Geschützrichten, Distanzschätzen und Recognoscieren. 3. Auflage. (Zu Abthlg. 7, No. 5151, vom Jahre 1899. — Normal-Verordnungsblatt für das k. u. k. Heer. 22. Stück vom Jahre 1899.) Wien. 1899. Hof- u. Staatsdruckerei. 8°. 41 S. mit 1 Figurentafel. fl. —.16

(F) G—55. 2. Nachtrag zur Instruction für die Übungen der Feld- und Gebirgs-Batterien im Geschützrichten, Distanzschätzen und im Recognoscieren. (Zu Abthlg. 7, Nr. 3273 vom Jahre 1900. — Normal-Verordnungsblatt für das k. u. k. Heer, 24. Stück vom Jahre 1900.) Wien. 1900. Hof- und Staatsdruckerei. 8°. 9 S. mit 1 Tafel. K —.20

Instruktion für die praktischen Übungen der Infanterie, Jäger, Cavallerie und Feld-Artillerie. (Mit) Anh. Wien 1871—72. 8°.

— für die praktischen Uebungen der Infanterie, Jäger, Cavallerie u. Feld-Artillerie. 8. (32 S.) Wien 875. k. k. Hof- u. Staatsdr. n. — 40

— für d. kön. preuß. Brandenb. Uhlanen-Regiment, üb. d. einzelne Ausarbeitung d. Mannschaften. 8. Berl. 809. Wolff. 12 gl

Instruction für den Umfang und die Methode des Lehrganges an der königlichen Kriegs-Akademie. Berlin 1868. V: *Peucker*, *Eduard v.* (KA)

—— für den Umfang und die Methode des Lehrganges auf der Königl. Kriegs-Akademie. gr. 8. (IV, 79 S.) Berlin 868, v. Decker'sche Geh. Ober-Hofbuchdr. *

— — (G—61—91.) für die Umgestaltung der 112 kg Pulverfässer in solche zu 100 kg. (Zu Abth. 7, Nr. 3000 von 1901.) (Lithographiert.) Fol. Wien 1901.

Instruction über die Umgestaltung der Pilhal'schen Kapellenherde in Kesselherde mit directer Erhitzung bei Anwendung von Kohlenfeuerung. (Hiezu Plan A. B. C.) 3. Aufl. Fol. (20 S.) —.70
Wien: K. K. Hof- u. Staatsdruckerei 1891.

Instruction über die Umgestaltung der altartigen Kuppel-Oefen zur Verwendung derselben für Kohlenheizung. Mit 1 Tafel 2. Aufl. Folio. (20 S.) Wien: Hof- u. Staatsdruckerei 1890. —.30

– für das Universal-Militär-Zahlamt und für die Militär-Cassen zur Durchführung des Allerhöchst genehmigten neuen Verwaltungs-Systems. Ebd. 1869. 41 S. 4°

Instruktion f. d. Unter-Feld-Apotheker. Berlin 1812.

Instruction für den Unterförster im Kgl. Sächsischen Forstdienst. - Dresden o. J. 15 S.

Instruction für die Unterförster und die an deren Stelle functionirenden Forstgehülfen in dem Herzogthume Gotha v. 1. May 1829. - Coburg 1829. 19 S.

Instruction für sämtliche Unter-Gerichte und Unter-Gerichts-Advocaten des Fürstenthums Minden und der Grafschaft Ravensberg. [Dat.:] Berlin, den 13. Dec. 1752. Minden (1752). fol.

—— für die mit der Führung der Bataillons-Munitionswagen beauftragten Unteroffiziere resp. Gefreiten der Infanterie, der Schützen und der Jäger des königl. sächs. Armee-Corps. 16. (VII, 70 S. mit 1 Stnt. in 4.) Dresden 868, Meinhold und Söhne. *

Instruction für beurlaubte Unterofficiere und Gemeine. 8. Dresden (1840).

Instruktion für Unteroffiziere u. Dragoner der bad. Kavallerie. Mit Taf. Karlsruhe 1843. 36 S.

Instruction (H—29.) für die bei den Artillerie-Reserve-Anstalten eingetheilten Unterofficiere der k. k. Genie-Truppe. Mit 4 lithographirten Figuren-Tafeln. 2. Auflage. (Zu Abth. 8, Nr. 3604 von 1887. — N. V. Bl. f. d. k. u. k. Heer, 2. Stück von 1888.) 8. Wien 1888.

Instruction für die Unterofficiere und Mannschaft vom Kasernendienst. 8. Dresden (1835).

Instruction für Unterofficiere und Soldaten der Reiterei. Ein Handbüchlein für Garnison und Feld. (Die 2. Aufl. unter folgendem Titel:) 12. Mannheim 1854.

—— für Unteroffiziere und Soldaten der Reiterei. Ein Handbüchlein für Garnison und Feld. 12. (VI und 80 S.) Mannheim 854, Bensheimer.

— für Unteroffiziere und Soldaten der Reiterei. Ein Handbüchlein für Garnison und Feld von L. v. Sch. 2. verm. Aufl. Mannheim 859. Bensheimer. 16. (VI, 117 S.) 7½ ngr.

(F) C—4. Instruction für die als Wagenmeister verwendeten Unterofficiere der Fusstruppen, Cavallerie und Sanitäts-Truppe. (Zu Abth. 8, Nr. 876 vom Jahre 1899 — Normal-Verordnungsblatt für das k. u. k. Heer 13. Stück.) Wien. 1899. Hof- und Staatsdruckerei. 8°. IV, 133 S. fl. —.40

Instruction für die Unterofficiers-Bildungs-Schulen der k. k. Militär-Verpflegs- und Betten-Magazine. (N.-V.-Bl. 43. Stück ex 1873.) 8. Wien 1873.

— für den Unterricht über die Gesundheitspflege zum Gebrauche in den Unteroffiziers- u. Mannschaftsschulen. 2., wenig veränd. Aufl. 8. (64 S.) Wien 881. k. k. Hof- u. Staatsdruckerei. n. — 40

Instruction (E—52) für den Unterricht über die Gesundheitspflege zum Gebrauche in den Unterofficiers- und Mannschaftsschulen. 3. Auflage. (Zu Abth. 5, Nr. 111 vom Jahre 1894, N.-V.-Bl. für das k. u. k. Heer, 3. Stück.) kl. 8. Wien 1894.

— f. den Unterricht üb. die Gesundheitspflege zum Gebrauche in den Unteroffiziers- u. Mannschaftsschulen. 3. Aufl. 8. (IV, 62 S.) Ebd. 894. n. — 24

Instruction für den Unterricht im Grossh. Gymnasium zu Darmstadt. Darmstadt 1827. V: *Dilthey, Julius Frdr. Carl.* (Ky) (HS)

—für den Unterricht im Großh. Gymnasium zu Darmstadt, (von J. F. K. Dilthey). 4. Darmst. 827. (Leske). ...

— für den Unterricht an den Gymnasien in Österreich. Einzige, vom k. k. Ministerium f. Cultus u. Unterricht autoris. Ausg. gr. 8. (XXVI, 316 S.) Wien 884. (Manz.) n. 3. —

— dasselbe. 2. Abdr. gr. 8. (III, 416 S.) Wien 885. Pichler's Wwe. & Sohn. n. 4. —

—— zum Unterricht in der Kenntniß und Behandlung des aptirten Chassepot-Karabiners M 71. gr. 8. (68 S.) Berlin 875, v. Decker'sche Geh. Ober-Hofbuchdr. *

Instruktion zum Unterricht in der Kenntniss und Behandlung des aptirten Chassepot-Karabiners M/71. (Beigeb.: Nachträge bis 1886.) 8. Berlin 1881—1886.

—— zum Unterricht in der Kenntniß und Behandlung des aptirten Chassepot-Karabiners M/71. Nachträge. Geschlossen Mitte Dezbr. 1885. gr. 8. (4 S.) Berlin 886, Mittler und Sohn. * *

Instruktion zum Unterricht in der Kenntniß des Chassepot-Karabiners. Berlin 1873. 8°.

Instruktion zum Unterricht in der Kenntniß des aptirten Chassepot-Karabiners M/71. Berlin 1875. 8°.
Dass. 1881.

— für den Unterricht an den Realschulen in Österreich im Anschlusse an e. Normallehrplan. 3. Aufl. [Unveränd. Abdr. d. Textes vom J. 1881.] gr. 8. (320 S.) Wien 883. (Manz.) n. 2. —

— dasselbe. gr. 8. (386 S.) Wien 885. Pichler's Wwe. & Sohn. n. 3. 50

Instruktion für den theoretischen Unterricht der bad. Infanterie. Karlsruhe 1840. 35 S.

—— für die ärztliche Untersuchung der Wehrpflichtigen nebst ausführl. Sachregister zu allen bis jetzt erschienenen auf das Wehrgesetz bezügl. Bestimmungen. 8. (48 S.) München 868, Franz'sche Buchh.

Instruction zur ärztlichen Untersuchung der Aspiranten bei der Aufnahme in Militär-Erziehungs- und Bildungsanstalten, sowie Cadetten Schulen. Mit den Beilagen A. B und C. 8. Wien 1879.

— zur ärztlichen Untersuchung der Wehrpflichtigen. gr. 8. (49 S.) Wien 883. Hof- u Staatsdruckerei. n. — 60

—— zur ärztlichen Untersuchung der Wehrpflichtigen. 2. und 3. Aufl. gr. 8. (35 S.) Ebendas. 885,87. * — 40

Instruktion zur ärztlichen Untersuchung der Wehrpflichtigen. Wien 1883. 8°.
Dass. 1889.

Instruction (G—22) zur Untersuchung neu erzeugter Geschütz-Rohre 1. Th. 9^{cm}, 8^{cm} und 7^{cm} M. 1875, stahlbronzene Hinterlad Feld und Gebirgs Kanonen Rohre. Mit 14 Taf. (Lithographirt.) Fol. Wien, Oktober 1879.

— — (G—61—68.) zur Untersuchung und Herstellung der adjustierten Doppelzünder M 93, M. 94, M 94/E. G und M. 95. (Zu Abth. 7, Nr. 3777 vom Jahre 1896.) (Mit 1 Tafel.) (Lithographiert.) Fol. (Wien) 1896.

Instruction (G—14 j.) für die Untersuchung der Kapselschiesseinrichtung M 2. (Mit 1 Beilage und 2 Tafeln.) (Zu Abth. 7, Nr. 3031 vom Jahre 1904. — N. V. Bl. für das k. u. k. Heer 21. Stück.) (Lithographiert.) Fol Wien 1904.

Instruction (G—26 a) zur Untersuchung und Klassifikation der gebrauchten 8^{cm} und 9^{cm} stahlbronzenen Hinterlad-Feld Kanonen-Rohre. M. 1875. Mit 4 lithogr. Taf. Beigeb.: Anhang. Mit 2 lithogr. Taf. 1877. I. Nachtrag. Mit 2 Taf. II. Nachtrag. Mit 3 Tafeln (Lithogr.) Fol. (Wien) 1877—1886.

Instruction (G—61, 34) zur Untersuchung, Classification, Uebernahme und Verpackung der in der k. u. k. Pulverfabrik in Stein erzeugten extrafeinen Jagd und Scheibenpulversorten. (Lithogr.) Fol. (Wien) 1896.

Instruction (G—61, 34.) zur Untersuchung, Classification, Uebernahme und Verpackung der in der k. u. k. Pulverfabrik in Stein erzeugten extrafeinen Jagd- und Scheibenpulversorten. Beigeb.: Nachtrag 1. (1902.) 2. (1904.) Fol. Wien 1902—1904

Instruktion (G—29) zur Untersuchung, Klassifikation, Uebernahme und Verpackung des in der k. k. Pulverfabrik zu Stein nächst Laibach erzeugten Kriegspulvers. (Lithogr.) Fol. (Wien) 1878.
— — (Neuauflage.) Fol. (Wien) 1894.

Instruktion zur Untersuchung der in der k. k Pulverfabrik zu Stein nächst Laibach in Anwendung kommenden Messingdraht-Siebgewebe. (Mit 1 Blatt Berichtigung.) (Lithogr.) Fol. Wien 1877.

— — (G—61—64.) zur Untersuchung und Übernahme der 8 cm M 94/c, Kartätschen-Büchsen und der 16 mm 10% igen Blei-Antimon-Kugeln, sowie für das Anfertigen der 8 cm M. 94/c Kartätschen. (Mit einer Tafel.) (Zu Abthlg. 7, Nr. 7820 v. J. 1900.) (Lithographiert.) Fol Wien 1900.

— — (G—61—23 o.) für die Untersuchung und Übernahme der in den Privatfabriken angefertigten 8 mm M. 98 für Revolver-scharfen Patronen. (Mit 1 Tafel.) (Zu Erlass Abth. 7, Nr. 5517 vom Jahre 1901.) (Lithographiert.) Fol. Wien 1901.

— — (G—61—16 b.) zur Untersuchung und Übernahme der 8 mm M. 98 Stahlmantel-Geschosse. (Mit 1 Tafel.) (Lithographiert.) Fol (Wien) 1899.

— — (G—61—23 f.) für die Untersuchung und Übernahme der 8 mm Scheibenschuss-Patrone M. 3 für Elementar-Schiessplätze und der 8 mm Scheibenschuss-Geschosse M. 3. (Mit 2 Tafeln.) (Zu Erlass Abth. 7, Nr. 2556 von 1904.) (Lithographiert.) Fol. Wien 1904.

— (G—61—13 b.) zur Untersuchung, Übernahme und Aufbewahrung der Patronen-Cartons für 8 mm M. 98 Revolver Patronen. (Mit 1 Tafel.) (Zu Abth. 7 von 1901.) (Lithographiert.) Fol. Wien 1901.

— (G—61—42 a.) zur Untersuchung und Übernahme der Bestandteile des Brandels M. 95. (Mit 1 Tafel.) (Zu Abth. 7, Nr 6088 von 1904.) (Lithographiert.) Fol. Wien 1904.

— (G—61—5 c.) für die Untersuchung und Uebernahme der Bestandtheile für den Doppel-Zünder M. 95. (Zu Abtheilung 7 Nr. 4360 von 1896.) (Mit 3 Taf.) Beigeb.: 1. Nachtrag. (Zu Abth. 7, Nr. 2174 vom Jahre 1898.) (Lithographiert.) Fol. (Wien) 1896 u. 1898.

Instruction (G—61—84.) für die Untersuchung und Übernahme der Bestandtheile der 24 cm M. 99 Granat-Zünder. (Mit 2 Tafeln.) (Zu Abth. 7, Nr. 5759 von 1900.) Beigeb.: Nachtrag 1. (1902.) 2. (1903.) 3. (1904.) (Lithographiert.) Fol. (Wien) 1900—1904.

— (G—61—88.) für die Untersuchung und Übernahme der Bestandtheile für den Granat-Zünder M. 1. (Mit 2 Tafeln.) (Zu Abth. 7, Nr 2306 von 1901.) (Lithographiert.) Fol. Wien 1901.

— (G 61—73.) für die Untersuchung und Übernahme der Bestandtheile für den Granat-Zünder M. 96. (Mit 2 Tafeln.) (Zu Abthlg. 7, Nr. 1966 von 1899.) Beigeb.: Nachtrag 1. (1901.) 2. (1902.) (Lithographiert.) Fol. Wien 1899—1902.

— — (G—61—89.) zur Untersuchung und Übernahme der Bestandtheile für die Granat-Zünder M. 97 u. M. 98. (Mit 3 Tafeln.) (Zu Abth. 7, Nr. 5000 von 1901.) (Lithographiert.) Fol. Wien 1901.

— (G 61—72.) für die Untersuchung und Übernahme der Bestandtheile der M. 98 Zündvorrichtungen. (Mit 3 Tafeln.) (Zu Abthlg. 7, Nr. 869 von 1899.) Beigeb.: Nachtrag 1. (1902). (Lithographiert.) Fol. (Wien) 1899.

Instruction (G—61—5 f.) für die Untersuchung und Übernahme der Bestandtheile für den M. 93 a Ergänzungs-Zünder. (Mit 3 Tafeln.) (Zu Abth. 7. Nr 2306 von 1901.) (Lithographiert.) Fol. Wien 1901.

Instruction (G—61—5 g.) zur Untersuchung und Übernahme der Bestandtheile für die 7 cm M. 99 Granat- und Shrapnel-Doppel-Zünder, dann der 7 cm M. 90 Zündpatronen-Büchsen. (Mit 4 Tafeln.) (Zu Abth. 7, Nr 1973 von 1902.) Beigeb.: Nachtrag 1. (1902.) 2. (1902.) 3. (1903.) 4. (1904.) (Lithographiert.) Fol. Wien 1902—1904.

— — (G—61—5 h.) zur Untersuchung und Übernahme der Bestandtheile für die 10 cm M. 99 Granat- und Shrapnel-Doppelzünder, dann der Bestandtheile für die 10 cm M. 96 Zündpatronen-Büchsen. (Mit 8 Tafeln.) (Zu Abth. 7. Nr. 6296 von 1902.) Beigeb.: Nachtrag 1. (1903.) 2. (1904.) (Lithographiert.) Fol. Wien 1902—1904.

Instruction (G—61, 48) für die Untersuchung und Uebernahme der Bomben für die stahlbronzenen 21^{cm} Belagerungs-Mörser. (Mit 2 Taf.) (Lithogr.) Fol. (Wien) 1890.

Instruction (G—61. 5 a.) für die Untersuchung und Uebernahme der Doppel-Zünder (1894.) — (Ergänzung.) Beigeb.: Nachtrag 1. (1898.) 2. (1900.) (Lithographiert.) Fol. Wien 1898—1900.

— — (G—61, 5 b.) zur Untersuchung und Uebernahme der Doppel-Zünder. (1895.) — (Ergänzung.) Beigeb.: Nachtrag 1. (1899.) (Lithographiert.) Fol. Wien 1898.

Instruction (G—61, 5 a) für die Untersuchung und Uebernahme der Doppel-Zünder M. 1893. (Mit 3 Taf.) (Lithogr.) Fol. Wien 1894.

— — (G—61—5 d.) zur Untersuchung und Uebernahme der Doppel-Zünder M. 96 und M. 96 a. (Zu Abth. 7, Nr. 1260 von 1898.) (Mit 2 Tafeln.) (Lithographiert.) Fol. Wien 1898.

— — (G—61, 5 b) zur Untersuchung und Uebernahme der Doppel-Zünder M. 94 und M. 94/E. G. (Mit 2 Taf.) (Lithogr.) Fol. (Wien) 1895.

— — für die Untersuchung und Uebernahme des Extra-Corps-Zimmergewehres mit Wänzl-Verschluss. Mit 2 Taf. (Lithogr.) Fol. Wien 1883.

— (G—61—69.) für die Untersuchung und Uebernahme der 15 cm Kartätschen-Büchsen für Haubitzen; sowie für das Anfertigen und Verpacken der 15 cm Kartätschen für Haubitzen (Zu Erlass, Abth. 7, Nr. 5061 von 1896.) (Mit 1 Tafel.) (Lithographiert.) Fol. (Wien) 1896.

— — (G—61—20.) zur Untersuchung und Übernahme der 15 cm M. 97 Patronen-Hülsen, Hülsen-Deckel, Hülsen-Zündschrauben und der M. 97 Zündschrauben-Kapseln, für die 15 cm L/40 Küsten-Kanone. (Mit 9 lithographierten Tafeln.) (Zu Erlass Abth. 7, Nr. 6442 vom Jahre 1901.) (Lithographiert.) Fol. Wien 1901.

— — (G—61—83.) für die Untersuchung, Übernahme und den Gebrauch der M. 99, M. 99 a u. M. 99 b Verkappungs-Ober- und Untertheile und der dazugehörigen Kautschukringe, sowie über die allgemeine Einrichtung und den Gebrauch der Verkappungs-Maschinen, dann für die Umarbeitung der Shrapnels von Leinwand- auf Metallverkappungen. (Ausgegeben mit R. K. M. Erlass Abth. 7, Nr 8690 von 1900.) (Mit 8 Tafeln und Anhang 1.) Fol. Wien 1900.

— — (G—61—19.) zur Untersuchung und Übernahme der Geschosse für die 15 cm L/40 Küsten-Kanone. (Mit 8 Tafeln.) (Zu Abth. 7. Nr 401 von 1901.) (Lithographiert.) Fol. Wien 1901.

Instruktion (G—61, 17) zur Untersuchung und Uebernahme der Geschosse für 24^{cm} Hinterlad-Kanonen. Mit 4 Taf. (Lithogr.) Fol. (Wien) 1878.

Instruction über die Untersuchung und Uebernahme der Handfeuerwaffen mit Werndl-Verschluss. I. Th. K. k. Infanterie und Jäger Gewehr. M. 1873. 2. Auflage. Mit 7 Taf. Beigeb.: Anhang I—VII mit 5 Taf.— II. Th. K. k. Karabiner und Extra Corps-Gewehr, M. 1873. Mit 6 Taf. Beigeb.: Anhang I—V mit 4 Taf. (Lithogr.) (2 Bde.) Fol. Wien 1875—1884.

Instruction (G—61, 64) zur Untersuchung und Uebernahme der Kartätschen-Büchsen für die 8^{cm} Casematt-Kanone M. 94 und der 16^{mm} Blei-Antimon-Kugeln. Mit 1 lithogr. Taf. (Wien) 1895.

— (G—61—64.) zur Untersuchung und Uebernahme der Kartätschen-Büchsen für die 8 cm Casematt-Kanone M. 94 und der 16 mm Blei-Antimon-Kugeln. (1895.) — (Ergänzung.) Beigeb.: Nachtrag 1. (1896.) (Mit 1 Tafel.) (Lithographiert.) Fol. Wien 1896.

Instruction für die Untersuchung und Uebernahme der Cavallerie-Säbel leichter Gattung sammt Scheiden M. 1877. (Mit 2 Taf.) (Lithogr.) Fol. (Wien) 1877.

Instruktion (G—61, 49) für die Untersuchung und Uebernahme der 9^{cm} M. 1875 und 15^{cm} M. 1880 Gussstahl-Hohlgeschosse. (Mit 1 Taf.) Beigeb.: I Nachtrag. 1888. (Lithogr.) Fol. Wien 1886—1888.

Instruktion (G—61, 52) zur Untersuchung und Uebernahme der 9^{cm} Shrapnels M. 1880, und der 9^{cm} Einschiess-Shrapnels. Mit 3 Taf. (Lithogr.) Fol. Wien 1887.

— — (G—61—23 d.) für die Untersuchung und Uebernahme der in den Privatfabriken angefertigten 8 mm scharfen Patronen M. 93 (Zu Erlass Abth 7 Nr. 1149 vom Jahre 1898.) (Mit 2 Tafeln) (Lithographiert) Fol. Wien 1898.

— — (G—61—14 e.) zur Untersuchung und Übernahme der Patronen-Hülsen für 8 mm M. 98 Revolver-Patronen und der M. 98 Patronen-Kapseln (Mit 3 lithographierten Tafeln.) (Lithographiert) Fol (Wien) 1899.

Instruction (G—61—14 b.) zur Untersuchung und Uebernahme der Patronen-Hülsen für 8 mm M. 93 Patronen und der M. 90 Patronen-Kapseln. (Mit 4 lithographierten Tafeln.) (Lithographiert.) Fol. (Wien) 1896.

— — (G—14 b) für die Untersuchung und Uebernahme der Repetiergewehre (1889.) — (Ergänzung.) Beigeb.: Berichtigung 1900, 1904. Fol. Wien 1900—1904.

— (G—14 b) für die Untersuchung und Uebernahme der Repetirgewehre M. 1888. (N.-V.-Bl. für das k. u. k. Heer. 38. Stück 1889.) (Hiezu ein Heft mit 18 lithogr. Constructions-Taf.) Beigebunden: 1. Nachtrag zur „Instruction“ für die Untersuchung und Uebernahme der Repetirgewehre M. 1888, beziehungsweise M. 1888/90 und M. 1890 und zu den hiezu gehörigen Constructions-Taf. 1889. (3 Constructions-Taf. 19. 20 und 21.) (N.-V.-Bl. für das k. u. k. Heer, 28. Stück ex 1893.) (2 Bde.) Fol. Wien 1889—1893.

Instruction (G—14 d) für die Untersuchung und Uebernahme der Repetirgewehre M. 1886/90. (Hiezu ein Heft mit 6 lithogr. Constructions-Taf.) (N.-V.-Bl. für das k. u. k. Heer, 4. Stück ex 1892.) (2 Bde.) Fol. (Wien) 1892.

— — (G—14 e.) für die Untersuchung und Uebernahme der Repetier-Gewehre M. 95. (Hiezu ein Heft mit 11 lithographierten Constructionstaf.). (Zu Abth. 7, Nr. 2972 vom Jahre 1898. — N. V. Bl. für das k. und k. Heer 22. Stück.) Beigeb.: Berichtigung 1900. (2 Bde.). Fol. Wien 1898—1900.

— — (G—14 c.) für die Untersuchung und Uebernahme der Repetier-Carabiner. (1892.) — (Ergänzung.) Beigeb.: Berichtigung 1900. Fol. Wien 1900.

Instruction (G—14 c) für die Untersuchung und Uebernahme der Repetir-Carabiner M. 1890. (Hiezu ein Heft mit 16 lithogr. Instructions-Taf.) (N.-V.-Bl. für das k. u. k. Heer, 4. Stück ex 1892.) (2 Bde.) Fol. Wien 1892.

— — (G—14 g) für die Untersuchung und Übernahme der Repetier-Carabiner M. 95. (Hiezu ein Heft mit 20 lithographierten Constructionstafeln.) (Zu Abth. 7, Nr. 8584 vom Jahre 1899. N. V. Bl. f. d. k. u k. Heer 36. Stück.) Beigeb.: Berichtigung 1900. (2 Bde.) Fol. Wien 1899.

— (G—14 f) für die Untersuchung und Übernahme der Repetier-Stutzen M. 95. (Hiezu 1 Heft mit 5 lithographierten Constructionstafeln.) (Zu Abth. 7, Nr. 1092 v. J. 1899 — N. V. Bl. f. d. k. u. k. Heer 6. Stück) 1898. Beigeb.: Berichtigung 1900 (Lithographiert.) (2 Bde.) Fol. Wien 1898—1900.

— (G—14 h) für die Untersuchung und Übernahme der Revolver M. 98. (Hiezu ein Heft mit 8 lithographierten Constructionstafeln.) (Zu Abth. 7. Nr. 7807 vom Jahre 1900. — N. V. Bl. f. d. k. u. k. Heer 42. Stück). (2 Bde.) Fol. Wien 1900.

— — (G—61—74.) für die Untersuchung und Übernahme der 6 cm M. 98 Patronen-Hülsen und der M. 98 Geschütz-Patronen-Kapseln. (Mit 9 lithographierten Tafeln.) (Zu Erlass Abth. 7, Nr. 7137 vom Jahre 1899.) (Lithographiert.) Fol. Wien 1899.

— — (G—61—75.) für die Untersuchung und Übernahme der 7 cm M. 98 Patronen-Hülsen und der M. 98 Geschütz-Patronen-Kapseln. (Mit 8 lithographierten Tafeln.) (Zu Erlass Abth. 7, Nr. 7138 vom Jahre 1899.) (Mit Berichtigung Abth. 7, Nr. 9182 ex 1899.) (Lithographiert.) Fol. Wien 1899.

Instruction für die Untersuchung und Uebernahme der Uhlanen-Piken. (Mit 4 Taf.) (Lithogr.) Fol. Wien 1877.

— — (G—14 i.) für die Untersuchung und Übernahme der Verschläge für Handwaffen und Mitrailleusen, sowie für deren Munition und Werkzeuge. (Hiezu ein Heft mit 17 Constructionstafeln.) (Zu Abth. 7, Nr. 8212 vom Jahre 1901. — N. V. Bl. für das k. u. k. Heer 3. Stück.) Beigeb.: Nachtrag 1. (1903.) (2 Bde.) (Lithographiert.) gr. Fol. u. Fol. Wien 1902—1903.

— — (G—61—92.) für die Untersuchung und Übernahme, die Verwendung, Verpackung und Wiederverwendung der M. 98 Zünder-Büchsen. (Mit 4 Tafeln.) (Ausgegeben mit R.-K.-M.-Erlass Abth. 7, Nr. 4073 von 1901.) (Lithographiert.) Fol. Wien 1901.

Instruction (G—1) für die Untersuchung und Uebernahme der blanken Waffen. Mit 5 Beilagen und 10 Taf. 1880. Beigeb.: I. Nachtrag. Mit 1 Taf. 1883. II. Nachtrag. 1884. III. Nachtrag. Mit 2 Taf. 1887. IV. Nachtrag. 1896. (Lithogr.) Fol. Wien 1880—1896.

Instruction über die Untersuchung und Uebernahme der Zimmer-Gewehre und Zimmer-Karabiner M. 1877. Mit 2 Taf. (Lithogr.) Fol. Wien, 31. August 1878.

— — (G—20 a) für die Untersuchung und Uebernahme der Zimmergewehr-Einrichtung für das Repetirgewehr M. 1888. (N.-V.-Bl. für das k. u. k. Heer, 39. Stück ex 1889.) (Mit 1 Taf.) (Lithogr.) Fol. Wien 1889.

— — für die Untersuchung und Uebernahme der Zimmer-Handfeuerwaffen mit Werndl-Vorschluss. Mit 2 Taf. (Lithogr.) Fol. Wien 1882.

Instruction (G—61—6) für die Untersuchung und Uebernahme der Zünder-Hülsen und der Versicherungs-Hülsen. (Mit 3 Taf.) Zu Abth. 7, Nr. 2746 v. J. 1893. (Lithogr.) Fol. (Wien) 1893.

Instruction (G—61—6.) für die Untersuchung und Uebernahme der Zünder-Hülsen und der Versicherungs-Hülsen. (Mit 3 Taf.) (Zu Abth. 6, Nr. 2746 v. J. 1893.) Beigeb.: Nachtrag 1—5. (Lithographiert.) Fol. Wien 1893—1902.

Instruktion (G—61, 29) zur Untersuchung und Uebernahme der bebänderten 12^{cm}, 15^{cm} und 18^{cm} Geschosse M. 1880. Mit 2 Taf. Mit Berichtigung vom Jahre 1882. (Mit 1 Taf.) (Lithogr.) Fol. Wien 1881—1882

Instruktion (G—61, 26) zur Untersuchung und Uebernahme der unbebänderten 12^{cm}, 15^{cm} und 18^{cm} Geschosse, M. 1880. Mit 6 Taf. Beigeb.: I. Nachtrag. (Mit 3 Coupons.) 1886. (Lithogr.) Fol. Wien 1881—1886.

— — (G—61, 26.) zur Untersuchung und Uebernahme der unbebänderten 12 cm, 15 cm und 18 cm Geschosse, M. 1880. (1881.) — (Ergänzung.) Beigeb.: Nachtrag 2. (1898.) und Berichtigung (1901.) (Lithographiert.) Fol. Wien 1898—1901.

Instruktion (G—61, 18) zur Untersuchung und Uebernahme der unberingten und beringten 12^{cm}, 15^{cm}, 17^{cm} und 21^{cm} Geschosse M. 1878. Mit 12 Taf. Beigeb.: Anhang, enthaltend die Untersuchung und Uebernahme der 15^{cm} Brandgeschosse M. 1878. Mit 1 Taf. (Lithogr.) Fol. Wien 1878—1880.

Instruction (N—1) zur Untersuchung der Wehrpflichtigen. 8. Wien 1883.

Instruktion, betreffend die Veranlagung und Erhebung der Bergwerksabgaben in den rechtsrheinischen Landesteilen vom 29. Januar 1866. Berlin, 1866. 8 S.

—— über die Veranlagung der auf den Gesetzen vom 1. Mai 1851 [G.-S. für 1851, S. 193] und vom 25. Mai 1873 [G.-S. für 1873, S. 213] beruhenden Klassensteuer. Vom 29. Mai 1873. gr. 8. (31 S.) Berlin 873, v. Decker'sche Geh. Ober-Hofbuchdr. *

Instruktion ü. Verfahren b. Ankauf v. Rohmaterialien u. sonst. Sachen . . . i. d. Art.-Depots . . . Berlin 1856.

— — über das Verfahren beim Ankauf von Rohmaterialien und sonstigen Sachen und bei Verdingung von Lieferungen und Leistungen in den k. Artillerie-Depots. München 1876. 8.

— betr. das Verfahren bei Anmeldung u. Prüfung der Versorgungs-Ansprüche invalider Mannschaften vom Feldwebel ꝛc. abwärts. 8. (VI, 34 S.) Berlin 877. (Liebel.) n. — 50

Instruction betreffend das Verfahren bei Anmeldung und Prüfung der Versorgungs-Ansprüche invalider Mannschaften vom Feldwebel etc. abwärts. Beigeb.: 1. Nachtrag. 1884 und Tekturen bis Juli 1888. 8. Berlin 1877—1888.

Instrukt. betr. d. Verfahren b. Anmeldung u. Prüfung d. Versorgungs-Ansprüche invalider Soldaten v. Oberfeuerwerker usw. abwärts, v. 11. 10. 1870. Berlin.

—— für das Verfahren der Aerzte im Königr. Bayern bei den gerichtlichen Untersuchungen menschlicher Leichen. Amtl. Ausg. gr. 8. (VIII, 36 S.) München 881, Rieger'sche Universitäts-Buchh. cart. 1

—— für das Verfahren der Aerzte im Königr. Bayern bei den gerichtlichen Untersuchungen menschlicher Leichen. Amtl. Ausg. 2. Aufl. 8. (VIII, 57 S.) München 886, Rieger'sche Universitäts-Buchh. cart. * 1 —

— für d. Verfahren d. Aerzte im Königr. Bayern bei d. gerichtl. Untersuchgn. menschl. Leichen. Amtliche Ausg. 3., ergänzte Aufl. 12. (VIII, 57 S.) München 897. M. Rieger. Kart. n. 1. —

Grossherzogl. technische Hochschule zu Darmstadt. **Instruction** für das Verfahren bei der Aufnahme und beim Austritt der Studirenden, sowie beim Eintritt von Hospitanten (v. Juli 1882). — [Veränderte Fassungen] (v. April 1887. Sept. 1895). *1887: M*

Grossherzogl. polytechnische Schule zu Darmstadt. **Instruction** für das Verfahren bei der Aufnahme, bei der Immatrikulation und beim Austritt der Studirenden, sowie beim Eintritt von Hospitanten (v. 10. 9. 1875).

—— über das Verfahren bei der Aufnahme und Nachtragung der durch Güterwechsel oder sonst entstandenen Veränderungen in den Grundsteuer-Katastern der westl. Provinzen Rheinland und Westfalen. Fol. (81 S.) Münster 858, (Aschendorff'sche Buchh.) *

—— über das in den siebenbürgischen Landestheilen, ferner in dem Territorium der ehemaligen Comitate, Krassna, Mittel-Szolnok, Zarand und des ehemal. Kövarer Distrikts in den Besitzregulirungs-, Proportionirungs- und Commassirungs-Angelegenheiten zu befolgende Verfahren. gr. 8. (63 S.) Hermannstadt 882, (Michaelis.) *

Instruktion über das beim Auftreten des Rotzes unter den Pferden der Truppen zu beobachtende Verfahren. Berlin 74. v. Decker. M. —.40

—— über das beim Auftreten des Rotzes unter den Pferden der Truppen zu beobachtende Verfahren. gr. 8. (24 S.) Berlin 874, Stankiewicz. * — 40

Instruktion über d. Verfahren b. d. Entlassung dienstuntauglicher Militärs. (20. Heumonat 1843.) 1847.

Instruction über das Verfahren bei den Neumessungen behufs Erneuerung der Karten und Bücher des Grundsteuer-Katasters der westl. Provinzen Rheinland und Westfalen. Münster 857. Deiters. Fol. (83 S. u. 2 lith. Taf.) n. 22½ ngr

—— über das Verfahren bei den Neumessungen behufs Erneuerung der Karten und Bücher des Grundsteuer-Katasters der westl. Provinzen Rheinland und Westfalen. Fol. (83 S. mit 2 Stnt.) Münster 858, (Aschendorff'sche Buchh.) * -

Instruction über das Verfahren mit Post-Anweisungen. Berlin, 1864. 4.

—— über das Verfahren bei der Prüfung und Stempelung der Waagen vom 2. Septbr. 1858. 8. (29 S.) Dresden 858, Meinhold und Söhne.

—— für das Verfahren und die Stellung der Aerzte im Königr. Württemberg bei der richterlichen und polizeilichen Leichenschau und Leichenöffnung. Amtl. Ausg. gr. 8. (44 S.) Stuttgart 886, (Metzler'sche Buchh., Sortiment.) ** — 50

— zur Verfassung der statistischen Bau-Berichte. Folio. (31 S.) Wien: Hof- u. Staatsdruckerei 1890. -,20

Instruction für das Verhalten bei Abgabe von Feuergewehren aus den Händen oder Magazinen der Truppen an die Artillerie-Zeughäuser. 8. Wien 1860.

Instruktion über das Verhalten d. Kadetten u. d. inneren Dienstbetrieb d. Kadettenhauses zu Berlin. Berlin 1858. 72 S.

—— üb. das Verhalten d. Kavalleristen in u. außer d. Dienste, im Frieden, wie im Kriege, in Fragen u. Antworten aufgestellt z. Gebrauch in den Unterhaltungsstunden. 8. (3 B.) Quedlinburg 846, Ernst'sche Buchh.

— über das dienstliche u. außerdienstliche Verhältniß des Landheeres u. der Marine zu einander vom 30. X. 1865. (D. E. Nr. 94.) (18 S.) gr. 8. Berlin 905. (E. S. Mittler & Sohn) n. — 25

Instruktion über das dienstliche und außerdienstliche Verhältniß des Landheeres und der Marine zu einander vom 30. Okt. 1865. Berlin: Reichs-Marine-Amt 1905. (13 S.) 8° [F.]
(D. E. No 94.) [05. 11593]

Instruction über die persönlichen Verhältnisse des Zeug-Personals. Beigeb.: Nachtrag I. 1886. 8. Berlin 1880–1886.

— über die persönlichen Verhältnisse des Zeug-Personals. 8. (63 S.) Berlin 880. (v. Decker.) cart. n. — 60

Instruktion ü. d. persönl. Verhältnisse d. Zeug-Personals. München 1882.

—— über die persönlichen Verhältnisse des Zeug-Personals 1880. Unveränd. Abdr. der Aufl. von 1880. 8. (63 S.) Berlin 885, R. v. Decker's Verlag. cart.
Vergriffen.

—— dass. — Vom 23. April 1880. Nebst Nachtrag. (63 S. mit 3 Tecturen.) Berlin 885, Mittler und Sohn. *

—— dass. — Nachtrag I. gr. 8. (4 Bl.) Ebendas. 886. **

—— für die Verificatoren von Maß und Gewicht, das Verfahren bei der Eichung und Stempelung betr. gr. 8. (32 S.) München 870, Oldenbourg.

—— für den schriftlichen Verkehr des XII. [Königl. Sächs.] Armee-Korps. gr. 8. (51 S.) Dresden 885, [Höckner.] C. Heinrich. cart. ** — 75

— für die Verladung der Büchsenmacher-Werkzeugkasten der Infanterie-Munitionswagen österreichischen Musters. Dresden 867. Meinhold & Söhne. gr. 8. (13 S.) 2½ ngr.

—— für die Verladung des Büchsenmacher-Werkzeugkasten der Infanterie-Munitionswagen österreichischen Musters. gr. 8. (13 S.) Dresden 868, Meinhold und Söhne.

Instruktion für die Vermarkung, Vermessung und Kartirung der Grossherzoglich Badischen Domänenwaldungen v. 20. Juni 1843. - Karlsruhe 1843. 18 S.

Instruktion für die Vermessung, Abschätzung und Einrichtung der Staats-, Gemeinde- und Genossenschaftswaldungen im Kanton Zürich v. 4. Juni 1868. - o. O. 1868. 16 S.

Instruction. Instrukt' über die Vermessung ganzer Gemarkungen (verordnet [von] Burgermeister und Rath des Kantons Schaffhausen. Gegeben Schaffhausen, den 6. April 1845). 8. o. O.

Berlin.

— Reichs-Marine-Amt, Instruktion für Vermessungen, nebst 3 Hilfstafeln von 53°–54°, 54°–55° und 55°–56° der Breite (hektographirt.) Berlin 1876.

Instruktion und Verordnung über die eidgenöss. Kriegs-Verwaltung. Zürich 1823. 8°.

Verordnungsmäß. Instruktion üb. alle Verwaltungszweige d. Materiellen i. Kriegeswesen d. Königr. Westphalen. Kassel 1811.

Instruktion (G · 61 · 66.) für das Verpacken von Munitions-Bestandtheilen in luftdicht schliessenden Blech-Cassetten. (Zu Abth. 7, Nr 3442 vom Jahre 1896.) Beigeb.: Nachtrag 1. (1900.) (Lithographiert.) Fol. (Wien) 1896–1900.

Instruktion über die Verpackung d. Ambulanzenwagen u. deren Verwendg b. d. eidgenöss. Armee. Bern 1844.

Instruktion für die Verpflegung der Armee im Felde. Wien 1870. 4°.

Instruction über die Verrechnung und Administration der Depositen und Delegationen bei den Truppenkörpern der k. k. Kriegsmarine. 4. 1854.

Instruktion über die Verrechnung der Auslagen für die Gefangenen und strafgerichtlichen Untersuchungs-Auslagen bei den Bezirks- (Stuhlrichter-) Aemtern. Wirksam für alle Kronländer, mit Ausnahme des lomb. venet. Königreiches. (Ohne Angabe des Jahres und Druckes) (11 S. 4.) 1857.

Instruction für die den Forstverwaltern (Förster, Oberförster) und den Holzlegstätten obliegende Verrechnung der Forstproducte, Materialien und Naturalien. - Wien o. J. 5 S.

Instruction über die bei den Pionnier-Bataillons, Compagnien, Bespannungen, Feldzeugs-Reserven und sonstigen Detachements vorkommenden Verrechnungen. 4. Wien 1855.

Instruction über die Verrichtungen

—— dass. — bei der Bedienung des 8 Centimeters. Als Anhang zum 2. Abschnitt des Exercier-Reglements. 2. Thl. 16. (87 S.) Ebendas. 873.

— — über die Verrichtungen bei der Bedienung der gezogenen Belagerungs- und Festungs-Geschütze. Berlin 1875. 8.

—— für die Verrichtungen bei der Bedienung der Feldgeschütze und für ihre Behandlung bei der Aufbewahrung und dem Transport. gr. 8. (88 S.) Berlin 876, Voßische Buchh. cart. *

Instruction f. d. Verrichtungen b. d. Bedienung d. Feldgeschütze . . . Mit Nachtr. München 1876–1881.

—— über die Verrichtungen bei der Bedienung des 9 Centimeters. Als Anhang zum 2. Abschnitt des Exercir-Reglements. 1. Thl. 16. (91 S.) Berlin 873, Vossische Buchh. cart.

Instruction über die Verrichtungen bei der Bedienung des 6pfd. als Anhang zum 2. Abschnitt des Exerzier-Reglements I. Theil. Berlin 1867. 8.

— — über die Verrichtungen bei der Bedienung des 4pfd. als Anhang zum 2. Abschnitt des Exerzier-Reglements II. Theil. Berlin 1876. 8.

Instruction für die technischen Verrichtungen des k. k. Pionnier-Corps. (2 Bde. Text u. 2 Bde. Taf.) 8. Wien 1845–1848.

Instruktion für die technischen Verrichtungen des k. k. Pionier-Korps. Bd 1. 2. Mit 4 Atl. Wien 1848. 1852.

Instruktion über die Versorgung der Armee mit Arzeneien. Berlin 1837. 8°.

—— über die Versorgung der Armee mit Arzneien und Verbandmitteln. gr. 8. (IX, 226 S.) Berlin 874, Stankiewicz. *

—— über die Versorgung der Armee mit Arzneien und Verbandmitteln. Mit vier Nachträgen. gr. 8. (X, 226; Nachträge 24, 12, 12, 74 S.) Berlin 874—84, (Liebel'sche Buchh.) *

— über die Versorgung der Armee m. Arzneien u. Verbandmitteln. 4. Nachtrag. gr. 8. (98 S.) Berlin 883. (Liebel.) n.n. 1. 20

Instruktion des Vertrauten (von Purkhart). Zum Reißwitzischen Kriegsspiele gehörend. Mit Tab. München 1829. 30 S.
(s. a. Reißwitz.)

—— der Vertrauten. Zum Reiswitzischen Kriegsspiele gehörend. M. 5 (10) Tab. (Fol.) 8. (2 B.) München 829. (Kempten, Dannheimer.)

Berlin.

-- Instruction für die Verwaltung und Benutzung der Bibliothek der Marine-Akademie und Schule in Verbindung mit der Central-Schiffsbibliothek der Marinestation der Ostsee und der Bibliothek für die Seekadetten-Schulschiffe. (Autographirt.) Berlin 1888.

— für die Verwaltung u. Berechnung der Armatur u. Kleingewehr-Munition. 2. Aufl. 8. (VII, 116 S. m. Tab.) Wien 886. Hof- u. Staatsdruckerei. n. — 80

— für die Verwaltung u. Berechnung d. Feld-Artillerie-Ausrüstungs-Materials. 2. Aufl. 8. (VII, 122 S.) Ebend. 886. n. 1. 20

— für die Verwaltung u. Berechnung d. Truppen-Train-Materials der k. k. Fußtruppen, Cavallerie u. technischen Truppen. 8. (113 S. m. 1 Tab.) Ebend. 886. n. — 90

—— für die Verwaltung der Divisions- resp. Kriegsschul-Bibliotheken. Vom 14. März 1873. 4. Berlin 873, Mittler und Sohn.

—— für die Verwaltung der Etatsfonds bei den Justizbehörden. 8. (31 S.) Berlin 885, Nauck und Comp. * — 40

—— dass. — Amtl. Ausg. 4. (34 S.) Berlin 885, R. v. Decker's Verlag. * — 60

Instruktion f. die Verwaltung der Etatsfonds bei den Justizbehörden vom 10. April 1893. Amtliche Ausg. gr. 8. (87 S.) Berlin 893. R. v. Decker. n. 1. —

— dasselbe. Mit dem Verzeichniß der Kapitel u. Titel d. Justiz-Etats. gr. 8. (37 u. VII S.) Berlin 893. A. Nauck & Co. n. — 60

[F.] **Instruktion** für die Verwaltung der Etatsfonds bei den Justizbehörden nebst dem Etat d. Justizverwaltg nach Kapiteln, Titeln u. Unterabtheilgn, Erläut. d. letzteren, sowie vollständ. alphab. Sachreg. Von Böger .. 6. verm. u. verb. Aufl. Bearb. v. N[ik. L.] Böger, Kanzleir. in Kiel, u. O[tto] Wegener, Oberlandesgerichts-Sekret. in Breslau. *Berlin: A. Nauck & C. 1898.* (2 Bl., 153 S.) 1 Bd 8. (98. 0571

Instruktion f. Verwaltung der Etats-Unterstützungsfonds. München 1892.
— — 1896: Entw. z. Vorschrift betr. die Etats-Unterstützungsfonds.

—— über die Verwaltung der Garnison-Schulen. gr. 8. (VI und 101 S.) Berlin 854, A. Duncker. *

—— für die Verwaltung und Instandhaltung der Handwaffen bei den Marinetheilen am Lande und an Bord in Dienst gestellter Schiffe und für die Verwaltung der dazu bestimmten Selbstbewirthschaftungsfonds. gr. 8. (VI, 105 S.) Berlin 883, (Mittler und Sohn.) *

—— für die Verwaltung der Kassen bei den Justizbehörden. Mit ausführl. Inhaltsverzeichniß und Sachregister. gr. 8. (VI, 135 S.) Berlin 885, C. Heymanns Verlag. cart. * 2 40
2. Aufl., s. umstehend.

—— dass. — Mit den dazu gegebenen Formularen, einem Verzeichniß der Kapitel und Titel des Justiz-Etats und Register. gr. 8. (IV, 102 S.) Berlin 885, Nauck und Comp. * 1 20
cart. * 1 40

— für die Verwaltung der Kassen bei den Justizbehörden vom 1. Dezbr. 1884 in der durch die allgemeine Verfügung vom 2. Jan. 1887 [Just. Minist. Bl. S. 15] veränderten Fassung. Amtliche Ausg. gr. 8. (VII, 158 S.) Berlin 887. v. Decker. n. 2. —

-- dasselbe. Nebst Anh., enth. die Anweisg. f. die Gerichtskasse I. zu Berlin. Mit ausführl. Inhaltsverzeichniß u. Sachregister. 2. Aufl. gr. 8. (VIII, 154 S.) Berlin 887. C. Heymann's Verl. cart. n. 3. —

Instruktion für die Verwaltung der Kassen bei den Justizbehörden. Unter Berücksicht. der durch Verfügung vom 2./1. 87 ergangenen Zusätze und Veränderungen. Mit den dazu gegebenen Formularen, einem Verzeichniß der Kapitel und Titel des Justiz-Etats und Register. gr. 8. (IV, 116 S.) Berlin 887, Nauck und Comp. *

—— dass. — Unter Berücksicht. der durch die Verfügungen vom 2. Jan. 1887 und vom 5. Mai 1888 ergangenen Zusätze und Abänderungen. Mit den dazu gegebenen Formularen, einem Verzeichniß der Kapitel und Titel des Justiz-Etats und Register. gr. 8. (IV, 116 S.) Ebendas. 888. *

— dasselbe in der durch die allgemeine Verfügung vom 2. Jan. 1887 veränderten Fassung. Amtliche Ausg. Tekturen. Allgemeine Verfügg. vom 5. Mai 1888 betr. Abändergn. gr. 8. (4 Bl.) Ebd. 888. — 15
(Hauptwerk u. Tekturen: n. 2. 35)

— dasselbe in der durch die allgemeine Verfügung vom 2. Jan. 1887 veränderten Fassung. Amtliche Ausg. Tekturen. Allgemeine Verfügg. vom 7. Septbr. 1819, betr. Abändergn. gr. 8. (9 Bl.) Berlin 891. R. v. Decker. n. — 20

— f. die Verwaltung der Kassen bei den Justizbehörden vom 1. Dezbr. 1884. Unter Berücksicht. der später verfügten Zusätze u. Abändergn. Mit den dazu gegebenen Formularen, e. Verzeichniß der Kapitel u. Titel d. Justiz-Etats u. Sachregister. 4. Aufl. gr. 8. (VI, 124 S.) Berlin 892. A. Nauck & Co. n. 1. 60; kart. n. 1. 80

— dasselbe. Amtliche Ausg. gr. 8. (VIII, 233 S.) Ebd. 893. n. 2. —

Instruktion für die Verwaltung der Kassen bei den Justizbehörden (vom 15. Juli 1893). Amtl. Ausg. [Mit den Abänderungen vom 18. Sept. 1895.] Berlin: Decker 1893(—95).

—— für die Verwaltung der Menage-Fonds bei den Truppen. gr. 8. (III, 45 S.) Berlin 878, [Schlesier.] Liebel'sche Buchh. *

Instruktion f. d. Verwaltg d. Menagefonds b. d. Truppen. Berlin 1885.

— f. die Verwaltung d. Menage-Fonds bei den Truppen. [Neudr. unter Berücksicht. der durch die Tekturen Nr. 1—3 getroffenen Abändergn.] gr. 8. (III, 48 S.) Berlin 892. P. Stankiewicz. n. — 40

Instruktion f. Verwaltung d. Montierungs-Depots. München 1883.

Instruktion für die Verwaltung der Offizier-Unterstützungs-Fonds. Berlin 1869. 8°.

—— über die **Verwaltung** der Offizier- und der Deckoffizier-Unterstützungsfonds, sowie der Fonds zur Unterstützung hülfsbedürftiger Familien der Mannschaften vom Feldwebel abwärts bei der kaiserl. Marine. gr. 8. (IV, 25 S.) Berlin 885, Mittler und Sohn. **

—— zur **Verwaltung** der gerichtlichen Salarien-Kassen vom 10. Novbr. 1851. Nebst Formularen und Anlagen. Amtl. Ausg. gr. 8. (IV und 183 S.) Berlin 851, Deckersche geheime Ober-Hofbuchdr. *

Instruction. Instruktion über die Verwaltung der Unterrichtskurse (**1904:* V' und Verpflegung in den Unterrichtskursen) pro 1904 u. pro 1905. ⟨Vom schweiz. Militärdepartement genehmigt den 10. Dezember u. den 31. Dez' 1904.⟩ *Kopftitel:* Schweizerische Armee. II + 45 [+ *Nachtrag* 1] u. II + 62 S. 8. [Bern,] St[ämpfli] & Cie., IX. 1904 u. I. 1905.

Instruktion für die Verwaltung und Verrechnung der Armatur und Kleingewehr-Munition. 4. Wien 872, k. k. Hof- und Staatsdruckerei. *

—— für die **Verwaltung** und **Verrechnung** der **Armatur** und **Kleingewehr-Munition.** 2. Aufl. 8. (VII, 115 S. mit Tab.) Wien 886, Hof- und Staatsdruckerei. *

Instruction (G—45.) für die Verwaltung und Verrechnung der Armatur und Kleingewehr-Munition. 2 Auflage. (1885) — (Ergänzung) Beigeb.: 1. Nachtrag. (1902.) 8. Wien 1902.

— für die **Verwaltung** u. Verrechnung der Armatur- u. Kleingewehr-Munition der k. k. Landwehr. 8. (VII, 181 S.) Wien 888. Hof- u. Staatsdruckerei. n. 1.—

Instruction (G—I) für die Verwaltung und Verrechnung der Armatur und Munition der k. k. Landwehr und des k. k. Landsturmes. [Ausgegeben mit C. V. vom 26. Jänner 1897, Nr. 1300/379 V (Lw. V. Bl. Nr. 5 ex 1897).] 8 Wien 1897.

— — (Neuauflage). 8. Wien 1902.

Instruction für die Verwaltung und Verrechnung der Armatur und Munition der k. k. Landwehr und des k. k. Landsturmes. 8. (VII, 135 S.) —.40
Wien: Hof- u. Staatsdruckerei 1897.

Instruction (G—53) für die Verwaltung und Verrechnung des Feld-Artillerie-Ausrüstungs-Materials. 4. Wien 1872.
— — 2. Auflage. 8. Wien 1885.

—— für die **Verwaltung** und **Verrechnung** des **Feld-Artillerie-Ausrüstungs-Materials.** 2. Aufl. 8. (VII, 122 S.) Ebendas. 885. *

Instruction für die Verwaltung und Verrechnung der Landsturm-Vorräthe in Tirol und Vorarlberg. Landwehr-Verordnungsblatt Nr. 9 ex 1892. 4. Wien 1882.

—— für die **Verwaltung** und **Verrechnung** der **Militär-Gefangenhäuser.** 4. (VI, 135 S.) Wien 882, Hof- und Staatsdruckerei. *

— — (C—6^b^) für die Verwaltung und Verrechnung des Train-Ausrüstungs-Materials bei den k. k. Train Regimentern. 1880. Beigeb.: Neuaufl. der Beilage 2 zu §. 17. (1889.) Beigeb.: Schema über die monatliche Gebür an Pauschalgeldern zu Instandhaltung des Train-Ausrüstungsmateriales, und zwar: Einzel-Gebür für die wesentlichsten Gegenstände und hienach für jede Train-Abtheilung am Friedens- und Kriegsstande entfallende Monatsgebür. Beilage 2 zu §. 17. (Zu Abth. 3, Nr. 1011 vom Jahre 1891.) Beilage 2 zu §. 17. (Zu Abth. 3, Nr. 3160 v. 1892, N.-V.-Bl. für das k. u. k. Heer, 46. Stück.) (In 1 Bd.) 8. Wien 1880—1892.

—— für die **Verwaltung** und **Verrechnung** des **Train-Ausrüstungs-Materials** bei den k. k. Train-Regimentern. 8. (129 S.) Ebendas. 880. *

Instruction für die Verwaltung und Verrechnung des Train-Materiales der k. u. k. Fußtruppen und der k. u. k. Cavallerie. 8. (VIII, 111 S.)
Wien: Hof- u. Staatsdruckerei 1898. —.50

— f. die **Verwaltung** u. **Verrechnung** des **Train-Materials** der k. k. Landwehr u. des k. k. Landsturmes, s. a. Taschen-Ausgabe der Vorschriften d. k. k. Landwehr. 10. Hft.

Instruction für die Verwaltung und Verrechnung des Train-Materials der k. k. Landwehr und des k. k. Landsturmes. [Taschen-Ausgabe der Vorschriften der k. k. Landwehr. 10. Heft.] 8°. (VI, 41 S.) K 1.50
Wien: Hof- u. Staatsdruckerei 1903.

Instruction (C—6b.) für die Verwaltung und Verrechnung des Train-Materials bei den k. u. k. Train-Regimentern. (Zu Abth. 3, Nr. 3332 vom Jahre 1897 — N. V. Bl., für das k. u. k. Heer, 41. Stück.) Beigeb.: Nachtrag 1. 1901. 8. Wien 1897—1901.

Instruction für die Verwaltung und Verrechnung des Train-Materiales bei den k. u. k. Train-regimentern 8. (X, 97 S.) —.50
Wien: Hof- u. Staatsdruckerei 1898.

(F) C—6, b .1. **Nachtrag zur Instruction für die Verwaltung und Verrechnung des Train-Materiales bei den k. u. k. Train-Regimentern.** (Zu Abth. 3, Nr. 1917 vom Jahre 1901. — Normal-Verordnungsblatt für das k. u. k. Heer, 24. Stück.) [Wien. 1901. Hof- und Staatsdruckerei.] 8°. 16 S. K—.15

Nachtrag 1 zur Instruction für die Verwaltung und Verrechnung des Truppen-Train-Materials der k. u. k. Fußtruppen und der Cavallerie. 8. (4 S. und 2 Beilagen) —.10
Wien: Hof- u. Staatsdruckerei 1890.

Instruction (C—6, c.) für die Verwaltung und Verrechnung des Truppen-Train-Materials der k. k. Fusstruppen, Cavallerie und technischen Truppen. (Zur Circular-Verordnung Abth. 3. Nr. 2161 von 1885 — N. V. Bl. für das k. k. Heer, 37 Stück.) Beigeb.: Neuaufl. der Beilage 2 zu §. 12 (1887). 1. Nachtrag vom Jahre 1890. 8. Wien 1885—1890.

—— für die **Verwaltung** und **Verrechnung** des **Truppen-Train-Materials** der k. k. Fußtruppen, Cavallerie und technischen Truppen. 8. (113 S. mit 1 Tab.) Ebendas. 885. *

—— über d. **Verwaltungs-Angelegenheiten** d. vormals mit d. Königr. Westphalen vereint gewesenen, jetzt z. Kgl. Preuß. Provinz Sachsen gehör. Landgemeinden. 8. (1¼ B.) Halberstadt 834, Schönrock.

Instruction für die Verwaltungs-Commissionen der Truppen im Frieden, dann für die ökonomische Verwaltung und Verrechnung der Truppenkorper in der Mobilität und im Kriege. 4. Wien 1869.

— — (G—20 b.) für die Verwendung und Behandlung der Kapselschiesseinrichtung M. 2 Mit 1 Beilage und 3 Tafeln. (Zu Abt. 7, Nr. 3006 vom Jahre 1904. — N. V. Bl. f. d. k. u. k. Heer 20. Stück.) 8. Wien 1904.

— für die Verwendung u. Behandlung der Kapselschieß-einrichtung M. 2. Mit 1 Beilage u. 8 Taf. (22 S.) M. 8. Wien 904. (Hof- u. Staatsdruckerei.) n. —50

Instruction (II—3a) über die Verwendung der Ecrasit-Spreng-Munition der technischen Truppen. Mit 5 lithogr. Fig.-Taf. (Zu Abth. 8, Nr. 780 vom Jahre 1891, Normal-Verordnungsblatt für das k. u. k. Heer 8. Stück.) — Beigeb.: Nachtrag. (Zu Abth. 8, Nr. 189 vom Jahre 1892, N.-V.-Bl. für das k. u. k. Heer, 3. Stück.) 8. Wien 1891.—1892.

Nachtrag zur Instruction über die Verwendung der Ecrasit-Spreng-Munition der technischen Truppen. 8. (3 S.) Wien: Hof- und Staatsdruckerei 1892. - .02

Instruction über die Verwendung der Ecrasit-Spreng-Munition der technischen Truppen. Mit 5 lithogr. Figuren-Tafeln. 8. (40 S.) —.30 Wien: Hof- u. Staatsdruckerei 1892.

Instruktion zum Viehseuchengesetz v. 27.6.95. (Gareis, Rges. 181-82) Giessen 1895

Instruction für die Vögte in den Dorf- und Erbpachtschaften der Aemter Reinbek, Trittau und Tremsbüttel, und des Gutes Mönkenbrock. Altona. 1840. 4° k.

Instruction für die Vogteien der Dorfs- und sonstigen Districte, in den zu einer Präfectur verbundenen Aemtern Reinbeck, Trittau und Tremsbüttel und des Gutes Mönckenbrock. Schleswig. 1804. 4° k.

— f. d. Vollstreckungsbeamten d. Staatsverwaltungsbehörden. 12. (62 S.) Dresden (882). C. Heinrich. Kart. n. 1.—

— f. d. Vollstreckungsorgane. (Verordng. d. Justizministeriums v. 12. VII. 1897, Z. 16346, J. M. V. Bl. Nr. 26.) 8. (III, 100 S.) Wien 897. (Hof- u. Staatsdruckerei.) n. —40

Instruktion für die Vollstreckungsorgane. ⟨Verordnung d. Justizminist. v. 12. Juli 1897, JMVBl. Nr 26, u. v. 10. Mai 1910, JMVBl. Nr 9.⟩ 5., erg. Aufl. Wien: Hof- & Staatsdr. 1910. XIX, 108 S. 8° [11. 5741

—— zur Vollziehung d. revidirten allgem. Gewerbe-Ordnung. gr. 8. (4 B.) Stuttgart 837, (Metzlersche Buchh.)

— betr. den Vollzug von Auszahlungen f. Rechnung der Finanzbehörden durch die Postsparkasse. Das Anwendungsgebiet dieser Instruktion erstreckt sich zufolge der Ministerialverordng. vom 10. XII. 1906, R.G.Bl. Nr. 245, u. vom 14. XII. 1907, R.G.Bl. Nr. 274, auf Niederösterreich, Oberösterreich u. Salzburg. (132 S.) Lex. 8. Wien 908. (Hof- u. Staatsdruckerei.) 1. 20

—— über d. Vollzug d. Hypotheken-Gesetzes f. d. Königr. Bayern. 8. ... Bamberg 825, Drausnick.

—— dass. mit dem Hypotheken-Gesetz. 8. ... Ebds. 825.

— über den Vollzug des neuen Hypothekengesezes für d. Königr. Baiern vom 1. Juni 1822. gr. 8. Bamb., Drausnick. 14 K N. A. 822. Lachmüller. 8 K

—— über den Vollzug der Liegenschafts-Versteigerungen auf dem Zwangswege für Bürgermeister und Rathsschreiber, entworfen nach Maaßgabe der Vollstreckungs-Ordnung vom J. 1832, und der weitern einschlägigen Gesetze und Verordnungen. 8. (32 S.) Freiburg im B. 851, Wagner'sche Buchh.

— die, vom 1. Juni 1862 zum Vollzuge des Notariatsgesetzes vom 10. Novbr. 1861. Bamberg 862. Buchner. 8. (41 S.) 6 ngr.

Vorläufige Instruction f. d. Dienst d. Art.-Directoren i. Festungen. München 1849.

Vorläuf. Instruktion f. d. ärztl. Dirigenten d. Kgl. preuß. Provinzial-Militärlazaretts. Halberstadt 1813.

Vorläufige Instruction für sämmtliche Ober-Landes-Justiz-Collegia wegen künftiger Administration der Sportul-Kassen und der dabey zu beobachtenden Rechnungs-Führung. [Dat.:] Berlin, den 2. May 1780. (Berlin : Decker 1780.) fol.

Vorläufige Instruction f. hohe Würfe a. d. gezogenen 24 Pfünder-Batterie-Kanonen. München 1867(?). 2°

—— vorläufige, üb. d. Zweck u. Gebr. der zum Behufe d. Elementar-Zeichnungsunterr. hrsg. Zeichnungsbogen. Zur Darnachachtung f. öffentl. angest. Zeichnungs-Lehrer rc. 8. (1³/₄ B.) München 838. (Regensburg, Manz.) Mit 9 Zeichnungsbogen in qu. 4. *

Instruktion für Vormünder im Amte Plön. Plön. 1827. 8°

—— für die Vormünder bei Verwaltung der Vormundschaften in der Rheinprovinz mit Ausschluß der ostrhein. Landestheile des Regierungs-Departements Coblenz. 4. (8 S.) Trier 868, Lintz' Verlag. *

Instruction zur Vornahme periodischer Acten-Skatirungen bei den Rechnungs-Abtheilungen der anwesenden Militärbehörden. 4. (IV u. 33 S.) geh. 40 kr. Wien: Hof- u. Staatsdruckerei 1882.

Instruction zur Vornahme von Desinfectionen. kl. 8. Wien 1879.

Instruction f. d. Vornahme d. Richtübungen bei einer Batterie. München 1860(?).

Instruction (A—55.) zur Vornahme der Prüfungen der auf die Beförderung zu Stabsärzten aspirierenden Regimentsärzte 1. Classe. — Siehe N d. Wien 1894.

—— über die Vornahme v. Skontrirungen bei den k. k. Steuerämtern. Mit 9 Formularien u. e. Anh. gr. 8. (48 S.) Ebd. 889. * — 60

— über die Vornahme von Scontrirungen und Uebergabe der Cassen und Sperren bei den k. k. Landeshauptcassen, Finanz-Landescassen, Landes-Zahlämtern. Ebd. 1887. 19 S. 4°

Instruction für die Vornahme der Uebungen mit der Cavallerie-Exercier-Sprengbüchse M. 1897. (Mit 1 Beilage.) (Lithographiert.) Fol. Wien 1898.

— — Nachträge zu der Vorschrift für die Regiments-Knaben-Erziehungs-Institute vom Jahre 1810 bis zu Ende des Jahres 1824. Auf Befehl des k. k. Hofkriegsrathes gesammelt und herausgegeben. Fol. (1825.)

Anhang zur Instruktion (G—61—26.) enthaltend die Vorschrift zur Untersuchung und Uebernahme der 15 cm M. 99 Ecrasit-Granaten. (Mit 2 Tafeln.) (Zu Abth. 7, Nr. 2830 von 1901.) (Lithographiert.) Fol. Wien 1901.

— — zur Instruktion (G—61—26.) enthaltend die Vorschrift für die Untersuchung und Übernahme der appretierten und bebänderten 15 cm M. 99 Ekrasitgranaten. (Mit 2 Tafeln.) (Zu Abt. 7, Nr. 6090 von 1904.) (Lithographiert.) Fol. Wien 1904.

— — für die in der k. k. Artillerie jährlich abzuhaltenden Vor- und scharfen Uebungen. (Mit 1 lithogr. Taf.) Beigeb.: 1 Blatt „Abänderungen" etc. 4. Wien 1869—1870.

Instruktion für die Wachen, in Hinsicht der ... Verhaftungen. Berlin 1844. 8°.
Dass. 1850.
Dass. 2. Abdr. 1866.

— für die Wachen in Hinsicht der von ihnen vorzunehmenden Verhaftungen. kl. 8. Berlin 845, Decker. n. 1½ ngl

—— für die Wachen, in Hinsicht der von ihnen vorzunehmenden vorläufigen Ergreifungen und förmlichen Verhaftungen. gr. 8. (15 S.) Berlin 850, Decker'sche geheime Ober-Hofbuchdr.

Instruktion für die Wachen in Hinsicht der von ihnen vorzunehmenden Verhaftungen und vorläufigen Festnahmen. Vom 29. Jan. 1881. 8. (16 S.) Berlin 881, (v. Decker's Verlag.) *

— für die Wachen in Hinsicht der v. ihnen vorzunehmenden Verhaftungen u. vorläufigen Festnahmen. Vom 29. Jan. 1881. 8. (18 S.) Berlin 884. Mittler & Sohn. n. — 20

– dass., s.a. Instruktionen.

Instruction über den Waffengebrauch des Militairs und über die Mitwirkung desselben zur Unterdrückung innerer Unruhen. 8. Berlin 1851.

— für Waffenoffiziere u. Büchsenmacher d. k. k. Heeres. 8. (VI, 235 S. m. 31 Taf.) Ebd. 886. cart. n. 2. 60

— — (G—3) für Waffenofficiere und Büchsenmacher des k. k. Heeres. Beigeb.: 1. Nachtrag. (N.-V.-Bl. für das k. k. Heer, 39. Stück ex 1889.) 8. Wien 1886 u. 1889.

Instruction (G—3) für Waffenoffiziere und Büchsenmacher des k. u. k. Heeres. (1886.) — (Ergänzung.) Beigeb.: 2. Nachtrag. 8. Wien 1896.

Nachtrag 2 zu G—3 „Instruction für Waffen-Officiere und Büchsenmacher des k. u. k. Heeres" vom Jahre 1886. 8. (25 S.) —.06
Wien: Hof- u. Staatsdruckerei 1897.

— — für Waffenofficiere und Büchsenmacher der k. k. Truppen, über die Handfeuerwaffen mit Werndl Verschluss M. 1873 und das Zimmer-Gewehr (Karabiner) M. 1877. Mit 5 lithogr. Taf. (Nebst Anhang mit 2 Taf.) Beigeb.: I. Nachtrag. Mit 1 Figurentaf. (Mit 1 Taf.) 8. Wien 1878 u. 1884.

— für Waffenoffiziere u. Büchsenmacher der k. k. Truppen, über die Handfeuerwaffen mit Werndl-Verschluß M. 1873 u. das Zimmer-Gewehr (-Karabiner) M. 1877. Mit 5 lith. Taf. 8. (IV, 172 S.) Wien 878. k. k. Hof- u. Staatsdruckerei. n. 1. 20

—- über die Waffenübungen des k. k. Heeres. 8. (42 S.) Wien 881, Hof- und Staatsdruckerei. *

— für die Waffenübungen d. k. k. Heeres. 8. (V, 80 S. m. 6 Beilagen.) Wien 886. Hof- u. Staatsdruckerei. n. — 80

(F) E—23. Instruction für die Waffenübungen des k. und k. Heeres. 2. Auflage der Instruction vom Jahre 1886. (Zu Abthg. 5, Nr. 1887 von 1890 – Normal-Verordnungsblatt für das k. und k. Heer 17. Stück.) Wien. 1890. Nachdruck-Ausgabe vom Jahre 1898 mit Berücksichtigung des Nachtrages I. Hof- und Staatsdruckerei. 8°. 60 S. fl. —.40

Instruktion für die Waffenübungen (Gebrauch des Seitengewehrs, der Lanze etc.) der Cavallerie. Beigeb.: Abänderungen und ergänzende Bestimmungen. 8. Berlin 1873—1889.

Instruktion für die Waffenübungen der Kavallerie. Berlin 1873. 8°.
Dass. u. d. T.: Vorschrift für die Waffenübungen ... 1891.

—— für die Waffenübungen der Kavallerie. gr. 8. (48 S. mit 1 chromolithogr. Taf. Abbildungen.) Berlin 873, v. Decker'sche Geh. Ober-Hofbuchdr. *

—— für die Waffenübungen der Kavallerie. Abänderungen. gr. 8. (2 Bl.) Berlin 885, Mittler und Sohn.

— für die Waffenübungen der Kavallerie. Ergänzende Bestimmgn. [Genehmigt durch A. K. O. vom 22. März 1889.] 8. (11 S.) Berlin 889. Mittler & Sohn. — 15

Instruction für die Waffen-Uebungen der k. bayer. Kavallerie. München 1874. 8.

—— für die Waffenübungen der Kavallerie m. spezieller Berücksicht. der Lanze. Zusammengestellt nach den ministeriellen Vorschriften. 16. (40 S.) Metz 890, Deutsche Buchh. — 50

Instruktion für die Wagenmeister oder Wagenaufseher bei der k. k. priv. Buschtěhrader Eisenbahn. Prag, 1855. Druck von Karl Bellmann. (12 S. 8.)

Instruktion für die Wagenschmierer. Druck von Karl Bellmann in Prag. 1856. (9 S. 8.)

Instruktion für die Wagenschmierer. Von der Direktion der a. p. Kaiser Ferdinands Nordbahn. Gedr. bei Josef Stöckholzer v. Hirschfeld in Wien. (8 S. 8.) 1856.

Instruktion für die Wagenschmierer bei der k. k. priv. Buschtěhrader Eisenbahn. Prag, 1855. Druck von Karl Bellmann. (8 S. 1 Bl. 8.)

Instruction für die Waldarbeiter in den Sächsischen Staatsforstrevieren (v. 1. Okt. 1883). - Dresden 1883. 24 S. - Dass. v. 1. Januar 1894 u. d. T.: Dienstanweisung für die Waldarbeiter auf den Sächsischen Staatsforstrevieren. ebd. 1894. 29 S.

Instruction für die bayerischen Waldaufseher. - München 1854. 9 S. - Würzburg 1871. 8 S.

— für die Wärter beweglicher Dampfkessel [Locomobilen]. 16. (8 S.) Neuhaldensleben 883. Eyraud. n. — 30

— f. d. Wärter beweglicher Dampfkessel (Locomobilen). (2. Aufl.) 16. (7 S.) Neuhaldensleben (891). (C. A. Eyraud's Verl.) — 50

Instruction für die Wärter und Wärterinnen der im Jahre 1796 gegründeten Freimaurer-Kranken-Institute in Hamburg. Vom Verwaltungsrath rev. im Mai 1880. [Hamburg 1880: Kümpel.] 12 S. 8° [Umschlagtit.] 193.

Instruction. Was der Kutscher, Reith- und Hauss-Knecht täglich bey Wartung der Pferde einer sowohl als der andere zu observiren haben. O. O. u. J. 4 Bl.

Instruktion für die örtlichen Weinbau-Kommissionen. Ludwigsburg 1839. -- [Zit. nach Bibliotheca oenologica, Nachtr. 4]

Instruktion für die, zum Bau der Königlichen Domanial-Weinberge angenommenen Weinbergs-Hofleute. Wiesbaden 1878. 8 S. -- 121*

Instruktion für den Werkführer der k. k. priv. Buschtěhrader Eisenbahn. Prag, 1856. Druck des artistisch-typographischen Instituts von Karl Bellmann. (10 S. 8.)

— wie d. Exercitium der französ. Infanterie einzurichten. 2 Thle. 8. Straßb. 775. Stein. 1 ℔ 12 K Dass. 8. Frankf. a. M. 775. Varrentrapp. 1 ℔ 8 K Dass. französ., mit 24 Plänen. 8. Ebd. 775. 1 ℔ 8 K

Instruction wie die Grund-Richter in denen Vorstädten sich in Ansehung deren Kranken, und Presthaften, so entweders in das Kranken-Haus, oder in das Spital zu St.Marx gehören, zu verhalten haben. 4 S., gbd.

Wien: 1735

JB 5.773

Instruktion. Wie die Landgerichts-Verwalter In disem Hertzogthumb Carnthen Sich zu verhalten haben. Clgft., Kleinmayrin, 1727. Folio. 29 S.

Instruction, wie die neue Großherzoglich Badische Forstorganisation in Gang zu setzen ist und wie die Geschäfte bis zur nähern Vorschrift zu behandeln sind. - Karlsruhe 1808. 51 S.

— wie d. neue Großherzogl. Badische Forst-Organisation in Gang zu setzen ist. Karlsruhe, Müller. 808.

INSTRUKZION. - wie in Sachen der Bauoekonomie jene Beamte, oder auch andere Individuen sich zu verhalten haben, denen die Bauführung ... aufgetragen wird. o. V. o. O. (Wien) o. J. (1788). 1 vol. 31 S.

Instruktion (G—61,40) betreffend das Wiederberingen und Wiederbebändern der Geschosse mittelst der für diese Arbeiten abgeänderten, zum Beringen der Geschosse M. 1875 bestimmten Drehbank. Mit 2 Taf. Beigeb.: Berichtigungen vom Jahre 1885. (Lithogr.) Fol. Wien 1883—1885.

Instruktion betr. Wirkungkreis d. Schiedsrichter ... Berlin 1875.

Instruction betreffend den Wirkungskreis der Schiedsrichter in Ergänzung der Verordnung vom Jahre 1873 über die Ausbildung der Truppen für den Feldbienst und über die größeren Truppenübungen. München 1875. 8.

Instruction, wonach die Holzkultur in den Königlich-Hannoverschen Forsten betrieben werden soll. - o. O. 1817

Instruction wonach die Holzcultur in den königl. Preussischen Forsten betrieben werden soll. Berlin 1814. **V:** *Hartig, Gg Ldw.* (KY) & *Carl v. Bülow.* (MGT)

— wonach die Holzkultur in den k. preuß. Forsten betrieben werden soll. (Von G. L. Hartig u. K. v. Bülow.) gr. 8. Berl. 814. Nicolai. 10 K

Instruction (v. 14. Aug. 1814) wonach die Holzkultur in den Kgl. Preuss. Forsten betrieben werden soll. - Berlin 1814. 74 S. - 2. Aufl. ebd. 1834. 74 S. verf. v. Georg Ludwig Hartig

Instruktion (württembergische) für die Revision des Gewerbesteuerkatasters nach der Grundlage des Gesetzes vom 15. Juli 1821. fol Stuttgart 1821

Instruction für Zeichenlehrer an Hauptschulen. Wien 1836. H: *Seeder* (*Sieder?*). (EB)

Instruction für die Zerstörung der Eisenbahnen und Telegraphen durch die Pionnier-Züge der k. k. Kavallerie-Regimenter. Anhang zum Leitfaden für die Ausbildung der Pionniere Linien-Infanterie, Jäger-Truppe und Kavallerie. 8. (67 S. mit in den Text gedr. Holzschn.) Wien 878, k. k. Hof- und Staatsdruckerei. *

Instruction (H—27) für die feldmässige Zerstörung von Brücken. (Als Manuscript gedruckt.) (Zu Abth. 8, Nr. 1942 von 1890. N.-V.-Bl. für das k. u. k. Heer, 17 Stück.) 8. Wien 1890.

Instruktion für Zimmerwärter, Thürsteher u. Thorwächter. (Von der Direktion der a. pr. Kaiser Ferdinands Nordbahn.) Gedr. bei Josef Stöckholzer v. Hirschfeld. (9 S. 8.) 1857

Instruction für die Civil-Landes-Commissäre und Civil-Commissäre bei der Armee im Felde und bei den Commanden der in Kriegs-Ausrüstung gesetzten grösseren festen Plätze. 8. Wien 1878.

(F) Instruction über die Zollbehandlung von Maschinen und Apparaten. Verordnung der Ministerien der Finanzen und des Handels vom 21. Mai 1887. Z. 2417 F.-M. (V.-Bl. 18 ex 1887.) Mit Berücksichtigung der durch nachträgliche Ministerial-Verordnungen bedingten Abänderungen und Ergänzungen nebst einem alphabetischen Sachregister nach dem Stande vom Ende Jänner 1899. Erweitert durch einschlägige von den Ministerien der Finanzen und des Handels nach Anhörung des Zollbeirathes getroffene Zolltarif-Entscheidungen und andere auf diese Instruction bezugnehmende Ministerial-Verordnungen von Leopold Löffler. Wien. 1899. Manz. 16°. 71 S. fl. —.50

INSTRUKZION. - über die Zoll Manipulation ... nach den ottomanischen Ländern. Wien 1789.

Instruksion für die Zusammenstellung und Abhaltung der Schulen und Equitazionen, sowie für die Vornahme der sonstigen Beschäftigungen in den Feld-Artillerie-Regimentern und Festungs-Artillerie-Bataillonen. (Donation Liechtenstein.) 8. Wien 1868.

Instruktion — Instruktionen.

— od. Staat d. landschaftlichen Ausschusses in Würtenberg ꝛc. – gr. 8. Stuttg. Steinkopf. 792.

Instrukt. zur Anfertigung der vierteljährl. Medizinal-Berichte der Militärärzte. Fol. (Lithogr.)

— für die österr. kais. königl. Armenväter. Wien, Pichler. 804.

— f. die Aufseher der unter öffentl. Aufsicht gestellten Baumanlagen im Großherzogth. Baden. Fol. Karlsr. ... Marx. 3 gr.

— über die einzelne Ausarbeitung der Cavallerie. ... Berl. ... Decker. 4 gr.

— zur Belehrung d. Soldaten. Glogau, N. Güntersche B. 1 gr.

Instrukt. über Beschaffg, Nutzung u. Pflege d. Blutegel. Berlin 1868. 12.

— f. sämmtl. Dorfrichter u. Schöppen. 4. Dresden, Walther. 786.

— üb. die Einrichtung u. Führung gerichtl. Gewähr-, (Kauf- u. Tausch-) Bücher f. das Großherzogthum Baden. Fol. Karlsr., Marx. 6 gr.

Instrukt. f. d. Feld-Kriegs-Kasse z. Führung ihrer Bücher u. Betreibg ihrer Zahlungsgeschäfte. Berlin 1812.

— f. das Gewerbwesen in d. 7 ältern Kreisen v. Baiern. 8. Bamb. 826. Drausnick. 4 gr.

— f. Hebammen im Königr. Baiern. 8. Münch. 816. (Lindauer). 4 gr.

— kurze, f. d. katholischen Landschullehrer ꝛc. Freiburg, Herder.

Instrukt. f. d. Lazarett-Gehülfen-Personal d. Kgl. Marine. Berlin 1866.

Instrukt. f. d. Lazarett-Reserve-Depots. Berlin 1866.

— f. die Leichenbeschauer. 8. Ulm ... Ebner. 2 gr.

— fürstl. Lippische, in Betreff des Schornsteinfegens. 4. Lemgo 796. Meyer. 4 gr.

— der Militair-Conscription f. das Großherzogth. Frankfurt. Fol. Frankf. a. M. 814. Andreä. 6 gr.

— f. Pfandschreibereien d. Großh. Baden. 8. Karlsr., Marx. 3 gr.

— für d. Polizei- u. Aufsichtspersonal d. Großherzogth. Baden, nebst e. Anh., d. betreff. Verordnn. ihres Dienstverhältnisses. gr. 8. Karlsr., Marx. 12 gr.

Provisor. Instrukt. üb. d. Versorg. d. Großherzogl. Armee-Korps m. Arzneien. Karlsr. 1870.

— üb. d. Prüfung d. Protestantischen Pfarramts-Kandidaten. München, Giel.

— einige, für junge angehende Regenten ꝛc. 8. Quedlinb. 793. Ernst. 9 gr.

— für d. Schätzungen u. Schätzmänner im Königr. Baiern. (Aus dem Hypothekengesetz abgedr.) 8. Bamb., Drausnick. 2 gr.

— für d. Schwarzb.-Sondersh. Schullehrer. 8. Leipz. 800. G. Fleischer. 4 gr.

— z. Verfert. eines Gesetzbuches v. d. Russ. Kaiserin. gr. 8. Bern, Typ. Soc. 769.

— f. Vormünder und Curatoren. 8. Würzburg, Rienner.

Instruktionen

Instruktionen zur Abschätzung und Einrichtung sowie zur periodischen Revision der Domänen-, Gemeinde- und Körperschafts-Waldungen im Großherzogthum Baden. - Karlsruhe 1858. 62 S.

Instruktionen, allgemeine und Special-, für die Wachen der Garnison Breslau. 8. (208 S.) Breslau 887, Dülfer's Verlag. *

Instruktionen zur Anwendung d. Gesetzes vom 4. Juni 1890 üb. die Maßnahmen zur Förderung d. landwirthschaftlichen Branntweinbetriebes, nebst allen Beilagen. Uebers. vom Geschäftsführer der 6. ehstländ. Bezirks-Accise-Verwaltg. O. v. Böhlendorff. 1. u. 2. Aufl. gr. 8. (16 S.) Reval 891. F. Wassermann. n. 1. —

Zu den drei Weltkugeln: **Instruktionen** für Beamte einer St. Johannis-Loge [der Grossloge zu den drei Weltkugeln in Berlin]. Für die Tische im Norden und Süden. [Berlin] o. J. 32 S. 4°
Für den Sekretär, Redner, Schatzmstr., Zeremonienmstr.

Instructionen für die fachmännischen Begleiter der k. k. Mission nach Ostasien und Südamerika. (Als Manuskript gedruckt.) Wien 1868. II, 85 S. 8°

Instructionen für die Beobachter der meteorologischen Stationen der Schweiz. Zürich 1863 u. 1893. 4°

Instructionen. Instrukt' für die Beobachter der meteorologischen Stationen der Schweiz. Zürich 1893 s.a.(Billwiller, R[obert]).

Instructionen für die Beobachter der meteorologischen Stationen der Schweiz. 2. Aufl. ... Zürich 1893. V: *Billwiller, Rob.* (Cat. d. Stadtbibl. Zürich. Zürich 1864—97.)

Instructionen für den Dienst auf den k. k. Kriegsschiffen. 8. Triest 1850.

Instructionen der Dragoner-Compagnie in Hamburg. O. O. [1809?]. V: *Böhme, Andreas Ludwig.* (schr)

Instructionen (II—25) über die Erzeugung, Verpackung, Conservirung und Deponirung der Spreng- und Zündmittel für die k. k. Genie-Truppe. (Mit 13 Taf.) - 8. Wien 1872.

Instructionen zum Gebrauch der Loge zur edlen Aussicht im Or. Freyburg i. B. Freyburg B. (1785) V: *Schlosser, Johann Georg.* (wolfstieg II, 574) (Abafi, L., Gesch. d. Freimaurerei in Oesterreich-Ungarn 5, 1899, S. 28.)

Instructionen, geheime, d. Königs v. Preußen an d. Offiziere seiner Armee. 8. Prag 780. Schönf. (h. 12 K

— geheime strategische, Friedrich II. an seine Generale. Mit 31 ill. Plänen. qu. Fol. Leipz. 803. 15 ß N. Aufl. 815. Baumgärtner. 8 ß (Vergl. Friedrich's II. Unterricht rc.)

— geh. strategische, Friedr. II. an s. General-Inspecteurs mit 31 Plän.n. gr. 4. Leipzig, Baumgärtner. 803.

Instructionen, Geheime strategische, an seine General-Inspecteurs. Leipzig [1801]. V: *Friedrich II., König v. Preußen.* (KA)

Instructionen, die geheimen, für die Gesellschaft Jesu, s. Bergmann, H. A.

— d. geheimen, der Jesuiten, s. a. **Monita secreta**.

Instructionen, die geheimen, der Jesuiten. Nach dem latein. Original deutsch von Z. gr. 16. (66 S.) St. Gallen 848, Scheitlin und Zollikofer.

Instruktionen f. d. Gesundheitsbeamten u. Angestellten b. d. Korps, den Ambulanzen u. den stehend. Spitälern. Bern 1842.

Instructionen, Historische, [für die Grosse Landes-Loge der Freimaurer von Deutschland in Berlin]. Nr. 1—8. O. O. [ca. 1836]. V: *Nettelbladt, Christian Carl Friedrich Wilhelm Freiherr von.* (wolfstieg II, 543/544)

Instruktionen f. die alphabet. Kataloge der preuss. Bibliotheken u. f. den preuss. Gesamtkatalog. Vom 10. V. 1899. Lex.-8. (168 S.) Berlin 899. A. Asher & Co. n. 4.60

Instruktionen für die alphabetischen Kataloge der preußischen Bibliotheken und für den preußischen Gesamtkatalog. Vom 10. Mai 1899. [Nebst] Erläuterungen, Nachträge, Beispielzusätze. Berlin: A. Asher & Co. (Erl.: Burg b. M.: Buchdr. von A. Hopfer) 1899–1905. 2 Bde 4°(8°) (es. 6606

Instruktionen f. die alphabetischen Katologe der preuss. Bibliotheken v. 10. V. 1899. 2. Ausg. in der Fassg. v. 10. VIII. 1908. (X, 179 S.) Lex. 8. Berlin 909. Behrend & Co. 4.80; geb. in Leinw. 5.60

Instruktionen für die Katalogsarbeiten der K. K. Hofbibliothek in Wien. Hrsg. v. d. Direktion. (Vorr.: Wilhelm v. Hartel, Dir. d. k. k. Hofbibl.) Heft I. *Wien 1895.* 8. (96. 077

Instruktionen für königlich bayerische Cavalerie-Unteroffiziere. (1. Thl.) Zweibrücken 861. (Bamberg, Buchner.) 8. (96 S.) n. 8 ngr.

— — 2. Thl. Bamberg 864. Buchner. 8. (81 S. u. 2 lith. Taf. in 4.) n. 8 ngr.

Instructionen für angehende Kavalleristen ... Leipz. 1814. H: *Tennecker, Chn Ehrenfr. Seyfert v.* (NN) (Ky) (MGT)

Instructionen f. angehende Cavalleristen. Von einem Stabsoffizier der königl. sächs. Cavallerie. 1s Heft, (enth. 1) Unterricht im Satteln u. Packen. 3 K 2) Unterricht in der Stallordnung. 3 K 3) Instruction f. die Quartiermacher. 1 K 4) Schemata zu Fourage- u. Brodfassungen. 1 K) 8. Leipz. 814. Joachim. 8 K

Instructionen. Instrukt' für Herrn Dr. [Johann Conrad] Kern ([betreffend die] Anerkennung der gänzlichen Unabhängigkeit des Kantons Neuenburg). (Ertheilt am 21. Januar 1857.) 8. *o. O.*

Instruktionen für die Kirchenvorstände der evang.-luth. Gemeinden in Rußland. Petersburg 1900 HSH

Montevideo, Meteorolog. Landesdienst, Instruktionen. Montevideo 1898.

Instructionen d. Generale Lecourbe u. Moreau üb. d. militär. Vertheidigung d. südl. Schweizergränze Anno 1800. A. d. Franz. 8. (1 B.) Zürich 831, Schultheß.

— f. die Lehrer u. Ordinarien an den höheren Lehranstalten in Preußen. (60 S.) gr. 8. Halle 909. Buchh. d. Waisenhauses. — 60

Instruktionen, nach welchen Landleute ihr Thun u. Lassen in Vormundschaftssachen (in Hannöverschen) einzurichten haben. 4. Hannov. 822, Hahn. Rthlr.

Neue Instruktionen für die Kgl. Preuss. Forst-Geometer und Forst-Taxatoren, durch Beispiele erklärt von Georg Ludwig Hartig. - Berlin 1819. 119 S. - 2. Aufl. ebd. 1836. 111 S.

(F) Instructionen und Normalverordnungen für das Münz- und Punzirungswesen. Im Auftrage des k. k. Finanz-Ministeriums zusammengestellt und bearbeitet vom J. Lasus. I. Theil. Münzwesen. Wien. 1900. Hof- und Staatsdruckerei. Lex.-8°. XIV, 808 S. K 5.—

(F) **Instruktionen** und Normalverordnungen für das Münz- und Punzierungswesen. IV. Teil. Ergänzungsband. Lex.-8°. (IX, 325 S.) Wien: K. K. Hof- u. Staatsdruckerei 1908. K 3.—

Instructionen für Officiere vom General-Stab in verschiedenen Dienstverhältnissen. Für junge Officiere und alle die, welche sich über Erfordernisse und Dienst-Verrichtungen der Officiere dieses Corps unterrichten wollen. Ausgezogen — gesammelt etc. durch einen deutschen Stabs-Officier. 8. Jena 1825.

Instruktionen f. Offiziere vom Generalstab in verschied. Dienstverhältnissen. Ausgezogen, gesammelt rc., durch einen deutschen Stabs-Offizier. gr. 8. Jena 825, Cröker. 8 gr. Weiß Pap.

Instrukzionen n. Patente grösseren Inhalts, als Gegenstück zu d. vollständ. Auszug etc. *Ebend.* 7 Hfte. 8. 7960. Gesetze für das Königr. Böhmen unter Joseph II. von 1782 bis 1786. 3 Thle. *Prag*, Gerle. (W. Vogel in *Leipzig.*) 783—86. gr. 8. (1 Thl. 10 Gr.)

—— u. Rathschläge des Satans an die in Frankreich durch Michelet u. Quinet in's Treiben gebrachten Jesuiten. Hrsg. von Beelzebub. Nach d. Franz. von Lucifer. gr. 8. (7½ B.) Weimar 846, Voigt.

— — an d. Realschulen in Oesterreich im Anschlusse an e. Normallehrplan. 8. (385 S.) Ebds. 1 fl. 1885.

Instructionen und Rescripte an die Ober-Amts-Regierung des Markgrafthums Niederlausitz in Lübben. [Hs.: teils Orig., teils Abschriften.] 2 Bde fol.

Instructionen für den St. Johannis-Lehrling. Ausgewählte Aufsätze aus der Zirkel-Correspondenz unter den St. Johannis-Logenmeistern der Grossen Landes-Loge der Freimaurer von Deutschland [in Berlin]. Jg 1872 bis 1876. H. 1—3. [H. 1. 2.]: hrsg. von [Adolf] Widmann und [Fel.] Possart, [2. Aufl.:] von [Fel.] Possart, [H. 3.]: von Carl Gartz. Berlin: Mittler & S. 1877—1886. 8⁰

1. 135 S. 1877. 2. Aufl. 135 S. 1886. Unveränd. Neuabdr. 135 S. 1895.
2. 161 S. 1877. 2. Aufl. 155 S. 1883. Unveränd. Neuabdr. 164 S. 1905.
3. 152 S. 1886.

Technische Instructionen für die von der Königl. General-Kommission von Pommern beauftragten Oekon.-Kommissaren. Berlin, 1842. 4.

Instructionen, technische, für die von d. kgl. General-Commission d. Prov. Sachsen beschäftigten Special-Commissarien. gr. 8. (17 B. u. 2 Tab.) Stendal 845. (Franzen u. Grosse.)*

Instructionen für die Tochterlogen der Grossen Loge zu Hamburg. Eingeführt 1855. [T. 1—3. Nebst] Vorbemerkung. Hamburg [1855]: Nestler & Melle. 4⁰
[1.] Instructionen f. d. Lehrlings-Grad. 46 S.
[2.] Instructionen f. d. Gesellen-Grad. 42 S.
[3.] Instructionen f. d. Meister-Grad. 42 S.
cf. T. 1 (1855—1856) S. 56 (E. Röhr).
Tt. 1349.

Instructionen für den Unterricht an den Gymnasion in Oesterreich. gr. 8. (417 S.) Wien 884, Pichler's Wwe. und Sohn. *
—— dass. — Einzige, vom k. k. Ministerium für Cultus und Unterricht autoris. Ausg. gr. 8. (XXVI, 316 S.) Wien 884, (Manz'sche Hofverlagsh.) †

—— für den Unterricht an den Gymnasien in Österreich. 2. Abdr. gr. 8. (III, 416 S.) Wien 885, Pichler's Wwe. und Sohn. *

—— für den Unterricht auf den Gymnasion in Österreich. 3. ergänzte Aufl. Verordnung d. Ministers f. Cultus u. Unterricht v. 26. Mai 1884, Z. 10128 m. Nachträgen bis zum J. 1891. gr. 8. (III, 428 S.) Wien 891, Pichler's Wwe. u. Sohn. * 3 —

—— für den Unterricht an den Realschulen in Österreich im Anschlusse an einen Normallehrplan. 3. Aufl. [Unveränd. Abdr. des Textes vom J. 1881.] gr. 8. (320 S.) Ebendas. 883. *

—— für den Unterricht an den Realschulen in Österreich im Anschluss an einen Normallehrplan. gr. 8. (386 S.) Ebendas. 885. *

Instructionen für den Unterricht an den Realschulen in Oesterreich im Anschlusse an einen Normalplan. 2. erg. Aufl.. 8. (393 S.) 1.—
Wien: Pichler 1890.

— f. den Unterricht an den Realschulen in Österreich im Anschlusse an e. Normallehrplan. Mit Erlass des Ministers f. Cultus u. Unterricht vom 1. III. 1899. Z. 5546, veröffentlicht. gr. 8. (IV, 300 S.) Wien 899 A. Pichler's Wwe. & Sohn. n. 2. —

Desinfektionsanstalt I, städtische; Berlin. Instruktionen für die Verwalter, Desinfektoren und der Maschinisten etc. In 1 Bd fol Berlin 1886-87

— die, f. die Verwaltung der Kassen u. der Etatsfonds bei den preußischen Justizbehörden, nebst Anh. Mit e. ausführl. Sachregister. 12. (VII, 170 S.) Trier 894. H. Stephanus' Verl. Geb. n. 2. —

Instructionen zur Verzollung von Baumwollgarnen, Baumwollgeweben u. Wollenwaaren. Nach der Verordnung der Ministerien der Finanzen u. des Handels vom 22. Novbr. 1878 betreffend die Durchführung des allgemeinen österreichisch-ungarischen Zoll-Tarifes. Wirksam vom 1. Jan. 1879. Mit Hilfstabellen u. einem alphabet. Sachregister. 8. (55 S.) Prag 878. Mercy. n. — 60

—— für die Wachen in Hinsicht der von ihnen vorzunehmenden Verhaftungen und vorläufigen Festnahmen. Vom 29. Jan. 1881. 8. (18 S.) Berlin 884, Mittler und Sohn.

— dass., s.a. Instruktion.

Instruktionen für die Herzoglich Nassauische Waisen-Commission zu Wiesbaden. *Wiesbaden.* 1817

Instructionen [Instruktionen] für das sämmtliche im Kranken- und Pfrundenhause angestellte Wart-Personale... im königlichen Julius- Hospitale. (Würzburg 1817.) Getr. Pag. 2⁰
[Ein Teil ist hs. erg.]

Instructionen f. Zollbereiter, Landdragoner, Landschützen . . . Darmstadt 1821.

Die älteste Instruktionen-Sammlung der spanischen Inquisition. Von Ernst Schäfer, Dr., Univ.Prof. in Rostock. 1. Berlin: C. A. Schwetschke & Sohn 1904. 8⁰
= Archiv f. Reformationsgeschichte. Jg. 2, H. 1, [1.] [illegible] 4

Instructions-Antrag der von dem Grossen Rathe [des Cantons Zürich] unter'm 28. Januar 1833 zur Prüfung des Entwurfes der Bundesurkunde niedergesetzten Commission. 4. *o. O.*

Die festliche Instructions-Arbeit der Loge Ferdinand zur Glückseligkeit im O. v. Magdeburg am 22. Nov. 1853. Ms. f. Brr. Magdeburg [1853]: Baensch. 24 S. 8⁰ [Umschlagtit.]
Bericht üb. eine in Gegenwart des Prinzen Wilhelm von Preussen abgehaltene Instruktionsloge. Vortrag von B. Pomme: Unsere Kunst eine K. K.

Instruktions-Buch f. die Einjährig-Freiwilligen d. k. u. k. Heeres. I.—VIII. Thl. gr. 8. Wien, Hof- u. Staatsdruckerei. * 10 60
I. Taktik. 1. Aufl. (X, 112 S.) 889; 2. Aufl. (XII, 117 S.) 890. * 1 —.
II. Waffenwesen. 1. Aufl. (VII, 103 S. m. Textfig. u. 4 Taf.) 889; 2. Aufl. (VIII, 134 S. m. Textfig. u. 3 Taf.) 890. * 1 60.
III. Heerwesen. 1. Aufl. (XI, 131 S.) 889; 2. Aufl. (XI, 120 S.) 890. * 1 20.
IV. Terrain-Lehre u. Terrain-Darstellung. Mit e. Zusammenstellg. der conventionellen Bezeichngn. u. Truppen-Signaturen. 1. Aufl. (VII, 44 S. u. Signaturen, 24 lithogr. in 12.) 889; 2. Aufl. (V, 47 S. m. 23 Taf.) 890. * — 80.
V. Technischer Unterricht. 1. Aufl. Mit 3 Beilag. (IV, 134 S. m. Illustr.) 889; 2. Aufl. (IV, 144 S. m. Textfig.) 890. * 1 —.
VI. Militär-Geschäftsstil. Mit e. Sammlg. v. Beispielen u. Aufgaben. 1. Aufl. (62 S.) 889; 2. Aufl. (80 S. m. 1 Formular.) 890. 1. Aufl. * — 60; 2. Aufl. * 1 —.
VII. Oekonomisch-administrativer Dienst. Mit e. Sammlg. v. Beispielen u. Aufgaben. 1. u. 2. Aufl. (IV, 100 S.) 889,90. * — 80.
VIII. Pferdewesen u. Pferdekunde. Für Einjährig-Freiwillige d. Cavallerie, Feld-Artillerie u. Train-Truppe. (124 S. m. 9 Taf.) 890. * 3 20.

— — dass. — Beiheft I—IV zum VII. Thle. gr. 8. Ebd. 890. * 2 40
I. Auszug aus der Vorschrift üb. die Standesführung im k. u. k. Heere. (VI, 29 S.) * — 50.
II. Auszug aus der Gebürenvorschrift f. das k. u. k. Heer. 1. Thl. Friedens-Gebüren. (IX, 56 S.) * 1 —.
III. Dass. — 2. Thl. Mobilitäts-Gebüren. (VI, 35 S.) * — 30.
IV. Auszug aus der Montur-Wirtschafts- u. Verrechnungs-Vorschrift f. das k. u. k. Heer. (VI, 33 S.) * — 40.

Instructionsbuch für die Einjährig-Freiwilligen des k. u. k. Heeres. I. Theil. Taktik. 3. Auflage. Gr.-8. (XII, 120 S.) Ebd. 1891. —.50
— — II. Theil. Waffenwesen. Mit fünf Tafeln. 3. Auflage. Gr. 8. (VIII, 153 S.) .80
— — III. Theil. Heerwesen. 3. Auflage. Mit zwei Karten. Gr. 8. (XI, 129 S.) —.60
— — IV. Theil. Terrain-Lehre und Terrain-Darstellung. 3. Auflage. Gr.-8. (V, 50, 23 S.) —.40
— — V. Theil. Technischer Unterricht. Mit vier Beilagen. 3. Aufl. Gr.-8. (IV, 142 S.) —.50
— — VI. Theil. Militär-Geschäfsstil. Mit einer Sammlung von Beispielen und Aufgaben. Dritte Auflage. Gr.-8. (80 S.) —.40
— — VII. Theil. Oekonomisch-administrativer Dienst. 3. Auflage. Gr.-8. (IV, 100 S.) —.40
— — Beiheft I zum VII. Theile des Instructions-Buches für die Einjährig-Freiwilligen des k. u. k. Heeres: „Oekonomisch-administrativer Dienst“. Inhalt: Auszug aus der Vorschrift über die Standesführung im k. und k. Heere. Gr.-8. (29. Thl.) 20
— — Beiheft II. Inh.: Auszug aus der Gebühren-Vorschrift für das k. u. k. Heer. I. Theil: Friedens-Gebühren. Gr. 8. (56 S.) —.20
— — Beiheft III. Auszug aus der Gebühren-Vorschrift für das k. u. k. Heer. II. Theil: Mobilitäts-Gebühren. Gr. 8. (35 S.) .20
— — Beiheft IV. Inh.: Auszug aus der Montur-Wissenschafts- und Verrechnungs-Vorschrift für das k. u. k. Heer. Gr.-8. (29 S.) —.10

Instructions-Buch für die Einjährig-Freiwilligen des k. u. k. Heeres. VIII. Theil. Pferdewesen und Pferdekunde. 4. unveränderte Auflage. Gr.-8. (132 S.) Ebd. 1893. 1.—

Instructionsbuch für die Einjährig-Freiwilligen des k. u. k. Heeres. I. Thl. Taktik. 5. Auflage. Gr.-8. (XII, 120 S.) Ebd. 1893. —.50
II. Theil. Waffenwesen. Mit 5 Tafeln. 5. Auflage. Gr.-8. (VIII, 150 S.) .80
III. Theil. Heerwesen. 5. Auflage. Mit 2 Karten. Gr.-8. (136 S.) — 60
IV. Theil. Terrain-Lehre und Terrain-Darstellung. 5. Auflage. Gr.-8. (48 Seiten und Beilagen 23 S.) —.40
V. Theil. Technischer Unterricht. Mit 5 Beilagen. 5. Auflage. Gr.-8. (IV, 119 S.) —.50
VI. Theil. Militär-Geschäftsstil. Mit einer Sammlung von Beispielen und Aufgaben. 5. Auflage. Gr.-8. (80 S.) —.40
VII. Theil. Oekonomisch-administrativer Dienst. Mit einer Sammlung von Beispielen u. Aufgaben. 5. Aufl. Gr.-8 (IV, 122 S.) —.40
VIII. Theil. Pferdewesen und Pferdekunde. 5. Auflage. Gr.-8. (139 S.) 1.—
Beihefte I bis IV zum VII. Theile „Oekonomisch-administrativer Dienst“. 5. Auflage. Gr.-8. (VI, 29, 56, 34, 33 S.) —.50

Instruktions-Buch f. die Einjährig-Freiwilligen d. k. u. k. Heeres. 8 Thle. u. Beihefte I—IV zum 7. Thl. 6. Aufl. gr. 8. Wien 894. Hof- u. Staatsdruckerei. n. 10. 20
1. Taktik. (XII, 120 S. m. Fig.) n. 1. —
2. Waffenwesen. (VIII, 150 S. m. Fig. u. 5 Taf.) n. 1. 60
3. Heerwesen. (XI, 136 S. m. 2 farb. Karten.) n. 1. 20
4. Terrain-Lehre u. Terrain-Darstellung. Mit e. Zusammenstellung der conventionellen Bezeichngn. u. Truppen-Signaturen. (V, 48 u. Beilage 23 S. m. Fig.) n. — 80
5. Technischer Unterricht. (IV, 125 S. m. Fig. u. 4 Beilagen.) n. 1. —
6. Militär-Geschäftsstil. Mit e. Sammlung v. Beispielen u. Aufgaben. (80 S. m. 1 Formular.) n. — 80
7. Ökonomisch-administrativer Dienst. Mit e. Sammlg. v. Beispielen u. Aufgaben. (IV, 115 S.) n. — 80
Beihefte I—IV. (VI, 29; VII, 56; 34 u. 33 S.) n. 1. —
8. Pferdewesen u. Pferdekunde. Für Einjährig-Freiwillige der Cavallerie, Feld-Artillerie u. Train-Truppe. (141 S. m. Fig.) n. 2. —

Instructions-Buch für die Einjährig-Freiwilligen des k. u. k. Heeres. I. Theil. Taktik. 7. Auflage. Gr.-8. (X, 114 S.) Ebd. 1895. —.50
— — II. Theil. Waffenwesen. Mit 5 Tafeln. 7. Auflage. Gr.-8. (VIII, 141 S.) —.80
— — III. Theil. Heerwesen. 7. Auflage. Mit 2 Karten. Gr.-8 (XI, 136 S.) —.60
— — IV. Theil. Terrain-Lehre und Terrain-Darstellung. Mit einer Zusammenstellung der conventionellen Bezeichnungen und Truppen-Signaturen. 7. Auflage. Gr.-8. (V, 48 S.) —.40.
— — V. Theil. Technischer Unterricht. Mit vier Beilagen. 7. Aufl. Gr.-8. (IV, 122 S.) —.50
— — VI. Theil. Militär-Geschäftsstil. Mit einer Sammlung von Beispielen und Aufgaben. 7. Auflage. Gr.-8. (80 S.) —.40
— — VII. Theil. Oekonomisch-administrativer Dienst. Mit einer Sammlung von Beispielen und Aufgaben. 7. Aufl. Gr.-8. (IV, 116 S.) —.40
— — VIII. Theil. Pferdewesen und Pferdekunde. Für Einjährig-Freiwillige der Cavallerie, Feld-Artillerie und Train-Truppe. 7. Auflage. Gr.-8. (141 S.) 1.—
— — Beihefte I—IV zum VII. Theile: „Oekonomisch-administrativer Dienst“. 7. Aufl. Gr.-8. (VI, 29, VI, 56, 34 u. 33 S.) —.50

Instructions-Buch für die Einjährig-Freiwilligen des k. u. k. Heeres. I. Theil. Taktik. 8. Auflage Gr.-8. (X, 112 S.) Ebd. 1896. —.70
— — II. Theil. Waffenwesen. Mit 5 Tafeln. 8. Aufl. Gr.-8. (VIII, 136 S.) —.90
— — III. Theil. Heerwesen. 8. Aufl. Mit 2 Karten. Gr.-8. (XI, 128 S.) —.70
— — IV. Theil. Terrain-Lehre und Terrain-Darstellung. Mit einer Zusammenstellung der conventionellen Bezeichnungen und Truppen-Signaturen. 8. Aufl. Gr.-8. (IV, 48 S. und Beilage 24 S.) —.50

— — V. Theil. Technischer Unterricht. Mit vier Beilagen. 8. Aufl. Gr.-8. (IV, 106 S.) —.60

— — VI. Theil. Militär-Geschäftsstil. Mit einer Sammlung von Beispielen und Aufgaben. 8. Auflage. Gr.-8. (80 S.) —.50

— — VII. Theil. Oekonomisch-administrativer Dienst. Mit einer Sammlung von Beispielen und Aufgaben. 8. Aufl. Gr.-8. (IV, 116 S.) —.60

— — VIII. Theil. Pferdewesen und Pferdekunde. Für Einjährig-Freiwillige der Cavallerie, Feld-Artillerie und Train-Truppe. 8. Aufl. Gr.-8. (141 S.) 1.—

— — Beihefte I—IV zum VII. Theile: „Oekonomisch-administrativer Dienst". 8. Aufl. Gr.-8. (VI, 29, VI, 51, 34 u. 26 S.) —.90

Instruktions-Buch f. d. Einjährig-Freiwilligen d. k. u. k. Heeres. 8 Thle. u. Beihefte I—IV zum 7. Thl. 9. Aufl. gr. 8. Wien 897. Hof- u. Staatsdruckerei. n. 12.80

1. Taktik. (X, 112 S. m. Fig.) n. 1.40
2. Waffenwesen. (VIII, 136 S. m. Fig. u. 5 Taf.) n. 1.80
3. Heerwesen. (XI, 128 S. m. 2 farb. Karten.) n. 1.40
4. Terrain-Lehre u. Terrain-Darstellg. M. e. Zusammenstellg. d. convention. Bezeichngn. u. Truppen-Signaturen. (IV, 48 u. Beilage 24 S. m. Fig.) n. 1.—
5. Techn. Unterricht. (IV, 106 S. m. Fig. u. 4 Beilagen.) n. 1.20
6. Militär-Geschäftsstil. M. e. Sammlg. v. Beispielen u. Aufgaben. (80 S. m. 1 Formular.) n. 1.—
7. Oekonom.-administrat. Dienst. M. e. Sammlg. v. Beispielen u. Aufgaben. (IV, 100 S.) n. 1.20
   Beihefte I—IV. (VI, 26; VI, 49; 27 u. 22 S.) n. 1.80
8. Pferdewesen u. Pferdekunde. F. Einjährig-Freiwillige d. Cavallerie, Feld-Artillerie u. Train-Truppe. (141 S. m. Fig. u. 1 Taf.) n. 2.—

Instructions-Buch für die Einjährig-Freiwilligen des k. u. k. Heeres. I. Theil. Taktik. 10. Aufl. Gr.-8. (X, 112 S.) Ebd. 1898. —.70

— — II. Theil. Waffenwesen. Mit acht Tafeln. 10. Aufl. Gr.-8. (VIII, 146 S.) 1.20

— — III. Theil. Heerwesen. 10. Aufl. Mit zwei Karten. Gr.-8. (XI, 128 S.) —.70

— — IV. Theil. Terrain-Lehre und Terrain-Darstellung. Mit einer Zusammenstellung der conventionellen Bezeichnungen und Truppen-Signaturen. 10. Aufl. Gr.-8. (IV, 48 S. u. Beilage 24 S.) —.50

— — V. Theil. Technischer Unterricht. Mit fünf Beilagen. 10. Aufl. Gr.-8. (IX, 104 S.) —.60

— — VI. Theil. Militär-Geschäftsstil. Mit einer Sammlung von Beispielen und Aufgaben. 10. Aufl. Gr.-8. (78 S.) —.50

— — VII. Theil. Oekonomisch-administrativer Dienst. Mit einer Sammlung von Beispielen und Aufgaben. 10. Aufl. Gr.-8. (IV, 100 S.) —.60

— — Beihefte I—IV zum VII. Theile: „Oekonomisch-administrativer Dienst". 10. Aufl. Gr.-8. (VI, 26, VI, 49, 27 u. 22 S.) —.90

Instructions-Buch für die Einjährig-Freiwilligen des k. und k. Heeres. Wien. 1899. Hof- und Staatsdruckerei. Gr.-8°. I. Theil: Taktik. 11. Auflage. 112 S. fl. —.70. — II. Theil: Waffenwesen. 11. Auflage. 148 S. mit 10 Tafeln. fl. 1.20. — III. Theil: Heerwesen. 11. Auflage. 128 S. mit 2 Karten. fl. —.70. — IV. Theil: Terrain-Lehre und Terrain-Darstellung. Mit einer Zusammenstellung der conventionellen Bezeichnungen und Truppen-Signaturen. 11. Auflage. 48 und Beilage 24 S. fl. —.50. — V. Theil: Technischer Unterricht. 11. Auflage. 102 S. mit 5 Beilagen. fl. —.60. — VI. Theil: Militär-Geschäftsstil. Mit einer Sammlung von Beispielen und Aufgaben. 11. Auflage. 78 S. fl. —.50. — VII. Theil: Ökonomisch-administrativer Dienst. Mit einer Sammlung von Beispielen und Aufgaben. 11. Auflage. — Beihefte I bis IV zum VII. Theile „Ökonomisch-administrativer Dienst". 11. Auflage. 100 S. Beihefte I—IV zum VII. Theile VI, 26, 49, 26 und 22 S. fl. —.60. Beihefte zum VII. Theile fl. —.90. — VIII. Theil: Pferdewesen und Pferdekunde Für Einjährig-Freiwillige der Cavallerie, Feld-Artillerie und Train-Truppe. 11. Auflage. 145 S. mit 1 Tafel. fl. 1.—.

(F) **Instructions-Buch** für die Einjährig-Freiwilligen des k. und k. Heeres. Wien. 1900. Hof- und Staatsdruckerei. Gr.-8°. I. Theil: Taktik. 12. Auflage. X, 112 S. K 1.40 — II. Theil: Waffenwesen. Mit 9 Tafeln. 12. Auflage. VIII, 139 S. K 2.40 — III. Theil: Heerwesen. 12. Auflage. Mit 2 Karten. XI, 128 S. K 1.40 — IV. Theil: Terrain-Lehre und Terrain-Darstellung. Mit einer Zusammenstellung der conventionellen Bezeichnungen und Truppen-Signaturen. 12. Auflage. IV, 47 und Beilage 24 S. K 1.— V. Theil: Technischer Unterricht. Mit 5 Beilagen. 12. Auflage. IV, 102 S. K 1.20 — VI. Theil: Militär-Geschäftsstil. Mit einer Sammlung von Beispielen und Aufgaben. 12. Auflage. 78 S. K 1.— — VII. Theil: Ökonomisch-administrativer Dienst. Mit einer Sammlung von Beispielen und Aufgaben. 12. Auflage. — Beihefte I bis IV zum VII. Theile. Ökonomisch-administrativer Dienst. 12. Auflage. IV, 100 S. Beihefte I—IV zum VII. Theile. VI, 26, VI, 49, 27, 22 S. K 1.20. Beihefte zum VII. Theil. K 1.80

Instructions-Buch für die Einjährig-Freiwilligen des k. u. k. Heeres. Wien. 1901. Hof- und Staatsdruckerei. Gr.-8°. I. Theil: Taktik. 13. Auflage. X, 119 S. K 1.40. — II. Theil: Waffenwesen. 13. Auflage. VIII, 141 S. mit 9 Tafeln. K 2.40. — III. Theil: Heerwesen. 13. Auflage. III, 129 S. mit 2 Karten. K 1.40. — IV. Theil: Terrain-Lehre und Terrain-Darstellung. Mit einer Zusammenstellung der conventionellen Bezeichnungen und Truppen-Signaturen. 13. Auflage. IV, 49 und Beilage 24 S. K 1.—. — V. Theil: Technischer Unterricht. 13. Auflage. IV, 108 S. mit 5 Beilagen. K 1.20. — VI. Theil: Militär-Geschäftsstiel. 13. Auflage. 78 S. K 1.—. — VII. Theil: Ökonomisch-administrativer Dienst. Mit einer Sammlung von Beispielen und Aufgaben. 13. Auflage. Zum VII. Theile sind die erläuternden Beihefte I bis IV (in ein Heft broschirt) erschienen. IV, 100 S. K 1.20. — Beihefte I bis IV zum VII. Theile „Ökonomisch-administrativer Dienst". 13. Auflage. VI, 26, 50, 27 und 22 S. K 1.80.

Instruktions-Buch f. die Einjährig-Freiwilligen des k. u. k. Heeres. 1.—8. Thl. u. Beihefte I—IV zum 7. Thl. gr. 8. Wien, Hof- u. Staatsdruckerei. n. 14.60

1. Taktik. 14. Aufl. (XIII, 88 S. m. 1 Fig.-Hft. 48 S. in gr. 4.) 902. n. 2.—
2. Waffenwesen. 14. Aufl. (VIII, 108 S. m. Fig. u. 10 Taf. 902. n. 3.—
3. Heerwesen. 14. Aufl. (XI, 129 S. m. 2 farb. Karten.) 902 n. 1.40
4. Terrain-Lehre u. Terrain-Darstellung. Mit e. Zusammenstellg. der konventionellen Bezeichngn. u. Truppen-Signaturen. 14. Aufl. (IV, 49 u. Beilage 24 S. m. Fig.) 902. n. 1.—
5. Technischer Unterricht. 14. Aufl. (IV, 89 S. m. Fig. u. 4 Beilagen.) 902. n. 1.20
6. Militär-Geschäftsstil. 14. Aufl. (90 S. m. 1 Formular.) 902. n. 1.—
7. Ökonomisch-administrativer Dienst. Mit e. Sammlung v. Beispielen u. Aufgaben. 14. Aufl. (IV, 100 S.) 902. n. 1.20
   — Beihefte I—IV. 14. Aufl. (VI, 26; VI, 50; 27 u. 22 S. 902. n. 1.80
8. Pferdewesen u. Pferdekunde. Für Einjährig-Freiwillige der Cavallerie, Feld-Artillerie u. Train-Truppe. 13. Aufl. (144 S. m. 1 Fig.-Taf.) 901. n. 2.—

Instruktionsbuch für die Einjährig-Freiwilligen des k. u. k. Heeres. 15. Aufl. 8 Teile. Gr.-8°. I. Teil. (XVI, 87. Figurenheft, 62 S.) K 2.—; II. Teil (109 S. mit 10 Tafeln) K 3.—; III. Teil (128 S. mit 2 Karten) K 1.40; IV. Teil (49 S. mit 1 Beilage) K 1.—; V. Teil (IV, 91 S. mit 4 Beilagen) K 1.20; VI. Teil (90 S.) K 1.—; VII. Teil (IV, 100 S.) K 1.20 und Beiheft K 1.80; VIII. Teil (141 S. mit Figurentafel) K 2.— Ebd. 1903.

Instruktionsbuch für die Einjährig-Freiwilligen des k. u. k. Heeres. 8 Teile. 16. Aufl. Gr.-8°. (VIII, 86 S. mit Figurenheft; VIII, 100 S. mit 9 Tafeln; XI, 122 S. mit 2 Karten; IV, 49 S. mit 1 Beilage; IV, 86 S. mit 4 Beilagen; 90, IV, 100 S. mit Beiheft; 141 S. mit 1 Tafel K 2.—, K 3.—, K 1.40, K 1.—, K 1.20, K 1.—, K 1.20. K 1.80, K 2.—.
Ebd. 1904.

Instruktionsbuch f. die Einjährig-Freiwilligen des k. u. k. Heeres. 1.—8. Tl. u. Beihefte I—IV zum 7. Tl. Lex.-8. Wien 905. Hof- u. Staatsdruckerei. n. 14. 60
1. Taktik. 17. Aufl. (VIII, 86 S. m. 1 Fig.-Heft. 62 S. in gr. 4.) 905. n. 2. —. — 2. Waffenwesen. 17. Aufl. (VIII, 97 S. m. Fig. u. 9 Taf.) 905. n. 3. —. — 3. Heerwesen. 17. Aufl. (XI, 122 S. m. 2 farb. Karten.) 905. n. 1. 40. — 4. Terrain-Lehre u. Terrain-Darstellung. 17. Aufl. (IV, 49 u. Beilage 24 S. m. Fig.) 905. n. 1. —. — 5. Technischer Unterricht. 17. Aufl. Mit 4 Beilagen. (IV, 85 S. m. Fig.) 905. n. 1. 20. — 6. Militärgeschäftsstil. 17. Aufl. (90 S. m. 1 Formular.) 905. n. 1. —. — 7. Ökonomisch-administrativer Dienst. Mit e. Sammlg. v. Beispielen u. Aufgaben. 17. Aufl. (IV, 160 S.) 905. n. 1. 20. — Beihefte I—IV. 17. Aufl. (VI, 26; VI, 50; 27 u. 22 S.) 905. n. 1. 80. — 8. Pferdewesen u. Pferdekunde. Für Einjährig-Freiwillige der Kavallerie, Feldartillerie u. Traintruppe. 16. Aufl. (Unveränd. Abdr. der 15. Aufl.) (141 S. m. 1 Fig.-Taf.) 904. n. 2. —.

Instruktions-Buch f. die Einjährig-Freiwilligen des k. u. k. Heeres. 20. Aufl. 7 Tle. Lex. 8. Wien 909. Hof- u. Staatsdruckerei. 12. 10
1. Taktik. (VIII, 85 S. m. 1 Fig.-Heft. 62 S. in 37,5×27,5 cm.) 2. —
2. Waffenwesen. (VI, 72 S. m. Fig. u. 8 Taf.) 3. —
3. Heerwesen. (XI, 112 S. m. 2 farb. Karten.) 1. 40
4. Terrain-Lehre u. Terrain-Darstellung. (52 u. Beilage 24 S. m. Fig.) 1. —
5. Technischer Unterricht. Mit 4 Beilagen. (IV, 92 S. m. Fig.) 1. 20
6. Militärgeschäftsstil. Mit e. Sammlg. v. Beispielen u. Aufgaben. (84 S. m. 1 Formular.) 1. —
7. Ökonomisch-administrativer Dienst. Mit e. Aufgabenverzeichnis. (IX, 148 S.) 2. 50

—— für die k. k. Feld-Gendarmen. 8. Mit 16 Taf. Wien 872, k. k. Hof- und Staatsdruckerei. *

— für den Feld-Gendarmen der k. k. Armee. Neu-Aufl. d. „Instructionsbuches f. den Feldgendarmen" vom J. 1877. 8. (XVI, 346 S. m. Beilagen.) Ebd. 889. n. 2. —

— f. den Feldgendarmen der k. u. k. Armee. (Zu Abt. 5, Nr. 3644 v. 1904.) (IX, 254 u. 16 S. m. Fig.) 8. Ebd. 904. n. 2. 50

Instruktions-Buch für die Berliner Feuerwehr. Im dienstl. Auftrage bearb. gr. 8. (IV, 113 S. mit 1 chromolithogr. Plan.) Berlin 880, Springer.

— f. die württembergischen Feuerwehren. (Einbd.: Feuerwehr-Instruktions-Buch.) 8. verm. Aufl. (VII, 294 S. m. Abbildgn. u. 1 Taf.) kl. 8. Stuttgart 907. W. Kohlhammer. Geb. in Leinw. 1. 50

— für den Infanterie-Offizier. Uebersicht üb. die wichtigsten Instructionsthemata. 12. (27 S.) Hannover 889. Helwing's Verl. n. — 40

— für den preußischen Infanterie-Unteroffizier. Zugleich ein Hülfsbuch für Offiziere bei Heranbildung der Unteroffiziere u. ein Lehrbuch für einjährig Freiwillige. Mit zahlreichen (eingedr.) Holzschn. gr. 8. (XV, 251 S.) Potsdam 879. Döring. n. 2. 25; cart. n. 2. 50

— dasselbe. 2. Aufl. gr. 8. (XV, 251 S.) Ebend. 881. cart. n. 2. 50

—— für den Infanterie-Unteroffizier. Zugleich ein Hülfsbuch für Offiziere bei Heranbildung der Unteroffiziere und ein Lehrbuch für Einjährig-Freiwillige. Mit zahlreichen (eingedr.) Holzschn. 2. Aufl. (XV, 251 S.); 3. und 4. Aufl. gr. 8. (XV, 272 S.) Potsdam 882,84, Döring. cart. *

Instruktions-Buch für den Infanterie-Unteroffizier. Zugleich ein Hilfsbuch für Offiziere bei Heranbildung der Unteroffiziere und ein Lehrbuch für Einjährig-Freiwillige. 5. Aufl. gr. 8. (XVI, 287 S. mit zahlreichen Holzschn.) Potsdam 888, Döring. *

Instruktions-Buch für den Infanterie-Unteroffizier. Zugleich e. Hilfsbuch f. Offiziere bei Heranbildg. der Unteroffiziere u. e. Lehrbuch f. Einjährig-Freiwillige. Mit zahlreichen Holzschn. 6. Aufl. gr. 8. (XVI, 287 S.) Potsd. 889, Döring. cart. * 2 50

— für den Infanteristen. Mit Autoris. d. Verf. bearb. nach dem G. v. G'schen Leitfaden beim theoret. Unterricht d. Cavalleristen v. C. v. N. 6. Aufl. 16. (134 S.) Berlin 874. „Militaria". n. — 40

—— für den Infanteristen. Mit Autoris. des Verf. bearb. nach dem G. v. G.'schen „Leitfaden beim theoret. Unterricht des Cavalleristen" von C. v. N. 7. Aufl. Nach den neuesten Bestimmungen gänzlich umgearb. von Berghaus. 16. (X, 132 S. mit eingedr. Holzschn. und 1 Holzschntaf.) Berlin 876, Militaria. *

—— für den k. k. Infanteristen [Jäger], mit Berücksicht. der achtwöchentl. Ausbildung der Rekruten. In Fragen und Antworten. 3 Thle. 8. Teschen 877, Prochaska. *
Inhalt:
Thl. 1. Der achtwöchentliche theoretische Unterricht für Rekruten. (VI, V, 141 S.) Einzelpr. * ℳ 1.
„ 2. Die militärische Erziehung während der achtwöchentlichen Ausbildung. (55 S.) Einzelpr. * 60 Pf.
„ 3. Der theoretische Wiederholungs- und Fortbildungs-Unterricht. (V, 116 S. mit 1 Tab.) Einzelpr. * ℳ 1,40.

— für den k. k. Infanteristen [Jäger] mit Berücksicht. der achtwöchentlichen Ausbildung der Rekruten. In Fragen und Antworten. 3 Thle. 2. Aufl. 8. (XV, 154; III, 58; V, 122 S. nebst 1 Tab.) Teschen 880, Prochaska.

— für den k. k. Infanteristen [Jäger], mit Berücksichtigung der achtwöchentlichen Ausbildung der Rekruten. In Fragen u. Antworten. 3 Thle. 2. Aufl. 8. Teschen 880. Prochaska. n. 2. 40
1. Der achtwöchentliche theoretische Unterricht für Rekruten. (VI, V, 141 S.) Einzelpr. n. 1. —
2. Die militärische Erziehung während der achtwöchentlichen Ausbildung. (55 S.) Einzelpr. n. — 60
3. Der theoretische Wiederholungs- u. Fortbildungs-Unterricht. (V, 116 S. m. 1 Tab.) Einzelpr. n. 1. 40

Instructionsbuch für den Cavalleristen. gr. 8. (59 S.) Hannover 874, Helwing'sche Hofbuchh. *

—— dass. — von einem königl. preuß. Cavallerie-Officier. Im Auftrage gedr. 2. Aufl. 16. (146 S.) Ebendas. 875. **

Instruktionsbuch für den Cavalleristen, von einem königl. preuß. Cavallerie-Offizier. Im Auftrage gedr. 3. und 4. verm. Aufl. (145 S.) 1876,77; 5. verm. und verb. Aufl. 16. (144 S.) Hannover 879, Helwing'sche Verlagsh. *

— f. die Mannschafts-Schulen der k. u. k. Cavallerie. 12. (VIII, 176 S.) Wien 890. Seidel & Sohn. n. 1. 20

Instructionsbuch der Polizeiwache der Hauptstadt London, ins Deutsche übertragen und mit Anmerkungen versehen, nebst einem Anhange, einige neuere Ausnahms-Gesetze, insbesondere die Bill zur Suspension der Habeas-Corpus-Acte in Irland enth., zunächst als Material für Arbeiten der Gesetzgebung. gr. 8. (IV und 177 S.) Erlangen 849, Palm und Enke.

Instructions-Buch für die Schutzmannschaft von Berlin. Amtlich hrsg. vom königl. Polizei-Präsidium zu Berlin. 1. und 2. Aufl. gr. 12. (IV und 162 S.) Berlin 852, Hayn.

—— für Soldaten der Infanterie. 3., vervollständigte Aufl. 12. (VI und 103 S.) Torgau 851, (Wienbrack'sche Buchh.) *

Instrukzions-Buch für die Unterofficiere und die Mannschaft der k. k. Militär-Verpflegs- und Betten-Magazine. 8. Wien 1873.
— — 2. Auflage. 8. Wien 1875.

— f. die Unterofficiers-Schulen der k. u. k. Cavallerie. 12. (IX, 325 S. m. Fig. u. 1 Tab.) Ebd. 890. n. 2. 40

-- f. die Unterofficiers- u. Mannschafts-Schulen der k. u. k. Cavallerie vom J. 1890. I. Nachtrag. 12. (III, 65 S.) Ebd. 891. n. — 50

[J.] Instruktionsbuch für die Zollabfertigung. Hrsg. im Reichsschatzamt. [Nebst] Nachtr. *Berlin: R. v. Decker 1897. 98.* 2 Bde 8. Instruktionsb. 1897 (VII, 115 S.) Nachtr. 1898. (127 S.) [illegible]

Instruktionsbüchlein für die württembergischen Feuerwehren. Zum Gebrauch für Bezirks- und Gemeindebehörden, Kommandanten, Zugführer, Sektionsführer und Spritzenmeister der Feuerwehren, sowie jeden Feuerwehrmann, hrsg. auf Veranlassung des Landesfeuerwehrausschusses. 1.—6. Aufl. 12. (IV, 160, 16 S. mit 1 Taf.) Stuttgart 886—88, Kohlhammer. cart. in Leinw. *

Instruktionsbüchlein f. d. württemberg Feuerwehren. Z. Gebr. f. Bezirks- u. Gemeinde-Behörden, Kommandanten, Zugführer, Sektionsführer u. Spritzenmeister d. Feuerwehren, sow. jeden Feuerwehrmann hrsg. auf Veranlassg. d. Landesfeuerwehrausschusses. 7. Aufl. Dienst-Instruktion f. Spritzenmeister. Bearb. v. Frdr. Grossmann. 8. Aufl. 12. (IV, 144 u. 14 S. m. Abb. u. 2 Taf.) Stuttgart 895. W. Kohlhammer. Kart. n 1. —

Instruktionskurs f. Missionsfreundinnen in Stuttgart vom 12. bis 17. X. 1908. Nach Konzepten der Referenten u. Nachschriften v. Teilnehmerinnen zusammengestellt v. E. R. (92 S.) 8. Stuttgart 908. (J. F. Steinkopf.) nn 1. —

Landeskirchlicher **Instruktionskursus** zur Einführung in die Kenntnis und das Verständnis der sozialen Aufgaben und des Anteils der Kirche an ihrer Lösung. Auf Veranl. d. Evang. Ober-Kirchenrats geh. 1906 in Berlin. (Als Ms. gedr.) Berlin: M. Warneck 1906. (154 S.) 4°(8°) [J.] [illegible]

[**Instructionsloge** im 1. Grade, abgehalten von der Gr. Loge von Hamburg, 1895.] [Hamburg 1895.] 11 Sp. 2°

Instruktionsplan für den Vorkurs der Infanterie der V. Armee-Division. Gr. in-fol., 10 S. Aarau, Sauerländer. 1885.

Instruktions-Punkte über das Feuergewehr und dessen Gebrauch. Stuttgart 1819. 8°.

Instructions-Punkte über das Perkussions-Gewehr und dessen Gebrauch. Stuttgart 1830. 8°.

Drei **Instruktions-Vorträge**, gehalten in der Loge „Zukunft" [in Pressburg]. I. Ballotage und Aufnahme. Von D[onat] **Zifferer.** II. Bekenntnisse eines alten Frmrs. Von E[mil] **Grünfeld.** III. Schönheitsfehler der K[öniglichen] K[unst]. Von H. L[eonat]. Ms f. Brr Frmr. Wien u. Leipzig: Eisenstein & Co 1903. 96 S. 8°

Recens: Z. 88 (1902—1903) S. 355; O. 28 (1903) S. 52 (E. Pay'r); R. 30 (1903) S. 72; BZC. 32 (1903) S. 172.

cf. ML. 31 (1902—1903) S. 225 (O. Henckel); Bbl. 17 (1903) S. 278 (G. Diercks); Bk. 22 (1903) No 77 (M. Corens); L. 26 (1903) S. 56 (R. Fischer); S. 10 (1903) S. 32—33 (J. G. Findel). 23.

Instrukzion, s. Instruktion

(Instrument betr. den Parcelenverkauf in **Priesholz.** Priesholz, den 22. Oct. 1795.) Nebst 3 Anlagen. o. O. (1795.) Fol.

Instrumenta publica, quibus per Ferdinandum II... memoriae. Almae celeberrimaeque Universitati Viennensi Caesareum Societatis Jesu Collegium Viennense unitum & incorporatum fuit. 84 S., Viennae: 1725

in: Conspectus historiae Universitatis Viennensis.

JB 5.689

Instrumental- u. Vokal-Concert, großes, hrsg. v. E. Ortlepp, s. Bibliothek d. Frohsinns. Neue Folge, II. Serie.

Instrumentalmusik, die. Zeitschrift f. die Interessen der schweizer. Volks- u. Militär-Musik-Vereine u. Dilettanten-Orchester. Offizielles Vereinsorgan der eidgenöss. Militär- u. Volksmusikgesellschaft u. des Züricher Kantonal-Musik-Vereins. Beilage z. „Schweiz. Musikzeitg. u. Sängerblatt". 1.—3. Jahrg. 1900—1902. à 12 Nrn. Fol. (à ca. 6 S.) Zürich, Gebr. Hug & Co. à Jahrg. n. 1. 60

Instrumentalmusik, die. Zeitschrift f. die Interessen der schweizer. Volks- u. Militär-Musik-Vereine & Dilettanten-Orchester. Offizielles Vereinsorgan des eidgenöss. Musikvereins u. des Zürcher Kantonal-Musik-Vereins. Beilage zur „Schweiz. Musikzeitg. u. Sängerblatt". 4.—7. Jahrg. 1903—1906. à 12 Nrn. (II, 66; II, 60; II, 52 u. II, 62 S.) gr. 4. Zürich, Hug & Co. à Jhrg. n. 1. 60

Instrumentalmusik, die. Zeitschrift f. die Interessen d. schweizer. Volks- u. Militär-Musik-Vereine u. Dilettanten-Orchester. Offizielles Vereinsorgan des eidgenöss. Musikvereins u. des Zürcher Kantonal-Musik-Vereins. Beilage z. „Schweiz. Musikzeitg. u. Sängerblatt". Red.: Alb. Rossow. 8.—11. Jahrg. 1907—10. à 12 Nrn. (52, 80, 144 u. 128 S. m. 2, 8, 20 u. 8 Abb.) 35×24 cm. Zürich, Hug & Co. à Jahrg. 1. 60

Instrumentenbau, der deutsche. Wochenschrift f. Instrumentenbau u. Instrumentenkunde. Hrsg. v. Ernst Euting. (Oktbr. 1899—Septbr. 1900.) 52 Nrn. hoch 4. (à ca. 8 S. m. Abbildgn.) Berlin, Dr. E. Euting n. 5. —

Fortsetzung unter d. Titel:

Instrumentenbau-Zeitung, deutsche. Publikations-Organ der freien Vereinigg. der Berliner Pianoforte-Fabrikanten. Oktbr. 1900—Septbr. 1903. à Jahrg. 36 Nrn. hoch 4. (à ca. 8 S.) Ebd. à Jahrg. n. 5. —

Instrumentenbau-Zeitung, deutsche. Publikations-Organ der freien Vereinigg. der Berliner Pianoforte-Fabrikanten u. des Verbandes deutscher Klavierhändler. 5. u. 6. Jahrg. Oktbr. 1903—Septbr. 1905. à 36 Nrn. (IV, 344 u. IV, 341 S. m. Abbildgn.) 4. Berlin, Dr. E. Euting. à Jhrg. n. 5. —

— dasselbe. 7. u. 8. Jahrg. Oktbr. 1905—Septbr. 1907. à 36 Nrn. (7. Jhrg. IV, 363 S. m. Abbildgn.) 4. Ebd. à Jhrg. n. 6. —

Instrumentenbau-Zeitung, deutsche. Publikations-Organ der Berufsgenossenschaft der Musikinstrumenten-Industrie u. d. Verbandes deutscher Klavierhändler. Offizielles Organ der freien Vereinigg. der Berliner Pianoforte-Fabrikanten usw. 9.—11. Jahrg. Oktbr. 1907—Septbr. 1910. à 36 Nrn. (IV, 394; IV, 452 u. IV, 438 S. m. Abbildgn.) 31×23,5 cm. Berlin, Dr. E. Euting. à Jahrg. 6. —

Instrumenti per conoscer l'alterazioni dell'aria, hrsg. v. d. Accademia dell Cimento, s.: Neudrucke v. Schriften u. Karten üb. Meteorologie u. Erdmagnetismus.

Instrumentum Chirurgic. Georgii de la Faye. Pars prior cum labb. aeneis. gr. Real. Fol. Leipzig, Baumgärtner.

Instrumentum pacis inter Augustissimum etc. Dominum Carolum, Romanorum Imperatorem etc. ab una, et Serenissimum etc. Sultanum Ahmed Han, Ottomanorum etc. Imperatorem ab altra parte, die 21. mensis Julii 1718, ad Passarovicium in Serviae regno conclusae et signatae. 4. Viennae (1718).

§ **INSTRUMENTUM** pacis, oder Friedens-Schluss zwischen Mann und Weib: welchem beygefüget die angenehmsten Sachen (s. d.) vor die Candidaten des Ehe-Standes. CÖLN Bey Pietier Marteau. 1707. 12⁰.
Höchst selten! — Vgl. auch: Sturm (ps.?), Instrumentum pacis . . . 1660.

Instrumentum Pacis. Das ist. Friedens-Schluß (*Ausg. D:* Fridens-Schlūß). Zwischen beyden Loblichen (*Ausg. B:* Lobl. — *Ausg. C u. D:* Löbl.) Evangelischen Vor-Orten Zürich und Bern, an einem: Und den fünff (*Ausg. B. C. D:* fünf) Lobl. Catholischen Orten ... an dem anderen Theil: Wie solcher ersten Mahls den 18. Julii 1712 ... angenommen: Hernach aber den 9. und 11. Augusti ... Ratificiert und versieglet worden? (*Ausg. B u. C* ratificirt und versiglet w.: *Ausg. D.* ratificiert und versiglet w.:) Welcher auch künfftighin (*Ausg. C u. D:* künfftighin) Der Land-Frieden heissen und seyn soll. 4. *o. O.* 1712.
Ausg. A 18 S. — *Ausg. B* 16 S.
Ausg. C 16 S. — *Ausg. D* 16 S.

Instrumentum Pacis. Das ist: Frieden-Schluß Zwischen ... Zürich und Bern, an einem: Und den Fünf Lobl. Catholischen Orten ... an dem anderen Theil: Wie solcher den 9. und 11. Augusti ... geschlossen ... und unterschriben: auch ... ratificirt und versiglet worden: Welcher auch künfftighin Der Land-Frieden heissen ... sol. 4. *o. O.* 1712.

Instrumentum Pacis. Das ist: Frieden-Schluß Zwischen ... Zürich und Bern, an Einem: Und den Fünf Lobl. Catholischen Orten ... an dem anderen Theil: Wie solcher den 9. und 11. Augusti ... versiglet worden. Welcher auch künftighin Der Lands-Frieden heissen ... soll. Bern 1712. [Neue Ausg.] 4. [Bern 1763.]

Instrumenteum Pacis inter Sacras Majestates Sveciae & Poloniae ab una, et Serenis. Regiam Majestatem ac Electoralem Serenitatem Saxoniae ab altera parte, Conclusae in Pago Alt-Rannsted, prope Lipsiam, Die XIV./XXIV. Mensis Septembris MDCCVI. Leipzig, J. Th. Boetius [1706?]. 4⁰. 36 S.

Instrumentum pacis inter Sacras Regias Majestates Sueciae et Poloniae ab una, et Serenis. Regiam Majestatem ac Electoralem Serenitatem Saxoniae ab altera parte, conclusae in pago Alt-Rannsteda, prope Lipsiam, die 14. 24. mensis Sept. 1706. Lipsiae (1707).

Instrum. P. etc. cum praefat. Jo. Gfr. de Meiern *Gottingae.* 738. Fol.

Instrumentum pacis Osnabrugens. Caesareo-Suecicum juxta edit. J. Gf. de Meiern. 8maj. 8maj. Götting. 774. Vandenhöck u. R. 4 gr.

Instrumentum pac. caes. Suec. in us. auditorii Goebeliani brevv. annott. illustr. *Helmst.* 718. 8.

Instrumentum Pacis inter Tigurinos & Bernenses ... & Quinque Pagos Catholicos ... d. 18. Julij, & 9. atque 11. Augusti. a. 1712. compositum. In Linguam Latinam ex Originali Germanico fideliter translatum. 4. Tiguri.

Instruptschiunea de serbieu pentru Dsindarmeria cerrei. 8. (92 S.) Wien, k. k. Hof- und Staatsdruckerei. 1852. (Dienstinstruktion für die Gendarmerie.)

Instruzione, indirizata da sua Maestal'imperatrice di tutte le Russe etc. 8. Zürich 769. Orell. 10 gr.

— d'un padre a suo figlio ch'egli menda nell' academ. della lingua Allemanna (v. Gellert) nella ital. trad. da J. E. Stockmar. 8. Hildburgh. 783. (E. Fleischer in Lpz.) 4 gr.

— d'un padre à suo figlio ch' egli menda nell' academ., della lingua Allemanna nella ital. trad da I. E. Stockmar. 8. Hildburgh. Hanisch. 783.

Insuffisance de la vertu. 8. Dessau, ch. les Savans. 785.

Die glückliche **Insul.** Ein Epilog, mit Gesang, in zwei Aufzügen. Aufgeführt am 29. Jan. 1793 in der Holsteinischen Gesellschaft zu Kopenhagen. (Kopenhagen. 1793.) 8⁰.

Insulaner, die; oder das glückliche Ungewitter. Drama. 8. Augsb. Klett. 786.

Insurgenten-Häuptling, der, u. seine Gräuelthaten oder die lebendig Begrabenen. Roman aus der Gegenwart. (In 25 Hftn.) 1. u. 2. Hft. gr. 8. (S. 1—96.) Prag 878. Weif. à — 50

Insurrection. L'ins' de L'Indépendance Vaudoise à Morges. Extraits du Régistre des N. Conseils de la Ville de Morges. Janvier 1798. ([Publié par] F[rancois]-A[lphonse] Forel.) 8 Morges 1898.

Insurrektion, Die, in Dalmatien (Oktober und November 1869.) Bearbeitet nach den bisher veröffentlichten offiziellen österreichischen Berichten. (Mit 1 Skizze des Kreises Cattaro.) (Aus: „Militärische Blätter". 23. Bd.) 8 Berlin 1870.

Insurrektion, die, in Dalmatien. Eine historisch-krit. Darstellung der österreich. Kriegsoperationen in der Bocche von Cattaro. gr. 8. (90 S.) Wien 870, Perles. *

Insurrection, Die neueste Polnische, im Grossherzogthum Posen . . . Berlin 1848. V: *Wuttke, Heinrich.* (BrMm)

Die neueste Polnische **Insurrection** im Grossherzogthum Posen. Ein factischer Beweis des gegen das Deutschthum kämpfenden Slaventhums. Nach amtlichen und zuverlässigen Quellen v. H. W. Berlin. 1848. 4⁰.

Insurrektion, die polnische, 1863, vor Europa. (Autorisirter Abdr. der Antwort der Cölnischen Zeitung auf den Artikel des Herrn v. Mazade in der „Revue des deux mondes.") Lex.-8. (44 S.) Prag 864, Credner.

Insurrektion, die polnische, in Posen im Frühjahr 1848. Nach eigener Anschauung, mit Benutzung amtl. Quellen und den Nachrichten zuverläßiger Berichterstatter von L. v. J. 8. (IV und 199 S.) Glogau 849, Wagner. *

Insurrectionskrieg, d. polnische, 1794—96. 8. Berl. Dieterici. 796.
Schreibp.

Insurrectionskrieg, d. polnische, 1794—96. Mit d. Portr. des Gen.-Feld-Marschalls v. Möllendorf. 8. Berl. 796. (Mittler in Leipz.) 1 Thlr. 4 gr. Schrbp. 1 Thlr. 10 gr.

Der polnische Insurrektionskrieg i. J. 1794. Nebst einigen freimüthigen Nachrichten und Bemerkungen über die letzte Theilung von Polen. Von einem Augenzeugen Mit Bildniß des Feldmarschalls Möllendorf. Berlin, W. Dieterici 1797 XVI 348 S. 8.

INTAY, BASILIUS ANDREAS: Der lebendige Rosenkranz. Wien 1848.

Intelligencer : 1833–1850.

Edited & published by F. W. Koehler. Title changed in 1848 to DEUTSCHES WOCHENBLATT.
Abbottstown, PA

Intelligenza, die. Ein altitalien. Gedicht. Nach Vergleichung mit den beiden Handschriften hrsg. von Paul Gellrich. Vorausgeschickt ist eine Untersuchung über die Quellen des Gedichts. gr. 8. (XIV, 218 S.) Breslau 883, Koebner.

Intelligenzblat, s. Intelligenzblatt

Intelligenzblatt
s.a. Wöchentlicher Anzeiger (Gr). Neue allgemeine schweizerische Auswanderungszeitung, Berner Intelligenzblatt, Bieler Intelligenzblatt, Schweizerisches Charivari (Lu), Luzerner Intelligenzblatt, Schaffhauser Intelligenzblatt, Schweizer Intelligenzblatt, Zürcher Intelligenzblatt.

— eine amtl. Zeitschrift für d. Bezirk d. k. Oberlandgerichts von Sachsen. 4. Naumb., Wild. 2 ₰

Intelligenzblatt, Das. Ein Schauspiel ... Wien 1778. V: *Buri, Ludw. Ysenburg v.* (Tulla, A., Kleine Bausteine z. Bibliogr. d. Wr. dtsch. Theaters. In: Zeitschr. f. Büch. 1919/20, S. 84)

Intelligenzblatt, Das. Schauspiel. Neuwied 1788. V: *Buri, Carl Ludw. Ysenburg von.* (Ky)

Intelligenzblatt, das, Schspl. (von Ldw. Isenb. v. Buri). 8. Neuwied 788, Gehra. 6 ℊ

Intelligenz-Blatt. –
Plauen. – 12.III.1789 – 5.I.1791.
Fortges. u.d.T.. Unterhaltend gemeinnütziges Anzeige-Blatt.

Intelligenz-Blatt. –
Plauen. – 1.(?)I.1800 – 31.(?)XII.1803.
Vorh. u.d.T.: Voigtländisches Provinzialblatt.
Fortges. u.d.T.: Voigtländischer Anzeiger.

Intelligenzblatt. –
Halberstadt. – 2.IV.1808 – 31.XII.1813.
Fortges. u.d.T.: Halberstädtisches Intelligenzblatt.

Intelligenzblatt. –
Kassel. – 2.I.1809 – 4.I.1810.
Vorh. u.d.T.: Casselische Policey- und Commercien-Zeitung.
Fortges. u.d.T.: Kassel'sche Allgemeine Zeitung.

Intelligenzblatt. –
Kassel. – 5.X.1810 – 11.X.1810.
Vorh. u.d.T.: Kassel'sche Allgemeine Zeitung.
Fortges. u.d.T.: Feuilleton oder Supplement des Westphälischen Moniteurs.

Intelligenzblatt. –
Hersfeld. – 1.(?)I.1813 – XII.1818.
Vorh. u. fortges. u.d.T.: Hersfelder Intelligenzblatt.

Intelligenz-Blatt. –
Halberstadt. – 4.V.1814 – I.1815.
Vorh. u.d.T.: Provinzial-Blatt.
Fortges. u.d.T.: Halberstädter Intelligenzblatt.

Intelligenz-Blatt. –
Halberstadt. – I.1816 – I.1855.
Vorh. u. fortges. u.d.T.: Halberstädter Intelligenzblatt.

Intelligenz-Blatt. –
Frankfurt/M. – 16.II.1819 – 10.X.1910.
Vorh. u.d.T.: Intelligenzblatt der freien Stadt Frankfurt.
Fortges. u.d.T.: Frankfurter Nachrichten und Intelligenz-Blatt.

Intelligenz-Blatt. –
Hof. – 3.I.1824 – 2.I.1829.
Vorh. u.d.T.: Höfer Intelligenz-Zeitung.
Fortges. u.d.T.: Wochen-Blatt.

Intelligenzblatt. –
Göppingen. – 16.V.1827 – 19.V.1829.
Fortges. u.d.T.: Wochenblatt.

Intelligenz-Blatt. –
Siegen. – 2.I.1835 – 16.II.1843.
Vorh. u.d.T.: Siegen'sches Intelligenz-Blatt.
Fortges. u.d.T.: Intelligenzblatt.

Intelligenz-Blatt. –
Heilbronn. – 23.I.1843 – 1.(?)IV.1848.
Vorh. u.d.T.: Heilbronner Intelligenzblatt.
Fortges. u.d.T.: Heilbronner Tagblatt.

Intelligenzblatt. –
Siegen. – 17.II.1843 – 31.XII.1866.
Vorh. u.d.T.: Intelligenz-Blatt.
Fortges. u.d.T.: Siegener Kreisblatt.

Intelligenz-Blatt. –
Offenbach. – 16.V.1848 – 31.XII.(?)1859.
Vorh. u.d.T.: Wochenblatt.
Fortges. u.d.T.: Offenbacher Intelligenzblatt.

Intelligenzblatt.
(SO) Projektierte Zeitung, die 1850 im Verlag Xaver Amiet-Lüthy, Solothurn, hätte erscheinen und von Franz Xaver Zepfel hätte gedruckt werden sollen. Es meldeten sich auf dem Lande zu wenig Abonnenten, weil die Botenläufer das Blatt nur wöchentlich 2×, statt alle Tage hätten spedieren können (v. Probenummer zum »Solothurner Volksfreund« vom 27. 12. 1849).

Intelligenz-Blatt : Apr. 1851–1861?

Weekly. Democratic until 1854; supported Pierce, then, Republican. Sub-title: Ein deutsches Organ für der Demokratie.
Edited & published by August Rümmele, & Hermann Rüss, Apr. 1851– Aug. 1857; edited by Frederick Kelley & Hermann Rüss, Sept. 1857– Jan. 1859; by J. Lippart, Jan.–Sept. 1859; by A. Thieme & Frederick Riedling, Nov. 1859; published by Hermann Rüss & Co., Sept. 1857–Jan. 1859; by Jacob Neuert, H. Mannelstein & Charles Bachy, Jan.–Sept. 1859; by Engle & Co., Nov. 1859; edited & published by Frederick Riedling, 1859–61.
Sandusky, OH

Intelligenzblatt : Jahrgang 1, Mar. 1859–?

Weekly. Title varies slightly: mast head also prints DAS INTELLIGENZBLATT, and HONESDALE INTELLIGENZBLATT. Edited & published by E. Albert Ludwig.
Honesdale, PA

Intelligenz-Blatt. –
Stolp. – 1.I.1862 – 31.XII.1876.
Fortges. u.d.T.: Stolper Post.

Intelligenz-Blatt : 1872?

Weekly. Circulation: 1872, 1000 (est.). Edited & published by C. Lohman & Son.
Springfield, OH

Intelligenz-Blatt : Apr.? – Aug. 2, 1890.

Weekly. Followed by SALT LAKE CITY BEOBACHTER. Edited & published by Joseph Walter Dietrich.
Salt Lake City, UT

Intelligenz-Blatt : 1890?–? Milwaukee, WI

Monthly.

Intelligenzblatt. – Allgemeines Intelligenzblatt. –
Freiburg. – 1.1.1802 – 1808.
Vorh. u.d.T.: Freiburger Zeitung.
Fortges. u.d.T.: Großh. Badische Privilegirte Freyburger Zeitung.

Allgemeines Intelligenzblatt. *Ebend.* 818.

Intelligenzblatt: Allgemeines Intelligenzblatt
(5) 1868—1869 (7) Wochenblatt (8) Biglen (1868), Worb (1869) (12) BGSZ: 12, 973.

Intelligenzblatt: Allgemeines Intelligenzblatt der Stadt Basel
(3) Tägliches Avisblatt der Stadt Basel (4) Basler Nachrichten aus der Schweiz und für die Schweiz (5) 1. 4. 1845—31. 12. 1855 (6) 4° (7) Tageszeitung (8) Basel: Schweighauser'sche Verlagsbuchhandlung (9) Literarische Beilage zum Intelligenzblatt der Stadt Basel (6. 1. 1849—1855; 4°, Wochenblatt), Neues Unterhaltungsblatt. Beilage zum »Intelligenzblatt« der Stadt Basel (1854—1855; 4°, Wochenblatt) (10) Schweighauser'sche Verlagsbuchhandlung (11) Dr. Theodor Meyer-Merian, Dr. Gustav Bruckner, Dr. J. J. Heimlicher, Dr. Franz Rheinisch, Hans Wieland (C) keine ausgesprochene Parteirichtung. Vertreter der Mittelparteien wie auch Konservative kommen zum Wort (12) BGSZ: 70 (p. 383). 953 (p. 849); Karl Weber: Vom Stammbaum der Basler Nachrichten. »100 Jahre Basler Nachrichten«, Sondernummer der Basler Nachrichten November 1946, p. 49 (14) Bs: SA (Neues Unterhaltungsblatt Zb: Z) (15) Ursprünglich Inseraten- und Anzeigeblatt mit Textteil, der historische Arbeiten, Novellen (Ad. Stifter u. a.), Abhandlungen über Basler Einrichtungen und politische Artikel enthält. Charakter einer Tageszeitung mit regelmäßigem Nachrichtenteil seit 1845.

— allgem., v. u. f. Deutschland f. 1789. Jahrg. 1790. 1s 2s Quart. 4. Stuttg. Metzler.

— allgemeines, Oberschwäbisches, 8 Jahrg. Kempten Dannheimer.

Intelligenzblatt, allgem. rheinisches, zur Erhaltung einer für die Justiz-Polizey und alle bürgerlichen Gewerbe nützlichen Verbindung unter den öffentlichen Behörden und Bewohnern der rhein. Staaten. Jahrgang 1817. gr. 4. Mainz, Kupferberg.

Intelligenz- u. Leseblatt, altmärkisches. Herausgeg. v. F. Fogllani u. J. F. G. Kahlbau. 1r—14r Jahrg. 1814—27. 4, Stendal (Franzen u. Gr.) à Jahrg.

Intelligenz- u. Leseblatt, altmärkisches, für die Jahre 1814—1840. 1.—27. Jahrg. ... 28. Jahrg. 841. 52 Numm. 4. Stendal ..., Franzen u. Große. n. 1 1/3 ₰

Intelligenzblatt, archäologisches, zur allgem. Literaturzeitung. Herausg. unter Mitwirkung des Instituts für archäolog. Correspondenz in Rom von Ed. Gerhard. 1r Jahrg. 1833. gr. 4. Halle 834. Schwetschke u. Sohn. 1 ₰

Intelligenz-Blatt, ärztliches. Organ für Bayerns staatl. und öffentl. Heilkunde. Hrsg. vom ständigen Ausschusse bayer. Aerzte. Redig. von H. Oettinger und Aloys Martin. 1—3. Jahrg. 1854 und 1855. à Jahrg. 52 Nrn. (à 1—1½ Bog.) hoch 4. München, Kaiser. [1. Jahrg. * 2 Thlr. 10 Ngr., 2. und 3. à 3 Thlr. 15 Ngr.]

Intelligenz-Blatt, ärztliches. Organ für Bayern's staatl. und öffentl. Heilkunde. Hrsg. vom ständigen Ausschusse bayer. Aerzte. Redig. von Aloys Martin. 4—8. Jahrg. 1857—61. à Jahrg. 52 Nrn. (à 1—1½ Bog.) hoch 4. München, Kaiser. à Jahrg. *

Intelligenz-Blatt, ärztliches. Hrsg. vom ständigen Ausschusse bayer. Aerzte. Redig. von Aloys Martin. 9.—14. Jahrg. 1862—67. à Jahrg. 52 Nrn. (à 1—1½ Bog.) Mit Beilagen. hoch 4. München, Lentner'sche Buchh. à Jahrg. *

—— dass. — Namen-, Literatur- und Sach-Register sowie Register der offiziellen Erlasse. 1.—10. Jahrg. (1854—1863.) hoch 4. (90 S.) Ebendas. 864. *

Intelligenz-Blatt, ärztliches. Hrsg. vom ständ. Ausschusse bayer. Aerzte. Redact.: Aloys Martin. 15. Jahrg. 1868. 52 Nrn. (à 1—1½ Bog.) Mit Beilagen. hoch 4. München, Stahl. *

—— dass. — Hrsg. vom ständ. Ausschuss bayer. Aerzte: v. Graf, Ernst Buchner, v. Schleis, Seitz etc. Redig. von Ernst Buchner. 16.—18. Jahrg. 1869—1871. à Jahrg. 52 Nrn. (à 1—1½ Bog.) Mit Beilagen. hoch 4. München, J. A. Finsterlin. à Jahrg. *

—— dass. — Hrsg. vom ständ. Ausschuss bayer. Aerzte: v. Graf, v. Schleiss, Seitz etc. 19. und 20. Jahrg. 1872 und 1873. à Jahrg. 52 Nrn. (à 1—1½ Bog.) hoch 4. Ebendas. à Jahrg. *

—— dass. — II. Register. Namen-, Literatur- und Sach-Register sowie Register der offiziellen Erlasse. XI.—XVIII. Jahrg. [1864—1871]. hoch 4. (24 S.) Ebendas. 872. *

—— dass. — Redact.: Leop. Graf. 21. Jahrg. 1874. 52 Nrn. (à 1—1½ Bog.) hoch 4. Ebendas. *

Intelligenz-Blatt, aerztliches. Organ für amtl. und prakt. Aerzte. Hrsg. von Graf, Kerschensteiner, H. Ranke, v. Rothmund, v. Schleiss, Seitz. Redact.: Leop. Graf. 22.—25. Jahrg. 1875—1878. à Jahrg. 52 Nrn. (à 1—3 Bog.) Imp.-4. München, J. A. Finsterlin. à Jahrg *

—— dass. — Hrsg. von Graf, L. Graf, Kerschensteiner, H. Ranke, v. Rothmund, v. Schleiss, Seitz. Redact.: Leop. Graf. 26. Jahrg. 1879. 52 Nrn. (à 1—3 Bog.) Imp.-4. Ebendas. *

—— dass. — Namen-, Literatur- und Sach-Register, sowie Register der offiziellen Erlasse. 19.—25. Jahrg. (1872—1878.) Imp.-4. (20 S.) Ebendas. 879.

Intelligenz-Blatt, ärztliches. Münchener medicin. Wochenschrift. Organ für amtl. und prakt. Aerzte. Hrsg. von Bollinger, v. Graf, L. Graf, H. Ranke, v. Rothmund, v. Schleis, Seitz. Redact.: Leop. Graf. 27.—31. Jahrg. 1880—1884. à Jahrg. 52 Nrn. (à Nr. 1—3 Bog.) Imp.-4. München, J. A. Finsterlin. à Jahrg. *

Intelligenz-Blatt, ärztliches. Münchener medicin. Wochenschrift. Organ für amtl. und prakt. Aerzte. Hrsg. von Bollinger, L. Graf, H. Ranke, v. Rothmund, v. Schleiss, Seitz. Redact.: Leop. Graf. 32. Jahrg. 1885. 52 Nrn. (à Nr. 1—3 Bog.) Imp.-4. München, J. A. Finsterlin. *
Fortsetzung, s. Wochenschrift, Münchener medicinische.

Baltimorer Intelligenzblatt: 1838 – Baltimore, MD

Intelligenzblatt, baiersches, 9 Jahrg. 4. München, Fleischmann. 802—10. (à 2 Rthlr. 16 gr.)

Intelligenzblatt, baiersches, ein allgem. Anzeiger f. das Königr. Baiern. 10r—14r Jahrg. 1811—15. gr. 8. Münch. Fleischmann. (à 2 Rthlr. 16 gr.)

Intelligenzblatt für anderwärtige Bekanntmachungen
v. Amtsblatt für den Kanton Schaffhausen.

Bergisches wöchentliches Intelligenzblatt.
Düsseldorf. fol.
Einzelne Nummern aus d. J. 1814—58.

Intelligenzblatt für die Stadt Bern — Feuille d'Avis de la ville de Berne
v. Intelligenzblatt von und für die Stadt Bern.

Intelligenzblatt von und für die Stadt Bern
① Ab 1. 12. 1894: Tagesanzeiger für die Stadt und (ab 24. 10. 1905: für) den Kanton Bern ② Intelligenzblatt für die Stadt Bern (23. 9. 1834—Ende 12. 1842 u. 1. 9. 1874—30. 11. 1888). Intelligenzblatt für die Stadt Bern - Feuille d'Avis de la ville de Berne (2. 1. 1843—31. 8. 1874). Intelligenzblatt und Berner Stadtblatt (1. 12. 1888—23. 10. 1905). Berner Intelligenzblatt (24. 10. 1905—30. 3. 1911) ③ Berner Wochenblatt ④ Berner Intelligenzblatt (II) ⑤ 10. 9. 1834—30. 3. 1911 ⑥ 1834—1840 u. 1843—1858: 4°; 1841—1842: 8°, ab 1858: 2° ⑦ zuerst Wochenblatt, halbwöchentlich (1. 7. 1835—31. 12. 1840), wöchentlich 6× (1. 1. 1841—30. 6. 1851; 1. 7. 1871—2. 5. 1874; 1. 12. 1888—1911), wöchentlich 7× (1. 7. 1851—30. 6. 1871; 3. 5. 1874—31. 11. 1888); 3. 5. 1874—31. 11. 1888 wird der am Samstag abend ausgegebene Sonntags-Anzeiger mit den Alpenrosen in die Numerierung einbezogen ⑧ Bern: Hallersche Buchdruckerei (L. A. Haller, ab 1853 B. F. Haller, später Paul Haller und ab 1893 Fritz Haller) ⑨ Rückblick und Aufblick (1838, halbmonatlich, redigiert von Gottl. Ziegler. Die gleiche Beilage fehlt auch die Allgemeine Schweizer-Zeitung); Berner Monatsblätter (1839); Sonntagsblatt (3. 10. 1847—26. 12. 1847); Der Erzähler (politische Beilage, 1. 7. 1855—1857 als Beilage; 1858—30. 6. 1871 unmittelbar auf den Publikationsteil der Zeitung folgend; halbwöchentlich; redigiert von J. A. Stadlin); Tages-Courier (ab 1. 7. 1871; tritt an Stelle des Erzählers; Nachrichtenblatt): Alpenrosen (ein schweizerisches Sonntagsblatt, redigiert von M. Reymond, später von Dr. Thiessing und ab 1892 von Dr. Otto von Greyerz); Der Bärenmani (lithographiert: Lithographie Lips, Bern; humoristische Beilage, erwähnt in «Helvetische Typographia» 1882, p. 14). Sonntags-Anzeiger (1881—1883; allen Haushaltungen der Gemeinde Bern unentgeltlich zugestellt). Mittwochs-Anzeiger (1881—1883; allen Haushaltungen der Gemeinde Bern unentgeltlich zugestellt). Für die Familie (ab 1893; monatliche Gratisbeilage) ⑩ Buchdruckerei Haller ⑪ Dr. Bernhard Friedr. Haller (10. 9. 1834—20. 11. 1871), J. A. Stadlin (1857—1870). Hans Frei (1. 7. 1871—30. 3. 1872). M. Reymond. A. Züricher (1. 1. 1895—8. 8. 1895). F. Ebersold (früher Redaktor am «Bund», 1. 7. 1893—15. 2. 1895). Dr. E. Oesch (16. 1. 1896—Ende 1901). Karl Fabel (20. 5. 1896—8. 2. 1897). Fritz Haller Bion (ab 16. 2. 1898). E. K. Mescher (ab 1. 3. 1898). Dr. Rud. Lüdi (21. 10. 1903—13. 7. 1905). J. Bührer (ab 2. 10. 1905). Unter den Mitarbeitern in den 90er Jahren: J. V. Widmann ⑫ freisinnig ⑬ BGSZ: 298, 662, 911, 973; Munch: Studien zur Bernischen Presse 1830—1840, p. 57 ff.: «Prospectus» zum Intelligenzblatt von und für die Stadt Bern (ohne Datum, spätestens 10. 9. 1834) ⑭ Be L. S.

Berner Intelligenzblatt (I)
⑤ Nov. 1799—? ⑩ Bern: Geßner & Fries ⑫ vermutlich regierungsfreundlich ⑬ BGSZ: 127, 973.

Intelligenz-Blatt: Bernisches Intelligenzblatt
v. Amtsblatt der Republik Bern.

Intelligenz-Blatt: Hochobrigkeitlich bewilligtes Unter-Aergäuisches Intelligenz-Blatt
v. Unter-Aergäuisches Intelligenz-Blatt.

Bieler Intelligenzblatt
④ Die Jura-Zeitung ⑤ 1843—1846 ⑥ 4° ⑦ halbwöchentlich ⑧ Biel: A. Hofmann ⑫ neutral ⑬ BGSZ: 959, 973 ⑮ Das Blatt erliegt der Konkurrenz der 1844 gegründeten «Jura-Zeitung».

Intelligenzblatt. – B o n n e r Intelligenzblatt. –
2.VIII.1795 – 18.VII.1796.
Vorh. u.d.T.: Bönnische Intelligenznachrichten.
Fortges. u.d.T.: Bonner Zeitung.

Bostoner Intelligenz-Blatt: 1859 1872
Weekly. Devoted to advertisements. Folio, each issue 4 pages. Circulation 1872, 1500 (est.) Edited & published by Charles F. Schulz, 1859 72. The Deutsche Pionier in June 1870 remarks that the issue at hand contains 43 announcements of lager beer saloons and similar places. Experts claimed this was scarcely half the number of such German-American establishments in Boston.
Boston, MA

Bregenzer Intelligenzblatt. Gedr., verl. und redig. von *H. Flatz.*
Erscheint in **Bregenz**, ½ Bog. in kl. 4°, mit einer Beilage zu ½ Bog., 2-spalt. (Ohne Preisangabe.)

Intelligenzblatt für Bündten
① Beilage ⑤ 1780—1781 ⑥ 8° ⑦ Wochenblatt ⑧ Chur: Bernhard Otto (?) ⑬ BGSZ: 1000 ⑭ Ch: K ⑮ Das Intelligenzblatt muß die Beilage eines Hauptblattes sein, wahrscheinlich der «Nachrichten»; es enthält nur Anzeigen.

—— **deutsches.** Central-Organ für ganz Deutschland. Hrsg. von Paul Muskalla, redig. von Karl Guse. 3. Jahrg. 1873. 104 Nrn. (Bog.) Fol. Berlin, Muskala. *
Bildet die Fortsetzung des Pädagogischen Anzeigers und des Communal-Anzeigers.

—— **dass.** — Central-Organ für Stellenangebote und Stellengesuche. Redig. von J. Winkler. 4. Jahrg. 1874. 52 Nrn. (Bog.) Fol. Berlin, Buchh. für Erziehung und Schulwesen. +

— **deutsches.** Central-Organ f. Stellenangebote u. Stellengesuche. Red. v. J. Winkler. 4–6. Jahrg. 1874–1876. à 52 Nrn. (B.) Fol. Berlin, Salewski. n. 4. —
cf.: Beamtenzeitung, deutsche.

—— **deutsches.** Central-Organ für Stellen-Angebote und Stellen-Gesuche. Hrsg. von J. Winkler. 5.—9. Jahrg. 1875—1879. à Jahrg. 52 Nrn. (Bog.) Fol. Berlin, Muskalla. à Jahrg.

— **zum Feuerbränden**, s. unt. Feuerbrände.

Intelligenzblatt zu den Neuen Feuerbränden. Marginalien zu der Schrift: Vertraute Briefe über die inneren Verhältnisse am preussischen Hofe seit dem Tode Friedrichs II. Leipzig 1808. V: *Coelln, Georg Friedrich Wilibald Ferdinand von.* (BMarsch 220)

Intelligenzblatt der freien Stadt F r a n k f u r t. –
F.a.M. – 21.X.1806 – 15.II.1819.
Vorh. u.d.T.: Frankfurter Frag- und Anzeige-Nachrichten.
Fortges. u.d.T.: Intelligenz-Blatt.

Intelligenz- und Wochenblatt, Fürther. O.O. 1792. H: *Schmerler, Johann Adam.* (ML)

— **für Gelehrte**, Antiquare, Leihbibliothekare u. Bücherliebhaber überhaupt. Herausg. von F. G. Löflund u. Sohn. 1r Jahrg. 1832 März—Dec. 52 Nr. 4. Stuttg., Herausgeber. 16 gl

Intelligenz- und Wochen-Blatt, geraer. Ein Sonntags-Blatt. Redakt.: Adph. Hofmeister. 1. und 2. Jahrg. 1851 und 1852. à Jahrg. 52 Nrn. (½ Bog.) 4. Gera, Illgen's Erben. à Jahrg.

Intelligenzblatt. – G i e s s e r Intelligenzblatt.
Giessen. – 7.I.1792(?) – 24.I.1800.
Vorh. u.d.T.: Giesser Wochenblatt.
Fortges. u.d.T.: Giesser Anzeigungs-Blättchen.

Intelligenz-Blatt für den Kanton Glarus
⑤ 26. 7. 1836—27. 12. 1836 ⑥ 8° ⑦ Wochenblatt ⑧ Glarus: Cosmus Freuler ⑩ Cosmus Freuler ⑫ «für Entwicklung der Volksfreiheit und der Volkskraft nach allen Richtungen», fortschrittlich ⑬ BGSZ: 997 ⑭ Gl: L.

Intelligenzblatt. – G o t h a i s c h e s Intelligenzblatt. –
7.I.1814 – 7.I.1830.
Vorh. u.d.T.: Gothaische wöchentliche Anfragen und Nachrichten.
Fortges. u.d.T.: Regierungs- und Intelligenzblatt.

— **Greizer**, Jahrg. 1778—1816. 4. Greiz, Henning. à Jahrg. 1 ℛ 12 gl

Intelligenzblatt. – H a l b e r s t ä d t e r Intelligenzblatt. –
I.1815 – I. 1816.
Vorh. u. fortges. u.d.T.: Intelligenz-Blatt.

Intelligenzblatt. – H a l b e r s t ä d t e r Intelligenzblatt. –
I. 1855 – 1870.
Vorh. u.d.T.: Intelligenz-Blatt.
Fortges. u.d.T.: Halberstädter Intelligenzblatt und Zeitung.

Intelligenzblatt. – H a l b e r s t ä d t e r Intelligenzblatt und Zeitung. –
1870 – 24.X.1881.
Vorh. u.d.T.: Halberstädter Intelligenzblatt.
Fortges. u.d.T.: Halberstädter Zeitung und Intelligenzblatt.

Intelligenzblatt. – H a l b e r s t ä d t i s c h e s Intelligenzblatt. –
1.I.1814 – 15.II.1814.
Vorh. u.d.T.: Intelligenzblatt.
Fortges. u.d.T.: Amtsblatt.

Intelligenz-Blatt. – Heilbronner Intelligenz-Blatt. –
3.I.1806(?) – 22.I.1843.
Vorh. u.d.T.: Heilbronnisches Intelligenzblatt.
Fortges. u.d.T.: Intelligenz-Blatt.

Intelligenzblatt. – Heilbronnisches Intelligenzblatt. –
13.V.1801 – 2.I.1806(?).
Vorh. u.d.T.: Heilbronnisches Wochenblatt.
Fortges. u.d.T.: Heilbronner Intelligenz-Blatt.

Intelligenzblatt f. Deutschlands Heilquellen u. Seebäder. zu v. Graefe's u. Kalisch's balneolog. Jahrbücher f. 1837. gr. 8. (7½ B.) Berlin 837, [Klemann.]
Vgl. Jahrbücher.

Intelligenzblatt. – Hersfelder Intelligenzblatt. –
5.IV.1802 – 25.III.1805.
Vorh. u.d.T.: Intelligenz- und Zeitungsblat von Hessen.
Fortges. u.d.T.: Intelligenzblatt.

Intelligenzblatt. – Hersfelder Intelligenzblatt. –
12.XII.1820 – 31.VIII.1867(?).
Vorh. u.d.T.: Intelligenzblatt.
Fortges. u.d.T.: Hersfelder Intelligenz- und Anzeige-Blatt.

Intelligenz- und Anzeige-Blatt. – Hersfelder Intelligenz- und Anzeige-Blatt. –
1.IX.1867(?) – 31.XII.1884.
Vorh. u.d.T.: Hersfelder Intelligenzblatt.
Fortges. u.d.T.: Hersfelder Zeitung.

Intelligenzblatt. – Herzoglich-Pfalzzweibrückisches. –
Zweibrücken. – 1792(?) – 1793.
Vorh. u.d.T.: Zweybrücker Zeitung.
Fortges. u.d.T.: Zweybrücker Anzeigeblatt.

Intelligenz-Blatt. – Höfer Intelligenz-Blatt. –
Hof. – 6.III.1783 – 6.I.1802.
Fortges. u.d.T.: Neues Höfer Intelligenz-Blatt.

Intelligenz-Blatt. – Höfer Intelligenz-Blatt. –
Hof. – 15.(?)I.1802 – 1807.
Vorh. u.d.T.: Neues Höfer Intelligenz-Blatt.
Fortges. u.d.T.: Höfer Intelligenz-Zeitung.

— statistisch-kameralisch-ökonomischen Inhalts. Ebend. 789.

Intelligenzblatt des Journals der Erfindungen. Nr 1-10, N.F. 1-8

Gotha: Perthes 1794-1800
(Journal der Erfindungen und Widersprüche in der Natur- und Arzneiwissenschaft.
Stück 5-14, N.F. 1-8)

JB 6.044

Intelligenz-Blatt, Kanton-Aargauisches s.a. Amtsblatt des Kantons Aargau.

Kanton Aargauisches Intelligenz-Blatt
(2) Aargauisches Intelligenz-Blatt (5) 1803—1813 (6) 8° (7) Wochenblatt
(8) Aarau: Obrigkeitliche Buchdruckerei (12) amtliches Publikationsorgan
(14) Aa: K.

Intelligenz- und Tageblatt. – Karlsruher Intelligenz- und Tageblatt.
1.I.1833 – 30.VI.(?)1841.
Vorh. u.d.T.: Karlsruher Intelligenz- und Wochenblatt.
Fortges. u.d.T.: Karlsruher Intelligenz- und Tage-Blatt.

Intelligenz- und Tage-Blatt. – Karlsruher Intelligenz- und Tage-Blatt. –
1.VII.(?)1841 – 31.XII.1842.
Vorh. u.d.T.: Karlsruher Intelligenz- und Tageblatt.
Fortges. u.d.T.: Karlsruher Tagblatt.

Intelligenz- und Wochenblatt. – Karlsruher Intelligenz- und Wochenblatt. –
6.I.1810 – 2.I.1819.
Zunächst Sonderabt., dann Beil. des Großherzoglich Badischen Mittelrheinischen Provinzial-Blattes.
Fortges. u.d.T.: Karlsruher Unterhaltungs- und Intelligenz-Blatt.

Intelligenz- und Wochenblatt. – Karlsruher Intelligenz- und Wochenblatt. –
2.I.1820 – 31.XII.1832.
Vorh. u.d.T.: Karlsruher Unterhaltungs- und Intelligenz-Blatt.
Fortges. u.d.T.: Karlsruher Intelligenz- und Tageblatt.

Intelligenzblatt f. das evangelische Kirchenwesen im Würtembergischen, herausgeg. v. Müller. 1s—4s Hft. gr. 8. Stuttg. 827, Steinkopf.

Intelligenzblatt. – Konstanzisches Intelligenzblatt. –
1810(?) – 1.VII.1821.
Vorh. u.d.T.: Der Volksfreund.
Fortges. u.d.T.: Konstanzer politische Zeitung.

Intelligenzblatt. – Chursächsisch-Hennebergisches Intelligenzblatt. –
Suhl. – 1.(?)II.1802 – 14.(?)I.1807.
Fortges. u.d.T.: Königl. Sächs. Hennebergisches Intelligenzblatt.

INTELLIGENZBLATT, Cytherisches, auf's jetzige Jahr. Erstes und letztes Stück. (Große typ. Ornament-Vign.) Amourettenburg, am 16. Jenner 1782. 4°. 2 Bll. à 2 Col. Voll jocos-pikanter Anzeigen. — Dazu: Gelehrte Beilage.... dem Lessing- u. Haymannischen Brautpaar als ein Glückwunsch überreicht. 4°. 1 Bl., enth. „Eine Romanze" (11 sechszeil. Str.), dann noch 1 Bl. „Neue Schriften" (nur Inh.-Angabe von [Stemler's] „prakt. Katechismus vom Stand d. heil. Ehe". Lauban u. Dessau 1781. 8°.), sowie ein Gedicht in 3 vierz. Str.: „Kathrinens Bekenntniß". (3 Mk. 50 Pfg., letzte Seite wenig defekt, G. Priewe, Heringsdorf, 1895; jetzt theurer!)

Intelligenz- und Wochenblatt. – Lahrer Intelligenz- und Wochenblatt. –
2.I.1813 – 27.XII.1815.
Vorh. u.d.T.: Lahrer Wochenblatt.
Fortges. u.d.T.: Wochenblatt.

— landwirthschaftliches, und allgemeine landwirthschaftliche Zeitung. Mit Abbildungen ländlicher u. wirthschaftlicher Bau-Ausführungen, Maschinen, Geräthschaften rc. Unter Mitwirkung von Rich. Glaß, Gloger, Fr. Engel rc. Red.: Ed. Uhlenhuth. 1—6. Jahrg. 1858—63. à 52 Nrn. (à 1 Bgn.) Berlin, Allgem. deutsche Verlags-Anstalt. Fol. Jeder Jahrg. 3 ₰

—— dass. — Unter Mitwirkung von Rich. Glaß, E. Melzer, F. A. Pinkert rc. hrsg. von A. Krocker. 7. und 8. Jahrg. 1864 und 1865. à Jahrg. 52 Nrn. (Bog.) gr. Fol. Ebendas. à Jahrg.

—— dass. — Hrsg. von A. Krocker. 9. Jahrg. 1866. 52 Nrn. (Bog.) gr. Fol. Ebendas.

— landwirthschaftliches, u. landwirthschaftl. General-Anzeiger. Redakt.: G. Wegener. 10. Jahrg. 1867. 52 Nrn. (Ban.) Ebend. gr. Fol. 3 ₰

Intelligenzblatt, Leipziger, in Fragen u. Anzeigen für Stadt- u. Landwirthe, zum Besten d. Nahrungsstandes. 1763 Juni bis Dec. 1764 bis 1824. à Jahrg. 2 ℳ 16 ₰

— — Generalregister dazu v. 1763—781.

Intelligenzblatt, Leipziger. Leipzig 1794—1824. H: *Hohenthal, Peter Carl Wilhelm Graf von.* (MGT) (NN)

Intelligenzblatt: Literarisches Intelligenzblatt
v. Oberrheinischer Phönix.

— d. Literatur u. d. Buchhandels. 2 Hefte. 8. Pappenh. Typ. 787.

Intelligenzblatt der jenaischen allgemeinen Literatur-Zeitung. 1833. Jena, Leipzig: 1833.

s.: Literaturzeitung, Jenaische allgemeine. Beilage.

JB 6.160

Intelligenzblatt für L i t h a u e n. –
Gumbinnen. – 6.I.1812 – 31.III.1859.
Fortges. u.d.T.: Preußisch-Lithauische Zeitung.

Intelligenzblatt, Lobensteinisches gemeinnütziges. Lobenstein 1784—95. H: *Brömel, Joh. Frdr.* (MGT)

Luzerner Intelligenzblatt (II)
(4) Schweizerisches Charivari (Luzern) (5) 5. 1. 1842—28. 12. 1842 (6) 8° (7) Wochenblatt (8) Luzern: Josef Müller (5. 1. 1842—19. 10. 1842), Anton Petermann (26. 10. 1842—28. 12. 1842) (11) Buchhändler Rudolf Jenni, Luzern (12) freisinnig (13) BGSZ: 1028 (14) Lu: Z.

Intelligenzblatt: Luzernerisches Intelligenzblatt
s.a. Luzernerisches Kantonsblatt, Luzernerisches Wochenblatt (I).

Intelligenzblatt: Luzernerisches Intelligenzblatt
(15) Das in den Strafakten gegen die Allschwiler Schillernachdruckfabrik genannte «Luzernerische Intelligenzblatt» ist identisch mit dem «Luzernerischen Wochenblatt (II)».

Intelligenzblatt. – M a n n h e i m e r Intelligenzblatt. –
4.V.1790 – 1.I.1819.
Vorh. u.d.T.: Wöchentliches Frag- und Kundschaffts-Blath.
Fortges. u.d.T.: Mannheimer Tageblätter.

Intelligenzblatt, Münchner. München 1790—95. H: *Burgholzer, Jos.* (MGT)

Intelligenzblatt. M ü n c h n e r. Jahrg. 1799. Neu aufgelegt mit Hinweglassung aller bloßen Intelligenzartikel v. G. D ö l l i n g e r. München, Finsterlin, 1823. 3 Bl., 254 Sp. (num. 9—262). 20 Bl. 4°. Pp. 12.—
Vgl. Diesch 731a, der diesen Neudruck nicht erwähnt.

Münsterisches Intelligenzblatt. Nr 46, 12. Nov. 1813—Nr 52, 30. Dec. 1814. (Münster 1813. 14.)

Intelligenzblatt für Nassau. Jg. 59. 60. 1867. 68. Wiesbaden. 4 Bde

Intelligenz-Blatt. – N e u e s Höfer Intelligenz-Blatt. –
7.I.1802 – 14.(?)I.1802.
Vorh. u. fortges. u.d.T.: Höfer Intelligenz-Blatt.

Intelligenzblatt: Neues Intelligenzblatt für den Kanton Schaffhausen
(1) Ein demokratisches Volksblatt (22. 3. 1874—5. 3. 1878). Ein freisinniges Volksblatt (6. 4. 1878—1879) (2) Neues Schaffhauser Intelligenzblatt (seit 12. 6. 1874) (5) 22. 3. 1874—1879 (6) 2° (7) wöchentlich 6× (8) Schaffhausen: G. Hauser (bis 30. 6. 1877), W. Kutzli (9) J. Uehliger, Kantonsrat (22. 3. 1874—30. 12. 1877), W. Kutzli (12) Oppositionsblatt gegen das Intelligenzblatt, mit Unterstützung des allgemeinen demokratischen Vereins und des Grütlivereins (13) BGSZ: 1052, 1053 (14) Sh: St.

Intelligenzblatt, Nürnbergisches kirchliches. Nürnb. 1788. H: *Wirsing, Adam.* (MGT)

Intelligenzblatt, Nürnbergisches litterarisches. Nürnberg 1790. H: *Degen, Joh. Jac. Ludw.* (MGT)

Oedenburger Intelligenz- und Anzeige-Blatt. Redacteur: Adolf Seyring. Druck und Verlag von Adolf Reichard. (Fol. 2spaltig. Wöchentlich zweimal.) Oedenburg 1855.

Oedenburger Intelligenz- und Anzeige-Blatt. (II. Jahrg.) Verantwortlich: der Verleger. Druck und Verlag von Adolph Reinhard. Fol. 2spaltig. Erscheint Montag und Freitag. 1856.

Oedenburger Intelligenz- und Anzeigeblatt. 3. Jahrg. Druck, Verlag und Redaktion des Adolf Reichard in Oedenburg. Erscheint Montag, Mittwoch und Freitag, kl. Fol. 2spaltig. 1857.

Intelligenzblatt. – O f f e n b a c h e r Intelligenzblatt. –
1.I.(?)1860 – 30.VI.1871.
Vorh. u.d.T.: Intelligenz-Blatt.
Fortges. u.d.T.: Offenbacher Zeitung.

Intelligenz-Blatt, Osnabrückisches. Osnabrück 1766f. H: *Möser, Justus & Andere.* (ErschDL)

—— pädagogisches. Central-Organ für theoret. und prakt. Pädagogik. Hrsg. als wissenschaftl. Fachblatt in Verbindung mit der „Neuen deutschen Schulzeitung" und mehreren Provinzial-Schulzeitungen. Hrsgbr. und Redact.: Paul Muskalla. 5. und 6. Jahrg. 1875 und 1876. à Jahrg. 52 Nrn. (à ½ Bog.) hoch 4. Ebendas. à Jahrg.

— pädagogisches. Central-Organ f. theoret. u. prakt. Pädagogik. Hrsg. als wissenschaftl. Fachblatt in Verbindg. m. der „Neuen deutschen Schulzeitung" u. mehreren Provinzial-Schulzeitgn. Hrsg. u. Red.: Paul Muskalla. 6. Jahrg. 1876. 52 Nrn. (½ B.) hoch 4. Berlin, Muskalla. n. 4. —

—— dass. — Als wissenschaftl. Fachblatt hrsg. von einem Verein prakt. Schulmänner und Pädagogen. 7. und 8. Jahrg. 1877 und 1878. à Jahrg. 52 Nrn. (Bog.) gr. 4. Berlin, Salewski. à Jahrg.
Nicht weiter erschienen.

Intelligenzblatt, pädagogisches. Central-Organ f. theoret. u. prakt. Pädagogik. Als wissenschaftl. Fachblatt hrsg. v. e. Vereinigg. prakt. Schulmänner u. Pädagogen. Redact.: L. Gaulke. 21. u. 22. Jahrg. 1891 u. 1892. à Jahrg. 52 Nrn. (Bog.) gr. 4. Berl., Verlagsbuchh. f. Schul- u. Erziehungswesen. à Jahrg. * 4 —

—— pädagogisches, für Deutschland. Redact.: Em. Unruh. 1. Jahrg. 1871. April—Decbr. 39 Nrn. (à ⅓ Bog.) gr. 4. Berlin, Buchh. für Erziehung und Schulwesen. *

—— pädagogisches, und neue deutsche Schulzeitung. Hrsg. von Paul Muskalla. Redig. von J. Leß unter Mitwirkung von Schulmännern und Pädagogen. 2. Jahrg. 1872. 52 Nrn. (à ½—1 Bog.) Mit pädagog. Anzeiger. gr. 4. Berlin, Schwarz. *

Intelligenzblatt, Poetisch-moralisch und satyrisches, von Nirgendhausen. O. O. 1751. H: *Mink, Heinrich Emanuel.* (ML) (Will)

INTELLIGENZ-BLATT. Poetisch-moral.-satyrisches, von Nirgendhausen. (Hrsg. von Heinr. Emanuel Mink.) 1751. Des 1. Jahr-Gangs I.—XXXI. Stück (soviel ersch.). O. O. (Nürnberg?). Gr. 4⁰. (7 Mk. Max Harrwitz, Berlin, c. 1903.)

Ebensoviel war in dem Expl. der Bibl. Kürschner, no. 99. Auch Weller, fing. Druckorte, hat nur 1751, ohne Angabe des wirklichen Druckortes. — Anon.-Lex. II. p. 330 (nach Meusel u. Will).

—— polytechnisches. Hrsg. von A. Lipowitz und D. Philipp. 1. Jahrg. 1860. 52 Nrn. (Bog.) hoch 4. Berlin, R. Kühn. *
Ist nicht fortgesetzt worden.

— polytechnisches. Herausg. von A. Lopowitz u. D. Philipp. 1. Jahrg. 1860. 52 Nrn. (à 1 Bgn.) Berlin, R. Kuhn. 4. n. 1 ℛ 10 ngr.

Intelligenzblatt. – Potsdamer Intelligenzblatt. –
17.IX.1850 – 1901.
Fortges. u.d.T.: Potsdamer Tageszeitung.

Intelligenzblatt, Prager, aus dem k. k. priv. Frag- und Kundschaftsamte, In Frag und Anzeigen für alle Stände nöthig und nützlich. 1777. H: *Pruscha, Vinc. Victor.* (A. G. Przedak, Geschichte des deutschen Zeitungswesens in Böhmen, S. 50—52) (BiblPort)

— Prenzlau'sches, gemeinnütziges. 4. Prenzlau 825. Ragoczy. 16 ℛ

Intelligenzblatt. – Königl. Preußisches Hennebergisches Intelligenzblatt. –
Suhl. – 23.(?)V.1815 – 17.IV. 1821.
Vorh. u.d.T.: Königl. Sächs. Hennebergisches Intelligenzblatt.
Fortges. u.d.T.: Königl. Preuß. privil. Hennebergisches Wochenblatt.

„Das privilegirte Leipziger Intelligenz-Blatt, in Fragen und Antworten für Stadt- und Landwirthe, zum Besten des Nahrungsstandes", Leipzig seit 1763. Jährlich 1 Band in 56 Stücken. Erster Herausgeber: Freiherr Peter von Hohental.

Intelligenz-Blatt: Hochobrigkeitlich privilegiertes aargauisches Intelligenz-Blatt
③ Aargauisches Intelligenz-Blatt ④ Aargauisches Wochenblatt (1832) ⑤ 1811—1832 ⑥ 2° und 4° ⑦ Wochenblatt ⑧ Aarau: Gottlieb Beck. Obrigkeitliche Buchdruckerei ⑭ Aa: K ⑮ Die Zeitung hat den Charakter eines Amtsblattes.

Intelligenzblatt. – Königlich privilegirtes Intelligenzblatt. –
Schleswig. – 1.(?)I.1811 – 5.I.1841.
Fortges. u.d.T.: Königlich privilegirtes Schleswiger Intelligenzblatt.

Kgl. privilegirtes Intelligenzblatt. 20—29. Jahrg. Schleswig. 1831—40. (fortsættes). (jf. B. D. IV. 646).

Intelligenzblatt. – Königlich privilegirtes Schleswiger Intelligenzblatt. –
6.I.1841 – 31.V.1864.
Vorh. u.d.T.: Königlich privilegirtes Intelligenzblatt.
Fortges. u.d.T.: Schleswiger Nachrichten.

Intelligenzblatt für Rappeswyl und seine Ungebung
④ Der Pilger von Rapperswyl ⑤ Ende Januar 1849—Sommer 1851 ⑥ 4° ⑦ Wochenblatt ⑧ Rapperswil (SG): Ferdinand Breny ⑨ Das Schul- und Hausglöcklein ⑩ F. Breny ⑪ BGSZ: 1045, 1047 ⑭ Be: L (Nummer vom 28. 12. 1849).

Intelligenzblatt für Rappeswyl und seine Ungebung
Im Titel korrigieren: Umgebung.

Intelligenzblatt, Fürstlich Ratzeburgisches. Ratzeb. 1808—11. H: *Reinhard, Carl von.* (Hitzig)

Intelligenzblatt. – Reichsstadt Wormsisch privilegiertes Intelligenzblatt. –
4.I.1776 – 31.(?)XII.1776.
Fortges. u.d.T.: Reichsstadt-Wormsisches Intelligenz- und Zeitungs-Manual.

Intelligenzblatt von Saarbrücken. –
17.V.1816 – 2.X.1836.
Vorh. u.d.T.: Saarbrücker Intelligenzblatt.
Fortges. u.d.T.: Saarbrücker Anzeiger.

Intelligenzblatt. – Saarbrücker offizielles Intelligenzblatt. –
1.(?)I.1808 – 31.(?)XII.1808.
Vorh. u.d.T.: Saarbrücker Wochenblatt.
Fortges. u.d.T.: Saarbrücker Intelligenzblatt.

Intelligenzblatt. – Saarbrücker Intelligenzblatt. –
1.(?)1809 – 14.V.1816.
Vorh. u.d.T.: Saarbrücker offizielles Intelligenzblatt.
Fortges. u.d.T.: Intelligenzblatt von Saarbrücken.

Intelligenzblatt. – Königl. Sächs. Hennebergisches Intelligenzblatt. –
Suhl. – 15.(?)I.1807 – 22.(?)V.1815.
Vorh. u.d.T.: Chursächsisch-Hennebergisches Intelligenzblatt.
Fortges. u.d.T.: Königl. Preußisches Hennebergisches Intelligenzblatt.

Schaffhauser Intelligenzblatt
① Vereinigt mit dem Schweizerischen Courier (1. 7. 1862—22. 7. 1862 = 1. Untertitel); heute: Schaffhauser Intelligenzblatt. Verbreitetste Zeitung im Kanton Schaffhausen. Amtliches Publikationsorgan der Stadt Schaffhausen sowie der Gemeinden Neuhausen am Rheinfall, Thayngen, Herblingen und Feuerthalen-Langwiesen (1940) ② Schaffhauser Nachrichten (III) (seit 2. 1. 1940) ⑤ 17. 12. 1861 (cont.) ⑥ 4° (bis 31. 12. 1864); 2° (seit 1865) ⑦ wöchentlich 6× (seit 1862) ⑧ Schaffhausen: R. Bodmer (bis 29. 3. 1862), August Rösch (30. 3. 1862—8. 6. 1862), I. H. Oechslin (11. 6. 1862—20. 6. 1862), Murbach & Oechslin (1. 7. 1862—30. 9. 1864), Becher & Meier (1. 10. 1864—27. 2. 1873), Meier (heute Meier & Co.) (seit 1. 3 1873) ⑨ Unterhaltungsblatt (Wochenblatt 1882—1889). Echo vom Randen (II). Illustriertes Sonntagsblatt (1890—1896). Schweiz. Hausfrauenzeitung (1901—1931). Hausfrauen-Zeitung (seit 1932) ⑪ Kantonsrat Uehlinger (1861—1874), Advokat Freuler (1888—1899), Dr. Dietrich Barth (1947), Dr. Ernst Uhlmann (bis 1953); heute: Dr. C. Oechslin, Dr. K. Bächtold, Erwin Waldvogel, Heinz Duttli, Dr. H. Bollinger; Mitarbeiter in den 70er Jahren: Arnold Ott ⑫ freisinnig ⑬ BGSZ: 388, 1052, 1053; Schaffhauser Intelligenzblatt 1913, Nr. 293, 299, 302, 303 und 1939, Nr. 299; Brütsch: Arnold Ott als Tagesschriftsteller (1949) ⑭ Sh: S, St; Be: L (1895 cont.) ⑮ 1. 7. 1862 mit dem Schweizerischen Courier, 1. 10. 1864 mit den Schaffhauser Nachrichten (II), 1. 1. 1884 mit dem Schaffhauser Volksblatt fusioniert.

Schaffhauser Intelligenzblatt: Neues Schaffhauser Intelligenzblatt
v. Neues **Intelligenzblatt** für den Kanton Schaffhausen.

Schleswiger **Intelligenzblatt.** Jg. 39. Schleswig. 1850.

Schleswig-holsteinisches **Intelligenzblatt** für Industrie, Landwirthschaft und Handlung. 1803, Stück 1. 8. 10—13. [Kiel.] 1803. 8° [Kopft.]

Schücking's Washingtoner Intelligenz-Blatt für die Vereinigten Staaten und Deutschland : Oct. 1, 1854–?

Monthly. Published in the interests of business and trade, but includes some general news. Quarto, each 8 pages. 2000 copies were printed of the first number. Motto: *Faire sans dire*. Edited & published by Alfred Schücking; printed by Julius Ende.

Washington, DC

Intelligenzblatt: Schwyzerisches Intelligenzblatt

③ Schwyzerisches Volksblatt ⑤ 1831 ⑦ Wochenblatt ⑧ Schwyz: Franz Xaver Brönner ⑬ BGSZ: 12, 1058 ⑮ Ankündigungen im Schwyz. Volksblatt vom 25. 12. 1830. — In dem »Verzeichniß der Zeitungen, welche für das Jahr 1832 (resp. 1833) bey der Zeitungs-Expedition des Oberpostamtes, Luzern, Bestellungen... angenommen werden« (erschienen im »Luzernischen Intelligenzblatt« 1831, p. 556 ff. und 1832, p. 733) figuriert auch das »Schwyzerische Intelligenzblatt«.

Seywerts Monatliches Intelligenzblatt : 1854–?

Cleveland, OH

Intelligenz-Blatt. – S i e g e n ' s c h e s Intelligenz-Blatt. –
1.VII.1831 – 1.I.1835.
Vorh. u.d.T.: Siegerländer Intelligenz-Blatt.
Fortges. u.d.T.: Intelligenz-Blatt.

Intelligenz-Blatt. – S i e g e r l ä n d e r Intelligenz-Blatt. –
Siegen. – 10.I.1823 – 30.VI.1831.
Fortges. u.d.T.: Siegen'sches Intelligenz-Blatt.

— technisches. Insertions-Organ nebst Literatur-Anzeiger f. die Bau- u. Maschinen-Industrie, sowie f. verwandte techn. Gebiete. Jahrg. 1883/84. 24 Nrn. (à ½–1 B.) gr. 4. Berlin, Polytechn. Buchh. n. 4. —

Intelligenz-Blatt: Unter-Aergaüisches Intelligenz-Blatt

② Hochobrigkeitlich bewilligtes Unter-Aergaüisches Intelligenz-Blatt (24. 6. 1797). Unter-Aergaüisches Wochenblatt (März 1798). Aergäuisches Wochenblatt (März 1798) ④ Kanton Aargauisches Intelligenz-Blatt ⑤ 7. 1. 1797–1798 (?) ⑥ 8° ⑦ Wochenblatt ⑧ Aarau: Gottlieb Beck ⑬ BGSZ: 941 ⑭ Be: S.

Intelligenz(-Blatt): Intelligenz- und Unterhaltungsblatt der Gemeinde Neumünster

⑤ 30. 4. 1842–? ⑥ 8° ⑧ Zürich: J. Fr. Heß ⑫ freisinnig ⑭ Zh: Z.

Washingtoner Intelligenzblatt : Apr. 2, 1859–1863.

Weekly Republican campaign paper. Continued as COLUMBIA. Edited & published by Werner Koch [with Louis Schade as editor for a time], 1859–63.

Washington, DC

Intelligenz-Blatt. – W e r n i g e r ö d i s c h e s Intelligenz-Blatt. –
8.I.1816 – 20.V.1887.
Vorh. u.d.T.: Wernigerödisches Gemeinnütziges Intelligenz-Blatt.
Fortges. u.d.T.: Wernigeröder Zeitung.

Intelligenz-Blatt. – W e r n i g e r ö d i s c h e s Gemeinnütziges Intelligenz-Blatt. –
1.I.1816 – 7.I.1816.
Vorh. u.d.T.: Wernigerödisches Gemeinnütziges Wochen-Blatt.
Fortges. u.d.T.: Wernigerödisches Intelligenz-Blatt.

Intelligenzblatt. – W e t z l a r i s c h e s Intelligenzblatt. –
1.I.1829 – 6.I.1847.
Vorh. u.d.T.: Wetzlarisches wöchentliches Intelligenzblatt.
Fortges. u.d.T.: Regierungs-Blatt.

Intelligenzblatt. – W e t z l a r i s c h e s wöchentliches Intelligenzblatt. –
3.I.1811 – 31.XII.1828.
Vorh. u.d.T.: Wetzlarisches gemeinnütziges Wochenblatt.
Fortges. u.d.T.: Wetzlarisches Intelligenzblatt.

Wöchentliches **Intelligenzblatt** für Tondern. — Tondern: Forchhammer. 8° u. 4°

1. 1813/4. 2–4. Einz.Nrn. 10–12. 1822/3–1824/5. (12 = Unvollst.) 16–18. 1828/9–1830/1. 19. 22 unv. 23. 1835/6. 24–26. 1837–39. (Unvollst.) 27–31. 1839/40–1843/4. 32–34. 1845–47. (Unvollst.) 39–40. 1851/2–53. (Unvollständig).
Fortges. u. d. T.:

Kgl. privil. **Intelligenzblatt** für Tondern und Umgegend. Kgl. privileg. Intelligentsblad for Tønder og Omegn. 1855–1864, 4. Febr. — Tondern. 4°
Fortges. u. d. T.:

Wöchentliches Tondernsches **Intelligenzblatt.** 1864, 25. Febr.–1869, 15. April. — Tondern. 4°
Fortges. u. d. T.:

Wöchentliches **Kreis-** und **Intelligenzblatt** des Kreises Tondern. 1869, 22. April–1870, 3. Febr. — Tondern. 4°
Fortges. u. d. T.:

Wöchentliches **Kreisblatt** des Kreises Tondern und Intelligenzblatt. 1870, 10. Febr.–1871. — Tondern. 4°

Wöchentliches Intelligenzblatt für Tondern. 19–31. Jahrg. Tondern. 1831–43. (jf. B. D. IV. 646).

Wöchentliches **Tondersches Intelligenzblatt.** Tondern. 1814, 1816 u. 17. 8°.

— wor. d. Verhandl. d. vaterl. Industrie-Gesellschaft in Nürnberg enthalten sind v. Jahr 1799.— 800. mit K. Nurnb. Schneider u. W.

Intelligenz-Blatt. – W o r m s i s c h e s Wöchentliches Intelligenz-Blatt. –
2.I.1808 – 22.VI.1811.
15.I.1814 – 16.II.1814.
Vorh. u.d.T.: Wormsisches Zeitungs- und Intelligenzblatt.
Fortges. u.d.T.: Wormser Zeitung.

Intelligenzblatt der Allgemeinen Politischen Z e i t u n g . –
Jena. – 6.I.1787 – 31.XII.(?)1789.
Vorh. u. fortges. u.d.T.: Jenaische Wöchentliche Anzeigen.

Intelligenz- und Zeitungsblat [Z e i t u n g s b l a t t] von Hessen. –
Hersfeld. – 20.III.1763 – XI.1763.
Fortges. u.d.T.: Hersfelder Intelligenzblatt.

Zürcher Intelligenzblatt (I)

③ Intelligenzblatt der Stadt und Landschaft Zürich ④ Der Republikaner (Zh) ⑤ 1. 1. 1858–19. 6. 1864 ⑥ 4°: 2° (1861–1864) ⑦ wöchentlich 6× ⑧ Zürich: C. Kiesling (1858–3. 7. 1863), Kiesling & Herzog (4. 7. 1863–27. 12. 1863), J. Herzog (30. 12. 1863–1864) ⑩ der Drucker ⑪ der Drucker ⑫ ohne politische Bindung ⑭ Zh: Z.

Zürcher Intelligenzblatt (II)

③ Intelligenzblatt der Stadt und Landschaft Zürich ⑤ 7. 6. 1885–März 1886 (?) (nach BGSZ: 12) ⑥ 2° ⑦ wöchentlich 3× ⑧ Zürich: A. Diggelmann; Uster: A. Diggelmann (13. 9. 1885–18. 11. 1885); Zürich: Rindermarkt 26 (seit 22. 11. 1885) ⑨ Der Philanthrop (ab 1. 9. 1885) ⑪ Walter Kempin, Zürich ⑫ parteilos ⑭ Zh: Z (1885, unvollständig) ⑮ Die Beilage, die später mit dem Intelligenzblatt gedruckt wurde, trug im Oktober-November den Titel »Der Philanthrop. Sonntags-Nummer des Zürcher Intelligenzblattes«.

Intelligenz-Blatt: Zürcherisches Intelligenz-Blatt

⑤ 17. 2. 1801–23. 6. 1806 ⑥ 4° ⑦ Wochenblatt ⑧ Zürich: Johann Kaspar Näf ⑩ der Drucker ⑫ neutral ⑭ Zh: Z.

Intelligenzblatt von Zürich

⑤ 1831–1835 ⑧ Zürich ⑬ BGSZ: 12, p. 95.

Intelligenzblatt für den Kanton Zürich

⑤ Probeblatt 1838, Januar 1839 ⑥ 4° ⑧ Zürich ⑬ BGSZ: 12, p. 96.

Intelligenzblatt der Stadt und Landschaft Zürich

④ Zürcher Intelligenzblatt (I) ⑤ 1. 1. 1855–Dezember 1857 ⑥ 4° ⑦ wöchentlich 6× ⑧ Zürich: E. Kiesling ⑩ der Drucker ⑪ der Drucker, J. J. Senn, Dr. Fehr, T. Härlin, Walder ⑫ republikanisch, politisch unabhängig, gegen Escher, für Stämpfli ⑭ Zh: Z.

Intelligenzblatt. – Z w e i b r ü c k e r Intelligenzblatt. –
9.V.1806 – I.1815.
Vorh. u.d.T.: Zweybrücker Wochen-Blatt.
Fortges. u.d.T.: Zweybrücker Wochenblatt.

„Erfurtische Intelligenzblätter", 1769 ff.

Intelligenzblätter, Lippische, nebst vermischten Abhandlungen. Lemgo 1767—72. II: *Heldmann, Johann Albert Hermann & Andere.* (ErschDL) (MGT) (Gatterer, Repert. d. mineral. Litt. Giessen 1798—99. I, 300.)

Intelligenzblätter. – Fürstl. Lippische Intelligenzblätter. – Lemgo. – 7.II.1767 – 6.I.1843.
Fortges. u.d.T.: Fürstl. Lippisches Regierungs- und Anzeigeblatt. Detmold.

Intelligenzblätter, fürstl. Lippische, für d. J. 1841. Nebst verm. Aufsätzen u. Abhandl. gr. 4. Lemgo, Meyer. n. 2 ℔

Intelligenz-Blätter. – Wernigerödische Intelligenz-Blätter. –
3.I.1797 – 2.X.1808.
Fortges. u.d.T.: Wernigerödisches Gemeinnütziges Wochen-Blatt.

Intelligenzblätterkunde, Die, für den nicht unterrichteten Privatmann . . . Weimar 1802. V: *Stiebnitz.* (Grenzboten 1901. S. 548.)

Intelligenzblätterkunde, die, f. d. nicht unterrichteten Privatmann. 8. Berlin, Gädicke. 802.

Intelligenzblätterkunde, die, für den nicht unterricht. Privatmann. 8. Berl. 802. (Henning in Greiz). 18 ℊ

Intelligenzbote
③ Wochenblatt (Fg) ⑤ 1843–1844 ⑦ Wochenblatt ⑧ Frauenfeld: Christian Beyel ⑩ der Drucker ⑬ Hagen: Buchdruck- u. Zeitungswesen im Thurgau.

Intelligenz- und Zeitungs-Manual. – Reichsstadt-Wormsisch Intelligenz- und Zeitungs-Manual. –
1.(?)I.1777 – (?)I.1777.
Vorh. u.d.T.: Reichsstadt Wormsisch privilegiertes Intelligenzblatt.
Fortges. u.d.T.: Reichsstadt Wormsisches Wochenblatt.

Intelligenznachrichten. – Bönnische Intelligenznachrichten. –
Bonn. – 28.VII.1795 – 1.VIII.1795.
Fortges. u.d.T.: Bonner Intelligenzblatt.

Intelligenznachrichten, Dillenburgische. Jahrgang 1773—90, 1792—1809. (35 Bde.) Dillenburg. 4.

Intelligenz-Tagblatt für den Kanton Zürich
⑤ Probeblatt Anfang Dezember 1838: 1. 1. 1839--? ⑥ 4° ⑦ wöchentlich 6× ⑧ Zürich: R. Meyer im großen Erker ⑩ der Drucker ⑪ C. H. Tobler ⑫ politisch neutrales Anzeigeblatt mit Feuilleton ⑭ Zh: Z.

Intelligenz-Zeitung. – Höfer Intelligenz-Zeitung. –
Hof. – 1807 – 2.I.1824.
Vorh. u.d.T.: Höfer Intelligenz-Blatt.
Fortges. u.d.T.: Intelligenz-Blatt.

INTELLIGENZ-Zettel, Berlinische, 1768. 8°. (Bibl. d. Vereins f. d. Gesch. Berlins.)

Festgesang zum Stiftungsfeste der St. Johannis-Loge Memphis in Memel. Den 23sten Febr. 1827, vom Br. Frans **Intelmann.** [Memel 1827]: Horch. 2 Bl. 8° [Umschlagtit.]
Ohne Noten: „Schöner Tag, der heute wieder . . .“

Johann Daniel Intelmann's Arithmetischer Wegweiser oder Revalisches Rechenbuch mit *Joh. Joach. Langen's* Vorr. Halle, 8. 1 Alph. 7 B. 1736.

Intemann, Friedrich, Hannover-Linden: Das Verhältnis des „Nouveau Testament“ von Geffroi de Paris zu der „Conception Notre-Dame“ von Wace, zu der Handschrift ADD. 15606 des Britischen Museums und zu der Hamilton Handschrift No 273 des Fitzwilliam Museums zu Cambridge. Greifswald 1907: F. W. Kunike. (62 S.) 8°
Greifswald, Phil. Fak., Ref. Stengel, Diss. v. 14. Okt. 1907
[Geb. 14. Dez. 80 Hannover-Linden; Wohnort: Hannover-Linden; Staatsangeh.: Preußen; Vorbildung: Gymn. Hannover Reife O. 02; Studium: Bonn 2, Leipzig 2, Bonn 1, Greifswald 3 S.; Rig. 11. Mai 07.]

Intendanturbeamte, der. Vorbereitung zur Annahme f. den Intendantur-Sekretariatsdienst. Methode Rustin. Selbst-Unterrichts-Briefe, hrsg. vom Rustinschen Lehrinstitut. Red. v. C. Jlzig. Bearb. v. Gust. Behrendt, Max Baumann, Frz. Bußler u. v. a. 1.—112. Lfg. Lex.-8. (3785 S. m. Abbildgn., 1 Tab., 12 farb. Karten u. 88 farb. Kartens. in gr. 4.) Potsdam (900—902). Bonneß & Hachfeld. Subskr.-Pr. à n. — 90; Einzelpr. à n. 1. 25

Intendanturbeamte, der. Vorbereitung zur Annahme f. den Intendantur-Sekretariatsdienst. Methode Rustin. Selbst-Unterrichts-Briefe, hrsg. vom Rustinschen Lehrinstitut. Red. v. C. Jlzig. Bearb. v. Gust. Behrendt, Max Baumann, Frz. Bußler u. v. a. 113.—192. Lfg. (2558 S. m. Abbildgn. u. 7 farb. Karten.) Lex.-8. Potsdam (903 bis 906). Bonneß & Hachfeld. Subskr.-Pr. à n. — 90; Einzelpr. à n. 1. 25

Intendanturbeamte, der. Vorbereitung zur Annahme f. den Intendantur-Sekretariatsdienst. Methode Rustin. Selbst-Unterrichts-Briefe, hrsg. vom Rustinschen Lehrinstitut. Bearb. v. Gust. Behrendt, Max Baumann, Frz. Bußler u. v. a. 193.—203. Lfg. (368 S. m. 5 Tab. u. 5 farb. Karten.) Lex. 8. Potsdam (907. 08). Bonneß & Hachfeld. Subskr.-Pr. à —90; Einzelpr. à 1. 25

Intendanturbeamte, der. Vorbereitung zur Annahme f. den Intendantur-Sekretariatsdienst. Methode Rustin. Selbst-Unterrichtsbriefe, hrsg. vom Rustinschen Lehrinstitut. Bearb. v. Gust. Behrendt, Max Baumann, Frz. Bußler u. v. a. Suppl.-Heft. 1. u. 2. Lfg. (58 S.) Lex. 8. Potsdam (909). Bonneß & Hachfeld. Subskr.-Pr. à —90; Einzelpr. à 1. 25

Intentiones et orationes ante horas canonicas dicendae. 16. (8 S.) Augsburg 884. Literar. Institut v. Dr. M. Huttler. — 10

Inter curas inter currentes meditationes. O. O. [17??]. V: *Koháry, István gróf.* (Pk)

Inter Laudes Divi Thomae . . . tantum duo verba. Bresl. 1769. V: *Preys, Jovinian.* (Kat. d. Druckschr. üb. Breslau. Breslau 1903. S. 263.)

Interdiction de l'accaparement sur les marchés de la ville de Berne. Recours de Jacob et Anna Wenger, à Steffisbourg. 8. [Berne, C.-J. Wyss.]
Arrêté du Conseil fédéral. ⟨Du 17 octobre 1902.⟩ (9 p.)
Rapport du Conseil fédéral à l'Assemblée fédérale.... ⟨Du 24 février 1903.⟩ (8 p.)

VU la Requête pré-|sentée par le Pro-|cureur d'Office de | cette Ville contenante ... (Interdiction aux bouchers de vendre de la viande ladre) ... NACH übersehung | durch Ambtskläge-|ren hiesiger Stadt | eingelangter Reque-|te, ... (Verbot an die Metzger, finniges Fleisch zu verkaufen) ... Gegeben zu Lutzem-|burg den 23. May 1755. | ... (A la fin:) A LUXEMBOURG, | Chez J. B. Kleber ... 1755. |
6 S., 8° (210 × 160 mm).

Interessantes, Etwas, aus dem Schreibepulte eines ehrlichen Mannes. O. O. [181?]. V: *Pfeiffer, Ulrich.* (MGT)

Interessantes aus aller Welt
v. Schweizer Kriminal-Zeitung.

Interessanteste, das, aus der Gegenwart für die industrielle Welt. Zur Belehrung und Unterhaltung. 1. Bd. 1—4. Heft. Leipzig 856. Literatur-Bureau. 8. (S. 1—320.) Jedes Heft 7½ ngr.

— d., u. merkw. v. d. Säugthieren f. d. Jug. m. K. gr. 8, Berl. Himburg. 804.

— das, u. Merkwürdigste von d. Säugethieren, für d. Jugend, mit Kpf. gr. 8. Berl. 804. (Reimer). 1 ℛ 12 ℊ ill. 2 ℛ 8 ℊ

* Interessanteste, das, u. merkwürdigste von den Säugthieren für die Jugend, mit K. gr. 8. Leipzig, Dyk. 804.

Interessanteste und Neueste, das, aus China, in religiöser, politischer und socialer Hinsicht. 8. (VI und 188 S.) Wien 863, Mechitharisten-Congregations-Buchh. *

Interessanteste, über d., in Rußland, welches Geographie, Geschichte u. Statistik enthält. 1r Bd. 8. Bresl. 781. (Gosohorsky). 1 ℛ 16 ℊ

Interessanteste, üb. d., in Rußland, welch. Geogr., Geschichte und Statist. enth. 1r Bd. 8. Bresl. Meyer. 781.

Interessanteste, das, von den Säugthieren. Mit Kpf. gr. 8. Berlin. 804. Ist jetzt Verlag von Reimer. mit schwarz. Kupfern
mit illum. Kupfern

Interessanteste. Ueber das I' der Schweiz. Leipzig 1777–1780 s.a. [Ulrich, Johann Heinrich Friedrich].

Interessanteste, Das, der Schweiz; a. d. Franz. frey übersetzt ... Leipzig 1777—80. V: *Ruchat, Abrah.* (Cat. d. Stadtbibl. Zürich. Zürich 1864—97.)

— üb. d., in d. Schweiz, a. d. Franz. 4 Bde. 8. Leipzig, Weygand. 777—80. (1r—3r à 1 Rthlr. 12 gr. 4r 1 Rthlr. 4 gr.)

Interesse, Bremens, die freie Beweglichkeit des Verkehrs und der Zollverein, s.a. Bremens

Interesse, Bremens, die freie Beweglichkeit des Verkehrs und der Zollverein. Bremen 1854. V: *Koop, J. C., F. C. F. Nielsen & H. R. Reinken.* (Ky)

Interesse, das, Deutschlands an dem großen österreichischen Anlehen und die Steuerkraft Oesterreichs. gr. 8. (40 S.) Leipzig 854, Teubner.

Interesse. Das gegenwärtige I' der Schweizer. Helvetien 1806 s. [Glutz-Blotzheim, Robert].

Interesse, Das gegenwärtige, der europäischen Staaten ... Hamb. 1803. V: *Gosch, Josias Ludw.* (Schr)

Interesse, Das historische, der Lützner Gegend und ihrer Umgebungen ... [Leipzig 1813.] V: *Engelhardt, Carl August.* (MGT)

DAS INTERESSE DER DEUTSCHEN INDUSTRIE AN DEN HANDELSVERTRÄGEN.
In Einzeldarstellungen herausgegeben vom Handelsvertragsverein.
Heft 1. Die Papier-Industrie. Von EUGEN HAGER. Berlin 1901. (Sekretariat des Handelsvertragsvereins.) 8°.
Einzeldarstellungen, gesammelt vom Handelsvertragsverein.
Heft 2. Die Industrie photographischer Bedarfsartikel. Von FRITZ HANSEN. ib. 1901.
In Einzeldarstellungen, herausgegeben vom Handelsvertragsverein.
Heft 3. Die Spielwaren-Industrie. Von R. ANSCHÜTZ. ib. 1901.
Einzeldarstellungen, gesammelt vom Handelsvertragsverein.
Heft 4. Die Mühlen-Industrie. Von J. WERNICKE. ib. 1901.
Heft 5. Die Uhren-Industrie. (Wand- und Standuhren.) Von KNORZ. ib. 1901.
Heft 6. Die Bekleidungs-Industrie. Von FEITELBERG. ib. 1904.
Heft 7. Die Leinen- und Wäsche-Industrie. Von HEINZ POTTHOFF-Bielefeld. ib. 1901.
Heft 8. Die Thonwaren-Industrie. Von PAUL WILDNER und RICHARD ZIMMERMANN. ib. 1901.
Heft 9. Die Baumwoll-Industrie. Von KURT KUNTZE. ib. 1902.
Heft 10. Die chemische Industrie. Von ALFRED JUNGHAHN. ib. 1902.
Heft 11. Die Holzsäge-Industrie. Von CARL HAMPKE. ib. 1902.
Heft 12. Die feinmechaniche und optische Industrie. Von HUGO KRÜSS. ib. 1902.

Interesse, das, der deutschen Industrie an den Handelsverträgen. Herausgegeben vom Handelsvertragsverein. 1. Hager E. die Papierindustrie. (40 S) — 2. Hansen F, die Industrie photographischer Bedarfsartikel. (16 S) — 3. Anschütz R, die Spielwarenindustrie. (20 S) — 4. Wernicke J. die Mühlen-Industrie. (43 S) — 5. Knorz, die Uhren-Industrie. (13 S) Berlin 1901

Interesse, das, und die Macht von Rußland in Beziehung auf die Türkei betrachtet von L. K. 8. Leipzig, Reinsche Buchh. 818.

Interesse, das, u. d. Macht v. Rußland, in Beziehung auf d. Türkei, betrachtet v. e. Diplomaten. 8. (10½ B.) Leipzig 828, Rein.

—— dass., 2., mit vielen Anmerk. verseh. Aufl., u. e., polit. Erörterungen in Bezug auf d. gegenwärt. Krieg enthalt. Anh. 8. (15 B.) Ebds. 829.

Interesse, Das, des Menschen und Bürgers bei den bestehenden Zunftverfassungen. Königsberg 1803. V: *Hoffmann, Johann Gottfried.* (MGT) (Ky) (CBH) (Hitzig)

— d., des Menschen u. Bürgers bei d. bestehend. Zunftverfassung, (v. Jh. Gf. Hoffmann). 8. Königsb. 803. Unzer. 20 gr.

Interesse. – Über Preußens Interesse an dem Krieg gegen Frankreich. o. O. 1795. 32 S.

—— das wahre, d. Europ. Mächte u. d. Kaisers v. Brasilien in Hinsicht auf d. gegenwärt. Angelegenheiten Portugals. Aus d. Engl. (Nebst: Acte d. Eröffnung d. Cortes in Lissabon, u. des v. D. Miguel I. geleist. Eides. A. d. Portug.) gr. 8. (7 B.) Berlin 829, Duncker u. Humblot.

Das wahre Interesse des Teutschen Reichs bey dem gegenwärtigen Kriege zwischen den Häusern Preussen und Oesterreich, entgegengesetzt einer boshaftigen Oesterreichischen Schrift, welche unter dem Titel: Staats-Betrachtungen über den gegenwärtigen Krieg . . . zum Vorschein gekommen. Berlin 1761. (79 S.)

Interesse-Berechnung v. 1 bis 5000 Rthlr. zu 4 bis 8 pro Cent. 8. Gött. Dieterich.

Interessen, berechnete, aller in Silber verzinsl. Staatspapiere, Rothschild'schen Partial-Lose u. Bank-Actien. Von 1 — incl. 180 Tage. gr. 8. (7 Tab.) Wien 834, Wallishausser.

D e u t s c h e Interessen im Nigergebiete. (Aktenstücke aus der Zeit vom 26. September 1888 bis 2. Oktober 1889. Beschwerden des Kaufmanns Hönigsberg in Lagos. [Deutsches Weissbuch.]) Berlin 1889. 57 S. 4°

D e u t s c h e Interessen in der Südsee. I. II. (Aktenstücke vom 11. November 1880 bis 26. Januar 1885. [Deutsche Weissbücher.]) Berlin 1884 u. 1885. 1 Bd. 40; 82 S. 4°

D e u t s c h l a n d s Interessen in Südafrika. Erster Bericht des Vereins zur Förderung deutscher Interessen in Südafrika. (Januar 1887.) Berlin 1887. 10 S. 8°

— die, Europens. Nach Ansichten des Philosophen v. Sanssouci. 8. Leipzig 840. Gebr. Schumann. ⅓ Rthlr.

Interessen, über gemeinsame materielle, im deutschen Bundesstaate, insbesond. bei Abgaben vom Verkehr u. Verkehrsmitteln. Geschrieben im Monat Aug. 1848 (v. T h i e l a u). gr. 8. (32 S. m. 1 lith. Tab. in Fol.) Frankfurt a. M. (Sauerländer.) — 2. Hft.: Vorschläge zu d. Bestimmgn. im Reichsgrundgesetze üb. die Zoll- u. Handelseinigung. Vorschläge zum sofortigen Beginn der Ausführg. dieser Einigung. Geschrieben in den Monaten Septbr. u. Octbr. 1848. gr. 8. (36 S.) Ebd. 848. (à n. ⅙ Rthlr.) n. ⅓ Rthlr.

I n t e r e s s e n. Von den höchsten, des D e u t s c h e n R e i c h e s, mit besonderer Rücksicht auf den Einfluss, welchen B a y e r n gegenwärtig auf jene behauptet. Heilbronn 1806.

Interessen, v. d. höchsten, d. deutschen Reichs, mit Rücksicht a. d. Einfluß Baierns. 5 Hefte. gr. 8. Regensb. Reitmayr. 806.

Interessen, die katholischen, bei den Budgetverhandlungen in den preußischen Kammern des Jahres 18⁵²/₅₃. Paderborn 853. Schöningh. gr. 8. (VII, 438 S.) n. 1 Rthlr. 7½ ngr.

Interessen, die katholischen, bei den Budgetverhandlungen in den preußischen Kammern des J. 18⁵²/₅₃. gr. 8. (VII und 438 S.) Paderborn 854, Schöningh. *

Interessen, die katholischen, in den preußischen Kammern des J. 1853—54. gr. 8. (388 S.) Düsseldorf 854, Engels und Lensch. Thlr. *

Oesterreichs Interessen u. der preussisch-französische Handelsvertrag. Denkschrift des Vereines der österr. Industriellen, überreicht Sr. Excell. dem Grafen von Rechberg u. Rothenlöwen. gr. 4. (20 S.) Wien, Braumüller's Sort.-Cto. 1862. 50 kr.

Interessen- u. Capitals-Berechnung 1 Jahr, ½ Jahr, 1 Monat u. 1 Tag, zu ¼—6 pro Cent, in Pfn., Silbergrn. u. Rthlrn. berechnet. 4. (2 B.) Liegnitz 829, Kuhlmey.

Interessenbüchlein. Ein Anhang zu d. Schlüssel zu der, dem neuallerh. Finanzp. vom 20. Febr. 1811 angehängten Cours-Skala. 8. Prag, Endner. 814.

Interessen-Resolvirung auf 5 Procent a. das Jahr von 9000 Guld. Fol. Carlsruh, Müller. 802.

Interessen-Resolvirung à 6 Proc. von 1 bis 365 Tagen u. v. 1 bis 900 Fl. Fol. Carlsruhe, Müller. 813. Rthlr.

Interessen-Resolvirung à 4 Proc. von 1 bis 365 Tagen u. v. 1 bis 9000 Fl. Fol. Carlsr. 827, Müller.

Interessen-Spiegel, ganz neu erfundener, immerwährender, f. d. 5procent. Metallick-Obligazionen u. Bank-Akzien. gr. 8. Wien 827, (Leipz., Liebeskind.)

Interessen-Tabellen von 100 Thaler, in Thaler zu 24 Groschen . . . Berlin 1812. V: *Gädicke, Johann Christian.* (MGT) (Ky) (NN) (Hitzig)

‒ dass., s.a. I n t e r e ß - T a b e l l e n.

Interessen-Vertretung, die landwirthschaftliche. Ein Beitrag zur Verständigung von einem Gutsbesitzer in Ostpreußen. gr. 8. (34 S.) Berlin 870, Habel. *

Interessen-Vertretung (Die landwirthschaftl.). Ein Beitrag zur Verständigung von einem Gutsbesitzer in Ostpreussen. gr. 8°. Berlin, Lüderitz's Verl., 1870.

Interessenvertretung, über, u. ständische Vertretung. Von F. L. W. (Reichsfreiherr von L a n d s b e r g - V e l e n). gr. 8. (24 S.) Münster 851, Theissing. ⅙ Rthlr.

Interesse- u. Rabattrechner, d. geschwinde. gr. 8. Ulm 805. Stettin. 8 gr.

Intereß-Tabellen zu zwei, drei, vier, fünf u. sechs Procent, von einem Tage an bis auf Ein Jahr, und von einem Pfennige bis auf 5000 Rthlr., oder 5713 meißn. Gülden 6 gr. 4. Leipz. Joachim.

— von 100 Thaler, in Thaler zu 24 Groschen u. Groschen zu 12 Pfennigen, von ½ bis zu 12 pCt., u. von 1 Tag bis zu 12 Jahren, (von J. C. Gädike). 4. Berl. 812. Gädike. 3 gr.

– dass., s.a. I n t e r e s s e n - T a b e l l e n.

de l'Intérêt, de la monarchie Prussienne, dans les conjonctures actuelles en Janvier 1796, avec l'examen. gr. 8. Hamb. 796. Fauche. 1 Rthlr. 8 gr. (Haller in Bern). 1 Rthlr.

Intérêts, Les, des nations de l'Europe . . . Leipzich 1766. V: *Accarias de Sérionne, Jacques.* (BrMm)

Intérêts, Nouveaux, de l'Europe depuis la Revolution Françoise. Hamb. 1798. V: *Dutens, Louis.* (BrMm)

Interglacialzeiten, Keine, während der europäischen quartären Eiszeit. Von K. v. L. München 1908. V: *Löffelholz von Colberg, Carl Freih.* (EB)

Interglacialzeiten, keine, während der europäischen quartären Eiszeit von K. v. L. (Karl Löffelholz v. Colberg). (III, 17 S.) gr. 8. München 908. (J. A. Finsterlin Nachf.) — 50

Interieur, das. Wiener Monatshefte f. angewandte Kunst. Red.: Ludw. Abels. 1.—3. Jahrg. 1900—1902. à 12 Hfte. hoch 4. Wien, A. Schroll & Co. à Jahrg. n. 20. —; in Mappe 2 Bde. à n. 10. 80; in 1 Bd. geb. à n. 23. —
1. (VI, 192 S. m. Abb. u. 73 z. Tl. farb. Taf.)
2. (IV, 208 S. m. Abb. u. 93 z. Tl. farb. Taf.)
3. (IV, 184 S. m. Abb. u. 104 z. Tl. farb. Taf.)

Interieur, das. Wiener Monatshefte f. Wohnungsausstattgn. u. angewandte Kunst. Red.: Ant. Schroll. 4. bis 7. Jahrg. 1903—1906. à 12 Hefte. (à ca. 8 S. m. Abbildgn. u. Taf.) hoch 4, bzw. Fol. Wien, A. Schroll & Co. à Jhrg. n. 20.—; in Mappe 2 Bde. à n. 10.80; in 1 Bd. geb. à n. 24. —

Interieur, das. Wiener Monatshefte f. Wohnungsausstattg. u. angewandte Kunst. Red.: Jos. Aug. Lux. 8. Jahrg. 1907. 12 Hefte. (144 Taf.) 41×32 cm. Wien, [A. Schroll & Co.] E. Kosmack. 20.—; erm. Pr. 7. —

— dasselbe. Red.: Arth. Rössler. 9.—11. Jahrg. 1908—1910. à 12 Hefte. (IV, 48; IV, 48; 52, 112 S. m. Abb. u. 110, 98 u. 63 Taf.) 34,5×27 cm. Wien, E. Kosmack. à Jahrg. 20. —

Interieur du Crypte de la Cathédrale de St. Nicolas à Bary, où reposent les reliques de St. Nicolas. Nach der Natur gezeichnet und gestochen von C. d'Ouchtomsky. ½ Fol. Wien, L. Th. Neumann Commissions-Verlag. 1861. 1 d.

Intérieurs, die, d. Herrenhauses auf der allgemeinen land- u. forstwirthschaftlichen Ausstellung zu Wien 1890. (In 4—5 Hftn.) 1. u. 2. Hft. gr. Fol. (à 5 Bl. Lichtdr.) Wien 890. Schroll & Co. In Mappe. à n. 5. —

Intérieurs, die, d. Herrenhauses auf der allgemeinen land- u. forstwirthschaftlichen Ausstellung zu Wien 1890. 3. u. 4. (Schluss-)Hft. Fol. (à 5 Bl. in Lichtdr.) Wien 891. Schroll & Co. In Mappe. à n. 5. — (kplt.: n. 20. —)

Intérieurs von der Jubiläums-Gewerbe-Ausstellung Wien 1888. (60 T) fol Wien 1889

— v. der **Jubiläums-Gewerbe-Ausstellung** Wien, veranstaltet vom nieder-österreich. Gewerbe-Vereine unter dem Protectorate seiner k. k. Hoheit d. Durchlauchtigsten Hrn. Erzherzogs Karl Ludwig. 3. Aufl. gr. Fol. (60 Lichtdr.-Taf. m. 1 Blatt Text.) Ebd. 892. In Mappe. n. 60. —

Intérieurs von Kirchen und Kapellen in Oesterreich. [XII. bis XVIII. Jahrh.] Heliogravuren nach photograph. Aufnahmen von Otto Schmidt in Wien. Mit erläut. Text von Dr. Alb. Ilg. Liefrg. 1. Folio. Tafel 1/25. (5 S.) In Mappe Wien: Schroll 1895. 18.—

— u. **Mobiliar** aus Schloss Tratzberg. Sep.-Abdr. v. Kunstschätze aus Tirol. Heliogravuren nach photograph. Aufnahmen v. Otto Schmidt in Wien. Mit erläut. Texte v. Joh. W. Deininger. gr. Fol. (12 Bl. m. 2 S. Text.) Ebd. 894. In Mappe. n. 16. 50

Interim, das Augsburger, s. Hergang.

Interim, das augsburger, ein Bedenken Melanthons und einige Briefe desselben in Bezug auf das Interim, die Bulla reformationis Pauli III. und die Formula reformationis Caroli V., als Grund für den Religions-Frieden vom 26. Septbr. 1555. Zusammengestellt und kurz erläutert von C. Th. Hergang. 8. (280 S.) Leipzig 855, Teubner.

Interlaken [Sachliches OW]

Interlaken.... (A short Guide to I.) 8. Interlaken.
Ed. A. [Published by the] Hotel Beau-Rivage.... *s. d.* [1860/80].
Ed. B. [Published by the] Hôtel du Belvédère... 1864.
Ed. C. [Published by the] Hôtel et Pension Ober-Schlössli... [With 1 Illustration] 1873.

Interlaken.... (Le petit guide d'Int.) 8. Interlaken.
Ed. A [Publié par l']Hôtel de l'Oberland... 1868.
Ed. B [Publié par l']Hôtel du Belvédère... *s. d.* [1870/80]
Ed. C. [Publié par l']Hôtel et Pension Oberschlössli. [Avec 1 vignette.] 1873.

Interlaken.... (Der kleine Wegweiser von I.) 8. Interlaken *o. J.* [1870/90].
Ausg. A. [Hrg. vom] Hotel Beau Rivage....
Ausg. B. [Hrg. vom] Hôtel du Belvédère....
Ausg. C. [Hrg. vom] Grand Hôtel et Pension des Alpes...

Interlaken. (Europäische Wanderbilder. Nº 7 – L'Europe illustrée. Nº 7) *s. a.* [Gerber, Rudolf].

Interlaken, von *Gerber.* 8º. 48 S. Mit 20 Illustrationen von J. Weber u. 1 Karte. Zürich, Orell Füssli & Cie. 1878 — 50
*** Illustr. Wanderbilder Nr. 7.

— par *Gerber.* In-8º. Ibid. 1878. — 50
*** La Suisse illustrée, Nr. 7

Interlaken and its Environs (*Umschlag:* Surroundings). With 46 Views, a Plan of I. and a Map of the Bernese Oberland. [Illustrated Cover.] 8. Zürich *s. d.* [1894/96].

Interlaken and its environs. Interlaken 1897 s. A[beregg]. C .

Interlaken et ses environs. Avec 46 vues, un petit plan d'Int. et une carte de l'Oberland bernois. [Couverture illustrée.] 8. Zurich *s. d.* [1894/96].

Interlaken-Mürren-Meiringen. [Exkursionskarte. Lithographischer Ueberdruck aus den Blättern 391—393, 395—397, 488—490 des Topographischen Atlas Siegfried.] Massstab 1 : 50000. [Hrg. durch die] Schweizerische Landestopographie, Bern. Ueberdruck 1904. 542/755 mm. 1 Bl. quer-fol. fr. 2. —
Auch aufgezogen, mit Titel 8: Interlaken-Mürren-Meiringen. Exk. [Massstab] 1 : 50,000. Überdruck [aus:] Topographischer Atlas der Schweiz.... [Hrg. durch die] Schweiz. L' Bern. aufgezogen fr. 3. —
Frühere Bezeichnung dieser Karte: Berner-Oberland II. — *s. Bulletin 1903, S. 166. Ausg.* 1902.

Interlaken und Umgebungen. Mit 46 Ansichten, einem Plänchen von I. und einer Karte des Berner Oberlandes. [Umschlag illustriert.] 8. Zürich *o. J.* [1894/95].

Interlaken und Umgebungen. Bequemer Führer u. liebliches Souvenir. Mit 46 Photogravüren, 1 Plano u. 1 Karte des Berner Oberlandes. 64 S. In deutscher, französischer u. englischer Ausgabe. Zürich, J. A. Preuss. 1895. 1 —

Interlaken u. Umgebungen. M. 46 Ansichten, 1 Plänchen v. Interlaken u. 1 Karte d. Berner Oberlandes. gr. 8. (IV, 64 S.) Zürich 896. Th. Schröter. n. 1. – ; französ. u. engl. Ausg. zu gleichem Preise; ermäss. Pr. n. — 80

Interlaken [Schlagwort]

Interlaken, s.a. Geologische Karten. Spezialkarte (Schweiz).

Interlaken, s.a Schweiz. Atlas.

Interlaken, s.a. Westentasche-Panorama-Collection.

Interlaken, s.a. Woerl's Reisehandbücher.

Interlaken. Halder, A., Plan v. Interlaken u. Umgebung. Mit Bewillig. des eidg. topograph. Bureaus neu bearb. v. K. G. Hofer u. G. Ch. v. Hoven. 1:15,000. 4. Aufl. 39,5 × 51 cm. Farbendr. Bern 896. Schmid & Francke. n. — 80; auf Leinw. n. 1. 60

Interlinearversionen, deutsche, der Psalmen, hrsg. v. E. G. Graff, s. Bibliothek d. gesammt. National-Literatur, I. Abthl. 10. Bd.

Das 'Interlude of the Four Elements.' Mit e. Einl. neu hrsg. von Julius Fischer, Dr. phil. *Marburg: N. G. Elwert 1903.* (86 S.) 8°
— Studien, Marburger, z. engl. Philologie. H. 5.

INTERMETZO'S (sic!) in lustigen Stunden für lüsterne Leser. (5 freie Novellen, zum Theil in Versen.) Leipzig, Pott, 1797. 8°.
Tit. m. Vign., VI u.156 SS. (2 Rthlr. Scheible; 7 Mk., „mit Titelkpfr.", J. Halle, c. 1905.)

– – Dasselbe. Halle, Ruff, 1801. 8°. (In Breslau, Kgl. u. Univ.-Bibl.)

Intermezzo, s.a. Dunker.

Intermezzo, das; oder der Landjunker in der Residenz. Lustsp. in 5 A. v. Kotzebue. 8. Lpz. Kummer. 810.

Intermezzos in lustigen Stunden f. lüsterne Leser. 8. Halle, Ruff. 801.

INTERN, D. E. M. H. (ps.), Ein Geächteter. Humoreske. (Gedicht.) 1874.
Weller, Lex. Ps.

Internari, Joan. Bapt. Caricature. Ioan. Bapt. Internari fecit. I Canale Scul.) o. O [um 1751.]
6 Taf. in Kupferst. 2°.
Abb. 194

International: L'International (Be)
⑤ 1891—1892 (?) ⑦ hebdomadaire ⑧ Berne ⑬ BGSZ: 12, p. 48.

Internationale, die schwarze. Von Warnefried. (81 S.) 8. Dresden (904). H. L. Diegmann. n. — 80

⑧ Internationale, d. schwarze. 904. (LBL 33.) Pantow, O. Unser Berl. Erh. Pr. — 70

Internationale, Die weisse. Eine Spiritusgeschichte in 3 Aufzügen. Bühnenmanuscript. Dresden-A. 1904. V: *Lebius, Rudolf.* (Kürschners Deutscher Literatur-Kalender XXX [1908].) (Hdschr. Mitth. von Friedrich Müller, München.)

I. L. O. Nachrichten
⑤ ? (cont.) ⑥ 4° ⑧ Genf ⑬ International Labour Office - Internationales Arbeitsamt ⑮ Vervielfältigtes Bulletin; Titel gedruckt. Diese Pressemeldungen stellen keine amtlichen Berichte dar.

Interpellation der Abgeordneten Bebel und Gen., den kleinen Belagerungszustand über das Gebiet der Stadt und Amtshauptmannschaft Leipzig betreffend, deren Motivirung und Beantwortung seitens der Kgl. Staatsregierung. 5. öffentl. Sitzung der 2. Kammer am 5. November 1881. Nach dem amtl. stenogr. Bericht. 8°. Nürnberg, Woerlein u. Co., s. a.

Interpellation der Abgeordneten Graf v. Kanitz und Genossen, betr. die Höhe der Kohlenpreise und die Eisenbahntarife für die Ausfuhr von Steinkohlen und Koks. [Kopftit.] 4°.
Aus: Haus d. Abg. Stenogr. Bericht üb. d. 58. Sitz v. 2. Mai 1907.

Interpellation des Magistrats seitens 24 Stadtverordneter betr. d. Bericht über d. Verwaltung u. d. Stand d. Gemeinde-Angelegenheiten d. Stadt Stolp i. Pom. v. 1. April 1903 bis Ende März 1904. *Stolp i. Pom. 1904: W. Delmanzo.* (6 Bl.) 4° [F.]

Interpellation an die Mitglieder der National-Versammlung (gegen Held). 1 Bl. 4.
Flugblatt. Berlin, 8. Juni 1848.

Interpellation, nationalliberale, üb. Beamtenmaßregelungen im Osten. (37 S.) gr. 8. Berlin 910. Buchh. der nationalliberalen Partei. — 10

Interpellation, Nationalliberale, über den Bremserlaß in der 6. Sitzung des Hauses der Abgeordneten am 9. Februar 1907. Hrsg. von der Nationalliberalen Partei. Berlin, [1907]. 48 S.

— nationalliberale, üb. den Bremserlaß in der 6. Sitzung des Hauses der Abgeordneten am 9. II. 1907. (48 S.) 8. Ebd. (907). — 20

Interpellation, die, des Abgeordneten für Pleschen Dr. v. Niegolewski in der 50. Sitzung des Abgeordneten-Hauses in Berlin am 12. Mai 1860. Vollständig nach dem stenograph. Berichte mitgetheilt. 3. und 4. Aufl. gr. 8. (31 S.) Posen 860, Merzbach.

Interpres pacti Mariani cum instructione de ortu statuque Congregationis Annunciatae Molshemii . . . Argentorati 1746. H: *Sendelbach, Joh.* (Jes)

Interpretatio, Chaldaicorum Danielis, Hebraica . . . Halae 1782. H: *Schulze, Johann Ludwig.* (ML)

l'Interprète. Französisches Journal für Deutsche. Redact.: Emil Sommer. 1. Jahrg. Juni—Decbr. 1877. 31 Nrn. (Bog.) Fol. Edenkoben. (Leipzig, Diez und Gehrmann.) *
— dass. — 2. und 3. Jahrg. 1878 und 1879. à Jahrg. 52 Nrn. (Bog.) Fol. Edenkoben. (Leipzig, Schneider.) à Jahrg. *

l'Interprète. Französ. Journal für Deutsche. Redact. und Hrsgbr.: Emil Sommer. 4.—8. Jahrg. 1880—1884. à Jahrg. 52 Nrn. (Bog.) Fol. Edenkoben, Sommer.
Jahrg. 1880—1882 à
Jahrg. 1883 und 1884 à

—— Französisches Journal für Deutsche. Redact. und Hrsgbr.: Emil Sommer. 9e—12me année. 1885—1888. à Jahrg. 52 Nrn. (Bog.) Fol. [Edenkoben.] Grünstadt, Sommer. à Quartal *ℳ 2.—.; à Jahrg. *

l'Interprete. Italien. Journal für Deutsche. Redact. und Hrsgbr.: Emil Sommer. 1.—5. Jahrg. 1880—1884. à Jahrg. 52 Nrn. (Bog.) Fol. Ebendas. Jahrg. 1880—1882 à Jahrg. 1883 und 1884 à

l'Interprete. Italien. Journal für Deutsche. Redact. und Hrsgbr.: Emil Sommer. 6. Jahrg. 1885. 52 Nrn. (Bog.) Fol. [Edenkoben.] Grünstadt, Sommer. à Quartal *ℳ 2.—.—; Jahrg. 1885 cplt. *
Nicht weiter erschienen.

l'Interprète. Guide de conversation allemande d'après une méthode pratique et très-facile. Avec lexique complet pour ce qui concerne le service militaire. Par un professeur de langue. 8. (IV, 96 S.) Metz 887. Leipzig, Lang. n. —80

L'Interprète. Guide de conversation allemande. Vocabulaire systématique. Petite grammaire. Dialogues. 2. éd. 12. (II, 96 S.) Leipzig 895. Stuttgart, Muth. n. 1. —

Interprète, nouvel, allem. françois en abrégé etc. 8. Delmenhorst. Barth. 808.

L'Interprète politique, littéraire, philologique, scientifique et artistique (ancien journal „Le Nouvelliste"). 2. année. Propriétaire: Charles Noël. 1863. Nr. 1—4. Lex. 8. (à 2 Bg.) Wien, Selbstverlag. à 35 kr.

L'Interprète politique, littéraire, philologique, scientifique et artistique (ancien journal „Le Nouvelliste"). 2. Année. 1864. 24 Nrs. (à 2 Bog.) Lex.-8. Wien. (Leipzig, Haessel.) à Nr. *

l'Interprète universel ou langue pour toutes les nations de l'univers. Ouvrage pasigraphique à 2000 mots radicaux et 200 syllabes de formation. 16. (XXVIII, 64 S.) Graz 871, Verlag Leykam-Josefsthal. *

The Interpreter: vol. 1--2, Jan. 15t--Aug. 1, 1844.
Semi-monthly. Sub-title: A Semi-monthly Journal devoted to English, French, Spanish, Italian, and German Languages. This journal contains essays, sketches, and stories in these languages, many of them original. Edited by B. Jenkins, & published by J. W. Stoy, S. Hart & S. Babcock & Co.
Charleston, SC

Interpreter, the. Englisches Journal für Deutsche. Redact.: Emil Sommer. 1. und 2. Jahrg. 1878 und 1879. à Jahrg. 52 Nrn. (Bog.) Fol. Edenkoben. (Leipzig, Schneider.) à Jahrg. *

Interpreter, the. Englisches Journal für Deutsche. Redact. und Hrsgbr.: Emil Sommer. 3.—7. Jahrg. 1880—1884. à Jahrg. 52 Nrn. (Bog.) Fol. Ebendas. Jahrg. 1880—1882 à Jahrg. 1883 und 1884 à

Interpreter, the. Engl. Journal für Deutsche. Redact. und Hrsgbr.: Emil Sommer. 8.—11. Jahrg. 1885—1888. à Jahrg. 52 Nrn. (Bog.) Fol. [Edenkoben.] Grünstadt, Sommer. à Quartal *ℳ 2.—; à Jahrg. *

Interpreter. Internationale Zeitschrift für die Weltsprache, hrsg. unter Mitwirkg. v. J. Lott, Fr. W. Fricke, Th. Baker, A. Royen etc. v. K. Lentze. (In engl., deutscher u. französ. Sprache.) 1. u. 2. Jahrg. 1889. 1890. à 12 Nrn. (B.) Imp.-4. Leipzig, Lentze. à Jahrg. n. 4. —
Nicht weiter erschienen.

Interpunctionslehre unter Benutzung der neuesten Interpunctionslehren aus den besten Schriftstellern . . . Gotha 1830. V: *Lemp, J. F.* (Gi)

Interpunktionslehre. — Unter Benutzung d. neuesten Interpunktionslehren aus d. besten Schriftstellern Teutschlands abgeleitet u. mit hinlängl. Beispielen z. Erläuter. d. Regeln versehen. Nebst e. Anh. z. Selbstübung f. Anfänger in dieser Wissenschaft. Vorzügl. z. Gebr. d. Unterr. verfaßt. Von J. F. L. gr. 12. (2½ B.) Gotha 830, [Frankfurt a. M.,] Krug.

Interpunktionslehre, die deutsche. 12. (7 S.) Fulda 900. G. Nehrkorn. n. —20

Die deutsche Interpunktionslehre. (2. Aufl.) (Fulda: G. Nehrkorn [1905].) (7 S.) 8° [Kopit. F.] [05. 780, 4

Interpunktionsregeln. 8. (19 S.) Darmstadt 893. J. Waitz. n. —08

Interpunktionsregeln. ⟨Punkt, Semikolon, Komma.⟩ Neustadt Wpr. o. J.: H. Brandenburg. (3 S.) 8° [F.]
Neustadt Wpr., k. G OP 1905 (40)

Interpunktions-Regeln, 30, nebst Übungsbeispielen. 8. (16 S.) Breslau 884. Morgenstern's Verl. n —10

Interpunktionsregeln, 30, nebst Übungsbeispielen. 2. Aufl. 8. (16 S.) Breslau 889. E. Morgenstern, Verl. n. — 10

Interpunktions-Regeln, 30, nebst Uebungsbeispielen. 3. Aufl. Mit Anwendg. der neuen Rechtschreibg. (16 S.) 8. Breslau 903. E. Morgenstern, Verl. n. — 10

Interregnum, Das auferweckte. Frankf. u. Leipz. 1756. V: *Ötter, Samuel Wilh.* (BB) (Ky) (ML) (Fiker)

Interregnum, d. aufgeweckte, od. Beweis, daß Richard aus England kein wahr. Röm. König gewesen. 2 Thle. 8. Nürnberg, Bollmann. 756.

Interregnum, das aufgeweckte, (von S. W. Oetter). 8. Frkf. u. Leipz. 756. Bollmann in Nürnb. 12 gl. Später unt. d. T.: unumstößl. Beweis, daß d. kaiserl. u. Reichs-Kleinodien mit Recht d. Stadt Nürnberg zu verwahren gehören ꝛc. 2 Thle. (1r von S. W. Oetter). 8. Nürnb. 760 u. 59. Ebd. 10 gl.

Interregnum, Oestreichisches, oder Staatsgeschichte der Länder Oestreich, Steyer, Krain . . . Wien 1773. V: *Lambacher, Phil. Jac.* (weber) (Haydinger)

Interregnum, Das russische, vom Jahre 1825. Auf Grund neueren russischen Actenmaterials. [Berlin 1889.] V: *Eckardt, Julius von.* (stadtbiblBerlin XII, S. 276)

Interrogando discite linguas. (Frageschule. Anleitung zur Verarbeitg. des Inhalts der neusprachl. Fortbildungsmittel.) 6 Tle. (8, 9, 10, 10, 10 u. 10 S.) kl. 8. Karlsruhe (905). Freiburg i. B., J. Bielefeld. In 1 Leinw.-Bd. 1. 20
Hieraus einzeln:
Frageschule. Anleitung zur Verarbeitung des Inhalts der neusprachl. Fortbildungsmittel. (8 S.) — 20
Maniera di far uso del manuale di conversazione italiana Il piccolo italiano del Oscar Hecker. (9 S.) — 20
Mode d'emploi du Petit parisien et de en France par R. Kron. (10 S.) — 20
Hints for conversation based on the text of The little Londoner and English daily life by R. Kron. (10 S.) — 20
Manera de usar el manual de conversación española El castellano actual por Don Constantino Román y Salamero. (10 S.) — 20
Frageschule zur Verarbeitung des Inhalts v. O. Pires, der kleine Russe. (In russ. Sprache.) (16 S.) — 30

Intersdorffer, Jos., tract. theol. moral. in decem decalogi praecepta. 8. Regensb. 708.

Intervention, eidgenössische, im Kanton Tessin. 1889. Bericht. u. ergänzte Ausg. gr. 8. (11, 128, 24, 14, 16 u. 3 S.) Bern 889. (Schmid, Francke & Co.) n. 1.35; in französ. Sprache n. 1.35

Interventionsmächte, die, sind sie die Vertreter oder die Verräther der polnischen Sache? Eine krit. Beleuchtung der 6 Punkte. 8. (40 S.) Zürich 863, Meyer und Zeller's Verlag. *

Interview, e., üb. Theosophie zwischen e. Berichterstatter d. „New York World" u. Annie Besant; übers. v. Ludw. Deinhard, s.: Schriften, theosophische.

Intestaterbfolgeordnung des Gesetzbuchs Napoleons im Grundrisse z. leichtern Uebersicht dieser Lehre. M. Fig. gr. 8. Marb. Krieger. 813.

Inthronisation, die feierl., d. hochwürdigst. Herrn Fürstbischofs Dr. A. J. Gruscha, Central-Präses der kathol. Gesellen-Vereine Oesterreich-Ungarns, am 6. Juli 1890 in der Metropolitankirche zu St. Stefan in Wien. Denkschrift. gr. 8. (51 S. m. 2 Bildern.) Wien 890. Buchdruckerei „Austria", Drescher & Co. n. — 50

Intimation der allerhöchsten Königlichen Anordnung für das Herzogthum Holstein etc. betreffend die Verminderung der Heilungs- und Verpflegungs- wie auch Begräbniss-Kosten der erkrankten und verstorbenen beurlaubten Soldaten. d. d. Glückstadt d. 26. Jan. 1787. Glückstadt. o. J. 4°

Intimation eines in dem Hertzogthum Hollstein, kgl. Antheils, der Herrschafft Pinneberg und Stadt Altona am 9. April a. c. zu haltenden allgem. Busz- und Beth-Tages d. 9. Martii 1745. Glückstadt. 4. P.

Intimation der Allerhöchsten Declaration des 4. Punets der **Verordnung** vom 3. Julii 1776 wie es zwischen dem Herzogthum Schleswig, dem Königl. Antheil am Herzogthum Holstein etc. etc. in Ansehung der von jeder Armen-Casse zu übernehmenden Armen zu verhalten sey. Sub dato Glückstadt, den 5. August, 1782. Glückstadt. o. J. 4°.

Intimation für das Herzogthum Holstein etc. betreffend die Allerhöchste **Resolution** auf die Frage von welcher Commune die Frau und Kinder eines vor funfzehn Dienstjahren dimittirten Soldaten, der so wenig als seine Frau zu Glückstadt geboren ist, zu unterhalten. d. d. Gluckstadt, den 5. Septb. 1785. Gluckstadt. o. J. 4°.

Intimation für das Herzogthum Holstein etc., wodurch der erste §. der dritten Abtheilung der erlassenen **Hebammenverordnung** vom 18ten Febr. 1765 eingeschränket wird. s. d. Gluckstadt. d. 20. Decb. 1787. Glückstadt. o. J. 4°.

Intimation für das Herzogthum Holstein etc. wodurch der 66ste §. der **Landausschuss-Verordnung** vom 3ten Julius 1776. erweitert wird. d. d. Gluckstadt d. 20. Sept 1787. Glückstadt. o. J. 4°.

Intimation der allerhösten Königlichen Resolution wegen des den Königlichen Bedienten im Herzogthum Holstein zur Pflicht liegenden Einschusses in die allgemeine Wittwen-Casse. Sub dato Glückstadt, den 5. Julii, 1781. Glückstadt. o. J. 4°

Intimation der allerhöchsten Königlichen **Resolution** für das Herzogthum Holstein wegen der den Brodherren eines National-Recruten für die Zeit, da dieser bei dem Regiment etc. bleiben muss, zuzustehenden Kürzung im Lohne etc. d. d. Gluckstadt. d. 23. Aug. 1787. Glückstadt. o. J. 4°.

Intimation der Allerhöchsten Königlichen **Resolution** wegen Vergoldung des Silbers und der im Feuer vergoldeten Waaren. Für das Herzogthum Holstein. d. d. Glückstadt 29. August, 1783. Glückstadt. o. J. 4°.

Intimation der Königlichen allerhöchsten **Resolution**, dass das Beispruchs-Recht wegen der sub hasta verkauften Immobilien künftig auch in den vormals Grossfürstlichen etc. Districten des Herzogthums Holstein nicht weiter statt finden solle. d. D. Glückstadt d. 6. Marz 1789. Glückstadt. o. J. 4°.

Intimation der Allerhöchsten **Verfügung**, dass innländisches Büchen-Holz nur mit innländischen Schiffen innerhalb Landes verfahren werden solle; für das Herzogthum Holstein und die Herrschaft Pinneberg. s. d. Gluckstadt, d. 30. Jun. 1786. Gluckstadt. o. J. 4°.

Intimation der allerhöchsten **Verfügung**, dass sämmtlichen Officialen und ihren Schreibern etc. obliegen solle, auf jede Ausfertigung den Betrag der dafür zu erlegenden Gebuhr zu setzen etc. für das Herzogthum Holstein und die Herrschaft Pinneberg. S. d. Gluckstadt, 11. December 1782. Gluckstadt. o. J. 4°.

Intimation der Allerhöchsten **Verfügung** betreffend die Landausschusspflichtige Personen, die sich in dem Kielschen Schulmeister-Seminario zu Schulmeister-Diensten auf dem Lande zubereiten lassen. Für das Herzogthum Holstein und die Herrschaft Pinneberg. S. d. Glückstadt, den 2. Dec. 1784. Glückstadt. o. J.

Intimation der allerhöchsten Landesherrschaftlichen **Verfügung** wie es bei dem Holsteinischen Landgericht mit den Documenten, die bei mündlicher Verhandlung der Sachen eingeleget werden, hinführo zu halten sey. d. d. Glückstadt. d. 6. Jan. 1786. Gluckstadt. o. J. 4°.

Intimation der allerhöchsten **Verfügung** betreffend die Präferenz der in Nachstand gerathenen herrschaftlichen Gefälle und der Erbpachts- und Kanons-Gelder. d. d. Glückstadt, d. 28. Decb. 1786. Glückstadt. o. J. 4°.

Intimation der Allerhöchsten **Verfügung** wegen Uebergebung der Gesuche um Pension aus der Postkasse ihrer Belegung mit Zeugnissen etc. für das Herzogthum Holstein etc. S. d. Glückstadt, d. 19. Octb. 1786. Glückstadt. o. J. 4°.

Intimation der Allerhöchsten **Verfügung** wodurch den Stempelpapierverwaltern in den Herzogthümern bei Conkursen etc. der rückständigen Stempelpapiergelder wegen, ein Vorzugsrecht auf ein Jahr beigeleget wird, für das Herzogthum Holstein etc. S. d. Gluckstadt, d. 8. Septb. 1786. Gluckstadt. o. J. 4°.

Intimation der Allerhöchsten **Verfügung**, wodurch die unterm 18. Febr. 1785 erlassene Vorschrift zu Verhütung voreiliger Concurse, für das Herzogthum Holstein etc. erläutert und näher bestimmt wird. S. D. Glückstadt d. 3. Mai 1790. Glückstadt. o. J. 4°.

Intimation der Allerhöchsten **Vorschrift** zu Verhütung voreiliger Conkurse für das Herzogthum Holstein und die Herrschaft Pinneberg. s. d. Glückstadt, den 18. Febr. 1785. Glückstadt. o. J. 4°.

Intimstes vom Intimen, v. Philantropina (Frau Elis. Bock). (30.—35. Taus.) (78 S.) 8. Dresden 909. Welt-Reform-Verlag. 1.50

Intlekofer. Die psychologischen Grundverhältnisse des Denkens. 51 S. Freiburg, P 1856

Intlekofer, Ed., s.: Urkunden, die, des Heiliggeistspitals zu Freiburg im Breisgau.

Intlekofer, M., Andeutungen z. Theorie d. menschl. Freiheit, v. Standpunkte d. reflectir. Anschauung. Eine philosoph. Abhandl. gr. 8. (1¼ B.) Freiburg 837, Wagner'sche Buchh. *

M. Intlekofer. Die sinnliche Auffassung von Raum und Zeit. 28 S. Offenburg, P 1858

M. Intlekofer. Bemerkungen über Schulerziehung und Unterricht. 36 S. Offenburg, P 1862

M. Intlekofer. Bemerkungen zur deutschen Wortbildung. 32 S. Offenburg, P 1860

Intlekofer, M., zur katholischen Bewegung. gr. 8. (17 S.) Offenburg 872, (Bielefeld.)
Vgl.: Knecht, Friedr. Justus.

Intlekofer, M., propädeutische Einleitung in die Gesammtwissenschaft. 8. (VI und 87 S.) Freiburg im Br. 857, Wagner'sche Buchh. *

—— der Muth als allgemeine Lebenserscheinung. gr. 8. (32 S.) (Ebendas.) 871.

Intocht, De, der Franschen in 1795. Leipzig 1795. V: *Bilderdijk, Will.* (BrMm)

Intog, De, den unser Herr Herzog Friedrich Franz mit Sine lewe Fru Gemalin Louise to Rostock gehollen . . . Rostock 1788. V: *Babst, Diedrich Gg.* (ML)

Intoleranz des katholischen Klerus gegen die ungarischen Protestanten . . . Gedruckt im protestantischen Deutschlande 1792. V: *Hajnóczy, Jos.* (Pk)

Intoleranz, römische, s.: Kampfesruf, der, der Hallenser grünen Hefte.

Intonationen, s. a. Weigel.

— oder Samml. kurzer Kern- u. Denksprüche d. heil. Schrift. 2e Aufl. 8. Leipz. 810. Bruder. 3e Aufl. 8. Leipz. 817. Literar. Centr.-Compt. 3 ℛ

Intonationen bei dem evangel. Gottesdienste in den königl. sächs. Landen. 8. Dresd. 813. (Leipz., Tauchnitz). 3 ℛ

Intonationen, die, der sächsischen Kirchen-Agende, eine Zugabe zu jedem Gesangbuche, nebst 25 Liedern als Minimum eines Kern-Liederschatzes für die evangel. Schuljugend. 5. Aufl. 1859. und 6. Aufl. 8. (32 S.) Zwickau 860, Buchh. des Volksschriften-Vereins. Thlr. *

Intonationen, die, der Sächsischen Kirchen-Agende, eine Zugabe zu jedem Gesangbuche, nebst einem Lieder-Anh., als Minimum eines Kern-Liederschatzes für die evangel. Schuljugend. 7.—9. Aufl. 8. (32 S.) Zwickau 862—65, Buchh. des Volksschriften-Verlags. *

Intonationen, die, der Sächsischen Kirchen-Agende, eine Zugabe zu jedem Gesangbuche, nebst einem Lieder-Anh., als Minimum eines Kern-Liederschatzes für die evangel. Schuljugend. 9. Aufl. Zwickau 865. Döhner. 8. (32 S.) n. 1 ngr

Intonationen, die, der sächsischen Kirchenagende, eine Zugabe zu jedem Gesangbuche, nebst siebenundzwanzig Liedern als Minimum eines Kernliederschatzes für die evangel. Schuljugend. 14. Aufl. 8. Zwickau 874, Döhner. *
Intonationen apart. 9. Aufl. 1870. *

Intonationen und Responsorien, kirchliche. 8. (32 S.) Apolda 851, Teubner.

— u. Collecten an Sonn- u. Festtagen etc. 4. Neust. 821. Wagner. 6 ℛ

—— und Responsorien. Zum Gebrauch beim öffentl. Gottesdienste in der evangelisch-luther. Kirche Preußens. 8. (44 S.) Berlin 849, J. A. Wohlgemuth.

—— und Responsorien aus dem evangelischen Kirchenbuche. 7. Aufl. gr. 8. (16 S.) Weimar 870, Böhlau. *

Intonationes celebrantis ex novo kyriali Luciliburgensi. 16. (14 S.) Luxemburg 860, Gebr. Heintze's Verlag. * *

Intonationes et toni communes missae. Conformes editioni vaticanae a ss. d. n. Pio papa X evulgatae, quos ed. P. Wagner. Ed. Schwann Z. (IV, 50 S.) kl. 8. Düsseldorf 909. L. Schwann. In Leinw. kart. — 60

Intonazije saksfeje zyrkwinejе agendy, pschidawk k spjewarskim. Nakładzene wot serbskeho lutherskeho knihowneho towarstwa. 8. (16 S.) Bautzen 864, (Schmaler und Pech.) *

Intraguidamaint nella religiun christ. in dits biblics. Basel 1859. V: *Mohr, Ant.* (Zuwachsverz. d. Bibl. in Zürich 1898 ff.)

Intrau's, R., landwirtsch. Kalender f. d. J. 1907, verbunden m. Lohnliste. (XIV S. u. Schreibkalender.) kl. 8. Stotternheim, R. Intrau. Geb. in Leinw. 1. —

Intrau's, R., landwirtsch. Kalender f. d. J. 1908, verbunden m. Lohnliste. (XIV S. u. Schreibkalender.) kl. 8. Stotternheim, R. Intrau. Geb. in Leinw. 1. —

Napoleons geheime **Intriguen**. Paris (Krieger in Marburg) 1815.
Weller, fing. Dr.

Intriguen-Almanach, s. Belehrungsbuch.

Intriguen-Almanach verschied. Stände, hauptsächl. d. Künstler, Handwerker u. Professionisten. 8. Leipz. 785. Barth. 14 ℊ

* **Intrigue, l'**, impromptu, ou il n'y a plus d'enfens. Comédie vaudeville en 1 Acte. 8. Brunsv. Pluchart. 810

INTRIQUEN- (so!) **ALMANACH.** Vortreffliches Belehrungsbuch allerhand Inriguen verschied. Stände, meistens aber der Künstler, Handwerker, Professionisten etc. auszuweichen. Mit Titelvignette. Frankf. 1785. 8°. Selten! (6 Mk. A. Bielefeld, 1911.)

An Ihro Königl. Majestät zu Dännemark, Norwegen etc. allerdemüthigste **Introductio** et justificatio remedii supplicationis in Sachen und abseiten Margaretha Elisabeth Schwarz, geb. Trogillius zu Hamburg . . . wider die Rathsverwandte Schwenck, Piening und Consorten in Crempe, in puncto streitiger Erbtheilung der von der Bürgermeisterin Trogillius zu Crempe besessenen Güther. o. O. 1780. Fol.

Introductio, Brevis, in historiam rerum Germanicarum litterariam . . . Lips. 1728. V: *Cramer, Joh. Gg.* (ML)

Introductio, Brevis, ad linguam latinam cum quibusdam . . . adjectis observationibus . . . Viennae 1763. V: *Friz, Andreas.* (SO)

Introductio, Brevis, in notitiam Legum nauticarum . . . Lubecae 1713. V: *Lange, Andreas.* (CBH) (BrMm) (Myl) *Langen.* (Barbier)

Introductio, Brevis, de recitando officio divino. Oeniponti 1864. V: *Jungmann, Joseph.* (Jes)

Introductio, Brevis, de recitando officio divino. Oeniponti 1864. Fällt aus. (Margr)

Introductio ad cognitionem status publici universalis. Norimb. 1723. V: *Jungendres, Sebastian Jac.* (ML) (Will)

— ad cognition. Status publici univ. 4. Nürnberg. Monath. 723.

Introductio, Compendiaria in artem diplomaticam. Honoribus Illustrissimorum . . . Neo-Doctorum . . . [Viennae] 1752. V: *Aegidiis (Puesten), Joseph de.* (Jes)

Introductio facilis in doctrinam de motu. Viennae 1743. V: *Kéri, Valentin.* (WBL)

Introductio facilis in mathesin . . . Viennae 1746. V: *Froelich, Erasm.* (Jes)

Introductio in universam Geographiam juventutis Academicae commodo . . . Viennae 1735. V: *Wagner, Franz.* (Jes)

Introductio in historiam ecclesiae christianae universam. Friburgi 1778. V: *Dannenmayr, Matthias.* (Hauptkat. d. Univ.-Bibl. Tübingen. G. S. 309.)

Introductio in hist. ecclesiae christ. 8maj. Frburg 779. Wagner. 8 gr

Introductio ad historiam Ungariae critico-politicam. Viennae 1770. V: *Horváth, Michael.* (Pk)

— ad hist. Hungariae crit.-politicam. 8. Wien 770. Ghelen. 6 gr

Introductio in universalem Historiam . . . Editio secunda. Viennae Austriae 1729–30. V: *Wagner, Frz.* (Jes) (SO)

Introductio in jus Electorale atque commune Saxonicum, a viro horum jurium peritissimo conscripta nunc publici juris facta a C. G. A. v. Z. (*Zech.*) *Chemnitz.* 718. 4.

— in ius publicum. 8. Merseb. 706.

Introductio in libros sacros V. et N. Testamenti . . . Königsberg 1736. H: *Moldenhawer, Joh. Hnr. Daniel.* (Schr)

Introductio in notitiam rei iurisque cameralis emendatius editum . . . [Wetzlar] 1723. V: *Deckher, Joh.* (EB)

Introductio in notitiam scriptt. jur. civ. Sax. et cameral. juxta ord. alphabet. disp. *Nordhus.* 703. 8.

— ad politicam regni Hungariae. 8. Ofen 790. Typ. Soc. (Eggenberger in Pesth). 5 gr

— ad praxin cameral. exhibens recess. imperial. d. a. 1654. 4. Wezlar. Winkler. 738.

Introductio ad praxin cameralem, exhibens recessum imperii de anno 1654, insertis pacis Westphalicae instrumentis, cum Ulr. Obrechti expositione; cui annexae sunt Pauli Gambsii et Joh. Frid. Hofmanni notae in dictum recessum, ac sciagraphia processus cameralis tabellis concinnata; acc. additiones novae ad ejusdem Hofmanni notas nec non Joh. Wolffg. Textoris disputationes ipsum recessum illustrantes. Wetzlariae 1739.

Scientiarum regiae Borussicae, introductio ad Technicam Dioptricam, seu praxin formandi ac poliendi vitra atque ex iis machinas dioptricas construendi, cum praef. *Chrift. Wolfii*, Halae Magdeb. in bibliopolio Rengeriano, 8. 12½ Bog. 20 Taf.

1711.

Introduction a la bibliographie de Belgique. Relevé de tous les écrits périodiques qui se publient dans le royaume par les sociétés savantes, les administrations publiques, les associations et les particuliers. gr. 8. (132 S.) Gand 875. Clemm. n. 4. —

— familière a la connaissance de la nature. Trad. de l'Anglais. 8. Düsseld. 795. Schreiner. 12 gr

Introduction à la fortune. 4. Mets. (Pott in Lausanne.) 801.

Introduction à la grammaire latine . . . Fribourg en Suisse 1831. V: *Iseghem, Andreas v.* (Jes)

Introduction à l'histoire de l'empire français ou essai sur la monarchie de Napoléon. 2 vol. in 8. Paris. 820.

Introduction zum Münchener Künstler-Maskenball den 13. Febr. 1858. München. V: *Fentsch, Eduard.* (Bücher-Samml. d. hist. Ver. v. u. f. Oberbayern. Münch. 1867.)

Introduction à la langue allemande au vieux Dresden. S. l. 1724. V: *Eubling, J. Chn.* (Rüdiger, Neuest. Zuwachs. Liegnitz 1782—93. IV, 46.)

Introduction nouvelle à la géométrie ... Braunschw. 1795. V: *Chauvelot, Sylvestre de.* (Ky) (MGT)

— nouvelle, à la géométrie, ou théorie exacte et lumineuse de l'étendue, (par de Chauvelot). 8. Braunschw. 795. Pluchart. 9 ℛ

— nouvelle à la Géométrie, ou théorie exacte et lumineuse de l'étendue. 8. Braunschw. Reichard. 802.

Introductionen und Aufnahmen in den vier schottischen Graden der afrikanischen Freimaurerey. Rudolstadt [1805]. V: *Köppen, Carl Friedrich.* (Tt)

Introduzione alla Gramatica italiana per la prima classe. 8. (62 p.) Vienna. Stamperia di L. Grund. 1854. Legato 6 Car. M. C.
Verlag der Schulbücher-Verschleiß-Administration.

Introna, Nicolò (M.), nuova corrispondenza mercantile. Con note pella traduzione tedesca. gr. 8. (IV und 292 S.) Vienna 852, Tendler und Comp.

Introna, Nicolò M., Frasario mercantile poliglotto pel corrispondente nelle lingue italiana, francese, tedesca ed inglese. Lex.-8. (VI und 668 S.) Triest 857, Coen. *

—— wiener Courszettel oder Berechnungen der Coursverhältnisse vermittelst firer Zahlen. gr. 8. (24 S.) Wien 853, [Wallishausser's Hoftheater-Druckerei.]

—— Manuale di calcolazioni mercantili. Fasc. 1—19. Lex.-8. (Parte 1.: Teorie e pratiche applicate al commercio cambiario 400 S. und Parte 2. S. 1—288.) Trieste 854, 55, Coën. à Fasc. 6 Ngr.

— manuale di calcolazioni mercantili. Fasc. 1—19. Trieste 855. Coën. gr. 8. (Vol. I.: 400 S.; vol. II.: S. 1—208.) Jedes Heft 6 ngr.

Intronisation, s. Inthronisation

Introwne Zeika, s. Schmid, Chrph. v.

Intrus, s. a. Deutschland im Spiegel des Marsbewohners Passyrion.

Intrus, s. a. Passyrion üb. Deutschland.

Passyrion über Deutschland. Beachtungen u. Kritiken e. Marsbewohners. Aus d. Marsischen übers. von Intrus. Rostock i. M.: C. J. E. Volckmann 1905. (VIII, 183 S.) 8° [F.] [05. 17]

Inze, Andr. Edw., über d. zerstörende Laster d. Selbstbefleckung, wie solches am sichersten zu verhüten, zu entdecken u. zu heilen sey. 8. Rostock 802.

Intze, [Otto]: (Die neuesten Ausführungen auf wasserwirtschaftlichem Gebiete). [1897.] 16 S., 25 Taf. 8° *A S!B*

Intze, O., die bessere Ausnutzung der Gewässer und der Wasserkräfte. Im J. 1888 in Aachen u. Breslau gehaltene Vorträge. Nach stenograph. Aufzeichngn. gr. 8. (III, 75 S.) Berlin 889. Springer. n. 1. 40

Intze, Bericht über d. Wasserverhältnisse im Bober- u. Queisgebiet u. deren Verbesserg. z. Ausnutzg. d. Wasserkräfte u. z. Vermeidg. d. Hochfluthschäden, s.: Beantwortung d. rc. Frage rc. betr. Hochwassergefahr.

Intze, O., Bericht über die Wasserverhältnisse der Gebirgsflüsse Schlesiens im Bober- u. Queisgebiete sowie im Gebiete der Glatzer Neisse u. deren Verbesserung zur Ausnutzung der Wasserkräfte sowie zur Verminderung der Hochwasserschäden durch Anlage v. Sammelbecken. Im Auftr. des Hrn. Ministers f. Handel u. Gewerbe erstattet im Dezbr. 1897/Septbr. 1898. Fol. (36 S. m. 7 Taf.) Berlin 899. C. Heymann's Verl. n. 5. —

Intze, O., Bericht üb. die Wasserverhältnisse Ostpreußens u. deren Ausnutzung zu gewerblichen Zwecken. Im Auftrage d. Hrn. Ministers f. Handel u. Gewerbe erstattet. gr. 8. (III, 48 S.) Berlin 893. C. Heymanns Verl. n. 1.

Intze, O., s.: Denkschrift betr. die bessere Ausnützung d. Wassers u. die Verhütung v. Wasserschäden.

— die geschichtliche Entwicklung, die Zwecke u. der Bau der Talsperren. Mit 152 Fig. im Text u. auf 8 Taf. (48 S.) Berlin 906. J. Springer. n. 2. —
Sonderabdruck aus: „Ztschr. d. Ver. deut. Ingenieure".

Intze, Otto, Entwickelung des Thalsperrenbaues in Rheinland u. Westfalen von 1889—1903. (74 S. m. Abbildgn.) gr. 8. Aachen (903). (Cremer.)
Geb. in Leinw. n. 4. —

Entwickelung des Thalsperrenbaues in Rheinland und Westfalen von 1889 bis 1903. Vom Geh. Reg.R. Prof. Dr. ing. O[tto] Intze in Aachen. *Aachen [1903]: La Ruelle.* (73 S.) 8° [03. 13306]

— Gutachten üb. die Nutzbarmachung erheblicher Wasserkräfte f. industrielle Zwecke durch den masurischen Schifffahrtskanal. Erstattet im Juni 1894. Fol. (12 S. m. 3 Taf.) Ebd. 894. n. 1. 50

[F.] Gutachten bezüglich der Verbesserung der Wasserverhältnisse der Roer u. der z. Verbesserg d. Roerbettes aufgestellten Regulirgs-Projekte. Hierzu als Anlagen 2 Pläne. (Unterz.: O[tto] Intze, Prof.) *Düsseldorf: In Komm. b. L. Voss & C. 1896.* (30 S., 2 Pl.) 1 Bd 8. [96. 519]

Intze, O., deutsche Normalprofile für Walzeisen, s. Heinzerling, Friedr.

Intze, O., Nicholas Rowe. (VIII, 269 S. m. Abbildgn., 10 Taf. u. 1 Stammbaum.) 33,5×23,5 cm. Leipzig 910. (Heidelberg, K. Groos Nachf.) 20.—; geb. 25. —

— Tabellen u. Beispiele für eine rationelle Verwendung des Eisens zu einfachen Baukonstruktionen. Enth.: 44 Tab. (in 4. u. Imp.-Fol.) u. 30 Beispiele, nebst 58 (eingedr.) Fig. u. 1 (chromolith.) Eisenbahnkarte (in 4.) mit Preisangaben u. Kostenberechnungen. Im Auftrage u. unter Mitwirkung des Aachener Bezirks-Vereins deutscher Ingenieure bearb. u. hrsg. gr. 8. (VIII, 88 S.) Berlin 878. Beelitz. cart. n. 3. —

Jntze, O: Talsperrenanlagen in Rheinland und Westfalen, Schlesien und Böhmen. Berlin 1904

— über die **Wasserverhältnisse** im Gebirge, deren Verbesserung u. wirthschaftliche Ausnutzung. Vortrag, geh. in der XIV. Wanderversammlg. des Verbandes deutscher Architekten- u. Ingenieur-Vereine. gr. 4. (47 S. m. Abbildgn.) Hannover (900). Gebr. Jänecke. n. 2. —
Sonderabdr. a.: „Zeitschr. f. Architektur u. Ingenieurwesen".

— die **Wasserverhältnisse** Ostpreussens u. deren Nutzbarmachung zu gewerblichen Zwecken. Mit e. Einleitg.: Ueber die Grundlagen f. die industrielle Entwicklg. Ostpreussens. Von A. **Frank**. Vorträge, geh. im Verein zur Befördrg. d. Gewerbfleisses am 8. Jan. 1894. gr. 4. (38 S. m. 7 Fig.) Berlin 894. L. Simion. n. 2. —

Jutzen, Max, der Starrkopf. Schauspiel in 3 Aufzügen. (Wahrheit u. Dichtg.) (109 S.) 8. Strassburg 905. J. Singer. n. 2. 50

(Fig.: *Verschiedene Emblemata mit Rankenwerk*, 70 × 125) | Der Invalide, | oder | der rückkehrende Krieger zu seiner Geliebten. | Eine romantische Erzählung.
o. O., o. J., 1 Bl. zweiseitig bedruckt, 340 × 195.
LBO Bänkelsängerlit. V, 1 und Jahrmarktslit. b/5.

Invalide, der,. Lustsp. in 3 A. 8. Wien, Wallishauser.

Invalide, Der, oder die russische Kriegszeitung. St. Petersburg 1813-21. H: *Pomian Pesarovius*, *Paul Wilh. v.* (R-N)

Invalide, der hinkende. Illustrirter Volkskalender f. d. J. 1894. 8. (64 u. 32 S. m. 1 Farbendr.) Berlin, Friedrichs & Co. — 60

Invalide, der **hinkende**. Illustr. Volkskalender f. 1899. 8. (86 u. 29 S. m. 1 Farbdr.) Berlin, A. Weichert. — 50

Invalide, der hinkende. Illustr. Volkskalender f. 1902. 8. (82 u. 18 S. m. 1 Farbdr.) Berlin, A. Weichert. — 50

Invalide, der hinkende. Illustr. Volkskalender f. 1904. (69 u. 28 S. m. 1 Farbdr.) 8. Berlin, A. Weichert. — 50

Russischer Invalide (Rußkij Invalid). Jhrg. 1880—1883, 1885—1889, 1906—1911. Mit Beil. (1907—1910). Petersburg 1880—1911. 4°, 1906—1909: 2°

Invaliden, drei. Illustrirt von mehreren Mitgliedern des Hamburger Künstler-Vereins. Hamburg 855. Perthes-Besser u. Mauke. gr. 16. (1 Bl., 120 S. m. Holzschn. im Text u. 1 Holzschnitttaf.) n. 18 ngr.

Invaliden, die, des Geschlechtsverkehrs, v. Verus, s.: **Naturen**, rätselhafte.

Invalidencorps, Das Grossherz. badische, zu Kislau. Karlsruhe 1848. V: *Sartori*, *Georg*. (BaBb)

Invalidenhaus, Das zur Ehre Ferdinand's von Schill gestiftete, von Braunschweig … Braunschw. 1841. V: *Vechelde*, *Carl Frdr. v.* (EB)

Das **Invalidenheim** für Eisenbahnarbeiter in Jenkau bei Danzig. Errichtet von d. Pensionskasse f. d. Arbeiter d. Preuß.-Hess. Eisenbahngemeinschaft. Berlin 1904: H. S. Hermann. (14 S.) quer-8° [F.] [08. 764 2

Invaliden-Klub, der, Kriegsabentheuer aus d. Leben gedienter Officiere. N. d. Engl. d. Chelsea Pensioners v. Verf. d. „Subalternen" u. d. „Landpfarrers." Uebers. v. Mart. Runkel. 3 Bde. 8. (42¼ B.) Leipzig 830, [Hartmann.]

Invaliden-Klub, der, Kriegsabentheuer aus d. Leben gedienter Officiere; nach dem Engl. der Chelsea Pensioners, vom Verf. des „Subaltern u. des Landpfarrers." Uebers. v. M. Runkel. 3 Bde. 8. Leipz. 830. Nauck. 3 ß

Invalidenversicherung, die, s. a. **Tages-Fragen**, soziale. 6. 7.

Invalidenversicherung, Die. Stellung der Centrumsfraction zur Invalidenversicherung … M.-Gladbach 1900. V: *Hitze*, *Franz*. (Berl)

Invalidenversicherung und Arbeiterwohlfahrt. Eine Festschrift aus Anlaß d. 25jähr. Jubiläums d. deutschen Reichsversicherung im Auftr. d. deutschen Versicherungsanstalten hrsg. von [Gotthold] Elle, Geh. Oberreg.R., Dr. Freund, Vors. d. Landesversicherungsanst. Berlin, [u. a.] Berlin: Wasmuth 1910. III, 99, XLII S. 100 Taf. 2° [10. 15670 2

Die **Invalidenversicherung** in der Provinz Westfalen in den Jahren 1891–1904, dargest. von d. Landesversicherungsanst. Westfalen anläßl. d. Ausstellung f. Sanitäts- u. Rettungswesen (Bekämpfung d. Volkskrankheiten) zu Dortmund im J. 1905. Münster i. W. (1905): J. Bredt. (71 S.) 8° [05. 7804

Invalidenversicherung u. **Wohlfahrtspflege**, s. a. **Tages-Fragen**, soziale.

Invalidenversicherung und Wohlfahrtspflege. Alte u. neue Ziele f. d. Invalidenversicherung. 1. u. 2. Taus. M. Gladbach: Zentralstelle d. Volksver. f. d. kath. Deutschland 1907. (59 S.) 8° [F.]
— **Tagesfragen**, Soziale. [Neue Zählung.] H. 19. [07. 16069

Invalidenversicherungsgesetz vom 13. 7. 1899.

Textausgabe u. Kommentare von:

Biesenberger. Stuttgart 900.	5 50	**Petersen.** 2. Aufl. Für Hamburg. 900.
Decker. Berlin 899.	— 75	**Redenbacher**, f. Bayern. München 900.
Dietz. Mainz 900.	4 50	**Rothholz.** Berlin 900.
Düttmann u. **Gebhard.** 900.	3 60	**Sala.** Berlin 900.
— — Kommentar. 899. Lieferung 1.	1 20	**v. Soden.** Leipzig 899.
Elle. Leipzig 900.	— 80	— f. Württemberg. Lpzg. 900.
Freund. 2. Aufl. Berlin 900.	2 80	**Troschel.** Berlin 899.
Hallbauer u. **Illing.** 2. Aufl. Leipzig 900.	— 80	**Uhlmann**, f. Sachsen. Leipzig 900.
Hoffmann. 2. Aufl. Berlin 899.	2 —	**Vaillant.** Metz 900. Text.
Illing. Leipzig 900.	— 80	— m. Erltgn. Leipzig 892.
Isenbart u. **Spielhagen.** Berlin 900.	16 —	**Weymann.** Berlin 900.
Just. Berlin 892.	9 —	— Kommentar. Berlin 900. Lieferung 1.
Kern. Breslau 899.	— 60	**Wiedemann.** Halensee 899.
Krause. 5. Aufl. Lpzg. 900.	— 60	**Woedtke.** 5. Aufl. Berlin 900.
Landmann u. **Rasp.** 2. Aufl. München 900. I. II.	7 —	**Entwurf** d. Gesetzes. Berlin 899.
Linn. Berlin 900.	— 75	**Bericht** d. Reichstagskom. üb. d. Entwurf. 899.
Peltz. Flöha 900.	2 —	

Invalidenversicherungsgesetz v. 13. VII. 1899 (Reichs-Gesetzblatt S. 393 ff.) nach der Bekanntmachg. des Textes durch den Hrn. Reichskanzler v. 19. VII. 1899 (Reichs-Gesetzblatt S. 463 ff.) u. unter Hervorhebung der neuen Vorschriften dieses Gesetzes bezw. der Abweichgn. v. d. Invalid.- u. Alters-Vers.-Gesetz v. 22. VI. 1889. gr. 8. (87 S.) Berlin 899. R. v. Decker. Kart. — 75

— vom 13. VII. 1899. Mit ausführl. Sachregister. 12. (86 S.) Berlin 899. Deutscher Verlag. — 90

Invalidenversicherungsgesetz vom 13. Juli 1899. Textausg. mit Hervorhebung d. Neuerungen u. Angabe d. bisher. Fassung, mit Inhaltsübersicht u. Reg. Bearb. von Dr. jur. [Arthur] Linn, Berlin. *Berlin: Schulze & Co. 1899.* (V, 104 S.) 8° [F.]
— Reichs-Gesetzsammlung. No. 1.
— [Gesetzsammlung, Brandis. No 1.]

Invalidenversicherungsgesetz. Vom 13. Juli 1899. Mit Gegenüberstell. d. Gesetzes betr. d. Invaliditäts- u. Altersversich. Vom 22. Juni 1889. 2. Aufl. *Berlin: A. Troschel 1899.* (93 S.; 4° (8°)) [Umschlagt. F.]

— vom 13. VII. 1899. Mit Gegenüberstellg. des Gesetzes betr. die Invaliditäts- u. Altersversicherg. Vom 22. VI. 1889. 1.—3. Aufl. Lex.-8. (à 93 S.) Berlin 899. Grunewald, Verlag der Arbeiter-Versorgg. n. — 80

Invalidenversicherungsgesetz. Vom 13. Juli 1899. Mit ausführl. Sachreg. *Breslau: J. U. Kern 1899.* (124 S.) 8° [F.]
(Deutsche Reichsgesetze.)

Invalidenversicherungsgesetz. Vom 13. Juli 1899. Textausg. mit Erl. u. Sachreg. bearb. von R[einhold] Wiedemann, Sekr. im Reichs-Versicherungsamt. *Halensee Berlin; Selbstverl. [1899].* (XVI, 178 S.) 8° [F.]

— vom 13. VII. 1899. Nach der Bekanntmachung des Reichskanzlers v. 19. VII. 1899. Nebst den preuß. Ausführungsbestimmgn. vom 26. VIII. 1899. 12. (95 S.) Berlin 900. F. Dümmler's Verlag. n. — 50

Invalidenversicherungsgesetz vom 13. Juli 1899 in der Fassung der Bekanntmachung vom 19. Juli 1899. Text-Ausg. mit Anm. u. Sachreg. von Dr. E[rich] v. Woedtke, Dir. im Reichsamt d. Innern. 7. erw. Aufl. *Berlin: J. Guttentag 1900.* (LIII, 444 S.) 8° [F.]
— Sammlung, Guttentagsche, Deutscher Reichsgesetze. No 30.

Das Invalidenversicherungsgesetz vom 13. Juli 1899. Handausg. mit Anm. nebst d. Ausführungsverordnungen ... von Dr. jur. Richard Freund. 2. verm. u. verb. Aufl. *Berlin: J. J. Heine 1900.* (VIII, 302 S.) 8° [F.]

Das Invalidenversicherungsgesetz vom 13. Juli 1899. Erl. von W[ilh.] Isenbart u. W[alther] Spielhagen, Geh. Reg.R. (In 3 Abth.) *Berlin: C. Heymann 1900.* (XV, 856, 139 S.) 8° [F.]

Das Invalidenversicherungsgesetz vom 13. Juli 1899 in d. Fassung d. Bekanntmachung d. Reichskanzlers v. 19. Juli 1899. Unter Berücks. d. Entscheidungen d. Reichs-Versicherungsamtes hrsg. von Dr. Alfred Sala, Regierungsass., Glauchau. *Berlin: H. W. Müller 1900.* (XXIV, 329 S.) 8° [F.]

Das Invalidenversicherungsgesetz vom 13./19. Juli 1899. Textausg. mit Anm., sämmtl. Ausführungsbestimmungen, insbes. d. Anleitung über d. Kreis d. Versicherten, u. Sachreg. von Dr. Konrat Weymann, Reg.R. *Berlin: F. Vahlen 1900.* (XVI, 440 S.) 8° [F.]

Invalidenversicherungsgesetz vom 13.7.1899. Nachträge. (Gareis, Reichsgesetze 289) Giessen 1900

Invalidenversicherungsgesetz vom 13. Juli 1899 nebst allen bis jetzt ergangenen Ausführungsanweisungen und nach Materien geordneten Inhaltsübersichten. Auf Grund amtl. Materials zsgest. von Th. Hirsch, Büreau-Vorsteher d. Landes-Vers.-Anst. Westfalen. *Münster i. W.: J. Bredt 1900.* (372 S.) 8° [F.]

Invalidenversicherungsgesetz. Vom 13. Juli 1899. Erl. von Dir. Herman Gebhard in Lübeck, u. Reg.R. (A[ugustin]) Düttmann in Oldenburg. 2. umgearb. Aufl. d. Kommentars z. Invaliditäts- u. Altersversicherungsges. v. 22. Juni 1899 von H. Gebhard. *Altenburg: S. Geibel 1901.* (XLIV, 819 S.) 8° [F.]

Invalidenversicherungsgesetz vom 13. Juli 1899 in d. Fassung d. Bekanntmachung vom 19. Juli 1899. Text-Ausg. mit Anm. u. Sachreg. von Dr. E[rich] v. Woedtke, Dir. im Reichsamt d. Inn. 8. Aufl. *Berlin: J. Guttentag 1901.* (LIV, 468 S.) 8° [F.]
— Sammlung, Guttentagsche, Deutscher Reichsgesetze. No 30.

Das Invalidenversicherungsgesetz vom 13. Juli 1899 u. die zugehörigen Reichs-Ausführungsbestimmungen, erl. von Dr. Konrat Weymann, kais. Reg.R. 1. Lfg. *Berlin: F. Vahlen 1901.* 8° [F.]

Das Invalidenversicherungsgesetz vom 13. Juli 1899 u. d. zugehörigen Reichs-Ausführungsbestimmungen, erl. von Dr. von Dr. Konrat Weymann, Reg.Rath. *Berlin: F. Vahlen 1902.* (XXIII, 764 S.) 8° [F.]

Invaliditäts- und Altersversicherung in der Fassung des Invalidenversicherungsgesetzes v. 13. Juli 1899. Gesetzestext nebst einleit. Bemerkungen, Anm., Ausführungsbestimmungen, Formularen zu Eingaben u. Sachreg. Hrsg. von Dr. [Karl Degenhard] Menzen, Amtsger.R. in Frankfurt a. M. *Paderborn: F. Schöningh 1902.* (VIII, 214 S.) 8° [F.]

Invalidenversicherungsgesetz vom 13. Juli 1899. Erl. von W[ilhelm] Isenbart, Geh. Reg.R., u. W[alter] Spielhagen, Geh. Reg.R. 2. neu bearb. u. verm. Aufl. *Berlin: C. Heymann 1903.* (XVI, 1147 S.) 8° [F.]

Das Invalidenversicherungsgesetz vom 13. Juli 1899 in d. Fassung d. Bekanntmachung d. Reichskanzlers v. 19. Juli 1899 nebst d. wichtigeren Vollzugsvorschriften f. d. Deutsche Reich u. d. Königr. Bayern. Handausg. mit Erl. von Wilhelm Redenbacher, Bezirksamtsass. 2. neubearb. Aufl. *München: C. H. Beck 1905.* (VIII, 518 S.) 8° [F.]

Das Invalidenversicherungsgesetz vom 13. Juli 1899. Handausgabe mit Anm. nebst d. Ausführungsverordnungen d. Reichsbehörden ... von Dr. jur. Richard Freund, Berlin. 3., verm. u. verb. Aufl. Berlin: J. Guttentag 1906. (339 S.) 8° [F.]

Invalidenversicherungsgesetz vom 13. Juli 1899 mit Ausführungsbestimmungen. Textausg. mit Anm. u. Sachreg. von Dr. E[rich] v. Woedtke. 10. umgearb. Aufl. hrsg. von H[ans] Follmann, Reg.R. Berlin: J. Guttentag 1906. (XII, 643 S.) 8° [F.]
— Sammlung, Guttentag'sche, Deutscher Reichsgesetze. No 30.

— dasselbe, s. a. Meyers Volksbücher.

— dasselbe, s. a. Miniatur-Bibliothek.

Invalidenversicherungsgesetz. Bekanntmachung v. 19. Juli 1899. Erl. von Dr. F[ranz] Hoffmann, Reg.R. *Berlin: C. Heymann 1899.* (XV, 252 S.) 8° [F.]
— Taschen-Gesetzsammlung. 42.

Invalidenversicherungsgesetz vom 19.7.99. (Gareis Rges. 276-79) Giessen 1899

Invalidenversicherungsgesetz vom 19. Juli 1899 nebst Ausführungsbestimmungen. Erl. von Dr. F[ranz] Hoffmann, Reg.R. 2. Aufl. ([Nebst] Nachtrag z. Anhang.) *Berlin: C. Heymann 1900.* 2 Bde 8° [F.]
— Taschen-Gesetzsammlung. 42.

Invalidenversicherungsgesetz vom 19. Juli 1899 nebst Ausführungsbestimmungen. Erl. von Dr. F[ranz] Hoffmann, Geh. Ober-Reg.R. 3. Aufl. Berlin: C. Heymann 1905. (XI, 638 S.) 8° [F.]
— Taschen-Gesetzsammlung. 42.

Invalidenversicherungsgesetz vom 19. Juli 1899 nebst Ausführungsbestimmungen. Erl. von Dr. F[ranz] Hoffmann, Geh. OberReg.R. 4. Aufl. Berlin: C. Heymann 1906. (XI, 685 S.) 8° [F.]
— Taschen-Gesetzsammlung. No 42.

— s. das Deutsche Reich vom 13. VII. 1899. Text-Ausg. 8. (99 S.) Flöha 900. A. Peitz & Sohn. 1. —

— dasselbe (nebst königl. sächs. Ausführungsbestimmungen). Text-Ausg. 8. (99 u. 66 S.) Ebd. 900. Kart. 2. —

Invalidenversorgung, die, des Unteroffiziers mit besond. Berücksicht. des Gesetzes vom 4. April 1874. gr. 16. (31 S.) Berlin 874, Militaria. *

Invalidenwesen, üb., u. Betteley. 8. Berl. W. Vieweg. 788.

Invaliditäts- u. Altersversicherung. Denkschrift über die Höhe der wöchentl. Beiträge, welche im Beharrungszustande nach den Reichstagsbeschlüssen 2. Lesg. im Durchschnitt für das Reich in jeder Lohnklasse voraussichtlich zu erheben sind. Fol. (15 S.) Berlin 889. C. Heymann's Verl. n. — 80

Invaliditäts- u. Alters-Versicherung. Reichsgesetz vom 22. Juni 1889. Mit e. Sachregister. 8. (IV, 48; 8 S.) Würzb. 889, Stahel. — 60; cart. — 75

Invaliditäts- u. Altersversicherung, die. Kurze Darstellg. der Bestimmgn. d. Invaliditäts- u. Altersversicherungs-Gesetzes u. Anleitg. zu seiner richt. Anwendg. 16. (32 S.) Quakenbrück 891. Nachtwist. — 15

— — die, der Arbeiter, Gesellen, Dienstboten, Lehrlinge, Gehülfen aller Art. Volks-Ausg. in gemeinverständl. Darstellg. m. systemat. Übersicht u. prakt. Sach-Register. 8. (IV, 50 S.) Ravensburg 889. (Dorn.) — 30

— — der Arbeiter, nach dem Reichsgesetz v. 22. Juni 1889 kurz u. übersichtlich dargestellt. Zum Handgebrauch f. alle bei Ausführg. d. Gesetzes Betheiligten. 8. (67 S.) Berlin 891. Buchhdlg. d. „Vorwärts". n. — 20

— — die, in ihren wichtigsten Bestimmungen, nebst e. prakt. Anleitg. zur Selbstbelehrg., speziell f. Arbeitnehmer u. Arbeitgeber gemeinverständlich dargestellt v. e. Juristen. 8. (43 S.) Köln 891. J. G. Schmitz. n. — 30

— — f. Hausgewerbetreibende der Tabakfabrikation, s. a. Gareis, C., deutsche Reichsgesetze in Einzel-Abdrucken.

Invaliditäts- und Altersversicherung für Hausgewerbetreibende der Tabakfabrikation vom 16.12.91. (Gareis Reichsgesetze 159) Giessen 1893

— — die, im Deutschen Reiche. Zeitschrift f. die Durchführg., Förderg. u. Weiterbildg. der Gesetzgebg. auf dem Gebiete der Invaliditäts- u. Altersfürsorge. Sammlung amtl. Materialien u. Quellen der Reichs- u. Bundesstaats-Gesetzgebg. Unter Mitwirkung v. Bornhak, Fuld, Kulemann u. s. w. hrsg. v. Fey u. Zeller. 1. Jahrg. Novbr. 1890—Oktbr. 1891. 24 Nrn. (B.) gr. 4. Mainz, Diemer. n. 8. —

— — die, im Deutschen Reiche, m. Ausdehnung auf die Krankenversicherung. Zeitschrift f. die Durchführg., Förderg. u. Weiterbildg. der Gesetzgebg. auf dem Gebiete der Invaliditäts-, Alters- u. Krankenfürsorge. Sammlung amtl. Materialien u. Quellen der Reichs- u. Bundesstaats-Gesetzgebg. Unter Mitwirkg. v. Bornhak, Fuld, Gebhard u. s. w. hrsg. v. Fey u. Zeller. 2.—4. Jahrg. Novbr. 1891—Oktbr. 1894. à 24 Nrn. (à ca. 1 Bog.) gr. 4. Mainz, J. Diemer's Verl. Postfrei à Jahrg. n.n. 8. —

Invaliditäts- u. Alters-Versicherung, die, im Deutschen Reiche, m. Ausdehng. auf d. Krankenversicherg. Zeitschrift f. d. Durchführg., Förderg. u. Weiterbildg. d. Gesetzgebg. auf d. Gebiete d. Invaliditäts-, Alters- u. Krankenfürsorge. Sammlg. amtl. Materialien u. Quellen d. Reichs- u. Bundesstaats-Gesetzgebg. Unt. Mitwirkg. v. Bornhak, Fuld, Gebhard u. s. w. u. and. hervorrag. Rechtslehrer, Verwaltungsbeamten u. Richter. Hrsg. v. Fey u. Dietz. 5.—8. Jahrg. Novbr. 1894—Oktbr. 1898. à 24 Nrn. (Bog.) gr. 4. Mainz, J. Diemer, Verl. à Jahrg. postfrei n.n. 8. —

Invaliditäts- u. Alters-Versicherung, die, im Deutschen Reiche, m. Ausdehng. auf die Krankenversicherg. Zeitschrift f. die Durchführg., Förderg. u. Weiterbildg. der Gesetzgebg. auf dem Gebiete der Invaliditäts-, Alters- u. Krankenfürsorge. Sammlung amtl. Materialien u. Quellen der Reichs- u. Bundesstaats-Gesetzgebg. Unter Mitwirkg. v. Appelius, Bornhak, Düttmann usw. u. anderer hervorrag. Rechtslehrer, Verwaltungsbeamten u. Richter. Hrsg. v. Fey u. Dietz. 9.—13. Jahrg. Novbr. 1898—Oktbr. 1903. à 24 Nrn. gr. 4. (à ca. 8 S.) Mainz, J. Diemer. Postfrei à Jahrg. n.n. 8. —

Invaliditäts- u. Alters-Versicherung, die, im Deutschen Reiche, m. Ausdehnung auf die Krankenversicherung. Zeitschrift f. die Durchführg., Förderg. u. Weiterbildg. der Gesetzgebg. auf dem Gebiete der Invaliditäts-, Alters- u. Krankenfürsorge. Sammlg. amtl. Materialien u. Quellen der Reichs- u. Bundesstaats-Gesetzgebg. Unter Mitwirkg. v. Appelius, Bornhak, Düttmann usw. u. anderer hervorrag. Rechtslehrer, Verwaltungsbeamten u. Richter. Hrsg. v. Fey u. Dietz. Organ des Verbandes der Krankenkassen u. der Gemeinden als Träger der Krankenversicherg. im Großh. Hessen u. d. freien Vereinigg. d. bad. Krankenkassen. 14.—17. Jahrg. Novbr. 1903—Oktbr. 1907. à 24 Nrn. (à 8 S.) gr. 4. Mainz, J. Diemer. à Jhrg. n.n. 8. —

Invaliditäts- u. Alters-Versicherung, die, im Deutschen Reiche, m. Ausdehnung auf die Krankenversicherung u. die Unfallversicherung. Zeitschrift f. die Durchführg., Förderg. u. Weiterbildg. der Gesetzgebg. auf dem Gebiete der Invaliditäts-, Alters-, Unfall- u. Krankenfürsorge. Besprechung wichtig. Fragen aus dem Gebiete der Heilpflege u. der ärztl. Tätigkeit. Sammlung amtl. Materialien u. Quellen der Reichs- u. Bundesstaats-Gesetzgebg. Nachschlagesammlung f. die Rechtsprechg. Unter Mitwirkg. v. Appelius, Bornhak, Düttmann usw. u. and. hervorrag. Rechtslehrer, Verwaltungsbeamten u. Richter. Hrsg. u. red. v. Fey u. Dietz. 18.—21. Jahrg. Novbr. 1907—Oktbr. 1911. à 24 Nrn. (à Jahrg. 192 S.) Lex. 8. Mainz, J. Diemer. à Jahrg nn 10. —

— — dasselbe. Allgemeines Sachregister. Enth. die Jahrgänge 1890/1—1904/5. (XXXV S.) Lex. 8. Ebd. 907. 3. 60

Invaliditäts- u Alters-Versicherungsanstalt, Württembergische. Geschäftsbericht für das Jahr 1896. 2 Hefte. fol Stuttgart 1897-98

Das Invaliditäts- und Alters-Versicherungsgesetz vom 22. Juni 1889. Fragen und Antworten zur Belehrung von Arbeitgebern und Versicherten; zusamg. auf Veranlassung der Kieler Handelskammer. 2. verb. Aufl. Kiel. 1890. 8°.

Invaliditäts- u. Altersversicherungsgesetz, das, u. die Pflichten u. Rechte der Versicherten u. der Arbeitgeber. gr. 8. (8 S.) Königsberg i/Pr. 891. Hartung. — 10

Invaliditäts- u. Altersversorgung (Die) der Arbeiter, Gesellen, Dienstboten, Lehrlinge, Gehülfen aller Art. Volksausgabe in gemeinverständlicher Darstellung mit system. Uebersicht und prakt. Sachregister. 8°. Ravensburg, Dorn in Comm., 1889.

Invariable, L', nouveau memorial Catholique. Fribourg en Suisse 1831—34. H: *O'Mahony, Arthur Comte* & *Andere.* (BrMm)

Invariable: L'Invariable
① Nouveau Mémorial catholique ⑤ 1831—184. (?) ⑥ in 8° ⑦ hebdomadaire ⑧ Fribourg: L. J. Schmid, M. Müller; Lausanne: Samuel Delisle ⑨ les imprimeurs ⑪ Le Comte O'Mahony ⑫ journal catholique royaliste ⑮ BGSZ. 985 ⑭ Fr: C. ⑱ Feuille des émigrés français royalistes.

Invasion, die jüdische, u. das katholische Deutschland. Eine Rede an die deutsche Nation v. Philippikus, e. kathol. Deutschen. gr. 8. (46 S.) Leipzig 893. E. Rust. n. — 60

Invasion, die jüdische, u. d. kathol. Deutschland. Eine Rede an d. deutsche Nation v. Philippikus, e. kathol. Deutschen. 2. Aufl. gr. 8. (50 S.) Hann.-Münden 897. R. Werther. n. — 60

Inventaire analytique des chartes des Comtes de Flandre, autrefois déposées au chateau de Rupelmonde, et conservées aujourd'hui aux archives de la Flandre-Orientale etc. 1. et 2. Cahier. gr. in-4. Gand. (Bruxelles, Muquardt.) [1. (31 B.) 843, 2. (27 B.) 44. à 2 Thlr.]

— des archives départementales antérieurs à 1790. Série G. Département de la Lorraine. Archiviste: M. Ed. Sauer. gr. 4. (V, 283 S.) Metz 879. Ebd. n.n. 6. —

Inventaire des Manuscrits de l'ancienne Bibliothèque Royale des Ducs de Bourgogne, publié par ordre du Ministre de l'interieur et des affaires étrangères. Fol. (96 B. u. Titkpfr.) Bruxelles 840, Muquardt. Thlr. *

(**Inventaire** de production pour Madame la Duchesse de Lesdiguieres, contre les Prétendans [à la Principauté de Neuchâtel] qui tirent leurs droits de la Maison de Châlons.) fol. *s. l.* [1707].

Inventaire sommaire des archives communales de la ville de Strasbourg antérieures à 1790 rédigé par J. Brucker. Série AA. Actes constitutifs et politiques de la commune. Ire partie. Summarisches Inventar des Communal-Archives der Stadt Strassburg vor 1790. 1. und 2. Bd. gr. 4. (VI, 240; VIII, 292 S.) Strassburg 877,78, Schultz und Comp. *

Inventaire sommaire des archives communales de la ville de Strasbourg antérieures à 1790, rédigé par J. Brucker. Série A. A. Actes constitutifs et politiques de la commune. 1. et 2. partie. A. u. d. T.: Summarisches Inventar des Communal-Archivs der Stadt Strassburg vor 1790. 2 Bde. gr. 4. (VIII, 240 u. 292 S.) Strassburg 878. Schultz & Co. n. 30. —

Inventaire sommaire des archives communales de la ville de Strasbourg antérieures à 1790, rédigé par J. Brucker. Série AA.: Actes constitutifs et politiques de la commune. 3e partie. A. u. d. T.: Summarisches Inventar des Communal-Archivs der Stadt Strassburg vor 1790. 3. Bd. gr. 4. (V, 320 S.) Strassburg 882, (Schultz und Comp.) ⁎
1. und 2. Bd. Ebendas. 1877,78. ⁎.ℳ 30.

Inventaire sommaire des archives communales de la ville de Strasbourg antérieures à 1790, rédigé par J. Brucker. Série AA. Actes constitutifs et politiques de la commune. 3. partie. A. u. d. T.: Summarisches Inventar d. Communal-Archivs der Stadt Strassburg vor 1790. 3. Bd. gr. 4. (V, 320 S.) Strassburg 882. (Trübner.) n.n. 14. — (1—3.: n.n. 44. —)

Inventaire sommaire des archives communales de la ville de Strasbourg antérieurs à 1790, rédigé par J. Brucker. Série AA. Actes constitutifs et politiques de la commune. 4. partie. A. u. d. T.: Summarisches Inventar d. Communal-Archivs der Stadt Strassburg vor 1790. 4. Bd. gr. 4. (VIII, 297 S.) Strassburg 886. (Trübner, Verl.) n.n. 14. — (1—4.: n.n. 58. —)

Inventaire-sommaire des archives départementales antérieures à 1790. Série G. Département de la Lorraine. Archiviste: M. Ed. Sauer. gr. 4. (V, 283 S.) Metz 879. (Strassb., Trübner Verlag.) ⁎⁎ 6 —

Inventar des allgemeinen Archivs des Ministeriums des Innern. Bearb. von d. Beamten dieses Archivs im Auftr. d. K. k. Ministeriums d. Innern. Wien: K. k. Hof- u. Staatsdr. 1909. 94 S. 8°
(Inventare österreichischer staatlicher Archive. 1.) [09. 11679

Inventar des Archivs der Stadt Zürich. [Bern 1897.] 7 S. 8° [Kopft.]
A 12.104

Inventar des Stadtarchivs Bremgarten. Aarau [1909]. V: *Merz, Walter.* (zuwzür 13, 1909, III, S. 73)

Inventar, das, der Prager Schatz- u. Kunstkammer, hrsg. v. Heinr. Zimmermann, s.: Jahrbuch der kunsthistorischen Sammlungen des allerhöchsten Kaiserhauses.

Inventar, summarisches, d. Bezirksarchivs v. Lothringen vor 1790. Abtlg. H. — Inventaire sommaire des archives départementales de la Lorraine antérieures à 1790. Abtlg. H. gr. 4. (V, V, 455 S.) Metz 895. (Strassburg, K. J. Trübner, Verl.) n.n. 9. —

Inventar, summarisches, d. Reichsarchivs v. Lothringen vor 1790, hrsg. v. Ed. Sauer. — Inventaire sommaire des archives départementales de la Lorraine antérieures à 1790. (Série A—E.) gr. 4. (X, 7, 49, 127, 12, 124 S.) Metz 890. (Strassb. i. E., Trübner Verlag.) ⁎⁎ 6 —

Inventare hansischer Archive d. 16. Jahrh., hrsg. v. Verein f. hansische Geschichte. 1. Bd. 4. Leipzig 896. Duncker & Humblot. n. 22. —
Kölner Inventar. 1. Bd.: 1531—1571. Bearb. v. Konst. Höhlbaum unt. Mitwirkg. v. Herm. Keussen. M. e. Akten-Anh. (XVII, 637 S.)

Inventare hansischer Archive des 16. Jahrh., hrsg. vom Verein f. hansische Geschichte. 2. Bd. 4. Leipzig, Duncker & Humblot. n. 36. 80 (1 u. 2: n. 58. 80)
Kölner Inventar. 2. Bd.: 1572—1591. Bearb. v. Konst. Höhlbaum. Mit e. Akten-Anh. (XVII, 1014 S.) 903.

— der nichtstaatl. Archive des Kreises Coesfeld, hrsg. v. L. Schmitz-Kallenberg, s.: Veröffentlichungen der histor. Kommission der Prov. Westfalen. I. 3.

— die, der nichtstaatlichen Archive Schlesiens. I. Die Kreise Grünberg u. Freystadt, hrsg. v. Konr. Wutke, s. a. Codex diplomaticus Silesiae. 24. Bd.

Die **Inventare** der nichtstaatlichen Archive Schlesiens. Namens d. Vereins f. Geschichte Schlesiens hrsg. von Konrad Wutke. 1. Breslau: E. Wohlfahrt 1908. 4°
= **Codex** diplomaticus Silesiae. Bd 24. [08. 15918 2

— der nichtstaatlichen Archive des Kreises Steinfurt, bearb. unter Mitwirkg. v. Döhmann v. L. Schmitz-Kallenberg, s.: Veröffentlichungen der historischen Kommission der Prov. Westfalen. I, 4.

— der nichtstaatlichen Archive der Prov. Westfalen, s. a. Veröffentlichungen der historischen Kommission der Prov. Westfalen.

Inventare der nichtstaatlichen Archive der Prov. Westfalen. Bd 1, H. 1. *Münster i. W.: Aschendorff 1899.* 8° [ℑ.]
= **Veröffentlichungen** d. Hist. Kommission d. Prov. Westfalen. Inventare. Bd 1, H. 1. [00. 3031

Inventare der nichtstaatlichen Archive der Provinz Westfalen. Bd 1. 2. [Nebst] Beibd 1. Münster i. W. 1899—1908. 8°.
1: Reg.-Bez. Münster. H. 1—4. 1899—1907.
1: L. *Schmitz*, Inventare d. nichtstaatl. Archive d. Kr. Ahaus. 1899.
2: *Schmitz*, L., Inventare d. nichtstaatl. Archive d. Kr. Borken. 1901.
3: *Schmitz-Kallenberg*, L., Inventare d. nichtstaatl. Archive d. Kr. Coesfeld [nebst] Nachtr. 1904.
4: *Schmitz-Kallenberg*, L., Inventare d. nichtstaatl. Archive d. Kr. Steinfurt. 1907.
4a: *Schmitz-Kallenberg*, L., Nachträge . . . d. Kr. Coesfeld. 1908.
2: H 1—2. 1903—1908.
1: *Brennecke*, A[dolf], Inventare d. nichtstaatl. Archive d. Kr. Tecklenburg. 1903.
2: *Brennecke*, Ad., u. Ernst *Müller*, Inventare d. nichtstaatl. Archive d. Kr. Warendorf. 1908.
[Aus:] Veröffentlichungen d. Hist. Kommission d. Prov. Westfalen.

Inventare der nichtstaatlichen Archive der Provinz Westfalen. Bd 3. [Nebst] Beibd 1. Münster i. W. 1902—1915. 8°

— österreichischer staatlicher Archive. I. gr. 8. Wien 909. (Hof- u. Staatsdruckerei.) 2. —
Inventar des allgemeinen Archivs des Ministeriums des Innern. Bearb. v. den Beamten dieses Archivs im Auftrage des k. k. Ministeriums des Innern. (95 S.)

Inventare Schweizerischer Archive. Hrg. auf Veranstaltung der Allgemeinen Geschichtforschenden Gesellschaft der Schweiz. ⟨Beilage zum Anzeiger für Schweizerische Geschichte.⟩ 2 Teile. gr.-8. Bern 1895-1899.

Inventare des grossherzogl. badischen General-Landesarchivs. Hrsg. v. d. grossherzogl. Archivdirektion. 1. Bd. gr. 8. (VII, 320 S.) Karlsruhe 901. Ch. F. Müller. n. 8.—

— des grossherzogl. badischen General-Landesarchivs. Hrsg. v. der grossherzogl. Archivdirektion. II. Bd. 1. Halbbd. (II, 194 S.) gr. 8. Karlsruhe 904. Ch. F. Müller. n. 5. 20 (I u. II, 1.: n. 13. 20)

Inventare des grossherzogl. badischen General-Landesarchivs. Hrsg. v. der grossherzogl. Archivdirektion. II. Bd. 2. Hälfte. u. III. Bd. Lex. 8. Karlsruhe, C. F. Müller. 15. 20
II. 2. (VIII u. S. 195—304.) 907. 6. 40
III. (VI, 284 S.) 908. 8. 80

Mittelalterliche Inventare aus Tirol und Vorarlberg. Mit Sacherklärungen hrsg. von Dr. Oswald v. Zingerle, Prof. Innsbruck: Wagner 1909. IX, 401 S. 4°(8°) [09. 10313]

Inventare des Frankfurter Stadtarchivs. Mit Unterst. d. Stadt Frankfurt a. M. hrsg. v. Ver. f. Geschichte u. Alterthumskunde zu Frankfurt a. M. Bd 1–4. Frankfurt a. M.: K. Th. Völcker 1888–94. 4 Bde 8°
1. Eingel. von Dr. H[ermann] Grotefend. 1888.
2. Eingel. von Dr. R[udolf] Jung. 1889. 3. Eingel. von Dr. R. Jung. 1892.
4. Eingel. von Dr. R. Jung. 1894. [07. 3438]

Inventare d. Frankfurter Stadtarchivs. Mit Unterstützg. der Stadt Frankfurt am Main hrsg. vom Vereine f. Geschichte u. Alterthumskunde zu Frankfurt am Main. 1. Bd., eingeleitet v. H. Grotefend. gr. 8. (X, 322 S.) Frankfurt a/M. 888. Völcker. n. 3. 50

— dasselbe. 2. Bd., eingeleitet v. R. Jung. Lex.-8. (VIII, 280 S.) Ebd. 889. n. 3. 50

Inventare des Frankfurter Stadtarchivs. Mit Unterstützg. der Stadt Frankfurt am Main hrsg. vom Verein f. Geschichte u. Alterthumskunde zu Frankfurt am Main. 3. u. 4. Bd., eingeleitet v. R. Jung. gr. 8. (XXXI, 300; VII, 271 S.) Frankfurt a/M. 892. 894. K. Th. Völcker. à n. 3. 50

Inventarien von 87 Dresdner Arbeiterhaushalten. Aufgenommen im Nov. 1903. Dresden: v. Zahn & Jaensch 1904. (30 S.) 4°(8°) [F.]
— **Mitteilungen** d. Statistischen Amtes d. Stadt Dresden. H. 13. [05. 6] 8

Inventarien von 37 Dresdner Arbeiterhaushalten. Aufgenommen im Nov. 1903. *Dresden: v. Zahn & Jaensch 1904.* (36 S.) 4°(8°) [F.]
— **Mitteilungen** d. Statistischen Amtes d. Stadt Dresden. H. 13. [04] 8

Inventarienbuch für Haushaltung. 8. Berlin, Nauck. 785.

Anonym: „Inventarienbuch für große und kleine Haushaltungen", Berlin 1785.

Inventarium der Baudenkmäler im Königreiche Preussen. Mit Benutzung amtlicher Aufzeichnungen im Auftrage des Königlichen Ministeriums für geistliche, Unterrichts- und Medizinal-Angelegenheiten. Provinz Hessen-Nassau. Regierungsbezirk Wiesbaden. Berlin. 1880. 8°.

Inventarium der Besitzungen, Berechtigungen u. Lasten d. Stadt Oldenburg mit Ausschluß dessen, was die Kirche u. d. Armenwesen betrifft. Abgeschl. 1845. Decbr. 1. nach vorgäng. Revision. gr. 8. (3 B.) Oldenburg 845, Sonnenberg'sche Bh.

Inventarium generale sive Verzeichnis der zum Hofrath eingelangten Normal-Rescripten, ergangenen Normal-Decreten u. Affixen usw. (a. d. J. 1661—1798). [Hs.] fol.

Innentarium. Darinnen begriffen, was in deß Wohlgebornen herrn herrn Marx Fuggers Freyherrns v. Kirchberg vnd Weissenhorn, röm. kay. Maett. Rath vnd Fuerst Dht. Hertzog Maximiliani in Bayrn Rats vnd Cammerers, Meines gnedigen herrn Rüst: vnd Sattel Cammer an Harnischen, Büchsen, Wehrn, Spiessen, Sättlen, Zeugen Schlitten sampt Irer Zugehörung vnd andrn Vorhanden. Innmassen solches alles im Monat Julio Anno 1599 Beschriben worden. Nach dem Orig.-Mskr. hrsg. v. A. F. Butsch. gr. 4. (VII, 27 S. m. Illustr.) Münch. 889, Hirth. 3 —

Inuentarium. Darinnen begriffen, was in ... herrn Marx Fuggers ... Rüst: vnd Sattel Cammer an Harnischen, Buchsen, Wehrn, Spiessen, Sättlen, Zeugen Schlitten sampt Irer Zugehörung vnd andrn Vorhanden. Inmassen solches alles im Monat Julio Anno 1599 Beschriben worden. Nach dem Originalmanuskript herausgegeben von A. F. Butsch. München und Leipzig 1890, G. Hirths Verlag.
Tit., 3 Bl., 26 S. m. 10 Abb. 4°
Die Abb. meist nach Jost Amman.

Inventarium omnium et singulorum privilegiorum, litterarum, diplomatum, scripturarum et monumentorum quaecunque in archivo regni in arce Cracoviensi continentur per commissarios a sacra regia majestate et republica ad revidendum et connotandum omnes scripturas in eodem archivo existentes deputatos confectum, a. d. 1682 cura bibliothecae polonicae editum. Lex.-8. (XV und 483 S.) Berlin 862, Behr's Buchh. *

Inventarium und Reglement für die oekonomische Verwaltung des Real-Gymnasiums in Rendsburg. d.d. 26. Juni 1857. Rendsburg [1858.] 4°

Inventarium des Zeüghaußes zu Ury, s. a. Neujahrsblatt, histor., hrsg. vom Vereine f. Geschichte u. Altertümer v. Uri.

Inventarium des Zeüghaußes zu Ury. So in beyseyn des Herrn Zeügherrn Haubtmann Konradt Emanuel von Rollen gemacht, vnd Ihme alse, wie hernach folget, ist übergeben worden. (Altdorf 1904: M. Gisler.) (S. 27–36.) 8° [F.]
— **Neujahrs-Blatt**, Histor., hrsg. v. Verein f. Gesch. u. Altertümer von Uri. 11, [2.] [06. 1035]

Inventar-Liste f. Schiffe. (11 S.) 35,5×22,5 cm. Hamburg (910). Eckardt & Messtorff. — 75

Inventeurs et physiciens célèbres, s. Bibliothek interessanter und gediegener Studien.

Inventio sanctae crucis, actorum Cyriaci pars I. latine et graece, hymnus antiquus de sancta cruce, testimonia inventae sanctae crucis, conlegit et digessit A. Holder. 8. (XIII, 56 S.) Leipzig 889. (Teubner.) n. 2. 80

F. R. V. Richtige Invention einer ganz neuen Pulvermühle. Regenſpurg. 12. 1701

Inventories of Christchurch, Canterbury, with hist. and topogr. introductions and ill. documents. Transcr. and ed. by J[ohn] Wickham Legg and W[illiam] H[enry] St. John Hope. *Westminster: A. Constable & Co. 1902.* (XVII, 379 S.) 8° [03. 3341]

Inventur u. Bilanz, Umsatz- u. Reingewinn-Berechnung des Sortiments-Buchhändlers auf Grund einfacher Buchführung v. Ch. C. 12. (16 S.) Bremen 901. (E. v. Masars.) n.n.n. — 60

Inventur u. Bilanz, Umsatz- u. Reingewinn-Berechnung des Sortiments-Buchhändlers auf Grund einfacher Buchführung, v. Ch. C. 2. Aufl. (15 S.) kl. 8. Bremen 905. E. v. Masars. n.n.n. — 60

Inventur, Die, des Buchhändlers. Aus der Praxis. Weissensee 1869. V: *Grossmann, G. F.* (cb)

Inventur, die, des Buchhändlers. Aus der Praxis. Lex.-8. (VIII, 48 S.) Weissensee [Leipzig] 869, Grossmann. * geb. *

Inventurbuch zugleich General-Catalog u. Handverkaufs-Taxe (f. Apotheken), f. 3 Inventuren — 6 Jahre reichend. 4. (216 Doppels. u. S. 217.) Cassel 901. Faubel & Co. Nachf. (Nur direkt.) Geb. n. 10.50

Invernizi, Phil. De publicis et criminalibus judiciis Romanorum libri tres. Berol. 1846. H: *Böcking, Eduard.* (Verlags-Kat. d. Weidmannschen Buchh. Berl. 1900.)

Invernizi, Phil., de publicis et criminalibus judiciis Romanorum libri tres ad Pium v. I. P. M. 8maj. (13⅓ B.) Leipzig 846, libr. Weidmann. —

Investigatio accuratissima in originem ac naturam beneficiorum ecclesiasticorum, nec non in jure imperantium civilium circa eadem. 8. Cosmopolis 792. (Andrä in Leipz.) 16 K

* Investigatio accuratissima in originem ac naturam benificiorum ecclesiasticorum, nec non in jure imperantium civilium circa eadem. 8. Cosmopolis. (Triest, Geistinger.) 792.

Invitation zum Carroucel oder Ritter-Spiele zu Pferde . . . Odense 1752. V: *Mülertz, J. H. von.* (Bruun, Bibl. Danica. II, 699.) »1753« (Collin, Anonymer. Kiobenh. 1869.)

Kongress zu Basel: Invitation au congrès maçonnique qui aura lieu à Bâle le 24 et le 25 septembre. Einladung zu dem Freimaurer-Kongress, welcher in Basel den 24. und 25. September 1848 abgehalten wird. o. O. [1848]. 4 S. 8°. [Kopftit.]

Invocation a la paix, ou les bienfaits d'Alexandre le grand, suivis d'un parallèle entre Alexandre roi de Macedoine et Alexandre Empereur de toutes les Russes. 8. Brunsv. Pluchart. 815.

Inwald, J: Die Glasfabriken und Glasraffinerien in Slichow bei Prag, Schützendorf-Polna und Rudolfsthal-Deutschbrod in ihren hygienischen, sanitären und Wohlfahrtseinrichtungen. Prag 1889

Inwald, Oskar, aus Prag (Oesterreich): Studien über die Zusammensetzung und die Eigenschaften von Phosphatgläsern. Ein Beitrag zur Kritik d. Beinglases. *Berlin (1899): E. Ebering.* (42 S.) 8°
Berlin, Phil. Diss. v. 17. Apr. 1899

Inwiefern beeinflussen innere Krankheiten den Charakter u. welche Aufgaben erwachsen dem Arzt dabei? Von *.*. 1.—3. Taus. gr. 8. (à 16 S.) Freiburg i/B. 900. 901. Speyer & Kaerner. n. — 60

Inwink|, O[rlando]: Funzioni Lacunari. 45 S. 8.
Progr. I. r. Ginn. super. *Capodistria* 1907.

Inwood, Ch., unser verheißenes Erbteil, s.a. Urban's christliche Volksbücher.

Unser verheißenes Erbteil. Von Ch[arles] Inwood. Striegau: Th. Urban [1907]. (68 S.) 8° [F.]
— Volksbücher, Urbans Christliche. No 19. [07. 11791

Die Erweckung in Wales. Nach e. Vortrag in Breslau von Rev. Ch. Inwood. Mit Einl. von E. Striegan: R. Urban [1905]. (16 S.) 8° [F.] [06. 6510

Die Erweckung in Wales. Nach e. Vortrag in Breslau von Rev. Ch. Inwood. Mit Einl. von E. 2. Aufl. Striegau: R. Urban [1905]. (16 S.) 8° [06. 6510 2

— Kind u. Erbe, s.a. Urban's christliche Volksbücher.

Kind und Erbe. Von Ch[arles] Inwood. Striegau: Th. Urban [1907]. (48 S.) 8° [F.]
— Volksbücher, Urbans Christliche. No 18. [07. 11791

Inwood, Ch., des großen Königs Kind u. Erbe. (95 S.) 8. Striegau (905). Th. Urban. n. 1.—

— Des großen Königs Kind u. Erbe. 2. Aufl. (114 S.) 8. Striegau (907). Th. Urban. 1.—

— unter Seiner Flügel Schutz. 2. Aufl. (48 S.) kl. 8. Ebd. (906). n. — 30
1. Aufl. (47 S.) 906. n. — 40.

Inwood, H. W., s. v. Quast, A. F., das Erechtheion zu Athen.

Inwyler, Adolf

Graffenried von Bürgenstein. Die schweiz. Münz- und Medaillensammlung, welche am 9. u. 10. Juni im Hotel Drouot in Paris zur Auktion kam, von Ad. Inwyler. In-8°, br. Freiburg, A. Henseler. Auktionspreise. 1893.

Inwyler, Ad. Die Medaillen auf die IV. schweizerische Landesausstellung in Zürich 1883, nebst einer kurzen Rundschau über diese Ausstellung. In-8°, 15 S. mit 3 Taf. Fribourg, impr. A. Henseler. 1893.

Inwyler, Ad. Die Medaillen auf das eidgenössische Schützenfest in Lugano 1883, nebst einer kurzen Beschreibung dieses Festes. In-8°, 11 S. u. 2 Tafeln. Fribourg, impr. Henseler, 1883.

Inwyler, Ad. Zwei unedirte Medaillen auf Kasimir Pfyffer, D. J. U., von Luzern, 1794—1875. In-8°, avec 1 table. Fribourg, impr. Henseler. 1885.

Inwyler, A. Zur schweizer. Medaillenkunde: Betheiligung der Luzerner am Feldzug der Verbündeten Mächte gegen Napoleon I., 1815. Mit 4 Abbild. Gr. in-8°. 12 S. Genf, Administr. der „Revue suisse de numismatique.“ 1892.
. Sonderdruck aus „Revue suisse de numismatique. 1892. 1e livr.“

— Zur schweizer. Medaillenkunde: Oberst Alois zur Gilgen, goldene Hochzeit, 1861. Mit 2 Abbild. Gr. in-8°. 5 S. Genf, Administr. der „Revue suisse de numismatique.“ 1892.
. Sonderdruck aus „Revue suisse de numismatique. 1892. 1e livr.“

Inwyler, Adolf. Zur Schweizerischen Medaillenkunde: Die Michelspfennige des Collegiatsstiftes Bero-Münster. [Mit Figuren.] SA. 8. Genf 1898.

Inwyler, A. Kaspar Joseph Schwendimann. Ergänzung zu: Supplément à la notice sur le graveur suisse Kaspar-Joseph-Nicolas Schwendimann, enthalten in: Bulletin de la société suisse de numismatique, II. Jahrg. 1883, N° 2. In-8°, 14 p. Fribourg, impr. Henseler, 1883.
*** Tiré à part des Nos 4 et 5, IIe année, du Bulletin de la société suisse de numismatique.

d'Iny, Comtesse Hameth, s. Hameth.

Inzignevei, Frz., auf der Kogleim, s.: Schul- u. Vereinsbühne, christliche. Nr. 37.

Inzucht auf den kräftigsten Blutstrom. [Wien 1898.] V: *Kotz von Dobrz, Wilhelm Freih. von.* (EB)

Der entlarvte Jesua **Joab.** An die Wanderer im Thale Josaphat. Leipzig: Heinsius 1797. 68 S. 8°
cf. Taschenbuch f. Frmr. 1798 S. 290—305.
Kl. 3498, TB. 127. Gegen „Jesua Joab: An die Wanderer im Thale Josaphat" gerichtet. Verf. versucht darzutun, dass die Frmrei eine Erfindung der Jesuiten zur Fortpflanzung des Papsttums sei.

Jesua **Joab:** An die Wanderer im Thale Josaphat. Philadelphia: 1796 [Leipzig: Beer 1796]. 68 S. 8°
cf. Hermetisches Journal. 1, 1 (1802) S. 68 bis 74.
Kl. 3407, TB. 123. Hier sind Geist, Zweck u. Geheimnis der Frmrei in Hieroglyphen u. Chiffren dargelegt u. erklärt.

Joachim, oder d. Triumpf d. kindl. Liebe.. Drama. 8. Leipz. 776. Centr.=Compt. 6 K

Joachim; oder der Triumph d. kindl. Liebe. Drama. 8. Lpz. Müller. 776.

Joachim u. Anna, s. a. Volksbücher.

(U.-Titel:) Joachim und Anna, | das sind: die wahrhaften schönen und frommen Geschichten von der Geburt | der heiligen Jungfrau Maria, sowie von dem heiligen Greise | Joseph dem Zimmermann von Nazareth, und endlich von der | Kindheit unseres Herrn und Heilandes. | (Fig.: *Jesuskind und Putten*, 67 × 89, sign. G. Flegel) | Aus dem Arabischen neu verdeutscht | von | O. L. B. Wolff. | Leipzig, Verlag von Otto Wigand. (= *Volksbücher*, 47. 48).
Kol.: Druck von Otto Wigand in Leipzig.
o. J. (1848), 90 S., 160 × 115, 6 Fig. im Text.
UB Tü Dk XI. 241ª.

Joachim, Jos. (I.). Ein Lebens- u. Künstlerbild, s. Kohut, Adph.

Joachim v. Kamern. Ein Lebenslauf, s. Kamern, Joachim v.

Joachim II. u. s. Sohn Johann Georg. Ein hist. Gemälde a. d. Brandenb. Gesch. v. Aug. Hartung. 8. Berl. Dieterici 798.

Die Hofordnung Kurfürst **Joachims** II. von Brandenburg. Neu hrsg. u. durch Untersuchungen über Hofhalt u. Verwaltung unter Joachim II. erl. von Martin Hass. Berlin: Ebering 1910. 238 S. 8°
(Historische Studien. H. 87.) (10. 14161

Hausbuch und Chronik des Joachim von Wedel auf Krompzow Schloss und Blumberg Erbgesessenen, hrsg. v. J. Frh. v. Bohlen Bohlendorff. Stuttgart, Literar. Verein, 1882. 8.

Im Atelier. Ballet in 1 Akt. Musik unter Benutzung von Orig.-Volksmelodieen von **Joachim** Albrecht Prinz v. Preußen. Wiesbadener Bearbeitung. [Textbuch.] Berlin: Sulzbach [1906]. 8 S. 8° (11. 11346

Im Atelier. Ballet in 1 Akt. Musik unter Benutzung v. Orig.-Volksmelodieen von **Joachim** Albrecht Prinz v. Preußen. [Textbuch.] Berlin: Sulzbach [1906]. 8 S. 8° (11. 11347

Im Manöver. Ballet in 1 Akt von **Joachim** Albrecht Prinz v. Preußen. [Textbuch.] Berlin: Sulzbach (1906). 7 S. 8° (11. 11349

Aus der guten alten Zeit. Ballet in 3 Akten von **Joachim** Albrecht Prinz von Preußen. [Textbuch.] Berlin: Sulzbach [1906]. 12 S. 8° (11. 11344

Joachim, ..., d. Korrektor, s. H. Hornschuh.

Joachim, die Traubenkur in Dürkheim a/d. Haardt. gr. 8. (34 S.) Neustadt a. d. Haardt 848, (Gottschick's Buchh.) *

Joachim, über die Zuchtmittel der Mädchenschule, s. Sammelmappe, pädagogische, Heft 91.

Joachim, üb. die Zuchtmittel der Mädchenschule, namentlich der höheren. gr. 8. (26 S.) Leipzig 886. Siegismund & Volkening. n. — 50

Joachim, A. (Elise Knackfuß), das Geheimnis e. Testaments. Novelle. 8. (III, 343 S.) Bonn 898. P. Hauptmann. n. 2. —

Das Geheimnis eines Testaments. Novelle von A. **Joachim** [d. i. Eliese Knackfuss]. Bonn: Hauptmann [1909]. 343 S. 8°
(P. Hauptmann'sche Roman-Sammlung. 18.) (10. 3306 S

Joachim, A., gestürzte Götzen. Erzählung. gr. 16. (240 S.) Paderborn 875. Bonifacius-Druckerei. 1. 20

Joachim, A., die Pflegetochter. Erzählung. 8. (V, 192 S.) Köln 872, Bachem. *

Joachim, A., die Pflegetochter. Erzählung. 2. Aufl. 8. (179 S.) Köln 882, Bachem.

Joachim, A., Caroline Settegast. Eine Zeitskizze m. Lebensbildern. 8. (61 S.) Coblenz 875. Hergt. — 75

—— Vater und Tochter. Ein kleines Familiengemälde auf Erdengrund mit Himmelblau. 8. (216 S.) Coblenz 873, Hergt.

Joachim, Albert, appr. Arzt a. Bielefeld: Aus d. Kgl. Univ.-Augenklinik ⟨Prof. Dr. Eversbusch⟩ München. Ueber perforierende Bienenstachelverletzung der Hornhaut. München 1904: C. Wolf & Sohn. (23 S.) 8°
München, Med. Fak., Ref. Eversbusch, Diss. v. 28. Sept. 1004
[Geb. 27. Dez. 77 Bielefeld; Wohnort: Bielefeld; Staatsangeh.: Preußen; Vorbildung: Gymn. Bielefeld Reife S. 98; Studium: Erlangen 2, Heidelberg 4, München 4 S.; Coll. 28. Juli 04; Approb. 4. Juni 04.]

Joachim, Alb., die Gebühren der Rechtsanwälte u. Gerichtsvollzieher in Preußen nach dem Gesetz vom 27. IX. 1899 (Fassung vom 6. X. 1899) u. den ergänzenden landesgesetzlichen u. ministeriellen Vorschriften. Nebst e. Anh., enth. die deutschen Gebührenordngn. f. Rechtsanwälte u. Gerichtsvollzieher. Mit Kommentar u. Gebührentabellen hrsg. gr. 8. (VII, 246 S.) Berlin 900. F. Vahlen. n. 6.—; geb. n.n. 7.—

Joachim, Alb., die deutsche Gebührenordnung f. Rechtsanwälte vom 7. VII. 1879 in der Fassung vom 20. V. 1898, nebst den landesgesetzlichen Vorschriften üb. die Gebühren der Rechtsanwälte in Preußen, Bayern, Sachsen, Württemberg u. Baden erläutert. 5. Aufl. des Walterschen Kommentars (2. Aufl. der Neubearbeitg.). (VIII, 563 S.) Lex. 8. Berlin 908. H. W. Müller. 11.—; geb. 12.—; Nachtrag. Aus dem Gesetz, betr. Ändergn. des Gerichtsverfassungsgesetzes, der Zivilprozeßordng., des Gerichtskostengesetzes u. der Gebührenordng. f. Rechtsanwälte. Vom 1. VI. 1909 (RGBl. S. 475). Gültig vom 1. IV. 1910 ab. (4 S.) (910.) —30

Joachim, A., u. H. **Joachim**, die preussische Gebühren-Ordnung f. approbirte Aerzte u. Zahnärzte v. 15. V. 1896. Für d. Bedürfnisse d. ärztl. u. zahnärztl. Praxis erläut. Anh.: A. D. Gebührengesetz v. 9. III. 1872. B. Gerichtl. Geltendmachg. d. Honorars (nebst Formularen). C. Prakt. Beispiele f. d. Bemessg. d. Gebühren. 8. (VIII, 180 S.) Berlin 897. O. Coblentz. Kart. n. 3.—

Joachim, A[lbert], u. H[einr.] *Joachim*. Die preussische Gebühren-Ordnung für approbierte Ärzte und Zahnärzte vom 15. Mai 1896. F. d. Bedürfnisse d. ärztl. u. zahnärztl. Praxis erl. 2. verm. u. verb. Aufl. Berlin 1907. 8°. *[1. Aufl. 1896.]*

— u. H. **Joachim**, die preussische Gebühren-Ordnung f. approbierte Ärzte u. Zahnärzte vom 15. V. 1896. Für die Bedürfnisse der ärztl. u. zahnärztl. Praxis erläutert. 2., verm. u. verb. Aufl. Anh.: A. Das Gebührengesetz vom 9. III. 1872. B. Gerichtliche Geltendmachg. des Honorars (nebst Formularen). C. Praktische Beispiele f. die Bemessg. der Gebühren. (VII, 254 S.) 8. Berlin 907. O. Coblentz. Geb. in Leinw. 6.—

— die Gebührenordnung f. Rechtsanwälte vom 7. VII. 1879 in der Fassg. v. 20. V. 1898, nebst den landesgesetzl. Gebühren-Vorschriften der Bundesstaaten. Auf der Grundlage des Kommentars v. Heinr. Walter erläutert. 4. Aufl. des Walter'schen Kommentars (1. Aufl. der Neubearbeitg.). 1. u. 2. Abth. gr. 8. (S. 1—320.) Berlin 901. 902. H. W. Müller. à n. 3.—

Joachim, Alb., die Gebührenordnung f. Rechtsanwälte vom 7. VII. 1879 in der Fassung vom 20. V. 1898. Auf der Grundlage des Kommentars v. Heinr. Walter erläutert. 4. Aufl. des Walterschen Kommentars (1. Aufl. der Neubearbeitg.). 3. Abth. (VIII u. S. 321—536.) gr. 8. Berlin 904. H. W. Müller. n. 4.— (Kplt. n. 10.—; geb. n. 11.—)

Joachim, A.: Die Rechtsverhältnisse der Curpfuscherei in Deutschland und die Bekämpfung ihrer Gefahren für die Gesundheit. [Berlin 1896.]

— die landesgesetzlichen Vorschriften üb. die Gebühren der Rechtsanwälte in Preußen. Nach dem Gesetz v. 27. IX. 1899 u. den einschläg. Bestimmgn. der preuß. Gebührenordng. f. Notare u. des preuß. Gerichtskostengesetzes (Fassg. der Bekanntmachg. v. 6. X. 1899) zusammengestellt u. m. Gebührentabellen versehen. gr. 8. (36 S.) Berlin 900. F. Vahlen. n. 1.—

Joachim, Alfred, aus Schweinfurt a. M.: **Ammoniak- und Aminadditionen an Zinnhalogenide. Leipzig 1909.** 75 S. 8°. [20. IX. 09.]
Zürich. Univ. Phil. Diss. II. S. 1909/10.

Joachim, Alfred. Ammoniak- und Aminadditionen an Zinnhalogenide. Diss. Phil. [II.] Univ. Zürich. 75 S. 8. Leipzig, August Hoffmann, 1909.

Joachim, C. Andr., s. Joachim, Georg Andreas

Joachim, Carl, s. Joachim, Karl

Joachim, Christian Wilhelm (Sondershausen), De mortuis. Diss. jur. Präs. Conr. Wilhelm Strecker. Erfurt (Hering) 12. VI. 1738. 27 S. (6.30) 16876

— — Dasselbe. Ed. II. Frankf. u. Leipzig 1761. 46 S. (6.30) 16877

Joachim, Erich, aus Görlitz ⟨Schl.⟩: Über Blutungen des Gehirns bei Fettembolie. *Greifswald 1902: F. W. Kunike.* (37 S.) 8°
Greifswald, Med. Diss. v. 28. Aug. 1902

Joachim, Erich, Johann Friedrich v. Domhardt. Ein Beitrag zur Geschichte v. Ost- u. Westpreußen unter Friedrich dem Großen. gr. 4. (XIII, 231 S. m. 1 Bildnis u. 2 Karten.) Berlin 899. A. Asher & Co. n. 10.—

Joachim, Erich, die Entwickelung d. Rheinbundes vom J. 1658. Acht Jahre reichsständ. Politik 1651—1658. gr. 8. (VIII, 515 S.) Leipzig 886. Veit & Co. n. 13. 25

Joachim, Erich, Napoleon in Finckenstein. Im Auftrag des Burggrafen u. Grafen Georg zu Dohna-Finckenstein. (XXVII, 229 S. m. 1 Taf.) gr. 8. Berlin 906. Behrend & Co. n. 4.—

Joachim, Erich, Johannes Nauclerus und seine Chronik. Ein Beitrag zur Kenntniß der Historiographie der Humanistenzeit. Inaugural-Dissertation. gr. 8. (70 S.) Göttingen 874, (Vandenhoeck und Ruprecht's Verlag.) * 1 40

Joachim, Erich, die Politik d. letzten Hochmeisters in Preußen Albrecht v. Brandenburg, s. a. Publicationen aus den k. preußischen Staatsarchiven.

Die Politik des letzten Hochmeisters in Preussen Albrecht von Brandenburg. Von Erich **Joachim**. Th. 1: 1510—1517. Leipzig. 1892. Th. 2: 1518—1521. ebd. 1894. Th. 3: 1521—1525. ebd. 1895. = Publicationen aus den K. Preussischen Staatsarchiven. Bd. 50, 58 u. 61. 8°.

— u. P. van Niessen, Repertor. d. im kgl. Staatsarchive zu Königsberg i. Pr. befindl. Urkunden z. Geschichte d. Neumark, s. a. Schriften d. Vereins f. Geschichte d. Neumark.

[F. u. Ant.] Repertorium der im Kgln. Staatsarchive zu Königsberg i. Pr. befindlichen Urkunden zur Geschichte der Neumark. Im Auftr. d. Ver. f. Gesch. der Neumark bearb. v. Dr. E[rich] Joachim u. im Verein m. dem Vf. hrsg. v. Dr. P[aul] van Niessen. *Landsberg a. W.: In Comm. bei F. Schaeffer & C.; (Dr. v. R. Schneider & Sohn) 1895.* (VII, 305 S.) 1 Bd 8.
= Schriften d. Vereins f. Geschichte d. Neumark. H. III. [96. 306

— s. Tresslerbuch, d. Marienburger.

Joachim, Ernst, Hendrik Witboi. Der schwarze Verräter in Deutsch-Südwest-Afrika. Kurze Darstellg. der Kämpfe unserer Truppen m. Benutzg. mündl. Mitteilgn. v. Mitstreitern. (32 S. m. Abbildgn.) 8. Neuweißensee (905). E. Bartels. — 50

Joachim, F. W., Handblatt fürs Tafelrechnen m. reinen Ziffern. 8. (½ B.) Glogau 843, Flemming.

—— Auflösungen dazu. 8. (½ B.) Ebds. 843.

—— Realienbuch. Ein Leitfaden beim Unterr. in d. Naturlehre, Naturgeschichte, schles. Geschichte u. Geographie in den Elementarklassen der Stadt- u. Landschulen, zunächst f. Schlesien. 8. (5½ B.) Glogau 843, Flemming. *.

Joachim, Fritz, approb. Arzt aus Landshut: Zur unblutigen Behandlung der Patellarfrakturen. *München 1901: C. Wolf & Sohn.* (37 S.) 8°
München, Med. Diss. v. 1902

G. Joachim. Publii Valerii Paeti Thraneae vita. 32 S. Lahr, P 1858

Joachim, G., von Rossini bis Mascagni, s.: An der Tagesordnung.

Joachim, G. A., s. 1) Kopien aus der Menschen-Gallerie. 2) Weltchronik. 3) Welttheater. 4) Welt u. Zeit. 5) Zuschauer, Leipziger, e. Wochenschrift.

Joachim, Georg [aus Hainau]: Dermoide im Skrotum. Krit.-litterar. Untersuchgn ... Berlin, C. Vogt's Buchdr., *1893;* 52 S., 2 Bl. 8.
Berlin, Med. Fak., Inaug.-Diss. v. 7. Juli 1893

Georg Joachim. Katalog der Gymnasiums- und der Lehrerbibliothek, nebst einem Bericht über das Naturalienkabinet des Gymnasiums und der damit verbundenen höheren Bürgerschule. mit Plan des Naturalienkabinets. 60 S. Lahr, P 1868

Joachim, Georg [aus Potsdam]: Ueber Zwangsvorstellungen .. Berlin, Buchdr. v. G. Schade, *1892;* 28 S., 2 Bl. 8.
Berlin, Med. Fak., Inaug.-Diss. v. 8. Okt. 1892

Joachim, Georg Andreas

— — Connexio juris privati civilis in usum auditorii concinnata. Sumtibus autoris. Lpz. (Langenheim) 1732. 32 S. (6.20) 16880

— — Dasselbe. (Connexio juris privati civilis et feudalis in usum auditorii concinnata.) Ed. II. Lpz. (Jo. Christian Langenheim) 1739. 40 Seiten. (6.20) 16881

— — Dasselbe. Ed. III. Lpz. (Jo. Christian Langenheim) 1743. 40 S. (6.—) 16882

— — Dasselbe. Ed. V. Lpz. (Jo. Christian Langenheim) 1761. 40 S. (6.—) 16883

Joachim, Georg Andr. (Präs.), s. Grohmann, Christian Fried.: De judicio familiae erciscundae.

Joachim, Georg Andr. (Präs.), s. Hübschmann, Johann Jacob: De pertinentiis a praediis sine oneribus separatis.

— D. Georg Andreas, Principia processus praesertim inquisitorii delineata in usum auditorii. Lpz. (Immanuel Titius) 1726. 48 S. (6.—) 16878

— — (Leipzig), De reconventione. Diss. jur. Rector Christoph Ignaz v. Guden. Erfurt (Grosch) 12. VIII. 1726. 28 S. (6.50) 16879

Joachim, Gerhard, Arzt: Beiträge zur Behandlung von Hautkrankheiten mit concentriertem Licht. *Königsberg i. Pr. 1903: O. Kümmel.* (51 S.) 8°
Königsberg, Med. Diss. v. 25. Febr. 1903

Mit Genehmigung der med. Fak. der Albertus-Universität wird Mittwoch den 7. März 1906 ... Herr Dr. med. Gerhard Joachim Assistent an der med. Klinik der Universität ... seine öffentliche Antrittsvorlesung „Ueber die Entstehung acuten Miliartuberculose" halten. Zu diesem Akte ladet ein der Dekan der med. Fak. H[ermann] Kuhnt. Königsberg i. Pr. (1906): O. Kümmel. (1 Bl.) 4°

Joachim, Gerh., Registrierung u. Reproduktion menschlicher Herztöne u. Herzgeräusche, s.: Weiss, Otto.

Joachim, Gust. Von Bethanien nach Golgatha. 7 Passionsbetrachtgn. gr. 8. (24 S.) Königsb. 889, Gräfe u. Unzer. ** — 20

Joachim, H., Bemerkungen zu dem Aufsatz v. Proksch: Die venerischen Krankheiten bei den alten Aegyptern, s.: Beiträge zur Dermatologie u. Syphilis.

Joachim, H., Papyros Ebers. Das älteste Buch über Heilkunde. Aus dem Aegypt. zum erstenmal vollständig übers. v. H. J. gr. 8. (XX, 214 S.) Berlin 890. G. Reimer. n. 4. —

Joachim, H., Weißensee und seine Umgebungen, s. Skizzen, culturhistorische, aus der nächsten Umgebung Berlin's.

Joachim, Hans, appr. Arzt a. Görlitz: Ein Fall von Endaortitis luetica. München 1904: Kastner & Callwey. (22 S.) 8°
München, Med. Fak., Ref. v. Bollinger, Diss. v. 14. Sept. 1904
[Geb. 23. Jan. 80 Görlitz; Wohnort: Görlitz; Staatsangeh.: Preußen; Vorbildung: Gymn. Görlitz Reife O. 99; Studium: Greifswald 2, München 7 S.; Coll. 21. Sept. 04; Approb. 11. Juli 04.]

Joachim, Hans, appr. Arzt a. Neu-Ruppin: Geburten bei Uterus duplex. Berlin (1905): G. Schade. (34 S.) 8°
Berlin, Med. Fak., Ref. Olshausen, Diss. v. 19. Juli 1905
[Geb. 21. Aug. 81 Dranse, Brandenburg; Heimatsort: Neuruppin; Staatsangeh.: Preußen; Vorbildung: Friedrich Wilhelms-Gymn. Neu-Ruppin Reife O. 00; Studium: Berlin 9 S.; Coll. 15. Juli 05; Approb. 26. Mai 05.]

Joachim, Heinrich (Red.), s. Aerzte Correspondenz, Berliner.

Joachim, Heinrich [Arzt in Tennstedt (Thüringen)]: Die Funktion der Milz. Historisch-kritische Betrachtung .... Würzburg, Becker's Univ.-Buchdr., 1886; 67 S. 8°.
Würzburg, Med. Fak., Inaug.-Diss. v. 1886.

Joachim, Heinrich, die Funktion der Milz. Historisch-kritische Betrachtung. Diss. Würzburg 1886, Stahelsche Univ.-Buchh. 8°. 67 S.

Joachim, Heinr., d. preuss. Medicinaltaxe in ihrer histor. Entwicklg. E. Beitrag z. Geschichte des ärztl. Standes in Brandenburg-Preussen. Nebst e. Anh., enth. d. neuesten Taxentwurf d. Ministers. gr. 8. (VIII, 186 S.) Berlin 895. E. Ebering. n. 3. —

Die Neue preussische Medicinaltaxe historisch entwickelt. E. Beitr. z. Gesch. d. ärztl. Standes v. Dr. med. Heinrich Joachim, Arzt in Berlin. 2., veränd. u. verm. Aufl. *Berlin: O. Coblentz 1896.* (X, 136 S.) 1 Bd S. [96. 1836

— der Taxentwurf d. Ministers in d. preuss. Aerztekammern, nebst e. geschichtl. Rückblick üb. d. Entstehg. [Aus: „Allgem. med. Central-Zeitg."] gr. 8. (43 S.) Ebd. 896. 1.50

Joachim, Herm., Geschichte der römischen Litteratur, s. a. Sammlung Göschen.

Geschichte der römischen Literatur. Von Hermann **Joachim.** 3. durchges. Aufl. Leipzig: Göschen 1905. 195 S. 8°
(Sammlung Göschen. 52.) [11.14505] 11

— **Gilde u. Stadtgemeinde in Freiburg i. B.,** s. a. **Festgabe, Anton Hagedorn gewidmet.**

Joachim, H.: G i l d e u. Stadtgemeinde in Freiburg i. B. Zugleich e. Beitrag zur Rechts- u. Verfassungsgeschichte dieser Stadt. Hamburg: L. Voss. 1906. 87 S. 8°

Handbuch für Wohlthätigkeit in Hamburg. Hrsg. vom Armen-Kollegium und in dessen Auftrage bearb. von Herm. Joachim. Hamburg: Gräfe in Komm. 1901. XXXI, 513 S. 8°
Erwähnt auch einige frmrische Wohltätigkeitsanstalten- u. Stiftungen.

Joachim, Herm., Handbuch für Wohlthätigkeit in Hamburg. gr. 8°. Hamburg, L. Gräfe in Komm., 1902.

Joachim, Herm., Handbuch der Wohltätigkeit in Hamburg. Hrsg. vom Armenkollegium u. in dessen Auftrage bearb. 2. Aufl., besorgt v. der allgemeinen Armenanstalt unter Mitwirkg. des ersten Bearbeiters. (XXVI, 501 S.) 8. Hamburg 909. L. Gräfe. Geb. in Leinw. 8. —

Joachim, Hermann, a. Bippen in Hannover: **Über Interferenzerscheinungen an aktiven Kristallplatten im polarisierten Licht.** Göttingen 1906: (C. Grüninger, Stuttgart). (117 S.) 8° ¶(Aus: Neues Jahrbuch f. Mineralogie Beil.-Bd 21.)
Göttingen, Phil. Fak., Ref. Liebisch, Diss. v. 27. April 1906
[Geb. 3. Dez. 81 Bippen; Wohnort: Göttingen; Staatsangeh.: Preußen; Vorbildung: Realgymn. Quakenbrück Reife O. 01; Studium: Göttingen 3, Berlin 1, Göttingen 6 S.; Rig. 6. Dez. 05.]

Ioachim, Hermannvs *Henricus Christianus* [Hambvrgensis]: **De Theophrasti libris περὶ ζῴων ... Bonnae, typ. C. Georgi vniv. typogr., 1892; 68 S. 8.**
Bonn, Phil. Fak., Inaug.-Diss. v. 4. März 1892

Joachim, Herm. De Theophrasti libris περὶ ζῴων. Diss. gr. 8. (68 S.) Bonnae 892. (Lpz., Fock.) * 1 50

Joachim, J., Institute f. Arbeits-Statistik in den Vereinigten Staaten v. Amerika, England u. der Schweiz. gr. 8. (70 S.) Wien 890. Deuticke. n. 2. —

Joachim, J. (Hrsg.), s. R u n d s c h a u , Moderne.

Joachim, J. A., resp. J. F. **Loeffler,** disp. de mortuis redivivis. Lips. 732. 4.

Joachim, Joh. Fried.: Historische und rechtliche Abhandlung von dem Ertz-Schatzmeister-Amt im Heil. Röm. Reich. Halle 1742.

Joachim, Joh. Friedr.: Historische und rechtliche Abhandlung von dem ersten Reichs-Tage, welchen ein Römischer Kaiser nach der Vorschrift der Güldenen Bulle, cap. 28 § 5 in der Reichs-Stadt Nürnberg halten soll. Halle 1745.

JOACHIM, J. Fr.: **Historische und rechtl. Abhandl. v. dem deutschen Wahlreich.** *Halle,* Renger. 751. 4. (3 Gr.)

— hist. Abhandl. v. d. eigenen u. vorzügl. Titeln einig. Europ. Könige. 4. Ebend. 758.

— hist. Abhandl. v. d. Urspr. d. Wahlrechts in d. Königr. Polen. gr. 8. Halle, Curt. 764.

— histor. Abhandl. von dem Ursprung d. Wahlrechts in d. Königr. Polen. gr. 8. Halle 764. (Laue in Berl.) 9 gl

— histor.-rechtl. Abhandl. vom deutschen Wahlreich. 4. Halle 751. Renger. 3 gl

JOACHIM, J. F.: Histor. und rechtl. Anmerkk., worin d. Staatsrecht, d. Lehnsrechte u. Historie erläutert werden. *Halle,* Renger. B. 753—69. 4 Thle. 8. (1 Thl. 20 Gr.)

— — De archicamerario Sacr. Rom. Germ. Imp. Comment. jur. publ. Halle (Grunert) 1737. 76 S. (7.20) 16887

— **Johann Friedrich** (Halle), De donis baptismalibus sive pecunia lustrica vulgo von Pathen-Gelde. Commentat. histor.-jurid. Halle (Joh. Christian Hendel) 1736. 40 S. (6.80) 16884
Gew.: Friedrich Wilhelm Herold (Halle).

– Dass., s.a. J o a c h i m , N.

— — De spurio Mathildino dono. Commentat. histor. Halle (Joa. Christian Hilliger) 1736. 48 Seiten. (6.80) 16885
Gew.: Johann Friedrich Grf. v. Oettingen (Wallerstein, Hohenburg . .).

— — Dasselbe. Entdeckter Ungrund der Mathildinischen Schenckung. Halle (Joa. Christian Hilliger) 1736. 48 S. mit Widm. (6.80) 16886

Joachim, Jo. Frid.: Commentatio iuris publici de ducatu Brandenburgico qua iura ducatus Brandenburgici ab obiectionibus Hornii [usw.], vindicantur. Halae Sorab. 1738.

Joachim, Jh. Fr., († d. 24. Sept. 1767.) Einleit. zur deutschen Diplomatik. 8. Halle 748. 2e A. 754. 3e A. 785. Renger. 10 gl

Johann Friedrich **Joachims** Einleitung zur Teutschen Diplomatik, worin die Regeln an die Hand gegeben werden, nach welchen die schriftlichen Urkunden der Teutschen Könige und Kaiser können gelesen, beurtheilet, und die wahren von falschen unterschieden werden. 2. Auflage. Halle im Magdeburgischen. 1754. 8°.

— Einleit. zu den Geschichten d. heutigen Reiche u. Staaten von Europa. 8. Halle 747. u. 753. Renger. 1 ℳ

— Einleit. z. d. Reichshist. 8. Frankf. (Renger in Halle.) 751.

JOACHIM, J. F.: Gesch. der deutschen Reichstage. *Halle,* Gebauer. 762. 2 Thle. gr. 8. (2 Thl. 4 Gr.)

— Geschichte d. deutschen Reichstäge. 2 Thle. gr. 8. Halle. (Hahn in Hannover.) 762.

(J. Fr. Joachim) Neu eröffnetes Groschen-Cabinet. Leipzig, 1749—65. 5 Bde. (d. 5. Bd. von J. Gt. Böhmen).

— — De imperio Ludovici Balbi regis Galliae. Progr. acad. Halle (Sympher) 7. V. 1740. 16 S. (4.—) 16890

– s. Lacombe de Prezel: Geschichte der Staatsveränderungen...

– s. Lenz, Sam.: Stammtafeln ...

— — De manumissionibus in s. s. ecclesiis ad tit. cod. de his qui in ecclesias manumittuntur. Von Freylassung der Knechte in den Kirchen. Commentat. histor.-jurid. Halle (Jo. Christ. Grunert) 1737. 32 S. (6.20) 16888
Gew.: Christian v. Herold (Leuenberg . .).

Joachim, Johann Friedrich, (Teil 4:) Reinhard, Johann Paul: „Das neu eröfnete Münzcabinet", Teil 1 bis 4, 4 Bände, Nürnberg 1761 bis 1773. — Vorh.: Bibl. des Oberlandesgerichts Celle — Tc. 389.

— neu eröffnetes Münzkabinet. 3 Thle. Nürnb. 749—56. Neue Aufl. 3 Bde, mit e. Vorrede u. d. Leben d. Verf., von J. F Seyfart. 4. Ebd 761—72. u. 4r Thl. v. J. P Reinhard. Mit 15 Kpfr. 4. Ebd. 773. Zeh. 4 Thle cpl. 10 ℔ 16 ℋ

— neu eröffn. Münzkabinet. 4 Bde. m. K. 4. Nürnb. Zeh. 760-73.

Joachim, Johann Friedrich.

Neu eröffnetes Münzkabinet. Nürnb. 1770. H: *Seyfart, Joh. Frdr.* (ML)

— histor. Nachricht von der in Dänemark im J. 1660 eingeführten Souverainetät. 8. Halle 761. Renger. 4 ℋ

— — De origine, progressu atque indole querelae denegatae vel protractae justitiae. Diss. jur. Präs. Justus Henning Boehmer. Halle (Johann Heinrich Grunert) Okt. 1738. 62 S. mit Widm. v. Präs. (7.—) 16889

– s. Rococles, Jh. Bapt. v.: Geschichte merkwürd. Betrüger ...

— Samml. verm. Anmerkungen, in welchen unterschiedene in d. Staats- u. Lehenrechte, wie auch in d. Geschichte gehörige Sachen abgehandelt werden. 4 Thle. 8. Halle 753—64. Renger. 1 ℔ 20 ℋ

– s. Titeln, Von den einigen und vorzüglichen, einiger europäischer Könige.

— Unterricht von d. Münzwesen, worin sowohl d. Zustand u. Beschaffenheit d. Münzen bei den Juden, Griechen u. Römern ꝛc. vorgestellt wird. 8. Halle 754. Renger. 10 ℋ

— histor. Vorstellung d. Streitigkeiten, welche zwischen den Königen von Portugal u. den röm. Päpsten sich zugetragen. 8. Halle 760. Renger. 4 ℋ

— Joh. Gottlieb u. (Respondent) Hieron. Georg Glöckner (Freiberg), De diversa legis naturae concipiendae ratione. Diss. philos. Lpz. (Langenheim) 6. XII. 1741. 36 S. (6.50) 16891
Gew.: Christian Otto Mylius.

Joachim, Johannes *Georg Hermann Julius* [aus Berlin]: Zur altdeutschen Genesis. E. Beitr. zu e. Poetik d. frühmittelhochdeutschen Dichtg. Einleitung ... Berlin, R. Heinrich, 1893; 1 Bl., 31 S., 1 Bl. 8.
Berlin, Phil. Fak., Inaug.-Diss. v. 14. Juni 1893

Joachim, Jörg. 1908 [Pseud.]
s.a. Niedlich, Joachim Kurd. A 12. 10638

Joachim, Jörg, König Saul. Schauspiel aus der altisraelit. Königszeit in 4 Aufzügen. (119 S.) 8. Dresden (908). R. Kraut. 2.—

— Und deine Seele wird e. Schwert durchdringen. Schauspiel in 4 Aufzügen aus der Zeit Christi. (63 S.) 8. Ebd. (908). 2.—

— Des Wölsung Weib. Schauspiel aus der Zeit Karls des Großen in 5 Aufzügen. (118 S.) 8. Ebd. (909). 2.—

— Am Zaune. Lieder u. Balladen. (119 S.) kl. 8. Leipzig 908. [Verlag f. Literatur, Kunst u. Musik.] Dresden, R. Kraut. 1.50; geb. 2.50

Joachim, Joseph

Joachim, Jos., Aschenbrödel, } s.: Verein f. Verbreitung guter Schriften, Basel.

Joachim, Jos., 's Bäse-Rauggi; Mutter Leuen's Rache, s.: Nationalbibliothek, schweiz.

Joachim, Jos. Aus Berg und Thal. Bilder und Geschichten aus dem schweizerischen Volksleben. 2. Bdch. In-8⁰, 144 S. Solothurn, Zepfel. 1 20
1883.

Joachim, Jos., die Brüder. Eine Volksgeschichte in 2 Büchern. 8. Basel 891. Schwabe. n. 6.—; geb. n. 7.20
1. Peter der Leuenwirth. (459 S.) — 2. Sylvan der Unchrist. (233 S.)

Die von Froschlach. Bilder u. Geschichten aus e. schweizer. Landstädtchen von Joseph Joachim. Basel: B. Schwabe 1895. (210 S.) 8° [F.] [08. 14637

Joachim, Joseph.

Zur Erinnerung an den 17. März 1839. [Berlin 1899.] V: *Grimm, Herm.* (Berl)

Joachim, Joseph. Erinnerungen eines alten Nachtwächters. [Erzählung.] 193 S. 8. Basel, Benno Schwabe, 1904. [fr. 3.—, geb. 4.—]

Gesammelte Erzählungen von Joseph Joachim. Bd 1–3. Zürich & Leipzig: Th. Schröter 1898–1902. 3 Bde 8° [F.]
1. Neue Ausg. 1902. 2. 1898. 3. Neue Ausg. 1902. [08. 14-38

— gesammelte Erzählungen. 1.—12. Lfg. 8. (1. u. 2. Bd. 315 S. m. Bildn. u. 320 S. u. 3. Bd. S. 1—128.) Zürich 898. Th. Schröter. à — 40
(à Bd. kplt. n. 2.50; geb. in Leinw. n. 3.20)

Joachim, Jos., gesammelte Erzählungen. 13. u. 14. Lfg. 8. (3. Bd. S. 129—262.) Zürich 898. Th. Schröter. à —40

— dasselbe. 3 Bde. Neue Ausg. 8. (315, 320 u. 262 S. m. Bildnis.) Ebd. 902. Geb. à n. 2.—

Joachim, Josef. Zwei Erzählungen. S' Baesi Nauggi u. Mutter Lenen's Racho. In-8°. 128 S. Aarau, H. R. Sauerländer. 1892. geb. 1 80

— die Geschichten der Schulbase. Kultur- u. Sittenbilder aus dem Ende d. 18. Jahrh. 8. (224 S.) Frauenfeld 888. Huber. n. 4 —

— die Geschichten der Schulbase. Kultur- u. Sittenbilder aus dem Ende des 18. Jahrh. 2. Aufl. 8. (260 S.) Basel 899. B. Schwabe. n. 3. 20; geb. n. 4. —

Joachim, Jos., Glyms auf der Höh'. Volkserzählung. 8. (230 S.) Zürich 885. A. Müller. n. 3. 20; geb. n.n. 4. 50

Joachim, Jos. Glyms auf der Höh! Volkserzählung. 15 Bogen. In-8°. Zürich, Alb. Müller. 1893. 4 —

— die Heimkehr. Im Fährhause. Wie dr Chleimattbenz zue syr Frau chunnt, s. a. Bergkristalle. I. 3.

(Joachim, Joseph. Die Heimkehr. — Im Fährhause. — Wie dr Chleimattbenz zue syr Frau chunnt. Drei Erzählungen...) 158 S. 8. [fr. 1. 50]

Bergkristalle.... (Serie I.) Band 3. 1. bis 5. Tausend. Biel, Ernst Kuhn, 1902.

— der Herrenbauer. Eine schweizer. Dorfgeschichte. 8. (251 S.) Basel 899. B. Schwabe. n. 3. 20; geb. n. 4. —

— fünfzig Jahre auf dem Erlenhofe. 2 Tle. in 1 Bde. 8. (III, 359 S.) Basel 891. B. Schwabe. n. 4. —; geb. n. 4. 80

Joachim, Joseph [aus Münstermayfeld]: Zur Kenntniss der Nitroderivate der Paratoluylsäure. . . . Freiburg i. B., Univ.-Buchdr. v. Chr. Lehmann, 1890; 46 S. + 1 Bl. 8°

Freiburg i. B., Phil. Fak., Inaug.-Diss. v. 1890

— in der Kiltstube. Ländl. Lustsp. in 2 Akten m. Gesang. 8. (60 S.) Aarau 898. H. R. Sauerländer & Co. n. 1. —

— Lonny, die Heimatlose. Erzählung aus dem schweizer. Kultur- u. Volksleben in der ersten Hälfte dieses Jahrhunderts. 8. (309 S.) Basel 889. Schwabe. n. 4. —; geb. n. 4. 80

Joachim, Jos., Lonny, die Heimatlose. Erzählg. aus dem schweizer. Kultur- u. Volksleben in d. ersten Hälfte dieses Jahrhunderts. 2. Aufl. 8. (309 S.) Basel 898. B. Schwabe. n. 4. —; geb. n. 4. 80

— der Mieschegghans. Eine Heiratsgeschichte. 8. (145 S.) Ebd. 898. n. 2. —; geb. n. 2. 80

Joachim, Joseph. Nachbarskinder. Eine Dorfgeschichte. 175 S. 8. Basel, Benno Schwabe, 1903. [fr. 3. —]

— die Probe (in stenograph. Schrift), s.: Erzählungen aus dem illustr. schweizerischen Unterhaltungsblatt.

— Der Saalhoferbe. Eine Volksgeschichte. In-8°. 204 S. Basel, Benno Schwabe's Verlag. 4 — 1898. geb. 5 —

—— Erzwungene Sachen. 8. (84 S.) Ebd. 890. * 1 60; geb. * 2 40

Joachim, Joseph. Im Schatten der Fabrikschornsteine. Volkserzählung. 214 S. 8. Basel, Benno Schwabe, 1904. [fr. 3. —, geb. 4. —]

— der sieghafte Schulmeister. Schwank in 3 Aufzügen. 8. (40 S.) Aarau 892. H. R. Sauerländer & Co. n. — 80

Joachim, J. Der Sonnhaldenbauer. Eine Volksgeschichte. In-8°. 20 S. Basel, Benno Schwabe. 1892. 4 —; geb. 5 —

— der Sonnhaldenbauer. Volksgeschichte. 8. (308 S.) Basel 892. B. Schwabe. n. 3. 20; geb. n. 4. —

— Frau Susann, s. a. Verein f. Verbreitung guter Schriften, Basel.

Joachim, Joseph. Frau Susann. 64 S. 8. Basel, Emil Birkhäuser, Januar 1904. fr. —. 10

Verein für Verbreitung guter Schriften. Basel, No. 60. — [Hrg. auf] Vorschlag der Sektion Solothurn-Lebern-Bucheggberg-Kriegstetten.

Joachim, J., siehe: *Verein zur Verbreitung guter Schriften.*

Violinschule in 3 Bänden von Joseph **Joachim** u. Andreas Moser. Violin School... Engl. transl. by Alfred Moffat. (1–3.) Berlin: N. Simrock 1905–(06). 3 Bde 4°

1. Anfangsunterricht. 1905. 2. Lagenstudien. 1906.
3. Vortragstudien. 1905. [07. 4199

Joachim, Joseph. Wandlungen. Bauerngeschichte von Joseph Joachim. 197 S. 8. Basel, Benno Schwabe, 1901. [geb. fr. 4.—]

— Wie der Chleimattbenz zue syr Frau chunnt. s. Verein für Verbreitung guter Schriften, Basel.

— Adam Zeltner. Dramatisirte Episode aus d. schweizer. Bauernkrieg. 8. (129 S.) Bern 888. Wyß. n. 1. 60; geb. n. 2. 40

Joachim, Karl

Joachim, Carl: Landshuter Geschlechtsnamen. 1. Tl. Landshut, Druck d. J. Thomannischen Buchdr., *1892;* V S., 1 Bl., 38 S. 8.
Landshut, k. Humanist. G, P 1892*

Joachim, Max [app. Arzt aus Sprottau '(Schles.)']: Über Hirngewicht und Körpergewicht m. spec. Berücks. einiger Fälle v. progressiver Paralyse .... Würzburg, Becker's Univ.-Buchdr., 1896; 26 S. 8.
Würzburg, Med. Fak., Inaug.-Diss. v. 1896

Joachim, N.: De d o n i s baptismalibus s. pecunia lustrica. -- Hal. 1736.

– Dass., s.a. J o a c h i m , Johann Friedrich

Joachim, [Otto]: * De elocutione Horatii. 105 S. 4° (2°)
Halle-Wittenberg, Phil. Diss. v. 29. April 1862
Geb. [Bitterfeld 25. 1. 1838]

Joachim, Otto [app. Arzt aus Dortmund]: Ein seltener Fall von Carcinoma penis ... Erlangen, k. b. Hofbuchdr. v. A. Vollrath, 1893; 22 S., 1 Bl. 8.
Erlangen, Med. Fak., Inaug.-Diss. v. Juli 1893

Joachim, Paul, a. Berlin: Beiträge zur Kenntnis der Beweglichkeit des Wasserstoffions in verdünnten Lösungen von Salzsäure in Wasser und wässrigem Alkohol. (Berlin 1906: W. Pilz.) (27 S.) 8°
Berlin, Phil. Fak., Ref. Nernst, Diss. v. 30. Juni 1906
[Geb. 7. Mai 77 Berlin; Wohnort: Berlin; Staatsangeh.: Preußen; Vorbildung: Französ. Gymn. Berlin Reife O. 95; Studium: Berlin 1, Breslau 2, Berlin 6, Leipzig 6, Berlin 4 S.; Rig. 16. Nov. 05.]

Joachim, Pierre - Dominique: Fortsetzung des Versuchs einer statistisch-geographischen Beschreibung des Grossherzogthums Luxemburg.
Luxemburg, Progr. de l' Athénée 1840–41.

Joachim, Pierre-Dominique: Gewéssensbéss. Kómesch Operett an 2 Akten. Muséck vum J. A. Zinnen.
Letzeburég: J. Joris 1879. 68 S. 8°

Joachim, Pierre-Dominique:Chronologische Uebersicht der Geschichte der Stadt und des Gross-Herzogthums Luxemburg, zum Gebrauche der vaterländischen Schulen des Mittlern Unterrichts.
Luxemburg: Schmit-Brück 1828. 86 S. 8°

Joachim, R., Die römischen Altertümer v. Verona. S.-A. 1870. 42 S.

Joachim, R., 80 lateinische Hymnen, nach 2 in d. Milich'schen Bibliothek zu Görlitz aufgef. Pergament-Handschriften. S.-A. O. J. 28 S.

Joachim, R., Liederbuch für Schule u. Haus. Eine Sammlung bewährter Volkslieder u. edler volksthümlicher Gesänge für die Mittel- u. Oberstufe von Volksschulen. Notirt in den Tonarten C, G u. F u. unter Beigabe von stufenweise geordneten Notenübungen hrsg. 8. (IV, 72 S.) Breslau 876. Aderholz. n. — 50

— der Zeichen-Unterricht in der Volksschule im Anschlusse an den Unterricht in der Raumlehre. Ein Lehrgang für den Klassen-Unterricht, nach den §§ 29 u. 30 der Allgemeinen Bestimmungen für die Volksschulen Preußens entworfen. 4. (16 S. m. 11 Steintaf. in qu. Fol.) Ebend. 879. n. 1. 50

[F.] **Joachim,** Robert: **Aias von Sophokles.** In d. Versmassen d. Urschrift übs. Duisburg, J. Ewich, 1897; 72 S. 8.
Duisburg, HM, P 1897**

Joachim, Rob. Geschichte der Milichschen Bibliothek und ihre Sammlungen. XXXII, XX SS. **Progr.** G. *Görlitz* 1876. 1877.

Joachim, R., Nonnulla de elocutione Taciti. I. Pr. 1862. 26 S. 4°.

Joachim, Robert: **Philoktetes** von Sophokles. In d. Versmassen d. Urschrift übers. *Duisburg: J. Ewich 1899.* (87 S.) 8° [F.]
Duisburg, HM, P 1899**

Joachim, [Robertus]: • Quaestiones Taciteae. 124 [vielmehr: 120] S. 8° (4°)
Halle-Wittenberg, Phil. Diss. v. 22. April 1856
Geb. [Gernrode (Kr. Ballenstedt) 8. 12. 1831]
S. 1—86 des Ms. ersch. umgearb. als: Nonnulla de elocutione Taciti. Partic. 1. Görlitz 1862: Rämisch. 26 S. 8° (4°) Gymn.-Progr.
Verf. erlebte die Diplomerneuerung 1906 als Direktor a. D. der Höheren Mädchenschule in Duisburg, vgl. Anh. Nr. 636.

Joachim, Robert, [Dir. Dr.]: Die **Trachinierinnen** von Sophokles in den Versmassen der Urschrift übersetzt. *Duisburg: J. Ewich 1903.* (75 S.) 8° [F.]
Duisburg, st. HM, P 1903**

— Verzeichnis der vor Beginn der zweiten Hälfte des 16. Jahrhunderts gedruckten Werke der Gymnasialbibliothek zu Hadamar. S. 35. **Progr.** *Hadamar* 1877.

Joachim, Venzin, Trost im Alter! Kathol. Gebet- u. Andachtsbuch besond. f. ältere Leute. (884 S. m. Titelbild.) 16. Einsiedeln 903. Eberle, Kälin & Co. Geb. in Leinw. n.n. — 80; m. Goldschn. n.n. 1. —; in Ldr. m. Goldschn. n.n. 1. 28

Joachim, Wilh., Betrachtungen über die Haemorrhoidalzustände und deren Heilung. gr. 8. (21 S.) Oedenburg 855. (Pesth, Lauffer und Stolp.) *
Aus: Zeitschrift für Natur- und Heilkunde in Ungarn, besonders abgedruckt.

— die Bitterwässer Pannoniens in chemischer, physiologischer und vorzüglich in therapeutischer Beziehung. gr. 8. (V und 54 S. mit 1 Tab. in qu. gr. 4.) Oedenburg 855. (Pesth, Lauffer und Stolp.) *

— Zur Diagnostik und Therapie der Abscesse. gr. 8. (26 S.) Wetzlar 856, Rathgeber.

Joachim, Wilh., der Gesundheitsfreund der menschl. Seele, od. leichtfaßl. prakt. Anweisungen, wie man die Kräfte des Verstandes, des Herzens u. des Willens bis ins hohe Alter ungetrübt erhalten kann. 8. (7 B.) Stuttgart 845, Ebner u. Seubert.

— **Wilhelm August** (Neoburgensis/Anhalt.), De tinea capitis. Diss. med. Bln. (Johann Friedrich Starck) 31. VII. 1818. 30 S. mit Biogr. (M.: Siegel.) (6.20) 16892

Joachimbauer, Jos., zur Neugestaltung der bayer. Lehrer-Bildungsanstalten. Ein offenes Wort an die Behörden, an Geistliche u. Lehrer u. an die Volksvertreter. (42 S.) 8. Speyer 906. (Jäger.) n. — 60

Joachimczyk, Julius [aus Jarotschin (Prov. Posen)]: **Die Radicaloperation der Hernien nach Macewen.** . . . Würzburg, P. Scheiner's Buchdr., 1891; 38 S., 1 Bl. 8°
Würzburg, Med. Fak., Inaug.-Diss. v. 1891

Joachimczyk, Willy W., Kammergerichtsreferendar: **Die Wirkungen einer arglistigen Täuschung des Erblassers bei der Testamentserrichtung vom Gesichtspunkte des Irrtums und der Erbunwürdigkeit.** Nach gemeinem und bürgerlichem Rechte. Borna-Leipzig 1906: R. Noske. (VIII, 50 S.) 8° [F.]
Heidelberg, Jur. Fak., Ref. Endemann, Diss. v. 31. Mai 1906
[Geb. 6. Juli 83 Posen; Wohnort: Wittenberge, Bez. Potsdam; Staatsangeh.: Preußen; Vorbildung: Friedr.-Werdersches Gymn. Berlin Reife M. 02; Studium: Heidelberg 1, München 1, Berlin 4 S.; Rig. 23. April 06.]

Joachimi, Alfred [pr. Arzt aus Cöthen '(Anhalt)']: **Der gegenwärtige Standpunkt der Lehre von der Eclampsie** . . .
Jena, Druck v. B. Engau, 1893; 111 S. 8.
Jena, Med. Fak., Inaug.-Diss. v. [30. März] 1893

Marie **Joachimi**. Die Weltanschauung der deutschen Romantik. Jena & Leipzig: E. Diederichs 1905. (VIII, 236 S.) 8° [F.] (c5. 1944)

Joachimi-Dege, Marie: Deutsche **Shakespeare-Probleme** im XVIII. Jahrhundert. Leipzig 1907. IV + 98 S. 8°. S.-A. a. d. Untersuchungen zur neueren Sprach- und Literatur-Geschichte, hg. v. Prof. Dr. O. F. Walzel. Bern, Heft 12. [16. 1. 04.]
Bern. Phil. Diss. 1906/1907.

Joachimi-Dege, Marie, deutsche Shakespeare-Probleme im XVIII. Jahrh. u. im Zeitalter der Romantik, s.a. Untersuchungen zur neueren Sprach- u. Literaturgeschichte.

Joachimi-Dege, Marie. Deutsche Shakespeare-Probleme im XVIII. Jahrhundert und im Zeitalter der Romantik. X + 296 S. 8. Leipzig, H. Haessel, 1907. [M. 6. —, geb. 7. —]
Untersuchungen zur neueren Sprach- und Literaturgeschichte. Hrg. von Professor Dr. Oskar F[ranz] Walzel [Dresden]. Heft 12....

Joachimowitz A. und Wegscheider Rudolf: Untersuchungen über die Veresterung unsymmetrischer zwei- und mehrbasischer Säuren. 28. Abhandlung: Über Phenylthioglykol-o-karbonsäure (mit 2 Textfiguren). S. 123. Hb. 80 . . . . vgr.
Separatabdruck

Joachim's Abenteuer, oder die Kunst ein großer Herr zu werden. Eine Geschichte aus den Zeiten der Bülletins, von B. v. Heinsburg. 2 Thle. 8. Ebend. 815.

Joachimsen, Paul, a. Altona: **Beiträge zur Geschichte der deiktischen Hervorhebung eines einzelnen Satzteiles, bezw. eines Satzes mittelst c'est ⟨....⟩ que⟨qui⟩.** Kiel 1907: A. F. Jensen. (127 S.) 8°
Kiel, Phil. Fak., Ref. Körting, Diss. v. 17. Dez. 1907
[Geb. 13. Mai 81 Altona; Wohnort: Kiel; Staatsangeh.: Preußen; Vorbildung: Realgymn. Altona Reife O. 00; Studium: Marburg 2, München 3, Kiel 6 S.; Rig. 29. Juni 07.]

Joachimsen, Paul, s.: Festgabe, Karl Th. v. Heigel gewidmet.

Joachimsen, Paul: Geschichtsauffassung und Geschichtschreibung in Deutschland unter dem Einfluss des Humanismus. Teil I. Leipzig 1908: B. G. Teubner. (79 S.) 8° ¶ (Erscheint vollst. Ostern 1909.)
München, Phil. Fak., Hab.-Schr. v. 1908
(Nicht für den Austausch)

Joachimsen, Paul. Geschichtsauffassung u. Geschichtsschreibung in Deutschland unter dem Einfluss des Humanismus, s.a. Beiträge zur Kulturgeschichte des Mittelalters u. der Renaissance. 6. Heft.

Geschichtsauffassung und Geschichtsschreibung in Deutschland unter dem Einfluß des Humanismus von Paul **Joachimsen.** T. 1. Leipzig & Berlin: Teubner 1910. V, 299 S. 8°
[Ein T. erschien als Hab.-Schr. München 1908.]
(Beiträge z. Kulturgeschichte des Mittelalters u. d. Renaissance. H. 6.)

Joachimsen, Paul: Aus der Vergangenheit des Münchener Wilhelmsgymnasiums. Zur 350. Wiederkehr d. Gründungsjahres. München 1909: Kutzner. 67 S. 8°
München, k. Wilhelms-G P 1909* [S 09. 223

— Aus der Vergangenheit des Münchener Wilhelmsgymnasiums. Zur 350. Wiederkehr des Gründungsjahres. Progr. (68 S.) 8. München 909. (J. Lindauer.) —80

Joachimsen, Paul, Dr.: Marx Welser als bayerischer Geschichtschreiber. München 1905: H. Kutzner. (38 S.) 8°
München, k. Wilhelms-G P 1905*

Joachimsohn, Paul, s.a. Joachimson

Joachimsohn, Paul, die humanistische Geschichtsschreibung in Deutschland. 1. Hft. D. Anfänge. Sigismund Meisterlin. gr. 8. (VII, 335 S.) Bonn 895. P. Hanstein. n. 10. —

Joachimsohn, Paul, zur städtischen u. klösterlichen Geschichtschreibung Augsburgs im 15. Jahrh. gr. 8. (69 S.) Bonn 894. P. Hanstein. n. 1. 50

— Gregor Heimburg, s. Abhandlungen, historische, aus dem Münchener Seminar.

Gregor Heimburg von Paul **Joachimsohn.** Bamberg: C.C. Buchner 1891. (XIII, 328 S.) 8°
Ein T. erschien als Inaug.-Diss. München 1889.
— Abhandlungen, Historische, aus d. Münchener Seminar. H. 1.

*Joachimsohn, Paul (später: Joachimsen): Bernhard von Kraiburg. [B. Kramer] 36 S. 8°
Progr. K. Bayer. Realgymn. *Nürnberg* 1901.

Bernhard von Kraiburg. — Von Dr. Paul Joachimsohn, G.-L. — 1901, Nürnberg, G. P. J. Bieling-Dietz. — P. 3—36.
Progr. Nürnberg, Realgymn.

Joachimsohn, Paul (Hrsg.), s. Schedel, Hermann: Briefwechsel (1452–1478).

Die Streitschrift des Minoriten Gabriel von Verona gegen den Böhmenkönig Georg Podiebrad vom Jahre 1467. — Von Dr. Paul Joachimsohn. — 1896, Augsburg, Haas und Grabherr. — P. 3—43.
Progr. Augsburg, Realgymn.

Joachimson, Paul, s.a. Joachimsohn

Joachimson, Paul: Gregor Heimburg. Erster Teil. . . München, k. Hof- u. Univ.-Buchdr. v. Dr. C. Wolf & Sohn, 1889; 70 S. 8°
München, Phil. Fak., Inaug.-Diss. v. 1889

Joachimsthal [Schlagwort]

Joachimsthal, s.: Berlin. Schropp.

Joachimsthal, s.: Geologische Karten. Friese, F. M. v., u. W. Göbl.

Joachimsthal, s.: Geologische Karten (Preussen).

Joachimsthal [Verfasser]

Joachimsthal, F., Anwendung der Differential- u. Integralrechnung auf die allgemeine Theorie der Flächen u. der Linien doppelter Krümmung. Mit 4 (lith.) Figurentaf. gr. 8. (VIII, 174 S.) Leipzig 872. Teubner. n. 5. —

Joachimsthal, F., Anwendung der Differential- und Integralrechnung auf die allgemeine Theorie der Flächen und der Linien doppelter Krümmung. [Hrsg. von A. Liersemann.] gr. 8. (VIII, 174 S. mit 4 lithogr. Figurentaf.) Leipzig 874, Teubner. * 5 —

Joachimsthal, F., Anwendung der Differential- und Integralrechnung auf die allgemeine Theorie der Flächen und der Linien doppelter Krümmung. 2. Aufl., bearb. von L. Natani. gr. 8. (VIII, 242 S. mit zahlreichen Fig. im Text.) Leipzig 881, Teubner.

Joachimsthal, F., Anwendung der Differential- u. Integralrechnung auf die allgemeine Theorie d. Flächen u. der Linien doppelter Krümmung. 3., verm. Aufl., bearb. v. L. Natani. gr. 8. (X, 308 S. m. Fig. im Text.) Leipzig 890. Teubner. n. 6. —

Joachimsthal, F. Über die Bedingung der Integrabilität. 21 S.
Berlin, K. R. Sch., Progr. 1844

Joachimsthal, F., Cours de géométrie élémentaire à l'usage des élèves du collège royal français. gr. 8. (94 S. mit 4 Stnt.) Berlin 852. [Leipzig,] Förstner'sche Buchh. *

Joachimsthal, F., Elemente der analytischen Geometrie der Ebene. gr. 8. (XV und 205 S. mit 8 lithogr. Fig.-Taf.) Berlin 863, G. Reimer.

— Elemente der analytischen Geometrie der Ebene. 2. Aufl. gr. 8. (XV, 205 S. mit 8 lithogr. Figurentaf.) Berlin 871, G. Reimer. 3 60

— Elemente der analytischen Geometrie der Ebene. 3. Aufl., verb. und durch einen Anhang von Aufgaben und deren Lösungen verm. von O. Hermes. gr. 8. (XVI, 223 S. mit 8 lithogr. Fig.-Taf.) Berlin 883, G. Reimer.

Joachimsthal, F. Mémoire sur les surfaces courbes. 20 S.
Berlin, Franz. G., Progr. 1848

Joachimsthal, Ferdinandus: De duabus aequationibus quarti et sexti gradus quae in theoria linearum et superficierum secundi ordinis occurrunt. Berolini 1856. (24 S.) 4°
[Aus: Journal f. d. reine u. angew. Math. Bd 53. 1857.]
Breslau, Phil. Fak., Antr.-Progr. als ord. Prof. v. 10kt. 1856

Joachimsthal, F[erdinandus]: *De lineis brevissimis in superficiebus rotatione ortis. 17 Bl. 4°
Halle-Wittenberg, Phil. Diss. v. 21. Juli 1840
Geb. [Goldberg (Schlesien) 9. 3. 1818]
Vom Verf. ersch. dann: Observationes de lineis brevissimis et curvis curvaturae in superficiebus secundi gradus. In: Journal f. d. reine u. angewandte Mathematik. Bd 26. Berlin 1843. 4° S. 154--171.

Joachimsthal, G., s.: Handbuch der orthopädischen Chirurgie.

— s.: Zeitschrift f. orthopädische Chirurgie.

Joachimsthal, Georg [aus Stargard (Pommern)]: **Zur Pathologie und Therapie der Skoliose** .... Berlin, Buchdr. v. Gustav Schade (Otto Francke) (1887); 30 S. + 1 Bl. 8°.
Berlin, Med. Fak., Inaug.-Diss. v. 12. März 1887.

Joachimsthal, Georg, zur Pathologie und Therapie der Skoliose. Diss. Berlin 1887, Mayer & Müller. 8°. 30 S.

Joachimsthal, Geo., die angeborenen Verbildungen der oberen, bezw. unteren Extremitäten, s. a. Fortschritte a. d. Gebiete der Röntgenstrahlen. Erg.-Bd.

Die angeborenen Verbildungen der Oberen Extremitäten von Dr. Georg Joachimsthal, Privatd. an d. Berl. Univ. Mit 33 Röntgenbild. auf 8 Taf. u. 24 Fig. im Text. *Hamburg: L. Grafe & Sillem 1900.* (40 S.) 4°
— Atlas d. normalen u. pathol. Anat. in typischen Röntgenbildern. [2.]
— Fortschritte auf d. Geb. d. Röntgenstrahlen. Erg.H. 2.

Die angeborenen Verbildungen der Unteren Extremitäten von Dr. Georg Joachimsthal, Privatd., Berlin. Mit 9 Taf. u. 52 Abb. *Hamburg: L. Gräfe & Sillem 1902.* (66 S.) 4°
— Archiv u. Atlas d. normalen u. pathol. Anatomie in typischen Röntgenstrahlenbildern. [8.]
— Fortschritte auf d. Gebiete d. Röntgenstrahlen. Erg.H. 8.

Joachimsthal, Geo., üb. d. Wesen u. Behandlg. d. Coxa vara, s. a. Sammlung klin. Vorträge.

Über Wesen und Bedeutung der Coxa vara v. Georg Joachimsthal (Berlin). *Leipzig: Breitkopf & Härtel 1898.* (16 S.) 8.
— Sammlung klinischer Vorträge. N. F. No 215.

Joachimsthal, Georg (Hrsg.), s. Wolff, Julius: Über die Ursachen, das Wesen und die Behandlung ...

Joachimsthal, Marcus (geb. Breslau 1816): Nonnulla de malacosi. Berolini (1841). (32 S.) 8°
Berlin, Med. Diss. v. 13. Nov. 1841

Joachimsthal, W., aus tiefer Noth, das ist Gebetbuch für allerlei mühselig und beladen Volk auf alle Sonn- und Festtage des Kirchenjahres im Anschluß an die Episteln und Evangelien desselben. Mit einem Vorworte vom Generalsuperint. Dr. Erdmann. gr. 8. (IV, 218 S.) Neusalz 874, Lange. * 1 —

Joam, Dom, von Braganza. Ein histor. Gemälde nach Vertot von Hagemeister. 8. Berlin, Schöne. 796. Ist jetzt Verlag von Nauck.

Joam Dom, v. Braganza. Erzähl. n. Vertot v. J. G. Hagemeister. 2 Thle. 8. Berl. Schöne. 802.

Joan, das Nürnberger Bilderbuch. (12 S. m. farb. Abbildgn.) qu. gr. 4. Amsterdam (903). S. L. van Looy. n. 2. —

— Kinderstunden, e. Nürnberger Bilderbuch. (16 Bl. m. farb. Abbildgn. u. Text.) qu. 4. Ebd. (904). n. 2. —; Malbuch dazu (8 Bl.) n. — 50

— das Nürnberger Malbuch. (12 Bl.) qu. gr. 4. Ebd. (903). n. — 50

Joanelli, Gust. v., s.: Casanova's, Jac., Memoiren.

Joanelli, Gust. v., Leben u. Abenteuer des Chevalier Faublas, s.: Louvet de Couvray.

Joannen. Zur Verständigung über Das, was zur Vorbereitung einer künftigen Biographie des Königs Johann von Sachsen bereits gethan worden ist und was noch gethan werden kann. gr. 8. (16 S.) Dresden 880, (v. Zahn und Jaensch.) *
Aus: Neuer Anzeiger für Bibliographie und Bibliothekwissenschaft, besonders abgedruckt.

Ioannem impavidum Burgundiae ducem Drama historicum ... Discipuli ... in scena exhibent ... Metz 1861. V: *Baltenweck, Georg.* (Jes)

Joannes de Canabaco ex comitibus de Canabaco oriundus ... Canabaci [Ulmae] 1760. V: *Kuen, Mich.* (Serap. 1861. S. 277, 296.) (wr)

Joannes Adolphus, Divus, Haeres Norvegiae ... [Slesvici 1710.] V: *Brinckmann, Joh. Herm.* (Bruun, Bibl. Danica. III, 789.)

Joannes Chrysostomus, S. Patriarcha Constantinop. ecclesiasticae libertatis ac justitiae Vindex gloriosus ... Aychstätt 1706. V: *Riegger, Caspar.* (Jes)

Joannes, s. Johannes

Joanneser, Jos., s. a. Armen-Seelen-Predigten.

Joanneser, J., Armen-Seelen-Predigten. Nach J. J. bearb. v. F. H. 2. Aufl. 8. (248 S.) Paderborn 888. F. Schöningh. n. 1. 80

Joanni, Paul: Der Selbsteintritt des Kommissionärs, eine wirtschaftlich-technische und juristische Betrachtung. Kusel 1909: Müller. 108 S. 8°
Würzburg, Jur. Diss. v. 6. Nov. 1909, Ref. Mayer
[Geb. 10. Nov. 85 Kusel; Wohnort: Kusel; Staatsangeh.: Bayern; Vorbildung: Gymn. Zweibrücken Reife Juli 05; Studium: München 1, Lausanne 1, Berlin 1, Würzburg 5 S.; Rig. 26. Juli 09.] [U 10. 4303

Joannides, das Mädchen aus Zante; Schauspiel in 4 Akten, Mit 1 Titelkpfr. 8. Bamb. 822. Weiché.

Joannides, das Mährchen aus Zante. Schspl. in 4 A. 8. Bamb. 822. Wesché in Frankf. 1. ß

Joannides, Anthimus, *πραγματεία περὶ τῆς παρ' Ἀθηναγόρᾳ φιλοσοφικῆς γνώσεως.* Dissertatio philosophica. gr. 8. (44 S.) Jena 883. (Pohle.) n. 1. —

Joannides, Athanasius (Griechenland), De mammarum physiologia. Specim. anatom.-physiol. Halle (Bathe) 1. V. 1801. 46 S. u. 1 Tfl. Abb. (Eberhart ad natur. del. Halae; Uhlemann sc. Dresd.) (5.50) 16893
Gew.: Joanne Eleutheriu, Eleutherio u. Margarit Joannu. — Widm. v.: Stauros Moschos, M. S. Tenedios.

Ioannides, Athan., Physiologiae mammar. muliebr. spec. tab. aen. et. notis Reilii. 4. maj. Halae, Hemmerde et S. 801.

Joannides, E. Sprechen Sie Attisch? Moderne Conversation in altgriechischer Umgangssprache nach den besten attischen Autoren. 8. (VIII, 68 S.) Lpz. 889, C. A. Koch. * 1 20

Sprechen Sie Attisch? Moderne Konversation in altgriech. Umgangssprache nach d. besten attischen Autoren von Dr. phil. E. Joannides. 2. Aufl. *Dresden & Leipzig: C. A. Koch 1902.* (80 S.) 8° [Ant. u. Z.] [04. 1097] 10

Joannidés, Nicolas Z., aus Athen (Griechenl.): Über Pericarditis mit Berücksichtigung der chirurgischen Behandlung der eitrigen Pericarditis. *Berlin (1902): G. Schade.* (34 S.) 8°
Berlin, Med. Diss. v. 19. Dez. 1902

Ioannis, G. C., miscellanea hist. Palatinae maxime vero Bipont. inserv. 4. Francf. 725. Rthlr.

Joannis, G. C., Scriptores rerum Moguntiacarum. Francof. 721—27. 3 Tom. f. 15 rthlr.

— Spicil. tabularum literarumque vet. 8. Francf. 724.

Joannis, Phil., Untersuchungen von d. Stein- u. Staub-Niederschlägen u. den damit verwandten Meteoren. Eine Inauguralschrift. gr. 8. (6 1/4 B.) München 836, Franz.

Ἰωάννου, Φιλίππου, ἀρχαία μοῦσα ὑπὸ νέον ἔνδυμα ἤτοι: διαφορ' ἀρχαῖα ἑλληνικὰ ποιήματα καὶ ἐπιγράμματα κατ' ἐκλογὴν εἰς τὴν καθ' ἡμᾶς ἑλληνικὴν ἐλευθέρως μεταφρασθέντα, τινὰ μὲν ἐν λόγῳ πεζῷ, τὰ πλεῖστα δ' ἐμμέτρως, ὑπὸ τοῦ ἀνεψιοῦ αὐτοῦ Φιλίππου Α. Οἰκονομίδου, διδάκτορος τῆς φιλοσοφίας. gr. 8. (112 S.) Wien 882. (Gerold's Sohn.) n. 3. —

Ιωαννος, Φιλ., Φιλολογικὰ πάρεργα. gr. 8. (IX, 686 S.) Athen 874. Wilberg. n. 12. —

Joannovics, Eug., Grammatica linguae ecclesiastico-slavicae. 8maj. (VIII und 375 S.) Viennae 851, Wenedikt.

Joanovits, Lina

Joanovits. Hausschatz für Stadt u. Land. Gr. 8°. 328 S. Zürich, Th. Schröter's Verlag. 1893. 1 —
— Idem. Spezial-Ausgabe für die Abonnenten des Schweiz. Familien-Wochenblatt. Kl. 8°. 335 S. Ebda. 1 25

Joanovits, Lina, Hausschatz f. Stadt u. Land. Spezialausg. des „Schweiz. Familien-Wochenblatt". 8. (335 S.) Zürich 900. Th. Schröter. n. 4. —;
f. Abonnenten des Familien-Wochenblatts n. — 80

Joaquino Cobeço, gen.: Quingostas, d. furchtbare Räuberhauptmann. N. span. Orig. bearb. v. Friedr. Zschoke. 8. (14 B.) Leipzig 841, Drobisch.

Joas, Mineralöl, s. Taschenausg. Manz'sche.

Joas, L., Branntweinbesteuerg., siehe Gesetze, österr.

Joas, L., Zuckerbesteuerung, s. Taschenausgabe, Manzsche.

Joas, Leop., Gesetze u. Verordnungen üb. die Bierbesteuerung, s.: Bernatzky Edler v. Trenwart.

Joas, Leop., Gesetze u. Verordngn. üb. die Bierbesteuerung,
— Gesetze u. Verordngn. üb. die Zuckerbesteuerung,
— Gesetze u. Verordngn. üb. die Besteuerung des Brantweines,
s.: Bernatzky, Edm.

— Gesetze u. Verordnungen üb. die Zollbehandlung u. Besteuerung des Mineralöles, s.: Bernatzky Edler v. Trenwart.

— Gesetze u. Verordnungen üb. die Zuckerbesteuerung, s.: Carmine, Adf.

Job, s.a. Hiob

Job, Psalmi, Salomon et Siracides, ex hebraicis graecisque fontibus sensu literali dilucide explicati, ab Ign. Weitenauer. Augsb. 769.

— Ze Sēfer pescher dabār 'al miqrā Ijjōb ... Berlin [1777].

— ultima capita ad graec. vers. recens. not. Greve. II Pts. 4maj. Daventr. 788—91. (Linz, Jülicher). 4 ℛ 16 𝒢

Jobus, proverbia Salomonis, ecclesiastes et canticum canticorum ed. Jh. A. Dathe. 8maj. Halle 789. Waisenh.-Buch. 1 ℛ

Job. gr. 8. Wien 826, v. Schmid.

Job liber, ad optima exemplaria accuratissime expressus. Halae 1829. H: *Gesenius, Frdr. Hnr. Wilh.* (Ky)

Jobi liber, hebraice ad optima exemplaria accuratiss. expressus. (Cur. W. Gesenius.) 8 maj. (2 1/2 B.) Halae 829, Schwetschke et fil.

Job, das Buch, übers. v. H. Arnheim, s. Arnheim, H.

Job, das Buch, übersetzt u. vollständig commentirt v. H. Arnheim. gr. 8. Glogau 836. Prausnitz. 1 1/2 ℛ

Jobus hebraice ad optimas editiones accuratissime exscriptus. In usum praelectionum academicarum. Edit. ster. 16. (IV und 122 S.) Berlin 864, Eichler. * 5 Ngr.; geb. *

— Translationis antiquae Arabicae libri Iobi quae supersunt ... edidit atque illustravit Wolfius Guil. Frid. Comes de Baudissin. Lipsiae 1870.

Iobi, liber. Textum masoreticum collatis praestantissimis codicibus instauravit atque ex fontibus Masorae illustr. S. Baer. Praefatus est edendi operis adjutor Franc. Delitzsch. Cum effigie (lithogr.) fragmenti babylonico more interpuncti. gr. 8. (VIII, 72 S.) Leipzig 875, B. Tauchnitz.
Ausg. auf Velinpap.

Job. Sa'adjā Gā'ōn al-Faijūmī. Das Buch Hiob übersetzt und erklärt von Gaon Saadia. Cap. 1—5. Von John Cohn. [Diss.] Altona 1882.

— Das Buch Hiob nebst einem neuen Commentar. Von Benjamin Szold. Baltimore 1886.

Das Buch Hiob [Job] übs. u. erkl. v. D. Karl Budde, o. Prof. ... in Strassburg i. E. *Göttingen: Vandenhoeck & Ruprecht 1896.* (LIV S., 1 Bl., 256 S.) 1 Bd 8.
= Handkommentar z. Alten Testament. Abth. II. Bd 1. [96. 6575]

[F.] Das Buch Hiob [Job]. Uebs. v. D. Bernhard Duhm, o. Prof. ... zu Basel. *Freiburg i. B., Leipzig & Tübingen: J. C. B. Mohr 1897.* (XX, 71 S.) 1 Bd 8.
— Bücher, Die poet. u. prophet., d. Alten Testaments. [No] 1. [97. 3790]

Das Buch Job als strophisches Kunstwerk nachgewiesen, übers. u. erkl. von Joseph Hontheim, S. J. *Freiburg i. Br.: Herder 1901.* (VII, 365 S.) 8°
-- Studien, Biblische. Bd. 6, H. 1-3.

Das Buch Hiob [Job]. In stabreimenden Langzeilen, deutsch von Wilhelm Storck. (Hrsg.: Franz Jostes.) Münster i. W.: Aschendorff 1900. (XVI, 104 S.) 8° [F.]

Das Buch Hiob [Job] in d. Übertr. von Otto Hauser. Berlin: Bard 1900. 117 S. 8°
(Hortus deliciarum [10])

Job, der Leidensmann. Eine Erzählung aus d. Anfange d. 16. Jahrh. Für christl. Jugend u. christl. Volk. Von d. Verf. der Erzählungen „des Priesters Ottmar, Agnes u. Sophias" rc. 8. (15 B. u. 1 Stahlst.) Augsburg 845, Rieger'sche Bh. Thlr.

Job. Beiträge z. Auflösung d. Gleichungen. Dresd. 39 p. 4°
Schul-/Univ.-Schrift

Job, C., s. Job, Ed., a S. Colomanno

Job, Christian Friedrich (Chemnitz), De consilio veterum jureconsultorum in conjungendis nominis ac rei definitionibus. Exercit. jur. civil. Präs. Joh. Theophil Seger. Lpz. (Wwe. Langenheim) 18. IV. 1767. 20 S. mit Widm. v. Präs. (6.—) 16894

Job a S. Colomanno, Ed., Anfangsgründe d. Weltweisheit, zum Gebr. d. Vorles. in d. k. k. Militairacademie. 8. Wien 769.

— institutiones logicae et metaphysicae. III Voll. 8. Wien 772, 73. Camesina. 2 rl 12 gl

Job, Frz. Sebast., Früchte des Geistes Jesu in zwei Jünglingen. 8. Wien 801. 2e A. 8. Edd. 831. Mechitar.-Congreg.-Buchh. 14 gl (Kranzfelder in Augsb.) 8 gl

Job, Frz. Seb., Früchte d. Geistes Jesu in zwei Jünglingen. 2., verb., veränd. u. verm. Aufl. 8. (14½ B.) Wien 830, Mechitaristen-Congregat.-Buchh.

Job, Frz. Seb., Geist d. Verfassung d. religiösen Vereins d. armen Schulschwestern de Notre Dame, z. Erzieh. d. weibl. Jugend in Städten, insbesond. in kleineren Orten u. Landpfarreien, vorerst in Neunburg v. Wald rc. 8. (5 B.) Stadtamhof 836. (Regensburg, Manz.) •

— Grundriß d. neuesten Geschmacks. Vorgestellt in einer Schlittade zu Regensburg 1807. 1e Ausg. bei Mart. Riepel zu Stadtamhof ... 2e bei Rotermund in Regensb.

—— Predigt. Gehalten zu Wien in d. Pfarrkirche d. Vorstadt Gumpendorf z. heil. Aegidius, bey d. Feyer dies. Schutzheiligen d. 6. Sept. 1829. gr. 8. (1¼ B.) Wien 830, (Mechitaristen-Congregat.-Buchh.)

—— Predigt üb. d. fromme Andenken an d. Verstorbenen. Gehalten vor d. feyerl. Trauergottesdienste f. d., in d. verhängnißvollen Nacht v. 28. Febr. auf d. 1. März 1830 Ertrunkenen. gr. 8. (2¼ B.) Wien, Mechitaristen-Congregat.-Buchh.

— Predigt über d. fromme Andenken an d. Verstorbenen, d. 28. Febr. 1830 gehalten. gr. 8. Wien 830. Mechit.-Congr.-B. 3 gl

—— Predigt am Schlusse d. dreifachen Jubelfeier z. heil. Augustin in Wien d. 28. Mai 1830. gr. 8. (2½ B.) Wien, Mechitaristen-Congregat.-Buchh.

— Predigt in d. Stiftskirche zu Klosterneuburg, am Festtage des heil. Markgraf Leopold gehalten. gr. 8. Wien 826. Wallishauser. 4 gl

— Predigt am Tage d. Gedächtnißfeier d. heil. Erzvaters u. Ordensstifters Benedict. gr. 8. Wien 826. Wimmer. 5 gl

Job, S., Synopsis institut. philosophicarum unacum Positionib. mathematicis. 8. maj. Augsb. Daisenberger.

— synopsis institutionum philosophicarum una cum positionibus mathematicis. 8 maj. Regensb. 802. Daisenberger. 9 gl

— Worte aus d. Buche d. Lebens, in e. Sendschreiben an meine Beichtkinder in u. um Regensburg. 8. Stuttg. 808.

Job, G.

— Störefried, s. Zeitgeist, der.

Job, Gottlieb

Job, G., Darf ein Katholik die liberale Presse unterstützen?, s. a. Compaß für das kathol. Volk.

Job, Gottlieb, Darf ein Katholik die liberale Presse unterstützen? Offene Briefe an einen Freund. Ebendas. 31 S., 20 Pf. (Kompaß rc. Nr. 5.)

Job, H. W. F. Die einfache u. die doppelte Buchführung f. Eisengiessereien, Maschinenfabriken u. mechanische Werkstätten, theoretisch entwickelt u. praktisch während e. Zeitraumes v. 1 Monat durchgeführt. gr. 8. (158 S.) Mittweida 890, Polytechn. Buchh. * 3 —

Job, J., wahr. Christen allernöth. u. beste Wissensch. od. Erklär. d. evang. Glaubensl. 8. Leipz. Eurich. 746.

Job, J. Geo., Anh. z. d. Anl. z. d. curiös. Wissensch. 8. Berl. 747.

Job, Karl, approb. Arzt aus Vigy b. Metz: Ueber die Dauer der Immunität nach der Vaccination und nach spontanem Ueberstehen der Pocken. *Strassburg i. E. 1901: C. & J. Goeller.* (38 S.) 8°
Strassburg, Med. Diss. v. 1901

Job, M., Lehrbuch der Planimetrie. Für Schulen und zum Privatgebrauch. 2 Abthlgn. gr. 8. Dresden, Adler. [1. Abthl. (IV und 159 S. mit 120 in den Text gedr. Abbild. in Holzschn.) 864. * 20 Ngr., 2. (III und 108 S. mit 80 in den Text gedr. Abbild. in Holzschn.) 865. * 15 Ngr.] *

Job, M., Lehrbuch der Planimetrie. Für Schulen und zum Privatgebrauch. 2. verb. Aufl. 8. (218 S. mit 120 in den Text gedr. Fig. in Holzschn.) Dresden 873, Adler's Buchh. * 3 50

Job, S., s. Job, Franz Sebastian

Job, Victor [aus Hargarten (Lothr.)]: Aus d. hygien. Institut. Beiträge zur Geisseifärbung ... Würzburg, Buchdr. d. 'Neuen Bayer. Landeszeitg', 1896; 21 S., 1 Taf. 8.
Würzburg, Med. F.k., Inaug.-Diss. v. 1896

Jobaháza, M., Carla. Roman. 8. (176 S.) Dresden 898 E. Pierson. n. 2. 50

Jobaháza, Maczy Freiin v., das Recht d. Todten. Erzählg. gr. 8. (194 S.) Wien 897. C. Konegen. n. 2. 40

Jobard, J. B. A. M., exposition de l'industrie Belge. 1847. Tom. 1. 1. livr. Lex. 8. (120 S.) Bruxelles 847. (Muquardt). n. 16 ngl

Jobard, J. B. A. M., Industrie française. Rapport sur l'exposition de 1839. II Tom. Lex.-8. (60½ B.) Bruxelles 842. (Muquardt.) *

Jobates und Bellerophon. Sing-Spiel . . . Hamb. 1717. V: *Hoe, Johann Joachim.* (schr)

Jobbágyi, v. Rittmeister vom löblichen Baron Barcoischen Houssarn-Regimt. Handbuch zum Gebrauch für subalterne Houssarn-Officiers. (Manuscript) 8. Anno 1793.

Jobber, die, der vornehmen Welt, oder das Verhängniß. Ein socialer Roman. 2 Bde. in 24 Lfgn. Lex.-8. (560 S. und 587 S., mit eingedr. Holzschn.) Berlin 866,67, Scherl. à Lfg. 4 Ngr.

[J.] Geschichte der Stadt Stade. Von W. H. Jobelmann u. W. Wittpenning. Neubearb. v. M[artin] Bahrfeldt. *Stade: Dr. v. A. Pockwitz 1897.* (VII, 185 S., 2 Pl.) 1 Bd 8.

Jobert, A., über Ansammlung v. Blut u. Eiter in d. Unterleibe. Deutsch bearb. v. Carl Mohritz. gr. 8. (3 B.) Quedlinburg 837, Basse.

JOBERT, A. Die Frauen und der Krieg. (Um 1908). 8°.
Verb. d. Ldg. i. Berlin 5.J. 572/09.

Jobert, L.

— die Münzwissenschaft. Aus dem Französ. von Rasche. Mit Kupfern. Nürnb. 778. 79. 3 Theile. 8. 1 rthl. 22 gr. (I. 16 gr. II. 20 gr. III. 10 gr.)

(Jobert, P.): „Einleitung zur Medaillen- oder Münz-Wissenschaft. Aus dem Franz. ins Teutsche übersetzt", Nürnberg 1738. — Vorh.: Bibl. des Oberlandesgerichts Celle — Tc. 382.

Jobi Liber, s. Job.

Jobin, Jules. Souvenirs des fêtes célébrées à Fribourg le 25. 26 et 27 Juin 1865 en l'honneur du B. Pierre Canisius, par un élève du Collège St Michel. 8. Fribourg en Suisse 1865.

Jobmann's, Charles, Monogrammen-Schatz für Lithographen, Graveure, Dessinateure, Wäschefabriken, Stickerei- und Haushaltungs-Zwecke. (In 28 Lfgn.) 1.—4. Lfg. Fol. (à Lfg. 12 Bl.) Leipzig 888, Hedeler. à Lfg.
Ausg. in engl. und französ. Sprache zu gleichen Preisen.

Jobmann's, Charles, Monogrammen-Schatz für Lithographen, Graveure, Dessinateure, Wäschefabriken, Stickerei- u. Haushaltungs-Zwecke. 5.—8. Lfg. Fol. (à Lfg. 12 Bl.) Lpz. 889. 92, Hedeler. à Lfg. 1 —; 16 —
Ausg. in engl. u. franz. Sprache zu gleichem Preise.
1.—4. Lfg. Ebd. 1888 à Lfg. 4 —.

Jobmann's, Charles, Monogrammen-Schatz f. Lithographen, Graveure, Dessinateure, Wäschefabriken, Stickerei- u. Haushaltungszwecke. 8.—11. Lfg. Fol. (à 12 Bl.) Leipzig 892—894. G. Hedeler. à 4.—
Ausg. in engl. u. französ. Sprache zu gleichem Preise.

Jobmann's, Charles, Monogrammen-Schatz für Lithographen, Graveure, Dessinateure, Wäschefabriken, Stickerei- u. Haushaltungs-Zwecke. 12. Lfg. Fol. (12 Bl.) Leipzig 896. G. Hedeler. 4.—; in französ. u. engl. Sprache zu gleichem Preise.

Jobmann's, Charles, Monogrammen-Schatz f. Lithographen, Graveure, Dessinateure, Wäschefabriken, Stickerei- u. Haushaltungs-Zwecke. 13. Lfg. Fol. (12 Bl.) Leipzig (901). G. Hedeler. 4.—; engl. u. franz. Ausg. 4.—

Jobmann's, Charles, Monogrammen-Schatz f. Lithographen, Graveure, Dessinateure, Wäschefabriken, Stickerei- u. Haushaltungs-Zwecke. 14.—20. (Schluss-) Lfg. (à 12 Bl.) Fol. Leipzig (903—905). G. Hedeler. à n. 4.—; engl. u. französ. Ausg. à n. 4.—

— **dasselbe.** 2. Aufl. (240 Taf.) Fol. Ebd. (906). In Mappe n. 82.—

Jobs, Kandidat, im Examen, s.: Körner's Vortragsbibliothek.

Jobs, Hieron, s.: Anekdoten-Schatz, der.

Jobs, Hieronymus, d. Candidaten, Leben, Meinungen u. Thaten. 8. Münster 783. Perrenon. 14 gr

Jobs, Hieronimus, des Canditaten Leben, Meinungen und Thaten, 8. Münster, 784. Platvoet. Schreibpap. 20 sgl.
Dasselbe Buch Druckpap. 18 sgl.

Jobsiade, Die. Grotesk-komisches Heldengedicht.
s.a. Kortum.

Jobsiade, Die, ein grotesk-komisches Heldengedicht . . . Dortmund 1799. 3. Ausg. Hann. 1823. 5. Aufl. Hann. 1839. V: *Kortum, Conrad Arnold.* (EE) (Ky) (Mn) (BrMm)

Jobsiade, die, ein kom. Heldengedicht v. C. A. K. 3 Thle. gr. 8. Dortm. Mallinkrodt. 799. (1r u. 2r 1 Thlr. 6 gr. 3r 14 gr.)

Jobsiade, die, ein grotesk-kom. Heldengedicht v. C. A. K(ortum.) 3 Thle. 4e Aufl. 8. Hamm 825, Wundermann. 1 Rthl. 8 gr. Velinpap.

—— Bilder dazu, s. Hasenclever, J. P.

Jobsiade, die, ein grotesk-kom. Heldengedicht in 3 Thln. v. C. A. K(ortum). Revid. u. bevorw. vom Enkel d. Verf. W. L. D....g. 5. Aufl. 16. (33¾ B., 1 Titkpfr., lith. Titl. u. viel. Holzschn.) Hamm 839, Wundermann. (Bielefeld, Velhagen u. Klasing.)

Jobsiade, die neue. Geschichte vom Hieronymus Jobs oder wie man Reichstags-Candidat wird. Ein kom. Heldengedicht damit es die Klugen ergötze und den Dummen nütz'. Von W. E. M. 1. und 2. Aufl. 8. (32 S.) Chemnitz 876,80, Hager.

Jobsius, Hamburgs Verfassungs-Leiden und Freuden, in höchst erbaulichen Versen beschrieben. gr. 8. (15 S.) Hamburg 849, (Berendsohn.)

Jobst von Vahner

Jobst von Vahner oder die Zerstörung des Klosters Marienborn. Romantische Erzählung aus dem 13. Jh. 2. Aufl. Leipzig: Lit. Museum 1866. 132 S. 8°

[Beigedr.:
Hans Bartold und Hans Unterberg, die Stifter der blutgierigen Räuberbande bei Andreasberg. Hist. Räubergemälde aus der letzten Hälfte des 16. Jh.
Leipzig: Lit. Museum 1866. 158 S. 8°]

Jobst u. Fr. **Rosenkranz,** praktische Aufgaben f. das Rechnen f. Kellner u. Köche, s.: Gewerbetreibende, der rechnende. 16. Heft.

v. Jobst, (Kommerzienrath,) neuere Erfahrungen über den Guano. Für Landwirthe u. Gärtner. Nach engl. Mittheilungen herausgeg. gr. 8. Stuttgart 844, Neff. 3/8 ₰

Jobst, (Wichmann), üb. d. Unentbehrlichkeit des Branntweins rc. 8. Hannov. Helwing. 802.

Jobst, zur Würdigung des Zolltarifs der Freihandelsmänner, mit besonderer Bezugnahme auf die Interessen der Landwirtschaft. Stuttgart 1819

Jobst, D. H., Entwurf e. vollständ. Exekutions- u. Subhastations-Ordnung nach Preuß. Rechte, durch Zusammenfügung d. Vorschriften d. Gerichts-Ordn. u. späterer Gesetze u. Reskripte, besond. d. Verordnungen v. 4. März 1834. gr. 8. (5¾ B.) Stettin 834, Nicolai. Thlr.

Jobst, D. H., die preuß. Hypotheken-Ordnung im Auszuge mit ihren Ergänzungen u. d. Vorschriften üb. d. Berghypothekenwesen als Handb. zusammengestellt. gr. 8. (8½ B.) Stettin 830, Saunier. •

Jobst, D. H., die preußische Hypotheken-Ordnung vom 20. Dezember 1783 im Auszuge mit ihren Ergänzungen und den Vorschriften über das Berghypothekenwesen als Handbuch zusammengestellt. Nach dessen Tode neu ergänzt von Th. A. Jobst. Berlin 862. C. Heymann. gr. 8. (VI, 144 S.) 21 ngr

Jobst, Dionys, Assist.: **Scylla und Charybdis.** Eine geogr. Studie. *Würzburg 1902: H. Stürtz.* (31 S.) 8° ¶ [— phil. Diss. Würzburg 1902.]
Würzburg, k. RG, P 1902**

Jobst, Dionys, Assistent: **Scylla und Charybdis.** Eine geogr. Studie. *Würzburg 1902: H. Stürtz.* (36 S.) 8°
Würzburg, Phil. Diss. v. 1902

Jobst, Fr. (Übers.u.Hrsg.):

s.: Abhandlungen über die Ratanhia.
Stuttgart, Wien: 1818

Jobst, F. u. Klein: Abhandlungen über die Ratanhia. s. Klein, v.

Jobst, F.: „Weitere Betrachtungen über die Zoll-Vereinigung mit Preussen, entworfen und einer hohen Stände-Versammlung gewidmet", Stuttgart 1833. — Vorh.: Com. Bibl. Hamburg.

—— weitere Betrachtungen üb. d. Zoll-Vereinigung mit Preußen. 8. (1 B.) Stuttgart 833, Steinkopf.

Jobst, Fr., Betrachtungen üb. d. beabsicht. definitive Zoll-Vereinigung mit Preußen, entworfen aus Veranlass. d. Motion d. Hrn. Abgeordneten v. Cannstadt rc. 8. (1 B.) Stuttgart 833, Steinkopf.

Jobst, Franz

Jobst, F. und C., s.a. Sammlung mittelalterl. Kunstwerke aus Österreich.

Jobst, F. u. C., u. J. Leimer, Sammlung mittelalterlicher Kunstwerke aus Österreich. Aufgenommen u. hrsg. Mit 19 Ton- u. 29 Steindr.-Blättern. 2., verb. Aufl. gr. Fol. (6 S.) Wien 889. Rende. In Mappe. n. 60.—

Jobst, Franz, a. München: **Über das Verhältnis zwischen Lukretius und Empedokles.** München 1907: M. Steinebach. (61 S.) 8°
Erlangen, Phil. Fak., Ref. Falckenberg, Diss. v. 8. Nov. 1907
[Geb. 17. Mai 83 München; Wohnort: München; Staatsangeh.: Bayern; Vorbildung: Ludwigs-Gymn. München Reife Juli 03; Studium: München 8 S.; Rig. 1. Juli 07.]

Jobst Friedrich v., zum 100jährigen Geburtstag des Gründers der Firma. (94 S 3 T.) Stuttgart 1886

Jobst, Fritz, in u. ausser Dienst in der Mongolei. (XII, 188 S. m. 88 Abbildgn. u. 2 [1 farb.] Karten.) gr. 8. Jena 910. H. Costenoble. 6.50; geb. 7.50

Jobst, Hans: Die Kampfspiele zu Ehren des Patroklos und der achte Gesang der Odyssee. T. 1. Passau 1909: Ablaßmayer & Penninger. 48 S. 8°
Passau, k. G P 1909* [S 09. 224

Jobst, Hans, die Kampfspiele zu Ehren des Patroklos u. der 8. Gesang der Odyssee. I. Tl. Progr. (48 S.) gr. 8. Passau 909. (M. Waldbauer.) 1.—

Jobst, Hans, Dr.: **De vocabulorum iudiciariorum, quae in oratoribus Atticis inveniuntur, usu et vi.** *Günzburg (1902): Paul.* (70 S.) 8° ¶ [— phil. Diss. München 1902.]
Günzburg, k. humanist. G, P 1902*

Jobst, Ioannes, Bavarus: **De vocabulorum iudiciariorum, quae in oratoribus Atticis inveniuntur, usu et vi.** *Gundiae 1902: A. Paul.* (71 S.) 8°
München, Phil. Diss. v. 1902

Jobst J, Kotoin, der kristallinische Bestandteil der Kotorinde. Stuttgart 1876

Jobst J, über das Wesen und die Anwendung des citronensauren Chinoidins als Fiebermittel. 2. Auflage. Stuttgart 1871

Jobst, J. K. Kurzer Inbegriff des ewigen Evangeliums. Bath. Pa. 1838.

Jobst, Johann

Die Neustädter Burg und die K. u. k. Theresianische Militärakademie. Ein Führer in militär. u. kunstgeschichtl. Beziehung. Hrsg. [illegible] von Johann Jobst. Wien & Leipzig: Gerlach & Wiedling ([illegible]). XV, 371 S. 4° [illegible]

Jobst, Joh., die Neustädter Burg u. die k. u. k. Theresianische Militärakademie. Ein Führer in militär. u. kunstgeschichtl. Beziehg. Hrsg. anlässlich des 60-jähr. Regierungsjubiläums S. k. u. k. apostol. Maj. des Kaisers u. Königs Franz Joseph I. (XVI, 372 S. m. Abbildgn. u. 12 Taf.) Lex. 8, Wien (909). Gerlach & Wiedling. Geb. in Leinw. 30.—

Jobst, Julia

— Er liquidiert, s.a. Kürschner's Bücherschatz.

Er liquidiert. Eine ärztl. Komödie. Von Julia **Jobst**. Mit Ill. von W. Werner. Berlin, Leipzig: Hillger (1910). 96 S. 8°
(Kürschners Bücherschatz. Nr 721.) [illegible]

Jobst, Julia, im Herrenstall. Fröhliche Geschichten v. Mensch u. Tier. Mit Illustr. v. Otto v. Arnim. (148 S.) kl. 8. München (904). Leipzig, F. Rothbarth. n. 2.—

Schwimmendes Land. Roman von J[ulia] **Jobst**. Berlin, Leipzig, Wien: Vobach [1907]. 200 S. 8° [illegible]

Jobst, Julia, laß mich allein. Roman. (318 S.) 8. Berlin (908). W. Vobach & Co. 3.—; geb. 4.—

— s.a. Mußte es sein?

Mußte es sein? Von J[ulia] **Jobst**. 2. Aufl. Berlin: Hesperus-Verl. [1907]. 184 S. 8°
(Bibliothek Rothbarth. Bd 1.) [11. 14416

— der Puppenjunge u. andere Novellen, s.a. Kürschner's Bücherschatz.

Der Puppenjunge u. andere Novellen von Julia **Jobst**. Mit Ill. von H. Binde. Berlin, Leipzig: H. Hillger [1906]. (111 S.) 8° [F.]
= **Bücherschatz**, Kürschners. No 531. [07. 14348

HausVoosen. Roman von Julia **Jobst**. Berlin: (Schall [1910]). 371 S. 8°
(Verein d. Bücherfreunde. [Ser. 20, 1.])

— Klaus Winkler. Roman. (486 S.) 8. München (904). Leipzig, F. Rothbarth. n. 4.20; geb. n. 5.—

— wenn man allein bleibt, s.a. Kürschner's, Bücherschatz.

Wenn man allein bleibt. Erzählung von Julia **Jobst**. Mit Ill. von W. Roegge. Berlin, Eisenach, Leipzig: H. Hillger [1905]. (94 S.) 8° [F.]
— **Bücherschatz**, Kürschners. No 479. [07. 13897

Jobst, Paul [aus Stettin]: **Ein Beitrag zur Casuistik der Kehlkopfsyphilis.** . . . Würzburg, Becker's Univ.-Buchdr., 1889; 43 + 1 S. 8°
Würzburg, Med. Fak., Inaug.-Diss. v. 1889

Jobst, Rudolf

Jobst, Rud. Fr. Aug. Goethes religiöse Entwickelung bis zum Jahre 1775. 24 S. **Progr.** Marst. G. *Stettin* 1877.

Jobst, Rudolf Goethes religiöse Entwickelung. II. 1770—80. 1 (15 S.). **Progr** Marienstifts-G. *Stettin* 1888 (131).

Jobst, Rud., Goethe's religiöse Entwickelung. 2 Hefte. 4. (24; 15 S.) Colberg 877,88, Warnke. à Heft *

Jobst, Rud[olf], Prof., z. Z. Vertreter d. Dir.: [Prof. Dr. Theodor **Wienke,** gest. am 15. Nov. 1898.] *Stettin 1899: Herrcke & Lebeling.* (S. 33—35.) 4°
Stettin, k. Marienstifts-G, OP 1899 (152)

Jobst, Wolffgang, und Joh. Christoph Beckmann, Kurtze Beschreiburg // Der // Alten Löblichen Stat // Franckfurt // an der Oder /// Auch von ihrer ersten Fundation / Erbauung // und Herkommen / und was sonst derselben Gelegenheit // vor Alters gewesen und noch sey / von der Zeit des Kaisers // Antonini Pii / im Jahr nach Christi Geburt // 146. biß auff gegenwartige Zeit /// Durch // Wolffgangum Jobsten / // Der Artznei Doctorem und Physices // Professorem daselbst. // Die Dritte Edition, // Nebst // Unterschiedenen // Historischen Accessionen // Die Stat Franckfurt und herumbliegende // Gegenden belangende /// Auch dazu gehörigen Kupfern // Hervorgegeben // Von // Johann Christoph Beckmannen / D. // Franckfurt an der Oder /// Verlegts Jeremias Schrey und Joh. Christoph Hartmann/ // Gedruckt bey Christoph Zeitlern / im Jahr 1706. - Mit Abbildungen. - 4 Blatt (nicht paginiert) Titel und Widmungen; 118 S. und 56 S.
Vor dem Titelblatt steht:
Der
Löblichen Deutschen Gesellscnaft in Leipzig
Büchervorrathe
widmet dieses
Wolff Baltnasar Adolph von Steinwehr. A. K.
derselben Mitglied. 1734.
B. S. T. Pol. 17.

Jobstharde, Vater. Erinnerungen aus dem Leben u. Sterben des sel. Vaters Jobstharde zu Wüsten in Lippe. Nach alten Aufzeichngn. (30 S.) 8. Elberfeld 910. Buchh. der ev. Gesellschaft f. Deutschland. —20

Jöbstl, Michael, Kleines Gesaugbuch für die unteren Classen der Volks- und Bürgerschulen. Unterstufe zu Rudolf Weinwurm's kleinem Gesangbuche für Volks- und Bürgerschulen. 1. und 2. Heft à 10 kr. Wien bei Alfred Hölder. 1882.

Jobus, s. J o b

Jobus, Johann Friedrich (Leipzig). De finibus poenarum civilium. Präs. M. Christoph Wolle (Leipzig). Lpz. (Immanuel Titius) 16. V. 1725. 31 S. mit Widm. v. Präs. (6.50) 16896

Jocalis, Theod., ... (psdn.), Ernst u. Scherz; poet. Unterhaltungen. Würzb. 804.

Jocard, J. C., d. gute Sache der christlichen Religion in einigen öffentlichen Predigten. 8. Berlin, Haude. 743.

Jocard, J. G., katechet. Samml. d. unentbehrl. Wahrheiten des wahren Christenthums. 8. Berl. 759. Haude u. Sp. 12 gr.

Jocardus, Johann Christian

— Denckmahl der göttlichen Güte als dieselbe den Königl. Preussischen . . . Grentzen, nach schwerem und blutigem Kriege, Krafft des zu Dresden, am 25. December 1745 getroffenen Tractatus den höchsterwünschten Landes-Frieden geschencket . . . in dreyen Predigten aufgerichtet. (Berlin 1745.) 8. (49 S.)

Jocardi, Johann Christian, Ein göttliches Muster eines würdigen Dank- und Sieges-Festes wurde am 3. Pfingst Tage 1745 am allergnädigst anbefohlenen Danck-Sieges-Feste für den . . . am 4. Juni . . . bey Friedberg zwischen Jauer und Striegau glücklich erhaltenen herrlichen Sieg der christlichen Versammlung auf dem Friedrichs-Werder vorgestellet. 4. (16 Seiten.)

JOCARDUS, Joh. Chr. — *Joh. Chr. Jocardi* Predigt von der Abscheuligkeit der Unkeuschheit, und der Heiligkeit des Ehestandes über 2. B. Mos. 20, 14. Berlin 1736. 4°.
Nicolai, Berlin, cat. univ.; cat. univ. d. Buchh. d. Waisenh. in Züllichau (174*).

Jocelyn, Robert Jocelyn Lord
Die Chinesische Expedition in den Jahren 1840 und 1841. Von Lord Jocelyn und Lieut. Mackenzie. Th. 1.2. Braunschweig: Meyer 1843. 8°

1. Sechs Monate bei der Chinesischen Expedition, oder Blätter aus dem Tagebuch eines Soldaten. Von Lord Jocelyn. Aus dem Engl. von E. Olfermann. 248 S.
2. Zweiter Chinesischer Feldzug. Von Keith Stewart Mackenzie. Aus dem Engl. nebst Forts. bis zum Friedensschlusse zu Nanking von E. Olfermann. Mit einem lithogr. Plane. 159 S.

Joch, Alexander von [Pseud.], s.a. H o m m e l, Karl Ferdinand

v. Joch, Alex., (K. F. Hommel), über Belohnung u. Strafen, nach türkischen Gesetzen. gr. 8. Bayr. 770. Lübecks Erb. 16 gr. 2e Aufl. 772. Ebd. 16 gr.

Joch, F., Hilfsbuch für den Rechenunterricht in den unteren Seminarklassen, s. Lenzer, D.

Johann Friedrich Joch's Artificium recens prognatum et approbatum oder neu entdeckter und gut befundener Kunstgriff alle Operationes der Rechenkunst mit Brüchen nach der Ital. Practic per methodum mathematicam innerhalb 20 Stunden zu lernen. Budiss. Dav. Richter. 8. 1718.

J. Fr. Jochii Institutiones Arithmeticae exponentes accurato ordine a nemine adhuc observato I) Principium et fundamentum Arithmetices nempe naturam tum numeri in genere tum numeri quaesiti in specie. II. Requisita computaturi. III. Operationes, quibus numerus quilibet invenitur, omnes et singulas, tam per numeros integros quam per fractos in proportione cum simplici tum composita et directa et indirecta, easque compendiosissimas, quas vulgus vocat Italicam practicam, ad quas etiam pertinet regula quae vulgo de societate, Alligatione et virginum, itemque extractionis radicum, regula falsi et Algebra synoptici propositae et in append. exemplis ex *C. Starkii* Musaeo Mercator. Arithmetico illustratae. Lips. ap. D. G. Fleischer. 8. 1714.

(*Johann Friedrich Jock's*) schöne Raritäten aus der Rechenkunst. Budiss. 12. 1717.

Joch, Jo. Georg, Programma I de meritis juris consultorum speciatim Jacobi Gothofredi in historiam ecclesiasticam. Erfurt (Grosch) 12. VII. 1722. 20 Bl. (6.20) 16897

Joch, J. G., (praes. M. Förtsch) de mortibus persecutorum J. B. Jen. 1709. 4.

Jochii, Jo. Georg., prog. de potestate bonorum angelorum in sensus fidelium praesertim internos. Witteb. 727. 4.

Joch, J. G., de ritu sepeliendi mortuos apud vett. Christianos. Jen. 1726. 4.

Joch, J. G., de singularibus ac mirandis, quae circa modum partus Chr. evenisse dicuntur. Jen. 1701. 4.

— — Commentatio prooemialis de spiritu Attico ad actor. XVII. comm. XXI. Wittbg. (Georg Marc. Knoch) Juli 1726. 34 Bl. (6.80) 16898

Joch, J. G., de stola alba neophytorum vet. ecclesiae. Tremon. 1711. 4.

Jocham, Magnus

— s. Andachtsübungen für kathol. Christen.

Jocham, Magnus, Anleitung zum Gebrauche der biblischen Geschichte beim Religionsunterrichte. 3. neu bearb. Aufl. 8. (XI, 114 S.) München 883, Expedition des königl. Zentral-Schulbücher-Verlags. geb.

Jocham, Magn., Bavaria sancta. Leben der Heiligen und Seligen des Bayerlandes zur Belehrung und Erbauung für das christliche Volk. 1. u. 2. Liefg. München 861. (J. A. Finsterlin.) 8. (1. Bd.: X, 684 S.) Jede Liefg. n. 16 *ngr.*

Vom Besitzthum der Geistlichen. Eine moralische Abhandlung von Magnus Jocham, P. der Moralth. — 1844. Ebend. — S. 1—32.
Pogr. Freising

Jocham, Magnus, vom Besitzthume d. Geistlichen. Ein Fragment aus der Priester-Moral. 8. (31½ B.) Regensburg 845, Manz.

– s. v. Blosius, Trost der Kleinmüthigen, 8. u. 9. Bdchn.

Jocham, Magnus, Dr. Alois Buchner, ehedem Prof. der Theologie in Dillingen, Würzburg und München, zuletzt Domkapitular in Passau. Ein Lebensbild zur Verständigung über J. M. Sailer's Priesterschule. br. 8. (194 S. mit einem Portr. in Holzschn.) Augsburg 870, Kollmann'sche Buchh. [Regensburg, Manz.]

Jocham: Über Charakter u. Charakterbildung. Freising 1863.
Schul-/Univ.-Schrift

Jocham, Magnus, vollständ. Gebetbuch f. kathol. Christen. Größtenth. aus d. Schriften d. gottsel. Abtes Ludovikus Blosius übers. gr. 12. (16¹/₁₂ B. u. Ttlbild.) Sulzbach 837, v. Seidel'sche Buchh.

Jocham, Magnus, vollständiges Gebetbuch für kathol. Christen rc. 2., verm. Aufl. 18. (VIII und 676 S. mit 1 Ttlkpfr. und 15 eingedr. Vignetten in Holzschn.) Sulzbach 848, v. Seidel'sche Buchh.

Jocham, Magnus, vollständiges Gebetbuch für kathol. Christen. Größtentheils aus den Schriften des ehrwürd. Ludov. Blosius übers. und zusammengetragen. 2., verm. Aufl. gr. 16. (VIII und 568 S. mit 1 Ttlkpfr. und 40 eingedr. Vignetten in Holzschn.) Sulzbach 848, v. Seidel'sche Buchh. Thlr.

Jocham, Magn., vollständiges Gebetbuch für katholische Christen. Größtentheils aus den Schriften des ehrw. Abtes Ludov. Blosius übers. und zusammengestellt. 4. Aufl. 1853. und 5. Aufl. 8. (VIII und 600 S. mit 1 Stahlst. und 31 Vign. in Holzschn.) Sulzbach 855, v. Seidel'sche Buchh.

—— vollständiges Gebetbuch für katholische Christen. Größtentheils aus den Schriften des ehrw. Abtes Ludov. Blosius übers. und zusammengestellt. 6. Aufl. 1857. und 7. Aufl. 8. (VIII und 600 S. mit 1 Stahlst. und 31 Vign. in eingedr. Holzschn.) Sulzbach 861, v. Seidel'sche Buchh.

Jocham, Magnus, vollständiges Gebetbuch für katholische Christen. Größtentheils aus den Schriften des heil. Ludovicus Blosius, Benediktiner-Abtes von Liesse, übers. und zusammengestellt. 8. Aufl. 1869; 9. verm. Aufl. gr. 16. (XVI, 608 S. mit 1 Stahlst.) Sulzbach 877, v. Seidel'sche Buchh.

—— Gebete zum leidenden Erlöser und zur schmerzhaften Mutter Maria. Aus den Schriften des gottsel. Abtes Ludov. Blosius. 3., verm. und verb. Aufl. 16. (VIII und 160 S. mit 20 Vign. in eingedr. Holzschn.) Sulzbach 860, v. Seidel'sche Buchh.

Jocham, Magnus, Geschichte d. Lebens u. der Verehrung d. seligen Papstes Eugenius III. Zur Erbaug d. christl. Volkes als Festgabe zu dessen Seligsprechungs-Feier bearb. 8. (56 S.) Augsburg 873. Regensburg, Manz. n. — 50

Jocham, Magnus, Jos. Ant. Geyr, Domkapitular in Augsburg. Ein Lebensbild. 12. (165 S. mit dem photogr. Bildnisse des Verewigten.) Augsburg 867, Kollmann'sche Buchh.

— D. B. v. Haneberg, Bischof v. Speyer, s.: Deutschlands Episcopat in Lebensbildern.

—— die Jesuiten-Moral und die sittliche Verpestung des Volkes. Mit besond. Bezugnahme auf die Moraltheologie von Gury beleuchtet. 2. (Titel-)Ausg. 8. (VIII, 54 S.) Mainz (866)69, Kirchheim.

– s. Kugler, Jos., der Priester nach dem Geiste der kathol. Kirche.

—— das kirchliche Leben der katholischen Christen. Ein Unterrichtsbuch für das christliche Volk. 2 Lfgn. 8. (VIII und 712 S. mit 1 Stahlst.) München 859, (Lentner'sche Buchh.)

—— Leben d. ehrwürd. Ludwig de Ponte, s. Lamparter, H.

—— kurze Lebensgeschichte des hochw. Herrn Directors und Domcapitulars Dr. Georg Friedrich Wiedemann. Mit Zusätzen und einer Vorrede von Joh. Evang. Stadler. gr. 8. (VIII und 92 S.) Augsburg 864, Kollmann'sche Buchh. *
Aus „Sion" besonders abgedruckt.

— Lichtstrahlen aus den Schriften d. ehrwürd. Ludwig de Ponte, s.: Lichtstrahlen aus den Schriften katholischer Mystiker.

s. Makarius d. großen, Schriften.

—— Manuale precum, in us. studiosae juventutis conscriptum. 12. ($9\frac{1}{2}$ B. u. Holzsch.) Solisbaci 840, libr. de Seidel.

Jocham, Magnus, Memoiren e. Obskuranten. E. Selbstbiographie. Nach d. Tode d. Verf. hrsg. v. Magnus Sattler, O. S. B. 8. (VI, 853 S m. Bildn. u. 18 Abb.) Kempten 896. J. Kösel. n. 6.50; geb. n.n. 8.50

—— Moraltheologie, oder die Lehre vom christlichen nach den Grundsätzen der kathol. Kirche. 1—3. Theil. Lex.-8. Sulzbach, v. Seidel'sche Buchh. [1. (VIII und 592 S.) 852. 2 Thlr., 2. (IV und 444 S.) 853. 1 Thlr. 20 Ngr., 3. (VIII und 679 S.) 854. 2 Thlr.]

—— katholische Parabeln und Erzählungen, s. im 11. Bde.: Unterhaltungsschriften, lehrreiche.

— s. de Ponte, der geistl. Führer

—— Psalmen u. Kirchengebete, e. Betrachtungsb. f. d. christkathol. Volk. Nach d. ehrwürd. Ludov. Blosius bearb. u. mit Morgen-, Abend- u. Meßgebeten hrsg. 12. (16 B.) Sulzbach 839, v. Seidel'sche Buchh.

Jocham, Magnus, s.: Sales, Frz. v., Betrachtungen f. die jährliche Geisteserneuerung.

—— die sittliche Verpestung des Volkes durch die Jesuiten. 8. (54 S.) Mainz 866, Kirchheim.

s. Wild, J., Predigten.

Jochart [Schlagwort]

Jochart, s.: Wiener Ausflugskarten.

Jochelson-Brodsky, Frau Dina. Zur Topographie des weiblichen Körpers nordostsibirischer Völker. Diss. Med. Univ. Zürich. Mit 4 Tafeln, 14 Abbildungen und 1 Karte. [Sep.-Abdr. aus: Archiv für Anthropologie, Band 33. N. F. Bd. 5, Heft 1/2.] *Kopftitel:* Aus dem Anthropologischen Institut der Universität Zürich ⟨Direktor: Professor Dr. R(udolf) Martin⟩. IV + 63 S. 4. Braunschweig, Friedrich Vieweg & Sohn, 1906.

Jochem, Adam, Waldesrauschen. Gedichte. 2. verm. Aufl. (75 S.) 8. Marburg 906. (O. Ehrhardt's Sort.) n. — 75

Jochem, Curt, s. Jochem, Kurt

Jochem, Emil, aus Bitsch ⟨i. Lothr.⟩: 1. Über die Darstellung von Chlorderivaten der Fettsäuren aus Amidosäuren. 2. Einwirkung von Methyl- und Aethylalcohol auf Diazoniumsalze. *Würzburg 1901: C. J. Becker.* (50 S.) 8°
Würzburg, Phil. Diss. v. 1901

Jochem, F. W., das Haus des Bürgers. 5 Projekte. (59 Taf. m. 6, 3, 4, 4 u. 4 S. Text.) qu. 8. Stuttgart (905). J. Hoffmann. In Mappe n. 10. —

Jochem, Friedr. Chrn., Dispositionen zu Homilien über die Perikopen des Kirchenjahrs in gebundener Rede, in Octaven. 8. (157 S.) Gießen 856, Ricker. *

Jochem, Kurt

Jochem, Curt [app. Arzt aus Danzig]: Weitere Mitteilungen über die operative Behandlung der angeborenen Hüftgelenksverrenkung ... Würzburg, Druck d. Bonitas-Bauer'schen k. b. Hofbuchdr., 1893; 24 S. 8.
Würzburg, Med. Fak., Inaug.-Diss. v. 1893

Jochem, Max, Theorie u. Praxis der Heimatkunde. Hilfsbuch f. den heimatkundl. Unterricht auf allen Klassenstufen. Unter Mitwirkg. der Sektion f. Heimatkunde im Schulinspektionsbez. Zwickau II bearb. u. hrsg. Mit 6 Taf. u. 1 Heimatkarte, nebst heimatkundl. Lesebuch. (V, 116 S.) gr. 8. Leipzig 905. E. Wunderlich. n. 2. —; geb. n. 2.50

Jochen von Bopfingen oder Leben eines armen Teufels, s.a. Haudart.

Jochen v. Bopfingen oder Leben eines armen Teufels. Frankf. u. Leipz. 1789. V: *Haudart.* (Kat. der Bibl. Franz Schnitzer. München 1902. S. 30.)

Jochens, H., trigonometrische Aufgaben nebst Erläuterungen zu deren Lösung. Für Offizier-Aspiranten, Militär-Schulen, Gymnasien und Realschulen, sowie für Anfänger in der Mathematik bearb. 8. (V, 70 S. mit 58 eingedr. Abbild. in Holzschn.) Berlin 870, Nicolai's Verlag. *

Jocher, Adam Bened., Pelasgia, s. de sermone quondam communi, eoque principe, in Slavorum, inprimis in Polonorum illo, facile statuendo, ad viros eruditos praeludebat. 8maj. (38 S.) Petropoli 851. (Lipsiae, Gerhard.) *

v. Jocher, Jb. Wg., († d. 25. Sept. 1802.) Abhandl. d. Algebra, nebst Anwendung auf d. gemeine Rechenkunst, mit 3 Kpf. 8. Augsb. 780. (v. Jenisch u. St.) 10 gr.

* Abhandlung der Algebra für Anfänger, entworfen von *Joh. Wolfg. v. Jocher*, Pfalzbayrischen Ingenieur-Obristlieutenant. Augsb. bey Stage. 160 Octavs. 3 Kpf. (10 gr.) 1780.

J. Wolfg. von Jocher's Abhandlung der Algebra, nebst derselben nützlichen Anwendung auf die gemeine Rechenkunst. Mit Kupf. Augsburg; bey Conr. Heinr. Stagen. 8. 1780.

v. Jocher, Jb. Wg., vollständ. gemeinfaßl. u. ganz populäre Anleit. d. prakt. Feldmeßkunst ohne künstl. Werkzeuge u. Lehrer, mit bloßen Stäben u. Ketten oder Meßschnur. Mit 7 Kpfr. gr. 8. Augsb. 799. (Andrä in Leipz.) 1 rthl 4 gr. 2e verm. u. verb. Ausg., von A. G. Mayer, mit 11 Kpfr. gr. 8. Augsb. 808 Kranzfelder. 20 gr.

— neuer vollständ. Auszug d. Logarithmen für d. ebene Trigonometrie; nebst e. Tafel für d. Messung d. Winkel u. Bogen ohne künstl. Werkzeuge rc. 8. Münch. 795. 2e Aufl. gr. 8. Augsb. 799. (Andrä in Leipz.) 12 gr. (Centr.-Compt. das.) 10 gr.

— neuer, vollständ. Ausz. d. Logarithmen, nebst Winkelmessung a. d. Feld. gr. 8. Augsb. (Bauer in Leipzig.) 799.

Jöcher, Alb. Frz., die Handelsschule. Real-Encyklopädie d. Handelswissenschaften. Für Jünglinge, welche sich d. Handel u. Fabrikwesen widmen wollen. 2 Bde. gr. 12. Quedlinburg, Basse. [1. ($18\frac{2}{3}$ B. u. 1 Tab.) 833., 2. ($18\frac{1}{2}$ B.) 834. à 1 Thlr. 8 Gr.]

Jöcher, Alb. Frz., die Handelsschule. Real-Encyklopädie d. Handelswissenschaften. Für Jünglinge, welche sich d. Handel u. Fabrikwesen widmen wollen. Nach d. neuesten Quellen u. besten Hülfsmitteln bearb. 3 Bde. 2., gänzl. umgearb. u. verm. Aufl. ($84\frac{2}{3}$ B.) 836—38. 5 Thlr., u. 1. Bd. 2 Abthl. 3., sehr verb. A. gr. 12. Quedlinburg, Basse. [1. (27 B.) 841. $1\frac{5}{6}$ Thlr., 2. ($19\frac{1}{2}$ B.) 840. $1\frac{1}{6}$ Thlr.]
Der 1. Bd. 2. Abthl. a. u. d. T.: Vollständ. kaufmänn. Rechenbuch, 1000 Aufgaben enth. Von Hirsch Joseph, vgl. dies.

Jöcher, Alb. Frz., die Handelsschule. Real-Encyklopädie der Handelswissenschaften. 2. Bd. 3., verb. u. verm. Aufl. gr. 12. (30 B.) Quedlinburg 844, Basse.
Vgl. 9. Bd. 1. Abthl. S. 457.

—— vollst. Lexikon d. Waarenkunde, s. Lexikon.

Jöcher, Carl Ernst, s. Jöcher, Karl Ernst

Joecher, Carl Friedrich, s. Joecher, Karl Friedrich

Joecher, Christian Gottlieb

— — **De adoptione per arma disserit. Lpz. (Jo. Christian Langenheim) 4. V. 1737. 4 Bl. (3.50) 16914**

— — **Analecta de philosophorum potissimum veterum peculiaribus studendi modis. Part. I. Lpz. (Immanuel Titius) 25. IV. 1716. 44 Seiten. (6.80) 16908**

Jöcher, Chr. Gottl., Bias Prienaeus in numo argenteo. Lips. 714. 4. (56 S.)

— — **De Johanne de Breitenbach jureconsulto Lipsiensi disserit atque ad panegyrin baccalaureorum invitat. Lpz. (Langenheim) 21. XII. 1743. 16 S. (6.—) 16921**
Joh. Aug. Egenolph (Grimma), Joh. Chn. Grosse (Kirchhayn/Laus.), Chph. Heinr. Barth (Annaberg), Chn. Traug. Schubart (Schmorcka/Laus.), Johann Gotthelf Kupfer (Zschopa/Misn.), Benj. Groddeck (Danzig), Joh. Andr. Cramer (Joestad/Misn.), Wilhelm Paul Verpoortenn (Coburg).

— — **Dasselbe. II. Lpz. (Langenheim) 22. XII. 1745. 11 S. (4.—) 16922**
Joh. Ant. Moesler (Lpz.), Joh. Chn. Ern. Heinius (Querfurt), Johann Gottlieb Volckelt (Lauban), Joh. Andr. Bauer (Lpz.), Gg. Heinr. Antast (Sagan), Heinr. Lebr. Füllmich (Borna), Joh. Chph. Friedr. Steinmüller (Oelsnitz/Vogtl.).

— — **De cura philosophi circa historias disserit. Lpz. (Barthel) 18. VI. 1732. 24 S. (6.—) 16909**

— — **De cynicis nulla re teneri volentibus disserit. Lpz. (Langenheim) 7. IX. 1743. 16 Seiten. (4.—) 16920**
Daniel Aegidius Heinrici, Georg Ridel v. Leuenstein u. Seyfersdorf, M. Christoph Seyfert (Görlitz), M. Johann Heinrich Leiche (Leipzig), Johann Carl Ferdinand v. Jaegersburg (Breslau), Christian Benjamin Roleke (Görlitz).

— **Christian Gottlieb, Effectus musicae in hominem. Disp. med. Präs. Michael Ernst Ettmuller. Lpz. (Johann Gottlieb Bauch) 1714. 39 Seiten. (7.50) 16907**
Gew.: Wolffgang Jöcher (Gautsch).

— — **Thomae Woolstoni de miraculis Christi paralogismorum examen. Disp. theol. Lpz. (Jo. Christian Langenheim) 20. IX. 1734. 31 Seiten. (6.50) 16911**

— — **Dasselbe. (Fortsg.) Lpz. (Jo. Christian Langenheim) 23. IX. 1734. 62 S. mit Biogr. W.'s. (7.50) 16912**

— — **(Leipzig), De insigni studii historici nostra aetate *ΕΞΟΧΗι* seu excellentia, academica *ΑΚΡΟΑΣΙΣ*, cum ad munus historias publice docendi accederet, recitata. Lpz. (Jo. Frid. Gleditsch's Sohn) 1732. 28 S. (6.50) 16910**
2 Bl. Widm. v.: Musa Goldnerlana.

— — **(acad. rector), De feudis Langharum disserit atque ad renunciationem baccalaureorum philosophiae invitat. Lpz. (Langenheim) 28. XII. 1737. 16 S. (5.—) 16916**
Johann Gottlieb Bosseck (Leipzig), Joh. Wilhelm Steinhauer (Naumburg), Christian Gottlob Friedrich Wolf (Plauen/V.), Jonathan Heller (Nördlingen), Joh. Daniel Schoebel (Breslau), Ludolph Bernhard Kemna (Lüneburg).

[J. u. Ant.] Allgemeines Gelehrten-Lexicon, Darinne die Gelehrten aller Stände ... vom Anfange der Welt bis auf ietzige Zeit ... Nach ihrer Geburt, Leben, merckwürdigen Geschichten, Absterben und Schrifften aus den glaubwürdigsten Scribenten in alphabetischer Ordnung beschrieben werden. Th. 1–4 hrsg. v. Christian Gottlieb **Jöcher**, d. H. Schrifft Doctore ... zu Leipzig. [Nebst:] Fortsetzg u. Ergänzgn zu ... Jöchers allgem. Gelehrten-Lexico, worin die Schriftsteller aller Stände nach ihren vornehmsten Lebensumständen und Schriften beschrieben werden; v. Johann Christoph Adelung (3 f.: Angefangen v. ... Adelung u. v. Buchstaben K fortges. v. Heinrich Wilhelm Rotermund, Pastor d. Domkirche zu Bremen.) Bd 1–7. *Leipzig: J. F. Gleditsch* (Forts. Bd 3: *Delmenhorst: gedr. bey G. Jöntzen;* 4: *Bremen: gedr. bey G. Jöntzen; in Comm. bei J. G. Heyse;* 5. 6: *Bremen: J. G. Heyse.* 7: *Leipzig: Selbstv. d. Deutschen Ges.; im Buchh. zu bez. durch K. W. Hiersemann) 1750–1897.* 11 Bde 4.
1. A–C. 1750 (6 Bl., 2284 Sp., 3 Bl., 1 Portr.) 2. D–L. 1750 (2 Bl., 2036 Sp., 3 Bl.)
3. M–R. 1751 (1 Bl., 2338 Sp., 2 Bl.) 4. S–Z. 1751 ([illegible] Bl., 2250 Sp., 2 Bl.)
Forts. 1. A u. B. 1784 (8 Bl., 2300 Sp.) 2. C bis J. 1787 (1 Bl., 2364 Sp.)
3. 1810 (LXXXII, 2268 Sp.) 4. 1813 ([illegible])
5. 1816 ([illegible])
6. 1819 ([illegible])
7: Mit e. Anh. enth. die für d. 2. Aufl. d. 3. Bdes [illegible] bestimmten Verbesserungen u. Zusätze aus d. Handexemplar d. Vfs. Im Auftr. d. Deutschen Ges. in Leipzig hrsg. v. Otto Günther. 1897 (VI S., 1 Bl., 724 Sp.) [illegible]

Jöcher, C. Gli., allgem. Gelehrt. Lexikon. 4 Thle. gr. 4. Leipz. Gleditsch. 750. 51.

— — Fortsetz. dess. v. Adelung. 2 Bde. gr. 4. Ebend. 784. (à 4 Rthlr. 16 gr.)

Jöcher, Chrn. Glieb., allgem. Gelehrten-Lexikon, Fortsetzg. u. Ergänzgn., s.a. Rotermund, Heinr. Wilh.

— — Fortsetzung desselben v. H. W. Rotermund, 3r Bd. 1ste Abth. gr. 4. Bremen, Heyse. 810.

Jöcher, C. G., allgemeines Gelehrten-Lexikon, Fortsetz. u. Ergänzungen von H. W. Rotermund. 3r u. 4r Band. jeder in 3 Abtheil. u. 5r Bd. 1ste Abthl. gr. 8. Brem. Heyse. 810—16. (IIIr 1ste. 1 Rthlr. 18 gr. 2te 4 Rthlr. 3te 4 Rthlr. IVr 1ste 4 Rthlr. 8 gr. 2te 2 Rthlr. 3te 6 Rthlr. Vr 1ste 4 Rthlr.)

Jöcher, C. G., allgem. Gelehrten Lexicon, Forts. u. Ergänz. v. H. W. Rotermund. V. Bd. 2te u. 3te und VI. 1ste u. 2te Abth. gr. 4. Bremen Heyse. 817—820.
(V. 2te Abth. 4 Thlr. 12 Gr. V. 3te Abth. 4 Thlr. 12 Gr. VI. 1ste Abth. 4 Thlr. 18 Gr. VI. 2te Abth. 4 Thlr. 12 Gr.)
(IIIr Bd. bis VIr Bd. 1ste 2te Abth. kosten 47 Thlr. 21 Gr.)

Jöcher, (C. G.,) allgem. Gelehrten-Lexicon, fortgesetzt v. H. W. Rotermund. 6n Bdes. 3e Abtheil. gr. 4. Bremen 822, (Heyse.)

Jöcher, Christian Gottlieb: Compendiöses Gelehrten-Lexicon, Darinnen Die Gelehrten aller Stände, als Fürsten und Staats-Leute, die in der Literatur erfahren etc. nach Alphabetischer Ordnung beschrieben worden.
2. Aufl durch Christian Gottlieb Jöcher. Leipzig. 1726. 8°

JÖCHER, CHR. G. Compendiöses Gelehrten-Lexicon, Darinne Die Gelehrten aller Stände sowohl männ- als weiblichen Geschlechts ... bekannt gemacht ... nach d. Entwurff des sel. D. JOH. BURCKH. MENCKENS in alphabetischer Ordnung beschrieben werden. 3. Auflage. 2 Theile. Leipzig 1733. 8. Frontispiz, 15 Bl., 1888 u. 2102 Kolon. 2 Bl. *M. 1 Vignette.* Beschäd. HPgtbde. d. Z. 150.—

Brunet VI, 30334. Ebert 10840. Die „letzte Auflage" vor dem „Großen Jöcher". Ein für die damalige Zeit staunenswertes, noch heute unersetzliches Handbuch.

Jöcher, Chr. Gli., († d. 10. Mai 1758.) compendioses Gelehrten-Lexikon. gr. 8. Leipz. ... 2e u. 3e A. 733. Umgearb. unt. d. T.: allgem. Gelehrten-Lexikon. gr. 4. Leipz. 750, 51. (Weidmann). 16 ₰ Fortsetz. u. Ergänzung desselben von Jh. Chr. Adelung. 2 Bde. gr. 4. Ebd. 784, 87. (Ebd.) 9 ₰ 8 gr

— Fortsetzung desselben von H. W. Rotermund. 3r—6r Bd., 1e —3e Abtheil. gr. 4. Bremen 810—22. Heyse. 42 ₰ 12 gr

— — Geschichte der Glaubensreinigung, durch Dr. Martin Luther und seine Gehülfen, ein Lesebuch für die Jugend. 8. Ebend. 817.

— — Historiae controversiarum a Thoma Morgano excitatarum primas lineas ducit. Lpz. (Joh. Gottlob Imman. Breitkopf) 25. IX. 1745. 16 Seiten. (5.50) 16923
M. Ludwig Wilhelm Junius (Leipzig), Johann Gottlieb Heyder (Breslau), Adam Ehrgott Schoen (Görlitz).

— — De bonis hominibus disserit. Lpz. (Langenheim) 28. IX. 1737. 6 Bl. (3.—) 16915

— — Historisches Lesebuch für die deutschen Schulen in Bremen. 8. Ebend. 817.

— — (academiae h. t. rector), De Hadriani imperat. libris catacrianis disserit atque ad panegyrin baccalaureorum invitat. Lpz. (Breitkopf) 23. XII. 1741. 16 S. (4.50) 16919
Gg. Zachar. u. Carl Gottfried Winckler (Leipzig), Hieron. Gg. Gloeckner (Freiberg), Joh. Gottfr. Strauss (Merseburg), Gottlieb Lebrecht Niedner (Thalheim), Chph. Jerem. Rost (Grimma), Carl Ferdinand Hommel (Leipzig), Johann Heinrich Parreidt (Delitzsch), Joh. Chn. Messerschmid (Weissenfels), Georg Gottlieb Siegel (Leipzig), Johann Christian Leo (Weissenfels), Ahasver Johann Biel (Blanckenburg/Thür.), Conr. Arn. Schmid (Lüneburg).

— — De Numae Pompilii libris publica auctoritate Romae combustis praefatus. Lpz. (Langenheim) 1755. 12 S. (3.50) 16925

— — De Ludolpho magno duce Saxoniae. Lpz. (Ulrich Christian Saalbach) 15. X. 1757. 16 S. (4.—) 16926
M. Johann Gottlieb Freudenberger (Dresden), Johann Jacob Ebert (Breslau), Friedrich Ehrenhold Nicius (Görlitz).

(— —). — Memoria viri summe reverendi atque excellentissimi **Christiani Gottlieb Joecheri** a. d. 10. V. 1758 placide mortui civibus academicis et posteritati commendata ab rectore academiae Lipsiensis. Druck: Ulrich Christian Saalbach. 12 S. mit Schriftenverz. u. Biogr. (M.: M. Etmuller.) (6.50) 16927

— — De Lusatiae cum archipraesulatu Parthenopolitano nexu clientelari commentatio disserit. Lpz. (B. C. Breitkopf) 8. VII. 1741. 12 Seiten. (5.—) 16917

— philosophia haeresium obex. 4. Lips. Gleditsch. 732.

— — Historiarum cultoribus s. p. d. collegia hoc anno habenda eisdem offert atque simul praelectionum suarum historicarum in universum rationem reddit. Lpz. (Jo. Christian Langenheim) 1735. 4 Bl. (1.—) 16913

— s. M. Ranft, corpus.

Joecher, C. G., de religione quadrata s. quadruplice vitae monasticae specie. Lips. 1741. 4.

— — De religione quadrata disserit. Lpz. Breitkopf) 12. VIII. 1741. 12 S. (3.50) 16918

— s. Jh. Andr. Schmid, compend. historiae.

— — Supplementum historiae Gebhardi Truchsessii archiepiscopi et septemviri Coloniensis publice proponit, atque ad panegyrin baccalaureorum invitat. Lpz. (Langenheim) 22. XII. 1751. 16 Seiten. (4.—) 16924
Chn. Aug. Hankel (Frankenhausen), Paul Christoph Fritsche (Zeitz), Romanus u. Wilh. Abrah. Teller (Leipzig), Carl Gottlob Kuttner (Annaberg), Joh. Christfr. Mulert (Burgkemna-Saxo.), Joh. Dan. Titius (Conitz/Preuss.), Zach. Richter (Leipzig).

— Trauerreden. 8. Ebend. 735.

Joecher, Christoph Heinrich

— — De liberorum appellatione in linea collaterali nepotes non continente. Diss. jur. Präs. Gottfr. Ludw. Mencken. Wittbg. (Gerdes' Erb.) 28. VI. 1729. 30 S. (6.20) 16929

— **Christoph Heinrich** (Leipzig), De vera origine aquilae bicipitis Imperii Romano Germanici. Präs. Gottl. Samuel Treuer. Helmstedt (Paul Dietrich Schnorr) 12. X. 1726. 43 S. (7.—) 16928
Gew.: Zacharias Joecher (Leipzig; Vater).

Jöcher, F., s. Laura Mollise.

Jöcher, G. A.

— Anweis., Luftballons zu verfertigen, s. Anweis., Luftballons.

Jöcher, G. A., diätetisch-medicin. Hausschatz. 1s u. 2s Heft. 8. Leipz. 823 u. 26. Centr.-Compt. à 12 gr 1 ₰

— gemeinnützige Magie, oder neuer Wissenschaftskunst- u. Wirthschaftsschatz. 1s—87s Heft. 8. Leipz. 809—27. Centr.-Cpt. 41 ₰ 8 gr (NB. Mehrere einzelne Hefte sind auch unter besondern Titeln ausgegeben.)

— **M. Georg Wilhelm,** De jure circa rem monetariam in terris circuli Saxoniae superioris praesertim Saxonico-Electoralibus. Präs. D. Jo. Jacob Mascov. Lpz. (Immanuel Titius) 13. IV. 1723. 60 S., tlws. dtsch. (7.—) 16930
Gew.: Ludwig Alexander v. Seebach (Gerstad, Fahner).

— — (Leipzig), De personis rigori cambiali subjectis. Diss. jur. Helmstedt (Paul Dietrich Schnorr) 30. X. 1725. 44 S. (6.80) 16931
Gew.: Gottlob Hieronymus v. Leipziger (Helda). — Widm. v.: Johann Paul Kress.

— **Gottfried Leonhard** (Leipzig). De successione conjugum Lipsiensium. Diss. jur. Lpz. (Georg Saalbach) 12. IV. 1731. 64 S. (7.—) 16932
Gew.: Carl August v. Rex (Poblitz, Keyna, Friesnitz).

— **Johann Christoph** (Leipzig). Tractationis synopticae processus juris communis et inprimis Saxonici Electoralis disputatio octava. Präs. D. Lüder Mencken. Lpz. (Immanuel Titius) 14. VII. 1707. 20 Bl. (6.80) 16933

Jöcher, Karl Ernst

Joecher, Carl Ernst (Dresd.). De legis obligatione in foro conscientiae. Disp. jur. Präs. Abraham Kaestner. Lpz. (Langenheim) 10. XI. 1745. 16 Seiten. (5.—) 16903

Joecher, Karl Friedrich

— — Juris dubii circa rerum praescriptionem delineatio in elogium viri Friderici Winckleri (Lipsiensis) quum summos is honores in utroque jure adipisceretur elucubrata. Lpz. (Breitkopf) 6. VI. 1743. 16 S. (5.—) 16906

(— —). — Ordinarius senior et rel. doct. coll. jurid. memoriam secularem auditorii Petrini noviter exstructi ipsis Martini feriis celebrandam simulque viro nob. **M. Carolo Friderico Joechero** (Lipsiensi) summos in jure honores tribuendos indicunt. Lpz. 1741. 28 S. mit Biogr. (M.: B. H. v. Beckerfeld) u. 6 Bl. Anh.: Oda secularis, celebrandae memoriae instaurati auditorii Petrini destinata et publice in eodem auditorio die 11. XI. 1741 inter concentus musicos decantata. (6.—) 16905
4 Textkupfer: Sysang del. & sc.

— **Carl Friedrich** (Leipzig). Usum doctrinae de novi operis nunciatione in foris Germaniae sistens. Diss. jur. Präs. Gustav Heinrich Mylius. Lpz. (Breitkopf) 10. XI. 1741. 23 S. (6.20) 16904

Jochgrabenberg [Schlagwort]

Jochgrabenberg, s.: Wiener Ausflugskarten.

Jochheim, medicinisches Handbuch für das Haus, die Reise und das Krankenbett. Vollständige Abhandlung über die Erkenntniss und die Behandlung sämmtl. inneren und vieler äusseren Krankheiten. gr. 8. (492 S. mit zahlreichen eingedr. Holzschn. und 3 lithogr. Taf. in Farbendr. in gr. 8. und qu. 4.) Erlangen [Stuttgart] 870, Enke. *

Jochheim, *Friedrich Richard Hermann* Ernst [aus Braunschweig]: Ueber die Einwirkung von Natrium und Alkohol auf Antipyrin, Methylantipyrin und (1)'Phenyl'(3)'methyl'(4)'dimethylpyrazolon ... Jena, Druck v. A. Kämpfe, 1896; 41 S., Bl. 8.
Jena, Phil. Fak., Inaug.-Diss. v. [Juli] 1896

Jochheim, Hermann: Zur Kenntnis der Halogenindigotine und ihrer Sulfosäuren. 1908. 52 S., 1 Taf. 8° ¶ Vgl. Berichte d. Deutschen Chem. Gesellschaft. Jg. 41.
Darmstadt, Dr.-Ing.-Diss. v. 10. 8. 1908

Jochheim, Ph., Diphtheritis und Ozon. Neue erfolgreiche Behandlung der Diphtheritis. gr. 8. (31 S.) Heidelberg 880, C. Winter's Universitäts-Buchh.

Jochheim, Phil., die Entbehrlichkeit der natürlichen Mineralquellen und deren einfache Ersatzmittel. Für Aerzte und das gebildete Publicum. gr. 8. (VII und 99 S. mit in den Text gedr. Holzschn.) Mainz 861, Janitsch.

Jochheim, Ph., medicinisches **Handbuch** für das Haus, die Reise u. das Krankenbett. Vollständige Abhandlg. über die Erkenntniss u. die Behandlg. sämmtl. inneren u. vieler äusseren Krankheiten. Mit zahlreichen (eingedr.) Holzschn. u. 3 (lith.) Taff. in Farbendr. (in gr. 8. u. qu. 4.) Erlangen 870. Enke. gr. 8. (492 S.) n. 2 ₰ 20 ngr

Jochheim, Ph., über chronische Hautkrankheiten und ihre Behandlung in meiner Heilanstalt. 12. (73 S.) Darmstadt 864, (Ollweiler.)

—— die chronische Lungenschwindsucht ist heilbar. Neue naturgemässe Behandlungsweise. 8. (III und 79 S. mit 4 Abbild. in eingedr. Holzschn.) Darmstadt 865, Ollweiler.

—— die Mineralquellen des Grossherzogth. Hessen, seiner Enclaven, und der Landgrafschaft Hessen-Homburg. gr. 8. (XVI und 139 S. mit 1 Stnt. und 1 Tab. in qu. gr. Fol.) Erlangen 858, Enke's Verlagsbuchh. *

Jochheim, Ph., **Sauerstoffgas,** Ozon u. Stickstoffgas. Die Bedeutung derselben als Heilmittel. 8. (21 S.) Darmstadt 878. Würtz in Comm. n. — 50

—— die Wirkungsweise der respirablen Gase. Indicationen und Contraindicationen derselben bei ihrer Anwendung im Gascabinet. gr. 8. (26 S. mit eingedr. Holzschn.) Ebendas. 872. (* 50 Pf.) *

Jochim, Jakob, s. Jochims, Jakob

Jochim, Wilhelm. Untersuchungen über ein bei einem Hunde gefundenes pathogenes Fadenbacterium (Streptothrix Pyaemiae canis). Diss. Vet.-Med. Bern. [Mit 4 Tafeln.] *Kopftitel:* Aus dem pathologisch-anatomischen Institute der Königlichen Tierärztlichen Hochschule zu Hannover.... 55 S. 8. Wanne, G. A. Nahrendorf. 1909.

Jochims, *Hans* Heinrich [app. Arzt aus Thalingburen (Kr. Süder-Dithmarschen)]: Aus d. medizin. Poliklinik zu Kiel. Ein Beitrag zur therapeutischen Wirkung des Digitoxins ... Kiel, Druck v. H. Fiencke, 1896; 44 S., 1 Bl., Taf. 8.
Kiel, Med. Fak., Inaug.-Diss. v. [28. Dez.] 1896

Jochims, Jakob

— Abhandlung, worin bewiesen wird, daß Jesus von Nazareth u. seine Apostel ehrl. Leute waren. gr. 8. Schleßw. 784. (Hammerich in Altona). 8 gr

Anfang eines Versuchs zur Verbesserung des Unterrichts in den Landschulen der Landschaft Süder-Dithmarschen v. Jacob **Jochims.** Flensburg u. Leipzig. 1775. 8°

— Anl. vern. Christen in den Landschulen zu bilden. 8. Alt. Kave. 788.

— Anleit., über d. Religion vernünftig zu denken. 8. Altona 771. Iversen. 4 gr

— Anleit., üb. d. Religion überhaupt u. über d. geoffenbarte insbesondere vernünftig u. schriftmäßig zu denken. gr. 8. Schleßw. 777. (Altona, Hammerich). 1 gr

Anweisung vernünftige Christen in den Landschulen zu bilden, oder Anleitung über den . . . verordneten kurzen Unterricht im Christenthum zum richtigen Verstande des kleinen Catechismus Lutheri zu catechisiren v. Jacob **Jochims**. Heide. 1787. 8°.

— Anweis., vernünftige Christen in den Landschulen zu bilden rc. 8. Heide 788. (Hammerich in Altona). 1 ₰

Jochims, Jak., (†...) Beiträge zur Beurtheilung u. Beförderung d. Christenthums. 2 Stcke. gr. 8. Schlesw. 780—83. (Altona, Hammerich). 2 ₰

Jochim, Jac., Beyträge z. Beurtheil. d. Christenth. 2 Stck. gr. 8. Schlesw. Christiani. 780–83.

Kurze Erklärung einiger Wörter und Redensarten, welche in dem Schleswig-Holsteinischen Gesangbuche vorkommen v. Jacob **Jochims**. Flensburg, Schleswig und Leipzig. 1788. 8°.

— kurze Erklär. einig. Wört. u. Redensart. im Hollstein. Gesangbuche. 8. Schlesw. Christiani. 788.

— kurze Erklärung einiger Wörter u. Redensarten im Schleswig-Holstein. Gesangbuche. 8. Schlesw. 788. (Altona, Hammerich). 4 Gr

— Hauspostille oder Predigten, dem Zweck gemäss, zur Erbauung der Christen und insbesondere der Landleute. 1—2. Theil. Meldorf. 1788—89. 4. (M. Portr.).

— Hauspostille, oder Predigten, d. Zweck gemäß, zur Erbauung d. Landleute rc. 2 Thle. 4. Meldorf 788. Altona 791. Hammerich. 3 ₰ 8 Gr

— — Jesus u. seine Apostel hatten gute Absichten. gr. 8. Ebend. 784. Hat jetzt Ebend.

— Jesus v. Nazareth u. s. Apostel hatt. gute Absichten rc. gr. 8. Schlesw. Christiani. 784.

— Predigt bei dem ersten öffentl. Gottesdienst in der neuen Kirche zu Wöhrden, in der Landschaft Süderdithmarschen, am 18. Sonnt. n. Trin. d. 21. Sept. 1788 gehalten. Meldorf. 1788. 4. P.

— Predigten, dem Zweck gemäß, nach den Fähigkeiten u. zur Erbauung d. Zuhörer. 8. Altona 774. N. A. 784. (Linke in Leipz.) 8 Gr

— Predigten dem Zweck gemäss, nach der Fähigkeit und zur Erbauung der Zuhörer und insbesondere der Landleute. 2. verb. Aufl. Altona. 1784.

— Predigtentwürfe über die Sonn- und Festtags-Evangelia und einige vorgeschriebene Texte. (1—)3. Jahrg. Heide. 1782—84.

— Predigtentwürfe, über d. Sonn- u. Festtags-Evangelia rc. 3 Jahrgg. gr. 8. Heide u. Flensb. 783—85. Rohß. 2 ₰ 6 Gr

— Versuch zur Verbesserung d. Unterrichts in den Landschulen. 8. Flensb. 775. (Hammerich in Altona). 18 Gr

Jochims, Jacob. Der Werth der biblischen Exegese . . . Alt. 1792. H: *Jochims, Nicolaus.* (Ky)

— d. Werth d. bibl. Exegese, nach seinem Tode herausg. (von seinem 1794 verstorb. Sohne Prof. Nicol. Jochims). 8. Alt. 792. Hammerich. 3 Gr

JOCHIMS, P[T.]. Forstwissenschaftliche Aphorismen besonders in Rücksicht auf das Forstwesen in den Herzogthümern Schleswig und Holstein, zu einer näheren Prüfung ihrer Richtigkeit als Thesen hier öffentlich aufgestellt. Itzehoe. 1835. P.

Jochims, P., Aphorismen, als Materialien z. Bau e. Systems d. absolut. Naturrechts, od. zu e. speculat. Rechtsphilosophie. Ein Versuch. gr. 8. (9½ B.) Itzehoe 835. (Schleswig, Koch.)

Jochims, Pt., s. G. Begtrup, Bemerkk., u. setze hinzu: Mit 7 Kpf. 801 u. 4. 1r Thl. 2e A. 805.

JOCHIMS, PT. NIK., De variis τοῦ νόμου significationibus in Epp. Paulinis obviis. Meldorpii. 1788.

Gedichte v. A. **Jochimsen**. Kappeln 1909. 8°
[Umschlagt.:] Gedicht-Sammlung v. A. Jochimsen.
[Beigedr.:]
Stimmungs-Bilder aus bewegter Zeit Aus den Papieren eines Achtundvierzigers ⟨J. **Jochimsen**⟩. Kappeln 1909 8°

Gedicht-Sammlung von A. **Jochimsen**, Kappeln, nebst e. Anh.: Stimmungsbilder aus bewegter Zeit. Aus d. Papieren e. Achtundvierzigers ⟨J. Jochimsen⟩. Kappeln: Heide [1910]. 61 S. 8°
[11. 11536 8

Jöchle, Nord., allerhand Gedichte f. ernsthafte Leute, s.: Volksbibliothek, kathol. II. 8.

— der Kunzenbauer, s.: Volksbibliothek, katholische. II. 7.

Jochmann: Beiträge zur Theorie der Gase. 35 S. — Berlin C. RG., Progr. 1859.

Jochmann, Emil

Jochmann, E., Grundriss der Experimentalphysik. Zum Gebrauch beim Unterricht auf höheren Lehranstalten und zum Selbststudium. 1. und 2. Aufl. gr. 8. (314 S. mit 292 eingedr. Holzschn.) Berlin 872,73, Springer'sche Buchh. *
— dass. — 3. verb. Aufl. gr. 8. (XII, 323 S. mit 293 eingedr. Holzschn.) Berlin 874, Winckelmann und Söhne. *

Jochmann, E., Grundriss der Experimentalphysik. Zum Gebrauch beim Unterricht auf höheren Lehranstalten und zum Selbststudium. Mit 293 (eingedr.) Holzschn. 4. verb. Aufl. Verm. um „Elemente der Astronomie und mathemat. Geographie von O. Hermes". Mit 44 (eingedr.) Holzschn. gr. 8. (XVI, 394 S.) Berlin 876, Winckelmann und Söhne. *

Jochmann, E., Grundriss der Experimentalphysik. Zum Gebrauch beim Unterricht auf höheren Lehranstalten und zum Selbststudium. Vermehrt um Elemente der Astronomie und mathemat. Geographie von O. Hermes. Mit 353 (eingedr.) Holzschn. und 4 (lithogr. und color.) Taf. 5. und. 6. Aufl. (XVI, 404 S.) 1877,80. ℳ 4,50.; 7. verb. Aufl. gr. 8. (XV, 411 S.) Berlin 881, Winckelmann und Söhne. *

Jochmann, E.: Grundriß der Experimentalphysik. 8. Aufl. Hrsg. von O. Hermes. Berlin 1883

Jochmann, E., und O. Hermes, Grundriss der Experimentalphysik und Elemente der Astronomie und mathematischen Geographie. Zum Gebrauch beim Unterricht auf den höheren Lehranstalten und zum Selbstudium. Mit 377 Holzschn., 4 meteorolog. Taf. und 2 Sternkarten. 8. und 9. verb. Aufl. (XIV, 441 S.) 1885; 10. verb. Aufl. gr. 8. (XVI, 444 S.) Berlin 887, Winckelmann und Söhne. geb. *

Jochmann, E. u. O. Hermes. Grundriss der Experimentalphysik u. Elemente der Astronomie u. mathematischen Geographie. Zum Gebrauch beim Unterricht auf höheren Lehranstalten u. zum Selbststudium. Mit 378 Holzschn. 4 meteorolog. Taf. u. 2 Sternkarten. 11. verb. Aufl. gr. 8. (XVI, 415 S.) Berl. 890, Winckelmann u. Söhne. geb. * 5 30

Jochmann, E., u. O. Hermes, Grundriss der Experimentalphysik u. Elemente der Astronomie u. mathematischen Geographie. Zum Gebrauche beim Unterricht auf höheren Lehranstalten u. zum Selbststudium. 12., verb. Aufl. gr. 8. (XVI, 468 S. m. 376 Holzschn., 4 meteorolog. Taf. u. 2 Sternkarten.) Berlin 893. Winckelmann & Söhne. Geb. n. 5. 30

Grundriss der Experimentalphysik und Elemente der Chemie sowie d. Astronomie u. mathemat. Geographie. Z. Gebr. beim Unterr. auf höh. Lehranst. u. z. Selbststud. v. E(mil) Jochmann u. O[swald] Hermes. M. 376 Holzschn., 4 meteorolog. Taf. u. 2 Sternkt. 13. verm. u. verb. Aufl. *Berlin: Winckelmann & Söhne 1896.* (XVI, 484 S., 6 Kt.) 1 Bd 8. [illegible]

Jochmann, E., Grundriss der Experimentalphysik u. Elemente der Chemie, sowie der Astronomie u. mathemat. Geographie. Zum Gebrauch beim Unterricht auf höh. Lehranstalten u. z. Selbststudium. Hrsg. v. O. Hermes u. P. Spies. Mit 107 Fig., 4 meteorolog. Taf. u. 2 Sternkarten. 14. vollst. neu bearb. Aufl. gr. 8. (XIX, 523 S.) Berlin 900. Winckelmann & Söhne. n. 5. —: geb. in Leinw. n. 5.50

Grundriß der Experimentalphysik und Elemente der Chemie, sowie der Astronomie und mathematischen Geographie. Zum Gebr. beim Unterr. auf höh. Lehranst. u. Selbstudium von E(mil) Jochmann. Hrsg. von O(swald) Hermes u. P(aul) Spies. Mit 457 Fig., 1 Spektraltaf., 1 Dreifarbendrucktaf., 4 meteorol. Taf. u. 2 Sternkarten. 15., vollst. neu bearb. Aufl. *Berlin: Winckelmann & Söhne 1903.* (XIX, 524 S.) 8° [illegible]

Jochmann, E., Grundriss der Experimentalphysik u. Elemente der Chemie, sowie der Astronomie u. mathemat. Geographie. Zum Gebrauch beim Unterricht auf höh. Lehranstalten u. zum Selbststudium. Hrsg. v. O. Hermes u. P. Spies. Mit 488 Fig., 1 (farb.) Spektraltaf., 1 Dreifarbendr.-Taf., 4 meteorolog. Taf. u. 2 Sternkarten. 16., verb. Aufl. (XVI, 512 S.) gr. 8. Berlin 906. Winckelmann & Söhne. n. 5. —; geb. n. 5. 50

Jochmann, E., u. O. Hermes, Grundriss der Experimentalphysik u. Elemente der Chemie, sowie der Astronomie u. mathemat. Geographie. Zum Gebrauch beim Unterricht auf höh. Lehranstalten u. z. Selbststudium. 17., vollst. neu bearb. Aufl. v. P. Spiess. Mit 537 Fig., 1 Spektraltaf., 1 Dreifarbendr.-Taf., 4 meteorolog. Taf., 2 Sternkarten u. 8 Tab. (XVI, 455 S.) gr. 8. Berlin 910. Winckelmann & Söhne. 5.—; geb. in Leinw. n 5. 50

Jochmann, E. G., de Umbelliferarum structura et evolutione nonnulla. Commentatio academica. Accedunt tabb. lith. III. Vratislaviae 854. Gosohorsky. gr. 4. (26 S.) n. 15 ngr.

Jochmann, E. G., de Umbelliferarum structura et evolutione nonnulla. Commentatio academica. Accedunt tab. lith. III. 4maj. (26 S.) Vratislaviae 855, libr. Gosohorsky. *

Jochmann, Emil Carl Georg Gustav *(geb. Liegnitz 29.7.1833)*: De Umbelliferarum structura et evolutione nonnulla. Vratislaviae (1854). (28 S., 3 Taf.) 4° *[Buchausg. 1855 bei Gosohorsky in Breslau.]*
Breslau, Phil. Diss. v. 16. Dez. 1854

Jochmann, Georg, Dr., Assistenzarzt an d. Kgl. med. Klinik: Die Bakterienbefunde bei Scharlach und ihre Bedeutung für den Krankheitsprozeß. Eine Darstellung d. pathol. Veränderungen beim Scharlach nach ätiol. Gesichtspunkten. *Breslau 1904: Bresl. Genoss.-Buchdr.* (90 S.) 8°
Breslau, Med. Hab.-Schr. v. 29. Juli 1904
(Nicht für den Austausch)

Jochmann, Geo., bakteriologische u. anatomische Studien bei Scharlach, m. besond. Berücksicht. der Blutuntersuchung. (S. 120—190.) gr. 8. Hamburg (904). L. Voss. n. 2. 20
Sonderabdr. a.: „Mittlgn. a. d. hambg. Staatskrankenanst."

Jochmann, Georg, approb. Arzt aus Liegnitz: Die soliden Tumoren des Ovariums im Kindesalter. *Freiburg i. B. 1898: E. Kuttruff.* (51 S.) 8°
Freiburg i. B., Med. Diss. v. 1898

Jochmann, K. G., s. Betracht. über den Protestantismus.

— s. Briefe eines homöopathisch Geheilten.

Jochmann, K. G., Briefe ein. Homöopathen, s. Briefe ꝛc.

—— über die Sprache, s. Ueber ꝛc.

Jochmann, Paul Alex., Beobachtungen über die Körperwärme in chronischen fieberhaften Krankheiten. gr. 8. (VI und 93 S. mit 2 Stnt. in gr. 8. und 4.) Berlin 853, A. Hirschwald. Thlr. *

Jochmann, Paulus Alexand(er) Armin(ius) B(runo) (geb. Liegnitz 27. 9. 1830): De corporis calore in morbis febrilibus chronicis observata. Berolini (1853). (43 S.) 8°
Berlin, Med. Diss. v. 6. Mai 1853

Jochmann's, von Pernau, Karl Gustav, Reliquien. Aus seinen nachgelassenen Papieren. Gesammelt von Heinr. Zschokke. 1r u. 2r Bd. gr. 8. Hechingen 836. 37. Ribler. (à 1½ ℛ) 2½ ℛ

Jochmann's, Carl Gust., v. Pernau, Reliquien. Aus seinen nachgelass. Papieren. Gesammelt von Hnr. Zschokke. 3. Bd. gr. 8. Hechingen 838, Ribler'sche Hofbuchh. 1¹/₂₄ ℛ — (1—3: 3⅜ ℛ)

Jochmaring, R., Rechenkunst, in gemeinnützigen auf das gemeine Leben angewandten Beispielen ꝛc. 8. Cöln, Rommerskirchen. 806.

Jochmaring, R., Rechenkunst in gemeinnützigen auf das gemeine Leben angewandten Beispielen. 6te Aufl. 8. Cöln, Römerskirchen. 811.

Jochmaring, P., Rechenkunst in gemeinnützigen auf das gemeine Leben angewandten Beyspielen. 7te verm. u. verb. Aufl. gr. 12. Cölln, Rommerskirchen. 818.

Jochmus, Handbuch für Consuln und Consular-Beamte mit besond. Rücksicht auf Deutschland. gr. 8. (X und 194 S.) Dessau 851(52,) Gebr. Katz.

Jochmus, August von. Beitrag zur aktenmäßigen Darstellung des deutschen Reichsministeriums von 1849, unter Vorsitz des Fürsten August zu Wittgenstein-Berleburg. Berlin 1883. XVIII 196 S. 8. (A. u. d. T.: Gesammelte Schriften von August v. Jochmus, hrsg. von Georg Martin Thomas. Bd. 3.)

Jochmus, August Freiherr von, gewesener Reichsminister der auswärtigen Angelegenheiten, dann k. k. Feldmarschall-Lieutenant. Briefwechsel vom Jahre 1850 bis 1859. (Aus: „A. v. Jochmus' gesammelte Schriften." 4. Bd.) — Beigebunden zu: „Jochmus' gesammelte Schriften." 3. Bd. Gruppe R VIII I. 8. Berlin 1884.

Jochmus, (Aug.) der syrische Krieg und der Verfall des Osmanen-Reiches seit 1840. Aktenmässig dargestellt in officiellen, geheimen und vertraul. Berichten und Urkunden, dann Briefwechsel mit Palmerston, Lord Ponsonby, den Oberbefehlshabern der verbündeten Heere und Flotten etc. Mit Bezugnahme auf die gegenwärt. oriental. Frage. Vorwort und Auszüge aus dem in Bälde erscheinenden zweitheil. Werke. gr. 8. (II und 90 S.) Frankfurt a. M. 856, C. Jügel.

—— dass. — 2. Aufl., mit neuen Anmerkungen und Betrachtungen über den Frieden vom 30. März 1856 nebst der Polemik mit dem Freiherrn Heinr. v. Gagern über die geheime Denkschrift vom 14. Febr. 1850. gr. 8. (XVIII und 90 S.) Ebds. 856.

Jochmus', Aug. v., gesammelte Schriften, hrsg. von Geo. Mart. Thomas. 1.—4. Bd. gr. 8. Berlin, Alb. Cohn. *

Inhalt:

Bd. 1. 2. The Syrian war and the decline of the Ottoman empire 1840—1848 in official and confidential reports, documents, and correspondences with Lord Palmerston, Lord Ponsonby, and the Turkish authorities. 2 vols. (LXXVI, 218; LXXIV, 287 S. mit 2 chromolithogr. Plänen.) 883. *ℳ 14.

Bd. 3. 4. Beitrag zur aktenmässigen Darstellung des deutschen Reichsministeriums von 1849 unter Vorsitz des Fürsten August zu Wittgenstein-Berleburg in Frankfurt am Main. (XVIII, 196 S. mit 4 Stammt.) 883. — Briefwechsel Sr. kaiserl. Hoh. des Erzherzogs Johann von Österreich vom J. 1850 bis 1859. (XX, 303 S.) 881. *ℳ 10.

Jochmus, H., s. Jochmus, K. H.

Jochmus, K., s. Jochmus, K. H.

Jochmus, K. H., Geschichte d. Kirchen-Reformation zu Münster, u. ihres Unterganges durch d. Wiedertäufer. Mit d. Bildniß des Königs Johann v. Leiden. 8. Münster 825. Coppenrath. 1 ℛ

Jochmus, Karl, s. Posselt, D. E. L., chronolog. Register der fränk. Revolution.

Jochmus, Karl F. L., Bonaparte's Bundesgenossen, oder d. Drusen. 8. Berl. 799. Maurers B. 7 gl

Jochmus, K., General Moreau Abriß einer Geschichte s. Lebens u. seiner Feldzüge, mit dem Bildniß desselben. 8. Berl. Fr. Maurer. 814.

Jochmus, K., General Moreau 2c. 8. 814. jetzt Heymann in Berlin. 1¼ ℛ

— s. 1) Erinnerungsbuch für Alle, welche in d. J. 1813—15 Theil genommen haben an d. heil. Kampfe 2c., u. sehe hinzu: (v. K. F. L. Jochmus).

— s. Ribeiro-Sanchez, russ. Dampfbäder.

Jochner, Alfred
Pseud.: Adolf Reichner

§ REICHNER, Adolf (d. i. *Alfr. Jochner*), Die Geheimnisse von München. Originalroman aus der Gegenwart. 2 Bde. 2. Ausgabe. München, Ehegartner, 1867. 8⁰.
I: 3 Bll., 131 SS. II: 2 Bll., 126 SS.

REICHNER, Adolf (d. i. *Alfred Jochner*), Soubretten-Ehe. Berlin, o. J. (188*). 8⁰. (1 Mk. 50 Pfg. A. Bielefeld, vor 1885.)

JOCHNER, Felix Matthias (Krumbach): De cerebri compressione et commotione.- Monachii: Jaquet 1834. 24 S.
27.8.1834 - Urk; F 61
Diss. Ingolst.-Landsh.-Mchn.

Jochner, Geo., s.: Blätter, histor.-polit., f. d. kathol. Deutschland.

Jochner, Geo. Maria, d. wittelsbachische Hauswappen. [Aus: „Das Bayerland".] Fol. (31 S. m. Abb.) München 894. R. Oldenbourg. Geb. in Leinw. m. Goldschn. n. 5. —

JOCHNER, Guido (München): Ueber Ruptura uteri und deren Behandlung.- München: Weiss 1882. 45 S.
27.2.1882 - Urk (Titel: De ruptura uteri eiusque therapia.); Chr 1881/82,8
Diss. Ingolst.-Landsh.-Mchn.

Jochner, Klara, s.: Reichner, Klara.

Jochum, E.: Charakteristik der Athener zur Zeit des Demosthenes nach dessen Reden dargestellt. 30 Brixen 1887. Progr.

Jochum, E.: Die von Aristoteles in der Poetik für die Tragödie aufgestellten Normen, angewendet auf die Antigone des Sophokles. 28. Brixen. 1884.
Progr.

Jochum, Edgar. [1.] Ueber das 1,3-Dioxy-β-Methylchromon; [2.] Versuche zur Synthese des Kämpferols. Diss. Phil. Bern. [Mit 1 Tabelle.] 32 S. 8. Bern, W. Wälchli, 1904.

Jochum, Eduard, s.: Mitterrutzner, Joh. Chrysostomus, aus dem Schatze e. glücklichen Menschen.

*Jochum, Eduard: Aus dem Schatze der Erinnerungen eines glücklichen Menschen. Eine Autobiographie des Hochwürdigen Herrn Dr. Johannes Chrysostomus Mitterrutzner veröffentlicht und ergänzt von E. J. 1903. IV, 91 S., 1 S. ungez., 1 Bl. 8.
Progr.

Jochum Eduard: Aus dem Schatze der Erinnerungen eines glücklichen Menschen. Eine Autobiographie des hochw. H. Dr. Joh. Chrysost. Mitterrutzner. 96. Brixen 04.
Progr.

*Jochum, [Eduard]: Th. Wieser †. (Umschlagtitel: Nekrolog Theodor Wieser.) S. 33—36. 8. Progr. K. k. Gymn. *Brixen* 1910.

Jochum, Paul, die chem. Analyse als Massstab der Feuerbeständigkeit der Edeltone u. der Einfluss der Mahlfeinheit auf die f. die Formgebung feuerfester Fabrikate wertvollsten physikal. Eigenschaften derselben. (20 S.) gr. 8. Berlin 903. Tonindustr.-Ztg. 1.50

— die Anforderungen der Hüttenindustrie an die Fabrikation feuerfester Produkte u. unsere Edeltone. Ein Beitrag zur Gewinng. v. Normen f. d. Beurteilg. „feuerfester Fabrikate" u. die Festsetzg. d. Begriffes „feuerfest!" (15 S. m. 3 Taf. u. 2 Tab.) 8. Ebd. (903). 1.50

Jochum, Paul, die Bestimmung der technisch wichtigsten physikalischen Eigenschaften der Thone, wie Plasticität, Bindevermögen, Schwinden und Feuerbeständigkeit nach Zahlen. Theilweise erläutert durch Versuche an 14 der bekanntesten ff. Thone aus Frankreich, Belgien, Rheinland, Pfalz, Hessen-Nassau, Unterfranken und Böhmen. gr. 8. (30 S. mit 3 lithogr. Taf.) Berlin 885, (Horrwitz.) *

Jochum, Paul (geb. Neunkirchen im Rheinl. 6. 5. 1860): Ueber die Einwirkung des unterschwefligsauren Natrons auf Metallsalze. Berlin 1885. (47 S.) 8°
Berlin, Phil. Diss. v. 25. Juli 1885.

— Die Grenzen der Feuerbeständigkeit in der Fabrikation feuerfester Produkte u. die Definition des relativ. Begriffs „feuerfest". (188.) gr. 8. Ebd. 904. 1.50

— s.a. Verbrennung, die, u. der Verbrennungsort im allgemeinen.

Jochum, Paul: Die Verbrennung und der Verbrennungsort im allgemeinen. Berlin 1900

JOCIFER, Johann, Alter und Neuer Hungarisch-Französischer Kriegs- und Siegs-Calender auf das Jahr 1695, bis 1742 (oder länger) fortgesetzt.
Weller, Lex. Ps. p. 278.

Jöck, Johann August

Jöck, J. A., Erste Abendmahlsfeyer etc. 8. Eisenach, Wittekind. 803.

Joeck, Johann August, Animadversiones philologicae in psalm. XIIX. et XXIX. Jena u. Eisenach (I. G. Wittekind & Joachim) 1800. 23 Seiten. (6.—) 16934

— s. Grammatik, prakt. lateinische.

Jöck, J. A., Leitfaden d. Unterr. in d. engl. Sprache. 8. Cass. Griesbach. 795.

Jöck, J. A., Leitfaden beym Unterrichte in der Englischen Sprache. 2te wohlfeilere Ausgabe. 8. Cassel, Luthardt. 821.

— Versuch e. Religionsvortrags über den Leichtsinn u. d. übertriebene Aengstlichkeit d. Menschen bei ihren Handlungen. 8. Leipz. 793. Müller. (Joachim). 2 gr.

— Weihe d. christl. Moral. Ein Geschenk für junge Christen nach ihrer Confirmation. 8. o. Druckort 799. (Joachim in Lpz.) 3 gr.

Joeckel, Heinr., deutsches Lesebuch, s.: Lackner, Phpp.

Jöckel, Hermann [App. Arzt aus Gau-Algesheim]: Zur Behandlung des Carcinoma uteri gravidi ... Giessen, Brühl'sche Druckerei, 1893; 2 Bl., 41 S. 8.
Heidelberg, Med. Fak., Inaug.-Diss. v. [8. Mai] 1893

Joeckel, Otto, approb. Arzt aus Kastel: Aus d. Giessener Universitäts-Frauenklinik. 25 Fälle von 'Placenta praevia'. *Giessen 1898: v. Münchow.* (32 S.) 8°
Giessen, Med. Diss. v. 1898

Jockell, Joh. Bapt. Geschichte der Regierung König Ferdinands I. 2 Bde. 8. Wien 1842—43.

Jockers, Ernst: Die englischen Seneca-Uebersetzer des 16. Jahrhunderts. Strassburg i. E. 1909: Dr. d. Strassburger Neuesten Nachrichten. VIII, 143 S. 8°
Straßburg, Phil. Diss. v. 24. Juli 1909, Ref. Koeppel
[Geb. 7. Jan. 87 Sand b. Kehl; Wohnort: Sand; Staatsangeh.: Baden; Vorbildung: Realgymn. Karlsruhe Reife Juli 05; Studium: Straßburg 7 S.]
[U 10. 4083

Jockers, Hermann, a. Kehl ‹Baden›: Untersuchungen über die Veränderungen der Decidua basalis bei manuell gelösten Placenten. Straßburg i. E. 1905: C. Müh & Cie. (43 S.) 8°
Straßburg, Med. Fak., Ref. Fehling, Diss. v. 14. Juli 1905
[Geb. 31. Mai 81 Kehl i. Baden; Wohnort: Straßburg i. E.; Staatsangeh.: Baden; Vorbildung: Lys. Straßburg Reife M. 99; Studium: Straßburg 4, Freiburg i. B. 1, Straßburg 4 S.; Coll. 18. Mai 05; Approb. 17. Jan. 05.]

Jockey, der. Lustsp. 8. Lpz. Dyk. 790.

Jockey, Der. Lustspiel. Leipzig 1799. V: *Meyer, Friedrich Albert Anton.* (Antiqu.-Kat. Nr. 86, Friedrich Meyer-Leipzig.)

Jockey, der. Hrsgbr.: Joh. Kreuzer. Redact.: Rud. Stürzer. 1. und 2. Jahrg. 1887 und 1888. à Jahrg. 61 Nrn. (à Nr. 2 Bog.) Fol. Wien, (F. Beck.) 1. Jahrg. *
2. Jahrg. *

Jockey, der. Offizielles Organ d. Wiener Trabrenn-Vereines u. d. Verbandes d. österr.-ungar. Trabrenn-Vereine. Hrsgbr.: Joh. Kreuzer. Redact.: Rud. Stürzer. 3. Jahrg. 1889. 61 Nrn. Fol. (à Nr. 2 Bog.) Wien, (F. Beck.) ** 12 —
Nicht weiter erschienen.

Jockey, der. Ein Handbuch f. jeden Sportsman, enth. die ausführl. Berichte üb. alle Rennen in Oesterreich-Ungarn, einschliesslich der Officiers- u. Regiments-Rennen, sowie die Berichte üb. die hervorrag. Rennen in Deutschland, ferner die Statistik etc. Hrsg. v. der Red. d. „Sport". 1891. 1892. 16. (VIII, 470; XII, 488 S.) Wien, Frdr. Beck. Geb. in Leinw. à n. 6. —

Jockisch

— s. auch Jölisch.

Jockisch, Johann Heinrich (Reichenbach/Vogtl.), De testamento imperfecto perfectum infirmante. Diss. jur. Präs. Tobias Jac. Reinharth. Erfurt (Hering) 17. III. 1735. 22 S. (6.20) 16899

Jockisch, Mart., († 1751.) d. expedite Prediger, d. i. Dispositionen über Sprache d. heil. Schrift auf alle Casualfälle u. über Evangelien u. Episteln, (fortges. von C. F. Götse, F. G. Schelz, F. T. Weber, C. F. Soß u. M. S. Heym). 36 Thle. 8. Sorau 751—75. Hebold. 9 rß

Jockisch, Paul, Arzt: Aus d. Kgl. Universitäts-Augenklinik zu Breslau ‹Prof. Dr. Uhthoff›. Augenkomplikationen bei intrakraniellen Erkrankungen. *Namslau 1904: O. Opitz.* (68 S.) 8°
Breslau, Med. Diss. v. 28. März 1904

Jockisch, Rhold., Katechismus der Violine u. des Violinspiels, s.a. Weber's illustr. Katechismen.

Jockisch, Reinhold: Katechismus der Violine und des Violinspiels von —. Leipzig: J. J. Weber 1900. VIII, 147 S. 8°
(Webers Illustr. Handbücher. 183.)

Jocksch-Poppe, meiningisches Handwerkerrecht. Landesrechtliche Bestimmgn. f. das Handwerk im Herzogt. Sachsen-Meiningen, unter Berücksicht. der neuesten Anordngn. u. Vorschriften zusammengestellt. (55 S.) 8. Meiningen 910. Keyßnersche Hofbuchdr. — 75

Jocksch-Poppe, Rich., Die Kriegsverfassung des Markgrafentums Nieder-Lausitz unter d. böhm. u. sächs. Landeshoheit. 8°.
Aus Niederlausitzer Mitteilungen Bd 9 1905.

Jocksch-Poppe, Rich[ard], Die patrimoniale Verfassung und Verwaltung der Standesherrschaft Forst und Pförten nebst Beitr. zu ihrer Sozialgesch. unter bes. Berücks. d. gutsherrl.-bauerl. u. d. lehnsherrl.-ritterschaftl. Verhältnisse. Nach d. Akten d. gräfl. von Brühl-schen Archivs. Guben 1905. 8°.
Aus Niederlausitzer Mitteil Bd 8.

Jockusch, *Karl Friedrich* Wilhelm [Referendar in Bielefeld]: Ueber Lassalles ehernes Lohngesetz ... *Bielefeld, Druck v. E. Siedhoff, 1892*; 46 S., 1 Bl. 8.
Heidelberg, Phil. Fak., Inaug.-Diss. v. [3. Aug.] 1892

Jockwer, M(atthias) (geb. am 6 Febr. 1853 in Düsseldorf): Ein Fall von Graviditas interstitialis ... Düsseldorf, Druck v. G. Jockwer (1877). 25 S., 1 Bl. 8.
Bonn, Med. Fak., Diss. v. 2 Aug. 1877

Joclét, Vict., die chemische Bearbeitung der Schafwolle oder das Ganze der Färberei v. Wolle u. wollenen Gespinnsten. Ein Hilfs- u. Lehrbuch für Färber, Färberei-Techniker, Tuch- u. Garn-Fabrikanten u. Solche, die es werden wollen. Dem heutigen Standpunkte der Wissenschaft entsprechend u. auf Grund eigener langjähriger Erfahrungen im In- u. Auslande vorzugsweise praktisch dargestellt. Mit 29 (eingedr. Holzschn.-)Abbildungen. 8. (VIII, 412 S.) Wien 877. Hartleben. 5. —

Joclét, Vict., chemische Bearbeitg. der Schafwolle od. das Färben, Waschen u. Bleichen der Wolle. In 2., vollst. umgearb. u. stark verm. Aufl. neu hrsg. v. W. Zänker. 8. (XII, 367 S. m. 36 Abbildgn.) Wien 901. A. Hartleben. n. 5. —; geb. n. 5. 80

—— vollständiges Handbuch der Bleichkunst oder theoretische und praktische Anleitung zum Bleichen der Baumwolle, des Flachses, des Hanfes, der Wolle und Seide, sowie der daraus gesponnenen Garne und gewebten und gewirkten Stoffe und Zeuge. Nebst einem Anhang über zweckmäß. Bleichen der Hadern, des Papieres, der Wasch- und Badeschwämme, des Strohes und Wachses ꝛc. Nach den neuesten Erfahrungen durchgängig prakt. bearb. gr. 8. (IV, 368 S. mit 30 eingedr. Holzschn.-Abbild. und 2 lithogr. Taf.) Ebendas. 878.

Joclét, Vict., vollst. Handb. d. Bleichkunst od. theoret. u. prakt. Anleitg. z. Bleichen v. Baumwolle, Flachs, Hanf, Wolle, Seide, Jute, Chinagras u. Tussarseide, sowie d. daraus gesponn. Garne u. gewebten od. gewirkten Stoffe u. Zeuge. Nebst e. Anh. üb. zweckmäß. Bleichen v. Schmuckfedern, Schweinsborsten, Thierfellen, Knochen, Elfenbein, Wachs u. Talg, Hadern (Lumpen), Papier, Stroh, Badeschwämmen, Schellack u. Guttapercha. Nach d. neuesten Erfahrgn. durchgängig prakt. bearb. 2., vollst. umgearb. Aufl. 8. (VIII, 320 S. m. 56 Abb. u. 1 Taf.) Wien 895. A. Hartleben. n. 5. —; geb. n. 5. 80

—— Handbuch der gesammten Wollenfärberei oder Anweisung, Wolle und wollene Fabrikate in allen Farben zu färben. Nach den neuesten Grundsätzen und Erfahrungen. gr. 8. (VIII, 272 S. mit 17 eingedr. Holzschn.-Abbild. und 60 selbstgefärbten Orig.-Proben.) Leipzig 878, Haessel. * ℳ 8.; geb. *

Joclét, Vict., die Kunst- und Feinwäscherei in ihrem ganzen Umfange. Enthaltend die chem. Wäsche, die Fleckenreinigungskunst, Kunstwäscherei, Hauswäscherei, Appretur, die Strohhut-Bleicherei und Färberei, Handschuh-Wäscherei und Färberei ꝛc. 8. (134 S.) Wien 880, Hartleben's Verlag.

Joclét, Vict., die Kunst- und Feinwäscherei in ihrem ganzen Umfange. Enth.: Die chem. Wäsche, die Fleckenreinigungskunst, Kunstwäscherei, Hauswäscherei, die Strohhut-Bleicherei und -Färberei, Handschuh-Wäscherei und -Färberei ꝛc. 2. vollständig umgearb. Aufl. 8. (VI, 172 S. mit 18 Abbild.) Wien 887, Hartleben. *

Kunst-(Die) und Feinwäscherei in ihrem ganzen Umfange. Enthaltend: Die chemische Wäsche, Fleckenreinigungskunst, Kunstwäscherei, Hauswäscherei, die Strohhut-Bleicherei und Färberei, Handschuh-Wäscherei und Färberei. Zweite Auflage. Wien, Pest, Leipzig, 1888. Ill.

— die Kunst- u. Feinwäscherei in ihrem ganzen Umfange. Enth.: D. chem. Wäsche, d. Fleckenreinigungskunst, Kunstwäscherei, die Strohhut-Bleicherei u. -Färberei, Handschuh-Wäscherei u. -Färberei ꝛc. 3., wesentl. verb. Aufl. 8. (VIII, 200 S. m. 28 Abb.) Ebd. 895 n. 1. 80; geb. n. 2. 60

Joclét, Vikt., die Kunst- u. Feinwäscherei in ihrem ganzen Umfange. Enth.: Die chem. Wäsche, die Fleckenreinigungskunst, Kunstwäscherei, die Strohhutbleicherei u. -Färberei, Handschuh-Wäscherei u. -Färberei. 4. gänzlich umgearb. Aufl. (VII, 231 S. m. 46 Abbildgn.) 8. Wien 905. A. Hartleben. n. 1. 80; geb. n. 2. 60

— die Woll- u. Seiden-Druckerei in ihrem ganzen Umfange. Ein praktisches Hand- u. Lehrbuch für Druck-Fabrikanten, Färber u. techn. Chemiker. Enth. das Drucken der Wollen-, Halbwollen- u. Halbseidenstoffe, der Wollengarne u. seidenen Zeuge. Unter Berücksichtigung der neuesten Erfindungen und unter Zugrundelage langjähr. prakt. Erfahrungen bearb. Mit 54 (eingedr. Holzschn.-)Abbildungen u. 4 (lith.) Taf. 8. (VIII, 575 S.) Ebend. 879. 6. 50

JOCOJADE, Die. Auch eine Stimme wider die höllische Modesucht. In zierlichen Versen gepredigt von *R. M.* Stuttgart, Wolters, 1827. 8°. (In Stuttgart.) Selten!

Joconde oder das Rosenfest. Eine komische Oper in 3 Aufzügen. Musik von Nicolo. V (Musik): *Isouard*, *Nicolo*, (frz. Text): *Etienne*. (Riemann, Opernhandb., S. 248) (Hdschr. Mitth. von Friedrich Müller, München.)

Joconde, oder: die Abentheurer, komische Oper in 3 Aufz. Nach d. Franz. des Etienne, von Jos. R. v. Seyfried. 8. Wien, Wallishauser. 815.

Jocondo, Signor, eines veronisch. Cavaliers nächtl. Beaebenheiten. 8. Leipz. 773. Hilscher. 7 gr.

Jocosa, s.: Vom lieben Nächsten.

Jocoser, Opitz (Veronensis), Dissertatio juridica, de eo, quod justum est circa spiritus familiares foeminarum: Hoc est, pulices: Quaestionibus theoret.-pract. rariorib. adornata, variis variorum dicasteriorum praejudiciis aucta, rationibus tam dubitandi, quam decidendi amplificata, facultatum celeberrimarum responsis solidissimis firmata, & ex principiis tam juridicis, quam moralibus depromta. Liberovadi (Martialis) 1684. 72 S. (7.—) 16900

— — Dasselbe. Marburg 1704. 24 S. (6.50) 16901

— — Dasselbe. Neudruck d. Marburger Ausg. v. 1688 (!). o. O. 1724. 32 S. (6.50) 16902

Jocoseria albo Poważne Ludzi Mądrych Pisma y Powieści z Rożnych Authorów spracą, spilnością, z niemnieyszym y sumptem zebrane y przepisane w Roku Pańskim 1630. Wydane przez Franc. K. Nowakowskiego. 8. (13¾ B.) Berlinie 810, Behr.

Jocoseria albo poważne ludzi mądrych pisma y powieści z różnych authorów, spracą, spilnością, z niemnieyszym y sumptem zebrane y przepisane w roku panskim 1630. Wydane przez Franc. K. Nowakowskiego. Nowa edycya. 12. (XIV und 283 S.) Berlin 819, Behr's Buchh.

Joco-Serius
[wirkl. Name: Christian Friedrich Humbold]

Joco-Serius, allamodische Artzney-Affen, s.: Bücherei, kulturgeschichtliche. Nr. 6.

• **JOCOSERIUS** (ps.). – *Jocoserii* Galanter und Satyrischer Gedichte, Erstes (u. einziges) Præsent. Cölln, Bey Peter Marto (sol). 1705. 8°. (In Berlin: an Yk 1191 a.) (6 Mk. L. Rosenthal, 1906.)

Tit., 2 Bll. Vorr. u. 106 S. Enth. zumeist Sonette u. epigrammatische Satyren, wobei viel Derb-Pikantes, auch Unfläthiges. — Sehr selten!

§ **JOCOSERIUS**, Wahrmund (ps.). — Wohlgeschliffener Narrenspiegel worinnen hundert und vierzehn Arten allerley Narren Ihr Eben-Bild und ungestaltes Wesen ersehen, und sich von ihrer Unsauberkeit vermittelst des klaren Wassers Wahrer Weisheit reinigen können. Durch 115 Merianische saubere Kupfer vorgestellet und mit scherz- und ernsthaften Reimen herausgegeben durch ***Wahrmund Jocoserius***. Fol. Freystadt, Gedruckt in diesem Jahr (Nürnberg, um 1730). Fol. (In Dresden: Litt. Germ. rec. D. 3.) (80 Mk. Julius Neumann, etw. gebraucht, Magdeb. 1906; 80 Mk. L. Rosenthal, 1906.) Selten!

Interessantes satyrisches Kupferwerk. Titel, 2 Bll. Vorr. u. 115 Kupfer nach Matth. Merian mit erklärendem Text, in deutschen Reimen (incl. 2tes „Titul-Blat" nach der Vorrede).

Brunet, 5ème éd., t. V, p. 1399. Weller, Lex. Pseud., 2. Aufl., S. 278. — S. auch Zarncke's Ausgabe von Seb. Brandt's Narrenschiff, S. XCVI sq. u. CXV sq.

§ **JOCOSERIUS**, Wahrmund (ps.), Wol- geschliffener Narren-Spiegel. Worinnen 114 Arten allerley Narren Ihr Eben-Bild und ungestaltes Wesen ersehen, und sich von ihrer Unsauberkeit vermittelst des klaren Wassers wahrer Weissheit reinigen können. Durch 115 Merianische saubere (Costüm-)Kupfer vorgestellet und mit scherz- und ernsthaften Reimen hrsg. von —. Freystadt (Nürnberg, Monath) gedruckt in diesem Jahr (1730, laut Weller, Lex. Ps. p. 278). Fol. Rar! (In Dresden: Litt. Germ. rec. Fol. D 3.)

JOCOSO, Herzlicher Neujahrswunsch an die ganze Welt. 1797.
Weller, Lex. Ps. p. 278.

Jocosus

— s. auch Josus u. Jokosus.

Jocosus [persönl. Name]

Jocosus Candidus Sincerus [Pseud.],
s. Senftleben, Joh. Chr.

Jocosus Postalicus, s.: Post, die, sonst u. jetzt.

Jocosus [Familienname]

Jocosus, ..., (Psdn.) s.a. Anekdoten u. Charakterzüge aus d. Leben d. Dr. Rau.

RAU, Prof. Dr. — *Jocosus*, Anekdoten und Charakterzüge aus dem Leben des weiland hochgelahrten Domherrn und Professor Dr. (Christian) Rau (K. Sächs. Oberhofgerichtsrath, der Juristenfacultät Beisitzer u. der Akademie Decemvir, geb. zu Leipzig d. 5. Mai 1744, † das. 22. Jan. 1818). Ein Vademecum f. Lachlustige von *Jocosus*, ehemaligem Famulus desselben. Mit dem wohlgetroff. Portrait Rau's (farbiges Costümbild, ganze Figur). Straßburg, bei L. Brunet (Leipzig), 1834. Breit-12°. Titel u. 63 S. (7 Mk. 50 Pfg. Max Grüner, Lpz., 1899; 4 Mk. 50 Pfg. Adolf Weigel. 1908.) Sehr derbe Witze von und über den Leipziger Professor Rau.

JOCOSUS, Die weibliche Beredsamkeit. Neues Carmen in 2 Theilen. 1877.

s. Beschreibung d. ersten großen Schlesischen Wettrennens.

Jocosus s.: Geistesblitze, 999.

JOCOSUS der Jüngste (ps.), Humor und Laune. Eine Sammlung ausgewählter Anekdoten. Mainz 1872. 8°. (1 Mk. O. Schönhuth, München, 1909.)
Weller, Lex. Ps. p. 279.

Jocosus, d. Jüngere, (Jh. Karl Dan. Curio,) Lob d. Windbeutelei. Braunschw. 791.

JOCOSUS, Die himmelblaue Mappe. 1796.
Weller, Lex. Ps. p. 278.

Jocosus, d. Jüngere, (Jh. Karl Dan. Curio,) über d. Schminke. Braunschw. 791.

Schnurrpfeifereien und Cri-Crilinzien etc. 1877
Weller, Lex. Ps. p. 279.

Jocosus, (Chr. Rud. Illing), s. Zenoni.

Jocosus, Ernst, s.a. **Taxiliade.**

Taxiliade. Von Ernst Jocosus. Leipzig: Findel 1902. 127 S. 8°
cf. Bbl. 16 (1902) S. 249 (G. Diercks); S. 10 (1903) S. 76.
Humoristische Darstellung des Taxil-Schwindels in Versen. 193.

† Jocosus, Hilarius, (...?) Anekdoten-Essenz, s.a. Anekdoten-Essenz.

JOCOSUS, Hilarius (ps.), Allerneueste Anecdoten-Essenz. Wien, Lammer, 1838. 8°. 92 S. (90 Pfg., Taussig, Prag, ca. 1905.)

JOCOSUS, Hilarius, Der Komiker und Coupletsänger. 1881.
Weller, Lex. Ps. p. 279.

Jocosus, Hilarius, Neues Vogelwiesen-Buch. Leiden und Freuden und tragikomische Abenteuer auf der Vogelwiese gesammelt. Mit gar schönen Bildern illustrirt. Dresden, o. J. (1863). 8°. (75 Pfg. G. Priewe; 50 Pfg. C. Winter, Dresden, 1895.)

Jocosus, Hilarius, s.a. Was fangen wir heute an?

– – – Was fangen wir heute an? 1839. (2 Auflagen.)
Weller, Lex. Ps. p. 279.

Jocosus, J.

Die Geburt, Doktorschaft etc. des Quedlinburger Wunderdoktors, von *J. Jocosus*. Stichelnburg (Hinrichs in Leipzig). (1802.)
48 S. Rare Skandalschrift. — Weller, fing. Druckorte.

Jocosus, Justus Jucundus [Pseud.],
s. Kosegarten, Friedrich Franz von

Jocosus, Pipin [Pseud.], s. Gumppenberg, Carl von

Jocqs, R., s.: Klinik, die ophthalmologische.

Jocundas, Frater (Wilhelm Mueller). Schabiade, Leben und Thaten des Fritz Schaebig. Eine erbauliche Historie in lustigen Reimen. Milwaukee: Doerflinger, 1877. GSP

Jocus, s.a. Jokus.

Jocus, s.a. Austern, frische.

JOCUS, Frische Austern. Neue Erzählungen für Gourmands. Aus dem Reiche der Pikanterie. Budapest, Verlag Pannonia (um 1900). 8°.
Verb. d. Ldg. Chemnitz A. I 303/01 und d. Ldg. I Berlin 3 E. M. 101/04.

Jocus, s.a. Erzählungen f. Gourmands.

ERZÄHLUNGEN fur Gourmands. Aus dem Reiche der Pikanterie. Von Jocus. Budapest, Sachs & Pollack. 8°.
[E. II, 199.]
Verb. d. Ldg. Leipzig IV, 16/03.

JOCUS (ps.). Erzählungen fur Gourmands. 2. Aufl. (Mk. 2— Reinhold Klinger's Berliner Verlagsbuchh., c. 1902.)

— Excentrische Geschichten. (Mk. 2— der Vorige.)

Jode, Friedr., Wissenschaft und Religion. Nach e. Vortrage. Frankfurt a. M. 1909. 8°.

Jodelle, s. Friedrich, Jakob.

Joeden, Max v., Frithiof. Ein Festspiel in 2 Abenden. 12. (138 S.) Colmar 892. Berlin, E. Bloch. n 1. 60

Joeden, Max v.: Frithiof. E. Festspiel in 2 Abenden (für musik.-dramat. Darstellg.) v. –. (Berlin: E. Bloch); Colmar: Buchdr. J. B. Jung & C. 1892. (138 S.) 1 Bd 8°

Joder, J. Chr., am Abend d. großen Tages, s.a. Propaganda-Schriften, kathol.

— das Beichtsiegel vor d. Schwurgericht zu Mülhausen i/E. [Aus: „Ecclesiast. Argentin."] gr. 8. (16 S.) Strassburg 895. F. X. Le Roux & Co. — 30

— dasselbe. 2., verm. Aufl. gr. 8. (22 S.) Ebd. 895. — 30

Joder, J. Chr., s.: Diözesanblatt, Strassburger.

— drei Fragen üb. d. Beichtvateramt in Frauenklöstern. [Aus: „Ecclesiasticum Argentinense".] gr. 8 (32 S.) Ebd. 897. — 30

— kurze Geschichte der ehrw. Mutter Magdalena Sophie Barat, s.: Propaganda-Schriften, kathol. 25.

— s.: Dauvilleriana.

— die drei Jugendpatrone. Leben des hl. Aloysius, Stanislaus Kostka u. Johannes Berchmans. Frei nach dem Franz. gr. 16. (32, 32 u. 32 S. m. Abbildgn.) Straßburg (900). F. X. Le Roux & Co. n. — 35

Joder, J. Chr., s.: Kirchen- u. Hauskalender f. d. kathol. Elsass.

— der konfessionelle Kirchhof nach d. kirchl. Regeln u. d. f. Elsass-Lothringen gelt. Civilgesetzen m. Berücksicht. d. Neudorfer Kirchhofstreites. gr. 8. (48 S.) Strassburg 897. F. X. Le Roux & Co. n. — 80

— Leben des hl. Johannes Berchmans, s.: Propaganda-Schriften, katholische. 26.

— üb. Messestipendien m. Berücksicht. e. besond. Falles. [Aus: „Ecclesiast. Argentinense".] gr. 8. (20 S.) Strassburg i/E. 893. (F. X. Le Roux & Co.) — 80

— s.: Propaganda-Schriften, katholische.

— die rechtl. Stellg. d. nicht anerkannten religiösen Genossenschaften in Elsass-Lothringen. Bei Gelegenheit d. im Reichslande aufgeworf. Redemptoristenfrage aus verschied. Rechtsgutachten v. 1845 u. 1880 zusammengest. [Aus: „Ecclesiast. Argentin."] Nebst e. Anh. gr. 8. (48 S.) Ebd. 895. n. — 60

Joder, J. Chr. Viertägige geistliche Uebungen f. Klosterfrauen, zunächst f. die Schwestern vom h. Kreuze zu Straßburg, üb. die Abtötung. 8. (108 S.) Straßb. 889, (Le Roux u. Comp.). 1

– Meine Vorsätze ..., s. Propaganda-Schriften, Katholische.

— Praktische Winke üb. Schenkungen u. Vermächtnisse zu Gunsten kirchlicher Anstalten u. religiöser Genossenschaften u. deren Annahme. gr. 8. (56 S.) (Ebd.) 891. 2 —

— Zeugeneid u. Beichtsiegel. Antwort auf M. Schwalbs Schrift „Beichtgeheimnis u. Zeugenpflicht". gr. 8. (23 S.) Ebd. 896. n. — 50

Jodi: Die Culturgeschichtschreibung ihre Entwickelg. u. ihre Probleme. Halle 1878.

Jödicke, Friedrich, über die Einwirkung von Para- und Ortho-Nitrobenzoylacetessigester auf Phenylhydrazin. Diss. Erlangen 1887, Th. Blaesing. 8°. 20 S.

Jödicke, Friedrich [aus Stockheim]: Ueber die Einwirkung von Para- und Ortho-Nitrobenzoylacetessigester auf Phenylhydrazin .... Erlangen, Druck d. Univ.-Buchdr. v. Junge & Sohn, 1887; 20 S. 8°.
Erlangen, Phil. Fak., Inaug.-Diss. v. 1887.

Jödicke, H: Neuestes Bau- und Isolier-Material zur Herstellung von feuersicheren Wänden und Decken. Gips-Hohl-Platten. Berlin (1892?)

Jödicke, P[aul], Assistenzarzt am Salvator-Krankenh. zu Halberstadt: Ein Fall von Carcinoma portionis uteri und Geburt. *Leipzig 1903: B. Georgi.* (21 S.) 8°
Leipzig, Med. Diss. v. (20. Juli) 1903

Jödicke, Thilo

Jödicke, Th., s.: Führer f. Sondershausen.

Jödicke, Thilo: Die Geschichte der Verkehrsanstalten im Fürstenthum Schwarzburg-Sonderhausen v. –. T. 1; 2. 3. (in 1 Bde). Sonderhausen: Bertram in Komm. (2/3: Nordhausen: Eberhardt) 1885–96 8°
1. Die Verkehrseinrichtungen vor d. Gründung ordentl. Postanstalten. 1885.
2. Die Errichtung ordentl. Postanstalten.
3. Die Ausbreitung d. Posten. Die Telegraphie. Die Eisenbahnen. 1896.

— Hülfsbuch für den Verkehr mit den Eisenbahn-, Post- und Telegraphen-Anstalten des deutschen Reichs. Nach amtl. Quellen hrsg. 8. (78 S.) Ebendas. 885.

Jödicke, Th., Posthandbüchlein. Wegweiser bei Versendung von Fahrpost-Gegenständen. Für die Bewohner der Unterherrschaft der Fürstenth. Schwarzburg-Sondershausen und Schwarzburg-Rudolstadt, sowie der Orte Breitenworbis, Gernrode (Kr. Worbis), Kelbra, Körner, Niederorschel und Sollstedt. gr. 16. (28 S.) Sondershausen 874, Goedel. *

— Verkehrshandbuch für die Unterherrschaft der Fürstenthümer Schwarzburg-Sondershausen und Schwarzburg-Rudolstadt. Nach amtl. Quellen hrsg. 2 Thle. in 1 Bde. 8. (III, 48, 75 S. mit 1 Tab.) Ebendas. 885. *

Joedicke, W., allgemeiner Wohnungs-Anzeiger für Dortmund, s. Wohnungs-Anzeiger.

Jodidi, *Samuel* [aus Kowno]: Beitrag zur Kenntniss des Hydrastins und Narceins ... Berlin, Druck v. H. Itzkowski, 1893: 41 S. 8.
Giessen, Phil. Fak., Inaug.-Diss. v. 1893

Jodin, Echappemens à repos, comparés aux Echappemens à recul. 12. Lausann. Pott. 762.

Jodko, Witold Narkiewicz [aus Warschau (Polen)]: Geschichte und System des utopischen Socialismus in der polnischen Emigration der 30er und 40er Jahre. Bern 1899. 60 S. 8°.
Bern, Phil. Diss. 1899/1900.

Jodl, Ferd., Anleitung zur Bauzeichnungs-Kunde für Gewerbs- und Feiertags-Schulen sowie zum Selbstunterricht. 4. (III und 20 S. mit 32 Stnt. in Fol.) München 848, (Franz.) *

Jodl, Ferd., Preisverzeichniß der Baumaterialien und Bauarbeiten in München, zur Aufstellung verläßiger Kostenanschläge. Nebst einem Verzeichnisse von Bauarbeiten, welche zusammen berechnet werden können, Gewichtstabelle verschiedener Stabeisen ꝛc. München 864. Grubert. 8. (VIII, 281 S.) n. 1 Thlr.

Jodl, Ferd., Preisverzeichniß der Baumaterialien und Bauarbeiten in München, zur Aufstellung verläßiger Kostenanschläge. Umgearbeitet nach dem durch Gesetz vom 29. April 1869 angeordneten Metermaaß und Zollgewicht, unter Beifügung des bisher. bayer. Maaßes und Gewichtes. 2. verm. Aufl. gr. 16. (VIII, 421 S.) München 870, Grubert. geb. *

Jodl, Ferd., Preisverzeichniß der Baumaterialien und Bauarbeiten in München, zur Aufstellung verläßiger Kostenanschläge. Nach Metermaaß, Zollgewicht und Reichswährung. 3. umgearb. Aufl. 8. (VIII, 183 S.) München 876, Grubert. geb. *

Jodl, Ferd., der Strassen- und Brückenbau. Vorlegeblätter zum Selbstunterricht für Architecten und Ingenieure wie zum Gebrauche in Feiertags- und Gewerbsschulen. Zusammengestellt und mit einem erklärenden Texte begleitet. 1—6. Lfg. gr. Fol. (80 Stnt., wovon 14 in Buntdr., mit Text IV und S. 1—78 in gr. 8.) Berlin 860. 61, Th. Grieben. à Lfg. * 1 Thlr. 15 Ngr. *

— der Strassen- und Brückenbau. Vorlegeblätter zum Selbstunterricht für Architecten und Ingenieure wie zum Gebrauche in Feiertags- und Gewerbsschulen. Zusammengestellt und mit erklär. Text begleitet. 2. (Titel-)Aufl. gr. Fol. (30 Stnt., wovon 14 in Buntdr., mit Text VI und 78 S. in gr. 8.) Berlin (860, 61) 67. [Leipzig, Scholtze.] In Mappe. *

Jodl, Friedrich

Jodl, Fr., Abriß d. Geschichte d. Ethik. [Aus: „Reins encyklopäd. Handbuch d. Pädagogik".] gr. 8. (III, 19 S.) Langensalza 896. H. Beyer & Söhne. n. — 60

Jodl, Frdr., Ludw. Feuerbach, s.a. Frommanns Klassiker der Philosophie. XVII.

Ludwig Feuerbach. Von Friedrich Jodl. Mit Bildnis. *Stuttgart: F. Frommann 1904.* (135 S.) 8°
— Klassiker, Frommanns, d. Philosophie. 17. [04 18,4

Jodl, Friedrich (Hrsg.), s. Feuerbach, Ludwig: Sämtl. Werke. 1903 ff.

Jodl, Frdr., Gedanken über Reformkatholicismus. Mit Berücksicht v. A. Ehrhard: Der Katholicismus u. das 20. Jahrh. gr. 8. (24 S.) Frankfurt a/M. 902. Neuer Frankfurter Verlag. n. — 50

Jodl, Friedr., Geschichte der Ethik in der neueren Philosophie. 1. Bd.: Bis zum Ende des 18. Jahrh., mit einer Einleitung über die antike und christl. Ethik. gr. 8. (XI, 446 S.) Stuttgart 882, Cotta'sche Buchh. *

Jodl, Friedr. Geschichte der Ethik in der neueren Philosophie. II. Bd. Kant u. die Ethik im 19. Jahrh. gr. 8. (XIII, 608 S.) Stuttg. 889, Cotta Nachf. * 10 —
1. Bd. Ebd. 1882. * 8 —.

Geschichte der Ethik als philosophischer Wissenschaft von Friedrich Jodl, Prof. 2., neu bearb. u. verm. Aufl. Bd 1. Stuttgart & Berlin: J. G. Cotta Nachf. 1906. 8° [06. 13060 B

Jodl, Friedr., die Culturgeschichtschreibung, ihre Entwickelung und ihr Problem. gr. 8. (IV, 125 S.) Halle 878, Pfeffer. *

Jodl, Friedr., Leben und Philosophie David Hume's. gr. 8. (V, 202 S.) Halle 872, Pfeffer. *

Lehrbuch der Psychologie. Von Friedrich Jodl, o.ö. Prof. ... zu Wien ... *Stuttgart: J. G. Cotta 1896.* (XXIV, 767 S.) 1 Bd 8. [96. 1910

Lehrbuch der Psychologie von Friedrich Jodl, Prof. zu Wien. 2. Aufl. Bd 1. 2. *Stuttgart & Berlin: J. G. Cotta Nachf. 1903.* 2 Bde 8° [03. 1938

— Lehrbuch der Psychologie. 3. Aufl. 2 Bde. (XXII, 472 u. X, 518 S.) gr. 8. Stuttgart 908. J. G. Cotta Nachf. 16.—; geb. in Halbfrz. 20. —

— Moral, Religion u. Schule. Zeitgemäße Betrachtgn. zum preuß. Schulgesetz. gr. 8. (36 S.) Ebd. 892. — 80

— zwei Schillerreden. (32 S.) gr. 8. Wien 905. Akadem. Verl. f. Kunst u. Wissenschaft. n. — 80

— s.: Vierteljahrsschrift f. wissenschaftl. Philosophie u. Soziologie.

Jodl, F., Volkswirthschaftslehre u. Ethik, s.a. Zeit- u. Streitfragen, deutsche.

Jodl F. Volkswirtschaftslehre und Ethik. (Zeit- und Streitfragen 224) Berlin 1886

Jodl, Frdr., was heißt Bildung?, s.: Wissen f. Alle — Serie.

Jodl, Frdr., was heißt ethische Kultur, s.: Sammlung gemeinnütziger Vorträge.

— über das Wesen u. d. Aufgabe d. ethischen Gesellschaft, s.a. Flugschriften der österreich. „Ethischen Gesellschaft". Nr. 1.

— üb. d. Wesen u. d. Aufgabe d. eth. Gesellschaft, s.a. Mitteilungen d. eth. Gesellschaft in Wien.

Jodl, F.: Über das Wesen und die Aufgabe der ethischen Gesellschaft. Rede zur constituierenden Versammlung der ethischen Gesellschaft in Wien (10. Dez. 1894). 2. Aufl. Wien: Selbstverl. d. ethischen Gesellsch. 1903. 24 S. 8°
cf. L. 26 (1903) S. 96.
Bespricht auch den Unterschied zwischen ethischer Gesellschaft u. der Frmrei.
[L. 26 (1903) S. 96. Kayser: Vollst. Bücher-Lexikon. 34 (1908) S. 209.]

— **Wesen u. Ziele der ethischen Bewegung in Deutschland. Nach e. Vortrage, geh. am 13. Febr. 1893 in der Abtheilg. Frankfurt a/M. der deutschen Gesellschaft f. eth. Kultur. gr. 8. (26 S.) Frankfurt a/M. 893. Gebr. Knauer.** n. — 40

— Wesen u. Ziele der ethischen Bewegung in Deutschland. Nach e. Vortrage, geh. am 13. II. 1893 in d. Abtheilg. Frankfurt a. M. d. deutschen Gesellschaft f. eth. Kultur. 2. Aufl. gr. 8. (26 S.) Frankfurt a/M. 898. Gebr. Knauer. n. — 40

— Wesen u. Ziele der ethischen Bewegung in Deutschland. Nach e. Vortrage, geh. am 13. II. 1893 in der Abteilg. Frankfurt a. M. der deutschen Gesellschaft f. eth. Kultur. 4. um e. Vorwort verm. Aufl. (V u. S. 3—26.) 8. Frankfurt a/M. 908. Neuer Frankfurter Verlag. — 50

— Wissenschaft u. Religion. Nach e. Vortrage, geh. zu Frankfurt a. M. am 5. I. 1909. (27 S.) gr. 8. Frankfurt a/M. 909. Neuer Frankfurter Verlag. — 50

Jodl, Jos., topographisch-statist. Orts-Lexikon des Königr. Böhmen. M. histor. Anmerkgn. Auf Grund d. Ergebnisse d. letzten Volkszählg. m. Benützg. offic. Quellen zusammengest. 2.—4. Lfg. Lex.-8. (S. 81—320.) Prag 893. Höfer & Klouček. à n. 1. 30

Jodlbauer, A., d. sensibilisierende Wirkg. fluorescierender Substanzen, s.: Tappeiner, H. v.

Jodlbauer, Albert [app. Arzt aus München]: Ein Fall von Syphilis des Herzens ... München, kgl. Hofbuchdr. Kastner & Lossen, 1897; 37 S. 8.
München, Med. Fak., Inaug.-Diss. v. 1897

Jodlbauer, Albert, Dr., Assist. am pharmakol. Institut: Aus d. pharmakol. Institut d. Universität München. Ueber Resorption und Sekretion im Dünndarm bei Gegenwart gelöster Eiweisskörper sowie über die Wirkung von Bittermitteln auf den Dünndarm. *München 1901: E. Mühlthaler.* (66 S.) 8°
München, Med. Hab.-Schr. v. 1901
(Nicht für den Austausch)

Jodlbauer, Mathäus v.: Einrichtungen zur Aufbewahrung der Feldfrüchte mit Berücksichtigung der Dampfdreschmaschinen. München 1864.

Jodlbauer (k. b. Reg.-Direktor), Getreidebau u. Viehzucht in den Vereinigten Staaten von Nordamerika. Nach einem in München gehalt. Vortrage des —. München, E. Mühlthaler, 1880. 8°. 11 S. Cart.

Jodlbauer, Mathäus v.: Landwirtschaftliche Versicherung. München 1890.

v. *Jodlbauer.* Die landwirtschaftliche Versicherung in Bayern. München 1853, 1889.

*v. *Jodlbauer.* Die bayerische, staatlich geleitete Versicherungsanstalt gegen Brand- und Hagelschaden. München 1886.

Jodlbauer, M., wirthschaftliche Wandernotizen. Ein an das königl. bayer. Staatsministerium des Handels und der öffentl. Arbeiten erstatteter Reisebericht. 1. Aufl. (III und 151 S.) 1858. und 2., neu durchgeseh. Aufl. gr. 8. (VIII und 204 S.) Augsburg 859, Schmid'sche Verlagsbuchh. *

Jodlbauer, M., Was geschah zur Förderung der Landwirthschaft unter König Maximilian II. in Bayern? Mit Bezug auf die Verhältnisse anderer deutschen Staaten. gr. 8. (48 S.) München 863, [Merhoff's Verlag.] *

Jodlbauer, Mathäus v.: Wie steht es um Steuern und Abgaben in B.? Ein Vergleich mit Preußen. München 1861.

Jodlbauer, Mathäus v.: Die Zusammenlegung der Grundstücke in den Marktgemeinden Göggingen und Aibling. München 1863.
Verf. Generalsekretär des Centralkomites des l. Vereins. (W)

Jodlbauer, Max [aus München]: Ueber die Anwendbarkeit der alkoholischen Gährung zur Zuckerbestimmung .... Berlin, *Buchdr. d. „Post" Kayssler & Co.*, 1887; 2 Bl. + 39 S. 4°
Erlangen, Phil. Fak., Inaug.-Diss. v. 1887

Jödler, J. F.: Reale Vortheile zum Informiren, aus dem Munde Herrn Oetingers. Heilbronn 1758. Hrsg.: Friedr. Christoph Oetinger.

Jodocus, (Psdn.), das Conversationslexikon. Lstspl. in 3 Akt. Zerbst 827.

Jodok (Hanns v. Gumppenberg), Überdramen. 3 Bdchn. 8. Berlin (902). Th. Mayhofer Nachf. à 1. 50
1. Die Verlobg. — Auf der Alm. — Das Spukhaus. (92 S. m. Bildnis.)
2. Die glückliche Kur. — Napoleon. — Der Käsemord. (138 S.)
3. Die erste Hilfe. — Das Spitzhütlin. — Der Wartesaal. — Das Glück im schiefen Winkel. — Die Entwicklung. (156 S.)

Jodol, s. Badt, Leopold.

Festschrift. Die Krankenheiler **Jodquellen** 1860-1910. Mit wissenschaftl. Beiträgen von Dr. A[ugust] Rothpletz [u. a.] Bad Tölz 1910: (Franz, München). 66 S. 4° [10. 12419 3

Jodwasser. — Das Haller Jodwasser und das Jodquellensalz von Hall in Oberösterreich. Linz, 1865.

Joel Propheta

Joel, propheta, ad fidem codicis Babylonici Petropolitani ed. H. Strack, s.: Hosea.

— s. auch Propheten, die.

— vates olim hebraeus, ed. Jh. Büttner. 8. Coburg 784. Ahl. 3 gl

— metrisch übersetzt mit e. neuen Erklärung von Jak. Chr. R. Eckermann. 8. Lübeck 786. Iversen. (Brockhaus in Lpz.) 8 gl

— neu übersetzt, mit Anmerkk. von H. A. Grimm. 8. Düsseld. 790. Dänzer. 12 gl

Joel, neu übers. v. C. W. Justi. 8. Leipzig, Göschen. 792.

— übersetzt u. erklärt von G. Wiggers. 8. Götting. 799. Schröder. 8 gl (Brose das.) 4 gl

Joel, d. Prophet, neu übersezt u. erläutert von K. W. Justi. 8. Leipz. 792. N. A. 8. Ebd. 828. Barth. 12 gr

Joel, der Prophet, übers. u. erklärt v. K. A. Credner. gr. 8. (21 B.) Halle 831, Buchh. d. Waisenhauses.

Joel, der Prophet, übers. u. erklärt v. Ernst Meier. gr. 8. (13½ B.) Tübingen 841, Fues.

—— Weissagungen, s. a. Holzhausen, Friedr. Aug.

— Weissagung, übersezt u. erklärt von Fr. A. Holzhausen. gr. 8. Götting. 829. Vandenhöck u. R. 16 gr

Die Weissagungen der Propheten **Joel**, Abdias, Jonas, Nahum, Habakuk, Sophonias, Aggäus, Zacharias u. Malachias übers. u. kurz erkl. von Dr. Karl A[lexander] Leimbach, Prof. Fulda: Actiendr. 1908. (203 S.) 8° [J.]
– **Volksbücher**, Biblische. II. 4. [0°. 17101 4

Ioel, Augustus (geb. am 15 Mai 1815 in Königsberg Pr.): De illis morbis chirurgicis, qui endemie observantur ... Bonnae, typ. C. Georgii 1841. VIII, 30 S., 1 Bl. 8.
Bonn, Med. Fak., Diss. v. 27 Febr. 1841 [276

Joël, B., neuestes und bestes Kochbuch, s. a. Universal-Bibliothek Nr. 1073—1076.

Joël, Bernh., neuestes und bestes Kochbuch für jede Haushaltung. Nach 26jähr. Praxis und lediglich nach eigenen Erfahrungen ausgearb. 8 Lfgn. gr. 8. (XLI, 428 S.) Schleiz 869—71, Expedition des Joël'schen Kochbuches. à Lfg. 50 Pf.
—— dass. — gr. 8. (LXIII, 425 S.) Leipzig 873, Ph. Reclam jun. M. 2.; geb.

Joël, D., gottesdienstlicher Vortrag, gehalten am Friedens-Dankfeste, den 18. Juni 1871. gr. 8. (13 S.) Breslau 871, Skutsch.

Joel, D. H., מדרש הזהר Die Religionsphilosophie des Sohar und ihr Verhältniß zur allgem. jüdischen Theologie. Zugleich eine krit. Beleuchtung der Franck'schen „Kabbala". gr. 8. (XV und 394 S. mit 1 Stnt.) Leipzig 849, C. L. Fritzsche. *

Joel, David

Joël, D., der Aberglaube u. die Stellung des Judenthums zu demselben. 1. Hft. Lex.-8. (III, 116 S.) Breslau 881. Koebner. n. 3. —

Joël, Dav., der Aberglaube u. die Stellung d. Judenthums zu demselben. 2. Hft. gr. 8. (IV, 65 S.) Breslau 883. (Koebner.) n. 1. 80 (1. u. 2.: n. 4. 80)

Joel, Ernst [Kammerger.-Ref.]: Die Folgen des Gesetzescharakters der Etatsfeststellung im Reiche und in Preussen ... Berlin, *Druck v. H. Schmidt*, 1897; 41 S. 8.
Erlangen, Jur. Fak., Inaug.-Diss. v. 1897

Joél, Eugen [approb. Arzt aus Görbersdorf in Schlesien]: Über Atresia auris congenita .... Wiesbaden, J. F. Bergmann, 1888; 90 S. 8°
München, Med. Fak., Inaug.-Diss. v. 1888

Joél, Eug., d. Neubildgn. d. Nasenhöhlen u. d. Nasenrachenraumes, unt. bes. Berücksicht. d. gutart. (m. Ausschluss d. adenoiden Vegetationen), s.: Vorträge, klin., aus d. Gebiete d. Otologie u. Pharyngo-Rhinologie.

Joël, Felix [aus Zankenczin]: Lupold III von Bebenburg, Bischof von Bamberg. Tl 1. Sein Leben ... Halle a. d. S., Druck v. O. Hendel, 1891; 2 Bl., 51 S., 1 Bl. 8.
Halle, Phil. Fak., Inaug.-Diss. v. 17. Okt. 1891

Ioel, Frz., chirurgia, od. Anweis. z. Wundarzneykunde. 8. Nürnb. 738.

Joël, H., Fest-Predigten für die hohen Feiertage des Jahres. Hirschberg 863. Rosenthal in Comm. gr. 8. (2 Bl., 203 S.) n. 1 Thlr.

Joël, H., [illegible]. Fest-Predigten für die hohen Feiertage des Jahres. 2. Aufl. (III, 202 S.) Hirschberg 872, Pezoldt. *

— Predigt bei der Gedächtnißfeier für den hochseligen König Friedrich Wilhelm IV. gehalten in der Synagoge zu Hirschberg am 16. Febr. 1861. Hirschberg, (Nesener.) 8. (16 S.) n. 1½ ngr.

Joël, Julius [app. Arzt aus Pfungstadt]: Aus d. patholog. Institut zu Kiel. Beitrag zur Lehre von der primären infectiösen Osteomyelitis der Wirbelkörper ... Kiel, Druck v. Ch. Donath, 1892; 23 S. 8.
Kiel, Med. Fak., Inaug.-Diss. v. [7. Okt.] 1892

Joël, Julius: De categoriis exegeticis, quibus Talmudistae ad interpretandum scripturam sacram usi sint.
Halle-Wittenberg, Phil. Diss. v. 6. Jan. 1853
Geb. [Labischin (Kr. Schubin, Posen) 1828]
Ms. fehlt.

Joel, Jul., Fest-Predigt, bei dem zur Krönungsfeier Ihrer Maj. von Preußen [am 18. Oktbr. 1861] veranstalteten Gottesdienste in der Synagoge zu Schivelbein gehalten. Stettin 861. Nagel. gr. 8. (16 S.) n. 5 ngr.

Joel, Jul., das Grundgebot am Sinai. Predigt gehalten am ersten Tage des Wochenfestes 5629. gr. 8. (16 S.) Berlin 869, (Gerschel.)

Joel, Jul., 3 Predigten gehalten am Vorabend, am ersten und zweiten Festtage des neuen Jahres 5625. 8. (36 S.) Leipzig 864, (Leiner.) *

—— Rede an der Bahre des hingeschiedenen Rabbiners und Predigers Dr. Michael Sachs. Rede an der Bahre des Dr. Moritz Veit. gr. 8. (16 S.) Berlin 864, Dümmler's Verlag. *

Joel, Jul., psychologisches Wörterbuch oder die Seelenkunde allgemein verständlich dargestellt an thatsächlichen und geschichtlichen Beispielen erläutert und alphabetisch geordnet. (In ca. 30 Lfgn.) 1—3. Lfg. gr. 8. (1. Bd. S. 1—280.) Berlin 858. 59, A. Abelsdorff. à Lfg. * 7½ Ngr. Thlr. * -

Joël, Karl, Dr. phil., o. Prof. für Philosophie: Jakob Burckhardt als Geschichtsphilosoph. 139 S. 8°.

Joël, Karl, zur Entstehg. v. Platons „Staat". (S. 295—323.) gr. 8. Basel 907. (Leipzig, C. Beck.) 1. 20
Sonderabdr. a.: „Festschr. z. 49. Vers. deut. Philologen u. Schulmänner".

Joël, Karl [aus Hirschberg i. Schl.]: Zur Erkenntnis der geistigen Entwicklung und der schriftstellerischen Motive Platos in besonderer Rücksicht auf Phaed. 96 A—100 B und Phaedr. 274 B—278 B .... Leipzig, *Druck v. Rosenthal & Co., Berlin*, 1887; 2 Bl. + 90 S. + 1 Bl. 8°.
Leipzig, Phil. Fak., Inaug. Diss. v. 17. März 1887.

Joël, Karl, zur Erkenntnis der geistigen Entwicklung und der schriftstellerischen Motive Platos in besonderer Rücksicht auf Phaed. 96 A—100 B und Phaedr. 274 B—278 B. Diss. Leipzig 1887, Gustav Fock. 8°. 90 S.

Joël, Karl, zur Erkenntnis der geistigen Entwickelung und der schriftstellerischen Motive Platos. Eine Studie. gr. 8. (90 S.) Berlin 887, Gaertner's Verlag. *

Joël, Karl, d. Frauen in d. Philosophie, s.a. **Sammlung gemeinverständl. wissenschaftl. Vorträge.**

Joel, Karl: Die Frauen in der Philosophie. E. Vortr. v, Dr. Karl Joel, Privatdoc. an d. Univ. Basel. Hamburg: Verlagsanst. u. Dr. A.-G. 1896. (67 S.) 8°
= Sammlung gemeinverst. wiss. Vorträge. N. F. Ser. 11. H. 246.

Joël, K., Der λόγος Σωκρατικός. I. II. S. A. O. J. 18 u. 17 S.

Joël, Carl. (Fr[iedrich]) Nietzsche und die Romantik. [Von] K' J' [Basel]. [Mit Titelvignette.] IV + 267 S. 8. Jena und Leipzig, Eugen Diederichs, 1905. [M. 7. —]

Joël, Carl. Philosophenwege. Ausblicke und Rückblicke von Karl Joël, Professor an der Universität Basel. Die Zukunft der Philosophie — Das ethische Zeitalter: Der neue Geist, Das Herz der Wissenschaft, Die Schlachtreihen der Kraft und der Liebe — Die Frauen in der Philosophie — Philosophen-Ehen — Die Sphinx des Pessimismus — Stirner — Philosophie und Dichtung. XII + 308 S. 8. Berlin, R. Gaertner, 1901. [M. 6. —]

Ⓢ — Philosophenwege. 901. Sokrates 901. (KBl. 31.) Jetzt: Berlin, Weidmann.

Joël, Karl. der echte u. der Xenophontische Sokrates. (In 2 Bdn.) 1. Bd. gr. 8. (XII, 554 S.) Berlin 893. R. Gaertner. n. 14. —

— der echte u. der Xenophontische Sokrates. 2. Bd. 2 Hälften. gr. 8. (XXV, IX, 1145 S.) Ebd. 901. n. 28. —; (kplt. n. 42. —)

— der Ursprung der Naturphilosophie aus dem Geiste der Mystik. Progr. (94 S.) gr. 4. Basel 903. (Leipzig, C. Beck.) n. 2. 50

Joël, Carl. Der Ursprung der Naturphilosophie aus dem Geiste der Mystik. Von Karl Joël, Professor.... Programm zur Rektoratsfeier der Universität Basel. 94 S. 4. Basel, Friedrich Reinhardt, 1903.

Joël, Carl. Der Ursprung der Naturphilosophie aus dem Geiste der Mystik. Mit Anhang: Archaische Romantik. [Von] K' J' (Basel). XII + 198 S. 8. Jena, Eugen Diederichs, 1906. [M. 4. 50, geb. 6. —]
(Im November 1903 als »Programm zur Rektoratsfeier der Universität Basel« veröffentlicht, hier nur *durch* kleinere Zusätze und Verbesserungen *verändert, sowie durch den Anhang vermehrt.*)

Joël, Carl. Der freie Wille. Eine Entwicklung in Gesprächen. (Von) K' J' (ord. Professor ... in Basel). XX + 724 S. 8. München, F. Bruckmann A.-G., 1908. [M. 10. —, geb. 11. —]

— die Zukunft der Philosophie. Antrittsvorlesung. gr. 8. (35 S.) Basel 893. B. Schwabe. n. — 80

Joël, Käte. Vier kleine Einakter für Familie, Schule und Vereine, von K' J', Zürich. Mit 12 Abbildungen und Musik. [4 Hefte.] II + 27 + 19 + 18 + 23 S. 8. Zürich, Orell Füssli, [1906]. (geb. *in 1 Bd.* fr. 2. 25)
(Die 4 Hefte a. u. bes. T.: Frühlings-Einzug... — In der Rumpelkammer... — Ein Küchenabenteuer... — Jahreswende...)

Joël, Käte. Frühlings-Einzug. Singspiel für 14—26 Kinder im Alter von 6—10 Jahren, von K' J', Zürich. Mit 4 Abbildungen (und Musik). 27 S. 8. Zürich, Orell Füssli, [1906]. (fr. —. 50)

Joël, Käte, das Goldkrönlein. Märchensingspiel in 5 Aufzügen. Text u. Musik v. J. Mit 19 Abb. verschied. Aufführgn. (86 S.) 8. Zürich (907). Art. Institut Orell Füßli. 2. —

Joël, Käte. Das Goldkrönlein. Märchensingspiel in fünf Akten. Text und Musik von K' J', Zürich. Klavierauszug. *lithogr.* 39 S. gr.-8. Zürich, Orell Füssli, [1908]. [fr. 4. —]

Joël, Käte. Jahreswende. Einakter mit anschliessendem Reigen für 7 oder 15 Kinder, von K' J', Zürich. Mit drei Abbildungen und Musik. 23 S. 8. Zürich, Orell Füssli, [1906]. (fr. —. 50)

-- Dem artigen Kinde, s.: Tworeck, R.

Joël, Käte. Ein Küchenabenteuer. Kleiner Einakter mit Musik für 3 Kinder, von K' J', Zürich. Mit vier Abbildungen. 18 S. 8. Zürich, Orell Füssli, [1906]. (fr. —. 50)

Joël, Käte. Bei den Osterhasen. Frühlingsidyll (2: Frühlingsidyll) in zwei Akten. Text und Musik von K' J', Zürich. [2 Teile.] Zürich, Orell Füssli, [1906].
[Teil 1: Textheft.] Mit fünf Abbildungen [und 4 Szenen-Skizzen]. 40 S. 8. (fr. —. 60)
[Teil 2:] Klavierauszug. *lithogr.* 25 S. gr.-8. [fr. 3. —]

Joël, Käte. In der Rumpelkammer. Kleines Lustspiel für 20 Kinder von 6—12 Jahren, von K' J', Zürich. Mit einer Abbildung. 19 S. 8. Zürich, Orell Füssli, [1906]. (fr. —. 50)

In der Rumpelkammer. Kleines Lustspiel f. 20 Kinder von 6 -12 Jahren von Käte Joël. Mit 1 Abb. Zürich: Orell Füßli [1907]. (19 S.) 8° [F.] 07. 4307

— Die Schildträger der Jungfrau. Märchenspiel in 1 Aufzug. Aufgeführt v. 100 Wengener Kindern u. 5 Erwachsenen. (40 S.) 8. Zürich (909). Art. Institut Orell Füßli. 1. —

Joël, Käte, Sonntagskinder. Märchenspiel. 8. (31 S.) Leipzig 899. (O. Maier.) n. — 60

Ⓢ — Sonntagskinder. 899. (KBl. 31.) Jetzt: Zürich, Art. Institut Orell Füssli.

Unter Christkindleins Schutz Dramat. Weihnachtsmärchen mit Musik in 5 Akten von Käte Joël. [Text.] Berlin: Wernthal [1904]. 62 S. 8° [11. 6. 38

Joël, M., die Angriffe des Heidenthums gegen Juden und Christen in den ersten Jahrhunderten der römischen Cäsaren. Vortrag, gehalten in der „Gesellschaft der Freunde" und mit beweisenden Anmerkungen verm., hrsg. gr. 8. (31 S.) Breslau 878, Schletter'sche Buchh.

Joël, M., die Angriffe des Heidenthums gegen Juden u. Christen in den ersten Jahrhunderten der römischen Cäsaren. Vortrag, geh. in der „Gesellschaft der Freunde" u. m. beweis. Anmerkungen verm., hrsg. gr. 8 (31 S.) Breslau 879. Schletter's Sort. n. — 75

Joel, M., Anleitung zur Erlernung der polnischen Sprache, s.a. Ollendorff, H. G.

Joel, M. (II.), Anleitung zur Erlernung der polnischen Sprache für den Schul- und Privat-Unterricht. Sorgfältig revid. und theilweise umgearb. von W. Wicherkiewicz. 4. Aufl. 8. (XXII, 540 S.) Frankfurt a. M. 887, Jügel's Verlag. cart.
Schlüssel (96 S.) cart.

Joel, M., Anleitung zur Erlernung der russischen Sprache, s.a. Ollendorff, H. G.

Joel, M., u. P. Fuchs, Anleitung zur *Erlernung d. russischen Sprache,* nach *H. G. Ollendorff's* neuer Methode. 4. verb. Aufl. Nebst Schlüssel. (2 Bde.) Frankfurt a. M. 1871. 8°. Orig.-Ppbde., gebr.
VIII—609 S., 1 S. Err. — Schlüssel: 217 S.

Joël, M. (II.), und P. Fuchs, Anleitung zur Erlernung der russischen Sprache nach Ollendorff's Methode. Nach einem neuen und vollständigeren Plane für den Schul- und Privatunterricht verfaßt. 6. sorgfältig revid. und verb. Aufl. 8. (VI, 612 S. mit 1 lithogr. Schrifttaf.) Frankfurt a. M. 881, Jügel's Verlag. cart.
Schlüssel (V, 205 S.) cart.

—— Beiträge zur Geschichte der Philosophie. 2 Bde. 8. [Breslau 876, Skutsch.] Leipzig, Harrassowitz. *

Inhalt:

Bd. 1. Moses Maimonides. Verhältniss Albert des Grossen zu Moses Maimonides. Lewi ben Gerson (Gersonides). Anhang enth. Abhandlungen und Vorträge. (100, 48, 105, 83 S.)

» 2. Don Chasdai Creskas. Spinoza. Abhandlungen und Vorträge. (Philo, Saadias, Mendelssohn.) (IV, 83, XI, 76, II, 74, 54 S.)

Eine Sammlung früher bereits veröffentlichter Schriften.

Joël, M. (I.), Blicke in die Religionsgeschichte zu Anfang des zweiten christlichen Jahrh. 1. und 2. Abthl. 8. Breslau, Schottländer. *ℳ 7.; geb. *

Inhalt:

Abthl. 1. Der Talmud und die griechische Sprache, nebst 2 Excursen: a. Aristobul, der sogenannte Peripatetiker. b. Die Gnosis. (VII, 177 S.) 880. ℳ 3.; geb. *ℳ 4.

» 2. Der Conflict des Heidenthums mit dem Christenthume in seinen Folgen für das Judenthum. (X, 190 S.) 883. *ℳ 4.; geb. *ℳ 5.

—, offener Brief an H. v. Treitschke. 6. unveränd. Abdr. Breslau, L. Wergen, 1879. 8°. 14 S. Beibd.

—— Fest-Predigt zum 70. Geburtstage Sr. Maj. des Königs Wilhelm. gr. 8. (14 S.) Breslau 867, Schletter'sche Buchh.

—— Fest-Predigten. gr. 8. (XVI und 238 S.) Breslau 867, Schletter'sche Buchh.

Joël, M., Fest-Vortrag am Krönungstage Sr. Maj. des Königs Wilhelm I. gehalten in der Synagoge des jüdisch-theologischen Seminars zu Breslau am 18. Oktbr. 1861. Breslau 861. Schletter. gr. 8. (12 S.) 3 ngr.

—— israelitisches Gebetbuch für die öffentliche Andacht des ganzen Jahres. Auf Anordnung der Breslauer Gemeinde-Collegien mit Benutzung des bislang eingeführt gewesenen Rabb. Dr. Geiger'schen Buches neu bearb. 2 Thle. gr. 8. (XVI, 336; IV, 476 S.) Berlin 872, Gerschel.

Joël, M. (I.), israelitisches Gebetbuch für die öffentliche Andacht des ganzen Jahres. 2 Bde. 2. Aufl. gr. 8. (XV, 336; IV, 476 S.) Breslau 885, Jacobsohn und Comp. geb. *

Joël, M., israelitisches Gebetbuch f. die öffentliche Andacht des ganzen Jahres. 3., durchgeseh. Aufl. 2 Thle. gr. 8. (XVI, 336 u. IV, 476 S.) Breslau 893. W. Jacobsohn & Co. Geb. in Leinw. m. Goldschn. n.n. 12. —

—— zur Genesis der Lehre Spinoza's mit besond. Berücksicht. des kurzen Traktats „von Gott, dem Menschen und dessen Glückseligkeit". gr. 8. (IV, 74 S.) Ebendas. 871.

—— gegen Gildemeister. Herrn Prof. Gildemeisters Gutachten über den jüd. Ritualcodex [Schulchan Aruch] und das Verhältniß der Juden zu demselben. Kritisch beleuchtet. 8. (34 S.) Ebendas. 884. *

—— meine in Veranlassung eines Processes abgegebenen Gutachten über den Talmud in erweiterter Form hrsg. gr. 8. (33 S.) Breslau 877, Schletter'sche Buchh. *

Joël, M. (II.), Don Chasdai Creska's religions-philosophische Lehren in ihrem geschichtlichen Einflusse dargestellt. gr. 8. (IV und 83 S.) Breslau 866, Schletter'sche Buchh.

—— Levi ben Gerson (Gersonides) als Religionsphilosoph. Ein Beitrag zur Geschichte der Philosophie und der philosoph. Exegese des Mittelalters. gr. 8. (VI und 105 S.) Breslau 862, Schletter'sche Buchh.

— H. G. Ollendorff's neue Methode, in sechs Monaten eine Sprache lesen, schreiben und sprechen zu lernen. Anleitung zur Erlernung der russischen Sprache nach einem neuen und vollständigeren Plane für den Schul- und Privatunterricht verfaßt. Ebend. 854. 8. (XXI, 1 lith. u. 512 S.) 1 ℛ 10 ngr.

Joel, M., H. G. Ollendorff's neue Methode, in sechs Monaten eine Sprache lesen, schreiben u. sprechen zu lernen. Anleitung zur Erlernung der polnischen Sprache nach einem neuen u. vollständigeren Plane für den Schul- u. Privatunterricht verfaßt. Frankfurt a. M. 857. Jügel. 8. (XXI, 563 S.) 1 ℛ 7½ ngr.

Joel, M., H. G. Ollendorff's neue Methode, in sechs Monaten eine Sprache lesen, schreiben und sprechen zu lernen. — Anleitung zur Erlernung der russischen Sprache nach einem neuen u. vollständigeren Plane für den Schul- u. Privatunterricht verfaßt. 2. Aufl., durchges., verm. u. verb. von Paul Fuchs. Frankfurt a. M. 860. Jügel. 8. (XXIII, 559 S. u. 1 lith. Taf.) 1 ℛ 10 ngr.;
Schlüssel dazu (IV, 139 S.) 15 ngr.

Joel, M., H. G. Ollendorf's neue Methode in sechs Monaten eine Sprache lesen, schreiben u. sprechen zu lernen — Anleitung zur Erlernung der russischen Sprache nach einem neuen u. vollständigeren Plane für den Schul- u. Privatunterricht verfaßt. 3. Aufl. durchgesehen, verm. u. verb. von Paul Fuchs. Ebend. 865. 8. (VIII, 670 S.) cart. 1 ℛ 24 ngr.
Schlüssel dazu (IV, 205 S.) cart. 21 ngr.

Joël, M., Notizen zum Buche Daniel. Etwas über die Bücher Sifra und Sifre. Zwei Programm-Arbeiten. gr. 8. (41 S.) Breslau 873, Skutsch.

—— zur Orientirung in der Cultusfrage. gr. 8. (IV, 34 S) Breslau 869, Skutsch.

— Predigt bei dem Dank- u. Bittgottesdienste anläßlich des Attentats auf Se. Majestät den Kaiser u. König geh. am 5. Juni in der neuen Synagoge zu Breslau. gr. 8. (8 S.) Breslau 878. Hainauer. n. — 20

—— Predigt gehalten bei der Einweihung der neuen Synagoge in Breslau am 29. Septbr. 1872. gr. 8. (15 S. mit 1 eingedr. Holzschn.) Ebendas. 872.

— Predigten aus dem Nachlaß. Hrsg. v. A. Eckstein u. B. Ziemlich. 1. u. 2. Bd. gr. 8. Breslau, Schles. Verlags-Anstalt. à n. 6. —; geb. n. 7.50

1. Festpredigten. (XVIII, 312 S.) 892. — 2. Fest- u. Gelegenheitspredigten. (316 S.) 894.

Joël, M., Predigten aus d. Nachlaß. Hrsg. von A. Eckstein u. B. Ziemlich. 3. Bd. Sabbathpredigten. gr. 8. (297 S.) Berlin 898. S. Calvary & Co. n. 6. —

Joël, M., Rede an der Bahre des Oberrabbin. und Sem.-Dir. Dr. Zacharias Frankel. gr. 8. (7 S.) Breslau 875, [Skutsch.] Hepner's Verlag.

— Rede, geh. an der Bahre des heimgegangenen Rabb. Dr. Lazarus, Director des jüdisch-theolog. Seminars zu Breslau gr. 8. (7 S.) Breslau 879. Schletter's Sort. n. — 20

— Rede an der Bahre des hingeschiedenen Rabbiners und Predigers Dr. Michael Sachs. — Rede an der Bahre des Dr. Moritz Veit. Berlin 864. Dümmler's Verlhdlg. gr. 8. (16 S.) n. 4 ngr.

— die Religionsphilosophie des Mose ben Maimon (Maimonides). gr. 4. (50 S.) Breslau 859, (Gosohorsky's Buchh.) *

— Lasker's Resolution, den Austritt aus der Synagogen-Gemeinde betr. und ihre etwaigen Folgen für das bevorsteh. Judengesetz beleuchtet. gr. 8. (11 S.) Breslau 875, (Priebatsch's Buchh.)

— Schlüssel zu den Aufgaben in der polnischen Grammatik nach Ollendorff's Methode. 8. (III und 96 S.) Frankfurt a. M. 857, Jügel's Verlag.

— Schlüssel zu den Aufgaben in der russischen Grammatik nach Ollendorff's Methode. 8. (IV und 112 S.) Frankfurt a. M. 854, Jügel's Verlag.

Joel, M., Lehrer der slavischen Sprachen und Literatur. Schlüssel zu den Aufgaben in der russischen Grammatik nach Ollendorf's Methode. 3. Aufl. Durchgesehen, verm. u. verbess. von Prof. Paul Fuchs etc. 3. Frankfurt a. M. 1865.

— zum Schutz gegen „Trutz". Eine nothgedrungene Ergänzung der Schrift: „Zur Orientirung in der Cultusfrage". gr. 8. (29 S.) Ebendas. 869. *

— ein altjüdisches Steuergesetz. Predigt gehalten am Sabbat Schekalim. gr. 8. (14 S.) Ebendas. 870.

— Spinoza's theologisch-politischer Traktat auf seine Quellen geprüft. gr. 8. (XI, 76 S.) Ebendas. 870.

Joël, M., meine in Veranlassung eines Processes abgegebenen Gutachten über den Talmud in erweiterter Form hrsg. gr. 8. (33 S.) Breslau 877. Schletter's Sort. n. — 80

— Verhältniss Albert des Grossen zu Moses Maimonides. Ein Beitrag zur Geschichte der mittelalterl. Philosophie. gr. 4. (28 S.) Breslau 863, Schletter'sche Buchh.

— religiöse Vorträge gehalten am Bettage, den 27. Juni und an dem Sieges-Dankfeste, den 14. Juli 1866. gr. 8. (16 S.) Breslau 866, Schletter'sche Buchh.

— religiöse Vorträge gehalten am Bettage den 27. Juli 1870 und am Geburtstage Sr. Maj. des Kaisers und Königs Wilhelm den 22. März 1871. gr. 8. (16 S.) Ebendas. 871. *

— Worte gesprochen an der Bahre Meyerbeer's. gr. 8. (7 S.) Breslau 864, Schletter'sche Buchh.

— religiös-philosophische Zeitfragen in zusammenhängenden Aufsätzen besprochen. gr. 8. (89 S.) Breslau 876, Schletter'sche Buchh. *

Joël, Manuel: 1. * Aristotelis de voluptate sententiam adumbravit et quum ex psychologicis, tum maxime ex ethicis rationibus judicavit. 34 S. 4° (2°) 2. * [Deutsche Bearbeitung desselben Themas:] Aristoteles Lehre von der Lust, ⟨Vgl. Eth. Nikom. X. 1—5.⟩, dargestellt und sowohl in psychologischer als namentlich in ethischer Beziehung beurtheilt. 20 Bl. 4° (2°)

Halle-Wittenberg, Phil. Diss. v. 18. Okt. 1853

Geb. [Birnbaum (Posen) 19. 10. 1826]

Hinrichsen: Literar. Deutschland 1887 führt ihn unter dem Vornamen Moritz.

— Zur Erinnerung an ihn, s. Gedenkblätter.

Joël, Max, das Arbeiterschutzgesetz vom 1. Juni 1891 m. den Ausführungsvorschriften des Reichs u. Preußens. Erläutert v. M. J. gr. 8. (VI, 266 S.) Berlin 893. C. Heymanns Verl. n. 6. —

Joël, Max: Über eine Art von Bewegung auf der Oberfläche einer Kugel, dargestellt mit Hülfe hyperelliptischer Integrale. Halle a. S. 1884: Heynemann. 33 S. 4°

Halle-Wittenberg, Phil. Diss. v. 5. Apr. 1884

Geb. [Neue Mühle b.] Brandenburg a. d. H. 4. 6. 1859. V.

Joël, Max. Das Gesetz betr. die Erwerbs- u. Wirthschaftsgenossenschaften vom 1. Mai 1889. Mit e. Anh.: Bekanntmachung, betr. die Führg. d. Genossenschaftsregisters u. die Anmeldgn. zu denselben. Vom 11. Juli 1889. gr. 8. (III, S. 417—744.) Münch. 890, Hirth. * 5 —
Aus: Annalen d. Deutschen Reichs, besonders abgedruckt.

Joel, Raph., s. Aristobulus.

Joel-Jacoby, s. a. Jacoby, Frz. Karl.

Joel-Jacoby, Franz Karl, Kampf u. Sieg. (Vorläuferin der ausführlichen Bekehrungsgeschichte.) Regensburg, Montag (jetzt Verlagsanst.), 1840. gr. 12°. 119 S., 1,50 Mk.
Vgl. Katholik 1842, Bd. 83 S. 295.

Joelis Chronographia compend. rec. Bekkerus, s. Manassis.

Joëlson, Alfr. Frhr. v., Erfahrungen u. Betrachtungen üb. Soldatenreiterei. gr. 8. (71 S.) Wien (902). (L. W. Seidel & Sohn.) n. 2. —

Joelson, Alfr. Frhr. v., Erfahrungen u. Betrachtungen üb. Soldatenreiterei u. das Fahren der Artillerie. 3., durchgeseh. u. verm. Aufl. (85 S.) gr. 8. Wien (906). L. W. Seidel & Sohn. n. 3. —
2. Aufl. (83 S.) 904. n. 2.50.

Joelson, Alfr. Frhr. v., Erfahrungen u. Betrachtungen üb. Soldatenreiterei u. das Fahren der Artillerie. 4. durchgeseh. u. verm. Aufl. (96 S.) gr. 8. Linz 908. (Wien, L. W. Seidel & Sohn.) 3. —

Joendl, J. P., s. Jo(e)ndl.

Joesten, s. Jo(e)sten.

Joffé, A., eine Bemerkung zu der Arbeit v. E. Ladenburg: „Über Anfangsgeschwindigkeit u. Menge der photoelektrischen Elektronen etc." (S. 279 u. 280 m. 1 Taf.) gr. 8. München 907. (G. Franz' Verl.) — 20
Sonderabdr. a.: „Sitzungsber. d. bayer. Akad. d. Wiss."

Joffe, A[braham]: Elastische Nachwirkung im kristallinischen Quarz. Leipzig: J. A. Barth 1906. (81 S.) 8° ¶[Erschien auszugsweise 1906 in: Annalen d. Physik 4. Folge Bd 20. S. 919—980.]

München, Phil. Fak., Ref. Röntgen, Diss. v. 5. Juni 1905

[Geb. 30. Okt. 80 Romny, Rußland; Wohnort: Romny; Staatsangeh.: Rußland; Vorbildung: Realgymn. Romny Reife 97; Studium: St. Petersburg T.H. 10, München 6 S.; Rig. 5. Juni 05.]

Joffe, Sophie, aus Toula (Russland): Über Icterus congenitus infolge von angeborener Anomalie der Gallengänge. ⟨Aus dem Kinderspital Zürich. Innere Abteilung: Prof. Wyss.⟩ Zürich 1909. 56 S. 8°. [1. III. 09.]

Zürich. Med. Diss. 1908/09.

Jogalla, Isidor, Volontärarzt an d. Frauenklinik d. Hrn Prof. Dr. A. Martin in Berlin: Über einen Fall von Tubarschwangerschaft mit teilweiser Lösung des Eies und lebender Frucht. *Leipzig 1898: F. Fischer.* (20 S.) 8°

Leipzig, Med. Diss. v. 2. Dez. 1898

(Nur in beschränkter Zahl für den Austausch)

Joger, S.

— s. Righelatti, die Wanderung.

Joger, S., die heil. Schaar. In Cooper's Manier. 2 Thle. 8. (20 B.) Leipzig 830, Kollmann.

—— die Wanderung. Frei bearb. a. d. Italien. d. Mad. Nichelotti. 2 Bdchn. 8. (25 B.) Leipzig 830, Kollmann.

Joggeli, Emmenthaler, s. Wochenblatt des Emmenthals.

Joggeli: Humoristisch-satyrischer Joggeli v. Schweizer Kriminal-Zeitung.

Schweizer Joggeli v. Zeitung für Stadt und Land.

Joggeli-Kalender 1896. In-8⁰. 96 S. Zürich, Wettstein & Speidel. — 50

Joggelikalender. Joggeli-Kalender 1901. Prosit Neujahr! (*Umschlag: Joggeli Kalender 1901. Jahrg. 8.) [Illustriert.] IV + 112 S. 4. Zürich, Jean Frey. (fr. —. 60)

Joggelikalender. Joggeli-Kalender 1902. (Jahrg. 9.) [Illustriert.] IV + 112 S. 4. Zürich, Jean Frey. (fr. —. 60)

Joggeli-Kalender 1903. 10. Jahrg. 4. (98 S. m. Abbildgn.) Zürich. Jean Frey. (Nur direkt.) n. — 60

Joggeli-Kalender 1906. (13. Jahrg.) (89 S. m. Abbildgn.) Lex.-8. Zürich, Jean Frey. (Nur direkt.) n. — 60

Joggeli-Kalender 1910. (91 S. m. Abb.) Lex. 8. Zürich, Jean Frey. (Nur direkt.) — 60

Joglohess, Martin, aus Mohilew (Russl.): Das Auftreten von Stechapfelformen an den roten Blutkörperchen unter krankhaften Verhältnissen. *Berlin (1900): E. Ebering.* (27 S.) 8° Berlin, Med. Diss. v. 29. Juni 1900

Jogszis, Anna. Vom Verf. der neuen deutschen Zeitbilder... Leipzig 1856. V: *Temme, Jodocus Donatus Hubert.* (KY)

Jogszis, Anna. Vom Verf. der neuen deutschen Zeitbilder, der Verbrecher rc. (J. D. H. Temme.) 4 Bdchn. 8. (VI und 820 S.) Leipzig 856, H. Schultze. *

Johae, Karl: Über das Spatium sacro-ischiadicum ... (Aus: Beitr. z. klin. Chir., Bd x Heft 3.) Tübingen, H. Laupp'sche Buchh., 1893; 23 S. 8. Freiburg i. B., Med. Fak., Inaug.-Diss. v. 1892

Johanknecht, Chr. Frid. Lud.

Iohanknecht, C. F. L., explorat. quaest. an servit. in faciend. consist. tum. secund. jus roman. tum secund. jus germanic. 4. maj. Gött. Dieterich. 807.

Johann [Sachliches OW]

Johann, Erzherzog. Ein Charakterbild. Mit Beiträgen zur Geschichte der Begründung der zweiten Dynastie Bulgariens... Wien 1901. V: *Pollack, Hnr.* (KA)

— König, s. Werke, dramatische, a. d. Engl. des Shakespeare v. Schlegel 5r.

Johann, der selige Bauer von Vohburg, s. Volksbücher, illustrirte.

Johann der Beständige, Churfürst v. Sachsen, u. Friedrich Wilhelm III. König v. Preußen. Ein evangel. Cabinetstück. Zur Nachfeier d. 3. Jubelfestes uns. evangel. Glaubens. 8. (3¼ B.) Greiz 830, Henning.

Johann, des Königs von Sachsen, Besuch der Universität Leipzig am 4., 5. und 6. August 1857. Nebst einer Darstellung der Anstalten und Sammlungen der Universität. Nach amtl. Quellen bearb. (Von Friedr. Bülau.) Lex.-8. (IV und 132 S.) Leipzig 858, Hirschfeld.

Johann der Christ. Berlin 855. (Wohlgemuth.) 8. (32 S. u. 1 Holzschn.) 3 ngr.

Johann Christoph, Professor, oder der Koch und der Geschmack ein episches Gedicht ... Braunschw. 1753. V: *Zachariae, Just Frdr. Wilh.* [?]. (Wanick, Gottsched. Leipz. 1897. S. 626.) (Wahl, Rost. Leipz. 1902. S. 71 f.)

Johann von Eick, und sein Nachfolger; von Johanna Schopenhauer. 2 Bde. 8. Frankf. a. M. Heinr. Wilmans. 821.

Johann Erzherzog von Oesterreich, Reichsverweser über Deutschland. Für Jung und Alt in der Stadt und auf dem Lande. 2., verm. Aufl. 16. (16 S. mit dem Bildniß Johann's und einer Ansicht vom Brandhof auf 1 Stnt.) Tübingen 848, (Buchhandlung Zu-Guttenberg.)

Johann I., Markgraf, s. Bauch, Alfred.

— Friedrich, Kurfürst. Ein histor. Trsp. m. 4 Pausen. gr. 8. Lpz. Sommer. 810.

Johann Friedrich der Grossmüthige, Churfürst, und Jena. Festgabe und Erinnerungsblatt ... Weimar 1858. V: *Steinacker, Gust.* (KU)

Johann Friedrich der Großmüthige, letzter Churfürst von Sachsen. Ein histor. Trauerspiel von C. Sebald. N. Aufl. gr. 8. Leipzig, Sommer. 818. Rthlr.

Johann Friedrich der Großmüthige, Kurfürst v. Sachsen, s.a. Hausfreund, Hamburger, Nr. 44.

Johann Friedrich der Großmüthige, Churfürst von Sachsen, s.a. Schillings-Bücher.

Johann Friedrich der Grossmüthige, Churfürst von Sachsen, ein histor. Trauerspiel... Leipz. 1804. 1818. V: *Silber, Benjamin.* (GGr) (MGT)

Johann Friedrich d. Großmüthige, Kurfürst v. Sachsen. Histor. Trspl. N. A. gr 8. Lpz. 816 (Nauck). 16 gr.

Johann Friedrich der Großmüthige, Churfürst v. Sachsen. histor. Trauerspiel. Neue Ausg. gr. 8. Leipz. Sommer, 816.

Johann Friedrich, Kurfürst von Sachsen. 8. (44 S. mit 1 Holzschn.) Berlin 854, (J. A. Wohlgemuth.) **

Johann Georg I., Kurfürst v. Sachsen, s.: Schubert, G. H. v.

Johann v. Gott, d. heil., der Stifter d. Ordens d. barmherz. Brüder, d. liebr. Erzvater d. Armen u. Kranken. Sammt dess. Tages-Zeiten, d. neuntägigen Andacht zu ihm u. seiner Legende. Mit d. nöth. Unterrichte u. eigens dazu bearbeit. Gebethen ꝛc. 12. (6 B. u. Ttlkpfr.) Linz 837, (Haslinger.) Thlr.

Johann Schmidgall's Jugendjahre, s.: Schmidgall.

Johann, König von England. Fürstengemählde des 13ten Jahrhunderts. Altona 1796. V: *Bube, Wilh. v.* (GGr) (Ky)

Johann, König v. England, Fürstengemälde aus dem 13ten Jahrhundert, (von Wilh. v. Bube). 8. Hamb. 796. (Herold jun.) 10 gl

Johann, König v. England, Fürstengemälde aus d. 13ten Jahrhund. 8. Hamb. Vollmer. 798.

Johann, König von Sachsen ... Leipzig 1854. V: *Sparfeld, Eduard.* (Bem I, 1, S. 499)

Johann von Leiden, wahre Geschichte der Vorzeit. Dresden und Leipzig 1793; ebda. 1799. Neue Aufl. Leipzig 1805. V: *Vulpius, Chn. Aug.* Vgl. Jb. d. Samml. Kippenberg 6 (1926), S. 82 f. (DARP)

Johann v. Leiden, e. Geschichte des 16. Jahrh., (von Chr. A. Vulpius). 8. Leipz. 799. N. A. 805. Hinrichs. 20 gl

Johann von Nepomuk, Der liebreiche und erschreckliche heilige, bey Errichtung der Brüderschaft desselben, bey St. Moritz. O. O 1729. V: *Binner, Thomas.* (Jes)

Johann und Marie, s.a. Genovefa.

Johann und Marie | oder: | Die zwei verlassenen Kinder | unter den Negern. | (Nachdruck verboten.) | (Fig.: *Zwei Kinder auf einem Baumstamm sitzend*, 53 × 70) | Schwiebus. | Druck und Verlag von Hermann Reiche. | 18.
o. J., 8 S., 149 × 108.
Original-Druck eingeheftet in A. Spamer: Die Deutsche Volkskunde II, Berlin 1935, zwischen S. 448 und 449.

Johann und Marie, | oder | die zwei verlassenen Kinder unter | den Negern. | Eine wahrhafte Geschichte für gefühlvolle | Herzen. | Johann und Marie mit ihrer Mutter auf den Meereswellen. | (Fig.: *Schiffswrack auf dem Meer, die drei Helden auf einem Floß*, 63 × 73) | Reutlingen, | bei B. G. Kurtz. 1834.
23 S., 162 × 102.
SeB Ulm BB 946[n].
Schenda 1000 FVb Nr. 476–476a. – Schenda VoB S. 265, 367, 405, 484. –

Johann und Marie, oder die zwei verlassenen Kinder unter den Negern. Eine wahrhafte Geschichte für gefühlvolle Herzen. 8. (19 S.) Reutlingen 864, Kurtz'sche Buchh.

(U.-Titel:) Johann und Marie, | die | zwei verlassenen Kinder | unter den Negern. | Eine rührende Erzählung. (Fig.: *Segelboot an exotischer Küste*, 66 × 68) | Reutlingen. | Druck und Verlag von Enßlin und Laiblin. (= *Reutlinger Volksbücher*, 1).
o. J. (1877), 16 S., 166 × 106.
LBS d. D. oct K 3461.
Text beginnt hier S. 2, bei einer anderen Auflage (? – Priv.-Bes.) auf S. 3.

Johann v. Nepomuk. Trauersp. in Prosa. 8. Augsb. Bartholomäi. 779.

— — — Trsp. in Versen. 8. Salzb. Mayr. 782.

Johann von Nepomuk. Ein historisches Trauerspiel in 5 Aufzügen. Neu bearbeitet für die königliche Nationalbühne in Prag und daselbst aufgeführt am 16. May 1797. Prag 1797. V: *Spiess, Chn. Hch.* (A. Schlossar, Inneröst. Stadtleben. Wien 1877. S. 47) (GGr V/352, Nr. 251, nach Nuth?) (BiblPort)

Johann von Oesterreich. Ein Zuruf an Deutschland. (Gedicht.) 8. (6 S.) Rochlitz 848, Ulbricht. 1/24 ℛ Mit Golddruck u. Goldschn. 1/6 ℛ

Johann v. Paris, s.a. J. Ritter v. Seyfried.

Johann von Paris, kom. Oper in 2 Aufz. Nach d. Franz. von J. R. v. Seyfried. 2te Aufl. 8. Ebend. 813.

Johann von Paris. Komische Oper in 2 A. Nach dem Französ. von Jos. R. v. Seyfried. 2. Aufl. Wien 1813; [2]1825. V: *Daucourt de Saint Just*; Musik von Boieldieu. (Aufgef. Paris 4. Apr. 1812.) Vgl. Allg. Lit.-Z. 1826, Nr. 104, Sp. 853. Riemann, Opernhdb. 242 f. (DARP)

Johann v. Paris. Kom. Oper in 2 A., nach d. Franz. des St. Just, v. J. Ritter v. Seyfried. 3e Aufl. 8. Wien 825, Wallishausser.

Johann, Der pfiffige. Komische Scene. Wien [1901]. V: *Bartl, Hans.* (EB)

Johann von Procida oder die Sicilische Vesper. Schauspiel in fünf Aufzügen. Berlin 1791. V: *Hagemeister, Joh. Gottfried Lucas.* (GGr)

— v. Procida; od. d. sicilian. Vesper. Schsp. v. Hagemeister. 8. Berlin, Maurer. 791.

Johann der Reichsverweser. Was hot er gesogt? Oestraichisch sollen mer werden, hot er gesogt. Druck von C. A. Schiemenz. 1 Bl. Fol.
Flugblatt. Berlin, 1848/49.

Johann von Schwaben. Ein Schauspiel. Leipz. 1778. V: *Meissner, August Glieb.* (EE) (Mn) »1780« (BrMm) (MGT) (Adel)

Johann von Schwaben. Ein Schauspiel. Leipzig 1780. V: *Meissner, August Gottlieb.* »Frankfurt u. Leipzig 1781« (Bibl. Weissstein 1/4028.) (»O. O. 1781« Bibl. Dr. Richard Abeles, Wien) (Biblport)

— v. Schwaben,. Schsp. v. Meißner. 8. Lpz. Breitkopf. 780.

— — dasselbe. 8. München, Fleischmann. 781.

Johann von Schwaben. Schspl. in 5 A. 8. Münch. 781. Fleischmann 9 gl (Nachdruck von Meißners Johann).

— — dasselbe v. Plümike. 8. Berlin, Maurer. 783.

Johann von Schwaben oder die Ermordung des Kaisers Albrecht . . . Quedlinb. 1829. V: *Müller, Hnr. Aug.* (Ky)

Johann von Schwaben, od. d. Ermordung d. Kaisers Albrecht. Histor.-romant. Gemälde a. d. 13. u. 14. Jahrh., v. Verf. d. „Albert von Reinstein" 2c. (Heinr. Müller.) 2 Thle. 8. (25½ B.) Quedlinburg 829, Basse.

Johann, Herzog, und die Schweizer. Heroisches National-Schauspiel, mit Chören. O. O. 18??. V: *Grob, Adrian.* (Cat. d. Stadtbibl. Zürich. Zürich 1864—97.)

Johann VI., König v. Portugal. (Aus d. Zeitgenossen N. XXIV, abgedruckt.) gr. 8 Leipz. 827, Brockhaus.

Johann der muntere Seifensieder oder neuestes und vollständigstes Taschen-Liederbuch für das singlustige Deutschland. 10. Aufl. 32. (191 S.) Erfurt 855, Bornemann. **

Johann und Sigmund, die jungen Burggrafen von Nürnberg aus dem Hause Zollern . . . Salzkotten [Emsdetten] 1859. V: *Sobbe, Eug. v.* (Ky)

Johann und Sigmund, die jungen Burggrafen von Nürnberg aus dem Hause Zollern. Eine historische Erzählung aus dem 13. Jahrh. (Von Eug. v. Sobbe.) 16. (28 S.) Salzkotten 859. [Emsdetten,] v. Sobbe.

Johann von Oesterreich, Der erlauchte Tourist und Alpenfreund Erzherzog. Wien [1882]. V: *Wallmann, Heinrich.* (Hr)

Johann II. von Liechtenstein, Fürst, und die bildende Kunst. Wien 1908. V: *Höss, Carl.* (Berl)

Johann II., Fürst v. Liechtenstein u. d. bildende Kunst. (Von Karl Höss.) (XI, 363 S. m. 32 Taf.) gr. 8. Wien 908. (A. Schroll & Co.) 13. —

Johann [persönlicher Name]

Johann von Magdeburg [Pseud.], s. Zschokke, Heinrich

Johann, Erzherzog von Österreich Toskana

Johann Nepomuk Salvator, Erzherzog von Österreich s.a. Orth, Johann.

(Johann Salvator, Erzherzog v. Österreich.) Betrachtungen über die Organisation der österr. Artillerie. 2. Aufl. Wien 1875. 8°. (1. Aufl. 1875.)

Johann Erzherzog v. Oesterreich, 48 Briefe an Johann v. Müller. 8. (107 S.) Schaffhausen 848, Hurter. ½ ß

Johann, Erzherzog, Drill od. Erziehung? Vortrag, geh. im militär-wissenschaftl. Vereine zu Wien am 3. Novbr. 1883. 1—3. Abdr. [Aus: „Organ d. militär-wissenschaftl. Vereine".] gr. 8. (22 S.) Wien 883. (Seidel & Sohn.) n. — 60

—— Einblicke in den Spiritismus. 1.—4. Aufl. 8. (102 S.) Linz 884, Ebenhöch'sche Buchh. *

Johann, Erzherzog, Einblicke in den Spiritismus. 5, Aufl. [13.—15. Tausend.] 8. (102 S.) Linz 885, Ebenhöch'sche Buchh. *

Johann's, Erzherzog, „Feldzugserzählung" 1809, bearb. v: Alois Veltzé, s.a. **Mitteilungen des k. u. k. Kriegsarchivs.**

Erzherzog **Johanns** [von Österreich] 'Feldzugserzählung' 1809. Nach den im gräfl. Meranschen Archiv erliegenden Originalaufzeichnungen mitgeteilt u. bearb. von Hauptm. Alois Veltze. Wien: Seidel 1909. XI, 239 S. 8°
(Mitteilungen d. K. u. k. Kriegsarchivs. Suppl. 1909.)

Johann, Erzherzog, Geschichte des k. k. Linien-Infanterie-Regiments Erzherzog Wilhelm Nr. 12. 1. Thl. gr. 8. (X, 653, IX S.) Wien 877, Seidel und Sohn.

—— **Geschichte des k. k. Infanterie-Regiments Erzherzog Wilhelm Nr. 12. 2. (Schluss-)Thl.** gr. 8. (854; Anhang CCCXVI S.) Wien 880, Seidel und Sohn. *
1. Thl. Ebendas. 1877. *ℳ 3.

Johann, Erzherzog v. Oesterreich, s. Krones, Frz. v. Aus dem Tagebuche Erzherzog Johanns v. Oesterreich 1810—1815.

Johann, Erzherzog. Aus ..... Tagebuch. Eine Reise in Obersteiermark im Jahre 1810. Im Auftrage Sr. Exc. des Herrn Grafen von Meran, herausgegeben von Franz Ilwof.
8. Graz 1882.

Johann Bischof zu Raab

(Hirtenbrief) Johann, durch Gottes Barmherzigkeit und des apostol. Stuhles Gnade Bischof der heil. Kirche zu Raab. Wien, 1857. Buchdr. von K. Gerolds Sohn. (7 S. 4.)

Johann von Rotterdam, des Fischers Tochter. Geschichte aus den Dünen. (Gekrönte Preisnovelle der Gazette von Gent.) Aus dem Fläm. von A. Kretzschmar. 8. (198 S.) Leipzig 856, Einhorn's Verlag. Thlr.

Johann, Prinz v. Sachsen † (Philalethes,) s. Dante.

Johann, König von Sachsen, Dichtungen, veröffentlicht von J. Petzholdt. gr. 8. (24 S.) Dresden 879, Schönfeld's Verlag.
Vgl.: Falkenstein, Joh. Paul v.

Johann, König von Sachsen, Dichtungen. Neue und vervollständigte Ausg. Veröffentlicht von J. Petzholdt. gr. 8. (XIII, (98 S.) Dresden 880, Baensch. *

Johann, König v. Sachsen, Dichtungen. Hrsg. v. Carola, Königin-Wittwe v. Sachsen. gr. 8. (XV, 260 S. m. Bildn. u. 1 Fksm.) Leipzig 902. B. Tauchnitz. n. 8.—; geb. in Leinw. n. 4.—

—— Proklamationen, Reden, Ansprachen und Briefe aus der Zeit seiner Regierung. Veröffentlicht von J. Petzholdt. gr. 8. (VI, 80 S.) Ebendas. 880. *
Vorstehende zwei Schriften sind aus: Petzholdt, J., Aus dem Nachlasse des Königs Johann von Sachsen, besonders abgedruckt.
Vgl.: Schwerdfeger, Otto.

— Tages-Befehl am 24. IX. 1866. Fol. (1 Bl.) Dresden (899). (H. Burdach.) n.n. 7. 50

Johann von Viktring, s. Johannes Abbas Victoriensis

Johann von Würzburg

Johannes Wirzeburgensis, s. Descriptiones terrae sanctae.

Johann's v. Würzburg Wilhelm v. Oesterreich, hrsg. von Ernst Regel, s.a. Texte, deutsche, des Mittelalters. III.

Johanns von Würzburg Wilhelm von Österreich aus d. Gothaer Hs. hrsg. von Ernst Regel. Mit 2 Taf. Berlin: Weidmann 1906. (XXII, 333 S.) 8°
— Texte, Deutsche, d. Mittelalters. Bd 3. [06. 1052

Johann Baptist Erzherzog v. Oesterreich, s.a. Briefwechsel.

Briefwechsel zwischen Erzherzog Johann Baptist von Oesterreich und Anton Graf v. Prokesch-Osten. Nebst Auszügen aus d. Tagebuchblättern des Erzhz. Johann üb. s. Aufenthalt in Athen im Nov. 1837. M. Anm., Erl., Aktenstücken & c hrsg. v. Dr. Anton Schlossar ... M. 2 Portr. u. 2 Hsfacs. *Stuttgart: A. Bonz & C. 1898.* (XII, 440 S., 5 Taf.) 1 Bd 8. [98. 5816

Briefe des Pfalzgrafen Johann Casimir [bei Rhein] mit verwandten Schriftstücken gesammelt u. bearb. von Friedrich v. Bezold. Hrsg. durch d. hist. Comm. bei d. Kgl. Acad. d. Wiss. Bd 1–3. *München: M. Rieger 1882 -1903.* 3 Bde 8°
1. 1576–1582. 1882. 2. 1582–1586. 1884. 3. 1587–1592. 1903. [04. 1119

Johann Friedrich's des Grossmüthigen Stadtordnung für Jena. Zur Feier der Enthüllung des ehernen Standbildes des Kurfürsten auf dem Markte zu Jena am 15. Aug. 1858 zum ersten male hrsg. Namens des Vorstandes des Vereins für thüring. Geschichte und Alterthumskunde von A. L. J. Michelsen. gr. 4. (III und 90 S.) Jena 858, Frommann. *

SCHWARZBURG-Rudolstadt. — Des Fürsten Johann Friedrichs zu Schwartzburg .... Gesinde-Ordnung. Anno 1749. 4°. 16 S. (1 Mk. 50 Pfg. E. Frensdorff, 1908.)

Des Fürsten Johann Friedrichs zu Schwartzburg Verlöbniss-, Hochzeit-, Kindtaufs- und Begräbniss-Ordnung. Anno 1749. Rudolstadt. 4°. 38 S. (4 Mk. der Vorige.)

Johann Georg, des Kurfürsten v. Brandenburg, Agende, Visitations- u. Consistorial-Ordnung v. J. 1572 u. 1573 mit e. geschichtl. Einleitung aufs Neue hrsg. gr. 8. (12 B.) Berlin 840, L. Oehmigke, Vrlgsb.

Chur-Fürstl. Sächssische Landes-Ordnung (Johann Georgs) in dero Marggraffthumb Nieder-Lausitz, die Unterthanen, dero Kinder, Dienst- und Schuldigkeit, so wohl gemeine Handwergsleute, Tagelöhner und Arbeiter, wie auch Schäffer und Müller betr. [Dat.:] Dreßden, am 2. Dec. 1651. Dreßden 1652.

Johann Georgens, Herrn, des Durchlauchtigsten Fürsten u. Herrn, Hertzogens zu Sachsen, Jülich, Cleve u. Bergk, Landgrafens in Thüringen, Marckgrafen zu Meissen, Gefürsteten Grafens zu Hennebergk, Grafens zu der Marck u. Ravensbergk, Herrns zu Ravenstein, Römischer Kayserlicher Majestät Feld Marschall Lieutenant u. Obristens erneuerte Ordnung, wie es hinfüro in Sr. Fürstl. Durchl. Fürstenthum Eisenach, sowol auch in Dero Thüringischen Aemptern u. Vogteyen, auff Verlöbnissen, Hochzeiten, Kind-Tauffiten, Begräbnissen, &c. gehalten werden soll. Gotha. M.D.C.LXXVIII. Erneuter Druck: 1904. (60 S.) 8. Eisenach, H. Kahle. n. — 80

Johann Jacobus (Fries), der Humor des Menschenlebens. Scherzhaftes Epos. 8. (III, 148 S. m. Abbildgn.) Frankfurt a/M. (901). Kesselring. Geb. in Leinw. n. 2. 80

Johann Joseph von der heil. Theresia, die Liebe Jesu zu den Menschen und der Menschen Undankbarkeit gegen Jesus im allerheiligsten Sakramente des Altares. Aus dem Französ. von J. Köhn. Autoris. Ausg. 16. (196 S.) Regensburg 864, Manz.

Johann Nepomuk Salvator, Erzherzog von Österreich, s. Johann, Erzherzog von Österreich Toskana

Johann Salvator, Erzherzog von Österreich, s. Johann, Erzherzog von Österreich Toskana

Briefe des Königs Johann Sobieski an seine Gemahlin. Deutsch von Oechsle. 8. Heidelberg 1827.

Johann (III.) Sobiesky, König v. Polen. Briefe ... an die Königin Marie Kasimire während des Feldzuges von Wien (1683.) Deutsch von F. Oechsle. Heilbronn 1827. 8°.

Johann Traugott, s.a. Traugott, Joh.

Johann Traugott (Löschke.), allerliebstes Allerlei aus (seinen) Jugendschriften. Mit Bildern von Ludw. Richter, Alex. Sträuber, Frz. Pocci und Siegwald Dahl (in eingedr. Holzschn.) br. 8. (32 S.) Dresden 852. [Leipzig,] Löschke. *

—— zweimal zwölf Bilder aus dem Bilderbuch Kinder, habt die Thiere lieb! als Colorirübung für Knaben und Mädchen. qu. 8. (24 schw. und ill. Holzschnt. mit Text.) Leipzig 853, Löschke.
Vgl.: Richter, Ludw.

Johann Traugott (Löschke), Christkindchen hat's gebracht! Kinderreime mit Bildern von Frz. Pocci. 2. Ausg. 8. (VI und 104 S. mit eingedr. Holzschn.) Leipzig 850, H. Fritzsche. *

—— christlicher Diwan. Ghaselen zum Preise des Herrn. 2. Ausg. 8. (VIII und 78 S.) Leipzig 851, H. Fritzsche. *

—— Familienlieder und häusliche Gelegenheitsdichtungen. Mit Bildern von Ludw. Richter (in eingedr. Holzschn.) und mit Singweisen von R. Kohl, C. G. Butze und A. 8. (VIII und 141 S.) Leipzig 853, Löschke.

—— Halt' dein Vieh gut! Ein nützl. Buch für den Landwirth, sein Gesind' und sein Kind. Mit vielen Bildern von S. Dahl und. A. (in eingedr. Holzschn.) Mit theilweiser Benutzung des „Kinder, habt die Thiere lieb!" von dems. Verf. br. 8. (159 S.) Dresden 852. [Leipzig,] Löschke. *

— Himmelsblümchen für fromme Kinder, mit Bildern von Alex. Sträbuber. 2. Ausg. 8. (IV und 42 S. mit eingedr. Holzschn.) Leipzig 850, H. Fritsche. *

Blmr. *

— An der Krippe zu Bethlehem. Weihnachtsgabe für Jung und Alt, mit Bildern von Ludw. Richter (in eingedr. Holzschn.) br. 8. (46 S.) Dresden 852. [Leipzig,] Löschke. *

— das Mährchenbuch der Großmama. Aus den besten Mährchenschriftstellern zusammengestellt und hrsg. (Deutsche Mährchen mit Randzeichnungen von Carl Merkel.) 4. (78 S. mit 19 Holzschnt.) Leipzig 853, Löschke. *

— nach Belieben Kraut und Rüben! Dichtungen für Kinder mit Bildern von Jodocus Burbaumerl und andern dresdner Künstlern. 8. (109 S. mit eingedr. Holzschn.) Leipzig 850, H. Fritzsche. *

Blnp. * –

— Knecht Ruprecht, auch St. Niclas und Pelzmärtel genannt. Eine Weihnachtszeitung für die J. 1852—54, mit Bildern von Ludw. Richter (in eingedr. Holzschn.) und mit Singweisen von Verschiedenen, nebst einem Beiblatt: Der Christmarkt. hoch 4. (à Jahrg. 28 S.) Dresden [Leipzig,] Löschke. [1. Jahrg. * 8 Ngr., 2. und 3. Jahrg. à 9 Ngr.] *

mit ill. Bildern à Jahrg.

— das Turnen Geisteskranker im Allgemeinen und in Sonderheit das Turnen der Geisteskranken in der königl. sächs. Heil- und Verpflegsanstalt Sonnenstein bei Pirna. Eine Abhandlung. 2. (Titel-)Ausg. 8. (48 S.) Leipzig 850, H. Fritsche. *

— was bringt die Botenfrau? 1. und 2. Tragkorb. 8. (144 S. mit eingedr. Holzschn. von L. Richter.) Leipzig 850, H. Fritzsche. à Tragkorb * 7½ Ngr. *

Ordnung deß Landzols in den Fürstenthumben Gülich u. Berg, wie derselbig in Nahmen u. von wegen des Durchl. Hertzogen **Johann Wilhelm** v. G. G. Pfaltzgraff bey Rhein . . . auffgehubet u. eingebracht werden solle. o. O. [um 1700].

Taxa und Ordnung, welcher Gestalt der Durchl. Fürst . . . **Johann Wilhelm** Pfaltzgraff bey Rhein . . . zu Gülich, Cleve u. Berg Hertzog . . . In Dero Hertzogthumbern Gülich u. Berg das Licent- u. Consumptions-Wesen einführen lassen. Düsseldorff 1700.

— [Desgl.] 1708.

Johann [Familienname]

Johann, Gevatter [Pseud.] ,s.a. M ü n c h , Johann Gottlieb

Johann, Gevatter, (Jh. Gtl. Münch), s. Wintermärchen.

Johann, Alb., allgemeines Lehrbuch der Uhrmacherkunst. Nebst 35 (lith.) Taf. m. 90 Zeichngn. 8. (325 S.) Aarau 878. Naumburg, Schirmer. n.n. 10. —

Johann, A: Allgemeines Lehrbuch der Uhrmacherkunst. Aarau 1879

Johann, M. Anton u. (Respond.) **Johann Christoph Wannovius,** De fundo mentis ejusque abysso et amore ex illo proveniente. Diss. psychol.-philos. Königsberg (Reusner) 22. III. 1741. 32 Seiten. (6.50) 16072

Johann, Leopold, approb. Thierarzt: **Über eigenthümliche epitheliale Gebilde ⟨Leuchtorgane⟩ bei Spinax niger. Mit 2 Taf. u. 1 Fig. im Text.** *Leipzig: W. Engelmann 1899.* (29 S.) 8° ¶(Aus: Zeitschrift f. wissensch. Zoologie, Bd 66, H. 1.)
Rostock, Phil. Diss. v. [17. Nov] 1898

Johann, Nic. Al., s. F. B. Kreutz, Beschreib. rc.

Johann, Wilhelm, Tierarzt in Memel: **Einfluß der endovenösen Sublimatinjektionen auf Milzbrand und Geflügelcholera bei Kaninchen.** Berlin 1907: E. Streisand. (46 S.) 8°
Leipzig, Phil. Fak., Ref. Eber-Kirchner, Diss. v. 21. März 1907
[Geb. 2. Juni 75 Strehlen Schl.; Wohnort: Memel; Staatsangeh.: Preußen; Vorbildung: Realgymn. Trier Reife O. 96; Studium: Tierärztl. Hochsch. Berlin 6, Stuttgart 1, Univ. Gießen 2, Leipzig 1 S.; Rig. 8. Febr. 07.]

Johann-to-Settel, Ernst, Beweis, daß die Methodisten dem Worte Gottes zuwider handeln und lehren. gr. 8. (16 S.) Osnabrück 876, (Lückerdt.)

Johanna

— od. Unschuld u. Liebe. Drama. 8. Wismar, Bödner. 780.

Johanna oder Unschuld und Liebe. Ein Drama in drey Aufzügen. [Wismar] 1781. V: *Korb, Christian Gottlob.* (MGT) (Ky) (GGr)

Johanna, Die Päpstin, romantisch behandelt . . . Leipzig 1783. V: *Winkopp, Peter Adolph.* (MGT)

— die Päbstin, romantisch behandelt, v. Anton v. Padua. 8. Leipzig, Weygand. 783.

Päpstin Johanna, Die, keine wahre Geschichte. Gegen einen Aufsatz (von *Karl Haberfeld*) im „Gesellschafter" zu Berlin. (S.—A. aus dem „Katholiken", Heft VII.) Mainz, in der Simon Müller'schen Buchhandlung. 1821. 8⁰.
Verf. mit *F**** bezeichnet.

Johanna, oder Lebensgeschichte eines Dienstmädchens, von ihr selbst erzählt. Herausg. von dem christl. Verein im nördlicher Deutschland. 12. Halle 836. (Waisenhaus-Buchh n. 7 ✗

Johanna oder der Lebensweg einer Verlassenen. Hamburg 1860. II. V: *Valett, Bertha.*

Johanna oder der Lebensweg einer Verlassenen. 2 Thle. 8. (557 S.) Hamburg 860, Hoffmann und Campe.

Johanna, ein Lebensbild aus dem christl. Volke. Hrsg. von dem Haupt-Verein für christl. Erbauungsschriften. 8. (IV, 85 S.) Berlin 873, (Beck.) *

Johanna v. Arc, die Jungfrau v. Orléans, s.a. Propaganda-Schriften, katholische. Nr. 18.

Johanna v. Arc, die Jungfrau von Orleans, s.a. Wochenbände.

Johanna von Ark, die Jungfrau v. Orleans. Eine Gesch. a. d. 15. christl. Jahrh., nach authent. histor. Urkunden neu erzählt f. jed. Alter, besond. f. d. christl. Jugend v. Verf. d. „Mathilde, Gräfinn v. Oldenburg." Mit Ttlkpfr. 8. (13 B.) Augsburg 833. (Regensburg, Manz.)

Johanna von Arc; eine Geschichte aus dem 15. Jahrhundert. Basel 1881. V: *Bundel-Charles, Bessy.* (zuwzür 1910)

Johanna v. Arc, die Jungfrau von Orléans. »Propaganda-Schriften, Katholische.« (32 S.) Strassburg 1899. F. X. Le Roux u. Co.

Johanna die Erste. Trauerspiel in fünf Akten. Königsberg 1808 [1811?]. V: *Nicolay, Ludwig Hnr. Freih. von.* (Ky)

Johanna I. Trsp. in 5 A. 8. Königsb. Nicolovius. 808.

Johanna I.; Trspl. in 5 A. (von H. L. v. Nicolay). 8. Königsb. 808. (L. Schumann in Leipz.) 18 gl Hbg. Pr. 15 ß

— die erste, Königinn v. Neapel. Trsp. v. Sannens. 8. Wien, Pazowsky. (a. Sammer.) 795.

Johanna die Erste, Königin von Neapel. Trauerspiel in fünf Aufzügen. Königsberg 1808. V: *Blech, Abraham Frdr.* (GGr) (MGT)

Johanna die Erste, Königin v. Neapel, Gräfin v. Provence; ihre Schicksale u. ihre Umgebungen. Nebst e. Blick auf ital. u. provençal. Literatur u. Sitten im 13. u. 14. Jahrh. N. d. Engl. im Auszug frei bearb. v. Caroline Stille. 2 Thle. 8. (31½ B.) Bremen 830, Schünemann.

Johanna von Frankreich. Ein histor. Roman von d. Gräfin v. Genlis. Aus d. Franz. von Th. Hell. 2 Bde. Mit Kupf. 8. Leipzig, Hinrichs. 816.

Johanna, die Heldin der Bluthochzeit. Quedlinburg 1824. V: *Müller, Heinrich.* (GGr VI, 402, 64) (Zeitschr. f. Büch. N. F. 15, 1923, S. 112)

Johanna, die Heldin der Bluthochzeit. Vom Verf. der Paulowna. 3 Thle. 8. Quedlinb. 824. Basse. 2 ℔ 20 gl

Johanna v. Castilien, (v. Fr. Schulz). 8. (Berl.) 788. (Leipz., Wienbrack). 4 gl

Johanna von Kastilien, eine Geschichte aus dem 16. Jahrh. Madrid [Berl.]. 1788. V: *Schulz, Joh. Christoph Friedrich.* (R-N) (Wr) (Ky). (BrMm)

Johanna von Kastilien; e. Gesch. a. d. 16ten Jahrhund. 8. Madrit, Graff. 788.

Johanna, die Päpstin, und ihre Namens-Vettern. Eine kirchengeschichtl. Exkursion, dem kathol. Volke gewidmet. Von P. B. F. gr. 8. (31 S.) Würzburg 876, (Stahel'sche Buchh.).

— v. Neapel. Trsp. v. Halem. 8. Rostock, Stiller. 796.

Johanna Southgate, die neue Prophetin in England. 2 Thle. N. A. 8. Erfurt u. Gotha. Hennings. 2 ℔ 16 gl

— die spanische. Ein Original-Roman, von A. v. Schaden. 8. Berlin, Schüppel. 820.

Johanna von Tiefenheim, oder d. Steuerkasse. Eine lehrr. Erzähl. f. d. kathol. Jugend. Von e. Freunde ders. 12. (3 B.) Augsburg 834, Kranzfelder'sche Buchh.

Johanna v. Toulouse, d. sel., erste Tertiarin d. Karmelitenordens. Frei bearb. nach d. Franz. d. Abbé Laurens de Molinier. Nebst e. Anh.: Über d. Wandel in der Gegenwart Gottes. Von Bonifacius a Ss. Corde Jesu, O. Carm. [Aus: „Stimmen v. Berge Karmel".] gr. 8. (60 S. m. 2 Abb.) Graz 897. (U. Moser.) n. — 40

Johanna von Baudreuil, s. Baudreuil, Johanna von.

Johanne, od. Lebensgeschichte e. Dienstmädchens, von ihr selbst erzählt. Hrsg. von d. christl. Verein im nördl. Deutschland. 12. (8½ B.) Halle 836, Buchh. d. Waisenhauses.

Johanne und Heinrich; ein ländl. prosaisches Gedicht. 8. Eisenach, Wittekind. 802. Rthlr.

Johanne s.: Palais, das alte.

Johanne, s.: Spante, Lotte.

Johanneau, El. (Hrsg.), s. Nepos, Cornelius: Opera

Johannes [Sachliches OW]

Johannes. [Altenburg] o. J. 1 Bl. 8°. [Kopftit.]
„Hört ihr nicht die Stimme tönen" . . .

Johannes, oder d. Macht des Christenthums u. seiner Würde. Drama. 8. Cassel 784. Cerini. (Schneider. 10 ß

Johannes, Drama in 5 Abtheil. m. Kupf. v. F. A. Krummacher. gr. 8. Leipz. Göschen. 815.
Schreibp.

Johannes, od. die Macht des Christenthums u. seiner Würde. Ein Drama. 8. Basel 827, Schneider.

Johannes oder Das verkleidete Mädchen. s.a. Tromlitz, A. von

Johannes, oder: das verkleidete Mädchen. Eine wahre Geschichte. Ratzeburg 1829. V: *Tromlitz (Witzleben), A. v.* (GGr X, 124, 325) (Zeitschr. f. Büch. N. F. 15, 1923, S. 112)

Johannes. [1851.] 8 S. 8°
in: Vorträge i. d. L. Wilhelm z. aufgeh. Sonne i. Stuttgart. 2.

Johannes. Leipzig 1856. V: *Waldow, Herm.* (ADB 41. 136)

Johannes. (Dichtungen.) 8. (XII und 308 S.) Leipzig 856, (Wengler.)

Johannes. Leipzig: Wienbrack 1856. XII, 308 S. 8°
Sammlung von Gedichten, darunter die Abteilung „Johannes der Täufer", „Tischreden", „Der unsichtbare Tempel" usw.

Johannes. Ein Gedicht in sechs Gesängen. 16. (62 S.) Bromberg 860, Levit. *

Johannes. Eine Stimme in der Wüste. Kalender mit christl. Erbauung, Belehrung und Unterhaltung auf das J. 1863. Hrsg. von R. Stangnowski. 12. (XCVIII und 96 S. mit eingedr. Holzschn. und 1 Holzschntaf.) Mohrungen, Rautenberg. *

—— dass. — auf das J. 1868. gr. 16. (143 S.) Hamburg, W. Oncken. *

Johannes, der arme kleine, s.: Immergrün.

Johannes, Der Evangelist, und seine Ausleger vor dem jüngsten Gericht. [Hof] 1801-4. V (Th. 1): *Vogel, Ehrh. Friedrich.* (Ky) (Fiker) (MGT) (winer)

Johannes, d. Evangelist, u. seine Ausleger vor d. jüngsten Gericht, (von E. F. Vogele). 2 Bde. gr. 8. (Hof) 801—5. Grau. 3 ℛ 4 gℓ

[F.] Der Bischof **Johannes** und sein Knecht Edelmann. E. Märchen von Sankt Niklas f. artige Kinder. *Paderborn: Bonifacius-Dr. 1895.* (32 S.) 1 Bd 8. [96. 2019

Johannes Norge od. Selbstbekenntnisse e. Cölibatärs. Nach denselben u. sonstigen einst vertrauten Mittheilungen als erste Hälfte eines Lebensbilds aus der neuesten Zeitgeschichte aufgezeichnet von ****. 8. (22 B.) Rudolstadt 845, Froebel'sche Hofbuchdr.

Die ger. und vollk. St. Johannis-Logen: Johannes der Evangelist zur Eintracht im Or.·. von Darmstadt, Die Freunde zur Eintracht im Or.·. von Mainz und Carl zum Aufgehenden Lichte im Or.·. von Frankfurt a. M. an die ger. und vollk. St. Johannis-Logen des eklektischen Freimaurerbundes. [Dat.:] Darmstadt, Mainz u. Frankfurt a. M. 1845. 2 Bl. 4⁰ [Kopftit.]

Abgedr. in: Archiv f. Frmrei. 3, 3 (1845) S. 200—208.
Betr. die Trennung der Logen vom eklekt. Bunde u. deren Vereinigung zu einem selbständigen Logenverbande.

Johannes der Täufer in seinen Beziehungen zum Freimaurerbunde und zur maur. Arbeit. Vortrag in der Loge Joseph zur Einigkeit in Nürnberg am Tage des Täufers 1858. Nürnberg 1858. V: *Geist, Lorenz.* (Tt)

Johannes der Unversöhnliche an Judas den Patrioten. Riga 1793. V: *Tiling, Johann Nicolaus.* (R-N)

Johannes [persönlicher Name]

Johannes, Fürst-Bischof, zwei Hirtenbriefe über das Gebets-Apostolat mit der sühnenden Kommunion und über die Widmung an die zwei heiligsten Herzen Jesu und Mariä. 12. (47 S.) Graz 869, (Moser.) *

Annales ([Äthiop.] Tarik) **Iohannis** I [Negūš von Abessinien] (Alaf-Sagad), Iyasu I (Ijasū I, Negūš von Abessinien), Bakaffa (Negūš von Abessinien) ed. (1, [2]; 2, [2]: interpret. est) Ignatius Guidi. P. 1. 2. Parisiis: C. Poussielgue; Lipsiae: O. Harrassowitz 1903-05. 4 Bde 8°
1, [1. 2.] Annales Iohannis I. 1903.
2, [1. 2.] Annales regum Iyāsu I et Bakāffā. 1905.
= **Corpus** scriptorum christian. oriental. Script. aethiop. Ser. 2, T. 5, P. 1. 2. [04. 1349

Johannes Alexandrinus, s. Johannes Philoponus

Johannis de Alta Silva Dolopathos sive de rege et septem sapientibus. Hrsg. von Herm. Oesterley. gr. 8. (XXIII, 99 S.) Strassburg 873, Trübner. *

Johannes von Antiochia s. Procopius. Prokop. Gothenkrieg. Leipzig 1885.

Johannes Apostolus

[F.] Die Apocalypse oder d. Offenbarg d. hl. Apostels **Johannes** in Form e. Paraphrase erläut. v. Langer, Pfarrer ... (in Remich). *Trier: Paulinus-Dr. 1897.* (146 S., 1 Bl.) 1 Bd 8. [97. 2,11

— Die Briefe Johannis ins Tibetische übersetzt, und, nebst erläuternden Anmerkungen, autographirt von H. A. Jäschke. Neustadt-Magdeburg o. J.

Johannes. Yo-ha-nan-gyis yi-ger bkod-pai phrin-bzan zes-bya-ba bzugs-so. [Berlin o. J.]

— Briefe, übers. u. erläut. von Mch. Weber. 8. Leipz. 778. Büschel. 2 gℓ

Johannes, des Apostels, Briefe, Hebraismus frei übersetzt u. philosoph. erklärt von E. F. Chr. Oertel. gr. 8. Frankf. u. Leipz. 795. (Köhler). 12 gℓ

Die Briefe des heiligen **Johannes** [Apostolus] übers. u. erklärt von Dr. Johannes Evangelist Belser, Prof. zu Tübingen. Freiburg im Br.: Herder 1906. (VIII, 166 S.) 8° [06. 1338

— drei Briefe, übers. von Ungewitter, s. Petrus, d. Apostels, Briefe.

Joannes Apostolus, S. Drei Briefe, übersetzt und erklärt. Breslau ... Ü: *Schirmer, Joh. Frdr.* (Ky)

— drei Briefe, übersetzt u. erklärt (von J. F. Schirmer). 8. Bresl. W. G. Korn 6 gℓ

Johannis, das Evangelium, s. a. Evangelium.

—— das Evangelium, in goth. Sprache u. Auslegung, s. a. Maßmann, H. F.

Johannis Evangelium. 18. Berlin 838, Thome. $^1/_2$ ℛ

Evangelium secundum Iohannem [apostolum] cum variae lectionis delectu ed. Fridericus Blass. *Lipsiae: B. G. Teubner 1902.* (LXIV, 111 S.) 8° [02. 1447

Das Evangelium des heiligen **Johannes** [apostolus] übers. u. erkl. von Dr. Johannes Evangelist Belser, Prof. Freiburg i. Br.: Herder 1905. (XIII, 576 S.) 8° [05. 14523

Johannes. Das Heilige Evangelium des Johannes. Syrisch in Harklensischer Uebersetzung ... nebst kritischen Anmerkungen von Georg Heinrich Bernstein. Leipzig 1853.

Das Johannesevangelium mit drei deutschen Uebersetzungen (Luther, Bengel, Van Eß) und drei Zugaben (die Form, den Inhalt und den Zweck des Evangelium Johannis betreffend). In Druck gegeben von Johann August Döring. Pastor in Spickendorf, ordentlichem Mitgliede der Lutherstiftung in Leipzig. – Halle: Petersen in Komm. 1880. 222 S.

Das **Johannes**-Evangelium nach der Paraphrase des Nonnus Panopolitanus. Mit e. ausführl. kritischen Apparat hrsg. von Dr. R. Janssen, (Grand Rapids, U. S. A.) *Leipzig: J. C. Hinrichs 1903.* (IV, 80 S.) 8°
— **Texte** u. Untersuchungen z. Geschichte d. altchristl. Literatur. Bd 23, H. 4.

Joannes Apostolus, Sanctus.
Das erste Kapitel erbaulich ausgelegt ... Berlin 1825. Ü: *Wette, Wilh. Martin Leberecht de.* (Ky)

— d. Evangelisten, d. erste Kapitel erbaul. ausgelegt (von W. M. L. de Wette). Als Probe e. bibl. Erbauungsbuches, nebst Ankündigung desselben. gr. 8. Berl. 825. Reimer. 4 gr.

—— drei Lehrbriefe, s.a. Paulus, H. E. G.

— d. drei Lehrbriefe. Wortgetreu, mit erläut. Zwischensätzen übersetzt u. nach philolog.-notiolog. Methode erklärt. Mit exeget.-kirchenhistor. Nachweisungen über eine sittenverderbl., magisch-partheiische Gnosis, gegen welche diese Briefe warnen. Von H. E. G. Paulus. Lex.-8. Heidelb. 829. Winter. 2 Rthlr

Johannes Offenbarung. s.a. Offenbarung.

Johannes Offenbarung. Übersetzt mit einem Commentar von F. H. Lindemann. Hannov. 816. 8.

—— die Offenbarung, e. großes himml. Drama od. Schauspiel, freiwörtl. übers. u. freisinnig erklärt. Bis z. 1000jähr. Reiche 1836. Von (E. F. Gh.) Oertel. gr. 8. (13 B.) Dresden 835, [Walther'sche Vrlsh.]

[Ant. u. Armen.] Die Offenbarung (Apocalypsis) **Johannis** (apostoli) in e. alten armen. Übers., nach 2 Hdss. zum erstenmal hrsg., m. d. griech. Texte vergl. u. m. e. Einl. u. m. Anm. vers. v. Friedrich Murad. H. 1. Jajtnoutheann Jowhannou hin haj thargmanouthiun ... Frëtërikh Mourat. Tetr 1. Jerusalem 1905: Buchdr. d. Armen. St. Jacobus-Klosters. 8°

— Schriften, übers. u. erklärt von Sam. Gli. Lange. 1r Thl. gr. 8. Neustrel. 796. Albanus. 1 Rthlr 4 gr. 2r Thl. d. Evangelium Johannes. gr. 8. Weimar 797. Ind.-Compt. 1 Rthlr 12 gr. 3r Thl. Joh. 3 Briefe, nebst 3 Abhandll. gr. 8. Ebd. 797. 1 Rthlr

Joannes Apostolus, S.
Sämmtliche Schriften. Salzburg 1830. Ü: *Schwab, Gallus.* (Ky)

Joannis Apostoli de transitu Beatae Mariae virginis liber (arabicus). Ex recensione et cum interpretatione Max Engerl. 8maj. (XIX und 107 S.) Elberfeldae 854, Friderichs. *

اخبار يوحنا السليح في نقلة ام المسيح id est Joannis Apostoli de transitu beatae Mariae virginis liber. Ex recens. et cum interpretat. Max. Engerl. Elberfeldae 855. Friderichs. gr. 8. (XIX, 107 S.) n. 1 Rthlr.

Johannes Author, (J. A. Kanne), Geschichte des Zwillings a pede. 8. Nürnb. 811. Schrag. 18 gr.

Johannes Camaterus, s. Kamateros

Joannes Cantacuzenus, s. *Cantacuzenus.*

Johannes Chrysostomus, s.a. Chrysostomus.

Joannes Chrysostomus, S.
Drei Bücher von der Vorsichtigkeit Gottes. A. d. Griech. Augsburg 1763. Ü: *Khager, Anton.* (Ky)

Johannes Chrysostomus, des heiligen, sechs Bücher vom Priesterthume in's Deutsche übers. von Carl Haas. Tübingen 860. Laupp. gr. 8. (VIII, 125 S.) 12 ngr

Joannis, Chrysost., *Commentar. et Homiliae in Epist.* Pauli ad Philemonen. Gr. et lat. cum notis ed. Raphelius. Lauenb. 712. 8.

Joannes Chrysostomus, demonstratio, quod Christus sit deus, s. Patrum, sanctorum, opuscula.

— Geist oder gründliche Sittenlehre aus seinen Werken. Augsb. 781. 2 Th. 8. 2 rthlr.

Johannes Chrysostomus: Homilia ad eos, qui magni aestumant opes ... 1837, s. Becher, Wilhelm Theod. Moritz

– Homiliae

— — — *duae.* Graece in usum praelectt. rec. J. P. Bauermeister. Götting. 816. 8. 6 gr.

— — *Homiliae quatuor.* Gr. et lat. cum anim. ed. C. F. Matthaei. Misn. 792. 2 P. (1 Vol.) 8. 1 rthl.

— — — VII selectae. Gr. et lat. edid. J. W. Jägerus. Tubing. 701. 8. Ib. 755. 8. 8 gr.

Des heil. Johannes Chrysostomus Homilien über die Briefe des heil. Paulus. Aus dem Griechischen übersetzt von Wilhelm Arnoldi. Trier, Troschel, jetzt Regensburg, Verl.-Anst., gr. 8°.

Des hl. Johannes Chrysostomus Homilien über das Evangelium des hl. Johannes. Aus dem Griechischen übersetzt von Franz Knors. Paderborn, Schöningh, 1862, 8°, 788 S., 6 Mk.
Recens. Litt. Bl. d. Sion, 31. Jahrg., Dezember Nro 1 Katholik 1862, Bd. 2, S. 766 f.

Des heil. Johannes Chrysostomus Homilien über das Evangelium des heil. Matthäus. Aus dem Griechischen übersetzt von Franz Knors. Regensburg, Manz, jetzt Verl.-Anst., 1857—1858, gr. 8°, 2 Bde, 571 u. 503 S., 10,20 Mk.

—— übersetzt von Anton Weber. Trier, Lintz, 1857, gr. 8°, 2 Bde, 8,40 Mk.

Des heiligen **Johannes** Chrysostomus Homilien über das Evangelium des heiligen Matthäus. [Homiliae. In Matthaeum, deutsch.] Neubearb. u. hrsg. von Max, Herzog zu Sachsen, Prof. Bd 1. Regensburg: Manz 1910. 8°

—— interpretatio omnium epistolarum Paulinarum per homilias facta. Tom. VI. cont. homilias in epistolas ad Timotheum, Titum et Philemonem. gr. 8. (XII und 407 S.) Oxford 861, Parker. geb. *
Tom. I—V. Ebendas. 1845—55. * 16 Thlr. 10 Ngr.

Joannis Chrysostomi opera selecta graece et latine codd. antiquis denuo excussis emendavit Fred. Dübner. Vol. I. (Bibliotheca scriptorum graecorum. Tom. 51.) gr. Lex.-8. (XIX und 582 S.) Paris 861, Didot frères, fils et Comp. *

Johannes Chrysostomus vom Priesterthum. Verdeutscht durch K. F. W. Hasselbach. Strals. 820. 8. 1 rthl.

— vom Priesterthum. Übersetzt mit Anmerkungen von J. Ritter. Berlin 821. 8. 1 rthl.

[F. u. Ant.] (Johannes) Chrysostomus Super psalmo quinquagesimo liber primus. Nachbildg d. ersten Koelner Ausg. d. Ulrich Zell v. J. MCCCCLXVI. Hrsg. v. d. Stadtbibl. in Köln. (Vorr.: Adolf Keysser.) *Köln: M. Du Mont-Schauberg 1896.* (XIV S., 11 Bl.) 1 Bd 8.(4.)

Des heil. Johannes Chrysostomus, Kirchenvaters und Erzbischofs zu Konstantinopel, Reden über das Evangelium des heiligen Johannes. In Gesellschaft des Herrn Eulogius Schneider aus dem Griechischen übersetzt von J. Mich. Feder. Augsburg, Klett. u. Frankl., 1788, 8°, 3 Bde.

Des hl. Johannes Chrysostomus, Kirchenvaters und Erzbischofs zu Konstantinopel, Reden über das Evangelium des hl. Matthäus, aus dem Griechischen nach der neusten Pariser Ausgabe übersetzt und mit Anmerkungen versehen von Michael Feder. Augsburg, 1786—1787, 8°, 4 Teile in 2 Bden, 471 u. 798 S.

Joannes Chrysostomus, S.

Zwey auserlesene Reden vom Gebet und vom Heyl der Seelen ... Jena 1725. Ü: *Heunisch, J. C.* [?] (Myl)

– De sacerdotio, s.a. Patrum, Sanctorum, opuscula selecta.

JOHANNES CHRYSOSTOMUS: Johannis Chrysostomi de Sacerdotio libri sex graece et latine utrinque recogniti et notis indicibusque aucti eo maxime consilio, Ut Coenobiorum Wirtembergicorum alumni, & ceteri, qui N.T. Graeco imbuti sunt, ad scriptores ecclesiasticos suavi gustu invitentur facilique methodo praeparentur. Accedit Prodromus Novi Testamenti recte cauteque adornandi Opera Jo. Alberti Bengelii *(S. I-XXXVII).* – Stutgardiae: Mezler & Erhard 1725. XXXVII, 518 S.

– E recensione Jo. Alberti Bengelii. Editio stereotypa. – Lipsiae: Tauchnitz 1825. 88 S. *(Nur der Text Bengels, ohne Vorrede und Anmerkungen.)*

– Ex recensione Bengelii cum ejusdem Prolegomenis, animadversionibus integris et indicibus edidit, suasque notas adjecit Aenotheus Eduardus Leo. – Lipsiae: Schumann 1834. XX, VI, 238 S.

Joannis Chrysostomi de sacerdotio libri sex. E recensione Joa. Alb. Bengelii. Editionis ster. nova impressio. gr. 8. (88 S.) Leipzig 866, Bredt. 7½ Ngr.; Velinp.

– Lipsiae: Bredt 1872.

– E rec. Bengelii. Ed. stereot. C. Tauchnitz. – Lipsiae: Bredt 1887. 88 S.

– Lipsiae: Bredt 1900. 88 S.

—— ascetische Schriften übers. von J. Fluck. 1. Bd. gr. 8. (XV und 312 S.) Freiburg im Br. 864, Herder'sche Verlagsh.

Des hl. Johannes Chrysostomus, Erzbischofs von Konstantinopel und Kirchenlehrers, ausgewählte Schriften. Kösel, Kempten, 1869 ff., 10 Bdchen, 12°.

Joannis Chrysostomi Spiritus sive Doctrina moralis ex ejus operibus collecta. Aug. Vind. 777. 8. 16 gr.

Johannes Clericus, Schildereien aus altfränkischen Häusern, s. Trösteinsamkeit, katholische.

Johannes Damascenus

Johannes von Damaskus, Barlaam und Josaphat. Aus dem Griech. übertr. von Felix Liebrecht. Mit einem Vorwort von Ludolph v. Beckedorff. 8. (XXVI und 304 S.) Münster 847, Theissing'sche Buchh.

Joannis Damasceni expositio accurata fidei orthodoxae, s. Patrum, sanctorum, opuscula selecta.

Johannes' von Damaskus Glaubenslehre, s. Bibliothek der Kirchenväter.

Johannes Dantiscus, s. Dantiscus.

Johannes de Ozar, histoire de l'Aghovanie, s.: Collection d'historiens arméniens.

Joannis episcopi Ephesi, Syri Monophysitae, commentarii de beatis orientalibus et historiae ecclesiasticae fragmenta. Latine verterunt W. J. van Douwen et J. P. N. Land. Edidit Academia Regia disciplinarum Nederlandica. Inest tabella geographica. gr. 4. (VII, 3; 258 S.) Amsterd. 889, Johs. Müller. * 6 —

Johannes v. Ephesus, Kirchen-Geschichte. Aus dem Syr. übers. Mit einer Abhandlung über die Tritheïten von J. M. Schönfelder. gr. 8. (XVI und 312 S.) München (861)62, Lentner'sche Buchh.

Joannis monophysitae scripta historica, s. Anecdota syriaca.

Joannis, episcopi Ephesi, scripta historica, s.: Land, J. P. N., anecdota Syriaca.

Johannis, Euchaitorum metropolitae, quae in codice Vaticano graeco 676 supersunt, Johs. Bollig descripsit, Paulus de Lagarde edidit. gr. 4. (XVI, 228 S.) Göttingen 882, Dieterich'sche Verlagsh. *
Aus: Abhandlungen der k. Gesellschaft der Wissenschaften zu Göttingen, besonders abgedruckt.

—— Evangelista's mystische Schriften. Das Reich Gottes in der Seele. Die Scheidung der Seele und des Geistes. Hrsg. von Frz. Ant. v. Besnard. Lex.-8. (IV und 266 S.) Augsburg 848, Schmid'sche Buchh. Thlr.

Der Cornutus des Johannes de Garlandia, e. Schulbuch d. 13. Jhs. In d. deutschen Übersetzungen d. Mittelalters z. 1. Male hrsg. von Edwin Habel. Berlin: Mayer & Müller 1908. 63 S. 8°
(Der deutsche Cornutus. 1.)

Joannis Geometrae carmen de S. Panteleemone, integrum ed. L. Sternbach. [Aus: „Dissertationes classis philolog. Academiae litterarum Cracov"] gr. 8. (86 S.) Krakau 892. (Buchh. der poln. Verlags-Gesellschaft.) n. 3. —

Collectarius perpetuarum formarum Johannis de Geylnhusen. Hrsg. von Hans Kaiser. *Innsbruck: Wagner 1900.* (IX, 279 S.) 8°

Johannes Grammaticus, s. Johannes Philoponus

Jo[h]annis Hagioelitae de passione Sancti Basilii presbyteri Ancyrani narratio. Nunc primum ed. Michael Krascheninnikov [Michail Nikitič Krašeninnikov]. Acc. symbolae crit. ad S. Basilii Ancyrani acta graeca a Papebrochio edita. Jurievi Liv. 1907: (Mattiesen). (XXIII, 24 S.) 8°
Aus: Acta et commentationes Imp. Univ. Jurievensis. 1907.

Johannes Hildesheimensis

Johannes v. Hildesheim, s.a. Legende von d. heil. 3 Königen.

Johannes v. Hildesheim, die Legende v. d. heil. 3 Königen. Aus d. latein. v. G. Schwab. 8. Stuttg. 822, v. Cotta.

Joannes de Hildesheim. Die Legende von den heiligen drei Königen. Frankf. a. M. [1842]. Ü: *Katzenellenbogen, Elisabeth von.* (BrMm)

Johannes Episcopus Jaurinensis

(Hirtenbrief) **Joannes Dei Misericordia et Apostolicae Sedis Gratia Sanctae Jaurinensis Ecclesiae Episcopus Venerabili Claero saeculari et regulari Dioecesis Jaurinensis salutem et benedictionem. Viennae, 1857 typis Caroli Gerold filii. (17 S. 4.)**

Johannes von Jesus Maria, Antrieb zur Buße und fromme Gemüthserhebungen. Aus dem Latein. übers. von L. Jung. 18. (XII und 276 S.) Münster 850, Regensberg.

Joannes, P. (A Jesu Maria), Instructio novitiorum, oder Unterweisung der Novizen. gr. 8. (458 S. u. Anhang 84 S.) Graz, Selbstverlag. 1864. 1 fl. 80 kr.

Johannes v. Jesus Maria, Ord. Carm. Discalc., Stachel zur Zerknirschung u. Selbstgespräche. Aus dem Latein. übers. 12. (VIII, 187 S.) Mainz 901. F. Kirchheim. n. 1.—; geb. n. 1.60

Joannes a Jesu Maria. Stimulus compunctionis et soliloquia. Nova editio. Monasterii 1850. H: *Jung, L.* (Ky)

Joannes a Jesu Maria, Stimulus compunctionis et soliloquia. Nova editio curis L. J(ung). 32. (324 S.) Monasterii 850, Regensberg. *.

Joannes ab Indagine. Wahre und Grundhaltende Beschreibung der . . . Stadt Nürnberg . . . Erfurt 1750. H: *Falkenstein, Johann Hnr. von.* (BB) (ML)

Joannes de Joanne seminariorum clericalium . . . Augusti Vind. 1787. Ü: *Steiner, Joseph Anton.* (Ky)

Joannis **de Joanne seminariorum clericalium etc. Ex ital. in latinum idioma translata notisque aucta (a Jos. At. Steiner.) 8. Augsb. 787. M. Rieger. 12 K**

Johannes Kamateros, s. Kamateros

Johannes vom Kreuz, s. Juan de la Cruz

Johannes Laicus, Andachtsbuch für alle Verehrer Mariä, s. Andachtsbuch.

—— Aus der Kindheit, s. Trösteinsamkeit, katholische.

—— Legende der Heiligen, s. Legende.

—— Schatzkästlein für Arme im Geist, s. Trösteinsamkeit, katholische.

Johannes Limpurgensis

Johannes, Limburger Chronik, s.a. Annalen des Vereins für Nassauische Alterthumskunde.

Johannes. Die Limburger Chronik. Nach J. Fr. Faust's Fasti Limburgenses hrsg. von K. Rossel. (XII, 119) 8. Wiesbaden 1860. 2,00

Die Limburger Chronik. (Verf.: Tilemann Elhen von Wolfshagen [**Johannes** Limpurgensis].) Nach d. ältesten Drucke von 1617. Mit Wort- u. Sacherkl. hrsg. von Fr[iedrich] Zurbonsen. Düsseldorf: Schwann 1910. VI, 90 S. 8°
(Schwann'sche Sammlung geschichtl. Quellenschriften f. d. Unterricht. H. 5.)
[10. 8641 5]

Ioannis Lydi De magistratibus populi romani libri tres. Ed. Ricardus Wuensch. *Lipsiae: B. G. Teubner 1903.* (XLVI, 183 S.) 8°
(Bibliotheca script. graec. et rom. Teubneriana.) [05. 8000]

Ioannis Laurentii Lydi Liber de mensibus edid. Ricardus Wuensch. *Lipsiae: B. G. Teubner 1898.* (XCV, 202 S.) 1 Bd 8.
(Bibliotheca script. Graec. et Rom. Teubneriana.)

Joannis Maldonati, Soc. Jesu theologi, commentarii in quattuor evangelistas. Quos pristinae integritati restitutos novisque studiis auctos denuo edidit J. M. Raich. Mainz, Kirchheim, 1874, gr. 8°. 2 Bde, XXXI, 826 u. VI, 1051 S., 21,50 Mk.

Ioannes de Mediolano

s.: Platearius, Johannes

Johannes Murmellius, s.: Murmellius.

JOHANNES VON NEPOMUK. Ehrereiches Leben und Todt grossen Ehrenschirmers Heiligen Joannis von Nepomuck. Ofen 1729. Druck. Nottenstein (15 f.) - 4

JOHANNES VON NEPOMUK. Heiliger gemeiner Weltruff durch Privatandacht in sieben Tagzeiten ausgetheilet zu unsterblicher Ehr und Lob, wie auch Vermehrung eines standhaften Vertrauen gegen Gott durch die Fürbitt des durch mehr 100 Jahr von vielen Ländern und Königreichen täglich mehr und mehr höchst nützerkänntlich gepriesen heiligen Blutzeugen Christi Joannis Nepomuceni sonderlichen Patrons der Büssenden, und an der Ehr Gefahrleidenden. Tyrnau 1775. Gedruckt mit dasigen Schriften. 72 S. - 180 mm

Johannes v. d. Ostsee, s.a. **Jh. Falk.**

Johannes von d. Ostsee, (Joh. Dan. Falk), Leben, wunderbare Reisen u. Irrfahrten. 16 Bdchen. 8. Tübing. 805. b. Cotta. 1 ₰ 4 K

Johannes Papa

Johannes XXI., Papst, s.a. **Petrus Hispanus.**

Die Ophthalmologie (liber de oculo)' des Petrus Hispanus (Petrus v. Lissabon, später Papst **Johannes** XXI.)' Nach Münchener, Florentiner, Pariser, Römer lateinischen Codices z. ersten Male hrsg., in's Deutsche übs. u. erläut. v. Dr. med. A[lb.] M. Berger, k. bayr. Hofrat. *München: J. F. Lehmann 1899.* (3 Bl., XXXVII S., 1 Bl., 135 S.) 1 Bd 8.

Ioannes Philoponus s. a.: Michaelis Ephesius.

Joannes Alexandrinus de accentibus. Edit. W. Dindorfius. 8 maj. Lips. 825. libr. Weidmann. 10 gr. Schr. Pap. 12 gr. Vel. Pap.

Ioannes Philoponus, de aeternitate mundi contra Proclum. Ed. Hugo Rabe. 8. (XIV, 699 S.) Leipzig 899. B. G. Teubner. n. 10.—

— — Philoponi collectio vocum, quae pro diversa significatione agentium diversum accipiunt. Ex codice regio Hauniensi 1965 ed. Petr. Egenolff. Lex.-8. (18 S.) Breslau 880, Koebner.

Ioannis Philoponi in Aristotelis analytica priora commentaria. Consilio et auctor. Acad. Litterarum Reg. Boruss. ed. Maximilianus Wallies. Berolini: G. Reimer 1905. (XXXVII, 493 S.) 4°(8°)
— Commentaria in Aristotelem graeca. Vol. 13, P. 2. (05. 14080

Ioannis Philoponi in Aristotelis Analytica posteriora Commentaria cum anonymo in librum II. Consilio et auct. Acad. Litt. Reg. Boruss. ed. Maximilianus Wallies. Berolini: G. Reimer 1909. XXX, 620 S. 4°(8°)
(Commentaria in Aristotelem Graeca. Vol. 13, P. 3.) (09. 18371

Joannis Philoponi in Aristotelis de anima libros commentaria,
— in Aristotelis libros de generatione et corruptione commentaria, s. a. Commentaria in Aristotelem graeca.

Ioannis Philoponi in Aristotelis de anima libros commentaria. Consilio et auctor. Acad. Litt. Reg. Boruss. ed. Michael Hayduck. *Berolini: G. Reimer 1897.* (XIX S., 1 Bl., 670 S., 1 Bl.) 1 Bd 4.(8.)
— Commentaria in Aristotelem Graeca. Vol. XV. (97. 2221

— In libros de generatione animalium commentaria, s. a. Commentaria in Aristotelem graeca. XIV. 3.

Ioannis Philoponi (Michaelis Ephesii) in libros de generatione animalium commentaria. Consilio et auctorit. Acad. Litt. Reg. Boruss. ed. Michael Hayduck. *Berolini: G. Reimer 1903.* (VIII, 279 S.) 8°
— Commentaria in Aristotelem graeca. Vol. 14, P. 3. (03. 7070

Ioannis Philoponi in Aristotelis libros de generatione et corruptione commentaria. Consilio et auctoritate Acad. Litter. Borussicae ed. Hieronymus Vitelli. *Berolini: G. Reimer 1897.* (X S., 1 Bl., 350 S., 2 Bl.) 1 Bd 8.
— Commentaria in Aristotelem Graeca. Vol. 14. P. II. (97. 6166

Ioannis Philoponi in Aristotelis Physicorum libros ... commentaria. Consilio et auctor. Acad. litt. Regiae Boruss. ed. Hieronymus Vitelli. [Pars 1–2.] Berolini: G. Reimer 1887–88. 8°
[1.] In Aristotelis Physicorum libros tres priores commentaria ...
[2.] In ... libros quinque posteriores commentaria ...
(Commentaria in Aristotelem Graeca. Vol. 16. 17.) (10. 60̸0

Joannes Alexandrinus (Philoponus), *Ἐξήγησις εἰς πρῶτον τῆς Νικομάχου ἀριθμητικῆς εἰσαγωγῆς* ed. R. Hoche. 3 Tle. Pr. 1864–67. XV, 52; VIII, 38 S. 6.—

(Johannes Grammaticus.) — *Ἰωάννου γραμματικοῦ Ἀλεξανδρέως [τοῦ Φιλοπόνου] εἰς τὸ πρῶτον τῆς Νικομάχου ἀριθμητικῆς εἰσαγωγῆς.* Primum edid. Rich. Hoche. Leipzig 864. Teubner. 4. (XV, 52 S.) n. 20 ngr.

Ἰωάννου Γραμματικοῦ Ἀλεξανδρέως εἰς τὸ δεύτερον τῆς Νικομάχου ἀριθμητικῆς εἰσαγωγῆς. Primum ed. R. Hoche. I. Pr. 1864. 82 S. 4°.
— — II. Pr. 1865. 52 S. 4°.
— — III. Pr. 1867. 87 S. 4°.

Ιωαννου γραμματικοῦ Ἀλεξανδρέως (τοῦ Φιλοπόνου) εἰς τὸ δεύτερον τῆς Νικομάχου ἀριθμητικῆς εἰσαγωγῆς. Primum edidit Ricard. Hoche. 4. (VIII und 38 S.) Berlin 867, Calvary und Comp.

Ἰωάννου τοῦ Φιλοπόνου τῶν εἰς τὴν Μωϋσέως κοσμογονίαν ἐξηγητικῶν λόγοι ζ'. Joannis Philoponi de opificio mundi libri VII rec. Gualterus Reichardt. *Lipsiae: B. G. Teubner 1897.* (XVI, 342 S., 1 Bl.) 1 Bd 8.
— Scriptores sacri et profani edid. seminarii philolog. Ienensis magistri. Fasc. 1. (97. 5237

Joannes Alexandrinus (Philop.)
Ἰωάννου Φιλοπόνου περὶ τῶν διαφόρως τονουμένων καὶ διάφορα σημαινόντων. Ex codice regio Hauniensi 1965 ed. P. Egenolff. Gel. 1879. 18 S. —.80

Ioannis Alexandrini cognom. Philoponi, de usu astrolabii ejusque constructione libellus. E codd. mss. reg. biblioth. Parisiensis ed. H. Hase. 8maj. (3 B.) Bonnae 839, Weber.

Johannes Platearius, s. Platearius

Joannes Radicalis, politische Funken, s. Funken.

Johannes von Salisbury, s. Johannes Saresberiensis

Johannes de Sancto Amando

Die Areolae des Johannes de Sancto Amando (13. Jahrhundert) nach Handschriften der Königlichen Bibliotheken zu Berlin und Erfurt zum ersten Male herausgegeben, ein Beitrag zur Literaturgeschichte der Arzneimittellehre im Mittelalter von Dr. J. L. Pagel. 8. 1893

— Die Concordanciae des Johannes de Sancto Amando nach einer Berliner und zwei Erfurter Handschriften zum ersten Male herausgegeben nebst einem Nachtrage über die concordanciae des Petrus de Sancto Floro von Dr. J. L. Pagel. 8. 1894

Ioannis a S. Thoma, Isagoge in doctrinam Divi Thomae. 8. Viennae, Gerold. 753.

Johannes a. S. Cruce, s. Juan de la Cruz

Johannis Saresberiensis Entheticus de dogmate philosophorum nunc primum edit. et commentariis instructus a Christ. Petersen. 8maj. (10 B.) Hamburgi 843, Meissner. * 1 Thlr. 5 Ngr. Velinp. *

* NEU-JAHRS-PREDIGT, welche Pater Johannes von Schauenburg im Schottlande (bei Danzig) auf der Cantzel gehalten, auf vieler Verlangeni den (!) Druck übergeben. In diesem Jahre (um 1700) 4°. Sehr rar!
14. S. Mit Titelkpf. — Grobe Satyre auf Geistlichkeit, Jungfrauen, Soldaten, Dienstboten etc.

Joannes Scotus Erigena. De divisione naturae libri V . . . Münster 1838. H: *Schlüter, Chph Bernh.* (Stri)

Johannes Secundus (Pseud.), s. a. Everaerts, Jan Nicolai

— Basia elegant. stud. Basiaturibus offert C. P. Fröbel. 16. Rudolst. 819. Hofbuchh. 12 gr

Johannes Secundus das Buch der Küsse. Aus dem Latein. übers. von Rob. Falck. 16. (32 S.) Berlin 857, Schlesinger'sche Buchh.

Johannes Secundus. Die Küsse in drei Sprachen. Königsberg 1798. Ü: *Scheffner, Joh. George.* (Grisebach, Weltlitteratur-Katalog. 2. Aufl. Berl. 1905. S. 360.)

Johannes Secundus, Küsse, a. d. Latein. übers. v. F. Passow. gr. 8. Leipz. 807. C. Fleischer. 10 gr (vergl. Natürlichkeiten).

Johannes II., Küsse. Aus dem Lat. übers. v. Frz. Passow. 16. (63 S. lat. u. deutsch.) Leipzig 877. B. Köhler. n. 1. —

Johannes Secundus, die Küsse. (Deutsche Uebertragg. v. Frz. Blei nach der Ausg. der „Opera" von 1561. Schrift v. Heinr. Wieynk.) (88 Bl.) gr. 8. Leipzig 906. Insel-Verlag. Geb. in Ldr. in Karton, auf Velinpap. n. 30. —; auf Japanpap. n. 50. —

Johannes Secundus, die Küsse u. die feierl. Elegien. Deutsch v. F. Blei. (66 S.) 8. Leipzig 907. Insel-Verl. Geb. in Halbperg. 5. —

Joannis, Nic. Secundi, opera. 12. (Neisse), Hennings. 16 ℊℊ

Ioannis secundi, opera. 12. Paris. (Academ. Buchh. in Jena.) 749.

Joannis, Nic. Secundi Opera omnia, emendatius et cum notis adhuc ineditis. P. Bosscha II. Tomi. 8 maj. Leyd. 821, (Lips., Weigel.)

Joannis, Nic. Secundi, opera omnia, emendatius et cum notis Pt. Burmanni adhuc ineditis. P. Bosscha. Ed. II. II Tom. 8 maj. Leyd. 822. (Leipz., Weigel). 5 ℛℊ 8 ℊℊ

— opera poëtica. 12. Dresd. Walther, 748.

— Secundi Sylvae deambulaturis pate factae a C. P. Fröbel. 32. Rudolst. 822, Hofbuchh.

Joannis de Segovia historia gestorum generalis synodi Basiliensis, s.: Monumenta conciliorum generalium seculi XV.

Johannis Abbatis Victoriensis Liber certarum historiarum. Ed. Fedorus Schneider. T. 1. 2. Hannoverae & Lipsiae: Hahn 1909-10. 8°
1. Libri 1-3. 1909. 2. Libri 4-6. 1910.
(Scriptores rerum Germanicarum ... ex Monumentis Germaniae hist. separatim ed.) (10. 13480

Johann, Abt v. Victring, das Buch gewisser Geschichten, s. a. **Geschichtschreiber, die, d. deutschen Vorzeit. 86. Bd.**

Johann v. Victring: Das Buch gewisser Geschichten v. Abt. Johann v. Victring. Uebs. v. Walter Friedensburg. [Neue Titelauff.] Leipzig: Dyk (1899). (XXIV, 337 S.) 1 Bd 8°
= Geschichtsschreiber, Die, d. deutschen Vorzeit. 2. Gesammtausg. XIV. Jh. Bd. 8. (= Bd 86.)

Joannis Visliciensis carmina, s. Corpus antiquissimorum poetarum Poloniae latinorum.

Johannes Vitoduranus

Johannis Vitodurani chronicon. Die Chronik des Minoriten Johannes v. Winterthur. Nach der Urschrift hrsg. von Geo. v. Wyss. gr. 8. (XXXIV und 265 S.) Zürich 856, Höhr. *
Aus: Archiv für schweizerische Geschichte, 11. Bd., besonders abgedruckt.

Johannes von Winterthur. Die Chronik des Minderbruders J. v. W. Winterthur [1859—63]. Ü: *Freuler, Bernh.* (Cat. d. Stadtbibl. Zürich. Zürich 1864—97.)

Johann's von Winterthur Chronik. In's Deutsche übers. von Bernh. Freuler. gr. 4. (XXIII und 374 S. mit 1 Chromolithogr. in qu. Fol.) Winterthur 866, (Steiner'sche Buchh.) *

Johannes von Wintherthur, s. Johannes Vitoduranus

Johannes von Winterthur s. Vitoduranus, Johannes.

Johannes Wirzeburgensis, s. Johann von Würzburg

JOHANNES FRANZ REGIS. Leben / Todt / und Wunderthaten Joannis Francisci Regis Priesters der Gesellschaft Jesu, Welchen Ihro Päbstliche Heiligkeit Clemens XI. im Jahr 1716. den 24. May denen Seeligen beygerechnet, Und Clemens XII. im Jahr 1737, den 16. Junii, in die Zahl deren Heiligen einverleibet hat. In kurtzem Begriff verfasset Von einem Priester bemelter Gesellschaft. Preßburg 1738: Maria Magdalena Royerin. (8,) 190 S. - 160 mm

JOHANNES FRANZ REGIS. Kurzer Lebens-Begriff des heiligen Joannis Francisci Regis . der Gesellschaft Jesu Priestern aus denen Römischen Tag-Zeiten Tyrnau 1738 Acad. Buchdruck. (2 1)

Johannes Friedrich Herzog zu Stettin

Unsern v. G. G. Johannes Fridrichen und Ernst Ludewigen Gebrüdern, Hertzogen zu Stettin. Pommern Gemeine Bawer- und Schäffer- Ordenung, wie es sonsten mit allerley Dienstvolck an Jarbesoldung und Kleidung in den Hertzog- und Fürstenthumben Stettin Pommern, bey allen Stenden auff dem Lande zu halten. [Dat.:] Alten Stettin 1582. Stettin 1768. fol.

Johannes Pauli, Anekdotensammlung, genannt Schimpf und Ernst fast kurzweilig und nützlich zu lesen in einer 244 Stück begreifenden Auslese. Hrsg. von G. Th. Dithmar. gr. 12. (XXI und 216 S.) Marburg 856, Elwert'sche Universitäts-Buchh.

Johannes [Familienname]

Johannes, Formularbuch für alle gerichtlichen u. außergerichtlichen Geschäfte, als: Klagen, Eingaben, Formulare aus dem Wechsel- u. Handelsrecht, Verträge, Testamente, Vollmachten ꝛc., nebst einer ausführl. Darstellung des Prozeß-Verfahrens nach der neuen Civilprozeß-Ordnung für das deutsche Reich mit einschläg. Formularen. 9. Aufl. gr. 8. (VIII, 148 S.) Berlin 880. Burmester & Stempell. geb. n. 2. —

Johannes, Formularbuch für alle gerichtlichen und außergerichtlichen Geschäfte, als: Klagen, Eingaben, Formulare aus dem Wechsel- und Handelsrecht, Verträge, Testamente, Vollmachten ꝛc., nebst einer ausführlichen Darstellung des Proceß-Verfahrens nach der neuen Civilproceß-Ordnung für das deutsche Reich mit einschlägigen Formularen. 9. Aufl. (VIII, 148 S.) 1880. geb. * ℳ 2.; 10. und 11. Aufl. gr. 8. (VIII, 148 S.) Berlin 883, Burmester und Stempell. *
Frühere Aufl. s. Formularbuch.

Johannes, allgemeine Gesetzsammlung für Stadt und Land. Neu bearb. Zuverläßiger Rathgeber in allen außergerichtl. und gerichtl. Verkehrs- und Geschäftsverhältnissen, nebst Briefsteller, Fremdwörterbuch und einem ausführl. Formularbuch zur Anfertigung aller möglichen Contracte und Gesuche, Klagen, Eingaben ꝛc. 64 Lfgn. oder 2 Bde. gr. 8. (3016 S.) Berlin 884, Burmester und Stempell. à Lfg. * 20 Pf. *

Johannes, das Grundgesetz des Himmelreiches. Volkstümlich dargestellt. Mit Geleitwort v. S. Keller. 1. u. 2. Tl. gr. 8. Leipzig (903). Siegismund & Volkening. n. 3. 20; geb. n. 4. 30
1. Das Paradies im Herzen. (VIII, 71 S.) n. 1. 20; geb. n. 1. 70
2. Das Paradies auf Erden. (IV, VII, 200 S.) n. 2. —; geb. n. 2. 60

Johannes, das Grundgesetz des Himmelreiches. Volkstüml. dargestellt. Mit Geleitwort v. S. Keller. 3. Tl. Die Bergpredigt als Gesetz des Geistes od. das Heiligtum des Herrn in psycholog. Beleuchtg. Mit e. Vorwort v. Fr. Polack. (XIV, 232 S.) 8. Leipzig (907). Siegismund & Volkening. 3.—; geb. in Leinw. 3. 80
1. u. 2. Tl. Ebd. 903. 3.20; geb. 4.30.

— die neuen Handelsgesetze des deutschen Reichs. Als: Wechselordnung, Wechselstempelgesetz ꝛc., Handelsgesetzbuch, Gewerbeordnung, Markenschutz- u. Patentgesetz, Gerichtskostengesetz u. Gebührenordnungen ꝛc., Wuchergesetz ꝛc. Ein Rathgeber in allen Handels- u. gewerblichen Angelegenheiten. Vollständig mit Anmerkungen u. Erläuterungen. gr. 8. (460 S.) Ebend. 880. geb. n. 4. —

Johannes, ist d. Ehebruch mit d. Schwerte zu bestrafen? Ein Wort gegen die in d. „Bergpredigt" v. C. R. Tholuck angeführten Behauptn. gerichtet. gr. 8. (1 B) Leipzig 834, Krappe.

Johannes, Katechismus für deutsch kathol. Christen. Ein Familienbuch. 8. Leipzig 846, Leiz'sche Buchh. n i n.l

Johannes. Keine Furcht vor der Cholera! Vorsichtsmaßregeln u. erprobte Heilmethode. 8. (39 S.) Münch. 890, Literar. Institut von Huttler. * — 60

† Johannes (Hanschmann), die Lehre von Gott nach vernünft. Begriffen und zeitgemäßen Bestimmungen. (2., unveränd. Ausg.) gr. 8. (60 S.) Leipzig 849, Fest'sche Vrlgsb.

Johannes, d. deutsche Reichsgesetzbuch. Gesetzsammlg. f. Stadt u. Land. Zuverläss. Rathgeber in allen außergerichtl. u. gerichtl. Verkehrs- u. Geschäftsverhältnissen, nebst Briefsteller, Fremdwörterbuch u. e. ausführl. Formularbuch z. Anfertigg. aller mögl. Contracte u. Gesuche, Klagen, Eingaben 2c. 3 Bde. gr. 8. (VIII, 2640 S.) Berlin 896—898. A. Weichert. 9. —; geb. in Leinw. 12. —
Erschien auch in 90 Lfgn. à — 10.

Johannes, das deutsche Reichsgesetzbuch. Vollständigste Gesetzsammlg. für Stadt u. Land. Vollständig neubearb. Ausg. m. Musterformularen f. Eingaben, Klagen, Klagebeantwortgn., Gesuche, Kontrakte 2c., sowie Darstellg. des Civilprozeßverfahrens vor d. Amtsgericht. gr. 8. (XXXII, 4319 S.) Berlin (899. 900). A. Weichert. n. 13. 60; geb. in 3 Leinw.-Bdn. 20. —
Erschien auch in 136 Hftn. à — 10.

Das Deutsche Reichsgesetzbuch. Vollständigste Gesetzsammlung f. Stadt u. Land. Bearb. von Amtsrichter Johannes. Vollst. neubearb. Ausg. Mit Musterformularen sowie Darstellung d. Civilprozessverfahrens vor d. Amtsger. Bd 1–3. *Berlin: A. Weichert [1900–01].* 3 Bde 8° [F.] 1900. 667

Johannes, (pseud.,) s. Reformation, die neue.

Johannes, die Stimme e. Rufenden in d. Wüste bereite d. Weg dem Herrn. gr. 8. (VII, 217 S.) Leipzig 898. O. Mutze. n. 3. —; geb. n. 4. —

—— welche Zeit ist's im Reiche Gottes, s. Welche Zeit 2c.

Johannes, Adolf

Johannes, Adf., aus dunklen Gärten. Skizzen. 2. Aufl. (81 S.) kl. 8. Stuttgart 904. Strecker & Schröder. n. 1. —

Johannes, Adf., Commentar zum 1. Briefe d. Apostels Paulus an d. Thessalonicher. gr. 8. (X, 357 S.) Dillingen 898. P. Tabor. n. 6. —

Johannes, A., Commentar zu der Weissagung des Propheten Obadja. Inaugural-Dissertation. gr. 8. (VI, 84 S.) Würzburg 885, (Goldstein.) *

Johannes, Adf. Wilh., verschlungene Pfade, s.: Weber's moderne Bibliothek.

Johannes, B., der lustige Krieg. Roman. (220 S.) 8. Dresden (907). E. Pierson. 2.50; geb. n 3. 50

Johannes, E., besondere Einrichtungen für den Großhandel u. Export, s.: Großkaufmann, der deutsche.

— besondere Einrichtungen im Dienste des Handels. — Kaufmännische Korrespondenz, s.: Kaufmann, der deutsche.

Johannes, F. J., tabellarischer Schlüssel zur schnellen Berechnung der entfallenden Gebühr aus Besoldungen, Pensionen, Gnadengaben 2c. bei deren Anweisung und Einstellung sowie der entfallenden Einkommensteuer aus den derselben nach dem Einkommensteuer-Patente vom 29. Oktbr. 1849 unterliegenden Bezügen. Zum Gebrauche der k. k. Staatskassen und der dieselben kontrollirenden Behörden. 8. (72 S.) Wien 852, Heubner. *

Johannes, G. L.: Bureaukratische Gewerbeverfolgung von Wald-Solingen: Vossen 1908. 32 S. 8°

Johannes, Joseph [Gymnasialassist. in Bamberg]: Die rationalen Raumkurven sechster Ordnung, erzeugt durch geometrische Transformation aus einem Kegelschnitte . . . *Neustadt a. S., Druck d. Mayer'schen Buchdr. (U. Rötter),* 1888; 1 Bl. + 31 S. u. 1 Taf. 8°
Tübingen, Naturw. Fak., Inaug.-Diss. v. 1888

Johannes, Jos., die rationalen Raumkurven 6. Ordnung, erzeugt durch geometrische Transformation aus einem Kegelschnitte. Inaugural-Dissertation. gr. 8. (31 S. mit 1 Taf.) Tübingen 888, (Fues.) *

Johannes, Karl, prakt. Anleitg. zum Briefmarkensammeln. 8. (95 S.) Leipzig 896. Scholtze & Klomm. Geh. od. kart. n. 1. —

Johannes, Carl, auf der Keiferalm, s.: Aufführungen u. Vorträge f. Schule, Haus u. Verein. Nr. 1.

Johannes, Carl Rud. Max [geb. Romhild ... 1862]: [illegible] Empyem-Behandlung. Berlin (1885) [illegible] 8°
Berlin, Med. Diss. v. 5. Aug. 1885

Johannes, Mch., († d. 20. Jul. 1810.) Materialien zur Fränkisch-Würzburg. Geschichte 2c. 16 Bdchn. 8. Würzb. 809.

Johannes, D. M., Strandlieder, s. Strandlieder.

Johannes, P., Περὶ τῶν ἐμφύτων ἰδεῶν. Gel. 1843. 11 S.

Johannes, Paul, die Rettg. d. Menschen durch Christum, in neuer Weise aus d. Schrift entwickelt. 1. Thl. Die objektive Seite. gr. 8. (IV, 402 S.) Meißen 898. H. W. Schlimpert. 3. 60

Johannes, Paul, die Rettung der Menschen durch Christum, in neuer Weise aus der Schrift entwickelt. 2 Tle. gr. 8. Meißen 905. H. W. Schlimpert. n. 8. —
1. Die objektive Seite. 2. (Titel-)Ausg. (VIII, 402 S.) (898.) 3. 60. — 2. Die subjektive Seite. (VIII, 480 S.) 4. 40.

Johannes, Paul, s. Schützenfest, das Berliner, u. d. Tingeltangel in Pankow.

Johannes, Ricardus, Dessaviensis: De studio venandi apud Graecos et Romanos. Gottingae 1907: Dieterich. (82 S.) 8°
Göttingen, Phil. Fak., Ref. Schwartz-Leo, Diss. v. 17. Juli 1907
[Geb. 14. Juni 83 Dessau; Wohnort: Dessau; Staatsangeh.: Anhalt; Vorbildung: Gymn. Dessau Reife O. 02; Studium: Marburg 2, Göttingen 5, Berlin 1, Göttingen 2 S.; Rig. 27. Febr. 07.]

Johannes, Robert
[wirkl. Name: Robert Lutkat]

Johannes, Rob., Deklamatorium. 1.—5. Bd. (à 48 S.) 8. Königsberg 902—906. (B. Teichert.) à n. 1. —

Deklamatorium hrsg. von Robert Johannes [d. i. Robert Lutkat], Ostpreuß. Dialekt-Rezitator. Bd 1. *Königsberg i. Pr.: B. Teichert in Comm. 1902.* 8° [F.] 1902. 7090 10

Deklamatorium hrsg. von Robert Johannes [d. i. Lutkat], ostpr. Dialekt-Rezitator. 2. Aufl. Bd 1. *Königsberg i. Pr.: B. Teichert in Komm. 1904.* 8° [F.] 1904. 7637 10

Johannes, Rob., Deklamatorium. 6. Bd. 1.—5. Tauf. (48 S. m. Bildnis.) 8. Königsberg 908. (B. Teichert.) 1. —

Johannes, Stanislaus (Lehrer der Realien) „Ueber Geographie und Geschichte, als Lehrgegenstände an technischen Gymnasien". pg. 27—32. 4°. Dr. Carl Wolf.
München, Progr. 1840/41

Johannes, Stanislaus „Einige Worte zur nähern Bezeichnung des Unterrichts über die Muttersprache an den technischen Gymnasien". pg. 27–31. 4°. Dr. Carl Wolf.
München, Progr. 1835/36

Johannes, W., Deutschland als Agrarstaat u. Industriestaat. Eine volkswirtschaftl. Studie. gr. 8. (71 S.) Köln 902. B. Neubner. n. 1. 20

Johannes, W., Erfüllen, nicht Auflösen, s.a. **Arbeiter-Bibliothek, rheinisch-westfälische.**

[5.] Erfullen. nicht Auflösen! v. Dr. W. Johaunos. *Hattingen (Ruhr): C. Hundtsel. Wwe 1894.* (24 S.) 1 Bd 8.
→ Arbeiter-Bibliothok, Rheinisch-Westfälische. II. n. (96. 26)

Johannes, W., kleines historisch-politisches und Fremdwörterbuch. Enthaltend: eine Erklärung derjenigen Fremdwörter und Ausdrücke, welche in der Politik und im parlamentar. Gebrauch öfters angewendet werden, sowie auch kurzgefaßte Notizen über Personen, Orte und Gegenstände, an welche sich geschichtliche und polit. Ereignisse knüpfen. In alphabet. Folge. Ein nothwend. Handbüchlein für Zeitungsleser und angeh. Politiker. gr. 8. (IV und 109 S.) Leitmeritz 849, (Pohlig.) *

Johannes, W., Herr Jean Jaurès u. Nietzsche. Eine Auseinandersetzg. zwischen Individualismus u. Sozialismus. (43 S.) gr. 8. Köln 905. C. Roemke & Co. n. 1. —

Johannes, W., s. Stimmen, deutsche.

Johannes, Wilhelm *Hermann* [aus Marienburg]: **Christophorus Kormart als Übersetzer französischer und holländischer Dramen.** Ein Beitr. z. Geschichte d. Litteratur u. d. Schauspiels im XVII. Jh. ... Berlin, Druck v. M. Driesner, 1892; 74 S., 1 Bl. 8.
Berlin, Phil. Fak., Inaug.-Diss. v. 14. Mai 1892

Johannes, Wilh., der Phantast. Schausp. in 4 Akten. 8. (60 S.) Wiesbaden 896. Selbstverlag. n. 2. —

Johannes-Album. Dichtungen und Prosa in Originalbeiträgen verschiedener Verfasser herausg. von Friedr. Müller. Chemnitz 857. May in Comm. gr. 8. (XIX, 400 S. u. 1 Lithogr.) n. 2 ₰. 10 ngr.

Johannesburg [Schlagwort]

Johannesburg. Plan of Johannesburg and suburbs. (Witwatersrand-Goldfelder in der Transvaal, Süd-Africa.) 165×185 cm. Farbendr. London 890. (Berlin, S. Schropp.) n. 25. —

Johanneser-Kurhaus [Schlagwort]

Johanneser Kurhaus. Touristen-Karte für das Johanneser Kurhaus u. Umgebg. (Umschlag: Touristen-Karte der Umgegend des Johanneser Kurhauses bei Zellerfeld). 1:25,000. 50,5×41 cm. Farbdr. Einbeck 899. H. Ehlers. n. — 35

Johannes-Fest[!] 1831 der Loge Libanon zu den 3 Cedern in Erlangen. [Erlangen 1831:] Junge. 14 S. 8°. [Umschlagtit.]
Enth. 9 Lieder ohne Noten. 21.

Johannes-Festgesang 1833. o. O. [1833]. 1 Bl. 8° [Kopftit.]
Ohne Noten: „Auf, die im Kreis erwählter Freunde . . ." 65.

Johannesfest-Lied. Lübeck 1825. [Unterz.:] Br. [Lübeck 1825.] 2 Bl. 8° [Umschlagtit.]
Ohne Noten: „Dem Lichte hehre Psalmen!" 193.

Johannes-Freimaurerloge, Die, zum schwarzen Bär im Or. Hannover 1774 bis 1874. Hannover 1875. V: *Nöldeke, Herm. Carl Phil. Wilh.* (Tt)

Johannes-Kalender, der, auf d. J. 1903. Ein Jahrbuch f. evangel. Männer u. Jünglinge. Hrsg. v. Ernst Evers. 8. (100 S. m. Abbildgn. u. Wandkalender.) Berlin, Vaterländ. Verlags- u. Kunstanstalt. n. — 25

Johannes-Kalender, der, auf d. J. 1905. Ein Jahrbuch f. evangel. Männer u. Jünglinge. Hrsg. v. Curt Micklas (Umschlag: Ernst Evers). (XXXII, 68 S. m. Abbildgn. u. Wandkalender.) 8. Berlin, Vaterländ. Verlags- u. Kunstanstalt. n. — 25
Erscheint nicht mehr.

Johanneskirche, die evangelische, in Heidelberg-Neuenheim. (Von R. Schneider.) (36 S. m. 6 Taf.) 8. Heidelberg 903. Ev. Verlag. n. — 50

Johanneskirche, die neue, in Cölln a. d. Elbe. [Aus: „Kirchl. Mittheilgn. f. d. Parochie Cölln a. d. Elbe".] M. 2 Farbdr.-Bild. v. Altar u. Kanzel, 2 Grundrissen u. 5 Ansichten v. Aeußeren u. Inneren d. Kirche. 4. (35 S.) Cölln (Elbe). Meißen 898. (L. Mosche.) n. 1. 20

Johanneskirche, die, in Stuttgart. Gedenkblatt. (55 S 2 T) Stuttgart 1577

***Kettenlieder und Kettensprüche*: Johannesschluss.** o. O. u. J. 1 Bl. 8° [Kopftit.]
Kettenlied ohne Noten. 215.

Johannessegen, Der. Lustspiel in zwei Aufzügen. [Berlin 1833.] V: *Bernstein, Caroline.* (GGr)
Leipzig 1793. 1799. N. Ausg. Leipz. 1805. V: *Vulpius, Chn Aug.* (Ky) (MGT) (EE) (GGr)

Johannessen, krit. Darstellung d. theoret. Grundsätze d. De La Mennais u. seiner Geistesverwandten in Frankreich u. Deutschland. gr. 12. (4 B.) Cöln 838, Eisen.

Johannessen, Axel, s.: Archiv, internat., f. Schulhygiene.

Johannessen, Axel, die epidemische Verbreitung des Scharlachfiebers in Norwegen. Eine von der Universität zu Kristiania mit der goldenen Medaille des Kronprinzen belohnte Preisschrift. gr. 8. (VII, 214 S. mit 4 chromolithogr. Karten und 3 graph., zum Theil farb. Stnt.) Kristiania 884, Dybwad. *

Johannessohn, Fritz, Betrachtgn. üb. Jugendlektüre u. Schülerbibliotheken. Progr. (27 S.) Lex. 8. Berlin 907. Weidmann. 1. —

Johannessohn, Martin: Der Gebrauch der Kasus und der Präpositionen in der Septuaginta. T. 1. (Kirchhain N.-L. 1910: Schmersow.) 82 S. 8° ¶ (Rest ersch. später.)
Berlin, Phil. Diss. v. 14. Okt. 1910, Ref. W. Schulze, Sachau, v. Wilamowitz-Moellendorff
[Geb. 1. Nov. 85 Berlin; Wohnort: Berlin; Staatsangeh.: Preußen; Vorbildung: Gymn. z. grauen Kloster Berlin Reife O. 04; Studium: Berlin 13 S.; Rig. 28. Juli 10.] [U 11. 241

Johannesson, B., schweizerische Brauerei-Adressen, enthaltend die hauptsächlichsten Brauereien der Schweiz, deren Besitzer etc. Mitglieder des schweizer. Bierbrauer-Vereins sind, alphabetisch nach Cantonen, Orten und Namen geordnet, nebst einem Anhang über die Bestimmungen für den Telegraphen- und Postverkehr Deutschlands mit der Schweiz. 8. (III, 16 S.) Berlin 881, (Klönne und Müller.) *

Johannesson, B., Brauerei-Atlas, s.: Habich, G. E.

Johannesson, B., s. Habich, G. E., Brauerei-Atlas.

—— Lexikon der Malzfabrikation und Bierbrauerei. Unter Mitwirkung erster Kräfte der Chemie, Pflanzenphysiologie, des Ingenieurwesens, der Praxis etc. hrsg. gr. 8. 1. Heft. (III, S. 1—44 mit eingedr. Holzschn.) Berlin 884, Johannesson. Preis des compl. Werkes * *

Johannesson, F[ritz]: [Bericht über die Einweihungsfeier.] S. 12—14. 4.
Beschreibung des neuen Schulgebäudes. (Verfaßt im Technischen Büro der Städtischen Hochbauverwaltung.) S. 14—16. 4.
Progr. Vierzehnte Realschule *Berlin* 1910 (170).

Johannesson, Fritz: Die Bestrebungen Malherbes auf dem Gebiete der poetischen Technik in Frankreich. Halle a/S. 1881: (Schade in Berlin). 96 S. 8°
Halle-Wittenberg, Phil. Diss. v. 19. Dez. 1881
Geb. Gumbinnen 2. 1. 1860. V.
Verb. u. erweit. Berliner gekrönte philos. Preisschrift v. 1879. - Verf. erlebte die Diplomerneuerung 1931 als Oberstudiendirektor a. D., Professor in Berlin-Steglitz, vgl. Anh. Nr. 739.

Johannesson, Fritz, Prof. Dr.: Betrachtungen über Jugendlektüre und Schülerbibliotheken. Berlin 1907: Weidmann. (27 S.) 4°
Berlin, XIV. R OP 1907 (149)

Johannesson, Fritz [Dr.]: Zur Lehre vom französischen Reim. Tl 1. Berlin, R. Gaertner, 1896; 26 S. 4.
Berlin, Andreas-RG, OP 1896 (92)

Johannesson, Fritz [Dr.]: Zur Lehre vom französischen Reim. Tl 2. (Forts. d. P-Beil. 1896.) Berlin, R. Gaertner, 1897; 26 S. 4.
Berlin, Andreas-RG, OP 1897 (92)

Johannesson, Max, französisches Lesebuch. Unter- u. Mittelstufe. Zusammengest. u. bearb. gr. 8. (XIV, 388 S.) Berlin 898. E. S. Mittler & Sohn. n. 4. —; geb. in Halbldr. n.n. 4. 50

Johannesson, Max, französisches Lesebuch. Unter- u. Mittelstufe. Zusammengestellt u. bearb. 2., verb. Aufl. (XVI, 412 S. m. 19 Abbildgn.) gr. 8. Berlin 903. E. S. Mittler & Sohn. n. 4. 80; geb. in Halbldr. n.n. 4. 80

Johannesson, Max, französ. Lesebuch. Unter- u. Mittelstufe. 3. (unveränd.) Aufl. (XVI, 412 S. m. 20 Abbild.) gr. 8. Berlin 909. E. S. Mittler & Sohn. 4.30; geb. n 4. 80

Französisches Übungsbuch für die Unterstufe im Anschluss an das Lesebuch von Max Johannesson. *Berlin: E. S. Mittler & Sohn 1899.* (XI, 127 S.) 8° [F.]

Johannesson, Max, französ. Übungsbuch f. die Mittelstufe im Anschluß an das Lesebuch. 2 Tle. gr. 8. Berlin 900. E. S. Mittler & Sohn. n.n. 2. 40
1. Formenlehre. (XI, 76 S.) n.n. 1. 15
2. Uebungsstoff. (IV, 94 S.) n.n. 1. 25

— Französisches Übungsbuch. Mittelstufe. 2 Tle. gr. 8. Ebd. 910. 3.75; geb. n 4. 45
1. Sprachlehre. 2. (umgearb.) Aufl. (XIII, 91 S.) 1.50; geb. n 1. 85
2. Übungsstoff. 2. (erweit.) Aufl. (XVI, 151 S.) 910. 2.25; geb. 2. 60

— französische Wörter nach der Bedeutung geordnet. (Mots français groupés d'après le sens.) (XI, 92 S.) gr. 8. Ebd. 906. n. 1. 20; geb. n.n. 1. 50

Johannesson, Paul: Das Beharrungsgesetz. Berlin, R. Gaertner, 1896; 26 S. 4.
Berlin, Sophien-RG, OP 1896 (98)

Physikalische Grundbegriffe. Von P[aul] Johannesson, Oberl. in Berlin. Mit 54 Fig. auf 3 Taf. *Berlin: J. Springer 1902.* (55 S.) 8° [F.]

Physikalische Mechanik. Von P[aul] Johannesson. Oberl. in Berlin. Mit 37 Fig. auf 2 Taf. *Berlin: J. Springer 1900.* (58 S.) 8° [F.]

Johannesson, Paul, Professor: Schulreden. Berlin 1906: Weidmann. (27 S.) 4° [F.]
Berlin, Sophien-RG OP 1906 (114)

Johannes-Stift, das evangelische, in Berlin. Erste Nachricht mit den Verträgen zur Begründung des Stiftes am 25. April 1858. (Von Bethmann-Hollweg und Wichern.) gr. 8. (60 S. mit 1 Stnt.) Berlin 858, Hertz. *

Johannes-Stiftung, die evangelische, und das Johannes-Stift in Berlin. 2—4. Nachricht. (Mai 1859 bis Mai 1861.) gr. 8. (75 S., 72 S., 76 S.) Berlin, Hertz. à Nachricht * 5 Ngr. 1 Thlr. *

Johanneum, Das, in Berlin im ersten Vierteljahrhundert seines Bestehens 1869—1894 . . . [Berlin 1894., V: *Waltz, P.* (Erman & Horn, Bibliogr. d. dtsch. Universitäten. 2. Leipz. u. Berl. 1904.)

Das **Johanneum** zu Bonn. Seine Bestimm., Einricht. u. dermaliger Bestand. Bonn 1883. 8° [*Umschlagtit.*]

Johanneum u. Gymnasium, über das, in Hamburg. Ansichten u. Wünsche. gr. 8. Hamb. 828. Hoffmann u. Campe. 10 ℊ

Johanneum zu Lübeck. Beschreibung der Schulgebäude von Carl Meyer (Bauinspektor). S. 3—25. 4. Die Unterrichtsräume für Physik und Chemie von Wilhelm Brüsch. S. 26—42. 4. Die Einweihungsfeier von J[ulius] Müller. S. 43—48. 4.
Progr.

Johanneus, Finn., Tract. theol. histor. crit. de notis prae die naturali praerogativa aut dubia aut nulla. 8. Kopenh. 782. Proft. 14 ℊ

Johanngeorgenstadt [Sachliches OW]

Johanngeorgenstadt, Der Exulantenort. Eine chronikalische Skizze. Schwarzenberg 1867. V: *Reichelt.* (Kat. d. stat. Bureaus. Dresden 1890.)

Johanngeorgenstadt [Schlagwort]

Johanngeorgenstadt, s.: Deutschland. Grundkarte. Sachsen. Messtischblätter.

Johanngeorgenstadt, s.: Deutschland. Karte. (Abt. Sachsen.)

Johanngeorgenstadt, s.: Geologische Karten, Spezialkarte. (Sachs.) — Sachsen. Karte.

Johanni 1887. [Frankfurt a. M. 1887: Weisbrod.] 1 Bl. 8° [Kopftit.]
2 Lieder ohne Noten. 193.

Johanni, Joh. Ulrich [prakt. Arzt von Jenins, Graubünden]: Aus der pathologisch-anatomischen Anstalt der Universität Basel. Vorsteher Prof. E. Kaufmann. Ueber einen Amyloidtumor des Kehlkopfs und der Trachea. (S.-A. aus Archiv f. Laryngologie Bd. XIV. 2.) (Mit 2 Tafeln.) Berlin 1903. 19 S. 8°.
Basel. Med. Diss. 1902/1903.

Johanni, Joh[ann] Ulrich. Ueber einen Amyloidtumor des Kehlkopfs und der Trachea. Diss. Med. Basel. *Kopftitel:* Aus der pathologisch-anatomischen Anstalt der Universität Basel. Vorsteher Prof. E[duard] Kaufmann. —(Sonder-Abdruck aus dem Archiv für Laryngologie. Bd. 14. Heft 2. — [Mit 2] Tafeln.) II + 19 S. 8. [Berlin. A. Hirschwald.]

Johanning, A., Betrieb v. Fabriken, s.: Zimmermann, F. W. R.

— das Patent-, Musterschutz- u. Warenzeichenwesen, vom Standpunkt der Praxis f. den Erfinder, Ingenieur, Fabrikanten, Gewerbetreibenden, Kaufmann etc. bearb. Mit 28 in den Text gedr. Patentgesetz-Tabellen u. 32 im Anh. enth. Formularen. (XV, 310 S.) 8. Baden-Baden 906. C. Wild. n. 5. —

Ⓑ **Johanning, A.,** das Patent-, Musterschutz- u. Warenzeichenwesen. 908. (KBL 33.) Jetzt: Diessen, J. C. Huber. Erm. Pr. 3. —

Johanning ANP, der Diesel-Motor, seine Entwicklung und volkswirtschaftliche Bedeutung. (66 S) Nürnberg (1902)

Johanning, A., die Organisation der Fabrikbetriebe 2. Aufl gr. 8. (124 S.) Braunschweig 901. F. Vieweg & Sohn. Geb. in Leinw. n. 3. —

Johanning, A., Die Organisation der Fabrikbetriebe. 2. Aufl. gr. 8⁰. Braunschweig, F. Vieweg u. Sohn, 1902.

Johanning, Alb. N. P., die Organisation der Fabrikbetriebe. Aus der Praxis f. die Praxis. Mit e. Anh. Enth. 56 in der Praxis bewährte Formulare. 3. verb- u. erweit. Aufl. (XIII, 174 S.) gr. 8. Braunschweig 908. F. Vieweg & Sohn. Geb. in Leinw. 3. —

Johanning, A. N. P., Das Patent-Musterschutz- und Warenzeichenwesen [Deutschland- und der übrigen Länder] vom Standpunkt der Praxis für den Erfinder, Ingenieur, Fabrikanten, Gewerbetreibenden, Kaufmann usw. Mit 28 in den Text gedruckten Patentgesetztab. und 32 im Anh. enthaltenen Formularen. Baden-Baden, 1906. 310 S.

Johanning, E., Vorgänge zwischen Militair und Civil in Bielefeld. Als Beitrag zur Charakteristik preuß. Militairverhältnisse. Schutzschrift. gr. 8. (124 S.) Leipzig 847, O. Wigand.*

Johanning E, d. dtsche Feuerversich. auf Gegenseitigk. in Ludwigshafen. Berlin 1866

Johannis Offenbarung, Knaben u. Mädchen nach Belieben zu zeugen. 8. Lemgo 802. Meyer. 12 Kr

Johannis [persönlicher Name], s. Johannes.

Johannis, G. C., und J. P. Crollius, Ur-Geschichte v. Zweibrücken, s. Ur-Geschichte.

Festschrift. **Johannisbad** im Riesengebirge ⟨Böhmen⟩. Jubil.-Ausg. aus Anlaß d. 900 jähr. Bestandes. 1006–1906. Red. von Ferdinand Gruner. Johannisbad: Kurverwaltung (1907). (24 S.) 8° [07. 12337]

Johannisberg, Rudolf v.

Johannisberg, Rud. v., Frau Vestalin. Roman. 2. Aufl. (411 S.) 8. Berlin (905). Vita. n. 3. 50; geb. n. 4. 50

Frau Vestalin. Roman von Rudolf v. **Johannisberg.** 3. Aufl. Berlin: Vita [1905]. (411 S.) 8° [F.] [05. 13494]

Johannis-Brunnen, Der, bei Leipzig; nebst Darstellung der dortigen Kaltwasserbäder. Leipz. o. J. V: *Dietrich, Ewald Christ. Vict.* [?] (Call)

Johannisburg [Schlagwort]

Johannisburg. Kreis, s.a. Allenstein, Reg.-Bez.

Johannisburg (Ostpr.), s.a. Geologische Karten. Kaunhoven.

Johannisburg, s.a. Radfahrerkarten, Strassenprofilkarte.

Johannisburg. Karte des Kreises Johannisburg im Reg.-Bez. Allenstein. Hrsg. v. der kartogr. Abtheilg. der königl. preuss. Landesaufnahme 1877. Aufgenommen vom königl. preuss. Generalstab 1864–1868. Einzelne Nachträge 1896. 1 : 100,000. 58×68,5 cm. Farbdr. Berlin (R. Eisenschmidt). n.n. 2. —; ermäss. Preis n.n. 1. 50

Johannisburg. Kok, K. I. de, Map of Johannisburg and suburbs. 12 Blatt in gr. Fol. Lith. u. kolor. Pretoria 898. (Amsterdam, J. H. de Bussy.) Auf Leinw. in Leinw.-Mappe n.n. 70. —

Johannis-Feier. o. O. u. J. 16 S. 8⁰ [Umschlagtit.]
Gedicht: Traum eines Maurers in der St. Johannisnacht. „Die Sonne sank in blaue Meeresfluthen, . . .“ 25.

Johannisfeier. Breslau o. J.: Lindner. 1 Bl. 8⁰. [Kopftit.]
„Dem Lichte, das den Sieg errungen“ . . . 358a.

Johannisfest. o. O. u. J. 1 Bl. Quer-8⁰. [Kopftit.]
„Johannisfest, du herrlichstes vor allen“ . . . 21.

Johannis-Fest 1802. [Dresden: 1802.] 8 S. 8⁰
3 Lieder ohne Noten. 157.

Johannis-Fest 1802. [Dresden: 1802.] 27 S. 8⁰
7 Lieder ohne Noten, 2 Gebete vor u. nach der Tafel. 157.

Johannis-Fest. [Hamburg: ca 1820.] 2 Bl. 8⁰ [Kopftit.]
3 Lieder ohne Noten. 193

Johannisfest, Das. Hamb. 1821. V: *Rahbeck, Knud Lyne.* (Tt) (Bruun, Bibl. Danica. II, 1081.)

Johannis-Fest. [Hamburg: 1828]. 2 Bl. 8⁰ [Kopftit.]

Johannisfest 1829. o. O. [1829]. 14 S. 8⁰ [Umschlagtit.]
11 Lieder ohne Noten. 129.

[Dasselbe.] Ebendas. [1840.] 2. Bl. 8⁰
4 Lieder ohne Noten.

Johannisfest 1842. [Hamburg 1842: Appel.] 2 Bl. 8⁰ [Kopftit.]
1 Lied währeud der 4 Umgänge, 2 Quartette.
Rekt. Kneisner, Hamburg.

Johannisfest 1859. [Unterz.:] P. o. O. [1859]. 1 Bl. 8⁰ [Kopftit.]
Gedicht: „Wer hat voll Geld die Tasche?“ 3.

Loge Apollo [in Leipzig]. **Johannisfest 1862.** [Leipzig 1862: Polz.] 2 Bl. 8⁰ [Kopftit.]
4 Lieder ohne Noten von M. Zille, K. Pilz, O. Marbach. 172.

Johannisfest 1875. Tafelloge. (Loge Apollo.) [Leipzig 1875: Engelhardt.] 8 S. 8⁰ [Umschlagtit.]
Tt. 2494. 5 Lieder ohne Noten von E. Rittershaus, M. Zille, L. Erdmann, O. Marbach. 439.

Johannisfest der Logen Apollo und Balduin zur Linde im Or. Leipzig 1884. [Leipzig 1884: Naumann.] 7 S. 8⁰ [Umschlagtit.]
6 Lieder ohne Noten. 283.

Johannisfest 1860. (Loge Balduin zur Linde). [Leipzig 1860: Andrä.] 4 Bl. 8⁰ [Kopftit.]
Kantate mit Rezitation „Maurerweihe“ komp. von J. D. Baldenecker „Es heult das Meer, der Donner kracht, . . .“ u. 4 Lieder ohne Noten.

Johannisfest 1864. (Loge Balduin zur Linde). [Leipzig 1864: Andrä.] 4 Bl. 8⁰ Kopftit.]
3 Gesänge ohne Noten, 2 von O. Marbach, 1 von H. Hoffmann. 215

Johannisfest 1874. Tafelloge. (Loge Balduin zur Linde). [Leipzig 1874: Naumann.] 4 Bl. 8⁰ [Umschlagtit.]
9 Lieder ohne Noten. 283.

Johannis-Fest der Logen Balduin zur Linde und Apollo 1887. Tafel-Loge. [Leipzig 1887: Gröber.] 4 Bl. 8⁰ [Umschlagtit.]
4 Lieder ohne Noten, 2 von O. L. Erdmann, 1 von F. S. Lucius. 281.

Johannis-Fest der Logen Balduin zur Linde und Apollo 1904. Tafel-Loge. [Leipzig 1904: Vogel.] 4 Bl. 8⁰ [Umschlagtit.]
5 Lieder ohne Noten von E. Anschütz, O. Marbach, Th. Winkler, F. S. Lucius. 283.

Johannisfest 1876 der Loge Braunfels zur Beharrlichkeit im Or. Hanau. [Hanau 1876.] 2 Bl. 8⁰ [Umschlagtit.]
3 Lieder ohne Noten, davon 1 von A. Elsass, 1 von J. Geissell. 140.

Freimaurer Loge „Albrecht Dürer“ Or. Nürnberg. **Johannis-Fest** 15. Juni 1910. [Nürnberg: Daegelow & Kleeblatt.] 2 Bl. 8⁰. [Umschlagtit.]
Festordnung und Liedertexte. 21.

Die Loge Eleusis zur Verschwiegenheit Or.·. Bayreuth. **Johannis-Fest** 1. Juli 1883. Bayreuth [1883]: Mühl. 16 S. 8⁰ [Umschlagtit.]
Tt. 2079. Enth. einen Jahresbericht für 1882/1883 u. eine Zeichnung des Br Redners: Üb. den Tempel der Humanität. 439.

Loge Eleusis zur Verschwiegenheit im Or.·. Bayreuth. **Johannis-Fest** am 12. Sept. 1886. Bayreuth [1886]: Burger. 16 S. 8⁰ [Umschlagtit.]
Bericht. Jahresbericht von G. Höreth, Festvortrag von K. Schüller: Zweck u. Bedeutung der Frmrei. 429.

Johannis-Loge „Zur Unverbrüchlichen Einigkeit“ zu Hamburg. **Johannis-Fest und Feier des 25 jährigen Maurer-Jubiläums der Brr J. Fr. Aug. Harloff, Joh. Nicol. Carsten Madsen, Joh. Adolph Schwarz, John Marcus Rieck und Rich. Heinr. Saur. Sonnabend, den 20. Juni 1908. Hamburg [1908]: Pape. 8 Bl. 4⁰ [Umschlagtit.]**
5 Lieder ohne Noten.
Rekt. Kneisner, Hamburg.

Johannisfest der Gr. Loge von Hamburg und der vereinigten 5 Tochterlogen am Sonntag, den 24. Juni 1894. [Hamburg 1894]: Altschwager. 1 Bl. 8⁰ [Kopftit.]
3 Lieder ohne Noten. 193.

Johannis-Fest der Gr. Loge von Hamburg und der vereinigten 5 Tochterlogen am Montag, 24. Juni 1895. [Hamburg 1865.] 7 Bl. 8⁰ [Umschlagtit.]
5 Lieder ohne Noten. 193.

Johannisfest der Gr. Loge von Hamburg und der vereinigten 5 Tochterlogen am Montag, den 24. Juni 1895. Hamburg [1895]: Altschwager. 2 Bl. 8⁰ [Umschlagtit.]
2 Lieder, 1 Choral ohne Noten. 193.

Johannis-Fest der Gr. Loge von Hamburg und der vereinigten 5 Tochterlogen am Mittwoch, 24. Juni 1896. [Hamburg 1896.] 5 Bl. 8⁰ [Umschlagtit.]
5 Lieder ohne Noten. 193.

Johannisfest der Gr. Loge von Hamburg und der vereinigten 5 Tochterlogen am Mittwoch, den 24. Juni 1896. Hamburg [1896]: Altschwager. 2 Bl. 8⁰ [Umschlagtit.]
3 Lieder ohne Noten. 193.

Johannisfest der Gr. Loge von Hamburg und der vereinigten 5 Tochterlogen am Donnerstag, den 24. Juni 1897. [Hamburg 1897.] 2 Bl. 8⁰ [Umschlagtit.]
3 Lieder ohne Noten. 193.

Johannisfest der Gr. Loge von Hamburg und der vereinigten 5 Tochterlogen am Freitag, den 24. Juni 1898. [Hamburg 1898.] 2 Bl. 8⁰ [Umschlagtit.]
2 Gesänge, 1 Psalm ohne Noten. 193.

Johannisfest der Gr. Loge von Hamburg und der vereinigten 5 Tochterlogen am Sonnabend, den 24. Juni 1899. [Hamburg 1899.] 2 Bl. 8⁰ [Umschlagtit.]
3 Gesänge ohne Noten. 193.

Johannis-Fest der Gr. Loge von Hamburg und der vereinigten 5 Tochterlogen am Freitag, 24. Juni 1898. [Hamburg 1898.] 5 Bl. 8⁰ [Umschlagtit.]
4 Lieder ohne Noten. 193.

Johannis-Fest der Gr. Loge von Hamburg und der vereinigten 5 Tochterlogen am Sonntag, 24. Juni 1900. [Hamburg 1900.] 6 Bl. 8⁰ [Umschlagtit.]
5 Lieder ohne Noten. 193.

Johannisfest der Gr. Loge von Hamburg und der vereinigten 5 Tochterlogen am Sonntag, den 24. Juni 1900. Hamburg [1900]: Altschwager. 2 Bl. 8⁰ [Umschlagtit.]
3 Lieder ohne Noten. 193.

Johannisfest der Gr. Loge von Hamburg und der vereinigten Hamburger 5 □□ verbunden mit der Säcularfeier der Einführung des Schröder'schen Rituals. Sonnabend, den 29. Juni 1901. [Hamburg 1901: Rademacher.] 4 Bl. 8⁰
3 Lieder ohne Noten. 193. 358 a.

Johannisfest der Gr. Loge von Hamburg, der vereinigten 5 Hamburger Tochterlogen und der Loge Gudrun am Dienstag, den 24. Juni 1902. Hamburg [1902]: Rademacher. 7 Bl. 8⁰
2 Lieder ohne Noten. 193.

Johannisfest der Gr. Loge von Hamburg und deren 6 Hamburger Tochterlogen am Freitag, den 24. Juni 1904. [Hamburg 1904: Rademacher.] 6 Bl. 8⁰ [Umschlagtit.:] Tafel-Loge. 1904. Johannis-Fest.
3 Lieder ohne Noten. 193.

Johannis-Fest der Gr. Loge von Hamburg und ihrer 6 Hamburger Tochterlogen am Sonnabend, den 24. Juni 1905. [Hamburg 1905: Rademacher.] 6 Bl. 8⁰ [Umschlagtit.:] Tafel-Loge.
4 Lieder ohne Noten. 193.

Johannis-Fest der Gr. Loge von Hamburg und ihrer 7 Hamburger Tochterlogen am Sonnabend, den 23. Juni 1906. [Hamburg 1906: Rademacher.] 4 Bl. 8⁰ [Umschlagtit.:] Tafel-Loge.
4 Lieder ohne Noten.

Johannisfest der Gr. Loge v. Hamburg und ihrer sieben Hamburger Tochterlogen Absalom, St. Georg, Emanuel, Ferdinande Caroline, Ferdinand zum Felsen, Gudrun und Phönix zur Wahrheit am Montag, den 24. Juni 1907. Hamburg [1907]: Laue. 4 Bl. 8⁰ [Umschlagtit.]
3 Lieder ohne Noten. 193.

Johannisfest der Gr. Loge von Hamburg und ihrer sieben Hamburger Tochterlogen Absalom, St. Georg, Emanuel, Ferdinande Caroline, Ferdinand zum Felsen, Gudrun und Phönix zur Wahrheit am Mittwoch, dem 24. Juni 1908. [Hamburg 1908: Rademacher.] 4 Bl. 8⁰
[Umschlagtit.:] Johannisfest 1908.
Programm u. 3 Liedertexte. 193.

Johannis-Fest der Gr. Loge von Hamburg und ihrer sieben Hamburger Tochterlogen Absalom, St. Georg, Emanuel, Ferdinande Caroline, Ferdinand zum Felsen, Gudrun und Phönix zur Wahrheit. Donnerstag, den 24. Juni 1909. Hamburg [1909]: Rademacher. 8 Bl. 8⁰ [Umschlagtit.]
4 Lieder ohne Noten. 193.

Johannisfest der ger.·. und vollk.·. Loge Johannes der Evangelist zur Eintracht im Or.·. Darmstadt am 24. Juni 1883. o. O. [1883]. 2 Bl. 8⁰ [Kopftit.]
Programm, Eröffnungsgebet, komp. von Niederhof, u. Kantate; ohne Noten. 157.

Johannisfest in Verbindung mit der fünfzigjährigen maurerischen Jubelfeier unsers gel.·. Br.·. Ludw. Jacobi. Gefeiert im Or. zu Düsseldorf den 20. Juli 1845. Als Hs. gedr. Düsseldorf [1845]: Wolf. 50, 8 S. 8⁰ [Umschlagtit.]
Tt. 2078. Bericht. 23.

Jacobi, Ludw.: **Johannis-Fest** in Verbindung mit der fünfzigjährigen maurerischen Jubelfeier unseres gel.·. Br.·. Ludw. Jacobi. Gefeiert im Or. zu Düsseldorf den 20. Juli 5845. Als Hs. gedr. Düsseldorf [1845]: Wolf. 50, 8 S. 8⁰ [Umschlagtit.]
[Darin:] Gesänge zum Doppelt-Fest Düsseldorf den 20. Juli 5845.
Tt. 2078. Bericht, Festvortrag von Baum: Aufgabe der Frmrei, Rückblicke auf die Tätigkeit der Loge. 65.

Johannisfest in Verbindung mit der fünfzigjährigen maurerischen Jubelfeier des geliebten Br. Mamme Hinrich Mammen. St. Johannisloge zur Pyramide i. O. v. Plauen, 22. Juni 1879. Plauen [1879]: Neupert. 2 Bl. 8⁰ [Umschlagtit.]
Programm u. 1 Liedertext von G. Günther.

Johannisfest den 22. Juni 1873 □ zur Harmonie. [Chemnitz 1873: Geidel.] 1 Bl. 8⁰ [Kopftit.]
2 Lieder ohne Noten, darunter eins von H. Waldow. 358.

Johannisfest der Loge zur Harmonie den 21. Juni 1874. Arbeits- und Festloge [Chemnitz 1874.] 1 Bl. 8⁰ [Kopftit.]
Gesang zur Eröffnung von O. Marbach; Kantate, komp von J. G. Pröhl. Ohne Noten. 358.

Johannisfest der Loge zur Harmonie 1876. [Chemnitz 1876: Geidel.] 2 Bl. 8⁰ [Kopftit.]
3 Lieder ohne Noten von R. Fischer u. Richter (Musik zu Lied Nr 3 von A. H. Stahlknecht). 439.

Johannisfest der Loge zur Harmonie in Chemnitz 1884. [Chemnitz 1884: Geidel.] 2 Bl. 8⁰ [Kopftit.]
3 Lieder ohne Noten. 1. „Brüder singet!“ 2. „Auf, ihr Brüder, . . .“ 3. „Liebe flüstert . . .“ 3.

Johannisfest der Loge zur Harmonie Or. Chemnitz am 22. Juni 1884. Arbeits- und Festloge. Chemnitz 1884: Geidel.] 2 Bl. 8⁰ [Umschlagtit.]
2 Gesänge ohne Noten; 1. „Z. Eröffnung“ von M. Pfalz, 2. „Hymnus an d. Mrei“ von G. H. Wegener, komp. v. J. G. Pröhl. 3.

Johannisfest der Loge zur Harmonie Or. Chemnitz am 22. Juni 1890. Arbeits- und Festloge. [Chemnitz 1890: Geidel.] 2 Bl. 8⁰ [Umschlagtit.]
2 Lieder ohne Noten: „Zur Eröffnung“ von Pfalz: „Deine Liebe, Weltenmeister, . . .“ „Hymnus an die Maurerei“ von G. H. Wegener, komp. von J. G. Pröhl: „Fest der Rosen, Fest der Sonne!“ 358.

Or. Dresden. **Johannis-Fest** der vereinigten Logen zu Dresden-Altstadt. Sonntag den 24. Juni 1906. [Dresden 1906.] 2 Bl. 8⁰ [Kopftit.]
3 Lieder ohne Noten von Chr. Klötzer, K. Treiber, R. Spalteholz. 109.

Johannis-Fest am 24. Juni 1893 in der Provinzial-Loge von Niedersachsen zu Hamburg. [Hamburg 1894] Meyer. 4 Bl. 8⁰. [Umschlagtit.]
3 Lieder ohne Noten von Heinr. Ehrich. 21.

Prov.-Loge von Niedersachsen. **Johannis-Fest** am 22. Juni 1900. Hamburg [1900]. 4 Bl. 8⁰ [Umschlagtit.]
4 Lieder ohne Noten; Text von H. Ehrich. 3.

Provinzial-Loge von Niedersachsen. **Johannis-Fest** und 125 jähriges Stiftungsfest. [Hamburg 1902: J. H. Meyer.] 16 S. 8⁰
Programm der Feier u. 5 Lieder.
Rekt. Kneisner, Hamburg.

Provinzial-Loge von Niedersachsen. **Johannisfest**, den 24. Juni 1903. [Hamburg 1903:] Meyer. 4 Bl. 8⁰. [Umschlagtit.]
Programm und 3 Liedertexte. 430.

Provinzialloge von Niedersachsen. **Johannis-Fest** am Freitag, 24. Juni 1904. [Hamburg 1904: J. H. Meyer.] 6 Bl. 8⁰ [Umschlagtit.]
3 Liedertexte von H. Ehrich.

Provinzialloge von Niedersachsen. **Johannis-Fest** Sonnabend 24. Juni 1905. [Hamburg 1905: Meyer.] 6 Bl. 8⁰.
3 Lieder ohne Noten. 358a.

Provinzialloge von Niedersachsen. **Johannis-Fest** Montag, 24. Juni 1907. [Hamburg 1907: J. H. Meyer.] 6 Bl. 8⁰ [Umschlagtit.]
3 Liedertexte von H. Ehrich.

Das **Johannis-Fest** 1844, gefeiert im Osten von Zürich, von den vereinigten schweizerischen St. Johannislogen, unter Leitung der ger.·. und vollk.·. Johannis-Logen Modestia cum libertate im Or. Zürich und Acacia im Or. Winterthur am 22, 23. u. 24. Juni bei Anlass der Konstituirung der schweizer.·. Grossloge Alpina. Zürich 1844: Orell, Füssli & Co. 121 S. 8⁰
Tt. 2077. Festbericht und 3 Reden. 193. 358.

Johannisfestarbeit 1870. [Leipzig 1870: Vollrath.] 2 Bl. 8⁰ [Kopftit.]
2 Lieder ohne Noten. 3.

Johannisfest-Arbeit 1883. [Leipzig 1883: Naumann.] 2 Bl. 8⁰ [Kopftit.]
3 Lieder ohne Noten, 2 von O. Marbach. 283.

Johannisfest-Arbeit der Loge „Leopold zur Treue“ i. O. Karlsruhe am 7. Juni 1891. Karlsruhe [1891]: Malsch & Vogel. 2 Bl. 8⁰. [Umschlagtit.]
3 Lieder. 430.

Johannis-Fest-Cantate, für Männerchor und Soli mit Begleitung des Streichquartett u. Pianoforte comp. und der Loge „Eugenia zum Gekrönten Löwen“ zu Danzig gewidmet von Franz **Joetze**. [Text gedichtet u. arr. von F. W. Lehmann.] Danzig: Stempelmann o. J. 30 S. 2⁰ [Lithogr.] [Umschlagtit.]
Partitur: „Stimmt an, stimmt an und preiset laut . . .“ 430.

Johannisfest-Cantate für 4 Männerstimmen mit Begleitung des Orchesters. Aufgeführt den 24. Juni 1865 in der Provinzial-Loge von Niedersachsen zu Hamburg. [Hamburg 1865]: Kümpel. 4 Bl. 8⁰ [Umschlagtit.]
Ohne Noten: „Erhebt den Herrn, des Weltenbau's Begründer!“
Rekt. Kneisner, Hamburg.

Zum **Johannisfeste** der Loge Friedrich August gewidmet. O. Wurzen d. 25. Juni 1848. [Wurzen 1848:] 4 S. 8⁰. [Kopftit.]
3 Lieder ohne Noten. 358a.

Zum **Johannisfeste** der Loge Concordia im Or. St. Gallen 18. Dezember 1881. Bern 1882: Haller. 32 S. 8⁰.
Reden. 358a.

Johannisfeste, Dem, der vereinigten englischen Logen zu Hamburg. Von Hlm. Altona [1809]. V: *Holmann, Friedrich.* (wolfstieg I, 537)

Johannisfestlied. [Köln] o. J.: [Breuer]. 1 Bl. 8⁰ [Kopftit.]
Ohne Noten: „Strahl des Lichts aus Himmelsweiten!" 140.

Johannisfestlied 1844. [Unterz.:] F. M. o. O. [1844]. 1 Bl. 8⁰ [Kopftit.]
Ohne Noten: „Zum hocherhabnen Meister schauen . . ." 65.

Johannis- und **Jubelfestloge** den 4. Juli 1880. [Annaberg 1880: Schreiber.] 6 Bl. 8⁰ [Umschlagtit.]
10 Liedertexte ohne Noten. 283.

Johannisfestlogen gefeiert von der Grossen Mutterloge des Eklektischen Freimaurerbundes in Frankfurt a.M. 1863. 1864. 1865. 1867. 1868. 1869. (1872. 1877. und 1879 bis 1882). Frankfurt a M. Druck von Krebs-Schmitt 1863—69. Fol. 6 Hefte. ausgegeben als Beilagen zu Nr. 15. 21. 26. 38. 43 u. 48 der Mittheilungen aus den Protocollen der Grosslogen. (Nr. 694) Die theilweise mit anderen Protocollen zusammengedruckten Berichte über die Johannisfestfeiern von 1872 bis 1877 u. 1879 bis 1882 finden sich in den Mittheilungen aus den Protocollen der Grossloge (Neue Folge: Nr. 9 (1872), 18 (1873), 27 (1874), 35 (1875), 41 (1876), 48 (1877), 79 (1880), 94 (1881), 103 (1882).
In diesen Protocollen sind treffliche Reden enthalten von Dr. J. Auerbach, J. C. Bauer, Dr. Georg Dancker, Dr. Jul. Föster, F. L. Handel, G. E. v. d. Heyden, Herm. Horster, Dr. Karl Oppel, Dr. Heinr. Schwarzschild, Dr. Heinr. Weismann, u. A., welche zum Theil in der „Bauhütte" abgedruckt sind.

Johannis-Freimaurerloge, Die, zum schwarzen Bär im Or. von Hannover 1774 bis 1874. Ms. f. Frmr. Hannover 1875. V: *Nöldeke, Hermann Carl Philipp Wilhelm.* (wolfstieg I, 550) Vgl. V, 5128.

Johannis-Gruss. 24. Juni 1857. [Potsdam 1857: Krämer.] 4 Bl. 8⁰ [Umschlagtit.]
2 Gedichte. 1. von S. Heegewaldt: „Festgemauert in den Herzen . . ." 2. von O. Puhlmann: „Hochmittag ist's in der Natur!" 8.

Johannisgrüße aus der Loge Friedrich zum weißen Pferde. Reden u. Vorträge, zum Besten des bei der Loge Friedrich zum weißen Pferde besteh. Stipendienfonds gesammelt u. hrsg. von H. Wanner. 8. (IV, 196 S.) Hannover 878. Cruse. n. 2. —

Johannisjanz, Absalom [aus Alexandropol. Kaukasien]: Ueber die Diffusion der Flüssigkeiten. Strassburg, Univ.-Buchdr. v. J. H. Ed. Heitz, 1876. 39 S. u. 3 Taf.

Johanniskäferchen, das, s. Erzählungen f. Kinder u. Kinderfreunde, 1. Bdchn.

Johanniskäferchen, das, s. Kanarienvogel, der.

Johanniskraut, d. chemisch-medicinisch, abgeh. v. Anthropobotonikophilo. 8. Leipz. Böhme. 781.

Johanniskraut, chemisch-medicinisch abgehandelt v. Anthropobotanikophilo. 8. Leipz. 781. (Knobloch). 5 gl

Johannis-Lied. [Unterz.:] A. W. o. O. u. J. 1 Bl. 8⁰ [Kopftit.]
Ohne Noten: „In des Jahres Blüthen-Zeit . . ." 280.

Johannis-Lied. o. O. u. J. 2 Bl. 8⁰ [Umschlagtit.]
Ohne Noten: „Heute tönen hohe Lieder . . ." 25. 65.

Johannisloge der Loge zur Harmonie Or. Chemnitz am 21. Juni 1885. Arbeits- und Festloge. [Chemnitz 1885]: Geidel. 2 Bl. 8⁰ [Umschlagtit.]
Kantate „Des Maurers Wort" von E. Reiniger u. J. G. Pröhl u. 2 Lieder ohne Noten. 358.

Johannis-Loge, Die, zur Ceder. Eine Festgabe zum 125jährigen Stiftungsfeste am 20. Sept. 1902. Hannover 1902. V (für die Jahre 1777—1877): *Müller, Hermann.* V (für die Jahre 1877—1902): *Treumann, J.* (wolfstieg I, 552)

Johannisnacht, Die; Becherweihe der Zunftgesellschaft zur Schmieden in Zürich. [Zürich 1876.] V: *Keller, Gfr.* (Zuwachsverz. d. Bibl. in Zürich 1898 ff.)

Johannis-Rosenlied. »Noch prangt im duft'gen Schmuck der Rose Leben ...« Von E. H. O. O. u. J. V: *Heidenheim, E.* (wolfstieg II, 842)

[**Johannisrundschreiben** der Loge Absalom zu den drei Nesseln in Hamburg von 1775—1869.]

Essen: [**Johannisrundschreiben** der Loge Alfred zur Linde in Essen a. d. Ruhr seit 1859.]

[**Johannisrundschreiben** der Loge Amalia in Weimar von 1824 bis ca 1840.]

[**Johannisrundschreiben** der Loge Archimedes zum ewigen Bunde in Gera von 1805—1860.]

[**Johannisrundschreiben** der Loge Eleusis zur Verschwiegenheit in Bayreuth seit ca 1750.]

[**Johannisrundschreiben** der Loge Ferdinand zum Felsen in Hamburg von 1794—1869.]

Ferdinande Karoline: [**Johannisrundschreiben** der Loge Ferdinande Karoline in Hamburg von 1776—1869.]

[Johannisrundschreiben der Loge Fichte zur Selbstbeherrschung in Berlin seit 1901.]

Die Freunde z. Eintracht: **[Johannisrundschreiben der Loge „Die Freunde zur Eintracht" in Mainz.]**
Beginn der Hrsg. unbekannt.

[Johannisrundschreiben der Loge Friedrich August zu den drei Zirkeln in Zittau seit 1817.]

[Johannisrundschreiben der Loge Friedrich der Edle in Stettin seit 1900.]

Germania z. Deutschen Treue: **[Johannisrundschreiben** der Loge Germania zur deutschen Treue in Erlangen seit 1875.]

InTreueFest: **[Johannisrundschreiben** der Loge „In Treue Fest" in München seit 1896.]

[Johannisrundschreiben der Loge Karl zur Eintracht in Mannheim.]
Beginn der Hrsg. unbekannt, sicher aber vor 1860.

[Johannisrundschreiben der Loge Karl zum aufgehenden Licht in Frankfurt a. M. von 1819—1845.]

Eisenach: **[Johannisrundschreiben** der Loge Karl zur Wartburg in Eisenach seit 1859.]

[Johannis-Rundschreiben der Grossen Landesloge der Freimaurer von Deutschland: 1865, 1872, 1873, 1885, 1886, 1887, 1889, 1890, 1891, 1893.] 21.

[Johannisrundschreiben der Loge Lessing in Valparaiso seit ca 1886.]

[Johannisrundschreiben der Loge „Die Leuchte am Goldnen Horn" in Konstantinopel seit 1909.]

[Johannisrundschreiben der Loge Libanon zu den drei Zedern in Erlangen 1795—1840.]

[Johannisrundschreiben der Loge „Drei Lichter im Felde" in Gross-Lichterfelde seit 1896.]

[Johannisrundschreiben der Loge zum goldnen Apfel in Dresden von 1852 bis 1869.]

[Johannisrundschreiben der Loge zur edlen Aussicht in Freiburg i. Br. seit 1860.]

[Johannisrundschreiben der Loge zu den drei Degen in Halle seit 1831.]

Schweidnitz: **[Johannisrundschreiben der Loge zur wahren Eintracht in Schweidnitz.]**
Beginn der Hrsg. unbekannt; erschienen ca 1806—1857.

Halberstadt: **[Johannisrundschreiben** der Loge zu den drei Hammern in Halberstadt.]
Beginn und Schluss der Hrsg. unbekannt.

[Johannisrundschreiben der Loge zum treuen Herzen in Strassburg i. E. seit 1873.]

[Johannisrundschreiben der Loge zur Hoffnung und Stärke am Niederrhein in Düsseldorf seit 1906.]

[Johannis-Rundschreiben der Loge zu den 3 Kronen in Königsberg i. Pr.:]
Johannistag 1864. 21.

Bautzen: **[Johannisrundschreiben** der Loge zur goldnen Mauer in Bautzen von 1803—1847.]

[Johannis-Rundschreiben der Loge zur aufgehenden Morgenröte. Frankfurt a. M. 1827.] 14 S. 4° [Kopftit.]
Auszug in: FZ. 31 (1880) S. 153—156.
Darlegung der Grundsätze, nach denen die Loge arbeitet. 193.

Sorau: **[Johannisrundschreiben der Loge zu den drei Rosen im Walde in Sorau 1820—1845.]**

Triebel: **[Johannisrundschreiben der Loge zu den drei Säulen in Triebel von 1807 bis 1812.]**

[Johannisrundschreiben der Loge zu den drei Schwertern.]
Beginn und Schluss der Hrsgabe unbekannt, ca Anfang des 19. Jh. beginnend.

[Johannisrundschreiben der Loge zur aufgehenden Sonne in Sonneberg, S. M. seit 1904.]

[Johannisrundschreiben der Loge zum hellleuchtenden Stern in Celle von 1814 bis 1858.]

[Johannisrundschreiben der Loge zum Tempel der Eintracht in Posen von 1820—1845.]
Erschienen unregelmässig.

[Johannisrundschreiben der Loge zum Tempel des Friedens in Metz seit 1872.]

Z. den drei Verbündeten: **[Johannisrundschreiben** der Loge zu den drei Verbündeten in Düsseldorf seit 1806.]

[Johannisrundschreiben der Loge zum Verein der Menschenfreunde in Trier seit ca 1885.]

Wittenberg: **[Johannirrundschreiben** der Loge zum treuen Verein in Wittenberg seit 1829.]

[Johannisrundschreiben der Loge zur Wahrheit und Treue in Heidelberg seit 1910.]

[Johannisrundschreiben der Loge zu den drei Zirkeln in Stettin 1781, 1796 und von 1803—1830.]

[Johannisrundschreiben der Loge Phönix in Leipzig seit 1893.]

Solingen: **[Johannisrundschreiben** der Loge Prinz von Preussen zu den drei Schwertern in Solingen seit 1840.]

[Johannisrundschreiben der Provinzialgrossloge von Hamburg in Berlin seit 1900.]

[Johannisrundschreiben der Loge Ruprecht zu den fünf Rosen in Heidelberg von ca 1850—1870.]

St. Georg z. Grünenden Fichte: **[Johannisrundschreiben** der Loge St. Georg zur grünenden Fichte in Hamburg von 1775—1869.]

Burgstädt: **[Johannisrundschreiben** der freien Vereinigung von Brüdern in Burgstädt seit 1891.]

[Johannisrundschreiben der freien maur. Vereinigung in Reichenbach i. Vogtl. seit 1909.]

[Johannisrundschreiben der Loge Wittekind zur westfälischen Pforte in Minden von 1802—1848.]

[Johannisschreiben der Loge „Apollo" im Orient Leipzig. 1830.] 21.

Johannisschreiben der Loge zur Verbrüderung im Or. Oedenburg. Angeschlossen: Kassenbericht und Bestandliste, Johannis-Festrede, Arbeitskalender für 1878/79. Oedenburg: Selbstverlag der Loge 1878. 79 S. 8°. 430.

Johannissian, Akop, aus Schuschi (Kaukasus): Die Ueberführung der sek. sym. Brombenzoylhydrazide in Derivate des Furo(bb')diazols und Thio(bb')diazols. *Heidelberg 1902: K. Rößler.* (30 S.) 8°
Heidelberg, Naturw.-math. Diss. v. 1903

Johannisstift, Altersheim für bejahrte Brr Frmr zu Einbeck. [Einbeck 1898.] 2 Bl. 4° [Kopftit.]
Bericht üb. die 1. Hauptversammlung 1898 in Leipzig sowie Jahresbericht enthaltend. 358.

Johannis-Tafellieder 1844. o. O. [1844]. 2 Bl. 8° [Kopftit.]
2 Gesänge ohne Noten. 65.

Johannistag, Ein. Festvortrag, gedichtet und gesprochen in der Johannisfestloge 24. Juni 1865 von E. Hamb. 1865. V: *Erich, Gust. E.* (wolfstieg II, 901)

Johannistag. [Freiburg i. B. 1884.] 1 Bl. 4° [Kopftit.]
Gelegenheitsrede. 147.

Der Johannistag 5839 in der Loge Archimedes zu den 3 Reissbretern. Bundesgabe an die tr. verschwisterten Logen. [Cahla 1839: Beck.] 16 S. 8⁰ [Kopftit.]
Aus: Zd. 3 (1839) S. 81—90, 105—111.
2 Reden, 3 Gedichte. 193.

Johannistag [der Loge Herder]. [Bremen 1908.] 1 Bl. 8⁰ [Kopftit.]
Gedicht: „Vergiss nicht den Johannistag, . . .“ 193.

Johannistal [Sachliches OW]

Rheinische Provinzial-Heil- und Pflege-Anstalt **Johannisthal.** (Mit 37 Bl Zeichnungen) Köln 1906. (Umschlag: 1907.) 4⁰

Johannistal [Schlagwort]

Johannistal. s.: **Adlershof.**

Johannistriebe. Gedichte v. B. F. D. S. 8. (70 S.) Berlin 883. Entrich. n. 1. 50; geb. m. Goldschn. n. 2. 50

Johanniswürmchen, von M. Tenelli. 8. Frankf. a. O., Hoffmann. 819.

Johanniszeit, Mitauer. [Riga 1804.] V: *Recke, Joh. Frdr. von.* (R-N)

Johanniter, Die, oder die Einnahme von Rhodus durch Soliman . . . Regensburg 1848. V: *Ambach, Eduard v.* (Ky)

Johanniter, die, oder die Einnahme von Rhodus durch Soliman. Charakter- und Heldengemälde aus der ersten Hälfte des 16. Jahrh. Der reiferen Jugend gewidmet von dem Verf. (der Erzählung): „Die Kinder der Wittwe.“ (E. v. Ambach.) 8. (170 S. und 1 Stahlst.) Regensburg 848, Manz.

Johanniter, die, oder die Einnahme von Rhodus durch Soliman. Charakter- und Heldengemälde aus der 1. Hälfte des 16. Jahrh. der reiferen Jugend und dem christl. Volke gewidmet. 2. Aufl. 8. (VIII, 170 S. mit 1 Stahlst.) Regensburg 886, Verlags-Anstalt.

Johanniterorden, der. In Verbindung damit die Belagerung von Wien und die Schlacht bei Lepanto. Aus dem Engl. kl. 8. (VII, 360 S.) Aachen 888, Jacobi und Comp.

Johanniter-Orden, der. Seine Geschichte u. Entwickelg. Mit 1 Karte u. 3 Abb. nach Orig.-Porträts. (31 S.) 8. Berlin 908. H. J. Meidinger. Kart. 2. 50

Johanniter-Ordensblatt. Amtl. Monatsschrift d. Balley Brandenburg d. Johanniterordens. Jg. 49, No 1. Berlin: C. Heymann 1908. 4⁰ [J.]
Anf. s. u. d. T.: Wochenblatt d. Johanniter-Ordens-Balley Brandenburg.

Johanniter-Ordensblatt. Amtliche Monatsschrift d. Balley Brandenburg des Johanniterordens. Im Auftrage der Balley red. v. Lindenberg. 49.—51. Jahrg. 1908—1910. à 12 Nrn. (1910: IV, 114 S.) Lex. 8. C. Heymann. à Jahrg. 4. —
Erschien früher u. d. T.: Wochenblatt d. Johanniter-Ordens-Balley Brandenburg.

Johannot, Dessins nouveaux de broderies d'après les plus nouveaux modèles françois, anglois et de propre invention. fol. Leipz. Leo. 804.

Johannot, Franz

Johannot, F., s. Phil. Miller, Gärtnerlexikon 2c. im Auszuge.

Johann's (Geo. Joach. Göschen), Reise. 8. Leipz. 793. Göschen. 16 gr.

— des Bedienten, Reise, von G. J. Göschen. 1r Thl. 8. Leipz. Göschen. 793.

Johanns, F. J., tabellarischer Schlüssel zur schnellen Berechng. der entfallenden Gebühr aus Besoldungen, Pensionen, Gnadengaben 2c. bei deren Anweisg. u. Einstellg. sowie der entfallenden Einkommensteuer aus den denselben nach dem Einkommensteuer-Patente vom 29. Octbr. 1849 unterliegenden Bezügen. Zum Gebrauche d. k. k. Staatskassen u. der dieselben kontrollirenden Behörden. 8. (72 S.) Wien 852, Heubner. n. 16 ngr

Johanns, L., Kohllieder, s.: **Kohl, brunen.**

Johanns, Max

Johanns, M., Rechtsbeistand f. den oldenburgischen Landwirt. Eine gemeinverständl. Darstellg. der wichtigsten Bestimmgn. des bürgerl. u. öffentl. Rechts. (VIII, 306 S.) 8. Oldenburg 906. G. Stalling's Verl. n n. 2. 90; geb. n.n. 3. 50

[J.] **Johanns,** Max [Accessist]: Die Übertragung der Rechte und Verbindlichkeiten aus einem gegenseitigen Schuldverhältnis . . . Oldenburg, Druck v. Drewes & Sussmann, 1896; 35 S. 8.
Göttingen, Jur. Fak., Inaug.-Diss. v. [13. Febr.] 1896

Johannsen, s.: **Jahresbericht** der Gewerbe-Aufsichtsbeamten des Aufsichtsbez. Lübeck.

Johannsen, s.: **Jahresbericht** üb. d. Thätigkeit d. Gewerbeaufsichtsbeamten f. d. Aufsichtsbez. Lübeck.

Johannsen. Lehrb. d. allgem. Botanik, s.: **Warming.**

Johannsen: Sammlung der hauptsächl. schlesw.-holst. Verordnungen, s. Michelsen.

Johannsen, Alb., die kapitallose **Wirtschaftsweise.** Ein Vorschlag zur prakt. Lösg. d. sozialen Problems. gr. 8. (32 S.) Husum 895. F. Petersen. n, 1 —

Johannsen, Albert (Hrsg.), s. Almanach, Neuer

Johannsen, Alb., Arbeit f. die Arbeitslosen, Jedem der volle Ertrag seiner Arbeit, sowie allgemeiner Wohlstand bei Erhaltung des freien Verkehrs u. der völligen persönlichen Selbstständigkeit. Ein Vorschlag zur prakt. Lösg. des sozialen Problems. gr. 8. (8 S.) Husum 894. (Leipzig, R. Friese.) n. — 20

Johannsen, Alb., Fata Morgana. Roman. (176 S.) 8. Leipzig 908. J. J. Weber. 3.—; geb. 4. —

Johannsen, Albert: Nach der Flut. Von —. Berlin: A. Schall [1905]. (346 S.) 8⁰
= Verein d. Bücherfreunde. [Jg. 14, 7.]

Das Gnadenbrot. Die Tochter besucht ihre Mutter. Der Vagabund. 3 Einakter von Albert **Johannsen**. Berlin-Friedenau: Bureau Fischer [1909]. 48 S. 8°
(Deutsche Einakter. Bd 1.) [09. 13805

Johannsen, Alb., aus Heide u. Moor, s.a. **Kürschner's, Jos., Bücherschatz.**

Johannsen, Albert: Aus Heide und Moor. Erzählungen und Lebensbilder aus dem schleswigschen Volksleben v. –.
Mit Illustrationen v. W. Roegge. Berlin, Eisenach, Leipzig. (1901.) 8°
(Kürschners Bucherschatz, Nr. 281.)

Aus Heide und Moor. Erzählungen u. Lebensbilder aus d. schleswigschen Volksleben von Albert **Johannsen**. Mit Ill. von W. Roegge. *Berlin, Eisenach, Leipzig: H. Hillger [1902].* (124 S.) 8° [F.]
— Bücherschatz, Kürschners. No 281. [02. 37

— s.: Humor, deutscher.

— Schleswig-holsteinischer Humor, s.a. **Humor, deutscher.**

Johannsen, Albert: Schleswig-Holsteinischer Humor. Hrsg. von . 2. Taus. Bd 1. 2. Husum: Deutscher Humor [1899]. 2 Bde 8°
= Humor, Deutscher. Abth. 1.

Johannsen, Albert: Schleswig-Holsteinischer Humor. Hrsg. von . Neue wohlf. Ausg. Bd 1. 2. Garding: H. Lühr & Dircks [1907]. 2 Bde 8°

Johannsen, Albert (Hrsg.), s. Jahrbuch für die Kreise Husum und Eiderstedt.

Johannsen, Alb., auf Ibenhof. Roman. (291 S.) 8. Berlin 907. H. Hillger. 2.—

Johannsen, Albert (Hrsg.), s. Volks- und Familien-Bibliothek, Deutsche.

— Die Wildnis. Roman. (396 S.) 8. Dresden 910. C. Reißner. 5.—; geb. 6.—

Johannsen, Carl Theod., s. Johannsen, Karl Theod.

Johannsen, Diedrich: Über Thiopyrazolone. Esens 1909: Biermann. 43 S. 8°
Rostock, Phil. Diss. v. 16. Febr. 1909, Ref. Stoermer
[Geb. 26. Nov. 79 Fedderwarden; Wohnort: Esens; Staatsangeh.: Oldenburg; Vorbildung: Gymn. Norden bis O. 98; Studium: Marburg 4, Rostock 5 S.; Rig. 12. Febr. 09.] [U 09. 3752

Johannsen, E, Allein auf der Kommandobrücke. Ein Hilfsbüchlein beim Navigiren in Sicht der Küste oder sonst eines festen Objectes.
Lübeck 1898.

Johannsen's, Erich, Freier v. Morsum,
— Liebeswerbung auf Sylt, } s.a. **Lustspiele, Sylter.**

Sylter Lustspiele (v. Erich **Johannsen**). Mit Übs., Erläut. u. Wörterb. hrsg. v. Prof. Dr. Theodor Siebs. I. Erich Johannsen's 'Freier von Morsum'. II. Erich Johannsen's 'Liebeswerbung auf Sylt'. *Greifswald: J. Abel 1898.* (2 Bl., 221 S.) 1 Bd 8. [98. 7300

Johannsen, F. (Hrsg.), s. Antwortgeben in Schulfragen betreffend die äußere Ordnung.

Johannsen, Fr., über d. Bedürfniß u. d. Möglichkeit einer Wissenschaft d. Pädagogik, als Einleit. in d. künftig zu liefernde philosoph. Grundlage d. Erziehung. gr. 8. Jena 803. (Leipz., Gnobloch). 12 gr

— Kritik d. Pestalozzischen Erziehungs- u. Unterrichtsmethode, nebst Erörterung d. Hauptbegriffe d. Erziehungswissenschaft. 8. Jena 803. (Gnobloch in Lpz.) 1 Thlr 8 gr

Johannsen, G., die Zähne, ihre Pflege u. Erhaltung. gr. 8. (16 S.) Riga 898. Jonck & Poliewsky. n. —40

Johannsen, H., Großmutters Bibel, s.: **Kinder-Bibliothek, kolorierte.**

Johannsen, Heinrich

Ueber Einrichtung von Volkskirchenkonzerten v. Heinrich **Johannsen**. (Leipzig 1906.) 8° Ausschnitt aus: Korrespondenzblatt des Evangelischen Kirchengesangvereins für Deutschland. Jg. 20, Nr. 7.

Johannsen, J., allein auf der Kommandobrückel Ein Hülfsbüchl. beim Navigieren in Sicht d. Küste od. sonst e. festen Objekts. 12. (13 S.) Lübeck 898. (Hamburg, L. Friederichsen & Co.) Kart. n. 1.—

Johannsen, Johann

Johannsen, Joh., Blätter zur Erinnerung eines Krieges aus dem J. 1850. 8. (XXIV, 110 S.) Kiel 872, (Universitäts-Buchh.) *

[F.] **Johannsen,** Johann *Otto Julius* [aus Berlin]: Die Reinfelder Gründungsurkunden ... M. e. Karte. (Aus: Zeitschr. d. Ges. f. Schlesw.-Holst.-Lauenb. Gesch., Bd 25.) Kiel, Druck v. Schmidt & Klaunig, 1895; 2 Bl., 57 S., 1 Bl., 1 Kt. 8.
Kiel, Phil. Fak., Inaug.-Diss. v. [18. Apr.] 1896

Johannsen, Joh., gegen die Konfessionen! Kampfschrift gegen Albert Ehrhard in Wien u. Adolf Harnack in Berlin, s.a. **Schriften, Münchener polit. I.**

Johannsen, Johann: Gegen die Konfessionen! Eine Mahnung an d. Gebildeten unter ihren Verfechtern in Gestalt einer Kampfschrift gegen den Prof. d. kath. Theol. Albert Ehrhard in Wien u. d. Prof. d. protest. Theol. Adolf Harnack in Berlin von Dr. Johann Johannsen.
München: F. Stein 1902. (198 S.) 8°
= Johannsen: Münchner Politische Schriften. 1.

— s.: Krone, die, u. die Reichshauptstadt.

Nachrichten vom Kirchspiel Hattstedt mit einer Abb. der Kirche nach einer photogr. Aufnahme nach dem Brande am 12. März 1878. Gesam. u. zsgest. v. Joh. **Johannsen**. Husum. 1891. 4° k.

Johannsen, Johann: Münchner Politische Schriften. Von Johann Johannsen. 1. München: F. Stein 1902. 8°

Johannsen, Johann Christian (Gottberg)

Johannsen, Joh. Chr. G(ottberg), die Anfänge des Symbolzwanges unter den Protestanten. Geschichtl. dargestellt. gr. 8. (XVI und 438 S.) Leipzig 847, Hinrichs'sche Buchh.

Johannsen, Jh. Chr. Gottberg, Aufschwung zu dem Ewigen, in einer Reihe evangel. Vorträge für d. häusl. Andacht. 2 Bde. gr. 8. Altona 820—25. Hammerich. 3 Thlr 6 gr

Johannsen, J. C. G., der Baum d. Lebens. Ein Neujahrsgruß in drei Predigten, beim Jahreswechsel 1829—30. 8. (3½ B.) Kopenhagen 831, Reitzel.

— von d. Bekehrung d. Kinder Israel zu Christo. Predigten u. Reden vor u. bei d. Taufe e. erwachsenen Jüdin gehalten. 8. Altona 824. Hammerich. 8 gr

Johannsen, Joh. Chr. Gottberg, Berufstreue. Pred. gr. 8. Kopenhagen 835, (Reitzel.) *

Johannsen, Joh. Chr. Gottberg, Christus ist unser Meister. Neujahrspredigt 1846. Ein evangel. Zeugniß in den Wirren der Zeit. gr. 8. (1¼ B.) Kopenhagen 846, Reitzel.

—— die Entwickelung d. protestant. Geistes bis zu seiner völligen Darlegung auf d. Reichstage zu Speier, 1529. Eine Denkschrift auf d. 3. Jubeljahr 1829, enthalt. e. Samml. d. wichtigsten hierher gehör. Dokumente v. Wormser Edikt bis zur Speier. Protestation. gr. 8. (17½ B.) Kopenhagen 830, Reitzel.

—— Erntepredigt. Am 15. Sonnt. nach Trin. 1847 zu Kopenhagen gehalten. gr. 8. (16 S.) Kopenhagen 847, Reitzel. *

—— Gedächtnißpredigt auf d. hochsel. König Friedrich VI. v. Dänemark; am 16. Jan. 1840 gehalt. gr. 8. (1 B.) Kopenhagen, (Reitzel.) *

—— der christl. Geist, in welchem d. Reformation in Dänemark eingeführt ward. Jubel-Pred. 8. Kopenhagen 836, (Reitzel.) *

—— Geist, Wort u. Schrift. Pfingstpredigt. gr. 8. (1¼ B.) Kopenhagen 846, Reitzel. *

—— das Gleichniß v. verlornen Sohne, e. innere Menschengesch. Pred. 8. Kopenhagen 828, (Reitzel.) *

— über die Grundsätze d. Abfassung eines populären allgem. brauchbaren Lehrbuchs d. christl. Religion f. die protest. Jugend. gr. 8. Altona 823, Hammerich.

—— die Jahreszahl vierzig. Reformationspredigt. gr. 8. (1 B.) Kopenhagen 840, (Reitzel.) *

—— Kernsprüche d. Bibel. 2. verm. u. verb. Aufl. 8. Kopenhagen 838, (Reitzel.)

Johannsen, Joh Chr. G., die Augsburgische Confession als Schutzwehr des freien Protestantismus. gr. 8. (79 S.) Leipzig 847, C. L. Fritzsche. 12 ngl

⊙ Der König ist todt. Zwei Predigten, am 30. Januar u. am 26. Februar geh. v. Johann Christian Gottberg Johannsen. Kopenhagen (1848) 8°

—— bibl. Lehrbuch d. christl. Religion, f. d. Oberklassen evangel.-protest. Volksschulen u. f. Konfirmanden. 8. (10 B.) Altona 834, Hammerich.

—— Nachruf an d. scheidende Jahr, u. fromm u. froh im neuen Jahre! Zwei Predigten, beim Jahreswechsel 1838—39 gehalt. gr. 8. (2 B.) Kopenhagen 839, (Reitzel.) *

— veterum Hebraeorum notiones de rebus post mortem futuris ex fontibus collatae. Part. I. 8maj. Havniae 826, Reitzel.

—— nur in Christo ist wahres Heil. Eine f. den Druck erweiterte Pred. gr. 8. Kopenhagen 835, (Reitzel.) *

Ode zur Jubelfeier des Kirchenrathes Jacob Christoph Rudolph Eckermann. Lateinisch verfasst und Deutsch nachgebildet v. Johann Christian Gottberg Johannsen. Copenhagen. 1832. 4°.

Johannsen, J(oh.) C(hr.) G(ottberg), Paulus in Athen. Ein bibl. Gemälde nach Apostelgesch. 17, V. 15—34, in fünf Predigten. gr. 16. (III und 118 S.) Altona 854, Hammerich.

—— Predigt auf Veranlassung d. Vermählung d. Kronprinzeß. Caroline u. d. Prinzen Friedrich Ferdinand, am 7. Sonnt. n. Trin. 1829 gehalt. 8. Kopenhagen, (Reitzel.) *

—— Predigten üb. d. ersten Brief d. Johannes in sein. inneren Zusammenhange. 2 Bde. gr. 8. (40½ B.) Altona 838, Hammerich.

— Predigten auf Veranlassung des 1000jähr. Jubelfestes d. Einführung des Christenthums in Dänemark. gr. 8. Kopenh. 826. Reitzel. 8 gr

Johannsen, J. C. G., Religionsvorträge f. denkende Verehrer Jesu. 2 Bde. gr. 8. (40½ B.) Altona 828, Hammerich. Thlr.

— — veteris Massiliae res et instituta ex fontibus adumbrata. 8. Kiel, (Libr. Academ.) 817.

— Diss. inaug. Veteris J. Massiliae res et instituta ex fontibus adumbrata. 8. Kiel 817. (Hesse). 12 gr

Johannsen, Johann Christian (Nortorfiensis), Veteris Massiliae res et instituta ex fontibus adumbrata. Diss. histor. Kiel (Christ. Fried. Mohr) 1817. 104 S. (7.—) 16974

Johannsen, J. C., Veteris Massiliae res et instituta ex fontibus adumbrata. Kilon. 818. 8. 14 gr.

—— die Sehnsucht d. Liebe. Pred. 8. Kopenhagen 833, (Reitzel.) *

Über das Treiben der Zeloten in Kopenhagen .... (von *Joh. Chrn. Gottberg Johannsen*). Leipzig 1832.
Anon. Lex. IV. p. 204 (nach Albert)

—— allseit. wissenschaftl. u. histor. Untersuchung d. Rechtmäßigkeit d. Verpflichtung auf symbol. Bücher überh. u. d. Augsburg. Konfession insbesond. gr. 8. (42 B.) Altona 833, Hammerich.

—— unsere Verbindungen f. den Himmel. Osterpredigt, am 16. April 1843 gehalt. 8. (1 B.) Kopenhagen 843, Reitzel. *

— Versuch einer gründlichen Widerlegung u. Berichtigung d. von Cl. Harms herausgegebenen 95 Streitsätze. 8. Kiel 817. Hesse. 15 gr

— Versuch einer gründlichen Widerlegung und Berichtigung der von Cl. Harms herausgeg. 95 Streitsätze. Kiel. 1818.

—— wer ist ein ächter Lutheraner? Ein Wort an Luthers Grabe, den Gebildeten in d. Gemeine gewidm. gr. 8. (1½ B.) Kopenhagen 846, Reitzel. *

— von d. Wichtigkeit des Gebrauchs der Vernunft in d. Religion. Eine Predigt. 8. Kiel 817. Acad. 4 gr

J.. C.. Johannsen v. d. Wichtigk. d. Gebrauches d. Vernunft in d. Religion. *Kiel*, akad. B. 818. 8° 15 gl

—— wie wir uns ein glückliches Jahr bereiten. Neujahrspredigt, am 1. Jan. 1832 gehalt. 8. Kopenhagen, (Reitzel.) •

—— wir rühmen uns auch der Trübsal. Pred. 8. Kopenhagen 836, (Reitzel.) •

—— Worte b. Grabesweihe bei d. Beisetzung d. hochsel. Prinzess. Caroline v. Hessen in d. Capelle d. deutsch. St. Petrikirche. 8. Kopenhagen 829, (Reitzel.) •

—— d. Zeichen dieser Zeit. Drei Predigten. gr. 8. (3¼ B.) Kopenhagen 845, Reitzel.

Johannsen, Johann Friedrich

Historisch-Biographische Nachrichten von ältern und neuern geistlichen Liederdichtern, deren Lieder in dem Schleswig-Holsteinischen sowohl alten als neuen Gesangbuche befindlich sind. Von Johann Friedrich **Johannsen.** Schleswig und Leipzig. 1802. 8°.

Johannsen, J. F., histor.-biograph. Nachrichten von ältern u. neuern geistlichen Liederdichtern. 8. Schlesw. 803. Röhß. 1 ₰ 4 gl

JOHANNSEN, J[OH] J[ÜRG.], Nonnulla de contagiis. Diss. inaug. Kiliæ. 1826. 4. P.

Johannsen, Johannes

Johannsen, Johs., die Amazone u. andere Geschichten, s.a. Engelhorn's allgemeine Roman-Bibliothek. XX. 8.

Johannsen, Johannes: Die Amazone und andere Geschichten. Stuttgart. 1903. 8°.

— deutsche Doggen zu verkaufen! u. andere heitere Geschichten, s.a. Universal-Bibliothek.

Johannsen, Johannes: Deutsche Doggen zu verkaufen! und andere heitere Geschichten. Leipzig. o. J. 8°.
(Reclams Universalbibliothek. Nr. 4767.)

Johannsen, Johannes Petersen

Johannsen, J. P., Begriffs-Bestimmungen aus d. Gebiete d. Civilrechts. 1. Hft.: Ueber possessio, possessio civilis u. possessio naturalis. 8. (3½ B.) Heidelberg 831, A. Oßwald.

JOHANNSEN, J[OH.] P[ETERSEN], Einige Worte über das Studium der Staatswissenschaften nebst einem Abrisz der Vorlesungen über die Verfassung und Verwaltung der europäischen Staaten. Kiel. 1832. P.

Johannsen, Johannes Petersen (Föhr)
De usu atque vi particula denique ap. vet. Roman.
Ictos ad L. 3. 5. 15.
Heidelberg 1828.
Dr. jur. Giessen 22.11.1827.   26 Kriegsverlust.

Johannsen, Jul., der zwei-, drei- u. vierstimmige einfache, doppelte, drei- u. vierfache strenge Kontrapunkt. Theoretisch u. prakt. dargestellt. I. Tl. Theorie. (Mit Anmerkgn. v. N. Kasanli.) (108 S.) gr. 8. Moskau (906). Leipzig, P. Jurgenson. n. 3. —

Johannsen, Iver O. [approb. Arzt aus Tingleff]: Aus dem patholog. Institut zu Kiel. Beitrag zur pathologischen Anatomie und Histologie des Magengeschwürs .... Kiel, Verl. v. Lipsius & Tischer, 1886; 36 S. + 1 Bl. 8°.
Kiel, Med. Fak., Inaug.-Diss. v. 28. Jan. 1887.

Johannsen, Karl Theod., die kosmogon. Ansichten d. Inder u. Hebräer, durch Zusammenstellung d. Manuischen u. Mosaischen Kosmogonie erörtert. gr. 8. (6½ B.) Altona 833, Hammerich.

— s.a. Historiae Jemanae.

JOHANNSEN, CARL THEOD., Historia Jemanæ, e cod. msc. Arabico concinnata. Bonnæ apud Marcum. 1828.

—— die Lehre d. Latein. Wortbildung, nach Anleit. d. vollkommneren Bildungsgesetze d. Sanscrit genetisch behandelt. gr. 8. (8 B.) Altona 832, Hammerich.

Johannsen, Carl Theod., die Menschwerdung, od. d. Fall, nach hebrä. Vorstellungsweise. Eine Betracht. üb. d. 3. Kap. d. Genesis. gr. 12. (1⅙ B.) Kopenhagen 835, Philipsen.

Johannsen, Nikolaus

— Abrisse d. vornehmsten Glaubenslehren u. Lebenspflichten, in Predigten über d. Evangelien. 4. Schlesw. 791. Röhß. 2 ₰

Abrisse der Predigten, welche an den Sonn- und Feyertagen, vom 1. Advent 1788 bis dahin 1789, in der Kirche zu St. Nicolai in Flensburg gehalten worden sind. v. Nicolaus **Johannsen.** Flensburg. 1789. 8°. Fortges. u. d. T.:
Grundrisse der Predigten etc. v. Nicolaus **Johannsen.**
1789/90. 1790/91. 1791/92. 1794/95. 1795/96. ebd. 1790. 91. 92. 95 u. 96. 8°.

— Abrisse d. Predigten, an Sonn- u. Festtagen von 1789. 8. Altona 790. Kaven. 16 gl

— s. H. Gestius, Vertheidigung.

— Grundr. d. Predigten, an Sonn- u. Festtagen von 1789 —796. 8. Altona, Kave. 790—96. (à 16 gr.)

Johannsen, Nik., Grundrisse d. Predigten, an Sonn- u. Festtagen v. 1791—95. 8. Alt. 793—95. Kaven. 4 ₰ 16 gl

Die Leichenpredigt über den weil. Rathsverwandten Gotthard **Hansen.** welcher, den 13. Oct. dieses 1786. Jahres ... beygesetzet wurde. v. Nicolaus Johannsen. Kiel. (1786.) 4° k.
Nebst 3 Schriften denselben Todesfall betr. v. Georg Heinrich Greif.

Die Leichen-Predigt über Heinrich Christian **Moller.** Fünften Lehrer an dem hiesigen (Flensburger) Gymnasio, welcher den 12. Oct. 1784. feyerlich beygesetzet wurde: Gehalten v. Nicolaus Johannsen. Schleswig. (1784.) 4° k.

Johannsen, Nic., d. Offenbar. Johannis od. d. Sieg d. Christenth. üb. d. Juden u. d. Heidenthum. 8. Schleswig, Christiani. 788.

G769
22

Johannsen, Nik., († d. 26. Aug. 1806.) d. Offenbar. Johannis oder d. Sieg des Christenthums über d. Juden- u. Heidenthum. 8. Schlesw. 788. (Hammerich in Alt.) 8 ß

— Predigten üb. d. Glaubenslehren u. Lebenspflicht. nach Anleit. d. Evangelien. 4. Schlesw. Röhß. 791.

— neue Uebersetzung d. Leidensgeschichte Jesu Christi. A. 8. Hadersleben 789.

— ein Versuch, d. kanonische Recht, in so fern es für d. Protestanten brauchbar ist, mit d. eigenen Worten d. Kirchengesetze für d. Herzogthümer Schleswig u. Holstein zu belegen. 3 Thle. 4. Friedrichsstadt 804. (Alt., Hammerich). 4 ß

Johannsen, Oskar, Referendar in Husum: Zur Geschichte des Nordfriesischen Deichrechts. Flensburg 1908: H. Wenzel. (67 S.) 8°
Leipzig, Jur. Fak., Diss. v. 4. Juni 1908
[Geb. 16. März 84 Flensburg; Wohnort: Husum; Staatsangeh.: Preußen; Vorbildung: Realgymn. Flensburg Reife O. 03; Studium: Tübingen 1, München 1, Grenoble 1, Kiel 3 S.; Rig. 21. Juli 06.]

Johannsen, Oscar: Über die Wirkungen des Kaffein. Diss. Dorpat. 8°. 35 pp. 1869.

Johannsen, Otto, die Arbeitsweise u. der Bau der Kämm-Maschine m. schwingender Zange. (Elsässische Maschinenbau-Gesellschaft, Mülhausen i/Els.) gr. 4. (21 S. m. 18 Abbildgn. u. 2 lith. Taf.) Leipzig (897). Verl. d. Leipz. Monatschrift f. Textil-Industrie. n. — 75
Sonderabdruck aus: „Leipz. Monatschr. f. Textilindustrie".

— über die Auflösung u. Entwirrung der Fasermassen auf der Karde. gr. 4. (4 S. m. Fig.) Leipzig-R., L. A. Klepzig. — 75
Sonderabdruck aus: „Zeitschr. f. d. ges. Textil-Industrie".

Johannsen, Otto, aus Lübeck: Ueber die Einwirkung von Ammoniak auf Phosphor. *(Berlin 1904: E. Ebering.)* (70 S.) 8°
Berlin, Phil. Diss. v. 23. Juli 1904

Die Geschichte des Hauses der Loge „Glocke am Fusse der Alb" zu Reutlingen. Von Otto **Johannsen.** [Hamburg 1899: Rademacher.] 12 S. 8° [Kopftit.]
Aus: HZC. 32 (1898—1899) S. 5—16.
Mit Abb. der heutigen Strassenfront u. des Innern der Logenkapelle. 65.

— Handbuch d. Baumwollspinnerei, Rohweissweberei u. Fabrikanlagen. Enth. d. gesamte Baumwollspinnerei einschliessl. des Streichgarnverfahrens; e. Abriss der Rohweissweberei m. ihren Vorbereitungsmaschinen u. die Anlage v. Fabriken. 3. vollst. neubearb. Aufl. d. Werkes: Die Baumwollspinnerei in allen ihren Teilen v. B. Niess. 2 Bde. Lex.-8. Leipzig 902. B. F. Voigt. 75. —; geb. in Halbfrz. 85. —
1. Einleitung. Allgem. Eigenschaften der Baumwollgespinste. Rohstoff. Mischung. Putzerei. Karderie. Kämmerei. Mit 477 Abb. im Text u. auf 42 Taf. (XX, 474 S.)
2. Strecken. Vorspinnen. Feinspinnen. Zweicylinderspinnerei. Fertigstellen, Haspeln, Packen, Zwirnen. Rohweissweberei. Fabrikanlagen. Mit 759 Abb. im Text u. auf 65 Taf.) (XVIII, 760 S.)

Johannsen, Otto, Mitteilungen üb. Mikrophotographie v. Faserstoffen im durchfallenden u. auffallenden Lichte. Mit 42 Fig. im Text u. auf 13 Taf. (81 S.) Lex.-8. Reutlingen (906). (C. F. Palm.) n. 3. —
Sonderabdruck aus: „Festschr. z. 50jähr. Jubiläum des Technikums f. Textil-Industrie in Reutlingen".

Johannsen, Otto, Dir. d. Fachsch. f. Spinnerei, Weberei, Wirkerei u. Färberei i. Reutlingen: Studien über den Wickelkörper der Mulemaschine. Leipzig: Th. Martin [1895]. 31 S., 2 Taf. 8° ¶ Wenig erweitert u. d. T.: Studien über den Wickelkörper des Selfactors. S
Stuttgart Te. H., Hab.-Schr. v. 7. 11. 1894

— Studien üb. den Wickelkörper des Selfactors. Anleitung zur constructiven Behandlg. des Kötzers u. der Formplatten u. Untersuchgn. üb. die Wirksamkeit d. Quadrantenmechanismus. 2., erweit. Aufl. gr. 8. (III, 46 S. m. 2 lith. Taf.) Leipzig (902). Verlag der Leipziger Monatschrift f. Textil-Industrie. n. 2. 75

Johannsen, O., s.: Textil- u. Färberei-Zeitung.

— s.: Zeitschrift f. Textil-Industrie.

Johannsen, Otto Heinr., die Gefangenen v. Ihnamünde, s. a. Volksbücher, pommersche.

Johannsen, Otto Heinrich: Die Gefangenen von Ihnamünde. Eine Stargarder Geschichte von –. Stargard i. P.: Prange [1908]. 16 S. 8°
(Pommersche Volksbücher. H. 4.)

— Die Linde zu Schillersdorf, s. a. Volksbücher, pommersche.

Johannsen, Otto Heinrich: Die Linde zu Schillersdorf. Eine pommersche Geschichte von –. Stargard i. P.: Prange [1908]. 24 S. 8°
(Pommersche Volksbücher. H. 3.)

— Die Mönche v. Belbuk, s.: Wartburghefte.

— Der Kösliner „Mutwillen", s. a. Volksbücher, pommersche.

Johannsen, Otto Heinrich: Der Kösliner 'Mutwillen'. Eine pommersche Geschichte von –. Stargard i. P.: Prange [1908]. 20 S. 8°
(Pommersche Volksbücher. H. 6.)

Johannsen, Rud., Gedichte. 8. (11 B.) Leipzig 843. [Brandstetter.]

Johannsen, Thdr., die Erziehung zur Sehnsucht. Wort u. Bild. (148 S.) gr. 4. Berlin 903. Jena, H. Costenoble. n. 10. —

Johannsen, Theodor, appr. Arzt a. Reval (Estland): Über die Reduktionskraft aseptisch entnommener Organe. Rudolstadt 1904: F. Mitzlaff. (20 S.) 8°
Tübingen, Med. Fak., Ref. v. Baumgarten, Diss. v. 20. Juni 1905
[Geb. 20. Febr. 80 Reval, Rußland; Wohnort: Tübingen; Staatsangeh.: Rußland; Vorbildung: Gymn. Tübingen Reife M. 99; Studium: Tübingen 9 S.; Coll. 21. Dez. 04; Approb. 19. Aug. 04.]

Johannsen, W., das Aether-Verfahren beim Frühtreiben m. besond. Berücksicht. der Fliedertreiberei. gr. 8. (28 S. m. 4 Fig.) Jena 900. G. Fischer. n. — 80

Johannsen, W., das Aether-Verfahren beim Frühtreiben m. besond. Berücksicht. der Fliedertreiberei. 2. wesentlich erweit. Aufl. (65 S. m. 13 Fig.) gr. 8. Jena 906. G. Fischer. n. 1. 50

— Ueber den Einfluss hoher Sauerstoffspannung auf die Kohlensäureausscheidung einiger Keimpflanzen. [1885]. (32) S. (Særtr.). P.

Johannsen, W., Elemente der exakten Erblichkeitslehre. Deutsche wesentlich erweit. Ausg. in 25 Vorlesgn. (VI, 516 S. m. 31 Fig.) gr. 8. Jena 909. G. Fischer. 9.—; geb. 10.—

Ueber Erblichkeit in Populationen und in reinen Linien. Ein Beitrag z. Beleuchtung schwebender Selektionsfragen. Von W. **Johannson**, Prof. in Kopenhagen. *Jena: G. Fischer 1903.* (68 S.) 8° [illegible]

Johannsen, Wilhelmine, die Traubencur, ein romantisches Gemälde. 8. (VII und 180 S.) Hamburg 857, Würger.

Johannsohn, Nicolai

Johannsohn, N.: Über die Einwirkung der arsenigen Säure auf Gärungsvorgänge. Dorpat. 1873.

Johannson, Arwid

Phonetics of the New High German language. By Arwid **Johannson**, Prof., Manchester. Manchester: Palmer, Howe & Co.; Leipzig: O. Harrassowitz 1906. (X, 91 S.) 8° [illegible]

Johannson, Ernst, forensisch-chemische Untersuchungen über das Colocynthin und Elaterin. Inaugural-Dissertation. gr. 8. (35 S.) Dorpat 884, (Karow.) *

Johannson, Gust., Beiträge zur Pharmacognosie einiger bis jetzt wenig bekannter Rinden. Diss. gr. 8. (47 S.) Jurjew (Dorpat) 891. (E. J. Karow.) n. 1.—

Johannson, Herm., ein experimenteller Beitrag zur Kenntniss der Ursprungsstätte der epileptischen Anfälle. Inaugural-Dissertation. gr. 8. (114 S. mit 1 Stnt.) Dorpat 885, (Karow.) *

Johannson, Casimir: Beiträge zur Kenntniss der Cinchonin-resorption. Diss. Dorpat. 8°. 59 pp. 1870.

Johannssen, Friedrich, aus Kronprinzen-Koog: **Über einige Mono- und Di-Chlorketone.** *Rostock 1898: C. Boldt.* (31 S.) 8°
Rostock, Phil. Diss. v. [20. Juni] 1898

Johannssen, Herm., der Ausdruck des Concessivverhältnisses im Altfranzösischen. gr. 8. (70 S.) Kiel 885, Lipsius und Tischer. *

Johannssen, Herm. [Dr.]: Bücherverzeichnis der Lehrer-Bibliothek des Realprogymnasiums zu Marne '(Holst.)'
s. v. **Holly**, Richard, & Johannssen, H.: Bücherverzeichnis ...

Johannssen, J. H., Vorschriften. 1.—3. Stufe. qu. 8. (14; 16; 16 lithogr. Bl.) Hamburg 879, Boysen. geb. à Stufe — 80 Pf. *

Johannssen, J. H., Hamburger Vorschriften. 2 Thle. 2. Aufl. qu. 8. (21 S. und 16 Stnt.) Hamburg 883, Boysen. cart. à Thl. *M 1. *

Johannssen, J. H., Hamburger Vorschriften. 1. u. 2. Tl. 8. Aufl. qu. 8. (21 u. 16 Steintaf.) Hamburg 885. Boysen. cart. à n. 1.—

Johannssen, P., Bericht über den Personalkredit des ländlichen Kleingrundbesitzes in der Provinz Hannover. Schriften d. Vereins f. Sozialpolitik, Bd. 74. gr. 8°. Leipzig 1896.

Johannssen, Walther, Referendar: Die Präsumtion im Prozeß. Hamburg 1909: Füßlein. 111 S. 8°
Rostock, Jur. Diss. v. 28. Dez. 1909, Ref. Wachenfeld
[Geb. 27. Sept. 87 Hamburg; Wohnort: Hamburg; Staatsangeh.: Hamburg; Vorbildung: Wilhelm-Gymn. Hamburg Reife M. 05; Studium: Berlin 4, München 1, Rostock 3 S.; Rig. 6 Okt. 09.] [U 10. 3847

Johannu, Philippos, Alte Muse in neuem Kleid, oder: verschiedene altgriechische Gedichte und Epigramme in das heutige Neugriechische, und zwar einige davon in Prosa, die meisten aber in Dichtung, frei übersetzt von seinem Neffen Philipp A. Oekonomides, Doctor der Philosophie. 8. (112 S.) geh. 1 fl. 50 kr. Wien: Gerold's 1882.

Johanny, die Grundsteinlegung d. evang. Kirche in Währing. Ein Gedenkblatt. gr. 8. (18 S.) Wien 897. (Leipzig, Literar. Anstalt, A. Schulze.) n. — 60

Johanny, die evangelische Kaiser Franz Joseph-Jubiläums-Kirche in Wien-Währing. Erbaut unter dem Protectorate Sr. königl. Hoh. des Großherzogs Adolf v. Luxemburg, Herzog v. Nassau ꝛc. 1896—1898. Gedenkblätter. gr. 8. (96 S.) Wien 899. (Leipzig, Literar. Anstalt A. Schulze.) n. 1.—

— ein Kaiserwort aus Gottes Wort! Festpredigt anläßlich des 50jähr. Regierungs-Jubiläums Sr. Maj. des Kaisers Franz Joseph I., geh. in der evangel. Jubiläumskirche zu Wien am 2. XII. 1898. gr. 8. (8 S.) Ebd. 899. n. — 20

— die „Los v. Rom"-Bewegg. 8. (12 S.) Ebd. 899. — 30
Sonderabdruck aus: „Wiener allgem. Zeitg."

— Profetenwort u. Papstbrief. Reformationspredigt, geh. am 31. X. 1897 in d. evang. Kirche zu Währing. gr. 8. (8 S.) Ebd. 897. — 30

— Rede am Sarge d. k. k. Hofburgschauspielers Ludwig Gabillon, geh. in d. evang. Kirche A. C. zu Wien am 15. Febr. 1896. gr. 8. (7 S.) Wien 896. C. Fromme. n. — 40

Johanny, Erich, Christus der Weg zur Wahrheit und zur Freiheit. Predigt über Joh. 8, 31—36. gr. 8. (11 S.) Wien 883, C. A. Müller. *

— de ontologicae Dei existentis argumentationis VI de praecipuisque eius in seculorum serie formis. gr. 8. (33 S.) Ebend. 883. n. — 60

Johanny, Erich, Friedrich III. Gedächtnißrede, gehalten beim Trauergottesdienst in der evangelischen Kirche zu Gablonz am 17. Juni 1888. gr. 8. (12 S.) Gablonz a. N. 888, Böhme. *

—— Jubelruf und Todtengruß. Zwei Gedächtnißreden auf Kaiser Wilhelm I., gehalten in der evangel. Kirche zu Gablonz. gr. 8. (16 S.) (Ebendas.) 888. *

Johanny, Dr. Erich, Der Protestantismus in Wien. Ein geschichtlicher Ueberblick. 8. (29 S.) —.30
Wien: Stock 1891.

—— Wo find' ich mein Heil? Kanzelrede über Matth. II, 1—6, am 1. Sonntage nach Epiphanias gehalten in der evangel. Kirche zu Gablonz a. N. 8. (11 S.) (Ebendas.) 885. *

Johanny Gustav, Über die aus der Einwirkung von Blausäure auf ungesättigte Aldehyde hervorgehenden Verbindungen. 1. Mitteilung: Einwirkung von Blausäure auf Methyläthylacrolein. S. 90. Hb. 122 . . . . vgr.
— 2. Mitteilung. S. 103. Hb. 3[illegible] . . . . vgr.
Separatabdruck

und Zeisel S.: Zur Kenntnis des Colchicins. S. 97. Hb. [illegible] . . . . vgr.
Separatabdruck

Johanny, Karl, Streiflichter zur Aufklärung in der Weinsteuerfrage. Unter besond. Berücksicht. des Weingebietes der Mosel, Saar u. Ruwer. (46 S.) 8. Trier 909. Paulinus-Druckerei. — 30

Johanny, Loth., Geschichte und Reform der österreichischen Pfandrechts-Pränotation. Eine Quellenstudie. gr. 8. (VIII, 244 S.) Wien 870, Manz. *

Johanny Robert: Die Sprache der „Guten Frau" m. b. Ber. ihres Verhältnisses zu Hartmann von Aue. 1902 PN 1555 Diss.Wien, Univ. 121

Johansen, Shambaa-Lesefibel, s.: **Wohlrab.**

Johansen, A. C., Bericht üb. die Eier, Larven u. älteren Stadien der Pleuronectiden in der Ostsee nach Zahl, Grösse, Alter u. Geschlecht. (49 S.) Lex. 8. Kopenhagen 909. (A. F. Høst & Søn.) nn 1. 60
Sonderabdr. aus: „Rapports et procès verbaux du conseil international pour l'exploration de la mer".

Johansen, C., die Gastrotomie bei carcinomatöser Strictur d. Oesophagus. Ein Beitrag zur Statistik dieser Operation. Inaug.-Diss. gr. 4. (151 S.) Dorpat 888. (Karow.) n. 3. —

Johansen, Carl, s. J o h a n s e n , Karl

Johansen, Christian: Die Insel A m r u m : Mit einer Abbildung und einer antiquarischen Karte. (Von –.) (Separat-Abdruck aus den Jahrbüchern für die Landeskunde etc. Bd. 4. Kiel. 1861. 8⁰

Der Anschauungsunterricht. Ein Beitrag zur Schulkunde v. Christian **Johansen.** Schleswig. 1856. 8⁰. Gymn.-Progr.

Johansen, Chr., Beschreibung der nordfriesischen Insel Amrum. gr. 8. (46 S. mit 1 lithogr. Abbild. und 1 lithogr. antiquar. Karte in gr. 4.) Schleswig (861)62, Heiberg's Buchh. *

Beschreibung des Dänischen Staates. Zum Gebrauch in Volksschulen bearb. u. hrgg. v. Christian **Johansen.** Schleswig. 1854. 8⁰.

Johansen, Chr., Halligenbuch. Eine untergehende Inselwelt. 8. (VI und 184 S.) Schleswig 866, Schulbuchh. *

Johansen, Chr. Halligenbuch. Eine untergeh. Inselwelt. 2. Aufl. 8. (VI, 168 S.) Schleswig 889, Bergas. * 2 —

Johansen, Chr., s. Keck, H.

Johansen, Christian: Das Westschleswigsche K ü s t e n l a n d im 13. und 14. Jahrhundert und die Johannes Mejer'schen Karten des Alten Nordfrieslands vom Jahre 1240. Von –. Schleswig. 1867. 8⁰.
Gymn.- Progr.

Johansen, Ch., norddeutsches Lesebuch, s. Keck, H.

Johansen. Chr., vaterländisches Lesebuch, s.: Keck, H.

— die Seemannswittwe auf der Düneninsel. Ein Bild nordfriesischen Landes u. Lebens. Eine Erzählung für das Volk. Kiel 860. Schwers. 8. (100 S.) n. 12 ngr.

— die nordfriesische Sprache nach der föhringer und amrumer Mundart. Wörter, Sprichwörter und Redensarten nebst sprachl. und sachl. Erläuterungen und Sprachproben. gr. 8. (VIII und 287 S.) Kiel (861)62, (Akademische Buchh.) *

Johansen, Christian: U l w auf der Düne. Erzählung aus Nordfriesland. Von –. (Ausschnitt aus: Deutsche Jugendzeitung. Jg. 10. Hamburg. 1862.) 4⁰

Johansen, Christian: Die V a t e r l a n d s g e s c h i c h t e . Zum Gebrauch in Volksschulen des dänischen Staates. Bearb. u. hrsgg. v. Christian Johansen. Mit Abb. 2. Aufl. Schleswig. 1854. 8⁰

Johansen, Christian: Schleswigsche V e r w a l t u n g s f r a g e n (die nordfriesischen Inseln u. s. w. betreffend.) Separat-Abdruck aus der Berliner Revue. Berlin. 1865. 8⁰

Johansen, Christian Heim. (geb. Vegesack [illegible]. 5. 1851): Ueber die antifebrile Wirkung der Salicylsäure. Berlin (1875). (30 S.) 8⁰
Berlin, Med. Diss. v. 24. Juli 1875

Johansen, E.: Über das Vakuumbolometer, s. W a r b u r g , E.

Johansen, Ferd. (geb. Vegesack 7. 11. 1847): Ueber die Function des erkrankten Ovariums und die Ovariotomie. Berlin (1872). (34 S.) 8⁰
Berlin, Med. Diss. v. 2. März 1872

Johansen, Frdr., gegen d. Flottenverstärkung! gr. 8. (23 S.) Hagen 897. H. Risel & Co. n. — 60

Johansen, Hjalmar, Nansen u. ich auf 86° 14, s.: Nansen, Fridtjof, In Nacht u. Eis.

Johansen, Karl

Johansen, Carl, die Gastrotomie bei carcinomatöser Strictur des Oesophagus. Ein Beitrag zur Statistik dieser Operationen. Inaugural-Dissertation. gr. 4. (151 S.) Dorpat 888, (Karow.) *

Johansen, Matth., Epicedion [til Mindo om Georgius Calixtus], Juxta exemplar Argentorati recusum. Helmstadii. 1658. 4.

Johansen, *Maximilian Friedrich Ernst* [app. Arzt aus Hanerau]: Eine seltene Form proliferierenden Flimmerepithelkystoms parovariellen? Ursprungs ... Kiel, Druck d. »Nord-Ostsee-Zeitg«, 1895; 17 S. 8.
Kiel, Med. Fak., Inaug.-Diss. v. [18. Juli] 1895

Johansen, Nis
Über die Aetiologie der Lähme der Lämmer. Diss.Tierärztl.Hochschule zu Hannover 1919.

Johanson, E., der Meteorit v. Misshof, s.: Doss, B.

Johanson, Edwin. Beiträge zur Chemie der Eichen-, Weiden und Ulmenrinde. Dorpat, 1875.

Johanson, Edwin. Zur Trinkwasserfrage, nebst aphorist. Bemerkgn. zur Hydrologie Rigas. gr. 8. (87 S.) Riga 892, (Stieda). * 1 50
Aus: Zeitung f. Stadt u. Land, besonders abgedruckt.

Johanson, Heinr., die baltischen Lande in Liedern ihrer Dichter. Eine Anthologie m. biograph. u. bibliograph. Notizen. 12. (XV, 227 S.) Zürich 894. Verlag v. „Stern's literar. Bulletin der Schweiz". u. 6. —; geb. m. Goldschn. n. 8. —

Johanson, J. F., de usu modorum in verbis debere, posse, sim in primariis sententiis condicionalibus commentatio academica. gr. 8. (56 S.) Upsaliae 868. (Berlin, Calvary und Comp.) *

Johanson, J. Mart., d. bürgerl. Regierung nach ihrem Urspr. u. Wesen betrachtet; a. d. Schwed. ꝛc. 8. Stockh. 750. (Brummer in Copenh.) 6 ℛ

Johanson, J. Mart., die bürgerl. Regier. u. ihr. Urspr. u. Wes. betr. aus d. Schwed. ꝛc. 8. Stockh. (Proft in Copenh.) 750.

Johanson, Julie, St. Petersburger Kochbuch f. feine u. bürgerl. Küche. gr. 8. (III, XXV, 648 S.) St. Petersburg 896. R. Hoenniger. Geb. in Leinw. n. 12. —

Johanfsen, H. Der Ausdruck des Concessivverhältnisses im Altfranzösischen. Diss. Kiel 1884. 68 S.

Henr. With. Johansſen pro loco Prof. Mathef. Extr. obtinendo de modo determinandi rationem sphaerae ad cylindrum et conum, quorum diametri basium et altitudines diametro sphaerae aequantur. resp. *M. E.* a *Knobloch*, opponentib. g. *Rabe* et a. *H. Coler*. Regiomontan. Drey und einen halben Bog. 1752.

Johanssen, J., De elegiae et peculiari eius operis indole apud Romanos. Gel. 1875. 17 S.

Johanssen, J. N. und Karl Albrecht Petersen: Die Landwirthschaftlichen Zölle als Mittel zur Hebung der Landwirthschaft. Zwei Vorträge, gehalten in der Hauptversammlung des Schleswig-Holst. Landw. Generalvereins zu Rendsburg am 19. December 1884.

Johansſen, Kristen, d. norwegische Seegesetz, s.: Pappenheim, Max.

Johanssen-Sophienhof, und C. Petersen-Eutin, die landwirthschaftlichen Zölle als Mittel zur Hebung der Landwirthschaft. Zwei Vorträge, gehalten in der Hauptversammlung des Schleswig-Holsteinischen Landwirthschaftl. Generalvereins zu Rendsburg am 19. Decbr. 1884. Hrsg. von der Direction des Landwirthschaftl. Generalvereins. 8. (31 S.) Kiel 885, (Biernatzki.)

Johansson, A., manual de slöjd en madera, s.: Salomón, O.

Johansson, Claës Elis. Die heilige Schrift u. die negative Kritik. Ein Beitrag zur Apologetik. Deutsch v. Joh. Claussen. Mit e. Anh. über rechte u. falsche Verteidigung der Bibel v. Frz. Delitzsch. Autoris. Ausg. gr. 8. (V, 240 S.) Lpz. 889, Dörffling u. Franke. * 4 —

Johansson, K. F., s.: Monde, le, oriental.

Johansson, Karl Ferd., Beiträge zur griechischen Sprachkunde. [Aus: „Upsala Universitets Årsskrift".] gr. 8. (III, 173 S.) Upsala 891, Akadem. Buchh. n. 6 —

— der dialect der sogenannten Shāhbāzgarhi-redaktion der 14 edikte des königs Açoka. II. tl. gr. 8. (V, 104 S.) Ebd. 893. n.n. 4. —
Der I. tl. befindet sich in: „Actes du VIII. congrès international des orientalistes, tenu en 1889 à Stockholm et à Christiania".

Johansson, Karl Ferd., de derivatis verbis contractis linguae graecae quaestiones. gr. 8. (IV, 218 S.) Upsala 886, Akadem. Buchhandlung. *
Aus: Upsala Universitets Årsskrift, besonders abgedruckt.

Johansson, L., Oligochaeta u. Hirudinea, s.: Michaelsen, W.

JOHANSSON, Osc. V.

Über die Bestimmung der Lufttemperatur am Meteorologischen Observatorium in Helsingfors. Eine kritische Studie. Helsingfors 1906. IV + 104 pg. 4:o nebst Tafeln. Diss. Hels.

Über einige neuere Fragen aus der Theorie der konformen Abbildung. Von Severin **Johansson**. Helsingfors 1910: Finn. Litteraturges. 32 S. 4°
(Acta Societatis scientiarum Fennicae. T. 40, No 1.) A 18, 9863

Zur Theorie der Uniformisierung Riemann'scher Flächen. Von Severin **Johansson**. Helsingfors 1910: Finn. Litteraturges. 29 S. 4°
(Acta Societatis scientiarum Fennicae. T. 40, No 2.) A 18, 9864

JOHANSSON, Severin

Über die Uniformisirung Riemannscher Flächen mit endlicher Anzahl Windungspunkte. Helsingfors 1905. 29 pg. 4:o. Diss. Hels.

Johansson, Severin: Über die Uniformisirung Riemannscher Flächen mit endlicher Anzahl Windungspunkte von —. (Helsingsfors 1908: Soc. Litt. Fenn.) 29 S. 4°
(Acta Societatis scientiarum Fennicae. T. 33, Nr 7.)

Johaentgen, Fr., über das Gesetzbuch des Manu. Eine philosophisch-literatur-histor. Studie. gr. 8. (XII und 123 S.) Berlin 863, Dümmler's Verlag. *

Johaentgen, Franciscus: Specimen syntaxeos linguae sanscritae nempe particulae quaedam doctrinae de significatu formarum grammaticarum auctore Paninio. [Diss.] Berolini 1858.

Johanus, F. J., Diäten-Schema für die verschiedenen Dienstes-Kategorien sämmtlicher k. k. Hof- und Staatsbeamten der österreich. Monarchie. Nach dem neuesten Organisations-Statute zusammengestellt und mit einem Anhang, enth. die seit dem 3. 1848 erflossenen, auf die Fuhr- und Zehrungskosten, dann Uebersiedelungs- und Substitutions-Gebühren Bezug habenden Verordnungen, versehen. gr. 8. (IV und 108 S.) Wien 856, Manz.

— Handbuch der Gesetze, Verordnungen u. Vorschriften für k. k. österreichische Staatsbeamte. Zum Gebrauche der Behörden, Beamten u. Staatsdienstbewerber. Nach Materien chronologisch geordnet u. herausg. Wien 857. Braumüller. gr. 8. (XXIV, 330 S.) n. 1 ℛ. 10 ngr.

Joherl, Ignaz Heinr., Feldkirchen, Kalsdorf, Pfarr- u. Kommunalgeschichte, m. Darstellg. der allgemeinen Entwicklg. des Verwaltungs-, Gerichts-, Steuer-, Schul-, Sanitäts-, Verkehrs- u. Gewerbewesens in Steiermark, m. e. Anh. üb. das Geldwesen in Steiermark. (XX, 588 S. m. 19 Abbildgn. u. 1 farb. Karte.) gr. 8. Graz 905. Styria. Geb. in Leinw. n. 2. 50

Joherl, Ign. Heinr., Wildon. Einst u. Jetzt. Chronik der Burg, d. landesfürstl. Marktes u. der Pfarre St. Magdalena in Wildon. gr. 8. (VIII, 159 S.) Graz 891. U. Moser. n. 1. 80

Johl, Georg, Referendar in Pyritz: Die **Rentenschuld nach dem Deutschen** Bürgerlichen Gesetzbuch. *Greifswald 1902: F. W. Kunike.* (63 S.) 8°
Greifswald, Jur. Diss. v. [26. Nov.] 1902

Johl, Johannes, Kammergerichtsreferendar: Die rechtliche Natur des Speditionsgeschäftes. Greifswald 1906: J. Abel. (47 S.) 8°
Greifswald, Jur. Fak., Ref. Frommhold, Diss. v. 2. April 1906
[Geb. 29. Mai 80 Wittenberg, Prov. Sachsen; Wohnort: Franz.-Buchholz bei Berlin; Staatsangeh.: Preußen; Vorbildung: Humboldt-Gymn. Berlin Reife M. 01; Studium: Berlin 4, Freiburg i. B. 1, Greifswald 2 S.; Rig. 6. Dez. 05.]

Johl, Karl: Allein Gott in der Höh' sei Ehr'. Kinder-Weihnachtsspiel f. Schule u. Haus in 4 Aufz. von –. Berlin: E. Bloch (1896). (28 S.) 8°
= Kinder-Theater, Ludwig Blochs. No 45.

Johl, Karl. Anleitg. zur neuen deutschen Fibel unter Zugrundelegung zweier Normalstücke. Ein Beitrag zur Umgestaltg. d. deutschen Sprachunterrichts. gr. 8. (61 S.) Bresl. 892. Woywod. * — 60

s.: Bloch's, Ludw., Kinder-Theater.

—— Neue deutsche Fibel, unter Zugrundelegung zweier Normalstücke bearb. gr. 8. (69 S.) Ebd. 892. * — 40; geb. ** — 55

Johl, Karl, Heil dem deutschen Kaiserpaare! Kinder-Schauspiel in 3 Aufzügen. (28 S.) kl. 8. Przytocznica bei Schildberg (Posen) (906). Lehrer K. Johl. n. 1. —

— dasselbe. Schulfeier zum 27. II. 1906. (28 S.) 8. Ebd. (906). n. 1. —

Johl, Karl: Heil, grosser Kaiser, Dir! Kinder-Schauspiel in 4 Aufz. von –. Berlin: E. Bloch (1896). (27 S.) 8°
= Kinder-Theater, Ludwig Blochs. No 44.

Johl, Karl, Königin-Luise-Gedächtnisfeier. (36 S.) kl. 8. Przytocznica (demnächst Tannendorf, Kr. Schildberg, Posen) (910). Lehrer K. Johl. 1. —

— Lebensbild Kaiser Wilhelms I. in gebund. Rede unt. Einreihg. pass. Gedichte, Gesänge u. s. w. 8. (55 S.) Przytoczznica bei Schildberg (Pos.) 897. Selbstverlag. n. 1. —; m. „Aus dunkler Zeit" u. „Aus großer Zeit" zusammen n. 2. —; m. einem v. beiden n. 1. 50

— aus dunkler Zeit. Schausp. in 4 Aufzgn. 8. (31 S.) Ebd. 897. n. — 75; m. „Aus großer Zeit" zusammen n. 1. 30

— aus großer Zeit. Kinder-Schausp. in 5 Aufzgn. 8. (34 S.) Ebd. 897. n. — 75; m. „Aus dunkler Zeit" zusammen n. 1. 30

Johl, Karl: Aus unserer grossen Zeit. Kinder-Schauspiel in 4 Aufz. von Karl Johl. Lehrer. 2. Aufl. Berlin: E. Bloch (1895). (32 S.) 8°
= Kinder-Theater, Ludwig Blochs. No 42.

Johl, Walter: Die irregularitas ex defectu aetatis nach katholischem Kirchenrechte. Borna-Leipzig 1909: Noske. XIII, 29 S. 8°
Leipzig, Jur. Diss. v. 27. Juli 1909
[Geb. 29. Nov. 83 Berlin; Wohnort: Berlin; Staatsangeh.: Preußen; Vorbildung: Friedrich-Wilhelms-Gymn. Berlin Reife M. 03; Studium: Berlin 8 S.; Rig. 21. Juli 09.] [U 09. 2556

Johle, L., Die lordotische Albuminurie (orthostatische Albuminurie), ihr Wesen und ihre Therapie. Gr.-8°. (ill. 114 S.)

Johler, E. G., Geschichte, Land- u. Ortskunde d. souverainen deutschen Fürstenthümer Hohenzollern-Hechingen u. Sigmaringen. Beiträge zur Geschichte von Schwaben. gr. 8. Ulm 824. Stettin. 16 gr.

— Rede auf den tiefbetrauerten Hintritt d. verewigten Katharina, Königin von Würtemberg Majestät. 8. Rotweil 819. Herder. (Barth in Lpz.) 3 gr.

Johlin, Jacob Martin: Ueber Versuche zur synthetischen Gewinnung einiger einfacherer Ketosen. Berlin: Ebering 1910.) 29 S. 8°
Berlin, Phil. Diss. v. 14. Dez. 1910, Ref. E. Fischer, Nernst
[Geb. 8. Jan. 84 Toledo, Ohio; Wohnort: Toledo; Staatsangeh.: Vereinigte Staaten; Vorbildung: Univ. Chicago B. Sc. 08; Studium: Chicago 8, Berlin 4 S.; Rig. 8. Dez. 10.] [U 11. 242

Jöhlinger, Otto: Die wirtschaftliche Bedeutung unserer Kolonien. 6 Vorlesungen f. Kaufleute von Otto Jöhlinger, Redakteur, Mit 6 Kolonialkt. Berlin: D. Reimer 1910. X, 120 S. 8°

— Die Praxis des Getreidegeschäftes an der Berliner Börse. Ein Hand- u. Lehrbuch f. den Getreidehandel. Unter Mitarbeit v. Erich Ewer. (VIII, 386 S. m. 6 Formularen.) 8. Berlin 910. J. Springer. 6.—; geb. in Leinw. n 7. —

Johlson, J., deutsches Gesangbuch für Israeliten. 8. Frankf. a. M. 816. 2r unveränd. Abdr. 819. (Gebhard in Grimma). 16 gr. 2e A., s. unten: Unterricht rc. 2r Thl.

Johlson, J., deutsches Gesangbuch für Israeliten. 2te Aufl. 8. Frankf. a. M., Wilmanns. 819.

Johlson, J., שירי ישורון Israelitisches Gesangbuch. Zur Andacht u. zum Religionsunterricht. 4. durchaus verb. u. mit 60 Liedern verm. Ausg. 8. Frankfurt 841, Andreäische Buchh. 2/3 Thlr.

— Melodien dazu. 2. verb. u. verm. Aufl. mit untergelegten Textworten. 8. Ebend. 842. n. 1/3 Thlr.

— — kurzgefaßte biblische Geschichte aus d. histor. Schrift d. Alt. Testaments rc. Mit Anmerk. u. einem Wortregister. gr. 8. Ebend. 820.

Johlson, J. — Alume Josef. Unterricht in der Mosaischen Religion für die israelitische Jugend beiderlei Geschlechts, in Fragen und Antworten. Nebst einem Anhange von den Ceremonialgesetzen und Gebräuchen. Von — —. 3te Auflage. Wien, 1857. Druck der vormals Schmid'schen Buchdruckerei in Preßburg, 1857. Verlag von J. Knöpflmachers Buchhandlung. (192 S. 8.)

Johlson, J., Alume Josef. Unterricht in der Mosaischen Religion für die israelit. Jugend beiderlei Geschlechts, in Fragen und Antworten. Nebst einem Anh. von den Ceremonialgesetzen und Gebräuchen. 4. Aufl. 8. (VI und 192 S.) Wien 865, Knöpflmacher und Sohn. *

Johlson, J., אלומי יוסף 3r Thl. — Hebräisches Lesebuch. 1e Abthl. A. u. d. T.: תולדות אבות chronologisch geordnete Biblische Geschichte in der Ursprache der heil. Schrift. Nebst Biblischen Denk- u. Sittensprüchen und sieben Psalmen mit dem Commentar des R. David Kimchi. 2e, durchaus verb. u. mehrte Aufl. gr. 8. Frankfurt 837. Andreä. ⁵⁄₆ ℔ (1r u. 2r Thl. Ebd. 829. 1¹⁄₃ ℔

—— die heil. Schriften der Israeliten, s. Schriften ꝛc.

— יסודי־הלשון Hebr. Sprachlehre für Schulen. Als 2e Abthl. d. neuen Aufl. des hebräischen Lesebuchs תולדות אבות. gr. 8. Frankfurt 838. Andreä. ½ ℔ (1. 2. 1⅓ ℔)

— Thodeloth Abhol. Kurzgefaßte biblische Geschichte in d. Ursprache d. heil. Schrift. Hebräisches Lesebuch. Mit Anmerkk. u. e. Wortregister. gr. 8. Frankf. a. M. 820. (Gebhard in Grimma). 1 ℔

Johlson, J., Unterricht in d. Mosaischen Religion, f. die israelitische Jugend. gr. 8. Frankf. Jäger. 814.

— — Unterricht in der mosaischen Religion ꝛc. f. die israelitische Jugend. 2te Aufl. gr. 8. Ebend. 819.

Johlson, J., אלומי יוסף 1. Thl. — Unterricht in d. Mosaischen Religion f. d. Israelit. Jugend beiderlei Geschlechts. — A. u. d. T.: שרשי הדת — Die Lehren d. Mosaischen Religion. Nebst Anh., Ceremonialgesetze u. Gebräuche, Schulgebete u. d. Maimonides Abhandl. v. d. Sitten enthalt. 3., rechtmäß., verb. Ausg. 8. (15½ B.) Frankfurt a. M. 829, Andreä.

—— dass. 2. Thl. Lieder religiös-moral. Inhalts. — A. u. d. T.: שירי ישורון — Israelit. Gesangbuch. Zur Andacht u. z. Religionsunterr. hrsg. 3., durchaus verb. u. mit 54 Liedern verm. Ausg. gr. 8. (23 B.) Ebds. 829.

Johlson, J., אלומי יוסף 3 Thle. — Unterricht in d. mosa. Religion f. d. israelit. Jugend beiderlei Geschlechts. 3 Thle. 8. Frankfurt a. M., Andreäische Buchh.

A. u. d. Ttln.:

Thl. 1. שרשי הדת Lehrbuch d. mosá. Religion. Nebst Anh., Ceremonialgesetze u. Gebräuche, Schulgebete u. d. Maimonides Abhandl. v. d. Sitten enthalt. 4., verb. Ausg. (15¼ B.) 839. 12 Gr.

„ 2. שירי ישורון. Israelit. Gesangbuch. Zur Andacht u. z. Religionsunterr. 4., verb. u. mit 60 Liedern verm. Ausg. (22¼ B.) 841. 16 Gr.

Melodien hierzu. 2., verb. u. verm. Aufl. mit unterlegten Textworten. (4¼ B.) 842. * 8 Gr.

„ 3. אלומי יוסף Hebräisches Lesebuch. 2 Abthln.

A. u. d. Ttln.:

Abthl. 1. תולדות אבות Chronolog. geord. bibl. Geschichte in d. Ursprache d. heil. Schrift. Nebst bibl. Denk- u. Sittensprüchen u. sieben Psalmen mit d. Commentar d. R. David Kimchi. 2., verb. u. verm. Aufl. (20½ B.) 837. 20 Gr.

„ 2. יסודי־הלשון Hebräische Sprachlehre f. Schulen. (16 B.) 838. 12 Gr.

Johlson, J., ערך מלים Biblisch-hebrä. Wörterbuch, mit Angabe d. entsprech. Synonyme. Nebst Anh., Erklär. d. in rabbin. Schriften üblichen Abbreviaturen. 8. (40¼ B.) Frankfurt a. M. 840, Andreäische Buchh. Thlr.

Johlson, J., biblisch-hebräisches Wörterbuch mit Angabe der entsprechenden Synonyme. Nebst Anhang, Erklärung der in rabbin. Schriften üblichen Abbreviaturen. 8. (XII, 631 S.) Frankfurt a. M. 870, Kauffmann. geb.

John. The Drama and Dramatists of England. Nordhausen, R., 1848. 24 S. 4. (Geht bis 1650.) Progr.

— The Drama and Dramatists of England from 1650 to 1750. Ebd., 1862. 24 S. 4. Progr.

John, Extracts from the Ecclesiastical history, ed. by Jessie Payne Margoliouth, s.: Study-series, Semitic. XIII.

John, Frhr. v.: Feldzeugmeister. Wien s.a. (1875.) 8°

John: Patriotische Feste. Berlin 1863.
Schul-/Univ.-Schrift

John, Gedächtnißtafel f. d. Landwirth. — Erinnerungs-Tabellen in allen landwirthschaftl. Zweigen. Ein immerwähr. Kalender nebst Gebrauchsanweisung. gr. 8. Dresden u. Leipzig 840, Arnoldische Buchh.

John's Gedächtnißtafel f. den Landwirth. Erinnerungs-Tabellen in allen landwirthschaftl. Zweigen. Ein immerwährender Kalender nebst Gebrauchsanweisung. (Neue wohlf. Ausg.) gr. 8. (½ B. u. 12 Tab.) Leipzig 846, Arnoldische Buchh. *

John, feuerlose Lokomotiven, s.a. Bibliothek der Zeitschrift f. Förder- u. Verladeeinrichtungen im Bergwerks- u. Hüttenbetriebe.

Feuerlose Lokomotiven von Dipl.-Ing. John. Berlin: Borngräber 1910. 54 S. 8°
(Bibliothek d. Zeitschrift f. Förder- u. Verladeeinrichtungen im Bergwerks- u. Hüttenbetriebe. [1.])

John, Sir, die Schweiz und ihre Wirren. gr. 8. (35 S.) Leipzig 847, Naumburg.

John, Geologische Übersichtskarte des Eisenerzbezirks von Bilbao. 1 : 75 000. Berlin. [2 Expl.]
Aus: Glückauf. 1910, H. 51. 52.

John, f.: Urteile üb. das neue Konfirmationsbüchlein u. seine Bedeutung f. die württembergische Landes-Kirche.

— Warum wollen wir, daß unsere Kinder nach dem alten u. nicht nach dem neuen Konfirmationsbüchlein unterrichtet u. konfirmiert werden? Erklärung f. d. Eltern u. Angehör. seiner Konfirmanden u. Zuhörer, sowie f. andere, welche die evangel.-luther. Kirche in unserem Lande lieb haben. (56 S.) 8. Stuttgart 909. (J. F. Steinkopf.) -- 50

John: Werth d. Schüler-Bibliotheken. Berlin 1863.
Schul-/Univ.-Schrift

John, A., Vittoria Accorombona, s. Bibliothek, neue, für das deutsche Theater.

John, A., Kohlhaas oder der Kampf um's Recht. Ein Trauerspiel f. das Volk in 5 Aufzügen. Zum Theil nach der Kleist'schen Erzählg. gearb. gr. 8. (75 S.) Leipzig 890. Mutze. n. 1. —

[Umschlagt.:] [F.] Aus den Leidenstagen eines Teufels. Von Missionar A. John ... *Friedenau Berlin: Buchh. d. Gossn. Mission [1896].* (7 S.)
1 Bd 8.

John, A., aus den Leidenstagen e. Teufels. 2. Aufl. gr. 16. (7 S.) Friedenau-Berlin 898. Buchh. der Goßner'schen Mission. n.n. — 05

John, A., aus den Leidenstagen e. Teufels. 3. Aufl. 12. (7 S.) Friedenau-Berlin (901). Buchh. der Goßner'schen Mission. — 05

John, A. Notizen zu Shakespeare's Julius Cäsar. Arnstadt, R., 1873. 22 S. 4. Progr.

John, A., f.: Pfarr-Almanach f. Berlin u. den Reg.-Bez. Potsdam.

John, A., tröstet, tröstet mein Volk! Predigten üb. Jesaia 40—66. Mit Vorwort von v. Burk. 8. (IV, 191 S.) Schorndorf 908. J. Rösler. n. 1.—; geb. in Leinw. n. 1.50

John, Adolph. — Gedichte von — —. 8. (16 S.) Trautenau. Druck von Ladislav Pospissil. 1853.
Kewall, B. Josua, Moses Jünger und Nachfolger. Episches Gedicht in zehn Gesängen von — —. 8. (92 S.) Wien. Druck von Edlen von Schmidbauer und Holzwarth. 1853.

[F.] John, *Alfred* [Oberl.]: *Abschiedsrede, geh. am 3. Aug. 1891.* (Bete u. arbeite.) Arnstadt, Druck d. Bussjaeger'schen Hofbuchdr., 1892; 5—8 S. 4.
Arnstadt, fürstl. R, OP 1892 (718)

John, *Alfred Festgruss vom Walde. Gedicht zur Silber-Hochzeit des Durchlauchtigsten Fürstenpaares.* 4 (S. 2—3 der Schuln.).
Progr. Fürstl. Rsch. *Arnstadt* 1895 (745).

John, Alois, s.: Beiträge zur deutsch-böhmischen Volkskunde. IX, 2. (Huß, Karl, die Schrift„ Vom Aberglauben".)

John, Alois, s.: Egerland, unser.

John, Alois. Im Gau der Narisler. Schilbereien aus d. Egerland. 8. (80 S.) Eger 888, Selbstverlag. ** 1 —

—— Goethe in Deutschböhmen. Eine Monographie. 4. (24 S.) Ebd. 889. ** 1 —

John, Alois: Egerländer Heimatsbuch. Gesammelte Aufsätze von –. (Bd 1.) Eger: Selbstverl. 1907. 8⁰

— s.: Jahrbuch, literarisches.

John, Alois, das städtische Museum in Eger. Mit 8 Illustr. u. 3 Plänen. 8. (46 S.) Eger 901. (J. Kobrtsch & Gschihay.) n. — 50

Das städtische Museum in Eger. Mit 8 Ill. u. 3 Pl. Von Alois John. *Eger: Stadtgemeinde 1901.* (46 S.) 8° [illegible]

— Oberlohma, s.a. Beiträge zur deutsch-böhmischen Volkskunde. IV. 2.

Oberlohma. Geschichte u. Volkskunde e. egerländer Dorfes. Von Alois John. Mit 3 Phototyp., 3 Pl. u. 1 Kartenskizze. *Prag: J. G. Calve 1903.* (195 S.) 8° [F.]
— Beiträge z. deutsch-böhmischen Volkskunde. Bd 4, H. 2. [illegible]

—— Richard Wagner-Studien. 7 Essays über R. W.'s Kunst u. seine Bedeutung im modernen Leben. gr. 8. (VI, 80 S.) Bayreuth 889, (Gießel). ** 2 —

John, Alois, Sitte, Brauch u. Volksglaube im deutschen Westböhmen, s.a. Beiträge zur deutsch-böhmischen Volkskunde. VI.

Sitte, Brauch und Volksglaube im deutschen Westböhmen. Von Alois John. Mit 1 Karte d. nordgauischen Gebietes in Böhmen. Prag: J. C. Calve 1905. (XVII, 438 S.) 8° [F.]
— Beiträge z. deutsch-böhmischen Volkskunde. Bd 6. [illegible]

— Heinrich Wenzl Veit 1806—1862. Lebensbild e. deutschböhm. Tondichters. Mit e. Bildnis Veits u. e. Ansicht seines Geburtshauses. (48 S.) 8. Eger 903. (J. Kobrtsch & Gschihay.) n. 1.—

— s.: Volkslieder, Egerländer.

— Volkstümliches im „Freischütz". Ein Beitrag zum Jäger-Aberglauben. (16 S.) Lex.-8. Wien 905. (Gerold & Co.) n. 1.—
Sonderabdruck aus: „Ztschr. f. öst. Volkskunde".

— Richard Wagner in den deutsch-böhmischen Bädern. 12. (24 S.) Teplitz-Dux 890. Ebd. n.n. - 40

John, Alois, Die ländliche Wohlfahrtspflege im Egerlande. 8⁰. Berlin, Deutsche Landbuchhdlg., 1908.

— Die ländliche Wohlfahrtspflege im Egerlande. (52 S.) 8. Berlin 909. Deutsche Landbuchh. — 75

John, Ambros., († 1773.) historia imperialis ac exemptae Canoniae Minor-ugiensis Ord. Praemonstr. ab anno fundationis 1145 usque ad annum 1763 in quator capita partita. 4. Constantiae 763.

John, Anna, Aschenbrödel. Ein Märchen in 4 Akten, f. das Kindertheater bearb. (Neue Ausg.) (16 S.) 8. Mainz (906). J. Scholz. n. — 10

— Hänsel u. Gretel. Märchenspiel in 3 Aufzügen, f. das Kindertheater bearb. (Neue Ausg.) (20 S.) 8. Ebd. (906). n. — 10

— Wallensteins Lager, e. Drama nach Schiller, f. das Kindertheater bearb. (Neue Ausg.) (14 S.) gr. 8. Ebd. (906). n. — 10

— Martha. Lustspiel in 3 Akten, f. das Kindertheater bearb. (Neue Ausg.) (19 S.) 8. Ebd. (906). n. — 10

— Schneewittchen. Ein Märchen in 6 Akten, f. das Kindertheater bearb. (Neue Ausg.) (16 S.) 8. Ebd. (906). n. — 10

— Wilhelm Tell. Schauspiel in 3 Akten, f. das Kindertheater bearb. (Neue Ausg.) (15 S.) 8. Ebd. (906). n. — 10

John, Ant., s. Jonathas.

John, A[rthur]: Les Traits conventionnels des Domestiques et des Paysans dans les Comédies de Molière. Meiningen 1906: Keyssner. (S. 7—18.) 4°
Schleusingen, k. G P 1906 (308)

John, Aug. Ldw., s. Mächte Europens.

John, B. Fr. (Resp.): De imperfecta paralysi ..., s. Boehmer, Ph. Ad. (Praes.)

John, B. G., zwölf Soldaten-Lieder für vier Männerstimmen, componirt für militairische u. andere patriotische Männerchöre. Potsdam 864. (Gropius.) qu. 8. (28 S.) n. 3 ngr.

John (Bertram), Böhmische Braunkohle. Ein Nachschlagewerk. Der Industrie gewidm. Klösterle a. Eger (1907.) 120 S.

John, B.: Böhmische Braunkohle. Ein Nachschlagewerk. 2. Aufl. Klösterle a. Eger, 1907. 120 S. mit 16 Taf.

John, C., Adolphus, der edle Räuberhauptmann u. die alten Brüder, oder: Der Gastwirth zur Hölle. 2 Bde. Mit 1 lith. Abbild. 8. Nordhaus. 832. Fürst. 2 ₰ 1 gr

John, C: »Electro-Pendel«-Ventilator für Gleich- und Wechselstrom. Berlin-Rixdorf 1906

John, C: Electro-Schrauben-Ventilatoren für Gleichstrom. Berlin-Rixdorf 1906

John, C., Erörterung einiger praktischen Fragen aus dem preußischen Grundbuchrecht. gr. 8. (IV, 82 S.) Berlin 873, Guttentag. *

Iohn, C., institutiones philosophiae activae. 8. Pragae, Widtmann. 771.

— — idem lib. 8. Lipsiae, F. C. W. Vogel. 772.

John, C., d. Kleinkinderschule, für Kinder von 2 bis 6 Jahren. Vortheile derselben in moral. u. physischer Hinsicht, nebst beigefügtem Lehrplan u. Methode. 8. Nordhausen 830. (Dörffling in Leipz.) 8 gGr

John, C., Lexicon Taciteum, s.: Gerber, A.

— d. Raupen- u. Insektenvertilger, enthaltend d. bewährtesten Mittel zur Vertreibung aller schädlichen Insekten, nebst e. Abhandl. über Silos oder Getreidebehälter. 8. Ilmenau 831. Voigt. 8 gGr

John, C: Schrauben-Ventilatoren D. R. G. M. zum direkten Betriebe durch Dampf oder Druckwasser. Berlin-Rixdorf 1906

— latein. Stilübungen, s.: Teuffel, Wilh. Sigm.

John, C: Taifun-Ventilator mit electrischem Antrieb für Gleichstrom. Berlin-Rixdorf 1906

John, C: John's Turbinen-Ventilator zum direkten Betriebe durch die Druckwasserleitung. Berlin 1907

John, C: »Veritas-Standard«-Ventilatoren mit directem Electromotor-Antrieb für Lüftungs-Anlagen. Berlin-Rixdorf 1906

John, C: Wasserdruck-Ventilatoren. Berlin-Rixdorf 1906

— Ein Winter-Ausflug auf das Land. Aus. d. Engl. Berl. 1851. 94 S. Fig.

John, C., einige Worte über Einrichtung u. d. Zweck der John'schen Erziehungsanstalt in Nordhausen. 8. Sondershausen 834. Eupel. n. 1/8 Thlr

John, C. v., über die chemische Zusammensetzg. einiger im Karawankentunnel erbohrten Wässer. (6 S.) 31×24,5 cm. Wien 910. A. Hölder. —75
Sonderabdruck aus: „Denkschr. d. k. Akad. d. Wiss."

John, C. F., die Aufstallung, Fütterung, Wartung und Behandlung der Hausthiere. Nebst einem Anhange über Pferdezucht und Verbesserung der Pferderacen. gr. 8. (IV und 80 S.) Zerbst 848, Kummer'sche Buchh.

John, C. F., Die Aufstallung, Fütterung, Wartung u. Behandlg. der Haustiere. Nebst e. Anhang üb. Pferdezucht u. Verbesserung d. Pferderassen. gr. 8. (IV. u. 80 S.) Zerbst 48. (Leipzig, Violet.) M. —.75

John, C. F., s. J. E. Bode, Jahrbuch, berl. astronom., Register.

John, C. F., die Fütterung, Abwartung, Behandlung und Zucht der Hausthiere. Nebst einem Anh. über Pferdezucht und Verbesserung der Pferderacen. gr. 8. (80 S.) Leipzig 863, Wilfferodt. *

John, C. F., Namen- u. Sach-Register d. Berliner Jahrbücher v. 1776—1829 u. der dazu gehör. vier Supplementbde. gr. 8. (22 B.) Berlin 829, Dümmler.

John, Carl, s. John, Karl

John, Christ. Fr: Preisliste mit 8 Musterbogen über Draht- und Eisenwaaren. Gera (Reuß) (1897?)

John, Christian Gottfried

— — (Halle), De sepulchrorum salubri translatione extra urbem. Diss. med. Präs. D. Michael Alberti. Halle (Jo. Christian Hendel) Mai 1743. 48 S. (6.80) 16977
Widm. v.: I. G. Ericus, C. T. Schunn (dtsch.), Franz Weltz (Schweidnitz/Schles.), Joh. Gottl. Wagner (Halle; dtsch.), Joh. Ferd. Pillich (Raab/Ungarn), G. Kirchhoff (Halle; dtsch.), I. S. John (Halle; Bruder), C. A. Blühr (Halle), Gotthard Schreiber.

— Christian Gottlob (Ruppendorf/Misnicus), De praefectis nobilium judiciis. Von adelichen Gerichts=Verwaltern. Präs. Christian Specht. Wittenbg. (Ephraim Gottlob Eichsfeld) 30. III. 1737. 42 S. (6.50) 16978

— Christoph Gottfried (Leipzig), De diagnosi vitae foetus et neogeniti. Diss. med. prior. Präs. D. Ernst Gottlob Bose. Lpz. (Langenheim) 15. III. 1771. 31 S. (6.—) 16979
Gew.: Michael Fürst Czartoryski (Klewan, Zukow).

John, Constantin, s. John, Konstantin

John, E., sechs Gespräche über die Röhren-Drainirung auf den Feldern und in der Ziegelei von Proskau. 1. und 2. Aufl. gr. 8. (26 S.) Oppeln 851. (Breslau, Graß, Barth und Comp. Sortimentsb.) *

John, E., Messungen von Drainwasser. (In: Zeitschrift für deutsche Drainirung und andere landwirthschaftl. Meliorationen, etc. 4. Jahrg., No. 3, 1855.)

John, E., landwirthschaftliche Mittheilungen aus West- und Ostpreußen. gr. 8. (VIII und 128 S.) Berlin 859, [Wiegandt und Hempel.] *

John, E., Widerstandsmomente etc., s.: Böhm, B.

John, E. (Hrsg.), s. Zeitschrift für deutsche Drainirung ...

John, Ed., Einiges über das Unterrichts-Gesetz. Marienwerder 861. Levysohn. Lex.-8. (34 S.), n. 6 ngr.

John, Eduard, Teplitzer Feuerlösch-Ordnung auf Grundlage des Allerhöchsten Patentes vom 25. Juli 1785 und des Strafgesetzbuches vom 27. Mai 1852. Entworfen und zusammengestellt von —. 8. (16 S.) Teplitz, Druck v. Alexander Helm, 1852.)

John, Eduard, Licht und Schatten, oder: Teplizer Zeitereignisse seit dem Jahre 1848 in socialer, politischer und communaler Beziehung. gr. 8. (192 S.) Tepliz 865, Helm.

John, Eduard: Das lateinische Nibelungenlied. 4 (36 S.)
Progr. Großh. G. Wertheim a. M. 1899

John, E(duard), Prof.: Nibelungennot und Nibelungenlied. Ein neuer Beitrag zur Kritik und Erklärung der Nibelungen. Abt. 1. Wertheim a. M. 1905: E. Bechstein. (25 S.) 4°
Wertheim a. M., großh. G P 1905 (741)

John, Eduard, Prof.: Nibelungennot und Nibelungenlied. Ein neuer Beitrag z. Kritik u. Erklärung der Nibelungen. Abt. 2. Wertheim a. M. 1907: E. Bechstein. (26 S.) 4° ¶[Forts. d. P-Beil. 1905.]
Wertheim a. M., großh. G P 1907 (776)

John, Eduard [Prof.]: Plutarch und Shakspere. Ein Beitrag zur Behandlung von Shaksperes Julius Cäsar in der Schule. Erste Abteilung. Wertheim a. M., E. Bechstein's Buch- u. Steindr., 1889; 29 S. 4°
Wertheim, grossh. G, P 1889 (584)

John, Eduard [Prof.]: Plutarch und Shakspere. Ein Beitrag zur Behandlung von Shaksperes Julius Cäsar in der Schule. Zweite Abteilung. (Forts. d. P-Beil. 1889.) Wertheim a. M., E. Bechstein's Buch- u. Steindr., 1890; 33 S. 4°
Wertheim am Main, grossh. G, MP 1890

John, Frl. Emilie, s.: Marlitt, E.

John, Ernst

John, Ernst H. H., Aberglaube, Sitte u. Brauch im sächsischen Erzgebirge. Ein Beitrag zur deutschen Volkskunde. (259 S.) gr. 8. Annaberg 909. Graser's Verl. 3.60; geb. n 4.60

John, Ernst, a. Halle a. S.: **Neuere Übergänge von der aliphatischen zur aromatischen Reihe.** Halle a. S. 1906: O. Thiele (Hallesche Zeitung). (30 S.) 8°
Halle, Phil. Fak., Ref. Doebner, Diss. v. 20. Febr. 1906
[Geb. 4. Dez. 78 St. Johann a. Saar; Wohnort: Halle a. S.; Staatsangeh.: Preußen; Vorbildung: Städt. Oberrealsch. Halle Reife O. 00; Studium: Halle 11 S.; Rig. 16. Dez. 05.]

— **Volkslieder** u. volkstümliche Lieder aus dem sächs. Erzgebirge. Anh.: Tschumperliedchen u. Spottreime. Nach Wort u. Weise aus dem Munde d. Volkes gesammelt u. m. literarhistor. Anmerkgn. versehen. (239 S.) gr. 8. Ebd. 909. 4.80

John, Ernst, der wahre Wert des Lebens, s.a. **Strahlen, theosophische. Nr. 6.**

Der wahre Werth des Lebens. Von Ernst **John.** *Berlin: P. Raatz [1901].* (15 S.) 8°
— **Strahlen, Theosophische.** No 6.

John, Ernst H. H., Oberl. in Annaberg, s. John, Ernst.

Rede zu Ehren des am 15ten Mai d. J. verstorbenen Br. Wilm gehalten in der Trauer-Loge am 1ten Juni 1836 vom Br. [Ernst Karl Christian] John. o. O. [1836]. 6 Bl. 8° [Lithogr. Umschlagtit.]
Kl. 1484 gibt eine Ausg. in 4° an. 25.

John, Eug., Baum-Studien, s.: **Feder-Zeichnen.**

— **Baum-Zeichnungen. Staffage-Federzeichngn.** (16 Bl.) 23×30 cm. Ravensburg (907). O. Maier. In Mappe 3. —

John, Eugenie. 1888 [wirkl. Name], s. Marlitt, E.[Pseud.]

John, F.: Tiere der Urwelt in 30 Kunstblättern nach wissenschaftliche [!] Material bearb. F. John, Wandsbek gem. u. lith. Hamburg-Wandsbek: Th. Reichardt [1902]. (30 Taf.) quer-8° [Umschlagt.]

John, F. A., kleine Erzählungen aus der deutschen und brandenburg-preußischen Geschichte für preuß. Volksschulen. 8. (21 S.) Leipzig 880, Dürr'sche Buchh. *

John, F. A., aus der Schulpraxis. Lesestücke in Poesie und Prosa für die Mittel- und Oberstufe der Volksschule, nach den Tendenzen der allgemeinen Bestimmungen vom 15. Oktbr. 1872 in unterrichtl. Weise behandelt. gr. 8. (VIII, 136 S.) Minden 879, Hufeland.

— u. Joh. **Meyer**, zum Sedanfeste. Gedenkbüchlein für brave Kinder enth. Erzählungen aus der deutschen u. preuß. Geschichte, sowie die beliebtesten Kinderspiele im Freien. 8. (43 S.) Leipzig 880. Dürr'sche Buchh. n. — 40

— aus der **Volksschule**. Ausgewählte Lesestücke in Poesie u. Prosa für die Mittel- u. Oberstufe der Volksschule nach den Tendenzen der allgemeinen Bestimmungen vom 15. Oktbr. 1872 in unterricht. Weise behandelt. gr. 8. (VI, 163 S.) Langensalza 880. Beyer & Söhne. n. 1.50

—— **aus der Volksschule.** Ausgewählte Lesestücke in Poesie und Prosa für die Mittel- und Oberstufe der Volksschule nach den Tendenzen der allgemeinen Bestimmungen vom 15. Oktbr. 1872 in unterrichtl. Weise behandelt. (VI, 163 S.) 1880; 2. Aufl. gr. 8. (VI, 168 S.) Langensalza 883, Beyer und Söhne.

John, Fel., **Reinfectio syphilitica**, s.a. **Sammlung klinischer Vorträge.**

John, Felix: Reinfectio syphilitica. Zusammenstellung, krit. Bewertung u. statist. Ergebnisse von 356 in d. Weltlit. veröffentl. Reinfektionsfällen nebst e. Sammlung von Meinungsäußerungen bekannter Autoren. Von Dr. med. Felix John, Leipzig. Leipzig: Barth 1909. 250 S. 4° (8°)
(Sammlung klinischer Vorträge. N. F. Nr 525/532.

John, Fr. Aug., († ...), s. Patje, Grosse u. Fall.

John, Franz. Über die Einführung der allgemeinen Zahlzeichen in die Mathematik. Eine historische Studie. 8 (32 S.).
Progr. Staats-Rsch. *Teschen* 1886

John, Frz., über die Einführung der allgemeinen Zahlzeichen in die Mathematik. Eine histor. Studie. Lex.-8. (32 S.) Wien 886, Pichler's Wwe. und Sohn. *

John, Franz: Die Grundzüge der elektromagnetischen Lichttheorie. 8. 3–17. 8. K. k. Staats-Obergymn. *Leitmeritz i. Bö.* 1903.
Progr.

John, Franz: Über die kürzesten Linien auf krummen Oberflächen im allgemeinen und über die auf dem dreiachsigen Ellipsoide $\frac{x^2}{a^2}+\frac{y^2}{b^2}+\frac{z^2}{c^2}=1$ im besonderen. I. Teil. 21 S. 8. II. Teil. 23 S. 8.
Progr. K. k. Staats-Obergymn. *Leitmeritz* 1907. 1908.

John, Frdr., Arbeitsheft für Schüler. Beigabe zu den Grundregeln des Gesanges nach Noten. gr. 8. (31 liniirte S.) Leipzig 878. Klinkhardt. n. — 20

— **Gesangschule** in Uebungsbeispielen für Volksschulen. 1. Hft. Die Grundregeln des Gesanges nach Noten. 8. (II, 21 S.) Ebend. 878. n. — 20

John, Friedr., der Gesangunterricht nach Noten. Eine gedrängte Zusammenstellung des Nothwendigsten und Unentbehrlichsten für jeden Sänger. Zum Schul- und Privatgebrauche bearb. Ausg. für Sopran oder Discant und Alt. 8. (24 S.) Dresden 871, Meinhold und Söhne.

—— dass. — Ausg. für Männergesangvereine, Gymnasial- und Seminarchöre. (Tenor und Baß.) 8. (27 S.) Ebendas. 874. *

— der Gesangunterricht nach Noten. Eine gedrängte Zusammenstellung des Nothwendigsten u. Unentbehrlichsten für jeden Sänger. Zum Schul- u. Privatgebrauche, sowie für gemischte Chöre. 2. Aufl. Ausg. für Sopran oder Discant u. Alt. 8. (24 S.) Dresden 877. Meinhold & Söhne. n. — 20

—— Liederbuch für Stadt- und Landschulen. 1. und 2. Heft. 4. Zwickau 870, Döhner. **

Inhalt:
Heft 1. Lieder und Choräle für die 4., 3. und 2. Classe. (IV, 68 S.) ** 80 Pf.
" 2. Dreistimmige Choräle für die 1. Classe und Lieder für gemischten Chor. (III, 46 S.) ** 70 Pf.

—— dass. — (Text-Ausgabe.) 8. (III, 20 S.) Ebendas. 870.

John, Fritz, Tierarzt aus Trebnitz in Schles.: Beobachtungen über das Auftreten und die Therapie des seuchenhaften Panaritiums der Rinder. Berlin 1910. IV + 23 S. 8°. S.-A. aus dem Archiv für wissensch. und prakt. Tierheilkunde. Band 36. 1910. [8. VI. 09.]
Bern. Vet.-med. Diss. 1909/10.

John, G. Bauernpersonalismus. E. antijunker. Abhandl. gegen Staatssozialismus, Staatsnationalismus u. Bodenreform. Dresden (1906). 8°.

John, G., Bauernpersonalismus. Eine antijunker. Abhandlg. geg. Staatssozialismus, Staatsnationalismus u. Bodenreform. (VII, 102 S.) 8. Dresden (907). E. Pierson. 2. —

John, G. A., des Dr. Just. Jonas u. M. Mich. Coelius, zweier Augenzeugen, Bericht von Luthers Absterben, zum 1mal ersch. im J. 1546, u. jetzt hrsg. z. 300jähr. Gedächtnißfeier seines Todes am 18. Febr. 1846 nebst einer gleichfalls 1546 erschienenen Grabschrift Luthers. 8. (2 B.) Magdeburg 846, Falckenberg u. Comp. *

—— der Pastor König zu Anderbeck od. der neue Marschall „Vorwärts" beleuchtet in „gesinnungsvollen" Anmerkungen üb. seinen „rechten Standpunkt." Ein Volksbuch. gr. 8. (3 B.) Magdeburg 844. (Heinrichshofen.)

—— getreue u. ausführliche Nachricht v. Dr. M. Luthers sel. Abscheiden u. christl. Leichenbegängniß, nebst ein. Anh. enth. einige seiner letzten Predigten, z. 300jähr. Gedächtnißfeier seines Todes am 18. Februar 1846. gr. 8. (12 B.) Magdeburg, Falckenberg u. Comp. Thlr.

John, Geo., anorganische Chemie f. Schulen. [Aus: „Schulchemie".] (VIII, 221 S. m. 125 Abbildgn.) 8. Leipzig 909. E. Nägele. Geb. 1. 80

John, Geo., organische Chemie f. Schulen nebst physiolog. Chemie. [Aus: „Schulchemie".] (VIII, 91 S. m. 55 Abb. u. 1 farb. Taf.) 8. Leipzig 909. E. Nägele. 1. —

Lehrbuch der Chemie. Für höh. Lehranst. bearb. von Dr. Georg **John**, Oberl., Leipzig, u. Dr. Rud. Sachsse, Oberl., Dresden. Mit 101 Fig. Kleine Ausg. Leipzig & Berlin: B.G. Teubner 1906. (VIII, 334 S.) 8°

John, Georg: Ein den biologischen Unterricht fördernder Lehrgang der organischen Chemie. Leipzig (1909): Naumann. 32 S. 4°
Leipzig, 3. st. R OP 1909 (770) [S 09. 228

— Schulchemie. Grosse Ausg. (X, 215 u. 99 S. m. 180 Abb. u. 1 farb. Taf.) gr. 8. Ebd. 909. Geb. 2. 40

— dasselbe. Kleine Ausg. (VIII, 213 S. m. 121 Abb. u. 1 farb. Taf.) 8. Ebd. 909. Geb. 1. 80

John, Georg: Über bohrende Seeigel. . . . Leipzig, Druck v. Adolph Mehnert, 1888; 46 S. + 1 Bl. u. 1 Taf. 8°
Leipzig, Phil. Fak., Inaug.-Diss. v. 17 Dez. 1888

John, Geo. Über bohrende Seeigel. gr. 8. (46 S. m. 1 Lichtdr. u. 1 Bl. Erklärg.) Lpz. 889, Fock. * 1 50

John, G., über bohrende Seeigel. gr. 8. (46 S. mit 1 Lichtdr. u. 1 Bl. Erklärung.) Leipzig 890. Fock. n. 1. 50

John, Georg *Arnold Ludwig* [aus Neubrandenburg ([übergekl.:] aus Ladenthin '(Pomm.)')]: Ueber Sulfide und verwandte Verbindungen ... Erlangen, Druck d. Univ.-Buchdr. v. E. Th. Jacob, 1897; 40 S., 1 Bl. 8.
Erlangen, Phil. Fak., Inaug.-Diss. v. 8. März 1897

John, Georg Fr.

John, G. Fr., Ueber das Aufbrausen der Völker gegen die Fürsten und Landesverfassungen. Nebst 2 Hymnen. 8°. Königsberg 1790.

John, Geo. Fr., († d. 10. Mai 1801.) über d. Aufbrausen d. Völker gegen d. Fürsten. gr. 8. Königsb. 790. Unzer. 3 ⁄₁₂

— Preuß. Blumenlese f. d. J. 1782. 8. Königsb. 782. Hartung.

— s. Gedichte e. Freunde.

John, Gustav: Die Handlungsfähigkeit als Voraussetzung für die Naturalisation nach deutschem Reichsrecht. *Greifswald 1897: J. Abel.* (40 S.) 8°
Greifswald, Jur. Diss. v. 1897

John, H. St., Remarks of the hist. of England. gr. 8. Bas. Thurneysen. 795. Rthlr.

John, Hans. Die Abhängigkeit der spezifischen Wärme des festen Antimons und des festen Wismuts von der Temperatur. Diss. Phil. [II.] Univ. Zürich. [Mit 2 Figuren.] 26 S. 8. Zürich, Zürcher & Furrer. 1908.

John, Heinrich, Volontärassist. an d. Kgl. chirurg. Klinik: Aus d. Breslauer chirurg. Klinik. Über die Behandlung veralteter Luxationen des Schulter- und Ellbogengelenkes. *Breslau 1901: Bresl. Genoss.-Buchdr.* (32 S.) 8°
Breslau, Med. Diss. v. 20. Dez. 1901

John, Heinrich Zur Geschichte des Havelberger Schulwesens. 4 (S. 3 - 14). **Progr.** Rprg. mit G.-Abteilung *Havelberg* 1888 (109).

John, Henr. (August. Guil.) (geb. Ruhland in d. Lausitz 12. 12. 1843): De pseudarthrosi quae in ossium longorum diaphysi a fractura proficiscitur. Berolini (1860). (32 S.) 8°
Berlin, Med. Diss. v. 19. März 1860

John, Hugo [aus Bellheim]: Ueber Oberkiefersarkom ... Würzburg, A. Boegler'sche Buchdr., 1889; 36 S. 8.
Würzburg, Med. Fak., Inaug.-Diss. v. 1889

John, J., Beitr. üb. d. Feyer d. Abendmahls. 8. Hamb. Gundermann. 808.

John J.: Über den Begriff „Geschichte." Didaktische u. pädagogische Folgerungen. 17. Pilsen R. 76. **Progr.**

John, J.: H a n d b u c h zu Julius Johns Normalfibel. Gr. 8⁰ (140 S.) Wien: Tempsky 1910.

John, J.: Die medicinische P o l i z e i . . . . s. J o h n , Johann Dionys

John, J. A: Der John'sche Schornstein-Aufsatz. 2. Aufl. Erfurt 1897

J o h n, J. F. W., u. M. G. Klemm, Contretanz-Touren. Lithograph. qu. 16. (1 B.) Leipzig 836, (Friese.) *

John, J. J.: H a n d w ö r t e r b u c h der allgemeinen Chemie, s. J o h n , Johann Friedrich

John, Ritter J. Egm., († 21. Dec. 1821.) Lebensgeschichte. (Seine Selbstbiographie.) 8. Jauer 822.

JOHN, JAC., Disp. inaug. de apprehensione debitoris fugitivi. Kiel. 1695. 4. P. [Præs. Elias Aug. Strykius].

John, James Ang. St., Margaret Ravenscroft; or, second love. gr. 8. Brüssel 836. (Frankf., Fr. Wilmans.) 1½ ß

John, Jan, Přírodopis pro ústavy učitelské. Díl II Mineralogie a geologie. 2. Aufl. Prag. 1902. I. L. K o b e r. Preis 1 K 60, gebunden 2 K 10 h.

John, Ida, wenn Tantchen verreist, s.: B l o c h ' s, Ludw., Damen-Bühne.

J o h n, Joh., die heilige Advent- u. Weihnachtszeit. Sechs Predigten. gr. 8. (4¾ B.) Hamburg 842, Meißner.

— Antrittspredigt am 8. Sept. 1796. 8. Hamb. 796.

J o h n, Joh. (I.), herzerheb. Betrachtungen f. christl. Communicanten u. Confirmanden, neu hrsg. u. verm. v. dess. Sohne Joh. John. 1. Aufl. 828. Neue A. (à 22 B.) 8. Hamburg 832, Perthes u. Besser. à 16 Gr., Schrbp. gr. 8. à

J o h n, Joh. (I.), herzerheb. Betrachtungen f. christl. Communicanten u. Confirmanden, neu hrsg. u. verm. v. dess. Sohne Joh. John. Neue Aufl. gr. 12. (15 B.) Hamburg 837, Perthes-Besser u. Mauke.

J o h n ' s, J., herzerhebende Betrachtungen für christl. Communicanten und Confirmanden, neu hrsg. und verm. von dessen Sohne Joh. John. Neue Ausg. 8. (IV und 280 S.) Hamburg 848, Perthes-Besser und Mauke.
Feine Ausg.

J o h n ' s, J(oh.), herzerhebende Betrachtungen für christliche Communicanten und Confirmanden, neu hrsg. und verm. von dessen Sohne Joh. John. 7. Aufl. gr. 12. (IV und 278 S.) Hamburg 853, Perthes-Besser und Mauke.

John's, J., herzerhebende Betrachtungen für christliche Communicanten und Confirmanden, neu herausg. u. verm. von J o h. J o h n. 8. Aufl. Hamburg 859. Mauke. 12. (IV, 277 S.) 15 ngr

J o h n ' s, Joh., herzerhebende B e t r a c h t u n g e n für christliche Communicanten und Confirmanden, neu hrsg. und verm. von dessen Sohne Joh. John. 9. Aufl. 12. (IV und 277 S.) Hamburg 865, Mauke Söhne.

J o h n ' s, Joh., herzerhebende B e t r a c h t u n g e n für christliche Communicanten und Confirmanten, neu hrsg. und verm. von dessen Sohne Joh. John. 10. Aufl. 8. (IV, 247 S.) Hamburg 872, W. Mauke. *

—— über die E n t s t e h u n g und die Glaubwürdigkeit der Schriften des neuen Testaments. Aus dessen literar. Nachlasse hrsg. von Geo. Reinh. Röpe. 1. und 2. Aufl. gr. 8. (IV, 36 S.) Ebendas. 870.

—— 6 F a s t e n p r e d i g t e n und 4 Predigten von den letzten Dingen. Nach dem Tode des Verf. hrsg. von O. C. S. Wolters. gr. 8. (IV und 147 S.) Hamburg 866, Mauke Söhne.

—— F e s t p r e d i g t e n. Nach dem Tode des Verf. hrsg. von Geo. Röpe. gr. 8. (VIII, 295 S.) Ebendas. 868.

—— das Feuerzeichen des Herrn in den Flammen Hamburgs, am 5., 6. u. 7. Mai; eine Predigt, gehalten am 15. Mai. 2. Aufl. gr. 8. (1 B.) Hamburg 842, Perthes-Besser u. Mauke.

J o h n, Joh. (II.), das Gebet d. Herrn, erläut. in 9 Predigten. 1. Aufl. 829. 12 Gr., 2. A. (à 8 B. u. Titvign.) gr. 8. Hamburg 833, Perthes u. Besser.

—— das Gebet des Herrn, erläutert in 9 Predigten. 3. Aufl. gr. 8. (125 S.) Hamburg 853, Perthes-Besser und Mauke.

J o h n, Joh. (II.), das Hauptgebot d. christl. Lebens u. d. Hauptlehre d. christl. Glaubens; eine Predigt. gr. 8. (1 B.) Hamburg 839, Meißner.

John, Johann: Der H a u s - A d m i n i s t r a t o r. s.a. S e l t s a m, Ferdinand

J o h n, Joh. Der Hausadministrator. Rathgeber im Baufache, beim An- u. Verkaufe, sowie der Belehnung e. Hauses, im Miethverhältnisse, in Haussteuerangelegenheiten ꝛc., nebst e. eingeh. Preistarife. Bei unterstütz. Mitwirkg. v. Ferd. Seltsam. 2. umgearb. Aufl. gr. 8. (XXIII, 332 S.) Wien 892, Manz. 3 —

John, Joh., der H a u s a d m i n i s t r a t o r. Prakt. Rathgeber im Baufache, b. An- u. Verkaufe, sow. d. Belehng. e. Hauses, im Miethverhältnisse, in Haussteuerangelegenheiten, Haus- u. Feuerpolizei, Wasserleitg. u. Hausverwaltg. überh. u. s. w., nebst e. eingeh. Preistarife. Bei unterstütz. Mitwirkg. v. Ferd. Seltsam bearb. 3., m. e. Nachtrage u. e. Register verm. Aufl. gr. 8. (XXV, 375 S.) Wien 897. Manz. Kart. n. 4. 20; Nachtrag u. Register allein (VI u. S. 333—375) n. — 60

—— das christliche K i r c h e n - J a h r. 8. (16 S.) Hamburg 866, (Agentur des Rauhen Hauses.) cart.

John's Communionbuch. 11. Aufl., neu bearb. v. Geo. Rhard. Röpe. 8. (VI, 286 S.) Hamburg 879. Nolte. n. 2. 40; geb. in Leinw. m. Goldschn. n.n. 3. 60; in Leder m. Goldschn. n.n. 4. 40

—— L e h r p r e d i g t e n. Nach des Verf. Tode hrsg. von Geo. Röpe. gr. 8. (VII, 279 S.) Ebendas. 872. *

— Predigtentwürfe über d. Sonn- u. Festtagsevangelien. 1r—13r Jahrg. gr. 8. Hamb. 797—808. Gundermann. (Aue in Alt.) (à 1 ß) 13 ß 14r—16r Jahrg. gr. 8. Ebd. 811, 12. (Herold jun.) 3 ß

— **Predigtentw. üb. d. Evang. 13 Jahrg. gr. 8. Ebend. 797—809. (à 1 Rthlr.)**

John, Johann, Predigtentwürfe üb. die Sonn- u. Fest-tags-Evangelia. 14r—16r Jahrg. gr. 8. Hamb. Bohn. 810—12. (à 1 Rthlr.)

John's, J., Predigtentwürfe über die Sonn- u. Festtags-Evangelia. 15r u. 16r Jahrg. gr. 8. 811 u. 12. Ist jetzt Verlag von Herold d. j. in Hamburg.

John, Jo. Dion., († d. 14. März 1814.) arzneiwissenschaftliche Aufsätze böhmischer Gelehrten, s. Aufsätze.

John, J. Di., arzneywissenschaftl. Aufsätze böhmisch. Gelehrten. m. K. gr. 8. Dresden, Walther. 798.

s. Bader zu Töplitz.

John, J. D., allgemeine Beschreib. v. Töplitz, mit 11 Chart. 16 Bdchen. 8. Dresd. Walther. 813.

— Beschreib. von Töplitz in Böhmen. 16 Bdchn. Mit 1 Karte, Grundriß u. Kpf. 8. Töplitz 813.

— Blumen, Blümchen, Blätt. r. m. K. Prag, Schönfeld. 787.

JOHN, D. Joh. Dionys (geb. 1764 in Teplitz, Arzt das., † ebd. 14. März 1814). Ueber den Einfluß der Ehe auf die allgemeine Gesundheit und Bevölkerung. Prag, bey Johann Gottfried Calve. 1797. 8°.
4 Bll., 52 S. Widm.: Teplitz, am 1. Oktob. 1796.
Goedeke VI, 738, 39, 7.

— Gesundheitskatechismus f. d. Schuljugend. 8. Prag 794.

s. Klinkosch, Dissertat.

— Lexikon sämmtl. k. k. Medicinalgesetze v. 1548 bis auf gegenwärt. Zeiten. Mit e. Vorr. v. E. G. Baldinger. 6 Bde. 8. Prag 790—98. Calve. 8 ß (5r—8r Bd. A. u. d. T.: Medicinische Polizei u. gerichtl. Arzneiwissenschaft ꝛc. 793—98. 3 ß)

— Lexikon sämmtl. K. K. Medicinalgesetze v. 1548 b. auf gegenw. Zeiten. 6 Bde. 8. Ebend. 792—98.
Von 5n Bande an ist das Werk auch unter dem Titel zu haben: Medicinische-Policei u. Gerichtl. Arzeney-Wissenschaft. ꝛc. 2 Bde. 796—98.

John, Johann Dionis: Die medizinische Polizei und gerichtliche Arzneiwissenschaft in den K.K.Erbländern. Th.1 - 2, gbd.

Prag: Calve 1796 - 1798
(John, J.D.: Lexikon der K.K.Medicinalgeseze. Th.5 - 6)

JB 5.436/5-6

John, Johann Dionis (Comm.):

s.: Sikora, Mathias Michael: Conspectus medicinae legalis legibus Austriaco-provincialis accommodatus. Pragae et Dresdae: 1792

JB 5.423

John, Jh. Dion., über d. unverbesserten Verbrechen d. Ausübung in d. Arzneikunde; an Hrn. Tissot. 8. Prag 786.

John, Johann Friedrich

— kurze Beschreib. d. Luisenbades in Hinterpommern. gr. 8. Berl. 824. (Voß). 4 g Auch französisch.

— — Ueber die Ernährung der Pflanzen im Allgemeinen und den Ursprung der Pottasche u. anderer Salze in ihnen insbesondere. 8. Berlin, Rücker. 809.

— über d. Ernährung d. Pflanzen im Allgemeinen u. d. Ursprung d. Pottasche u. anderer Salze in ihnen insbesondere. 8. Berl. 819. Rücker. 1 ß 12 g

— über die Farben u. Gläser d. Alten, insbesondere d. alten Aegyptier u. Römer. Ein Beitr. zu „v. Minutoli's Reise zum Tempel d. Jupiter ꝛc." 4. Berl. 824.

John, Jh. Fr., Handwörterbuch d. allgem. Chemie. In alphab. Ordnung. 4 Bde. in 5 Abtheil. Mit Kpf. 8. Leipz. 817—19. Brockhaus. 11 ß Hbg. Pr. 6 ß

— über Kalk u. Mörtel, eine von d. Holländ. Gesellschaft zu Harlem gekrönte Preisschrift. gr. 8. Berl. 819. Dunker u. H. 14 g

— über d. neu entdeckten mineral. Kohlenschlamm im Mineralbade zu Gleissen. Nebst Beifügung d. 3n Jahresberichts über dieses Bad, v. F. A. Zeuschner. 8. Berl. 824. Reimer. 2 g

— chemisches Laboratorium, oder Anweis. z. chemischen Analyse d. Naturalien, nebst Darstellung d. nöthigsten Reagenzien. Mit e. Vorr. v. M. H. Klaproth. Mit Kpf. gr. 8. Berl. 808. Maurers Buchh. 2 ß 2r Thl. oder chem. Untersuch. mineral., vegetabil. u. animalischer Substanzen. 1e Fortsetz. d. chemischen Laboratoriums. gr. 8. Berl. 810. Maurers B. 1 ß 12 g 3r Thl. oder 2e Fortsetz. Untersuchungen ꝛc. gr. 8. Berl. 811. Dümmler. 1 ß 8 g 4r Thl. oder 3e Fortsetz. d. chem. Untersuch. gr. 8. Berl. 813. Maurers B. 1 ß 12 g 5r u. 6r Thl. oder 4e u. 5e Fortsetz. d. chem. Untersuchungen mineral., vegetabil. u. animal. Substanzen. gr. 8. Berl. Maurers B. 816—21. 3 ß 12 g

John, J. F. [illegible] Berlin. 1809. 8.

— über d. Lucullor, oder den sogenannten schwarzen Marmor. 8 Berl. 811.

John, Joh. Friedr., die Malerei d. Alten, v. ihrem Anfange bis auf d. christl. Zeitrechnung; nach Plinius, mit Berücksichtig. Vitruv's u. and. alten Klassiker, bearb. u. erläut. Nebst theoret. u. prakt. Untersuch. d. antiken Tafel-, Wand- u. Vasenmalerei, d. Enkaustik u. ältesten Mosaik. gr. 8. (17 B.) Berlin 836. [Altenburg, Helbig.]

— Methode z. Untersuch. d. Mineralwasser ꝛc. 8. Moskwa. (Rein in Leipz.) 805.

— d. Mineralbad zu Gleißen in d. Neumark, nebst Bemerkk. über d. Heilkräfte desselben von D. Formey. Mit 1 Kpf. 8. Berl. 821. Maurers B. 12 g

— — Naturgeschichte des Succins oder des sogenannten Bernsteins, nebst Theorie der Bildung aller fossilen, bituminösen Inflammabilien des organischen Reichs und den Analysen derselben. 2 Thle. gr. 8. Cölln, Rommerskirchen. (Maurersche Buchh. in Berlin in Comm.) 816.

— Naturgeschichte d. Succinins oder d. sogenannten Bernsteins, nebst Theorie d. Bildung der fossilen, bituminösen Inflammabilien des organischen Reichs u. d. Analysen derselben. 2 Thle. gr. 8. Cöln 818. Rommerskirchen. (a. Heinemann in Stolp.) 2 ß 8 g Hbg. Pr. 1 ß 8 g

— 5. P. Orfila, Rettungsverfahren.

JOHN, JOHANN FRIEDRICH.
Chemische Tabellen der Pflanzenanalysen, oder Versuch eines systematischen Verzeichnisses der bis jetzt zerlegten Vegetabilien nach den vorwaltenden näheren Bestandtheilen geordnet und mit Anmerkungen versehen. Nürnberg, 1813. Fol.

— chemische Tabellen d. Pflanzenanalysen, oder Versuch eines systemat. Verzeichnisses d. bis jetzt zerlegten Vegetabilien nach d. vorwaltenden nähern Bestandtheilen geordnet u. mit Anmerkk. u. doppelten Registern versehen. gr. Fol. Nürnb. 814. Schrag. 2 ℛ 9 gr.

— chemische Tabellen d. Thierreichs, oder systemat. Uebersicht aller bis jetzt zerlegten Animalien mit Rücksicht d. neuesten physiolog. Bemerkungen. gr. Fol. Berl. 814. Maurers B. (u. Heinemann Stolp.). 4 ℛ

— Untersuchung d. Naturkörper als Fortsetz. d. Laboratoriums ɾc. 8. Ebend. 810.

— chemische Untersuchungen d. Mineralquellen d. Achilleschen Bades zu Freienwalde, nebst einer Theorie ihrer Entstehung u. einem Anh. über künstliche Schwefel-Eisensäuerlinge u. Stahlbäder. 12. Berl. 820. Christiani. 6 gr.

Chemische Untersuchungen mineralischer, vegetabilischer und animalischer Substanzen. Fortsetzung des chemischen Laboratoriums. Berlin, 1810–1821. 5 vols., 12mo.
Vols. III-V *also with the title:* Chemische Schriften. Vol. I, 1810; II, 1811; III, 1813; IV, 1816; V, 1821.

— Versuch e. Methode z. Untersuchung d. Mineralwässer, mit Darstellung einiger Eigenschaften über die Wässer im Allgemeinen. 8. Moskwa 805. (Rein in Leipz). 6 gr.

John, Joh. Nep., der praktische Hausherr und Hausadministrator. Unentbehrliches verläßl. Hand- und Nachschlagebuch und sicherer Rathgeber in allen bei der Hausverwaltung vorkommenden Fällen für Hauseigenthümer, Administratoren und Hausinspektoren. Nach den neuesten gesetzl. Vorschriften und Bestimmungen verfaßt und mit den nöthigen Formularien, Tabellen, Preistarif über Bauarbeiten und Baumaterialien ɾc. versehen. gr. 8. (XXVIII, 288 S.) Wien 871, Manz. *

Iohn, Ioan. Sigm., Parnassus Silesiac. s. recensio poetar. Silesiacor. II. Cant. 8. Breslau, Seidel. 728. 29.

John, Jos., *Lehrer d. Mathematik u. s. w. in Prag.* Die Geometrie in der Ebene und im Raume. *Prag* 1858. Im Selbstverl. des Verfassers. 299 S. 8°. 1 fl.

John, Jos., allgemeine Größenlehre. 2. Aufl. gr. 8. (X und 428 S.) Prag 857, (Calve'sche Buchh.) *

John, Joseph —. Die Schule der Gährungschemie in Anwendung auf Bierbrauerei und Bieruntersuchnug. Zum wissenschaftlichen Unterrichte für Bierbrauer und Kameralisten leicht faßlich dargestellt von — —. 8. (148 S.) Prag. Druck von Karl Wilhelm Medau. 1853.

John, Jos., die Schule der Gährungschemie in Anwendung auf Bierbrauerei, Bieruntersuchungen und Spirituserzeugung. Zum wissenschaftl. Selbstunterrichte für Bierbrauer, Branntweinbrenner und Steuerbeamte leicht faßlich dargestellt. 2., verm. Aufl. gr. 8. (VI und 216 S.) Prag 856, Ehrlich's Buchh. *

John, Jos., Vorlesungen über Mathematik an der Realschule zu Prag. I. Thl.: Die besondere Arithmetik. gr. 8. (VIII und 224 S.) Prag 849, (Credner und Kleinbub.) *

John, Joseph Pius. Abhandlung über den Cölibat der Geistlichen. A. d. Latein. Augsburg 1782. Ü: *Zabuesnig, Johann Christoph von.* (KN) (MGT)

John, Jos. Pius, Abhandl. üb. d. Cölibat d. Geistl. gr. 8. Augsb. Rieger. 783.

John, Jul., unsere culturellen Aufgaben im Osten. Vortrag, gehalten im ersten Wiener Lehrerverein „Volksschule". gr. 8. (23 S.) Wien 888, (Sallmayer'sche Buchh.) *

John, Jul., Bergbau u. Grundbesitz. Bemerkungen zum V. Hauptstück d. Referenten-Entwurfes e. neuen Berggesetzes. gr. 8. (V, 75 S.) Wien 884. Manz. n. 1. 80

John Julius, Normalfibel, eingerichtet für analytische Laut- und synthetische Zeichengewinnung. Mit 54 Gruppenbildern aus dem Leben des Kindes von Alexander Wilke. Ausgabe B, enthaltend einen Anhang mit lateinischer Druckschrift. Wien 1910. F. Tempsky. Geb. K —.90.

John, Jul., das erste, bezw. zweite Schuljahr, s.: Saaßer, Jos.

John, Jul., der Unterricht in der Natur als Mittel f. grundlegende Anschauung. Der rationellen Praxis der Schulen aller Arten u. Stufen, insbesondere jener der Volks- u. Bürgerschulen, zugedacht. (178 S.) 8. Wien 906. F. Tempsky. — Leipzig, G. Freytag. Geb. n. 2. 50

— - die Verstaatlichung der Kaiser Ferdinands-Nordbahn. Ein Beitrag zur Lösung der Rechtsfrage zwischen Staat und Nordbahn. gr. 8. (40 S.) Ebendas. 884.

John, K., Rechenbuch f. einfache Fortbildungsschulen. gr. 8. (48 S.) Leipzig 902. J. Klinkhardt. n. —30; Lösungen. (8 S.) n. —50

John, K., Rechenbuch f. einfache Fortbildungsschulen. 3. verb. Aufl. (48 S.) 8. Leipzig 906. J. Klinkhardt. n. — 30

John, K., Rechenbuch f. einfache Fortbildungsschulen. 4. umgearb. Aufl. (48 S.) 8. Leipzig 908. J. Klinkhardt. — 30; Lösungen. (8 S.) — 50

John, Karl

John, Carl, Adolphus, d. edle Räuberhauptmann u. d. kalten Brüder, od.: Der Gastwirth z. Hölle. 2 Bde. M. 1 lith. Abbild. 8. (27¼ B.) Nordhausen 832, Fürst.

John, Carl, Breslau und seine Umgebungen. Ein Wegweiser für Fremde und Einheimische. 32. (32 S. und 1 lithogr. Plan in gr. 4.) Breslau 850, Kohn.

—— über Erziehung u. Unterricht od. üb. Pädagogik u. Didactik. 8. ... Stollberg a. H. 833, Verf.

John, Karl: Aus d. Universitätsklinik f. Gemüts- u. Nervenkrankh. in Tübingen. Hypomanie und Querulantenwahn. Berlin 1910: Schumacher. 60 S. 8° ¶ (Aus: Vierteljahrsschrift f. gerichtl. Med. u. öff. Sanitätswesen. F. 3, Bd 39, H. 1.)
Tübingen, Med. Diss. v. 22. Jan. 1910. Ref. Gaupp
[Geb. 9. Sept. 85 Urach; Wohnort: Tübingen; Staatsangeh.: Württemberg; Vorbildung: Gymn. Schw.-Hall Reife Sommer 03; Studium: Tübingen 5, München 2, Tübingen 3 S.; Coll. 21. Juli 09; Approb. 13. Jan. 10.] [U 10. 4156

John, Carolus: *De indole Shakspearii ejusque tragoediae Macbeth. 99 S. 4° (2°)
Halle Wittenberg. Phil. Diss. v. 29. Juni 1833
Geb. Nordhausen [17. 7.] 1804. V.
Verf. erlebte das goldene Dr.-Jubiläum 1883 als Realgymnasial-Professor in Nordhausen

John, Karl, institutiones philosophiae activae. 8. Prag 771. Widtmann. 16 gr. (Leipz., W. Vogel). 12 gr.

—— die Kleinkinderschule f. Kinder v. 2—6 Jahren. Vortheile ders. in moral. u. phys. Hinsicht, nebst beigefügtem Lehrplan u. Methode. 8. (7½ B.) Nordhausen 830. [Leipzig, Dörffling.]

John, Karl, appr. Tierarzt a. Erfurt: Aus d. Klinik f. kleine Haustiere d. kgl. Tierärztl. Hochsch. Stuttgart. Vorstand: Prof. Dr. Uebele. Nebennierenpräparate mit besonderer Berücksichtigung des Suprarenins und Adrenalins und deren Verwendung in der Tierheilkunde. Borna-Leipzig 1906: R. Noske. (81 S.) 8°
Gießen, Med. Fak., Ref. Geppert, Diss. v. 21. Mai 1906
[Geb. 26. Febr. 70 Erfurt; Wohnort: Erfurt; Staatsangeh.: Preußen; Vorbildung: Realgymn. Erfurt Reife O. 98; Studium: Berlin Tierärztl. Hochsch. 10 S.; Rig. 21. Dez. 05.]

—— der Raupen- u. Insekten-Vertilger, enthalt. d. bewährtesten Mittel z. Vertreibung aller schädl. Insekten, nebst e. Abhandl. üb. Silos u. Getreidebehälter. 8. (9 B.) Ilmenau 831, Voigt.

—— kleine deutsche Sprachlehre f. Stadt- u. Landschulen rc. 8. ... Stollberg a. H. 833, Verf.

—— über d. Wissenschaft d. Schönen u. d. Kunst od. üb. Aesthetik. Nebst e. Anh. üb. d. alten ital. u. deutschen Malerschulen. Mit besonderer Hinsicht auf d. Münchener u. Dresdener Bildergallerie (Pinakothek) u. auf d. Glyptothek zu München. Als e. Handb. u. Wegweiser f. Künstler etc. gr. 8. (11 B.) Halle 834, (Scharre.)

John, Carl, über d. Wissenschaft d. Schönen u. d. Kunst, od. üb. Aesthetik. Nebst e. Anh. üb. d. alten italien. u. deutsch. Maler-Schulen. Mit besond. Hinsicht auf d. münchener u. dresdener Bildergallerie (Pinakothek) u. auf d. Glyptothek zu München. Als e. Handb. u. Wegweiser f. Künstler, Kunstkenner u. Kunstfreunde etc. ausgearbeitet. 2. Ausg. gr. 8. (11 B.) Leipzig 838, Kupfer. (?)

John, Kath. (Hrsg.), s. B a b y .

John, Konstantin

John, *Constantin*: Die Briefe des jüngeren Plinius und der Dialogus. 4 (S. 3–11). Kgl. G. *Schwäbisch Hall* 1896
Nicht im Tauschverkehr
Progr.

J o h n , zum Dialogus des Tacitus. gr. 8. (32 S.) Tübingen 887, Fues' Verlag. *
Aus: Korrespondenzblatt für die württembergischen Gelehrten- und Realschulen, besonders abgedruckt.

J o h n , *Constantin* Tacitus Dialogus de Oratoribus, Cap. I—XXVII, übersetzt und kritisch-exegetisch erläutert. 4 (44 S.).
Progr. Ev.-theol. Seminar *Urach* 1886 (537).

John, Const., die Entstehungsgeschichte der Catilinarischen Verschwörung. Ein Beitrag zur Kritik d. Sallustius. [Aus: „Jahrb. f. class. Philol. 8. Suppl.-Bd."] gr. 8. (119 S.) Leipzig 876. Teubner. n. 2. 80

[J.] John, *Constantin* [Rekt. Dr.]: Des Cornelius Tacitus „Gespräch über die Redner." (Umschlagt.: Tacitus, Dial. de orat., cap. XXVIII bis Schluss, übs. u. krit.-exeget. erl.) (Schluss d. P-Beil. Urach 1886.) Schwäb. Hall, Buchdr. v. E. Schwend, 1892; 1 Bl., 1–21 S. 4.
Schwäb. Hall, k. G, P 1892 (583)

John, Constantin, Rektor Dr.: Der Wert des griechischen Unterrichts für das Gymnasium. Schwäb. Hall 1904: Emil Schwend. (S. 24—33.) 4°
Schwäb. Hall, k. G P 1904 (685)

J o h n , L., Anti-Zebeldi. Zur Widerlegung der über die österreich. Geldverhältnisse verbreiteten Irrthümer. gr. 8. (IV und 130 S.) Leipzig 848, (Spamer.) *

John, Louise, s. J o h n , Luise

J o h n , Ludw. v., Systemwechsel und philosophisch-politische Principien. gr. 8. (53 S.) Pest 865, Gebr. Lauffer. *

John, Edw. Alois, Kolostogabe, ein Heldengedicht aus d. Sagen d. Czechischen Vorzeit. 2 Bde. in 36 Gesängen. gr. 8. Prag. 832. (Dresd. u. Leipz., Arnold). 4 ℳ (Gerold in Wien). 3 ℳ

J o h n , Ludw. Alois, Kolostogabe, e. Heldengedicht aus d. Sagen d. Cechischen Vorzeit. 2 Bde. in 36 Ges. gr. 8. (50 B.) Prag 832. (Enders; Haase Söhne.)

John, Luise, Elementarbuch der englischen Sprache f. höhere Mädchenschulen, s.: O h l e r t , Arnold.

— Elementargrammatik der französischen Sprache f. die Mittelstufe höherer Mädchenschulen, s.: O h l e r t , Arnold.

— Englische Gedichte f. die Oberstufe der höheren Mädchenschulen, s.: O h l e r t , Arnold.

— Englisches Lesebuch f. die oberen Klassen der höh. Mädchenschulen, s.: O h l e r t , Arnold.

— Lese- u. Lehrbuch der französ. Sprache f. höhere Mädchenschulen, s.: O h l e r t , Arnold.

— Schulgrammatik der englischen, bezw. französischen Sprache f. die Oberstufe höherer Mädchenschulen. s.: O h l e r t . Arnold.

— Schulgrammatik der franz. Sprache, s.: O h l e r t . Arnold.

John, Louise, sachlich geordnete Wörtergruppen f. den französ. Sprachunterricht an höh. Mädchenschulen. 12. (IV, 68 S.) Hannover 901. Norddeutsche Verlagsanstalt O. Goedel. Geb. in Leinw. n. — 80

— sachlich geordnete Wörtergruppen f. den französischen Sprachunterricht an höheren Mädchenschulen. 2., verb. Aufl. (IV, 68 S.) 12. Hannover 903. Norddeutsche Verlagsanstalt O. Goedel. Geb. in Leinw. n. — 80

— Sachlich geordnete Wörtergruppen f. den französischen Sprachunterricht an höh. Mädchenschulen. 3., durchgeseh. Aufl. (IV, 68 S.) kl. 8. Hannover 907. Norddeutsche Verlagsanstalt O. Goedel. Geb. — 80

John, M. E., neues Handb. f. Banquiers u. Kaufl. 8. Lpz. Mittler. 805.

John, M(ax), Volontär-Assist. am Kgl. path. Inst. d. Univ. Breslau: Aus d. Universitäts-Kinderklinik zu Breslau. Über das Auftreten multipler Spontanfrakturen im frühen Kindesalter. *Breslau 1903: Bresl. Genoss.-Buchdr.* (30 S.) 8°
Breslau, Med. Diss. v. 27. Juli 1903

John, Max., Barbarossa's Erwachen. Ein Geister-Spiel. gr. 16. (31 S.) Berlin 858, Plahn'sche Buchh. *

John, Oskar: Proben aus Ovids **Ars amandi und Amores, in Stanzen** übersetzt. Königshütte O.S. 1904: R. Giebler. (S. 1—13.) 4°
Königshütte O.S., k. G OP 1904 (220)

John, Otto: Biographische Aufsätze. Leipzig. 1866. 8°

John, Otto [aus Kiel]: Über die **Einwirkung fetter Säuren auf die Stärkeumwandlung** durch den Speichel. . . . **Berlin,** Buchdr. v. Gustav **Schade** (Otto Francke) (1890); **29 + 1 S. + 1 Bl. 8°**
Berlin, Med. Fak., Inaug.-Diss. v. 11. Jul. 1890

John, Paul [aus Schlesien]: **Zur Behandlung der Bauchfelltuberkulose** durch Laparotomie **mit zwei Fällen. . . . Greifswald, Druck** v. Julius **Abel,** 1890; 30 S. 8°
Greifswald, **Med. Fak.,** Inaug.-Diss. v. 28. **Febr. 1890**

John, Paul: Gerichts-Ref.: Die Rechte des Käufers bei Mängeln in der Quantität der Kaufsache. Tuchel [1899]: A Klutke. (22 S.) 8°
Rostock, Jur. Diss. v. [14. Apr.] 1899

John, Percy B. St., Quadroona, s. Bibliothek, europäische.

John, R., die Geschichte des siebenjährigen Krieges, s. a. **Volks-Bibliothek.**

John, Dr. R. Die Geschichte des 7jähr. Krieges. Mit Portr. Leipzig 1844. 333 S.

John, Rich., über **Landzwang und widerrechtliche Drohungen.** gr. 8. (VI und 71 S.) **Göttingen 852, Vandenhoeck und** Ruprecht's **Vrlgsh.** *

— **Rich. Ed.** u. (Respond.) **O. Stobbe, An et quatenus crimen vis Romanorum hodierno jure sit recipiendum. Comment. jur. Königsberg** (Samter) 11. III. 1853. 48 S. (6.—) 16983
Oppon.: Th. Leyde, G. v. Buchholtz.

John, Rich. Ed., **Beurtheilung** eines **Erkenntnisses des Hamburger Strafgerichts.** gr. 8. (44 S.) **Leipzig 872, Barth.** *
Aus: Allgemeine deutsche Strafrechtszeitung, besonders abgedruckt.

—— Entwurf mit **Motiven zu einem Strafgesetzbuche für den norddeutschen Bund.** gr. 8. (VIII, 648 S.) **Berlin 868, Guttentag.** *

—— über **Geschwornengerichte und Schöffengerichte.** gr. 8. (48 S.) **Berlin 872, Habel.** *

John, Dr. R. E. (Ober Appell Rath zu Lübeck), über Geschwornengerichte u. Schöffengerichte. Berlin Luderitz, 1872. 8°. 48 S. Cart. *)

John, Rich. Ed., **Kritik des preußischen Gesetz-Entwurfes über die Verantwortlichkeit der Minister nebst einem Gegen-Entwurfe. (Aus der „Allgemeinen deutschen Strafrechtszeitung“ abgedr.) 1. u. 2. unveränd. Aufl. Leipzig 863.** Barth. gr. 8. (77 S.) 15 ngr

—— Kritiken strafrechtlicher Entscheidungen des preußischen Obertribunals. gr. 8. (IV und 350 S.) Berlin 866, Guttentag. *

— die Lehre vom fortgesetzten Verbrechen und von der Verbrechenskonkurrenz für Praktiker und Theoretiker dargestellt. Berlin 860. G. Reimer gr. 8. (VIII, 178 S.) 25 ngr

—— über Strafanstalten. Ein populärer Vortrag. gr. 8. (IV und 38 S.) Berlin 865, Lüderitz' Verlag.

John, R. E., Strafprozeßordnung für das Deutsche Reich nebst Einführungsgesetz, s. a. Gesetzgebung des Deutschen Reiches mit Erläuterungen.

John, Rich. Ed.: Strafprozeßordnung für das Deutsche Reich nebst Einf.-Ges. Abth. 1—3, H. 1. [Mehr nicht ersch.] Erlangen 1884—89.

John, Rich. Ed.: Das deutsche Strafprozeßrecht mit Rücks. auf die Justizgesetze des Deutschen Reichs in den Grundzügen system. dargest. Leipzig 1880.

— **das** deutsche Strafprozeßrecht, mit Rücksicht auf die Justizgesetze des deutschen Reichs in den Grundzügen systematisch dargestellt. Zugleich e. Suppl. zur 3. Aufl. der v. Holtzendorff'schen Encyklopädie der Rechtswissenschaft. 2., durch e. Nachtrag ergänzte Ausg. gr. 8. (VI, 84 S.) Leipzig 882 Duncker & Humblot. n. 2.—; cart. n. 2. 60

—— **das Strafrecht in Norddeutschland. Beurtheilung des Entwurfes eines Strafgesetzbuches für den norddeutschen Bund in Form eines revidirten Entwurfes. gr. 8. (XXIII, 158 S.) Göttingen 870, Vandenhoeck und Ruprecht's Verlag.** *

—— **das Strafrecht in Norddeutschland zur Zeit der Rechtsbücher. Ein Beitrag zur Geschichte des deutschen Strafrechts. 1. Thl. gr. 8. (VI und 350 S.) Leipzig 858, Hirzel.** *

—— über die **Todesstrafe,** s. a. **Sammlung gemeinverständl. wissenschaftl. Vorträge.**

John R E, uber die Todesstrafe. (Sammlung wiss. Vortrage 36) Berlin 1867

John, Robert, a. Stuttgart: Über die Lebensweise und Organisation der Ammoniten. Stuttgart 1909: Grüninger. 54 S. 8°
Tübingen, Naturw. Diss. v. 26. Nov. 1908, Ref. v. Koken
[Geb. 4. Sept. 85 Haberschlacht; Wohnort: Tübingen; Staatsangeh.: Württemberg; Vorbildung: Gymn. Cannstatt Reife O. 04; Studium: Tübingen 5, Stuttgart Techn. Hochsch. 3, Tübingen 3 S.; Coll. 26. Nov. 08.] [U 09. 4005

John, Rud., die **Geschichte der christl. Kirche. Dem deutschen Volke geschildert f. Schule u. Haus.** gr. 8. (13⅓ B.) Leipzig 846, Festsche Vrlgsh.

—— die Geschichte des siebenjährigen Krieges. Für das deutsche Volk bearb. Mit d. Bildnissen v. Friedrich II. u. Maria Theresia. gr. 8. (21⅓ B.) Leipzig 844, Brockhaus. *

John, Rudolf, aus Soldin: **Ueber die 'sogenannte foetale Rachitis'.** *Berlin (1898): E. Ebering.* (25 S.) 8°
Berlin, Med. Diss. v. 2. Dez. 1898

John, St., sittliche Schilderung v. Amerika, s. Schilderung.

John, Theob., **de polypis narium eorumque diversis operandi methodis. Dissertatio inauguralis medico-chirurgica. 8maj. (VIII und 40 S. mit 2 Stnt. in Tondr.) Vratislaviae 855, (libr. Gosohorsky.)** *

John, W., Genossenschaften od. Kartelle?, s. a. **Sammlung gemeinnütziger Vorträge.**

John, V., Genossenschaften oder Kartelle? Ein volksthümlicher Vortrag. gr. 8⁰. Prag, F. Haerpfer in Komm., 1894. (Sammlung gemeinnütziger Vorträge, Heft 257.)

— Geschichte der Statistik. Ein quellenmässiges Handbuch für den akadem. Gebrauch wie für den Selbstunterricht. (2 Thle.) 1. Thl.: Von dem Ursprung der Statistik bis auf Quetelet [1835]. gr. 8. (XV, 376 S.) Stuttgart 884, Enke.

John, V., die Postsparkassen, s.a. Sammlung gemeinnütziger Vorträge.

John: Die Postsparkassen. Prag 1881.

— der Name Statistik. Eine etymologisch-histor. Skizze. gr. 4. (16 S.) Bern 883, (Wyss.)
Aus: Zeitschrift für schweizerische Statistik, besonders abgedruckt.

John, V., die Vorschuß- und Kredit-Vereine [Volksbanken] in Böhmen. Ein Beitrag zur Vereinsstatistik Böhmens. Lex.-8. (102 S.) Prag 870. (Leipzig, Brockhaus' Sortiment und Antiq.) *

John, Vict. v., die See-Versicherungs-Policen der wichtigsten Seeplätze der Erde gesammelt und hrsg. 5 Lfgn. gr. 4. (314 S.) Triest 874, (Schimpff.) *

John, Vinc., unsere nächste Volkszählung vom 30. Decbr. 1880, s. Sammlung gemeinnütziger Vorträge.

John, W. Der Köllner Rheinzoll von 1475—1494. 8⁰. Bonn, Druck v. Georgi, 1890.

John, W., d. Schatten im Theater, oder d. Theater im Schatten. Ein lustiges Trauerspielchen. 8. Berl. 826. Cosmar u. Kr. 8 gr.

John, W., der Schatten im Theater od. d. Theater im Schatten. Berlin 826, jetzt Alemann. 1/3 ng

John, W., die Schulsparkassen, s. Sammlung gemeinnütziger Vorträge.

John, W., De veterum rhetorum studiis Thucydideis. Diss. 1922. 41 S. 2.—

John, W., Winterabende in Friedensthal. 2. Aufl. gr. 8. (3 B. u. 1 Stnt.) Pillnitz 841. (Leipzig, Polet.)

John, W. B., Bomben u. Granaten, s. Bomben.

John, W. B., des Schicksals Wege sind oft finster. Kriegserzählung aus dem Jahre 1813. (2. Ausg. der Bomben und Granaten. 2. Bd.) 8. (200 S.) Leipzig 848, Literarisches Museum.

— die Todesahnung. Erzählung aus dem deutschen Befreiungskriege. (2. Ausg. der Bomben und Granaten. 3. Bd.) 8. (224 S.) Leipzig 848, Literarisches Museum.

John, Walt., stromaufwärts. Gedichte. (115 S.) 8. Leipzig 910. Modernes Verlagsbureau. 2. 50

Stromaufwärts. Gedichte von Walter John. Berlin-Leipzig: C. Wigand 1910. 115 S. 8°

John Wilhelm: Des Patriarchen Bertrand von Aquileja Beziehungen zu den Herzogen von Oesterreich. 1334—1350.
1001 PN 1400 Diss. Wien Univ. 832

John, Wilhelm Karl Leo [aus Greifswald]: Im Puerperium entstandene, in Abscedierung übergegangene, parametritische Exsudate ... Greifswald, Druck v. J. Abel, 1893; 28 S. 8.
Greifswald, Med. Fak., Inaug.-Diss. v. 4. Febr. 1893

Festschrift zur Feier des fünfundsiebzigjährigen Bestehens des Allgemeinen Gewerbe-Vereins zu Danzig von Dr. Wilhelm John. Buchschmuck von Helene Albrecht. *Danzig 1903: A. W. Kafemann.* (80 S.) 8°(4°) 10

John, Wilh., Katalog des k. u. k. Heeresmuseums, s.: Erben, W.

John, Wilhelm: Der Kölner Rheinzoll von 1475—1494. ... Bonn, Univ.-Buchdr. v. Carl Georgi, 1890; 1 Bl. + 32 S. + 1 Bl. 8°
Bonn, Phil. Fak., Inaug.-Diss. v. 7. März 1890

(F) John-Arnstadt, J., Freiwillig arm! Originalroman. [Moderne 20 Heller-Bibliothek. Heft 1.] 8°. (128 S.) K —.20
Wien 1910.

John-Arnstadt, Ida, Vetter Eddy od.: Er heiratet nur e. Turnerin. Lustspiel in 2 Aufzügen. gr. 8. (20 S.) Krefeld 901. G. A. Hohns Söhne. n. 1. 50

— ohne Examen, s.: Weber's mod. Bibliothek.

John-Marlitt, Walter

Inter noctem von Walter John-Marlitt. Berlin: Mickisch [1906]. 28 S. 4° 10

Inter noctem von Walter John-Marlitt. 2. Aufl. Berlin: Mickisch & Co. [1906]. (23 S.) 4° [F.]

John-Marlitt, Walter, Inter noctem. — Die Schulratsjungen. 8 Bde. (erm. Pr. à —75; in 1 Bd. 2.—; geb. 2. 75). Jetzt: Charlottenburg, Virgil-Verlag.

— die Schulratsjungen. Reich illustr. 3 Bde. 2. Aufl. (V, 152; III, 100 u. III, 167 S.) 8. Ebd. (906). à n. 1.—; in 1 Bd. (3. Aufl.) n. 3.—; geb. in Leinw. n. 4.—

Die Schulratsjungen von Walter John-Marlitt. Reich ill. In 3 Bden. 13. Aufl. (Bd 1–3.) Berlin: Mickisch [1907]. 8° 11

Die Schulratsjungen von Walter John-Marlitt. Reich ill. In 3 Bden (u. 1 Bd). 14. Aufl. Berlin: Mickisch & Co. [1907]. (151, 100, 167 S.) 8° [F.]

Johnas, Wilh., Gedichte. (86 S.) kl. 8. Jurjew 904. (C. Glück.) n. 1. 20

Johne, Albert

Johne, Alb., über Athmung, Athmungsluft und Luftverderbniß. Vortrag, gehalten in der General-Versammlung des „landwirthschaftlichen Kreisvereins Dresden“ in Dippoldiswalda am 16. Juni 1883. gr. 8. (32 S.) Berlin 884, Parey.

Johne, A., allerlei Bacterien. Vortrag, geh. am 12. Jan. 1894. gr. 8. (13 S.) Dresden 894. G. Schönfeld. n. —40

Johne, A., veterinär-pathologische Beiträge, s.: Birch-Hirschfeld, F. V., Lehrbuch der patholog. Anatomie.

Johne, Alb., Geschichte der sächsischen Pferdezucht. Auf aktenmäß. Grundlagen unter Mitwirkung von Adf. Schlaberg zusammengestellt und bearb. gr. 8. (XVI, 241 S., Beilagen 107 S. mit 2 Lichtdr.-Taf. und 6 Holzschn.) [Leipzig 888, Volckmar.] Berlin, Parey. *

— die Geschichte der Tuberculose mit besond. Berücksicht. der Tuberculose des Rindes und die sich hieran knüpfenden medicinal- und veterinär-polizeilichen Consequenzen. gr. 8. (VI, 88 S.) Leipzig 883, F. C. W. Vogel.

— - über Geschwülste und deren Eintheilung, s.a. Vorträge für Thierärzte.

- Über Geschwülste und deren Einteilung. (62 S.) S.-A. Jena 81. Dege & Hänel. (Dürselen, Wiesbaden). M. 1.50

Johne, Alb., Gesundheitspflege d. landwirtschaftl. Haussäugetiere, s.a. Thaer Bibliothek.

[J.] Gesundheitspflege der landwirtschaftlichen Haussäugetiere. E. Abriss ihrer Grundlehren. Bearb. v. Dr. A[lbert] Johne, ... Prof. ... M. 159 Textabb. *Berlin: P. Parey 1898.* (VI, 234 S.) 1 Bd 8.
— Thaer-Bibliothek. Bd 95. [98. 6703

Johne, Albert: Der Laien - Fleischbeschauer. Leitfaden f. d. Unterr. u. f. die Veterinär- u. Medizinalbeamten von Dr. Albert Johne, Prof. in Dresden. Mit 228 Textabb. Berlin: P. Parey 1900. (XVIII, 451 S.) 8°

Johne, A., der Laien-Fleischbeschauer. Leitfaden f. den Unterricht in der Laien-Fleischbeschau u. f. die m. deren Prüfg. u. Beaufsichtigg. beauftragten Veterinär- u. Medizinalbeamten. 2., verb. Aufl. 8. (XXIII, 468 S. m. 231 Abbildgn.) Berlin 901. P. Parey.
Geb. in Leinw. n. 6. 60
1. Aufl. (XI, XVIII, 451 S. m. 228 Abb.) Ebd. 899. 900.

Der Laien-Fleischbeschauer. Leitfaden f. d. Unterr. d. nicht tierärztl. approb. Fleischbeschauer ⟨Laien-Fleischbeschauer⟩ u. f. die mit deren Prüfung u. Beaufsichtigung beauftr. Veterinärbeamten, nebst e. Sammlung der auf d. Fleischbeschau bezügl. gesetzl. Bestimmungen u. Verordn. von Dr. A[lbert] Johne, Prof., Dresden. 3., vollst. neubearb. Aufl. Mit 247 Textabb. *Berlin: P. Parey 1903.* (XXIV, 498 S.) 8° [J.] [03. 14609

— — Obergutachten über die Aetiologie eines Wutfalles beim Menschen. S.-A. a. d. Z. f. Th. Jena 98. Fischer.

Johne, Alb., über die Koch'schen Reinculturen und die Cholerabacillen. Erinnerungen aus dem Cholera-Cursus im k. Gesundheitsamte zu Berlin. Für Aerzte und gebildete Laien. 1., und 2. unveränd. Aufl. gr. 8. (28 S.) Leipzig 885, F. C. W. Vogel. *

Die Resultate einiger quantitativen und qualitativen Untersuchungen der Cerebrospinalflüssigkeit der Pferde. — Ein Infektionsversuch mit Tuberkulose bei einem Esel. — Das Kohlensäure-Gefrier-Mikrotom. S.-A. a. Ztschr. f. Th. 1897. N. F. Bd. 1. Jena 97. Fischer.

Johne, A., s.a. Taschenkalender f. Fleischbeschauer u. Trichinenschauer.

Johne, Albert, Taschenkalender f. Fleischbesch. Berlin 1900. Parey. M. 2.–

— Über Tollwutimpfungen zu diagnostischen Zwecken. S.-A. a. d. Z. f. Th. Jena 98. Fischer.

— der Trichinenschauer. Leitfaden f. den Unterricht in der Trichinenschau u. f. die m. Kontrolle u. Nachprüfg. der Trichinenschauer beauftragten Veterinär- u. Medizinalbeamten. Mit 89 Textabbildgn. gr. 8. (VIII, 127 S.) Berlin 887. Parey. n. 3. —

— daff. — 2. durchgeseh. Aufl. Mit einem Anhang: Gesetzliche Bestimmungen betr. die Trichinenschau in den einzelnen Staaten des Deutschen Reiches. gr. 8. (VIII, 131 S. m. 97 Textabbild.) Ebendas. 888. geb. *

— dasselbe. 3., verb. Aufl. Mit 96 Textabbildgn. u. e. Anh.: Gesetzliche Bestimmgn. üb. Trichinenschau. gr. 8. (VIII, 144 S.) Ebd. 889. geb. n. 3. 50

— der Trichinenschauer. Leitfaden f. den Unterricht in der Trichinenschau u. f. die m. der Kontrolle u. Nachprüfg. der Trichinenschauer beauftragten Veterinär- u. Medizinalbeamten. 4., durchgeseh. u. verb. Aufl. Mit 115 Textabbildgn. u. e. Anh.: Gesetzliche Bestimmgn. üb. Trichinenschau. gr. 8. (X, 151 S.) Berlin 893 P. Parey. Geb. in Leinw. n. 3. 50

[J. u. Ant.] Der Trichinenschauer. Leitf. f. d. Unterr. in d. Trichinenschau u. f. die mit d. Kontrolle u. Nachprüfg d. Trichinenschauer beauftragten Veterinär- u. Medizinalbeamten. Von Dr. med. h. c. et phil. A[lbert] Johne, Prof. ... in Dresden. 5., neubearb. Aufl. M. 120 Textabb. u. e. Anh.: Gesetzl. Bestimmungen über Trichinenschau etc. *Berlin: P. Parey 1896.* (XIV, 166 S.) 1 Bd 8. [96. 3960

— der Trichinenschauer. Leitfaden f. d. Unterricht in d. Trichinenschau u. f. die m. d. Kontrolle u. Nachprüfg. d. Trichinenschauer beauftr. Veterinär- u. Medizinalbeamten. 6., durchgeseh. u. verb. Aufl. M. 125 Textabb. u. e. Anh.: Gesetzl. Bestimmgn. üb. Trichinenschau etc. gr. 8. (XIV, 170 S.) Berlin 898. P. Parey.
Geb. in Leinw. n. 3. 50

— der Trichinenschauer. Leitfaden f. den Unterricht in der Trichinenschau u. f. die m. der Kontrolle u. Nachprüfung der Trichinenschauer beauftragten Veterinär- u. Medizinalbeamten. 7., durchgeseh. u. verb. Aufl. Mit 127 Textabbildgn. u. e. Anh.: Gesetzliche Bestimmgn. üb. Trichinenschau etc. gr. 8. (XIV, 173 S.) Berlin 902. P. Parey. Geb. in Leinw. n. 3. 50

Der Trichinenschauer. Leitfaden f. d. Unterr. in d. Trichinenschau u. f. die mit d. Kontrolle u. Nachprüfung d. Trichinenschauer beauftragten Veterinär- u. Medizinalbeamten. Von Dr. med. A[lbert] Johne, Prof. in Dresden. 8., auf Grund d. reichs- u. landesrechtl. Gesetzgebung über Fleischbeschau umgearb. Aufl. Mit 138 Textabb. u. 1 Anh. Gesetzl. Bestimmungen über Trichinenschau etc. *Berlin: P. Parey 1903.* (XII, 183 S.) 8° [J.] [04. 686

Der Trichinenschauer. Leitfaden f. d. Unterr. in d. Trichinenschau u. f. die mit d. Kontrolle u. Nachprüfung d. Trichinenschauer beauftr. Veterinär- u. Medizinalbeamten. Von Dr. A[lbert] Johne, Geh. Med.R. 9., auf Grund d. reichs- u. landesrechtl. Gesetzgebung über Fleischbeschau umgearb. Aufl. Mit 143 Textabb. u. e. Anh. Gesetzl. Bestimmungen über Trichinenschau etc. Berlin: P. Parey 1904. (XII, 188 S.) 8° [J.] [05. 3394

— Der Trichinenschauer. Leitfaden f. den Unterricht in der Trichinenschau u. f. die m. der Kontrolle u. Nachprüfg. der Trichinenschauer beauftragten Veterinärbeamten. 10. Aufl., umgearb. auf Grund der reichs- u. landesrechtl. Gesetzgebg. üb. Fleischbeschau. Mit 156 Textabb. u. e. Anh. Gesetzl. Bestimmgn. üb. Trichinenschau usw. (XIV, 206 S.) gr. 8. Berlin 907. P. Parey.
Geb. in Leinw. 3. 75

— über die Ursachen der Mauke oder Schlämpemauke [Träberausschlag, Fussgrind, Fussräude, Fussmauke] des Rindes. [Aus: „Bericht über das Veterinärwesen im Königr. Sachsen“ 22. Jahrg.] gr. 8. (III, 64 S.) Dresden 878. Schönfeld. n. 1. 60

— bacteriologisch-mikroskopische Vorschriften (I—X) gr. 8. (12 Bl.) Dresden 893. gr. Klostergasse 5, J Pässler's Buchdr. — 25

— — Bakteriolog.-mikroskop. Vorschriften. I—X. Berl. 95. Parey. M. —.50

— Was hat der Landwirth und Viehzüchter gegenüber unserem heutigen Wissen über die Tuberkulose des Rindes [Perlsucht oder Franzosenkrankheit] zu beachten? Vortrag, gehalten am 7. Juni 1882 in der General-Versammlung des landwirthschaftl. Kreisvereines Leipzig. 2. Aufl. 12. (19 S.) Berlin 883, Parey. * 4

– – Was hat der Landwirt und Viehzüchter gegenüber unserem heutigen Wissen über die Tuberkulose des Rindes (Perlsucht oder Franzosenkrankheit) zu beachten? (II.) 12°. (19 S.) Ebd. 94. M. – .50

— s.: **Zeitschrift**, deutsche, f. Thiermedizin u. vergleich. Pathologie.

– Normale Zuchtstute, s. **Münster**, Geo. Ludw. Graf zu.

Johne, Emil

Die Andromeda des Euripides. Eine euripideische Studie 22 S. 8. **Progr.** *Landskron* 1883.

Johne, Emil Die Antiope des Euripides, eine euripideische Studie. 28 S. 8. **Progr.** *Landskron* 1880.

Johne, H. Alb., normale Zuchtstute als sächsisches Zuchtziel, s.: **Münster**, Geo. Ludw. Graf zu.

Johne, J. und Barbisch, H. Leitfaden der Geometrie und des geometrischen Zeichnens für Knabenbürgerschulen. Ausgabe in einem Bande. 2. Aufl. Gr.-8°. (ill. VII. 185 S.) geb. K 2.40 Wien: Manz 1907.

Johne, R., das Musik-Diktat. Leitfaden f. den Unterricht. gr. 8. (83 S.) Hildburghausen 900. F. W. Gadow & Sohn. n. 1 —

Johne, R., Predigt, geh. am 45. Jahresfeste des österreich. Hauptvereines der Gustav Adolf-Stiftung in Steyr am 11. IX. 1907. (14 S.) kl. 8. Wien (907). (Klagenfurt, J. Heyn.) nn — 20

Johne, Rob., **Predigt**, geh. in d. evang. Kirche zu Klagenfurt b. Trauergottesdienste f. weiland Ihre Maj. die Kaiserin Elisabeth am 18. IX. 1898. 8. (9 S.) Klagenfurt 898. (J. Heyn.) n. — 20

JOHNE, Robert

(F) **Predigt**, gehalten in der evang. Kirche zu Klagenfurt beim Trauergottesdienste für weiland Ihre Majestät die Kaiserin Elisabeth am 18. September 1898. Von Robert Johne. Der Reinertrag fällt dem evang. Frauenvereine in Klagenfurt zu. Klagenfurt. [1899.] Druck von J. & R. Bertschinger. [In Comm. Heyn.] 8°. 9 S. fl. –.10

(F) Der österreichische **Protestant**. Eine Monatsschrift für die evangelische Kirche Oesterreichs. Herausgegeben von Robert Johne, Martin Modl. XXVI. Jahrgang. 1901. Klagenfurt. [1901.] In Comm. Heyn. Gr.-8°. erscheint in 12 Nrn. compl. K 4.—

Johne, Wilhelm: Die Prinzipien der paulinischen Heilslehre und das Endgericht. Gumbinnen 1909: **Krauseneck**. S. 3—20. 4°
Gumbinnen, k. Friedrichs-S P 1909 (4) [S 09. 229

Johnen, die Wuthkrankheit. Eine Belehrung für Nichtärzte. gr. 8. (31 S.) Düren 874, Hamel'sche Buchh. *

Johnen, W., Louise Lateau, die Stigmatisirte von Bois d'Haine, kein Wunder, sondern Täuschung. Die Berichte des Prof. Lefebvre, Prof. Rohling, Paul Majunke's u. A. in ihrer Haltlosigkeit dargelegt. 8. (47 S.) Leipzig 874, Mayer. *

Johnen, Bernhardus (geb. 1831 in Aldenhoven bei Jülich): Analecta et experimenta de effectu atropae belladonnae in iridem ... Bonnae, typ. C. Krüger 1856. 1 Bl., 36 S., 1 Bl. 8.
Bonn, Med. Fak., Diss. v. 14 Aug. 1856

Johnen, Christian

Die Einigung der Kurzschriften von Stolze, Schrey und Velten. Vortrag geh. auf d. 6. Vers. d. Rhein.-Westfäl. Unterverbandes f. Vereinf. dtsch. Stenogr. zu Essen ... 1897 v. Dr. C[hristian] **Johnen**. *Berlin: F. Schrey 1898.* (20 S.) 1 Bd 8. [98. 5303

Hundert Jahre deutscher Kurzschrift. E. Vortr. üb. d. Entwickelg d. Stenographie in Deutschl. seit 1796. Geh. a. d. 19. Versammlg des Bergischen Bez. f. Vereinfachte deutsche Stenogr. zu Solingen ... v. Dr. Chr. **Johnen**. *Berlin: F. Schrey 1896.* (28, IV S.) 1 Bd 8. [96. 5388

— s.a. **Regesten**, stenographische.

Johnen, Christian: Stenographische Regesten. Hrsg. von Dr. Christian Johnen und Ferd. Schrey. H. 1. [einz.] Aus Wilhelm Stolzes Werken. In Vereinfachte deutsche Stenographie übertr. von Johnen. Berlin: F. Schrey 1893. (22 S.) 8° [Text lithogr.]

Johnen, Chr., die Stenographie im alten Köln, s.: **Schriften der stenographischen Gesellschaft zu Köln. Nr. 2.**

Johnen, Christ., Wilhelm Stolze u. die Entwickelung seiner Schrift. Mit besond. Berücksicht. des Einigungssystems Stolze-Schrey. (Zugleich e. Beitrag z. Entstehungsgeschichte u. Begründg. des Einigungssystems Stolze-Schrey. Eine Festgabe z. 1. Stenographentage d. Einigungsschule Stolze-Schrey zu Berlin v. 29. IX. bis 3. X. 1899.) Mit e. Anh.: Die Stolze-Litteratur zum 20. V. 1898. gr. 8. (195 S. m. Abbildgn.) Berlin 899. F. Schrey. n. 2.—

Johnen, Chr., System-Urkunde der vereinfachten deutschen Stenographie [System: Schrey-Johnen-Socin] Festgestellt durch Beschluss der System- u. Verbands-Vertretg. d. „Verbandes der Vereine f. vereinfachte Stenographie", in Kraft getreten am 1. Apr. 1891. Im Auftrage d. System-Ausschusses hrsg. u. m. Erläuterngn. versehen. gr. 8. (44 S.) Berlin 891. (Barmen, H. Klein.) n.n. 1. —

Johnen, Christian: Aus Wilhelm Stolzes Werken. In Vereinfachte deutsche Stenographie übertr. von –. Berlin: F. Schrey 1893. 8° [Text lithogr.]
= Johnen: Stenogr. Regesten. H. 1.

Johnen, P.: Untersuchung über einen auf 3 Stützen liegenden und gleichmässig belasteten prismatischen Träger. 1871. 8°. Diss.Jena

Johnen, P. J., Elemente der Festigkeitslehre in elementarer Darstellung mit zahlreichen, teilweise vollständig gelösten Uebungsbeispielen, sowie vielen praktisch bewährten Konstruktionsregeln für Maschinen- und Bautechniker, sowie zum Gebrauche in techn. Lehranstalten. gr. 8. (VIII, 321 S. mit 176 in den Text gedr. Abbild. und mehreren Profiltab.) Weimar 889, B. F. Voigt.

Johnen, *Paul Julius* Drei Aufgaben aus der kinematischen Geometrie. 4 (19 S., 3 Taf.). Gewerbesch. *Mülhausen i. E.* 1886 (484). **Progr.**

Johnen, Paul Julius Einiges über Nutzeffekt, Fundamentierung, Kolben und Kolbenstangenbefestigung bei Dampfhämmern. 25 S. u. 2 Taf. **Progr.** Gew. *Mülhausen Els.* 1876.

Johnen & Reschke: Ill. Katalog über landwirthschaftliche Maschinen usw. Bartenstein, Ostpr. (1897?)

Johner, Dominic., O. S. B., cantus ecclesiastici juxta editionem Vaticanam, s.a. **Sammlung „Kirchenmusik"**. III.

Johner, P. Dominicus: Cantus ecclesiastici juxta editionem Vaticanam quos ad usum clericorum coll. et. ill. P. Dominicus Johner, O. S. B. Ratisbonae [usw.]: Pustet 1909. 146 S. 8°
(Sammlung 'Kirchenmusik'. Bdch. 3.)

— Kleine Choralschule. (VIII, 164 S.) 8. Regensburg 910. F. Pustet. — 90; geb. in Leinw. 1.70

— Nouvelle méthode de plainchant grégorien. Traduction française, revue et corrigée par l'auteur, publiée par Jos. Benoit. (XVI, 275 S.) 8. Ebd. 909. 1.80; geb. in Leinw. n 2. 65

Johner, Dominicus, O. S. B., neue Schule des gregorianischen Choralgesangs. (XVI, 298 S.) 8. Regensburg 906. F. Pustet. n. 1. 80; geb. in Leinw. n. 2. 40

— A new school of Gregorian chant. (From the German.) (XIII, 296 S.) 8. Ebd. 906. 2.—; geb. in Leinw. 2. 60

— Neue Schule des gregorianischen Choralgesangs. 2., erweit. Aufl. (4.—6. Taus.) (XVI, 159 u. 183 S.) 8. Ebd. 911. 1.80; geb. in Leinw. 2. 65

— Nuova scuola di canto gregoriano. Versione italiana del Riccardo Felini. (XVI, 288 S.) 8. Ebd. 907. 2.—; geb. in Leinw. 2. 60

Johns, C. A., eine Frühlings-Wanderung. Aus dem Engl. Mit 50 Abbildungen. gr. 16. (117 S. mit eingedr. Holzschn.) Berlin 851, Deckersche geheime Ober-Hofbuchdr.

Johns, C. A., eine Herbst-Wanderung. Aus dem Engl. gr. 16. (103 S. mit 24 Abbild. in eingedr. Holzschn. und 1 Holzschnt.) Berlin 859, Decker'sche geheime Ober-Hofbuchdruckerei.

Johns, C. A., ein Sommer-Ausflug. Aus dem Engl. gr. 16. (115 S. mit 25 Abbild. in eingedr. Holzschn. und 1 Holzschnt.) Berlin 855, Decker'sche geheime Ober-Hofbuchdr.

— ein Winter-Ausflug auf das Land. Aus dem Engl. gr. 16. (VIII und 91 S. mit Holzschn.) Berlin 851, Deckersche geheime Ober-Hofbuchdr.

Johns, C. H. W., M. A., an Assyrian Doomsday-book or Liber censualis of the district round Harran, s.: Bibliothek, assyriologische. XVII.

Johns, Montgomery, ein klinisches Phrasen-Buch in der deutschen und englischen Sprache zum Gebrauch der Aerzte bei ihren Besuchen in den Hospitälern, Armenhäusern und bei sonstigen Patienten, und der Apotheker bei der Austheilung von Medizin. 1. Ausg. 12. (XXII und 308 S. mit 1 Stnt. in qu. 4.) Philadelphia 853, (Schäfer und Koradi.) Thlr. *

Johns, Otto, Zum neuen Jahre 1868. Ein Festgruss für die Brüder der Loge Constantia zur Zuversicht in Constanz. Freiburg i/Br. Universitätsbuchdruckerei. 1868. 8. 22 S.
Jahresbericht über die Thätigkeit der Loge mit einem Vorwort von Marquier und einem Gedicht von Blodt: „O was ist aller Dome Pracht!"

Johnsen, s.a. Johnson.

Johnsen, Arrien, aus Neustadt b. Coburg: Petrographische Untersuchung der Harzer Porphyroide. *Stuttgart: E. Schweizerbart 1901.* (42 S.) 8° ¶(Aus: N. Jahrbuch f. Mineralogie, Beil.Bd. 14.)
Königsberg, Phil. Diss. v. 7. Febr. 1901

Johnsen, Arrien, Wachstum u. Auflösung d. Kristalle. Ein Vortrag, geh. auf der 82. Versammlg. deutscher Naturforscher u. Ärzte in Königsberg am 20. IX. 1910. (27 S. m. 10 Fig.) gr. 8. Leipzig 910. W. Engelmann. — 60

Johnsen, Christian, appr. Arzt a. Adelby: Aus der Königlichen chirurgischen Klinik zu Kiel. Casuistischer Beitrag zur Würdigung der Bronchoskopie: Nagel in der rechten Lunge mittels Bronchoskopie diagnosticiert und extrahiert. Kiel 1905: H. Fiencke. (28 S.) 8°
Kiel, Med. Fak., Ref. Helferich, Diss. v. 2. Nov. 1905
[Geb. 9. März 76 Flensburg-Adelby; Wohnort: Flensburg-Adelby; Staatsangeh.: Preußen; Vorbildung: Gymn. Flensberg Reife; Studium: Erlangen 3, Kiel 3, Berlin 1, München 1, Kiel 3 S.; Coll. 25. Sept. 05; Approb. 3. Juli 05.]

Johnsen, E. G., manual Dictionary english and german. Neues deutsch-englisches Handwörterbuch. 2 Thle. gr. 8. Grätz 818. Ferstl. 1 Thlr 8 gr

— J. G. Fick's engl. Lesebuch. 2 Thle. Deutsches Uebersetzungsbuch zur Uebung im Uebersetzen aus d. Deutschen ins Englische. 8. Grätz 818. Ferstl. 12 gr

— Dass. engl. Lesebuch zur Uebung im Lesen u. Uebersetzen aus d. Engl. ins Deutsche. 8. Grätz 819. 5e Aufl. Ferstl. 8 gr

— Fick's prakt. engl. Sprachlehre für Deutsche. gr. 8. Ebd. 810. Neue (13e) verb. Aufl. 819. 12 gr

Heide und Umgebung. Ein Fremdenführer v. Friedrich Johnsen. Anhang: Plan der Stadt Heide. Heide i. H. 1907. 8°

Johnsen, Wilhelm

Johnsen, Wilh., pro Ara. Streiflichter zur kirchl. Bewegung der Gegenwart. gr. 8. (V, 86 S.) Göttingen 888, Vandenhoeck und Ruprecht's Verlag.

Johnsen, Wilh., kleine Christenlehre in 120 Fragen u. Antworten. Den Confirmanden zum Unterricht u. zu lebenslängl. Erinnerg. 2. Aufl gr. 8, (19 S.) Gotha 895. G. Schloeßmann. n — 30

Johnsen, Wilh., Credo! Apologie d. Kirchen-Bekenntnisses in populär-wissenschaftl. Darstellg. gr. 8. (V, 164 S.) Braunschweig 892. H. Wollermann. n. 2. —

Johnsen, Wilhelm: Domus hospitalis Sanctae Mariae Theutonicorum Jerusalem. Eine geschichtl. Studie, zugl. e. Jubiläumsschrift z. 7. Säk.-Feier d. Stiftung d. deutschen Ritterordens von Wilhelm Johnsen.
Berlin: U. Meyer (1901.) (III, 126 S.) 8°
s.a. Johnson.

Johnsen, Wilhelm: Jerusalem mein Lied. Eine Kaiser-Wallfahrts-Dichtung von Wilhelm Johnsen.
(Neustadt, Herzogl. Coburg 1899: F. Jügelt.) (31 S.) 8°

Johnsen, Wilh., die Lyra. Ein Beitrag zur griech. Kunstgeschichte. gr. 8. (VI, 65 S.) Berlin 876, Mittler und Sohn.

— Liturgische Musterblätter, s. Mittag, H.

Johnsen, Wilh., der Weg zum kirchlichen Frieden. Eine krit. Studie zum preussisch-röm. Kirchenstreit, nebst Stipulationen zu e. neuen Friedensbasis. gr. 8. (100 S.) Eberswalde 883. Rust n. 1. 50

Johnstone, K., Geschichte d. Arsaces, Prinz v. Betlis, s. Romane.

JOHNSOHN, C. Schauplatz der englischen Seeräuber, worinnen ihre Begebenheiten, Leben, Raubereyen und grausame Taten ... biß zu unserer Zeit mit einem Auszug der Gesetze und Ordonnancen von Seeräubern ausführlich zuerst in englischer Sprache beschrieben, nachgehends ... ins Teutsche übersetzet und mit ... einer Vorrede von der Seeräuberey der alten und jetzigen Zeiten vermehrt von J. M. D. Goßlar 1728. Mit 1 ganzseitigen Titelkupfer: Georg II.

JOHNSOHN, J. Memoiren der Schwester Angelika, einer entlaufenen Nonne des Klosters zu Cork. Nach dem Englischen. Dresden o. J. (ca. 1895). 8°.

Johnson oder der edle Taschenspieler ... Leipz. 1797—98. V: *Follenius, Em. Frdr. Wilh. Ernst.* (MGT) (Ky) (GGr)

— der edle Taschenspieler, v. Verf. d. 2n u. 3n Theils d. Schillersch. Geistersehers. (Follenius.) 2 Thle. 8. Leipz. Barth. 797—98. (I. 1 Thlr. II. 1 Thlr. 4 gr.)
vgl. Johnsson

Johnson, s.a. Johnsen.

Johnson, Insel Marmorburg, s. Marmorburg.

Johnson. Der Sensualismus des Demokrit u. s. Vorgänger mit Bez. auf verwandte Erscheinungen der neueren Philosophie. Pr. 1868. 28 S. 4°. 4.—

Johnson, neue Vorschriften zur Erlernung einer schönen Handschrift. In 18 Blättern. 4. Bresl. 805. N. A. 813. W. G. Korn. 1 ℳ

Johnson, Vorschriften z. Schönschreiben in deutsch. latein. rc. Spr. 4. Bresl. W. G. Korn. 796.

Johnson, A.: Rettungsmittel ....
s. Johnson, A. D.

Johnson, A. C., R. N., zur Bestimmg. d. Breite u. Länge bei bewölktem Himmel u. zu and. Zeiten. Eingef. bei d. kgl. großbritann. Marine auf Befehl der Admiralität. Uebers. v. Thdr. Lüning. [Aus: „Marine-Rundschau".] gr. 8. (22 S.) Berlin 898. E. S. Mittler & Sohn. n. — 50

Johnson, A. D.

— Rettungsmittel v. jedem scheinbaren zufälligen Tode. N. Aufl. 8. Grätz 818. Miller. 3 gr.

Johnson, A. D., Rettungsmittel d. Verunglückten v. scheinbaren Todesfällen; a. d. Engl. Mit Kpf. 8. Hamb. 787. Campe. 6 gr.

Johnson, A., Rettungsmittel d. Verunglückten v. scheinbar. Todesfällen, a. d. Engl. m. K. 8. Hamb. Hoffmann. 787.

Johnson, Andrew, v. Tennessee, der neue Präsident der Vereinigten Staaten von Amerika und Nachfolger Abraham Lincoln's. Ein Wort der Verständigung an das deutsche Volk und die deutsche Presse von einem Amerikaner. 2., verm. Aufl. gr. 8. (23 S.) Bremen 865, (v. Halem.) *

Johnson, W., Sejan. (A. d. d. T.; dramat. Werke. 1r Bd.) Aus d. Engl (von D. W. Andreä). 8. Erfurt 797. Keyser. 12 gr.

Johnson, Cuthbert William, üb. d. Vertiefung d. Ackerbodens. A. d. Engl. übers. v. Will. Motherby. Nebst e. Vorw. d. Uebersetzers. gr. 8. (4½ B. u. 1 Abbild.) Königsberg 841, Gräfe u. Unzer.

Johnson, E., die Hartleibigkeit, s. Hausbibliothek, kleine medicinische.

Johnson, Ed., geschichtliches üb. Burgstein im Vogtland u. s. Umgebung. M. 1 Lageplan d. Kirchruinen. 12. (31 S.) Plauen i/V. 897. (M. Wieprecht.) — 30

Johnson, Ed., der Sensualismus des Demokritos und seiner Vorgänger, mit Bezug auf verwandte Erscheinungen der neuern Philosophie. 4. (28 S.) Plauen 868, (Hohmann.) **

Johnson, Edw., Nervosität ist keine Einbildung. Nervenschmerzen, Gesichtsschmerzen, Ohrenzwang, Tic douloureux, Gliederreissen etc. Eine Beschreibung nebst einer rationellen und sichern Behandlung dieser Krankheiten durch kaltes Wasser. Aus dem Engl. Berlin 855. Stubenrauch u. Co. gr. 8. (20 S.) 5 ngr.

Johnson, E[dward] Angas., approb. Arzt aus Adelaide, Süd-Australien: Ein Beitrag zu den klinischen und therapeutischen Erfahrungen über die multiple tuberculöse Darmstrictur. *Göttingen 1899: Dieterich.* (28 S.) 8°
Göttingen, Med. Diss. v. [27. Juli] 1899

Johnson, E. Angas., ein Beitrag zu den klinischen u. therapeutischen Erfahrungen üb. die multiple tuberculöse Darmstrictur. Diss. gr. 8. (28 S.) Göttingen 899. (Vandenhoeck & Ruprecht.) n. — 80

Johnson, Edward Sullivan [aus Asbury Chapel, Ky., bei Cincinnati, O.]: Zur Kenntnis der Säurehydrazide ... Heidelberg, Univ.-Buchdr. v. J. Hörning, 1892; 38 S., 1 Bl. 8.
Heidelberg, Naturw.-math. Fak., Inaug.-Diss. v. [30. Juni] 1892

Johnson, Fr., siehe: Hitopadesa.

Johnson, Franciscus [Americanus]: De coniunctivi et optativi usu Euripideo in enuntiatis finalibus et condicionalibus ... Berolini, R. Heinrich, 1893; 1 Bl., 70 S., 1 Bl. 8.
Berlin, Phil. Fak., Inaug.-Diss. v. 22. März 1893

Johnson, F[rederick] M. G.: Die Dampfdrucke von trocknem NH_4Cl und gewöhnlichem NH_4Cl, NH_4Br und NH_4I. Breslau 1908: H. Fleischmann. (39 S.) 8°
Breslau, Phil. Fak., Ref. Ladenburg, Diss. v. 21. Juli 1908
[Geb. 31. Okt. 82 Montreal (Canada); Wohnort: Montreal; Staatsangeh.: England; Vorbildung: High School Montreal, Mc. Gill Univ. Montreal Reife O. 04; Studium: Montreal 10, London 3, Breslau 4 S.: Rig. 1. Juli 08.]

Johnson, Frdr., s.: Havelbote der.

Johnson, Geo., der Blasenkatarrh u. seine diätetisch-physikalische Behandlung. s.: Bücherei, freie hygienische. Nr. 4.

Johnson, George: Die Krankheiten der Nieren. Aus d. Engl. von B. Schütze Quedlinburg 1854. VI, 411 S.

Johnson, George, die Krankheiten der Nieren. Aus dem Engl. von B. Schütze. 1. Ausg. 1853. und 2. Titel-Ausg. gr. 8. (VII und 411 S. mit eingedr. Holzschn.) Quedlinburg 856, Huch. *

Johnson, Geo., die Krankheiten der Nieren. Aus d. Engl. von B. Schütze. 854. — 2. (Titel-)Ausg. Quedlinburg 856. Huch. gr. 8. (VII, 411 S. m. Holzschn. im Text.) n. 1 ℛ. 15 ngr.

Johnson, George W.

—— Ostindien's Gegenwart u. Zukunft. Eine polit., gesch., merkantil., landwirthschaftl. u. volkssittliche Darstellung. Aus d. Engl. v. C. Richard. gr. 8. (23½ B.) Aachen 841, Mayer.

— s. auch: Lebens- u. Kriegsbilder aus Asien.

Johnson, George W., Ostindien, s.a. Lebens- u. Kriegsbilder.

Johnson, Guthb. Will.

Johnson, C. W., Abhandl. über d. Anwendung des Kochsalzes auf d. Feld- u. Gartenbau. Nebst Vorschriften über dess. Gebrauch als Düngmittel, z. Fütterung d. Hornviehes, d. Schaafe ꝛc. gr. 8. Leipz. 825. Cnobloch. 1 ₰ 8 gr

— Abhandl. über d. Einfluß d. bürgerl. Lebens, d. häufigen Sitzens u. d. geistigen Verfeinerung auf Gesundheit u. Wohl d. Menschen. Aus d. Engl. v. H. Breslau. gr. 12. Weimar 820. Industrie-Compt. 15 gr

— prakt. Untersuchungen über d. Natur, Behandlung u. Verbannung d. Gicht in allen ihren Formen. Aus dem Engl. v. A. F. Bloch. gr. 8. Halberst. 819. (Schreck in Lpz.). 16 gr

— d. wichtigsten u. häufigsten Verdauungsbeschwerden, bekannt unter d. Benennungen von Indigestion, Nervenreizbarkeit, Geisteskleinmuth, Hypochondrie u. bedingt durch e. krankh. Empfindlichkeit d. Magens u. d. Gedärme. Aus dem Engl. übers. u. mit e. Vorr. v. Joh. Jos. Roth. 8. Münch. 831. Franckh. 12 gr

Johnson, Harry, neues u. verbessertes illustrirtes Handbuch f. Bartender, od.: wie man Getränke mischt, enth. pract. Regeln, Winke u. Anweisgn., sowie Listen sämmtl. Bar-Utensilien, Anweisgn. zur richt. Behandlg. v. Liqueuren, Wein, Bier, Ale u. Porter in Fässern u. Flaschen. Englisch u. deutsch. 12. (197 S. m. Abbildgn.) New-York 891. (Leipzig, the International News Company.) n. 2. 50

Johnson, Harry, neues u. verbessertes Handbuch f. Bartender u. Führer f. Hotels u. Restaurants, enth. prakt. Regeln, Winke u. Anweisgn. üb. sämtl. Bedürfnisse, gründl. Belehrg. üb. alle Einzelheiten des Geschäfts, vollkommene u. korrekte Rezepte aller gemischten Getränke der Jetztzeit, die in Amerika, England, Deutschland, Frankreich, Italien, Russland, Spanien u. and. Ländern beliebt sind, sowie Listen sämtl. Bar-Utensilien, Anweisgn. zur richt. Behandlg. v. Liqueuren, Weinen, Bier, Ale u. Porter in Fässern u. Flaschen. 12. (336 S. m. Bildnis.) New-York (900). (Berlin, H. Lazarus.) n. 3. —

Johnson, Henry (geb. Gardiner, Me 25. 6. 1855): Gab es zwei von einander unabhängige altenglische Übersetzungen der Dialoge Gregors? Berlin 1884. (30 S.) 8°

Berlin, Phil. Diss. v. 1. Aug. 1884

Johnson, H. Gab es zwei von einander unabhängige altenglische Uebersetzungen der Dialoge Gregors? Diss. Berlin 1885. 30 S.

Johnson, Herbert, über Paranitrobrombenzanilid, Orthonitrobrombenzanilid, Desoxybenzoyldiaminsulfosäure u. Abkömmlinge. Inaugural-Dissertation. gr. 8. (32 S.) Göttingen 876. (Vandenhoeck & Ruprecht.) n. — 60

Johnson, Howard F., die Behandlung unheilbarer Krankheiten mittelst der hydropath. Curmethode. Aufschlüsse über das Wesen und die Cur der Entartung der Gehirnblutgefässe und der dadurch bedingten Neigung zu Schlagflüssen; des Emphysems und falschen Asthma; der Erweiterung der Bronchialäste oder falschen Schwindsucht etc. Durch Krankengeschichten erläutert. Nebst Bemerkungen über nervöse Krankheiten und Nervenschwäche, und die Anwendung der Hydropathie gegen dieselben. Aus den Resultaten einer ausgedehnten Erfahrung geschöpft etc. von Rich. Dawson. Für Aerzte und das leidende Publicum aus dem Engl. übertr. von Hugo Hartmann. gr. 8. (XVI und 328 S.) Weimar 853, Voigt.

Johnson, Howard F., Untersuchungen über die Wirkungen des kalten Wassers auf den gesunden Körper, um seine Wirkung in Krankheiten festzustellen. In einer Reihe von Versuchen, angestellt vom Verf. an sich und Anderen. Aus dem Engl. Bearb. und mit Anmerkungen versehen von G. W. Scharlau. 8. (196 S.) Stettin 851, Müller und Comp. Thlr. *

Johnson, J., s.: Memoiren der Schwester Angelika.

Johnson, J. H., Galvanic Chronometers, with double centrifugal regulator. 1862.

Johnson, Jakob, s.a. Johnson, James

Johnson, Jakob

Johnson, J., über das Dörren und Aufbewahren des Getreides. Eine von der kaiserl. freien ökonom. Gesellschaft zu St. Petersburg gekrönte Preisschrift. Mit Abbildungen. gr. 8. (111 und 35 S. mit 5 Stnt. in 4. und Fol.) St. Petersburg 847. (Mitau, Reyher'sche Vrlgsh.)

Johnson, Jac., Grundsätze d. Veranschlagung landwirthschaftl. Grundstücke. gr. 8. (5⅛ B., 120 ill. Abbild., 1 Karte u. 2 Tab.) Mitau 839, Lucas. •

Johnson, Jac., von der Nahrung d. Culturpflanzen. Als Inaugural-Dissertation. gr. 8. (3½ B.) St. Petersburg 844. (Mitau, Reyer's Verlags-Cto.)

Johnson, J., das Nothwendigste dessen, was beim Ankauf von Pferden zu berücksichtigen ist. gr. 8. (26 S. mit 14 in dem Texte befindl. Abbild. in Holzschn.) St. Petersburg 853. Leipzig, (R. Hoffmann.) •

—— Versuch e. Anleit. z. Kenntniß u. Behandl. d. Düngmittel. 2., verm. Aufl. 8. (9⅛ B.) Mitau 841, Reyher

Johnson, James, Abhandl. üb. d. Einfluß des bürgerl. Lebens, des häufigen Sitzens u. d. geistigen Verfeinerung auf Gesundheit u. Wohl d. Menschen. Aus d. Engl. von H. Breslau. gr. 12. Weimar, Industrie-Comt. 820.

Johnson, Jam., die krankhafte Empfindlichkeit des Magens u. der Eingeweide, als nächste Ursache der Verdauungsbeschwerden, Nervenreizbarkeit, geistigen Erschlaffung, Hypochondrie ꝛc. Nach d. 6. Aufl. des Orig. aus d. Engl. übersetzt. 8. (5 B.) Quedlinburg 844, Basse.

Johnson, James, die krankhafte Empfindlichkeit des Magens und der Eingeweide, als nächste Ursache der Verdauungsbeschwerden, Nervenreizbarkeit, geistige Erschlaffung ꝛc. Nach langjähr. Erfahrungen dargestellt und mit Belehrungen über den einzig sichern Weg zu einer unfehlbaren Heilung verbunden. Nach der 6. Aufl. des Orig. aus dem Engl. übers. 3. Aufl. 1847. und 4. Aufl. 8. (78 S.) Quedlinburg 850, Basse.

Johnson, James, die Hartleibigkeit und Leibesverstopfung, ihre wahren Ursachen und zuverlässige Hebung, sowie die verschied. Arten des Durchfalls und deren Beseitigung. 8. (67 S.) Quedlinburg 852, Basse.

Johnson, James, Hygiastik, od. d. Kunst e. gesundes u. lebensfrohes Alter zu erreichen. N. d. Engl. v. L. Calmann. 8. (22 B. u. 1 Stndr.) Leipzig 838, Weber.

—— keine Blähungen mehr! Eine gemeinfaßl. Darstellung von den Ursachen, der Vermeidung und Heilung der Blähungsbeschwerden, mit Einschluß des Aufstoßens, und der in ihrem Gefolge auftretenden gefährl. und hartnäckigen Krankheiten, als Hypochondrie, Hysterie ꝛc. Nach eigenen Erfahrungen und denen der berühmtesten Aerzte dargestellt. Nach dem Engl. bearb. 8. (68 S.) Quedlinburg 851, Basse.

Johnson, J., ärztlicher Rathgeber für Nervenleidende beiderlei Geschlechts oder aufrichtige Belehrungen für alle diejenigen, welche an Nervenschwäche, Hysterie, Hypochondrie ꝛc. leiden. Mit Angabe eines einfachen Heilverfahrens für Jedermann, nebst den zuverlässigsten Heilmitteln. Uebersetzt aus dem Engl. 1.—4., verb. Aufl. 8. (56 S.) Berlin 865—67, Mode's Verlag.

— — praktische Untersuchungen über die Natur, Behandlung und Verbannung der Gicht in allen ihren Formen. Aus dem Engl. von Dr. A. F. Bloch. gr. 8. Halberstadt, Vogler. 819.

Johnson, (J.,) prakt. Untersuch. über d. Natur, Behandlung ꝛc. d. Gicht. A. d. Engl. v. A. F. Bloch. gr. 8. Halberst. 819, jetzt Brüggemann.

Johnson, Jac., die wichtigsten u. häufigsten Verbauungsbeschwerden, bekannt unt. d. Benennungen v. Indigestion, Nervenreizbarkeit, Geisteskleinmuth, Hypochonderie, u. bedingt durch e. krankhafte Empfindlichkeit d. Magens u. d. Gedärme. Ein Versuch. A. d. Engl. übers. mit e. Vorr. v. J. J. Roth. 1. u. 2. Aufl. (à 7 B.) gr. 12. München 831, 32, [Franz.] à

—— Versuch üb. d. krankhafte Empfindlichkeit d. Magens u. d. Gedärme, als nächste Ursache d. Verdauungsschwäche, d. Hypochondrie ꝛc. nebst Bemerkn. üb. d. Krankheiten u. üb. d. Lebensordn. d. aus heißen u. ungesunden Klimaten Zurückkehrenden. N. d. 5. Ausg. a. d. Engl. übers. u. mit Anmerkn. v. L. Pfeiffer. 8. (19 B.) Kassel 830, Luckhardt. Thlr.

—— Versuch üb. d. krankhafte Empfindlichkeit d. Magens u. d. Gedärme, als nächste Ursache d. Verdauungsschwäche, d. Hypochondrie ꝛc., nebst Bemerkn. üb. d. Krankheiten u. üb. d. Lebensordn. der aus heißen u. ungesunden Klimas Zurückkehrenden. N. d. 6. Ausg. d. engl. Orig. übers. u. mit Anmerkn. versehen v. Ludw. Pfeiffer. 2., verb. Aufl. 8. (18 B.) Kassel 841, Luckhardt'sche Buchh.

Johnson, John W. [of Mississippi, U. S. A.]: Researches on heat of obscure rays ... *Louisville, Courier-Journal Job Printing Co., 1892;* 15 S. 8.
Leipzig, Phil. Fak., Inaug.-Diss. v. [5. Apr.] 1893

Johnson, Karl (New York)
Analyse der Asche von Handkäse und von Schweizer Käse.
[In: Annalen d. Chemie u. Pharmacie Bd 78 (1851) 118.
Dr. phil. Giessen 17.12.1851.

Johnson, Karl, Leben u. Thaten der berühmtesten Straßen- u. Seeräuber, Diebe u. Betrüger in England. Aus d. Engl. 1r Thl. gr. 8. Leipz. 817. Baumgärtner. 1 ℛ 16 gℛ

Johnson, Manuel, a. Habana auf Cuba: Synthese des α. d- und α. l-Phellandrens. Zur Kenntnis des d- und l-Menthenons. Kiel 1905: Lüdtke & Martens. (46 S.) 8°
Kiel, Phil. Fak., Ref. Harries, Diss. v. 12. Aug. 1905
[Geb. 3. Mai 81 Habana, Cuba; Wohnort: Habana; Staatsangeh.: Cuba; Vorbildung: Gymn. Janson z. Paris Reife Juli 99; Studium: Dresden T.H. 2, Berlin 7, Kiel 1 S.; Rig. 28. Juli 05.]

Johnson, Robert Wallace: Neues System der Entbindungskunst, auf praktische Wahrnehmungen gegründet. (A new System of midwifery... Dt.) (Übers.von Just Christian Loder und Christian Friedrich Michaelis.) Hrsg.und mit einigen Anmerkungen begleitet von J.Ch.Loder. Th.1 - 2, 220 S., gbd., Abb.

Leipzig: Weygand 1782

JB 3.897

Johnson, Rob., Wallace neues Syst. d. Entbindungskunst. a. dem Engl. m. K. gr. 8. Leipzig, Weygand. 782.

Johnson, S., Beschreibung der Künste Julians, d. Christenthum auszurotten; a. d. Engl. v. A. Tittel. Liegn. 1748. 8.

Johnson, S., Das Notwendigste dessen, was beim Ankauf von Pferden zu berücksichtigen ist. Mit 14 in dem Texte befindl. Abbildgn. (in Holzschn.) gr. 8. (26 S.) St. Peterburg 53. (Leipzig, R. Hoffmann.) M. – .80

Johnson, Sam.

— Dictionary of the english lang. 2 Vol. 8. Hamb. Campe. 799.

Johnson, (Sam.,) Dictionary of the Engl. language, in which the words are deduved from their originals, explained in their different meanings, and authorized by the names of the writers in whose works they are found. 2 Vol. 8 Heidelb. 827, Engelmann. Subscrpt. Pr.

Johnson, Samuel. A Dictionary of the English Language, in which the words are deduced from their Originals, explained in their different meanings, and authorized by the names of the writers in whose works they are found. By ..... Printed from todd's enlarged quarto edition with the additions lately introduced by Chalmers and others; newly revised and corrected: to which is prefixed Johnson's Grammar of the English Language, and annexed a glossary of Scottish words and phrases, which occur in the romances and poetical works of Sir Walter Scott. In two volumes. (2 Bde.)
8. Heidelberg 1828.

Johnson, Dr., s.a. **Dinarbas,** a tale.

Johnson, Sam., Dinarbas; a tale: being a continuation of Rasselas, prince of Abbissinia. 8. (10 B.) Nordhausen 843, (Büchting.)

Johnson, Dr., Dinarbas; a tale: being a continuation of Rasselas, Prince of Abissinia. 8. Nordh. 843, Schmidt. 1/3 ℛ

Johnson, Sam., die Geschichte von Rasselas dem Prinzen von Abessinien und seinen Forschungen nach dem Glücke und dem besten Lebensberufe. Eine moralische Erzählung für die reifere Jugend und Jedermann. Aus dem Engl. übers. von S. Gätschenberger. gr. 8. (IV, 154 S.) Würzburg 874, Stahel'sche Buchh. ℳ 1,40.; geb. *

Johnson, S., history of Rassolas, Prince of Abyssinia, s.a. Bibliothek gediegener u. lehrreicher Werke der englischen Litteratur.

Johnson, Sam., the History of Rasselas, Prince of Abissinia. — Mit grammat., synonym. u. erklär. Noten u. e. Wörterbuche. gr. 12. (9 B.) Leipzig 832, Müller.

—— the history of Rasselas, prince of Abbissinia. Schmidt's Edit. gr. 16. (9½ B.) Nordhausen 842. [Büchting.]

—— the history of Rasselas, prince of Abissinia. A tale. Mit grammat., synonym. u. erklärenden Noten u. ein. Wörterbuche. 2., verb. Aufl. 12. (9 B.) Leipzig 841, Müller.

— the history of Rasselas, prince of Abyssinia. With a complete vocabulary compiled by E. Amthor. Revis. Edit. 16. ($11\frac{3}{8}$ B. u. 1 Holzschn.) Leipzig 846, Rengersche Bh.
Vgl. Collection of british authors.

Johnson, Sam., the history of Rasselas, prince of Abyssinia. With a complete vocabulary compiled by E. Amthor. Revised edition. 8. (IV und 178 S.) Berlin (861)62, Rengersche Buchh.

Johnson, S., a journey to the western islands of Scotland. gr. 16. (192 S.) Leipzig 889. Gressner & Schramm. n. — 80

Johnson, S., Künste d. Kaisers Julian, das Christenthum auszurotten, a. d. Engl. 8. Berl. (Siegert in Liegnitz.) 748.

Johnson, S., the lives of the english poets, s.a. Collection of british authors.

Johnson, Sam., lives of the english poets. Erklärt v. K. Boeddeker. 1. Bd. Cowley. gr. 8. (XIV, 67 S.) Berlin 879. Weidmann. — 75

Johnson, Samuel, lives of the English poets: Waller, Milton, Cowley. gr. 16. (162 S.) Leipzig 886, Gressner und Schramm. 4.

Johnson, Samuel, Lives of the most eminent English Poets with critical observations on their works. Erklärt von K. Böddeker. 2. Bd.: Milton. gr. 8. (XVI, 108 S.) Berlin 884, Weidmann'sche Buchh.
1. Bd. Ebendas. 1879. 75 Pf.

Johnson, Samuel. Biographische und kritische Nachrichten von einigen englischen Dichtern a. d. Engl. ... 1. 2. Theil. Altenb. 1781—83. H & Ü: *Blankenburg, Christian Friedrich von.* (JL) (EE) (ML) (Ky) (MGT)

Johnson, S., biogr. u. krit. Nachr. v. engl. Dichtern. 2 Thle. 8. Altenb. (Academ. Buchh. in Jena.) 781—83. (I. 20 gr. II. 1 Rthlr.)

Johnson, Sam., biogr. u. krit. Nachrr. v. engl. Dichtern. Aus d. Engl. mit Anmerkk. verm. (v. Chr. Fr. v. Blankenburg.) 2 Thle. 8. Altenb. 781—83. (Hennings in Neiße.) 1 ₰ 20 gr

Johnson, Sam., the Prince of Abissinia, a new Edition. 8. Mainz 815. Kupferberg. 15 gr

Johnson, Samuel. Prinz von Abissinien. Eine Erzählung. Aus dem Engl. Mainz u. Frankf. 1785. Ü: *Schiller, Johann Friedrich.* (Allg. Lit.-Ztg. 1803, Ergbl. 90, 2, 94 f.) (Zeitschr. f. Büch. N. F. 15, 1923, S. 112)

— der Prinz von Abyssinien. 8. Frankf. 786. Varrentrapp. 10 gr N. Aufl. 8. Mainz 815. Kupferberg. 8 gr — Dass. englisch u. deutsch zusammen. 8. Frankf. 786. Varrentrapp. 16 gr N. A. 8. Mainz 815. Kupferberg. 1 ₰

Johnson, (Dr.,) Rasselais, Prinz von Abyssinien. Eine Erzählung. Mit 12 deutschen Interlin. Uebersetzung zur Erleichter. d. Studiums d. engl. Sprache, v. G. Smout. 2 Thle. gr. 8. Hamb. 827, (P. Hoffmann.) 2 Rthl. 14 gr. Schreibpap.

Johnson, Sam., Rasselas, übers. v. Bärmann, s. Miniaturbibliothek, 4. u. 5. Bdchn.

— Rasselas, Prince of Abyssinia. A Tale. Für Deutsche bearb., u. mit e. einleit. Formenlehre, syntakt. u. d. Wortbild. betreff. Noten u. e. etymolog. Wörterbuche vers. v. J. Wedewer. gr. 8. ($17\frac{1}{2}$ B.) Münster 841, Regensberg. $\frac{2}{3}$ Thlr., hrbgs. Pr. *

Johnson, Sam., Rasselas, a tale. $\frac{1}{2}$ 12. (5 B.) Nurnberg 836, Fr. Campe'sche Buchh.

— Reisen n. d. westl. Inseln v. Schottl. a. d. Engl. gr. 8. Leipz. Weygand. 775.

— Richard Savage, s.: Library, english.

[JOHNSON, SAMUEL]. Der Schwärmer oder Herumstreifer. Eine Sittenschrift, aus dem Englischen. 3. und 4. Band [in 1 Bde.] Stralsund & Leipzig, Auf Kosten J. J. Weitbrechts, 1755. 8°. 2 Bl. 350 S., 2 Bl. 310 S. 1 Bl. *Mit hübscher (wiederholter) Titelvign. Crusius del. et sc.* Berieb. HLd. d. Z. 60.—
„The Rambler" herausgegeben von Sam. Johnson, „a vast treasury of moral precept and ethical instruction" war 1750—52 erstmals in London erschienen. Die vorliegenden beiden Bande, deren Übersetzer unbekannt ist, enthalten die zweite Hälfte der Zeitschrift, nämlich das 105.—208. (= letzte) Stück.

— engl. Sprachlehre. Engl. u. Deutsch. Aus d. Engl. übers. v. Fr. Otto. gr. 8. Münch. 821. Fleischmann. 20 K

— Taschenbuch d. engl. Aussprache u. Lectüre in fortschreit. Uebungen, nebst Angabe d. Aussprache durch Accente u. Ziffern nach e. besond. Tabelle (gr. 4. auf farb. Pap.); besteh. in interess. Anekdoten u. Bruchstücken a. d. besten Autoren, anfangs mit Interlinear-Uebersetzung. Für Deutschland besond. umgearb., vervollständigt u. mit Walter Scott's Lebensbeschreib. verm. gr. 12. ($7\frac{1}{2}$ B.) Leipzig 853, Baumgärtner.

Johnson, S., Taschenbuch d. engl. Aussprache u. Lectüre in fortschreit. Uebungen, nebst Angabe d. Aussprache durch Accente u. Ziffern nach e. besond. Tab. (in 4. u. auf farb. Pap.); besteh. in interess. Anekdoten u. Bruchstücken aus d. besten Autoren, anfangs mit Interlinear-Uebersetzung. 2., verb. Aufl. gr. 12. ($7\frac{1}{2}$ B.) Leipzig 840, Baumgärtners Buchh.

— Taschenbuch der englischen Aussprache und Lectüre in fortschreitenden Uebungen, nebst Angabe der Aussprache durch Accente und Ziffern nach einer besondern Tabelle; bestehend in interessanten Anekdoten und Bruchstücken aus den besten Autoren, anfangs mit Interlinear-Uebersetzung. Für Deutschland umgearb. und vervollständigt von F. E. Feller. 3., verm. und verb. Aufl. 8. (178 S. mit 1 Tab. in qu. 4.) Leipzig 851(52,) Baumgärtners Buchh.

Johnson, S., Taschenbuch der englischen Aussprache und Lectüre in fortschreitenden Uebungen, nebst Angabe der Aussprache durch Accente und Ziffern nach einer besondern Tabelle; bestehend in interessanten Anekdoten und Bruchstücken aus den besten Autoren, anfangs mit Interlinear-Uebersetzung. Für Deutschland umgearb. und vervollständigt von F. E. Feller. 3., verm. und verb. Aufl. 8. (178 S. mit 1 Tab. in qu. 4.) Leipzig 852, Baumgärtners Buchh.

— Vie de Milton et d'Addison. II Vol. Strasbourg, König. 805.

— the Works of english poets. II Vol. 8. Göttingen, Dieterich. 783.

— n. grammat.-krit. Wörterbuch d. engl. Spr. f. Deutsche. v. J. Ch. Adelung. 2 Bde. gr. 8. Leipz. Schwickert. 783—93. (à 2 Rthlr. 12 gr.)

JOHNSON, SAMUEL W.
Das Wachsen und Ernährung der Feldfrüchte. Uebersetzt von Justus von Liebig. Braunschweig, 1871–72. 2 vols., 8vo. Ill.

Johnson, Sam. W., wie die Feldfrüchte sich nähren. Ein Lehrbuch für Landwirthe, angeh. Agriculturchemiker, landwirthschaftl. Schulen und zum Selbstunterrichte. Uebersetzt und mit Anmerkungen verseh. von Herm. v. Liebig. gr. 8. (IX, 454 S. mit in den Text eingedr. Holzst.) Braunschweig 872, Vieweg und Sohn. *

—— wie die Feldfrüchte wachsen. Ein Lehrbuch für landwirthschaftl. Schulen und zum Selbstunterrichte. Uebersetzt von Herm. v. Liebig. gr. 8. (XVI, 460 S. mit zahlreichen eingedr. Abbild. und Analysentaf.) Ebendas. 871. *

Johnson, T., die Flora v. Irland, s.: Vegetationsbilder.

Tramps round the Mountains of the Moon through the back gate of the Congo state. By T. Broadwood **Johnson**. With an introd. by T[homas] F[owell] Victor Buxton. London & Leipsic: Unwin 1908. XXIII, 316 S. 8°

Johnson, Th., s.: Vorbilder der Kunsttischlerei im Style d. XVIII. Jahrh.

Johnson, Théodore, a. Kuba: Synthese von Polypeptiden. Derivate der Glutaminsäure. (Berlin 1906: G. Schade.) (27 S.) 8°
Berlin, Phil. Fak., Ref. Fischer, Diss. v. 22. Dez. 1906
[Geb. 27. Febr. 84 Habena; Wohnort: Habena; Staatsangeh.: Spanien; Vorbildung: Lycée St. Louis Paris, Bachiller Zeugn. Sevilla; Dispens vom Minister; Studium: Berlin 10 S.; Rig. 17. Dez. 06.]

Johnson, W. E., Anweisung ungegohrnes Brod zu backen, s. Haus-Bibliothek.

Johnson, Walt., s.: Indianer- u. Volksbibliothek.

Johnson, Walter: Am Red-River oder Abenteuer eines verlorenen Postens im Urwald. Von –.
Berlin: A. Weichert [1896]. (60 S.) 8°
= Indianer- u. Volksbibliothek. 72.

Johnson, Walt., was willst du wissen? Gemeinverständlicher Ratgeber in geschäftl. u. rechtl. Angelegenheiten. Unter Mitwirkg. v. O. Sieblist, R. Kummer, sowie tücht. Fachleute hrsg. Schul- u. Prämien-Ausg. (XIX, 919 S. m. Fig.) Lex.-8. Leipzig 907. E. Stock. Geb. in Leinw. n. 6. —
Wird nur an Schulbehörden abgegeben.

— dasselbe f. Handwerker u. Kleingewerbetreibende. (XIX, 919 S. m. Fig.) Lex.-8. Ebd. 907. n. 6. —; geb. in Leinw. n. 7. —: auch in 12 Lfgn. à n. — 50

Johnson, Walt., was willst du wissen? Volkstümlicher Ratgeber in geschäftl. u. rechtl. Angelegenheiten. Unter Mitwirkg. v. Sieblist, Kindermann u. der hauptamtl. Lehrer an der gewerbl. Fortbildungsschule zu Magdeburg hrsg. 3., bedeutend erweit. Aufl. (16.—25. Tauf.) Billige Volks-Ausg. (XXIV, 1173 S. m. Abb.) gr. 8. Leipzig-Gwenkau 911. E. Stock. Geb. in Leinw. p 8. —

Johnson, Wilh., Domus hospitalis Sanctae Mariae Theutonicorum Jerusalem. Eine geschichtl. Studie, zugleich e. Jubiläumsschrift zur 7. Säkular-Feier der Stiftung des deutschen Ritterordens. gr. 8. (III, VI, 126 S.) Berlin (901). U. Meyer. Geb. in Leinw. n. 5. —
s.a. Johnsen.

The free-will problem in modern thought by William Hallock **Johnson**. NewYork: The Macmillan Co.; Berlin: Mayer & Müller 1903. (94 S.) 8°
— **Columbia University contributions** to philosophy, psychology and education. Vol. 10, No 2.

Johnson, Willis Fletcher. Schilderung der Johnstown Überschwemmung. N. p., 1889.

Johnssen, Adf., Kinderland du selig Land, s.: Holst, Adf.

— Schöne alte Kinderlieder, s.: Boelitz, Mart.

— So geht es in Schnützelputzhäusel. Ein lustig Buch. Verse v. Adf. Holst. (15 farb. S. auf Pappe.) 20×26,5 cm. Nürnberg (910). E. Nister. Geb. 2. —

Johnsson oder der edle Taschenspieler, aus den Memoiren des Grafen von O**, von X. Y. Z. 1r Theil mit Kupf. 8. Daselbst, 797. Barth. 1 Rthl.
vgl. Johnson.

Johnston's book of manuscript letters and memoranda for use in schools. gr. 4. (16 lith. S.) Edinburgh 878. (Berlin, Kühl.) n. — 60

Johnston, A. F., Dogas Erlebnisse, s.: Rheinau, Clara.

Johnston, C. W., der Gips und seine Anwendung. Aus dem Engl. übers. von dem Landwirth auf Reisen. 8. (IV und 31 S.) Oschatz 848, Oldecop's Erben.

Johnston, Charles, die Bergpredigt. (65 S.) 8. Berlin (907). P. Raatz. 1.—; geb. 1. 75

Johnston, Charles, s. Bṛhadāraṇyakopaniṣad

Johnston, Charles, die Erinnerung an frühere Erdenleben. Autoris. deutsche Ausg. v. E. A. Kernwart. (127 S.) 8. Leipzig 902. H. Fändrich. n. 2. —; geb. n. 3. —

Johnston, Charles, das Lied des Lebens. 8. (61 S.) Berlin (902). P. Raatz. n. 1. —; geb. n. 1. 75

— östliche u. westliche Physik, s.: Willson, Thom. E.

— Ein Umriss d. Geheimlehre. Aus d. Engl. (80 S.) 8. Ebd. (908). 1. 50

— Die Vedanta-Philosophie. (Autoris. Übersetzg. aus dem Engl.) (62 S.) 8. Ebd. (907). 1.—; geb. 1. 75

Johnston, Edward

Johnston E. Hand- und Inschrift-Alphabete. Nach der 2. Auflage deutsch von A Simons. (16 T) 4° Leipzig 1912

Schreibschrift, Zierschrift & angewandte Schrift [Writing and illuminating and lettering]. Von Edward **Johnston**. Mit Ill., 8 Schwarz- & Rotdruckseiten & 24 Collotyptaf. Aus d. Engl. übers. von Anna Simons. Leipzig: Klinkhardt & Biermann 1910. 492 S. 8°
(Technische Handbücher f. d. Kunstgewerbe.)

Johnston, Eva, Americana: De sermone Terentiano quaestiones duae. Regimonti 1905: Hartung. (73 S.) 8°
Königsberg, Phil. Fak., Ref. Heinze, Diss. v. 25. Juli 1905
[Geb. 14. Mai 65 Ashland, U.S.A.; Wohnort: Königsberg i. Pr.; Staatsangeh.: Ver. Staaten; Vorbildung: Stephens College Columbia Reife Mai 82; Studium: Univ. Missouri 8, Heidelberg 2, Berlin 2, Königsberg 2 S.; Rig. 7. Juni 05.]

Johnston, Geo., Einleitung in die Konchyliologie, oder Grundzüge der Naturgeschichte der Weichthiere. Hrsg. und mit einem Vorworte eingeleitet von H. G. Bronn. Lex.-8. (XX und 702 S. mit eingedr. Holzschn.) Stuttgart 853. [Leipzig, Winter'sche Vrlgsh.]

Johnston, Harry Hamilton

Geschichte der Kolonisation Afrikas durch fremde Rassen [History of Colonisation of Africa by alien Races]. Von Sir Harry H[amilton] Johnston. Aus d. Engl. übers. von Max v. Halfern. Mit e. Karte von Afrika. *Heidelberg: C. Winter 1903.* (XI, 266 S.) 8° 6

Johnston, H. H, der Kilima-Ndjaro. Forschungsreise im östl. Aequatorial-Afrika. Nebst e. Schilderg. der naturgeschichtl. u. commerziellen Verhältnisse, sowie der Sprachen d. Kilima-Ndjaro-Gebietes. Autoris. deutsche Ausg. Aus dem Engl. von W. v. Freeden. Mit Portr., üb. 80 Abbildgn. u. 4 Karten. gr. 8. (XIV, 534 S.) Leipzig 886. Brockhaus. n. 15. —; geb. n. 17. —

— der Kongo. Reise von seiner Mündung bis Bolobo, nebst e. Schilderg. der klimat., naturgeschichtl. u. ethnograph. Verhältnisse d. westl. Kongogebietes. Autoris. deutsche Ausg. Aus dem Engl. von W. v. Freeden. Mit 78 Abbildgn. u. 2 (chromolith.) Karten. gr. 8. (XXI, 437 S.) Ebend. 884. n. 15. —; geb. n. 17. —

Johnston, James, s. Johnston, James Fr. W.

Johnston, James Fr. W., Abriss e. Geschichte d. neueren Fortschritte u. d. gegenwärt. Zustandes d. Chemie. N. d. Engl. im Report of the first and second Meetings of the British Association for the Advancement of Science; London 1833; bearb. u. ergänzt v. C. Rammelsberg. gr. 8. (20½ B.) Berlin 837, Lüderitz'sche Vrlsbh. Thlr.

Johnston, Jam. Fr. W., Anfangsgründe der prakt. Agrikultur-Chemie u. Geologie leicht faßl. dargestellt f. Landwirthe, Forstmänner u. Gärtner. Aus d. Engl. Mit ein. Vorworte v. F. Schulze. gr. 8. (17 B.) Neubrandenburg 845, Brünslow. *

Johnston, James, chemische Bilder aus dem Alltagsleben. Nach dem Engl. Neue (Titel-)Ausg. gr. 8. (XVI und 460 S.) Leipzig (854)65, Genf.

Johnston, James F. W., chemische Bilder aus dem Alltagsleben. Nach dem Engl. 3. (Titel-)Ausg. gr. 8. (XVI, 460 S.) Leipzig (865)70, Genf.

Johnston's chemische Bilder aus dem täglichen Leben, s.a. Bibliothek für die deutsche Frauenwelt.

Johnston, Jm. Fr. W., chemische Bilder aus dem täglichen Leben, s.a. Hamm, W.

— —s.a. Hausbibliothek, naturwissenschaftliche.

Chemische Bilder aus dem täglichen Leben. Aus dem englischen von Wilhelm Hamm. Leipzig, 1855. 8vo.

Johnston, James, chemische Bilder aus dem täglichen Leben. Für Frauen bearb. von E. Augustin. 2 Bdchn. 2. (Titel-) Ausg. 8. (548 S.) Leipzig (856)58, O. Wigand.

—— die Chemie des gewöhnlichen Lebens, s.a. Bibliothek, neueste naturwissenschaftliche.

— die Chemie des gewöhnlichen Lebens. Aus dem Engl. 1. Thl. Cassel 855. Balde. (Sondershausen, Neuse.) 16. (3 Bl., 234 S.) n. 15 ngr

—— die Chemie des täglichen Lebens, s.a. Volksbücher, naturwissenschaftliche.

— die Chemie des täglichen Lebens. Deutsch bearb. von Th. O. G. Wolff. 2 Bde. Berlin 854, 55. Besser's Verlhdlg. 8. (5 Bl., 336 S.; VIII, 390 S. m. Holzschn. im Text.) n. 1 Thlr. 15 ngr

—— die Chemie des täglichen Lebens. Neu durchges. und verb. Aufl. 2 Bde. in 10 Lfgn. gr. 16. (384; IV, 412 S., mit eingedr. Holzschn.) Berlin 869, F. Duncker. [Stuttgart, Krabbe.] à Lfg. * 30 Pf. *

Johnston's Chemie des täglichen Lebens. Neu bearb. von Fr. Dornblüth. 10 Lfgn. gr. 8. (XV, 539 S. mit 118 eingedr. Holzschn.-Abbild.) Stuttgart 881,82, Krabbe. à Lfg. * geb. *

Johnston's Chemie des täglichen Lebens. Neu bearb. von Fr. Dornblüth. 2. verm. und verb. Aufl. 12 Lfgn. gr. 8. (XVI, 564 S. mit zahlreichen Illustr.) Stuttgart 887, Krabbe. à Lfg. * 40 Pf.; compl. * geb. *

Johnston, Jm. Fr. W., Catechismus der Agricultur-Chemie und Geologie für Landwirthe und Lehrer an Volksschulen rc. Aus dem Engl. übers. nach der 14. Orig.-Aufl. gr. 8. (VIII und 55 S.) Dresden 847, (Adler und Dietze.) *

Johnston, M. v., s. Johnston-Rathen.

Johnston, W. H., „Dieses Jahr sollst du sterben", od. ernste Gedanken f. den Anfang des Jahres. Cannstadt, Verlag der Wesleyanischen Methodisten-Gemeinschaft, 1879. 8°. 36 S. Cart. *)

Johnston-Rathen, M. v.

Johnston, M. v., Geschichte der Familie von Johnston und Krögeborn. Mit Wappen, Stamm- u. Ahnentfln. O. O. 1891. 8.

Johnston-Rathen, M. v., Stammtafel der Familie von Johnston und Krögeborn. 1881. fol. Neue Auflage. 1886. 8.

Johnston-Rathen, M. v. u. H. Wendt, Urkunden und Regesten zur Geschichte der Familie von Johnston und Krögeborn. Breslau 1895. 8.

Johnstone, Geschichte Arsaces, des Prinzen v. Bettil. 2 Thle. 8. Leipz. 775. (Brockhaus.) 12 gr.

Johnstone, London Commercial Guide and Street Directory. gr. 8. London. (Leipzig, F. Fleischer.)

Johnstone, Jakob, s. Johnstone, James

Johnstone, James

— Abhandl. über d. Austrocknen d. Sümpfe u. Entwässer. kalkgründiger Aecker rc. Aus d. Engl. v. Graf v. Podewils. Mit Kupf. gr. 4. Berl. 799. Maurers B. (Heinemann in Stolpe). 2 Thlr.

– Abhandlung über Gifte, s. Johnstone: Untersuchung ...

— the Norwegian account of Hacos Expedition against Scotland 1763, now First published, in the original Islandic from the Flateyn and Frisian Mss. with a literal english version and notes etc. 8. Ebend. 812.

Johnstone, Jam., Antiquitates celto-scandicae series rerum gestarum inter nationes britannicarum insularum gentes sepsentrionales etc. n. Ed. 4. Hafn. Bonnier. 815.

— — eaed, Celto-Normannicae, cont. the chroniche of Man and the Isles etc. 4. ibid. 812.

Johnstone, Jam., An essay on the use of the ganglions of the nerves. 96 pp. Shrewsb. 8°. Med. cas. and obs. 8°. Evesh. 1795, 1—96. Phil. Tr. 1764, LIV, 177. 1767, 120. 1770, IX, 30. Deutsch Stettin 1770. 8°. *Haller*, Bibl. anat. II, 596. Ausführlich in: *Wutzer*, De gangliorum fabrica etc. p. 20.

— s. Lodbrokar quida etc.

— physiolog. u. patholog. Untersuch. über d. Nervensystem, nebst dessen Versuche u. Bemerkk. aus d. prakt. Heilkunde, sammt Johnstone, Abhandl. über Gifte. Aus d. Engl. v. Chr. Fr. Michaelis II. gr. 8. Leipz. 796. (W. Nauck). 1 ℛ 12 𝔤𝔤 (Centr.-Comt. in Lpz.) 2 ℛ

— Vers. u. Bemerk. a. d. prakt. Heilkunde üb. Nervensystem u. üb. mineral. Gifte, a. d. Engl. gr. 8. Leipzig, Sommer. 796.

Johnstone, James. Versuch über den Nutzen der Nervenknoten . . . a. d. Engl. . . . Stettin 1787. Ü: *Michaelis, Christian Friedrich.* (BrMm)

— Versuch über d. Nutzen d. Nervenknoten. Aus d. Engl. gr. 8. Stett. 787. (Nicolai in Berl.) 8 𝔤𝔤

— Vers. üb. d. Nutzen d. Nervenknoten, a. d. Engl. gr. 8. Stett. Kaffke. 787.

Johnstone, John, s. Johnstone, James

Johnstone, John Jeffrey, a. Douglas: Grundzüge der Philosophie von Edward Caird. L. L. D. D. C. L. D. Litt. Master of Balliol. College Oxford. Fellow of the British Academy. Member of the French Academy., Late Professor of Moral Philosophie(!) in the University of Glasgow. Jena 1905: Frommann. (60 S.) 8°

Jena, Phil. Fak., Ref. Eucken, Diss. v. 13. Sept. 1905

[Geb. 8. Nov. 47 Douglas, Schottland; Wohnort: Douglas; Staatsangeh.: England; Vorbildung: Academy Glasgow Reife Juli 68; Studium: Edinburg 8, Jena 5 S.; Rig. 2. Aug. 05.]

Johnstown Freie Presse: Jan. 1871 – 1921

Weekly. Democratic, 1871 – 1909, Independent, 1910 – 21. Circulation: 1875, 680 (est.), 1885, 960; 1895, 1100, 1905, 1583; 1915, 1250, 1921, 1789. Edited & published by George S. Lechner, 1871 – 77, by Carl T. Schubert, 1878 – 89; by Mrs. C. T. Schubert, 1889 – 1901. by William F. & F. K. Schubert, 1902 – 21. Edited by O. F. Nickel, 1890; by George Bauer, 1891 – 1901; by John Mese.

Johnstown, PA

Johnstrup F., Cohen E. u. Deecke W.: Abriss d. Geologie v. Bornholm als Führer zu der Exkursion d. deutschen geolog. Gesellschaft . . . — Ueber das krystalline Grundgebirge d. Insel Bornholm. [Greifswald] (1889). 66 S. 2 Kt. 61 S.

(2 Afhandlinger; udg. sammen).

Johnstrup (F.), **Cohen** (E.) und **Deecke** (W.), Geologie der Insel Bornholm. Greifswald 1891. 8.

Johnstrup, F. Lagerungsverhältnisse und Hebungsphänomene in den Kreidefelsen auf Möen und Rügen. 1874.

Johow, Postbuch für Komtoir und Haus. Die wichtigsten Bestimmungen in alphabet. Reihenfolge für Post- und Telegraphen-Verkehr, nebst Porto- und Gebühren-Tarifen, Verzeichniss der Strassen und Plätze Berlins, etc. 16. (III, 99 S. mit 5 Tab.) Berlin 883, Vahlen. cart. *

Johow, Car. Herm. Adalb., s. Johow, Karl Herm. Adalb.

Johow, Frdr., über Ornithophilie in d. chilen Flora. [Aus: „Sitzungsber. d. k. preuss. Akad. d. Wiss."] gr. 8. (10 S.) Berlin 898. (G. Reimer.) n. — 50

Johow, Frdr, die phanerogamen Schmarotzerpflanzen. Grundlagen u. Material zu e. Monographie derselben. [Aus: „Verhandlgn. d. deutschen wissenschaftl. Vereins zu Santiago".] Mit 11 Holzschn. gr. 8. (39 S.) Santiago 890. (Berlin, R. Friedländer & Sohn.) n. 1. 50

Johow, Friedrich (geb. am 5 Febr. 1859 in Chodziesen (jetzt Kolmar in Posen)): Untersuchungen über die Zellkerne in den Secretbehältern und Parenchymzellen der höheren Monocotylen . . . Bonn, Univ.-Buchdr. v. C. Georgi 1880. 47 S., 1 Bl. 8.

Bonn, Phil. Fak., Diss. v. 8 Juli 1880

Johow, Hans, Hilfsbuch für den Schiffbau. 8. (XXXI, 656 S. mit 96 Holzschn. und 2 lithogr. Taf.) Berlin 884, Springer. geb. in Leinw. * ℳ 16.; in Ldr. *

Johow's, Hans, Hilfsbuch f. den Schiffbau. 2. vollst. umgearb. Aufl., hrsg. von Eduard Krieger. gr. 8. (XXVIII, 1101 S. m. 580 Abb., 6 lith. Taf. u. 2 Tab.) Berlin 902. J. Springer. Geb. in Leinw. n. 24.—

Johow's Hilfsbuch f. den Schiffbau. 3., neubearb. u. ergänzte Aufl. v. Eduard Krieger. Mit 450 Textfig., 1 Schiffsliste, 8 Kurventaf. u. 5 Zeichngn. (XVI, 1009 S.) Berlin 910. J. Springer. Geb. in Leinw. 24. —

Johow, Hans. Die Kreuzer-Korvette „Problem". Eine nautisch-techn. Studie. Mit 5 lithogr. Taf. gr. 8. (IV, 91 S.) Kiel 889, Lipsius u. Tischer. geb. * 5 —

Johow, Karl Hermann Adalbert

Johow, C(ar.) H(erm.) Adalb. (geb. Berlin 27. 6. 1821): De hydrocephalo chronico. Berolini (1843). (29 S.) 8°

Berlin, Med. Diss. v. 10. Juli 1843

Johow, Reinhold

Johow, Reinh., preußisch-hohenzollernsches Handbüchlein für Jedermann. Enthaltend einen kurzen Abriß der Verfassung und Verwaltung des preuß. Staates vom Standpunkte der hohenzollernschen Lande betrachtet, nebst prakt. Rathschlägen für den Verkehr des Publikums mit den Behörden der hohenzollernschen Lande an Beispielen erläutert. 3 Lfgn. gr. 8. (XII und 285 S. mit 1 Tab. in qu. Imp.-Fol.) Sigmaringen 858, [Tappen.] à Lfg. $7\frac{1}{2}$ Ngr.

Johow, R., s. Jahrbuch für endgült. Entscheidungen der preuß. Appellations-Gerichte.

—— die preußische Konkurs-Ordnung in ihrer heutigen Gestalt und Geltung und das Gesetz vom 9. Mai 1855, betr. die Befugniß der Gläubiger zur Anfechtung der Rechtshandlungen zahlungsunfäh. Schuldner außerhalb des Konkurses 2c. Mit sämmtl. ergänz. und abänd. Gesetzen einschließlich der Subhastations-Ordnung vom 13. März 1869 und den Ausführungs-Bestimmungen des Justizministers, so wie mit erläut. Bemerkungen über die Bestimmungen der Konkurs-Novelle vom 12. März 1869. Zum Handgebrauch und als Ergänzung der bisher erschienenen kommentirten Ausg. der Konkurs-Ordnung. 2 Lfgn. gr. 8. Berlin 869, Guttentag. [1. Lfg. (S. I—IV, 1—80.) * ℳ 1.; 2. Lfg. (S. V—VIII, 81—332.) * ℳ 3.] *

—— dass. — in ihrer heutigen Gestalt, das Anfechtungs-Gesetz vom 9. Mai 1855 und die Subhastations-Ordnung vom 13. März 1869. Text-Ausg. mit Anmerkungen. — Nachweis der Aenderungen und Ergänzungen, der Literatur und Praxis — und Sachregister. 16. (IX, 298 S.) Ebendas. 871. cart. *

—— zur Lehre von den Rechten des Pfandgläubigers an den Früchten der verpfändeten Sache. Eine Studie aus der Praxis. gr. 8. (30 S.) Ebendas. 871. *

Aus: Zeitschrift für Gesetzgebung und Rechtspflege, besonders abgedruckt.

Johr, H. (1) Offener Brief an die preußische Armee. (2) Consequenzen der Revolution! Druck von E. Litfaß. 1 Bl. Fol.

Flugblatt. Berlin. Juli 1848.

Johr, H. Festlied der Babylonier zur Einholung des Prinzen Nebukadnezar. 2. Aufl. Berlin, Vereins-Buchdruckerei. 2 Bl. 8.
Flugblatt. Berlin, 1848/49.

Johr, H. Pfingst-Gruß der lieben Berliner an den König Friedrich Wilhelm IV. Berlin. 1 Bl. Fol.
Flugblatt. Berlin, 1848/49.

Johr, H. Zuruf an die Mitglieder des Handwerkervereins Johannis Str. 4 bei der ersten Landparthie, den 12. Juni 1848 auf den Pichelsbergen. Vereins-Buchdruckerei. 2 S. 8.
Flugblatt. Berlin, 1848/49.

Jöhr, Adolf. Die volkswirtschaftlichen und finanziellen Ergebnisse der Schweizerischen Nationalbank und die Revision des Bankgesetzes. Separatabdruck aus dem »Schweizerischen Finanz-Jahrbuch« pro 1910. 32 S. 8. [Bern, Neukomm & Zimmermann, 1910.]

Jöhr, Adf., Jean Herrenschwand, s.a. Beiträge, Berner, zur Geschichte der Nationalökonomie. Nr. 13.

Jean Herrenschwand. Ein schweiz. Nationalökonom d. 18. Jhs. Von Dr. Adolf Jöhr. *Bern: K. J. Wyss 1901.* (77 S.) 8° [F.]
— Beiträge, Berner, z. Geschichte d. Nationalökonomie. No 13.

Johrbok. Rutgeben v. den allgemeenen plattdütschen Verband. Johrg. 1901 u. 1902. I u. II. 8. (179 u. 164 S. m. je 1 Bildnis.) Berlin 901. (Hilfsverein deutscher Lehrer.) à n. 1.—

JOHRBOK. Rutgeben von den Allgemeenen Plattdütschen Verband.
Johrg. I. 1901. (Mit 1 Tafel.) Berlin 1901. (Druck von W. Röwer.) 8°.
Johrg. II. 1902. (Mit 1 Tafel.) ib. 1902. Hilfsverein deutscher Lehrer. A.-G.

JAHRBOK. Rutgeben von den Allgemeinen Plattdeutschen Verband.
Jahrg. III. 1905. ib. 1905. Deutscher Kultur-Verlag, G. m. b. H.

Johrbok. Rutgeben v. den allgemeinen plattdeutschen Verband E. V. Johrg. 1905. III. (191 S.) 8. Berlin, Dr. A. Tetzlaff. n. 1.—

Johren, s. Johrenius

Johrenius, J. C., s. Johrenius, Konrad

Johrenius, Konrad

Johrenius, J. C., Diss. de affectu hypochondriaco. Rint. 4°.
(1. ed. 1678.)
1706

Conr. Johrenius Apollo λοιμώδης in peste. Jen. 1713. 4. (Cfr. F. G. Welcker *Seuchen von Apollon* in Hecker Annal. d. Heilk. 1832. XXIII. 25.)

Conr. Johrenius (resp. Geo. Petr. Schultz) de Christo medico Francof. ad Viadr. 1703. 4.

Johrenius, C., de Christo medico. Fref. ad V. 1703. 4.

Johrenius, Jo. Conr., Diss. de epilepsia. Fref. ad V. 4°. 1700

Johrenius, J. Conr., Diss. Idolum muliebre in passione hysterica elevatum et excussum. Jen. 4°.
1712

Conr. Johrenius (resp. Georg. Petr. Schultz) diss. inaug. med. de morbis biblicis N. T. Francof. ad Viadr. 1704. 1710. 4.

Conr. Johrenius (resp. Geo. Kuppermann) de Philistaeorum plaga. Jenae 1713. 4. Francof. ad Viadr. 1715. 4. (Ad 1 Samuel. 5. v. 6.)

Conr. Johrenius theses de medicinae progressu. Jen. 1713. 4.

Johrenius, J. Conr., Diss. de visu integro et corrupto, et in specie de gutta serena. Fref. ad Viadr. 1701. 4°.
1702

Martin Daniel Johrenius

M[artini] D[anielis] Johrenii [Johrenius] Vade mecum botanicum seu Hodegus botanicus,...qui studio herbarum quaesitum eunt,...plantarum cognitiones acquirere possunt. Colbergae: Hartmann [1710]. 248 S. 8°

Iohren, vademecum botanicum, 8. Colberg. 726. Rthlr.

Jöhrens, Adf., Hilfsmittel f. Eisenbeton-Berechnung. (31 S. m. 22 Abb. u. 11 farb. Taf.) 36,5×28 cm. Wiesbaden 908. C. W. Kreidel. In Mappe 4. 60

Jöhrens, L. H., Einführung in die Kranken-, Unfall-, Invaliditäts- u. Altersversicherung. Zusammenstellung der wichtigeren gesetzl. Bestimmgn. u. Anwendg. derselben in Rechenaufgaben. Hrsg. v. dem Lehrervereine der Residenzstadt Hannover. gr. 8. (24 S.) Hannover 893. Hahn. n. — 20

Jöhrens, L. H., arithmet. Exempelbuch, s.: Krancke, Frdr.

Jöhrens, L. H., Handbuch zu Krancke's arithmetischem Exempelbuch. s. Rysel, W.

Jöhrens, L. H. Rechenbuch f. Töchterschulen. (In 6 Heften.) gr. 8. Hannov. 890, Hahn. [1. Heft. (64 S.) geb. * — 50; 2. Heft. (64 S.) geb. * — 50; 3. Heft. (64 S.) geb. * — 50; 4. Heft. (72 S.) geb. * — 50; 5. Heft. (96 S. m. Fig.) geb. * — 70; 6. Heft. (96 S. m. Fig.) geb. * — 70.] geb. * 3 40

—— dass. — Antworten. 1. Heft. Die Antworten zu dem 3. u. 4. Hefte d. Rechenbuchs enth. gr. 8. (VIII, 39 S.) Ebd. 890. geb. * — 80

— dasselbe. Antworten. 2. Hft. Die Antworten zu dem 5. u. 6. Hft. des Rechenbuchs enth. gr. 8. (48 S.) Ebd. 894. n. — 80

— Rechenbuch f. Töchterschulen. Hrsg. v. Lehrervereine d. Stadt Hannover. 5. Hft. 8. Hannover, Hahn. Geb. n. — 70
Leichtere Aufgaben aus den angewandten Rechnungsarten u. verschiedenen Sachgebieten m. besond. Berücksicht. des Haushalts. 3. Aufl. (96 S.) 903.

Jöhring, Johannes Ist die „Alkestis" des Euripides eine Tragödie? 8 (S. 3—19).
Progr. Öffentl. Privat-G. a. d. Stella matutina *Feldkirch* 1894.

Jöhring, Joa., de particularum ut, ne, quin, quo minus apud L. Annaeum Senecam philosophum vi atque usu, s.: Studien, Prager, aus dem Gebiete der classischen Alterthumswissenschaft.

Johst, Felix [pr. Arzt]: Über die Thrombose der Mesenterialvenen ... Königsberg i. Pr., Druck v. M. Liedtke, 1894; 2 Bl., 24 S., 3 Bl. 8.
Königsberg, Med. Fak., Inaug.-Diss. v. 16. Nov. 1894

Johst, Felix, üb. die Thrombose der Mesenterialvenen. Diss. gr. 8. (26 S.) Königsberg 894. (W. Koch.) n. — 80

Jöhstadt [Schlagwort]

Jöhstadt, s.: Annaberg. Gaebler.

Jöhstadt, s.: Geologische Karten. Spezialkarte. (Sachsen.)

Johswich, [illegible]
Berlin, Med. Diss. v. 27. Aug. 18[illegible]

Ioiachim, biblia in historiis, d. i. hist. Erzähl. z. d. bibl. Spr. 4. Dresd. Hilscher. 704.

Joies d'estampes, les, un présent favorable pour la jeunesse, de 12 répresentations. (Mit franz. u. deutscher Erklärung.) qu. Fol. Nürnberg 832, Renner u. Schuster. 16 Gr., ill.

Joigneaux, P., rationelle Samenzucht, s. Salzwedel, O.

Joinville, s. Pfau, W. Clemens.

de Joinville, le Prince, de l'état des forces navales de la France. Avec l'appendice et les notes. 16. Francfort s/M. 844, Jügel. n. 1/3 ß

Joinville, Prinz v., Sabowa. Uebersetzt von W. Beß. 8. (40 S.) Hamburg 868, O. Meißner.

de Joinville, Jean. Geschichte Ludwigs IX., des Heiligen, Königs von Frankreich. Übersetzt von Driesch. 8. Trier 1853.

Joinville, Jean de, histoire de Saint Louis. Credo et lettre a Louis X. Texte original, accompagné d'une traduction par Natalis de Wailly. 2. éd. gr. 8. (XXVIII, 690 S. m. eingedr. Holzschn., Chromolith. u. Karten.) Paris 874. Didot & Co. n. 16. —

Joinville, (Joh.) v., Geschichte König Ludwigs des Heiligen. Aus dem Französ. in's Deutsche übertragen von N. Driesch. gr. 8. (XXXII und 204 S. mit 1 Stnt. in Tondr.) Trier: 853, Lintz'sche Buchh.

—— Leben des heiligen Ludwig von Frankreich, s. im II. Bde. Reliquien aus dem Mittelalter.

Joinvillenser Zeitung. Jahrgang 1. 1895–1941?
Semiweekly. Circulation: 1200. Eduard Schwarz, who bought the press of the Volksstaat when it closed, was publisher, compositor and editor except around 1900 when Hermann Leyfer for a brief period was editor. See: [illegible]. Editor: Frederico G. Schwarz. Publisher: Wwe. Eduard Schwarz.
Joinville

Handbuch des Hypnotismus [Précis théorique et pratique de neuro-hypnologie]. Seine Anwendung in Medizin, Erziehung u. Psychologie. Von Dr. Paul Joire, Prof., Paris. Autor. deutsche Uebers. von Dr. med. O[tto] v. Boltenstern in Berlin. Mit 44 Demonstr.-Abb. 1. u. 2. Aufl. Berlin: L. Marcus 1908. (VIII, 482 S.) 8° [illegible]

Jois, E.

Halt! Wer da? Gut Freund! Plaudereien von d. schwarzen Kunst von E. Jois. *Heiligenstadt: F. W. Cordier [1903].* (31 S.) 8° [Umschlagt. J.] [illegible]

Joist, M., die Landwirthschaft in der Eifel unter besond. Berücksicht. der Kreise Malmedy u. Montjoie. gr. 8. (VIII, 152 S.) Aachen 885. Barth. n. 1. 50; geb. n. 2. —

Joist, M., d. landwirtschaftl. Versicherungswesen, s.a. Handbücher f. d. rhein. Landwirth.

Joist, M.: Das landwirthschaftliche Versicherungswesen. Ein Lehrbuch f. d. prakt. Landwirth u. d. Schüler landwirthschaftl. Lehranst. Von M. Joist, Dir. d. landw. Winterschule zu Geilenkirchen.
Bonn: Landw. Ver. f. Rheinpreußen 1897. VIII, 155, 3 S. 8°
(Handbücher f. d. rhein. Landwirth. Bd. 3.)

Joist, Matthias: Die pyrogene Zersetzung des Äthylens, Bromoforms, Acetylchlorids und der Trichloressigsäure mittels des elektrischen Stromes. Bonn 1905: J. F. Carthaus. (37 S.) 8°
Bonn, Phil. Fak., Ref. Anschütz, Diss. v. 6. Dez. 1905
[Geb. 28. Okt. 78 Miel, Kr. Rheinbach; Wohnort: Bonn; Staatsangeh.: Preußen; Vorbildung: Gymn. Münstereifel Reife O. 00; Studium: Bonn 10 S.; Rig. 21. Juni 05.]

Joist, W. Der ländliche Garten- u. Obstbau. Ein Lehrbuch f. Landwirthe u. Gärtner, sowie für den Unterricht an landwirthschaftlichen Schulen u. ländl. Fortbildungsschulen. 8. (IV, 83 S.) Aachen 890, Barth. * — 80

Jókai, Maurus, s. Jókai, Mór

Jókai, Mór

Jókai, Maurus, das Affenmädchen. Roman. Ausschließlich ermächt. Uebertragg. v. Ludw. Wechsler. 8. (232 S.) Breslau 894. Schles. Verlags-Anstalt. n. 3. —; geb. n. 4. —

Jókai, Maurus, d. Allerhöchste. Autor. Übertragg. v. Ludw. Wechsler. 8. (152 S.) Berlin 896. H. Steinitz. n. 1. —

— Andenken an Budapest, übers. v. Ladisl. v. Neugebauer. 12. (21 S. m. z. Tl. farb. Abb.) Budapest 896. C. Grill. n. 1. —

— die reichen Armen. Humoristischer Roman. Autoris. deutsche Bearbeitg. v. Ludw. Wechsler. 8. (300 S.) Berlin 891. O. Janke. n. 2. —

Jókai, Maurus [Moriz], Aug' um Auge. Erzählung. Aus dem Ungarischen übers. von Ludw. Wechsler. 8. (128 S.) Berlin 886, Janke.

Jókai, Maurus, e. Ballnacht, s.: Eckstein's Reisebibliothek.

— auf höheren Befehl. Roman. Deutsche Bearbeitg. v. Ludw. Wechsler. 8. (240 S.) Leipzig 888. [Leipziger Verlagshaus.] Knaur. n. 3. —

— ein bejahrter Mann ist kein alter Mann. Erträumter Roman in 4 Abtlgn. Autoris. Uebersetzg. v. Béla Diósy. 8. (205 S.) Wien 900. Spielhagen & Schurich. — Budapest, Sachs & Pollák. 3. —

—— Blitz und Schwertklinge. Erzählung. Aus dem Ungarischen von Ludw. Wechsler. 8. (71 S.) Berlin 886, Janke.

— Blumen des Ostens, s.a. Sammlung Frandh.

— Blumen d. Ostens. Neue Erzähltgn. u. Schildergn. Einzig ermächtigte Uebersetzg. v. Ludw. Wechsler. 8. (254 S.) Berlin 886. Reinecke. n. 4. 50; geb. n. 5. 50

— schwarzes Blut. Roman. Autoris. deutsche Bearbeitg. v. Ludw. Wechsler. 8. (284 S.) Ebd. 892. n. 2. —

Joſkai, Maurus, Moritz Band und A. von Winterfeld, Buch der Novellen, Erzählungen und Humoresken. 8. (31, 34, 38, 38, 40, 32, 6?, 24 und 36 S.) 1.—, eleg. geb. 1.40
Wien: Derflinger & Fischer 1897.

— ein moderner Caglioſtro. Roman. Autoriſ. deutſche Bearbeitg. v. Ludw. Wechsler. 8. (140 S.) Berlin 890. Janke. n. 1. —

— Carinus u. and. Novellen, ſ.: Collection Hartleben.

— die Dame mit den Meeraugen, ſ.: Universal-Bibliothek.

—— Decameron. Mit des Verf. ausſchließl. Autoriſation ins Deutſche übertr. von Ludw. Wechsler. 8. (240 S.) Berlin 887, S. Fiſcher Verlag. *

Jokai, Mor., ſchwarze Diamanten. Roman in 5 Bdn. 8. (167, 168, 131, 160 u. 132 S.) Budapeſt 871. Verlag d. Athenäum. n. 9. —

— dasselbe s.a. Universal-Bibliothek.

— ſchwarze Diamanten. Roman. Volks-Ausg. 8. (452 S.) Berlin 877. Janke. n. 3. —

—— daſſ. — 3. Aufl. 8. (364 S.) Ebendaſ. 879.

—— ſchwarze Diamanten. Roman. 4. Aufl. 8. (364 S.) Berlin 881, Janke. *

— ſchwarze Diamanten. Roman. 5. Aufl. 8. (364 S.) Berlin 885. Janke. n. 2. —

— ſchwarze Diamanten. Roman. 6. Aufl. 8. (364 S.) Ebd. 892. n. 2. —

Jókai, Maurus, ſchwarze Diamanten. Roman. 7. Aufl (17—21. Tauſ.) (402 S.) 8. Berlin (905). O. Janke. n. 2. —

Schwarze Diamanten [Fekete gyémántok]. Roman von Maurus Jokai. Berlin: Scherl [1908]. 579 S. 8°
(Bibliothek August Scherl. Bd 30–42.) [illegible]

—— ein ungariſcher Dichter. [Ein Roman und doch kein Roman.] Deutſch von L. Rosner. gr. 8. (31 S.) Erlangen 871, Beſold. * — 60

— die nur einmal lieben. Roman. 3 Bde. 8. (276, 264 u. 231 S.) Ebend. 878. n. 12. —

— daſſelbe. Volks-Ausg. 8. (508 S.) Ebend. 878. n. 3. —

—— die nur einmal lieben. Roman. 3. Aufl. 8. (352 S.) Ebendaſ. 882. *

—— Die nur einmal lieben. Roman. 4. Aufl. 8. (340 S.) Ebd. 889. * 2 —

—— ein Duell mit Gott und andere Erzählungen. Mit des Verf. ausſchließl. Ermächtigung ins Deutſche übertr. von Ludw. Wechsler. 8. (138 S.) Berlin 887, Jacobsthal. *

[F.] Zwei Ehen. Roman v. Maurus Jókai. Autoris. Uebs. v. Oskar v. Krücken. *Berlin: J. Gnadenfeld & C. [1897].* (187 S.) 1 Bd 8. [illegible]

— Entſagt! u. andere Erzählungen. Autoriſ. Übertragg. in das Deutſche v. L. Wechsler. gr. 8. (279 S.) Berlin 889. Norddeutſches Verlags-Inſtitut, Jolowicz. 1. 50

— „Entſagt" u. andere Erzählungen. Autoriſ. Übertragg. in das Deutſche v. Ludw. Wechsler. Neue (Titel-)Ausg. 8. (279 S.) Berlin 893. [G. Pohlmann.] Steinitz' Verl. 2. —

— „entſagt!" Autor. Übertragg. v. Ludw. Wechsler. 8. (144 S.) Berlin 896. H. Steinitz. n. 1. —

— der Erbſchleicher. Roman. Autoriſ. Ueberſetzg. aus dem Ung. von Osk. v. Krücken. 8. (231 S.) Berlin (900). H. Steinitz. n. 3. —

—— achtzehn humoriſtiſche Erzählungen. Aus dem Ungar. überſ. von einem Landsmanne und Jugendfreunde des Dichters. Mit (lithogr.) Portr. und biograph. Charakteriſtik Jókai's. 2 Bde. 8. (XXXI, 327; III, 351 S.) Bremen 872, Kühtmann und Comp. * 8 —

— neue Erzählungen. Autor. Ueberſetzung v. Ludw. Wechsler. 8. (III, 152 S.) Leipzig 895. A. Schumann. n. 2. —

— daſſelbe s.a. Roman-Gallerie f. Salon u. Reiſe.

— daſſelbe. Autor. Überſetzg. v. Ludw. Wechsler. 4. Aufl. 8. (156 S.) Ebd. 898. n. 1. —

— neun Erzählungen. Ausſchließlich ermächt. deutſche Bearbeitg. v. Ludw. Wechsler 8. (III, 283 S.) Stuttgart 893. Druckerei u. Verlagshaus Stuttgart, Dr. Foerſter & Co. n. 3. —; geb. n. 4. —

— es giebt keinen Teufel. Roman. Autoriſ. Bearbeitg. aus dem Ung. v. Ludw. Wechsler. 8. (282 S.) Ebd. 891. n. 2. —

—— gebrochene Farben. Roman in 4 Bdn. Aus dem Ungar. überſetzt von einem Landsmanne und Jugendfreunde des Dichters. 4 Bde. 8. (198; 157; 167; 144 S.) Leipzig [Dresden] 874, Baenſch. * 13 —

Jókai, Maurus, der Fluch d. Prieſters. Aus dem Ung. Autoriſ. Überſetzg. 8. (312 S.) Berlin 892. O. Janke. n. 2. —

—— auf der Flucht, ſ. Universal-Bibliothek.

[F.] Der Flüchtling. Erzählg v. Maurus Jókai. 2. Aufl. *Berlin: O. Janke [1897].* (79 S.) 1 Bd 8.
(Collection Otto Janke.) [illegible]

—— Fortunatus, ſ. Bibliothek der Geſamt-Litteratur des In- und Auslandes.

— eine arme Frau, ſ.: Buch der Novellen.

— die arme Frau, ſ.: Leſehalle, die.

— die weiße Frau v. Leutſchau. Hiſtoriſcher Roman in 5 Bdn. 8. (171, 128, 140, 129 u. 88 S.) Budapeſt 885. Gebr. Révai. n. 5. —

— ein Frauenhaar. Hiſtoriſcher Roman. Einzig autoriſ. Ueberſetzung v. Ludw. Wechsler. 8. (227 S.) Dresden 883. Minden. n. 3. 50

— ein Frauenhaar. Historischer Roman. Einzig autoris. Uebersetzg. v. Ludw. Wechsler. (Neue Ausg.) 8. (227 S.) Dresden 892. H. Minden. n. 2. —

Jókai, Maurus, ein Frauenhaar. Historischer Roman. Einzig berecht. Uebersetzg. v. Ludw. Wechsler. Neue Ausg. (313 S.) 8. Dresden (909). H. Minden. 3. —

Jokai, Maurus [Moritz], drei Freier. Humoristische Erzählung. In's Deutsche übers. von Ludw. Wechsler. 8. (129 S.) Berlin 888, Janke. *

Jókai, Maurus, drei Freier. Humorist. Erzählg. Ins Deutsche übers. v. Ludw. Wechsler. 2. Aufl. 8. (108 S.) Berlin 897. O. Janke. n. — 50

Jókai, Maurus, die Freiheit unter dem Schnee oder das grüne Buch. Historischer Roman. 2 Bde. 8. (221 u. 265 S.) Preßburg 879. Stampfel. 6. —

— Fürstenblut. Roman. Ausschließlich ermächt. deutsche Bearbeitg. v. Ludw. Wechsler. 2 Bde. 8. (273 u. 281 S.) Stuttgart 893. Druckerei u. Verlagshaus Stuttgart, Dr. Foerster & Co. n. 6. —; geb. n.n. 7. 50

— ein Fürstensohn. Erzählung. Autoris. deutsche Bearbeitg. v. L. Wechsler. gr. 8. (148 S.) Ebd. 890. n. 1. —

— der Gefangene der sieben Thürme. Der Flüchtling. 8. (176 S.) Berlin 880. Janke. n. 1. —

— der Gefangene der sieben Thürme. Der Flüchtling. 2. Aufl. 8. (136 S.) Berlin 883. Janke. n. 1. —

— der Gefangene der sieben Thürme. Der Flüchtling. (176 S.) 1880; 2. Aufl. 8. (136 S.) Berlin 883, Janke. *

Jókai, Maurus: Der Gefangene der sieben Türme. Von —. 3. Aufl. Berlin: O. Janke [1897]. (79 S.) 1 Bd 8°
(Collection Otto Janke.)

— Geldtruhe, man wirbt um dich! s. National-Bibliothek, Allgemeine.

Jókai, Maurus
Geliebt bis zum Schaffot. Historischer Roman. Berlin 1883.
In: Roman-Zeitung, Deutsche. Bd 1.

— Geliebt bis zum Schaffot. Histor. Roman aus der Rakoczy-Zeit. 3 Bde. 8. (309; 338; 383 S.) Ebendas. 883.

Geliebt bis zum Schaffott. Hist. Roman aus d. Rakoczyzeit von Maurus Jókai. 2. Aufl. Berlin: O. Janke [1904]. (488 S.) 8° [J.]
(Kollektion Otto Janke.)

— kleine Geschichten s.a. National-Bibliothek, allgem.

(F) Jókai, M., Kleine Geschichten. [Allg. Nationalbibliothek. Nr. 805–806.] 8°. (89 S.) Wien: Daberkow 1902. K —.20

— Geschichten aus einem alten Schloß. s. National-Bibliothek, Allgemeine.

— wunderliche Geschichten, s.: Schönthan's Mark-Bibliothek.

— Das geheime Goldland, s.a. Bücher, die, des deutschen Hauses.

— das geheime Goldland. Roman. 8. (268 S.) Mannheim 893. J. Bensheimer's Verl. n. 4. —; geb. n. 5. —

Jókai, Maurus: Das geheime Goldland. Roman von —. Berlin: Buchverl. fürs Deutsche Haus 1910. 291 S. 8°
(Die Bücher d. Deutschen Hauses. Bd. 108.)

— ein Goldmensch. Roman. Aus dem Ungar. Autoris. Uebers. Deutsch hrsg. von einem Landsmanne und Jugendfreunde des Dichters. 5 Bde. 8. (220; 176; 198; 148; 227 S.) Berlin 873, Janke.
— dass. — s.a. Universal-Bibliothek.

— ein Goldmensch. Roman. Aus dem Ungarischen. 2. und 3. Aufl. (399 S.) 1880; 4. Aufl. 8. (IV, 399 S.) Ebendas. 882.

— ein Goldmensch. Roman. Aus dem Ung. 4. Aufl. 8. (399 S.) Ebend. 882. n. 2. —

— ein Goldmensch. Roman. 5. Aufl. gr. 8. (IV, 399 S.) Berlin 890. Janke. n. 2. —

— die Götterburg. Histor. Roman. 2 Bde. 8. (246; 191 S.) Ebendas. 884. *
— dass. — (2. Aufl.) 8. (236 S.) Ebendas. 884.

— der neue Gutsherr. Humoristischer Roman in 2 Bdn., aus der Zeit der Bach-Husaren in Ungarn 1849—1859. gr. 16. (290; 326 S.) Dresden 876, Wallerstein'sche Buchh.

— aus der Heimat des Nordens. 8. (204 S.) Preßburg 879. Stampfel. n. 2. 50

— das Herz auf der Stirn. Roman. Autoris. deutsche Bearbeitg. v. L. Wechsler. 8. (144 S.) Berlin 890. Janke. n. 1. —

— das tote Herz, s.a. Kaufmann's moderne Zehnpfennig-Bibliothek.

Das tote Herz. Ein Märchen von Maurus Jókai. Deutsch von Ludwig Rotter. Einzig autor. Uebers. *Berlin: Zehnpfennig-Bibliothek 1902.* (128 S.) 8° [J.]
—Zehnpfennig-Bibliothek, Kaufmann's moderne. [Jg. 1,] Bd 8.

Jókai, Maurus: Die Himmelsstürmerin. Roman von —. Deutsch von Ludwig Wechsler. Breslau: Schles. Verl.-Anst. 1905. (470 S.) 8°
(Collection Schottlaender.)

— durch alle Höllen. Histor. Roman. Mit einem biograph. Beitrag. 8. (275 S. mit dem Portr. [Radirung] des Verf.) Breslau 885, Schottländer. *ℳ 5.—; geb. *

— durch alle Höllen. Histor. Roman. Mit e. biograph. Beitrag. 2. Aufl. 8. (275 S.) Breslau 898. Schles. Buchdruckerei x. n. 3. —; geb. n. 4. —

— fünf Jahre des selbstständigen ungarischen Ministeriums 1867—1871. Humoristisch-ernste Rückblicke auf das Cabinet des Grafen Jul. Andrassy und Konsorten. Uebersetzt von einem Landsmanne und Jugendfreund des Schilderers. gr. 16. (44 S.) Bremen 872, Kühtmann und Comp. — 75

— die stillen Jahre, s.a. Sammlung öffentlicher Vorträge u. Reden.

— die stillen Jahre. Rede, gehalten in Wien am 20. April 1879. gr. 8. (24 S.) Wien 879, (Verles.) *

—— nach zehn Jahren. Roman. Uebers. von Ludw. Wechsler. 2 Bde. 8. (247; 282 S.) Leipzig 885, [Denicke.] Brehse. *

— 20,000 Jahre unter dem Eise. Roman. Autoris. deutsche Bearbeitg. v. Ludw. Wechsler. 8. (III, 288 S.) Berlin 891. O. Janke. n. 2. —

— eine Kaiserin. Erzählung. Aus dem Ung. v. Ludw. Wechsler. 8. (132 S.) Berlin 886. Janke. n. 1. —

— eine Kaiserin. Erzählung. Aus dem Ung. v. Ludw. Wechsler. 2. Aufl. 8. (111 S.) Berlin 897. O. Janke. n. — 50

Jókai, M.: Zoltein Kárpáthy, s. Lesekabinet.

— Zoltán Karpáthi, der Sohn des Nabob, s.: Universal-Bibliothek.

—— die Komödianten des Lebens. Roman. Vom Verf. autoris. deutsche Orig.-Ausg. 5 Thle. in 3 Bdn. 8. (188; 182; 179; 180; 396 S.) Berlin 876. Janke. *

die Komödianten des Lebens. Roman. 2. Aufl. 8. (400 S.) Ebendas. 880. *

— die Komödianten d. Lebens. Roman. 3. Aufl. 8. (312 S.) Ebend. 885. n. 2. —

— kleine Könige. Roman. 5 Bde. 8. (205, 200, 238, 226 u. 184 S.) Ebend. 886. n. 12. —

— e. Königin, s.: Eckstein's Reisebibliothek.

— Krone u. Liebe. Romantische Erzählg. Aus dem Ung. v. L. Wechsler. 8. (128 S.) Ebd. 889. n. 1. —

—— Kunterbunt. Novellistisches und Humoristisches. Aus dem Ungar. übers. von einem Landsmanne und Jugendfreunde des Dichters. 3 Bde. 8. (195; 196; 239 S.) Leipzig [Dresden] 875, Baensch. * 12 —

— die goldene Larve. Eine Erzählg. Mit d. Verf. ausschließl. Ermächtigg. ins Deutsche übertr. v. L. Wechsler. 8. (160 S.) Berlin 887. Jacobsthal. n. 2. 50

— Leben u. Lieben. 17 Erzählgn. Einzige autoris. Uebersetzg. 2 Thle. in 1 Bd. 8. (V, 154 u. III, 133 S.) Berlin 891. H. Conitzer. n. 2. —

—— Lebenswirren. Roman. Aus dem Ungarischen von Ludw. Wechsler. 8. (251 S.) Berlin 886, Janke. *

— die Leibeigenen, s.: Weber's moderne Bibliothek. Nr. 91.

— das Zwanziger Mädchen. Erzählg. 2. Aufl. 8. (76 S.) Berlin 893. O. Janke. n. — 50

— zwei Mädchenherzen u. andere Novellen. Autoris. deutsche Ausg. v. Ludw. Wechsler. 8. (V, 327 S.) Berlin 894. Bibliograph. Bureau. n. 3. —

— zwei Mädchenherzen. Deutsche autor. Uebersetzg. v. Ludw. Wechsler. Neue wohlf. [Titel-] Ausg. 8. (III, 327 S.) Berlin (894) 896. A. Deubner. 1. —

— Magneta. Roman. Autor. Übersetzg. v. Ludw. Wechsler. 8. (150 S.) Leipzig 895. A. Schumann. n. 2. —

— dasselbe, s.a. Roman-Gallerie f. Salon u. Reise.

— dasselbe, s.a. Unterwegs u. Daheim.

[F.] Magneta. Von Moritz Jokai. A. d. Ungar. übs. v. C. Langsch. Breslau: S. Schottlaender 1896. (201 S.) 1 Bd 8.
= Unterwegs und Daheim. (Ser.) 1. (Bd) 6. (96. 1038

— dasselbe. Autor. Übersetzg. v. Ludw. Wechsler. 6. Aufl. 8. (152 S.) Ebd. 898. n. 1. —

—— der Mann mit dem steinernen Herzen. Roman. Aus dem Ungar. Autoris. Uebersetzung. 4 Bde. 8. (290; 285; 314; 260 S.) Berlin 874, Janke. 15 —

—— der Mann mit dem steinernen Herzen. Roman. 2. Aufl. 8. (377 S.) Ebendas. 885. *

— der Mann m. den zwei Hörnern. Romantische Erzählg. Einzig ermächtigte Uebersetzg. v. Ludw. Wechsler. 8. (227 S.) Berlin 886. Reinecke. n. 4. —; geb. n. 5. —

— Märtyrer des Herzens. — Zwei Frauen. Autoris. Uebersetzg. v. Ludw. Wechsler. 8. (234 S.) Breslau 901. Schles. Buchdruckerei x. n. 2. 50; geb. n. 3. 50

— dasselbe u. and. Geschichten, s.a. Universal-Bibliothek.

— Märtyrer des Herzens. Die ungleichen Geschwister, s.a. Sammlung berühmter ausländ. Schriftsteller. I. 6.

Märtyrer des Herzens. Die ungleichen Geschwister. Zwei Erzählungen von Maurus Jókai. Aus d. Ungar. übers. von Cäcilie Langsch. Berlin: F. Schulze [1910]. 80 S. 8° [Text stenogr.]
(Sammlung berühmter ausländischer Schriftsteller. Ser. 1, Bd 6.) A 12. 10715

— die letzten Maurenkönige, s.: Buch der Novellen.

— dasselbe, s.: Lesehalle, die.

—— Mein, Dein, Sein. Roman. Deutsche autoris. Orig.-Ausg. 5 Bde. 8. (191; 173; 174; 240; 242 S.) Ebendas. 875. * 12 —

—— Mein, Dein, Sein. Roman. 2. Aufl. 8. (312 S.) Berlin 885, Janke. *

— die schöne Michal. Roman. 3 Bde. 8. (229, 220 u. 187 S.) Ebend. 878. n. 10. —

— dasselbe. Volks-Ausgabe. Mit dem (Holzschn.-)Bildniß des Verf. 8. (336 S.) Ebend. 878. n. 2. —

— dasselbe. 3. Aufl. 8. (268 S.) Ebend. 881. n. 2. —

Jókai, Maurus
Die schöne Mikhal. Roman. Berlin 1878.
In: Roman-Zeitung, Deutsche. Bd 1.

— e. ungarischer Nabob, s.a. Universal-Bibliothek.

Jókai, Mor., ein ungarischer Nabob, s.a. Lese-Kabinet, belletristisches, der magyarischen Literatur.

Lesekabinet Belletristisches — der magyarischen Literatur in sorgfältiger Uebersetzung. 9—18. Lieferung. Pesth, 1856. Druck und Verlag von Gustav Emich. (8.) (Vgl. 1224/1856.)
Inhalt: 9—18. Lieferung. Ein ungarischer Nabob. Von Moritz Jókai. Aus dem Ungarischen übersetzt von Adolf Dux. 4 Theile. (192, 200, 170, 138 S.)

— nach dem Tode gerächt. Der Papagei. Zwei Erzählgn. In deutscher Bearbeitg. v. L. Wechsler. 8. (136 S.) Berlin 889. Janke. n. 1. —

—— die feindlichen Nachbarn. — Der Renegat. Aus dem Ungarischen von Ludw. Wechsler. 8. (132 S.) Ebendas. 886. *

— die feindlichen Nachbarn. Erzählung. 2. Aufl. 8. (71 S.) Berlin 897. O. Janke. n. — 50

—— die 1002. Nacht, s. Collection Meinhold.

— der Nachtwandler. Humoristische Erzählg. Mit d. Verf. ausschließl. Ermächtigg. ins Deutsche übertr. von Ludw. Wechsler. 8. (140 S.) Berlin 893. O. Janke. n. 1. —

— dasselbe, s.a. Reuter's Bibliothek f. Gabelsberger-Stenographen.

— ein genialer Narr. Humoristischer Roman. Autoris. deutsche Bearbeitg. v. L. Wechsler. gr. 8. (144 S.) Berlin 890. Janke. n. 1. —

— die Narren d. Liebe, s.a. Bibliothek d. Gesamtlitteratur.

—— die Narren der Liebe. Roman. Unter Mitwirtung des Verf. aus dem Ungar. übers. von Ed. Glatz. 3 Bde. 8. (272; 199; 199 S.) Pest 869, (Ráth.) 6 —
—— dass. — Roman in 3 Bdn. Aus dem Ungar. übers. von einem Landsmanne und Jugendfreunde des Dichters. 8. (262; 283; 281 S.) Berlin 874, Janke. 12 —

— die Narren der Liebe. Roman. 2. Aufl. 8. (320 S.) Ebend. 881. 1. 50

— die Narren der Liebe. Roman. 3. Aufl. 8. (236 S.) Ebend. 884. 1. 50

—— Die Narren der Liebe. Roman. 4. Aufl. 8. (292 S.) Ebd. 891. * 2 —

Jókai, Maurus: Die Narren der Liebe. Roman von —; Mit d. Bilde d. Dichters u. e. Vorbemerk. von Dr. Franz Kwest. Halle a. d. S.: O. Hendel [1900]. (264 S.) 8°
= Bibliothek d. Gesamtlitteratur d. In- u. Auslandes. No 1349—52.

— Bis zum Nordpol od. Was geschah weiter m. dem „Tegetthoff"? s.a. Bücher, die, des deutschen Hauses.

Jókai, Maurus: Bis zum Nordpol [Északi sarkba] oder Was geschah weiter mit dem 'Tegetthoff'? Von —. Vom Verf. einzig autor. Übers. von Ludwig Wechsler. Berlin: Buchverl. fürs Deutsche Haus 1909. XII, 272 S. 8°
(Die Bücher d. Deutschen Hauses. Bd. 101.)

— Novellen, s.a. Meyer's Volksbücher.

Jókai, Mor., Novellen. Dem Ungar. nacherzählt von Sigm. Bródy. 16. (III und 298 S.) Pest 864, (Gebr. Lauffer.) *

—— Novellenblüthen. Eine Sammlung auserlesener Novellen. Rechtmäßige und vom Verf. autoris. deutsche Ausg. Aus dem Ungar. von T. V. Karl Dluhoß. 4 Bde. 8. (VIII, 215; 204; 235; 223 S.) Jena 874, Costenoble. 13 50

—— Oceanien. Die Geschichte eines untergegangenen Welttheiles. 8. (128 S.) Ebendas. 884. *

— Oceanien. Die Geschichte e. untergegangenen Welttheiles. 8. (128 S.) Berlin 889. Janke. n. — 50

— Hold Pálffy. Dramatische Scenen in 3 Bildern. In deutscher Uebertragung von J. Schnitzer. gr. 8. (52 S.) Budapest 879. Grill. n. 2. —

— der letzte Pascha v. Ofen. Historischer Roman. Einzig autoris. Uebersetzg. v. Ludw. Wechsler. [Der letzte Pascha v. Ofen. — Bolivar.] 8. (257 S. m. Portr. d. Verf.) Dresden 885. Minden. n. 3. 50

—— Pater Peter. Roman. Mit einem Nachwort von Adf. Silberstein. 8. (187 S.) Budapest 881, Gebr. Révai. *

—— Der Piraten-König. Histor. Novelle. Vom Verf. und der Verlagsh. einzig autoris. Uebersetzung nach der 4. Aufl. des Orig. von Ludw. Wechsler. 8. (184 S.) Dresden 881, Minden. *

— der Piraten-König. Historische Novelle. Vom Verf. u. der Verlagshandlg. einzig autoris. Uebersetzg. nach der 4. Aufl. d. Originals v. Ludw. Wechsler. 2. Aufl. 8. (184 S.) Dresden 893. H. Minden. n. 1. 50

— feindliche Pole. Roman. Ausschließlich ermächt. deutsche Uebertragg. v. Ludw. Wechsler. 2 Tle. in 1 Bd. 8. (V, 240 u. III, 164 S.) Stuttgart 894. Druckerei u. Verlagshaus Stuttgart, Dr. Foerster & Co. n. 4. —; geb. n.n. 5. —

— die Priesterin der Isis, s.a. Eckstein's 50 Pfennig-Bibliothek.

[F.] Die Priesterin der Isis. Von Maurus Jókai. Autoris. Uebs. v. Ludwig Wechsler. *Berlin: R. Eckstein Nachf. [1896].* (64 S.) 1 Bd 8.
= 50 Pfennig-Bibliothek, Ecksteins. No 20. [97. 1890]

— Rab Ráby. Roman in 3 Bdn. Mit Illustr. von Joh. Jankó. 8. (247, 246 u. 304 S.) Preßburg 880. Stampfel. n. 10. —

— der Racheengel. Yucatan-Dracoena. Aus dem Ung. v. Ludw. Wechsler. 8. (130 S.) Berlin 886. Janke. n 1. —

— der Racheengel. (Erzählg.) Aus d. Ung. v. Ludw. Wechsler. 2. Aufl. 8. (64 S.) Berlin 897. O. Janke. n. — 50

— die armen Reichen. Roman. Aus dem Ungar. übers. v. e. Landsmann u. Jugendfreund d. Dichters. Autoris. Ausg. 3 Bde. 8. (V, 223, III, 248 u. III, 216 S.) Berlin 873. Janke. 12. —

— dasselbe. Neue Volks-Ausg. 8. (312 S.) Ebend. 876. n. 2. —

—— die armen Reichen. Roman. Neue Volks-Ausg. (312 S.) 1876; 3. Aufl. 8. (286 S.) Berlin 879, Janke. *

—— die armen Reichen. Roman. 4. Aufl. 8. (287 S.) Berlin 884, Janke. *

— der Renegat. Erzählung. 2. Aufl. 8. (72 S.) Ebd. 897. n. — 50

— der Roman des künftigen Jahrhunderts. In 8 Büchern. 4 Bde. 8. (240, 210, 224 u. 203 S.) Preßburg 879. Stampfel. n. 12. —

[F.] Die gelbe Rose. Roman v. Maurus Jokai. Autoris. Uebs. v. C. Laugsch. *Breslau: S. Schottlaender 1895.* (199 S.) 1 Bd 8.
— Unterwegs und Daheim. (Ser.) 1. (Bd) 11. [96. 1039

— dasselbe, s.a. Unterwegs u. Daheim.

— die gelbe Rose. Roman. 8. (184 S.) Stuttgart 895. Deutsche Verlags-Anstalt. n. 2. —; geb. n. 3. —

— dasselbe, s.a. Engelhorn's Romanbibliothek.

[F.] Die gelbe Rose. Ein Pusztenroman v. Maurus Jókai. Autoris. Uebs. a. d. Ungar. v. Irene Hecht-Cserhalmi. *Stuttgart: J. Engelhorn 1895.* (159 S.) 1 Bd 8.
— Romanbibliothek, Engelhorns Allgemeine. Jg. 11. Bd 11. [98

— die gelbe Rose. Roman. (Neue [Titel-]Ausg.) 8. (184 S.) Stuttgart [895.] (902). Deutsche Verlags-Anstalt. n. 1. —; geb. n. 1. 25

—— Die weiße Rose (Halil Patrona), s.a. Collection Hartleben.

Jókai, M., die weiße Rose, s.a. Lese-Cabinet, neues belletristisches.

— die weiße Rose. Histor. Roman. 8. (232 S.) Ebendas. 884.

— Die Roseninsel, s.: Erzählungen, 1001, f. Jung u. Alt.

— dasselbe, s.a. Pely, E., Bettchen Brennecke.

— Die unsichtbare Sängerin. Das Faustpfand, s.: Reclam's Novellen Bibliothek.

— dasselbe s.a. Universal-Bibliothek.

Jókai, Maurus: Die unsichtbare Sängerin. Das Faustpfand. 2 Novellen von —. Aus d. Ungar. übers. von Hermine Farkas. Leipzig: Reclam [1908]. 102 S. 8°
(Universal-Bibliothek. 5031.)

Jókai, Maurus: Der Schein trügt. Roman v. —. Aus d. Ungar. übs. v. Ludwig Wechsler. Breslau: S. Schottlaender [1898]. (192 S.) 1 Bd. 8° (4°.)
(Unterwegs und Daheim.)

— Schicksalstücke, s.: Sammlung moderner Belletristik ausländ. Autoren.

— das namenlose Schloß. Roman. 3 Bde. 8. (267, 206 u. 222 S.) Berlin 879. Janke. n. 10. —

— dasselbe. 2., wohlf. illustr. Aufl. 8. (460 S. mit eingedr. Holzschn.) Ebend. 879. n. 3. —

— das namenlose Schloß. Roman. 3. Aufl. 8. (320 S. mit 8 Holzschn.-Illustr.) Ebendas. 884.

— das namenlose Schloß. Roman. 4. Aufl. 8. 320 S. m. 8 Illustr.) Berlin 893. O. Janke. n. 2. —

— das namenlose Schloß. Roman. 3. Aufl. 8. (320 S. m. 8. Holzschn.-Illustr.) Ebend. 885. n. 2. —

Jókai's, Maurus, ausgewählte Schriften. 119 Hefte oder 20 Bde. 8. Preßburg 880—81, Stampfel's Hofbuchh. à Heft 50 Pf.; compl. geb. in 20 Bde.

Inhalt:
Bd. 1—3. Rab Ráby. 3 Bde. (247; 246; 304 S.)
4. 5. Freiheit unter dem Schnee. 2 Bde. (221; 265 S.)
6—9 Der Roman des künftigen Jahrh. 4 Bde. (240; 210; 224; 203 S.)
10. 11. Heimat des Nordens. — Tollhäuslerwirthschaft. (204; 196 S.)
12. Die Narren der Liebe. (318 S.)
13. Das namenlose Schloß. (320 S.)
14. Die nur einmal lieben. (352 S.)
15. Schwarze Diamanten. (362 S.)
16. 17. Die schöne Michal. — Die armen Reichen. (268; 287 S.)
18. Die Komödianten des Lebens. (398 S.)
19. Zweimal sterben. (342 S.)
20. Ein Goldmensch. (398 S.)

An der Schwelle des Glücks, s.: Enslin's interessante Bibliothek.

—— Der Seelenbändiger. Roman. Aus dem Ung. Autoris. Übersetzg. 8. (300 S.) Berl. 892, Janke. 2 —

— die bösen Sieben. Roman. In deutscher Übertragg. v. Ludw. Wechsler. 2 Bde. 8. (228 u. 216 S.) Jena 896. H. Costenoble. n. 6. —; in 1 Bd. geb. n. 7. 20

— seines Vaters Sohn, s.: Weber's moderne Bibliothek. Nr. 66.

Jókai, Maurus, the Baron's sons, s.: Library, the English. 208.

— ein Spieler, der gewinnt. Roman. 2 Bde. 8. (133 u. 156 S.) Budapest 883. Gebr. Révai. n. 6. —

—— ein Spieler, der gewinnt. Roman. [Wohlf. Ausg.] 8. (207 S.) Budapest 886, Gebr. Révai.

— ein entgleister Stern. Roman. M. d. Verf. ausschließl. Ermächtigung in's Deutsche übertr. v. Ludw. Wechsler. 8. (217 S.) Leipzig 895. R. Friese, Sep.-Cto. n. 3. 50
Erschien auch in 7 Lfgn. à n. - 50.

— dasselbe, s.a. Sammlung moderner Belletristik ausländ. Autoren.

— ein entgleister Stern. Roman. Mit des Verf. ausschließl. Ermächtigung in's Deutsche übertr. v. Ludw. Wechsler. 3. Aufl. gr. 8. (216 S.) Leipzig [896.] (899). (Berlin, J. Gnadenfeld & Co.) 3. —

— das Sternzimmer, s.: Collection Meinhold.

—— die Szeklermaid vom Gottesberg, s. Collection Meinhold.

— die guten alten Táblabirós, s.a. Universal-Bibliothek.

—— die guten, alten Táblabiró's, s.a. Lese-Kabinet, belletristisches, der magyarischen Literatur.

Jókai, Moriz — Die guten, alten Táblabiró's. Roman von — — Erstes Heft. Pesth, 1855. Buchdruckerei von Gustav Emich. (192 S. 8.)

Jókai, Moritz — Die guten alten Táblabiró's. Roman von — —. Aus dem Ungarischen übersetzt von T. Karssy. Erster Theil. Pesth, 1856. Verlag von Gustav Emich. (302 S. 8.)

Lese=Kabinet Belletristisches —. Der magyarischen Literatur, in sorgfältiger Uebersetzung. 5—8. Lieferung. Pesth, 1856. Druck und Verlag von Gustav Emich. 8.
Inhalt: 5—8. Lieferung. Die guten, alten Táblabiro's. Roman von Moritz Jókai. Aus dem Ungarischen übersetzt. 2ter Theil. (296 S. und ein Bl. 8.)

— die letzten Tage der Janitscharen. Historischer Roman. 8. (272 S.) Berlin 884. Janke. n. 2. —

—— traurige Tage. Roman aus dem Ungar. 2 Bde. 8. (230; 240 S.) Ebendas. 874. 9 —
—— dass. —s.a. Universal=Bibliothek.

—— traurige Tage. Roman aus dem Ungarischen. 2. Aufl. 8. (260 S.) Berlin 885, Janke. *

— die Teufelsbraut, s.: Lesehalle, die.

— dasselbe. Valdivia. Zwei Novellen. Autor. Übersetzg. v. Ludw. Wechsler. 12. (131 S.) Großenhain 896. H. Starke. n. 1. —

— dasselbe, s.a. Buch der Novellen.

Die Tochter des Bojaren u. andere Erzählungen von Maurus Jókai. Autor. Übers. 2. ([Titel-]Aufl.) *Berlin: Neufeld & Henius [1900].* (93 S.) 8° [F.]
— Bücherei, Bunte. Bd 4.

— die Tochter des Bojaren u. andere Erzählgn. Autoris. Übersetzg. 8. (93 S.) Berlin (900). [Neufeld & Henius.] Leipzig, Bibliogr. Anstalt A. Schumann. 1. —

— d. Töchter d. Wolfgang Petki, s.: National=Bibliothek, allgemeine.

—— Tollhäuslerwirthschaft. Humoristischer Roman. Nach der 2. Ausg. des Orig. aus dem Ungar. übers. von einem Landsmanne und Jugendfreunde des Dichters. 2 Bde. 8. (426 S.) Berlin 873, Janke.

—— Tollhäuslerwirthschaft. Humorist. Roman. 2. Aufl. 2 Bde. 8. (436 S.) Ebendas. 873. *

— Tollhäuslerwirthschaft. Humoristischer Roman. 3. Aufl. 8. (196 S.) Ebend. 881. n. 1. —

— Thorheiten der Halbgötter. Histor.=humorist. Roman. Deutsch v. Ludw. Wechsler. 8. (258 S.) Breslau 902. Schles. Buchdruckerei usw. n. 2. 50; geb. n. 3. 50

Jókai, Maurus: Thorheiten der Halbgötter. Hist.-humorist. Roman von --. Deutsch von Ludwig Wechsler. Breslau: S. Schottlaender 1902. (258 S.) 8°

—— die Türken in Ungarn. Histor. Roman. Autoris. Uebersetzung aus dem Ungarischen von Ludw. Wechsler. 3 Bde. 8. (VIII, 250; 264; 242 S.) Ebendas. 884. *

—— Türkenwelt in Ungarn. Frei nach dem Ungar. Von Wilh. Chezy. gr. 8. (323 S. mit 24 Holzschnt.) Wien 855, Ludwig und Zang. Thlr. **

Jókai, Maurus
Der Thurm von Dagö. Erzählung. Berlin 1880.
In: Roman-Zeitung, Deutsche. Bd 1.

— der Thurm von Dagö. Der Dämon in Engelsgestalt. Die Poltergeister. 8. (164 S.) Ebend. 880. n. 1. —

—— der Thurm von Dagö. Der Dämon in Engelsgestalt. Die Poltergeister. (164 S.) 1880; 2. Aufl. 8. (128 S.) Ebendas. 884. *

Jókai Mor., Vadon virágai. Novellák. Kettö kötet. Második kiadás. 8. (240 u. 212 S.) Pest 852, Heckenast. n. 1½ ß

— Valdivia, s.: Lesehalle, die.

— die Varchoniten. Romantische Erzählg. Aus dem Ung. v. Ludw. Wechsler. 8. (128 S.) Ebend. 886. n. 1. —

— ein Verhängnis. Roman. Deutsch v. Ludw. Wechsler. 8. (202 S.) Berlin (900). Berlin. Verlagsanstalt. n. 2. —

Ein Verhängnis. Eine Ballnacht. Aus d. Tagebuche e. Krüppels. Der General u. s. Geist. Die Amazone. Das Mädchen mit d. Glorienschein. Erzählungen u. Novellen von Maurus Jókai. Deutsch von Ludwig Wechsler. Mit Ill. von Braune. *Berlin, Eisenach, Leipzig: H. Hillger [1901].* (125 S.) 8° [F.]
— Bücherschatz, Kürschners. No 263.

— dasselbe. Eine Ballnacht. Aus dem Tagebuche e. Krüppels. Der General u. sein Geist. Die Amazone. Das Mädchen m. dem Glorienschein, s.a. Kürschner's, Jos., Bücherschatz.

— dem Verhängnis erlegen. Autoris. deutsche Bearbeitg. v. Ludw. Wechsler. 8. (188 S.) Ebd. 891. n. 1. —

— von Stufe zu Stufe. Erzählg. Deutsch v. L. Wechsler. 8. (127 S.) Berlin 887. Janke. n. 1. —

— wandert aus. Erzählung. Mit d. Verf. ausschließl. Ermächtigg. ins Deutsche übertr. v. Ludw. Wechsler. 8. (135 S.) Ebd. 893. n. 1. —

— was der Todtenkopf erzählt. Romantisches Zeitgemälde. 3 Bde. 8. (IV, 195; 193 u. 161 S.) Ebend. 881. n. 10. —

— dasselbe. 2. Aufl. 8. (280 S.) Ebend. 882. n. 2. —

Was der Totenkopf erzählt. Romant. Zeitgemälde von Maurus Jókai. 3. Aufl. *Berlin: O. Janke [1898].* (280 S.) 8° [F.]
(Collection Otto Janke.)

Jókai, Maurus, was ein Weib vermag. Roman. In deutscher Bearbeitg. v. L. Wechsler. 8. (284 S.) Berlin 889. Janke. n. 2. —

— Weibertücke, s.a. Kürschner's Bücherschatz.

[F.] Weibertücke. Roman v. Maurus Jókai. Deutsch v. Ludwig Wechsler. M. 25 Ill. v. E. Ranzenhofer. *Berlin, Eisenach, Leipzig: H. Hillger [1897].* (128 S.) 1 Bd 8.
— Bücherschatz, Kürschners. No 52.

—— die verkehrte Welt. Roman. 8. (208 S.) Ebendas. 884.

Jókai, Mor., wie wird man grau? Roman in 4 Bdn. 8. (163, 137, 143 u. 133 S.) Budapest 872. Rautmann. n. 8. —

—— Wie wird man grau? Roman in 4 Bdn. 8. (163; 137; 143; 133 S.) Pest 872, Rautmann. [Leipzig, Dege.] (¹ℳ. 8.) 4 50

—— Wir bewegen die Erde. Roman. Aus dem Ungar. 4 Bde. 8. (256; 256; 256; 251 S.) Berlin 874, Janke. 15 —

— wir bewegen die Erde! Roman. 2. Aufl. 8. (384 S.) Ebend. 885. n. 2. —

—— die goldene Zeit in Siebenbürgen, s. Universal-Bibliothek.

—— andere Zeiten andere Menschen. Roman in 4 Bdn. 8. (212; 187; 195; 158 S.) Berlin 873, Janke. 6 —

— andere Zeiten, andere Menschen. Roman. 2. Aufl. 8. (308 S.) Ebend. 883. n. 2. —

—— andere Zeiten, andere Menschen. Roman. 2. Aufl. 8. (308 S.) Ebendas. 884. *

— der Zigeunerbaron u. andere Novellen. 8. (302 S.) Breslau 886. Schottländer. n. 4. —; geb. n. 5. —

Der Zigeunerbaron und andere Novellen. Von Moritz Jókai. 3. Aufl. Breslau: Schles. Verlagsanst. 1905. (289 S.) 8° [F.] (Collektion Schottlaender.) [05. 13413

— die Zonen d. Geistes. 2. Abdr. 8. (VI, 182 S.) Teschen 884. Prochaska. n. 2. 50; Einbd. n.n. – 50

—— das Zwanziger-Mädchen. Erzählung. 8. (75 S.) Janke 882, Berlin. *

— zweimal sterben. Roman. 3 Bde. 8. (228, 232 u. 208 S.) Ebend. 881. n. 10. —

— dasselbe. 2. Aufl. 8. (342 S.) Ebend. 881. n. 2. —

— zweimal sterben. Roman. 3. Aufl. 8. (255 S.) Berlin 884. Janke. n. 2. —

—— Zweimal vergiftet, s. Zehnpfennig-Bibliothek.

— zwei mal zwei sind vier. — Der Weltfahrer. Autoris. deutsche Bearbeitg. v. Ludw. Wechsler. 8. (III, 136 S.) Ebd. 892. n. 1. —

— zwischen Zweien die Dritte. Humoristische Erzählg. Autoris. deutsche Bearbeitg. von Ludw. Wechsler. 8. (185 S.) Ebd. 891. n. 1. —

Jókai, Moritz, s. Jókai, Mór

Jokel, der faule, oder das Haberschneiden. Lustiges Mährlein für muntere Kinder. qu. 4. (22 S. mit eingedr. ill. Holzschn.) Nürnberg 855, Geißler.

Jökel, [Otto]: Die Weihe der neuen Schulhäuser am 11. Januar 1910. Insterburg 1910: Bittner. S. 16—22. 4°
Insterburg, st. L u. HM P 1910 [144a] [S 10. 206

Jokell, J. B., Geschichte der Regierung Ferdinand I., zunächst nach Bucholtz u. and. Quellen bearb. 1. u. 2. Bd. à 2 Abthl. 8. Wien 842, 43, Mechitaristen-Congreg.-Buchh. 2½ ₰

Jokely, J. Beiträge zur Kenntniss der Erzlagerstätte bei Adamstadt u. Rudolfstadt in Böhmen. (Aus den Jahrb. der k. k. geol. Reichsanstalt.) Wien. 1854. 4.

Die geol. Beschaffenheit des Erzgebirges im Saazer Kreise in Böhmen. (Aus d. Jahrb. d. k. k. geol. Reichsanst.) Wien. 1857. 4.

Das Erzgebirge im Leitmeritzer Kreise in Böhmen. (Aus d. Jahrb. d. k. k. geol. Reichsanst.) Wien. 1858. 4.

Jokely, J. Zur Kenntniss der geol. Beschaffenheit des Egerer Kreises in Böhmen. (Aus d. Jahrb. d. k. k. geol. Reichsanst.) Wien. 1856—1857. 8.

Das Leitmeritzer vulcanische Mittelgebirge in Böhmen. Oestlicher Theil. (Aus d. Jahrb. d. k. k. geol. Reichsanst.) Wien. 1858. 4.

Die Quader- und Pläner-Ablagerungen des Bunzlauer Kreises. — Allgemeine Uebersicht über die Gliederung und die Lagerungsverhältnisse des Rothliegenden im westlichen Theile des Jiciner Kreises in Böhmen. — Das Riesengebirge in Böhmen. (Aus dem Jahrb. der k. k. geolog. Reichsanst.) Wien. 1862. 4.

Die tertiären Süsswassergebilde des Egerlandes und der Falkenauer Gegend in Böhmen. (Aus d. Jahrb. d. k. k. geol. Reichsanst.) Wien. 1857. 4.

Der nordwestliche Theil des Riesengebirges und das Gebirge von Rumburg und Hainspach in Böhmen. (Aus dem Jahrb. d. k. k. geol. Reichsanst.) Wien. 1859. 4.

Die Tertiärablagerungen des Saazer Beckens und der Teplitzer Bucht. (Aus d. Jahrb. d. k. k. geol. Reichsanst.) Wien. 1858. 4.

Jokely, J. Geognostische Verhältnisse in einem Theile des mittleren Böhmens. 1. Das Gneiss- und Granitgebirge. 2. Das Urthonschiefer- u. Uebergangsgebirge. (Aus d. Jahrb. d. k. k. geol. Reichsanst.) Wien. 1855. 4.

Jöker, Wilh., Farben- u. Raumstimmungen. Angewandte dekorative Malereien f. das bürgerl. Wohnhaus. Entworfen u. hrsg. (In 5 Serien.) (1. Serie.) (15 farb. Taf. m. III S. Text.) 49,5×33,5 cm. Dortmund (908). Jöker & Wallenstein. In Mappe 30. —

— **Mal-Flächen.** Darstellungen v. Innenansichten f. farb. Raumausstattg. Entworfen u. hrsg. (1. Serie.) (36 schwarze u. 3 farb. Taf. u. XI S. m. Fig.) gr. 8. Ebd. (908). 8.50; vorgedruckte Konturübungsbogen dazu. (36 Bl.) 61×50,5 cm. Ausg. A auf Zeichenpap. bar 7.50; Ausg. B auf Aquarellpap. 12. 50

Jokey. Officielles Organ des Wiener Trabrenn-Vereines und des Verbandes der österr.-ungarischen Trabrenn-Vereine. III. Jahrg. 1889. Fol. Nr. 1 in Comm. pro complet * 6.—, halbjährig 3.—, vierteljährig Wien: Beck. 2 —

JOKINEN, T. E.

Zur Sanitätsstatistik der wehrpflichtigen[!] Armee in Finnland während der Jahre 1881/1906. Helsingfors 1907. X + 248 pg. 8:o. Diss. Hels.

Zur Sanitätsstatistik der Armee Finnlands während der Jahre 1881/1906. Von Hofrat Jokinen, Chefarzt. Helsingfors [Auf d. Umschl. gekl.: Berlin: E. S. Mittler & Sohn] 1907. (X, 248 S.) 4°(8°) [07.

Jokisch

— s. auch Jodisch.

Jokisch, C., Lehrbuch des Obstbaues. Mit 126 Abbildgn. im Text u. 16 farb. Taf. (VII, 175 S.) gr. 8. Gransee bei Berlin (904). Baumschulenbes. Jokisch. Kart. n. 5.50

Der Obstgarten. Seine Einrichtung, Unterhaltung, Vorteile u. Ertrag. Sorten- u. Preisbuch. Ein Leitfaden f. Jedermann z. erfolgreichen u. gewinnbringenden Obstbau von C. Jokisch, Obstbaumschule Gransee. *Berlin [1901]: A. Funcke.* (115 S.) 8° [01.

Jokisch, Eugen

— u. Walt. **Heinrich**, Effektenzinsen-Tabelle, nebst Anh. f. d. Kontokorrent- u. Diskont-Verkehr z. prakt. Gebrauch f. Bankbeamte u. Kapitalisten. (246 S.) 8. Ebd. (908). Geb. in Leinw. 2. 25

Jokisch, Eug., Erläuterungen d. Zins-Konto-Korrents, in e. f. Laien klarverständlichen Form bearb. (33 S.) Breslau (908). (Hirt's Sort.) —75

Jokisch, G., die Rückkehr zum Urchristenthum. Ein Wort zur Beherzigung für jeden denkenden Christen. gr. 8. (22 S.) Breslau 874, Fiedler und Hentschel. * — 50

Jokisch, G., die Umgestaltung der deutschen Volksschule. Ein Wort zur Beherzigung für das deutsche Volk. 8. (14 S.) Glogau 848, Flemming's Verlag.

—— die confessionslose Volks-Schule als Basis einer natur- und vernunftgemäßen Jugendbildung. 8. (34 S.) Wohlau 869. Breslau, Kern's Sortiment. * — 30

Jokisch, Jacob (Weserit/Polen), De examine conscientiae Pythagorico vespertino. Diss. moralis. Präs. M. Christian Aug. Roth (Halle). Lpz. (Immanuel Titius) 29. XII. 1708. 24 S. (6.50) 16984

Jokisch

-- **Johann Heinrich** (Reichenbach), Observationum juris Germanici specim. I. Präs. Josia Ludwig Ernst Püttmann. Lpz. (Langenheim) 21. XI. 1775. 8 S. (4.—) 16985

I. De rebus, quae in statutis Cizensibus vocabulo *pacem* significantur. II. De feudi propter stuprum adulteriumque amissione.

Jokisch, Karl Glo Ehrd., († d. 28. März 1809.) Handbuch d. Fischerei. 2 Bde. Mit 1 Kpf. gr. 8. Ronneb. u. Zwickau 802 u. 4. Gebr. Schumann. 2 ₰ 12 Gr.

Jokko der brasilianische Affe, f. Bilderbücher, Münchener.

Jokl Ernst: Die letzten Streichquartette Beethovens.
1905 PN 1912 Diss. Wien, Univ. 2131

Jokl Marianne: Ueber die Syntax des lothringischen Dialecktes.
II. 1910 PN 2899 Diss. Wien, Univ. 2307

Jokl Norbert Dr.: Ein urslawisches Entnasalierungsgesetz.
II. 1907 PN 2233 Diss. Wien, Univ. 2628

Jokl Norbert. Dr.: Studien zur albanesischen Etymologie und Wortbildung. S. 168.1 . „ 3.30
Separatabdruck

Joko: Le Joko
v. Joko ou le Révélateur.

Joko ou le Révélateur

① Dès 28. 7. 1850: Un pour tous - Tous pour un!; 1851: Journal Charivarique. paraissant tous les jeudis; selon BGSZ 12: Journal poétique et satirique ② Le Joko (1851) ⑤ 23. 12. 1849—1854 ⑥ in-4° ⑦ hebdomadaire ⑧ Berne: Imprimerie R. Jenni (1849); Vereinsdruckerei (dès le 1. 1. 1850) ⑪ Charles Roedel ⑫ feuille satirique qui soutient les idées du gouvernement bernois comme il était installé avant le mois de mai 1850 ⑬ BGSZ: 1 (no. 6485), 973 ⑭ Be: L ⑮ La feuille est aussi nommée: «Französischer Guckkasten». «Berner Zeitung» (V) no. 359 du 25. 12. 1849: «Joko ist mit Leib und Seele den demokratischen Grundsätzen ergeben; er gedenkt allem Unsinn... in der Politik durch Witz und Satyre — begleitet von Karikaturen — den Krieg zu machen.» Condamnation du rédacteur v. «Oberländer Anzeiger» no. 66 du 2. 6. 1852 et «Berner Zeitung» (V) no. 267 du 28. 9. 1851.

Jokobl Dr. Alfred und Mehl Hermann, Deutsches Lesebuch für Bürgerschulen. In 3 Teilen. Neu bearbeitet von Viktor Pilečka, Richard Roßbach und Franz Müller. II. Teil. Für die II. Klasse. 5. Auflage. Wien 1904. Manz. Preis, gebunden 1 K 40 h.

Jokoso, Karlo, (Pseud.), die himmelblaue Mappe. 8. Leipz. 796. (Wienbrack). 16 Gr.

Jokosus, s.a. Jocosus.

Jokosus. Repertoir f. d. deutsche Liederspiel, Vaudeville u. Quodlibet. Hrsg. v. L. Schneider. 1. Bdchn. 8. (15¾ B.) Berlin 838, Hayn.
Vgl. Jocosus.

JOKOSUS (ps.), Der Blinde. Erzählung. Mit (freiem) TKpf. (Der moderne Boccaccio. VI.) Budapest. M. DCCC. LXXXIV. (1884.) (Auf Rücks. des farb. illustr. Umschl.: Druck von Sam. Markus, Budapest.) Kl. 8°. 56 S. Ziemlich zahm.

Jokosus, der Spaßvogel in fröhlichen Zirkeln, oder Spaß- u. Scherzbüchlein für Schaulustige; zur Erweckung heiterer Laune, u. zur Verbannung d. Langeweile. Eine Samml. von Anekdoten, Schnurren u. Schnacken rc. Mit Kpf. 8. Leipz. 823. Centr. Compt. 16 Gr.

JOKOSUS, Hilarius (ps.), Spassvogel auf dem Felde der Satyre etc. Prag 1852. 12°. (80 Pfg. Taussig, Prag, 1906.)
Fehlt in Weller's Lex. Ps.

Joksch, Matthäus, Leitsätze zum edleren Nationalismus und zur gerecht freiheitlichen Sozialpolitik. gr. 8°. Berlin, P. Kufahl, 1897.

Joksch, Matthäus, Leitsätze z. edleren Nationalismus u. zur gerecht freiheitlichen Socialpolitik. gr. 8. (8 S.) Berlin 898. Emil Keil. n. — 20

[J.] Leitsätze zum edleren Nationalismus und zur gerecht freiheitlichen Socialpolitik. Von Matthäus Joksch. *Berlin: P. Kufahl 1898.* (8 S.) 1 Bd 8. [97. 1331

Jokuff, Ernst, die Faustsage. Ihre Entstehg. u. Wandlg. bis auf Goethe. Ein Versuch, Goethes „Faust" in verständ. Zusammenhang m. der Sage zu bringen. (27 S.) 8. Hamburg 904. A. Kriebel. n. — 60

Jens Peter Jacobsen. Lebensgeschichte u. Werke. Von Ernst **Jokuff.** Leipzig: Verl. f. Lit., Kunst u. Musik [um 1909]. 67 S. 8° [11. 8493 8

Jokuff, Ernst, Jens Peter Jacobsen. Lebensgeschichte u. Werke. (67 S.) kl. 8 Leipzig 910. Verlag f. Literatur, Kunst u. Musik. 1. 20

Jokus, s.a. Jocus.

Jokus, ein Almanach, s. Langbein.

— Sammlung kleiner Romane u. Gedichte zur Aufmunterung. Mit Kpf. 8. Brünn 816. Traßler. 12 Gr.

— d. Hypochonders Feind. Ausgesuchte Anekdoten u. Charaktergemälde z. Erheiterung u. Kurzweil für alle Stände. 2 Bde. 8. Wien 812. Rehm. 3 ₰ 8 Gr.

Jokus, des Hypochonders Feind rc. Wien 812, hat Krappe in Leipzig.

JOKUS, des Hypochonders Feind. 3 Bde. Mit 3 hübschen Kpfrn. Wien 1812—17. 8°. 1152 S. (5 fl. ÖW. Gilhofer & Ranschburg, Wien, c. 1888; jetzt theurer!)
Seltene Anekdotensammlung. — „8 Hefte. Wien 1812" waren in Prof. v. Karajan's Bibl. II. Nr. 4490.

— derselbe Titel. Neue wohlf. Ausg. Mit 1 Kpf. 8. Nürnb. 826. Zeh. 9 Gr.

Jokus, oder d. fröhliche Hausfreund. Ein Tag- u. Nachtblatt z. Erheiterung für alle Stände. (Von S. W. Schießler.) 12 Hfte. 4. Prag 812. Enders. 2 ꝟ

Jokus, Komus und Momus, drei fidele Hausfreunde zur erheiternden Lectüre nebst einigen Aufsätzen ernsten Inhalts. Ein Neujahrsgeschenk. 8. (104 S.) Neuhaus 865, Landfraß und Sohn. *

JOKUS, Komus u. Momus. Reizmittel zur Erschütterung des Zwerchfells. Tabor 1847. 8⁰. 124 S. (1 Mk. 50 Pfg. Taussig, c. 1905:)
„Anekdoten oft sehr freien Inhalts."

Jokusch, Johann Gottfried (Bautzen), De venaesectione differentiis plethorae accomodanda. Disp. med. Präs. D. Christian Gottlieb Ludwig. Lpz. (Langenheim) 5. VI. 1767. 36 S. (6.20) 16986

Jokusch, W., Ueber Lassalle's ehernes Lohngesetz. Inaug.-Dissert. 8⁰. Bielefeld, Druck von E. Siedhoff, 1892.

FSC
www.fsc.org
MIX
Papier | Fördert gute Waldnutzung
FSC® C083411

Kolibri 360 GmbH
Ferdinand-Jühlke-Straße 7
99095 Erfurt, Deutschland
produktsicherheit@kolibri360.de